AF316002

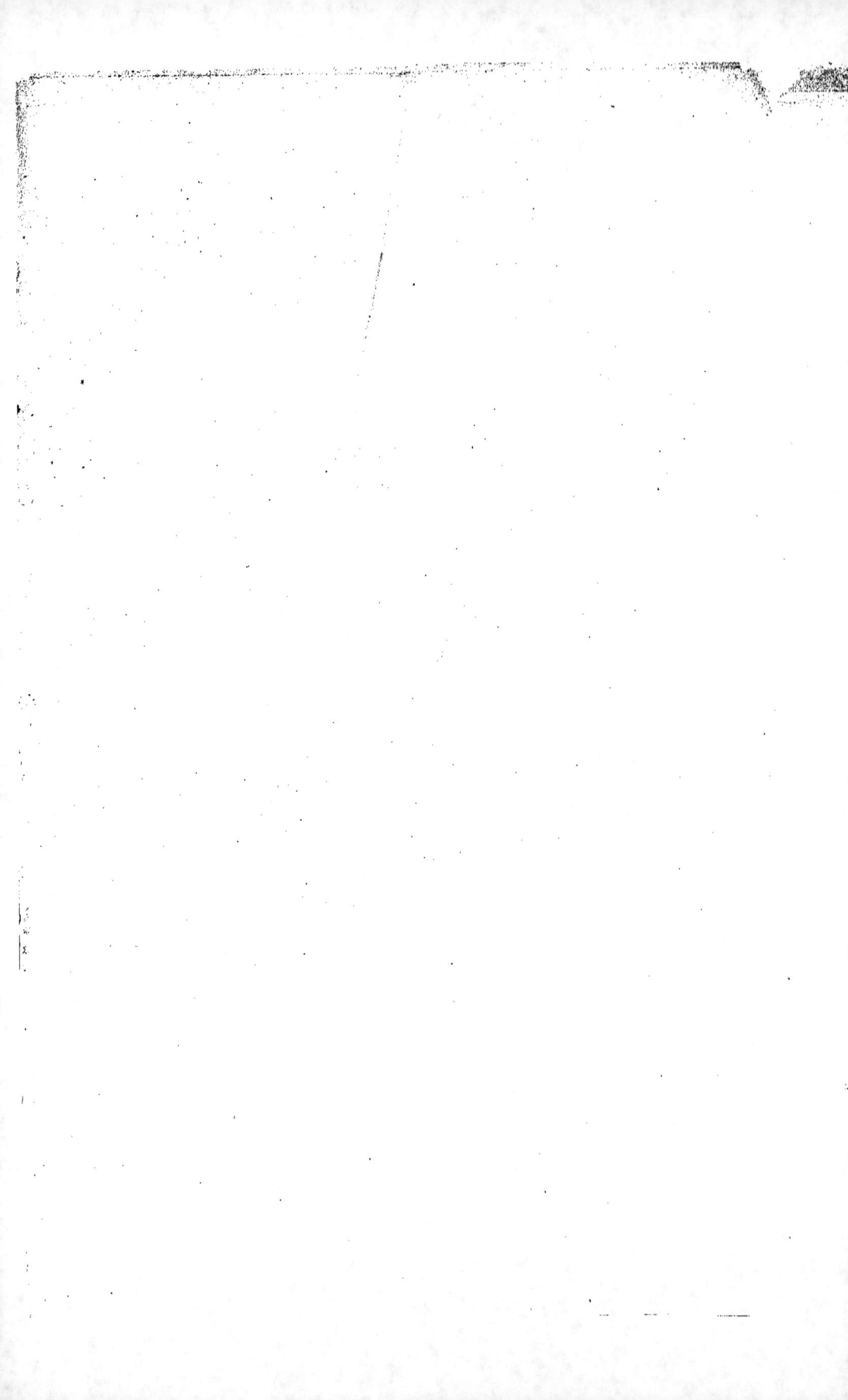

GÉODÉSIE

D'UNE PARTIE DE LA

HAUTE ÉTHIOPIE

IMPRIMERIE DE W. REMQUET ET Ce, RUE GARANCIÈRE, 5.

GÉODÉSIE

D'UNE PARTIE DE LA

HAUTE ÉTHIOPIE

PAR

ANTOINE D'ABBADIE

CORRESPONDANT DE L'INSTITUT (ACADÉMIE DES SCIENCES)
MEMBRE CORRESPONDANT DE L'ACADÉMIE DE TOULOUSE ET DE L'ASSOCIATION BRITANNIQUE POUR L'AVANCEMENT DES SCIENCES

REVUE ET RÉDIGÉE

PAR

RODOLPHE RADAU

PREMIER FASCICULE

PARIS
BENJAMIN DUPRAT
LIBRAIRE DE L'INSTITUT, DE LA BIBLIOTHÈQUE IMPÉRIALE ET DU SÉNAT
DES SOCIÉTÉS ASIATIQUES DE PARIS, DE LONDRES
DE MADRAS, DE CALCUTTA, DE SHANG-HAÏ ET DE LA SOCIÉTÉ ORIENTALE AMÉRICAINE DE NEW-HAVEN (ÉTATS-UNIS)
Rue du Cloître-Saint-Benoît (rue Fontanes), 7, près le Musée de Cluny
1860

GÉODÉSIE

D'UNE PARTIE DE LA

HAUTE ÉTHIOPIE

IMPRIMERIE DE W. REMQUET ET Ce, RUE GARANCIÈRE, 5.

GÉODÉSIE

D'UNE PARTIE DE LA

HAUTE ÉTHIOPIE

PAR

ANTOINE D'ABBADIE

CORRESPONDANT DE L'INSTITUT (ACADÉMIE DES SCIENCES)
MEMBRE CORRESPONDANT DE L'ACADÉMIE DE TOULOUSE ET DE L'ASSOCIATION BRITANNIQUE POUR L'AVANCEMENT DES SCIENCES

VÉRIFIÉE ET RÉDIGÉE PAR RODOLPHE RADAU

DEUXIÈME FASCICULE

PARIS
BENJAMIN DUPRAT
LIBRAIRE DE L'INSTITUT, DE LA BIBLIOTHÈQUE IMPÉRIALE ET DU SÉNAT
DES SOCIÉTÉS ASIATIQUES DE PARIS, DE LONDRES
DE MADRAS, DE CALCUTTA, DE SHANG-HAÏ ET DE LA SOCIÉTÉ ORIENTALE AMÉRICAINE DE NEW-HAVEN (ÉTATS-UNIS)
Rue du Cloître-Saint-Benoît (rue Fontanes), 7, près le Musée de Cluny

1864

GÉODÉSIE D'ÉTHIOPIE

IMPRIMERIE DE W. REMQUET ET Cᵉ, RUE GARANCIÈRE, 5.

GÉODÉSIE D'ÉTHIOPIE

OU

TRIANGULATION D'UNE PARTIE DE LA HAUTE ÉTHIOPIE

EXÉCUTÉE SELON DES MÉTHODES NOUVELLES

PAR

ANTOINE D'ABBADIE

CORRESPONDANT DE L'INSTITUT (ACADÉMIE DES SCIENCES)
ASSOCIÉ CORRESPONDANT DE L'ACADÉMIE DE TOULOUSE, MEMBRE CORRESPONDANT DE L'ASSOCIATION BRITANNIQUE
POUR L'AVANCEMENT DES SCIENCES

VÉRIFIÉE ET RÉDIGÉE PAR RODOLPHE RADAU

TROISIÈME FASCICULE

PARIS

BENJAMIN DUPRAT

LIBRAIRE DE L'INSTITUT, DE LA BIBLIOTHÈQUE IMPÉRIALE ET DU SÉNAT
DES SOCIÉTÉS ASIATIQUES DE PARIS, DE LONDRES
DE MADRAS, DE CALCUTTA, DE SHANG-HAÏ ET DE LA SOCIÉTÉ ORIENTALE AMÉRICAINE DE NEW-HAVEN (ÉTATS-UNIS)
Rue du Cloître-Saint-Benoît (rue Fontanes), 7, près le Musée de Cluny

1863

INTRODUCTION

Que Dieu donne miséricorde à qui découvre les défauts et les pardonne, à qui aperçoit les lacunes et les comble! Que celui qui trouvera des reproches à m'adresser, refasse ce que j'ai mal fait.

(Voyage au Darfour par le chayk Muhammed el-Tunsy.)

I

RÉSUMÉ DU VOYAGE.

Avant d'exposer le but et la composition de cet ouvrage, il convient de narrer brièvement les voyages qui lui ont donné naissance. Sans cette précaution, et même en suivant sur la carte, comme il convient de le faire, l'enchaînement des opérations géodésiques, on ne s'expliquerait pas le décousu des observations qui en forment la base.

Ayant formé, au sortir du collége, en 1829, le projet d'une exploration dans l'intérieur de l'Afrique où je voulais alors entrer par Tunis ou le Maroc, je consacrai une grande partie des six années suivantes à étudier les sciences nécessaires pour voyager avec fruit. La lecture des voyages de Bruce me ramena invinciblement à l'Afrique orientale, théâtre de tant d'émigrations et source de presque toutes les traditions qui vivent encore dans ce continent si mystérieusement fermé.

D'ailleurs, malgré le grand attrait des sciences exactes pour lesquelles je me suis toujours passionné, la perspective de visiter, uniquement comme géographe ou comme naturaliste, des contrées peu ou point connues, me souriait moins que l'étude des langues, des religions, des constitutions politiques et législatives, et de la littérature qui me paraissait devoir offrir des particularités dignes d'intérêt dans ces régions du sud, restées isolées de l'état stagnant ou décrépit de l'Orient comme de l'élan progressif de l'Europe. Je me laissai gagner dès lors par la pensée que la plus haute étude à laquelle l'homme puisse s'adonner est celle de ses semblables.

Le silence que gardent toutes les relations de voyage dans l'Afrique occidentale sur la plupart de ces sujets importants m'avait fait conclure, trop légèrement peut-être, que les populations de ces contrées réputées barbares n'ont ni état politique réglé, ni us juridiques, et en tout cas, fort peu de ces conventions tacites qui forment, en même temps que le bien-être, le lien des sociétés humaines. Au contraire, les voyageurs en Éthiopie disaient avoir trouvé sur les rives du lac *Ṭana*, comme jadis autour des lacs du plateau mexicain, des palais, des ruines, des livres, des érudits, une littérature, et tout le cortége de la culture intellectuelle. Enfin, si le fanatisme stupide inhérent à la plupart des populations musulmanes pouvait entraver ces études intimes qui me souriaient tant, cette puissante barrière morale ne devait pas exister chez les *Tigray* et les *Amara* que la foi chrétienne avait associés, dès le IVe siècle de notre ère, aux croyances de l'Europe. Sachant que le temps avait altéré leur foi, je me proposai de travailler à son rétablissement. Je conçus aussi l'espoir de recueillir de nouveaux faits propres à éclairer l'origine des nègres en les étudiant dans ces régions mêmes dont ils se disent aborigènes; j'espérais enfin jeter des lumières nouvelles sur les sources du Nil. Dans l'ambition confiante de mes jeunes années, je me faisais fort d'embrasser et de mener à bonne fin, en deux ou trois ans, toutes ces vastes entreprises. Je ne songeais pas alors que le temps est un élément de succès avec lequel il faut nécessairement compter.

Sur ces entrefaites, François Arago, qui tenait alors en France le sceptre de la physique, ayant appris que je voulais explorer l'Afrique sans invoquer le secours du gouvernement, m'engagea à suspendre au moins l'exécution de mon projet pour aller étudier, sur une côte orientale, les variations diurnes de l'aiguille aimantée. On devait décider ainsi, disait-il, et en quelques semaines d'observations, si le soleil agit sur l'aiguille comme source de chaleur ou comme source de magnétisme. Séduit par l'éloquence du célèbre savant, je proposai, pour résoudre ce problème, un voyage sur la côte orientale d'Afrique; mais Arago en décida autrement. Je reçus, avec des instructions, les instruments que me confiait l'Académie des sciences, et après avoir fait à Paris et à Lorient des suites d'observations préparatoires, je m'embarquai à bord de *l'Andromède* qui mit à la voile à la fin de 1836. Cette belle frégate sillonnait alors l'Océan pour la première fois, et portait à Rio de Janeiro comme passager un prince que la France a plus tard appelé à régler ses plus hautes destinées. De la capitale du Brésil je me rendis à Olinda, site choisi d'avance comme étant entre l'équateur magnétique et l'équateur terrestre. Après quarante-deux jours d'observations continues faites trois fois par heure avec le secours de deux aides, j'avais atteint le but de cette expédition, et je profitai du départ d'un bâtiment du commerce pour retourner en Europe et déposer mes observations à l'Académie des sciences.

Reprenant immédiatement mon projet de prédilection, je rejoignis, à la fin de 1837, mon frère Arnauld qui m'attendait en Égypte, et remontant le Nil jusqu'à *Qeneh*, nous gagnâmes *Quçayr* où nous nous embarquâmes sur la mer Rouge pour aborder à *Jiddah;* un autre navire nous conduisit à *Muçawwa* où nous attérîmes le 17 février 1838. Nous ne tardâmes pas à y rencontrer de ces difficultés qui surgissent à tout propos devant des voyageurs isolés dans l'intérieur de l'Afrique. *Wibe*, le chef du *Simen* et du *Tigray*, venait d'ordonner l'expulsion des missionnaires protestants anglais : les discours aventurés de ces messieurs et leurs largesses inconsidérées, inspirées par la crainte de leur renvoi, en avaient au contraire hâté l'exécution, et avaient excité ainsi des cupidités qui retardèrent beaucoup notre arrivée à *Gondar*, où nous ne parvînmes que le 28 mai, après avoir établi à *'Adwa* le missionnaire catholique que mon frère avait persuadé de nous suivre jusque-là.

J'avais ainsi fait une première reconnaissance du pays et compris toute l'insuffisance de notre équipement pour un voyage tellement en dehors des routes battues. Burnes, la courageuse et infortunée victime du soulèvement des Afghans, m'avait recommandé une méthode de relever le chemin en voyage, et l'on en verra plus bas un exemple aux pages 348... 362. Mais cette suite de lignes brisées, données par la boussole et par l'observation du temps de parcours, ne servait guère sur des terrains souvent remplis de minerai de fer et dont les sentiers sont si imprévus et si sinueux. Les cimes nues des montagnes conviaient à des relèvements bien plus parfaits s'ils étaient faits au théodolite. Je résolus donc de retourner en Europe afin de me procurer de nouveaux instruments. Mon frère s'offrit à rester pour apprendre la langue *amariñña* et pour étudier le pays. Je me hâtai de franchir le *Takkaze* avant l'époque de ses hautes eaux, et après avoir fait escale à *Muçaww'a*, *Moka*, *Hudaydah* et *Jiddah*, je passai par le Caire et Rome pour rentrer dans Paris au commencement de 1839.

Là, je rencontrai un homme aussi actif que modeste, Falbe, alors capitaine de la marine royale du Danemark. Il calculait sa triangulation du pachalik de Tunis, et me céda son petit théodolite, le seul qui eût échappé, dès le début de son entreprise, à un funeste naufrage. Je portai cet instrument chez Gambey, lui en signalai les défauts dont on verra les détails plus bas (pages 1... 5) et l'engageai à m'en construire un autre aussi portatif et moins défectueux. Notre célèbre artiste se mit à l'œuvre, et pendant plusieurs mois je me rendais chez lui deux et trois fois par semaine pour presser l'exécution de cet instrument dont je voulais faire la cheville ouvrière de mes travaux futurs en Éthiopie. Le nouveau théodolite était presque achevé quand Gambey, sans motif valable, se refusa nettement à en poursuivre l'exécution. C'est à regret que je mentionne ces désagréments, mais après en avoir subi les tristes suites, soit dans mes observations, soit dans mes longs calculs, je me devais à moi-même et je devais encore plus au public savant d'expliquer comment j'ai emporté d'Europe en Éthiopie un instrument primitivement mal conçu dans quelques-uns de ses détails, et devenu encore plus défectueux par l'incessante usure que lui avaient fait subir les observations si nombreuses du capitaine Falbe.

Cependant tout n'est pas malheur dans ce monde. Par sa nature, le théodolite, même avec quelques défauts de construction, est encore bien supérieur, pour les voyages terrestres, aux instruments à réflexion qu'on y préconise par habitude plutôt qu'en connaissance de cause. C'est avec mon petit théodolite que Falbe avait fait, en Tunisie, une triangulation qui est restée un modèle en son genre. On sait enfin qu'un instrument, toujours manié et dont on apprécie de cette façon chaque imperfection, est bien supérieur à tel autre plus parfait dans sa disposition, mais que ses dimensions incommodes ne permettent pas de faire un *vade mecum*. Pour emprunter une comparaison familière, je dirai qu'un instrument d'observation peut être assimilé à une arme de chasse. Qui ne sait que le braconnier muni d'un fusil défectueux mais qu'il connaît bien, tire avec plus de succès que le chasseur qui déballe de loin en loin une arme précieuse mais trop peu étudiée?

A ces raisons, on doit ajouter une considération encore plus puissante parce qu'elle est toute morale : quand on possède un instrument supposé excellent, on se fie volontiers, et souvent trop, à sa bonne tenue, tandis qu'un outil imparfait tient toujours la vigilance en haleine. On s'ingénie à constater, suivre et mesurer ses écarts, et l'expérience montre que, dans une certaine mesure, et soit dans l'observation, soit dans le calcul, on s'éloigne alors moins de cette perfection idéale qui est le but de toute science. C'est ce qui m'est arrivé. Après avoir imaginé la *géodésie expéditive* dont cet ouvrage expose comme un long exemple, je n'aspirais qu'à obtenir à un mille près mes latitudes et longitudes, et à calculer avec une incertitude de 50 mètres mes altitudes relatives. Mais je ne tardai pas à voir que dans l'intérieur du réseau géodésique les coordonnées verticales étaient cinq fois plus exactes que je ne l'avais espéré, et que les coordonnées horizontales se confirmaient, en se contrôlant mutuellement, à 0'1' près, ce qui équivaut à moins de 200 mètres sur la surface de l'Éthiopie. Si l'on songe que, dans les méthodes décousues employées par mes devanciers, ces incertitudes sont rarement au-dessous de mille mètres, et que dans la meilleure longitude astronomique *isolée*, déduite d'une seule occultation, elles peuvent aller aisément à trois kilomètres, on admettra qu'en signalant les imperfections du théodolite Falbe, je sois plus préoccupé du désir d'une perfection théorique que des besoins d'un voyage d'exploration dans des pays peu ou point connus. Ces besoins sont satisfaits, et au delà, par les résultats que je vais présenter au public.

Des savants pleins de bienveillance vinrent en aide à ma grande entreprise. S. A. R. le prince de Joinville voulut bien me céder un sextant à tabatière que j'espérais porter facilement en cachette et employer si les hasards de la route venaient à me priver de mes autres instruments. Le capitaine Laquiante, de Strasbourg, qui venait de quitter, après de longs travaux, notre valeureux et savant corps du génie, fit exécuter pour ma lunette de voyage un pied parallactique portatif qu'il avait dessiné et qui m'a rendu de grands services. Il me *donna* en outre un baromètre construit par Fortin, que j'ai le bonheur de posséder encore, et une planchette militaire qui me fut dérobée plus tard en Afrique, pendant que j'étais malade d'une ophthalmie. J'avais besoin d'exprimer ici ma reconnaissance envers ces deux bienfaiteurs de mes voyages. Plus heureux à l'égard de M. Walferdin et de M. Bréguet, membre bien connu de notre bureau des longitudes, j'ai pu les remercier de vive voix en rendant au premier son joli hypsomètre, et au second son excellent chronomètre, que ces deux savants m'avaient généreusement prêtés sans craindre de les exposer à tous les hasards d'un voyage dans l'intérieur de l'Afrique.

J'avais mis à profit les lenteurs de Gambey pour faire construire ma trousse de voyage décrite aux pages 14 et 15 ci-dessous, et dont la composition, éprouvée par un long usage, m'a laissé dans la suite bien peu à désirer. Enfin je quittai Paris le soir même du jour où Arago, alors dans tout l'éclat de son magnifique talent, dévoila à l'Institut la merveilleuse découverte de Niepce et de Daguerre.

L'esprit humain est souvent disposé à renfermer dans un cadre trop étroit tout ce qu'il voit de loin, et sujet comme tant d'autres, à ce défaut du jugement, je pensais alors que deux années, trois au plus, me suffiraient pour revenir de Kaffa en France avec une ample récolte de matériaux inconnus à la science. Mais Dieu se joue de nos trop courtes et impétueuses prévisions. En remontant le Nil entre Alexandrie et le Caire, je fus attaqué, ainsi que mes trois suivants, par les fièvres intermittentes, et l'un d'eux, domestique français, prit le typhus. Je passai deux mois à attendre son rétablissement, et quand j'arrivai à Suez, mon serviteur éthiopien fut atteint d'un mal de poitrine qui m'imposa de nouveaux délais, et dont il se remit à mesure que nous avancions lentement vers les chauds climats du sud. A *Jiddah* enfin, je perdis mon excellent artiste A. Fries, qui préféra la Mecque à l'Éthiopie, et le pays musulman où il trouva bientôt la mort, au rude mais sympathique entourage des chrétiens d'Afrique.

Ces tristes débuts servirent de prélude à toutes les difficultés qui ne tardèrent pas à m'assaillir. Débarqué enfin à *Muçaww'a* au commencement de l'année 1840, j'y trouvai mon frère qui venait d'y arriver du fond du *Gojjam*. Pour atteindre ce dernier pays, nous devions traverser d'abord le *Tigray* dont le *daj-azmac* (gouverneur de province) *Wibe* nous interdit la route. En attendant que ce chef revînt à des sentiments moins hostiles, je retournai à la côte et voulus visiter le mont Bizen afin de relier à *Muçaww'a* le plateau incliné où vivent les fils turbulents de *Akala* et de *Guzay*. Par un reste de préjugés européens, je portais jusqu'alors des armes à feu : ma carabine partit par accident et un fragment de capsule me blessa dans l'œil. Je fus bientôt atteint par l'ophthalmie qui n'a plus cessé de m'affliger par intervalles tant que je suis resté en Éthiopie. Les premières atteintes de ce mal furent assez fortes pour me priver de la vue pendant quelque temps, et j'allai chercher en vain les secours de la médecine d'abord à *'Aden* et ensuite au Caire.

L'Égypte était alors préoccupée de graves complications politiques. Bien qu'elle fût entrée, avec plus de franchise que tout autre État musulman, dans le grand mouvement civilisateur des nations européennes, l'Angleterre voulait lui enlever la côte arabique et la Syrie, et blâmait la répugnance de la France à la soutenir dans cette politique dont les conséquences funestes devaient éclater vingt ans plus tard dans les massacres des chrétiens à *Jiddah* et à Damas. Depuis longtemps notre pavillon n'avait pas flotté sur la mer Rouge, et les agents anglais profitaient de son absence pour entraver par de mesquines tracasseries les rares voyageurs français qui s'y aventuraient. Je retournai néanmoins à *'Aden* où j'avais donné rendez-vous à mon frère, mais la conduite du gouverneur de cette citadelle britannique m'en rendit le séjour intolérable. Malgré mon état de maladie, j'allai chercher un refuge à *Barberah* sur la côte d'Afrique, préférant y attendre mon frère au milieu de barbares moins hostiles que les autorités anglaises.

A *Barberah* j'espérais d'ailleurs ouvrir une route par *Harar* et gagner de là les hauts plateaux *Ilmorma* et *Gurage* par où je voulais atteindre *Inarya* et *Kaffa*. Le chef Çomaly qui me protégeait ne mit qu'une condition à notre voyage : c'est que les autorités de *'Aden* démentiraient l'opinion, alors très-accréditée sur cette côte, que les Anglais seraient bien aises de m'y voir massacrer. J'expédiai aussitôt à *'Aden* un messager Çomaly avec une lettre au gouverneur pour le prier de démentir, de vive voix seulement, une assertion à laquelle je ne pouvais pas croire encore; mais ce gouverneur me répondit par un refus écrit. Dès la nouvelle de l'insuccès de ma démarche, les démonstrations hostiles des indigènes augmentèrent de plus en plus. La route de *Harar* se ferma devant moi, et mon frère étant venu me rejoindre, nous résolûmes d'atteindre notre but en gagnant d'abord les États du *Šawa* par la voie des pays *'Afar*, car il nous répugnait toujours de retourner en *Tigray* dont le chef avait brutalement méconnu notre droit de voyageurs.

Quand nous jetâmes l'ancre devant *Tujurrah*, village *'Afar*, je dus rester à bord, ma deuxième ophthalmie me tenant dans un état de cécité complète; mon frère débarqua seul. Le chef des indigènes, qui l'avait bien accueilli d'abord, lui dit, en apprenant notre nationalité, que nous ne pouvions séjourner dans sa principauté, et afin de lui en imposer davantage, il assembla les notables et lui signifia au nom de tous l'ordre de remettre à la voile, en refusant d'ailleurs de motiver cette décision par écrit. A la surprise générale, mon frère leur dit nettement que nous ne partirions pas, dussions-nous être tués sur la plage, mais que dans ce cas un bâtiment français viendrait bientôt venger notre mort. Après de longues et orageuses délibérations, les *'Afar*, déroutés par notre obstination, résolurent de nous laisser débarquer et d'abandonner aux autorités anglaises l'odieux des violences contre nous que nécessitait, disaient-ils, l'exécution de leur traité avec *'Aden*.

Un séjour de près de trois mois à *Tujurrah* nous permit de gagner assez de crédit pour que notre cause y fût plaidée dans un parlement solennel par plus d'un orateur influent. A la suite d'une vive discussion, on proclama la suspension des lois, et l'on fit un appel à la force. Selon l'usage en pareil cas, le sultan *'Afar* dut remettre ses pouvoirs au chef des guerriers, et se hâta d'envoyer à *'Aden* pour y annoncer comment sa puissance était paralysée. Le gouverneur anglais expédia aussitôt un agent arménien avec mission spéciale de nous barrer la route, et comme des *'Afar* venaient d'attenter à la vie de mon frère, nous jugeâmes qu'à *Tujurrah* comme à *Barberah* les indigènes s'étaient trop faits à l'idée qu'ils pourraient désormais tuer un Européen malgré le respect traditionnel qu'ils avaient porté jusqu'alors aux voyageurs blancs. Nos prévisions à cet égard furent bien tristement réalisées, car peu de temps après, les *'Afar* comme les *Çomal*, ont versé le sang de voyageurs britanniques.

La meilleure manière d'avoir raison des Anglais était de pénétrer plus avant qu'eux dans l'Éthiopie et surtout de la mieux étudier. Nous nous résignâmes donc à retourner en *Tigray*. Nous savions que ses habitants nous étaient favorables : d'ailleurs leur prince *Wibe*, plus près de la nature que les Anglais, devait être par là même plus traitable qu'eux. De ses États nous pourrions entrer dans ceux du *Ras Ali*, qui nous était favorable, et de là, dans le *Gojjam* où mon frère avait déjà pénétré, et était devenu le favori du *daj-azmac Gošu* qui régnait dans cette espèce de méditerranée terrestre et qui entretenait des relations amicales avec quelques tribus *Ilmorma*.

Mon frère me précéda à *'Adwa*, et je l'y rejoignis après un séjour à *'Aylat* où j'avais été me guérir de la plaie du *Yaman*, maladie endémique dans la partie la plus chaude de la mer Rouge. Nous décidâmes de nous séparer afin de ne pas mettre notre voyage à la merci des mêmes éventualités, et mon frère profita d'un court répit dans les guerres civiles pour se rendre en *Gojjam*. *Wibe* venait d'être fait prisonnier après une bataille rangée : on guerroyait de village à village, et je dus attendre cinq mois avant de prendre pour la deuxième fois le chemin de *Gondar* que j'atteignis enfin le 25 juin 1842.

Après une course à *Maguina* et une autre à *Darita* pour augmenter de quelques manuscrits ma collection éthiopienne, je partis en novembre pour visiter le lac *Tana*. A la fin du mois suivant je me rendis à *Lalibala*, où une nouvelle ophthalmie m'empêcha de continuer jusqu'à la source du *Takkaze*. De retour à *Gondar*, je pris enfin ma route de prédilection, et passant par les villes de *Mota*, *Dabra warq*, *Yawiš et Yajibe* en *Gojjam*, je pus atteindre successivement, sur la rive gauche du *Abbay*, les tribus *Ilmorma* des *Gudru*, des *Jimma* et des *Nonno*.

En juillet 1843 j'entrai enfin dans *Inarya*. Une fraction de la tribu des *Limmu* s'est emparée de ce pays et obéissait alors à Ibsa, dit Abba Boggibo, l'un des despotes les plus consommés qui aient jamais agrandi leur puissance à force d'audace, de ruse et de talent.

Quand une vaste région est depuis longtemps dans l'isolement, qu'elle est incessamment fractionnée par des guerres de tribu à tribu et par des dissensions civiles, il y surgit de tels usages et il y règne une défiance telle que son accès devient plus difficile que si elle était défendue par des mers, de vastes déserts ou d'autres obstacles physiques. Mais heureusement j'étais le premier Européen qui se présentât aux populations *Ilmorma* de ces contrées, et l'étonnement que je provoquais avait été jusque-là la cause de mon succès. Afin de profiter de cet accueil et pour le mieux conserver, je devais étudier dans *Inarya* la langue, les mœurs, les croyances et les usages de ce peuple. Cette étude devait m'offrir d'autant plus d'intérêt que les peuplades les plus intelligentes de l'Afrique intérieure, privées depuis des siècles de tout rapport avec les contrées étrangères et de ce fécond va-et-vient d'idées qui entretient l'essor de la civilisation, ont dû se borner à cultiver ces idées innées de morale, de justice, de bien-être, de progrès enfin que Dieu a déposées dans toute créature humaine.

Le caractère ombrageux de Abba Boggibo me gêna beaucoup dans ces recherches. Il me retint jusqu'en novembre 1843, mais il lui plut alors de me choisir pour l'un de ses quatre frères de noces chargés d'aller chercher à *Bonga*, dans *Kaffa*, sa douzième femme. Une escorte de plus de mille hommes portait les cadeaux. Je dus à ces circonstances de pouvoir atteindre *Kaffa*, et surtout d'en sortir après un séjour de onze jours seulement. Plus d'un trafiquant éthiopien y a séjourné dix et même vingt années avant d'obtenir la permission de quitter ce royaume défiant et solitaire. De retour dans *Inarya* je subis encore les longs atermoiements si communs dans cette partie de l'Afrique, d'où je sortis enfin le 2 mars 1844.

Je m'étais joint à une petite caravane qui allait rapidement, disait-on, dans ces pays où, si ce n'est à la guerre, tout se fait avec une lenteur désespérante. Mes nouveaux compagnons ne voulaient s'arrêter que dans les bas-fonds à cause du voisinage de l'herbe et de l'eau. Ils refusaient de camper sur les hauteurs, et, par une superstition que je n'ai pas pu encore m'expliquer, ils redoutaient surtout de me voir faire des observations au théodolite. J'étais sorti de *Saqa* dans l'espoir de porter jusqu'en *Gojjam* une suite liée d'azimuts ; mais cette chaîne de relèvements que je prétendais mener toujours avec moi fut interrompue d'abord dans la herne de *Çibbe*, et plus tard en *Gambo*, *Horro* et *Amuru*.

Il me manquait surtout des latitudes et la liaison importante entre *Jiren* et *Saqa* : je devais donc revenir sur mes pas. Pour dépasser une seconde fois *Saqa* sans de nouvelles et désespérantes lenteurs, il aurait fallu rentrer dans *Inarya* en déclarant, selon l'us local, dans quel lieu du pays de *Jimma Qaqa* on voulait séjourner. Là du moins le despotisme n'était pas établi, et on y avait la liberté de faire des excursions à volonté; toutefois mes ressources étaient trop épuisées pour retourner en *Obo* sans revisiter mes dépôts de *Yawiš*, de *Gondar* et surtout de *Muçaww'a*. *Obo* est cette partie du grand *Damot* qui s'étend au sud du *Gibe* de *Çaw*, rivière qui coule vers l'est par 9° de latitude.

La guerre civile m'arrêta trois mois en *Gojjam*, et le *Takkaze* n'étant point guéable pendant les pluies du solstice d'été, il me fallut pour ainsi dire hiverner à *Gondar*. Enfin, le 31 août 1844, je pus franchir le pont du *Magaç* et me diriger vers la côte de la mer Rouge. Je fis plus de vingt tours d'horizon dans ce voyage, et j'y observai trois latitudes, celle de *Kuazen* étant la seule isolée de ma chaîne géodésique.

Mais j'avais d'autres préoccupations que celles de ma *géodésie expéditive*. Malgré l'opinion unanime des Éthiopiens, nos géographes regardaient le fleuve Blanc comme l'affluent principal du Nil et comme étant par conséquent la vraie rivière dont les sources méritent l'honneur d'être tenues pour celles de l'immense cours d'eau qui porte la vie et l'abondance en Égypte. Or, tous les dires des indigènes que j'avais recueillis en *Gudru* et en *Obo* s'accordaient à désigner la rivière *Uma* comme étant le haut cours du fleuve Blanc. Il est dans la nature d'une rivière de se diviser en sous-affluents à mesure qu'on remonte son cours, et parmi tous les caractères mis en avant pour déterminer la prééminence de tel tributaire, le plus saillant se déduit du volume relatif des eaux. Or, la rivière *Uma* se forme de la réunion du *Borora* et du *Gojab*, et comme à cette époque de mes recherches je croyais encore que cette dernière rivière était la plus grande, je voulais en visiter la source et bien établir ses coordonnées géographiques.

La détermination précise du lieu d'une source ne saurait être regardée comme un simple but de vanité géographique. Sous ce dernier rapport j'avais déjà recueilli assez de récits attachants pour intéresser quelques amis au coin de mon feu si Dieu me permettait jamais de fouler encore une fois le sol de mon pays. Mais la science demande des résultats plus précis, et pour mieux les obtenir il fallait m'attacher à l'étude d'un seul grand bassin au milieu du vaste réseau des cours d'eau en Éthiopie. Je donnais ainsi une sorte d'unité à mes projets de nouveaux voyages qui devaient se restreindre dans un cercle de plus en plus resserré. Outre les trois mailles perdues de ma chaîne géodésique, je pouvais, en retraçant mes pas vers *Inarya*, reprendre et compléter bien des renseignements interrompus ou imparfaits dont ma connaissance plus intime de la langue Ilmorma me permettrait de mieux saisir les rapports tout en étendant leur importance et leur portée.

Mes espérances à cet égard ne furent point déçues, car si mon second voyage en Obo ne m'a pas conduit à la vraie source du fleuve Blanc, que j'espère encore avoir atteinte, j'en ai du moins rapporté ce réseau continu de triangles auquel je tenais surtout, ainsi que de nombreux renseignements géographiques sur diverses contrées du grand Damot, et des aperçus curieux sur les constitutions politiques, les lois et les usages de plusieurs races peu connues. Je désire publier un jour les fruits de ces recherches : c'est pour les cueillir que mon frère et moi, après en avoir délibéré longuement à *Gondar*, nous résolûmes de visiter ensemble les tribus Ilmorma du grand Damot.

Cependant les guerres incessantes de l'Ethiopie ne nous laissaient pas cette liberté de mouvement dont on jouit en Europe. Possesseur de la souveraineté en *Bagemdir*, le Ras, ou connétable Ali prétendait, en vertu de son titre même, commander dans toute l'Éthiopie. Il voulait soumettre le Gojjam, et comme son armée nous offrait une protection assurée, nous dûmes attendre son entrée en campagne : nous ne pûmes ainsi quitter le *Bagemdir* avant le 25 mars 1845. Le 18 juillet suivant j'entrais dans Saqa, où des renseignements minutieusement contrôlés me firent conclure que des deux tributaires du *Uma* ou *Omo*, le *Borora* l'emportait en grandeur et en importance. Enfin l'étude des affluents de ce dernier cours d'eau ayant montré que le *Gibe* de *Inarya* était son tributaire principal, je dus placer au pied du rocher de Bora la source que nous cherchions depuis si longtemps. Après de longs délais pour vaincre les lenteurs de Abba Boggibo, nous la visitâmes enfin le 18 janvier 1846.

Mais les Anglais devaient jusqu'au bout entraver nos voyages. Deux de ces insulaires s'étaient attachés à nous suivre jusqu'en Gudru afin de profiter de notre expérience plus grande du pays. Ils méconnurent cette loi du droit des gens qui ne permet pas à des voyageurs étrangers d'intervenir violemment dans les dissensions locales. Cette loi est encore plus impérative en pays Ilmorma où, selon l'us, les tribus en guerre entre elles regardent comme sacrée la personne d'un étranger qui s'est placé régulièrement sous la protection d'un indigène. L'un des Anglais, embusqué parmi les Gudru, tua d'un coup de fusil un notable qui auparavant m'avait convoyé à travers ses compatriotes *Jimma*. Indignés de cet acte inattendu, ceux-ci jurèrent de mettre à mort tout voyageur blanc, et nous dûmes, en revenant de *Inarya*, nous arrêter en *Çaw* afin d'y négocier un chemin détourné pour regagner le *Gudru*. Mon frère me devança en parcourant une route semée de périls, et malgré la diminution de mes ressources, je dus rester longtemps à *Adami* en attendant des jours meilleurs. Vivant au milieu des bois dans une hutte isolée que les lions ont plus d'une fois ébranlée de nuit, et sur la lisière d'une herne infestée de guerriers *Jimma* en quête d'un ennemi à surprendre, je m'occupai à relever toute la chaîne du *Rare*, et à perfectionner les méthodes de la géodésie expéditive.

Mon séjour à *Adami* étant ébruité, je dus plus que jamais renoncer à côtoyer les terres des *Jimma*. Je passai en *Garjeda*, et après avoir heureusement échappé aux éléphants sur le flanc du mont *Jibate*, j'assistai dans *Sigo* à l'installation du nouveau gouvernement Ilmorma qui change tous les huit ans. De là j'allai chez le chef Yanfa Gudata qui me retint plus d'un mois à Falle sur le bord méridional d'un des hauts plateaux éthiopiens. J'y relevai un tour d'horizon des plus satisfaisants, et, entre autres objets lointains, j'achevai de préciser le lieu de la grande montagne que mes renseignements avaient déjà placée dans *Wạlayẓa.* Deux angles, qui s'accordent à 0.2′ près, ont donné un peu plus de 5000 mètres pour l'altitude de cette sommité, la plus haute qu'il m'ait été donné de mesurer. La suite de ma route par *Libạn*, *Çạlliha* et *Gudru* me permit de prendre à revers cette chaîne du *Rare* que j'avais tant étudiée pendant mon triste hivernage à *Adami.*

Je crus presque rentrer dans ma patrie quand, le 3 décembre 1846, je pus enfin fouler cette terre chrétienne de *Gojjam* dont j'étais séparé depuis dix-neuf mois. Là aussi, ma chaîne géodésique était interrompue, et je consumai encore quatre mois à négocier pour faire des stations à *Elyas*, *Wugir*, *Kạrnị* et *Ạnnạmucara.* Un chef de partisans pilla ma hutte à *Yạjibe*, je lui arrachai mes manuscrits avec peine, et le 23 avril 1847 je quittai le *Gojjam* sans savoir encore si j'avais suffisamment lié les sommités du grand *Damot* aux points géodésiques du *Bạgemdịr.* Pour en avoir la certitude, il fallait me livrer à de longs calculs ou me procurer une feuille de papier de quatre décimètres carrés afin d'y tracer le sud-est du *Gojjam* sur la plus petite échelle que je crusse permise. Je trouvai ce trésor chez un missionnaire à *Gondạr*, et j'y construisis enfin ma carte de la façon présentée à la page 334 ci-dessous.

Au commencement de 1845 j'avais écrit à Rome pour y exposer l'opportunité d'une mission chez les *Ilmorma.* S. S. Grégoire XVI répondit en envoyant d'Italie un évêque et trois prêtres. Ils venaient d'arriver en Éthiopie et devaient s'entendre avec moi. J'allai les joindre au collége catholique de *Gụal'a* en *Ạg'ame*, et je profitai de ce voyage pour faire les tours d'horizon **298**... **309**. Après avoir achevé dans *Gụal'a* divers autres travaux, je rentrai à *Gondạr* en décembre 1847.

Toujours arrêté par les lenteurs habituelles à l'*Éthiopie*, je ne pus me remettre en route avant le 29 février 1848. Je voulais refaire, par un temps favorable, mon tour d'horizon si imparfait de *Cịma*, et en ajouter d'autres pour établir d'une manière détaillée les limites nord-ouest du lac *Ṭana.* Mais sur ces rives insalubres je fus atteint par ma plus cruelle ophthalmie, et je renonçai en conséquence à mon projet favori de retourner en *Tịgray* par *Gạrgạra*, *Lalibạla* et les hautes montagnes du *Wag.* Je repris donc cette route de *Gondạr* au *Sịmen* que j'avais si souvent parcourue. Avant de dire un dernier adieu à la rive gauche du *Tạkkạze*, je voulus faire un tour d'horizon au mont *Buahit*, et le 13 mai 1848, j'attendis en vain plus d'une heure et demie sur ce sommet isolé, debout, nu-pieds, et ayant de la neige jusqu'aux genoux. Les nuages ne cessèrent de m'envelopper, et le froid me chassa enfin de cette station. Deux jours plus tard je pus prendre une revanche sur le vaste mont *Dạjạn* en un point que j'ai nommé mont *Ankua*, haut de 4600 mètres, et l'un des lieux les plus élevés du globe où l'on ait encore planté un théodolite.

Enfin, le 4 octobre 1848, je fis voile de *Muçạww'ạ* pour me rendre à *Jiddạh.* Là, je profitai d'un vapeur anglais qui allait à Suez, et j'arrivai le 2 novembre au Caire. Dans cette capitale, avec l'aide d'un savant éthiopien que j'emmenais jusqu'à Jérusalem où il désirait accomplir son pèlerinage, je refis pour la troisième fois mon vocabulaire de la langue *amarịñña;* c'est alors aussi que je construisis mes cartes du *Bạgemdịr* et du *Tịgray.* J'avais différé jusque-là ce dernier travail parce que les tracés et les calculs géodésiques consumaient un temps précieux qu'il aurait fallu enlever à d'autres occupations impossibles hors de l'Éthiopie.

Après dix années de voyages, et non pas deux ou trois comme je l'avais cru d'abord, après avoir péniblement conquis ma route à travers des obstacles, des épreuves et des événements de toute nature, formant les matériaux d'un récit qui sera publié un jour, j'avais rempli, et au delà, le programme que je m'étais tracé en 1836.

Mon frère vint me rejoindre au Caire. J'avais la satisfaction de voir qu'après douze années de séjour continu dans la zone torride africaine, ce compagnon de mes voyages avait échappé à toutes les chances fatales aux voyageurs en Afrique. Tour à tour, et selon l'occasion, juge, diplomate ou général dans les armées éthiopiennes, il avait fait connaître jusqu'au fond du *Gojjam* le nom et la douce influence de notre patrie, et tout en aplanissant bien des obstacles dans mes courses, il portait ses investigations en des champs de recherches que je n'avais pu qu'effleurer.

Deux missions chrétiennes étaient établies l'une dans le nord, l'autre dans le sud de la haute Éthiopie.

Par des traditions locales ou par des observations physiques, j'avais recueilli des indications précieuses pour éclairer l'origine de la race nègre.

J'avais commencé sur les lois de l'Éthiopie, ses us judiciaires et sa procédure, un travail qui fut largement augmenté par mon frère.

J'avais étudié une trentaine de langues éthiopiennes dans des vocabulaires péniblement réunis et dont l'ensemble présentait plus de quarante mille mots.

Ma collection de manuscrits éthiopiens était réputée la plus complète de l'Éthiopie, et dépassait, en nombre et en variété, celle de la plus riche bibliothèque d'Europe.

Admis dans la hiérarchie du corps enseignant en Éthiopie, j'avais pu m'initier aux méthodes usitées dans ce pays où la science, peu avancée il est vrai, est du moins professée gratuitement et en public. J'avais trouvé, dans l'étude de cette société peu connue qui réveille nos souvenirs du moyen âge, de Rome, de la Grèce et de la Judée, des preuves de ce que devient le savoir lorsqu'il se développe sous l'empire, trop souvent funeste, des idées innées, et surtout dans un profond isolement national.

Mes renseignements géographiques sur une grande étendue de pays peu ou point connus, formaient la matière d'un volume et ajoutaient des preuves à mon opinion que la source du fleuve Blanc doit être placée au pied du mont *Bora*, dans la forêt vierge de

Babya, que nous avions été les premiers à découvrir et à explorer.

Enfin, j'avais établi une suite liée d'azimuts et de latitudes qui traversait une région plus étendue que la France.

Content mais las de mes longs voyages, j'ai pourtant quitté l'Éthiopie avec regret, car en étudiant toutes ces questions, j'en avais découvert d'autres que j'ai dû me borner à effleurer seulement; je les recommanderai au zèle de mes successeurs. Mais nul n'a le droit de s'affliger d'avoir entamé des travaux restés inachevés, car toute recherche patiente amène sa propre récompense en dévoilant de nouveaux horizons autour du large champ qui, dans l'étude des sciences, nous sépare encore des régions de l'inconnu.

II

ORTHOGRAPHE.

Notre ouvrage contient beaucoup de noms propres qui appartiennent à des langues hérissées d'articulations étrangères au français. Comme il est difficile de bien retenir les alphabets étrangers, et que cette connaissance même serait inutile pour les langues non écrites encore, on désire toujours employer une transcription en caractères latins. Mais malgré les progrès récents de la linguistique, ou peut-être plutôt à cause de la multitude des savants qui font avancer cette science, personne n'a assez d'autorité pour ajouter à notre alphabet trente ou quarante lettres qui serviraient à représenter les sons inconnus au latin. Ce serait là, en effet, le moyen le plus simple de pourvoir à l'un des besoins matériels les plus impérieux de la philologie.

En attendant qu'on puisse s'accorder pour cette réforme si désirable, plusieurs savants ont préféré un système mixte qui attribue des sons particuliers à quelques lettres rédondantes de notre alphabet, et en même temps à certaines autres lettres qu'ils modifient par l'adjonction de signes diacritiques. Cette méthode, commode à beaucoup d'égards, a néanmoins l'inconvénient de ne point donner assez de physionomie aux mots où l'on emploie un caractère connu dont le son doit cependant changer en vertu d'un signe qui lui est accolé et qui, étant bien plus petit que la lettre elle-même, est nécessairement peu visible. D'ailleurs, on omet trop souvent par mégarde ces signes accessoires, soit dans la correction des épreuves, soit même dans la transcription des manuscrits, et comme dans l'ouvrage actuel, on s'expose ainsi à des errata fastidieux. Pour ne pas trop innover en employant des caractères inventés exprès, nous avons cependant adopté ce système, au moins comme pis-aller, et surtout parce que des esprits sérieux l'ont déjà approuvé.

Il est du reste certain que le meilleur moyen serait d'inscrire tous les noms dans les caractères du pays en ajoutant à leur suite une métagraphie approchée en caractères français. Mais cette méthode, longue et coûteuse d'ailleurs, devrait être employée avec plus de soin que chez tel auteur qui écrit, par exemple, *daga* au lieu de *idgaga* (marché), et *Alogin*, qu'il transcrit *Aloguiène*, au lieu de *'Algwgen, Dgmbila* qu'il met ainsi en caractères éthiopiens et qu'il rend par le mot *Tsembela* en caractères français, etc. Il serait aussi oiseux que facile de multiplier des citations de ce genre.

Voici les règles qui ont présidé à notre système de transcription :

1. Tout monogramme oriental est représenté, autant qu'il est possible, par un monogramme européen, et tout son simple, par une lettre unique. On n'écrira donc pas, comme l'a fait un voyageur allemand, *tsch* pour exprimer notre *j*. De même *c* remplacera le *tch* usité par le public en général, mais qui devient monstrueux quand il s'agit d'écrire ce son double ou prolongé. Ainsi, au lieu de *Tatchtchata*, nous écrivons *Taççata.*

2. Chacune des lettres employées pour rendre des mots étrangers, représente un même son, indépendamment de la position de cette lettre. Ainsi, le *c* auquel nous donnons le son bien connu en italien devant *e*, *i*, conservera le même son devant *a*, *o*, *u*. *Co* doit donc se prononcer *tcho; ge* ne doit pas se dire comme un *jé* français, mais au contraire se prononcer comme le mot *gué*.

3. Les consonnes dites *renforcées* par les Arabes, et que les Éthiopiens appellent *gardées*, seront représentées, comme en français, par la réduplication de ces consonnes. Les Éthiopiens n'ont pas de signe pour la désigner, et instruit par eux dans l'orthographe de leurs noms propres, j'ai souvent négligé de noter les lettres doubles quand je passais à la transcription française. Mais ces omissions sont presque toujours fort peu importantes.

Issus d'une émigration arabe, les sémites du *Tigray* ont reçu, et perfectionné peut-être, l'alphabet des *Himyarites* ou *Homérites* dont quelques inscriptions en Arabie nous révèlent à peine l'antique littérature. L'alphabet ou syllabaire qui en est résulté, connu aujourd'hui sous le nom d'éthiopien, est probablement le plus complet comme il est d'ailleurs le plus clair qui existe. Nous donnons cet alphabet à la page suivante, en accompagnant chaque lettre de la même transcription que nous avons déjà employée ailleurs (a).

(a) Voyez : 1° *Mémoire sur le tonnerre en Éthiopie*. Paris, Imp. imp. 1858.
2° *Catalogue de manuscrits éthiopiens*. Paris, Imp. imp. 1859.
3° *Résumé géodésique*, etc., Leipzig, 1859.

GI'IZ 1er.		KAʿỊB 2e.		SALỊS 3e.		RABʿỊ 4e.		ḤAMỊS 5e.		SADỊS 6e.		SABʿỊ 7e.	
ሀ	hạ	ሁ	hu	ሂ	hi	ሃ	ha	ሄ	he	ህ	hị	ሆ	ho
ለ	lạ	ሉ	lu	ሊ	li	ላ	la	ሌ	le	ል	lị	ሎ	lo
ሐ	ḥạ	ሑ	ḥu	ሒ	ḥi	ሓ	ḥa	ሔ	ḥe	ሕ	ḥị	ሖ	ḥo
መ	mạ	ሙ	mu	ሚ	mi	ማ	ma	ሜ	me	ም	mị	ሞ	mo
ሠ	ṣạ	ሡ	ṣu	ሢ	ṣi	ሣ	ṣa	ሤ	ṣe	ሥ	ṣị	ሦ	ṣo
ረ	rạ	ሩ	ru	ሪ	ri	ራ	ra	ሬ	re	ር	rị	ሮ	ro
ሰ	sạ	ሱ	su	ሲ	si	ሳ	sa	ሴ	se	ስ	sị	ሶ	so
ቀ	qạ	ቁ	qu	ቂ	qi	ቃ	qa	ቄ	qe	ቅ	qị	ቆ	qo
በ	bạ	ቡ	bu	ቢ	bi	ባ	ba	ቤ	be	ብ	bị	ቦ	bo
ተ	tạ	ቱ	tu	ቲ	ti	ታ	ta	ቴ	te	ት	tị	ቶ	to
ኀ	h̤ạ	ኁ	h̤u	ኂ	h̤i	ኃ	h̤a	ኄ	h̤e	ኅ	h̤ị	ኆ	h̤o
ነ	nạ	ኑ	nu	ኒ	ni	ና	na	ኔ	ne	ን	nị	ኖ	no
አ	-ạ	ኡ	-u	ኢ	-i	ኣ	-a	ኤ	-e	እ	-ị	ኦ	-o
ከ	kạ	ኩ	ku	ኪ	ki	ካ	ka	ኬ	ke	ክ	kị	ኮ	ko
ወ	wạ	ዉ	wu	ዊ	wi	ዋ	wa	ዌ	we	ው	wị	ዎ	wo
ዐ	ʿạ	ዑ	ʿu	ዒ	ʿi	ዓ	ʿa	ዔ	ʿe	ዕ	ʿị	ዖ	ʿo
ዘ	zạ	ዙ	zu	ዚ	zi	ዛ	za	ዜ	ze	ዝ	zị	ዞ	zo
የ	yạ	ዩ	yu	ዪ	yi	ያ	ya	ዬ	ye	ይ	yị	ዮ	yo
ደ	dạ	ዱ	du	ዲ	di	ዳ	da	ዴ	de	ድ	dị	ዶ	do
ገ	gạ	ጉ	gu	ጊ	gi	ጋ	ga	ጌ	ge	ግ	gị	ጎ	go
ጠ	ṭạ	ጡ	ṭu	ጢ	ṭi	ጣ	ṭa	ጤ	ṭe	ጥ	ṭị	ጦ	ṭo
ጰ	p̣ạ	ጱ	p̣u	ጲ	p̣i	ጳ	p̣a	ጴ	p̣e	ጵ	p̣ị	ጶ	p̣o
ጸ	ẓạ	ጹ	ẓu	ጺ	ẓi	ጻ	ẓa	ጼ	ẓe	ጽ	ẓị	ጾ	ẓo
ፀ	ẓạ	ፁ	ẓu	ፂ	ẓi	ፃ	ẓa	ፄ	ẓe	ፅ	ẓị	ፆ	ẓo
ፈ	fạ	ፉ	fu	ፊ	fi	ፋ	fa	ፌ	fe	ፍ	fị	ፎ	fo
ፐ	pạ	ፑ	pu	ፒ	pi	ፓ	pa	ፔ	pe	ፕ	pị	ፖ	po
		ኰ	kuạ	ኵ	kuị	ኲ	kui	ኳ	kua	ኴ	kue		
		ጐ	guạ	ጕ	guị	ጒ	gui	ጓ	gua	ጔ	gue		
		ቈ	quạ	ቍ	quị	ቊ	qui	ቋ	qua	ቌ	que		
		ኈ	h̤uạ	ኍ	h̤uị	ኊ	h̤ui	ኋ	h̤ua	ኌ	h̤ue		
ሸ	šạ	ሹ	šu	ሺ	ši	ሻ	ša	ሼ	še	ሽ	šị	ሾ	šo
ቸ	cạ	ቹ	cu	ቺ	ci	ቻ	ca	ቼ	ce	ች	cị	ቾ	co
ኘ	ñạ	ኙ	ñu	ኚ	ñi	ኛ	ña	ኜ	ñe	ኝ	ñị	ኞ	ño
ኸ	ḳạ	ኹ	ḳu	ኺ	ḳi	ኻ	ḳa	ኼ	ḳe	ኽ	ḳị	ኾ	ḳo
ዠ	ǰạ	ዡ	ǰu	ዢ	ǰi	ዣ	ǰa	ዤ	ǰe	ዥ	ǰị	ዦ	ǰo
ጀ	jạ	ጁ	ju	ጂ	ji	ጃ	ja	ጄ	je	ጅ	jị	ጆ	jo
ጨ	çạ	ጩ	çu	ጪ	çi	ጫ	ça	ጬ	çe	ጭ	çị	ጮ	ço

ሏ	ሟ	ሯ	ሷ	ሿ	ቧ	ቷ	ቿ	ኗ	ዟ	ኟ	ዷ	ጧ	ጯ	ጿ	ፏ
lua	mua	rua	sua	šua	bua	tua	cua	nua	zua	yua	dua	ṭua	çua	ẓua	fua

CHAPITRE I.

INSTRUMENTS EMPLOYÉS.

I. Théodolite Falbe.

Ce théodolite, construit par feu Pistor de Berlin, avait appartenu à M. Falbe, officier de la marine royale de Danemarck. Après s'être servi de cet instrument pour faire sa carte de la régence de Tunis, M. Falbe me le céda en 1839. Dans ce théodolite, le cercle destiné à mesurer les angles verticaux avait un diamètre de 85·3 millimètres mesurés de vernier à vernier. Le cercle azimutal avait un diamètre de 91 millimètres. La lunette principale et supérieure avait un objectif large de $14{\cdot}5^{mm}$, 123^{mm} de distance focale et un grossissement de 9 fois. La lunette inférieure ou lunette d'épreuve avait un objectif de $14{\cdot}5^{mm}$, 126^{mm} de distance focale et grossissait 10 fois. Deux verniers opposés servaient à lire le cercle supérieur; le cercle azimutal portait trois verniers espacés entre eux de 120°. Pour mettre au foyer, on était obligé d'enfoncer ou de retirer un tube court et séparé qui portait l'objectif. L'instrument n'était pourvu que d'un seul niveau qui était fixé au cercle supérieur un peu au-dessus de l'axe horizontal et presque au-dessus de l'axe vertical. Les deux cercles avaient des limbes gradués de 20′ en 20′ et les verniers donnaient 30″. Le niveau avait une longueur de 31^{mm} dans sa partie nue et divisée, et les deux bouts en étaient fermés à la lampe d'émailleur. Les divisions partaient d'un espace central non gradué long de 11^{mm} et s'avançaient de part et d'autre vers chaque bout. Chaque trait de ce niveau était gravé sur le verre et espacé de 1^{mm} du trait suivant. Quand la lunette supérieure était allongée du côté de l'objectif pour être mise au foyer et qu'on la dirigeait vers le zénit, la hauteur totale de l'instrument était 225^{mm}; son poids avec sa boîte était inférieur à 4·5 kilogrammes. Quand l'axe du cercle azimutal était vertical, et que la lunette supérieure pointait au zénit, le vernier *B* du cercle supérieur marquait à peu de chose près 180°; le vernier *A* était alors à peu près à 0°. Le point le plus élevé du cercle vertical portait 270° dans la graduation continue et par conséquent le point zénital de l'instrument était presque à 180° pour le vernier *B* et à 0° pour le vernier *A*. On mettait au foyer des fils au moyen d'un tirage, à frottement très-dur, placé dans le tube qui portait l'oculaire. Sur les quatre fils, dont un horizontal et trois verticaux, j'en avais retiré deux de manière à ne laisser qu'une simple croisée de deux fils dans le champ de la lunette.

Le sens dans lequel s'accroissaient les divisions des deux cercles du théodolite Falbe étant celui de la marche d'une aiguille de montre sur son cadran, quand la lunette dirigée vers un objet était, par rapport à l'axe vertical, à *droite* de l'observateur qui regarde directement par l'oculaire, les lectures du cercle vertical par l'un ou l'autre de ses verniers étaient toujours plus grandes, d'une quantité égale au double de l'apozénit, que les lectures faites alors qu'on pointait sur le même objet après avoir retourné la lunette et l'avoir placée à *gauche* de l'axe vertical. Alors nous aurons :

$$\mathbf{D} = Z + z$$
$$\mathbf{G} = Z - z.$$

On obtient de là :

$$Z = \tfrac{1}{2}(\mathbf{D} + \mathbf{G})$$
$$z = \tfrac{1}{2}(\mathbf{D} - \mathbf{G}).$$

Le niveau du théodolite Falbe avait une petite vis supérieure contrebutée par un ressort situé sous le tube de verre. Ces pièces mobiles, fixées à l'une des extrémités du niveau, servaient à ramener la bulle quand elle s'écartait trop de ses repères. La surface interne et supérieure du niveau était une courbe irrégulière là où la bulle oscillait, et par suite les divisions de ce niveau n'étaient pas toutes d'égale valeur. Toutefois, selon M. Villarceau qui vérifia ce niveau sur le cercle mural de Gambey à l'Observatoire de Paris, il paraît que sans encourir d'erreur sensible on peut supposer égale à 13″·1 en arc la valeur moyenne d'une division de ce niveau, quand la température est à 20°3. Outre l'inégalité de calibre, ce niveau avait peu de sensibilité et sa bulle marchait par saccades. Ces trois causes peuvent donc introduire de légères erreurs dans les résultats déduits des apozénits, quoique en même temps la plus grande partie de ces erreurs doive être compensée chaque fois qu'on a fait plusieurs suites d'observations. On comprendra aisément la manière dont je lisais le niveau. Quand j'étais placé à l'oculaire, dans l'une ou dans l'autre position de la lunette, je désignais toujours par *deçà* la lecture de l'extrémité de la bulle qui était la plus rapprochée de l'oculaire, et par *delà* la lecture donnée par le bout éloigné de cette bulle. Supposons donc la lunette à droite, supposons en outre, qu'au lieu d'appliquer à l'apozénit obtenu la correction indiquée par le niveau, il faille appliquer celle-ci de suite à chaque lecture, nous aurons :

$$\mathbf{D} \text{ corrigé} = \mathbf{D} \text{ observé} + \tfrac{1}{2}\,(\text{deçà} - \text{delà}) \times 13''\cdot 1.$$

De même,

$$\mathbf{G} \text{ corrigé} = \mathbf{G} \text{ observé} + \tfrac{1}{2}\,(\text{delà} - \text{deçà}) \times 13''\cdot 1.$$

Nous avons corrigé de cette manière chaque lecture du cercle vertical, et en la rapportant ainsi à un zénit fixe, nous l'avons rendue propre aux opérations ultérieures. Les valeurs corrigées de **D** et **G** étant mises dans les formules ci-dessus, on obtient de suite les valeurs du point zénital Z et de l'apozénit z, corrigées pour le niveau. Il est bon d'ajouter que la somme des lectures *deçà* et *delà* est chaque fois égale à la longueur de la bulle exprimée en divisions du niveau, et cette somme devrait rester constante pour la même température.

A peu d'exceptions près, je ne lisais que le vernier supérieur du théodolite Falbe, à cause de la grande difficulté de lire le vernier inférieur, ce qui m'exposait à heurter quelque partie de l'instrument et à déranger en même temps toute la suite des observations en appliquant l'œil à la loupe du vernier inférieur. Cela était à craindre surtout parce que le pied ou support du théodolite était peu stable. En effet, il fut construit en Éthiopie même et dut servir faute de mieux. Jusqu'aux premiers tours d'horizon près du lac *Ṭana*, j'employais en guise de pied une pierre plate dont le peu de hauteur me forçait d'observer à genoux ou demi-couché ; la lecture du vernier inférieur était alors souvent impossible. En employant toujours le vernier supérieur, je lisais donc le vernier B du cercle vertical, quand la lunette était à droite, et le vernier A, quand elle était à gauche. Si, par conséquent, la distance entre les deux verniers n'était pas exactement 180°, mais par exemple :

$$A - B = 180^\circ + 2x$$

où x est un petit nombre de secondes, alors tous les apozénits obtenus selon la méthode précédente seront trop petits de la quantité x. Or, x doit être d'une grandeur variable, car elle sera différente pour des points différents de la circonférence du cercle vertical, parce que le centre de révolution de ses verniers ne coïncidait probablement pas avec celui de la division. Ayant cédé l'instrument à M. le baron Müller, sans avoir songé à déterminer cette excentricité, je n'ai aucun moyen de déterminer la quantité de cette erreur. Elle était peut-être, nous dirons même elle était probablement plus grande que 10″. Toutefois, dans la série d'observations faites au théodolite Falbe, on trouve 5 suites (†) prises à peu près au même point de la circonférence, où les lectures des deux verniers ont été notées, et qui sont par là propres à déterminer x pour cette partie du limbe. Il faudrait au moins 3 valeurs de x, pour des points différents de la circonférence, afin de séparer les deux quantités suivantes : 1° l'excès de la distance des verniers par rapport à 180°, et 2° la correction qui provient de l'excentricité. Ne pouvant assigner la valeur de la correction due à chacune de ces deux causes, nous allons entamer la discussion des cinq suites d'observations susdites, et l'on verra que cette incertitude n'affectera pas sérieusement les latitudes déterminées par le théodolite Falbe.

Investigation de $x = \tfrac{1}{2}\,(A - B - 180^\circ)$

	LECTURES.		
	Vernier *B.*	Vernier *A.*	2x
	195°46′30″	15°47′ 0″	+ 30″
	43 0	44 0	+ 60
	39 0	40 40	+100
Dima	39 0	40 10	+ 70
1840 : Mars 18.	38 30	40 30	+120
	43 30	43 0	— 30
	44 30	44 30	+ 0
	47 0	47 0	+ 0
	𝔐 195 43		x = 21″·9

	LECTURES.		
	Vernier *B.*	Vernier *A.*	2x
	195°47′30″	15°49′ 0″	+ 90″
	44 0	44 25	25
	43, 0	44 30	90
	42 0	44 30	90
Taranta	41 0	42 30	90
1840 : Mars 19.	41 15	42 0	45
	42 0	42 15	15
	42 10	42 45	35
	44 0	45 30	90
	46 20	46 40	20
	𝔐 195 43		x = 29″·5

(†) On a oublié ici les observations faites à Saqa le 1er nov. 1843, qui donnent x = + 44″ ; cela changerait la moyenne 16″·8 en 23″. R. R.

	LECTURES.		
	Vernier *B*.	Vernier *A*.	2x
	195°23′30″	152°4′30″	+ 60″
	14 0	14 15	+ 15
Hanna Sanna	13 0	13 0	+ 0
1840 : Mars 20.	13 30	13 25	— 5
	13 50	15 0	+ 70
	15 30	15 0	— 30
	𝔐 195 16		x = 9″·2
	193 26 30	13 27 30	+ 60
	24 0	25 20	80
	23 0	23 40	40
	21 35	21 45	10
	20 0	21 10	70
May Bahya	18 50	19 50	60
1840 : Mars 23.	18 35	19 10	35
	19 30	19 50	20
	19 35	20 0	25
	21 20	21 30	10
	22 30	23 0	30
	25 0	25 25	25
	𝔐 193 22		x = 19″·4

	LECTURES.		
	Vernier *B*.	Vernier *A*.	2x
	192°443′0″	12°44′30″	+ 0″
	43 0	42 40	— 20
	42 0	42 20	+ 20
Balasa	42 0	42 20	+ 20
	41 15	41 10	— 5
1840 : Mars 24.	42 0	41 50	— 10
	42 50	43 5	+ 15
	44 0	44 30	+ 30
	46 0	46 30	+ 30
	𝔐 192 43		x = 3″·9

Ces résultats sont mauvais. Faute de mieux, nous avons pris la moyenne de ces moyennes ou x = 16″·8, quand le vernier *B* donne 194° 33′·4, et comme le point zénital de l'instrument était presque à 179° 57′·4 pour le vernier *B*, cette lecture de 194° 33′·4 correspond à 14° 36′ d'apozénit. Or, quoique x soit une quantité mixte qui se compose de l'excès de distance des verniers sur 180° et de l'influence de l'excentricité, et bien qu'à la rigueur notre x ne soit applicable que lorsque l'apozénit est égal à 14° 36′·0, on pourra l'employer d'une manière approximative chaque fois que l'apozénit ne s'éloigne pas beaucoup de 15°. Entre les tropiques, quand la déclinaison du soleil est homonyme avec la latitude, l'apozénit de cet astre est toujours petit, et comme pour déterminer des latitudes par le théodolite Falbe, j'ai observé la plupart des apozénits dans ces limites qui s'étendent, à peu d'exceptions près, à tout au plus 30° du zénit, nous pourrons supposer que la valeur de x n'a pas changé dans les divers apozénits observés pendant tout le voyage. Le changement dans la correction due à l'excentricité pour une étendue de 20° de part et d'autre d'un apozénit de 15° doit être fort petit, et par conséquent la correction x = 16″·8 a été appliquée à tous les apozénits observés au théodolite Falbe quand il s'agissait d'obtenir la latitude.

L'erreur de collimation de l'axe optique de ce théodolite était une quantité très-variable et flottait entre 6′ et 15′. Cette grande fluctuation provenait de la manière dont on était *obligé* de mettre l'objectif au foyer des objets, en enfonçant plus ou moins, dans le tube principal, le tube trop court qui portait l'objectif. Ce mécanisme, que Pistor employait pour les petits instruments, est de toutes façons blâmable, car si l'observateur a le malheur de toucher l'objectif de sa lunette, un montage aussi tremblotant peut faire varier l'erreur de collimation dans une seule et même suite d'observations. Il en résultait aussi un autre inconvénient très-sérieux : car autant l'erreur de collimation était nécessairement variable, autant le point zénital était aussi sujet à changer par la même raison. Dans le courant de cet ouvrage, on verra suffisamment la grande variabilité du point zénital dans le théodolite Falbe, et nous avons dû user de la plus grande circonspection pour le bien établir, car l'exactitude finale de toutes les altitudes déduites des apozénits dépendait de cette détermination.

Le théodolite Falbe n'avait pas de niveau sur l'axe horizontal, ce qui empêche de trouver la quantité dont cet axe s'écartait peut-être de l'horizontale. On s'est donc borné à admettre que l'artiste aura primitivement bien établi la perpendicularité des deux axes et que, par conséquent, le petit axe était horizontal lorsqu'on avait, au moyen du niveau, rendu l'axe long exactement vertical. Il en résulte qu'un apozénit z aurait été lu sur le cercle comme égal au côté *z* d'un triangle rectangle, dont les deux autres côtés sont z et c. Ce triangle peut être regardé comme plane lorsque z est < 2°, et l'on a dès lors

$$\mathrm{z} = \sqrt{z^2 + \mathrm{c}^2}\,;$$

mais en général

$$\cos \mathrm{z} = \cos z \cos \mathrm{c}$$

et en même temps

$$= \cos z \cos (\mathrm{z} - z) \sin (\mathrm{z} - z)$$

d'où

$$\sin (\mathrm{z} - z) = \cot z \left\{ \cos (\mathrm{z} - z) - \cos \mathrm{c} \right\} = 2 \cot z \left\{ \sin^2 \tfrac{1}{2} \mathrm{c} - \sin^2 \tfrac{1}{2} (\mathrm{z} - z) \right\}$$

ou bien

$$\mathrm{z} - z = \tfrac{1}{2} \sin 1'' \mathrm{c}^2 \cot z.$$

Pour faciliter les réductions, nous avions construit d'après ces formules une table de la correction z — *z* depuis c = 6' jusqu'à c = 15', limites de l'erreur de collimation du théodolite Falbe. Une autre table contenait la somme de cette correction et de celle qui était due à l'excentricité des verniers.

Sur l'exactitude d'une latitude observée au théodolite Falbe.

Afin de montrer que les hypothèses ci-dessus faites sont admissibles dans nos limites d'exactitude et quel degré de précision on peut obtenir, en déduisant une latitude des observations faites au théodolite Falbe, nous rassemblerons ici les résultats obtenus plus loin pour la latitude de Saqa.

Latitude Nord de la seconde Station du premier voyage :

1843. Octobre 7	par 6 obs. de α du Paon =	8°12′ 3″·5
1843. Novembre 1	par 12 obs. du soleil. . .	8 11 29 ·2
1844. Février 12	par 13 obs. du soleil. . .	8 11 33 ·9
Moyenne de 31 observations.		8°11′37″·8

Latitude Nord de la Station du second voyage :

1845. Novembre 21 par 8 obs. du soleil =	8°11′55″·3
1845. Novembre 22 par 3 obs. du soleil	8 12 17 ·7
Moyenne de 11 observations.	8°12′ 1″·4

J'estimai que la station de 1845 était à ¼ de mille, ou 15″ en arc plus au Nord que la station de 1843-1844; les observations ci-dessus donnent 23″·6. Cet accord n'est sans doute autre chose qu'une heureuse coïncidence; mais de pareilles rencontres sont rares chez des observateurs peu soigneux. Néanmoins il y aurait lieu de douter jusqu'à quel point la latitude ci-dessus pourrait être erronée quant à sa valeur absolue, si par bonheur je n'avais observé la même latitude par le sextant de Gambey. On trouve plus loin :

Latitude Nord de la Station 1843-1844 par 48 obs. = 8°11′39″·5
Station 1845. . . par 3 obs. 8 11 54 ·6 (douteuses).

Ici la différence des deux stations est donnée par l'instrument comme égale à 14″8, ce qui est presque exactement égal à l'estime; et il n'y a qu'une petite différence entre les deux instruments, car nous avons :

Station de 1843-1844.	— 1″·7
Station de 1845.	+ 6 ·8
Moyenne. . . .	+ 2″·5

La différence moyenne entre les résultats fournis par les deux instruments ne s'élève donc qu'à 2″·5, quantité si petite, qu'elle est tout juste visible dans les lunettes des instruments employés. Toutefois, une portion de cette différence peut être attribuée à une petite erreur de parallélisme des deux miroirs du sextant, quand son alidade est à zéro. La partie la plus grande du désaccord doit provenir du théodolite à cause de l'incertitude qui reste encore sur la détermination de la quantité x, laquelle est tirée d'observations peu concordantes.

Il sera maintenant facile d'apprécier le degré d'exactitude d'une latitude déterminée par une seule suite d'observations faites au théodolite Falbe. En effet, nous obtenons par les stations du premier et du second voyage :

	Ecart de la moyenne	Nombre d'observ.	Erreur d'une suite d'observ.
1843. Oct. 7.	+ 19″·2	6	47″·0
» Nov. 1.	+ 1 ·7	12	5 ·9
1844. Févr. 12.	— 10 ·7	13	37 ·5
1845. Nov. 21.	— 6 ·1	8	17 ·3
» Nov. 22.	+ 16 ·3	3	28 ·3
		Moyenne	27″·2

Par conséquent, l'erreur probable d'une seule observation est égale à $27''\cdot 2$. Il est facile de conclure de là que l'erreur d'une suite d'observations s'étendant jusqu'à 10, serait comme ci-dessous :

Nombre d'une suite d'observ.	Erreur probable du résultat moyen.
1	27''·2
2	19 ·2
3	15 ·7
4	13 ·6
5	12 ·2
6	11 ·1
7	10 ·3
8	9 ·6
9	9 ·1
10	8 ·6

et, en général, pour une moyenne de n observations l'erreur probable $= \frac{27''\cdot 2}{\sqrt{n}}$ où néanmoins on présuppose que l'instrument a été retourné après chaque observation, ainsi que je l'ai presque toujours fait, car autrement l'erreur probable serait beaucoup plus grande. Ces erreurs probables ne s'appliquent d'ailleurs qu'aux séries faites en des circonstances favorables, et où la bulle du niveau variait peu pendant la même suite d'observations.

II. Théodolite Gambey.

Le théodolite Gambey ne fut pas transporté au delà de *Gondar* à cause de son poids qui était trop considérable pour un voyage en pays difficile. Dans cet instrument le système des cercles supérieurs se compose d'un cercle alidade qui tourne dans un autre cercle autour d'un centre commun. Ce cercle alidade a quatre verniers également espacés entre eux, et le limbe du cercle correspondant est divisé de 5 en 5 minutes. Les verniers donnent jusqu'à 5''. De vernier à vernier, le cercle alidade a un diamètre de 159^{mm}. La lunette supérieure, fixée au cercle alidade vertical, a $27\cdot 6^{mm}$ d'ouverture à l'objectif, et un oculaire qui grossit 17 fois. Ce dernier était remplacé, dans les observations près du zénit, par un prisme muni de son oculaire.

Le système des cercles azimutaux est très-semblable à celui des cercles supérieurs, à l'exception du nombre des verniers, car le cercle alidade n'en a que deux situés sur le même diamètre. Ces verniers donnent 5'' et le diamètre du cercle alidade est à peu près égal à 159^{mm}. La lunette inférieure était pareille à l'autre. Dans les deux systèmes de cercles, le sens de la division est le même, et contraire à celui d'une aiguille de montre qui chemine sur son cadran. Ce théodolite a deux niveaux, tous deux très-peu exacts. L'un de ces niveaux est attaché à l'axe du limbe supérieur et plus près de celui-ci que de l'axe vertical des cercles horizontaux. Ce niveau a des divisions égales de part et d'autre d'un espace central de 36^{mm} laissé sans division. M. Villarceau, ayant bien voulu étudier ce niveau sur la lunette du cercle mural de Gambey, a constaté le fait très-remarquable que les divisions espacées d'un millimètre représentaient chacune $2''\cdot 4$ à un bout du niveau, que la valeur d'une division allait en croissant jusqu'à la portion centrale du niveau où l'espace entre deux divisions équivaut à $3''\cdot 8$; que la première division correspondante de l'autre côté de l'espace vide vaut $2''\cdot 5$, et que cette valeur croît assez régulièrement jusqu'à l'autre bout du niveau, où une division vaut $3''\cdot 6$. Ce niveau n'est donc pas symétrique. La valeur moyenne de chacune des divisions est 3''. A 'Adwa, j'avais trouvé $2''\cdot 94$ en comparant les lectures du cercle vertical de l'instrument dans les deux positions extrêmes de la bulle. Gambey m'avait dit $4''\cdot 6$. L'autre niveau de ce théodolite est plus petit et détaché de l'instrument sur lequel il est maintenu par un récipient en fourche. Toutes les parties de ce théodolite sont admirablement travaillées et d'une façon digne du nom de Gambey; mais il y a quelques défauts très-graves dans la disposition de l'instrument. Le premier consiste dans la place occupée par le grand niveau, long de 8 centimètres, et qui est trop éloigné des cercles verticaux, et surtout qui est lié avec la pince d'une façon extrêmement légère. Du reste, l'instrument est malheureusement construit sur le principe de la répétition, et donne par conséquent des résultats indignes de ses dimensions. C'est ce qui sera suffisamment prouvé par la latitude de *Gondar*, la seule que j'aie déterminée avec ce théodolite par une suite régulière d'observations. En Allemagne et en Angleterre, ce fameux système de répétition a été condamné depuis longtemps comme donnant des résultats d'une exactitude illusoire. Dans la suite de cet ouvrage, on trouvera des preuves suffisantes qui mènent à cette conclusion, quoique les nombreuses latitudes déterminées par Zach et autres, et les expériences de Horner dans son voyage autour du monde avec Krusenstern, aient décidé la question depuis longtemps. Au lieu de croire à la vertu des moyennes déduites d'un ensemble d'observations, nous aimons mieux faire ressortir le résultat de chaque observation isolée. Il semble que, même aujourd'hui, ce système a conservé des partisans en France. Toutes les latitudes de la mesure du grand arc de méridien ont été déterminées par le principe de la répétition, et l'on ferait bien de les vérifier par les bonnes méthodes dont Gauss, Bessel et M. Struve se sont servis dans leurs travaux géodésiques, ou mieux encore par l'emploi de la lunette zénitale.

III. Instrument des passages.

En 1839, j'avais fait venir de Munich cet instrument fait par Ertel, et je n'en parle ici que pour engager les voyageurs à ne pas en faire usage. En effet, pour déterminer le temps absolu et la longitude par un instrument qui doit rester en place et bien fixe entre deux observations consécutives, il faut un pied très-stable et incommode à transporter. Il faut, en outre, un local bien fermé et une sécurité dont on jouit bien rarement en voyage. De plus, l'énorme chaleur des pays que je traversai fit décoller les bouts des niveaux et rendit ainsi tout l'instrument inutile. C'est un service aux observateurs à venir que d'insister sur l'inconvénient attaché à chaque espèce de niveau à bulle d'air. En France, où l'on ferme à la lampe d'émailleur les deux bouts du tube de verre, la haute température déforme alors cette courbe cycloïdale intérieure qu'on avait obtenue à force de travail et de tâtonnements minutieux. En Allemagne, on ferme chaque bout du tube par une plaque de verre qui adhère peu par ses minces surfaces rodées et que l'on colle par une baudruche extérieure, disposition dangereuse dans un climat très-chaud et humide. M. Porro a eu dernièrement l'heureuse idée d'enfermer le niveau de forme allemande dans un tube de verre bouché à la lampe. L'instrument d'Ertel est suffisamment décrit dans l'*Astronomie pratique* de Sawitsch.

IV. Sextant Gambey.

Ce sextant est un arc de cercle de 60° et de 66^{mm} de rayon. Il fut construit par Gambey en 1831 d'après mes indications. Son alidade marche par un pignon au moyen d'un engrenage qui règne en dehors du limbe. Il n'y a ni pince ni vis micrométrique. Le grand miroir a 33^{mm} de largeur et 22^{mm} de hauteur; celle du petit miroir est de 14^{mm} et sa hauteur totale est égale à 25^{mm}. La lunette se sépare pour être mise dans la boîte et s'attache au sextant par une vis extérieure au tube. Le diamètre de l'objectif est 12·8^{mm} avec une distance focale de 100^{mm}; cette lunette grossit 6·5 fois. Quand le sextant est enfermé dans sa boîte, il est compris dans un parallélopipède dont les côtés sont 131, 138 et 68^{mm}. Le petit miroir de ce sextant est établi d'une manière invariable, et la seule rectification consiste à rendre le grand miroir parallèle au petit quand le vernier est au zéro de la division. Cette rectification une fois faite par le célèbre artiste, j'ai eu soin de n'y jamais toucher. Le grand miroir de ce sextant présente *seul* le moyen de ramener ses surfaces, bien parallèles d'ailleurs, à coïncider avec un plan perpendiculaire à celui du limbe de l'instrument. Le limbe est divisé sur une bande d'argent insérée dans le laiton dont tout l'instrument est construit et dont l'artiste a terni la surface à dessein. On peut regarder comme presque parfaits les miroirs et toutes les parties de cet instrument aussi exquis qu'il est petit. Pendant tout le voyage en Éthiopie, il paraît que l'erreur de collimation n'a pas changé sensiblement; cette erreur était même tellement petite qu'on ne peut pas l'apprécier avec certitude sur la division du limbe, qui est de 20 en 20 minutes, le vernier donnant jusqu'à 30 secondes. Il semble que l'erreur de collimation ait seulement une fois monté pendant tout le voyage jusqu'à 30 secondes; cela eut lieu à 'Adwa, en 1840, le mardi 14 avril; mais bientôt après elle reprit son ancienne valeur très-peu différente de zéro. L'observation faite à 'Adwa, et que nous venons de citer, pourrait aussi être fautive d'une légère quantité, car toutes les autres observations faites pour vérifier l'erreur de collimation n'en ont jamais donné aucune. Il faut aussi remarquer que je n'ai jamais dérangé les vis qui servent à corriger les positions des miroirs. De là vient sans doute l'exactitude des déterminations déduites des observations de ce petit sextant. Pour mieux faire comprendre de quoi ce bel instrument est capable et combien peu il a varié, nous rapprocherons ici les résultats que nous avons trouvés pour la latitude de Saqa, par les observations faites avec le sextant Gambey pendant le premier et le second voyage en *Inarya*. On trouve plus loin :

Latitude Nord de la Station du premier voyage.

1843. Octobre 11 par 12 obs. de α du Paon.	= 8°11′56″·2
1843. Octobre 13 par 20 obs. de α du Cygne.	8 11 36 ·7
1843. Octobre 20 par 16 obs. de α du Centaure (Canopus).	8 11 30 ·8
Moyenne de 48 observations.	8°11′39″·5

Latitude Nord de la Station du second voyage.

1845. Novembre 22 par 3 obs. du soleil. . . . . = 8°11′54″·6 (douteuses).

Ces résultats coïncident avec mon estime de la différence de 15″ entre les deux stations. J'ai déjà fait voir plus haut quel bel accord il y a entre le sextant Gambey et le théodolite Falbe. Des résultats donnés ci-dessus, il s'en suit que, dans des circonstances favorables, l'erreur probable d'une observation avec le sextant Gambey était 34″2, et l'erreur probable d'une moyenne de n observations $= \frac{34''\cdot 2}{\sqrt{n}}$.

V. Sextant Joinville.

Cet instrument était un petit sextant construit par Gambey pour S. A. R. le prince de Joinville, amiral Français, qui me l'avait cédé comme une marque de l'intérêt qu'il portait aux voyages lointains. Nous l'avons distingué par le nom de l'auguste donateur. Ce sextant appartient à cette espèce qu'on désigne sous le nom de *sextant à tabatière*. L'arc est divisé de 30′ en 30′, et le vernier donne une minute. On y voit une erreur de division très-grave : quand le zéro de l'alidade est à 83°, son dernier trait, celui de 30′, ne coïncide pas avec une division du limbe, ce qui rend les résultats de cet instrument incertains quand l'angle mesuré est plus grand que 41°·5. Du reste, ce petit sextant est très-bien construit, et donne des résultats suffisamment exacts pour sa grandeur. Comme dans le sextant Gambey que nous venons de décrire, l'alidade porte le grand miroir à une extrémité et marche au moyen d'un pignon qui engrène en dedans de la division du limbe, au lieu de s'y ajuster en dehors. Ayant reconnu l'erreur dans la division, je me suis peu servi de ce sextant; c'est pourquoi il n'y a en tout que 2 latitudes basées sur cet instrument. Il y a aussi quelques hauteurs prises par ce sextant pour trouver l'état du chronomètre ; mais ce genre d'observations n'exige pas une exactitude de divisions aussi grande que pour les latitudes, et l'on peut, dans ce cas, se servir de sextants même médiocres. Le grand avantage du sextant Joinville était la facilité, due à sa petitesse, de le retirer de la trousse où il était très à portée.

VI. Sextant Simms.

Ce sextant, fort petit et construit par Simms, était aussi un sextant tabatière, et, dans sa disposition, il ressemblait au sextant Joinville. Mais ses miroirs, enfermés entre deux plaques, étaient d'un accès difficile, et le travail pénible de leur rectification ne servait guère à cause du ballotage des vis dans leurs écrous. J'ai employé ce sextant quelquefois dans mon premier voyage en 1838, pour trouver l'état du chronomètre. Dans mon second voyage, je n'ai pas fait usage de cet instrument, qui était indigne d'un bon observateur.

VII. Cercle rouge.

Construit par feu Gambey, le cercle rouge, ainsi nommé de sa boîte d'acajou, est un cercle à réflexion et à répétition. Il a un diamètre de 248^{mm} mesuré de division à division. Celle-ci est faite sur une bande de platine insérée dans le limbe de laiton. L'emploi d'une division sur platine est utile en mer où l'argent se ternit assez vite ; mais il paraît que cet inconvénient n'est pas à craindre dans le climat sec de l'Éthiopie, car les divisions du sextant Gambey sont encore bien lisibles, bien qu'elles n'aient pas été nettoyées depuis dix-huit ans. La division du cercle rouge est de 20 en 20 minutes. Le vernier qui donne 20″ est gravé sur l'alidade qui porte en même temps le grand miroir. La largeur de ce dernier est 40^{mm}, et sa hauteur 23^{mm}. La largeur du petit miroir, qui est attaché au second alidade, est 19^{mm}, et sa hauteur 29^{mm}. L'objectif de la lunette a un diamètre de 13^{mm}, la distance focale est de 110^{mm}, et cette lunette grossit 6 fois. Selon Gambey, l'extrémité de l'alidade du grand miroir, terminé en équerre pour recevoir la division, aura été faussée par quelque choc, car la division du vernier n'a pas la longueur voulue; il aurait fallu que 60 de ses parties fussent égales à 59 du limbe ; mais sur 61 divisions du limbe, il y a dans cet instrument 62 divisions du vernier, d'où il naît une correction pour toutes les lectures de ce cercle. Quand le limbe est divisé en parties égales dont chacune vaut x secondes, et quand en même temps n divisions du vernier sont égales à $n-1$ divisions du limbe, il est facile de voir que : une partie du limbe $=$ une partie du vernier $+\frac{x}{n}$ secondes en arc. En même temps la longueur du vernier mesurée sur limbe étant $\varkappa = x\,(n-1)$ secondes, il s'en suit que : une partie du limbe $=$ une partie du vernier $+\frac{\varkappa}{n\,(n-1)}$ secondes en arc, x étant exprimé en secondes.

Dans le cercle rouge, nous avons dit que $x = 20' = 1200''$, $n = 62$; par conséquent $\varkappa = 20°\ 20' = 73200''$, et en même temps : une partie du limbe $=$ une partie du vernier $+ 19''{\cdot}3548$.

Ces 19·3548 secondes sont représentées sur le même vernier comme étant égales à 20″, et par conséquent il faut multiplier chaque lecture de ce vernier par $\frac{30}{31}$ ou autrement diminuer sa valeur de $\frac{1}{31}$. Si l'on a lu sur le vernier 10′ 20″, la correction est tout juste — 20″, et nous avions réduit cette correction en table pour toutes les autres valeurs des lectures du vernier.

Je me suis servi de ce cercle pour prendre les distances lunaires, et quelquefois pour trouver l'état du chronomètre par des hauteurs du soleil. Il y a aussi quelques latitudes déterminées à l'aide de cet instrument qui fut laissé à *Gondar* en 1838 lors de mon retour en Europe.

VIII. Cercle blanc.

La crainte de ne pas retrouver l'instrument précédent m'en fit acheter un autre nommé ici *cercle blanc*, à cause de sa boîte de sapin moins sujet que l'acajou à être déjeté par la chaleur ou l'humidité des tropiques. Le cercle blanc, construit aussi par Gambey, est dans toute sa disposition presque identique au cercle rouge. Il a les mêmes dimensions et son vernier donne des lectures exactes. Ce cercle a servi comme le cercle rouge, principalement pour prendre des distances lunaires. Il y a seulement cette remarque à faire que, dans le cercle blanc comme dans le cercle rouge, la partie extérieure du limbe qu'on serre dans la pince pour fixer les alidades était polie, passée au vernis, et par conséquent glissante. Ceci produit quelquefois un petit mouvement des pinces sur le limbe quand on renverse l'instrument, et toutes les fois du moins que les pinces n'ont pas été serrées très-fortement. Cette omission arrive souvent aux observateurs qui, comme moi, manient leurs instruments avec beaucoup de délicatesse. Il peut surgir de là une erreur très-dangereuse, quand je n'ai pas pris la précaution de faire la lecture après chaque retournement. C'est ainsi qu'on peut découvrir de grands sauts dans les lectures des verniers. Par malheur, le manque d'éphémérides m'ayant empêché de calculer mes distances lunaires, je les ai inconsidérément laissées sans les examiner, et je ne me suis aperçu de cette grave imperfection qu'en 1844, à Dar-u en Amuru. Après cette époque, j'ai eu soin de serrer davantage les pinces attachées à l'alidade.

IX. Horizon artificiel.

La cuvette de mon horizon artificiel était formée d'un vase carré oblong en tôle vernie, long de 9 centimètres, large de 5 et haut de 1 centimètre environ. Son toit en laiton, à deux versants perpendiculaires l'un à l'autre, se composait de deux plans qui se rabattaient à charnières, et qui étant relevés recevaient dans leurs coulisses des cadres en cuivre où l'on avait fixé des plaques de mica, dont les surfaces sont, on le sait, naturellement parallèles. A leur ligne de jonction, ces cadres étaient recouverts par un petit faîte en cuivre qui s'emboîtait exactement sur les deux côtés de ce toit. Les plaques de rechange, en verre épais de 4 millimètres, furent soigneusement vérifiées en 1837 et en 1839, en les promenant devant l'objectif d'une forte lunette. C'est par le même procédé que je m'assurai de l'excellence des plaques de l'horizon artificiel renfermé dans ma trousse, et que j'ai employé à peu près exclusivement à partir de l'année 1843. A mon retour, j'ai encore vérifié le parallélisme des deux surfaces des plaques de ce toit au moyen du procédé suivant, dû à l'habile artiste M. Porro : on place perpendiculairement au plan de la glace à examiner, et presque juxtaposée, une lunette munie d'une croisée de fils éclairés par l'extrémité prismatique d'une languette de verre qu'on illumine par sa tranche, là où celle-ci fait saillie à l'extérieur. M. Porro ajuste sa lunette de manière à ce que l'image du fil placé au foyer et réfléchi sur la surface antérieure de la glace revienne coïncider avec ce fil. Puis, en plaçant un corps opaque derrière la glace, et sans avoir touché à l'appareil, on obtient l'image du fil réfléchie sur la surface postérieure de la glace. Si celle-ci est parfaite, les deux images doivent coïncider, sinon le fil mobile du micromètre de la lunette permet de mesurer l'angle compris entre les deux surfaces de la glace. Par cette méthode, on peut étudier une à une les imperfections de tout corps transparent dont les surfaces avaient été supposées parallèles. Les glaces de l'horizon-trousse sont sorties avec honneur de cette épreuve.

Quant au mercure de mon grand horizon artificiel, je le portais dans une bouteille de fonte douce travaillée au tour, et dont le fond était inséré après coup par un pas de vis. Le goulot formait écrou à l'intérieur pour y recevoir un bouchon en fer à vis, et qui en entrant serrait une rondelle annulaire de cuir contre la paroi extérieure de la bouteille. Ce goulot portait, en outre, mais en dehors, un pas de vis servant à recevoir un entonnoir renversé en guise de chapeau. Ainsi placé, cet entonnoir, large de 3 centimètres à son ouverture, servait en voyage à retenir le bouchon ainsi que les parcelles de mercure qui s'échappaient à travers la vis intérieure. Cet entonnoir était percé à sa pointe d'un trou large de 0·8 millimètre assez fin pour retenir à l'intérieur les impuretés du mercure que cet entonnoir servait à transvaser commodément.

X. Chronomètres.

J'avais deux chronomètres dans mon premier voyage en Éthiopie, c'est-à-dire :

1° Chronomètre 𝔄, dit chronomètre arabe, qui était construit par Barraud à Londres ; mais plus tard remonté par Breguet, qui lui mit un cadran en argent portant des chiffres arabes, d'où lui vient son nom ;

2° Chronomètre 𝔇, construit par Arnold et Dent.

Dans mon second voyage, je portais 4 chronomètres, c'est-à-dire :

Chronomètre 𝔄, mentionné ci-devant ;
Chronomètre 𝔅, construit par Breguet ;
Chronomètre ℭ, construit par Arnold et Dent ;
Chronomètre 𝔇, construit par Arnold et Dent, et portant le nombre 4506, mentionné ci-devant.

Tous ces chronomètres étaient en argent et de poche. Le chronomètre ℭ fut volé à Aden en 1840, alors qu'une ophthalmie m'empêchait d'y veiller. Le chronomètre 𝔅 fut rendu en 1849 à M. Breguet qui me l'avait *prêté* pour mon voyage.

XI. Lunettes astronomiques.

Dans mon premier voyage de 1837 et 1838, j'ai employé, pour observer les occultations, une lunette de Cauchoix, dont l'objectif de cristal de roche avait une ouverture de 75^{mm}. Sa distance focale était $=0^{m}90$, et il avait, d'après le système de Huyghens, trois oculaires, dont le 1er grossissait 81 fois, le 2e 122 et le 3e 162 fois ; mais je ne me suis pas servi de ces oculaires, parce qu'ils donnaient des images moins nettes que les oculaires de Ramsden qui étaient attachés à un micromètre à fils, et j'employais ce dernier instrument pour orienter la position du pied parallactique qui portait la lunette. Celle-ci avait un chercheur garni en cristal de roche, dont l'objectif avait un diamètre de 25^{mm}, et dont la distance focale était $=0^{mt}\cdot 15$, le grossissement de son oculaire étant 7·5. Je trouvai l'adjonction de ce chercheur au moins inutile. La lunette principale était bonne, mais on n'y voyait pas clairement la polaire double. L'avantage du cristal de roche est de diminuer la longueur de la lunette, longueur fort incommode en voyage, et qui m'empêcha de porter ma lunette à Saqa.

La lunette, aussi de Cauchoix, qui fut employée à partir de 1839, est achromatique, et renverse aussi les objets ; sa distance focale est de $0^{mt}\cdot 84$. Le diamètre de son objectif, qui est en cristal de roche, est égal à 720 millimètres. Il a trois oculaires de Huyghens, dont nous ne parlerons pas, puisqu'ils ne furent pas mis en usage, car les oculaires de Ramsden, attachés au micromètre à fil, faisaient voir l'étoile polaire double, ce que ne pouvait faire aucun des oculaires à la Huyghens. Ces oculaires à la Ramsden étaient les mêmes que dans l'autre lunette. Celle dont il s'agit ici montre les étoiles complétement rondes et distinctes, et l'on peut s'en servir pour observer très-bien à 1^{s} près l'immersion d'une étoile de dixième grandeur dans la lumière cendrée de la lune. J'employai cette lunette à observer ces occultations peu de temps après les nouvelles lunes, et pour ses dimensions ce n'est pas un mauvais instrument. Il y a aussi quelques immersions des satellites de Jupiter qui ont été notées avec cette lunette pendant le voyage. Pour mieux observer, la lunette a un pied parallactique détaché, avec une vis sans fin pour ajuster la position de l'axe polaire selon la latitude. Deux autres vis munies de poignées séparables permettent d'ajuster à la déclinaison et de suivre un astre en ascension droite. Ce pied, dessiné par M. Laquiante, capitaine du génie, fut exécuté par M. Rossin, successeur de Cauchoix. Voici son arrangement : trois forts tubes de fer tirés au banc, d'un diamètre de 33^{mm}, dont un bout est pointu, et l'autre bout travaillé en vis, se fixent dans une pièce supérieure bien solide et coulée en fonte. Cette pièce renferme le mouvement parallactique. Deux de ces tubes ou pieds sont d'une longueur égale et de $0^{mt}\cdot 49$, tandis que l'autre est plus long et de $0^{mt}\cdot 54$. La pièce supérieure consiste en un système de deux cercles, dont les axes respectifs sont perpendiculaires l'un à l'autre. Ce système tourne ensemble au moyen d'une vis tangente autour d'un axe perpendiculaire aux deux axes, de manière qu'on peut toujours donner au cercle qui représente l'équateur une inclinaison quelconque correspondante à toute latitude entre 0 et 60°. Quand les trois pieds sont vissés dans la pièce supérieure, les bouts de ces pieds forment les trois pointes d'un triangle isocèle, dont on place le sommet dans le méridien, de telle manière qu'il est plus éloigné du pôle visible de la terre, que ne l'est la base du triangle formé par la ligne idéale qui joint les deux autres pieds, cette base étant placée en même temps perpendiculaire au méridien. Cela fait, par le moyen d'une vis tangente au quadrant dont on varie la position selon la latitude, on amène à peu près dans un plan parallèle à l'équateur le cercle dont les lectures donnent les angles horaires de l'astre, et ensuite on ajuste plus exactement en dirigeant la lunette vers plusieurs étoiles connues, ayant à peu près le même apopole, et situées dans des azimuts aussi différents que possible, c'est-à-dire une étoile étant à l'est, une seconde dans le méridien et une troisième enfin à l'ouest. Quand alors le cercle qui est perpendiculaire à l'équateur donne à peu près les apopoles connus de ces trois étoiles, c'est une preuve que l'instrument est bien placé, et quand ce n'est pas le cas, il faut corriger la position de l'instrument par des tâtonnements successifs, assez incommodes d'ailleurs, jusqu'à ce que les apopoles donnés par l'instrument se rapprochent suffisamment de la vérité. Cet instrument a le défaut de ne se pouvoir ajuster qu'en changeant l'assiette de tout l'appareil, car on y voudrait un cercle azimutal ou tout au moins un mouvement lent en azimut. Il manque aussi un arrangement pour mettre les extrémités des trois pieds dans un plan horizontal. Comme d'ailleurs le manque d'enclos bien fermés m'empêchait d'établir ce pied parallactique à demeure et au grand air près de chacune de mes habitations, je me contentais de l'ajuster approximativement en amenant une étoile à suivre, sans dévier notablement, le fil équatorial du micromètre.

XII. Baromètres de Fortin.

En partant de l'Europe pour l'Éthiopie, je m'étais muni de deux baromètres Fortin et de six tubes de rechange; mais ces baromètres n'ont pas duré longtemps. Ils ont été cassés comme cela arrive si souvent aux baromètres en voyage. Là, en effet, il est moins facile de porter un baromètre qu'un enfant à la mamelle. Ce dernier se recommande de lui-même aux soins des plus barbares compagnons de route, tandis que le baromètre est un stupide inconnu que chacun est tenté de traiter comme un bâton quelconque. Il est bien à désirer qu'on réussisse enfin dans les tentatives faites pour monter un baromètre en voyage, ne fût-ce qu'afin de s'en servir comme un appareil pour une expérience et non comme instrument d'observation. Pour résoudre le problème d'une autre manière, on a essayé, mais jusqu'ici sans succès, de rendre le sympiezomètre aussi facile à transporter par terre qu'il l'est déjà par eau. Quand on ne prend pas des précautions extraordinaires, il n'y a pas grand avantage à préférer le baromètre à l'hypsomètre, relativement à l'exactitude du résultat. On sait que le baromètre exige quatre corrections : 1° celle qui provient de la température du mercure qu'il est difficile d'obtenir avec précision, à moins qu'on n'emploie la méthode de M. de Villeneuve; 2° celle de la capillarité qui est éliminée à très-peu près dans la construction de Gay-Lussac; 3° celle de l'échelle qui n'est pas toujours rigoureusement exacte et dont on oublie souvent de vérifier la division; 4° enfin, la correction *supposée constante* qu'on attribue à la présence d'une petite quantité d'air dans le vide barométrique, car il est très-difficile de construire un baromètre absolu. On englobe ordinairement ces trois dernières corrections en une seule qu'on détermine par une comparaison avec un baromètre étalon; mais elle ne peut plus être évaluée en voyage quand on refait, au moyen d'un tube de rechange, un baromètre brisé, ainsi que j'en ai construit six fois en Éthiopie. De plus, à mesure que le baromètre vieillit, la surface inférieure du mercure, toujours en contact avec l'air, se couvre d'une couche d'oxyde noir qui gêne les lectures et y introduit une correction que le voyageur ne peut évaluer. On parle beaucoup de l'exactitude des résultats donnés par les baromètres après les célèbres travaux de Ramond; mais on n'a pas fait des expériences aussi soignées et dans les mêmes circonstances avec l'instrument dont la description va suivre.

XIII. Hypsomètre.

On sait que l'hypsomètre est un thermomètre destiné à déterminer l'altitude d'un lieu par la température qu'atteint la vapeur de l'eau bouillante. Celle-ci est d'autant plus chaude que le lieu où s'opère l'ébullition est plus bas ou en d'autres termes que la colonne d'air qui fait équilibre à la tension de la vapeur est plus haute et par conséquent plus pesante; car pour générer la vapeur, il faut d'autant plus de chaleur que le poids d'atmosphère à soulever est plus grand. Le baromètre donne le poids de cette colonne d'air plus directement, car elle est, en nombre rond et sauf les corrections secondaires, quatorze fois plus haute que celle d'une colonne de mercure dont la partie supérieure est dans le vide. L'usage du baromètre ne demande qu'une observation : celui de l'hypsomètre exige une expérience, et cette remarque semble mettre tout le désavantage du côté de ce dernier. Quand on songe toutefois que le baromètre a plus d'un mètre de longueur, et qu'il pèse, selon le système employé, de 1 à 3 kilogrammes, qu'il se compose surtout d'un tube de verre déjà fragile par sa longueur et faiblement assujetti dans un mince tube de métal qui ploie au moindre choc, qu'il suffit de renverser brusquement un baromètre pour en casser le tube par l'énorme impulsion du mercure qui ne se divise pas dans le vide, et qu'un mouvement inconsidéré peut y introduire une bulle d'air bien invisible dont rien n'indique ni la présence ni la grandeur, à moins qu'on ne porte avec soi deux ou trois baromètres qui doublent ou triplent tous les embarras d'un voyageur; si l'on pense que cet instrument ne peut être confié à une bête de charge et qu'il exige un porteur intelligent qui doit s'interdire de courir, de sauter et même de faire aucun mouvement brusque : quand on envisage l'ensemble de tous ces inconvénients, on ne trouvera pas assez d'éloges pour MM. Ferret et Galinier qui n'ont cassé leur baromètre qu'après avoir mesuré une des plus grandes altitudes de l'Éthiopie, et surtout pour M. Rüppell, qui a porté son baromètre sain et sauf à travers ce pays des plus accidentés. L'hypsomètre, au contraire, n'a pas plus de 20 millimètres de longueur, ne contient que trois grammes de mercure enfermés hermétiquement dans un tube capillaire, et ne pèse pas, avec tous ses accessoires, 40 grammes, poids insignifiant qui permet d'en porter plusieurs et de les contrôler les uns par les autres. Il peut être renversé sans crainte, et s'il est dans son étui, il peut tomber sans danger.

C'est à Wollaston que nous devons l'idée ingénieuse de faire servir la température de la vapeur à la détermination de la pression atmosphérique; mais l'application pratique du nouvel instrument fut très-restreinte par les incertitudes que présentaient diverses formules employées successivement pour traduire cette température en hauteurs de la colonne barométrique. Après que les savants eurent tâtonné plus de trente ans à dresser cette équation empirique, il fut réservé à M. Biot d'en trouver la forme et la valeur très-approchée (*Connaissance des temps pour* 1849); elle fut modifiée ensuite par M. Regnault d'après des expériences précises.

Il restait encore à perfectionner la construction de l'hypsomètre. A l'époque de mes voyages, un hypsomètre bien construit, bien calibré et divisé par une échelle arbitraire qu'une table convertissait en grades, n'exigeait qu'une seule correction dépendant du déplacement du zéro.

Cette variation, d'abord observée par Flaugergues, se manifeste à chaque changement brusque de température, peut atteindre quelquefois plus d'un grade, et paraît tenir à l'état moléculaire du verre dont la recuite n'est pas assez lente dans les verreries. Pendant mon absence en Éthiopie, M. Person a cru parvenir à renfermer ce déplacement dans les limites minimes de $0^g{\cdot}02$ en tenant la cuvette de l'hypsomètre pendant 48 heures de suite dans un bain de nitrate de potasse en fusion. On vient de constater toutefois qu'un thermomètre ainsi amendé reprend à la longue son ancienne cause d'erreur, et les bons observateurs sont réduits à employer un hypsomètre qui, tout en conservant ses petites dimensions, est pourvu d'une chambre intermédiaire au-dessus d'une division séparée qui permet de vérifier le zéro au moyen de la glace fondante. Privé d'un instrument ainsi perfectionné et réduit à comparer souvent le mien avec le baromètre, j'avais emporté quatre instruments en voyage. Deux d'entre eux, construits en Angleterre, furent brisés dans le transport en France, à cause du poids démesuré de leurs cuvettes sphériques ; je dus rejeter un 3e à cause de ses défauts de calibrage et me servir exclusivement du thermomètre numéroté **212** par M. Walferdin, qui l'avait fait construire sous ses yeux pour me le confier, et à qui je l'ai rendu en 1852. Voici les dimensions de cet hypsomètre :

Longueur de la partie intérieure creuse, ou tube et cuvette.	153 millimètres.
Diamètre extérieur de la tige de verre.	6
Calibre ou diamètre intérieur.	0·3
Longueur de la cuvette.	25
Largeur de la cuvette.	5
Longueur du cône intérieur qui relie la cuvette à la partie graduée. . .	17
Longueur approchée de chaque division de l'échelle arbitraire.	0·55
Nombre de divisions tracées et numérotées sur le tube même.	205

Cet hypsomètre, construit en août 1839, était, on le voit, moins large autour de la cuvette, ce qui permettait de l'introduire aisément dans le bouchon percé qui le maintenait au-dessus de l'eau bouillante. A l'extrémité opposée, le tube se terminait extérieurement par un anneau et intérieurement par un renflement ou chambre destinée à recevoir, sans briser l'instrument, l'excédant du mercure provenant d'une température exagérée. Le zéro de la division correspondait à environ 75·5 grades ; le 205e ou dernier trait équivalait à 107 grades, ce qui fournissait une étendue de graduation beaucoup plus que suffisante pour observer de la mer Morte au sommet du Mt *Dajan* dans une rangée de 6500^{mt} d'altitude. On voit qu'une division correspondait à environ $0^g{\cdot}15$: j'en estimais aisément le dixième ou $0^g{\cdot}01$, ce qui, au Mt *Dajan*, correspond à $0^{mm}{\cdot}17$ du baromètre, et à $0^{mm}{\cdot}32$ à la surface de la mer Morte. Comme ce dernier cas est très-rare et qu'il est très-facile de construire un hypsomètre cinq fois plus sensible, on voit que cet instrument le cède peu en exactitude à l'emploi du baromètre en voyage, surtout quand on songe à la grande difficulté de bien réduire à zéro la température du mercure dans ce dernier instrument, si fragile et si incommode dès qu'il est sorti d'un observatoire. L'hypsomètre serait bien préférable sans cette fatale variation de son zéro dont on ne connaît pas les lois et dont on ne peut prévoir la quantité exacte. Toutefois, cet instrument a le précieux avantage de donner une altitude approchée souvent au lieu d'être vraie, mais toujours d'une manière indépendante et absolue. Par rapport aux altitudes fournies par le théodolite d'une manière plus exacte, mais seulement relative, l'hypsomètre donne des résultats analogues à ceux des distances lunaires par rapport aux différences de longitudes déterminées par chronomètre.

Dans l'emploi de l'hypsomètre, la théorie exige l'usage de l'eau distillée. En voyage, j'ai dû me borner à faire bouillir de l'eau de pluie ou de l'eau de ruisseau, et à son défaut de l'eau de source potable, c'est-à-dire sensiblement pure. Il y aurait encore des expériences à faire pour bien apprécier les petites incertitudes qui peuvent résulter de l'emploi d'une eau impure, car la nécessité oblige les indigènes à en faire usage dans quelques localités. Je n'ai fait qu'une seule expérience dans ce but. C'était à Suez, où les pauvres boivent une eau de puits saumâtre et qui répugne notoirement au goût. Le résultat a été que l'hypsomètre accusait $0^g{\cdot}07$ de trop, ce qui correspond à $1^{mm}{\cdot}9$ du baromètre, ou 20^{mt} d'altitude, et l'on doit se rappeler que ceci est un cas extrême.

Il reste à exposer ma manière d'opérer, afin que des théories encore à faire puissent en signaler les défauts et que mes successeurs trouvent plus aisément les perfectionnements à y apporter. Jusqu'en septembre 1844, j'ai fait usage d'un vase de laiton assez long pour y employer au besoin, en guise d'hypsomètre, mes thermomètres nos 1 et 2. Mais ce récipient ne différant que par sa plus grande longueur de celui que j'employai plus tard, qui était en cuivre rouge épais de $0^{mm}{\cdot}6$, et par conséquent très-solide, je me bornerai à décrire ce dernier.

La légende de la planche 1 explique les détails. J'avais renoncé à l'appareil si élégant de M. Regnault, et parce qu'il était peu solide pour un long voyage, et parce qu'il exige l'emploi de l'esprit de vin, que je ne pouvais me procurer en Éthiopie, où l'on se serait d'ailleurs trop bien entendu pour le boire, ainsi qu'il m'est arrivé à *Muçawwꞌa*, au début du voyage. Réduit à l'emploi d'un feu de bois, je ne pouvais, à cause du voisinage de la flamme, ni lire à l'œil nu, ni faire usage d'une loupe, et j'employai le microscope. Après avoir ajusté celui-ci sous les languettes soudées aux cheminées, je plaçais les pieds, par leurs pointes, dans les trous qui traversaient verticalement les oreillons, ou si j'avais des pierres et des baguettes à volonté, je passais à travers ces oreillons deux petits bâtons que j'appuyais sur deux pierres en tasseaux, et assez hautes pour tenir le vase suspendu au-dessus du feu. Ayant ensuite mis dans le vase assez d'eau pour approcher du bout inférieur du tube p sans le toucher, je plaçais ce tube, qui fait partie du couvercle, en tenant l'hypsomètre assez au dehors pour lire son indication bien au-dessus du bouchon. Une première ébullition ayant donné cette lecture, je faisais diminuer le feu pour enfoncer, à la main, le tube de verre jusqu'à la division déjà indiquée. Au besoin je renouvelais cette manœuvre après une seconde ébullition, car le bouchon, épais de 4 millimètres, enlevait à l'action directe de la vapeur une portion correspondante de la tige, et il importait de tenir l'extrémité de la colonne du mercure de façon à ce qu'elle dépassât à peine la surface supérieure du bouchon. Par précaution, je faisais plusieur· lectures dans une ébullition prolongée pendant environ dix minutes.

Il se présentait quelques inconvénients dans la pratique de ces observations. J'avais toujours soin de tenir l'appareil sous le vent, afin d n'être pas incommodé par la flamme, mais le vent changeait souvent pendant l'expérience et il n'était pas toujours facile de me garantir de l flamme, en employant comme écran la plaque de fer qui sert à cuire le pain en voyage, et dont je n'étais d'ailleurs pas toujours muni. Il était souvent difficile de trouver le combustible. La paille ou les tiges minces de *Kośaśilla* donnaient trop de flamme, suréchauffaien l'eau et projetaient la vapeur avec une tension qui faisait accuser une température trop haute, ainsi que cela m'est arrivé entr'autres à Dogom, en Gojjam, où le bois est rare. Il m'est survenu le même inconvénient dans ma première expérience au col de Tumama, où ma position m permettant d'employer la réquisition, je fis enlever à une hutte de petites bûches enflammées qui me donnèrent bientôt un feu large de deu décimètres et trop ardent pour mon petit appareil. Vers la fin de mon voyage, je me faisais toujours accompagner d'un paquet de baguette épaisses de 7 à 8^{mm} au plus et liées soigneusement en faisceau. Je les allumais au soleil au moyen d'une lentille, ou plus sûrement en faisan porter avec moi de la bouse de vache enflammée qui se consume très-lentement. Pour observer au sommet d'une montagne, on y portait d l'eau dans une gourde.

Heureusement le point de zéro de mon hypsomètre a peu varié pendant tout le voyage, comme nous allons montrer dans la suite de cett discussion. Ce thermomètre était très-bien calibré et divisé par M. Walferdin même ; les parties sont bien égales en valeur et indiquées par des traits faits au diamant, mais d'une épaisseur assez grande pour ne pouvoir pas être négligées dans les lectures du thermomètre. L'épaisseur d'un de ces traits par une moyenne de plusieurs mesures a été évaluée en 1840, à *'Adwa*, comme étant $= 0^{mm}\cdot 16$, et l'espace entre les bords voisins de deux traits successifs $= 0^{mm}\cdot 353$, mesurés dans les environs de la 100e division, d'où il suit qu'il faut appliquer une correction à toutes les lectures de cet hypsomètre.

Pour mieux fixer les idées, il faut dire que j'ai toujours compté les lectures immédiatement en partant du bord supérieur du trait le plus voisin au-dessous de la lecture, et que j'ai estimé les fractions en dixièmes de l'espace compris entre les bords voisins de deux traits successifs, dans tous les cas où l'extrémité du mercure dans le tube n'était pas comprise dans l'épaisseur d'un trait. Dans ce dernier cas, j'ai toujours estimé en fractions de l'épaisseur du trait la distance entre le mercure et le bord inférieur de ce trait. Il s'ensuit de là, et en comptant, dans tous les cas, du bord inférieur du trait le plus voisin au-dessous de la lecture, qu'il faut appliquer une correction à toutes les lectures du thermomètre, où le mercure n'était pas renfermé entre les bords d'un trait. Cette correction est facile à trouver ; d'abord nous avons l'épaisseur d'un trait $= 0^{mm}\cdot 16$, et en même temps l'espace entre les bords voisins des deux traits $= 0^{mm}\cdot 353$; par conséquent, l'épaisseur du trait $= 0\cdot 312$ de l'espace entre les bords inférieurs de deux traits successifs. L'espace complémentaire compris entre le bord supérieur d'un trait et le bord inférieur du trait suivant est par conséquent égal à $0\cdot 688$ de l'espace total compris entre les bords inférieurs des traits successifs, et chaque dixième de cet espace complémentaire est $= 0\cdot 0688$. Pour nos calculs nous avons construit une table où les lectures de cet hypsomètre se corrigent à vue d'œil.

Les lectures du thermomètre étant corrigées de la manière que je viens d'expliquer, il reste à déterminer la valeur d'une partie de la division exprimée en grades, et le point de la division correspondant pour l'eau bouillante sous une pression atmosphérique de 760^{mm} à 0^{g} pour le parallèle de latitude de Paris. Pour ces déterminations, je me suis servi d'un baromètre Fortin, en observant la température de l'eau bouillante par l'hypsomètre en parties de son échelle et en même temps la pression atmosphérique par le baromètre. On trouve ces observations rangées dans l'ordre des dates dans le tableau qui vient après, et qui contient aussi deux observations faites par M. Walferdin à Paris, le 18 août 1839, avant mon départ pour l'Éthiopie. On trouve aisément, par un petit calcul préliminaire, qu'une partie du thermomètre **212** était à peu près $= 0^{g}\cdot 15555 = \frac{1}{6} - \frac{1}{90}$, et pour l'eau bouillante sous une pression de $760^{mm}\cdot 0$ à zéro la lecture du thermomètre **212** était près de la 157ème partie de la division de l'échelle. Cela posé, en mettant :

La valeur vraie d'une partie du thermomètre comprise entre les bords inférieurs de deux traits successifs $= 0\cdot 15555 + y$.

La lecture vraie du thermomètre pour la température de la vapeur de l'eau bouillante sous la pression de $760^{mm}\cdot 0$ à Paris, la température du mercure dans le baromètre étant à zéro, $= 157\cdot 0 + x$.

il est facile de voir qu'il y a toujours pour chaque observation une équation de condition de la forme :

$$100 - (157\cdot 0 + x - \mathbf{h})\,(0\cdot 15555 + y) = T$$

où **h** est la lecture de l'hypsomètre n° **212** et T la température de l'eau bouillante exprimée en grades, laquelle est fournie, soit par la hauteur du baromètre et par la table de M. Regnault, soit par une expérience directe en lisant l'indication d'un thermomètre étalon. En négligeant le produit $x\,y$, mettant $0\cdot 15555 \times x = \chi$ et $0\cdot 15555\,(157\cdot 0 - \mathbf{h}) + T - 100 = m$, on obtient :

$$\chi + (157\cdot 0 - \mathbf{h})\,y + m = 0.$$

Chaque observation de l'hypsomètre ayant une observation barométrique ou thermométrique correspondante, fournit une équation de condition comme celle-là, et la résolution d'un grand nombre de ces équations conduit aux valeurs les plus probables pour y et χ. Dans cette investigation nous avons d'ailleurs supposé, faute de mieux, que le zéro de l'hypsomètre n'a pas varié pendant ces expériences comparatives. Mais avant de former ces équations de condition, il convient de parler des corrections qu'il faut appliquer à la colonne barométrique en déterminant la température théorique de l'eau bouillante.

D'abord, la lecture du baromètre doit être réduite à zéro, à cause de la dilatation du mercure par la chaleur, et cela se fait facilement au moyen des tables connues qui donnent cette correction toute calculée ; je me suis servi de celle qui est publiée dans la météorologie de Kæmtz. Mais il y a encore une autre correction, due à la gravité, et qui sert à réduire une observation barométrique, faite sous une latitude quelconque, à la latitude de Paris, pour laquelle la table de M. Regnault a été construite.

La colonne barométrique étant $= \mathrm{B}$ sous la latitude φ, elle sera sous la latitude de Paris $= \mathbf{B} = f\,\mathrm{B}$, où $f = \frac{1 - 0{\cdot}00261 \cos\varphi}{1{\cdot}000349}$. Si l'on préfère calculer la réduction $\mathbf{B} - \mathrm{B}$, on a :

$$\mathbf{B} - \mathrm{B} = - \mathrm{B}\,(0{\cdot}000349 + 0{\cdot}00261 \cos\varphi).$$

Nous avions, pour les réductions nécessaires, deux tables donnant log. f et $\mathbf{B} - \mathrm{B}$ pour les latitudes comprises entre 7° et 16°. Dans la première on trouvait p. e. pour $\varphi = 10°\,10'$, $\log f = \bar{1}.\ 998784$; dans l'autre $\mathbf{B} - \mathrm{B} = -\ 1{\cdot}54$ pour $\varphi = 14°$ et $\mathrm{B} = 580$.

Dans le tableau suivant, les observations et les résultats du calcul sont rangés ensemble, et il est seulement à remarquer que la température théorique a été prise de la table de M. Regnault, publiée en 1844, p. 328 du tome XI des *Annales de Physique et de Chimie*, au moyen des lectures du baromètre corrigé.

La température d'eau de la seconde observation du 18 août 1839, fut observée directement par M. Walferdin.

Détermination du point de 100 grades et de la valeur d'une partie de l'échelle du thermomètre Walferdin, n° **212**.
Observations originales.

N°	Date		Lieu de l'observation.	Lecture du baromètre.	Thermomètre du baromètre.	Hypsomètre **212** Lecture faite.	Lect. corrigée.	Latitude.	**B**	Température de la vapeur d'eau.
1	1839 Août	18	Paris. . . .	762·06	19 ·5	157·6	157·72	48°50′	759·67	99·99
2	»		»	......	.....	50·0	50·31	»	»	83·23
3	1839 Septembre	1	Audaux. . . .	749·20	18 ·5	154·0	154·31	43 22	746·61	99·50
4	»	10	Marseille. . .	766·90	21 ·5	158·5	158·66	43 18	763·88	100·14
5	»	20	Rome. . . .	763·20	22 ·9	157·2	157·45	41 54	759·92	100·00
6	1839 Décembre	7	Caire. . . .	762·95	20 ·7	157·7	157·79	30 2	759·17	99·97
7	»	7	»	763·00	20 ·2	157·6	157·72	»	759·28	»
8	»	23	Suez.	766·40	20 ·1	158·8	157·86	29 58	762·69	100·10
9	1840 Mars	18	Dima. . . .	680·00	29 ·6	136·9	136·93	15 8	674·97	96·72
10	»	19	Tarantá. . .	648·55	28 ·2	128·2	128·45	15 2	643·91	95·43
11	»	21	Digsa. . . .	593·40	23 ·3	112·5	112·66	14 54	589·63	93·05
12	1840 Avril	14	‘Adwa. . . .	612·05	30 ·2	118·7	118·79	14 10	607·44	93·85
13	»	22	Mt Saloda. . .	571·15	26 ·4	106·38	106·58	14 11	567·20	92·02
14	1841 Septembre	21	Muçaww‘a. . .	760·20	33 ·3	156·8	156·86	15 36	754·17	99·79
15	1841 Octobre	12	»	763·70	34·15	157·43	157·61	»	757·54	99·91
16	1842 Novembre	13	Gondar, . . .	589·55	20 ·0	112·0	112·31	12 36	586·05	92·89
17	1842 Décembre	26	»	589·75	20 ·9	111·76	111·84	»	586·16	92·90
18	»	29	Dumi. . . .	527·57	19 ·8	92·7	92·79	12 20	524·44	89·95
19	1843 Janvier	1	Malza. . . .	559·52	18·25	103·0	103·31	12 4	556·33	91·51
20	»	3	Gologe. . . .	653·30	12 ·0	130·½	130·16	12 3	650·25	95·70
21	1850 Novembre	25	Audaux. . .	748·97	14 ·8	153·3	153·52	43 22	746·82	99·51
22	1851 Février	19	Paris. . . .	765·04	19 ·1	158·⅓	158·12	48 50	762·70	100·10
23	»	21	»	754·30	8 ·6	154·9	154·93	»	753·26	99·75
24	»	21	»	754·48	8 ·9	155·0	155·31	»	753·40	99·76
25	»	24	»	755·73	9 ·4	155·7	155·79	»	754·59	99·80
26	»	24	»	755·53	9 ·6	155·4	155·59	»	754·37	99·79

Les équations de condition sont :

1.	$x -\ 0{\cdot}72\,y$	$-\ 0{\cdot}12$	$= 0$
2.	$+\ 106{\cdot}69$	$-\ 0{\cdot}17$	0
3.	$+\ 2{\cdot}69$	$-\ 0{\cdot}08$	0
4.	$-\ 1{\cdot}66$	$-\ 0{\cdot}12$	0
5.	$-\ 0{\cdot}45$	$-\ 0{\cdot}07$	0
6.	$-\ 0{\cdot}79$	$-\ 0{\cdot}15$	0
7.	$-\ 0{\cdot}72$	$-\ 0{\cdot}14$	0
8.	$-\ 0{\cdot}86$	$-\ 0{\cdot}03$	0
9.	$+\ 20{\cdot}07$	$-\ 0{\cdot}16$	0
10.	$x +\ 28{\cdot}55\,y$	$-\ 0{\cdot}13$	$= 0$
11.	$+\ 44{\cdot}34$	$-\ 0{\cdot}05$	0
12.	$+\ 31{\cdot}21$	$-\ 0{\cdot}20$	0
13.	$+\ 50{\cdot}42$	$-\ 0{\cdot}14$	0
14.	$+\ 0{\cdot}14$	$-\ 0{\cdot}19$	0
15.	$-\ 0{\cdot}61$	$-\ 0{\cdot}19$	0
16.	$+\ 44{\cdot}69$	$-\ 0{\cdot}15$	0
17.	$+\ 45{\cdot}16$	$-\ 0{\cdot}07$	0
18.	$+\ 64{\cdot}21$	$-\ 0{\cdot}06$	0
19.	$x +\ 53{\cdot}69\,y$	$-\ 0{\cdot}14$	$= 0$
20.	$+\ 26{\cdot}84$	$-\ 0{\cdot}13$	0
21.	$+\ 3{\cdot}48$	$+\ 0{\cdot}05$	0
22.	$-\ 1{\cdot}12$	$-\ 0{\cdot}05$	0
23.	$+\ 2{\cdot}07$	$+\ 0{\cdot}07$	0
24.	$+\ 1{\cdot}69$	$+\ 0{\cdot}04$	0
25.	$+\ 1{\cdot}21$	$-\ 0{\cdot}01$	0
26.	$+\ 1{\cdot}41$	$+\ 0{\cdot}01$	0

d'où l'on peut tirer par la méthode des moindres carrés les équations finales :

$$\chi + 20{\cdot}332\, y - 0{\cdot}092694 = 0$$
$$\chi + 57{\cdot}447\, y - 0{\cdot}124463 = 0$$

qui donnent les valeurs les plus probables de y et de χ :

$$y = +\, 0{\cdot}0008587$$
$$\chi = +\, 0{\cdot}07530$$

d'où il suit que :

1° Une partie de la division de l'hypsomètre n° **212**, comprise entre les bords inférieurs de deux traits successifs, = 0·1564 grade ;

2° La lecture de l'échelle de l'hypsomètre n° **212**, pour l'eau bouillante, le baromètre réduit à zéro étant 760^{mm}·0 à Paris, = 157^{g}·484.

Avec ces valeurs nous trouvons pour les observations dans le tableau ci-dessus les écarts suivants (en grades) :

1.	− 0·04	10.	− 0·03	19.	− 0·02
2.	0·00	11.	+ 0·07	20.	− 0·03
3.	0·00	12.	− 0·09	21.	+ 0·13
4.	− 0·04	13.	− 0·02	22.	0·00
5.	+ 0·01	14.	− 0·11	23.	+ 0·15
6.	− 0·07	15.	− 0·11	24.	+ 0·12
7.	− 0·06	16.	− 0·03	25.	+ 0·07
8.	+ 0·05	17.	+ 0·05	26.	+ 0·09
9.	− 0·06	18.	+ 0·07		

d'où l'on peut conclure qu'en général l'hypsomètre **212** donne la température de l'eau bouillante à 0·04 près. Cette petite incertitude ne produit pas une erreur de plus de 15 mètres dans les altitudes conclues, dans les cas les plus défavorables, et elle est peu de chose en comparaison avec l'erreur qui peut être produite dans les hauteurs des montagnes par l'incertitude de la température au niveau de la mer.

Comme il est plus agréable d'avoir en un coup d'œil la réduction des lectures de l'hypsomètre en grades, nous avions construit une table qui donnait ces conversions sans aucune interpolation et à vue. Les valeurs de cette table étaient basées sur la détermination de χ et de y donnée ci-dessus.

XIV. Petits instruments.

Lors de mon premier voyage jusqu'à *Gondar*, exécuté en 1838, je fus très-frappé de l'embarras qu'on éprouve en route à tirer de ses bagages le thermomètre et autres petits instruments qu'il faut souvent employer vite et remettre promptement en lieu sûr. C'est pourquoi je fis construire une trousse de voyage que je vais décrire ici, bien que plusieurs de ses articles soient étrangers à la géodésie. Mais les voyageurs africains excuseront cette inconvenance, et tout en critiquant quelques parties de ce nécessaire de route, ils me sauront gré de leur avoir fourni une occasion pour se mieux inspirer.

Cette trousse est une boîte en sapin recouverte en cuir, avec une charnière d'un bout à l'autre du couvercle qui s'assujettit par deux crochets. En route, on l'enfermait dans un étui de cuir grossier pourvu d'une forte bandoulière. La boîte, longue de 32 centimètres, large de 18 et haute de 7, contenait un plateau et deux sous-plateaux. L'intérieur est garni de basane et renferme, dans des cavités appropriées, les quelques cinquante objets suivants dont la disposition sera mieux comprise en regardant la planche 2.

Sous-plateau AB.

1. Ciseaux.
2. Porte-plume en argent, à deux coulisses, dont la seconde porte un crayon.
3. Compas à trois charnières, en laiton, chaque pied se détachant pour former un petit compas, l'un à tire-ligne, l'autre à crayon.

Sous-plateau CD.

4. Lancettes (peu utiles).
5. Pincette à extraire les épines, indispensable dans un pays où l'on voyage sans chaussure.
6. Étui en laiton contenant des aiguilles, des scies de rechange pour le couteau, des limes fines et autres menus outils.
7. Étui, cylindrique comme le précédent, servant à renfermer les verres obscurs du sextant, les bouchons de rechange pour l'hypsomètre, etc.
8. Thermomètre métastatique de M. Walferdin.
9. Étui en bois foré contenant deux thermomètres bien pareils, qui marquent de − 20 à + 85 grades et servent aussi comme psychromètre.

10. Étui comme le précédent, aussi en sapin, et renfermant un hypsomètre ou thermomètre à eau bouillante.
11. Miroir, mines de plomb de rechange, etc.
12. Petits poids, et autres petites pièces.
13. Très-petite boussole.
14. Case à médicaments.

Dans le plateau EF.

15. Décimètre en verre; chaque centimètre est divisé d'une façon différente, l'un des millimètres ayant 50 divisions.
16. Règle en laiton à charnière portant une division en millimètres, et une autre pour rapporter un angle en écartant ses deux branches, selon la longueur indiquée par l'application du compas. Cette règle, mal construite, n'a pas rempli son but.
17. Rasoir pour la tête.
18. Sous le plateau AB, case à argent, un décagramme avec toutes ses subdivisions, etc. J'y gardais aussi un mètre en ruban qui rentrait par un ressort dans son étui de laiton.
19. Étui contenant deux thermomètres de Collardeau, mes n°s 1 et 2. Aujourd'hui je les préfèrerais à maxima et à minima.

Sous le plateau CD.

20. Équerre en acier, peu utile parce qu'elle se rouillait. Il aurait mieux valu la construire en bois.
21. Rondelle à épingles, peu utile.
22.... 24. Plateaux de balance en parchemin, papier d'aiguilles fines, tables astronomiques sur des carrés de papier, etc.
25. Rapporteur carré en carte, ayant au revers des divisions en millimètres et en pouces anglais.
26. Rapporteur demi-cercle en gélatine, divisé en demi-degrés dans le sens où marchent les aiguilles d'une montre. Un arc intérieur et concentrique portait la division complémentaire qui servait quand on retournait le rapporteur.

Après avoir enlevé le plateau EF on voit dans le fond de la boîte les objets suivants :

27. Peigne pour la barbe, placé de champ dans une pochette.
28. Encrier en verre fermant à ressort, avec coussinet en caoutchouc.
29. Pareil encrier renfermant de l'encre en poudre.
30. Petit flacon monté de même et contenant de l'huile d'horlogerie pour les montres et les instruments astronomiques.
31. Ruban de 4 mètres avec leurs sousdivisions en centimètres.
32. Étui en laiton pour des plumes de fer.
33. Boussole Burnier. Comme elle fut détruite dans un incendie à *Gondar,* je la remplaçai par une boite en fer blanc, où je gardais mes médaillles éthiopiennes, mes médicaments, etc.
34. Triloupe.
35. Lentille plane-convexe en cristal de roche pour faire du feu au soleil.
36. Au-dessus du numéro précédent était le sextant tabatière fait par Gambey pour S. A. le prince de Joinville.
37. Au-dessus du n° 36 est une boîte en laiton contenant un cercle divisé qui permet, au moyen d'un prisme et d'un poids, de relever à $0^{\circ}.25$ près l'apozénit d'un objet. Je ne fis guère usage de cet instrument qui était destiné concurremment avec la boussole à remplacer le théodolite.
38. Horizon artificiel en tôle vernie, renfermant dans un étui de tôle un flacon de mercure. Ce flacon était fermé par un bouchon de liége muni d'un cordon-anse et contenu par un coussinet de caoutchouc pressé par un fort ressort.
39. Cuiller de platine servant à chauffer le mercure pour monter le baromètre Fortin, mais plus souvent usitée pour manger la bouillie grossière de l'Éthiopie.
40. Pierre à aiguiser.
41. Mèche pour obtenir du feu au briquet.
42. Toit de verre pour l'horizon artificiel, replié sur lui-même.
43. Couteau à 17 pièces : le dos servait de briquet.
44. Règle logarithmique pour faire de petits calculs et des réductions de dessins, pour tirer des lignes, prendre des mesures, etc. Des trous fins, percés dans la coulisse de cette règle, permettaient d'en faire le fléau d'une balance à médicaments en y ajustant, par des aiguilles choisies à poids égal, les plateaux de parchemin ci-dessus mentionnés.
45. Règle en acier, peu usitée.
46. Crayons, grosse lime, encre de chine, pinceau, cordonnet de soie, pierres à fusil, gomme élastique, bouchons de liége (si difficiles à trouver en Éthiopie), et autres menus objets qui variaient selon l'occasion.

A. D'A.

CHAPITRE II.

CALCUL DU TEMPS.

I. Méthode employée pour réduire les angles horaires.

Les états des chronomètres, réduits des angles horaires que M. d'Abbadie avait observés pendant ses deux voyages en Éthiopie, ont été rangés ensemble d'après l'ordre de date dans la liste qui suit. On y trouve seulement les moyennes des lectures du chr. et de l'instrument, ce qui suffit pour vérifier le calcul.

Nous donnons ici un exemple complet de la réduction d'une suite d'angles horaires afin de montrer la marche qu'on a suivie dans toutes les réductions de ce genre. Voici des observations faites à Suez :

Suez. 1840. Janv. 1. Mercredi soir. Doubles hauteurs du ☉.

	Chr. A.	Sext. G.		
	$1^h.\ 36^m\ 41^s \cdot 2$	$53^\circ\ 0'\ 0''$	B = 765·1	$T = 18 \cdot 6$
	37 59 ·6	52 40 0	**B** = 764·0	
	39 12 ·8	20 0	T = 18·6	
	41 40 ·8	51 40 0		
	42 56 ·0	20 0		
𝔐	$1^h\ 39^m\ 42^s \cdot 08$	$52^\circ\ 12'\ 0''$		

On trouvera à la fin de ce chapitre de quelle manière les suites d'observations ont été examinées avant le calcul pour découvrir s'il y avait une erreur grave dans les lectures. Après cette vérification on pouvait se servir de la moyenne. Si les observations avaient été faites au théodolite, on appliquait à la moyenne des lectures la correction du niveau, et l'on avait l'apozénit apparent. Si elles étaient faites au sextant ou au cercle de réflexion, les lectures donnaient les doubles hauteurs de l'astre; l'erreur de collimation a dû être négligée dans ces derniers instruments comme nous l'avons déjà dit. Le baromètre ayant bientôt manqué, nous nous sommes servi le plus souvent de l'hypsomètre qui a fourni à 1^{mm} près la hauteur barométrique, précision suffisante pour le calcul de la réfraction. Dans quelques cas, peu nombreux, on a conclu la hauteur du baromètre par l'altitude du lieu, obtenue au moyen de la géodésie.

La réfraction a été calculée par des tables construites exprès sur celles de Bessel, dans la forme proposée par Gauss, c'est-à-dire en adoptant $57'' \cdot 727$ pour la réfraction à 45° d'apozénit d'après la dernière détermination de Bessel, ou en multipliant par 1·003282 les réfractions des *Fundamenta*. Pour les cas où l'hypsomètre avait été observé, on a dressé des tables particulières ayant pour argument l'hypsomètre au lieu du baromètre.

Dans l'exemple ci-dessus, la moyenne des doubles hauteurs était $= 52^\circ\ 12'\ 0''$, donc la hauteur apparente $= 26^\circ\ 6'\ 0''$, et l'apozénit app. $= 63^\circ\ 54'\ 0''$. Les tables donnent alors

pour **B** = 764·0	log. barométrique =	1·76933
pour $z = 63^\circ\ 54'$	correct. pour apoz.	— 215
pour T = 18·6	log. thermométrique =	— 1497
		1·75221
	log tg z =	0·30990
	log ρ =	2·06211
	ρ =	$1'\ 55'' \cdot 4$

Comme on avait observé le soleil, il faut encore diminuer ρ de la parallaxe en apozénit qui se trouve $= 8''\cdot716 \sin z = 7''$, par conséquent

$$\rho - \text{parall.} = 1'\ 47''\cdot6,\ \text{apozénit du } \odot = 63^\circ\ 55'\ 47''\cdot6.$$

En ajoutant encore le demi-diamètre $= 16'\ 17''\cdot3$, on trouve l'apozénit vrai du centre

$$z = 64^\circ\ 12'\ 4''\cdot9.$$

Dès lors on peut trouver l'angle horaire au moyen des formules connues.

Un calcul préliminaire, avec un apopole supposé du $\odot$, donnait le retard du chronomètre sur le temps moyen à peu près $= 0^h\ 54^m\cdot6$. Alors on trouve plus exactement l'heure de Greenwich comme il suit :

Moyenne des lectures du chr.	$= 1^h$	39^m7
E supposé	$= 0$	$54\cdot6$
Temps moyen de Suez	$= 2$	$34\cdot3$
Suez à l'est de Greenwich	$= 2$	$10\cdot1$
Temps moyen de Greenwich	$= 0$	$24\cdot2$

Pour cet instant du 1er janvier 1840, le N. Alm. donne $\delta\ \odot = -23^\circ\ 4'\ 1''\cdot8$ et $e = 0^h\ 3^m 37^s\cdot18$. Nous avons donc le calcul suivant :

$\psi =$ 60°	2'	13''·5	$s - \psi =$	58°	36'	56''·6	... log. sin =	$\bar{1}$. 9313021
$p =$ 113	4	1·8	$s - p =$	5	35	8·3		$\bar{2}$. 9882621
$z =$ 64	12	4·9	$s - z =$	54	27	5·2		$\bar{1}$. 9104234
$2s =$ 237	18	20·2	$s =$	118	39	10·1		$\bar{1}$. 9432676
$s =$ 118	39	10·1						

En faisant la somme de $s-\psi$, $s-p$, $s-z$, il faut retrouver s; cela est un bon contrôle de ces opérations arithmétiques. Il est bon aussi de faire attention à l'angle le plus petit, puisqu'une légère erreur dans le logarithme de son sinus a plus d'influence sur le résultat que des erreurs plus considérables dans les autres. Ici, cet angle est $s-\psi = 5^\circ\ 35'\ 8''\cdot3$, et chaque seconde de cet angle produit 215 unités dans les dernières décimales de log sin $(s-\psi)$. Nous avons ensuite :

$\log \sin (s-\psi) \sin (s-p)$	$= \bar{2}.\ 9195642$
$\log \sin s \sin (s-z)$	$= \bar{1}.\ 8536910$
$\log \operatorname{tg}^2 \frac{1}{2} t$	$= \bar{1}.\ 0658732$
$\log \operatorname{tg} \frac{1}{2} t$	$= \bar{1}.\ 5329366$
$\frac{1}{2} t$	$= 18^\circ\ 50'\ 12''\cdot2$
t	$= 37\ 40\ 24\cdot4$
Heure vraie	$= 2^h\ 30^m\ 41^s\cdot63$
e	$= +3\ \ 37\cdot18$
Heure moyenne	$= 2\ \ 34\ \ 18\cdot81$
Lect. du chr.	$= 1\ \ 39\ \ 42\cdot08$
E	$= 0\ \ 54\ \ 36\cdot73$

Cet état du chronomètre doit encore recevoir une dernière correction, car en prenant les moyennes des lectures du chronomètre et de l'instrument comme correspondantes, on suppose que le mouvement apparent de l'astre est proportionnel au temps ; mais cette hypothèse n'est pas exacte. En effet, il faut encore tenir compte des différentielles secondes de z qui dépendent du carré du temps, et cela donne une correction sensible. La moyenne des apozénits est = l'apozénit correspondant à la moyenne des heures + la moyenne des différentielles secondes de cet apozénit, ou bien $+ \frac{1}{2} \frac{d^2z}{dt^2} \times \mathfrak{M}\, t^2$ en désignant par t la différence des angles horaires avec leur moyenne. On peut ici remplacer $\frac{1}{2} t^2$ par $2 \sin^2 \frac{1}{2} t$ et diviser par sin 1'' pour exprimer la correction en secondes d'arc. L'angle horaire, calculé avec la moyenne des apozénits, sera donc = l'angle horaire moyen $+ \frac{dt}{dz}$ multiplié par $\frac{d^2z}{dt^2}\, \mathfrak{M}\, \frac{2 \sin^2 \frac{1}{2} t}{\sin 1''}$. Or, les formules de la page **B** donnent $\frac{dt}{dz} \frac{d^2z}{dt^2} = -\frac{\cos A \cos q}{\sin t}$, par suite la correction qu'il faut ajouter à l'angle horaire calculé, pour obtenir l'angle horaire moyen, sera en secondes de temps :

$$\mathfrak{K} = + \frac{\cos A \cos q}{15 \sin t} \mathfrak{M} \frac{2 \sin^2 \frac{1}{2} t}{\sin 1''}.$$

Pour t on peut prendre les différences des heures observées avec leur moyenne, puis chercher $\frac{2 \sin^2 \frac{1}{2} t}{\sin 1''}$ dans les tables connues. A défaut de ces tables, on aura plus simplement $\frac{1}{15} \mathfrak{M} \frac{2 \sin^2 \frac{1}{2} t}{\sin 1''} = \mathfrak{M}\, t \sin \frac{1}{2} t$. Le facteur $\frac{\cos A \cos q}{\sin t}$ sera calculé avec les valeurs de A, q, que les formules de la page **B** donnent par p, ψ et par l'apozénit moyen. Il faut ici faire attention que t et $\sin\, t$ sont positifs à l'ouest, négatifs à l'est; mais le signe de A est indifférent pour cos A.

Dans quelques traités d'astronomie, comme dans ceux de Littrow et de Mr. Brunnow, on s'est trompé sur le signe de la correction $\mathfrak{K}$.

Au lieu d'ajouter cette correction à l'angle horaire, nous l'avons toujours simplement ajouté à l'état du chronomètre. Dans notre exemple on la trouve comme il suit :

t.	$\frac{2 \sin^2 \frac{1}{2} t}{\sin 1''}$
— 3^m 0^s·9	17·9
— 1 42·5	5·8
— 0 29·3	0·5
+ 1 58·7	7·7
+ 3 13·9	20·5
	$\mathfrak{M} = 10{\cdot}48$ $\frac{1}{15} \mathfrak{M} = 0{\cdot}699$

				log.
log sin $(s-\psi)$ sin $(s-z)$ = $\bar{1}$. 842		log sin $(s-p)$ sin $(s-z)$ = $\bar{2}$. 899		0·699 = $\bar{1}$. 844
log sin s sin $(s-p)$ = $\bar{2}$. 932		log sin s sin $(s-\psi)$ = $\bar{1}$. 875		cos A = $\bar{1}$. 893$_n$
0. 910		$\bar{1}$. 024		cos q = $\bar{1}$. 908
log tg $\frac{1}{2}$ A = 0·455		log tg $\frac{1}{2}$ q = $\bar{1}$. 512		cosec t = 0. 214
$\frac{1}{2}$ A = 109° 20′		$\frac{1}{2}$ q = 18° 0′		log $\mathfrak{K}$ = $\bar{1}$. 859$_n$
A = 218 40		q = 36 0		$\mathfrak{K}$ = — 0^s·72

Par conséquent l'état corrigé du chronomètre

$$E = 0^h\ 54^m\ 36^s{\cdot}01.$$

Nous savions ici que l'azimut était > 180°, puisque l'angle horaire était positif; mais pour chercher $\mathfrak{K}$ on n'a pas besoin d'y songer, parce que le cosinus d'un angle reste le même si on le compte de droite à gauche ou de gauche à droite. En prenant ici $\frac{1}{2}$ A = 70° 40′ et A = 141° 20′, on aurait trouvé pour cos A la même valeur que ci-dessus. C'est pour cela que cette manière de calculer A et q est préférable à l'usage ordinaire, parce qu'il n'y a ici aucune considération à faire pour déterminer le signe de $\mathfrak{K}$.

Maintenant, si les valeurs supposées de φ, de p et de z étaient un peu erronées par une cause quelconque et qu'il fallût y ajouter les corrections Δφ, Δp, Δz, on trouverait le changement de E qui en résulterait, par cette formule :

$$\Delta E = \Delta t = \frac{dt}{dz} \Delta z + \frac{dt}{d\varphi} \Delta \varphi + \frac{dt}{dp} . \Delta p.$$

Les expressions des 3 coefficients différentiels se trouvent à la page **B**.

Pour notre exemple on aurait :

$$\log \frac{dt}{dz} = \bar{1}.\ 091 \quad , \quad \log \frac{dt}{d\varphi} = \bar{2}.\ 983_n \quad , \quad \log \frac{dt}{dp} = \bar{2}.\ 998_n \ .$$

Supposons donc qu'il faille ajouter 50″ à z, — 30″ à φ, — 10″ à p ; nous aurions :

$$\log \frac{dt}{dz} . 50 = 0{\cdot}790 \quad , \quad \log \frac{dt}{d\varphi} . 30_n = 0{\cdot}460 \quad , \quad \log \frac{dt}{dp} . 10_n = \bar{1}.\ 998,$$

ce qui donne $\Delta E = + 6^s{\cdot}16 + 2^s{\cdot}89 + 1^s{\cdot}00 = + 10^s{\cdot}05$, et $E = 0^h\ 54^m\ 46^s{\cdot}06$.

2. Manière de vérifier s'il y a une erreur d'observation dans une suite d'angles horaires.

Les voyageurs étant souvent forcés d'observer à la hâte, il leur arrive parfois de commettre une erreur d'une minute en notant l'heure, ou de quelque multiple de 10' dans la lecture de l'instrument. Il faut donc, avant d'employer les moyennes des lectures, s'assurer qu'il n'y existe pas une erreur de ce genre. A cet effet, on pourra examiner la marche des valeurs observées pour voir si elle est assez régulière. Soient x, y les premières, x, y les dernières valeurs correspondantes, X, Y les moyennes des lectures de l'instrument et du chr. ; on peut alors regarder le rapport $\frac{y-y}{x-x}$ comme le quotient différentiel de y par rapport à x, et supposer

$$y - Y + \frac{dy}{dx}(X - x) = \iota$$

où ι est le désaccord résidu qui doit être très-petit, c'est-à-dire de quelques secondes au plus. On aura une équation semblable pour chaque observation ; la somme des ι doit être égale à zéro.

Dans notre exemple on avait $y - y = -6^m 14^s.8$, $x - x = +1^\circ 40'$, par conséquent $\frac{dy}{dx} = -\frac{374.8}{100} = -3.75$. La vérification provisoire se faisait alors comme il suit :

X — x	$\frac{dy}{dx}(X-x)$	y — Y	ι
— 48'	+ 180ˢ·0	— 180ˢ·9	— 0ˢ·9
— 28	+ 105·0	— 102·5	+ 2·5
— 8	+ 30·0	— 29·3	+ 0·7
+ 32	— 120·0	+ 118·7	— 1·3
+ 52	— 195·0	+ 193·9	— 1·1
			0.

Les différences résidues sont assez petites pour qu'on puisse regarder ces observations comme bonnes. Une autre série d'angles horaires (n° 140 de la liste) avaient été observés par M. Arnauld d'Abbadie.

Voici les observations originales :

Muçawwʿa. 1841 : Août 20. Vendredi soir. Doubles hauteurs.

Chr. B.	Sext. G.	
10ʰ 1ᵐ 8ˢ·0	63° 41' 30"	☉̲.
3 53·3	62 12 0	»
4 36·6	61 50 30	»
5 33·6	61 34 0	»
6 26·4	62 2 0	☉̄

Pour réduire la dernière observation au bord inférieur, on soustrait de 62° 2' 0" le double diamètre du soleil = 4 × 15' 50"·25 = 1° 3' 21"·0, ce qui donne 60° 58' 39".

Les moyennes seront alors

$$Y = 10^h\ 4^m\ 19^s.6 \qquad X = 62^\circ\ 3'\ 19''.8,$$

et l'on trouve $\frac{y-y}{x-x} = -\frac{318.4}{162.85} = -1.955$, ou bien $\frac{dy}{dx} = -2$ à peu près.

Avec cette valeur on aurait :

X — x	$\frac{dy}{dx}(X-x)$	y — Y	ι
— 98ˢ·2	+ 196ˢ·0	— 191ˢ·6	+ 4ˢ·4
— 8·7	+ 17·4	— 26·3	— 8·9
+ 12·8	— 25·5	+ 17·0	— 8·5
+ 29·3	— 58·4	+ 74·0	+ 15·6
+ 64·7	— 129·1	+ 126·8	— 2·3

Évidemment il y a ici quelque erreur dans les observations, et il faut la chercher. Supposons d'abord qu'elle se trouve dans les x. En diminuant de 10′ l'une des lectures x, on diminuerait X et quatre des X — x de 2′; le coefficient $\frac{dy}{dx}$ serait 1·8 ou 2·0 ou 2·1. Comme la 4ᵐᵉ observation est fautive, selon toute probabilité, nous commençons par la corriger de — 10′. Alors nous avons $\frac{dy}{dx} = 2$, et ensuite

X — x	ι
— 100′	+ 8ˢ·4
— 10·7	— 5
+ 10·8	— 4·6
+ 37·3	— 0·6
+ 62·7	+ 1·4

Les différences ι sont déjà considérablement diminuées; mais la première observation ne va pas encore. En la diminuant aussi de 10′, on trouve $\frac{dy}{dx} = 2{\cdot}08$,

X — x	ι
— 92·2	+ 0·1
— 12·7	+ 0·1
+ 8·8	— 1·3
+ 35·3	+ 0·6
+ 60·7	+ 0·5.

Il est donc bien visible qu'on avait deviné juste en diminuant la 1ʳᵉ et la 4ᵐᵉ lecture du sextant de 10′ chacune, et en substituant aux lectures originales les deux suivantes :

63° 31′ 30″ , 61° 24′ 0″.

La moyenne X = 61° 59′ 19″·8 qui s'ensuit donne l'apozénit 59° 1′ 20″·1 qui a été inscrit dans la liste des angles horaires sous le numéro 140. Mais de telles corrections ont été rarement nécessaires.

3. Calcul des hauteurs correspondantes.

La méthode des hauteurs correspondantes consiste, comme on le sait, à observer les heures où un astre arrive aux mêmes hauteurs le matin et le soir, sans qu'il soit nécessaire de connaître ces hauteurs absolues; il suffit qu'elles soient respectivement les mêmes des deux côtés du méridien. La moyenne des heures de deux observations correspondantes donne alors le temps du passage de l'astre par le méridien, si cet astre est une étoile fixe; mais lorsque c'est le soleil qu'on a observé, la moyenne doit subir une correction due à la variation de la déclinaison.

Pour calculer cette correction, on était dans l'usage d'employer une table donnant les valeurs de deux facteurs qui dépendent de l'intervalle écoulé entre deux observations correspondantes, et de prendre la déclinaison ainsi que sa variation dans les éphémérides. Mais nous avons construit des tables qui réunissent tous les éléments nécessaires à ce calcul; elles remplacent les éphémérides, tout en réduisant le calcul de la correction à une simple addition et à une multiplication.

Nous allons, pour mieux expliquer l'usage de nos tables, reprendre ici les formules connues des hauteurs correspondantes.

Soient h, h deux hauteurs égales, l'une observée le matin et l'autre le soir, soit 2τ l'intervalle écoulé entre les deux observations. Désignons par x la correction à ajouter à la moyenne des heures observées pour avoir l'heure du midi vrai. Alors l'angle horaire du soleil était avant midi — $(\tau + x)$, après midi $= \tau - x$.

Quand la première observation a été faite le soir, la seconde le lendemain matin, on désigne par x la correction de minuit vrai, et les angles horaires seront respectivement

$$12^h - (\tau + x) \text{ et } - 12^h + \tau - x.$$

Soit δ la déclinaison du soleil, $\Delta\delta$ sa variation pendant τ heures, on aura :

$$\sin h = \sin \varphi \sin (\delta - \Delta\delta) + \cos \varphi \cos (\delta - \Delta\delta) \cos (\tau + x)$$
$$\sin h = \sin \varphi \sin (\delta + \Delta\delta) + \cos \varphi \cos (\delta + \Delta\delta) \cos (\tau - x)$$

pour midi, et $- \cos \varphi \cos (\delta \mp \Delta\delta) \cos (\tau \pm x)$ pour minuit.

Retranchant alors les deux équations précédentes l'une de l'autre, on obtient :

$$o = \sin\varphi \cos\delta \sin\Delta\delta - \cos\varphi \sin\delta . \sin\Delta\delta \cos\tau \cos x + \cos\varphi \cos\delta \cos\Delta\delta \sin\tau \sin x$$

ou en faisant $\cos\Delta\delta = \cos x = 1$, $\sin\Delta\delta = \Delta\delta$, $\sin x = x$,

$$o = \Delta\delta\,(\sin\varphi \cos\delta - \cos\varphi \sin\delta \cos\tau) + \cos\varphi \cos\delta \sin\tau . x$$

d'où l'on tire

$$x = \frac{\Delta\delta}{\sin\tau}\left\{ -\operatorname{tg}\varphi + \operatorname{tg}\delta \cos\tau \right\}$$

pour midi. Pour minuit on aura évidemment

$$x = \frac{\Delta\delta}{\sin\tau}\left\{ \operatorname{tg}\varphi + \operatorname{tg}\delta \cos\tau \right\}$$

On trouve dans les tables solaires de M. Hansen la variation de δ pour 0·1 jour; en la désignant par v, la variation horaire sera $= \frac{10}{24}$ v, et $\Delta\delta = \frac{10}{24}\,v\tau$. En divisant encore par 15 pour convertir x en secondes de temps, l'on trouve

$$x = \frac{v}{36}\left\{ \mp \operatorname{tg}\varphi + \operatorname{tg}\delta \cos\tau \right\}\frac{\tau}{\sin\tau}.$$

Le facteur $\frac{\tau}{\sin\tau}$ devient $= 1$ pour $\tau = 0$ lorsque τ est exprimé en parties du rayon.

Pour convertir τ heures en parties du rayon, il faut multiplier par $\frac{1}{12}\,\pi$; par conséquent le facteur

$$\mathfrak{f} = \frac{\pi}{12}\,\frac{\tau}{\sin\tau}$$

sera $= 1$ pour $\tau = 0$. Cette fonction croît indéfiniment lorsque τ approche de 12^h; mais τ ne peut point être $= 12^h$, parce que le soleil n'arrive jamais à la même hauteur à midi deux jours de suite. Il faudrait pour cela qu'on eût $v = 0$ en même temps que $\tau = 12^h$ ou $\sin\tau = 0$.

Nous avons donc d'abord réduit le facteur $\mathfrak{f}$ en une table ayant pour argument l'intervalle 2τ. La formule ci-dessus devient alors

$$x = \frac{v\mathfrak{f}}{3\pi}\left\{ \mp \operatorname{tg}\varphi + \operatorname{tg}\delta \cos\tau \right\}$$

Les quantités δ et v se trouvent dans les éphémérides; mais on peut aussi les prendre dans une table pour ainsi dire normale, en corrigeant préalablement la date par un nombre fractionnaire de jours qui dépend de l'année. Cette correction est l'argument I des tables du soleil. Il est vrai que cet argument a des inégalités périodiques pendant une même année qui s'élèvent jusqu'à 0·06 jour à un siècle de distance de l'époque des tables; mais il serait inutile d'en tenir compte ici. Il suffit, en tirant des tables solaires la correction de la date, d'ajouter à l'argument I la moyenne des inégalités toujours positives, car on réduit ainsi à la moitié l'erreur provenant de ces inégalités. C'est de cette manière que nous avons calculé la petite table **1**, qui donne la correction de la date pour l'année. Les nombres qu'on y trouve signifient des parties du jour, et on les ajoute à la date avant d'entrer dans les deux autres tables qui ont la date pour argument. Lorsqu'il s'agit de la correction de minuit, il faut encore augmenter de 0·5 le chiffre de la date. En outre, il faut tenir compte de la longitude exprimée en parties de jour; on l'ajoute à la date si elle est à l'ouest de Paris, et on l'en retranche si elle est à l'est de Paris.

Après avoir ainsi corrigé la date pour l'année et pour la longitude, on peut entrer dans les tables **2** et **3** qui donnent, de dix en dix jours, les deux quantités

$$\mathfrak{A} = \frac{v}{3\pi}\operatorname{tg}\delta \cos\tau$$

$$\mathfrak{B} = \mp \frac{v}{3\pi}.$$

La formule pour x devient ainsi :

$$x = \mathfrak{f}\,(\mathfrak{A} + \mathfrak{B}\operatorname{tg}\varphi).$$

En cherchant $\mathfrak{A}$ et $\mathfrak{B}$, on prend les signes d'après les notes ajoutées aux tables de ces facteurs; on n'a pas besoin alors de s'occuper du signe de $\operatorname{tg}\varphi$, car en changeant le signe de $\mathfrak{B}$ dans l'hémisphère austral, on prendra φ toujours positif. Nous avons donné encore les valeurs de tg φ et de ¼ sec φ (pour les azimuts correspondants) de 0° à 60° de latitude ce qui est suffisant, car on ne se servira pas des hauteurs ou des azimuts correspondants sous une latitude très-grande.

La table pour 𝔄 est à double entrée, elle a pour arguments la date et l'intervalle écoulé entre les moyennes des deux séries d'observations. Avec les tables **3** et **4**, on peut facilement se construire, pour un voyage donné, une autre table à double entrée contenant les valeurs du produit 𝔅 tg φ, pour les latitudes sous lesquelles on voyage. En multipliant alors les intervalles de l'argument φ, tout en resserrant ses limites, on rendra moins difficiles les deux interpolations qui s'ensuivent (†).

Exemple : Le 7 janvier 1844, M. d'Abbadie a observé à *Kiftan* les hauteurs correspondantes du soleil qui suivent :

☉ Doubles hauteurs. Sextant Gambey.	Chronomètre 𝔇. Avant midi.	Après midi.	Moyennes.
72° 20′ 0″	$21^h\ 42^m\ 27^s{\cdot}6$	$3^h\ 49^m\ 12^s{\cdot}8$	$0^h\ 45^m\ 50^s{\cdot}2$
73 0 0	44 4·8	47 36·0	50·4
74 0 0	46 33·2	45 6·0	49·6
74 20 0	47 23·6	44 12·4	48·0
75 0 0	49 4·0	42 36·4	50·2
			$\mathfrak{M} = 0^h\ 45^m\ 49^s{\cdot}68$

Pour employer nos tables, il faut d'abord corriger la date. Nous avons :

	Date. . . . Janv.	7·00
Table **1**. . .	Correction pour 1844.	0·87
Longitude = $2^h\ 18^m$ est de Paris. .		— 0·10
	Date corrigée. . Janv.	7·77

L'intervalle moyen entre deux observations correspondantes = $5^h\ 59^m{\cdot}8 = 5^h{\cdot}997$.

La table **2** donnera donc

Janv. 0. . . 𝔄 = — 0·74 diff. pour 1 jour = — 0·08.
Janv. 10. . . » = — 1·53

Janv. 7·77. . 𝔄 = — 1·35.

La table **3** donne ensuite 𝔅 = — 4·67, et la table **4** donne tgφ = 0·137 pour φ = 7° 48′. Le produit 𝔅 tg φ sera donc = — 0·64; la somme de ce produit et de la valeur trouvée de 𝔄 est = — 1·99. On trouve encore 𝔣 = 1·111 dans la table **5**, et en multipliant — 1·99 par 1·111, on obtient x = — $2^s{\cdot}21$. C'est la correction qu'il faut appliquer à la moyenne des heures pour avoir l'instant du midi vrai ; il sera donc $0^h\ 45^m\ 47^s{\cdot}47$. Le temps moyen à midi vrai étant d'ailleurs $0^h\ 6^m\ 16^s{\cdot}87$, on trouve le retard du chronomètre 𝔇 sur le temps moyen = — $0^h\ 39^m\ 30^s{\cdot}60$. Ce résultat est inscrit dans la liste sous les numéros 208, 209.

Table 1.

Donnant la correction de la date pour l'année, en parties de jour.

Année	**0**	**1**	**2**	**3**	**4**	**5**	**6**	**7**	**8**	**9**
1·80	1·52	1·28	1·04	0·80	† 1·56	1·31	1·07	0·83	† 1·59	1·34
1·81	1·10	0·86	† 1·62	1·38	1·13	0·89	† 1·65	1·41	1·16	0·92
1·82	† 1·68	1·44	1·20	0·95	† 1·71	1·47	1·23	0·99	† 1·74	1·50
1·83	1·26	1·02	† 1·78	1·53	1·29	1·05	† 1·80	1·56	1·32	1·08
1·84	† 1·84	1·59	1·35	1·11	† 1·87	1·63	1·38	1·14	† 1·90	1·66
1·85	1·41	1·17	† 1·93	1·69	1·45	1·20	† 1·96	1·72	1·48	1·23
1·86	† 1·99	1·75	1·51	1·27	† 2·02	1·78	1·54	1·30	† 2·05	1·81
1·87	1·57	1·33	† 2·08	1·84	1·60	1·36	† 2·12	1·87	1·63	1·39
1·88	† 2·15	1·91	1·66	1·42	† 2·18	1·94	1·69	1·45	† 2·21	1·97
1·89	1·73	1·48	† 2·24	2·00	1·76	1·51	† 2·27	2·03	1·79	1·55

Dans les années bissextiles, cette correction sera diminuée d'un jour pour les mois de janvier et de février. C'est ce qu'indiquent les croix.

(†) Ces tables ont été publiées dans le n° 1235 des *Astron. Nachrichten.*

Table 2 pour obtenir 𝔄.

Tous les nombres d'une même ligne horizontale ont l'un des deux signes écrits à gauche ; le signe supérieur pour les intervalles de 0^h à 12^h, le signe inférieur pour ceux de 12^h à 24^h.

Intervalle entre deux observations correspondantes.

Date corrigée	Signe	**0ʰ**	**1ʰ**	**2ʰ**	**3ʰ**	**4ʰ**	**5ʰ**	**6ʰ**	**7ʰ**	**8ʰ**	**9ʰ**	**10ʰ**	**11ʰ**	**12ʰ**
Janv. 0	∓	1·05	1·04	1·01	0·97	0·91	0·83	0·74	0·64	0·52	0·40	0·27	0·14	0·00
10	∓	2·17	2·15	2·09	2·00	1·88	1·72	1·53	1·32	1·08	0·82	0·56	0·28	0·00
20	∓	2·96	2·93	2·86	2·73	2·56	2·35	2·09	1·80	1·48	1·13	0·77	0·39	0·00
30	∓	3·32	3·29	3·21	3·07	2·88	2·64	2·35	2·02	1·66	1·27	0·86	0·43	0·00
Févr. 9	∓	3·26	3·23	3·14	3·01	2·82	2·58	2·30	1·98	1·63	1·25	0·84	0·42	0·00
19	∓	2·81	2·78	2·71	2·59	2·43	2·23	1·98	1·71	1·40	1·07	0·73	0·37	0·00
Mars 1	∓	2·06	2·04	1·99	1·90	1·78	1·64	1·46	1·25	1·03	0·79	0·53	0·27	0·00
11	∓	1·12	1·11	1·08	1·04	0·97	0·89	0·79	0·68	0·56	0·43	0·29	0·15	0·00
21	∓	0·09	0·09	0·09	0·09	0·08	0·07	0·07	0·06	0·05	0·04	0·02	0·01	0·00
31	±	0·93	0·92	0·90	0·86	0·80	0·74	0·66	0·57	0·46	0·35	0·24	0·12	0·00
Avril 10	±	1·85	1·83	1·78	1·71	1·60	1·47	1·31	1·12	0·92	0·71	0·48	0·24	0·00
20	±	2·58	2·56	2·49	2·38	2·23	2·05	1·82	1·57	1·29	0·99	0·67	0·34	0·00
30	±	3·04	3·02	2·94	2·81	2·64	2·42	2·15	1·85	1·52	1·17	0·79	0·40	0·00
Mai 10	±	3·19	3·16	3·08	2·94	2·76	2·53	2·25	1·94	1·59	1·22	0·82	0·41	0·00
20	±	2·97	2·94	2·87	2·74	2·57	2·35	2·10	1·81	1·48	1·14	0·77	0·39	0·00
30	±	2·39	2·37	2·31	2·21	2·07	1·89	1·69	1·45	1·19	0·91	0·62	0·31	0·00
Juin 9	±	1·51	1·49	1·46	1·39	1·31	1·20	1·07	0·92	0·75	0·58	0·39	0·20	0·00
19	±	0·43	0·42	0·41	0·40	0·37	0·34	0·30	0·26	0·21	0·16	0·11	0·06	0·00
29	∓	0·71	0·70	0·68	0·65	0·61	0·56	0·50	0·43	0·35	0·28	0·19	0·09	0·00
Juillet 9	∓	1·74	1·73	1·68	1·61	1·51	1·38	1·23	1·06	0·87	0·67	0·45	0·23	0·00
19	∓	2·55	2·52	2·46	2·35	2·20	2·02	1·80	1·55	1·27	0·97	0·66	0·33	0·00
29	∓	3·03	3·01	2·93	2·80	2·62	2·40	2·14	1·84	1·51	1·16	0·78	0·40	0·00
Août 8	∓	3·16	3·13	3·05	2·92	2·73	2·51	2·24	1·92	1·58	1·21	0·82	0·41	0·00
18	∓	2·94	2·91	2·84	2·72	2·55	2·33	2·08	1·79	1·47	1·13	0·76	0·38	0·00
28	∓	2·42	2·40	2·34	2·23	2·09	1·92	1·71	1·47	1·21	0·93	0·63	0·32	0·00
Sept. 7	∓	1·66	1·64	1·60	1·53	1·44	1·32	1·17	1·01	0·83	0·63	0·43	0·22	0·00
17	∓	0·73	0·72	0·71	0·68	0·64	0·58	0·52	0·45	0·37	0·28	0·19	0·10	0·00
27	±	0·27	0·27	0·26	0·25	0·23	0·21	0·19	0·17	0·14	0·11	0·07	0·04	0·00
Oct. 7	±	1·27	1·26	1·22	1·17	1·10	1·01	0·90	0·77	0·63	0·49	0·33	0·17	0·00
17	±	2·16	2·15	2·09	2·00	1·87	1·72	1·53	1·32	1·08	0·83	0·56	0·28	0·00
27	±	2·86	2·83	2·76	2·64	2·48	2·27	2·02	1·74	1·43	1·09	0·74	0·37	0·00
Nov. 6	±	3·26	3·23	3·15	3·01	2·82	2·59	2·30	1·98	1·63	1·25	0·84	0·42	0·00
16	±	3·28	3·25	3·17	3·03	2·84	2·60	2·32	2·00	1·64	1·25	0·85	0·43	0·00
26	±	2·87	2·84	2·77	2·65	2·48	2·28	2·03	1·75	1·43	1·10	0·74	0·37	0·00
Déc. 6	±	2·05	2·03	1·98	1·89	1·77	1·62	1·45	1·25	1·02	0·78	0·53	0·27	0·00
16	±	0·91	0·90	0·88	0·84	0·79	0·72	0·64	0·55	0·46	0·35	0·24	0·12	0·00
26	∓	0·38	0·38	0·37	0·35	0·33	0·30	0·27	0·23	0·19	0·15	0·10	0·05	0·00
36	∓	1·61	1·60	1·56	1·49	1·41	1·28	1·14	0·98	0·81	0·62	0·42	0·21	0·00
Date corrigée	Signe	**24ʰ**	**23ʰ**	**22ʰ**	**21ʰ**	**20ʰ**	**19ʰ**	**18ʰ**	**17ʰ**	**16ʰ**	**15ʰ**	**14ʰ**	**13ʰ**	**12ʰ**

Intervalle entre deux observations correspondantes.

Table 3. Valeurs de $\mathfrak{B}$.

Date corrigée.	$\mathfrak{B}$.	Diff. pour 1 jour.	Date corrigée.	$\mathfrak{B}$.	Diff. pour 1 jour.
Janv. 0	∓ 2·44	0·287	Juillet 9	± 4·19	0·239
10	∓ 5·31	0·262	19	± 6·58	0·215
20	∓ 7·93	0·226	29	± 8·73	0·187
30	∓ 10·19	0·184	Août 8	± 10·60	0·154
Févr. 9	∓ 12·03	0·141	18	± 12·14	0·121
19	∓ 13·44	0·096	28	± 13·35	0·087
Mars 1	∓ 14·40	0·055	Sept. 7	± 14·22	0·052
11	∓ 14·95	0·014	17	± 14·74	0·017
21	∓ 15·09	0·014	27	± 14·91	0·020
31	∓ 14·85	0·061	Oct. 7	± 14·71	0·058
Avril 10	∓ 14·24	0·097	17	± 14·13	0·100
20	∓ 13·27	0·133	27	± 13·13	0·142
30	∓ 11·94	0·166	Nov. 6	± 11·71	0·185
Mai 10	∓ 10·28	0·198	16	± 9·86	0·226
20	∓ 8·30	0·225	26	± 7·60	0·262
30	∓ 6·05	0·247	Déc. 6	± 4·98	0·287
Juin 9	∓ 3·58	0·259	16	± 2·11	0·299
19	∓ 0·99	0·263	26	∓ 0·88	0·295
29	± 1·64	0·255	36	∓ 3·83	

Dans l'hémisphère boréal on prend $\mathfrak{B}$ avec le signe supérieur pour midi.
» » » inférieur pour minuit.

Dans l'hémisphère austral on prend $\mathfrak{B}$ avec le signe inférieur pour midi.
» » » supérieur pour minuit.

Cette règle est pour le calcul des *hauteurs correspondantes*. Dans la correction t $\mathfrak{B}$ sec φ *des azimuts correspondants*, il faudra toujours prendre $\mathfrak{B}$ avec le signe *inférieur* pour *midi*, avec le signe *supérieur* pour *minuit*.

Table 4. Des tangentes, des quarts de sécantes, des cosécantes.

φ	tg φ	$\frac{1}{4}$ sec φ	cosec z	z	φ	tg φ	$\frac{1}{4}$ sec φ	cosec z	z
0°	0·000	0·250	1·000	90°	30°	0·577	0·289	1·155	60°
1	0·017	0·250	1·001	89	31	0·601	0·292	1·166	59
2	0·035	0·250	1·001	88	32	0·625	0·295	1·178	58
3	0·052	0·250	1·002	87	33	0·649	0·298	1·192	57
4	0·070	0·251	1·002	86	34	0·675	0·302	1·206	56
5	0·087	0·251	1·003	85	35	0.700	0·305	1·221	55
6	0·105	0·251	1·005	84	36	0.727	0·309	1·236	54
7	0·123	0·252	1·008	83	37	0·754	0·313	1·252	53
8	0·141	0·252	1·010	82	38	0·781	0·317	1·269	52
9	0·158	0·253	1·012	81	39	0.810	0·322	1·287	51
10	0·176	0·254	1·015	80	40	0·839	0·326	1·305	50
11	0·194	0·255	1·019	79	41	0·869	0·331	1·325	49
12	0·213	0·256	1·022	78	42	0·900	0·336	1·346	48
13	0·231	0·257	1·026	77	43	0·933	0·342	1·367	47
14	0·249	0·258	1·031	76	44	0·966	0·348	1·390	46
15	0·268	0·259	1·035	75	45	1·000	0·354	1·414	45
16	0·287	0·260	1·040	74	46	1·036	0·360	1·440	44
17	0·306	0·261	1·046	73	47	1·072	0·367	1·466	43
18	0.325	0·263	1·052	72	48	1·111	0·374	1·494	42
19	0·344	0·264	1·058	71	49	1·150	0·381	1·524	41
20	0.364	0·266	1·064	70	50	1·192	0·389	1·556	40
21	0·384	0·268	1·072	69	51	1·235	0·397	1·589	39
22	0·404	0·270	1·079	68	52	1·280	0·406	1·624	38
23	0·424	0·272	1·087	67	53	1·327	0·415	1·662	37
24	0·445	0·274	1·095	66	54	1·376	0·425	1·701	36
25	0·466	0·276	1·103	65	55	1·428	0·436	1·743	35
26	0·488	0·278	1·113	64	56	1·483	0·447	1·788	34
27	0·510	0·281	1·124	63	57	1·540	0·459	1·836	33
28	0·532	0·283	1·134	62	58	1·600	0·472	1·887	32
29	0·554	0·286	1·145	61	59	1·664	0·485	1·942	31
30	0·577	0·289	1·155	60	60	1·732	0·500	2·000	30

Table 5. Valeurs de f. Argument : l'intervalle.

	0ʰ	1ʰ	2ʰ	3ʰ	4ʰ	5ʰ	6ʰ	7ʰ	8ʰ	9ʰ	10ʰ	11ʰ	
0ᵐ	1·000	1·003	1·012	1·026	1·047	1·075	1·111	1·155	1·209	1·275	1·355	1·452	0ᵐ
2	0	03	12	27	48	76	12	57	11	77	58	56	2
4	0	04	12	27	49	77	13	58	13	80	61	60	4
6	0	04	13	28	50	78	15	60	15	82	64	63	6
8	0	04	13	29	51	79	16	62	17	85	67	67	8
10	0	04	14	29	51	81	17	63	19	87	70	71	10
12	0	04	14	30	52	82	19	65	21	90	73	74	12
14	0	04	14	31	53	83	20	67	24	92	76	78	14
16	0	05	15	31	54	84	22	69	26	95	79	82	16
18	0	05	15	32	55	85	23	70	28	97	82	86	18
20	0	05	16	33	56	86	24	72	30	1·300	85	89	20
22	0	05	16	33	57	87	26	74	32	02	89	93	22
24	0	06	17	34	58	88	27	75	34	05	92	97	24
26	1	06	17	35	58	90	29	77	36	08	95	1·501	26
28	1	06	18	35	59	91	30	79	38	10	98	05	28
30	1	07	18	36	60	92	32	81	41	13	1·401	09	30
32	1	07	19	37	61	93	33	83	43	16	05	13	32
34	1	07	19	37	62	94	35	84	45	18	08	17	34
36	1	07	20	38	63	96	36	86	47	21	11	21	36
38	1	08	20	39	64	97	38	88	49	24	15	25	38
40	1	08	21	40	65	98	39	90	52	26	18	29	40
42	1	08	21	40	66	99	41	92	54	29	21	33	42
44	2	09	22	41	67	1·100	42	94	56	32	25	37	44
46	2	09	22	42	68	02	44	96	58	35	28	41	46
48	2	09	23	43	69	03	45	98	61	38	31	45	48
50	2	10	23	43	70	04	47	99	63	40	35	50	50
52	2	10	24	44	71	06	49	1·201	65	43	38	54	52
54	2	10	25	45	72	07	50	03	68	46	42	58	54
56	3	11	25	46	73	08	52	05	70	49	45	62	56
58	3	11	26	46	74	09	53	07	73	52	49	67	58
60	3	12	26	47	75	11	55	09	75	55	52	71	60

	12ʰ	13ʰ	14ʰ	15ʰ	16ʰ	17ʰ	18ʰ	19ʰ	20ʰ	21ʰ	22ʰ	
0ᵐ	1·571	1·716	1·897	2·125	2·418	2·805	3·332	4·086	5·236	7·183	11·127	0ᵐ
2	75	22	1·904	34	30	20	53	4·116	285	271	328	2
4	80	27	11	43	41	35	74	47	334	361	537	4
6	84	33	18	51	52	50	95	79	385	454	752	6
8	89	38	25	60	64	66	3·417	4·210	436	548	976	
10	93	44	32	69	75	81	39	43	488	645	12·208	1
12	98	49	39	78	87	97	61	76	541	744	448	12
14	1·602	55	46	87	99	2·913	83	4·309	596	845	698	14
16	07	61	53	96	2·511	29	3·506	43	651	949	957	16
18	11	67	60	2·205	23	46	29	77	707	8·056	13·227	18
20	16	72	67	15	35	62	52	4·412	764	165	507	20
22	21	78	75	24	47	79	76	48	824	277	799	22
24	25	84	82	34	60	95	3·600	84	882	392	14·103	24
26	30	90	89	43	72	3·012	24	4·520	943	510	420	26
28	35	96	97	53	85	30	48	57	6·004	631	751	28
30	40	1·802	2·005	62	98	47	73	94	067	756	15·097	30
32	45	08	12	72	2·611	64	98	4·633	131	883	458	32
34	50	14	20	82	24	82	3·723	71	197	9·015	837	34
36	54	20	28	92	37	3·100	49	4·711	264	150	16·234	36
38	59	26	35	2·302	50	18	75	51	332	289	650	38
40	64	32	43	12	63	37	3·801	91	401	432	17·087	40
42	69	39	51	22	77	55	28	4·833	472	579	546	32
44	75	45	59	33	91	74	55	75	545	730	18·030	44
46	80	51	67	43	2·704	93	83	4·917	619	887	540	46
48	85	58	75	53	18	3.212	3·910	60	694	10·047	19·078	48
50	90	64	83	64	32	32	39	5·005	771	213	648	50
52	95	71	92	75	47	51	67	49	850	384	20·251	52
54	1·700	77	2·100	85	61	71	96	95	931	561	890	54
56	06	84	08	96	75	91	4·026	5·141	7·013	743	21·570	56
58	11	91	17	2·407	90	3·312	55	88	097	932	22·294	58
60	16	97	25	18	2·805	32	86	5·236	183	11·127	23·066	60

4. État des chronomètres.

La liste qui suit contient les résultats du calcul des angles horaires et des hauteurs correspondantes. Nous avons toujours indiqué, dans la 2me colonne, l'instrument employé et le nombre des lectures dont se compose chaque numéro; puis, dans la 5me colonne, la moyenne des heures observées. La moyenne des apozénits apparents, déduite des lectures d'un sextant, d'un cercle ou d'un théodolite, n'est donnée que pour les angles horaires. Les numéros doubles sont des hauteurs correspondantes. On y trouvera parfois deux nombres inégaux d'observations faites avant et après midi; dans ces cas, il est clair que l'état du chronomètre a été déduit d'un nombre d'observations couplées égal au plus petit des deux nombres inscrits dans la 2me colonne. La 7me colonne contient l'état du chronomètre dont le nom se trouve dans la 8me et dernière colonne; le signe — veut dire que le chronomètre avançait, et l'absence du signe, qu'il retardait sur le temps moyen. On aurait pu ajouter à cette liste les résultats des observations du soleil qui se trouvent dans 169 tours d'horizon orientés par cet astre et contenant des lectures de chronomètre; mais ces résultats ne nous ont paru ni assez certains ni assez utiles pour être rapportés ici.

N°	Instr. et nombre d'obs.		Lieu d'observation.	Date. 1838		Moyenne des lectures du chronomètre.	Moyenne des apozénits apparents.	État du chronomètre.	Chr.
1	G.	4	Qoçeyr.	Janv.	1	18h 27m 54s ·25	70° 49′ 21″ ·0	2h 6m 27s ·70	𝔄
2	»	3	»	»	3	18 38 23 ·40	69 5 43 ·5	2 6 13 ·68	
3	»	4	»	»	4	18 34 16 ·75	69 51 42 ·3	2 5 53 ·82	
4	»	3	Jiddah.	»	18	18 15 6 ·53	66 10 3 ·3	2 24 34 ·98	
5	»	3	»	»	19	0 55 56 ·93	62 6 41 ·6	2 24 38 ·19	
6	»	3	»	»	21	18 14 30 ·27	66 0 1 ·7	2 24 55 ·83	
7	»	3	»	»	23	18 24 0 ·40	64 0 1 ·7	2 25 1 ·96	
8	»	3	»	»	27	18 17 37 ·27	64 43 20 ·0	2 25 25 ·60	
9	»	4	»	»	30	18 21 36 ·30	63 32 31 ·2	2 25 37 ·79	
10	»	4	»	»	31	1 29 56 ·40	66 30 1 ·9	2 25 40 ·87	
11	»	3	»	»	31	18 2 47 ·47	67 6 32 ·5	2 25 40 ·55	
12	»	3	»	Févr.	3	18 7 40 ·53	65 39 58 ·3	2 25 58 ·02	
13	»	3	Mucawwʿa. . . .	»	16	17 30 32 ·07	69 0 2 ·5	2 27 0 ·92	
14	»	3	»	»	20	18 18 54 ·47	57 30 1 ·7	2 27 7 ·69	
15	»	3	»	»	28	17 9 27 ·60	67 6 40 ·0	2 47 46 ·41	𝔗
16	»	3	»	Mars	2	1 1 29 ·20	53 10 0 ·0	2 26 9 ·07	𝔄
17	»	3	»	»	4	17 7 41 ·73	66 49 59 ·2	2 47 36 ·87	𝔇
18	»	3	»	»	6	0 52 46 ·40	55 36 40 ·0	2 48 35 ·48	
19	»	4	»	»	20	0 37 26 ·50	45 5 0 ·0	2 22 32 ·10	𝔄
20	»	3	»	»	22	0 41 38 ·13	45 50 0 ·0	2 22 14 ·29	
21	»	3	May Uray. . . .	Avril	9	17 56 13 ·07	55 26 36 ·7	2 19 11 ·03	
22	»	4	'Adwa.	»	30	1 3 16 ·50	48 35 0 ·0	2 16 4 ·39	
23	»	4	»	Mai	3	1 20 8 ·12	52 35 1 ·9	2 15 55 ·08	
24	»	3	»	»	5	1 20 6 ·67	52 33 20 ·0	2 15 52 ·13	
25	»	5	»	»	10	1 17 52 ·96	51 54 0 ·0	2 15 30 ·36	
26	»	3	Gondar	»	31	18 2 22 ·80	54 33 20 ·0	2 7 24 ·75	
27	»	3	»	Juin	2	2 16 54 ·00	63 31 30 ·0	2 7 2 ·56	
28	»	2	»	»	7	18 32 56 ·90	48 15 48 ·8	2 5 21 ·03	
29	»	3	»	»	13	17 53 27 ·73	58 9 1 ·6	2 3 2 ·01	
30	»	3	»	»	13	19 3 13 ·87	42 10 0 ·0	2 3 2 ·13	
31	»	3	»	»	21	1 57 2 ·67	56 35 22 ·5	2 0 38 ·75	
32	»	4	»	»	25	2 58 1 ·20	70 5 51 ·2	1 59 35 ·30	
33	»	4	»	»	25	17 37 28 ·40	63 14 28 ·1	1 59 22 ·61	
34	S.	3	»	»	25	17 43 56 ·40	61 41 0 ·0	1 59 43 ·01	
35	G.	4	»	»	25	17 55 29 ·23	59 6 53 ·1	1 59 22 ·78	
36	»	3	»	»	26	18 6 7 ·33	56 45 17 ·5	1 59 15 ·01	
37	»	4	»	»	29	18 43 27 ·85	48 22 50 ·0	1 59 1 ·36	
38	»	3	Muçawwʿa. . . .	Août	14	20 35 10 ·40	58 15 9 ·2	— 0 33 56 ·80	
39	»	5	Moka	Sept.	3	4 24 35 ·92	60 18 53 ·5	— 0 19 19 ·87	
40	»	3	»	»	22	20 19 18 ·87	58 34 32 ·5	— 0 18 30 ·80	
41	»	3	»	»	24	20 47 27 ·33	51 38 25 ·8	— 0 17 27 ·33	
42	»	3	Hodaydah. . . .	»	29	3 23 7 ·03	60 18 40 ·0	0 22 13 ·06	
43	»	3	»	»	29	20 4 30 ·00	52 59 18 ·3	0 22 14 ·36	
44	»	4	»	»	29	21 0 40 ·00	40 7 31 ·2	0 22 14 ·62	
45	»	4	Jiddah.	Nov.	1	3 41 6 ·18	68 40 48 ·1	0 2 53 ·02	

N°	Instr. et nombre d'obs.	Lieu d'observation.	Date.	Moyenne des lectures du chronomètre.	Moyenne des apozénits apparents.	État du chronomètre.	Chr.
			1839				
46	J. 5	Rome.	Sept. 19	22h 0m 21s ·20	43° 23′ 44″ ·0	0h 41m 40s ·02	𝔄
47	G. 3	Alexandrie. . . .	Oct. 4	1 25 39 ·77	60 48 30 ·2	1 52 24 ·52	
48	» 4	»	» 6	19 31 40 ·45	63 59 52 ·5	0 36 43 ·36	
49	» 4	»	» 8	19 52 16 ·93	60 26 20 ·6	0 36 51 ·18	
50	» 4	»	» 9	1 45 54 ·90	52 18 37 ·5	0 36 48 ·32	
51	» 5	»	» 10	1 54 36 ·88	54 8 0 ·0	0 36 56 ·71	
52	» 5	»	» 12	20 54 12 ·48	50 42 0 ·0	0 37 11 ·50	
53	» 5	»	» 14	20 21 9 ·52	56 30 0 ·0	0 37 21 ·58	
54	» 4	Caire	» 31	20 8 20 ·30	60 45 0 ·0	0 44 14 ·73	
55	» 3	»	Nov. 2	20 7 22 ·53	61 20 40 ·0	0 44 25 ·18	
56	J. 3	»	» 2	20 17 36 ·93	59 42 40 ·0	0 44 23 ·93	
57	G. 3	»	» 4	19 47 53 ·60	64 59 50 ·0	0 44 40 ·02	
58	» 5	»	» 10	20 29 34 ·56	59 40 1 ·0	0 45 23 ·91	
59	» 4	»	» 13	20 19 33 ·90	61 47 30 ·0	0 45 42 ·99	
60	» 5	»	» 14	20 32 12 ·96	60 10 0 ·0	0 45 48 ·64	
61	» 4	»	» 20	20 10 25 ·90	64 35 5 ·6	0 46 23 ·62	
62	» 5	»	» 22	20 25 1 ·84	62 50 0 ·0	0 46 33 ·99	
63	» 4	»	» 30	20 24 1 ·80	64 25 0 ·0	0 47 19 ·46	
64	» 2	»	» 30	20 42 1 ·60	61 58 5 ·0	0 47 19 ·72	
65	» 5	»	Déc. 9	20 44 36 ·08	63 6 17 ·5	0 47 3 ·16	
66	» 5	»	» 12	21 33 14 ·88	57 56 0 ·0	0 48 0 ·57	
67	» 5	Suez.	» 18	2 15 59 ·60	70 17 31 ·5	0 53 19 ·44	
68	» 5	»	» 20	1 59 20 ·96	67 40 0 ·0	0 53 30 ·22	
69	» 4	»	» 24	2 31 15 ·60	72 21 26 ·2	0 53 48 ·63	
			1840				
70	» 5	»	Janv. 1	1 39 42 ·08	63 54 0 ·0	0 54 36 ·01	
71	» 4	Jiddah.	» 24	19 5 42 ·20	67 55 0 ·0	1 22 44 ·31	
72	» 5	»	» 31	19 28 32 ·48	63 8 0 ·0	1 23 15 ·10	
73	» 4	Muçaww'a. . . .	Fév. 19	3 5 24 ·30	68 57 30 ·0	1 26 29 ·93	
74,75	» 4,4	»	» 26	10 45 43 ·55		1 27 13 ·60	
76	» 4	»	» 26	21 0 47 ·75	35 50 45 ·0	1 27 16 ·14	
77,78	» 4,4	»	» 26	22 45 58 ·00		1 27 16 ·85	
79	» 5	»	Mars 2	1 55 14 ·72	52 2 0 ·0	1 27 36 ·37	
80	B. 6	Dikono	» 14	2 45 40 ·53	62 59 43 ·6	1 28 12 ·27	
81	J. 4	Taranta.	» 19	2 15 38 ·60	55 12 49 ·4	1 28 4 ·09	
82	R. 4	Digsa	» 20	18 25 53 ·00	64 18 56 ·9	1 27 40 ·64	
83	» 4	»	» 21	18 47 52 ·30	58 52 30 ·0	1 27 39 ·08	
84	J. 6	May Qani-i. . .	» 25	20 1 30 ·40	40 21 44 ·2	1 27 0 ·90	
85	R. 6	'Adwa.	» 28	2 14 51 ·93	54 25 21 ·0	1 26 29 ·67	
86	» 8	»	» 29	2 16 29 ·25	54 46 56 ·4	1 26 28 ·63	
87	» 7	»	Avril 2	17 45 31 ·49	55 0 0 ·0	2 35 48 ·93	𝔊
88,89	» 7,2	»	» 4	21 27 24 ·70		2 35 22 ·22	
90,91	» 6,6	»	» 5	21 27 8 ·63		2 35 20 ·74	
92	» 7	»	» 7	1 37 11 ·14	61 30 0 ·0	2 35 17 ·40	
93,94	» 2,2	»	» 8	9 26 34 ·45		2 35 2 ·66	
95	G. 3	»	» 8	2 15 30 ·93	70 45 10 ·0	2 35 15 ·08	
96	» 3	»	» 9	0 50 15 ·00	50 35 31 ·7	2 35 4 ·52	
97	» 3	»	» 9	1 6 28 ·47	53 59 41 ·7	2 35 5 ·90	
9	R. 7	»	» 11	0 58 11 ·63	51 52 51 ·4	2 34 43 ·13	
99	G. 7	»	» 14	1 7 48 ·29	54 8 37 ·5	2 34 31 ·15	
100,101	» 3,3	»	» 16	21 25 14 ·27		2 34 18 ·20	
102	» 12	»	» 20	17 10 45 ·75	61 25 0 ·0	2 33 58 ·16	
103	» 10	»	» 23	17 27 39 ·71	57 7 24 ·7	2 33 37 ·45	
104	» 3	»	» 23	17 50 56 ·80	51 30 45 ·0	2 33 35 ·53	
105	» 5	»	» 23	18 5 57 ·16	47 53 23 ·0	2 33 37 ·05	
106	» 3	»	» 23	18 20 3 ·23	44 29 7 ·5	2 33 36 ·40	
107	» 7	»	» 25	1 8 40 ·69	54 3 58 ·9	2 33 27 ·28	
108	» 7	»	» 28	17 43 22 ·91	53 4 17 ·1	2 33 0 ·76	
109,110	» 7,7	»	» 30	21 24 14 ·68		2 32 42 ·58	
111,112	» 9,9	»	Mai 5	21 24 17 ·48		2 32 8 ·84	
113,114	» 7,7	»	» 6	9 24 15 ·49		2 32 5 ·64	

N°	Instr. et nombre d'obs.	Lieu d'observation.	Date.	Moyenne des lectures du chronomètre.	Moyenne des apozéniths apparents.	État du chronomètre.	Chr.
			1840				
115	J. 7	Dig̱sa	Juin 22	17h 42m 20s ·06	53° 49′ 41″ ·0	2h 31m 40s ·05	𝔊
116	R. 6	»	» 22	18 46 28 ·20	39 6 47 ·9	2 31 46 ·88	
117	J. 5	»	» 25	16 52 36 ·88	48 56 3 ·0	3 43 22 ·99	
118	» 2	Barberaẖ	Nov. 24	20 27 7 ·80	56 42 2 ·5	0 6 2 ·20	𝔐
119	» 6	»	» 26	20 15 35 ·43	59 17 30 ·0	0 6 30 ·84	
120, 121	» 5.5	»	» 29	23 41 43 ·82		0 7 11 ·62	
122, 123	» 7,7	»	Déc. 13	23 44 54 ·39		0 10 6 ·19	
			1841				
124	G. 2	Tujurraẖ	Janv. 28	3 29 47 ·80	67 54 15 ·0	0 49 34 ·99	
125, 126	S. 9,9	»	» 28	4 23 24 ·82		0 49 49 ·00	
127	G. 7	»	» 29	2 42 14 ·30	57 0 0 ·0	0 49 56 ·21	
128	S. 6	»	» 29	3 3 3 ·10	61 26 30 ·0	0 49 56 ·18	
129	G. 5	»	» 31	4 40 20 ·48	71 50 46 ·5	0 0 58 ·88	𝔇
130	» 6	»	Févr. 10	19 49 40 ·70	58 16 40 ·0	0 52 45 ·10	𝔐
131	» 4	»	» 25	2 14 47 ·40	48 20 0 ·0	0 55 21 ·67	
132	» 7	»	» 26	2 26 3 ·50	50 48 34 ·3	0 55 32 ·47	
133	» 7	»	Mars 1	2 17 31 ·53	48 40 0 ·0	0 56 2 ·25	
134	» 5	»	» 4	19 34 6 ·64	57 28 0 ·0	0 56 48 ·23	
135	» 3	»	» 23	20 2 19 ·27	46 53 20 ·0	1 0 47 ·73	
136	» 6	»	» 27	20 38 16 ·90	37 17 38 ·3	1 1 42 ·29	
137	» 7	»	Avril 9	2 7 1 ·99	51 27 17 ·9	1 24 7 ·35	
138	» 4	»	» 27	4 44 8 ·75	62 34 40 ·6	— 0 28 3 ·90	
139	J. 4	'Ayla̱t.	Août 12	22 34 47 ·35	54 18 40 ·6	— 2 17 4 ·91	𝔅
140	G. 5	Muça̱ww'a. . . .	» 20	10 4 19 ·58	59 0 20 ·1	— 5 58 29 ·58	
141	J. 5	»	Sept. 11	7 18 4 ·32	61 30 0 ·0	— 3 13 47 ·20	
142	» 4	»	» 16	7 14 51 ·40	61 36 53 ·7	— 3 14 0 ·80	
143	G. 6	»	» 19	7 12 27 ·53	61 37 30 ·0	— 3 14 0 ·86	
144	J. 5	Koga	» 29	6 11 52 ·64	48 57 3 ·0	— 3 15 24 · 1	
145	» 3	Zulla	Octob. 7	6 59 22 ·80	61 45 54 ·3	— 3 15 25 ·29	
146	» 3	Qayiḫkor	» 16	6 17 10 ·67	53 14 26 ·0	— 3 18 31 · 3	
147	» 7	Bizen.	» 20	6 1 19 ·32	50 43 18 ·9	— 3 18 32 ·22	
148	» 2	'Ayla̱t.	» 25	23 43 45 ·90	56 18 45 ·0	— 3 18 33 ·68	
149	» 3	»	» 28	6 22 35 ·60	56 59 55 ·0	— 3 18 16 ·91	
150, 151	» 8,8	»	» 31	27 1 58 ·22		— 3 18 20 ·91	
152	» 8	»	Nov. 11	24 18 21 ·02	52 7 26 ·2	— 3 18 26 ·97	
153	» 4	»	» 30	7 43 23 ·30	54 7 30 ·0	— 5 12 39 ·97	
			1842				
154	» 3	Kokma	Févr. 21	17 44 57 ·60	44 32 33 ·3	3 57 43 ·76	
155	» 4	'Adwa.	Avril 5	5 51 52 ·95	59 19 15 ·0	— 1 48 32 ·91	
156	» 4	Ḫiça.	Juin 1	21 25 15 ·90	47 54 50 ·0	— 0 48 45 ·78	
157	» 2	Aksum.	» 9	17 39 50 ·80	58 18 37 ·5	2 13 1 ·73	
158	» 5	'Adwa.	» 11	18 36 1 ·52	45 21 52 ·0	2 13 31 ·72	
159	» 6	Gonda̱r	» 29	18 37 42 · 0	48 10 25 ·0	2 5 41 ·39	
160	» 8	»	Juill. 25	18 38 11 ·73	49 41 10 ·6	2 1 15 ·85	
161	» 5	Maguina.	Août 27	18 7 0 ·94	58 15 51 ·2	1 54 53 · 8	
162	» 5	Dariṭa.	Sept. 19	1 22 31 ·04	51 13 54 ·0	1 49 45 · 7	
163	» 3	Gonda̱r	» 27	19 35 56 ·33	38 0 0 ·0	1 52 4 ·22	
164	» 3	»	Oct. 26	8 38 7 ·07	55 57 36 ·7	— 5 30 53 ·41	
165, 166	» 6,6	»	» 27	29 15 2 ·85		— 5 31 12 ·94	
167	T. G. 2	»	Nov. 9	25 31 22 ·50	62 58 39 ·7	— 5 33 40 ·59	
168	J. 4	»	» 11	26 41 28 ·45	48 52 30 ·0	— 5 34 17 ·45	
169	» 3	Quaraṭa.	» 18	23 10 52 ·07	52 14 55 ·0	— 2 17 10 ·51	
170	» 4	»	» 26	5 45 46 ·30	51 22 30 ·0	— 3 15 28 ·71	
171	» 4	»	» 27	5 18 16 ·80	46 22 28 ·1	— 3 15 41 ·97	
172, 173	» 3,3	Gonda̱r	Déc. 10	27 10 56 ·47		— 3 17 35 ·10	
174	» 4	»	» 21	23 0 28 ·20	57 52 30 ·0	— 2 8 28 ·01	
175	» 4	Malza (Lanko). .	» 31	24 28 27 ·80	42 52 30 ·0	— 2 7 0 · 2	

N°.	Instr. et nombre d'obs.	Lieu d'observation.	Date.	Moyenne des lectures du chronomètre.	Moyenne des apozénits apparents.	État du chronomètre.	Chr.
			1843				
176	J. 4	Lalibala.	Janv. 8	4h 49m 40s ·30	51° 37′ 30″ ·0	— 2h 4m 0s ·0	♃
177	F. 3	Gondar.	Févr. 9	1 8 38 ·93	55 7 35 ·1	2 20 32 ·65	
178	» 3	Quarata.	Mars 8	19 53 54 ·67	35 33 0 ·0	2 9 1 ·27	
179	J. 3	Mota.	» 25	18 33 29 ·73	50 28 30 ·0	2 11 11 ·51	
180	G. 4	Yajibe.	Avril 12	1 27 27 ·43	52 10 30 ·0	2 6 14 ·62	
181	» 4	»	» 25	18 35 38 ·25	48 42 55 ·0	2 2 8 ·23	
182	» 2	Saqa.	Juill. 30	4 2 40 ·90	42 24 55 ·0	— 1 5 49 ·68	☽
183	» 5	»	Août 5	4 31 29 ·84	49 3 49 ·0	— 1 6 14 ·30	
184	F. 1	»	» 7	10 46 29 ·00	83 3 9 ·8	— 1 6 21 ·20	
185	» 4	»	» 19	24 13 56 ·60	14 49 38 ·0	— 1 7 8 ·01	
186	G. 5	»	» 24	21 54 46 ·32	47 42 54 ·5	— 1 7 13 ·89	
187	» 6	»	Sept. 14	20 58 41 ·47	60 52 2 ·5	— 1 8 34 ·33	
188	» 11	»	» 24	21 9 2 ·95	58 11 49 ·1	— 1 9 13 ·23	
189	» 5	»	Oct. 6	8 18 46 ·08	64 59 54 ·0	— 1 9 56 ·65	
190	F. 2	»	» 6	8 40 5 ·60	69 26 13 ·5	— 1 9 54 ·24	
191, 192	G. 11,11	»	» 6	24 57 55 ·81		— 1 9 58 ·02	
193, 194	» 6,6	»	» 14	24 56 12 ·71		— 1 10 19 ·08	
195	» 7	»	» 17	3 59 35 ·20	48 36 58 ·9	— 1 10 27 ·98	
196	» 7	»	» 26	2 18 19 ·77	58 4 17 ·1	0 35 14 ·59	
197	» 8	»	» 29	2 35 23 ·75	55 18 45 ·0	0 34 57 ·16	
198	» 7	»	» 31	20 57 28 ·64	39 20 0 ·0	0 34 41 ·78	
199	» 7	»	Nov. 14	2 39 31 ·89	61 24 54 ·3	0 51 11 ·42	
200	J. 7	Jiren.	» 20	20 7 49 ·26	49 17 35 ·0	0 50 23 ·34	
201	» 7	Sadara.	» 25	2 18 25 ·89	56 27 50 ·4	0 49 11 ·47	
202	G. 8	Bonga.	Déc. 4	21 48 22 ·38	49 12 30 ·0	— 0 39 56 ·36	
203	» 7	»	» 5	22 0 53 ·86	46 57 47 ·2	— 0 40 4 ·16	
204	» 9	»	» 6	21 59 30 ·11	47 23 30 ·0	— 0 40 8 ·66	
205	» 3	Garuqqe.	» 23	3 55 5 ·00	57 12 16 ·6	— 0 38 51 ·97	
			1844				
206	» 4	Jiren.	Janv. 2	3 42 16 ·75	53 12 45 ·6	— 0 38 53 ·47	
207	J. 1	»	» 5	3 17 34 ·80	47 57 0 ·0	— 0 38 59 ·91	
208, 209	G. 5,5	Kiftan.	» 7	0 45 49 ·68		— 0 39 30 ·60	
210	J. 7	Saqa.	» 18	4 23 36 ·59	59 30 53 ·2	— 0 39 45 ·64	
211	» 8	»	» 19	4 13 6 ·55	57 7 27 ·5	— 0 39 44 ·95	
212, 213	G. 7,7	»	Févr. 11	0 55 41 ·48		— 0 41 5 ·01	
214, 215	» 4,4	»	» 12	0 55 42 ·80		— 0 41 6 ·19	
216	» 9	»	» 20	21 42 9 ·87	51 22 54 ·2	— 0 41 13 ·58	
217	J. 4	Koma.	» 26	4 9 4 ·75	51 5 58 ·7	— 0 41 36 ·20	
218	» 3	Dar-u.	Mars 26	3 24 5 ·83	46 21 35 ·0	— 0 13 3 ·06	
219	» 9	»	» 26	21 46 13 ·82	38 16 10 ·0	— 0 13 12 ·49	
220, 221	G. 9,9	»	» 31	0 17 45 ·94		— 0 13 31 ·05	
222	» 3	Dambaça. . . .	Avril 19	3 13 11 ·33	44 10 0 ·0	— 0 12 57 ·31	
223	» 6	»	» 20	20 42 26 ·80	51 0 0 ·0	— 0 13 8 ·78	
224	» 2	»	» 25	4 35 50 ·00	64 13 31 ·3	— 0 13 44 ·51	
225	J. 3	Yawiš.	Mai 1	20 54 0 ·93	47 40 23 ·4	— 0 13 2 ·96	
226	» 4	»	» 3	4 21 30 ·00	61 5 37 ·5	— 0 13 5 ·92	
227	R. 7	»	» 4	4 8 34 ·34	57 59 7 ·2	— 0 13 10 ·46	
228	» 3	»	» 4	4 29 14 ·13	62 56 5 ·0	— 0 13 11 ·35	
229	J. 4	Yajibe.	» 6	3 30 2 ·20	48 41 11 ·8	— 0 13 34 ·07	
230, 231	» 7,2	»	» 6	20 26 44 ·40	51 54 8 ·6	— 0 13 51 ·86	
232	G. 7	Dambaça. . . .	Juin 11	18 9 52 ·26	58 51 25 ·7	1 46 22 ·37	
233	» 6	»	» 16	18 11 21 ·20	58 55 0 ·0	1 45 42 ·78	
234	» 11	»	» 18	18 5 39 ·31	60 20 53 ·6	1 45 36 ·07	
235, 236	» 4,4	»	» 18	22 15 24 ·12		1 45 34 ·90	
237	» 3	»	» 19	18 2 20 ·53	61 10 25 ·0	1 45 31 ·81	
238, 239	» 8,8	»	» 20	22 16 0 ·47		1 45 24 ·59	
240, 241	» 7,7	Baguina.	Juill. 9	22 23 44 ·03		1 41 16 ·10	
242	» 3	Gondar.	Août 9	19 57 32 ·00	35 43 0 ·0	1 39 27 ·22	
243	» 11	»	» 10	18 29 50 ·35	56 50 53 ·6	1 39 12 ·54	
244	» 11	»	» 11	18 43 56 ·54	53 29 59 ·2	1 38 59 ·56	
245	» 7	»	» 12	18 51 1 ·23	51 50 0 ·0	1 38 46 ·33	

N°	Instr. et nombre d'obs.	Lieu d'observation.	Date.	Moyenne des lectures du chronomètre.	Moyenne des apozénits apparents.	État du chronomètre.	Chr.
			1844				
246	G. 1	Gondar.	Août 29	1h 38m 10s ·80	47° 0′ 55″ ·0	1h 34m 54s ·10	D
247	» 5	»	Sept. 9	24 12 5 ·92	55 32 0 ·0	— 3 59 23 ·04	
248	» 5	»	» 23	24 55 49 ·04	45 50 0 ·0	— 4 2 7 ·35	
249	» 7	»	» 25	24 13 22 ·39	56 10 0 ·0	— 4 2 40 ·11	
250	F. 3	Kuazen.	Nov. 20	8 1 19 ·50	73 11 3 ·6	— 3 54 15 ·03	
251	J. 4	»	» 20	24 38 3 ·00	56 51 6 ·2	— 3 54 22 ·94	
252	» 3	Dabariq.	Déc. 17	3 23 30 ·27	60 57 50 ·0	— 0 5 52 ·29	
253	» 3	»	» 18	3 12 13 ·73	58 40 43 ·3	— 0 5 59 ·33	
			1845				
254	» 8	Gondar.	Févr. 14	4 8 51 ·60	56 36 38 ·1	— 0 29 16 ·58	
255,256	G. 6,6	Nabaga.	» 22	0 43 12 ·17		— 0 29 20 ·44	
257,258	» 12,12	Quarata.	» 27	0 43 18 ·58		— 0 30 14 ·87	
259,260	» 11,11	»	» 28	0 43 9 ·09		— 0 30 16 ·59	
261,262	» 7,7	»	Mars 1	0 42 58 ·56		— 0 30 17 ·80	
263	» 4	Wofit.	Avril 1	19 32 42 ·80	57 32 30 ·0	0 38 26 ·0	
264	» 4	Dangyame. . . .	» 5	19 31 0 ·20	57 20 35 ·6	0 38 46 ·48	
265	» 7	»	» 7	18 59 55 ·54	64 45 42 ·2	0 38 35 ·90	
266	» 5	Yajibe.	» 18	19 45 46 ·24	53 4 54 ·5	0 35 54 ·28	
267	F. 4	»	» 21	2 37 59 ·05	47 48 13 ·5	0 35 37 ·38	
268	G. 5	»	» 22	19 32 48 ·64	56 2 0 ·0	0 35 30 ·80	
269	F. 4	Yawiš.	» 25	19 26 6 ·00	57 43 44 ·3	0 35 30 ·14	
270	G. 5	»	» 26	3 55 34 ·64	66 28 24 ·0	0 35 28 ·50	
271,272	» 6	»	» 26	23 22 11 ·17		0 35 21 ·09	
273	» 6	»	» 27	20 29 36 ·31	42 3 22 ·8	0 35 7 ·04	
274	» 7	»	» 28	3 11 46 ·63	55 50 0 ·0	0 35 8 ·60	
275	» 6	»	» 29	3 12 25 ·53	56 0 0 ·0	0 35 5 ·87	
276	F. 2	Anafo.	Mai 15	10 12 41 ·80	72 1 56 ·7	— 5 18 31 ·90	
277	G. 4	»	» 17	8 42 59 ·20	50 49 56 ·2	— 5 18 41 ·72	
278	» 5	»	» 24	26 28 28 ·16	41 32 0 ·0	— 5 19 27 ·92	
279	» 7	»	Juin 10	3 13 50 ·91	61 12 51 ·4	0 57 21 ·68	
280,281	» 4,4	»	» 12	23 2 34 ·88		0 57 3 ·96	
282	» 4	Saqa.	Sept. 4	17 56 39 ·90	43 45 26 ·2	3 4 17 ·28	
283	» 7	»	» 21	16 41 9 ·49	62 5 42 ·8	3 3 2 ·71	
284	J. 10	Daga.	Oct. 26	16 46 17 ·56	62 18 38 ·5	2 59 56 ·63	
285	» 5	»	» 28	0 58 52 ·48	66 27 8 ·0	2 59 56 ·32	
286	F. 5	Saqa.	Nov. 20	18 24 14 ·72	44 47 37 ·1	3 1 31 ·72	
287,288	G. 6,6	»	» 20	20 44 24 ·60		3 1 35 ·28	
289	» 7	»	» 21	17 5 38 ·40	60 34 17 ·2	3 1 31 ·63	
290	F. 4	»	» 21	19 8 37 ·35	37 12 45 ·9	3 1 25 ·71	
291	G. 7	»	Déc.	17 6 59 ·40	62 50 0 ·0	3 0 3 ·54	
292	F. 3	»	» 8	1 6 21 ·33	69 38 46 ·2	2 59 53 ·82	
293	G. 7	»	» 8	17 39 9 ·31	56 17 6 ·8	2 59 57 ·39	
294	F. 3	»	» 19	18 14 2 ·13	51 33 12 ·6	2 58 29 ·80	
295	G. 5	»	» 19	18 42 45 ·68	45 40 0 ·0	2 58 41 ·38	
			1846				
296	» 7	Yatu	Janv. 16	18 0 55 ·54	55 17 41 ·1	2 55 46 ·3	
297	J. 3	Garuqqe.	Févr. 5	17 53 42 ·13	56 12 23 ·4	2 53 31 ·78	
298,299	» 6,6	»	» 7	21 21 8 ·97		2 53 24 ·38	
300	» 7	»	» 9	0 23 20 ·34	50 15 32 ·9	2 53 23 ·05	
301,302	G. 6,2	Adami.	Avril 22	18 29 48 ·73	39 50 0 ·0	2 45 44 ·90	
303,304	» 7,7	»	» 24	21 12 25 ·80		2 45 28 ·65	
305,306	» 7,7	»	» 25	21 12 23 ·77		2 45 19 ·95	
			1847				
307	F. 3	Gual'a.	Sept. 6	19 13 47 ·47	51 49 38 ·7	1 15 39 ·87	
308	» 4	»	» 7	19 6 32 ·80	53 32 58 ·3	1 15 48 ·49	
309	» 3	»	» 11	19 4 7 ·73	53 55 8 ·8	1 16 50 ·22	
310	» 3	»	» 12	19 20 50 ·67	50 5 40 ·3	1 17 9 ·73	
311	» 4	Digsa.	Oct. 13	17 58 12 ·40	69 4 56 ·9	1 13 40 ·57	

Nº	Instr. et nombre d'obs.	Lieu d'observation.	Date.	Moyenne des lectures du chronomètre.	Moyenne des apozénits apparents.	État du chronomètre.	Ch.
			1848				
312	J. 10	Gondar.	Févr. 1	27h 14m 55s ·48	49° 13′ 30″ ·0	— 5h 41m 33s ·40	𝔗
313	» 14	»	» 2	28 0 19 ·16	40 37 30 ·0	— 5 41 33 ·27	
314,315	» 3,3	»	» 4	5 55 42 ·07		— 5 41 25 ·55	
316,317	» 5,5	»	» 5	5 55 48 ·08		— 5 41 25 ·87	
318,319	» 3,3	»	» 6	5 56 11 ·63		— 5 41 44 ·53	
320,321	» 12,12	»	» 8	5 56 18 ·47		— 5 41 44 ·20	
		(Appendice.)	**1837**				
1, 2	G. 5,5	Olinda.	Févr. 19	23 11 19 ·88		1 2 47 ·63	𝔅
3	» 6	»	» 19	19 48 4 ·90	49 54 25 ·0	1 2 32 ·49	
4	» 4	»	» 21	1 51 30 · 0	39 12 45 ·0	1 2 13 ·60	
5	» 6	»	» 23	2 39 20 ·53	50 57 45 ·0	1 1 48 ·77	
6	» 4	»	» 24	23 58 24 ·80	51 52 45 ·0	3 46 14 ·49	
7	» 5	»	» 25	23 35 15 ·20	46 7 45 ·0	3 45 50 ·10	𝔄
8	» 4	»	» 27	17 48 27 ·70	39 12 45 ·0	3 44 46 ·02	
9	» 6	»	Mars 4	17 0 21 ·80	51 21 5 ·0	3 43 18 ·61	
10	» 2	»	» 6	17 20 59 · 0	46 22 45 ·0	3 42 37 ·60	
11	» 4	»	» 14	0 8 2 ·90	54 22 45 ·0	3 39 52 ·08	
12	» 5	»	» 19	16 57 36 · 0	50 27 58 ·5	3 48 48 ·58	
13	» 3	»	» 21	16 36 30 ·40	55 47 59 ·2	3 48 10 ·04	
14	» 5	»	» 30	16 40 45 ·60	55 18 0 ·0	3 46 1 ·02	
15	» 4	»	Avril 1	17 18 3 ·10	46 28 0 ·0	3 45 29 ·22	
16	» 4	»	» 3	16 46 19 ·50	54 13 0 ·0	3 45 11 ·31	

5. Sur l'exactitude du temps absolu déduit des observations éthiopiennes.

Après avoir donné les résultats du calcul des angles horaires et des hauteurs correspondantes, il convient de chercher à combien peut monter en général l'erreur dans le temps absolu. Le calcul d'un angle horaire exige la connaissance de la latitude du lieu, de l'apopole et de l'apozénit de l'astre. Les latitudes employées ne sont pas, en général, erronées de plus de 30″, erreur qui n'influe pas de 1s·5 sur le temps calculé. L'erreur d'un apopole sera toujours au-dessous de 3″·5, puisque les longitudes employées peuvent être regardées comme exactes à 0m·5 près, et que les erreurs des tables du soleil de Carlini ne dépassent pas 3″ en déclinaison. Ainsi, l'effet total des erreurs en latitude et en apopole ne montera pas à 2s. Il reste donc à examiner la nature des erreurs qui peuvent affecter l'apozénit de l'astre observé. Ces erreurs se classeront comme il suit :

1° L'erreur de collimation; elle se confond avec celle qui naît d'une marche inégale du chronomètre, et avec l'équation personnelle de l'observateur.

2° L'erreur dans le demi-diamètre supposé du soleil. Cette erreur existe sans doute, puisque les petites lunettes ne donnent jamais le même diamètre que les tables du soleil.

Pour les instruments à réflexion, il y a en outre :

3° L'erreur provenant des glaces employées à couvrir l'horizon artificiel.

4° L'erreur provenant du ménisque du mercure dans les horizons artificiels très-petits.

Il sera toujours impossible de séparer toutes ces influences l'une de l'autre, et par conséquent de déterminer, *a priori*, combien d'erreur est due à chacune d'entre elles; mais les hauteurs correspondantes fournissent le moyen d'arriver à une estime très-approchée de la valeur moyenne de l'erreur produite par toutes ces causes ensemble. Ici, en effet, les incertitudes de la latitude, de l'apopole de l'astre, de l'erreur instrumentale, du demi-diamètre du soleil et de la manière de pointer s'éliminent tout à fait. Il est notoire que dans les instruments à réflexion, on observe en général les contacts, ou en rapprochant les bords un peu trop tard, ou bien en les séparant un peu trop tôt; mais ces erreurs se détruisent dans le résultat déduit des hauteurs correspondantes. Celles-ci pourtant, quand on les prend avec des instruments à réflexion, sont sujettes, comme les hauteurs absolues, aux erreurs provenant des glaces et de tout l'appareil de l'horizon artificiel. Bien que les erreurs à craindre soient alors moindres que pour les angles horaires simples, parce qu'elles se détruisent en partie en prenant les moyennes, ces erreurs ne disparaissent pas totalement, et pour cette raison, nous conseillons aux voyageurs de se servir seulement du théodolite au lieu des instruments de réflexion.

Nos observations fournissent une preuve bien remarquable des discordances entre le temps vrai déduit des hauteurs absolues, et celui que l'on calcule par les hauteurs correspondantes. On sait très-bien que de Zach a montré, il y a plus de trente ans, dans la *Corresp. astron.*, vol. VI, pages 396 et suivantes, que les hauteurs correspondantes donnent un temps vrai quelquefois fautif en réalité, malgré une apparence illusoire d'exactitude, et il préfère le résultat déduit des hauteurs absolues prises par répétition. Nous ne pouvons nous rendre à cet avis, parce qu'on ne voit pas de quelle manière le temps vrai déduit des hauteurs absolues doive être plus exact que celui qu'on obtient par des hauteurs correspondantes, vu surtout que celles-ci offrent des causes d'erreur moins nombreuses. De Zach montre longuement, dans un mémoire plein de sagacité, que l'erreur principale est produite en prenant les hauteurs sur différentes parties de la surface du mercure, et par différentes parties des glaces qui servent à couvrir l'horizon artificiel. Cette erreur peut monter quelquefois à 5^s en temps, ce qui est assez grave. Dans un autre mémoire, publié dans la *Corresp. astron.*, vol. VII, pages 511 et suivantes, M. Girandi a montré que l'erreur provenant du demi-diamètre du soleil peut monter à $0^s{\cdot}5$. Mais nous ne savons pas qu'on ait jamais comparé le temps vrai déduit des hauteurs correspondantes avec celui qu'on obtient par les observations faites le matin et par celles du soir, en calculant les unes et les autres comme étant des hauteurs absolues, c'est-à-dire non correspondantes. C'est pourquoi nous le faisons ici afin de mettre en évidence de grandes *discordances inexplicables*. Dans ce but, on a calculé toutes les hauteurs absolues observées en Éthiopie, pour lesquelles il se trouve des hauteurs correspondantes, en faisant le calcul indépendamment pour le matin, pour le soir, et par les hauteurs correspondantes. Le tableau suivant donne les résultats de ces calculs. Le midi ou le minuit moyen déduit des observations du matin y est désigné par I, celui qu'on déduit des observations du soir par III, et enfin par II celui qui résulte des hauteurs correspondantes.

La seule incertitude qui reste dans le calcul de ce tableau, est la réduction provenant de la marche diurne du chronomètre, pendant l'intervalle entre les observations matin et soir, ou soir et matin ; mais cette incertitude ne semble jamais monter à $0^s{\cdot}5$, tandis que les différences I — II et II — III s'élèvent quelquefois à 6^s et même plus.

N° de la liste.	Station.	Date.			Instr.	I — II et II — III.
74, 75	Muçaww'a. . . .	1840	Févr.	26·5	G	— 1s·53
77, 78	»	»	»	27·0	»	— 1·28
88, 89	'Adwa.	»	Avril	5·0	R.	— 9·39
90, 91	»	»	»	6·0	»	— 8·32
93, 94	»	»	»	8·5	»	— 5·93
100,101	»	»	»	17·0	G.	— 1·03
109,110	»	»	Mai	1·0	»	— 1·13
111,112	»	»	»	6·0	»	— 0·51
113,114	»	»	»	6·5	»	— 0·33
120,121	Barbergh.	»	Nov.	30·0	J.	+ 4·51
122,123	»	»	Déc.	14·0	»	+ 5·15
125,126	Tujurrgh.	1841	Janv.	28·5	S.	+ 0·80
150,151	'Aylgt.	»	Nov.	1·0	J.	+ 4·74
165,166	Gondar.	1842	Oct.	28·0	»	+ 1·57
172,173	»	»	Déc.	11·0	»	+ 5·59
191,192	Saqa.	1843	Oct.	7·0	G.	+ 0·29
193,194	»	»	»	15·0	»	+ 0·64
198,199	»	»	Nov.	1·0	»	+ 0·41
209,210	Kiftan.	1844	Janv.	7·0	»	— 0·59
213,214	Saqa.	»	Févr.	11·0	»	— 0·16
215,216	»	»	»	12·0	»	— 0·07
221,222	Dar-u.	1844	Mars	31·0	»	+ 1·34
231,232	Yajibe.	»	Mai	7·0	J.	+ 7·15
236,237	Dambaça.	»	Juin	19·0	G.	— 0,43
239,240	»	»	»	21·0	»	— 0·57
241,242	Baguina.	»	Juill.	10·0	»	— 0·36
256,257	Nabaga.	1845	Févr.	22·0	»	+ 1·43
258,259	Quarata.	»	»	27·0	»	+ 2·55
260,261	»	»	»	28·0	»	+ 0·85
262,263	»	»	Mars	1·0	»	+ 0·92
272,273	Yawiš.	»	Avril	27·0	»	+ 0·88
273,274	»	»	»	27·5	»	+ 1·97
281,282	Anafo.	»	Juin	13·0	»	+ 0·71
288,289	Saqa.	»	Nov.	21·0	»	— 0·60
299,300	Garuqqe	1846	Févr.	8·0	J.	+ 7·00
302,303	Adami.	»	Avril	23·0	G.	+ 1·36
304,305	»	»	»	25·0	»	+ 1·48
306,307	»	»	»	26·0	»	+ 1·44
315,316	Gondar.	1848	Févr.	4·0	J.	+ 5·42
317,318	»	»	»	5·0	»	+ 6·65
319,320	»	»	»	6·0	»	+ 7·73
321,322	»	»	»	8·0	»	+ 7·90

Il est bien remarquable que les plus grandes différences se trouvent précisément dans les lieux d'observation dont la latitude est la mieux connue, c'est-à-dire à 'Adwa, à Garuqqe et à Saqa. L'écart change de signe et de grandeur d'une manière assez irrégulière ; néanmoins il dépend visiblement des instruments employés. Il est presque inutile de dire que chaque série d'observations est en elle-même bien concordante, et qu'en calculant chaque hauteur partielle, on arrive à très-peu de chose près au même résultat qu'en prenant la moyenne des hauteurs de chaque série. L'erreur probable du temps vrai ou du temps moyen déduit des hauteurs absolues sera donc à très-peu près 4^s. Cette erreur n'a presque aucune influence sur les latitudes et les autres résultats qu'on a déduits des observations contenues dans le présent ouvrage. C'est à la vérité plus pour sa singularité que pour l'influence qu'exercent ces incertitudes sur les résultats que nous avons entamé cette discussion.

En attendant que ce point trouve une explication satisfaisante, nous conseillons aux voyageurs de se servir du théodolite pour prendre leurs hauteurs absolues et correspondantes. Les corrections pour le niveau sont faciles à appliquer en se servant du théodolite, et les mouvements irréguliers de la bulle du niveau, pendant les observations, tout en empêchant de prendre des hauteurs strictement égales, le matin et le soir, sont mises en compte aisément au moyen de la formule

$$\frac{dt}{dz} \times \text{(changement de l'apozénit).}$$

6. Comparaison des chronomètres.

I. PENDANT LE PREMIER VOYAGE.

Lieu d'observation et date.			Temps moyen du lieu.	Chr. 𝔄.	Chr. 𝔇.
	1838				
Qoçeyr.	Janv.	1	$20^{h}\,39^{m}$·5	$18^{h}\,33^{m}\,0^{s}$·0	$18^{h}\,13^{m}\,31^{s}$·2
»	»	3	20 52 ·2	18 46 0 ·0	18 25 58 ·8
»	»	4	20 48 ·2	18 42 20 ·0	18 22 5 ·4
Jiddah.	»	18	20 49 ·1	18 24 30 ·0	18 3 4 ·4
»	»	19	3 34 ·0	1 9 26 ·4	0 48 0 ·0
»	»	21	20 46 ·8	18 21 54 ·0	18 0 50 ·0
»	»	23	21 1 ·3	18 36 16 ·8	18 15 20 ·0
»	»	27	20 48 ·1	18 22 43 ·6	18 2 0 ·0
»	»	30	7 19 ·0	4 53 31 ·2	4 32 53 ·2
»	»	30	7 21 ·4	4 55 53 ·2	4 35 14 ·0
»	»	30	7 24 ·3	4 58 46 ·0	4 38 8 ·0
»	»	30	7 34 ·3	5 8 44 ·4	4 48 7 ·2
»	»	30	20 53 ·7	18 28 3 ·5	18 7 30 ·0
»	»	31	4 5 ·7	1 40 0 ·0	1 19 28 ·0
»	»	31	18 23 ·7	15 57 58 ·8	15 37 31 ·2
»	»	31	21 6 ·2	18 40 30 ·0	18 20 2 ·7
»	Fév.	3	20 39 ·5	18 13 32 ·4	17 53 30 ·0
Muçawwʿa. . .	»	20	21 0 ·4	18 33 18 ·0	18 13 0 ·0
»	»	28	20 1 ·9	17 35 30 ·0	17 14 6 ·0
»	Mars	2	3 31 ·2	1 5 5 ·6	0 43 30 ·0
»	»	4	20 0 ·3	17 34 30 ·0	17 12 43 ·2
»	»	6	3 44 ·3	1 17 30 ·0	0 55 41 ·7
»	»	20	3 3 ·7	0 41 12 ·4	23 27 0 ·0
»	»	22	3 8 ·8	0 46 36 ·8	23 32 0 ·0
ʿAdwa.	Avril	30	3 22 ·6	1 6 30 ·0	23 46 54 ·0
»	Mai	5	3 38 ·6	1 22 43 ·6	0 3 0 ·0
»	»	10	3 36 ·7	1 21 19 ·2	0 1 0 ·0
Gondar.	Juin	17	20 50 ·0	18 44 41 ·7	17 20 0 ·0
»	»	13	20 45 ·5	18 42 27 ·2	17 15 30 ·0
»	»	21	4 55 ·6	2 55 0 ·0	1 25 39 ·2
»	»	25	5 17 ·2	3 17 34	1 47 0
»	»	25	8 14 ·8	6 15 10	4 44 35 ·6
»	»	25	19 59 ·3	17 59 41 ·2	16 29 0 ·0
»	»	26	20 44 ·0	18 44 47 ·2	17 14 0 ·0
»	»	29	20 58 ·6	18 59 33 ·6	22 53 0 ·0

II. PENDANT LE SECOND VOYAGE.

Lieu et date.			Temps moyen du lieu.	Chr. 𝔄.	Chr. 𝔅.	Chr. 𝔊.
	1839.					
Marseille.	Sept.	10	$23^{h}\,56^{m}$·7			$21^{h}\,47^{m}\,3^{s}$·6
Rome.	»	20	2 0 ·7	$1^{h}\,19^{m}\,0^{s}$·0		23 19 7 ·2
Alexandrie.	Oct.	4	3 29 ·4	1 37 0 ·0		23 37 42 ·8
»	»	6	20 16 ·7	19 39 58 ·8	$15^{h}\,0^{m}\,0^{s}$·0	16 24 54 ·8
»	»	8	8 0 ·4	7 23 33 ·6		4 8 30
»	»	8	20 38 ·9	20 2 2 ·0	15 22 41 ·6	16 47 0 ·0
»	»	9	2 31 ·8	1 55 0 ·8	21 15 6 ·8	22 40 0 ·0
»	»	10	2 39 ·3	2 2 24 ·0	21 22 40 ·4	22 47 30 ·0
»	»	12	22 34 ·0	21 56 48 ·8	17 17 19 ·6	18 42 0 ·0

Lieu et date.			Temps moyen du lieu.	Chr. 𝔄.	Chr. 𝔅.	Chr. ℭ.
1839.						
Alexandrie.	Oct.	13	7h55m·4	7h18m16s·8	2h38m43s·6	3h23m 0s·0
»	»	14	7 16 ·9	6 39 39 ·6	2 0 13 ·2	2 44 20 ·0
»	»	14	21 57 ·7	21 20 23 ·2	16 41 0 ·0	17 25 7 ·6
Caire.	»	31	20 57 ·6	20 13 21 ·2	13 53 0 ·0	16 19 30 ·4
»	Nov.	2	21 47 ·9	21 3 30 ·4	14 43 27 ·2	17 10 0 ·0
»	»	4	21 45 ·8	21 1 6 ·4	14 41 25 ·2	17 8 0 ·0
»	»	10	6 52 ·3	6 6 59 ·6	11 48 13 ·6	2 15 0 ·0
»	»	10	21 29 ·0	20 43 34 ·8		16 51 42 ·8
»	»	13	21 10 ·8	20 25 7 ·2	14 7 0 ·0	16 33 52 ·0
»	»	14	21 23 ·8	20 37 58 ·8	14 20 0 ·0	16 47 55 ·6
»	»	20	21 1 ·4	20 15 1 ·2	13 58 0 ·0	16 24 52 ·0
»	»	22	11 19 ·4	10 32 53 ·2	4 16 0 ·0	6 43 0 ·0
»	»	22	21 17 ·4	20 30 50 ·0	14 14 0 ·0	16 41 1 ·2
»	»	27	23 56 ·2	23 9 14 ·8	16 53 0 ·0	19 20 25 ·6
»	»	30	21 20 ·0	20 32 41 ·6	14 16 50 ·0	16 44 30 ·0
»	»	30	23 57 ·1	23 9 50 ·8	16 54 0 ·0	19 21 40 ·4
»	Déc.	9	21 38 ·1	20 51 0 ·8	14 36 10 ·0	17 4 34 ·4
»	»	12	22 27 ·5	21 39 32 ·4		17 10 0 ·0
Suez.	Déc.	18	3 21 ·8	2 28 32 ·8	3 44 44 ·8	21 59 0 ·0
»	»	19	7 32 ·9	6 39 30 ·0	7 55 52 ·0	2 10 8 ·8
»	»	20	3 5 ·7	2 12 14 ·0	3 28 42 ·4	21 43 0 ·0
»	»	23	21 27 ·3	20 33 28 ·4	21 50 26 ·4	16 5 0 ·0
»	»	24	0 7 ·0	23 13 10 ·0	0 30 8 ·4	18 44 33 ·2
»	»	24	3 34 ·8	2 41 0 ·4	3 58 0 ·0	22 12 25 ·2
1840.						
»	Janv.	1	2 43 ·5	1 48 51 ·2	3 7 0 ·0	21 21 44 ·8
»	»	5	0 12 ·4	23 17 22 ·8	0 35 56 ·0	18 51 0 ·0
»	»	5	9 7 ·0	8 12 24 ·4	9 31 0 ·0	3 46 5 ·2
Jiddah.	»	24	23 10 ·0	21 47 13 ·6	23 8 3 ·2	21 25 10 ·0
»	»	31	21 2 ·6	19 39 19 ·2	21 1 0 ·0	19 18 0 ·4
Muçawwʿa.	Févr.	19	4 40 ·7	3 14 13 ·2	4 38 0 ·0	2 55 18 ·8
»	»	26	3 34 ·2	2 7 0 ·8		1 49 0 ·0
»	»	26	21 5 ·1	19 37 54 ·8		19 20 0 ·0
»	»	26	22 42 ·6	21 15 24 ·0		20 57 30 ·0
»	»	27	3 35 ·2	2 17 53 ·6		1 49 0 ·0
»	Mars	2	3 46 ·3	2 18 40 ·8		2 1 0 ·0
ʿAdwa.	»	28	3 50 ·1	2 23 36 ·4		1 14 0 ·0
»	»	29	3 50 ·0	2 23 31 ·6		1 14 0 ·0
»	»	29	15 12 ·0	13 45 30 ·0		12 36 0 ·0
»	Avril	2	21 3 ·6		21 3 55 ·6	18 27 50 ·0
»	»	4	20 14 ·8		20 15 30	17 39 26
»	»	5	4 11 ·3		4 12 0 ·0	1 35 55 ·2
»	»	5	20 15 ·2		20 16 0 ·0	17 39 54 ·4
»	»	6	4 9 ·6		4 10 20 ·0	1 34 14 ·8
»	»	6	8 31 ·7		8 32 30 ·0	5 56 24 ·4
»	»	7	4 23 ·2		4 24 0 ·0	1 47 53 ·8
»	»	7	9 13 ·7		9 14 30 ·0	6 38 24 ·4
»	»	8	5 10 ·0		5 11 0 ·0	2 34 58 ·8
»	»	8	19 52 ·2		9 53 10 ·0	17 17 7 ·2
»	»	9	4 0 ·7		4 1 40 ·0	1 25 37 ·6
»	»	11	3 50 ·6		3 52 0 ·0	1 15 52
»	»	14	3 50 ·5		3 52 0 ·0	1 15 58 ·0
»	»	16	20 33 ·1		20 35 0 ·0	17 58 45 ·2
»	»	20	19 55 ·9		19 58 0 ·0	17 21 56 ·4
»	»	24	14 31 ·7		14 34 0 ·0	11 58 11 ·2
»	»	25	3 48 ·7		3 51 0 ·0	1 15 12 ·8
»	»	28	17 13 ·5		17 16 0 ·0	14 40 30 ·8
»	»	28	20 42 ·5		20 45 0 ·0	18 9 31 ·5
»	»	30	11 42 ·4		11 45 0 ·0	9 9 39 ·6
»	»	30	20 26 ·4		20 29 0 ·0	17 53 41 ·6

Lieu et date.			Temps moyen du lieu.	Chr. 𝔄.	Chr. 𝔅.	Chr. ℭ.
	1840.					
'Adwa.	Mai	1	$3^h\,57^m{\cdot}4$		$4^h\ 0^m\ 0^s{\cdot}0$	$1^h\,24^m\,42^s{\cdot}6$
»	»	4	8 9 ·2		8 12 0 ·0	5 36 56 ·0
»	»	5	8 26 ·7		8 29 30 ·0	5 54 30 ·0
»	»	5	20 33 ·6		20 36 30 ·0	18 1 31 ·2
»	»	6	3 36 ·1		3 39 0 ·0	1 4 2 ·4
»	»	6	9 17 ·6		9 20 30 ·0	6 45 32 ·4
»	»	6	20 32 ·1		20 25 0 ·0	17 59 59 ·2

Le chronomètre ℭ ayant été volé à 'Aden fut remplacé par le chronomètre 𝔇 du premier voyage.

Lieu d'observation.	Date.		Temps moyen du lieu.	Chr. 𝔄.	Chr. 𝔅.	Chr. 𝔇.
	1840.					
Barberah.	Nov.	26	20 36 ·0	$20^h\,29^m\,29^s{\cdot}2$		17 55 0 ·0
»	»	29	8 14 ·6	8 7 31 ·4		5 33 30
»	»	29	20 36 ·0	20 28 46		17 54 50
»	»	30	3 21 ·1	3 13 54		0 40 0 ·0
»	Déc.	13	20 29 ·7	20 19 36 ·4	20 2 30	17 48 30 ·4
»	»	14	3 46 ·1	3 36 1 ·2	3 19 0 ·0	1 4 59 ·6
	1841.					
Tujurrah.	Janv.	30	0 5 ·5	23 15 30		0 4 29 ·4
»	»	31	5 2 ·1	4 11 40 ·8		5 1 4 ·0
»	Févr.	8	20 52 ·5	20 5 30 ·0		20 55 51 ·6
»	»	11	1 42 ·8	0 50 0 ·4		1 46 0 ·0
»	»	26	4 0 ·5	3 5 0 ·0	4 1 28 ·0	
»	Mars	1	3 35 ·0	2 38 59 ·6	3 36 0 ·0	
»	»	5	0 46 ·2	23 49 12 ·4	0 47 0 ·0	
»	»	24	1 8 ·1	0 7 18 ·9	1 9 0 ·0	
»	»	27	7 10 ·1	6 8 34 ·8	7 11 0 ·0	
»	»	27	22 3 ·2	21 1 30 ·0	22 4 4 ·4	
	1844.					
Dambaça.	Juin	11	20 32 ·9		24 47 59 ·2	18 46 30 ·0
»	»	18	7 8 ·1		11 27 37 ·2	5 22 30 ·0
»	»	18	20 0 ·1		24 19 55 ·2	18 14 30
»	»	19	4 33 ·6		8 53 38 ·8	2 48 0 ·0
Gondar.	Août	29	3 25 ·9	22 7 8 ·4	5 44 13 ·6	1 51 0 ·0
»	Sept.	9	20 24 ·6	21 28 2 ·8	17 27 1 ·6	24 24 0 ·0
»	»	23	21 5 ·9	22 7 39 ·2	18 11 1 ·6	25 8 0 ·0

7. Différences de longitude par le transport des chronomètres.

En examinant la liste des angles horaires observés en Éthiopie, nous avons reconnu que l'on peut en déduire quelquefois avec assez d'exactitude la différence des longitudes de deux stations. Nous allons donner ici la liste des déterminations du temps qui se prêtent à cet usage, pour montrer le profit qu'on peut tirer du transport des chronomètres en voyage pour la connaissance des longitudes.

Quand le retard d'un chronomètre sur le temps moyen est $=$ E un jour donné à la première station, $=$ E' après n jours à la seconde, et sa marche, c'est-à-dire la variation diurne de son état pendant ces n jours $=$ m, le retard de ce chronomètre sur le temps moyen de la première station serait $=$ E $+$ n. m au bout de ces n jours. La différence E $+$ n. m — E' sera donc la différence en longitude des deux stations, ou la longitude de la première à l'est de la seconde ; car plus on s'avance vers l'est, plus le retard du chronomètre sur le temps du lieu augmente, abstraction faite de sa marche diurne. Mais ce qui est difficile, c'est de connaître la valeur exacte de cette variation pendant le voyage ; aussi n'avons-nous trouvé que 11 exemples où la quantité m pouvait être évaluée assez sûrement pour servir au calcul d'une différence en longitude.

N°	Noms des stations.	Intervalle n.	E — E'.	m.	E — E' + n m.	Diff. de long. dans la carte.	Remarques.
25	'Adwa.						
26	Gondar.	2ij ·7	+ 8m 5s ·6	— 6s ·9	+ 5m ·6	+ 5m ·7	Marche moyenne par 23 — 28.
53	Alexandrie.						
54	Caire.	17 ·0	— 6 53 ·1	+ 5 ·0	— 5 ·5	— 5 ·3	Marche moyenne par 51 — 56.
66	Caire.						
67	Suez.	5 ·2	— 5 18 ·9	+ 4 ·5	— 5 ·0	— 5 ·2	Marche moyenne par 64 — 69.
70	Suez.						
71	Jiddah.	23 ·7	— 28 8 ·3	+ 5 ·1	— 26 ·1	— 26 ·5	Marche moyenne par 68 — 72.
158	'Adwa.						Marche du chr. par 157 — 158,
159	Gondar.	18 ·0	+ 7 50 ·3	— 7 ·0	+ 5 ·7	+ 5 ·7	avec la longitude connue de Aksum.
207	Jiren.						
208	Kiftan.	1 ·9	+ 0 30 ·7	— 2 ·2	+ 0 ·44	+ 0 ·47	Marche par 206 — 207.
216	Saqa.						
217	Koma.	5 ·3	+ 0 22 ·6	— 0 ·9	+ 0 ·3	+ 0 ·3	Marche par 214 — 216.
224	Dambaça.						
225	Yawiš.	6 ·7	— 0 41 ·5	— 5 ·8	— 1 ·3	— 1 ·3	Marche moyenne par 222 — 228.
239	Dambaça.						
240	Baguina.	19 ·0	+ 4 8 ·5	— 7 ·2	+ 1 ·9	+ 1 ·9	Marche par 232 — 239.
265	Dangyame.						
266	Yajibe.	11 ·0	+ 2 41 ·6	— 5 ·6	+ 1 ·7	+ 1 ·9	Marche moyenne par 264 — 268.
268	Yajibe.						
269	Yawiš.	3 ·0	+ 0 0 ·7	— 6 ·5	— 0 ·3	— 0 ·3	Marche moyenne par 266 — 275.

CHAPITRE III.

LATITUDES.

---

1. Réduction des observations circumméridiennes.

Les latitudes qu'on trouve plus loin rangées dans l'ordre alphabétique des noms des lieux d'observation ont été presque toutes déduites de hauteurs circumméridiennes du soleil ou d'une étoile. On a toujours calculé le résultat de chaque observation séparément, au lieu de faire la réduction au méridien, d'après la méthode de Delambre, en appliquant toutes les réductions à la moyenne des observations. De cette manière, on peut mieux juger de l'exactitude de chaque observation isolée, et en même temps on trouve aisément s'il y a de graves fautes dans les lectures de l'instrument ou du chronomètre. Quand les observations étaient faites au théodolite Falbe, on a appliqué le niveau selon les règles que nous avons établies précédemment, en maintenant le signe de chaque *deçà* dans le manuscrit quand la lunette était à droite, mais en renversant les signes du *delà*. Quand au contraire la lunette était à gauche, on a renversé les signes des *deçà*, et retenu ceux des lectures *delà*. De cette façon, on a eu seulement besoin d'ajouter algébriquement les deux lectures du niveau, et de multiplier par $\frac{13''\cdot 1}{2}$ cette somme algébrique, pour trouver la correction due au niveau. Mais avant de soumettre ici un exemple numérique des procédés employés, nous donnerons le développement des formules qui nous ont paru les plus convenables pour réduire au méridien même les apozénits observés dans son voisinage.

On préfère ici compter l'angle horaire toujours de la culmination près de laquelle un astre a été observé ; alors on a pour la culmination supérieure ou inférieure

$$\cos z = \cos p \cos \psi \pm \sin p \sin \psi \cos t.$$

L'apozénit méridien d'une étoile sera dans la culmination supérieure $\pm (p - \psi)$, dans la culmination inférieure $p + \psi$; donc

$$\cos \mathfrak{z} = \cos (p \mp \psi)$$

$$\text{et } \cos z = \cos \mathfrak{z} \mp 2 \sin p \sin \psi \sin^2 \tfrac{1}{2} t.$$

Si l'on fait maintenant $\mathfrak{z} = z \mp y + w$, et

$$y = \frac{2 \sin p \sin \psi \sin^2 \frac{1}{2} t}{\sin \mathfrak{z} \sin 1''},$$

la quantité $\mp y + w$ sera la réduction au méridien de l'apozénit z, et l'on peut exprimer w par y et $\mathfrak{z}$. En effet, nous avons

$$\cos z = \cos \mathfrak{z} \mp y \sin 1''.\ \sin \mathfrak{z} = \cos (\mathfrak{z} \pm y - w)$$

d'où l'on tire

$$\sin w.\ \sin (\mathfrak{z} \pm y) = \cos \mathfrak{z} \mp y \sin 1'' \sin \mathfrak{z} - \cos (\mathfrak{z} \pm y) \cos w$$

et après quelques réductions faciles :

$$w = y \sin \tfrac{1}{2} y \cos (\mathfrak{z} \pm \tfrac{1}{4} y) \operatorname{cosec} (\mathfrak{z} \pm y) + w \sin \tfrac{1}{2} w \cot (\mathfrak{z} \pm y).$$

La quantité y est toujours positive, par conséquent w l'est aussi ; mais y sera soustrait de l'apozénit observé près de la culmination supérieure, et ajouté s'il l'était près de la culmination inférieure. Deux tables donnaient les valeurs de w avec les arguments y, $\mathfrak{z}$; mais nous supprimons celle de la culmination inférieure, parce qu'elle peut être remplacée par la table **6** seule qui donne w pour la culmination supérieure.

Table 6. Valeurs de y, culmination supérieure.

Argument horizontal : première correction y.

Argument vertical : ajouté méridien ı.

ı	2'	4'	6'	8'	10'	12'	14'	16'	18'	20'	22'	24'	26'	28'	30'
10°	0''·2	0''·8	1''·8	3''·1	4''·9	7''·0	9''·5	12''·3	15''·6	19''·1	23''·1	27''·4	32''·1	37''·1	[illegible]
11	0·2	0·8	1·7	2·8	4·5	6·4	8·7	11·3	14·2	17·5	21·2	25·1	29·5	34·0	[illegible]
12	0·2	0·7	1·5	2·6	4·1	5·9	7·9	[illegible]	13·0	16·0	19·5	23·2	27·0	31·2	[illegible]
13	0·2	0·7	1·4	2·4	3·8	5·4	7·3	9·5	12·0	14·8	17·8	21·2	24·8	28·7	[illegible]
14	0·2	0·7	1·3	2·2	3·5	5·0	6·9	9·0	11·3	13·9	16·6	19·6	22·9	26·5	[illegible]
15	0·2	0·6	1·2	2·0	3·2	4·6	6·3	8·2	10·4	12·8	15·4	18·2	21·4	24·7	[illegible]
16	0·2	0·6	1·1	1·9	3·0	4·3	5·8	7·5	9·6	11·8	14·4	17·1	20·0	23·1	[illegible]
17	0·2	0·6	1·0	1·8	2·8	4·0	5·5	7·2	9·1	11·2	13·6	16·1	18·8	21·7	[illegible]
18	0·1	0·5	1·0	1·7	2·6	3·8	5·2	6·8	8·6	10·6	12·8	15·1	17·7	20·5	[illegible]
19	0·1	0·4	0·9	1·6	2·5	3·6	4·9	6·4	8·1	10·0	12·0	14·3	16·8	19·4	[illegible]
20	0·1	0·4	0·9	1·5	2·3	3·4	4·6	6·0	7·7	9·5	11·4	13·5	15·9	18·4	[illegible]
21	0·1	0·4	0·8	1·4	2·2	3·2	4·4	5·7	7·3	9·0	10·9	12·8	15·1	17·5	[illegible]
22	0·1	0·4	0·8	1·4	2·1	3·1	4·2	5·4	6·9	8·5	10·4	12·2	14·3	16·6	[illegible]
23	0·1	0·4	0·8	1·3	2·0	2·9	4·0	5·2	6·6	8·1	9·9	11·6	13·6	15·8	[illegible]
24	0·1	0·4	0·7	1·2	1·9	2·8	3·8	5·0	6·3	7·7	9·4	11·1	13·0	15·1	[illegible]
25	0·1	0·4	0·7	1·2	1·9	2·7	3·7	4·8	6·0	7·4	9·0	10·6	12·4	14·4	[illegible]
26	0·1	0·3	0·7	1·2	1·8	2·6	3·6	4·6	5·7	7·1	8·6	10·2	11·9	13·8	15·4
27	0·1	0·3	0·6	1·1	1·7	2·5	3·4	4·4	5·5	6·8	8·2	9·8	11·4	13·2	15·1
28	0·1	0·3	0·6	1·1	1·7	2·4	3·3	4·2	5·3	6·6	7·9	9·4	11·0	12·7	14·7
29	0·1	0·3	0·6	1·0	1·6	2·2	3·1	4·0	5·1	6·3	7·6	9·0	10·6	12·2	13·9
30	0·1	0·3	0·6	1·0	1·6	2·2	3·0	3·9	4·9	6·0	7·3	8·6	10·1	11·7	13·4
32	0·1	0·3	0·6	0·9	1·4	2·0	2·8	3·6	4·5	5·6	6·8	8·0	9·4	10·9	[illegible]
34	0·0	0·2	0·5	0·8	1·3	1·9	2·6	3·3	4·2	5·2	6·3	7·4	8·7	10·1	[illegible]
36	0·0	0·2	0·5	0·7	1·2	1·7	2·4	3·0	3·9	4·8	5·8	6·9	8·1	9·4	10·8
38	0·0	0·2	0·4	0·7	1·1	1·6	2·2	2·8	3·6	4·4	5·4	6·4	7·5	8·7	10·0
40	0·0	0·2	0·4	0·7	1·0	1·5	2·0	2·6	3·3	4·1	5·0	5·9	7·0	8·1	9·3
42	0·0	0·1	0·4	0·6	0·9	1·4	1·8	2·4	3·1	3·8	4·6	5·5	6·5	7·5	8·7
44	0·0	0·1	0·3	0·6	0·8	1·3	1·7	2·2	2·9	3·5	4·3	5·1	6·0	7·0	8·1
46	0·0	0·1	0·3	0·5	0·8	1·2	1·6	2·1	2·7	3·3	4·0	4·8	5·6	6·5	7·5
48	0·0	0·1	0·3	0·5	0·8	1·1	1·5	1·9	2·5	3·0	3·7	4·5	5·2	6·1	7·0
50	0·0	0·1	0·2	0·4	0·7	1·1	1·4	1·7	2·3	2·8	3·4	4·2	4·8	5·7	6·5
52	0·0	0·1	0·2	0·3	0·6	1·0	1·3	1·6	2·1	2·6	3·2	3·8	4·5	5·3	6·1
54	0·0	0·1	0·2	0·3	0·6	0·9	1·2	1·5	2·0	2·4	3·0	3·6	4·2	4·9	5·7
56	0·0	0·1	0·2	0·3	0·6	0·8	1·1	1·4	1·8	2·2	2·8	3·3	3·9	4·6	5·3
58	0·0	0·1	0·2	0·3	0·5	0·8	1·0	1·3	1·7	2·1	2·6	3·1	3·6	4·3	4·9
60	0·0	0·1	0·2	0·3	0·5	0·7	1·0	1·2	1·6	2·0	2·4	2·9	3·5	4·0	4·5
62	0·0	0·1	0·2	0·3	0·5	0·7	0·9	1·2	1·5	1·9	2·3	2·7	3·1	3·7	4·2
66	0·0	0·1	0·2	0·2	0·4	0·6	0·8	1·0	1·3	1·6	1·9	2·2	2·5	3·1	3·6
70	0·0	0·1	0·2	0·2	0·3	0·5	0·6	0·9	1·1	1·3	1·6	1·8	2·1	2·5	2·9
74	0·0	0·0	0·1	0·1	0·3	0·4	0·5	0·7	0·9	1·1	1·3	1·5	1·7	2·0	2·3
78	0·0	0·0	0·1	0·1	0·2	0·3	0·4	0·5	0·6	0·8	0·9	1·1	1·2	1·5	1·7
Correct. pour culm. inf.	0·0	0·0	0·0	0·0	0·0	0·0	0·0	0·0	0·0	0·0	0·0	0·0	0·1	0·1	0·1
ı	2'	4'	6'	8'	10'	12'	14'	16'	18'	20'	22'	24'	26'	28'	30'

ı	32'	34'	36'	38'	40'	42'	44'	46'	48'	50'	52'	54'	56'	58'	60'
10°	48''·1	54''·1	60''·5	67''·2	74''·3	81''·7	89''·4	97''·5	105''·8	114''·4	123''·3	132''·6	142''·2	152''·1	162''·3
11	44·0	49·4	55·3	61·4	67·9	74·6	81·6	88·9	96·5	104·4	112·7	121·2	130·0	139·0	148·5
12	40·5	45·3	50·7	56·3	62·2	68·5	74·9	81·6	88·7	96·0	103·6	111·4	119·5	127·9	136·6
13	37·2	41·8	46·8	52·1	57·6	63·4	69·4	75·7	82·2	88·9	95·9	103·2	110·7	118·5	126·5
14	34·5	38·9	43·5	48·3	53·4	58·8	64·4	70·3	76·4	82·7	89·2	96·0	103·0	110·2	117·9
15	32·1	36·3	40·5	45·1	49·9	54·9	60·1	65·6	71·3	77·2	83·4	89·7	96·3	103·0	110·0
16	30·1	33·9	38·0	42·3	46·7	51·4	56·3	61·5	66·8	72·4	78·1	84·1	90·3	96·6	103·2
17	28·3	31·9	35·7	39·7	43·9	48·3	52·9	57·8	62·8	68·0	73·5	79·1	84·9	91·0	97·2
18	26·7	30·1	33·7	37·5	41·4	45·6	50·0	54·6	59·3	64·5	69·4	74·7	80·2	85·9	91·7
19	25·3	28·5	31·9	35·4	39·2	43·1	47·2	51·5	56·0	60·7	65·5	70·5	75·7	81·1	86·7
20	24·0	27·0	30·2	33·6	37·2	40·9	44·8	48·9	53·1	57·5	62·1	66·9	71·8	76·9	82·2
21	22·8	25·7	28·7	31·9	35·3	38·8	42·5	46·4	50·4	54·6	59·0	63·5	68·1	72·9	78·1
22	21·6	24·4	27·3	30·3	33·5	36·9	40·4	44·1	48·0	52·1	56·3	60·6	65·1	69·7	74·4
23	20·6	23·3	26·1	28·9	31·9	35·3	38·6	42·1	45·8	49·7	53·7	57·8	62·2	66·8	71·0
24	19·7	22·2	24·9	27·6	30·5	33·6	36·9	40·3	43·8	47·3	51·3	55·3	59·4	63·6	67·9
25	18·8	21·2	23·8	26·4	29·2	32·1	35·3	38·5	41·9	45·4	49·0	52·8	56·7	60·8	64·9
26	18·0	20·3	22·7	25·2	27·9	30·7	33·7	36·8	40·0	43·4	46·9	50·5	54·2	58·1	62·1
27	17·2	19·4	21·7	24·1	26·7	29·4	32·3	35·2	38·3	41·6	45·0	48·4	52·0	55·6	59·5
28	16·5	18·6	20·8	23·1	25·6	28·2	30·9	33·7	36·7	39·8	43·1	46·4	49·8	53·4	57·0
29	15·8	17·9	20·0	22·2	24·6	27·1	29·7	32·4	35·3	38·3	41·6	44·6	47·9	51·3	54·8
30	15·2	17·2	19·2	21·4	23·6	26·0	28·5	31·2	33·9	36·8	39·7	42·8	46·0	49·3	52·7
32	14·1	16·0	17·8	19·8	22·0	24·1	26·5	29·0	31·4	34·2	36·8	39·7	41·8	45·8	48·8
34	13·1	14·9	16·5	18·4	20·5	22·4	24·6	26·9	29·1	31·7	34·1	36·8	39·7	42·5	45·3
36	12·2	13·8	15·4	17·1	19·0	20·8	22·9	25·0	27·1	29·4	31·7	34·2	36·8	39·4	42·1
38	11·5	12·8	14·3	15·9	17·7	19·4	21·3	23·2	25·2	27·3	29·5	31·8	34·2	36·6	39·2
40	10·5	11·9	13·3	14·8	16·4	18·0	19·8	21·6	23·5	25·5	27·4	29·6	31·8	34·1	36·6
42	9·8	11·1	12·4	13·8	15·3	16·8	18·4	20·1	21·9	23·8	25·5	27·6	29·6	31·8	34·1
44	9·1	10·3	11·6	12·9	14·2	15·7	17·1	18·7	20·5	22·2	23·8	25·8	27·7	29·7	31·8
46	8·5	9·6	10·8	12·0	13·2	14·7	16·0	17·5	19·1	20·7	22·3	24·1	25·9	27·7	29·7
48	7·9	8·9	10·1	11·1	12·2	13·6	14·9	16·3	17·8	19·3	20·8	22·4	24·1	25·8	27·7
50	7·4	8·3	9·4	10·4	11·4	12·7	13·9	15·2	16·6	18·0	19·4	20·9	22·5	24·0	25·8
52	6·9	7·7	8·7	9·7	10·6	11·8	12·9	14·1	15·5	16·7	18·1	19·5	20·9	22·4	24·0
54	6·4	7·2	8·1	9·0	9·9	11·0	12·1	13·2	14·4	15·6	16·9	18·2	19·5	20·9	22·4
56	6·0	6·7	7·5	8·3	9·2	10·1	11·2	12·2	13·4	14·4	15·7	16·9	18·0	19·4	20·8
58	5·6	6·2	7·0	7·7	8·5	9·4	10·4	11·3	12·4	13·4	14·5	15·6	16·7	17·9	19·3
60	5·2	5·7	6·5	7·1	7·9	8·7	9·6	10·4	11·4	12·3	13·4	14·4	15·4	16·5	17·8
62	4·8	5·3	6·0	6·6	7·4	8·1	8·9	9·6	10·5	11·4	12·4	13·3	14·3	15·3	16·4
66	4·0	4·5	5·0	5·5	6·2	6·8	7·5	8·3	8·8	9·6	10·4	11·2	12·0	12·9	13·7
70	3·3	3·7	4·1	4·5	5·1	5·6	6·1	6·7	7·2	7·9	8·6	9·2	9·8	10·5	11·2
74	2·6	2·9	3·2	3·6	4·0	4·4	4·8	5·2	5·7	6·2	6·7	7·2	7·7	8·2	8·8
78	1·9	2·1	2·4	2·7	3·0	3·2	3·5	3·8	4·2	4·6	5·0	5·3	5·7	6·1	6·5
Correct. pour culm. inf.	0·1	0·2	0·2	0·2	0·2	0·3	0·3	0·4	0·4	0·5	0·5	0·6	0·6	0·7	0·8
ı	32'	34'	36'	38'	40'	42'	44'	46'	48'	50'	52'	54'	56'	58'	60'

En effet, si l'on met $\mathfrak{z} - 2y$ à la place de $\mathfrak{z}$ dans l'expression de w pour la culmination supérieure, on obtient

$$w = y \sin \tfrac{1}{2} y \cos (\mathfrak{z} - \tfrac{1}{4} y - \tfrac{3}{4} y) \operatorname{cosec} (\mathfrak{z} - y) + w \sin \tfrac{1}{2} w \cot (\mathfrak{z} - y)$$

ce qui est évidemment l'expression de w pour la culmination inférieure + une petite correction qui devient sensiblement $= \frac{3}{4} y \sin^2 y$. Par conséquent la seconde correction w pour la culmination inférieure se trouve en entrant dans la table **6** avec l'argument $\mathfrak{z} - 2y$ au lieu de $\mathfrak{z}$, et en retranchant de la valeur de w ainsi obtenue la petite correction $\frac{3}{4} y \sin^2 y$ qui a été ajoutée en bas de la même table. Soit, par exemple, $\mathfrak{z} = 20°$, $y = 56'$. La table donne pour la culmination supérieure $w = 71''\cdot8$. Pour la culmination inférieure, on prendrait au lieu de 20° l'argument vertical $= 18° 8'$, ce qui donne $w = 79''\cdot6$; on retranche $0''\cdot6$ pour $y = 56'$, et l'on obtient enfin $w = 79''\cdot0$.

Pour calculer la quantité y, il faut connaître à peu près ψ et $\mathfrak{z}$. Au besoin, on commencera par supposer $\mathfrak{z} = z$, ce qui donne $\psi = p \mp z$ pour une culmination supérieure, et $\psi = z - p$ pour une culmination inférieure. Lorsqu'on connaît déjà la latitude d'assez près, on a une première valeur de ψ et par conséquent aussi de $\mathfrak{z}$; avec ces valeurs supposées, on peut calculer y et w; cela donne $\mathfrak{z} = z \mp y + w$. Si ce résultat diffère encore trop de la valeur supposée de $\mathfrak{z}$, il faudra recommencer le calcul de y et de w avec la nouvelle valeur de $\mathfrak{z}$ et celle qui en résulte pour ψ. On finira par trouver ainsi un $\mathfrak{z}$ identique à sa dernière valeur supposée, et l'on en tirera

$$\begin{cases} \varphi = \delta - \mathfrak{z} \\ = \delta + \mathfrak{z} \\ = 180° - \delta - \mathfrak{z} \end{cases} \quad \text{ou} \quad \begin{cases} \psi = p + \mathfrak{z} & \text{pour une culmination supérieure entre pôle et zénit} \\ = p - \mathfrak{z} & \text{» » » » de l'autre côté du zénit} \\ = \mathfrak{z} - p & \text{» » » inférieure.} \end{cases}$$

Il est à remarquer que les arcs ψ, p sont comptés à partir du pôle de l'hémisphère dans lequel on se trouve, et qu'en conséquence la latitude doit toujours être positive dans ces calculs.

La quantité $\frac{2 \sin^2 \frac{1}{2} t}{\sin 1''}$ et son logarithme se trouvent dans les tables auxiliaires de Warnstorff avec l'argument t; mais tant que l'angle horaire ne dépasse pas 32^m, on peut se servir avec avantage, pour le calcul de y, d'une petite table qu'on trouve ci-après.

En faisant $$\alpha = \frac{\sin p \sin \psi}{\sin \mathfrak{z}}, \text{ on aura } y = \frac{2 \alpha \sin^2 \frac{1}{2} t}{\sin 1''} = \alpha \beta t^2,$$

où $$\beta = \frac{2 \sin^2 \frac{1}{2} t}{t^2 \sin 1''} = \tfrac{1}{2}\, 225 \sin 1'' + \text{une petite correction}.$$

La petite table **7** contient les 2 dernières décimales du log β, toujours en regard de l'argument t, les 3 premières étant écrites au haut de la table.

Table 7.

$\log \beta = \bar{4}\cdot736\ldots$

t		t		t	
$t = 0^m$	73	$t = 11^m$	64	$t = 22^m$	39
1	73	12	63	23	36
2	72	13	61	24	33
3	72	14	59	25	30
4	72	15	57	26	26
5	71	16	55	27	22
6	70	17	53	28	19
7	69	18	50	29	15
8	68	19	48	30	11
9	67	20	45	31	07
10	66	21	42	32	02

Ainsi on trouve, par exemple, $\log \beta = \bar{4}\cdot73657$ pour $t = 15^m$. On aura ensuite

$$\log y = \log \alpha + 2 \log t + \log \beta,$$

où l'on suppose t exprimé en secondes de temps, c'est-à-dire en 86400èmes parties de la durée qui s'écoule entre deux passages méridiens consécutifs de l'astre que l'on observe. Pour une étoile, ce seront des secondes sidérales; pour le soleil, des secondes du temps vrai; pour une planète, des secondes de temps planétaire pour ainsi dire. Il faut donc, à la rigueur, multiplier le nombre de secondes du chronomètre contenues dans t, par le rapport $\frac{86400}{86400 + m}$, où m est la marche diurne du chronomètre, c'est-à-dire l'excès sur 24^h de la durée accusée par le chronomètre entre deux passages successifs. L'expression de y doit être multipliée par le carré de ce rapport, ce qui revient à ajouter $-$ m $0\cdot00001005$ à log y, ou bien à retrancher des chiffres donnés par la table **7** la marche diurne du chronomètre. Supposons, par exemple, qu'il s'écoule $23^h\, 59^m\, 32^s$ du chron. en un jour solaire, on aura $m = -28^s$; soit $t = 18^m$; on trouve alors dans la table le chiffre 50, on en retranche -28 (ou plus exactement $-28 \times 1{\cdot}005$), ce qui donne 78, et l'on obtient $\log \beta = -\bar{4}{\cdot}73678$.

On aura donc $$\log y = \log \alpha + \log \frac{2 \sin^2 \frac{1}{2} t}{\sin 1''} - 0{\cdot}00001053 \cdot m$$

ou bien $$= \log \alpha + 2 \log t + \log \beta, \text{ lorsque } t \text{ est } < 32^m,$$

en prenant $\log \beta$ dans la table **7** et en retranchant la marche diurne des dernières décimales.

Il ne faut pas oublier qu'il s'agit ici toujours des apozénits vrais, et que, par conséquent, les apozénits observés doivent être dégagés des erreurs de l'instrument et corrigés pour la réfraction, et pour la parallaxe et le demi-diamètre toutes les fois qu'on observe le soleil ou une planète. La réfraction est additive aux apozénits : on en soustrait la parallaxe.

Dans le cas du soleil et des planètes, il faut encore tenir compte du mouvement en apopole pendant le temps t. En effet, soit $\mathfrak{p}$ l'apopole méridien, p l'apopole au moment de l'observation, on aura

$$p = \mathfrak{p} + \Delta p.\, t,$$

en prenant t positif après et négatif avant le passage méridien.

Comme il s'agit ici de culminations supérieures, nous avons $\psi = p \mp \mathfrak{z}$, le signe inférieur étant pris quand l'astre passe entre le pôle et le zénit. Il faut ici p et non pas $\mathfrak{p}$ dans la formule, parce que $\mathfrak{z}$ n'est pas l'apozénit méridien réel, mais celui qui correspond à l'apopole p. Nous avons donc

$$\psi = \mathfrak{p} + \Delta p.\, t \mp \mathfrak{z} = \mathfrak{p} \mp (z + w) \pm y + \Delta p\, t,$$

et $y = \alpha\beta t^2$. En supposant maintenant $\pm y + \Delta p t = \pm \alpha\beta\, (t - u)^2$, on trouve, en négligeant u^2, que

$$u = \frac{\mp \Delta p}{2\, \alpha\beta} = \frac{-\Delta p \sin (p - \psi)}{2\, \beta \sin p \sin \psi},$$

et l'on peut regarder cette correction des angles horaires comme constante pour une même série d'observations. La correction u a été introduite dans ces calculs par l'illustre Gauss. On peut d'ailleurs, au lieu de la soustraire de t, l'ajouter une fois pour toutes à l'heure du passage méridien, et *compter tous les angles horaires de ce passage méridien corrigé*, qui n'est autre chose que le temps de la vraie culmination.

En effet, la différentiation de la formule $\cos z = \cos p \cos \psi + \sin p \sin \psi \cos t$ donne, pour $\frac{dz}{dt} = 0$, l'équation

$$\sin t = \frac{dp}{dt} (\cot p \cos t - \cot \psi);$$

ou bien, puisque t est petit, en faisant $\sin t = 15\, t \sin 1''$, $\cos t = 1$, et mettant $15\, dt$ à la place de dt pour pouvoir supposer $dt = 1'$,

$$t = \frac{\Delta p}{225 \sin 1''} (\cot p - \cot \psi) = -\frac{\Delta p}{2\beta} \frac{\sin (p - \psi)}{\sin p \sin \psi} = \frac{\mp \Delta p}{2\, \alpha\beta} = u.$$

L'angle horaire au moment de la culmination est donc $= u$, d'où il suit que le passage méridien corrigé est le temps de la vraie culmination. En le prenant pour origine des angles horaires, on peut se servir toujours de l'apopole méridien $\mathfrak{p}$.

Pour le soleil, on peut trouver la correction $+ u$ du passage méridien dans les tables que nous avons destinées au calcul des hauteurs correspondantes.

En effet, on a $\Delta p = \frac{-v}{8640}$ et $225 \sin 1'' = \frac{3\pi}{8640}$, par conséquent

$$-u = \frac{v}{3\pi} (\cot p - \cot \psi).$$

Or, cette expression est précisément la correction du midi vrai (*voir* page 21), en supposant $\tau = 0$, ce qui donne $\mathfrak{k} = 1$. Nous avons donc

$$u = \mathfrak{A} + \mathfrak{B} \operatorname{tg} \varphi,$$

en prenant $\mathfrak{A}$ dans la *première colonne* de la table **2** avec le signe inférieur, $\mathfrak{B}$ dans la table **3** avec le signe inférieur quand on observe une latitude boréale, mais avec le signe supérieur quand celle-ci est australe; enfin $\operatorname{tg} \varphi$, toujours positif, sera pris dans la table **4**. Ensuite on ajoutera $\mathfrak{A} + \mathfrak{B} \operatorname{tg} \varphi$ au midi vrai pour avoir le midi corrigé qui sera l'origine des angles horaires.

Pour une planète, il faudrait calculer l'expression $u = \frac{\Delta p}{2\beta} \frac{\sin (\psi - p)}{\sin p \sin \psi}$, en comptant p du pôle sud dans l'hémisphère austral, et prenant pour ψ le complément de la latitude toujours positive; ou bien $u = \frac{v}{3\pi}(\text{tg}\,\varphi - \text{tg}\,\delta)$, en prenant ici φ négatif dans l'hémisphère austral. Pour les étoiles, la correction u n'existe pas.

Les hauteurs correspondantes donnent immédiatement l'heure du chronomètre à midi vrai; elle est d'ailleurs $= \mathbf{e} - E$, où **e** est l'équation du temps et E l'état du chronomètre par rapport au temps moyen, le signe de E étant pris de manière que E représente la *correction* du chr. Le temps du midi corrigé sera donc $= \mathbf{e} - E + u$, pour le soleil.

Pour les étoiles, on trouve le temps de la culmination comme il suit. Le temps moyen de la culmination sera $= Ꭿ^{*} - S - \Delta S$, en prenant pour S le temps sidéral à midi moyen, pour ΔS son accélération pendant $Ꭿ - S$ heures. Par conséquent l'heure du chr. au moment de la culmination

$$= Ꭿ^{*} - S - \Delta S - E.$$

Pour une planète, on aura la même expression, augmentée de la correction u. Ensuite on compte les angles horaires à partir du moment de la vraie culmination, et l'on a égard à la marche diurne du chr. dans le calcul de y, comme nous l'avons expliqué ci-dessus.

2. Réduction d'une suite d'apozénits circumméridiens observés au théodolite Falbe.

Pour mieux faire comprendre l'application de nos formules, donnons ici quelques exemples numériques du calcul des observations faites au théodolite Falbe.

I. EXEMPLE POUR LE SOLEIL.

Saqa. Lundi, 12 février 1844, à midi.
Apozénits ⊙ au théod. Falbe rectifié. Frais du N. E. B = 618·0. T = 30·0.

Lunette à gauche.

Chr. ♎.	Lectures du cercle.	Niveau *delà*	Niveau *deçà*	Lectures corrigées.	Lectures au méridien.
0h 43m 26s	157° 55′ 30″	0·0	− 5·0	157° 54′ 57″·3	158° 7′ 30″·0
47 24	158 3 0	0·0	− 5·0	158 2 27 ·3	8 13 ·4
50 40	5 35	0·0	− 5·0	5 2 ·3	7 10 ·0
53 16	7 0	− 0·5	− 5·5	6 20 ·7	6 50 ·8
56 12	8 0	− 0·6	− 5·6	7 19 ·4	7 20 ·6
59 24	7 0	− 0·6	− 5·6	6 19 ·4	7 27 ·4
1 2 26	4 30	− 0·4	− 5·4	3 52 ·0	7 37 ·7
				𝔐 =	158° 7′ 27″·1

Lunette à droite.

Chr.	Lectures du cercle.	Niveau *delà*	Niveau *deçà*	Lectures corrigées.	Lectures au méridien.
0 45 29	202 27 15	+ 3·6	− 1·4	202 27 29 ·4	202 18 46 ·1
49 6	22 30	+ 4·0	− 1·0	22 49 ·6	19 10 ·6
52 0	20 25	+ 4·0	− 1·0	20 44 ·6	19 35 ·5
54 38	18 0	+ 4·2	− 0·6	18 23 ·6	18 17 ·7
57 43	18 50	+ 4·6	− 0·3	19 18 ·2	18 57 ·7
1 0 55	21 30	+ 6·2	+ 1·2	22 18 ·5	20 3 ·1
				𝔐 =	202° 19′ 8″·5

Les lectures corrigées sont celles du cercle dégagées de l'écart du niveau d'après la manière expliquée page 37. Une partie du niveau = 13″·1. Les lectures au méridien ont été déduites des lectures corrigées en leur appliquant la réduction au méridien = y — w. Le calcul entier de cette dernière réduction, d'après les procédés ci-dessus exposés, se fait de la manière suivante. La colatitude supposée de Saqa est 81° 48′ 30″ et la longitude supposée est $2^h\ 27^m\ 30^s$ est de Greenwich. La première chose à faire est de chercher l'heure du chronomètre au moment de la culmination, et pour cela nous avons au moyen du *Nautical Almanac* :

Midi moyen à Saqa	=	Février $12^j\ 0^h\ 0^m$ 0
Équation du temps	=	+ 14 ·5
Heure moyenne à midi vrai de Saqa	=	12 0 14 ·5
Longitude est de Greenwich	=	2 27 ·5
Heure moyenne de Greenwich	=	$11^j\ 21^h\ 47^m$·0

C'est l'heure qu'on comptait à Greenwich le 11 février à l'instant de la culmination du soleil à Saqa le 12 février 1844. De là nous trouvons plus exactement l'équation du temps $= 0^h\ 14^m\ 32^s{\cdot}1$ et l'apopole du soleil $= 103°\ 54'\ 52''{\cdot}3$. On a donc :

Heure moyenne à midi vrai de Saqa	$= e =$	$0^h\ 14^m\ 32^s{\cdot}1$
Erreur du chronomètre ♃	$= -E = +$	$0\ \ 41\ \ 6{\cdot}0$
Correction du midi vrai par les tables	$= u =$	$+\ 4{\cdot}9$
Heure du chr. à l'instant de la culmination	$=$	$0^h\ 55^m\ 43^s{\cdot}0$

$$p = 103°54'52''{\cdot}3$$
$$\psi = 81\ 48\ 30$$
$$p - \psi = 22\ 6\ 22{\cdot}3$$
$$\log\sin p = \bar{1}.\ 98706$$
$$\log\sin\psi = \bar{1}.\ 99555$$
$$-\log\sin(p-\psi) = 0.\ 42444$$
$$\log\beta = \bar{4}.\ 736\cdot\cdot$$
$$-m = --1$$
$$\log\alpha\beta = \bar{3}.\ 14304 + \cdot\cdot$$

La marche du chr. ♃ le 12 février 1844 était $= 1^s{\cdot}2$ par jour en avance sur le temps moyen et par conséquent aussi sur le temps vrai à cette époque de l'année. Donc $m = 1{\cdot}2$ à retrancher de la 5me décimale de $\log\alpha\beta$.

Le chiffre constant de $\log\alpha\beta$ est donc $\bar{3}.\ 14304$, et il faut encore y ajouter pour chaque angle horaire les deux décimales qu'on trouve dans la petite table 7. Ensuite on a

$$\log y = \bar{3}.\ 14304 + \cdot\cdot + 2\log t.$$

Voici maintenant le calcul de la réduction au méridien :

Lunette à gauche.

t	$2\log t$	$\log\alpha\beta\, t^2$	y	w	y — w
$-12^m17^s{\cdot}0$	5·73494	2·87798 + 62	12'36"·1	3"·4	12' 32"·7
— 8 19·0	5·39620	2·53924 + 69	5 46·7	0·6	5 46·1
— 5 3·0	4·96288	2·10592 + 71	2 7·8	0·1	2 7·7
— 2 27·0	4·33464	1·47768 + 73	0 30·1	0·0	0 30·1
+ 0 29·0	2·92480	0·06784 + 73	0 1·2	0·0	0 1·2
+ 3 41·0	4·68878	1·83182 + 72	1 8·0	0·0	1 8·0
+ 6 43·0	5·21062	2·35366 + 70	3 46·1	0·4	3 45·7

Lunette à droite.

t	$2\log t$	$\log\alpha\beta\, t^2$	y	w	y — w
$-10^m14^s{\cdot}0$	5·57634	2·71938 + 66	8'44"·9	1"·6	8' 43"·3
— 6 37·0	5·19758	2·34062 + 70	3 39·4	0·4	3 39·0
— 3 43·0	4·69660	1·83964 + 72	1 9·2	0·1	1 9·1
— 1 5·0	3·62582	0·76886 + 73	0 5·9	0·0	0 5·9
+ 2 0·0	4·15836	1·30140 + 73	0 20·5	0·0	0 20·5
+ 5 12·0	4·98830	2·13134 + 71	2 15·5	0·1	2 15·4

Ces réductions y — w ayant été appliquées aux lectures corrigées donnent les lectures au méridien comme on les trouve dans les deux tableaux ci-dessus, où l'on voit en même temps les moyennes des lectures au méridien pour la lunette à gauche et pour la lunette à droite. Ensuite, en prenant la moitié de la différence de ces moyennes, on obtient l'apozénit méridien apparent du centre du soleil $= 22°\ 5'\ 50''{\cdot}7$, car les bords opposés de l'astre ont été observés alternativement. Cette dernière quantité doit être corrigée pour l'erreur instrumentale, pour la réfraction et pour la parallaxe. La première correction est de $20''{\cdot}9$, z étant $= 22°{\cdot}1$ et $c = 12'{\cdot}6$ pour le théodolite Falbe à cette époque. Avec $B = 618{\cdot}0$, $z = 22°\ 9'{\cdot}04$, $T = 30{\cdot}0$, on trouve la réfraction $= +\ 17''{\cdot}9$, la parallaxe est $= -\ 3''{\cdot}3$, d'où il suit enfin que

$$\mathfrak{z} = 22°\ 6'\ 26''{\cdot}2$$

ce qui donne, avec $\delta\odot = -\ 13°\ 54'\ 52''{\cdot}3$,

$$\varphi = \delta + \mathfrak{z} = 8°\ 11'\ 33''{\cdot}9.$$

Ce résultat s'accorde déjà si bien avec la latitude supposée de 8° 11' 30" qu'on n'a pas besoin de refaire le calcul.

Il aurait été facile de choisir une série plus concordante que celle-ci parmi les observations faites en Éthiopie.

II. EXEMPLE POUR UNE ÉTOILE ET POUR LA LUNE.

Nous transcrirons ici le calcul d'une latitude, qui se trouve dans la liste suivante. Il s'agit d'une observation faite à Saqa le 5 août 1843, dans un autre but, et qui se trouve dans le *Bulletin de la Société de géographie,* série 3, tome III, page 57. M. d'Abbadie avait envoyé cette observation avec quelques autres en Europe, peu après son arrivée à Saqa, pendant son premier voyage en *Inarya.* L'observation dont il s'agit avait pour but de trouver la longitude par les azimuts de la lune ; mais ayant été faite très-près du méridien, elle peut servir aussi à déterminer la latitude. Comme l'observation eut lieu le soir, on ne pouvait pas faire usage de la lunette inférieure (ou lunette repère), pour vérifier si l'instrument n'avait pas bougé en azimut. Bien que cette observation soit publiée depuis le mois de janvier 1845, elle n'a jamais été calculée avant ce jour, car il semble que personne n'ait remarqué son utilité pour trouver la latitude par les observations d'Antarès et aussi de la lune.

Voici ces observations :

Saqa. Samedi soir, le 5 août 1843.

	Chron.	Cercle azimutal.	Vern.	Cercle vertical. Vern. B.	Niveau deçà, delà.	
Antarès.	$8^h 44^m 5^s$	175°56′ 0″	A.	214°21′ 0″	4 , 3	Lun. à dr.
Lune ☾̲.	8 48 3	148 36 0	»	213.56 30	5 , 2	» » dr.
Lune ☾̅.	8 55 44	209 47 0	C.	146 52 30 (†)	7 , 0	» » g.
Antarès.	9 3 6	232 34 30	»	144 51 0	4 , 3	» » g.

M. d'Abbadie n'était pas sûr si les bords vrais ou apparents étaient observés, mais on les a fixés en France par le calcul, et il se trouve qu'ils ont été notés comme ils paraissent dans la lunette d'un théodolite, c'est-à-dire renversés.

Dans le manuscrit l'auteur avait écrit *Antarès* vis-à-vis la troisième observation et *lune* vis-à-vis la quatrième ; mais en envoyant les observations en Europe dans sa lettre du 16 septembre 1843, il eut soin de mettre un point d'interrogation à la désignation des deuxième et quatrième observations. Cette petite inexactitude a été corrigée, puisqu'il est évident par la première et la seconde observation, qu'Antarès précède la lune, comme on voit par les lectures du cercle azimutal, et aussi plus certainement par un petit calcul préliminaire sur les positions de la lune et d'Antarès pour le soir du 5 août 1843 à Saqa.

Avant tout, il faut chercher l'heure du chronomètre au moment de la culmination d'Antarès, et nous avons pour cela par le *Nautical Almanac,* en supposant la longitude $= 2^h 27^m 30^s$ à l'est de Greenwich :

Æ d'Antarès.	=	$16^h 19^m 51^s \cdot 6$
Temps sidéral à midi moyen de Saqa.	=	8 53 8 ·8
		7 26 42 ·8
Accélération.	=	1 13 ·2
Heure moyenne de la culm. d'Antarès.	=	7 25 29 ·6
Avance du chr.	=	1 6 15 ·0
Heure du chr. à l'instant de la culm.	=	8 31 44 ·6

$$p = 116^\circ\ 4'\ 49''{\cdot}7$$
$$\psi = 81\ 48\ 30$$
$$p - \psi = 34\ 16\ 19\ {\cdot}7$$
$$\log \sin p = \bar{1}.\ 95336$$
$$\log \sin \psi = \bar{1}.\ 99555$$
$$-\log \sin (p - \psi) = 0.\ 24940$$
$$\log \beta = \bar{4}.\ 736\cdots$$
$$-\ \mathrm{m.}\ 1{\cdot}005 \quad = +\ 235$$
$$\log \alpha\beta = \bar{4}.\ 93666 + \cdots$$

(†) En déduisant de ces observations la longitude de Saqa, j'ai reconnu qu'il fallait changer la lecture originale 51′30″ en 52′30″. La première des deux observations de la lune donne $2^h 18^m 46^s$ pour la longitude de Saqa à l'est de Paris ; la seconde observation donnerait environ 10^m ou 2° 30′ de moins, sans la correction de + 1′ dans la lecture du cercle vertical ; avec cette correction, au contraire, elle donne $2^h 18^m 13^s$. Ainsi nous avons :

par la 1re obs.	$2^h 18^m 46^s$	= 34° 41′·5
» » 2me »	2 18 13	= 34 33 ·2
	Moyenne	34° 37′·4,

ou bien, à 0′·2 près, la même longitude que nous avons trouvée par la géodésie. Certainement ce bel accord n'est qu'une coïncidence heureuse, puisque les observations ayant été faites trop près du méridien ne sont pas favorables au calcul de la longitude par les apozénits. Mais il est toujours vrai que les observations du 5 août 1843 donnent pour la longitude de Saqa le meilleur résultat de toutes les observations lunaires, lorsqu'on fait la petite correction proposée plus haut. L'hypothèse que j'ai faite est d'ailleurs confirmée par le calcul de la latitude qui serait venue = 8° 12′ 8″ par l'observation originale, tandis qu'on la trouve maintenant = 8° 11′ 38″, ce qui est la moyenne entre les résultats des observations d'Antarès faites le même jour, savoir 8° 11′ 36″ et 40″. Le calcul des azimuts par les apozénits a encore montré que la première lecture azimutale est en erreur de 10°, et qu'il faut lire 165° au lieu de 175°. Alors on trouve le point du Nord = 341° 12′ — collim. en azimut pour le vernier A, et = 40° 2′ + collim. en azimut pour le vernier C qui était distant de 120° du premier. R. R.

L'état du chr. a été pris à la page 29, où l'on trouve aussi par les numéros 183, 184, qu'il avançait de $3^s{\cdot}0$ dans un jour moyen. L'avance du temps sidéral dans un jour moyen étant $= 3^m\ 56^s{\cdot}6 = 236^s{\cdot}6$, il s'ensuit que le chr. retardait chaque jour de $233^s{\cdot}6$ sur le temps sidéral, et par conséquent — m. 1·005 = + 235 ; ceci s'ajoute aux dernières décimales de log $\alpha\beta$.

Le reste du calcul se fait comme ci-après :

	t	2 log t	log $\alpha\beta\ t^2$	y	w	y — w
Lunette à dr.	$+ 12^m 20^s{\cdot}4$	5·73894	2·67560 + 62	7′ 54″·5	0″·7	7′ 53″·8
» à g.	+ 31 21 ·4	6·54896	3·48562 + 05	50 59 ·6	32 ·6	50 27 ·0

Lectures corrigées pour le niveau.	Lectures réduites au méridien.
214° 21′ 6″·6	214° 13′ 12″·6
144 50 53 ·4	145 41 20 ·4

Apozénit méridien apparent.	=	34° 15′ 56″·2
Erreur instrumentale.	=	+ 1 ·6
Réfraction.	=	+ 32 ·0
Apozénit méridien vrai.	=	34 16 29 ·8
Déclinaison.	=	— 26 4 49 ·7
Latitude nord.	=	8 11 40 ·1

L'erreur instrumentale consiste ici seulement dans l'influence de la collimation en apozénit, puisque le vernier a été lu dans les deux positions de la lunette, ce qui fait que la constante x = 16″·8 n'entre pas dans le calcul.

Les observations de la lune donnent aussi la latitude, comme on peut voir par la réduction suivante. D'abord on trouve, avec la longitude supposée $= 2^h\ 27^m\ 30^s$, pour la première observation de la lune l'heure de Greenwich $= 5^h\ 14^m\ 18^s$, et pour l'autre observation $5^h\ 21^m\ 59^s$.

Pour ces deux moments il se trouve, en prenant les erreurs du *Nautical Almanac* $= -\ 0^s{\cdot}45$ en Æ et = — 0″·1 en δ, et en augmentant la parallaxe de $\frac{1}{1200}$,

Heure de Greenwich.	$5^h\ 14^m\ 18^s$	$5^h\ 21^m\ 59^s$
Æ vraie du centre de lune. . . .	17 7 1 ·1	17 7 20 ·2
Décl. vraie du centre.	— 24° 8′ 27″·9	— 24° 8′ 28″·7
Π.	58 4 ·9	58 4 ·8
Temps sidéral de Saqa.	$16^h\ 36^m\ 12^s{\cdot}6$	$16^h\ 43^m\ 54^s{\cdot}9$

La parallaxe en Æ et en δ, ou, ce qui est la même chose, en p, se calcule aisément au moyen des formules données plus loin. On trouve

en Æ = $+ 34^s{\cdot}40$, $+ 26^s{\cdot}20$
en p = — 31′ 14″·7 , — 31′ 20″·4,

ce qui donne

a ☾ =	$17^h\ 7^m\ 35^s{\cdot}5$	$17^h\ 7^m\ 46^s{\cdot}4$
angle horaire. . = —	0 31 22 ·9	— 0 23 51 ·5
p ☾ =	114° 39′ 42″·6	114 39 49 ·1

L'angle horaire ayant été obtenu par Æ et S, et non pas par le chr., la marche diurne du chr. n'y entre pas ; de même nous n'avons pas ici la correction u, parce que nous calculons y avec l'apopole moyen correspondant aux moments donnés. Le calcul se fera donc comme il suit :

p = 114° 39′ 46″	log sin p = $\bar{1}$. 95845
ψ = 81 48 22	log sin ψ = $\bar{1}$. 99555
p — ψ = 32 51 24	— log sin (p — ψ) = 0. 26557
	log β = $\bar{4}$. 736··
	log αβ = $\bar{4}$. 95557 +··

t	log t^2	log $\alpha\beta\ t^2$	y	w	y — w
$-\ 31^m\ 22^s{\cdot}9$	6·54964	3·50521 + 05	53′ 20″·8	37″·4	52′ 43″·4
— 23 51 ·5	6·31158	3·26715 + 34	30 51 ·3	12 ·7	30 38 ·6

Lectures corrigées pour le niveau.		Lectures réduites au méridien.
213° 57′ 49″·7		213° 4′ 6″·3
146 51 44 ·1		147 22 22 ·7

Apozénit méridien apparent.	=	32° 50′ 51″·8
Erreur instrumentale.	=	+ 1 ·6
Réfraction.	=	+ 30 ·5
$\mathfrak{z}$.	=	32 51 23 ·9
δ.	=	— 24 39 45 ·8
φ.	=	8 11 38 ·1

L'heure de la culmination pour le chronomètre était trouvée par des erreurs approchées du chronomètre. Nous disons approchées, car pour avoir les erreurs vraies du chronomètre, il faut auparavant une connaissance exacte de la latitude, ce qui était précisément le problème donné. Dans tous les cas donc où l'erreur supposée, c'est-à-dire calculée avec une latitude approximative, a été trouvée en désaccord de plus de 2^s avec l'erreur déduite de la vraie latitude, nous avons répété le calcul pour la latitude; mais quand la différence dans l'heure de la culmination n'est pas au delà de 1^s ou 2^s, l'effet de cette différence sur la latitude est presque insensible, et il aurait été illusoire de chercher une plus grande exactitude dans le calcul, à cause de l'incertitude de la quantité x, de la collimation et de toutes les autres petites incertitudes qui influent sur la latitude. Pour avoir les latitudes et les longitudes approchées des stations d'observation, nous nous sommes servi de nos premières constructions de la carte.

3. Méthode d'observer la latitude sans chronomètre.

Les accidents qui peuvent priver un voyageur de sa montre sont plus fréquents qu'on ne le suppose. Il est donc très-utile de connaître un moyen d'obtenir la latitude par hauteurs circumméridiennes sans avoir égard au temps. Cette méthode consiste à observer des apozénits successifs du même astre lorsqu'il s'approche de la culmination, et à noter chaque fois l'angle azimutal correspondant. Nous allons exposer les formules qui s'y rapportent, mais en faisant abstraction des petites corrections du second ordre dont nous avons tenu compte dans l'article précédent.

En désignant par u une lecture azimutale, par u_0 celle qui serait faite au méridien, on a pour la culmination inférieure

$$\cos p = \cos(z - \psi) - 2 \sin z \sin \psi \sin^2 \frac{u - u_0}{2},$$

d'où il vient, par la formule **17** de la page **B**,

$$z - \psi = p - \frac{2 \sin z \sin \psi}{\sin 1'' \sin p} \sin^2 \frac{u - u_0}{2} - \cdots$$

Or, l'apozénit méridien étant $\mathfrak{z} = p + \psi$, on obtient :

$$\mathfrak{z} = z + \frac{2 \sin z \sin \psi}{\sin 1'' \sin p} \sin^2 \frac{u - u_0}{2}$$

pour la culmination inférieure. Pour la supérieure, on changera simplement le signe du dernier terme de cette équation. Ce terme sera donc la réduction au méridien. En remplaçant $\sin \frac{u - u_0}{2}$ par $\frac{u - u_0}{2} \sin 1''$, et sin z par sin $\mathfrak{z}$, on obtient

$$\mathfrak{z} = z + a\,(u - u_0)^2$$

où le coefficient a sera

$$a = \mp \tfrac{1}{2} \sin 1'' \frac{\sin \mathfrak{z} \sin \psi}{\sin p},$$

le signe — étant pour la culmination supérieure et le signe + pour l'inférieure.

Les quantités inconnues $\mathfrak{z}$ et a dépendent de la latitude; chaque observation fournit donc une équation entre la latitude et l'azimut u_0 du méridien. Il s'ensuit qu'on pourrait au besoin trouver φ et u_0 par deux observations; mais il faudrait alors recourir à une résolution des deux équations par tâtonnement, en calculant l'expression de a avec une valeur approchée de $\psi = \mathfrak{z} - p$. Le problème devient plus simple lorsqu'on dispose de trois observations; dans ce cas, on peut déduire des équations même les valeurs des trois inconnues a, $\mathfrak{z}$ et u_0, avec cette condition que la valeur de a doit être sensiblement retrouvée par le calcul de l'expression ci-dessus en y substituant pour ψ sa valeur déduite de celle de $\mathfrak{z}$.

Tout ce que nous venons de dire s'applique aussi à la méthode ordinaire d'observer des hauteurs circumméridiennes ; les quantités u signifient alors des lectures du chronomètre, et le facteur a sera le coefficient de t^2 dans l'expression de y donnée précédemment. Ainsi, l'on peut aussi, sans connaître l'état du chronomètre, déduire de trois observations circumméridiennes ordinaires la latitude et le temps t_0 de la culmination.

Le coefficient a étant d'ailleurs trouvé par les équations même, il n'importe qu'on désigne par z une hauteur ou un apozénit, double ou simple. Les trois équations dont il s'agit seront les suivantes :

$$\mathfrak{z} = z_1 + a\,(u_1 - u_0)^2$$
$$\mathfrak{z} = z_2 + a\,(u_2 - u_0)^2$$
$$\mathfrak{z} = z_3 + a\,(u_3 - u_0)^2$$

On en tire :

$$a = \frac{(z_1 - z_2)(u_3 - u_2) + (z_3 - z_2)(u_2 - u_1)}{(u_3 - u_2)(u_2 - u_1)(u_1 - u_3)},$$

$$u_0 = \tfrac{1}{2}(u_1 + u_3) + \frac{1}{2a}\cdot\frac{z_3 - z_1}{u_3 - u_1}$$

$$= \tfrac{1}{2}(u_1 + u_3) + \tfrac{1}{2}\,\frac{(u_3 - u_2)(u_2 - u_1)(z_1 - z_3)}{(z_1 - z_2)(u_3 - u_2) + (z_3 - z_2)(u_2 - u_1)}.$$

Bien que le calcul de ces formules soit assez simple, on peut encore l'abréger en arrangeant les observations de manière *que deux apozénits ou deux différences en azimut soient égales.* Supposons d'abord $u_2 - u_1 = u_3 - u_2 = v$. Nous aurons $u_3 - u_1 = 2\,v$, $u_3 + u_1 = 2\,u_2$, et par conséquent

$$a = -\,\frac{z_1 + z_3 - 2\,z_2}{2\,v^2}\quad,\quad u_0 = u_2 + \tfrac{1}{2}\,v\,\frac{z_1 - z_3}{z_1 + z_3 - 2\,z_2}\quad,\quad \mathfrak{z} = z_2 - \tfrac{1}{8}\,\frac{(z_1 - z_3)^2}{z_1 + z_3 - 2\,z_2}.$$

La réduction au méridien se trouve ainsi immédiatement et d'une manière très-facile par les trois apozénits observés, à la seule condition que les différences successives en azimut soient égales entre elles.

Si l'on prend, au contraire, deux apozénits égaux, par exemple $z_1 = z_3$, le calcul se fera comme il suit :

D'abord on aura $u_0 = \tfrac{1}{2}(u_1 + u_3)$, ensuite

$$a + \frac{z_2 - z_1}{(u_2 - u_1)(u_3 - u_2)}\qquad \text{et}\qquad \mathfrak{z} = z_1 + \tfrac{1}{4}\,\frac{(z_2 - z_1)(u_3 - u_1)^2}{(u_2 - u_1)(u_3 - u_2)}.$$

Nous avons jusqu'ici supposé qu'il s'agit de trois observations seulement. Mais lorsqu'on se met à observer sans une connaissance très-exacte du méridien, on est en général obligé de faire plus de trois observations successives. Alors il faudra, pour les utiliser toutes, calculer la réduction au méridien de chaque apozénit observé, en employant les valeurs de a et de u_0 qu'on aura déduites de trois observations convenablement choisies ; on fera toujours bien de les prendre au commencement, au milieu et à la fin de la série. La moyenne des valeurs de $\mathfrak{z}$ qu'on aura obtenues de cette façon, fournira une valeur de ψ idoine à calculer directement l'expression du coefficient a, et ces nouvelles valeurs de $\mathfrak{z}$ et de a pourront être employées à calculer u_0 derechef par l'équation

$$u_0 = \tfrac{1}{2}(u_1 + u_3) + \frac{1}{2a}\,\frac{z_3 - z_1}{u_3 - u_1}.$$

On peut alors, au moyen de ces valeurs de a et de u_0, corriger la réduction au méridien de toute la série, et par conséquent la moyenne des valeurs de $\mathfrak{z}$. Pour ne pas répéter le calcul de chaque réduction, on peut s'y prendre de cette manière : on ajoute à la moyenne première des $\mathfrak{z}$: 1° la moyenne des réductions calculées, divisée par a et multipliée par la correction de a ; 2° la différence (u_0 — la moyenne des lectures u) multipliée par $2\,a$ et par la correction de u_0. La nouvelle moyenne des $\mathfrak{z}$, ayant été encore corrigée pour la réfraction, donnera enfin l'apozénit vrai au méridien $= \mathfrak{z}$, et l'on en tirera $\psi = \mathfrak{z} - p$ pour la culmination inférieure ou $= p \pm \mathfrak{z}$ pour la supérieure.

Nous n'avons pas encore parlé de l'influence du changement de déclinaison ; mais on verra qu'on peut en faire abstraction. L'on sait déjà que cette influence est annulée dans la réduction des hauteurs circumméridiennes si l'on rapporte les angles horaires au moment de la vraie culmination au lieu de les rapporter au passage par le méridien ; il est donc clair que tout revient, dans notre méthode alt-azimutale, à prendre u_0 pour l'azimut (ou bien, dans la méthode ordinaire, pour le temps) de la vraie culmination, et que l'apozénit méridien $\mathfrak{z}$ sera indépendant de la variation Δp, parce que u_0 se déduit des équations mêmes. L'azimut méridien s'obtiendra en soustrayant de u_0 la correction $\mathfrak{U}$ des azimuts correspondants dans laquelle on fera $\tau = 0$, ou bien en ajoutant la correction $\mathfrak{B}\,\tfrac{1}{4}\sec\varphi$, le facteur $\mathfrak{B}$ étant pris dans la table **3** avec le signe supérieur. Au reste, cette correction n'est pas d'une grande importance, puisque les hauteurs circumméridiennes ne peuvent pas donner l'azimut vrai avec précision. Dans la méthode ordinaire, on aurait le temps du midi vrai, en retranchant de u_o la correction du midi vrai indiquée dans l'article précédent.

Quant à la manière d'observer, il serait difficile d'obtenir les lectures azimutales avec quelque exactitude si l'astre était trop près du zénit; et les hauteurs seraient elles-mêmes trop influencées par l'erreur de collimation. Il faut donc tâcher d'observer à plus de 2° du zénit; et si l'on se voit obligé de prendre des apozénits très-petits, on doit au moins déterminer l'erreur de collimation par un objet terrestre. Puis, il paraît qu'il est plus commode en pratique de prendre des différences d'azimut égales et d'observer les apozénits à chaque azimut, que d'observer les azimuts à des apozénits égaux, et cela à cause de la lenteur avec laquelle varient ces derniers près du méridien. Pour obtenir le point zénital du théodolite et pour éliminer le diamètre du soleil, nous recommandons de retourner après chaque observation, et d'observer avec la lunette retournée les bords opposés du soleil en apozénit et en azimut. On aura ainsi intercalé entre une série d'observations faites avec la lunette à droite, une autre série avec la lunette à gauche et se rapportant aux bords du soleil opposés à ceux qu'on aura suivis dans la première série. La réduction au méridien s'appliquera aux lectures verticales même; on prendra ensuite les moyennes des deux séries, et leur demi-différence, corrigée pour la réfraction, donnera l'apozénit méridien, tandis que leur demi-somme, corrigée pour le demi-diamètre du soleil, donnera le point zénital de l'instrument.

Pour mieux fixer les idées, nous donnerons d'abord un exemple tiré des observations que M. d'Abbadie a faites à Saqa le 13 octobre 1843, lors de son premier voyage en *Inarya*. Dans la série de 20 doubles hauteurs de l'étoile α du Cygne nous choisirons la première, la dernière et une du milieu :

$$u_1 = 8^h\ 7^m\ 40^s \text{ (chron.)} \qquad z_1 = 106°\ 44'\ 30'' \text{ (doubles hauteurs)}$$
$$u_2 = 8\ \ 22\ \ 16 \qquad z_2 = 106\ \ 56\ \ 30$$
$$u_3 = 8\ \ 28\ \ 6 \qquad z_3 = 106\ \ 52\ \ 20$$

Nous avons maintenant :

$$u_2 - u_1 = 876^s, \qquad u_3 - u_2 = 350^s, \qquad u_1 - u_3 = -1226^s,$$
$$z_1 - z_2 = -720'', \qquad z_3 - z_2 = -250'', \qquad z_1 - z_3 = -470'',$$

par suite :

$$a = \frac{720 \times 350 + 250 \times 876}{350 \times 876 \times 1226} = \frac{47100}{35 \times 876 \times 1226} = 0{\cdot}001253.$$

$$u_o = 8^h\ 17^m\ 53^s + \tfrac{1}{2}\frac{25 \times 876 \times 1226}{47100} = 8^h\ 20^m\ 26^s.$$

$$u_2 - u_o = 110^s$$

$$\mathfrak{z} = 106°\ 56'\ 30'' + a.\ 110^2 = 106°\ 56'\ 45''{\cdot}2.$$

En réduisant toute la série avec les valeurs ci-dessus de a et de u_o, nous avons trouvé la moyenne des $\mathfrak{z} = 106°\ 56'\ 36''{\cdot}0$. Il en résulte la hauteur méridienne $= 53°\ 28'\ 18''{\cdot}0$;
puis

réfr. =	— 33 ·9
hauteur vraie h =	53 27 44 ·1
déclinaison =	44 43 51 ·2
φ =	8 11 35 ·3

Avec cette latitude, on peut calculer l'expression de a qui sera cette fois

$$a = 225.\ \sin 1''\ \frac{\cos \delta \cos \varphi}{\cos h} = 0{\cdot}0012887.$$

L'équation

$$u_o = 8^h\ 17^m\ 53^s + \frac{1}{2\,a}.\ \frac{470}{1226}$$

donne $u_o = 8^h\ 20^m\ 21^s{\cdot}7$. Par conséquent les corrections de a et de u_o seront respectivement

$$+\ 0{\cdot}0000357 \text{ et } -\ 4^s{\cdot}3.$$

La réduction moyenne avait été trouvée $= + 146''{\cdot}6$, la différence u_o — la moyenne des heures observées est $= 51^s$; en conséquence la correction de la moyenne des $\mathfrak{z}$ sera :

$$+\ \frac{357}{12530}.\ 146 - 4{\cdot}3 \times 51 \times 0{\cdot}00250 = +\ 4''{\cdot}2 - 0''{\cdot}5 = +\ 3''{\cdot}7.$$

Il en résulte pour la hauteur méridienne et pour la latitude la correction + 1″·8, on aura donc en définitive :

haut. mérid. appar. = 53° 28′ 19″·8 , latitude de Saqa = 8° 11′ 37″·1.

La réduction des 20 observations par la méthode ordinaire avait donné 8° 11′ 36″·7, le temps de la culmination de l'étoile avait été trouvé = 8h 20m 1′·0 par l'état du chronomètre.

4. Résumé et discussion des latitudes.

Nous nous sommes dispensés de publier les observations mêmes des latitudes ; mais il convient de mettre ensemble les résultats de chaque série séparée pour faire voir d'un coup d'œil quel degré d'exactitude on peut espérer dans les latitudes finales, qui sont les moyennes de plusieurs résultats isolés. Les lieux d'observation sont rangés suivant l'ordre alphabétique et les latitudes isolées selon l'ordre de date. Le chiffre qui suit la date, après les deux points, indique le nombre d'observations ; il est séparé du chiffre de la latitude par un signe d'égalité. Après vient le nom de l'instrument employé ainsi que celui de l'astre qui a été observé. Les instruments sont désignés par les initiales F., G., Th. G., J., B., R. (*Voir* le Tableau des signes.)

Les dixièmes de seconde ont été conservés comme résultats du calcul, et non pas comme chiffres d'une utilité définitive. L'incertitude ou l'erreur probable de la moyenne a été obtenue par la formule connue :

$$\mp\sqrt{\frac{n_0(\varphi-\varphi_0)^2+n_1(\varphi-\varphi_1)^2+\ldots}{n_0+n_1+\ldots}},$$

où $\varphi_0, \varphi_1, \ldots$ sont les latitudes isolées, $n_0, n_1, \ldots$ les nombres des observations dont elles ont été déduites, et φ la moyenne, ou la latitude la plus probable, calculée par la formule

$$\varphi=\frac{n_0\varphi_0+n_1\varphi_1+\ldots}{n_0+n_1+\ldots}.$$

Nous n'attachons pas une grande importance à ces incertitudes théoriques, parce qu'il est difficile ici de faire la part juste des erreurs instrumentales, et parce que les circonstances où M. d'Abbadie observait étaient trop variées pour permettre d'attribuer une précision égale à toutes ses observations, et de fixer le poids d'une détermination isolée par le nombre d'observations dont elle se compose. Quant aux latitudes obtenues par le sextant Joinville, on a cru bien faire de s'en tenir à une incertitude de 40″ à cause d'un défaut dans la division du limbe de cet instrument, car une erreur de cette espèce affecte également tous les angles mesurés près d'un certain point du limbe. Quand une station de latitude avait été liée directement à quelque objet terrestre idoine à résister aux ravages du temps, nous avons donné la réduction de la station à cet objet. Il peut arriver, en effet, que d'autres voyageurs fassent des observations dans des endroits voisins, et il sera alors facile d'établir des comparaisons entre leurs résultats et les nôtres. La plupart de nos stations de latitude sont d'ailleurs bien définies par les détails des tours d'horizon, et par conséquent faciles à retrouver et à identifier pour les voyageurs à venir. Dans tous les cas où M. Ruppell ou MM. Ferret et Galinier ont observé dans le même lieu que M. d'Abbadie, nous avons tenu à montrer la concordance qui existe entre leurs observations.

Les gisements ou azimuts sont comptés du nord par l'est, le sud et l'ouest depuis 0° jusqu'à 360°, comme nous l'avons toujours fait dans le présent ouvrage.

1. *Adami.*

Hutte isolée au nord du *masgra* de *Jawi Abba Jobar*, station des azimuts, liée aux monts *du Rare*, et à 2717mt du Mt *Kunç* qui gît par 266° 28′·5. Th. F. — ☉.

1846. Avril 23 : 14	=	8° 51′	13″·3
» » 25 : 16			22 ·0
» » 26 : 16			4 ·1
» Mai 25 : 6			10 ·1
M. : 52	=	8 51	12 ·8 ± 7″
Réduction au Mt *Kunç* :	=		— 5 ·4
Latitude du Mt *Kunç* :	=	8 51	7 ·4 ± 7″.

2. *'Addi Ḥabib.*

Tout près des trois ou quatre huttes qui forment ce hameau.

1840. Mars 16 : 1 = 15° 30′ 20″·5. J. — Canopus.

Cette latitude étant prise par le sextant Joinville, son incertitude sera 40″.

3. *'Adwa.*

La station de 1838 était près la maison de *Walda Rufa-el* un peu plus au nord que celle de 1840, et la station de 1840 était la maison de *Ayta Tasfu* alors occupée par Mgr de Jacobis, préfet de la mission catholique. L'église de *Madḥane'alam*, centre de l'une des quatre paroisses de *'Adwa*, est située entre ces deux stations. Notre voyageur a malheureusement omis d'en prendre l'azimut dans le tour d'horizon pris du lieu de sa latitude.

Station de 1838.

1838. Mai 1 : 1	= 14° 9′ 17″ ·3	G.	— α gr. Ourse
» » 9 : 1	50 ·2	id.	id.
M. : 2	= 14 9 33 ·8 ± 30″.		

Station de 1840.

1840.	Mars 28 : 1	= 14° 9′ 71″ ·3 ± x	F.	—	polaire
»	» 29 : 12	71 ·0 ± x	id.	—	⊙
»	» 30 : 8	63 ·6	Th. G.	—	⊙
»	Avril 4 : 2	76 ·2	id.	—	⊙
»	» 5 : 4	45 ·7	id.	—	⊙
»	» 6 : 8	51 ·8	id.	—	⊙
»	» 6 : 4	60 ·0	R.	—	polaire
»	» 10 : 16	63 ·0	id.	—	α gr. Ourse
»	» 14 : 8	33 ·4	Th. G.	—	α gr. Ourse, mauvais, gêné par le vent.
»	» 14 : 2	71 ·0	G.	—	polaire
»	» 16 : 10	39 ·2	Th. G.	—	α gr. Ourse, très-mauvais, la bulle du niveau hors des repères.
M. générale : 75		= 14 9 56 ·3 ± 10″.			

Mais en excluant les observations des 28 et 29 mars à cause de l'incertitude du point zénital, et aussi celles des 14 et 16 avril, puisqu'elles sont marquées comme très-incertaines dans le manuscrit original du voyage, on obtient pour la latitude la plus probable de la maison de *Ayta Tasfu* qui paraît être un peu au sud de l'église de *Madḥane'alam* :

14° 10′ 0″·2 ± 7″.

M. Ruppell donne pour la latitude de *'Adwa*, c'est-à-dire pour la latitude de l'église de *Madḥane'alam* :

14° 9′ 50″·4 ± 19″,

ce qui s'accorde assez bien avec les observations de M. d'Abbadie. MM. Ferret et Galinier ont aussi déterminé la latitude de *'Adwa*, ils ont trouvé

14° 9′ 34″

pour la latitude de la maison de *Walda Rufa-el*, qui est aussi située dans le quartier de *Madḥane'alam*, mais au nord de l'église et à plus forte raison au nord de la maison de *Ayta Tasfu*. Quoique la latitude déterminée par M. d'Abbadie en 1838 près la maison de *Walda Rufa-el*, avec un petit sextant de Gambey, s'accorde admirablement avec celle déterminée par MM. Ferret et Galinier, avec leur cercle monstre de 0m·49 de diamètre, peut-être le plus grand cercle de réflexion dont on ait jamais entendu parler, il est évident que cette latitude est trop petite au moins de 30″, puisque nous avons trouvé pour la latitude de la maison de *Ayta Tasfu* qui est au sud de celle de *Walda Rufa-el*

14° 10′ 0″·2

avec une incertitude qui ne dépasse pas 7″ en arc.

La comparaison entre les observations de M. Ruppell et de MM. Ferret et Galinier conduit aussi au résultat que la latitude de 'Adwa aussi bien que celle de *Aksum* déterminée par ces messieurs est trop petite. On trouve pour

'Adwa :

M. Ruppell.	14°	9′	50″·4 + α	
MM. Ferret et Galinier. . .	14	9	34·0	
Différence.			+ 16″·4 + α.	

où α est la différence de latitude entre l'église de *Madḫane'alam* et la maison de *Walda Rufa-el* qui est au nord de cette église ; pour

Aksum, église métropolitaine.

M. Ruppell.	14°	7′	49″·2	au sud de la ville.
MM. Ferret et Galinier.	14	6	55·6	au sud de la ville.
Différence.		+	53·6.	

D'après une *estimation* faite par M. d'Abbadie, la différence de latitude entre l'église de *Madḫâne'alam* et la maison de *Walda Rufa-el* serait 1/6 mille, et par conséquent nous avons α = 10″, d'où il suit pour

	Ruppell — Ferret et G.
'Adwa.	+ 26·4
Aksum.	+ 53·6
M.	+ 40·0,

c'est-à-dire que, par une cause quelconque, MM. Ferret et Galinier ont trouvé leur latitude à *'Adwa* et aussi à *Aksum* trop petite ou trop au sud. Quant à la latitude de *Aksum* déterminée par M. Ruppell, il n'y a aucun doute sur son exactitude, car M. d'Abbadie a lié *Aksum* à *'Adwa* par des triangles géodésiques, d'où il suit que la différence des latitudes entre l'église de *Madḫane'alam* à *'Adwa* et de l'église métropolitaine de *Aksum* est — 2′ 8″·0. Or, en appliquant cette différence à la latitude de *'Adwa* que nous avons trouvée, c'est-à-dire à

14° 10′ 0″·2,

on trouve pour la latitude de l'église métropolitaine de *Aksum* :

14° 7′ 52″2,

ce qui s'accorde bien, presque à 3″ près, avec M. Ruppell, et prouve l'excellence de ses observations. MM. Ferret et Galinier attribuent la cause de la différence entre leur latitude et celle de M. Ruppell à *Aksum* à une différence des stations ; mais cela est obscur, car ils disent avoir observé dans une maison au sud de la ville, et M. Ruppell dit aussi avoir observé au sud de la ville dans une maison sur le même parallèle que l'église métropolitaine. Cette différence de 40″·0 entre ces messieurs et M. Ruppell semble donc devoir être expliquée par quelque autre cause. Il est possible qu'elle vienne de l'horizon artificiel dont se servirent MM. Ferret et Galinier, et qui était muni de deux niveaux à bulle d'air. Cette espèce d'horizon est toujours bien inférieure à un horizon de mercure avec un toit de mica, ou de bons verres parallèles. Avec un tel horizon à niveaux, il peut se glisser facilement une erreur dans une série d'observations sans que l'observateur s'en aperçoive. Il est d'ailleurs possible que MM. Ferret et Galinier aient fait leurs observations par répétitions, ce qui donne souvent, comme on sait, de tristes résultats. La concordance entre les observations isolées de MM. Ferret et Galinier à *'Adwa* et à *Aksum* semble par conséquent accidentelle, et l'on est fondé à conclure que leurs observations de latitudes faites dans ces deux villes sont affectées d'une erreur constante de 40″ environ.

Enfin, M. d'Abbadie a lié le Mt *Saloda* à *'Adwa* par une base mesurée au moyen de la vitesse du son, et par l'azimut pris avec le théodolite Falbe. La longueur de la base non réduite à l'horizon était 2902mt, et elle est confirmée d'une manière très-curieuse par la différence des hauteurs de *'Adwa* et du Mt *Saloda*, qui fut trouvée = 612mt par deux observations correspondantes du baromètre.

Mais à *'Adwa*, M. d'Abbadie a observé l'apozénit du Mt *Saloda* = 77° 49′·7, d'où il suit, en combinant avec la distance de 2902mt, que la différence de niveau serait = 612·4, ce qui s'accorde à merveille avec le résultat trouvé par le baromètre.

Du reste, l'azimut du Mt *Saloda* vu de *'Adwa* ayant été observé = 358° 10′·3 par M. d'Abbadie au théodolite Falbe, on trouve, en combinant avec la base mesurée et son angle d'inclinaison observé, la différence de latitude entre *'Adwa* et le Mt *Saloda* = 1′ 31″·7.

Nous avons trouvé plus haut :

Latitude de *'Adwa*.	=	14°	10′	0″·2	
Différence des latitudes.	=	+ 1	31	·7	
Latitude du Mt *Saloda*.	=	14	11	31	·9.

4. *Alexandrie.*

Terrasse du couvent de Terre-Sainte, près l'angle occidental, tout au fond de la cour intérieure du couvent.

1839. Octobre	8 : 4 =	31°	11′	59″ ·3	G.	—	Polaire
» »	8 : 2			41 ·3	J.	—	id.
» »	13 : 2			39 ·9	Th. G.	—	id.
𝔐 :	8 =	31	11	50 ·0 ± 9″.			

La latitude du phare d'Alexandrie est, d'après Nouet et M. Daussy :

	31°	12′	53″ ·0	(*Connaissance des temps*, 1849.)
Par Falbe, en 1817 :	31	13	5 ·0	(VII, 58, *Corresp. astron.*)
𝔐 :	31	12	59 ·0.	

D'après le plan d'Alexandrie publié par le capitaine Smyth, le phare est 1′ 7″·1 plus au nord que le couvent de Terre-Sainte, et appliquant cette différence des latitudes à notre latitude du couvent, c'est-à-dire à 31° 11′ 50″·0, nous avons pour la latitude du phare :

31° 12′ 57″·1,

ce qui s'accorde à 2″ près avec la moyenne de la latitude de la *Connaissance des temps* et de celle de Falbe.

5. *Anafo.*

Près ce qui était alors la hutte d'audience de *Šumi meça Abba Biya* et près la maison de sa femme *Sore*. Le lieu des azimuts est à environ 10″ plus au sud. F. — ⊙ :

1845. Mai 15 : 6 =	9°	40′	42″ ·9	
» » 16 : 16			34 ·2	
» » 17 : 6			67 ·1	
» » 21 : 4			40 ·5	
» » 25 : 10			50 ·0	
» Juin 13 : 14			73 ·4	
𝔐 : 56 =	9	40	51 ·7 ± 15″.	
Réduction à la station des azimuts =	—		10 ·0	
Latitude de la station des azimuts =	9°	40′	41″ ·7 ± 15″.	

6. *Anfi̇̃ana.*

Hutte dans le village, sans autres détails.

1838. Avril 25 : 1 = 14° 36′ 39″·2. G. — α gr. Ourse.

L'incertitude de cette latitude sera 35″, car elle a été déterminée par une seule observation au moyen du sextant Gambey.

7. *'Aylat.*

Hutte à la lisière du village, du côté de l'est. La station des azimuts est un peu au nord-est de celle des latitudes.

1841. Octobre	26 : 4 =	15°	34′	59″ ·3	J.	—	Fomalhaut.
» »	27 : 13			38 ·8	J.	—	id.
» Novembre	6 : 2			37 ·5	Th. G.	—	Polaire.
» »	12 : 2			70 ·2	Th. G.	—	Fomalhaut.
𝔐 :	21 =	15°	34′	51″ ·4 ± 14″.			

8. *Bagujna.*

Petite hutte près le *adgraś* ou maison principale du hameau. G. — ⊙.

1844. Juillet 10 : 14 = 10° 43′ 57″ ·2
» » 10 : 4 42 43 ·7

𝔐 : 18 = 10° 43′ 40″ ·9 ± 30″.

9. *Balasa.*

Près du ruisseau de ce nom et sur le sentier de la grande caravane allant de *Digsa* ou *Halay* à *'Adwa.*

1840. Mars 24 : 9 = 14° 31′ 53″ ∓ x. ⊙.

L'incertitude x peut être 2′ en arc, et provient de la variabilité du point zénital du théodolite Falbe, cette observation ayant été faite seulement avec la lunette à droite et sans retournement.

10. *Barakat.*

Lieu des azimuts; lié aux M^ts du *Rare.*

1844. Mars 8 : 8 = 8° 54′ 58″·3 ± 12″ F. — ⊙.

11. *Barbergh.*

Dans le milieu du village d'alors. Ce grand village est renouvelé presque tous les ans, et beaucoup de maisons sont ou changées de place ou brûlées.

1840. Novembre 27 : 2 = 10° 26′ 22″ ·8 J. — ⊙.
» Décembre 20 : 2 25 42 ·0 J. — Canopus et Sirius.

𝔐 : 4 = 10 26 2 ·4 ± 20″.

La *Connaissance des temps* pour l'année 1849 donne la latitude = 10° 26′ 15″.

12. *Birbirsa.*

1844. Mars 5 : 15 = 8° 52′ 22″ ·7 ± x Canopus.

L'incertitude x peut aller à 2′ en arc, vu la variabilité du point zénital du théodolite Falbe, l'observation ayant été faite avec la lunette à droite et sans retournement.

13. *Bizen.*

Tout près du couvent.

1841. Octobre 20 : 6 = 15° 19′ 51″ ·5 ± 10″ Fomalhaut.

L'incertitude sera au-dessous de 10″, car la division fautive du limbe du sextant Joinville, employé dans l'observation de cette latitude, a été corrigée en comparant la latitude observée avec cet instrument à *'Aylat* avec celle qui a été déterminée au même endroit par le moyen du théodolite Gambey.

14. *Bonga.*

Bloc erratique de granit près la maison du Roi, et à côté de la hutte d'honneur des frères de noces envoyés alors par le seigneur de *Inarya.*

1843. Décembre 5 : 11 = 7° 14′ 41″ ·1 F. — ⊙.
» » 6 : 12 43 ·1 F. — ⊙.

𝔐 : 23 = 7° 14′ 42″ ·1 ± 8″.

15. *Caire.*

Grand couvent de Terre-Sainte. Terrasse près la porte d'entrée de la rue où demeurait, en 1849, M. le consul de France.

1839.	Novembre	1 : 5 =	30° 3' 62" ·7	G.	— Polaire.
»	»	1 : 3	74 ·6	J.	— id.
»	»	2 : 3	37 ·2	G.	— id.
»	»	14 : 3	— 19 ·6	G.	— ⊙.
»	»	21 : 6	— 11 ·6	B.	— Polaire.
»	Décembre	1 : 18	25 ·0	B.	— id.
»	»	1 : 4	35 ·1	J.	— id.
		𝔐 : 42 =	30° 3' 26" ·4 ± 27".		

Mais en excluant les deux premières latitudes qui sont évidemment trop fortes, on a :

30° 3' 16" ·9 ± 19".

Cette station était liée par les azimuts avec le télégraphe de la citadelle et la grande pyramide dont voici les gisements :

Haut du télégraphe de la citadelle. . . = 166° 56' ·4
Grande Pyramide. . . . . = 235 58 ·2.

La *Connaissance des temps* pour l'an 1849 donne la latitude de la tour des Janissaires :

30° 2' 4".

D'après le plan du Caire construit par l'Institut de l'Égypte, le couvent de Terre-Sainte est 1' 11" ·1 plus au nord que la tour des Janissaires. En appliquant cette différence à la seconde latitude que nous avons déduite à l'exclusion des deux premières observations, c'est-à-dire à 30° 3' 16" ·9, nous trouvons pour la latitude de la tour des Janissaires :

30° 2' 5" ·8,

ce qui ne diffère que de 1" ·8 du résultat donné par la *Connaissance des temps*. Cet accord montre une heureuse coïncidence à laquelle on n'était pas en droit de s'attendre.

16. *Calla.*

Masgra du Roi, près la porte d'entrée.

1843. Novembre 22 : 6 = 7° 37' 19" ·5 ± x. F. — Fomalhaut.

L'incertitude x peut s'élever presqu'à 2', puisque la lunette n'a pas été retournée.

17. *Cokorsa.*

Masgra du Roi.

1843. Novembre 23 : 6 = 7° 34' 48" ·7 ± x. F. — Fomalhaut.

L'incertitude x peut être de 2' pour la même raison que dans la latitude précédente.

18. *Dabariq.*

A côté d'une hutte sur le marché à la lisière du village vers l'est, et liée à la station des azimuts à *Wasange* qui gît par 43° à une distance de 55ᵐ de marche ou environ 2' ·7 de *Dabariq*, sur un terrain inégal et herbeux, où il était difficile d'aller en ligne droite. F. — ⊙.

1844. Décembre 17 : 9 =	13° 9' 31" ·4
» » 18 : 10	74 ·8
𝔐 : 19 =	13° 9' 54" ·2 ± 22"
Réduction à *Wasange* :	+ 1 58 ·5
Latitude de *Wasange* :	13 11 52 ·7 ± 22".

Il reste de l'incertitude sur la réduction à *Wasange* à cause de la difficulté dans l'estimation exacte d'une route parcourue à pied. MM. Ferret et Galinier ont trouvé pour la latitude de *Faras Sabbar*, qui est à peu près 15″ au sud de la station de M. d'Abbadie,

13° 9′ 47″·7 ± 29″.

Il n'y aurait donc pas plus de 8″ de différence entre M. d'Abbadie et MM. Ferret et Galinier.

19. *Daga.*

Masara du Roi, station des azimuts, liée aux montagnes de *Inarya*. F. — ⊙.

1845. Octobre 27 : 8	= 8°	2′	17″ ·1			
» » 28 : 12		1	59 ·2			
𝔐 : 20	= 8°	2′	6 ·4	± 9″.		

20. *Dambaça.*

Lisière méridionale du quartier musulman et liée à la station des azimuts à *Innamora MARYAM* qui est à 2′ environ de *Dambaça* et qui gît par 352°.

1844. Avril 21 : 3	= 10°	33′	78″ ·5		G. — Polaire.
» Juin 18 : 9			39 ·2		G. — β Centaure.
» » 19 : 8			40 ·9		G. — ⊙.
» » 21 : 16			64 ·1		G. — ⊙.
» » 21 : 8			— 10 ·6		G. — ⊙.
𝔐 : 44	= 10°	33′	42″ ·2	± 14″.	
Réduction à *Innamora*	+	1	58 ·8		
Latitude de *Innamora*	= 10°	35′	41″ ·0	± 14″.	

Cette latitude d'*Innamora* est un peu incertaine à cause de l'estime approximative de sa distance à *Dambaça*.

21. *Dangyame.*

Plaine brisée à l'ouest du village, lieu lié par les azimuts aux sommets des montagnes visibles. F. — ⊙.

1845. Avril 6 : 2	= 10°	40′	27″ ·3	
» » 8 : 12			21 ·4	
𝔐 : 14	= 10°	40′	22 ·2	± 8″.

22. *Dar-u.*

Près le lieu du marché : station de la caravane en rase campagne, et sans aucun bon signal visible. G. — α gr. Ourse.

1844. Mars 27 : 4	= 9°	58′	76″ ·0	
» » 30 : 5			41 ·5	
𝔐 : 9	= 9°	58′	56″ ·8	± 17″.

23. *Digsa.*

Près de l'église et un peu au sud de la station des azimuts.

1840. Mars	22 : 4 =	14° 59′	9″ ·0	Th. G. — ⊙.
1847. Octobre	13 : 14		2 ·9	F. — ⊙.
» »	14 : 12		— 4 ·3	F. — ⊙.
» »	15 : 10		11 ·8	F. — ⊙.
	𝔐 : 40 =	14° 59′	3″ ·6 ± 6″.	

24. *Dima.*

Dans la vallée près l'eau d'alors; lieu dépourvu de bon signal. F. — ⊙.

1840. Mars 18 : 9 = 15° 8′ 9″ ± x.

L'incertitude x peut atteindre 2′, puisque la lunette n'a pas été retournée.

25. *Dini.*

Tout près de la hutte de *Gamma Muras* et du côté de l'ouest. Station des azimuts liée aux montagnes visibles. F. — ⊙.

1846. Novembre	29 : 8 =	9° 49′	49″ ·9
» »	30 : 8		16 ·7
» Décembre	31 : 6		13 ·7
	𝔐 : 22 =	9° 49′	28″ ·0 ± 16″.

Cette latitude fut obtenue sans avoir le temps, le chronomètre étant cassé; elle est probablement un peu trop grande, la réduction au méridien ayant été omise.

26. *Diḫono.*

Sans détails. J. — Canopus.

1840. Mars 13 : 9 = 15° 32′ 50″·2.

27. *Ganu.*

Maison de *Gimire Ārar*, liée au Mt *Amara*, qui gît par 277° 19′ ·4 à environ 3′ estimés.

1845. Juillet 7 : 3 = 9° 10′ 6″·3. F. — ⊙.

L'incertitude de cette latitude est de 30″, parce que les observations sur lesquelles elle se base ne sont pas bien concordantes, et la réduction au Mt *Amara* sera aussi incertaine à cause de l'ignorance de la vraie distance entre *Ganu* et Mt *Amara*. Cependant, pour une erreur de x milles dans la distance, l'erreur dans la réduction au Mt *Amara* ne sera pas plus de 7″·65 × x. Alors, en supposant la vraie distance de *Ganu* au Mt *Amara* = 3′ + x, nous avons la

Réduction au Mt *Amara*. . . .	=			+ 22″ ·9 + 7″·65 x
Latitude de *Ganu*.	=	9°	10′	6 ·3 ± 30
Latitude du Mt *Amara*. . . .	=	9°	10′	29″ ·2 + 7 ·65 x ± 30″.

28. *Garuqqè.*

Masgra du Roi, près la porte d'entrée, du côté du nord et lié à la station des azimuts, qui gît par 156° 7′ ·9 à 0′ ·25 de distance mesurée au pas sur un terrain en pente forte. F. — ⊙.

1843. Décembre 23 : 18	=	8° 0′	28″ ·4
1846. Février 6 : 10			23 ·7,
» » 8 : 7			38 ·9
» » 9 : 6			33 ·5
𝔐 : 41	=	8° 0′	30″ ·5 ± 5″
Réduction à la station	=		— 13 ·7
Latitude de la station des azimuts	=	8° 0′	16″ ·8 ± 5″.

29. *Gual'a.*

Toit du collége de la mission catholique, station des azimuts, liée aussi à la station des azimuts de *Ziban Sifra.* La distance entre *Gual'a* et l'arbre de *Ziban Sifra* étant déterminée par la vitesse du son, fut trouvée = 813^{mt} ·5, et cet arbre gît, vu de *Gual'a,* par 344° 59′ ·3; enfin la station des azimuts à *Ziban Sifra* est à 40^{mt} de l'arbre de *Ziban Sifra,* lequel arbre gît par 160° 10′ quand on le relève de cette dernière station d'azimuts. F. — ⊙.

1847. Septembre 7 : 14	=	14° 16′	41″ ·4
» » 11 : 16			66 ·5
» » 12 : 16			34 ·8
𝔐 : 36	=	14° 16′	51″ ·5
Réduction à *Ziban Sifra*	=		+ 26 ·6
Latitude de *Ziban Sifra*	=	14° 17′	18″ ·1 ± 14″.

Enfin M. d'Abbadie a pris l'azimut de l'église de *'Addi Graht* de chaque bout de sa base entre *Gual'a* et *Ziban Sifra;* voici leurs gisements :

Église de *'Addi Graht* vue de *Gual'a.* . . . = 246° 10′ ·3
» » » » » » *Ziban Sifra.* . = 232 50 ·6.

La distance entre les deux bouts de la base était = 853^{mt} ·3 et l'azimut de la station de *Ziban Sifra* vue de *Gual'a* étant = 344° 41′ ·7, on trouve facilement :

Différence de longitude entre *'Addi Graht* et *Gual'a* =		1′ 40″ ·2
Latitude de l'église de *'Addi Graht* = latitude de *Gual'a*	—	43 ·2
» » » » » » = » » *Ziban Sifra*	—	68 ·4

D'où il suit que

la latitude de *'Addi Graht* sera = 14° 16′ 8″ ·3.

M. Ruppell donne pour la latitude du même lieu sans aucun détail :

14° 16′ 25″ ·8;

Et MM. Ferret et Galinier, de même :

14° 15′ 57″ ·2.

La latitude de M. d'Abbadie est entre ces deux déterminations et ne s'écarte de leur moyenne que de 3″ ·2.

30. *Gondar.*

La station de 1838 était dans la maison du *Liq Azqu,* dans le quartier appelé *Qañ bet;* celle de 1842 dans une nouvelle maison appelée *Qañ bet I,* près de celle du *Liq Ingida.* La station de 1844 était dans une maison attenante à l'église de *Yohannis Walda nigudguad;* et enfin la station de 1848 était dans la maison de *Dajac Birru,* occupée successivement par le R. P. Sapeto, et plus tard par MM. Ferret et Galinier, à la lisière N.-O. du *Açage bet.* Cette dernière station est appelée *Gondar* dans les azimuts ordonnés. Toutes ces stations sont liées par les M^{ts} *Tigre micohya* et *Soni* à la grande tour (*Managaša*) du palais de *Gondar.* Voici les différences des latitudes entre cette tour et les stations susdites :

Lat. Station 1838 = lat. Tour — 7″
» » 1842 = » » — 5 ·4
» » 1844 = » » + 0 ·0
» » 1848 = » » + 11 ·0.

Station de 1838.

1838. Juin 9 : 1 = 12° 37′ 3″·2 G. — η gr. Ourse.
» » 27 : 1 35 9 ·4 G. — Antarès.

𝔐 : 2 = 12° 36′ 6″·3 ± 32″.
Réduction à la tour = + 7 ·0

Latitude de la tour du Palais = 12° 36′ 13″.

Station de 1842 ou Qañ bet I.

1842 Novembre 10 : 22 = 12° 36′ 46″·5 J. — Fomalhaut.
Réduction à la tour = 5 ·4

Latitude de la tour du Palais = 12° 36′ 52″ ± 40″.

L'incertitude ici est grande malgré le grand nombre d'observations, parce qu'elles étaient faites au sextant Joinville.

Station de 1844.

1844. Septembre 25 : 5 = 12° 36′ 46″·1 G. — ⊙.
» » 27 : 7 14 ·2 Th. — ⊙.

𝔐 : 12 = 12° 36′ 27″·5 ± 20″.
Réduction = 0 ·0

Latitude de la tour du Palais = 12° 36′ 27″·5 ± 20″.

1848. *Station principale dite Gondar; observations faites au théodolite Gambey.* ⊙.

1848. Février 2 : 3 = 12° 36′ 15″·4
» » 3 : 2 38 ·2
» » 4 : 4 24 ·4
» » 5 : 5 23 ·3
» » 6 : 4 19 ·0
» » 8 : 5 15 ·9

𝔐 : 23 = 12° 36′ 21″·4 ± 5″
Réduction à la tour = — 11 ·0

Latitude de la tour du Palais = 12° 36′ 10″·4 ± 5″.

M. Ruppell donne 12° 35′ 53″·6 pour la latitude de sa maison à *Gondar*, dans le quartier dit *Faras bet*, et + 18″·6 pour la réduction de cette maison à la tour du Palais (*voy.* la note à la page 234, et supposant la déclinaison de l'aiguille aimantée à *Gondar* = 8° 41′ à l'ouest); il s'ensuit que la latitude de la tour du Palais est :

12° 36′ 12″·2.

MM. Ferret et Galinier, qui demeuraient aussi dans la maison de *Dajac Birru* à *Gondar*, donnent pour la latitude de cette maison :

12° 36′ 25″·5.
Réduction à la tour = — 11 ·0

Latitude de la tour du Palais = 12° 36′ 14″·5,

ce qui s'accorde à 2″·3 près avec la latitude de M. Ruppell, et à 4″ avec celle de M. d'Abbadie. En mettant ensemble les latitudes obtenues par ces différents observateurs, on a pour celle de la grande tour du Palais à *Gondar :*

12°	36′	12″·2	selon M. Ruppell.
12	36	14 ·5	selon MM. Ferret et Galinier.
12	36	10 ·4	selon M. d'Abbadie.
𝔐 = 12°	36′	12″·4 ± 2″.	

Enfin, M. d'Abbadie ayant lié la tour du Palais aux M[ts] *Tigre miçohya* et *Soni*, et la distance entre ses stations sur ces deux montagnes ayant été trouvée par la vitesse du son = 4502[mt], on a pour les latitudes de ces deux montagnes :

Latitude du signal de *Tigre miçohya* = latitude de la Tour + 52″·1
Latitude du signal de *Soni tarara* = latitude de la Tour + 122 ·4,

ou enfin en mettant la latitude de la tour *Managaša*, d'après la moyenne des trois voyageurs = 12° 36′ 12″·4, on trouve :

Latitude de *Tigre miçohya* = 12° 37′ 4″·5 ± 2″
Latitude de *Soni tarara* = 12 38 14 ·8 ± 2

31. *Hanna Sanna.*

Sommet de la colline de schiste, station des azimuts liée aux montagnes du *Tigray*.

1840. Mars 20 : 6 = 14° 57′ 14″ ± x F. — ⊙.

où x peut monter jusqu'à 2′, puisque la lunette ne fut pas retournée.

32. *Imakullu.*

Au nord de la station des azimuts; les détails manquent. G. — ⊙.

1838. Mai 3 : 1 = 15° 37′ 33″ (± 35″?).

33. *Jiddah.*

Maison de *Ma'alim Yusuf*, marchand chrétien.

1838. Janvier 21 : 12 =	21°	29′	7″·8	G. — ⊙.
» » 23 : 2			16 ·8	G. — Polaire.
𝔐 : 14 =	21°	29′	9″·1 ± 8″.	

La *Connaissance des temps* donne, d'après Horsburgh, pour la latitude de *Jiddah :*

21° 23′ 0″.

34. *Jiren.*

Masara du Roi au sud du marché. F. — ⊙.

1844. Janvier 2 : 18 =	7°	41′	40″·6
» » 3 : 10			13 ·2
𝔐 : 28 =	7°	41′	38″·1 ± 15″.

35. *Kiftan.*

Masara du Roi.

1844. Janvier 7 : 12 = 7° 47′ 53″·7 F. — ⊙.

L'incertitude = ± 10″, les observations étant bien concordantes.

36. *Kokma.*

Maison du *Calaqa Falagu,* station des azimuts et liée au Mt *Hiça* ainsi qu'aux montagnes voisines.

1842. Février 22 : 8 = 14° 17′ 36″·9. Canopus.

L'incertitude = ± 40″, l'observation ayant été faite par le sextant Joinville.

37. *Koma.*

Creux au N.-E. du *Masara*, lié par estime à la station des azimuts et au Mt *Hapati.* F. — ⊙.

1844.	Février	26 : 8	= 8°	26′	56″·5	
»	»	27 : 8			31 ·4	
		𝔐 : 16	= 8°	26′	44″·0	± 12″.

38. *Kuazen.*

Maison occupée alors par Mgr de Jacobis, presqu'à la lisière est du village.

1844.	Novembre	20 : 4	= 15°	28′	15″·5	F. — ⊙.
»	»	21 : 17			13 ·8	F. — ⊙.
»	»	21 : 2			— 56 ·1	F. — Polaire.
		𝔐 : 23	= 15°	28′	8″·0.	

Mais en excluant la seconde latitude de novembre 21 qui résulte d'une observation de la polaire faite le soir, alors qu'il était très-difficile de bien voir les fils dans le théodolite Falbe avec une mauvaise chandelle, et puisque aussi la correction x pour la distance des verniers et l'excentricité n'est pas connue avec exactitude pour cette partie du limbe du cercle, nous avons pour la latitude de *Kuazen,* village le plus septentrional du *Hamasen :*

15° 28′ 14″·1.

39. *Makana.*

Lisière nord de ce petit village; station des azimuts.

1848. Mai 14 : 2 = 13° 8′ 10″·0 F. — ⊙.

Cette latitude sera *certainement trop petite,* puisque le soleil fut couvert avant sa culmination. L'erreur peut être égale à 5′.

40. *May Rahya.*

Près le ruisseau torrent et l'énorme arbre.

1840. Mars 23 : 12 = 14° 46′ 35″ ± x F. — ⊙.

Ici x sera peut-être 2′, puisque la lunette n'a pas été retournée.

41. *May Ṭimqat.*

Station des azimuts sur la rive droite du *Takkaze.*

1844. Décembre 13 : 4 = 13° 46′ 23″·9 F. — ⊙.

L'incertitude de cette latitude = ± 20″, les observations n'étant pas bien concordantes.

42. *May Uray.*

Milieu du village. G. — α gr. Ourse.

1838. Avril 10 : 1 = 14° 42′ 11″·9 (± 35″?).

43. *Moḳa.*

Maison de ʿ*Abd er-Rasul*, agent consulaire de France et d'Angleterre. G. — ⊙.

1838. Septembre 23 : 3 = 13° 20′ 16″·8.

L'incertitude = ± 1′, l'observation ayant été faite hors du méridien.

La *Connaissance des temps* donne, d'après Horsburgh, pour la latitude de *Moḳa* 13° 19′ 1″.

44. *Moṭa.*

Station hors de la ville à 670[mt] estimés de l'église, lieu des azimuts et par conséquent lié aux montagnes de *Coqe* et du *Bagemdir*. L'église de *Moṭa* gît de cette station par 192° 27′·7. F. — ⊙.

1847. Mars 25 : 6 =	11°	5′	41″·4
» Avril 21 : 1			6 ·7
» » 22 : 1			39 ·1
𝔐 : 8 =	11°	5′	37″·1 ± 10″
Réduction à l'église =			— 21 ·2
Latitude de l'église =	11°	5′	15″·9 ± 10″.

45. *Muçawwʿa.*

Maison de *Husayn Effendi*, lisière occidentale et nord-ouest de l'île. Station des azimuts à peu près.

1838. Février 21 : 3 =	15°	36′ —	14″·3	G. — Polaire.
» Mars 1 : 4			41 ·4	G. — id.
» » 5 : 4			46 ·3	G. — Canopus.
» » 22 : 1			68 ·0	G. — Polaire.
𝔐 : 12 =	15°	36′	31″·3 ± 29″.	

M. Ruppell donne pour la latitude du point le plus méridional de l'île de *Muçawwʿa* :

15° 36′ 9″.

Ayant observé sur la lisière occidentale au nord-ouest de l'île, M. d'Abbadie était à peu près 10″ plus au nord que M. Ruppell ; la place de son observation, selon M. Ruppell, sera donc à

15° 36′ 19″,

ce qui s'écarte de 12″ de la latitude déterminée ci-dessus. La différence est donc moindre que l'erreur probable.

46. *Nabaga.*

Lieu tout près de la maison de *Gabra Giyorgis* et peu différent de la station des azimuts. F. — ☉.

1845. Février 22 : 13 = 11° 58′ 52″·1 ± 12″.

Les observations étaient bien concordantes.

47. *Nazrit.*

A l'est de l'église et peu différent de la station des azimuts. F. — ☉.

1847. Avril 15 : 2 = 10° 38′ 13″·2.

Cette latitude est dans tous les cas trop forte, puisque le chronomètre étant cassé et le soleil étant très-près du zénit, la distance méridienne vraie du soleil sur laquelle se base cette latitude était trop grande. L'incertitude est peut-être de 2 ou 3 minutes.

48. *Qella de Cibbe.*

A 400 ou 500ᵐᵗ au moins au sud de cette barrière de la tribu des *Limmu*. F. — Canopus.

1844. Mars 1 : 1 = 8° 30′ 36″·1 ± x.

L'incertitude x peut être de 2 minutes, la lunette n'ayant pas été retournée.

49. *Qito.*

Lieu des azimuts en 1844 et très-peu différent du lieu de 1843.

1843. Juillet	2 : 2 =	9°	2′	55″·6	F. — α^2 Centaure.
1844. Mars	10 : 6			4 ·7	F. — ☉.
	𝔐 : 8 =	9°	2′	17″·4 ± 22″.	

50. *Quçeyr.*

Dans le désert à environ 1 mille au sud de la ville.

1838. Janvier	4 : 1 =	26°	4′	65″·4	G. — Polaire.
» »	4 : 1			67 ·8	G. — Canopus.
» »	4 : 1			2 ·6	G. — Sirius.
	𝔐 : 3 =	26°	4′	45″·3 ± 30″.	
Réduction à la ville	=	+ 1		0 ·0	
Latitude de *Quçeyr*	=	26°	5′	45″·3 ± 30″.	

M. Ruppell donne (voy. *Corresp. astron.*, vol. 8, page 567) pour la latitude du bastion de *Quçeyr*

26° 5′ 54″·8,

ce qui s'écarte moins de la latitude que l'erreur probable.

51. *Quarata.*

La station de 1845 était dans la cour de la maison de *Kahsay*, marchand chrétien, située au haut de la colline, près la lisière sud de la ville. La station de 1842 était plus au nord.

Station de 1842.

1842. Novembre 22 : 13 = 11° 45′ 15″·8 ± 30″. J. — Fomalhaut.

Station de 1845.

Latitudes déterminées par le sextant Gambey et les hauteurs correspondantes, et par conséquent peu exactes.

1845. Février	27 : 24 =	11°	47′	19″·3		⊙.
» »	27 : 4		44	21 ·9		Canopus au méridien.
» »	28 : 22		45	38 ·0		⊙.
» Mars	1 : 14		45	46 ·1		⊙.
Excluant la première latitude, 𝔐 : 40 =		11°	45′	33″·2	± 24″.	

Station de 1845.

Latitudes déterminées par le théodolite Falbe. ⊙.

1845. Février	27 : 13 =	11°	45′	19″·9	
» »	28 : 18		44	57 ·4	
» Mars	1 : 16		44	53 ·9	
	𝔐 : 47 =	11°	44′	58″·6	± 13″.

Ce lieu était le même que la station III des azimuts. M. Ruppell donne pour le centre de la ville : 11° 45′ 34″; et ce lieu étant à peu près 30″ plus au N. que notre station, on aurait pour cette dernière 11° 45′ selon M. Ruppell.

52. *Sadara.*

Lieu des azimuts.

1843. Novembre 25 : 8 = 7° 30′ 7″·0 F. — ⊙.

Incertitude = ± 20″, les observations ne sont pas très-concordantes.

53. *Saqa.*

La première station de 1843 était une hutte sur la lisière nord du hameau ; la seconde station de 1843 et la station de 1844 étaient sur la colline entre le hameau et le *masgra*, et la station de 1845 était sur cette même colline plus près du *masgra*, c'est-à-dire 1/4 mille ou 15″ plus au nord que la station de 1844, et en même temps au nord de la station I des azimuts et au sud de la station II des azimuts.

Première station de 1843.

1843. Juillet	28 : 1 =	8°	11′	67″·8	± x	F. — Antarès.
» Août	5 : 4			36 ·3		F. — id.
» »	5 : 2			40 ·1		F. — id.
» »	5 : 2			38 ·1		F. — ☾.
	𝔐 : 9 =	8°	11′	41″·0	± 14″.	
Moyenne en excluant le résultat de Juillet 28 =		8°	11′	37″·8	± 8″.	

Station de 1843 et 1844.

1843.	Octobre	7 : 6	= 8°	12′	3″·5	F. — α Paon.
»	»	11 : 12		11	56 ·2	G. — α Paon.
»	»	13 : 20			36 ·7	G. — α Cygne.
»	Novembre	1 : 12			29 ·2	F. — ⊙.
1844.	Février	12 : 13			33 ·9	F. — ⊙.
»	»	20 : 16			30 ·8	G. — Canopus.

$\mathfrak{M}$: 79 = 8° 11′ 38″·9 ± 10″.

Réduction à la station de 1845 = + 15 ·0

Station de 1845 = 8° 11′ 53″·9 ± 10″.

Station de 1845.

1845.	Novembre	21 : 8	= 8°	11′	55″·3	F. — ⊙.
»	»	22 : 3		11	54 ·6	G. — ⊙.
»	»	22 : 3		12	17 ·7	F. — ⊙.

$\mathfrak{M}$: 14 = 8° 12′ 0″·0 ± 9″.

L'accord entre les observations de 1843, 1844 et celles de 1845 a été déjà remarqué à la page 4 où nous avons aussi fait voir que le sextant G. et le théodolite F. s'accordent presque parfaitement en donnant chacun de son côté la vraie latitude jusqu'à trois secondes près, et ce qui est plus surprenant encore, chaque instrument donne presque exactement la vraie différence de latitude entre la station de $\frac{1843}{1844}$ et celle de 1845. Nous avons donc finalement pour la latitude de la station de 1845 :

Par les observations de 1843-1844. . . . . . 8° 11′ 53″·9 ± 10″

Par les observations de 1845. . . . . 8 12 0 ·0 ± 9

Moyenne. . . . . 8° 11′ 57″·0 ± 7″.

La station I des azimuts en 1843 était dans le hameau, et par conséquent plus au sud que la station de la latitude en 1845 ; la station II des azimuts était un peu au nord du lieu de la latitude de 1845. A cause de la pente et des obstacles, la distance entre la station de la latitude et les stations des azimuts n'a pas été mesurée.

54. *Mt Sibarre.*

Haut de ce M^t et lieu des azimuts.

1846.	Novembre	19 : 5	= 9°	29′	45″·5
»	»	20 : 2		32	4 ·8
»	»	21 : 8		30	4 ·9

$\mathfrak{M}$: 15 = 9° 30′ 14″·4 ± 22″.

Cette grande incertitude de 22″ dans la latitude moyenne n'est pas surprenante, puisque le chronomètre étant cassé, M. d'Abbadie n'avait trouvé d'autre moyen que de suivre le soleil jusqu'à la culmination avec la lunette du théodolite Falbe, en retournant la lunette alternativement. Cette manière de faire les observations ne vaut pas grand'chose comme on sait.

55. *Suez.*

Maison du consul anglais, près le Divan du gouverneur, de l'autre côté de la rue, à la limite sud de la ville et tout près du débarcadère. B. — ⊙.

1839.	Décembre	20 : 12	= 29°	57′	39″·6
»	»	27 : 14			52″·4

$\mathfrak{M}$: 26 = 29° 57′ 46″·5 ± 6″.

La *Connaissance des temps* donne pour la latitude de Suez, d'après Nouet :

29° 58′ 37″.

Cette latitude se rapporte à un point de la ville qui est plus au nord que le lieu de l'observation ci-dessus.

56. *Taranta.*

Près l'eau dans la vallée.

1840. Mars 19 : 10 = 15° 1′ 34″ ± x F. — ⊙.

L'incertitude x est peut-être de 2′, la lunette n'ayant pas été retournée.

M. Ruppell donne pour la latitude de *Ḥalay*, qui est au sud du *Taranta*. . . 14° 59′ 37″·2.

57. *Tujurrah.*

Près la mosquée sur la place et à son N.-E. : un peu au sud de la ville.

1841. Janvier 29 : 4 =	11°	44′	36″·3	S. —		⊙.
» » 29 : 2		45	58 ·5	G. —		⊙.
» Février 25 : 2		45	40 ·2	G. —	α gr. Ourse.	
» » 26 : 12		45	22 ·7	G. —		⊙.
𝔐 : 20 =	11°	45′	18″·7 ± 30″.			

Ces observations ont été faites hors du méridien et par M. Arnauld d'Abbadie qui n'était pas habitué à manier les instruments astronomiques ; il s'ensuit que la latitude déduite ne sera pas très-exacte. M. Antoine d'Abbadie n'observait pas alors à cause d'une ophthalmie opiniâtre. Enfin, au 1ᵉʳ mars il put prendre des hauteurs circumméridiennes de Canopus avec le sextant Gambey ; il en résulte pour la latitude :

1841. Mars 1 : 28 = 11° 46′ 10″·7.

L'incertitude de cette latitude ne surpasse pas 12″, les observations étant bien concordantes.

La *Connaissance des temps* donne pour la latitude de la ville de *Tujurrah*, qui s'étend au N. de cette station :

11° 46′ 36″.

58. *Yajibe.*

Les stations de 1844 et de 1845 étaient près la maison de *Zeynu* au centre du village d'alors. La station des azimuts gît, de la station de latitude, par 80° 43′·6 à une distance de 530ᵐᵗ.

1844. Mai 6 : 8 =	10°	7′	0″·0	J. —	α gr. Ourse, sans voir les fils.
» » 7 : 8		8	46 ·4	R. —	α gr. Ourse.
1845. Avril 19 : 4			28 ·1	F. —	⊙.
» » 21 : 6			0 ·8	F. —	⊙.
» » 23 : 12			58 ·3	F. —	⊙.
𝔐 en excluant la première latitude : 30 =	10°	8′	39″·6 ± 22″		
Réduction à la station des azimuts : =			+ 2 ·8		
Latitude de la station des azimuts : =	10°	8′	42 ·4 ± 22″.		

La grande incertitude de 22″ dans cette latitude vient de ce que, pendant ses observations à *Yajibe*, M. d'Abbadie était constamment harcelé par le monde, les mouleuses et les mules.

59. *Yawiš.*

La station de 1844 était à la lisière sud de cette ville sanctuaire; et la station de 1845 était à la lisière nord. La station III des azimuts gît du lieu de latitude en 1845 par 321° 30′·6 à une distance de 240^{mt}; et l'église de Saint-Michel, à *Yawiš*, vue de la station III, gît par 158° 55′·4 à une distance de 527^{mt}.

Station de 1844.

Mai 1 : 2 =	10° 8′ 34″·3	F. — α gr. Ourse.
» 5 : 12	50 ·1	J. — α gr. Ourse.
𝔐 : 14 =	10° 8′ 47″·8 ± 7″.	

Station de 1845. F. — ⊙.

Avril 24 : 10 =	10° 9′ 43″·2
» 26 : 9	46 ·2
» 27 : 8	63 ·8
» 28 : 12	59 ·2
» 29 : 8	34 ·9
𝔐 : 47 =	10° 9′ 50″·0 ± 10″.
Réduction à la station III =	+ 6 ·1
Latitude de la station III =	10° 9′ 56″·1 ± 10″
Réduction à l'église =	— 15 ·9
Latitude de la grande église Saint-Michel =	10° 9′ 40″·2 ± 10″.

(Appendice.) 60. *Olinda* (Brésil).

1837. Mars 6 : 1 =	— 8° 0′ 16″·7	G. — Culmin. de Castor.
» Avril 1 : 11	1 0 ·6	G. — Pollux.
𝔐 : 12 =	— 8° 0′ 57″·0.	

Remarques finales.

Pour mieux faire voir que les incertitudes attribuées dans chaque cas aux latitudes moyennes ne sont pas trop faibles, mais au contraire souvent plus grandes que les vraies erreurs des latitudes, mettons ensemble dans le tableau suivant la comparaison entre les latitudes où il se trouve des observations correspondantes faites par MM. Ruppell, Ferret et Galinier, ou des résultats donnés par la *Connaissance des temps* et réduits aux stations des observations, quand les détails donnés ont permis de le faire :

Lieu d'observation.	D'Abbadie.	Incertitude présumée.	Ruppell.	F. et Gal.	Connaissance des temps.
'Addi Graht (église)	14° 16′ 8″·3	14	16′ 25″·8	15′ 57″·2	
'Adwa (église de Madhane'alam)	14 9 56 ·3	10	9 50 ·4	9 24 ·0	
Aksum (église métropolitaine)	14 7 52 ·2	17	7 49 ·2	6 55 ·6	
Alexandrie (phare)	31 13 0 ·6	9			12′ 53″·0
Barberah (milieu)	10 26 2 ·4	20			26 15 ·0
Caire (citadelle)	30 2 5 ·8	19			2 4 ·0
Dabariq (lisière est)	13 9 54 ·2	22		10 2 ·7	
Gondar (gr. Tour)	12 36 10 ·4	5	36 12 ·2	36 14 ·5	
Jiddah	21 29 9 ·1	8			29 0 ·0
Muçaww'a (lisière S.-O.)	15 36 31 ·3	29	36 19 ·0		
Quçeyr (lisière sud)	26 5 45 ·3	30	5 54 ·8		
Quarata (lisière sud)	11 44 58 ·6	13	45 4 ·1		
Suez (lisière sud)	29 57 46 ·5	6			58
Tujurrah (au sud de la ville)	11 46 10 ·7	12			45 35 ·0

Le tableau précédent montre un accord suffisant pour des observations faites en voyage. Comparant avec les résultats de M. Ruppell, on trouve :

Lieu d'observation.	D'Abbadie. — Ruppell	Incertitude présumée.
'Addi̥ Graht.	— 17"·5	14"
'Adwa.	+ 5 ·9	10
Aksum	+ 3 ·0	7
Gondar.	— 1 ·8	5
Muçaww'a.	+ 12 ·3	29
Quçeyr	— 9 ·5	30
Quarata.	— 5 ·5	13

où il faut remarquer qu'à *'Addi̥ Graht* M. Ruppell ne donne pas le lieu de son observation, tandis que l'observation de M. d'Abbadie y est réduite à l'église.

Quant aux observations de Salt, voyageur très-médiocre, mais dont on a parlé beaucoup, il serait illusoire de les mettre un seul moment à côté d'observations comme les précédentes. Il suffit de remarquer qu'à *'Adwa* Salt donne la latitude 160" trop forte, et qu'à *Çiliqot* sa longitude est fautive de 1° 2'.

CHAPITRE IV.

LONGITUDE PAR OBSERVATIONS DE LA LUNE.

---

1. Formules pour appliquer la parallaxe à la position de la lune.

Il y a deux manières d'employer la parallaxe. On peut l'appliquer à une position géocentrique pour trouver la position apparente ; mais on peut aussi en dégager la position apparente pour la ramener à la position géocentrique. Nous allons exposer les formules qui contiennent la solution de ces deux problèmes, et nous laisserons d'abord indéterminé le plan auquel se rapportent nos coordonnées polaires.

Soient donc D, p, a les coordonnées géocentriques d'un astre,
D, p, a ses coordonnées apparentes,
R, G, L les coordonnées géocentriques du lieu d'observation.

Ici D sera la distance de l'astre au centre de la terre, D sa distance au lieu d'observation, R la distance de ce dernier au centre de la terre ; p l'apopole de l'astre et G celui du point de la surface terrestre, tels que les verrait un observateur placé au centre du globe ; de même a et L seront les longitudes de l'astre et du point terrestre comptées sur un même plan général à partir d'un même point fixe ; enfin a la longitude de l'astre vu du lieu d'observation. Les différences a — a et p — p sont nommées communément la parallaxe en longitude et la parallaxe en apopole. Si l'on fait

$$\sin \mathrm{P} = \frac{\mathrm{R}}{\mathrm{D}},$$

P sera la parallaxe horizontale de l'astre pour le lieu d'observation. On peut toujours la supposer connue pour l'instant de l'observation, parce que ses variations sont très-peu sensibles.

Nous avons donc à exprimer les parallaxes a — a et p — p, ainsi que D par les coordonnées du lieu : $\frac{\mathrm{R}}{\mathrm{D}}$, G, L et par a, p, si la position géocentrique est donnée, ou par a, p, si c'est la position apparente que l'on connaît.

En projetant le triangle (R, D, D) d'abord sur l'axe du plan général, puis sur une direction perpendiculaire à cet axe sous la longitude N, on trouve :

$$-\mathrm{D}\cos \mathrm{p} + D\cos p + \mathrm{R}\cos \mathrm{G} = 0 \qquad (1)$$

$$-\mathrm{D}\sin \mathrm{p}\cos(\mathrm{a} - N) + D\sin p\cos(a - N) + \mathrm{R}\sin \mathrm{G}\cos(\mathrm{L} - N) = 0 \qquad (2)$$

Si l'on suppose $N = \frac{\mathrm{a} + a}{2}$, on aura $\cos(\mathrm{a} - N) = \cos(a - N) = \cos\frac{a - \mathrm{a}}{2}$, et en faisant encore $\sin \mathrm{G}\cos\left(\mathrm{L} - \frac{a + \mathrm{a}}{2}\right) = \cos\frac{a - \mathrm{a}}{2}\cos \mathrm{G}\,\mathrm{tg}\,E$, on obtiendra :

$$-\mathrm{D}\sin \mathrm{p} + D\sin p + \mathrm{R}\cos \mathrm{G}\,\mathrm{tg}\,E = 0 \qquad (3)$$

Les équations (1) et (3) donnent par l'introduction de l'angle arbitraire M :

$$-\mathrm{D}\cos(\mathrm{p} - M) + D\cos(p - M) + \frac{\mathrm{R}\cos \mathrm{G}}{\cos E}\cos(E - M) = 0 \qquad (4)$$

On remarque qu'on passe de l'équation (2) à l'équation (4) en mettant p, p, E, au lieu de a, a, L, cos G au lieu de sin G, et cos E au lieu de sin p et de sin p.

Cette substitution pourra donc s'appliquer à toutes les équations dérivées de l'équation (2), afin d'en tirer immédiatement des équations analogues.

Si dans (2) on fait successivement $N = \mathrm{a}$, $N = 90° + \mathrm{a}$, on obtient :

$$-\mathrm{D}\sin\mathrm{p} + D\sin p\cos(a - \mathrm{a}) + \mathrm{R}\sin\mathrm{G}\cos(\mathrm{L} - \mathrm{a}) = 0 \qquad (5)$$

$$D\sin p\sin(a - \mathrm{a}) + \mathrm{R}\sin\mathrm{G}\sin(\mathrm{L} - \mathrm{a}) = 0 \qquad (6)$$

d'où l'on tire, en remplaçant $\frac{\mathrm{R}}{\mathrm{D}}$ par sin P,

$$\mathrm{tg}\,(a - \mathrm{a}) = \frac{\sin\mathrm{P}\sin\mathrm{G}\sin(\mathrm{a} - \mathrm{L})}{\sin\mathrm{p} - \sin\mathrm{P}\sin\mathrm{G}\cos(\mathrm{a} - \mathrm{L})} \qquad (7)$$

et par la substitution dont nous avons parlé,

$$\mathrm{tg}\,(p - \mathrm{p}) = \frac{\sin\mathrm{P}\cos\mathrm{G}\sin(\mathrm{p} - E)}{\cos E - \sin\mathrm{P}\cos\mathrm{G}\cos(\mathrm{p} - E)}. \qquad (8)$$

L'équation (4) donne, en y faisant $M = 90° + E$,

$$D = \mathrm{D}\,\frac{\sin(\mathrm{p} - E)}{\sin(p - E)}. \qquad (9)$$

Ces équations, en y ajoutant celle qui suit :

$$\mathrm{tg}\,E = \mathrm{tg}\,\mathrm{G}\cos\left(\mathrm{L} - \mathrm{a} - \frac{a - \mathrm{a}}{2}\right)\sec\frac{a - \mathrm{a}}{2} \qquad (10)$$

renferment la solution de notre premier problème. Pour le calcul numérique, il convient de les développer en séries afin qu'on puisse se servir des tables à 5 décimales. Veut-on employer 7 décimales, il est facile de trouver les parallaxes à l'aide de formules parfaitement logarithmiques et sans avoir recours aux séries.

Posons $\mathrm{N} = \frac{\mathrm{L} + \mathrm{a}}{2}$, et $= 90° + \frac{\mathrm{L} + \mathrm{a}}{2}$ dans (2), nous aurons :

$$-(\mathrm{D}\sin\mathrm{p} - \mathrm{R}\sin\mathrm{G})\cos\frac{\mathrm{L} - \mathrm{a}}{2} + D\sin p\cos\left(\frac{\mathrm{L} + \mathrm{a}}{2} - a\right) = 0$$

$$-(\mathrm{D}\sin\mathrm{p} + \mathrm{R}\sin\mathrm{G})\sin\frac{\mathrm{L} - \mathrm{a}}{2} + D\sin p\sin\left(\frac{\mathrm{L} + \mathrm{a}}{2} - a\right) = 0$$

par conséquent, en mettant $\frac{\mathrm{R}}{\mathrm{D}} = \sin\mathrm{P}$,

$$\mathrm{tg}\left(\frac{\mathrm{L} + \mathrm{a}}{2} - a\right) = \mathrm{tg}\,\frac{\mathrm{L} - \mathrm{a}}{2}\cdot\frac{\sin\mathrm{p} + \sin\mathrm{P}\sin\mathrm{G}}{\sin\mathrm{p} - \sin\mathrm{P}\sin\mathrm{G}}, \qquad (11)$$

ou en faisant $\mathrm{tg}\,\xi = \frac{\sin\mathrm{P}\sin\mathrm{G}}{\sin\mathrm{p}}$,

$$\mathrm{tg}\left(\frac{\mathrm{L} - \mathrm{a}}{2} + \mathrm{a} - a\right) = \mathrm{tg}\,\frac{\mathrm{L} - \mathrm{a}}{2}\,.\ \mathrm{tg}\,(45° + \xi). \qquad (12)$$

On aura de même par notre substitution, en faisant $\mathrm{tg}\,\eta = \frac{\sin\mathrm{P}\cos\mathrm{G}}{\cos E}$,

$$\mathrm{tg}\left(\frac{E - \mathrm{p}}{2} + \mathrm{p} - p\right) = \mathrm{tg}\,\frac{E - \mathrm{p}}{2}\,\mathrm{tg}\,(45° + \eta). \qquad (13)$$

L'équation (10) montre d'ailleurs que E sera toujours $\leqq$ G, abstraction faite des signes, par conséquent $\frac{\cos\mathrm{G}}{\cos E} \leqq 1$. Dans le cas où l'on aura $\mathrm{G} = E = 90°$, la valeur vraie de $\frac{\cos\mathrm{G}}{\cos E}$ sera $= \cos\left(\mathrm{L} - \frac{\mathrm{a} + a}{2}\right)\sec\frac{a - \mathrm{a}}{2}$. Il s'ensuit que η sera toujours < P. Quant à ξ, cette quantité sera très-rarement > P, si le plan général qu'on adopte est celui de l'équateur. Car alors l'apopole de la lune est contenu entre 60° et 120°, donc $\frac{1}{\sin\mathrm{p}}$ renfermé entre 1 et 1 ·15, tg ξ entre 0 et 1 ·15 sin P. Mais la parallaxe P reste entre 52′ et 62′; sa valeur moyenne est de 57'. On peut donc prendre les arcs P, ξ, η pour leurs sinus ou pour leurs tangentes, sauf une petite réduction qu'il sera bon de considérer ici une fois pour toutes.

On sait que l'on a toujours à très-peu près pour un petit arc x :

$$\sin x = \text{arc } 1'' x \left(1 - \tfrac{1}{6} \sin^2 x\right)$$
$$\text{tg } x = \text{arc } 1'' x \left(1 + \tfrac{1}{3} \sin^2 x\right).$$

On peut par conséquent dresser une table des corrections $\sigma = \frac{1}{6} x \sin^2 x$, $\varsigma = \frac{1}{3} x \sin^2 x$, qu'il faut appliquer à un petit arc de x secondes pour qu'il soit permis de l'introduire au lieu de son sinus ou de sa tangente. On aura :

$$\varsigma = \tfrac{1}{3} x \sin^2 x = 0 \cdot 078 \left(\frac{x}{1000}\right)^3, \text{ et } \sigma = \tfrac{1}{2} \varsigma.$$

En supposant donc que x est donné en secondes, on pourra prendre :

$$\sin x = 0 \cdot 00000485 \, (x - \sigma)$$
$$\text{tg } x = 0 \cdot 00000485 \, (x + \varsigma).$$

Table 8.

Correction de l'arc pour le passage au sinus ou à la tangente.

x	σ	ς	x	σ	ς
15'	0''·003	0''·006	57'	0''·157	0''·313
20	0 ·007	0 ·014	58	0 ·165	0 ·330
25	0 ·013	0 ·026	59	0 ·174	0 ·348
30	0 ·023	0 ·046	60	0 ·183	0 ·366
35	0 ·036	0 ·073	61	0 ·192	0 ·384
40	0 ·054	0 ·108	62	0 ·202	0 ·403
45	0 ·077	0 ·154			
50	0 ·106	0 ·212	65	0 ·232	0 ·465
			70	0 ·290	0 ·580
52	0 ·119	0 ·238	75	0 ·357	0 ·714
53	0 ·126	0 ·252	80	0 ·433	0 ·866
54	0 ·133	0 ·266	85	0 ·520	1 ·039
55	0 ·141	0 ·282	90	0 ·617	1 ·234
56	0 ·149	0 ·297			

On peut donc, à l'aide de cette table, remplacer l'équation $\text{tg } \xi = \dfrac{\sin P \sin G}{\sin p}$ par la suivante :

$$\xi = \frac{\sin G}{\sin p} (P - \sigma) - \varsigma \tag{14}$$

en prenant σ avec l'argument P, ς avec l'argument ξ. Dorénavant nous désignerons, pour abréger, la parallaxe corrigée $P - \sigma$ par (P) ; et, en général, nous indiquerons au moyen d'une parenthèse qu'un arc doit encore subir la correction pour le passage à son sinus. Ainsi, (x) équivaut à $x - \sigma_x'$, et l'équation $(x) = A$ veut dire : $x = A + \sigma_x$. Il est très-commode d'employer pour P la correction σ, parce que ses valeurs étant entre 0''·12 et 0''·19, on peut l'appliquer de tête.

Cela posé, nous pourrons, dans les calculs parallactiques, au lieu de l'équation

$$\sin x = A \sin P,$$

introduire celle-ci :

$$(x) = A \, (P)$$

qui signifie

$$x = A \, (P - \sigma) + \sigma_x \, .$$

En prenant dans la table 8 les quantités σ et σ_x' avec les arguments P et x, il ne faut pas oublier que σ_x doit avoir le même signe que x. Soit par exemple P = 58' 20''·08 ; on aura σ = 0''·17 et (P) = 58' 19''·91. Soit encore donnée l'équation suivante :

$$\sin x = \pm \, 0 \cdot 8730 \sin P.$$

Voici comment on trouvera x :

$$
\begin{aligned}
(\mathrm{P}) &= 3499''\cdot 91 \\
\log(\mathrm{P}) &= 3.54406 \\
\log 0\cdot 8730 &= \bar{1}.94101 \\
&\overline{3.48507} \\
(\mathrm{x}) &= \pm\ 3055''\cdot 41 = \pm\ 50'\ 55''\cdot 41 \\
\sigma_x &= \pm \qquad\qquad 0\cdot 11 \\
\mathrm{x} &= \pm\ 50'\ 55''\cdot 52.
\end{aligned}
$$

Revenons maintenant à nos équations. Les formules (10) (12) (13) sont très-commodes pour le calcul avec 7 décimales, surtout si l'on remplace (13) par (14). Mais pour n'employer que les tables à 5 décimales, il vaut mieux chercher des séries pour les parallaxes $a - \mathrm{a}$ et $p - \mathrm{p}$.

Or, on sait qu'une relation de cette forme

$$\operatorname{tg} \mathrm{y} = \frac{\alpha \sin \mathrm{u}}{1 - \alpha \cos \mathrm{u}}$$

dans laquelle $\alpha < 1$, donne la série

$$\mathrm{y} = \alpha \sin \mathrm{u} + \tfrac{1}{2} \alpha^2 \sin 2\mathrm{u} + \tfrac{1}{3} \alpha^3 \sin 3\mathrm{u} + \cdots \ (\dagger)$$

en supposant y exprimé en parties du rayon. Si le 3me terme de cette série est déjà assez petit pour qu'on puisse s'y arrêter, on peut le réunir avec le second en une seule expression. Posons

$$y = \alpha \sin \mathrm{u},$$

nous aurons

$$\mathrm{y} = y + \alpha^2 (\sin \mathrm{u} \cos \mathrm{u} + \alpha \sin \mathrm{u} (\cos^2 \mathrm{u} - \tfrac{1}{3} \sin^2 \mathrm{u})).$$

Mais en mettant ici $\alpha \sin \mathrm{u} = \sin y$, on trouve que le coefficient de α^2 est

$$= \sin (\mathrm{u} + y) \cos (\mathrm{u} + \tfrac{1}{3} y)$$

aux quantités de l'ordre de α^2 près. Soit maintenant $\alpha = \beta \sin \mathrm{P}$, on pourra, tant que β sera $< 1\cdot 5$, supposer $\alpha = \operatorname{arc} 1'' \beta\, (\mathrm{P})$. Par suite, en exprimant y et y en secondes, ce qui revient à diviser leurs expressions par arc 1", nous aurons

$$
\left.
\begin{aligned}
y &= \beta\, (\mathrm{P}) \sin \mathrm{u} \\
\text{et} \qquad \mathrm{y} &= y + \operatorname{arc} 1''\, \beta^2\, (\mathrm{P})^2 \sin (\mathrm{u} + y) \cos (\mathrm{u} + \tfrac{1}{3} y).
\end{aligned}
\right\} (15)
$$

pour développement de la formule

$$\operatorname{tg} \mathrm{y} = \frac{\beta \sin \mathrm{P} \sin \mathrm{u}}{1 - \beta \sin \mathrm{P} \cos \mathrm{u}}.$$

Ceci s'applique à nos équations (7) et (8), en faisant dans la première

$$\mathrm{y} = a - \mathrm{a},\ \mathrm{u} = \mathrm{a} - \mathrm{L},\ \beta = \frac{\sin \mathrm{G}}{\sin \mathrm{p}}$$

et dans la seconde

$$\mathrm{y} = p - \mathrm{p},\ \mathrm{u} = \mathrm{p} - E,\ \beta = \frac{\cos \mathrm{G}}{\cos E};$$

car nous avons vu que $\dfrac{\sin \mathrm{G}}{\sin \mathrm{p}}$ sera $< 1\cdot 15$ pour l'équateur, et $\dfrac{\cos \mathrm{G}}{\cos E}$ toujours < 1.

Nous allons à présent nous occuper du problème inverse : trouver $\mathrm{a} - a$ et $\mathrm{p} - p$ lorsqu'on connaît a, p, D, R, G, L. Si l'on veut avoir des formules analogues à celles qui précèdent, il faudra échanger partout a et a, p et p, D et $-D$, car cette substitution laisse intacte

(†) On a : $d\mathrm{y} = \dfrac{d\alpha \sin \mathrm{u}}{1 - 2\alpha \cos \mathrm{u} + \alpha^2} = \dfrac{d\alpha}{2i} \left(\dfrac{e^{i\mathrm{u}}}{1 - \alpha e^{i\mathrm{u}}} - \dfrac{e^{-i\mathrm{u}}}{1 - \alpha e^{-i\mathrm{u}}} \right)$, donc en développant $d\mathrm{y} = d\alpha\, (\sin \mathrm{u} + \alpha \sin 2\mathrm{u} + \alpha^2 \sin 3\mathrm{u} + \ldots)$, ce qui donne notre série par intégration, en observant que $\mathrm{y} = 0$ pour $\alpha = 0$. Mais la série cesse d'être vraie pour $\alpha = 1$.

l'équation fondamentale (2). Seulement nous aurons alors à chercher encore une expression pour D par les quantités données. Cela n'est pas difficile.

Soit β l'angle formé par les directions du rayon terrestre R et du rayon visuel D, l'on aura :

$$\cos \beta = \cos G \cos p + \sin G \sin p \cos (L - a).$$

Cette expression devient calculable par logarithmes, en posant

$$\text{tg } G \cos (L - a) = \text{tg } \varepsilon \tag{16}$$

ce qui donne

$$\cos \beta = \frac{\cos G}{\cos \varepsilon} \cos (\varepsilon - p). \tag{17}$$

En désignant encore par $\mathbf{P}$ la parallaxe générale, c'est-à-dire l'angle compris entre D et D, on a dans le triangle (R D D) :

$$R : D : D = \sin \mathbf{P} : \sin \beta : \sin (\beta - \mathbf{P}),$$

par conséquent

$$\sin \mathbf{P} = \frac{R}{D} \sin \beta = \sin P \sin \beta \quad \text{et} \quad \sin P = \frac{R}{D} = \frac{\sin \mathbf{P}}{\sin (\beta - \mathbf{P})} \tag{18}$$

Cette dernière relation permet d'introduire — sin P à la place de sin P dans les équations trouvées pour a — a et p — p ; car nous pourrons exprimer sin P par les quantités données du problème. Veut-on se servir de (11) et (12), on aura :

$$\text{tg} \left(\frac{L - a}{2} + a - a \right) = \text{tg } \frac{L - a}{2} \cot (45^\circ + \zeta) \tag{19}$$

en posant

$$\text{tg } \zeta = \frac{\sin P \sin G}{\sin p} = \frac{\sin P \sin \beta \sin G}{\sin (\beta - \mathbf{P}) \sin p} \tag{20}$$

et remplaçant tg (45° — ζ) par cot (45° + ζ). On peut d'ailleurs calculer ζ par une formule analogue à celle de ξ donnée en (14). Comme $\mathbf{P}$ n'entre ici que dans le diviseur sin ($\beta - \mathbf{P}$), on peut parfaitement supposer

$$\mathbf{P} = (P) \sin \beta. \tag{21}$$

L'équation (13) fournirait des formules semblables pour p — p. Mais nous préférons employer (7) et (8) à cause des séries qui en découlent. On tire de (7) :

$$\text{tg } (a - a) = \frac{\sin P \sin G \sin (L - a)}{\sin p + \sin P \sin G \cos (L - a)}.$$

On fera donc dans (15), afin de passer aux séries,

$$y = a - a, \; u = 180^\circ - (L - a), \; \beta = \frac{\sin P \sin G}{\sin P \sin p} = \frac{\sin \beta \sin G}{\sin (\beta - \mathbf{P}) \sin p},$$

ce qui donne, en supposant $\alpha = \beta (P) \sin (L - a)$

$$a - a = \alpha - \text{arc } 1'' \beta^2 (P)^2 \sin (L - a - \alpha) \cos (L - a - \tfrac{1}{2} \alpha) \tag{22}$$

et l'on aura encore

$$\mathbf{P} = (P) \sin \beta. \tag{21}$$

De même, en vertu de (8) et de (15)

$$p - p = \tilde{\omega} - \text{arc } 1'' \gamma^2 (P)^2 \sin (E - p - \tilde{\omega}) \cos (E - p - \tfrac{1}{2} \tilde{\omega}) \tag{23}$$

en supposant

$$\tilde{\omega} = \gamma (P) \sin (E - p)$$

et

$$\gamma = \frac{\sin \beta \cos G}{\sin (\beta - \mathbf{P}) \cos E}.$$

Ainsi le problème se trouve résolu par l'ensemble de ces formules :

$$\left\{\begin{aligned}
\operatorname{tg}\varepsilon &= \operatorname{tg} G \cos(L - a)\\
\cos \mathcal{B} &= \frac{\cos G}{\cos\varepsilon}\cos(\varepsilon - p)\\
\mathbf{P} &= (\mathrm{P}) \sin \mathcal{B}\\
\beta &= \frac{\mathbf{P}\sin G}{\sin(\mathcal{B} - \mathbf{P})\sin p}\\
\alpha &= \beta \sin(L - a)\\
\mathrm{a} - a &= \alpha - \operatorname{arc} 1''.\ \beta^2 \sin(L - a - \alpha)\cos(L - a - \tfrac{1}{3}\alpha)\\
\operatorname{tg} E &= \operatorname{tg} G \cos\left(L - a - \frac{\mathrm{a} - a}{2}\right)\sec\frac{\mathrm{a} - a}{2}\\
\gamma &= \frac{\mathbf{P}\cos G}{\sin(\mathcal{B} - \mathbf{P})\cos E}\\
\varpi &= \gamma \sin(E - p)\\
\mathrm{p} - p &= \varpi - \operatorname{arc} 1''.\ \gamma^2 \sin(E - p - \varpi)\cos(E - p - \tfrac{1}{3}\varpi).
\end{aligned}\right.$$

Mais on peut arriver par une voie indirecte à des formules encore plus commodes (†). L'équation (6) donne, en échangeant les italiques contre les romaines,

$$\mathrm{D}\sin\mathrm{p}\sin(\mathrm{a} - a) = \mathrm{R}\sin G\sin(L - a)$$

ou bien

$$\sin(\mathrm{a} - a) = \frac{\sin \mathrm{P}\sin G\sin(L - a)}{\sin\mathrm{p}}. \tag{24}$$

De même par (5)

$$\mathrm{D}\sin\mathrm{p}\cos(\mathrm{a} - a) - D\sin p = \mathrm{R}\sin G\cos(L - a)$$

et par (3)

$$\mathrm{D}\cos\mathrm{p} - D\cos p = \mathrm{R}\cos G$$

donc, en éliminant D, et divisant par D,

$$\begin{aligned}
\cos p\sin\mathrm{p}\cos(\mathrm{a} - a) - \sin p\cos\mathrm{p} &= \sin \mathrm{P}\,(\sin G\cos(L - a)\cos p - \cos G\sin p)\\
&= \sin\mathrm{P}\frac{\cos G}{\cos\varepsilon}\sin(\varepsilon - p).
\end{aligned} \tag{25}$$

Mais $\cos(\mathrm{a} - a) = 1 - 2\sin^2\left(\frac{\mathrm{a} - a}{2}\right) = 1 - \frac{1}{2}\sin^2(\mathrm{a} - a) - 2\sin^4\left(\frac{\mathrm{a} - a}{2}\right)$. On pourra donc, si l'on veut se borner aux quantités du 3me ordre, supposer $\cos(\mathrm{a} - a) = 1 - \frac{1}{2}\sin^2(\mathrm{a} - a)$. Alors il vient

$$\sin(\mathrm{p} - p) = \sin\mathrm{P}\frac{\cos G}{\cos\varepsilon}\sin(\varepsilon - p) + \tfrac{1}{2}\cos p\sin\mathrm{p}\sin^2(\mathrm{a} - a). \tag{26}$$

Introduisant ici pour $\sin^2(\mathrm{a} - a)$ sa valeur tirée de (24), on produit le facteur $\frac{\sin^2\mathrm{P}}{\sin\mathrm{p}}$. Évidemment on peut ici supposer $\sin\mathrm{p} = \sin(p + \varpi)$, où ϖ est le premier terme de $\mathrm{p} - p$; car les termes suivants produiraient des corrections d'un ordre plus élevé que ϖ, lesquelles, se trouvant multipliées par $\sin^2\mathrm{P}$, doivent être supprimées.

Il s'ensuit que si l'on fait

$$(\mathrm{P})\sin G\sin(L - a) = m \tag{27}$$

ce qui donne

$$(\mathrm{a} - a) = \frac{m}{\sin\mathrm{p}}, \tag{28}$$

(†) Cette méthode est de M. Götze (voir *Astron. Nachr.*, n° 785, vol. XXXIII).

et

$$(\mathrm{P})\,\frac{\cos G}{\cos \varepsilon}\sin(\varepsilon - p) = \tilde{\omega} \qquad (29)$$

ce qui donne

$$(\mathrm{p} - p) = \tilde{\omega} + \tfrac{1}{2}\operatorname{arc} 1''\,\frac{m^2}{\sin \mathrm{p}}\cos p\,,$$

on pourra remplacer sin p dans l'expression de $(\mathrm{p} - p)$ par $\sin(p + \tilde{\omega})$, et qu'on aura dès lors

$$(\mathrm{p} - p) = \tilde{\omega} + \tfrac{1}{2}\operatorname{arc} 1''\,\frac{m^2 \cos p}{\sin(p + \tilde{\omega})}\,. \qquad (30)$$

Pour avoir $\mathrm{a} - a$ et $\mathrm{p} - p$, on ajoutera les corrections σ qui sont dues au passage du sinus à l'arc, et on les prendra dans la table **8** avec les arguments $(\mathrm{a} - a)$ et $(\mathrm{p} - p)$. Comme il est commode de les y chercher ensemble, et qu'il faut déjà avoir pour cela les valeurs $(\mathrm{a} - a)$ et $(\mathrm{p} - p)$ de $\mathrm{a} - a$ et de $\mathrm{p} - p$, valeurs avant la lettre pour ainsi dire, on peut remplacer dans $\mathrm{a} - a$ le facteur $\frac{1}{\sin \mathrm{p}}$ par $\frac{1}{\sin(p + \tilde{\omega} + \tilde{\omega}_1)}$, en désignant par $\tilde{\omega}_1$ le second terme de $\mathrm{p} - p$. Pour abréger, nous écrirons (p) pour $p + \tilde{\omega} + \tilde{\omega}_1$.

Voici maintenant, réunies en tableau, toutes les formules renfermant la solution du problème qui nous occupe :

$$\left.\begin{aligned} \operatorname{tg} \varepsilon &= \operatorname{tg} G \cos(L - a) \\ m &= (\mathrm{P}) \sin G \sin(L - a) \\ \tilde{\omega} &= (\mathrm{P}) \cos G \sin(\varepsilon - p) \sec \varepsilon \\ \tilde{\omega}_1 &= \operatorname{arc} \tfrac{1}{2}''.\ m^2 \cos p \operatorname{cosec}(p + \tilde{\omega}) \\ (\mathrm{p} - p) &= \tilde{\omega} + \tilde{\omega}_1 \\ (\mathrm{a} - a) &= m \operatorname{cosec}(\mathrm{p}). \\ \log \operatorname{arc} \tfrac{1}{2}'' &= \bar{6}.\ 38454. \end{aligned}\right\} \qquad (31)$$

Autrefois on se servait, avec Carlini, des équations simultanées :

$$\sin(\mathrm{a} - a) = \frac{\sin P \sin G \sin(L - a)}{\sin \mathrm{p}}$$

$$\sin(\mathrm{p} - p) = \frac{\sin P \cos G \sin(E - p)}{\cos E}$$

$$\operatorname{tg} E = \operatorname{tg} G \cos\left(L - a - \frac{\mathrm{a} - a}{2}\right) \sec \frac{\mathrm{a} - a}{2}$$

et l'on trouvait $\mathrm{a} - a$ et $\mathrm{p} - p$ au moyen d'une règle de fausse position, par des approximations successives, en faisant d'abord dans la première équation $\mathrm{p} = p$. Mais cette méthode était fatigante malgré les artifices de calcul qui peuvent la faciliter.

Jusqu'ici nous n'avons pas encore précisé le plan général des coordonnées ; à présent nous fixerons notre choix sur l'équateur. Alors a sera l'ascension droite et p la distance polaire de la lune, L sera l'ascension droite du méridien ou le temps sidéral du lieu d'observation, et nous remplacerons L par S ; enfin G sera la colatitude géocentrique.

Mais avant qu'on puisse se servir de nos formules, il faut déduire G de la latitude géographique, et la parallaxe horizontale locale P de la parallaxe horizontale équatoriale Π fournie par les éphémérides. On peut encore éviter ces calculs au moyen d'une petite table dont nous allons expliquer l'origine.

Les quantités P et G n'entrent dans nos formules que dans ces combinaisons : sin P sin G, sin P cos G, tg G. Soit $\mathbf{R}$ le rayon de l'équateur terrestre, l'on aura

$$\sin P = \frac{R}{\mathbf{R}} \sin \Pi\,;$$

il faut donc éliminer $\frac{R}{\mathbf{R}}\sin G$, $\frac{R}{\mathbf{R}}\cos G$ et tg G. Or, en désignant par e l'excentricité des méridiens, on a, abstraction faite de l'altitude du lieu,

$$\frac{R}{\mathbf{R}} \cos G = \frac{\mu}{\nu} \sin \varphi$$

$$\frac{R}{\mathbf{R}} \sin G = \mu \cos \varphi$$

$$\operatorname{tg} G = \nu \cot \varphi$$

où $\nu = \frac{1}{1 - e^2}$, $\mu = \frac{1}{\sqrt{1 - e^2 \sin^2 \varphi}}$. Faisant encore, pour faciliter le calcul de ces coefficients, $e \sqrt{\nu} \cos \varphi = \operatorname{tg} M$, on trouve $\mu = \sqrt{\nu} \cos M$, $\frac{\mu}{\nu} = \frac{1}{\sqrt{\nu}} \cos M$.

Nous prendrons pour l'aplatissement du globe le chiffre rond $\frac{1}{300}$ qui s'approche si bien de la célèbre valeur trouvée par Bessel. Cela donne $e^2 = \frac{599}{90000}$, $\log \nu = 0{\cdot}0029001$, $\log e \sqrt{\nu} = \bar{2}.\ 9130422$.

Il suffira donc d'une table donnant $\log \mu$ pour toutes les latitudes. Alors on a toujours $\log \frac{\mu}{\nu} = \log \mu - 0{\cdot}00290$, ou bien $\log \frac{\mu}{\nu} \sin \varphi = \log \mu \sin \varphi - (290)$; c'est-à-dire qu'on aura seulement à retrancher 290 des trois dernières décimales de $\log \mu \sin \varphi$ lorsqu'on se sert des tables à 5 décimales. On peut aussi bien ajouter 10 et retrancher 300. La table qui suit fournit $\log \mu$ pour tous les degrés de φ.

Maintenant il faut encore tenir compte de l'altitude H ou élévation au-dessus du niveau de la mer, en ajoutant H à R, ce qui donne pour Π la petite correction $\frac{H}{R} \Pi$ ou bien $\frac{H}{\mathbf{R}} \Pi$. On peut la faire entrer dans $\log \mu$, en y ajoutant $\log \left(1 + \frac{H}{\mathbf{R}}\right) = 0{\cdot}0000682.\ \frac{H}{1000}$, en supposant H exprimé en mètres.

Table 9. Donnant $\log \mu$.

Il faut ajouter $0{\cdot}0000682 \frac{H}{1000}$ pour l'altitude du lieu.

φ	log μ	φ	log μ	φ	log μ	φ	log μ	φ	log μ	φ	log μ
0°	0·0000 000	15°	0·000 0967	30°	0·000 3615	45°	0·00 07237	60°	0·00 10866	75°	0·00 13526
1	004	16	1097	31	3836	46	07490	61	11083	76	13649
2	017	17	1235	32	4061	47	07743	62	11296	77	13764
3	039	18	1380	33	4290	48	07995	63	11504	78	13872
4	070	19	1532	34	4523	49	08247	64	11706	79	13971
5	109	20	1691	35	4759	50	08497	65	11903	80	14062
6	157	21	1857	36	4998	51	08745	66	12094	81	14145
7	214	22	2029	37	5240	52	08992	67	12280	82	14219
8	279	23	2207	38	5484	53	09237	68	12460	83	14284
9	353	24	2392	39	5731	54	09480	69	12633	84	14341
10	435	25	2582	40	5979	55	09719	70	12799	85	14390
11	526	26	2778	41	6229	56	09955	71	12958	86	14430
12	624	27	2980	42	6480	57	10189	72	13111	87	14461
13	731	28	3187	43	6732	58	10419	73	13257	88	14483
14	845	29	3399	44	6984	59	10645	74	13395	89	14496
15	967	30	3615	45	7237	60	10866	75	13526	90	14500

Les formules (31) deviendront maintenant, par l'introduction de Π et de φ, ce qui suit :

$$\left.\begin{aligned}
\operatorname{tg} \varepsilon &= \nu \cot \varphi \cos (S - a) \\
m &= \mu \cos \varphi\ (\Pi) \sin (S - a) \\
\varpi &= \frac{\mu}{\nu} \sin \varphi\ (\Pi) \sin (\varepsilon - p) \sec \varepsilon \\
\varpi_1 &= \operatorname{arc} \tfrac{1}{2}''.\ m^2 \cos p \operatorname{cosec} (p + \varpi) \\
(\mathrm{p} - p) &= \varpi + \varpi_1 \\
(\mathrm{a} - a) &= m \operatorname{cosec} (\mathrm{p}).
\end{aligned}\right\} \quad (32)$$

Du reste, $\log \nu = 0{\cdot}0029001$, $\log \operatorname{arc} \tfrac{1}{2}'' = \bar{6}.\ 3845449$.

Voici encore un exemple tout calculé à l'aide de ces formules. Les données sont :

Æ apparente de la lune. . .	$a =$ 81°	8′	47″·2
Apopole » » » . .	$p =$ 62	13	4 ·8
Angle horaire » » . .	$S - a =$ 82	30	59
Latitude du lieu d'observation.	$\varphi =$ 14	10	0
Altitude » » » .	H = 2010ᵐᵗ		
Parallaxe équatoriale horiz. .	$\Pi =$	60′	33″·3

La table **8** donne. . . (Π) = Π — 0″·2 = 3633″·1.

	$\log \mu = 0.\ 00009$ par la table **9**.		
	pour H. . . . . + 13		
	$\log (\Pi) = 3.\ 56028$		
$\log \nu = 0.\ 00290$	$3.\ 56050$	. . . $- \log \nu = 3.\ 55760$	$\log \text{arc } \tfrac{1}{2}'' = \bar{6}.\ 3845$
$\log \cot \varphi = 0.\ 59788$	$\log \cos \varphi = \bar{1}.\ 98659$	$\log \sin \varphi = \bar{1}.\ 38871$	$\log m^2 = 7.\ 0868$
$\log \cos (S - a) = \bar{1}.\ 11475$	$\log \sin (S - a) = \bar{1}.\ 99629$	$\log \sin (\varepsilon - p) = \bar{1}.\ 75608_n$	$\log \cos p = \bar{1}.\ 6685$
$\log \text{tg}\ \varepsilon = \bar{1}.\ 71553$	$\log m = 3.\ 54338$	$\log \sec \varepsilon = 0.\ 05187$	$\log \text{cosec} (p + \tilde{\omega}) = 0.\ 0538$
$\varepsilon = 27°26'56''$	$\log \text{cosec}\ (\text{p}) = 0.\ 05381$	$\log \tilde{\omega} = 2.\ 75426_n$	$\log \tilde{\omega}_1 = 1.\ 1936$
$\varepsilon - p = -34\ 46\ 9$	$\log (\text{a} - a) = 3.\ 55719$	$\tilde{\omega} = -9'\ 27''\cdot 9$	$\tilde{\omega}_1 = 15''\cdot 6$
	$(\text{a} - a) = 1°\ 5'\ 55''\cdot 36$	$p + \tilde{\omega} = 62\ 3\ 36\cdot 9$	
	la table **8** donne $\sigma = +\ 0\cdot 24$	$\tilde{\omega}_1 = +15\cdot 6$	
	$\text{a} - a = 1°\ 5'\ 55''\cdot 6$	$(\text{p}) = 62\ 3\ 52\cdot 5$	ou $(\text{p} - p) = -9'\ 12''\cdot 3$
	d'où $\text{a} = 82°14'\ 42''\cdot 8$	la corr. σ pour $\tilde{\omega}$ est — 0″·00	
		donc $\text{p} = 62°3'52''\cdot 5$	

Les formules qui renferment la solution de notre premier problème deviennent aussi plus commodes par l'introduction des quantités Π et φ. Elles seront contenues à présent dans le tableau suivant où nous avons remplacé l'apopole par la déclinaison :

$$\left.\begin{aligned}
\beta &= \mu\,(\Pi) \cos\varphi \sec\delta \\
\alpha &= \beta \sin(\text{a} - S) \\
a - \text{a} &= \alpha + \text{arc } 1''\, \beta^2 \sin(\text{a} - S + \alpha) \cos(\text{a} - S + \tfrac{1}{3}\alpha) \\
\text{tg}\, F &= \frac{1}{\nu}\, \text{tg}\,\varphi \sec\left(\text{a} - S + \frac{a - \text{a}}{2}\right) \cos\frac{a - \text{a}}{2} \\
\gamma &= \frac{\mu}{\nu}\,(\Pi) \sin\varphi\, \text{cosec}\, F \\
\tilde{\omega} &= \gamma \sin(\delta - F) \\
\mathfrak{d} - \delta &= \tilde{\omega} + \text{arc } 1''\, \gamma^2 \sin(\delta - F + \tilde{\omega}) \cos(\delta - F + \tfrac{1}{3}\tilde{\omega}) \\
r &= \text{r} \sin(\mathfrak{d} - F)\, \text{cosec}\,(\delta - F).
\end{aligned}\right\} \qquad (33)$$

Ici $\log \text{arc } 1'' = \bar{6}.\ 68557$, $\log \nu = 0.\ 00290$. En calculant toujours avec 5 décimales, on n'a pas besoin de chercher $\log \cos \frac{a - \text{a}}{2}$ pour trouver tg F ; il suffit de prendre $\log \frac{1}{\nu} \cos \frac{a - \text{a}}{2} = -0.\ 00290$ tant que $a - \text{a} < 33'$, $= -0.\ 00291$ tant que $a - \text{a}$ sera entre 33′ et 56′, enfin $= -0.\ 00292$ si $a - \text{a}$ est $> 56'$, abstraction faite du signe.

Exemple.

Angle horaire de la lune.	a — S = — 71°	25′	50″·1
Décl. vraie » » »	$\delta =$ 3	41	9 ·8
Latitude du lieu.	$\varphi =$ 8	11	38
Altitude » »	H = 1900ᵐᵗ		
Parallaxe horiz. équatoriale.	$\Pi =$	54	45 ·1
Demi-diamètre vrai.	r =	14	57 ·0 = 897″·0
	(Π) = 3285″·0		

	$\log \mu = 0.\ 00003$		
	pour H... $+\ 13$		
	$\log (\Pi) = 3.\ 51654$		
$\log \operatorname{tg} \varphi = \bar{1}.\ 15834$	$3.\ 51670$	$-\log \nu = 3.\ 51380$	$\log r = 2.\ 95280$
$-\ 291$	$\log \cos \varphi = \bar{1}.\ 99555$	$\log \sin \varphi = \bar{1}.\ 15388$	$\log \operatorname{cosec} (\delta - F) = 0.\ 44587$
$\bar{1}.\ 15543$	$\log \sec \delta = 0.\ 00090$	$\log \operatorname{cosec} F = 0.\ 37936$	$\log \sin (\mathfrak{d} - F) = \bar{1}.\ 55632$
$\log \sec \left(a - S + \frac{a - a}{2}\right) = 0.\ 50680$	$\log \beta = 3.\ 51315$	$\log \gamma = 3.\ 04704$	$\log r' = 2.\ 95499$
$\log \operatorname{tg} F = \bar{1}.\ 66223$	$\log \sin (a - S) = \bar{1}.\ 97678_n$	$\log \sin (\delta - F) = \bar{1}.\ 55413_n$	$r' = 15'1''\cdot5$
$F = 24°40'33''$	$\log \alpha = 3.\ 48993_n$	$\log \varpi = 2.\ 60117_n$	
$\delta - F = -\ 20\ 59\ 23$	$\alpha = -\ 51'29''\cdot8$	$\varpi = -\ 6'\ 39''\cdot2$	
	$\bar{6}.\ 6856$	$\bar{6}.\ 6856$	
	$\log \beta^2 = 7.\ 0263$	$\log \gamma^2 = 6.\ 0940$	
	$\log \sin (a - S + \alpha) = \bar{1}.\ 9789_n$	$\log \sin (\delta - F + \varpi) = \bar{1}.\ 5563_n$	
	$\log \cos (a - S + \frac{1}{3}\alpha) = \bar{1}.\ 4965$	$\log \cos (\delta - F + \frac{1}{3}\varpi) = \bar{1}.\ 9701$	
	$\bar{1}.\ 1873_n$ ... $-\ 15''\cdot4$	$0.\ 3060_n$ .. $-\ 2''\cdot0$	
	$a - a = -\ 51'45''\cdot2.$	$\mathfrak{d} - \delta = -\ 6'41''\cdot2.$	

Si l'on veut appliquer ces formules au soleil, on peut toujours se borner aux premiers termes et prendre :

$$\left.\begin{aligned} a - a &= \mu\, \Pi \cos \varphi \sec \delta \sin (a - S) \\ \operatorname{tg} F &= \frac{1}{\nu} \operatorname{tg} \varphi \sec (a - S) \\ \mathfrak{d} - \delta &= \frac{\mu}{\nu} \Pi \sin \varphi \operatorname{cosec} F \sin (\delta - F) \\ r' &= r \end{aligned}\right\} \qquad (34)$$

Exemple.

Angle horaire du soleil.	$a - S =$	37° 34′ 38″
Décl. vraie » »	$\delta =$	− 23 26 49
Latitude du lieu.	$\varphi =$	8 11 38
Altitude » »	$H =$	1900^{mt}
Parallaxe horiz. équatoriale.	$\Pi =$	8″·72

	$\log \mu = 0.\ 00003$	
	pour H..... $+\ 13$	
	$\log \Pi = 0.\ 94052$	
$\log \operatorname{tg} \varphi = \bar{1}.\ 15834$	$0.\ 94068.$	$-\log \nu = 0.\ 93778$
$-\ 290$	$\log \cos \varphi = \bar{1}.\ 99555$	$\log \sin \varphi = \bar{1}.\ 15388$
$\bar{1}.\ 15544$	$\log \sec \delta = 0.\ 03743$	$\log \operatorname{cosec} F = 0.\ 75053$
$\log \sec (a - S) = 0.\ 10098$	$\log \sin (a - S) = \bar{1}.\ 78520$	$\log \sin (\delta - F) = \bar{1}.\ 74392_n$
$\log \operatorname{tg} F = \bar{1}.\ 25642$	$0.\ 75886$	$0.\ 58611_n$
$F = 10°13'50''$	$a - a = +\ 5''\cdot74$	$\mathfrak{d} - \delta = -\ 3''\cdot86$
$\delta - F = -\ 33\ 40\ 39$		

Si la latitude est petite comme dans le cas actuel, on peut négliger $\log \mu$, et ordinairement aussi la correction pour l'altitude du lieu.

2. Méthode pour trouver la longitude à l'aide des occultations d'étoiles par la lune.

Les méthodes dont on s'est servi le plus souvent pour calculer les occultations, reposent sur l'application de la parallaxe à la position géocentrique de la lune pour en déduire la position apparente et la comparer à l'observation. Mais le principe inverse, qui consiste à déduire du lieu apparent le lieu géocentrique, nous offre cet avantage qu'il permet d'éviter les approximations successives pour la longitude cherchée. Ce principe a été suivi par Maskelyne, et plus tard par Carlini. On regarde la position apparente de l'étoile occultée comme celle du point occultant de la lune et en la dégageant de l'effet de la parallaxe, on trouve la position géocentrique du même point; on en déduit la vraie Æ du centre de la lune, au moyen du vrai demi-diamètre, et l'on trouve la longitude en combinant cette Æ avec l'heure observée. On verra que dans ce procédé la longitude supposée peut être en erreur de 8^m ou de $2°$ sans qu'on ait à refaire les calculs.

La méthode qui suit se distingue de celle de Carlini, en ce qu'on évite les approximations au moyen desquelles il trouvait les valeurs de la parallaxe, et qu'on a besoin seulement de l'immersion ou bien de l'émersion d'une étoile, tandis que Carlini a besoin de toutes les deux.

Nous commençons par rappeler nos formules (32) qui nous donnent immédiatement les coordonnées vraies du point occultant de la lune, si l'on y introduit pour a, p les coordonnées apparentes de l'étoile occultée. Mais Π sera alors la parallaxe horizontale équatoriale du point dont il s'agit, et non pas celle du centre de la lune; il faudra donc, avant tout, déduire Π de cette dernière que donnent les éphémérides.

Nous ajouterons un zéro en bas de toutes les lettres que nous avons introduites, lorsque les quantités qu'elles désignent se rapportent au centre de la lune; et nous ferons :

$$\Pi = (1 + \mathrm{f})\,\Pi_0 . \tag{1}$$

Il s'agit donc de trouver f. Or, on aura :

$$1 + \mathrm{f} = \frac{\sin \Pi}{\sin \Pi_0}\left(1 + \tfrac{1}{6}(\sin^2 \Pi - \sin^2 \Pi_0)\right) = \frac{\sin \Pi}{\sin \Pi_0}\,(1 + \tfrac{1}{3}\,\mathrm{f} \sin^2 \Pi_0). \tag{2}$$

Mais d'un autre côté

$$\frac{\sin \Pi}{\sin \Pi_0} = \frac{\mathrm{D}_0}{\mathrm{D}} \qquad \text{et} \qquad \frac{D}{D_0} = \cos r,$$

où D, D_0 sont les distances au centre de la terre, D, D_0 les distances au lieu d'observation des deux points de la lune dont il s'agit, et r le demi-diamètre apparent de la lune. Par conséquent

$$\frac{\sin \Pi}{\sin \Pi_0} . \cos r = \frac{\mathrm{D}_0\ D}{D_0\ \mathrm{D}} .$$

Maintenant l'équation (9) de la page 69 nous donne

$$\frac{D}{\mathrm{D}} = \frac{\sin(\mathrm{p} - E)}{\sin(p - E)}$$

et pareillement

$$\frac{\mathrm{D}_0}{D_0} = \frac{\sin(p_0 - E_0)}{\sin(\mathrm{p}_0 - E_0)} ,$$

d'où il suit que

$$\frac{\sin \Pi}{\sin \Pi_0} \cos r = \frac{\sin(\mathrm{p} - E)\sin(p_0 - E_0)}{\sin(p - E)\sin(\mathrm{p}_0 - E_0)} . \tag{3}$$

Ce rapport diffère peu de l'unité. En le supposant $= 1 + \mathbf{S}$, on trouve le numérateur de la quantité $\mathbf{S}$

$$= \sin(\mathrm{p} - E)\sin(p_0 - E_0) - \sin(p - E)\sin(\mathrm{p}_0 - E_0).$$

Faisons $p = \mathrm{p} - \tilde{\omega}$, $p_0 = \mathrm{p}_0 - \tilde{\omega}_0$; alors cette expression deviendra

$$= \sin(\mathrm{p} - E)\sin(\mathrm{p}_0 - E_0)(\cos\tilde{\omega}_0 - \cos\tilde{\omega}) - \sin(\mathrm{p} - E)\cos(\mathrm{p}_0 - E_0)\sin\tilde{\omega}_0 + \sin(\mathrm{p}_0 - E_0)\cos(\mathrm{p} - E)\sin\tilde{\omega} ,$$

ou si l'on néglige la différence $\tilde{\omega} - \tilde{\omega}_0$,

$$= \sin(\mathrm{p}_0 - \mathrm{p} - E_0 + E)\sin\tilde{\omega}.$$

Le dénominateur de $\mathbf{S}$ est

$$= \sin^2 \tfrac{1}{2}(\mathrm{p}_0 + p - E - E_0) - \sin^2 \tfrac{1}{2}(\mathrm{p}_0 - p - E_0 + E)$$

où l'on peut négliger le second terme et supposer $E + E_0 = 2E$. Alors il vient

$$\mathbf{S} = \frac{\sin\tilde{\omega}\sin(\mathrm{p}_0 - \mathrm{p} - E_0 + E)}{\sin^2 \frac{1}{2}(\mathrm{p}_0 + p - 2E)} . \tag{4}$$

Cette expression est du second ordre. On peut donc supposer

$$\frac{\sin \Pi}{\sin \Pi_0} = (1 + \mathbf{S})(1 + \tfrac{1}{2}\sin^2 r) = 1 + \tfrac{1}{2}\sin^2 r + \mathbf{S}. \qquad (5)$$

En comparant ce résultat avec l'équation (2), on voit que f sera aussi du 2me ordre, et qu'on aura simplement

$$f = \tfrac{1}{2}\sin^2 r + \mathbf{S}, \qquad (6)$$

puisque le facteur f $\sin^2 \Pi_0$ est du 4me ordre.

Nous mettrons $\frac{1}{2}\sin^2 r = \varkappa$; alors la petite table qui suit donnera les valeurs de $\varkappa$ en unités de la 7me décimale :

r		$\varkappa$
14′	0″	83
	30	89
15	0	95
	30	102
16	0	108
	30	115
17	0	122

Le terme **S** n'est pas commode pour le calcul dans sa forme actuelle. M. Sawitsch, dans son beau précis d'*Astronomie pratique* (vol. II, p. 71), l'abrége en négligeant la différence $E_0 - E$ qui pourtant est du même ordre que $p_0 - p$, puisqu'elle dépend de $a_0 - a$. On peut l'exprimer par $a_0 - a$; mais nous préférons abandonner l'équation (4) pour chercher **S** d'une autre manière plus simple.

L'équation fondamentale (2) de la page 68 nous donne, en posant $N = 90^\circ + L$, et remplaçant L par S,

$$\frac{D}{D} = \frac{\sin p \sin (S - a)}{\sin p \sin (S - a)},$$

par suite

$$1 + \mathbf{S} = \frac{\sin \Pi}{\sin \Pi_0}\cos r = \frac{\sin p \sin p_0 \sin (S - a) \sin (S - a_0)}{\sin p \sin p_0 \sin (S - a) \sin (S - a_0)}. \qquad (7)$$

Si l'on retranche le produit d'en bas de celui d'en haut, on trouve, en supprimant tout ce qui est d'un ordre plus élevé que $\varpi (p_0 - p)$,

$$\sin \varpi \sin (p_0 - p) \sin (S - a) \sin (S - a_0) + \sin \alpha \sin (a_0 - a) \sin p \sin p_0,$$

où $\alpha = a - a$. Donc enfin,

$$\mathbf{S} = \frac{\sin \varpi \sin (p_0 - p)}{\sin p \sin p_0} + \frac{\sin \alpha \sin (a_0 - a)}{\sin (S - a) \sin (S - a_0)} \qquad (8)$$

$$= \sin^2 1' \left\{ \frac{(p - p)(p_0 - p)}{\sin p \sin p_0} + \frac{(a - a)(a_0 - a)}{\sin (S - a) \sin (S - a_0)} \right\}.$$

Nous avons multiplié par $\sin^2 1'$, en supposant les facteurs $p - p$, etc., exprimés en minutes d'arc. Si l'on veut avoir **S** *en unités de la 7me décimale*, comme $\varkappa$, il faut remplacer $\sin^2 1'$ par $10^7 \times \sin^2 1' = 0.8462 = \{\bar{1}.92745\}$. Cela donne finalement

$$\mathbf{S} = 0.8462 \left\{ \frac{(p - p)(p_0 - p)}{\sin p \sin p_0} + \frac{(a - a)(a_0 - a)}{\sin (S - a) \sin (S - a_0)} \right\} \qquad (9)$$

où l'on peut encore remplacer le produit de deux sinus par le carré du sinus moyen, et

$$f = \varkappa + \mathbf{S}. \qquad (10)$$

Nous avons vu que, f étant du second ordre, l'équation (2) équivaut à celle-ci :

$$1 + f = \frac{\sin \Pi}{\sin \Pi_0} = \frac{(\Pi)}{(\Pi_0)}.$$

Par conséquent nous pourrons dans nos formules remplacer partout (Π) par (Π_0) (1 + f). Cela donnera dans (32) le facteur 1 + f pour m et pour ϖ seulement, car ϖ_1 étant déjà du 2me ordre, n'a pas besoin d'être corrigé pour f lorsqu'on introduit Π_0 à la place de Π; mais on peut écrire ϖ_1 (1 + f) au lieu de ϖ_1, pour rendre l'expression de ($p - p$) plus uniforme. Comme f n'est pas connu au commencement du calcul, il faut appliquer les corrections qui en dépendent, aux valeurs de ($a - a$) et de ($p - p$) qu'on aura calculées avec Π_0 au lieu de Π. Cela donne alors

$$
\begin{aligned}
(\mathrm{p}-p) &= [\tilde{\omega}+\tilde{\omega}_1](1+\mathrm{f}) = \tilde{\omega}+\tilde{\omega}_1+\mathrm{f}(\mathrm{p}-p) \\
(\mathrm{a}-a) &= \mathrm{m}\operatorname{cosec}(\mathrm{p}).\ (1+\mathrm{f}) = \mathrm{m}\operatorname{cosec}(\mathrm{p})+\mathrm{f}(\mathrm{a}-a)
\end{aligned}
\qquad (11)
$$

Dans la pratique, on pourra généralement négliger le facteur f et les corrections σ, ce qui revient à faire $(\mathrm{p}-p)=\mathrm{p}-p$ et $(\mathrm{a}-a)=\mathrm{a}-a$; car la parallaxe Π_0 de la lune n'est pas encore sûre à 0″·5 en arc près. Les formules se simplifient alors, et l'on a

$$
\begin{aligned}
\mathrm{p}-p &= \tilde{\omega}+\tilde{\omega}_1 \\
\mathrm{a}-a &= m \operatorname{cosec}\mathrm{p}
\end{aligned}
\qquad (12)
$$

en calculant m, $\tilde{\omega}$ et $\tilde{\omega}_1$ avec Π_0 au lieu de Π.

Considérons maintenant le triangle formé par les centres de la terre et de la lune et par le point qui occulte l'étoile. Les côtés seront D, D_0 et $D_0 \sin r$, en désignant par r le demi-diamètre vrai de la lune ; l'angle $\mathfrak{r}$ compris entre D et D_0 sera peu différent de r ; mais non pas $=$ r, parce que D n'est pas une tangente à la surface de la lune. On aura donc :

$$
\begin{aligned}
D_0^2 \sin r^2 &= D^2 + D_0^2 - 2\,DD_0 \cos \mathfrak{r} \\
&= (D-D_0)^2 + DD_0 \sin^2 \mathfrak{r}.
\end{aligned}
$$

Mais $D_0 = D(1+f)$, par conséquent $(1+f)^2 \sin^2 r = f^2 + (1+f)\sin^2 \mathfrak{r}$, ou bien en divisant par $(1+f)\sin^2 r$, sensiblement $1+f=\left(\frac{\mathfrak{r}}{r}\right)^2+\frac{f^2}{\sin^2 r}$ et $\frac{\mathfrak{r}^2-r^2}{r^2}=f\left(1-\frac{f}{\sin^2 r}\right)$. En faisant ici $\mathfrak{r}+r=2\,r$, on obtient $\mathfrak{r}-r=\frac{r}{2}f\left(1-\frac{f}{\sin^2 r}\right)=\frac{1}{2}rf\left(1-\frac{f}{2\,x}\right)=\frac{1}{4}rf\left(1-\frac{\mathbf{S}}{x}\right)$. Comme $\mathfrak{r}$ doit être $<$ r, il s'ensuit que $\mathbf{S}^2 > x^2$. La plus grande valeur de $\mathfrak{r}-r$ est 0″·2. On peut donc prendre $\mathfrak{r}=r$, et cela d'autant plus que la valeur moyenne de r n'est pas encore sûre à 1″ près, et qu'en outre les montagnes du bord de la lune produisent une incertitude de 2 à 3″ sur la valeur particulière à choisir pour r.

Les directions D, D_0 sont déterminées par les angles a, p, a_0, p_0. Comme elles font entre elles l'angle $\mathfrak{r}$, on a :

$$
\begin{aligned}
\cos \mathfrak{r} &= \cos p \cos p_0 + \sin p \sin p_0 \cos(a-a_0) \\
&= \cos(p-p_0) - 2 \sin p \sin p_0 \sin^2 \tfrac{1}{2}(a-a_0),
\end{aligned}
$$

ce qui donne

$$
\sin^2 \tfrac{1}{2}\mathfrak{r} = \sin^2 \tfrac{1}{2}(p-p_0) + \sin p \sin p_0 \sin^2 \tfrac{1}{2}(a-a_0)
$$

ou bien simplement

$$
\mathfrak{r}^2 = (p-p_0)^2 + \sin p \sin p_0 (a-a_0)^2. \qquad (13)
$$

Il résulte de cela qu'on peut considérer $\mathfrak{r}$, $p-p_0$ et $(a-a_0)\sqrt{\sin p \sin p_0}$ ou bien $(a-a_0)\sin\frac{p+p_0}{2}$ comme côtés d'un triangle plane rectangle ; et $\mathfrak{r}$ sera égal au vrai demi-diamètre. Il s'agit maintenant de déterminer les coordonnées a_0, p_0 du centre de la lune au moment de l'occultation. Pour cela on prendra une valeur approchée l de la longitude du lieu d'observation, et on calculera pour le temps moyen $\mathbf{t}$ de Greenwich qui en résulte, les valeurs $\mathbf{a}$, $\mathbf{p}$ des coordonnées du centre, ainsi que leurs variations Δa, Δp en une seconde de temps. Alors on peut trouver a_0, p_0 au moyen d'une construction très-simple. Les coordonnées du centre de la lune par rapport à l'étoile seront au moment de l'occultation $p-p_0$ et $(a-a_0)\sin\frac{p+p_0}{2}$, au moment $\mathbf{t}$ elles seront $p-\mathbf{p}$ et $(a-\mathbf{a})\sin\frac{p+\mathbf{p}}{2}$. La ligne droite, qui joint les positions du centre, est déterminée par Δp et $\Delta a \sin\frac{p+\mathbf{p}}{2}$, et le point $(a_0\, p_0)$ est celui où la droite rencontre le cercle décrit autour de l'étoile avec un rayon $=\mathfrak{r}=r$. Pour mettre cette construction en formules, faisons

$$
\begin{aligned}
p-p_0 &= r \sin \theta \quad , \quad (a-a_0)\sin\frac{p+\mathbf{p}}{2} = r\cos\theta \quad , \\
p-\mathbf{p} &= \Gamma r \sin \Theta \quad , \quad (a-\mathbf{a})\sin\frac{p+\mathbf{p}}{2} = \Gamma r \cos\Theta \quad ,
\end{aligned}
\qquad (14)
$$

$$
\frac{\Delta p}{\Delta a}\operatorname{cosec}\tfrac{1}{2}(p+\mathbf{p}) = \operatorname{tg} \upsilon. \qquad (15)
$$

La direction de la marche du centre fait l'angle υ avec le parallèle. La distance de l'étoile à cette direction sera $= r\sin(\theta-\upsilon) = \Gamma r \sin(\Theta-\upsilon)$, d'où il suit :

$$
\sin(\theta-\upsilon) = \Gamma \sin(\Theta-\upsilon). \qquad (16)
$$

Or, on connaît Θ et Γ par les formules

$$\operatorname{tg}\Theta = \frac{p - \mathbf{p}}{a - \mathbf{a}} \operatorname{cosec} \tfrac{1}{2}(p + \mathbf{p}) \quad , \quad \Gamma = \frac{p - \mathbf{p}}{r} \operatorname{cosec}\Theta ;$$

l'équation (16) donnera donc θ et par suite $p - p_0$ et $a - a_0$. En calculant $a - a_0$, nous avons supposé $p + p_0 = p + \mathbf{p}$ dans le coefficient $\sin \frac{p + p_0}{2}$ qu'il aurait fallu mettre à la rigueur ; la différence est tout à fait insensible.

On peut encore obtenir a_0 par une voie indirecte, en cherchant d'abord l'Æ du point où le parallèle mené par la position approchée du centre de la lune rencontre le cercle décrit autour de l'étoile avec le rayon r ; il faut ensuite déterminer la correction différentielle que cette Æ doit subir pour devenir celle du centre. On a primitivement calculé nos occultations par cette méthode ; mais les formules qui s'ensuivent sont moins simples que celles que nous venons de donner, et il n'est même pas toujours permis de traiter la correction en question comme différentielle par rapport aux quantités $a - a_0$, $p - p_0$. Il faut, en effet, pour cela que la corde décrite par l'étoile soit assez grande et le mouvement de la lune en apopole peu sensible.

Lorsqu'on a trouvé $a - a_0$ au moyen de l'équation $a - a_0 = r \cos\theta \operatorname{cosec} \frac{p + \mathbf{p}}{2}$, on en retranchera $a - \mathbf{a}$, et l'on aura la différence $\mathbf{a} - a_0$ qui est $= x\,\Delta a$, en désignant par x la correction de la longitude supposée ou l'erreur du temps moyen supposé. La véritable longitude sera donc $l + x$, et $x = \frac{\mathbf{a} - a_0}{\Delta a}$. (17)

Maintenant nous allons étudier les effets que produisent les petites erreurs des données sur la longitude finale.

Soit t le temps moyen du lieu au moment de l'observation, l la longitude supposée à l'est de Greenwich ; cela donne le temps moyen de Greenwich $\mathbf{t} = t - l$. Avec ce temps moyen supposé, on calcule la position de la lune à l'aide du *Nautical Almanac*, ou bien des tables de la lune ; on trouve ainsi $\mathbf{a}$, $\mathbf{p}$, r et Π_0, avec les variations Δa, Δp ; on en déduit l'erreur x, et la longitude finale devient $= l + x$ à l'est de Greenwich. Pour en tirer celle à l'est de Paris, nous avons pris $9^m\ 20^s{\cdot}6$ pour la différence des méridiens de Paris et de Greenwich.

La longitude à l'est de Greenwich sera donc trouvée

$$\text{long.} = t - \mathbf{t} + x ,$$

et elle sera rigoureuse pourvu que x se trouve dans les limites entre lesquelles on peut regarder le mouvement de la lune comme rectiligne et se servir de Δa, Δp pour calculer a_0, p_0. Il s'ensuit que l'erreur x peut aller jusqu'à 10^m, ce qui n'arrivera pas facilement, sans altérer d'une manière sensible le résultat final.

Une petite erreur de la longitude supposée sera donc sans influence, et l'erreur de la longitude finale dépendra seulement de l'erreur du temps observé t, et des effets produits sur x par cette erreur ainsi que par les erreurs des autres données du calcul. On aura donc :

$$d\,\text{long.} = dt + \frac{dx}{dt}\,dt + (dx)$$

en désignant par (dx) les effets des erreurs des tables de la lune, des catalogues d'étoiles, etc. Pour trouver d'abord $\frac{dx}{dt}$, on peut se rappeler qu'en employant $l + dt$ au lieu de l on ne change pas la longitude finale, de manière qu'on aura la même erreur $\frac{dx}{dt}\,dt$ lorsqu'on fait le calcul avec $t + dt$ et $l + dt$, ce qui laisse intact le temps moyen supposé $\mathbf{t}$. L'erreur réside par conséquent uniquement dans le calcul de la parallaxe où l'on introduit le temps sidéral S ; et dS sera évidemment $= dt$. Par conséquent

$$d\,\text{long.} = dt + \frac{dx}{dS}\,dt + (dx)$$

ou

$$x = \frac{\mathbf{a} - a_0}{\Delta a} = \frac{\mathbf{p} - p_0}{\Delta p}.$$

En reprenant l'équation (13), nous avons

$$r^2 = (p - p_0)^2 + \sin p \sin p_0\,(a - a_0)^2 ,$$

ce qui donne

$$r\,dr = (p - p_0)\,d\,(p - p_0) + \sin p \sin p_0\,(a - a_0)\,d\,(a - a_0) ;$$

car on peut négliger la variation de $\sin p \sin p_0$. En introduisant ici pour $(a - a_0)$, $(p - p_0)$ leurs valeurs d'après (14), on trouve, en se rappelant que $\sin p \sin p_0 = \sin^2 \frac{p + \mathbf{p}}{2}$,

$$dr = \sin\theta\,d\,(p - p_0) + \sin \frac{p + \mathbf{p}}{2} \cos\theta\,d\,(a - a_0).$$

Mais

$$d(p - p_0) = d(p - \mathbf{p}) + d(\mathbf{p} - p_0) \quad , \quad d(a - a_0) = d(a - \mathbf{a}) + d(\mathbf{a} - a_0)$$
$$= d(p - \mathbf{p}) + \Delta p\, dx \qquad\qquad = d(a - \mathbf{a}) + \Delta a\, dx.$$

En conséquence

$$dr - \sin\theta\, d(p - \mathbf{p}) - \sin\frac{p + \mathbf{p}}{2}\cos\theta\, d(a - \mathbf{a}) = dx\left(\sin\theta\,\Delta p + \sin\frac{p + \mathbf{p}}{2}\cos\theta\,\Delta a\right).$$

On peut ici prendre pour dx sa valeur complète $(dx) + \frac{dx}{dS}dt$, pourvu qu'on tienne compte de la variation de S dans dp et da. La parenthèse par laquelle dx se trouve ci-dessus multiplié, devient en vertu de (15)

$$= \Delta p \frac{\cos(\theta - \upsilon)}{\sin\upsilon}$$

et nous aurons

$$d\,\text{long.} = dt + \sin\upsilon . \frac{dr - \sin\theta\, d(p - \mathbf{p}) - \sin\frac{p + \mathbf{p}}{2}\cos\theta\, d(a - \mathbf{a})}{\Delta p\cos(\theta - \upsilon)}. \tag{18}$$

Les variations $d\mathbf{a}$, $d\mathbf{p}$, dr représentent les erreurs des tables de la lune en Æ, apopole et demi-diamètre. Mettons

$$\mathfrak{D} = \frac{\sin\upsilon}{\Delta p\cos(\theta - \upsilon)}$$

et $\mathfrak{D}\sin\theta = \mathfrak{B}$, $\mathfrak{D}\sin\frac{p + \mathbf{p}}{2}\cos\theta = \mathfrak{A}$, ce qui donne

$$\mathfrak{A} = \frac{\cos\upsilon\cos\theta}{\Delta a\cos(\theta - \upsilon)} \quad , \quad \mathfrak{B} = \frac{\sin\upsilon\sin\theta}{\Delta p\cos(\theta - \upsilon)},$$

et nous aurons

$$d\,\text{long.} = dt + \mathfrak{A}\, d(\mathbf{a} - a) + \mathfrak{B}\, d(\mathbf{p} - p) + \mathfrak{D}\, dr. \tag{19}$$

Il faut maintenant étudier da et dp. Nous avons en vertu des formules (32) de la page 75, en négligeant les variations des termes d'un ordre plus élevé que le premier,

$$dp = dp + d\varpi \quad , \quad da = da + dm \operatorname{cosec} p,$$

et $\frac{dm}{m} = \frac{d\Pi}{\Pi} + \cot(S - a)\, d(S - a) \text{ arc } 1''$, où l'on peut négliger da arc 1″. Donc,

$$da = da + m\frac{\operatorname{cosec} p}{\Pi} d\Pi + m\operatorname{cosec} p\cot(S - a)\, dS \text{ arc } 1''.$$

On trouve pareillement

$$\frac{d\varpi}{\varpi} = \frac{d\Pi}{\Pi} + \frac{d\sin(\varepsilon - p)\sec\varepsilon}{\sin(\varepsilon - p)\sec\varepsilon}.$$

Mais $\sin(\varepsilon - p)\sec\varepsilon = \operatorname{tg}\varepsilon\cos p - \sin p = \nu\cot\varphi\cos(S - a)\cos p - \sin p$; donc en négligeant da et dp exprimés en parties du rayon,

$$d\sin(\varepsilon - p)\sec\varepsilon = -\nu\cot\varphi\sin(S - a)\, dS \text{ arc } 1''.\cos p$$

et $d\varpi = \frac{\varpi}{\Pi} d\Pi - m\cos p\, dS.$ arc 1″.

Si l'on exprime dS en secondes d'arc, on aura dS = 15 dt, et dS arc 1″ = 0·000073 dt ; cela devient = 0·0044 si l'erreur du temps dt s'élève à une minute.

Nous aurons maintenant

$$d\,\text{long.} = dt + \mathfrak{A}(d\mathbf{a} - da) + \mathfrak{B}(d\mathbf{p} - dp) + \mathfrak{D}\, dr + \mathfrak{C}\, d\Pi + \mathfrak{E}\, dt$$

en faisant

$$\mathfrak{C} = -\mathfrak{A}\frac{m\operatorname{cosec} p}{\Pi} - \mathfrak{B}\frac{\varpi}{\Pi} = \frac{1}{\Pi}\left(\mathfrak{A}(a - \mathbf{a}) + \mathfrak{B}(p - \mathbf{p})\right),$$

$$\mathfrak{E} = -\text{arc } 15''\left(\mathfrak{A}\, m\operatorname{cosec} p\cot(S - a) - \mathfrak{B}\, m\cos p\right),$$

ou bien finalement, en secondes de temps,

$$\text{d long.} = (1 + \mathfrak{C})\,dt + \mathfrak{A}\,d\mathbf{a} + \mathfrak{B}\,d\mathbf{p} + \mathfrak{C}\,d\Pi + \mathfrak{D}\,dr - \mathfrak{A}\,da - \mathfrak{B}\,dp, \qquad (20)$$

où dt est supposé exprimé en temps, les six autres variations l'étant en arc.

On est quelquefois obligé de supposer une erreur ronde $dt = \pm 1^{\text{m}}$ pour expliquer le désaccord d'une observation calculée avec le résultat qu'on en attend; cela a été fait par exemple pour l'occultation de Suez ci-après.

Pour connaître da, dp, c'est-à-dire les erreurs de la position de l'étoile, il faut en général recourir à un grand observatoire où l'on observe plusieurs fois l'Æ et l'apopole de l'étoile dans les grands instruments méridiens.

Quant aux erreurs des tables de la lune, on les tire de l'équation différentielle de la longitude même lorsque la même occultation a été observée en plusieurs endroits de la terre et qu'on a observé l'immersion et l'émersion de l'étoile. Mais il arrive rarement que les occultations des petites étoiles observées en voyage aient aussi été observées autre part, et alors le seul moyen est de consulter les observations de la lune faites dans les principaux observatoires, par exemple à Greenwich, à Königsberg; on peut y trouver à 1″ ou 2″ près les erreurs — $d\mathbf{a}$ et — $d\mathbf{p}$.

Nos occultations avaient été d'abord calculées avec les positions du *Nautical Almanac* basées sur les tables de Burckhardt. Les ascensions droites et les apopoles avaient subi les corrections pour les erreurs du *Nautical Almanac* que M. Airy a données dans les volumes publiés par l'observatoire de Greenwich. Quant aux corrections de la parallaxe et du demi-diamètre introduites par M. Airy, on en avait tenu compte à la fin du calcul pour mieux faire ressortir les changements qu'elles produisent sur les longitudes conclues des occultations.

On trouve dans le tableau des occultations les erreurs du *Nautical Almanac* en Æ et en apopole, en regard du titre : *Erreurs du N. A.*, et plus bas, les corrections des longitudes finales dues aux augmentations $\frac{1}{1200}\,\Pi$ de Π et $\frac{1}{360}\,r$ de r d'après M. Airy.

Plus tard M. Adams est venu démontrer les erreurs commises par Burckhardt lorsqu'il a réduit en tables la formule pour la parallaxe de la lune. Il a fallu alors changer les corrections des positions de la lune à raison des nouvelles formules de M. Adams. Nous avons pensé qu'il était utile de publier les modifications qui en résultent dans les longitudes; mais nous avons pu profiter de la publication des tables lunaires de M. *Hansen* pour nous procurer des positions probablement plus exactes encore. M. Œltzen, de l'observatoire de Vienne, actuellement astronome à celui de Paris, a bien voulu se charger du calcul des 21 positions de la lune pour les époques de nos observations et celle qui répond à l'occultation observée en 1832 par M. Ruppell à *Inçatkab*. Le calcul de cette dernière occultation donne une longitude différente de celle que M. Ruppell a publiée d'après le calcul de M. de Heiligenstein. Comme la différence est de près d'une minute en temps, il est probable que le premier calculateur aura changé la minute de l'observation. A la suite de nos 21 longitudes, nous donnons la nouvelle longitude de *Inçatkab* déduite de l'observation originale, parce qu'elle s'accorde fort bien avec notre carte. On trouve encore, à la fin du tableau **5**, les changements des éléments d'après le calcul par les tables de M. Hansen, et les nouvelles longitudes obtenues par l'emploi des corrections qui en résultent.

Il convient maintenant de donner un exemple de l'application de toute cette méthode. Nous choisirons à cette fin l'observation faite à *'Adwa*, le 4 mai 1840, de la disparition d'une petite étoile de 8 : 9 grandeur derrière le bord obscur de la lune à $5^{\text{h}}\ 31^{\text{m}}\ 41^{\text{s}}$ du chronomètre $\mathfrak{C}$.

A la page 27 on trouve par interpolation que le retard du chr. $\mathfrak{C}$ sur le temps moyen de *'Adwa* était $= 2^{\text{h}}\ 32^{\text{m}}\ 19^{\text{s}}\!\cdot\!7$ à l'époque de l'observation; par conséquent la disparition eut lieu à $8^{\text{h}}\ 4^{\text{m}}\ 0^{\text{s}}\!\cdot\!7$ temps moyen de *'Adwa*.

Un calcul préliminaire donnait la position de l'étoile :

$$Æ = 5^{\text{h}}\ 24^{\text{m}} \quad , \quad p = 62^{\circ}\ 15'.$$

Cette étoile ne se trouve pas dans les catalogues ordinaires, mais M. Sonntag a eu la bonté de l'observer deux fois au cercle méridien d'Altona pendant le mois de novembre 1851. Il a fourni la position moyenne suivante pour le commencement de l'année 1850 :

$$Æ = 5^{\text{h}}\ 25^{\text{m}}\ 12^{\text{s}}\!\cdot\!28 \quad , \quad \text{apop.} = 62^{\circ}\ 12'\ 43''\!\cdot\!8.$$

On en a déduit la position apparente pour le jour de l'observation, en ajoutant les corrections dues à la précession, à l'aberration et à la nutation, d'après les formules connues de Bessel, et en se servant des constantes du *Nautical Almanac*. Ce calcul a donné :

$$a = 5^{\text{h}}\ 24^{\text{m}}\ 35^{\text{s}}\!\cdot\!15 \quad , \quad p = 62^{\circ}\ 13'\ 4''\!\cdot\!8,$$

comme on le trouve à la page 92. Il a donc fallu chercher d'abord la position vraie du point de la lune où l'étoile a disparu, en dégageant *a*, *p*, des effets de la parallaxe.

Avec la longitude supposée de *'Adwa*, à l'est de Greenwich $= 2^{\text{h}}\ 35^{\text{m}}\ 49^{\text{s}}\!\cdot\!0$, on trouve le temps moyen de Greenwich au moment de l'observation :

$$\mathbf{t} = 8^{\text{h}}\ 4^{\text{m}}\ 0^{\text{s}}\!\cdot\!7 - 2^{\text{h}}\ 35^{\text{m}}\ 49^{\text{s}}\!\cdot\!0 = 5^{\text{h}}\ 28^{\text{m}}\ 11^{\text{s}}\!\cdot\!7.$$

Au 4 mai 1840, le temps sidéral à midi moyen de Greenwich était $= 2^h\ 49^m\ 44^s{\cdot}5$, l'accélération pour $5^h\ 28^m\ 12^s$ est de $53^s{\cdot}9$; par conséquent le temps sidéral S au moment de l'observation à '*Adwa* $= 8^h 4^m 0^s{\cdot}7 + 2^h\ 49^m 44^s{\cdot}5 + 53'{\cdot}9 = 10^h\ 54^m 39^s{\cdot}1 = 163°\ 39'\ 46''{\cdot}5$.

L'ascension droite apparente de l'étoile, convertie en degrés, est $a = 81°\ 8'\ 47''{\cdot}2$; il s'ensuit que son angle horaire était $S - a = 82°\ 30'\ 59''{\cdot}3$. On a pris pour latitude de '*Adwa* 14° 10' 0", et pour son altitude 2010 mètres.

Le *Nautical Almanac* donne, pour le 4 mai 1840, à $5^h\ 28^m\ 11^s{\cdot}7$, temps moyen de Greenwich :

Æ de la lune.	$\mathbf{a} =$	81°	57' 5"·6 — 7"·7	*Nautical Almanac* corrigé
Apopole »	$\mathbf{p} =$	61	58 39 ·2 + 3 ·8	selon les observations de Greenwich.
Parallaxe équatoriale horizontale. .	$\Pi_0 =$		60 33 ·3	*Nautical Almanac.*
Demi-diamètre.	$\mathrm{r} =$		16 30 ·1	

Avec les six données $a, p, S - a, \varphi$, Π et Π_1, on trouve les parallaxes en Æ et en apopole par les formules (32) de la page 75. On verra à la même page que les données de l'exemple choisi par nous comme type de calcul sont précisément celles dont il s'agit ici. Nous nous dispenserons donc de répéter ce calcul; seulement, comme la parallaxe Π employée pour l'exemple cité n'est pas à la rigueur celle du point (a, p) de la lune, mais celle de son centre, il faut encore multiplier les valeurs calculées de $\mathrm{a} - a$ et de $\mathrm{p} - p$ par le facteur $1 + \mathrm{f}$, comme nous l'avons expliqué à la page 79. La correction apportée par ce facteur est souvent insignifiante, mais nous la calculerons pour nous en assurer.

La formule (10) de la page 79 donne $\mathrm{f} = \mathrm{x} + \mathbf{S}$, et la petite table à la même page donne $\mathrm{x} = 115$ en unités de la 7me décimale. Pour calculer $\mathbf{S}$ on peut prendre $\mathbf{a}$, $\mathbf{p}$ au lieu de a_0, p_0; on trouve alors, puisque $\mathrm{a} = 82°\ 14'\ 42''{\cdot}8$, $\mathrm{p} = 62°\ 3'\ 52''{\cdot}5$,

$$\begin{array}{lr}
\mathrm{a}_0 - \mathrm{a} = & -\ 17'{\cdot}7 \\
\mathrm{a} - a = & 65{\cdot}9 \\
\hline
\text{produit} = & -\ 1166{\cdot}4 \\
\operatorname{cosec}^2\left(S - \dfrac{a + \mathrm{a}_0}{2}\right) = & 1{\cdot}019 \\
\hline
& -\ 1188 \\
& +\ 61 \\
\hline
& -\ 1127
\end{array}
\qquad
\begin{array}{lr}
\mathrm{p}_0 - \mathrm{p} = & -\ 5'{\cdot}2 \\
\mathrm{p} - p = & -\ 9{\cdot}2 \\
\hline
\text{produit} = & +\ 47{\cdot}8 \\
\operatorname{cosec}^2 \dfrac{p + \mathrm{p}_0}{2} = & 1{\cdot}280 \\
\hline
& +\ 61{\cdot}2
\end{array}
\qquad
\begin{array}{l}
\tfrac{1}{2}(p + \mathrm{p}_0) = 62°\,5'{\cdot}9 \\
S - \tfrac{1}{2}(a + \mathrm{a}_0) = 82\ 6{\cdot}
\end{array}$$

— 1127 multiplié par 0·8462 donne — 955 pour valeur de $\mathbf{S}$. Ajoutez

$$\begin{array}{rl}
& -\ 955 \\
\mathrm{x} = & +\ 115 \\
\hline
\mathrm{f} = & -\ 840 \text{ en unités de la 7}^{\text{me}} \text{ décimale.}
\end{array}$$

Par conséquent les corrections finales seront — 0·000084 $(\mathrm{a} - a)$ et — 0·000084 $(\mathrm{p} - p)$, ou bien — 0"·30 et + 0"·046; la première est donc seule bien sensible. Avec la formule de M. Sawitsch on aurait trouvé $\mathbf{S} = + 125$, $\mathrm{f} = + 240$, et les deux corrections + 0"·095, — 0"·012; le terme qu'il néglige dans $\mathbf{S}$ est donc — 1080, c'est-à-dire 9 fois plus grand que celui qu'il donne, et de signe contraire.

En appliquant ces dernières corrections, on trouve $\mathrm{a} = 82°\ 14'\ 42''{\cdot}5$, $\mathrm{p} = 62°\ 3'\ 52''{\cdot}5$.

Ce sont donc les coordonnées vraies du point de la lune où l'occultation a eu lieu.

Maintenant il faut chercher les coordonnées vraies du centre de la lune : a_0, p_0. Cela se fait par les formules de la page 80. Le *Nautical Almanac* donne :

$$\begin{array}{lcl}
\text{Mouvement horaire en Æ} \ \text{☾} & = & 168^s{\cdot}54 = 2528''{\cdot}1 \\
\quad \text{»} \qquad \text{»} \quad \text{en p ☾} & = & -\ 60''{\cdot}2.
\end{array}$$

Pour en tirer $\Delta\mathrm{a}$ et $\Delta\mathrm{p}$, l'on aura :

$$\begin{array}{rl}
\log 2528{\cdot}1 = & 3.\ 40280 \\
-\ \log 3600 \ = & \bar{4}.\ 44370 \\
\hline
\log \Delta\mathrm{a} = & \bar{1}.\ 84650
\end{array}
\qquad
\begin{array}{rl}
\log 60{\cdot}2 = & 1.\ 77960_n \\
& \bar{4}.\ 44370 \\
\hline
\log \Delta\mathrm{p} = & \bar{2}.\ 22330_n
\end{array}$$

et ensuite $\log \dfrac{\Delta\mathrm{p}}{\Delta\mathrm{a}} = \bar{2}.\ 37680_n$. Pour calculer l'angle auxiliaire υ, on a :

$$\frac{\mathrm{p} + \mathbf{p}}{2} = 62°\ 1'{\cdot}3,\ \log\operatorname{cosec}\frac{\mathrm{p} + \mathbf{p}}{2} = 0.\ 05398$$

$$\bar{2}.\ 43078_n = \log \operatorname{tg} \upsilon,\quad \upsilon = -\ 1°\ 32'{\cdot}7.$$

Pour chercher Θ, on a :

$$
\begin{aligned}
p-\mathbf{p} &= -\;5'\;9''\cdot5 = -\;309''\cdot5\\
a-\mathbf{p} &= \;17\;44\;\cdot6 = \;1064\;\cdot6\\
\log\,(p-\mathbf{p}) &= 2.\,49066_n\\
-\log\,(a-\mathbf{a}) &= \bar{4}.\,97281\\
\log\operatorname{cosec}\frac{p+\mathbf{p}}{2} &= 0.\,05398\\
\log\operatorname{tg}\Theta &= \bar{1}.\,51745_n \qquad \Theta = -\,18^\circ\;13'\cdot3\\
\log\operatorname{cosec}\Theta &= 0.\,50489_n \qquad \Theta-\upsilon = -\,16\;\;40\;\cdot6\\
\log\,(p-\mathbf{p}) &= 2.\,49066_n\\
r = 16'\,30''\cdot1 \qquad -\log r &= \bar{3}.\,00432\\
= \;990''\cdot1 \qquad \log\sin\,(\Theta-\upsilon) &= \bar{1}.\,45784_n\\
\log\sin\,(\theta-\upsilon) &= \bar{1}.\,45771_n \qquad \theta-\upsilon = -\,16\;\;40\;\cdot3\\
\log\cos\theta &= \bar{1}.\,97767 \qquad \theta = -\,18\;\;13\;\cdot\\
\log r &= 2.\,99568\\
\log\operatorname{cosec}\frac{p+\mathbf{p}}{2} &= 0.\,05398\\
3.\,02733 &= \log\,(a-a_0)\\
a-a_0 &= \;1065\cdot0\\
\mathbf{a}-a &= -\,1064\cdot6\\
\mathbf{a}-a_0 &= +\,0\cdot4\\
\frac{1}{\Delta a} &= \;1\cdot42\\
x &= +\,0^s\cdot6.
\end{aligned}
$$

Il faut donc ajouter $0^s\cdot6$ à la longitude supposée pour avoir celle qui résulte de l'occultation. Elle sera $= 2^h\,35^m\,49^s\cdot0 + 0^s\cdot6 = 2^h\,35^m\,49^s\cdot6$ à l'est de Greenwich, ou bien, en supposant Paris $9^m\,21^s\cdot5$ à l'est de Greenwich, $2^h\,26^m\,28^s\cdot1$ à l'est de Paris. Ce résultat se trouve dans le tableau de la page 92. On y verra en même temps les quatre coefficients différentiels $\mathfrak{A}$, $\mathfrak{B}$, $\mathfrak{C}$, $\mathfrak{D}$ qui se calculent aisément par les formules de la page 82, ainsi que les deux corrections $\frac{1}{1200}\,\Pi\,\mathfrak{C} = -\,4^s\cdot5$ et $\frac{1}{300}\,r\,\mathfrak{D} = +\,4^s\cdot7$ dont la somme est $+\,0^s\cdot2$. En ajoutant ces $0^s\cdot2$ à la longitude trouvée, on obtient le résultat corrigé $2^h\,26^m\,28^s\cdot3$. Ceci serait donc la longitude de *'Adwa* qui résulte de l'occultation du 4 mai 1840, quand on se sert des tables de Burckhardt avec les corrections indiquées par M. Airy. En introduisant les nouvelles corrections de M. Adams, on aurait trouvé $2^h\,26^m\,23^s\cdot1$, c'est-à-dire $5^s\cdot2$ de moins.

Le calcul des lieux de la lune avec les tables de M. Hansen a donné plus tard :

$$d\mathbf{a} = -\,0''\cdot9 \quad , \quad d\mathbf{p} = -\,1''\cdot3 \quad , \quad d\Pi = +\,6''\cdot7 \quad , \quad dr = +\,3''\cdot4$$

par rapport aux éléments qui ont servi de base au calcul de l'occultation en question. Les changements dans la parallaxe et dans le demi-diamètre sont moindres, si l'on applique à ces deux éléments les corrections de M. Airy, avant de faire la comparaison; en effet, $\frac{1}{1200}\,\Pi$ étant $= 3''\cdot0$, $\frac{1}{300}\,r = 2''\cdot8$, il reste seulement $d\Pi = 3''\cdot7$, $dr = 0''\cdot6$.

Pour trouver maintenant la correction de la longitude, on a :

$$
\begin{aligned}
\mathfrak{A}\,d\mathbf{a} &= 1\cdot44 \times -\,0\cdot9 = -\,1\cdot30 \quad , \quad & \mathfrak{B}\,d\mathbf{p} &= 0\cdot54 \times -\,1\cdot3 = -\,0\cdot70\\
\mathfrak{C}\,d\Pi &= -\,1\cdot48 \times 6\cdot7 = -\,9\cdot92 \quad , \quad & \mathfrak{D}\,dr &= 1\cdot71 \times 3\cdot4 = +\,5\cdot81
\end{aligned}
$$

et la somme de ces quatre termes est $= -\,6^s\cdot1$; par conséquent la longitude conclue d'après les nouvelles tables $= 2^h\,26^m\,22^s\cdot0$, et en supposant Paris $9^m\,20^s\cdot6$ à l'est de Greenwich, $= 2^h\,26^m\,22^s\cdot9$.

Les 22 occultations réunies dans le tableau **5** ont été calculées à peu près de la même manière que cet exemple. Les changements que nous avons introduits depuis avaient pour but seulement de simplifier les formules et surtout les tables auxiliaires; mais les résultats restent les mêmes.

Nous donnerons d'abord les 22 occultations observées, avec toutes les remarques faites lors des observations. Les occultations ont été rangées dans l'ordre alphabétique des lieux. Quelques-unes d'entre elles ont déjà été publiées dans les *Astronomiche Nachrichten*, vol. XVIII, pages 107-112 ; et M. Yvon Villarceau a présenté à l'Académie des sciences le résultat de ses calculs pour la longitude de *'Adwa* d'après les 8 occultations de 1840. (Voir *Comptes rendus*, vol. XXXIV, p. 878, 7 juin 1852.) Nous donnons ces derniers résultats à la fin du tableau.

Après la liste des occultations vient celle des étoiles occultées. On y trouve la position apparente pour le jour de l'occultation, presque toujours d'après les observations modernes de MM. Sonntag et Villarceau ; il n'y a que trois étoiles dans la liste qui aient été prises dans les anciens catalogues.

A la suite de cette liste nous avons mis le tableau **5** renfermant les principaux éléments du calcul des occultations. On y trouve d'abord le temps moyen du lieu au moment de l'occultation, la longitude supposée à l'est de Greenwich, le temps moyen de Greenwich **t** qui en résulte, et le temps sidéral S ; ensuite les erreurs du *Nautical Almanac* en Æ et en apopole de la lune comme elles sont données par M. Airy. Ces quantités ont été ajoutées aux Æ et apopoles calculés avec le *Nautical*, en sorte que les valeurs de **a**, **p**, qu'on trouve dans le tableau, sont déjà les valeurs corrigées, tandis que la parallaxe horizontale équatoriale Π et le demi-diamètre r sont donnés *sans* les corrections de M. Airy, pour montrer à la fin du calcul l'influence de ces mêmes corrections. Puis viennent la position apparente de l'étoile, la correction x de la longitude supposée qui résulte du calcul, la longitude conclue = longitude supposée + x, et la longitude à l'est de Paris qui se déduit de la précédente par la soustraction de $9^m\ 21^s{\cdot}5$. Viennent ensuite les corrections $\frac{1}{1200}\ \Pi$ et $\frac{1}{300}$ r multipliées par les coefficients différentiels 𝔈, 𝔇, et la longitude ainsi corrigée, à l'est de Paris. Elle est suivie par le résultat obtenu avec les corrections de M. Adams, et en supposant Paris $9^m\ 20^s{\cdot}6$ à l'est de Greenwich.

Après cette longitude, on donne les quatre coefficients différentiels de la longitude par rapport aux éléments **a**, **p**, Π, r, *a*, *p*. On trouve le changement produit sur la longitude par des changements quelconques de ces six éléments, en faisant la somme

$$dl = \mathfrak{A}\, d\mathbf{a} + \mathfrak{B}\, d\mathbf{p} + \mathfrak{C}\, d\Pi + \mathfrak{D}\, dr - \mathfrak{A}\, da - \mathfrak{B}\, dp$$

où les quantités d*a*, d*p*, etc., sont supposées exprimées en secondes d'arc, et dl en secondes de temps.

Finalement, nous avons donné les corrections des quatre éléments **a**, **p**, Π, r, d'après les nouvelles tables de la lune de M. Hansen et les calculs de M. Œltzen.

Si l'on veut connaître la différence entre les valeurs de Π et de r prises dans les nouvelles tables, et celles qui résultent de l'usage des corrections de M. Airy, il faut encore retrancher $\frac{1}{1200}\ \Pi$ et $\frac{1}{300}$ r respectivement des valeurs de dΠ et de dr qui se trouvent dans notre tableau, c'est-à-dire à peu près 3″ de chacune.

La correction dl qui répond à l'emploi des nouvelles tables, augmentée de $0^s{\cdot}9$, donne enfin la longitude finale à l'est de Paris, en prenant pour différence des méridiens de Paris et de Greenwich $9^m\ 20^s{\cdot}6$.

En appendice, on donne encore les résultats trouvés par M. Villarceau par le calcul des occultations observées à *'Adwa*.

Pour l'agrément des observateurs nous placerons ici quelques mots sur la manière de trouver l'étoile occultée. Dans la liste des occultations, on trouve quelques indications sur la grandeur et sur la position de l'étoile par rapport au centre de la lune. Voici donc comment on procédait à la recherche de la position apparente de l'étoile. Soit θ l'arc du disque de la lune compris entre l'étoile et le point est du même disque, et compté de l'est vers le sud. C'est l'angle auxiliaire θ de la page 80, et nous avons $p = p_0 + r \sin\theta$, $a = a_0 + r\cos\theta \operatorname{cosec} p$. Ici a, p sont les coordonnées vraies de l'étoile, a_0 p_0 étant celles du centre de la lune. Pour avoir *a*, *p*, il faut connaître au moins les premiers termes des parallaxes, c'est-à-dire les quantités *m* cosec p et ϖ de la page 74. Avec la longitude supposée à l'est de Greenwich que l'on retranche du temps moyen local t, on trouve le temps moyen de Greenwich ; en ajoutant à t le temps sidéral à midi moyen de Greenwich et l'accélération depuis midi, on obtient ainsi le temps sidéral du lieu = S. Le *Nautical Almanac* donne **a**, **p**, Π, r, et en prenant **a**, **p** pour a_0, p_0, nous avons :

$$a = \mathbf{a} + r\cos\theta \operatorname{cosec}\mathbf{p} + \mu\,\Pi \cos\varphi \sin(\mathbf{a} - S) \operatorname{cosec}\mathbf{p},$$

$$p = \mathbf{p} + r\sin\theta \qquad + \frac{\mu}{\nu}\,\Pi \sin\varphi \sin(\mathbf{p} - \varepsilon) \sec\varepsilon,$$

l'angle auxiliaire ε étant donné par l'équation

$$\operatorname{tg}\varepsilon = \nu \cot\varphi \cos(\mathbf{a} - S).$$

Pour une disparition au sud ou au nord du centre de la lune, l'angle θ sera compris entre 0 et ± 90° respectivement ; pour une réapparition au sud ou au nord, entre ± 90° et ± 180° respectivement. Ordinairement les notes faites par les voyageurs suffisent pour avoir θ à 20° ou 30° près, ce qui est assez exact pour la recherche de l'étoile.

On trouve par exemple, dans la liste des occultations, que M. d'Abbadie a observé à *'Adwa*, en 1840, le 4 mai, les disparitions de deux étoiles dont la différence en apopole était à peu près = 9′·8. La première, qui était plus au nord que l'autre, disparut à $8^h\ 3^m\ 32^s$, la seconde à $8^h\ 4^m\ 1^s$, temps moyen de *'Adwa*. En supposant $l = 2^h\ 35^m\ 49^s$, on a $\mathbf{t} = 5^h\ 28^m\ 12^s$ pour la seconde disparition. Le *Nautical* donne alors

$$\mathbf{a} = 5^h\ 27^m\ 48^s \qquad \Pi = 60'{\cdot}5$$
$$\mathbf{p} = 61^\circ\ 58'{\cdot}7 \qquad r = 16'{\cdot}5$$

Le temps sidéral à midi moyen de Greenwich était $= 2^h\ 49^m\ 44^s\cdot5$, l'accélération en $5^h\ 28^m\ 12^s$ est de $53^s\cdot9$, par conséquent $S = 10^h\ 54^m\ 39^s\cdot4$,

$$\mathbf{a} - S = -5^h\ 26^m\ 51^s\cdot4 = -81^\circ\ 42'\cdot8.$$

Nous avons $\varphi = 14^\circ\ 10'\cdot0$, et le calcul se fait de cette manière :

$\log \nu \cot \varphi = 0.6008$	$\log \Pi = 1.7818$	1.7818	
$\log \cos (\mathbf{a} - S) = \bar{1}.1587$	$\log \mu \cos \varphi = \bar{1}.9867$	$\log \frac{\mu}{\nu} \sin \varphi = \bar{1}.3859$	$\operatorname{cosec} \mathbf{p} = 1.133$
$\log \operatorname{tg} \varepsilon = \bar{1}.7595$	$\log \sin (\mathbf{a} - S) = \bar{1}.9954_n$	$\log (\mathbf{p} - \varepsilon) = \bar{1}.7253$	$r \operatorname{cosec} \mathbf{p} = 18'\cdot67 = 74^s\cdot7$
$\varepsilon = 29^\circ\ 53'\cdot4$	$\log \operatorname{cosec} \mathbf{p} = 0.0542$	$\log \sec \varepsilon = 0.0620$	
$\mathbf{p} - \varepsilon = 32\ \ 5\cdot3$	1.8181_n	0.9550	
	$-65'\cdot78 = -4^m\ 23^s$	$+9'\cdot0.$	

parallaxe en Æ et en p.

Par conséquent la position apparente de l'étoile sera :

$$a = 5^h\ 23^m\ 25^s + 74^s\cdot7 \cos \theta$$
$$p = 62^\circ\ 7'\cdot7 \quad + 16'\cdot5 \sin \theta.$$

La seconde étoile étant à peu près 10' plus au sud que la première, nous la supposerons 5' au sud du centre de la lune et nous prendrons en conséquence $\theta = 30^\circ$ en chiffres ronds, ce qui donne $\sin \theta = \frac{1}{2}$ et $\cos \theta = 0\cdot866$, et

$$\left.\begin{array}{l} a = 5^h\ 24^m\ 30^s \\ p = 62^\circ\ 16' \end{array}\right\} \text{pour la seconde étoile.}$$

La première avait à peu près la même Æ, mais l'apopole devait être environ 62° 16' — 10' = 62° 6'. Ces résultats s'accordent à 5^s près en Æ et à 2 ou 3' près en apopole avec les positions exactes.

Dans la pratique, il sera toujours facile à l'observateur d'estimer l'angle θ à 10° près au moyen d'un fil tendu à travers le diaphragme qui doit pouvoir tourner dans l'oculaire. En le disposant de manière que l'étoile reste toujours sur le fil, on a la direction du mouvement diurne, et l'on peut aisément estimer l'inclinaison θ du rayon lunaire mené à l'étoile sur la direction du fil. Dans tous les cas, il est bon de remarquer si l'étoile a passé au N. ou au S. du centre.

A défaut d'indications propres à faire connaître θ, il faut, dans la recherche de l'étoile, se contenter de la position apparente du centre de la lune, en supposant $r = 0$ dans les formules ci-dessus. Lorsqu'on a un équatorial à sa disposition, on peut le diriger sur le point du ciel représenté par le lieu apparent calculé, et l'on aura l'étoile cherchée dans le champ de la lunette.

Quand l'étoile occultée existe dans les catalogues, on la trouve presque sans calcul au moyen du lieu apparent de la lune. Mais nous avons préféré donner ici une méthode assez exacte pour trouver les positions très-approchées des étoiles *anonymes*, afin de pouvoir les observer avec nos instruments méridiens, ce qui sera dans tous les cas utile, même quand l'étoile se trouvera dans un catalogue déjà publié. La variation annuelle sur laquelle se base la réduction, à une autre époque voulue, d'une étoile cataloguée est très-hasardée dans la plupart des cas. L'incertitude provient de notre défaut de connaissance du *mouvement propre* de l'étoile, mot bien commode pour cacher notre ignorance de tous les petits effets qui influencent la position de l'étoile, et qui se confondent ensemble dans cette expression bien vague. Au lieu donc de prendre les coordonnées d'une étoile dans un catalogue, nous préférons toujours les obtenir directement par des observations faites dans ce but. On se trompe généralement en attribuant une exactitude extraordinaire à nos catalogues d'étoiles ; il est téméraire d'admettre qu'aucune d'entre elles, pas même les étoiles dites fondamentales, soit encore connue avec une exactitude de 1". Les corrections successives apportées de temps en temps aux 100 étoiles données dans le *Nautical Almanac* sont généralement bien au-dessus de cette limite de 1". Depuis le commencement de ce siècle, on a introduit dans l'astronomie pratique l'usage de mettre partout les dixièmes de secondes en arc : c'est là une espèce de mode établie chez les astronomes et tendant à faire voir, ou, pour mieux dire, à faire croire qu'on n'a pas oublié de tenir compte de toutes les quantités qui montent jusqu'à un dixième de seconde. Mais dans ces quantités infimes, il y en a beaucoup que nous ne connaissons pas, et, en attendant, ces dixièmes de secondes sont pour le moins des prétentions superflues. Pour ce qui est enfin des centièmes de secondes, dont quelques astronomes font usage, mieux vaut n'en rien dire. On sait bien d'ailleurs que lorsqu'il s'agit d'angles très-minimes, il existe des moyens de les mesurer peut-être à un dixième de seconde près. Ce n'est pas de ces mesures *différentielles* que nous parlons, mais bien de ces catalogues d'étoiles et de leurs coordonnées *absolues*, où l'on a poussé l'exactitude si loin en apparence. Dans quelques catalogues d'étoiles où les ascensions droites sont données jusqu'aux millièmes de secondes en temps, et les déclinaisons jusqu'aux centièmes de secondes en arc, on a négligé de tenir compte de quantités surpassant de beaucoup une seconde en arc ; là du moins on ferait bien de supprimer les dixièmes et centièmes de seconde. L'exactitude est une bonne chose, mais l'exactitude seulement apparente des chiffres est dans tous les cas un ridicule, et une chose triste quand on pense à tout le temps précieux employé inutilement écrire des décimales imaginaires.

3. Occultations observées.

'Adwa.

1840. Avril 6 : lundi soir.

J'ai observé l'immersion d'une étoile de 5 ou 6e grandeur derrière le bord obscur de la lune à 5^h 52^m $16^s \cdot 0$ ou $15^s \cdot 6$ du chr. ☾. La lumière cendrée était singulièrement forte. La corde décrite par l'étoile détachait tout au plus 1·5 doigt du disque lunaire.

Longitude conclue : 2^h 26^m $18' \cdot 3$ à l'est de Paris.

1840. Avril 7 : mardi soir.

J'ai observé l'immersion d'une étoile de 7 ou 8e grandeur derrière la lune à 6^h 27^m $39^s \cdot 2$ du chr. ☾. La lumière cendrée est comme hier très-forte. Incertitude de $0^s \cdot 5$. A $7^h \cdot 5$, je vis une magnifique étoile filante allant de l'est à l'ouest et laissant une traînée persistante après elle. Je vis aussi plusieurs autres étoiles filantes cette nuit.

Longitude conclue : 2^h 26^m $21^s \cdot 8$.

1840. Mai 4 : lundi soir.

J'ai observé l'immersion d'une étoile de 8 ou 9e grandeur derrière le bord obscur de la lune à 5^h 31^m 12^s du chr. ☾, et celle d'une autre étoile à 5^h 31^m 41^s. L'étoile la première occultée était celle dont la déclinaison était la plus grande. Elles étaient écartées de 6·85 tours de mon micromètre = $9' \cdot 8$ en arc. Leur clarté était tellement faible que la lumière cendrée la surpassait. Je me crois passible d'une erreur de 1 à 2 secondes pour la première étoile, et de 2 à 3 secondes pour la dernière observée.

Longitudes conclues :

Par la 1re étoile, 2^h 26^m $23^s \cdot 4$
Par la 2me étoile, 2 26 22 ·9.

1840. Mai 5 : mardi soir.

J'ai observé l'immersion d'une étoile de 6 ou 7e grandeur derrière le bord obscur de la lune à 5^h 39^m $52^s \cdot 5$ du chr. ☾, à environ 10° au sud de l'équateur lunaire. Une autre étoile, peut-être de la 9e grandeur, fit son immersion à 5^h 43^m $40^s \cdot 8$. Je crus ne plus la voir à 5^h 43^m 10^s; mais 10^s après elle devint très-visible. Cette dernière observation peut être en erreur de 2 ou 3^s. La première ne l'est pas de 1·5 seconde. La seconde occultation dut être suivie d'une troisième, celle d'une étoile à environ $3' \cdot 7$ plus au nord, mais très-faible aussi : je ne pus l'observer. Cette dernière occultation eut lieu à environ 15° du pôle nord de la lune. La lumière cendrée me semble bien plus faible qu'hier. Le vent d'est-sud-est était très-fort.

Longitudes conclues :

Par la 1re étoile, 2^h 26^m $23^s \cdot 1$
Par la 2me étoile, 2 26 21 ·8.

1840. Mai 6 : mercredi soir.

J'ai observé l'immersion d'une étoile (x des Gémeaux sans doute) à 5^h 30^m $28^s \cdot 8$ du chr. ☾. L'émersion eut lieu à 6^h 26^m 48^s à très-peu près; mais je vins un peu tard pour cette observation. L'immersion fut parfaitement bien observée.

NOTA. Comme la lune baissait beaucoup, je dus changer de place plus d'une fois : j'étais enfin au bout de ma cour contre la porte, et occupé à attendre la sortie de l'étoile. Un visiteur m'ayant obligé à me déranger pour ouvrir la porte, je trouvai, en retournant à la lunette, que l'étoile était sortie. Pour ne pas perdre l'observation, je mesurai par le micromètre à fil la distance de l'étoile au bord éclairé de la lune et je notai l'heure : j'observai celle-ci de nouveau quand la distance, très-petite d'ailleurs, de l'étoile à la lune était devenue double. Ensuite la différence de ces deux lectures du chronomètre étant retranchées de la première lecture, j'obtins le moment présumé de l'émersion, c'est-à-dire 6^h 26^m 48^s.

Longitude conclue :

Par la disparition : 2^h 26^m 22 ·5
Par la réapparition : 2 26 18 ·4

Alexandrie.

1839. Octobre 13 : dimanche soir.

J'ai observé l'immersion d'une étoile de 6 ou 7ᵉ grandeur derrière le bord obscur de la lune à $7^h\ 11^m\ 56^s{\cdot}8$ du chr. 𝔄. L'étoile, très-petite et à peine visible à cause de la situation très-basse de la lune, entra à 190° ou tout au plus à 210° du pôle nord de la lune, en comptant du nord vers l'est.

Longitude conclue : $1^h\ 50^m\ 16^s{\cdot}8$ à l'est de Paris.

1839. Octobre 14 : lundi soir.

J'ai observé à $6^h\ 26^m\ 46^s{\cdot}4$ du chr. 𝔄 l'immersion d'une très-petite étoile (7 ou 8ᵉ grandeur) derrière le bord obscur de la lune à environ 189°. L'étoile était tout juste visible, et l'incertitude était de 2 à 3^s.

Longitude conclue : $1^h\ 50^m\ 22^s{\cdot}7$ à l'est de Paris.

'Aylạt.

1841. Octobre 31 : dimanche soir.

A $11^h\ 6^m\ 40^s{\cdot}7$ du chr. 𝔅, j'ai observé l'immersion d'une étoile de 4ᵉ grandeur (η du Taureau ?) derrière le bord éclairé de la lune à 15 ou 20° de son pôle sud. A $11^h\ 6^m\ 29^s$ l'étoile parut collée à la lune. Incertitude de $0^s{\cdot}4$. Visé au niveau Falbe, le bord inférieur de la lune avait 17° de hauteur. Thermomètre 28ᶜ. Ayant souffert toute la journée d'un commencement d'ophthalmie, je n'ai pas osé observer ni l'émersion, ni les immersions des étoiles des Pléiades. Peu avant le lever de la lune, le ciel était chargé de gros nuages, quelques-uns noirs. Tous se sont dissous sur place, sans le moindre mouvement, dans l'espace d'une heure environ.

Longitude conclue : $2^h\ 27^m\ 8^s{\cdot}0$ à l'est de Paris.

Bạrberạh.

1840. Novembre 29 : dimanche soir.

A $8^h\ 4^m\ 30^s$ du chr. 𝔄, j'ai observé la disparition d'une très-petite étoile de 7 ou 8ᵉ grandeur à peine plus brillante que la lumière cendrée. La disparition eut lieu à environ 310° du disque lunaire comptés du nord vers l'est. J'employai le plus fort oculaire du micromètre. Incertitude 2^s.

Longitude conclue : $2^h\ 50^m\ 24^s{\cdot}4$ à l'est de Paris.

Caire.

1839. Novembre 10 : dimanche soir.

J'ai observé l'immersion d'une étoile de 7 ou 8ᵉ grandeur à $5^h\ 59^m\ 53^s{\cdot}9$ du chr. 𝔄. Un moment avant l'immersion, l'étoile devint excessivement faible à cause de la lumière cendrée plus forte et plus blanche que je ne l'avais jamais vue. L'angle était d'environ 135° comptés du vertex vers la droite. L'incertitude est de $1^s{\cdot}5$.

Longitude conclue : $1^h\ 55^m\ 32^s{\cdot}2$ à l'est de Paris.

1839. Novembre 22 : vendredi soir.

J'ai observé l'immersion d'une étoile de 5ᵉ grandeur (136 du Taureau ?) à $9^h\ 51^m\ 11^s{\cdot}2$ du chr. 𝔄. L'incertitude peut aller jusqu'à 6 secondes, car l'étoile s'affaiblit beaucoup en s'approchant du bord éclairé de la lune. J'ai inutilement attendu l'émersion pendant 45 minutes.

[N. 1852. L'étoile a dû sortir au bout de $36^m{\cdot}5$].

Longitude conclue : $1^h\ 55^m\ 41^s{\cdot}9$ à l'est de Paris.

Dạmbạça.

1844. Juin 18 : mardi soir.

A $5^h\ 20^m\ 49^s{\cdot}6$ ou $50^s{\cdot}0$ du chr. 𝔇, j'observai l'immersion d'une étoile de 3 ou 4ᵉ grandeur derrière le bord obscur de la lune, à 5 ou 10° *estimés* au sud de l'équateur lunaire. Oculaire moyen de mon micromètre. L'étoile était parfaitement ronde, chose rare, et ne reparut pas sur le disque lunaire. Il y avait près du pôle sud de la lune deux étoiles, l'une de 4ᵉ, l'autre de 5ᵉ ou 6ᵉ grandeur. Lumière cendrée très-forte. Atmosphère admirablement humide, ce qui est rare en Éthiopie, et très-favorable aux observations délicates.

Longitude conclue : $2^h\ 20^m\ 41^s{\cdot}0$ à l'est de Paris.

Gondar.

1838. Juin 25 : lundi soir.

A $4^h\ 38^m\ 50^s{\cdot}4$ du chr. 𝔇, j'ai observé l'immersion d'une étoile de 7 ou 8ᵉ grandeur, derrière le bord obscur de la lune, à environ 135° comptés de la verticale. Le vent, étant très-frais, faisait osciller les bords de la lune, et rendit mon observation incertaine de 2 ou $2^s{\cdot}5$. La lune paraissait très-bien du reste entre deux gros nuages, et la lumière cendrée était si intense, que je la voyais à travers les nuages légers. Le thermomètre à l'air marquait 16°·3.

Longitude conclue : $2^h\ 20^m\ 36^s{\cdot}6$ à l'est de Paris.

Hodaydah.

1838. Septembre 29 : samedi soir.

J'ai observé l'immersion d'une étoile de 6ᵉ grandeur à $11^h\ 35^m\ 6^s{\cdot}4$ du chr. 𝔄, derrière le bord obscur de la lune. Une heure environ auparavant une occultation eut lieu; mais le ciel se couvrit quelques minutes avant l'immersion de cette étoile, et il se forma un $\frac{3}{4}$ de halo bien qu'il fit très-chaud. Thermomètre à l'air environ 30°.

Longitude conclue : $2^h\ 42^m\ 23^s{\cdot}1$ à l'est de Paris.

Jiddah.

1838. Janvier 30 : mardi soir.

J'ai observé l'immersion d'une petite étoile de 3 ou 4ᵉ grandeur à $5^h\ 8^m\ 44^s{\cdot}4$ du chr. 𝔄, et à $4^h\ 48^m\ 7^s{\cdot}2$ du chr. 𝔇. L'étoile parut attachée un moment au bord obscur de la lune, puis disparut subitement. La corde décrite par l'étoile était petite : le petit segment était environ $\frac{1}{7}$ du disque de la lune. Cependant une $\frac{1}{2}$ heure après, je n'avais encore pu observer l'émersion. Probablement l'étoile disparut dans les rayons de la lune.

Longitude conclue : $2^h\ 27^m\ 23^s{\cdot}1$ à l'est de Paris.

Muçaww'a.

1841. Septembre 18 : samedi soir.

A $10^h\ 5^m\ 19^s{\cdot}2$ du chr. 𝔅, j'ai observé l'immersion d'une très-petite étoile à environ 10° ou 15° de la corne S de la lune, telle que je la voyais dans la lunette qui renverse. Ayant lu la montre et écrit l'heure, je regardai encore, et crus voir l'étoile une seconde fois. Elle disparut alors à $10^h\ 6^m\ 6^s$. Regardant sans lunette, je vis un nuage transparent sur la lune. Il devenait épais en s'avançant. Quand il fut passé, l'étoile n'y était certainement plus. Comme à $10^h\ 5^m\ 0^s$ je ne voyais plus de distance entre l'étoile et la lumière cendrée, je suis porté à croire que ma première observation est véridique.

Longitude conclue : $2^h\ 28^m\ 23^s{\cdot}2$ à l'est de Paris.

Suez.

1839. Décembre 19 : jeudi soir.

J'ai observé l'immersion d'une très-petite étoile derrière le bord obscur de la lune à $1^h\ 54^m\ 6^s$ du chr. 𝔈.

Cette observation fut faite avec le 2ᵉ oculaire (2ᵉ après le plus faible) de mon micromètre à fil; mais l'étoile devint tellement faible près de la lune, que je n'oserais répondre de l'observation à moins de 6 ou 7 secondes près. Immédiatement après je pris la hauteur du centre de la lune avec le théodolite Falbe à 310° 24′ 0″, face à gauche et vernier A.

Longitude conclue : $2^h\ 0^m\ 49^s{\cdot}9$ à l'est de Paris.

[Le calcul a montré qu'on devait changer le temps de la disparition de l'étoile en $1^h\ 55^m\ 6^s$].

Tujurrah.

1841. Mars 27 : samedi soir.

J'ai observé l'immersion d'une étoile de 7ᵉ grandeur derrière le bord obscur de la lune, à environ 45° de la corne du croissant comptés du nord vers l'est dans la lunette. L'incertitude est d'environ 2 à 3ˢ. L'étoile parut attachée au bord de la lune pendant plus de 30ˢ. La lumière cendrée était faible. L'étoile était ronde et bien définie. L'immersion eut lieu à $7^h\ 3^m\ 40^s\cdot0$ du chr. 𝔅.

Longitude conclue : $2^h\ 42^m\ 12^s\cdot1$ à l'est de Paris.

Inçatkab.

1832. Septembre 3 : lundi soir.

M. Ruppell a observé l'immersion d'une étoile de 3 ou 4ᵉ grandeur (μ du Sagittaire) derrière le bord obscur de la lune, à $12^h\ 0^m\ 37^s$ de son chronomètre, par un temps parfaitement serein. Les hauteurs correspondantes du soleil observées les 2, 3, 4 septembre donnent l'état du chronomètre $= 0^h\ 8^m\ 54^s\cdot2$ en avance sur le temps moyen. Nous avons ajouté au tableau de la page 94 les éléments du calcul que nous avons fait sur ces données.

Longitude conclue : $2^h\ 23^m\ 13^s\cdot3$ à l'est de Paris.

(Appendice.) *Olinda* (Brésil).

1837. Février 19 : dimanche soir.

J'ai observé la disparition de η du Lion derrière le bord obscur de la lune, à $10^h\ 39^m\ 21^s$ du chr. 𝔅. Il peut exister une incertitude de 4 à 5ˢ sur cette occultation, à cause des grandes secousses données par le vent. Même une heure et demie après l'immersion je n'ai pu revoir l'étoile avec l'oculaire de 60 fois, garni du micromètre à fil. La grande fatigue et la force du vent m'ont obligé à renoncer à chercher l'étoile.

Longitude conclue : $2^h\ 28^m\ 57^s\cdot0$ à l'ouest de Paris.

Dans la même soirée, j'ai vu l'émersion du 3ᵐᵉ satellite de Jupiter à $8^h\ 30^m\ 56^s\cdot8$ dans la lunette de Cauchoix, avec l'oculaire n° 5, qui grossit 90 fois. Incertitude de 10 à 12ˢ à cause des nuages et du vent qui faisait beaucoup trembler la lunette.

Longitude conclue de l'heure du N. A. : $2^h\ 25^m\ 23^s\cdot5$.

1837. Mars 21 : mardi soir.

Émersion du 2ᵐᵉ satellite de Jupiter, vue à $5^h\ 44^m\ 23^s\cdot2$ du chr. 𝔄. La bande de Jupiter était bien visible. L'oculaire grossissait 90 fois. L'émersion peut avoir été observée 1ˢ trop tard.

Longitude conclue de l'heure du N. A. : $2^h\ 29^m\ 1^s\cdot6$. A. d'A.

4. Liste des étoiles occultées.

Lieu et date de l'occultation.			Désignation de l'étoile.	Grandeur.	Nomb. des obs. en Æ,p.	Autorité.	Époque de l'obs.	Position moyenne pour 1850·0 Æ	p (N).
'Adwa.	1840. Avril	6	Lal. 9096. . .	6-7	2,2	Sonntag. . .	1851·9	4ʰ 43ᵐ 25ˢ·11	62° 21′ 30″·8
»	» »	7	Bessel Zone 507	7-8	3,3	»	»	5 50 36·71	61 53 25·4
»	» Mai	4	Anonyme . . .	8-9	2,2	»	»	5 25 12·20	62 3 28·1
»	» »	4	»	8-9	2,2	»	»	5 25 12·28	62 12 43·8
»	» »	5	Lal. 12789. . .	8	2,2	»	»	6 32 20·39	62 47 1·6
»	» »	5	» 12785. . .	9	2,2	»	»	6 32 15·34	62 28 12·0
»	» »	6	κ des Gémeaux	4-5	2,2	»	»	7 35 23·11	65 14 48·8
Alexandrie . .	1839. Oct.	13	Anonyme. . .	9	4,6	Villarceau. .	1852·5	17 44 10·34	118 58 19·3
»	» »	14	Lacaille 7863.	7-8	3,5	»	»	18 38 9·60	118 26 6·6
'Aylat.	1841. Oct.	31	η du Taureau.	3	2,2	Sonntag . . .	1851·9	3 38 34·61	66 21 46·8
Barberah. . . .	1840. Nov.	29	Anonyme . . .	8-9	1,1	»	»	20 43 47·25	109 18 3·8
Caire	1839. Nov.	10	»	8-9	4,5	Villarceau . .	1852·5	18 22 23·14	118 36 30·2
»	» »	22	Lal. 11021. . .	6	3,3	Sonntag . . .	1851·9	5 41 31·05	62 4 57·5
Dambaça	1844. Juin	18	» 15631. . .	6-7		B. A. C. 2664		7 52 57·02	73 8 3·9
Gondar	1838. Juin	25	» 18567. . .	7-8		Lalande . . .		9 18 8·98	70 17 43·5
Hodaydah. . . .	1838. Sept.	29	» 41332. . .	7	2,2	Sonntag . . .	1851·9	21 9 55·46	110 57 37·6
Jiddah.	1838. Janv.	30	» 1708. . .	6-7	3,3	»	»	0 52 3·34	84 19 35·4
Muçaww'a. . . .	1841. Sept.	18	» 26462,3. .	7-8	3,3	Villarceau . .	1855·5	14 22 26·04	110 2 50·2
Suez.	1839. Déc.	19	» 9661. . .	8	2,2	Sonntag . . .	1851·9	5 0 39·38	62 38 15·0
Tujurrah	1841. Mars	27	» 7857. . .	7-8	2,2	»	»	4 5 24·95	64 7 31·1

5. Tableau du calcul des occultations.

Lieu	ʿAdwa	ʿAdwa	ʿAdwa	ʿAdwa	ʿAdwa	ʿAdwa	ʿAdwa
Date	1840. Avril 6.	1840. Avril 7.	1840. Mai 4.	1840. Mai 4.	1840. Mai 5.	1840. Mai 5.	1840. Mai 6.
Temps moy. du lieu t	$8^h\ 27^m\ 34^s{\cdot}5$	$9^h\ 2^m\ 56^s{\cdot}3$	$8^h\ 3^m\ 31^s{\cdot}7$	$8^h\ 4^m\ 0^s{\cdot}7$	$8^h\ 12^m\ 5^s{\cdot}5$	$8^h\ 15^m\ 53^s{\cdot}8$	$8^h\ 2^m\ 34^s{\cdot}9$
Long. supp. l	2 35 49 ·0	2 35 49 ·0	2 35 49 ·0	2 35 49 ·0	2 35 49 ·0	2 35 49 ·0	2 35 49 ·0
Temps m. de Greenw. t	5 51 45 ·5	6 27 7 ·3	5 27 42 ·7	5 28 11 ·7	5 36 16 ·5	5 40 4 ·8	5 26 45 ·9
Temps sidéral S	9 27 53 ·3	10 7 17 ·4	10 54 10 ·1	10 54 39 ·1	11 6 41 ·8	11 10 30 ·7	11 1 6 ·2
Erreurs	— 3 ·7	— 4 ·2	— 7 ·7	— 7 ·7	— 5 ·9	— 5 ·9	— 4 ·2
du N. A.	+ 1 ·7	+ 1 ·7	+ 3 ·8	+ 3 ·8	+ 3 ·8	+ 3 ·8	+ 3 ·9
AR ☾ = **a**	71° 29′ 47″·6	88° 11′ 30″·3	81° 56′ 37″·5	81° 56′ 57″·9	98° 40′ 42″·1	98° 43′ 17″·1	114° 21′ 45″·7
p ☾ = **p**	62 28 37 ·7	61 47 11 ·3	61 58 43 ·5	61 58 43 ·0	62 35 39 ·5	62 35 54 ·7	65 1 53 ·4
Parallaxe Π_0	59 52 ·4	59 22 ·7	60 33 ·3	60 33 ·3	59 56 ·1	59 56 ·0	59 11 ·5
Demi-diam. r	16 18 ·9	16 10 ·8	16 30 ·1	16 30 ·1	16 20 ·0	16 19 ·9	16 7 ·8
AR * = a	70 42 4 ·8	87 29 57 ·7	81 8 45 ·3	81 8 47 ·2	97 55 56 ·5	97 54 39 ·4	113 42 0 ·0
p * = p	62 22 25 ·9	61 53 23 ·3	62 3 49 ·0	62 13 4 ·8	62 46 25 ·1	62 27 35 ·5	65 13 22 ·0
x	— $4^s{\cdot}3$	— $2^s{\cdot}9$	+ $0^s{\cdot}6$	+ $0^s{\cdot}6$	+ $2^s{\cdot}1$	— $6^s{\cdot}5$	— $2^s{\cdot}3$
Long. conclue	2 35 44 ·7	2 35 46 ·1	2 35 49 ·6	2 35 49 ·6	2 35 51 ·1	2 35 42 ·5	2 35 46 ·7
Long. à l'E. de Paris	2 26 23 ·2	2 26 24 ·6	2 26 28 ·1	2 26 28 ·1	2 26 29 ·6	2 26 21 ·0	2 26 25 ·2
$\frac{1}{1200}$ Π ℭ	— 4 ·4	+ 4 ·9	— 4 ·8	— 4 ·5	— 4 ·2	— 5 ·5	— 3 ·0
$\frac{1}{300}$ r 𝔇	+ 5 ·3	— 4 ·3	+ 4 ·5	+ 4 ·7	+ 4 ·8	+ 7 ·3	+ 6 ·3
Long. corrigée	2 26 24 ·1	2 26 25 ·2	2 26 27 ·8	2 26 28 ·3	2 26 30 ·2	2 26 22 ·8	2 26 28 ·5
Correction Adams	2 26 18 ·7	2 26 20 ·3	2 26 23 ·7	2 26 23 ·1	2 26 25 ·9	2 26 18 ·4	2 26 23 ·5
𝔄	+ 1 ·35	+ 1 ·47	+ 1 ·41	+ 1 ·44	+ 1 ·39	+ 1 ·66	+ 1 ·16
𝔅	— 1 ·22	+ 0 ·59	— 0 ·40	+ 0 ·54	+ 0 ·83	— 1 ·92	+ 1 ·95
ℭ	— 1 ·48	— 1 ·45	— 1 ·60	— 1 ·48	— 1 ·37	— 1 ·82	— 1 ·03
𝔇	+ 1 ·95	+ 1 ·77	+ 1 ·65	+ 1 ·71	+ 1 ·77	+ 2 ·68	+ 2 ·33
d**a**	— 2″ ·0	+ 0″ ·6	— 0″ ·7	— 0″ ·9	— 1″ ·3	— 1″ ·5	+ 0″ ·4
d**p**	— 1 ·0	— 0 ·8	— 1 ·3	— 1 ·3	— 2 ·8	— 2 ·8	— 2 ·7
dΠ	+ 7 ·8	+ 7 ·1	+ 6 ·7	+ 6 ·7	+ 6 ·8	+ 6 ·8	+ 6 ·1
dr	+ 3 ·7	+ 3 ·5	+ 3 ·4	+ 3 ·4	+ 3 ·4	+ 3 ·5	+ 3 ·2
dl	— 5 ·8	— 3 ·7	— 5 ·6	— 6 ·1	— 7 ·4	— 0 ·1	— 3 ·6
Long. finale	2 26 18 ·3	2 26 21 ·8	2 26 23 ·4	2 26 22 ·9	2 26 23 ·1	2 26 21 ·8	2 26 22 ·5
(†) Y. V.	2 26 22 ·1	2 26 25 ·9	2 26 23 ·4	2 26 28 ·4	2 26 29 ·8	2 26 25 ·9	2 26 27 ·5

(†) Les légères différences de ces résultats de M. Villarceau avec les « longitudes corrigées » proviennent principalement de la manière d'obtenir l'état du chronomètre et les erreurs du N. A. par interpolation, ainsi que de la différence des méthodes employées, car M. Villarceau s'est servi des coordonnées rectangulaires.

Tableau du calcul des occultations.

Lieu	ʿAdwa	Alexandrie	Alexandrie	ʿAylat	Barberah	Caire	Caire
Date	1840. Mai 6.	1839. Octob. 13.	1839. Octob. 14.	1841. Octob. 31.	1840. Nov. 29.	1839. Nov. 10.	1839. Nov. 22.
Temps moy. du lieu t	$8^h\ 58^m\ 54^s{\cdot}0$	$7^h\ 49^m\ 7^s{\cdot}8$	$7^h\ 4^m\ 4^s{\cdot}2$	$7^h\ 48^m\ 20^s{\cdot}5$	$8^h\ 11^m\ 33^s{\cdot}5$	$6^h\ 45^m\ 13^s{\cdot}2$	$10^h\ 37^m\ 42^s{\cdot}8$
Long. supp. l	2 35 49 ·0	1 59 32 ·0	1 59 32 ·0	2 36 56 ·0	3 0 32 ·0	2 5 3 ·0	2 5 3 ·0
Temps m. de Greenw. **t**	6 23 5 ·0	5 49 35 ·8	5 4 32 ·2	5 11 24 ·5	5 11 1 ·5	4 40 10 ·2	8 32 39 ·8
Temps sidéral S	11 57 34 ·5	21 15 32 ·3	20 34 17 ·9	22 27 39 ·2	0 46 9 ·4	22 1 49 ·9	2 42 16 ·3
Erreurs	− 4″·1	− 5″·3	− 3″·4	+ 3″·4	− 4″·4	− 9″·5	− 5″·3
du N. A.	+ 3 ·9	+ 15 ·9	+ 9 ·5	+ 6 ·1	+ 2 ·2	+ 0 ·5	+ 2 ·6
Æ ☾ = **a**	114° 57′ 25″·0	266° 23′ 22″·1	279° 43′ 13″·8	53° 18′ 52″·2	311° 24′ 2″·6	275° 53′ 25″·5	84° 18′ 3″·2
p ☾ = **p**	65 9 34 ·6	118 30 41 ·7	117 56 28 ·4	66 3 24 ·3	109 8 41 ·1	118 2 43 ·3	61 44 37 ·4
Parallaxe Π_0	59 9 ·6	54 37 ·9	55 ·7 ·9	58 22 ·5	54 26 ·5	54 39 ·7	60 41 ·2
Demi-diam. **r**	16 7 ·3	14 53 ·2	15 1 ·4	15 54 ·4	14 50 ·2	14 53 ·8	16 32 ·2
Æ * = *a*	113 42 0 ·0	265 52 46 ·4	279 22 44 ·8	54 31 57 ·6	310 49 3 ·4	275 25 59 ·1	85 13 38 ·8
p * = *p*	65 13 22 ·0	118 58 15 ·9	118 26 51 ·2	66 23 10 ·4	109 20 8 ·6	118 37 0 ·1	62 5 5 ·6
x	+ 4s·3	− 18s·8	− 11s·1	− 2s·2	− 35s·2	+ 6s·8	− 7s·1
Long. conclue	2 35 53 ·3	1 59 13 ·2	1 59 20 ·9	2 36 53 ·8	2 59 56 ·8	2 5 9 ·8	2 4 55 ·9
Long. à l'E. de Paris	2 26 31 ·8	1 49 51 ·7	1 49 59 ·4	2 27 32 ·3	2 50 36 ·3	1 55 48 ·3	1 55 34 ·4
$\frac{1}{1200}$ Π ℭ	− 4 ·6	− 5 ·1	− 11 ·7	+ 6 ·9	− 5 ·0	− 4 ·5	+ 3 ·7
$\frac{1}{300}$ r 𝔇	− 4 ·8	+ 7 ·2	+ 11 ·8	+ 7 ·2	+ 5 ·0	+ 4 ·9	+ 6 ·2
Long. corrigée	2 26 22 ·4	1 49 53 ·8	1 49 59 ·5	2 27 46 ·4	2 50 36 ·3	1 55 48 ·7	1 55 44 ·3
Correction Adams	2 26 22 ·3	1 49 47 ·0	1 49 56 ·6	2 27 23 ·4	2 50 34 ·8	1 55 47 ·6	1 55 39 ·5
𝔄	+ 1 ·60	+ 1 ·77	+ 1 ·32	+ 1 ·99	+ 1 ·71	+ 1 ·73	+ 1 ·44
𝔅	− 0 ·09	− 2 ·11	− 4 ·48	+ 1 ·92	− 0 ·89	− 0 ·38	+ 1 ·55
ℭ	− 1 ·56	− 1 ·85	− 4 ·25	+ 2 ·35	− 1 ·84	− 1 ·65	+ 1 ·23
𝔇	− 1 ·77	+ 2 ·92	+ 4 ·72	+ 2 ·90	+ 2 ·02	+ 2 ·00	+ 2 ·25
d**a**	+ 0″·4	− 2″·6	− 2″·1	− 15″·9	− 6″·3	− 10″·6	− 1″·2
d**p**	− 2 ·8	− 12 ·4	− 5 ·5	+ 4 ·3	+ 1 ·3	+ 2 ·3	− 0 ·3
dΠ	+ 6 ·1	+ 1 ·6	+ 2 ·2	− 2 ·0	+ 2 ·9	+ 0 ·6	+ 2 ·8
dr	+ 3 ·2	+ 1 ·9	+ 2 ·1	+ 1 ·0	+ 2 ·2	+ 1 ·6	+ 2 ·4
dl	− 14 ·3	+ 24 ·2	+ 22 ·4	− 25 ·2	− 12 ·8	− 17 ·0	+ 5 ·6
Long. finale	2 26 18 ·4	1 50 16 ·8	1 50 22 ·7	2 27 8 ·0	2 50 24 ·4	1 55 32 ·2	1 55 41 ·9
Y. V.	2 26 24 ·4						

Tableau du calcul des occultations.

Lieu	Dambaça	Gondar	Hodaydah	Jiddah	Muçaww'a	Suez	Tujurrah	Inçatkab
Date	1844. Juin 18.	1838. Juin 25.	1838. Sept. 29.	1838. Janv. 30.	1841. Sept. 18.	1839. Déc. 19.	1841. Mars 27.	1832. Sept. 3.
Temps moy. du lieu t	$7^{h}\ 6^{m}21^{s}\cdot 8$	$8^{h}\ 8^{m}58^{s}\cdot 0$	$11^{h}57^{m}20^{s}\cdot 1$	$7^{h}34^{m}18^{s}\cdot 5$	$6^{h}52^{m}\ 5^{s}\cdot 2$	$7^{h}17^{m}53^{s}\cdot 4$	$7^{h}\ 2^{m}48^{s}\cdot 5$	$11^{h}51^{m}42^{s}\cdot 8$
Long. supp. l	2 29 51 ·5	2 30 10 ·0	2 51 55 ·0	2 37 0 ·0	2 39 1 ·8	2 11 2 ·6	2 51 56 ·0	2 32 30 ·0
Temps m. de Greenw. t	4 36 30 ·3	5 38 48 ·0	9 5 25 ·1	4 57 18 ·5	4 13 3 ·4	5 6 50 ·8	4 10 52 ·5	9 19 12 ·8
Temps sidéral S	12 54 24 ·7	14 22 36 ·6	0 30 2 ·0	4 12 13 ·1	18 41 42 ·5	1 8 20 ·1	7 22 28 ·2	22 43 24 ·4
Erreurs	− 5″·1	− 0″·1	− 2″·5	− 2″·0	− 5″·6	− 9″·7	− 6″·0	Tables de
du N. A.	+ 0 ·5	+ 2 ·2	+ 4 ·3	+ 2 ·1	+ 4 ·3	+ 4 ·8	− 3 ·7	Hansen :
Æ ☾ = $\mathfrak{a}$	118°51′ 5″·8	140° 3′ 4″·9	317°49′37″·4	13°25′51″·3	216° 8′30″·9	73°51′31″·8	61°46′ 3″·8	271°34′ 3″·5
p ☾ = $\mathfrak{p}$	72 54 13 ·3	70 13 43 ·5	110 30 16 ·7	84 19 30 ·7	109 46 55 ·3	62 20 53 ·1	64 6 26 ·2	110 44 2 ·9
Parallaxe Π_0	55 20 ·7	54 55 ·0	59 35 ·8	59 22 ·7	57 23 ·3	60 52 ·3	58 45 ·2	54 19 ·5
Demi-diam. r	15 4 ·9	14 57 ·8	16 14 ·4	16 10 ·9	15 38 ·3	16 35 ·2	16 0 ·6	14 49 ·7
Æ * = a	118 9 28 ·5	139 22 15 ·4	317 19 29 ·6	12 51 23 ·5	215 29 30 ·4	75 0 55 ·8	61 13 14 ·7	270 56 13 ·4
p * = p	73 7 14 ·7	70 14 36 ·3	111 0 28 ·3	84 23 31 ·5	110 0 39 ·6	62 38 56 ·1	64 8 47 ·7	111 5 36 ·0
x	+ 23s·4	+ 8s·3	− 5s·7	− 5s·0	− 1m 2s·2	− 1m 2s·9	− 34s·2	+ 3s·9
Long. conclue	2 30 14 ·8	2 30 18 ·3	2 51 49 ·3	2 36 55 ·0	2 37 59 ·6	2 9 59 ·7	2 51 21 ·8	2 32 33 ·9
Long. à l'E. de Paris	2 20 53 ·3	2 20 56 ·8	2 42 27 ·8	2 27 33 ·5	2 28 38 ·1	2 0 38 ·2	2 42 0 ·3	
$\frac{1}{1800}\,\Pi\,\mathfrak{C}$:	− 4 ·3	− 6 ·9	− 3 ·8	− 3 ·7	− 8 ·1	+ 4 ·0	− 4 ·5	
$\frac{1}{360}\,r\,\mathfrak{D}$	+ 5 ·0	+ 6 ·8	+ 5 ·3	+ 5 ·4	+ 7 ·8	+ 4 ·7	+ 6 ·0	
Long. corrigée	2 20 54 ·0	2 20 56 ·7	2 42 29 ·3	2 27 35 ·2	2 28 37 ·8	2 0 46 ·9	2 42 1 ·8	
Correction Adams	2 20 55 ·2	2 20 51 ·2	2 42 24 ·9	2 27 27 ·5	2 28 41 ·6	2 0 46 ·1	2 42 0 ·1	
$\mathfrak{A}$	+ 1 ·65	+ 2 ·36	+ 1 ·79	+ 0 ·99	+ 2 ·32	+ 1 ·46	+ 1 ·73	+ 0 ·95
$\mathfrak{B}$	+ 1 ·00	− 1 ·07	+ 0 ·33	− 1 ·72	− 1 ·69	+ 0 ·43	+ 1 ·13	+ 0 ·24
$\mathfrak{C}$	− 1 ·54	− 2 ·52	− 1 ·27	− 1 ·24	− 2 ·82	+ 1 ·31	− 1 ·53	− 1 ·01
$\mathfrak{D}$	+ 2 ·00	+ 2 ·73	+ 1 ·94	+ 1 ·99	+ 2 ·99	+ 1 ·71	+ 2 ·23	+ 1 ·04
d$\mathfrak{a}$	− 7″·9	− 9″·9	− 2″·9	− 3″·6	− 21″·1	+ 0″·2	+ 2″·7	
d$\mathfrak{p}$	− 0 ·5	− 1 ·0	− 2 ·2	+ 4 ·8	− 16 ·9	− 2 ·7	+ 6 ·0	
dΠ	+ 2 ·9	+ 1 ·8	+ 3 ·9	+ 3 ·6	+ 0 ·1	+ 5 ·0	+ 4 ·3	
dr	+ 2 ·3	+ 2 ·1	+ 2 ·7	+ 2 ·5	+ 1 ·6	+ 3 ·0	+ 2 ·7	
dl	− 13 ·2	− 21 ·0	− 5 ·6	− 11 ·3	− 15 ·9	+ 10 ·8	+ 10 ·9	
Long. finale	2 20 41 ·0	2 20 36 ·6	2 42 23 ·1	2 27 23 ·1	2 28 23 ·2	2 0 49 ·9	2 42 12 ·1	2 23 13 ·3

6. Calcul des longitudes par les hauteurs ou par les distances lunaires.

En calculant les observations éthiopiennes des doubles hauteurs de la lune et celles des distances de cet astre au soleil, aux planètes ou aux étoiles, on a suivi une méthode d'une simplicité remarquable et avantageuse surtout lorsqu'il s'agit de tirer parti d'observations disposées en longues séries. Nous l'exposerons ici d'abord sous un point de vue un peu général.

Le principe de la méthode en question consiste à dresser une petite table ou sorte d'éphéméride pour l'objet des observations, à en déduire par interpolation les valeurs qui correspondent aux heures observées, et à exprimer par les différences de ces valeurs calculées avec celles qu'on a notées, les corrections de la longitude supposée qui a servi au calcul de l'éphéméride.

Désignons par D l'objet des observations, soit distance, soit hauteur lunaire, et admettons qu'on ait calculé, avec la longitude supposée l, quatre valeurs de D pour quatre instants choisis, de manière qu'une série donnée d'observations se trouve comprise entre les limites de cette éphéméride. On peut alors, au moyen des différences, en dériver les trois premiers coefficients différentiels de D par rapport au temps, et par conséquent interpoler avec une précision suffisante les valeurs de D pour les heures observées. Pour trouver en outre le coefficient différentiel de D par rapport à la longitude, il suffit de répéter le calcul de D pour deux des quatre instants choisis, avec une longitude supposée $= l + 100^s$.

Une série d'observations de ce genre embrasse en moyenne un intervalle de 30^m. On pourra donc, en général, choisir le temps moyen t du lieu d'observation de manière que les heures données se trouvent comprises entre deux des quatre suivantes :

$$t, \quad t + 30^m, \quad t + 1^h, \quad t + 1^h\,30^m.$$

Supposant alors la longitude à l'est de Greenwich $= l$, et $t - l = \mathbf{t}$, on calculera quatre valeurs de D pour les heures suivantes de Greenwich :

$$\mathbf{t}, \quad \mathbf{t} + 30^m, \quad \mathbf{t} + 1^h, \quad \mathbf{t} + 1^h\,30^m.$$

En prenant pour unité de temps l'intervalle d'une demi-heure entre deux époques consécutives de l'éphéméride, on obtient les coefficients différentiels sans division, au moyen des différences. La différence troisième sera égale au 3me coefficient que nous considérons comme constant ; les deux secondes différences représentent les deuxièmes coefficients pour les deux époques du milieu ; enfin, les trois différences premières donneront les premiers coefficients par une combinaison très-simple. Mais il convient de montrer ici l'origine de la règle qui sert à trouver ces coefficients premiers.

La valeur de D pour un temps donné $t + \tau$ sera :

$$D(\tau) = D + \mathrm{I}\,\tau + \tfrac{1}{2}\,\mathrm{II}\,\tau^2 + \tfrac{1}{6}\,\mathrm{III}\,\tau^3,$$

où les coefficients I et II seuls se rapportent particulièrement au temps t, le troisième étant constant. Lorsque τ désigne un intervalle de l'éphéméride, on aura $\tau = \pm 1$, et

$$D(\pm 1) = D \pm \mathrm{I} + \tfrac{1}{2}\,\mathrm{II} \pm \tfrac{1}{6}\,\mathrm{III}.$$

Donc, en rapportant D à l'une des deux époques du milieu, et $D(\tau)$ tour à tour à l'époque qui précède et à celle qui suit, nous aurons d'abord $\tau = -1$, ensuite $\tau = +1$, et par conséquent

$$D - D(-1) = \mathrm{I} - \tfrac{1}{2}\,\mathrm{II} + \tfrac{1}{6}\,\mathrm{III}$$
$$D(+1) - D = \mathrm{I} + \tfrac{1}{2}\,\mathrm{II} + \tfrac{1}{6}\,\mathrm{III}.$$

La moyenne entre ces deux différences premières sera donc $= \mathrm{I} + \frac{1}{6}\,\mathrm{III}$, et l'on trouvera le coefficient I pour l'un des instants du milieu, en prenant la moyenne des deux différences premières qui s'y rapportent, moins $\frac{1}{6}$ III.

La différence 2me, déduite de ces deux 1res, sera évidemment $= \mathrm{II}$; et la différence 3me sera celle des deux valeurs du coefficient II, et par suite $= \mathrm{III}$.

Ainsi l'on trouvera sans peine les 3 coefficients de la formule qui sert à interpoler les valeurs de $D(\tau)$ correspondant aux heures observées. Les intervalles τ entre l'époque d'où l'on part et celle qui est donnée, devront ici être exprimés en demi-heures, ce qui se fait en divisant par 30 le nombre de minutes contenues dans un intervalle.

Pour avoir, de plus, les coefficients différentiels de D par rapport à la longitude, on prendra une longitude $= l + 100^s$, et l'on calculera avec celle-ci deux nouvelles valeurs de D pour la 1re et pour la 3me époque de l'éphéméride, c'est-à-dire pour les instants $\mathbf{t} - 100^s$ et $\mathbf{t} + 1^h - 100^s$ en temps moyen de Greenwich. Soustrayant alors les anciennes valeurs des nouvelles, et divisant ces différences par 100, on aura deux valeurs $\frac{dD}{dl}$ pour $dl = 1^s$, lesquelles correspondent aux époques t et $t + 1^h$; on en déduira sans difficulté les valeurs du même coefficient pour les époques des observations. Soit enfin x la correction qu'il faut ajouter à la longitude l pour bien représenter une observation de D, l'on aura :

$$D.\ obs. - D.\ calc. = x.\ \frac{dD}{dl}\ ; \quad donc \quad x = \frac{D.\ obs. - D.\ calc.}{\frac{dD}{dl}}.$$

De cette façon, tout se réduit à calculer, avec une longitude assumée l, six valeurs de D pour les six instants suivants de Greenwich :

$$t - 100^s,\quad t,\quad t + 30^m,\quad t + 1^h - 100^s,\quad t + 1^h,\quad t + 1^h\,30^m,$$

à en déduire par voie d'interpolation les valeurs de D et de $\frac{dD}{dl}$ pour les heures données, et à diviser par $\frac{dD}{dl}$ les différences entre les valeurs observées et calculées de D, pour avoir les corrections de la longitude supposée.

Les formules pour calculer la hauteur apparente ou la distance apparente de la lune sont connues. On prendra d'abord dans le *N. Alm.* la position géocentrique de la lune, sa parallaxe, son demi-diamètre et le temps sidéral. Ensuite on cherche la parallaxe en Æ et en δ par les formules de la page 76, et l'on calcule avec la position apparente l'azimut et l'apozénit du centre de la lune, au moyen des formules de la page **B**. Pour avoir l'apozénit apparent, il faut encore ajouter la réfraction à l'apozénit calculé.

A-t-on maintenant observé les doubles hauteurs d'un bord de la lune, il faudra ajouter à l'apozénit du centre (ou bien en retrancher) le demi-diamètre apparent de cet astre ; il faudra de plus substituer à la réfraction centrale celle qui a lieu au bord. Alors on obtient l'apozénit apparent du bord ; son complément, multiplié par 2, donnera la double hauteur apparente du bord.

A-t-on observé des distances lunaires, il faut encore chercher la position apparente de l'astre qu'on a comparé avec la lune. Si c'est le soleil ou une planète, on aura encore une fois la parallaxe en Æ et δ, mais par les formules abrégées de la page 77. Ensuite on cherchera l'azimut et l'apozénit apparent du centre, et l'on trouvera la distance des deux centres par la formule :

$$\cos D = \cos z\,☾\,\cos z\,\odot + \sin z\,☾\,\sin z\,\odot\,\cos(A☾ - A\odot)$$

où nous avons désigné par ⊙ l'astre observé avec la lune. Cette formule peut très-bien se calculer sans angle auxiliaire ; il est même plus commode d'interpoler entre les logarithmes des nombres qu'entre ceux des fonctions trigonométriques dans les tables à 7 décimales ; et le cosinus donnera D avec assez de précision, puisqu'on prend toujours des distances voisines de 90°.

Pour avoir la distance des bords observés, on ajoute à D les demi-diamètres apparents des deux astres avec les signes $\pm$, selon qu'on a observé les bords éloignés ou voisins. Ici il faut encore tenir compte de la contraction des demi-diamètres causée par la réfraction. Soit r le demi-diamètre horizontal et $\Delta\rho$ la réfraction en demi-diamètre, c'est-à-dire la différence entre la réfraction au centre et celle au bord horizontal de la lune ou du soleil, le demi-diamètre vertical sera $= r - \Delta\rho$.

On peut donc regarder la forme apparente du contour de l'astre comme une ellipse dont les demi-axes sont r et $r - \Delta\rho$; alors on trouve que la contraction du demi-diamètre est égale à la contraction verticale $\Delta\rho$ multipliée par le carré du cosinus de l'angle de position. Nous prendrons pour cet angle le signe de l'astre dont il s'agira, et nous aurons, par exemple :

$$\text{contr. de la lune} = \Delta\rho☾ \times \cos^2 ☾.$$

L'angle de position ☾ sera ici l'angle formé par les directions de D et de $z☾$; par conséquent

$$\sin ☾ = \frac{\sin(A☾ - A\odot)}{\sin D} \sin z\,\odot,$$

et de même

$$\sin \odot = \frac{\sin(A☾ - A\odot)}{\sin D} \sin z\,☾,$$

où les signes sont indifférents, puisqu'il s'agit de $\cos^2$ ☾ et de $\cos^2$ ⊙. On n'aura même pas besoin de connaître les angles ⊙, ☾, si l'on cherche la contraction par les formules $\Delta\rho☾\,(1 - \sin^2 ☾)$ et $\Delta\rho\odot\,(1 - \sin^2 \odot)$. On prendra de tête le double de log sin ☾ ou de log sin ⊙, et l'on cherchera dans une petite table à 3 décimales $\sin^2$ ☾ ou $\sin^2$ ⊙. En ajoutant encore à D la contraction de la lune et celle du soleil, avec des signes opposés à ceux des demi-diamètres, on aura enfin la distance apparente des bords observés.

L'exemple qui suit fera mieux comprendre tous les détails de la méthode :

Exemple.

Observations faites à *Saqa*, le 20 décembre 1845 (samedi matin).

B = 618·0. T = 21·2.

E = + 2^h 58^m 41^s·4 par angles horaires.

I. DOUBLES HAUTEURS DU BORD SUPÉRIEUR DE LA LUNE.

Chr. ☽.	Lectures du sextant Gambey.
6^h 5^m 38^s	47° 49′ 30″
12 15·6	44 36 30
19 43	41 0 30.

II. DISTANCES DU BORD VOISIN DE LA LUNE AU BORD VOISIN DU SOLEIL.

Chr. ☽.	Lectures du cercle blanc.	Distances apparentes.
6^h 9^m 58^s 10 34	218° 24′ 20″	109° 12′ 10″·0
15 13 16 4	436 43 45	109 9 42·5
22 30 23 16	654 57 0	109 6 37·5

(La hutte empêcha de voir la lune après 6^h 22^m).

Calcul.

En ajoutant aux lectures du chronomètre le retard E sur temps moyen et en ajoutant 12^h pour avoir le temps astronomique, on trouve que les observations ont été faites entre 21^h et 21^h 30^m du matin le 19 décembre. Alors on calcule une éphéméride des doubles hauteurs et des distances pour les instants suivants :

Temps moyen de Saqa. . .	20^h 27^m 30^s	20^h 27^m 30^s	20^h 57^m 30^s	21^h 27^m 30^s	21^h 27^m 30^s	21^h 57^m 30^s
Longitude supposée. . . .	2 29 10	2 27 30	2 27 30	2 29 10	2 27 30	2 27 30
Temps moyen de Greenwich.	17 58 20	18 0 0	18 30 0	18 58 20	19 0 0	19 30 0

Il suffira de donner ici le calcul pour 19^h 0^m 0^s t. m. de Greenwich ; le calcul pour les autres instants choisis se fait d'une manière tout à fait analogue, sans compter que plusieurs d'entre les éléments employés restent les mêmes pour toutes les colonnes et que d'autres varient si peu entre les limites du tableau qu'on les obtient par une interpolation rapide.

Il faut d'abord chercher dans le *Nautical Almanac* les lieux de la lune et ceux du soleil, ainsi que le temps sidéral. On y trouve :

Temps sidéral à midi moyen de Greenwich = 17^h 51^m 46^s·11
Accélération pour 19^h 0^m. . . . . . + 3 7·27.

En ajoutant ces nombres au temps moyen de Saqa l'on obtient :

Temps sidéral. . . . . S = 15 22 23·38.

Ensuite on trouve par le *Nautical Almanac*, en supposant les erreurs, ou plutôt les corrections des tables de Burckhardt, d'après M. Airy =

— 0^s·59 en Æ , — 4″·2 en [illegible] $\frac{1}{1900}$ Π = + 2″·7 en Π, on trouve, disons-nous,

Æ vraie de la lune.	$a =$	$10^h\ 36^m\ 40^s{\cdot}04$
Déclinaison » »	$\delta =$	$3°\ 41'\ 9''{\cdot}8$
Parallaxe horizontale équatoriale. . .	$\Pi =$	$54\ \ 45\ {\cdot}1$
Demi-diamètre vrai.	$r =$	$14\ \ 57\ {\cdot}0.$

En même temps on a :

Latitude de Saqa.	$\varphi =$	$8\ \ 11\ \ 38$
Altitude » »	$H =$	$1900^{m}.$

Avec ces éléments on trouve l'angle horaire $S - a = 4^h\ 45^m\ 43^s{\cdot}34 = 71°\ 25'\ 50''{\cdot}1$ et la parallaxe en Æ et en δ, ainsi que le demi-diamètre apparent (*voir* page 77) :

$$a - a = -\ 51'\ 45''{\cdot}2$$
$$\mathfrak{d} - \delta = -\ 6\ \ 41\ {\cdot}2$$
$$r = 15\ \ 1\ {\cdot}5$$

Cela donne l'angle horaire apparent. . . . . . . $S - a = 72°\ 17'\ 35''{\cdot}3,$
et la déclinaison apparente. . . . . $\mathfrak{d} = 3\ \ 34\ \ 28\ {\cdot}6.$

Maintenant on peut calculer l'azimut et l'apozénit par les formules de la page **B.**

$$\log \operatorname{tg} \mathfrak{d} = \bar{2}.\ 7956701$$
$$\log \sec (S - a) = 0.\ 5169163$$
$$\log \operatorname{tg} M = \bar{1}.\ 3125864$$
$$M = 11°\ 36'\ 24''{\cdot}1$$
$$\varphi = 8\ \ 11\ \ 38\ {\cdot}3$$
$$\varphi - M = -\ 3\ \ 24\ \ 45\ {\cdot}8$$
$$\log \operatorname{cosec} (\varphi - M) = 1.\ 2252787_n$$
$$\log \cos M = \bar{1}.\ 9910274$$
$$\log \operatorname{tg} (S - a) = 0.\ 4958361$$
$$\log \operatorname{tg} A = 1.\ 7121422_n$$
$$\text{azimut app.} \ldots\ A = 271°\ 6'\ 41''{\cdot}5 \quad \text{du nord par l'est}$$
$$\log \sec A = 1.\ 7122239_n$$
$$\log \operatorname{tg} (\varphi - M) = \bar{2}.\ 7754923_n$$
$$\log \operatorname{tg} z = 0.\ 4877162$$
$$\text{apozénit} \ldots\ z = 71°\ 58'\ 49''{\cdot}1.$$

Le logarithme qu'il faut ajouter à log tg z pour avoir le logarithme de la réfraction, se trouve par les tables de Bessel $= 1{\cdot}65064$, donc

$$\log \rho = 2{\cdot}13836$$
$$\rho = 2'\ 17''{\cdot}5$$
$$\text{apozénit apparent } z = z - \rho = 71°\ 56'\ 31''{\cdot}6.$$

On trouve de la même manière l'apozénit apparent du centre de la lune pour les cinq autres instants de Greenwich ; on en a besoin pour le calcul de la distance lunaire. Mais pour trouver la double hauteur du bord supérieur de la lune, il faut chercher l'apozénit apparent du même bord, et par conséquent substituer à la valeur trouvée de ρ la réfraction qui a lieu au bord. Pour cela on retranchera de z le demi-diamètre apparent $= 15'\ 1''{\cdot}5$, ce qui donne l'apozénit du bord supérieur $= 71°\ 43'\ 47''{\cdot}6$; ensuite on obtient :

$$\log \operatorname{tg} 71°\ 43'\ 48'' = 0{\cdot}48130$$
$$\text{log. additif.} \ldots\ 1{\cdot}65080$$
$$\text{log réfr.} = 2{\cdot}13210$$

par conséquent la réfraction au bord $= 2'\ 15''{\cdot}6$, et l'apozénit apparent du bord supérieur de la lune $= 71°\ 41'\ 32''{\cdot}0$, sa hauteur apparente $= 18°\ 18'\ 28''{\cdot}0$, et la double hauteur $= 36°\ 36'\ 56''{\cdot}0$.

Maintenant nous allons chercher la distance apparente de la lune au soleil. Il faut d'abord calculer l'azimut et l'apozénit-apparents de ce dernier. Le *Nautical Almanac* donne :

$$S = 15^h\ 22^m\ 23^s \cdot 38$$
$$Æ\odot = 17\ 52\ 41 \cdot 91$$
$$\text{angle horaire} = -S\ Æ\odot = -\ 2\ 30\ 18 \cdot 53 = -37^\circ\ 34'\ 37'' \cdot 95$$
$$\delta\odot = -23^\circ\ 26'\ 48'' \cdot 8$$
$$\text{parallaxe horizontale équatoriale.} = 8'' \cdot 72.$$

Avec ces éléments il est facile de calculer la parallaxe en Æ et en δ au moyen des formules de la page 76, et l'on aura toujours assez des premiers termes, puisque la parallaxe du soleil est beaucoup plus petite que celle de la lune. On trouve ainsi pour le soleil (*voir* page 77) la parallaxe en Æ $= + 5'' \cdot 74$, celle en $\delta = -3'' \cdot 86$; par conséquent son angle horaire apparent $= -37^\circ\ 34'\ 43'' \cdot 7$
et sa déclinaison apparente $= -23\ 26\ 52 \cdot 7$.

Ces deux éléments donnent, par un calcul tout à fait analogue à celui qu'on vient de faire pour la lune :

Azimut apparent du soleil $= 131^\circ\ 38'\ 32'' \cdot 4$,
Apozénit apparent » $= 48\ 27\ 42 \cdot 0$,

la réfraction étant $= 51'' \cdot 1$.

Maintenant on peut calculer la distance apparente des centres de la lune et du soleil. On a d'abord :

$A\odot - A☾ = 220^\circ\ 31'\ 50'' \cdot 9$ . . . log cos. . =	$\bar{1}.\ 8808460_n$		
log sin z ☾ =	$\bar{1}.\ 9780635$	log cos z ☾ =	$\bar{1}.\ 4913317$
log sin $z\odot$ =	$\bar{1}.\ 8741990$	log cos $z\odot$ =	$\bar{1}.\ 8215929$
	$\bar{1}.\ 7331085_n$		$\bar{1}.\ 3129246$
nombres. .	$-$ 0. 5408894		$+$ 0. 2055533
	$+$ 0. 2055533		
cos D =	$-$ 0. 3353361		
log cos D =	$\bar{1}.\ 5254803_n$		
distance des centres : D =	$109^\circ\ 35'\ 34'' \cdot 7$		
demi-diamètre apparent du $\odot$ =	$-\ 16\ 17 \cdot 0$		
» » de la ☾ =	$-\ 15\ 1 \cdot 5$		
contraction des deux astres =	$+\ 1 \cdot 7$		
distance apparente des bords voisins. . D =	$109^\circ\ 4'\ 17'' \cdot 9$		

La contraction des diamètres se trouve comme il suit. On a :

$$\log \sin (A\odot - A☾) = \bar{1}.\ 8128$$
$$\log \operatorname{cosec} D = 0.\ 0259$$
$$\bar{1}.\ 8387.$$

En ajoutant à cela log sin $z\odot$ ou log sin z ☾, on trouve respectivement :

log sin ☾ $= \bar{1}.\ 713$, log sin $\odot = \bar{1}.\ 817$,
et par conséquent sin² ☾ $= 0.\ 267$, sin² $\odot = 0.\ 430$.

La réfraction en demi-diamètre, c'est-à-dire l'accroissement de la réfraction depuis le centre jusqu'au bord horizontal de la lune, était $= 2'\ 17'' \cdot 5 - 2'\ 15'' \cdot 6 = 1'' \cdot 9$; pour le soleil on trouve la quantité analogue $= 0'' \cdot 5$. Il est bon de chercher ces deux quantités en même temps que la réfraction pour les centres, car alors le calcul se fait presqu'à vue, et l'on y trouve encore cet avantage d'avoir tout de suite ρ pour le bord horizontal de la lune, valeur dont on a besoin pour le calcul des doubles hauteurs.

Nous avons maintenant la contraction de la lune $= \Delta\rho\ (1 - \sin^2 ☾) = 1'' \cdot 9\ (1 - 0 \cdot 267) = 1'' \cdot 4$,
et celle du soleil $= 0'' \cdot 5\ (1 - 0 \cdot 43) = 0'' \cdot 3$,

donc la contraction totale ou bien l'augmentation de la distance par la réfraction $= 1'' \cdot 7$.

C'est de cette manière à peu près qu'ont été calculées toutes les doubles hauteurs et distances lunaires pour les observations que l'on trouve réunies aux pages 102, etc.

Quand on a devant soi une certaine masse d'observations de ce genre qu'on veut soumettre au calcul, il est bon de s'arranger en tableaux toutes les formules dont on a besoin, et d'écrire à gauche des six colonnes destinées à l'éphéméride, une septième colonne renfermant les titres de toutes les quantités à calculer.

Le calcul complet d'une éphéméride de doubles hauteurs et de distances lunaires exigera donc les tableaux suivants :

1. Temps moyen de Greenwich, temps moyen et sidéral du lieu d'observation.
2. Lieux de la lune.
3. Parallaxe en Æ et en δ de la lune ; demi-diamètre apparent de la lune.
4. Azimut et apozénit apparents du centre de la lune.
5. Réfraction pour le centre et pour le bord de la lune.
6. Apozénit et double hauteur apparente du bord de la lune.
7. Lieux du soleil (de la planète, de l'étoile).
8. Parallaxe en Æ et en δ du soleil (de la planète). N'existe pas pour les étoiles.
9. Azimut et apozénit apparents du centre du soleil.
10. Réfraction pour le centre et pour le bord du soleil (pour le centre seulement lorsqu'il s'agit d'une planète ou d'une étoile).
11. Distance apparente des deux centres.
12. Contraction de la lune et de l'autre objet si ce dernier est le soleil.
13. Distance apparente des bords observés.

Dans l'exemple que nous venons de traiter, on trouve ainsi les éphémérides suivantes :

	1	**2**	**3**	**4**	**5**	**6**
Temps m. de Saqa	$20^h\ 27^m\ 30^s$	$20^h\ 27^m\ 30^s$	$20^h\ 57^m\ 30^s$	$21^h\ 27^m\ 30^s$	$21^h\ 27^m\ 30^s$	$21^h\ 57^m\ 30^s$
Long. supposée	$l + 100^s$	l	l	$l + 100^s$	l	l
$2h$	$65^\circ\ 38'\ 9''{\cdot}9$	$65^\circ\ 39'\ 31''{\cdot}8$	$51^\circ\ 7'\ 8''{\cdot}1$	$36^\circ\ 35'\ 34''{\cdot}2$	$36^\circ\ 36'\ 56''{\cdot}0$	$22^\circ\ 10'\ 12''{\cdot}9$
D	109 27 59 ·0	109 27 12 ·7	109 16 17 ·2	109 5 4 ·1	109 4 17 ·9	108 50 49 ·2

On en déduit d'abord le coefficient différentiel pour 1^s en longitude :

$$\frac{d2h}{dl} = -0{\cdot}819 \quad , \quad \frac{dD}{dl} = +0{\cdot}463 \quad \text{à} \quad 20^h\ 27^m\ 30^s$$

$$= -0{\cdot}818 \qquad\qquad = +0{\cdot}462 \quad \text{»} \quad 21\ \ 27\ \ 30.$$

Pour trouver maintenant les coefficients différentiels de $2h$ et de D par rapport au temps, on formera les différences 1res, 2mes et 3me, des colonnes **2**, **3**, **5**, **6**, ainsi qu'il suit :

	$2h$	Différences 1res.	Différences 2mes.	Différence 3me.
$20^h\ 27^m\ 30^s$	$65^\circ\ 39'\ 31''{\cdot}8$			
		$-14^\circ\ 32'\ 23''{\cdot}7$		
57 30	51 7 8 ·1		$+2'\ 11''{\cdot}6$	
		$-14\ \ 30\ \ 12\ {\cdot}1$		$+1'\ 17''{\cdot}4$
21 27 30	36 36 16 ·0		$+3\ \ 29\ {\cdot}0$	
		$-14\ \ 26\ \ 43\ {\cdot}1$		
57 30	22 10 12 ·9			

Les observations ayant été faites entre 21^h et $21^h\ 30^m$, nous prendrons $20^h\ 57^m\ 30^s$ pour point de départ de l'interpolation. Nous avons d'abord $\frac{1}{6}\ \mathrm{III} = \frac{77{\cdot}4}{6} = 12''{\cdot}9$; puis $\frac{1}{2}\ \mathrm{II} = \frac{131{\cdot}6}{2} = 65''{\cdot}8$; ensuite nous prendrons la moyenne des deux premières différences 1res, et nous en retrancherons $\frac{1}{6}\ \mathrm{III}$, ce qui donne $-14^\circ\ 31'\ 30''{\cdot}8$, par suite $\mathrm{I} = -52290''{\cdot}8$. On trouve la même chose en ajoutant $\frac{1}{2}\ \mathrm{II} - \frac{1}{6}\ \mathrm{III}$ à la première différence 1re. La formule d'interpolation devient donc :

$$2h(\tau) = 51^\circ\ 7'\ 8''\ 1 - 52290''{\cdot}8\ \tau + 65''{\cdot}8\ \tau^2 + 12''{\cdot}9\ \tau^3.$$

On trouve de la même manière :

$$D(\tau) = 109^\circ\ 16'\ 17''{\cdot}2 - 683''{\cdot}1\ \tau - 31''{\cdot}9\ \tau^2 - 4''{\cdot}3\ \tau^3.$$

Les heures des observations, en temps moyen de Saqa, s'obtiennent en ajoutant $14^h\ 58^m\ 41^s{\cdot}4$ aux lectures du chr. pour les doubles hauteurs et aux moyennes de deux lectures pour les distances. L'interpolation donne alors pour ces instants :

à $21^h\ 4^m\ 19^s{\cdot}4$	$2h = 47^\circ\ 48'\ 58''{\cdot}6$	et à	$21^h\ 8^m\ 57^s{\cdot}4$	$D = 109^\circ\ 11'\ 51''{\cdot}5$
10 57 ·0	44 36 39 ·0		14 19 ·9	9 43 ·1
18 24 ·4	41 0 23 ·8		21 34 ·4	6 46 ·3.

Voici encore un exemple de cette interpolation. L'intervalle τ est compté à partir de $20^h\ 57^m\ 30^s$ et exprimé en demi-heures. Ainsi nous avons pour la première observation $\tau = 6^m\ 49^s{\cdot}4 = 6^m{\cdot}82333. = 0{\cdot}22744..$ demi-heure ; par conséquent

$$-52290''{\cdot}8\ \tau = -11893''{\cdot}0\quad,\quad +65''{\cdot}8\ \tau^2 = +3''{\cdot}4\quad,\quad +12''{\cdot}9\ \tau^3 = +0''{\cdot}1,$$
$$D(\tau) = 51^\circ\ 7'\ 8''{\cdot}1 - 3^\circ\ 18'\ 9''{\cdot}5 = 47^\circ\ 48'\ 58''{\cdot}6.$$

Maintenant, des valeurs observées de $2h$ et de D, il faut soustraire les valeurs calculées, et diviser les différences par $-0{\cdot}818$ et par $+0{\cdot}462$ respectivement. Cela donne la correction x de la longitude l comme il suit :

$\Delta\ 2h$	x	$\Delta\ D$	x
$+31''{\cdot}5$	$-38^s{\cdot}5$	$+18''{\cdot}5$	$+40^s{\cdot}0$
$-9{\cdot}0$	$+11{\cdot}0$	$-0{\cdot}6$	$-1{\cdot}3$
$+6{\cdot}2$	$-7{\cdot}6$	$-8{\cdot}8$	$-19{\cdot}0$
	$\mathfrak{M}\ -11^s{\cdot}7$		$\mathfrak{M}\ +6^s{\cdot}6.$

La longitude de Saqa, conclue des observations du 20 décembre 1845, était donc

$= 2^h\ 27^m\ 18^s{\cdot}3$ à l'est de Greenwich par les doubles hauteurs,
$= 2\ \ 27\ \ 36\ {\cdot}6$ » » » » » » distances.

Les écarts autour de la moyenne sont les suivants :

Hauteurs.	Distances.
$-26^s{\cdot}8$	$+33^s{\cdot}4$
$+22{\cdot}7$	$-7{\cdot}9$
$+4{\cdot}1$	$-25{\cdot}6.$

On trouve ces écarts dans la liste qui suit, à côté des observations originales.

Les *longitudes conclues* que nous y avons inscrites en bas des observations se rapportent au méridien de Paris, en supposant la différence des méridiens de Greenwich et de Paris $= 9^m\ 20^s{\cdot}6$. Nous avons corrigé au moyen des tables de M. Hansen les résultats des hauteurs lunaires ainsi que ceux des distances observées aux mêmes jours que les hauteurs. Les résultats des autres distances lunaires ont été corrigés en appliquant aux lieux de la lune les corrections de M. Adams. Ainsi nous avions par les observations ci-dessus calculées :

Longitude de Saqa à l'est de Paris $= 2^h\ 17^m\ 57^s{\cdot}7$ (hauteurs)
$= 2\ \ 18\ \ 16\ {\cdot}0$ (distances).

Les corrections dues à l'emploi des tables de M. Hansen étaient respectivement $+24^s{\cdot}0$ et $+22^s{\cdot}0$, d'où vient qu'on trouve dans la liste les longitudes conclues : $2^h\ 18^m\ 22^s$ et $2^h\ 18^m\ 38^s$.

Les instruments ont été désignés dans cette liste comme à l'ordinaire.

7. Hauteurs lunaires observées.

DOUBLES HAUTEURS DU BORD SUPÉRIEUR DE LA LUNE.

Gondar.

1838. Juin 2. Samedi soir. B = 590·0. T = 20·5.

Chr. 𝔄.	S. G.	Écarts.	Chr. 𝔐.	S. G.	Écarts.
2h 27m 0s	81° 46′ 15″	+ 0m 26s	2h 30m 15s	83° 15′ 35″	— 0m 26

Longitude conclue = 2h 21m 38s.

1838. Juin 14. Jeudi matin. B = 590·0. T = 19·0.

6 5 5	87 8 0	+ 0 31	6 22 3	79 55 30	— 0 8
6 25	86 36 0	— 1 1	27 55	77 24 15	— 0 38
10 57	84 40 0	— 0 10	30 29	76 16 30	+ 0 17
16 43	82 12 0	+ 0 27	33 11	75 5 40	+ 0 42

Longitude conclue = 2h 20m 53s.

Saqa.

1843. Août 5. Samedi soir. B = 618·0. T = 16·9.

Chr. 𝔇.	Th. F. $\underline{\odot}$	Écarts.	Chr. 𝔇.	Th. F. $\overline{\odot}$	Écarts.
8 48 3	213 56 30	+ 0 17	8 55 44	146 52 30	— 0 17
	(niveau : 5 et 2)			(niveau : 7 et 0)	

Voir pour ces observations la note de la page 44.

Point zénital = 179° 57′ 16″·4 par Antarès.

Longitude conclue = 2h 18m 30s.

1843. Août 20. Dimanche matin. B = 618·0. T = 22·0.

Chr. 𝔇.	S. G.	Ecarts.	Chr. 𝔇.	S. G.	Ecarts.
11 59 29	74 40 0	— 0 9	0 15 25·2	67 38 30	+ 0 11
0 6 15·6	71 40 50	+ 0 7	27 9·6	62 27 30	— 0 10

Longitude conclue = 2h 18m 38s.

1843. Octobre 15. Dimanche matin. B = 618·0. T = 22·3.

9 53 16·4	65 1 15	+ 0 47	10 13 14·2	56 5 30	— 0 50
57 40·8	63 3 30	— 0 2	15 56·4	54 51 30	+ 0 25
10 3 35·2	60 24 0	+ 0 33	19 3·2	53 27 30	+ 0 34
6 44·8	58 59 40	— 0 14	22 57·6	52 11 0	— 1 18
9 52·8	57 35 0	+ 0 5			

Longitude conclue = 2h 17m 51s.

1843. Octobre 16. Lundi matin. B = 618·0. T = 22·8.

11 21 39·6	48 26 0	— 0 12	11 32 35·2	43 27 0	— 0 9
26 46·8	46 6 0	— 0 19	35 31·6	42 6 0	+ 0 28
29 23	44 54 15	+ 0 13	38 22	40 49 0	— 0 11
			42 14	39 3 0	+ 0 10

Longitude conclue = 2h 19m 11s.

Saga (suite).

1843. Octobre 17. Mardi matin. B = 618·0. T = 24·8.

Chr. ☽.	S. G.	Écarts.	Chr. ☽.	S. G.	Écarts.
0h 17m 6s·8	46° 15′ 30″	+ 0m 28s	0h 23m 37s	43° 14′ 30″	— 0m 5s
20 36	44 39 0	— 0 23			

Longitude conclue = 2h 16m 29s.

1845. Novembre 21. Vendredi matin. B = 618·0. T = 25·5.

Chr. ☽.	S. G.	Écarts.	Chr. ☽.	S. G.	Écarts.
6 5 41·6	65 56 50	— 0 34	6 23 4·8	57 34 40	+ 0 15
17 18·8	60 21 20	— 0 16	28 33·6	54 56 30	+ 0 35

Longitude conclue = 2h 17m 49s.

1845. Novembre 22. Samedi matin. B = 618·0. T = 25·5.

Chr. ☽.	S. G.	Écarts.	Chr. ☽.	S. G.	Écarts.
6 57 26·4	61 16 0	— 0 46	7 10 6	55 7 30	+ 0 22
7 4 34·8	57 47 40	+ 0 26	15 30·4	52 31 0	— 0 3

Longitude conclue = 2h 18m 40s.

1845. Décembre 8. Lundi soir. B = 618·0. T = 25·0.

Chr. ☽.	S. J.	Écarts.	Chr. ☽.	S. J.	Écarts.
0 40 58·4	56 55 0	— 0 45	1 8 44	70 17 0	+ 0 2
46 26	59 33 30	+ 0 22	12 10	71 56 15	+ 0 2
54 6·4	63 15 30	+ 0 59	16 3	73 48 0	— 0 30
58 33·6	65 22 15	— 0 55	19 41·2	75 33 30	— 0 9
1 5 8	68 34 0	+ 1 4	23 25·2	77 21 30	— 0 9

Longitude conclue 2h 18m 38s.

1845. Décembre 20. Samedi matin. B = 618·0. T = 21·2.

Chr. ☽.	S. G.	Écarts.	Chr. ☽.	S. G.	Écarts.
6 5 38	47 49 30	— 0 27	6 19 43	41 0 30	+ 0 4
12 15·6	44 36 30	+ 0 23			

Longitude conclue = 2h 18m 22s.

8. Distances lunaires observées.

Anafo.

1845. Juin 10. Mardi soir.

☽|☉ B = 578·0. T = 23·0. Brise du nord. Géné par le monde et inscrit comme pis-aller.

Chr. ☽.	C. B.	Écarts.	Chr. ☽.	C. B.	Écarts.
11h 4m 30s	117° 40′ 20″	+ 5m 28s	11h 11m 3s	353° 20′ 0″	+ 5m 35s
5 10			11 46		
7 36	235 35 20	— 7 54	14 45	471 15 20	— 3 10
8 40			15 35		

Longitude conclue = 2h 17m 4s.

Anafo (suite).

1845. Juin 12. Jeudi soir.

☽|☉ B = 578·0. T = 23·2. C. B. soigneusement rectifié. Temps calme. Très-gêné par les nuages.

Chr. 𝔇.	C. B.	Écarts.	Chr. 𝔇.	C. B.	Écarts.
0h 27m 36s	656° 33′ 40″		0h 54m 44s	38° 29′ 0″	− 0m 18s
28 14			55 41		
31 14	100 48 40	− 2m 53s	1 0 9	203 2 10	+ 0 18
31 50			0 46		
42 53	656 10 15	− 0 36	8 16	367 40 20	+ 1 25
43 39			9 58		
47 4	429 34 0	+ 0 18	13 7	532 22 40	+ 0 15
47 42			13 52		
50 26	593 59 0	+ 1 31			
51 3					

Longitude conclue = 2h 20m 17s.

1845. Juin 13. Vendredi soir.

☽|☉ B = 578·0. T = 22·7. Temps calme. Observations très-génées par les nuages, qui finirent par couvrir la lune. Dernière distance fautive. Cercle rectifié.

Chr. 𝔇.	C. B.	Écarts.	Chr. 𝔇.	C. B.	Écarts.
0 36 11	187 53 20	− 0 54	1 3 30	596 45 50	− 0 12
37 21			4 3		
41 37	375 51 50	− 1 2	6 28	65 6 0	− 0 12
42 36			7 7		
46 0	563 54 20	− 1 9	9 41	253 29 10	− 0 25
46 33			10 10		
52 26	32 2 40	− 1 4	12 51	441 53 20	+ 1 23
52 56			13 26		
57 36	220 14 50	− 0 11	15 34	630 21 30	− 0 14
58 8			16 9		
1 0 26	408 28 20	+ 1 2	18 36	98 49 0	+ 3 0
0 57			19 7		

Longitude conclue = 2h 19m 27s.

Barberah.

1840. Décembre 14. Lundi matin.

☽|☉ B = 760·0. T = 27·8.

Chr. 𝔄.	C. B.	Écarts.	Chr. 𝔄.	C. B.	Écarts.
7 15 38	222 16 15	+ 0 18	7 23 14	665 10 5	+ 0 4
16 15			23 52		
20 0	444 9 20	+ 0 16	26 12	168 8 0	− 0 38
21 0			26 46		

Longitude conclue = 2h 49m 5s.

Bonga.

1843. Décembre 5. Mardi soir.

☽|♃ B = 616·0. T = 12·6.

Chr. ☽.	C. R.	Écarts.	Chr. ☽.	C. R.	Écarts.
10h 37m 43s	195° 51′ 20″	+ 2m 35s	10h 45m 31s	63° 35′ 0″	+ 1m 28s
39 40			46 6		
40 44	391 44 20	+ 0 54	47 38	259 32 40	— 2 38
41 22			48 20		
43 22	587 41 10	— 2 18			
44 0					

Longitude conclue = 2h 14m 55s.

1843. Décembre 6. Mercredi soir.

☾|♃ Temps calme B = 616·0. T = 16·1.

Chr. ☽.	C. R.	Écarts.	Chr. ☽.	C. R.	Écarts.
10 24 34	220 59 0	+ 0 22	10 38 44	606 11 40	— 1 27
25 42			39 28		
27 24	441 59 50	— 0 51	41 0	107 12 30	+ 2 55
28 25			41 37		
29 58	662 59 40	+ 1 4	43 2	328 16 25	+ 0 16
30 41			43 48		
32 4	64 5 30	— 4 22	45 46	549 20 20	+ 0 25
33 3			46 30		
35 26	385 6 35	+ 1 39			
36 40					

Longitude conclue = 2h 14m 33s.

Dar-u (le marché).

1844. Mars 26. Mardi.

☾|α Vierge. Brise du sud. B = 584·0. T = 16·8.

Le ciel se couvrit à 9h 40m, et je veillai en vain pour la culmination de α de la grande Ourse.

Chr. ☽.	C. R.	Écarts.	Chr. ☽.	C. R.	Écarts.
9 9 36	222 22 20	— 0 46	9 24 27	116 3 50	+ 0 48
11 53			25 25		
13 6	444 40 45	— 3 13	26 58	338 15 20	— 0 1
13 56			27 55		
15 33	666 59 35	— 0 32	29 46	560 25 0	+ 0 50
16 19			30 36		
17 53	169 19 0	+ 1 34	31 51	62 31 50	— 1 1
18 27			32 33		
20 11	391 35 40	+ 0 36	34 10	284 39 40	+ 1 44
20 50			35 14		
22 10	613 50 15	+ 0 2			
22 51					

Longitude conclue = 2h 17m 53s.

Dar-u (suite).

1844. Mars 31. Dimanche soir.

☾|α du Taureau. B = 584·0. T = 17·5.

Chr. ☽.	C. R.	Écarts.	Chr. ☽.	C. R.	Écarts.
8h 39m 26s 40 53	171° 38′ 40″	− 1m 7s	8h 49m 51s 50 24	158° 26′ 40″	− 1m 37s
42 46 43 53	348 16 40	+ 0 44	52 0 52 36	335 9 50	+ 1 41
45 34 46 17	524 58 25	− 0 50	54 17 54 54	511 54 0	+ 1 55
47 47 48 33	701 41 0	− 0 46			

Longitude conclue = 2h 18m 33s.

Digsa.

1840. Juin 23. Mardi matin.

☽|⊙ B 593·0. T = 20·0. Cercle rectifié.

Chr. ☾.	C. B.	Écarts.	Chr. ☾.	C. B.	Écarts.
6 13 32 14 41	173 16 15	+ 0 13	6 27 47 28 30	492 16 0	+ 0 29
16 28 17 14	346 32 20	+ 1 47	33 4 33 52	665 17 16	− 2 10
19 19 20 10	519 45 25	+ 0 54	35 32 36 17	118 16 20	− 1 19
21 16 22 14	692 56 0	− 0 4	37 50 38 32	291 16 20	+ 1 1
23 54 24 40	146 3 20	− 1 18	39 48 40 30	464 15 35	+ 1 39
25 54 26 35	319 9 25	− 1 11			

Longitude conclue = 2h 28m 19s.

Gondar.

1838. Juin 2. Samedi soir.

☽|⊙ B = 590·0. T = 20·5.

Chr. 𝔄.	C. R.	Écarts.	Chr. 𝔄.	C. R.	Écarts.
2 23 45 25 28	229 54 20	− 17 20	2 32 0 32 28	229 42 40	− 0 0

La première observation étant évidemment fautive, a été laissée de côté.

Longitude conclue = 2h 20m 37s.

Gondar (suite).

1838. Juin 14. Jeudi matin.

☽|☉ B = 590·0. T = 19·0.

Chr. 𝔄.	C. R.	Écarts.	Chr. 𝔄.	C. R.	Écarts.
$6^h\ 7^m\ 33^s$	$203^\circ\ 12'\ 10''$	$-\ 0^m\ 22^s$	$6^h\ 20^m\ 38^s$	$92^\circ\ 26'\ 10''$	$-\ 1^m\ 56^s$
8 19			21 15		
9 28	406 9 45	− 3 7	23 53	202 0 40	+ 1 12
10 3			24 36		
12 43	203 7 40	− 0 41	25 51	406 1 50	+ 3 0
13 22			26 16		
14 46	406 17 0	+ 2 18	28 56	608 54 40	− 2 38
15 29			29 36		
17 42	609 26 20	+ 4 59	31 27	91 44 40	− 2 44
18 29			31 59		

La seconde observation $406^\circ\ 9'\ 45''$ a été changée en $406^\circ\ 19'\ 45''$

Longitude conclue = $2^h\ 20^m\ 47^s$.

Muçawwʿa.

1840. Février 27. Jeudi matin.

☽|☉ B = 765·20. T = 29·4.

Chr. 𝔄.	C. R.	Écarts.	Chr. 𝔄.	C. R.	Écarts.
8 55 0	139 19 0	− 0 9	9 7 47	417 45 40	− 0 3
56 0			8 32		
9 1 10	278 34 30	+ 0 12			
2 10					

Longitude conclue = $2^h\ 28^m\ 58^s$.

Saqa.

1843. Août 5. Samedi soir.

☾|♃ B = 618·0. T = 16·9.

Chr. 𝔇.	C. R.	Écarts.	Chr. 𝔇.	C. R.	Écarts.
9 27 44·0	131 38 20				
28 47·5					

Longitude conclue = $2^h\ 19^m\ 59^s$.

1843. Août 7. Lundi soir.

☽|α Vierge. B = 618·0. T = 16·9.

0 37 50	167 35 0	+ 2 19	10 41 54	335 16 20	− 2 19
39 40			43 37		

Longitude conclue = $2^h\ 20^m\ 29^s$.

Saqa (suite).

1843. Août 20. Dimanche matin.

☽|☉ B = 618·0. T = 22·0.

Brise fraîche de l'est. Les nuages qui erraient par grandes plaques génèrent les observations, et à $0^h\ 19^m\ 11^s{\cdot}6$ empêchèrent de prendre la distance double.

Chr. ☽.	C. R.	Écarts.	Chr. ☽.	C. R.	Écarts.
$0^h\ 3^m\ 8^s{\cdot}8$	133° 37′ 30″	$+ 1^m\ 26^s$	$0^h\ 19^m\ 11^s{\cdot}6$	171° 58′ 40″	$- 0^m\ 52^s$
4 14 ·8			21 31 ·2	400 30 50	− 1 44
9 11 ·2	267 9 45	+ 1 10	22 8 ·0		
10 14 ·0					

La troisième observation est la lecture du petit miroir, le grand étant resté à 267° 9′ 45″. Celui-ci étant sur 0° 0′ 0″, le petit était parallèle à 558° 7′ 20″ à cette époque.

Longitude conclue = $2^h\ 16^m\ 59^s$.

1843. Septembre 15. Vendredi matin.

☽|☉ B = 618·0. T = 19·8.

Observations très-gênées par une nuée de Galla, marchands de veaux, etc... Les deux dernières observations sont les meilleures, la lunette ayant été alors remise au point ce dont je ne m'étais pas aperçu avant, parce que ma vue affaiblie me fait voir quelquefois les objets doubles.

Chr. ☽.	C. R.	Écarts.	Chr. ☽.	C. R.	Écarts.
8 44 54 ·6	219 20 50	+ 1 10	9 4 13 6	156 54 0	+ 0 50
45 8 ·4			5 5 ·6		
50 59 ·2	438 36 40	+ 0 34	10 54 ·0	375 57 25	− 0 5
51 48 ·0			11 59 ·2		
57 56 ·0	657 45 25	− 2 29			
58 44 ·4					

Longitude conclue = $2^h\ 16^m\ 17^s$.

1843. Octobre 6. Vendredi soir.

☽|Antarès. B = 618·0. T = 19·0.

Chr. ☽.	C. R.	Écarts.	Chr. ☽.	C. R.	Écarts.
8 7 8	212 25 40	+ 2 49	8 31 0	130 26 20	+ 0 55
9 13			31 48		
15 14	425 3 0	− 3 25	38 6	343 18 40	− 1 26
16 27			39 16		
22 27	637 42 0	+ 1 6			
23 26					

Longitude conclue = $2^h\ 17^m\ 47^s$.

1843. Octobre 15. Dimanche matin.

☽|☉ B = 618·0. T = 22·3.

Chr. ☽.	C. R.	Écarts.	Chr. ☽.	C. R.	Écarts.
9 54 49	211 17 20	+ 0 21	10 11 28	335 51 30	+ 1 27
56 4			12 8		
10 1 28	422 28 20	− 0 28	14 13	546 51 40	− 1 49
2 14			14 46		
4 54	633 38 20	+ 0 21	17 25	37 49 40	− 1 48
5 37			17 54		
8 4	124 45 40	+ 0 58	20 23	248 48 0	+ 0 59
8 46			20 54		

Longitude conclue = $2^h\ 17^m\ 39^s$.

Saqa (suite).

1843. Octobre 16. Lundi matin.

☽|☉ B = 618·0. T = 22·8. Vent frais du nord-ouest. Ciel serein.

Chr. ☽.	C. R.	Écarts.	Chr. ☽.	C. R.	Écarts.
11h 24m 0s	186° 46′ 40″	+ 3m 14s	11h 36m 8s	213° 9′ 40″	+ 3m 53s
25 8			37 16		
27 48	373 25 40	− 1 15	39 53	399 39 40	+ 0 8
28 17			40 26		
31 0	560 2 0	− 0 56	44 8	586 4 20	− 0 28
31 44			44 49		
33 41	26 33 20	− 4 0	45 47	52 28 0	− 0 36
34 38			46 26		

Longitude conclue = 2h 17m 48s.

1843. Octobre 17. Mardi matin.

☽|☉ B = 618·0. T = 24·8. Fraîcheur du nord-ouest.

Chr. ☽.	C. R.	Écarts.	Chr. ☽.	C. R.	Écarts.
0 18 17	161 55 0	+ 6 18	0 31 58	411 47 10	− 1 7
18 58			32 29		
21 26	323 39 15	− 1 8	33 20	573 20 40	− 1 8
21 57			33 48		
24 31	485 19 40	− 2 0	34 37	14 52 40	− 0 46
25 0			35 1		
27 54	646 59 0	+ 0 2	35 44	176 25 20	+ 1 2
28 25			36 25		
29 15	88 37 20	+ 0 18	37 17	337 55 20	− 0 41
29 40			37 55		
30 43	250 13 0	− 0 50			
31 14					

Longitude conclue = 2h 17m 26s.

1843. Octobre 18. Mercredi matin.

☽|☉ B = 618·0. T = 24·0.

Chr. ☽.	C. R.	Écarts.	Chr. ☽.	C. R.	Écarts.
0 59 47	136 19 40	+ 7 31	1 10 49	680 30 40	− 1 33
1 0 14			11 28		
2 6	272 28 20	+ 0 17	12 18	96 29 20	− 0 36
2 40			12 48		
6 15	408 31 20	− 1 58	13 28	232 26 5	− 0 36
6 54			14 0		
9 8	544 31 40	− 1 47	15 13	368 21 40	− 1 18
9 54			15 44		

Longitude conclue = 2h 17m 28s.

Saqa (suite).

1843. Octobre 29. Dimanche soir.

☽|☉ B = 618·0. T = 25·0. J'étais taquiné et gêné par les mouches. Cercle rectifié.

Chr. ☽.	C. R.	Écarts.	Chr. ☽.	C. R.	Écarts.
2h 6m 43s	165° 42′ 30″	− 5m 11s	2h 17m 26s	439° 46′ 20″	− 0m 41s
7 37			18 8		
8 51	331 18 55	+ 2 28	19 11	605 29 40	+ 1 38
9 34			19 47		
10 45	496 56 15	+ 2 8	21 0	51 11 20	+ 4 18
11 17			21 34		
12 33	662 35 40	+ 1 22	22 38	217 2 15	− 4 8
13 24			23 17		
14 18	108 17 35	+ 1 49	24 41	382 52 45	− 2 4
14 59					
16 2	274 1 40	− 1 40			
16 33					

Longitude conclue = 2h 17m 38s.

1843. Octobre 31. Mardi soir.

☽|☉ B = 618·0. T = 24·0. Faible brise du nord. Cercle rectifié.

Les deux verres rouges moyens comme toujours sont à mi-chemin entre les miroirs ; après 2h 34m je mis un oculaire plus fort à la lunette.

Chr. ☽.	C. R.	Écarts.	Chr. ☽.	C. R.	Écarts.
2 27 4	213 15 10	− 17 11	2 52 45	611 21 15	+ 1 7
27 56			53 25		
29 40	426 24 40	− 10 18	54 40	104 36 20	+ 2 32
30 16			55 15		
31 17	639 31 20	− 5 37	56 29	317 52 30	+ 2 2
31 46			57 10		
32 53	132 39 60	− 6 27	58 16	531 10 0	+ 1 51
33 30			58 50		
36 36	345 52 10	− 7 58	59 44	24 27 20	+ 3 3
37 20			3 0 19		
38 46	559 0 25	− 2 21	1 15	237 47 0	+ 1 42
39 38			1 50		
40 46	52 15 20	− 7 7	2 42	451 8 0	+ 1 19
41 30			3 15		
42 34	265 24 20	− 0 25	4 15	664 28 40	+ 2 50
43 23			5 6		
44 30	478 32 40	+ 2 18	6 12	157 50 10	+ 3 13
45 13			6 48		
46 49	691 41 45	+ 2 30	7 48	371 9 40	+ 6 23
47 32			8 24		
48 50	184 54 0	+ 1 20	9 26	584 34 20	+ 2 5
49 36			9 58		
50 52	398 6 45	+ 1 35	10 50	77 59 0	+ 3 4
51 29			11 21		

Saqa (suite).

1843. Octobre 31. Mardi soir (*suite*).

Chr. ☽.	C. R.	Écarts.
3h 12m 15s	291° 26′ 50″	+ 0m 2s
12 46		
14 6	504 54 0	+ 0 38
14 58		
15 58	718 21 5	+ 3 18
16 26		
17 37	211 52 20	+ 0 49
18 15		
19 11	425 20 40	+ 4 31
19 46		
3h 20m 37s	638° 51′ 0″	+ 3m 2s
21 10		
22 11	132 24 0	+ 1 15
22 38		
23 54	345 58 10	+ 1 54
24 27		
25 34	559 31 40	+ 3 1
26 9		

Longitude conclue = 2h 17m 58s.

1844. Février 11. Dimanche matin.

☽|☉ B = 618·0. T = 25·7. Petit frais du nord-est. Cercle rectifié.

Chr. ☽.	C. R.	Écarts.
10 1 16	178 31 10	− 0 1
2 2		
3 6	356 59 50	− 0 58
3 50		
5 0	535 28 35	+ 0 56
5 28		
6 22	713 52 50	− 2 34
7 8		
8 14	172 18 40	+ 0 4
8 47		
10 10	350 50 35	+ 7 35
11 16		
12 42	529 12 0	− 0 41
13 14		
14 33	707 31 20	− 1 12
15 5		
16 7	165 52 10	+ 1 19
16 51		
18 16·5	344 8 20	− 1 16
18 58		
20 22	522 24 0	− 0 13
20 54		
10 22 4	700 37 40	− 1 16
22 53		
24 7	158 50 20	− 0 9
24 42		
25 31	337 0 35	− 1 17
26 2		
27 14	515 9 25	− 1 52
27 45		
28 52	693 19 15	+ 0 14
29 22		
30 20	151 29 30	+ 2 18
30 52		
32 8	329 35 30	+ 1 6
32 38		
34 3	507 41 0	+ 0 53
34 35		
35 22	685 42 40	− 2 8
35 51		
36 43	143 44 40	− 0 48
37 15		

Longitude conclue = 2h 18m 0s.

Saqa (suite).

1844. Février 12. Lundi matin.

☽|⊙ B = 618·0. T = 26·6. Vent frais du nord-est. Cercle rectifié.

Chr. ☽.	C. R.	Écarts.	Chr. ☽.	C. R.	Écarts.
10h 28m 37s	151° 57′ 40″	+ 2m 0s	10h 49m 50s	381° 26′ 20″	+ 0m 11s
30 5			50 27		
31 51	303 47 55	− 2 8	51 57	533 4 25	− 0 5
32 31			52 32		
33 36	455 42 10	+ 2 34	53 28	684 39 55	− 1 54
34 20			54 8		
35 43	607 32 20	− 0 16	55 5	116 15 35	− 0 3
36 21			55 42		
37 48	39 20 50	+ 0 18	57 45	267 48 20	− 0 47
38 36			58 24		
39 44	191 12 20	+ 3 34	59 41	419 19 40	− 1 13
40 25			11 0 30		
41 26	342 56 50	− 1 30	1 20	570 50 40	+ 0 8
42 4			1 54		
43 5	494 41 30	+ 0 20	2 56	2 20 20	+ 0 10
43 41			3 43		
44 36	646 24 20	− 0 52	4 37	153 49 30	+ 0 14
45 16			5 10		
46 19	78 5 35	− 1 6	6 12	305 18 0	+ 0 43
46 57			6 37		
48 6	229 46 20	− 0 20			
48 44					

Longitude conclue = 2h 18m 6s.

1845. Novembre 21. Vendredi matin.

☽|⊙ B = 618·0. T = 25·5. Temps calme.

Observations arrêtées parce que la lune se cacha derrière ma hutte. C. B. rectifié.

Chr. ☽.	C. B.	Écarts.	Ch. ☽.	C. B.	Écarts.
6 14 31	200 6 35	− 0 8	6 26 9	600 7 40	− 0 17
15 34			26 50		
20 36	400 9 40	+ 0 43	33 7·5	80 0 20	− 0 19
21 11			33 52		

Longitude conclue = 2h 18m 17s.

1845. Novembre 22. Samedi matin.

☽|⊙ B = 618·0. T = 25·5. Brises folles du sud.

J'étais prêt et avais tout rectifié une heure avant; mais un mouton se forma sur la lune jusqu'à 6h 55m où il se fondit sur place. Lune cachée à 7h 16m à ce qu'il paraît. Avant de commencer, le zéro de l'alidade était à 11° 0′ 0″ du limbe.

7 2 30	188 25 20	+ 1 23	7 13 34	543 0	− 2 9
3 16			14 25		
7 39	365 46 20	+ 0 46			
8 9					

Longitude conclue = 2h 18m 3s.

Saqa (suite).

1845. Décembre 8. Lundi soir.

☽|☉ B = 618·0. T = 25·0. Fraicheur du sud. Petit miroir parallèle à 555° 56′ 10″.

Chr. 𝔇.	C. B.	Écarts.	Chr. 𝔇.	C. B.	Écarts.
0h 43m 56s	676° 9′ 25″	+ 1m 53s	1h 10m 14s	242° 58′ 20″	+ 0m 5s
56 6	240 38 40	− 0 12	10 43		
56 59			13 34	483 50 10	− 0 7
1 1 56	481 22 0	− 0 28	14 30		
2 31			17 33	4 44 20	− 0 20
6 36	2 9 20	− 0 51	18 13		
7 18			21 0	245 42 0	− 0 41
			21 36		

Longitude conclue = 2h 18m 4s.

1845. Décembre 20. Samedi matin.

☽|☉ B = 618·0. T = 21·2. Fraicheur du sud. La hutte cacha la lune à 6h 22m. Cercle rectifié.

6 9 58	218 24 20	+ 0 34	6 22 30	654 57 0	− 0 26
10 34			23 16		
15 13	436 43 45	− 0 8			
16 4					

Longitude conclue = 2h 18m 38s.

Tujurrah.

1841. Janvier 28. Jeudi soir.

☽|☉ B = 760. T = 26·8. Cercle rectifié.

Chr. 𝔄.	C. B.	Écarts.	Chr. 𝔄.	C. B.	Écarts.
3 18 56	131 58 20	+ 3 32	3 34 10	660 34 10	− 9 6
20 9			35 2		
26 28	264 3 20	− 1 1	39 57	72 45 30	+ 1 37
27 27			40 54		
29 19	396 7 40	+ 2 59	42 48	204 59 20	+ 0 32
30 1			43 29		
31 44	528 14 50	+ 1 27			
32 25					

La seconde lecture du cercle 264° 3′ 20″ a été changée en 264° 23′ 20″.

Longitude conclue = 2h 42m 10s.

1841. Janvier 29. Vendredi soir.

☽|☉ B = 760·0. T = 28·5.

1 49 21·0	155 55 40	− 1 16	2 0 39·6	623 49 20	+ 5 17
50 5			1 34·4		
53 35	311 49 20	+ 3 31	3 51·6	59 50 20	+ 3 12
54 29·6			4 51		
57 2	467 52 40	− 6 43	7 43	216 1 20	− 4 0
58 15·6			8 45·6		

Longitude conclue = 2h 41m 31s.

Tujurrah (suite).

1841. Janvier 31. Dimanche soir.

𝔇|☉ B = 760·0. T = 26·6.

Chr. 𝔇.	C. B.	Écarts.	Chr. 𝔇.	C. B.	Écarts.
4h 0m 48s·8 1 45·2	208° 5′ 40″	+ 0m 33s	4h 16m 12s·8 16 46·6	529° 10′ 20″	+ 1m 49s
3 40·8 4 8·0	416 14 0	− 0 8	20 0·0 20 32·0	17 30 40	− 0 30
5 30·8 6 6·4	624 24 40	− 1 0	21 28·0 22 0·8	225 50 40	+ 0 43
12 32·0 12 59·2	112 29 20	− 0 7	23 4·8 23 33·5	434 12 30	+ 0 2
14 17·6 14 48·8	320 55 10	− 0 2	28 6·8 28 36·0	642 39 15	− 1 20

La quatrième observation 112° 29′ 20″ a été changée en 112° 39′ 20″.

Longitude conclue = 2h 41m 42s.

1841. Mars 1. Lundi soir.

𝔇|☉ B = 760·0. T = 31·3.

Chr. 𝔄.	C. B.	Écarts.	Chr. 𝔄.	C. B.	Écarts.
1 53 49 54 56	197 51 0	− 1 59	2 4 45·5 5 44·0	269 28 40	+ 1 44
56 34 57 38	395 41 20	+ 0 43	7 4·2 7 56·8	467 27 20	+ 1 0
59 10 2 0 14	593 36 20	− 1 33	9 29·8 10 41·6	665 28 20	+ 0 49
1 42·5 3 1	71 32 40	− 0 44			

Longitude conclue = 2h 42m 23s.

1841. Avril 27. Mardi soir.

𝔇|☉ B = 760·0. T = 30·9. Vent du large très-frais et gênant.

4 32 13 33 46	157 57 40	+ 0 3	4 44 10 45 25·5	474 4 20	− 1 31
38 34 39 51	315 57 45	+ 1 17	49 10 50 24	632 1[illegible]	+ 0 11

Longitude conclue = 2h 43m 25s.

Yajibe.

1844. Mai 7. Mardi matin.

𝔇|☉ B = 577·0. T = 21·0.

Chr. 𝔇.	C. R.	Écarts.	Chr. 𝔇.	C. R.	Écarts.
8 54 50 55 58	233 1 40	+ 0 23	8 57 18 57 58	466 0 0	− 0 40

Yajibe (suite).

1844. Mai 7. Mardi matin (*suite*).

Chr. ☽.	C. R.	Écarts.	Chr. ☽.	C. R.	Écarts.
8h 59m 21s	698° 56′ 20″	− 1m 15s	9h 9m 40s	423° 13′ 40″	+ 0m 10s
9 0 2			10 17		
1 37	211 52 25	+ 1 7	11 21	655 58 50	− 0 30
2 18			12 0		
3 24	444 44 40	− 1 10	13 17	168 42 0	+ 0 19
4 8			14 26		
5 22·5	677 36 15	− 0 9	15 45	401 23 55	+ 0 40
6 5			16 24		
7 27	190 26 0	+ 0 40	17 32	634 3 35	+ 0 26
8 10			18 24		

Longitude conclue = 2h 20m 53s.

Yawiš.

1844. Mai 1. Mercredi soir.

Distances du bord rapproché de la lune au centre de la partie illuminée de Vénus. B = 573·0. T = 16·0.

8 41 10	245 56 0	− 0 1	8 48 45	17 52 40	+ 1 43
44 12			49 46		
46 7	491 54 30	− 0 20	51 42	263 56 10	− 1 23
47 0			52 28		

Longitude conclue = 2h 21m 58s.

1845. Avril 28. Lundi matin.

☽|☉ B = 573·0. T = 21·0. Grand frais du nord-est. Cercle rectifié.

Chr. ☽.	C. B.	Écarts.	Chr. ☽.	C. B.	Écarts.
8 48 30	198 30 20	+ 0 57	9 9 44·5	668 16 40	− 0 1
49 14			10 31		
51 51	396 56 20	− 0 19	13 31	146 23 0	− 0 13
52 35			14 16		
55 49	595 18 45	− 0 19	17 12	344 27 0	+ 0 45
56 28			17 50		
59 22	73 37 20	+ 0 25	20 26	542 27 35	+ 0 23
9 0 14			20 54		
3 14	271 54 0	+ 0 27	23 18	20 23 0	− 1 47
3 51			23 43		
6 45	470 6 35	− 0 18			
7 24					

Longitude conclue = 2h 21m 38s.

Yawiš (suite).

1845. Avril 29. Mardi matin.

☽|☉ B = 573·0. T = 26·2. Frais du sud. Cercle rectifié.

Chr. 𝔇.	C. B.	Écarts.	Chr. 𝔇.	C. B.	Écarts.
10h 24m 41s	170° 52′ 40″	− 0m 1s	10h 41m 38s	304° 25′ 35″	+ 0m 35s
25 26			42 12		
27 43	341 41 25	+ 0 52	44 28	474 57 50	− 0 44
28 17			44 50		
30 30	512 28 40	+ 0 10	48 30	645 25 20	+ 0 47
31 6			49 10		
35 10	683 10 15	− 0 50	51 15	95 50 20	− 0 45
35 38			51 46		
38 42	133 49 5	− 0 3			
39 13					

Longitude conclue = 2h 21m 35s.

Olinda (Brésil).

1837. Mars 14. Mardi soir. Observateur : M. Lefebvre.

☽|☉ B = 759·0. T = 29·0. Petit miroir immobile et parallèle au grand miroir par 558° 3′ 52″.

Chr. 𝔄.	C. R.	Écarts.	Chr. 𝔄.	C. R.	Écarts.
1 2 42 ·8	654 43 52 ·3	− 0 40	1 14 54 ·0	654 46 7 ·7	+ 0 13
6 41 ·2	45 9 ·7	+ 0 3	18 6 ·8	47 25 ·2	− 0 45
11 26 ·4	46 46 ·4	+ 1 5	22 4 ·8	48 42 ·0	+ 0 4

Longitude conclue = 2h 27m 19s.

1837. Mars 21. Mardi soir. Observateur : A. d'Abbadie.

☽|☉ B = 761·4. T = 28·1.

4 53 47 ·2	607 20 38 ·5	− 0 18	5 10 0 ·0	607 27 25 ·0	+ 0 37
59 24 ·0	22 54 ·0	− 0 9	14 26 ·2	29 2 ·0	+ 0 30
5 3 10 ·6	24 40 ·0	+ 0 22	21 1 ·2	30 52 ·0	− 0 42
6 26 ·0	25 32 ·0	− 0 19			

Longitude conclue = 2h 28m 6s.

CHAPITRE V.

CALCUL DES ALTITUDES, OU HAUTEURS AU-DESSUS DU NIVEAU DE LA MER, PAR LES OBSERVATIONS HYPSOMÉTRIQUES.

---

1. Observations de l'hypsomètre 212.

Pendant son séjour en Éthiopie, M. d'Abbadie a observé 153 fois son thermomètre hypsométrique. La liste de ces lectures et de leurs résultats se trouve à la fin de ce chapitre. Pour réduire en grades les lectures de l'hypsomètre **212**, on s'est servi d'une table spéciale dont il a été question dans l'article consacré à la description de cet instrument. Nous allons maintenant expliquer de quelle manière les altitudes en ont été déduites. Soit **h** la lecture de l'hypsomètre, convertie en grades thermométriques ; alors on connaît la hauteur correspondante du baromètre sous la latitude de Paris par la table de M. Regnault. Pour avoir la hauteur correspondante sous la latitude du lieu d'observation, il faudrait encore multiplier celle qu'on a trouvée par un facteur qui dépend de la latitude. Il s'ensuit qu'on peut combiner deux observations de l'hypsomètre, en leur substituant les nombres correspondants de la table de M. Regnault, car le facteur de la latitude disparaît dans l'expression des différences de niveau qui contient seulement le rapport des hauteurs du baromètre. Il n'en est plus de même si l'on veut combiner une observation de l'hypsomètre avec une observation du baromètre ; il faut alors réduire la dernière à la latitude de Paris, ou le nombre de la table de M. Regnault à la latitude du lieu d'observation.

Les circonstances dans lesquelles M. d'Abbadie observait son hypsomètre expliquent assez pourquoi nous ne disposons pas d'observations simultanées. Il a donc fallu recourir à des hypothèses pour l'état de l'atmosphère au niveau de la mer. On a calculé les altitudes de la liste dans la supposition que le baromètre marque 760·0 au niveau de la mer et sous la latitude de Paris, ce qui équivaut à 762·1 au niveau de la mer Rouge. La température $\mathfrak{T}$ au niveau de la mer a été obtenue par la formule empirique d'Atkinson ; il trouve la dépression du thermomètre Fahrenheit à une hauteur de H pieds anglais :

$$= \frac{H}{250 + \frac{H}{200}} ;$$

d'où il s'ensuit qu'à une hauteur de H mètres la dépression du thermomètre centésimal sera :

$$= \frac{H}{137 + \frac{H}{110}} \quad (\dagger).$$

La petite table qui suit donne cette dépression pour l'argument : hypsomètre ; elle a été calculée par la formule d'Atkinson, en prenant pour H l'altitude qui correspond à la lecture hypsométrique si la température moyenne entre la station et la mer Rouge est = 25 grades.

Table 10. Dépression de la température.

h	$\mathfrak{T}$ — T	h	$\mathfrak{T}$ — T
85	27·2	93	14·3
86	25·8	94	12·4
87	24·3	95	10·4
88	22·7	96	8·4
89	21·2	97	6·4
90	19·6	98	4·3
91	17·9	99	2·2
92	16·1	100	0·0

(†) L'on trouvera plus loin, dans la discussion des altitudes absolues, quelques mots sur la valeur de ces hypothèses et sur le degré d'exactitude qu'on peut s'en promettre. R.

Table 11. Altitudes, en mètres, correspondant aux températures de la vapeur d'eau bouillante, observées entre les tropiques.

Grades et dixièmes.	Centièmes de grade de l'hypsomètre. 0	1	2	3	4	5	6	7	8	9	Grades et dixièmes.
85·0	4960	4956	4953	4949	4946	4942	4939	4935	4932	4928	**85·0**
85·1	4925	4922	4918	4915	4911	4908	4905	4901	4898	4894	**85·1**
85·2	4891	4887	4884	4880	4877	4873	4870	4866	4863	4859	**85·2**
85·3	4856	4853	4849	4846	4842	4839	4836	4832	4829	4825	**85·3**
85·4	4822	4818	4815	4811	4808	4804	4801	4797	4794	4790	**85·4**
85·5	4787	4784	4780	4777	4773	4770	4767	4763	4760	4756	**85·5**
85·6	4753	4749	4746	4742	4739	4735	4732	4728	4725	4721	**85·6**
85·7	4718	4715	4711	4708	4704	4701	4698	4694	4691	4687	**85·7**
85·8	4684	4680	4677	4673	4670	4666	4663	4659	4656	4652	**85·8**
85·9	4649	4646	4642	4639	4635	4632	4629	4625	4622	4618	**85·9**
86·0	4615	4612	4608	4605	4601	4598	4595	4591	4588	4584	**86·0**
86·1	4581	4577	4574	4570	4567	4563	4560	4556	4553	4549	**86·1**
86·2	4546	4543	4539	4536	4532	4529	4526	4522	4519	4515	**86·2**
86·3	4512	4508	4505	4501	4498	4494	4491	4487	4484	4480	**86·3**
86·4	4477	4474	4470	4467	4463	4460	4457	4453	4450	4446	**86·4**
86·5	4443	4440	4436	4433	4429	4426	4423	4419	4416	4412	**86·5**
86·6	4409	4405	4402	4398	4395	4391	4388	4384	4381	4377	**86·6**
86·7	4374	4371	4367	4364	4360	4357	4354	4350	4347	4343	**86·7**
86·8	4340	4336	4333	4329	4326	4322	4319	4315	4312	4308	**86·8**
86·9	4305	4302	4298	4295	4291	4288	4285	4281	4278	4274	**86·9**
87·0	4271	4268	4264	4261	4257	4254	4251	4247	4244	4240	**87·0**
87·1	4237	4234	4231	4227	4223	4220	4217	4213	4210	4206	**87·1**
87·2	4203	4199	4196	4192	4189	4185	4182	4178	4175	4171	**87·2**
87·3	4168	4165	4161	4158	4154	4151	4148	4144	4141	4137	**87·3**
87·4	4134	4131	4127	4124	4120	4117	4114	4110	4107	4103	**87·4**
87·5	4100	4097	4093	4090	4086	4083	4080	4076	4073	4069	**87·5**
87·6	4066	4063	4059	4056	4052	4049	4046	4042	4039	4035	**87·6**
87·7	4032	4028	4025	4021	4018	4014	4011	4007	4004	4000	**87·7**
87·8	3997	3994	3990	3987	3983	3980	3977	3973	3970	3966	**87·8**
87·9	3963	3960	3956	3953	3949	3946	3943	3939	3936	3932	**87·9**
88·0	3929	3926	3922	3919	3915	3912	3909	3905	3902	3898	**88·0**
88·1	3895	3892	3888	3885	3881	3878	3875	3871	3868	3864	**88·1**
88·2	3861	3858	3854	3851	3847	3844	3841	3838	3834	3831	**88·2**
88·3	3828	3825	3821	3818	3814	3811	3808	3804	3801	3797	**88·3**
88·4	3794	3791	3787	3784	3780	3777	3774	3770	3767	3763	**88·4**
88·5	3760	3757	3753	3750	3746	3743	3740	3736	3733	3729	**88·5**
88·6	3726	3723	3719	3716	3712	3709	3706	3702	3699	3695	**88·6**
88·7	3692	3689	3685	3682	3678	3675	3672	3669	3666	3662	**88·7**
88·8	3659	3656	3652	3649	3645	3642	3639	3635	3632	3628	**88·8**
88·9	3625	3622	3618	3615	3611	3608	3605	3601	3598	3594	**88·9**
89·0	3591	3588	3584	3581	3577	3574	3571	3567	3564	3560	**89·0**
Grades et dixièmes.	0	1	2	3	4	5	6	7	8	9	Grades et dixièmes.

Centièmes de grade de l'hypsomètre.

Table 11 (*suite*).

Grades et dixièmes.	Centièmes de grade de l'hypsomètre. 0	1	2	3	4	5	6	7	8	9	Grades et dixièmes.
89·0	3591	3588	3584	3581	3577	3574	3571	3567	3564	3560	**89·0**
89·1	3557	3554	3550	3547	3543	3540	3537	3533	3530	3526	**89·1**
89·2	3523	3520	3516	3513	3509	3506	3503	3500	3496	3493	**89·2**
89·3	3490	3487	3483	3480	3476	3473	2470	3466	3463	3459	**89·3**
89·4	3456	3453	3449	3446	3442	3439	3436	3432	3429	3425	**89·4**
89·5	3422	3419	3415	3412	3408	3405	3402	3398	3395	3391	**89·5**
89·6	3388	3385	3381	3378	3374	3371	3368	3365	3361	3358	**89·6**
89·7	3355	3352	3348	3345	3341	3338	2335	3331	3328	3324	**89·7**
89·8	3321	3318	3314	3311	3307	3304	3301	3298	3294	3291	**89·8**
89·9	3288	3285	3281	3278	3274	3271	3268	3264	3261	3257	**89·9**
90·0	3254	3251	3247	3244	3240	3237	3234	3230	3227	3223	**90·0**
90·1	3220	3217	3213	3210	3206	3203	3200	3197	3193	3190	**90·1**
90·2	3187	3184	3180	3177	3173	3170	3167	3163	3160	3156	**90·2**
90·3	3153	3150	3146	3143	3139	3136	3133	3130	3126	3123	**90·3**
90·4	3120	3117	3113	3110	3106	3103	3100	3096	3093	3089	**90·4**
90·5	3086	3083	3079	3076	3072	3069	3066	3063	3059	3056	**90·5**
90·6	3053	3050	3046	3043	3039	3036	3033	3029	3026	3022	**90·6**
90·7	3019	3016	3012	3009	3005	3002	2999	2996	2992	2989	**90·7**
90·8	2986	2983	2979	2976	2972	2969	2966	2962	2959	2955	**90·8**
90·9	2952	2949	2945	2942	2938	2935	2932	2929	2925	2922	**90·9**
91·0	2919	2916	2912	2909	2905	2902	2899	2896	2892	2889	**91·0**
91·1	2886	2883	2879	2876	2872	2869	2866	2862	2859	2855	**91·1**
91·2	2852	2849	2845	2842	2838	2835	2832	2829	2825	2822	**91·2**
91·3	2819	2816	2812	2809	2805	2802	2799	2795	2792	2788	**91·3**
91·4	2785	2782	2778	2775	2771	2768	2765	2762	2758	2755	**91·4**
91·5	2752	2749	2745	2742	2738	2735	2732	2729	2725	2722	**91·5**
91·6	2719	2716	2712	2709	2705	2702	2699	2696	2692	2689	**91·6**
91·7	2686	2683	2679	2676	2672	2669	2666	2662	2659	2655	**91·7**
91·8	2652	2649	2645	2642	2638	2635	2632	2629	2625	2622	**91·8**
91·9	2619	2616	2612	2609	2605	2602	2599	2596	2592	2589	**91·9**
92·0	2586	2583	2579	2576	2572	2569	2566	2563	2559	2556	**92·0**
92·1	2553	2550	2546	2543	2539	2536	2533	2530	2526	2523	**92·1**
92·2	2520	2517	2513	2510	2506	2503	2500	2497	2493	2490	**92·2**
92·3	2487	2484	2480	2477	2473	2470	2467	2464	2460	2457	**92·3**
92·4	2454	2451	2447	2444	2440	2437	2434	2431	2427	2424	**92·4**
92·5	2421	2418	2414	2411	2407	2404	2401	2398	2394	2391	**92·5**
92·6	2388	2385	2381	2378	2374	2371	2368	2365	2361	2358	**92·6**
92·7	2355	2352	2348	2345	2341	2338	2335	2332	2328	2325	**92·7**
92·8	2322	2319	2315	2312	2308	2305	2302	2299	2295	2292	**92·8**
92·9	2289	2286	2282	2279	2275	2272	2269	2266	2262	2259	**92·9**
93·0	2256	2253	2249	2246	2242	2239	2236	2233	2229	2226	**93·0**
Grades et dixièmes.	0	1	2	3	4	5	6	7	8	9	Grades et dixièmes.
					Centièmes de grade de l'hypsomètre.						

Table II. (*suite*).

Centièmes de grade de l'hypsomètre.

Grades et dixièmes.	0	1	2	3	4	5	6	7	8	9	Grades et dixièmes.
93·0	2256	2253	2249	2246	2242	2239	2236	2233	2229	2226	**93·0**
93·1	2223	2220	2216	2213	2209	2206	2203	2200	2196	2193	**93·1**
93·2	2190	2187	2183	2180	2176	2173	2170	2167	2163	2160	**93·2**
93·3	2157	2154	2150	2147	2143	2140	2137	2134	2130	2127	**93·3**
93·4	2124	2121	2117	2114	2110	2107	2104	2101	2097	2094	**93·4**
93·5	2091	2088	2084	2081	2077	2074	2071	2068	2064	2061	**93·5**
93·6	2058	2055	2051	2048	2044	2041	2038	2035	2031	2028	**93·6**
93·7	2025	2022	2019	2015	2012	2009	2006	2003	1999	1996	**93·7**
93·8	1993	1990	1986	1983	1979	1976	1973	1970	1966	1963	**93·8**
93·9	1960	1957	1953	1950	1946	1943	1940	1937	1933	1930	**93·9**
94·0	1927	1924	1920	1917	1913	1910	1907	1904	1900	1897	**94·0**
94·1	1894	1891	1888	1884	1881	1878	1875	1872	1868	1865	**94·1**
94·2	1862	1859	1855	1852	1848	1845	1842	1839	1835	1832	**94·2**
94·3	1829	1826	1823	1819	1816	1813	1810	1807	1803	1800	**94·3**
94·4	1797	1794	1790	1787	1783	1780	1777	1774	1770	1767	**93·4**
94·5	1764	1761	1757	1754	1750	1747	1744	1741	1738	1734	**94·5**
94·6	1731	1728	1725	1721	1718	1715	1712	1709	1705	1702	**94·6**
94·7	1699	1696	1692	1689	1685	1682	1679	1676	1672	1669	**94·7**
94·8	1666	1663	1660	1656	1653	1650	1647	1644	1640	1637	**94·8**
94·9	1634	1631	1627	1624	1620	1617	1614	1611	1607	1604	**94·9**
95·0	1601	1598	1594	1591	1587	1584	1581	1578	1574	1571	**95·0**
95·1	1568	1565	1562	1558	1555	1552	1549	1546	1542	1539	**95·1**
95·2	1536	1533	1529	1526	1522	1519	1516	1513	1509	1506	**95·2**
95·3	1503	1500	1497	1493	1490	1487	1484	1481	1477	1474	**95·3**
95·4	1471	1468	1464	1461	1457	1454	1451	1448	1444	1441	**95·4**
95·5	1438	1435	1432	1428	1425	1422	1419	1416	1412	1409	**95·5**
95·6	1406	1403	1399	1396	1392	1389	1386	1383	1379	1376	**95·6**
95·7	1373	1370	1367	1363	1360	1357	1354	1351	1347	1344	**95·7**
95·8	1341	1338	1334	1331	1327	1324	1321	1318	1314	1311	**95·8**
95·9	1308	1305	1302	1298	1295	1292	1289	1286	1282	1279	**95·9**
96·0	1276	1273	1270	1266	1263	1260	1257	1254	1250	1247	**96·0**
96·1	1244	1241	1238	1234	1231	1228	1225	1222	1218	1215	**96·1**
96·2	1212	1209	1205	1202	1198	1195	1192	1189	1185	1182	**96·2**
96·3	1179	1176	1173	1169	1166	1163	1160	1157	1153	1150	**96·3**
96·4	1147	1144	1141	1137	1134	1131	1127	1124	1121	1118	**96·4**
96·5	1115	1112	1109	1105	1102	1099	1096	1093	1089	1086	**96·5**
96·6	1083	1080	1077	1073	1070	1067	1064	1061	1057	1054	**96·6**
96·7	1051	1048	1044	1041	1037	1034	1031	1028	1024	1021	**96·7**
96·8	1018	1015	1012	1008	1005	1002	999	996	992	989	**96·8**
96·9	986	983	980	976	973	970	967	964	960	957	**96·9**
97·0	954	951	948	944	941	938	935	932	928	925	**97·0**
Grades et dixièmes.	0	1	2	3	4	5	6	7	8	9	Grades et dixièmes.

Centièmes de grade de l'hypsomètre.

Table 11 (*suite*).

Grades et dixièmes.	Centièmes de grade de l'hypsomètre.									Grades et dixièmes.
	0	**1**	**2**	**3**	**4**	**5**	**6**	**7**	**8**	**9**	
97·0	954	951	948	944	941	938	935	932	928	925	**97·0**
97·1	922	919	916	912	909	906	903	900	896	893	**97·1**
97·2	890	887	884	880	877	874	871	868	864	861	**97·2**
97·3	858	855	852	848	845	842	839	836	832	829	**97·3**
97·4	826	823	820	816	813	810	807	804	800	797	**97·4**
97·5	794	791	788	784	781	778	775	772	768	765	**97·5**
97·6	762	759	756	752	749	746	743	740	736	733	**97·6**
97·7	730	727	724	720	717	714	711	708	704	701	**97·7**
97·8	698	695	692	688	685	682	679	676	672	669	**97·8**
97·9	666	663	660	656	653	650	647	644	640	637	**97·9**
98·0	634	631	628	624	621	618	615	612	608	605	**98·0**
98·1	602	599	596	592	589	586	583	580	576	573	**98·1**
98·2	570	567	564	560	557	554	551	548	545	542	**98·2**
98·3	539	536	533	529	526	523	520	517	513	510	**98·3**
98·4	507	504	501	497	494	491	488	485	481	478	**98·4**
98·5	475	472	469	465	462	459	456	453	449	446	**98·5**
98·6	443	440	437	433	430	427	424	421	417	414	**98·6**
98·7	411	408	405	401	398	395	392	389	386	383	**98·7**
98·8	380	377	374	370	367	364	361	358	354	351	**98·8**
98·9	348	345	342	338	335	332	329	326	322	319	**98·9**
99·0	316	313	310	306	303	300	297	294	290	287	**99·0**
99·1	284	281	278	274	271	268	265	262	259	256	**99·1**
99·2	253	250	247	243	240	237	234	231	227	224	**99·2**
99·3	221	218	215	211	208	205	202	199	196	193	**99·3**
99·4	190	187	184	180	177	174	171	168	164	161	**99·4**
99·5	158	155	152	148	145	142	139	136	132	129	**99·5**
99·6	126	123	120	116	113	110	107	104	101	98	**99·6**
99·7	95	92	89	85	82	79	76	73	69	66	**99·7**
99·8	63	60	57	53	50	47	44	41	38	35	**99·8**
99·9	32	29	26	22	19	16	13	10	6	+ 3	**99·9**
100·0	± 0	− 3	− 6	− 10	− 13	− 16	− 19	− 22	− 26	− 29	**100·0**
100·1	− 32	35	38	42	45	48	51	54	57	60	**100·1**
100·2	− 63	66	69	73	76	79	82	85	89	92	**100·2**
100·3	− 95	98	101	105	108	111	114	117	120	123	**100·3**
100·4	− 126	129	132	136	139	142	145	148	152	155	**100·4**
100·5	− 158	161	164	168	171	174	177	180	183	186	**100·5**
100·6	− 189	192	195	199	202	205	208	211	215	218	**100·6**
100·7	− 221	224	227	231	234	237	240	243	246	249	**100·7**
100·8	− 252	255	258	262	265	268	271	274	278	281	**100·8**
100·9	− 284	287	290	294	297	300	303	306	309	312	**100·9**
101·0	− 315	318	321	325	328	331	334	337	341	344	**101·0**
Grades et dixièmes.	**0**	**1**	**2**	**3**	**4**	**5**	**6**	**7**	**8**	**9**	Grades et dixièmes
	Centièmes de grade de l'hypsomètre.										

Ainsi, lorsqu'on a observé **h** = 85·32 et la température de l'air T = 4·2, on trouve la température au niveau de l'océan $\mathfrak{T} = 4{\cdot}2 + 26{\cdot}8 = 31{\cdot}0$, en moyenne.

En Éthiopie, la valeur moyenne de la somme $T + \mathfrak{T}$ peut être prise = 50. Il était donc commode de construire une table qui donnât immédiatement pour ces contrées l'altitude cherchée sauf une petite correction due à la température observée, en partant de la lecture de l'hypsomètre comme argument. Dans ce but, on a multiplié les chiffres d'Oltmanns par $1 + \frac{2 \times 50}{1000} = 1{\cdot}1$, et l'on a, de plus, corrigé les résultats pour l'effet de la variation de la pesanteur en latitude et dans le sens de la verticale, en prenant pour la latitude une valeur moyenne = 11°. C'est ainsi qu'on a obtenu la table **11** qui précède. Les chiffres de cette table sont encore à multiplier par $1 + f = \frac{10}{11}\left(1 + 2\,\frac{T + \mathfrak{T}}{1000}\right)$, ou bien à augmenter du produit de leur valeur par le facteur $f = \frac{1}{11}\left(-1 + 2\,\frac{T + \mathfrak{T}}{100}\right)$, qui se trouve dans la table **12** qui suit :

Table 12. Donnant le facteur f.

Ce facteur est positif quand $T + \mathfrak{T} > 50$, négatif quand $T + \mathfrak{T} < 50$.

$T + \mathfrak{T}$	(−) f (+)	$T + \mathfrak{T}$		$T + \mathfrak{T}$	(−) f (+)	$T + \mathfrak{T}$
30	0·0364	70		40	0·0182	60
31	346	69		41	164	59
32	328	68		42	146	58
33	309	67		43	127	57
34	291	66	Diff. pour 1 degré :	44	109	56
35	273	65		45	091	55
36	255	64	0·00182	46	073	54
37	237	63		47	055	53
38	218	62		48	036	52
39	200	61		49	018	51
40	182	60		50	000	50

Prenons pour exemple le numéro 151 du tableau des observations hypsométriques.

Cette observation fut faite sur le Mt *Dajan*, le point culminant du *Simen*, à la date du 15 mai 1848; elle donna **h** = 85·32, T = 4·2. Nous avons d'abord par la petite table **10** la température au niveau de la mer $\mathfrak{T} = 4{\cdot}2 + 26{\cdot}8 = 31{\cdot}0$, ensuite la somme des températures $T + \mathfrak{T} = 4{\cdot}2 + 31{\cdot}0 = 35{\cdot}2$. Donc f = − 0·0269. La table **11** donne immédiatement H = 4849 pour **h** = 85·32; on trouve alors Hf = − 131; par conséquent l'altitude du Mt *Dajan* = 4849 − 131 = 4718 mètres.

Mais la table des dépressions de la température a été calculée en supposant $T + \mathfrak{T} = 50$. La différence $T + \mathfrak{T} - 50$ produit un changement de Hf dans H, et par conséquent un changement analogue dans la dépression déduite de la première valeur approchée de H. Or, l'expression

$$T - \mathfrak{T} = \frac{H}{137 + 0{\cdot}009\ H}$$

montre que la nouvelle valeur de $T - \mathfrak{T}$ sera $= \frac{H}{137 + 0{\cdot}009\ H - f.\ 137}$, ou bien que la première valeur de la dépression devra être multipliée par $1 + \frac{f.\ 137}{137 + 0{\cdot}009\ H}$; on peut prendre ce facteur = 1 + 0·8 f, parce que nous n'avons guère ici à considérer que les altitudes entre 3000 et 5000 mètres. La température au niveau de la mer doit donc subir la correction $+ 0{\cdot}8\,f\,(T - \mathfrak{T})$. Il en résulte dans la valeur de f une correction de $0{\cdot}0015\,f\,(T - \mathfrak{T})$, ce qui donne $+ 0{\cdot}0015\,Hf\,(T - \mathfrak{T})$ pour l'altitude calculée. En diminuant donc de $\frac{1}{5}$ la dépression obtenue par la table **10**, on aura à multiplier cette valeur diminuée par f d'abord, pour trouver la correction de la température au niveau de la mer, et ensuite par $\frac{2}{1100}$ Hf., pour avoir la correction finale de l'altitude.

Dans l'exemple qui précède nous avons $0{\cdot}8\,(T - \mathfrak{T}) = 21{\cdot}5$ et f = − 0·027; la correction de $\mathfrak{T}$ sera donc − 0·6 et $\mathfrak{T} = 31{\cdot}0 - 0.6 = 30{\cdot}4$; la correction de l'altitude sera = 21·5 multiplié par − 0·24, ou bien = − 5, et l'altitude finale = 4718 − 5 = 4713, comme on la trouve dans la liste sous le numéro 151. Nous avons tenu compte de ces corrections pour avoir au moins les *résultats exacts de la formule* d'Atkinson, quoiqu'elle ne soit qu'un pis-aller.

Lorsqu'on connaît les valeurs véritables de $\mathfrak{T}$ et de $\mathfrak{B}$, on trouve tout de suite la vraie valeur de f avec l'argument $T + \mathfrak{T}$; mais il faut alors changer la valeur de H donnée par la table **11** qui suppose $\mathfrak{B} = 762{\cdot}1$. La correction de H sera $+ 11{\cdot}6\ (\mathfrak{B} - 762{\cdot}1)$. Si c'est l'hypsomètre qu'on a lu au niveau de la mer, on trouve la correction de H dans la table **11** même, en y entrant avec la lecture dont il s'agit; seulement la correction a le signe contraire aux signes de la table.

Supposons, par exemple, que $\mathfrak{B}$ ait été observé = 758·2, on aurait à corriger H de − 45 mètres; si au lieu de $\mathfrak{B}$ on avait une lecture de l'hypsomètre = 99·88, on entrerait avec cet argument dans la table **II**, et l'on y trouverait + 38, la correction de H serait donc — 38.

M. d'Abbadie avait obtenu d'une personne résidant à *Muçaww'a* de faire pour lui une suite régulière d'observations météorologiques qui devaient plus tard servir au calcul de celles qu'il allait faire lui-même dans l'intérieur de l'Éthiopie. Mais ce cahier d'observations de *Muçaww'a* a été brûlé par suite d'un malentendu fâcheux; il n'en reste que cinq observations, dont M. d'Abbadie avait encore reçu la dernière dans un billet. Elles se trouvent sous les numéros 40, 41, 43, 44, 45 dans la liste des observations barométriques. L'endroit où les quatre premières ont été faites a une élévation de 6^{mt}·7 au-dessus de la mer Rouge, ainsi qu'il résulte d'un petit nivellement fait *ad hoc*; la station de la dernière (du n° 45) était sur la plage de *Imakullu* à 10 mètres environ au-dessus de la mer, tandis que la station du tour d'horizon de *Imakullu* était une colline haute d'à peu près 100 mètres. La lecture n° 45 du baromètre, réduite à zéro, est 758·62 et T = 31·5. En supposant l'élévation de la station = 10^{mt}, nous avons 𝔅 = 759·48 et 𝔗 = 31·6 pour le niveau de l'océan. L'observation correspondante est le numéro 28 de la liste hypsométrique; on y trouve pour *'Adwa* **h** = 93·92 et T = 27·4. La table **II** donne d'abord H = 1953; cette valeur doit être corrigée de 11·6 (759·5 — 762·1) = — 30 mètres, ce qui donne H = 1923. La somme des températures étant = 59·0, on a f = + 0·0164. La formule d'Atkinson aurait donné 𝔗 = 40·2, trop fort de 8·6 degrés. Le terme Hf devient = + 32, donc H (1 + f) = 1955. Ce résultat s'accorde à merveille avec celui de la géodésie, puisque nous avons 1965 par cette dernière. Sans l'observation de *Imakullu*, nous aurions trouvé 1953 (1 + 0·0321) = 2016, ou bien 61 mètres de plus. En étendant cette considération à l'observation n° 29 qui a été faite un jour après à *'Adwa*, et qui donne **h** = 93·93, T = 27·3, nous en déduisons H (1 + f) = 1952 au lieu de 2012, comme le donnerait l'hypothèse à laquelle nous devions recourir d'ordinaire pour avoir 𝔅 et 𝔗. Les observations hypsométriques 15, 16, 18, 19 ont été calculées de la même manière, en s'aidant des observations barométriques 40, 41, 43, 44, qui sont à peu près correspondantes; on a ajouté 0·58 aux lectures du baromètre pour les réduire au niveau de la mer à *Muçaww'a*. Avec ces observations correspondantes, les altitudes de *Irir*, *Bizen* et *Qayihkor* deviennent plus faibles de 70 à 80 mètres que si l'on s'était servi des valeurs supposées de 𝔅 et de 𝔗.

Il existe d'ailleurs, en général, dans les observations de l'hypsomètre, une grande source d'erreur : c'est la variation du point zéro. Elle semble dépendre d'une loi encore inconnue. Il paraît même que le procédé de M. Person qui conseille de faire recuire lentement les hypsomètres, n'a pas le succès qu'on lui attribue, ainsi que M. d'Abbadie s'en est assuré par expérience. Heureusement le nouveau baromètre réciproque de M. Porro promet de bien remplacer en voyage, non-seulement l'hypsomètre, mais le baromètre même, instrument si délicat à transporter, si difficile à reconstruire en voyage quand il est à siphon, et si embarrassant à *bien* observer quand il faut ramener au contact d'une pointe intérieure la surface du mercure sitôt salie et confuse. Il est vrai qu'on peut employer un baromètre sans pointe intérieure et qui n'exige qu'une seule observation au haut de sa colonne. Mais alors il faut avoir déterminé avec un très-grand soin les diamètres relatifs de la cuvette et du tube, ce qui ne peut bien se faire que chez le constructeur; et ce dernier néglige souvent de faire ces constatations avec la délicatesse nécessaire.

2. Observations du baromètre.

Les 51 observations barométriques qu'on trouve à la suite des observations de l'hypsomètre ont été calculées, en 1859, au moyen des petites tables de Gauss. Nous donnons ici ces tables, arrangées pour le thermomètre centigrade, parce qu'elles sont à la fois simples et commodes.

Gauss avait adopté la formule de Laplace avec les facteurs 18336 et $\left(\log \frac{B'}{B} + 2 \log \left(1 + \frac{h}{R}\right)\right)$. Le terme $2 \log \left(1 + \frac{h}{R}\right)$ s'y trouve introduit par l'hypothèse que la colonne d'air dont on mesure la pression est de forme cylindrique; mais sa forme étant en réalité celle d'un cône, ainsi que Ohm l'a fait remarquer, le terme en question disparaît, et nous l'avons rejeté.

Cependant, comme il équivalait à un nouveau facteur $\left(1 + \frac{1}{400}\left(1 + \frac{T + T'}{500}\right)\right)$ qui avait pour effet principal de porter la constante 18336 à 18382, et que ce coefficient augmenté s'accorde mieux avec les observations géodésiques faites pour vérifier la formule de Laplace, nous avons conservé le chiffre 18382 comme donnée empirique; cela était d'autant plus permis que, d'après les expériences nouvelles de M. Regnault sur la densité relative de l'air et du mercure, le coefficient barométrique pourrait même être porté à 18405. La seule différence entre les tables de Gauss et celles qui suivent, sera donc la suppression du facteur $\left(1 + \frac{T + T'}{200000}\right)$, lequel augmenterait log h de 0·00017 pour T + T' = 80.

Le calcul d'une hauteur au moyen de nos tables se fait comme il suit. Pour réduire à zéro la lecture barométrique, on retranche de son logarithme, en unités de la 5me décimale, la lecture du thermomètre attaché, multipliée par 8 si l'on ne tient compte que de la dilatation du mercure, et par 7 si l'on veut encore avoir égard à celle d'une échelle de laiton. A-t-on maintenant des observations correspondantes, on obtiendra les différences de niveau des stations; sinon, il faudra faire une hypothèse sur l'état de l'atmosphère au niveau de la mer, ou, plus généralement, au niveau par rapport auquel on veut connaître l'élévation de ses stations. Soit alors $\mathfrak{b}$ la différence des logarithmes des deux hauteurs du baromètre, réduites à zéro. Si l'on a observé B, B' et les thermomètres attachés T, T', on aura :

$$\mathfrak{b} = \log B' - \log B - \frac{7\,(T' - T)}{100000}\,.$$

La hauteur h de la première station au-dessus de la seconde se trouve alors par la formule :

$$\log h = \log \mathfrak{b} + \mathfrak{f} + \mathfrak{g} + \mathfrak{h},$$

ou $\mathfrak{f} = \log 18382\left(1 + \frac{T + T'}{500}\right)$, $\mathfrak{g} = \log\,(1 + 0{\cdot}002845 \cos 2\varphi)$, $\mathfrak{h} = \log\left(1 + \frac{h}{6366200}\right)$.

Le nombre $\mathfrak{f}$ se trouve dans la table **13** dont l'argument est la somme T + T' des températures observées de l'air. Les tables **14** et **15** donnent $\mathfrak{g}$ et $\mathfrak{h}$ en unités de la 5me décimale ; $\mathfrak{g}$ est additif pour les latitudes au-dessous de 45°, soustractif pour celles qui dépassent 45° ; l'argument de $\mathfrak{h}$ est log h.

Exemple. Il y a dans la liste des observations barométriques un seul exemple d'observations correspondantes. Elles ont été faites le 22 avril 1840 à *'Adwa* et au Mt *Saloda.* On avait :

à *'Adwa*. . . B' = 613·10 $\qquad T' = 28{\cdot}6 \qquad$ T' = 28·2 $\qquad \varphi = 14°\ 10'$

au Mt *Saloda*. . . B = 571·15 $\qquad T = 26{\cdot}4 \qquad$ T = 26·7

Nous avons par conséquent : log B' = 2. 78682 $\qquad T' - T = 2{\cdot}2 \qquad$ T' + T = 54·9 , argument de f.

log B = 2. 75674 $\qquad$ 7

0. 03008 $\qquad$ 15

− 15

$\mathfrak{b}$ = 0. 02993 $\qquad$ log $\mathfrak{b}$ = $\bar{2}$. 47611

$\mathfrak{f}$ = 4. 30963

$\mathfrak{g}$ = ... + 109

2. 78683

$\mathfrak{h}$ = ... + 4

log h = 2. 78687, d'où h = 612·2.

Table 13. Valeurs de f.

T + T'	f	Diff.	T + T'	f	Diff.	T + T'	f	Diff.	T + T'	f	Diff.
− 10	4·25562	89	+ 13	4·27553	85	+ 36	4·29458	81	+ 59	4·31283	
− 9	650		14	637		37	539		60	361	78
− 8	739		15	722		38	620		61	438	
− 7	827		16	807		39	701		62	516	
− 6	915		17	891		+ 40	781		63	593	
− 5	4·26003	88	18	975		41	862		64	670	
− 4	090		19	4·28059	84	42	942		65	747	77
− 3	178		+ 20	142		43	4·30022		66	824	
− 2	265		21	226		44	102		67	900	
− 1	352		22	309		45	182	80	68	977	
0	439	87	23	392		46	261		69	4·32053	
+ 1	526		24	475		47	341		+ 70	129	76
2	612		25	558	83	48	420		71	206	
3	669		26	641		49	499		72	282	
4	785		27	723		+ 50	578		73	357	
5	871	86	28	805		51	657	79	74	433	
6	957		29	888		52	736		75	509	75
7	4·27043		+ 30	970	82	53	815		76	584	
8	128		31	4·29051		54	893		77	660	
9	214		32	133		55	971		78	735	
+ 10	299	85	33	215		56	4·31049		79	810	75
11	384		34	296		57	128		+ 80	884	
12	468		35	377	81	58	205				
13	553		36	458		59	283				

Table 14. Unités de g.

+ pour $\varphi < 45°$, — pour $\varphi > 45°$.

φ	+		φ	+		φ	+	
0°	124	90°	15°	107	75°	30°	62	60°
1	123	89	16	105	74	31	58	59
2	123	88	17	102	73	32	54	58
3	123	87	18	100	72	33	50	57
4	122	86	19	97	71	34	46	56
5	122	85	20	95	70	35	42	55
6	121	84	21	92	69	36	38	54
7	120	83	22	89	68	37	34	53
8	119	82	23	86	67	38	30	52
9	118	81	24	83	66	39	26	51
10	116	80	25	79	65	40	21	50
11	115	79	26	76	64	41	17	49
12	113	78	27	73	63	42	13	48
13	111	77	28	69	62	43	9	47
14	109	76	29	65	61	44	4	46
15	107	75	30	62	60	45	0	45
	—	φ		—	φ		—	φ

Table 15. Unités de $\mathfrak{h}$.

log h	+
1·9	1
2·3	1
2·4	2
2·5	2
2·6	3
2·7	3
2·8	4
2·9	5
3·0	7
3·1	9
3·2	11
3·3	14
3·4	17
3·5	22
3·6	27
3·7	34
3·8	43
3·9	54
4·0	67

En calculant les 51 observations barométriques, nous avons supposé $\mathfrak{B} = 762·1$, et la température $\mathfrak{T}$ au niveau de la mer a été obtenue en substituant dans la formule d'Atkinson les altitudes déjà connues par la géodésie, ou bien les altitudes approchées obtenues avec $\mathfrak{T} = 30$. On peut, pour calculer les hauteurs approchées sans logarithmes, employer la formule de M. Babinet :

$$h = 16000 \frac{B' - B}{B' + B} \left(1 + \frac{T + T'}{500}\right).$$

Ici on suppose les lectures B, B' réduites à zéro; ce qui se fait en multipliant les lectures brutes par les facteurs $\left(1 - \frac{2\,T}{11000}\right)$ et $\left(1 - \frac{2\,T'}{11000}\right)$, ou bien en ajoutant $\frac{T - T'}{11000}$ à $\frac{B' - B}{B' + B}$.

3. Altitudes déterminées par l'hypsomètre.

Les fractions ajoutées aux lectures du n° **212** signifient des fractions d'un trait (*voir* page 11); les astérisques dans la colonne des $\mathfrak{T}$ indiquent des valeurs observées directement.

N°	Lieu.	Date.		Heure vraie.		T.	T.	Lecture du n° **212**.	h.	$\mathfrak{T}$.	Altitude.
		1840									
1	Dima.	Mars	17	22h	45m	18·6	28·2	136·9	96·78	35·0	1046
2	Taranta.	»	19	2	10	20·0	25·3	128·2	95·46	34·8	1478
3	Digsa.	»	21	5	47	17·0	21·0	112·5	92·99	35·3	2285
4	Saloda.	Avril	10	19	2	10·4	16·8	106·4	92·04	32·8	2570
5	'Adwa.	»	14	2	0	14·4	28·6	118·7	93·95	41·1	2013
6	»	»	14	21	14	12·0	25·2	118·6	93·93	37·7	1996
7	Saloda.	»	22	0	21	16·2	26·7	106·1	92·01	42·8	2675
8	Çilaçiqañe	Mai	24	1	2	17·4	28·4	125·4	95·02	38·8	1644
9	Imba ra'iniddi. . . .	Juin	2	2	7	13·9	30 7	124·0	94·76	41·6	1747
10	Inna doqqo.	»	30	18	46	17·5	21·0	115·94	93·50	34·4	2112
11	Qayihkor.	Juill.	1	2	42	16·3	25·8	121·45	94·39	37·4	1843
12	Bizen.	»	3	3	36	14·3	24·0	107·55	92·21	40·1	2582
		1841									
13	'Aylat.	Août	11	19	40	24·7	33·3	151·8	99·12	35·2	287
14	Muçaww'a.	Sept.	21	5	15	26·7	33·3	156·8	99·90	33·3*	33
15	Irir.	»	26	1	40	12·2	23·8	103 + ½	91·50	35·7*	2745
16	»	»	28	23	52	11·2	22·6	103·1	91·54	34·8*	2721
17	Muçaww'a.	Oct.	11	21	55	....	34·15	157·42	100·02	34·2*	— 6
18	Qayihkor.	»	17	0	12	16·6	25·75	121 + ⅓	94·32	26·4*	1782
19	Bizen.	»	21	0	7	13·7	21·0	107·35	92·19	33·7*	2488
20	'Aylat.	»	25	23	53	23·8	34·5	152 + 1	99·19	36·3	266
21	»	»	27	0	4	23·2	34·8	151·8	99·12	36·7	289
22	Imakullu.	Nov.	17	0	30	24·0	32·2	156·8	99·90	32·3*	33

N°	Lieu.	Date.		Heure vraie.		T.	T.	Lecture du n° **212**.	𝔥.	𝔗.	Altitude.
		1842									
23	Digsa.	Janv.	6	0	30	11·6	26·0	112·25	92·96	40·4	2337
24	Marab.	»	10	1	14	13·75	31·0	130·35	95·79	39·8	1405
25	'Addi Finn'i.	Févr.	4	2	16	14·6	27·1	120·56	94·25	39·0	1899
26	Hanna Sanna.	»	13	23	27	10.2	21·0	104 + $\frac{1}{2}$	91·66	37·9	2743
27	Kokma.	»	20	23	4	14·5	26·8	112·5	92·99	41·1	2333
28	'Adwa.	Mars	10	0	30	15·0	27·4	118·4	93·92	31·6*	1955
29	»	»	11	0	0	15·0	27·3	118·5	93·93	31·8*	1952
30	Aksum.	Avril	2	23	47	14·0	27·2	113·8	93·17	41·1	2273
31	Hiça.	Juin	1	23	48	10·0	22·6	98·45	90·79	42·3	3071
32	May Koho.	»	18	21	26	16·0	25·0	118 + $\frac{1}{2}$	93·85	37·7	2022
33	Zarema.	»	22	2	17	20·0	28·8	130 + $\frac{1}{2}$	95·73	37·7	1404
34	Lamalmo.	Juin	22	21	32	13·5	18·4	98·8	90·82	36·8	2998
35	Çambilge.	»	23	23	36	12.0	16·0	102·0 + 1	91·37	33·2	2791
36	Gondar.	Juill.	12	23	57	14·0	16·5	112·2	92·95	31·8	2265
37	Mt Soni.	Août	16	22	12	13·0	15·5	102·0 + 1	91·37	32·8	2786
38	Warq libbo.	»	25	4	23	18·5	22·9	126·55	95·19	32·9	1555
39	Zamoge.	»	26	1	53	20·5	27·0	130·2	95·77	35·8	1382
40	Maguina.	»	28	22	54	18·6	21·9	112·0 + $\frac{1}{2}$	92·91	36·3	2320
41	Darita.	Sept.	16	23	20	17·6	21·0	111·5	92·83	35·6	2340
42	»	»	19	0	31	14·0	23·0	111·6	92·84	37·6	2353
43	Wašša.	»	19	20	1	13·6	15·7	101·0	91·17	33·3	2857
44	Ayto mamoge. . . .	Oct.	3	19	20	18·0	23·4	120·5	94·25	35·3	1874
45	Gondar.	Nov.	12	23	44	14·0	22·7	112·0	92·88	37·2	2336
46	Quarata.	»	25	21	42	16·5	22·0	119·86	94·12	34·2	1909
47	» (port). . . .	»	25	22	42	16·7	22·7	120.5	94·25	34·6	1870
48	Daga.	»	29	0	53	16·3	21·0	118·45	93·92	33·6	1969
49	Gondar.	Déc.	26	2	16	14·0	20·0	111·76	92·86	34·6	2321
50	Mt Dumi.	»	29	0	37	8·5	16·7	92·7	89·88	36·5	3313
51	Malza.	»	31	23	15	8·0	18·0	103·0	91·48	35·0	2773
		1843									
52	Gologe.	Janv.	2	20	20	9·0	13·6	130· + $\frac{1}{2}$	95·73	22·5	1328
53	Lalibala.	»	8	1	20	11·0	22·0	107· + $\frac{1}{3}$	92·12	37·8	2591
54	Birko.	»	12	18	46	7·6	14·4	106·0	91·95	30·6	2578
55	Mt Qalala.	»	21	0	54	7·8	14·8	91·28	89·68	35·1	3360
56	Dabra Tabor.	Mars	5	2	46	12·0	21·7	103·85	91·62	38·7	2764
57	Mahdara Maryam . .	»	7	0	47	13·8	25·4	109·0	92·41	40·8	2525
58	Mota.	Avril	2	0	36	13·6	22·5	107·25	92·18	38·7	2576
59	Gué du Gatla.	»	6	23	41	12·9	21,4	107· + $\frac{4}{10}$	92·12	37·6	2587
60	Gurem.	»	26	22	43	15·8	22·8	110· + $\frac{1}{2}$	92·60	37·8	2434
61	Mt Dabet.	Mai	9	20	43	12·8	18·1	101·43	91·26	35·5	2851
62	Asandabo.	»	24	23	0	14.8	25·7	110·4	92·67	41·2	2438
63	Qobbo.	Juin	12	0	0	14·8	22·5	111·45	92·82	37·1	2356
64	Abbono.	»	24	5	0	13·2	18·6	104·4	91·73	35·2	2694
65	Donguru.	»	26	23	0	17·7	21·0	113· + 1	93·09	35·1	2251
66	Qito.	»	29	3	0	22·0	26·0	124·2	94·83	36·7	1694
67	Kunç (col près de). .	Juill.	11	0	30	18·2	23·6	120· + $\frac{4}{10}$	94·16	35·7	1907
68	Qella (Ulmay). . . .	»	21	21	0	20·3	24·0	126· + $\frac{1}{3}$	95·10	34·2	1591
69	Saqa.	»	30	2	8	18·9	25·3	121·5	94·40	36·9	1837
70	»	Oct.	12	0	0	17·6	25·0	121· + 1	94·35	36·7	1852
71	Jijilla (faite du col) .	Nov.	14	20	41	14·2	17·0	117·6	93·77	29·8	1991
72	Çalla.	»	19	3	34	17·2	24·6	120·0	94·14	36·7	1920
73	Tumama (col). . . .	»	24	2	9	16·0	20·0	116·4	93·61	33·1	2067
74	Sadara.	»	24	21	52	16·4	20·9	119·6	94·09	33·1	1911
75	Yigga, à o'·3 du Gojab.	»	27	0	51	19·8	27·4	129·5	95·65	36·5	1424
76	Bonga.	Déc.	5	22	9	14·0	19.8	120·5	94·25	31·7	1850
77	Sabaqa.	»	15	1	24	16·4	26·1	120·00	94·14	38·2	1930
78	Tumama (col). . . .	»	15	22	4	15·6	23·0	113·00	93·04	37·2	2284
79	Garuqqe	»	23	0	39	16·0	24·0	116·65	93·63	37.0	2089
		1844									
80	Jiren (masara). . . .	Janv.	3	19	31	11·9	15·0	116·65	93·63	28·0	2022

N°	Lieu.	Date.	Heure vraie.	ᴛ.	T.	Lecture du n° **212**.	h.	𝔗.	Altitude.
		1844							
81	Kocawo.	Févr. 1	0 6	17·0	26·7	125·00	94·92	37·3	1668
82	Tobo.	» 6	3 25	16·7	29·3	123·6	94·72	40·3	1752
83	Bois de café près Saqa.	» 24	0 5	18·0	30·5	122.5	94·56	41·8	1815
84	Koma (notre camp) .	» 27	23 41	16·7	28·0	118·75	93·95	40·5	2008
85	Barakat.	Mars 8	0 39	16·9	26·3	124· + $\frac{1}{2}$	94·79	37·1	1710
86	Qito.	» 10	1 2	17·4	29·0	124·73	94·89	39·6	1692
87	Dar-u (Amuru). . . .	» 25	19 29	11·4	15·2	111·33	92·81	29·9	2298
88	Abbay (gué de Amuru) .	Avril 10	4 58	17·1	28·7	140·25	97·34	34·4	865
89	Dambaça quart. musulman	» 20	3 53	16·4	25·3	104·1	91·69	42·5	2777
90	Yawiš.	Mai 4	0 30	16·8	23·5	107·8	92·24	39·2	2564
91	Yajibe.	» 7	1 21	15·6	28·7	109· + $\frac{1}{2}$	92·44	44·0	2496
92	Kunna Kunni.	Juin 25	1 31	20·0	27·4	120· + 1	94·19	39·4	1922
93	Diu.	» 26	3 40	17·0	20·9	116·97	93·66	33·9	2056
94	Asawa.	» 27	2 25	17·0	20·3	111·75	92·86	34·9	2324
95	Gudara.	» 27	23 25	14·2	20·6	109·10	92·47	35·8	2459
96	Sakala.	» 29	4 45	12·1	13·4	104·00	91·63	30·0	2677
97	Source du Abbay . .	Juill. 1	22 25	12·8	16·0	101·95	91·32	33·4	2809
98	Sakala.	» 2	23 58	14·8	18·6	104· + $\frac{6}{10}$	91·66	35·4	2718
99	Baguina.	» 8	23 50	17·4	21·5	112·5	92·99	35·8	2289
100	Inçatkab.	Oct. 2	2 10	11·2	15·1	94· + $\frac{6}{10}$	90·10	34·4	3217
101	Koso.	» 4	1 50	10·3	14·0	95· + $\frac{1}{2}$	90·25	33·2	3154
102	Takkaze.	» 7	2 11	21·1	30·3	139· + $\frac{3}{10}$	97·12	36·4	944
103	Kuazen.	Nov. 19	23 0	14·2	21·0	107·50	92·21	36·7	2552
104	Mt Birqaqo.	» 24	21 39	9·0	17·4	102· + $\frac{8}{10}$	91·35	34·7	2813
105	May Mašrab.	Déc. 11	1 12	15·6	26·3	117·75	93·79	39·1	2052
106	Giwy.	» 14	0 35	15·5	28·0	131·3	95·94	36·5	1329
107	May Taklib.	» 15	0 28	13·7	25·7	126· + $\frac{7}{10}$	95·11	35·9	1598
108	Zarema.	» 16	0 28	14·9	29·3	130·9	95·85	38·0	1366
109	Wasange.	» 17	22 27	6·7	17·0	93·55	90·02	36·7	3269
		1845							
110	Manta Dabir.	Mars 19	20 56	16·7	21·8	109· + $\frac{1}{2}$	92·44	37·1	2480
111	Tul.	» 26	2 14	15·5	30·8	123·65	94·73	41·7	1758
112	Zama.	» 29	4 25	15·0	31·0	120· + $\frac{1}{2}$	94·17	43·1	1954
113	Dangyame.	Avril 8	2 37	13·0	22·8	107·0	92·10	39·0	2607
114	Anafo.	Mai 21	0 55	15·3	22·0	109·4	92·51	37·2	2459
115	»	Juin 23	2 55	16·0	18·8	109·7	92·54	34·0	2419
116	Ganu.	Juill. 8	20 29	13·1	16·3	105·0	91·79	32·8	2651
		1846							
117	Saqa.	Janv. 12	20 47	12·8	19·3	121·9	94·44	30·8	1783
118	Babya (qella).	» 17	2 16	19·1	28·1	123·2	94·68	39·1	1758
119	Mt Bora.	» 18	6 15		15 ?	104·5	91·74	31·6	2655
120	Source du Bora. . .	» 18	21 3	13·4	15·3	111·0	92·73	30·1	2326
121	Garuqqe.	Févr. 11	0 53	15·0	22·9	114· + 1	93·24	36·7	2214
122	Wirgesa.	Avril 17	18 27	16·1	19·9	129·6	95·66	29·0	1383
123	Adami.	» 24	0 17	15·0	28·0	114·75	93·32	41·7	2227
124	»	Juin 15	1 0	18·8	25·0	114·95	93·34	38·7	2197
125	Falle.	Sept. 29	0 0	14·0	17·4	108· + $\frac{1}{2}$	92·29	33·0	2492
126	Tiqur.	Oct. 23	0 30	14·0	22·4	107·0	92·10	38·6	2604
127	Lotu (Liban).	Nov. 11	1 0	15·0	26·8	114·3	93·27	40·6	2236
128	Dini.	» 30	5 35	15·6	23·9	109·65	92·53	39·0	2468
		1847							
129	Yajibe.	Janv. 31	1 0	15·7	22·2	111·4	92·82	36·9	2353
130	Dogom Jyasus. . . .	Févr. 13	22 0	10·3	22·6	109·0	92·41	38·3	2499
131	Yajibe, station. . . .	Mars 14	1 30	13·2	22·6	109· + 1	92·46	37·8	2480
132	Anguata.	» 20	5 0	6·9	16·6	87·5	89·08	37·4	3590
133	Mt Wugir.	» 21	1 0	5·9	12·7	80·5	87·99	35·4	3918
134	Mt Karni.	» 22	21 0	5·4	6·8	76· + $\frac{1}{2}$	87·29	30·1	4071
135	»	» 23	0 0	5·7	9·6	76· + $\frac{8}{10}$	87·30	33·2	4113
136	Yamatad bet.	» 23	3 0	8·5	17·3	89·45	89·38	38·1	3497

Nº	Lieu.	Date.	Heure vraie.	T.	T.	Lecture du nº **212**.	h.	𝔗.	Altitude.
		1847							
137	Mota.	Mars 25	21 0	14·3	17·9	108·1	92·32	33·5	2486
138	Nazrit.	Avril 16	0 30	12·2	19·6	99·55	90·96	37·8	2971
139	Balagaz.	Juill. 2	1 19	19·8	32·0	125·6	95·04	42·3	1657
140	Arquazye.	» 5	20 37	4·7	8·3	83·3	88·43	30·0	3703
141	Takkaze.	» 10	1 48	22·7	29·3	139·1	97·16	35·4	927
142	Bamba.	» 24	1 47	20·2	32·6	136·0	96·64	39·7	1118
143	Gualʿa.	Sept. 10	1 49	12·6	25·0	106·2	92·02	41·1	2655
144	Aksum.	Nov. 13	0 57	12·0	25·1	113·5	93·14	39·2	2266
145	Mt Masararya.	» 28		4·0	3·0	66·8	85·83	28·4	4516
		1848							
146	Mt Hora dibba.	Janv. 3		8·5	17·7	97·5	90·65	36·3	3058
147	Mt Ambazzo.	» 13		7·9	19·8	94·8	90·20	39·3	3240
148	Durge.	Mai 11	5	12·4	24·0	110·0	92·57	39·1	2455
149	Buahit (faite près de).	» 11	12	10·8	18·4	94·35	90·15	37·9	3239
150	Mt Buahit.	» 12	11	4·6	8·2	65·75	85·66	34·1	4664
151	Mt Dajan.	» 15	10	2·3	4·2	63·5	85·32	30·4	4713

4. Déterminations d'altitudes par le baromètre.

Nº	Lieu.	Date.	Heure vraie.	Baromètre.	*T*	Thermomètres T	T	𝔗	Altitude.
		1840							
1	Dima.	Mars 17	22h 53m	680·00 (†)	29·6	28·2	18·6	35·0	1070
2	Taranta.	» 19	2 10	648·55	28·2	25·3	20·0	35·[illegible]	1490
3	Tirmo.	» 19	20 20	569·35	18·6	18·7	9·7	34·8	2610
4	Mt Hanna Sanna. . .	» 19	23 48	564·85	34·6	22·8	...	39·8	2750
5	Digsa.	» 21	5 47	593·40	23·3	21·0	17·0	35·4	2262
6	May Šaraw. , ...	» 22	5 47	618·15	27·4	24·0	15·5	36·3	1918
7	May Rahya.	» 22	23 0	615·65	30·3	26·8	15·5	39·3	1978
8	Balasa.	» 24	12 20	635·65	31·7	31·0	16·6	41·8	1710
9	Unguiya.	» 25	6 0	620·05	28·0	25·2	14·3	37·3	1898
10	May Qani-i.	» 25	23 27	604·00	30·6	27·8	16·5	41·5	2164
11	ʿAdwa.	» 28	3 45	609·48	25·4	25·8	16·2	38·5	2056
12	»	» 29	0 27	611·60	25·7	25·7	13·2	38·4	2024
13	»	» 29	3 20	610·05	26·0	26·5	13·5	39·2	2053
14	»	» 30	0 16	612·55	25·5	27·0	16·0	39·7	2019
15	»	Avril 3	9 40	613·65	27·1	27·5	17·3	40·2	2007
16	»	» 4	5 40	613·50	23·7	24·2	15·5	36·9	1983
17	»	» 5	0 40	612·85	27·8	....	....	40·0	2021
18	»	» 5	4 13	611·40	29·4	29·1	17·2	41·8	2056
19	»	» 5	20 13	613·85	22·3	22·8	14·7	35·5	1965
20	»	» 6	0 13	613·05	27·8	27·7	16·8	40·4	2019
21	»	» 6	4 8	612·10	29·4	28·4	14·6	41·1	2041
22	»	» 6	10 18	613·20	25·8	23·4	15·8	36·1	1984
23	»	» 7	4 22	611·85	30·3	29·8	16·3	42·5	2056
24	»	» 8	5 10	612·50	28·2	28·6	16·0	41·3	2030
25	»	» 8	20 0	614·65	24·2	25·4	13·6	38·1	1975
26	»	» 9	4 0	612·74	30·4	28·8	14·3	41·5	2036
27	»	» 10	9 40	613·60	25·2	25·6	13·8	38·3	1993
28	»	» 10	18 30	612·85	25·0	....	....	38·0	2003
29	»	» 10	22 30	613·25	26·8	27·8	14·8	40·5	2016
30	»	» 14	2 0	612·05	30·2	28·6	14·4	41·3	2045
31	Mt Saloda.	» 14	21 15	572·85	23·7	22·0	12·0	38·1	2594
32	ʿAdwa.	» 16	8 40	613·10	26·7	....	....	39·5	2012
33	»	» 16	20 35	613·65	25·5	25·0	14·2	37·7	1988
34	»	» 17	3 45	611·49	31·8	29·2	15·8	41·9	2060
35	»	» 21	7 55	613·30	25·2	24·2	15·4	36·9	1987
36	»	» 22	0 17	612·10	28·6	28·2	14·8	41·9	2042

(†) Lu 700·00 par une erreur qui s'explique facilement par la disposition du vernier.

Nº	Lieu.	Date.	Heure vraie.	Baromètre.	Thermomètres *T*	T	ᴛ	𝔗	Altitude.
		1840							
37	Mᵗ Sạloda.	Avril 22	0 19	571·15	26·4	26·7	16·2	41·8	2664
38	ʿAdwa.	Mai 11	. . . . . .	613·00	25·2	. . . .	. . . .	38·0	2001
		1841							
39	Muçạww'ạ.	Sept. 21	5 5	760·20	33·3	33·3	26·7	33·3*	71
40	»	» 26	0 0	761·20	35·7	35·7	. . . .	35·7*	63
41	»	» 29	0 0	761·05	34·8	34·8	. . . .	34·8*	63
42	»	Oct. 11	9 40	763·70	34·2	34·15	. . . .	34·2*	31
43	»	» 17	0 0	759·35	34·2	26·4	21·2	26·4*	81
44	»	» 20	0 0	760·40	33·7	33·7	. . . .	33·7*	70
		1842							
45	Ịmạkullu.	Mars 10	0 30	762·50	31·5	31·5	. . . .	31·6*	40
46	Gondạr.	Nov. 12	23 27	589·55	20 ?	22·7	14·9	37·1	2330
47	»	Déc. 26	2 15	589·75	20·9	20·0	14·0	34·4	2306
48	Dumi.	» 29	0 40	527·57	19·8	16·7	8·5	35·2	3279
		1843							
49	Lanko.	Janv. 1	. . . . . .	559·52	18·25	18·0	8·0	35·0	2762
50	Ayba (Mạnna)	» 2	5 40	607·50	21·8	. . . .	. . . .	35·0	2009
51	Tạkkạze et Gologe. .	» 2	20 20	653·30	12·0	13·6	9·0	22·5	1339

5. Liste des altitudes observées.

Dans cette liste on a réuni les résultats des 202 observations rapportées dans les deux tableaux qui précèdent. Les altitudes sont ici rangées dans l'ordre alphabétique des lieux d'observation, et toutes les fois qu'il y avait plusieurs déterminations, on en a pris la moyenne. La colonne intitulée « Écart » contient le plus grand écart entre les déterminations particulières et leur moyenne. La dernière colonne enfin donne les renvois aux numéros des tableaux **3** et **4**.

I. ALTITUDES PAR L'HYPSOMÈTRE.

Nº	Lieu.	Altitude.	Écart.	Renvoi.	Nº	Lieu.	Altitude.	Écart.	Renvoi.
1	'Abbay (gué de Amuru).	865	..	88	27	Buahit (faîte près du).	3239	..	149
2	Abbay (source).	2809	..	97	28	Buahit (Mᵗ).	4664	..	150
3	Abbono	2694	..	64	29	Çalla.	1920	..	72
4	Adami.	2212	15	123, 124	30	Çambịlge.	2791	..	35
5	ʿAddị Finnᵘ.	1899	..	25	31	Çilaçiqạñe.	1644	..	8
6	ʿAdwa.	1970 (†)	43	5, 6, 28, 29	32	Dạbet (Mᵗ).	2851	..	61
7	Aksum.	2270	4	30, 144	33	Dạbrạ Tabor.	2764	..	56
8	Ambạzzo (Mᵗ).	3240	..	147	34	Daga.	1969	..	48
9	Anafo.	2439	20	114, 115	35	Dạjạn (Mᵗ).	4713	..	151
10	Anguạtạ.	3590	..	132	36	Dạmbạça (quartier musulman). . .	2777	..	89
11	Arquazye.	3703	..	140	37	Dạngyame.	2607	..	113
12	Asạndabo.	2438	..	62	38	Dạrịtạ.	2347	6	41, 42
13	Asạwa.	2324	..	94	39	Dar-u (Amuru).	2298	..	87
14	ʿAylạt.	281	15	13, 20, 21	40	Dịgsa.	2311	26	3, 23
15	Ayto mamoge.	1874	..	44	41	Dima.	1046	..	1
16	Babya (Qẹlla).	1758	..	118	42	Dịn.	2056	..	93
17	Baguịna.	2289	..	99	43	Dini.	2468	..	128
18	Bạlạgạz.	1657	..	139	44	Dogom IYẠSUS.	2498	..	130
19	Bamḅa.	1118	..	142	45	Donguru.	2251	..	65
20	Bạrạkạt (près le haut de la prairie).	1710	..	85	46	Durge.	2455	..	148
21	Bịrko.	2578	..	54	47	Dumi (Mᵗ).	3313	..	50
22	Bịrqaqo (Mᵗ).	2813	..	104	48	Falle.	2492	..	125
23	Bizen (Mᵗ).	2519 (††)	63	12, 19	49	Ganu.	2651	..	116
24	Bonga.	1850	..	76	50	Garuqqe (Mᵗ).	2152	63	79, 121
25	Bora (Mᵗ).	2655	..	119	51	Gạtla (gué du).	2587	..	59
26	Bora (source).	2326	..	120	52	Gịwy.	1329	..	106

(†) En donnant un poids double aux deux observations 28, 29.
(††) En donnant un poids double à l'observation 19.

N°	Lieu.	Altitude.	Écart.	Renvoi.
53	Gologe.	1328	..	52
54	Gondar	2307	42	36,45,49
55	Gual'a.	2655	..	143
56	Gudara	2459	..	95
57	Gurem.	2434	..	60
58	Hanna Sanna (Mt).	2742	..	26
59	Hiça (Mt).	3068	..	31
60	Hora dibba (Mt).	3058	..	146
61	Imba Ra'iniddi.	1747	..	9
62	Inarya (bois de café).	1815	..	83
63	Inçatkab.	3217	..	100
64	Inna doqqo.	2112	..	10
65	Irir.	2733	12	15,16
66	Jijilla (faite du col).	1991	..	71
67	Jiren (masara).	2022	..	80
68	Karni (Mt).	4092	21	134,135
69	Kocawo.	1668	..	81
70	Koma (campement).	2008	..	84
71	Kokma.	2333	..	27
72	Koso.	3154	..	101
73	Kuazen.	2552	..	103
74	Kunna Kunni.	1922	..	92
75	Kunç (col près de).	1907	..	67
76	Lalibala.	2591	..	53
77	Lamalmo.	2998	..	34
78	Lanko (Malza).	2773	..	51
79	Lotu.	2236	..	127
80	Maguina.	2320	..	40
81	Mahdara MARYAM.	2523	..	57
82	Manta dabir.	2480	..	110
83	Marab (près Gundat).	1405	..	24
84	Masararya (Mt).	4516	..	145
85	May Koho.	2022	..	32
86	May Mašrab.	2052	..	105
87	May Taklib.	1598	..	107
88	Mota.	2530	45	58,137
89	Nazrit.	2971	..	138
90	Qella de Çibbe.	1591	..	68
91	Qito.	1693	1	66,86
92	Qobbo.	2356	..	63
93	Qalala.	3360	..	55
94	Quarata.	1909	..	46
95	Quarata (port).	1870	..	47
96	Qayihkor.	1804 (†)	39	11,18
97	Sabaqa.	1930	..	77
98	Sadara.	1911	..	74
99	Sakala.	2698	20	96,98
100	Saloda (Mt).	2622	52	4,7
101	Saqa.	1824	41	69,70,117
102	Soni (Mt).	2786	..	37
103	Takkaze.	936	9	102,141
104	Taranta.	1478	..	2
105	Tiqur.	2604	..	126
106	Tobo.	1752	..	82
107	Tul.	1758	..	111
108	Tumama (col).	2176	109	73,78
109	Warq libho.	1555	..	38
110	Wasange (Mt).	3269	..	109
111	Wašša.	2857	..	43
112	Wirgesa.	1383	..	122
113	Wugir (Mt).	3918	..	133
114	Yajibe.	2443	90	91,129,131
115	Yamatad bet.	3497	..	136
116	Yawiš.	2564	..	90
117	Yigga.	1424	..	75
118	Zama.	1954	..	112
119	Zamoge.	1382	..	39
120	Zarema.	1385	19	33,108

II. ALTITUDES PAR LE BAROMÈTRE

N°	Lieu.	Altitude.	Écart.	Renvoi.
1	'Adwa.	2000	54	11-30,32-38
2	Ayba (Manna).	2009	..	50
3	Balasa.	1710	..	8
4	Digsa.	2262	..	5
5	Dima.	1070	..	1
6	Dumi (Mt).	3259	..	48
7	Gologe.	1339	..	51
8	Gondar.	2298	12	46,47
9	Hanna Sanna (Mt).	2750	..	4
10	Imakullu.	40	..	45
11	Lanko (Malza).	2762	..	49
12	May Qani-i.	2164	..	10
13	May Rahya.	1978	..	7
14	May Šaraw.	1918	..	6
15	Muçaww'a.	63	32	39-44
16	Saloda (Mt).	2629	35	31,37
17	Taranta.	1490	..	2
18	Tirmo.	2610	..	3
19	Unguiya.	1898	..	9

(†) En donnant un poids double à l'observation 18.

CHAPITRE VI.

BASES PAR LE SON.

1. Observations.

Pendant son séjour en Éthiopie, M. d'Abbadie détermina cinq bases différentes par la vitesse du son. Voici le détail textuel de ces observations :

PREMIÈRE BASE.

I, a. *De 'Adwa au Mt Saloda.*

1840. Avril 15 : mercredi.

Aujourd'hui nous avons fait des expériences pour mesurer, par la vitesse du son, la distance du sommet du Mt *Saloda* près cette ville jusqu'au toit de la maison de *Ayta Tasfu,* dans la paroisse de *Madhane'alam,* où est logé actuellement M. le préfet de la Mission catholique d'Éthiopie. Mon frère, sur le sommet du mont et près d'une crête de rocher saillante, employait un fusil à mèche. De mon côté, je tirais avec une espingole. Des toges blanches tendues servaient de signaux. J'employai le chronomètre à pointage, et mon frère se servait du chronomètre 𝕮 dont il comptait les battements. Ces expériences commencèrent à 8h 2m 24s du matin en temps moyen, ou 8h 4m 6s ·8 du chronomètre 𝕭.

Mon frère tire sur le Mt Saloda.			*Je tire dans 'Adwa.*	
Fumée vue à	Son entendu à	Différence.	Son entendu après	En secondes.
8h 4m 6s ·8	8h 4m 15s ·2	8s ·4	23 ·5 battements	9s ·4 ?
8 16 0 ·9	8 16 9 ·3	8 ·4	22 ·5 »	9 ·0
8 28 4 ·6	8 28 13 ·4	8 ·8 ?	22 ·5 »	9 ·0

Dans *'Adwa.*	Thermomètre sec	25 ·2	Sur le Mt *Saloda.*	Thermomètre sec	22 ·0
	Thermomètre mouillé	12 ·0		Thermomètre mouillé (*non observé*).	
	Baromètre à 0c	610 ·2		Baromètre à 0c	570 ·6

Mon frère n'est pas content de sa première observation à laquelle il fut surpris. A ma dernière je touchai le compteur sensiblement après avoir entendu. Le vent soufflait par raffales : en visant vers sa direction, j'eus N 20° O, et visant vers la montagne j'eus N 5° E pour le relèvement magnétique du point où mon frère expérimentait. Nos coups de fusil s'entendaient très-bien ; ceux de mon frère étaient distincts mais très-faibles. Il est remarquable que tandis que le vent allait obliquement vers la montagne, mon frère percevait néanmoins le son plus lentement que moi. Immédiatement après les six coups de fusil, nous observâmes les thermomètres sec et mouillé. Celui de mon frère marquait 1 ·1 grade de trop.

I, b. *De 'Adwa au Mt Saloda.*

1840. Avril 22 : mercredi. (Mêmes stations que le 15 avril.)

Je tire sur le Mt Saloda.	*Mon frère tire dans 'Adwa.*
Intervalle entre la fumée et le son.	Intervalle.
22 battements = 8s ·8	7s ·7
22 ·5 » = 9 ·0	7 ·75

Dans *'Adwa.*	Thermomètre sec.	28 ·2	Sur le Mt *Saloda.*	Thermomètre sec.	26 ·7
	Thermomètre mouillé.	14 ·8		Thermomètre mouillé.	16 ·2
	Baromètre à o^c^.	609 ·4		Baromètre à o^c^.	568 ·6

De jour, avec la lunette, nous ne voyions pas le feu du fusil mais seulement sa fumée. Le vent, très-doux, venait de *Abba Garima,* c'est-à-dire de l'azimut vrai 120°, et allait vers le Mt *Saloda.*

DEUXIÈME BASE.

II, a. *Du Mt Soni au Mt Tigre miçohya, près Gondar.*

1842. Août 7 : dimanche.

Ayant choisi deux collines au N. et au N.-O. de *Gondar* pour la mesure d'une base, je me suis rendu au Mt *Tigre miçohya,* tandis que Domingo Lorda, mon ex-domestique basque, s'était transporté au Mt *Soni.* Parti de *Gondar,* il arriva au Mt *Soni* en 1^h^ 40^m^. Ma lunette était mauvaise et je ne vis pas un seul de ses 3 coups de fusil. De son côté, il ne vit pas mon premier coup. A mon second, il fut surpris et compta 28 ·7 battements du chronomètre 𝔇 ou 11^s^ ·48. A mon troisième coup de fusil, il observa 32 ·8 battements ou 13 ·12 secondes : cette dernière observation étant la meilleure des deux. Son thermomètre sec accusa 19 ·8 et son thermomètre mouillé 17 ·7 ; mais il croit aussi avoir observé 17 ·6 pour le premier et 15 ·0 pour le second. Une troisième lecture lui donna 17 ·0 et 15 ·0, ce qui est bien plus probable que Th. sec = 19 ·8 ou 21 comme il l'observa aussi, dit-il. De mon côté, j'eus au Mt *Tigre miçohya* le thermomètre mouillé par 15 ·75 et le thermomètre sec par 17 ·8. Le vent, très-doux et uniforme, venait du lac *Tana* dans une direction perpendiculaire à la base.

Baromètre = 578 au Mt *Tigre miçohya* et = 559 au Mt *Soni.*

II, b. *Du Mt Soni au Mt Tigre miçohya.*

1842. Août 17 : mercredi.

Je tire sur le Mt Soni.

Domingo ne vit pas un seul de mes 4 coups de fusil.

Domingo tire sur le Mt Tigre miçohya.

Intervalle en battements	secondes.
32 ·5	13 ·0
32 ·8	13 ·12
33 ·0	13 ·20

Sur le Mt *Tigre miçohya.*	Thermomètre sec. . .	15 ·5	Sur le Mt *Soni.*	Thermomètre sec.	14 ·8
	Thermomètre mouillé.	13 ·0		Thermomètre mouillé.	12 ·0
	Baromètre à o^c^. . . .	578		Baromètre à o^c^.	559

Le vent venait vers le Mt *Soni* et faisait un angle de 79° avec la base, ce qui peut être presque compté comme angle droit : d'ailleurs la vitesse est la même que celle du 7 août. J'estime à 3^mt^ par seconde la vitesse de ce vent. Ces observations furent faites à 10^h^ du matin.

II, c. *Du Mt Soni au Mt Tigre miçohya.*

1842. Novembre 8 : mardi.

A 1^h^ du chronomètre 𝔅 ou 7^h^ ·5 temps moyen de *Gondar* je recommençai l'expérience avec l'aide de Domingo ; il faisait nuit et nous pûmes nous passer de lunettes.

Je tire du Mt Soni.

Intervalle entre l'éclair et le son.

en battements du chr.	en secondes.
32	12 ·8
32	12 ·8

Domingo tire du Mt Tigre miçohya.

Intervalle entre l'éclair et le son.

en battements du chr.	en secondes.
33 ·8	13 ·52
34 ·0	13 ·60
34 ·2	13 ·68

Sur le Mt *Tigre miçohya.*	Thermomètre sec. . .	17 ·7	Sur le Mt *Soni.*	Thermomètre sec.	13 ·3
	Thermomètre mouillé.	15 ·0		Thermomètre mouillé.	10 ·0
	Baromètre à o^c^. . . .	578		Baromètre à o^c^.	559

Le vent soufflait bon frais (14 mètres par seconde environ) de la partie du nord et presque perpendiculairement à notre base, mais allant *vers* Mt *Tigre miçohya*, ce qui s'accorde avec la vitesse plus grande du son observée par Domingo.

TROISIÈME BASE.

III. *De Yawiš III au Mt Danguago.*

1845. Avril 30 : mercredi.

Ce soir, à 6h 50m du chronomètre D ou 7h 25m, je fis tirer 3 coups de fusil à 10 mètres de l'arbre de *Danguago* relevé en *Yawiš III*, 9. Je manquai le 1er coup, vis à peine le 2me dont j'estimai l'intervalle à 33 battements, et j'observai le 3me dont l'intervalle fut de 36 battements ou 14·4 secondes.

A la station *Yawiš*.	Thermomètre sec.	22·0
	Thermomètre mouillé.	13·0
	Baromètre à 0c.	570

Le qobar, qui m'empêcha de relever aujourd'hui le Mt *Arat mankarakar*, couvrait tout l'horizon et l'éclair du fusil fut à peine visible. Une brise, à peine appréciable au doigt mouillé par le froid léger qu'elle produisait d'un côté, venait du S.-O. dans une direction à très-peu près perpendiculaire à la trajectoire dont je voulais mesurer la longueur. On peut donc regarder le vent comme nul.

QUATRIÈME BASE.

IV. *Du Mt Ziban Sifra au toit du collège catholique à Gual'a.*

1847. Septembre 29 : mercredi.

A ma prière, le R.P. Juste d'Urbin alla tirer 5 coups de pistolet du Mt *Ziban Sifra* au lieu désigné par *Ziban Sifra*, 4 dans le tour d'horizon n° **300**. J'étais sur le toit du collège de *Gual'a* et j'observai successivement 5·5, 6·4, 6·0, 6·0 battements du chronomètre ou 2·392 secondes en moyenne. J'eus aussitôt après les lectures suivantes :

Thermomètre sec.	10·3
Thermomètre mouillé.	6·4
Baromètre à 0c.	567.

Il était six heures du matin. Le vent, au Mt *Ziban Sifra*, venait du soleil avec une vitesse d'environ 1mt par seconde ; à *Gual'a*, il y avait un calme plat (angle = 68°).

CINQUIÈME BASE.

V. *De Imakullu au débarcadère de Muçawwa.*

1848. Août 31 : jeudi.

Pendant le Ramadan ou mois de demi-jeûne des musulmans, on tirait tous les soirs, au coucher du soleil, un coup de canon pour annoncer la rupture du jeûne. Le canon était sur le débarcadère de *Muçawwa* et plus près de l'eau que du palais du gouverneur. Je profitai de cette circonstance pour observer l'intervalle entre l'éclair et le son. J'étais sur la colline du *Šayk*, c'est-à-dire à ma station des azimuts n° **321** des tours d'horizon. L'intervalle fut de 45 battements du chronomètre ou 18·0 secondes.

Thermomètre sec.	35·4	
Thermomètre mouillé.	27·6	
Baromètre.	761	environ.

Le vent était faible brise, ou environ 3 mètres par seconde, et venait vers moi à 45° environ de la trajectoire à mesurer.

A. D'A.

2. Calcul.

M. Chazallon (†) a discuté avec assez de détail la méthode de mesure des bases par la vitesse du son, pour qu'il nous soit permis de nous borner à l'exposition des formules employées pour le calcul des nôtres. La vitesse de propagation du son dans l'air humide est, d'après M. Chazallon,

$$v = 332{\cdot}10 \sqrt{\frac{1 + 0{\cdot}00375\ \mathrm{T}}{1 - \frac{3f}{8\,\mathbf{B}}}} + \mathbf{v} \cos \mathbf{W},$$

où f est la force élastique de la vapeur d'eau contenue dans l'air, $\mathbf{v}$ la vitesse du vent qui doit être moindre que 10 mètres par seconde, et $\mathbf{W}$ son azimut par rapport à la direction de la base qu'on mesure, c'est-à-dire à celle du son qui se propage. Cette dernière correction disparaît quand les observations sont réciproques. La quantité f se trouve au moyen d'un hygromètre. Aujourd'hui on emploie d'ordinaire la méthode psychrométrique de M. August; dans ce cas f dépend des lectures du thermomètre sec, du thermomètre mouillé et du baromètre. La formule de M. August, modifiée par M. Regnault (††), donne

$$f = \mathbf{f} - \frac{0{\cdot}480\ (\mathrm{T} - \mathbf{T})}{610 - \mathbf{T}}\ \mathbf{B},$$

où nous avons désigné par $\mathbf{f}$ la tension de la vapeur d'eau dans un espace complétement saturé à la température $\mathbf{T}$; cette quantité se trouve dans les tables connues. En développant l'expression ci-dessus de v, l'on obtiendra :

$$v = 341{\cdot}31 + 0{\cdot}606\ (\mathrm{T} - 15) + 64\,\frac{f}{\mathbf{B}} + \mathbf{v} \cos \mathbf{W},$$

et en substituant pour f sa valeur, l'on aura :

$$v = 341{\cdot}31 + 0{\cdot}606\ (\mathrm{T} - 15) + \frac{64\ \mathbf{f}}{\mathbf{B}} - \frac{30{\cdot}72}{610 - \mathbf{T}}\ (\mathrm{T} - \mathbf{T}) + \mathbf{v} \cos \mathbf{W}$$

$$= 341{\cdot}31 + 0{\cdot}606\ (\mathrm{T} - 15) + \frac{\mathbf{F}}{\mathbf{B}} - \mathbf{K}\ (\mathrm{T} - \mathbf{T}) + \mathbf{v} \cos \mathbf{W}.$$

La petite table ci-après donne les valeurs de $\mathbf{F} = 64\ \mathbf{f}$ d'après la table de M. Regnault (presque identique avec celle de M. Magnus), et celles de $\mathbf{K} = \frac{30{\cdot}72}{610 - \mathbf{T}}$, depuis $\mathbf{T} = 0$ jusqu'à $\mathbf{T} = 30$.

Table 16. Valeurs de F et de K.

T	F	Diff. pour 1°	K	T
0	294		0·0504	**0**
		24·8		
5	418		08	**5**
		33·8		
10	587		12	**10**
		45·2		
15	813		16	**15**
		60·0		
20	1113		21	**20**
		78·8		
25	1507		25	**25**
		102·4		
30	2019		30	**30**

Lorsqu'on a calculé de cette manière la vitesse de propagation v du son pour une observation donnée, on obtient immédiatement la distance des deux stations en multipliant v par le nombre de secondes écoulées entre la perception de l'éclair et celle de la détonation.

(†) *Mémoire sur les divers moyens de se procurer une base*, dans les *Annales maritimes et coloniales* pour 1837; t. LXII.
(††) *Études sur l'hypsométrie*, dans les *Annales de chimie et de physique*, série 3me, t. XV, 1845.

Exemple.

D'après ce qui précède, le calcul de l'observation de *Muçaww'a̱* (n° V, page 133) se fera comme il suit. Nous avons T $= 35 \cdot 4$, $\mathbf{T} = 27 \cdot 6$, $\mathbf{B} = 761 \cdot 0$. Par conséquent T $- 15 = 20 \cdot 4$, T $- \mathbf{T} = 7 \cdot 8$, et

$$v = 341 \cdot 31 + 0 \cdot 606 \times 20 \cdot 4 + \frac{\mathbf{F}}{761} - \mathbf{K}\ 7 \cdot 8 + \mathbf{v} \cos \mathbf{W}.$$

La table **16** donne $\mathbf{F} = 1773$ et $\mathbf{K} = 0 \cdot 0528$ pour $\mathbf{T} = 27 \cdot 6$. La vitesse du vent était $\mathbf{v} = 3$, et son azimut par rapport à la direction de la base $= 45°$, dont $\mathbf{v} \cos \mathbf{W} = 2 \cdot 12$. L'on aura donc :

$$v = 341 \cdot 31 + 12 \cdot 36 + 2 \cdot 33 - 0 \cdot 41 + 2 \cdot 12 = 357 \cdot 71,$$

et l'intervalle entre l'éclair et la détonation ayant été observé $= 18^s \cdot 0$, la distance b de *Imakullu* au débarcadère de *Muçaww'a̱* se trouve :

$$= 18 \cdot 0 \times 357 \cdot 71 = 6439 \text{ mètres.}$$

Pour réduire cette distance à l'horizon et au niveau de la mer, nous avons la formule connue :

$$\mathbf{b} = \mathrm{b} \frac{\mathrm{R}}{\mathrm{R} + \mathrm{H}} \sin z,$$

où z est l'inclinaison de la distance mesurée b par rapport à la verticale, H son altitude moyenne, et R le rayon terrestre. En logarithmes, on aura :

$$\log \mathbf{b} = \log \mathrm{b} + \log \sin z - 0 \cdot 000068 \frac{\mathrm{H}}{1000}.$$

Dans notre exemple on peut prendre H $= 50$, et l'inclinaison z $= 90°\ 48'$ d'après les observations du tour d'horizon de *Imakullu*; par conséquent

$$\log \mathbf{b} = 3 \cdot 80881 + \bar{1} \cdot 99996 - 0 \cdot 00000 = 3 \cdot 80877,$$

et la base réduite :

$$\mathbf{b} = 6438 \text{ mètres.}$$

Toutes nos observations ont été calculées de cette manière, et nous en avons réuni les résultats dans le tableau ci-après :

N°	Base de :	Intervalle.	T	$\mathbf{T}$	$\mathbf{B}$	$\mathbf{v} \cos \mathbf{W}$	v	Distance b
I, a.	'Adwa......	8s ·70	23·05	9·85	590·4	0	346·50	3015
I, b.	»	8 ·313	26·9	14·95	589·0	0	349·28	2903
II, a.	Gonda̱r.....	13 ·12	17·4	15·37	568·5	0	344·13	4515
II, b.	»	13 ·107	15·15	12·5	568·5	+ 0·57	343·06	4496
II, c.	»	13 ·20	15·5	12·5	568·5	0	342·68	4523
III.	Ya̱wiš......	13 ·20	22·0	13·0	570·0	0	346·36	4572
IV.	Gua̱l'a......	2 ·392	10·3	6·4	567·0	0	339·06	811
V.	Muçaww'a̱..	18 ·00	35·4	27·6	761·0	+ 2·12	357·71	6439

La première base mesurée à *'Adwa* doit être rejetée, parce que le vent soufflait par raffales; les trois de *Gonda̱r* peuvent se réunir en une seule que l'on trouve $= 4520$, en leur donnant les poids respectifs 1, 1, 8. Voici maintenant les cinq bases, réduites à l'horizon et au niveau de la mer, avec les valeurs de z et de H qui résultent de la géodésie :

N°	Base de :	b	z	H	$\mathbf{b}$	Erreur probable.	Par la géodésie.	Différence.
I.	'Adwa......	2903	77° 49'	2300	2837	121	2713	— 124
II.	Gonda̱r.....	4520	85 55	2600	4507	130	adopté.	...
III.	Ya̱wiš......	4572	88 44	2500	4569	130	4446	— 123
IV.	Gua̱l'a......	811	82 12	2650	803	109	776	— 27
V.	Muçaww'a̱..	6439	89 12	50	6438	140	6456	+ 18

Les erreurs probables des distances ont été obtenues, en supposant l'incertitude de la vitesse du son $= 2$ mètres, et celle de l'intervalle observé $= 0^s \cdot 3$, ce qui donne pour l'expression de l'erreur probable d'une distance, en prenant $v = 346$:

$$2 \times \text{intervalle} + 104.$$

On voit, par le tableau ci-dessus, que les différences entre les valeurs observées des bases et celles qui résultent de la construction des cartes, ne dépassent guère les erreurs probables présumées; et il faut encore se rappeler ici qu'une différence de 93 mètres représente seulement cinq centièmes de minute.

APPENDICE.

Mesures accessoires.

Il convient de faire suivre ici quelques petites mesures faites au mètre ou au pas, lesquelles ont été extraites des journées de route, parce qu'il nous semble qu'elles doivent plutôt trouver leur place dans le chapitre consacré aux bases. Voici le texte de ces notes :

1. (Route **26.**)

La longueur de mon pas de promenade, mesurée avec soin et conclue, par division, d'un grand nombre de pas, est $0^{mt} \cdot 625$; d'où il résulte que 8 pas = 5 mètres, et environ 3000 pas = 1 mille. Les détails de cette mesure ne sont pas conservés.

L'île de *Maçaww'a,* dite *Baṭ'e* par ses habitants, *Miẓwa* ou *Miṭwa* par les *Amara* ou *Tigray,* et *Miwa* par les gens de *Dahlak,* s'allonge dans la direction N.-E. et S.-O. A l'extrémité N.-E. dite *Ras* (cap) *Mudir* est un fortin carré, couvert en terrasse et qui a 10 pas ou $6^{mt} \cdot 25$ de côté. Il s'y trouve 4 pièces de 24 et un canon de 12. La hauteur du fortin = $\frac{2}{3}$ de sa largeur ou 4^{mt}. De là j'ai relevé par 245° la mosquée à deux coupoles dite *Šayḵ el Ḫammal.* En marchant vers cette mosquée, j'ai atteint, à 394 pas ou 246^{mt}, un mur isolé avec des degrés et une niche pour la prière des Musulmans. Ce mur a une hauteur d'environ $1^{mt} \cdot 6$ et est isolé au milieu d'un espace nu. Le cimetière commence à 580 pas ou 362^{mt} du fortin. A 700 pas ou 437^{mt} commencent les maisons de la ville. Le cimetière a ainsi 75^{mt} de largeur. La mosquée susdite est tout près du commencement des maisons. A 1040 pas ou 650^{mt} du fortin commence le marché. L'autre bout de l'île fut atteint en 1410 pas ou 881^{mt}, en allant aussi directement qu'il a été possible par les rues les plus droites. La perpendiculaire au grand axe de l'île me semble, *de souvenir,* donner une largeur plus grande à l'île à cause de la saillie du côté de la maison de *Husayn Effendi.* La rue qui mène à cette maison a 142^{mt} de long. A mi-chemin entre le fortin et le cimetière, là où l'île me semblait la plus large, j'ai trouvé pour cette largeur, perpendiculairement au grand axe, c'est-à-dire selon l'azimut 155°, 416 pas ou 260^{mt}. De la niche, j'ai trouvé, par le sextant et l'horizon artificiel, que l'aponadir du Mt *Gadam* est 92° 20'.

2. (Route **29.**)

Dans ma marche ordinaire je fais 120 pas ou 75^{mt} par minute, ou 2' ·4 par heure, sans déduire les détours.

3. (Route **30.**)

Longueur du môle du cap *Girar* ≐ 59^{mt}.

4. (Route **41.**)

Dans le sens de la route, c'est-à-dire à peu près du N. au S., le plus petit des deux rochers de *Igir Zabo* a 150 pas ou 94^{mt} de large.

5. (Route **52.**)

Largeur du *Takkaze* = 10^{mt} ; sa profondeur = $0^{mt} \cdot 5$; sa vitesse = 0 ·5 nœud ou 930^{mt} à l'heure. Selon les traces de l'eau, il doit y avoir, pendant les pluies, une hauteur de 12^{mt} sur 20^{mt} de largeur.

6. (Route **55.**)

Largeur de la rivière *Ansya* = 12^{mt} ; sa profondeur = $0^{mt} \cdot 3$. Pendant les pluies la largeur est de 18^{mt}.

7. (Route **71.**)

Largeur *estimée* du *Takkaze* = 24^{mt} ; sa vitesse = 2 ·5 nœuds ou 4600^{mt} par heure. On me dit que la profondeur est de $2^{mt} \cdot 5$.

8. (Route **127.**)

L'arbre sous lequel nous fîmes halte à *May Šaraw* est de l'espèce dite *Warka* par les *Amara,* et *Da'iro* par les *Tigray.* Il fallut les bras étendus de huit hommes pour l'embrasser, ce qui donne un diamètre de 14 mètres. Les 8 grosses branches horizontales de cet arbre s'étendaient à 36 pas ou $22^{mt} \cdot 5$ du pourtour du tronc de cet arbre qui couvrait ainsi 1924^{mtc}.

9. (Route **139.**)

Pour savoir la largeur du *Takkaze,* je mesurai au ruban sur l'une des rives une base de $30^{mt} \cdot 66$: les deux angles furent 100° 58' et 41° 11', ce qui donne $32^{mt} \cdot 3$ pour la largeur de la rivière. La profondeur moyenne pouvait être $0^{mt} \cdot 4$, et la vitesse 3 ·5 nœuds ou 6500^{mt} par heure. Je parcourus ma base en 48 pas environ, ce qui donne $0^{mt} \cdot 639$ pour longueur de mon pas.

10. (Route **287**.)

Pour avoir la hauteur du M[t] *Wịḵni*, je mesurai une base de 29[mt]·65, la plus longue que le terrain me permit d'avoir. Cette base était dirigée vers la poterne au sommet de cette prison. Les angles de hauteur étaient 49° 51′ et 55° 27′, ce qui donne 191[mt]. Le bout le plus rapproché de ma base était à 132[mt] de la montagne. La ligne de niveau pour l'origine des angles pris au sextant J fut établie au moyen du perpendicule niveau de ma trousse. Ainsi, en somme, cette mesure n'est qu'une approximation.

11. (Route **299**.)

Au bac de la rivière *Rịb* en *Foggra*, je mesurai parallèlement à la rive une base de 76[mt]·7 : un signal sur l'autre rive faisait à un bout un angle de 39° 13′ avec la direction de la base; l'angle était de 101° 56′ à l'autre bout, ma station étant à 4[mt]·5 de l'eau. Ceci donne 71[mt] pour la largeur du *Rịb* à ce bac.

12. (Route **300**.)

Au bac du *Gumara*, je mesurai une base de 68[mt]·2 : les angles aux deux bouts étaient 86° 15′ et 48° 53′. Ceci donne 64[mt] pour la largeur de cette rivière qui faisait 0·25 nœud ou moins de 500[mt] à l'heure. Ses rives étaient encaissées de 1[mt]·5 et la profondeur de l'eau au milieu était de 5[mt]·8.

(*Voir* fig. 3). **13.** (Route **304**.)

Pour avoir la distance de l'île *Dạq* à l'île *Daga*, je mesurai sur le rivage de la première de ces deux îles la base $\alpha\beta$ trouvée égale à 151[mt]·7. Mesurant au théodolite, j'ai eu du bout α de cette base 41° 29′·5 pour l'angle $\gamma\alpha\beta$. Du bout β, j'ai observé l'angle $\alpha\beta\gamma = 135° 12'·5$, et l'angle $\delta\beta\gamma = 32° 1'·5$. Pour avoir l'angle $\delta\alpha\beta = 73° 31'$, j'ai dû raccourcir ma base de 44[mt]·4. Ceci donne les résultats suivants :

Distance	$\beta\gamma$ =	1746[mt]
»	$\alpha\gamma$ =	1856
»	$\alpha'\beta$ =	107·3
»	$\alpha'\delta$ =	1814
»	$\alpha'\gamma$ =	1823
»	$\delta\gamma$ =	975·3.

Du point β, j'ai pris par un ciel couvert les angles suivants qu'il aurait fallu orienter à la boussole et qui l'ont été par une construction qui a donné environ 205° 40′ pour point nord du théodolite.

	Azimut observé.	Azimut vrai.
1. Bouts α et α' de ma base.	201° 36′	355° 56′
2. M[t] *Dạwaro* et point nord de l'îlot ε.	260 47 ·5	55 7
3. Bord sud de l'îlot ε dit *Lạkạta*.	278 7	72 27
4. Un bout de l'île *Daga*.	304 47	99 7
5. Autre bout de l'île *Daga*.	336 48 ·5	131 8

La ligne $\alpha\alpha'$ ayant été parcouru en 65 de mes pas de route, chacun de ces pas, faits nu-pieds et plus longs que mon pas de promenade, est égal à 0[mt]·683.

Le bord immédiat de l'île *Dạq* étant fangeux, je n'ai pas pu mesurer mieux.

Depuis *Kota MARYAM*, église dans l'île *Dạq*, jusqu'au lieu de ces mesures, je comptai 3700 pas ou 2527[mt]. L'abondance des arbres empêcha d'observer la direction de cette route qui peut avoir ondoyé à mon insu.

Adami, 1846, juin 20. **14.** (Route **640**.)

Pour avoir la hauteur du Mt *Kunç* au-dessus de ma station, je mesurai une base de 180[mt]·1 en reportant 16 fois sur la surface du terrain en pente une lanière de cuir longue de 11[mt]·256 et soigneusement étalonnée. Le tour d'horizon **231** donne 2° 8′·5 pour inclinaison de cette base. En la réduisant à l'horizontale et au niveau des mers, on trouve 179[mt]·9 pour la base réduite.

Ceci donnerait 503[mt] pour altitude du Mt *Kunç* au-dessus de la station *Maro*, et 489[mt] au-dessus de la station *Adula*.

J'ai le regret de n'avoir pas mesuré la hauteur de la tour *Mạnạggạ́śa* à *Gondạr*, ni celles de l'obélisque et de l'église à *Aksum*, ni celle de la maison d'*Abba Afẓe* dans *Iḫa*.

A. D'A.

CHAPITRE VII.

MÉTHODES EMPLOYÉES POUR RÉDUIRE A LEURS AZIMUTS ET APOZÉNITS VRAIS LES ANGLES AZIMUTAUX ET VERTICAUX.

Cet ouvrage contient 325 tours d'horizon dont 222 ont été orientés au moyen du soleil, et un seul par la lune. Les 102 tours d'horizon sans soleil ont été réduits par la carte et quelquefois par un autre procédé qui sera expliqué plus tard. Tous ces tours d'horizon ont été observés avec le théodolite Falbe, à l'exception des n[os] **17, 19, 25, 26, 65** et **68** qui ont été faits au théodolite Gambey qui était à répétition et par conséquent peu commode en voyage.

Pour mieux indiquer quel accord existe entre les observations isolées, nous faisons ressortir le résultat de chacune d'elles en donnant ici la liste générale des tours d'horizon. Cette publication minutieuse était nécessaire, parce que plusieurs signaux ont été observés, non dans la suite naturelle des azimuts, mais irrégulièrement et souvent en renversant la lunette, soit parce que les nuages ou les vapeurs mettaient alors à découvert des objets cachés jusqu'alors, soit parce qu'un moment de répit laissé au voyageur lui permettait d'étendre ses observations, et souvent de réparer ainsi un oubli. Comme d'ailleurs plusieurs tours d'horizon ont été pris aux mêmes stations et que notre géodésie expéditive a été peu ou point employée par les voyageurs jusqu'ici, on aimera à apprécier l'exactitude générale du travail en comparant des azimuts dont les résultats, dans ce cas, devraient être identiques. A la page 3 nous avons déjà parlé de l'erreur de collimation qu'une construction vicieuse de la lunette du théodolite Falbe a rendue irrégulièrement variable, et nous avons dû insister ici sur ce défaut qui a vicié plusieurs observations d'ailleurs soignées. Nous croyons néanmoins que nos azimuts et apozénits vrais seront très-peu éloignés de la vérité, car nous avons pris beaucoup de précautions en faisant les réductions. On peut affirmer que les erreurs qui restent encore dans les azimuts vrais sont beaucoup plus petites que celles qui proviennent d'une autre source d'incertitudes sur laquelle l'observateur n'a presque pas de contrôle. Nous voulons parler de l'inconvénient attaché à l'emploi des signaux naturels tels que montagnes, cimes d'arbres, etc., dont on est obligé de se servir en voyage, puisqu'on ne peut pas superposer des signaux artificiels aux sommités remarquables, comme on le fait dans les pays civilisés pour la géodésie ordinaire.

Or, les signaux naturels ne présentent pas toujours la même apparence quand on les voit de différents côtés; et, dans la plupart des cas, la même montagne offre un aspect tout autre à mesure qu'on tourne autour d'elle. Cette vérité n'a rien de neuf pour ceux qui ont visité des chaînes de montagnes en Europe. Il est d'ailleurs évident que, lorsqu'on observe une même sommité de deux côtés opposés, il est impossible de viser exactement au même point, excepté dans le cas très-rare où cette sommité se termine en pic acéré et bien régulier.

Par ces considérations, on est induit à croire qu'on ne peut prétendre à aucune exactitude dans notre méthode de former les triangles géodésiques au moyen des signaux naturels. Notre expérience montre toutefois qu'il n'en est pas ainsi. Les résultats sont même fort satisfaisants quand on se sert des signaux naturels pour porter la longitude d'un point de la carte à un autre, et surtout quand ces différences de longitude sont petites, ainsi que cela est arrivé entre *Muçaww'a* et *Babya*. Les observations originales et leurs résultats que nous donnons également ici démontrent parfaitement que les différences de longitude déterminées par cette méthode et dans ces conditions sont, en général, d'une exactitude comparable à celle des meilleures latitudes observées en voyage. Nous estimons même que, dans notre canevas géodésique, une différence de longitudes déterminée par notre méthode ne sera pas en erreur de plus de 6″ ou 0'·1, c'est-à-dire 190 mètres environ. Toutes les déterminations fournies jusqu'à présent par les autres voyageurs en pays barbares ou peu connus consistent en latitudes, longitudes et altitudes, *isolées* quant à leur détermination absolue, et reliées tant bien que mal par des directions prises à la boussole et toujours sujettes à erreur, ou plus souvent, et encore plus mal, par des journées de route fondées sur les moyennes de l'*estime* dans la vitesse du parcours. Il n'est pas nécessaire d'ajouter que cette estime est toujours plus ou moins incertaine. En somme, et bien que nous n'ayons pas négligé ces méthodes approximatives toujours utiles pour les menus détails de la carte, les tours d'horizon n'en restent pas moins la partie la plus utile et la plus importante de tous nos matériaux.

1. Arrangement des tours d'horizon. Réduction des angles horizontaux.

Nos 325 tours d'horizon ont été rangés dans une liste générale d'après l'ordre de date, et cette liste est précédée d'un répertoire sommaire qui présente l'ensemble des tours d'horizon avec les renseignements qui les concernent. Chaque tour d'horizon est transcrit dans la liste générale tel qu'il a été observé ; nous avons seulement ajouté en bas N et Z, c'est-à-dire les points du Nord et du Zénit de l'instrument tels qu'ils ont été déduits du calcul. Le signe ℨ renvoie aux planches des croquis ou profils des signaux.

Pour la réduction des angles horizontaux on a calculé l'azimut du soleil par la formule

$$\text{tg}\,\tfrac{1}{2}\,A = \pm\sqrt{\frac{\sin(s-z)\sin(s-\psi)}{\sin s\,\sin(s-p)}}\,;$$

on prend le signe + et $\frac{1}{2}$ A plus petit que 90°, si l'observation a été faite avant la culmination ; le signe — et $\frac{1}{2}$ A plus grand que 90°, si elle l'a été après la culmination.

Dans le théodolite Falbe, les divisions du cercle azimutal croissent de gauche à droite, c'est-à-dire qu'elles marchent dans le sens des aiguilles d'une montre ; dans le théodolite Gambey, elles vont de droite à gauche. Il s'ensuit qu'on obtient N pour le premier en soustrayant de la lecture du cercle l'azimut calculé du soleil, pour le second en ajoutant ces quantités.

Comme les deux coordonnées ont été observées ensemble, c'est-à-dire qu'on a toujours combiné un angle azimutal avec un angle vertical, nous n'avions pas besoin du temps pour le calcul de l'azimut, mais seulement de φ, p et z. Pour obtenir l'apozénit vrai z, on corrige les lectures du cercle vertical pour le niveau, et l'on en déduit le point zénital et l'apozénit apparent qu'on corrige alors pour la réfraction, pour la parallaxe et pour le demi-diamètre. On trouve ainsi l'apozénit vrai du centre et, par la formule ci-dessus, son azimut. Mais les lectures azimutales se rapportant aux bords de l'astre, il faut encore appliquer à l'azimut calculé le demi-diamètre et la collimation en azimut, c'est-à-dire $\pm \frac{r}{\sin z}$ et $\frac{\pm c}{\sin z}$, afin d'obtenir le point du nord sur le cercle horizontal. Le signe de c était + pour le théodolite Falbe, si la lunette était à droite, et — lorsqu'elle était à gauche.

Quant au signe du demi-diamètre, il est + quand on a observé le bord qui précède, c'est-à-dire celui qui passe le premier au fil laissé immobile, et il est — quand on a observé le bord qui suit. S'il y avait eu un niveau sur l'axe horizontal du théodolite Falbe, il aurait fallu encore tenir compte de la correction, toujours minime d'ailleurs, qui en dépend ; mais ce niveau manquait dans cet instrument.

2. Manière de trouver le point zénital du cercle vertical.

Dans le théodolite Falbe, nous nous sommes servi, à cet effet, soit d'un signal terrestre, soit d'un corps céleste. Pour un objet terrestre, on corrige, au moyen du niveau, les lectures du cercle vertical à droite et à gauche, et le point zénital Z est la demi-somme de ces deux lectures corrigées. Si l'on a observé un astre, il faut encore tenir compte de son mouvement pendant l'intervalle écoulé entre les deux lectures. Le mouvement en apozénit pendant Δt secondes, exprimé en minutes d'arc, sera :

$$\Delta z = -\frac{\Delta t}{4}\sin A\cos\varphi.$$

Soient maintenant **D**, **G** les lectures du cercle à droite et à gauche corrigées pour le niveau ; (**D**), (**G**), ces mêmes lectures réduites au centre et à la moyenne des heures, on aura :

$$(\mathbf{D}) = \mathbf{D} - \frac{\Delta t}{8}\sin A\cos\varphi + \rho \pm r$$

$$(\mathbf{G}) = \mathbf{G} - \frac{\Delta t}{8}\sin A\cos\varphi - \rho \mp r.$$

Les signes supérieurs de r sont employés quand on a observé le bord supérieur, les signes inférieurs pour le bord inférieur. Les valeurs de ρ, c'est-à-dire de la réfraction moins parallaxe, peuvent être légèrement différents si l'on n'a pas observé le même bord à droite et à gauche. Enfin, on aura :

$$Z = \frac{(\mathbf{D}) + (\mathbf{G})}{2}$$

$$z = \frac{(\mathbf{D}) - (\mathbf{G})}{2}.$$

3. Collimation de la lunette.

Toutes les fois que la lunette a été retournée sur un objet terrestre, il est facile de trouver la collimation en multipliant par sin z la demi-différence des deux lectures azimutales diminuée de 180°. A la rigueur, il faudrait encore, pour un objet très-rapproché, tenir compte de l'excentricité de la lunette en ajoutant la distance entre l'axe de la lunette et l'axe vertical de l'instrument divisée par la distance du signal et par sin 1''. Mais cette correction était insensible pour notre but.

Quand on a retourné sur un astre, il faut avoir égard à son mouvement en azimut pendant le temps écoulé entre les deux observations. Ce mouvement, exprimé en minutes d'arc, sera pour Δt secondes :

$$\Delta A = -\frac{\Delta t}{4}\,\frac{\sin p \cos q}{\sin z}.$$

On peut aussi le trouver en calculant les deux valeurs de A dont ΔA est la différence. Ensuite on corrige la demi-différence des lectures par $\frac{1}{2}\Delta A$, et par le demi-diamètre si l'on n'a pas observé deux fois le même bord.

Ce procédé sera préférable si l'erreur de collimation et le point zénital varient très-peu. Dans le théodolite Falbe, au contraire, c et Z étaient sujets à des changements rapides et irréguliers. C'est pourquoi on a trouvé plus pratique la méthode suivante. On a d'abord supposé $Z = 179° 57'.3$ et $c = 11'.1$. Ensuite on a cherché, pour chaque série d'observations, les corrections de ces valeurs moyennes. Comme il est bon de faire ressortir séparément le résultat de chaque observation, on a toujours ramené le calcul jusqu'à l'observation, c'est-à-dire calculé les azimuts pour toutes les observations de l'astre avec les valeurs supposées de Z et de c ; ensuite on a déduit N de chacun de ces azimuts. Les observations qui ont été faites dans la même position de la lunette, doivent alors donner à très-peu près la même valeur de N ; sinon, il est certain que l'instrument a bougé ou qu'il y a une erreur dans les observations. Soient maintenant N (D) et N (G) les moyennes des points du nord obtenus à droite et à gauche ; si ces moyennes ne se trouvent pas identiques, il faut corriger la valeur supposée de $\mathbf{c} = 11'.1$ en y ajoutant $\frac{N(D) - N(G)}{2} \sin(z)$, où (z) est l'apozénit moyen. Mais si, de plus, le vrai point zénital se trouve $= \mathbf{Z}$ et non pas $= Z$, le point nord pour la lunette à droite devra être corrigé par le terme $+ (\mathbf{Z} - Z)\frac{\cot q}{\sin z}$; pour la lunette à gauche, on aura seulement à changer le signe de cette correction. Il s'ensuit que la valeur corrigée de l'erreur de collimation sera :

$$\mathbf{c} = 11'.1 + \frac{N(D) - N(G)}{2} \sin z + (\mathbf{Z} - Z) \cot q.$$

Dans le théodolite Falbe, on a déterminé **Z** comme nous l'avons expliqué ci-dessus, toutes les fois que l'instrument avait été retourné ; dans le cas contraire, on l'a cherché par interpolation, mais toujours faute de mieux, parce que **Z** variait à cause du ballottement de l'objectif de la lunette, soit en ajustant au foyer, soit même quand on ne faisait que toucher cet objectif, ainsi qu'il est arrivé quelquefois dans les *premiers* tours d'horizon.

4. Corrections de l'azimut ou du point nord par rapport à un petit changement de la latitude ou de l'apopole.

Les tours d'horizon rapportés dans cet ouvrage ont été pris pour la plupart dans des lieux dont la position géographique était encore inconnue. Il a donc fallu, pour le calcul du point nord, supposer une latitude et une longitude approximatives. On trouvait alors des valeurs très-peu différentes de la vérité pour les azimuts du tour d'horizon, avec lesquelles on pouvait construire provisoirement la position de la station. Si cette position ne différait pas sensiblement de celle qu'on avait supposée, on pouvait s'en tenir là ; mais cela est rarement arrivé, et l'on a évité de répéter le calcul en se servant des quotients différentiels de A donnés à la page **B**. Soient $\Delta\varphi$ l'excès de la nouvelle latitude sur l'ancienne, Δp l'excès de l'apopole calculé pour l'heure corrigée, sur l'apopole supposé ; alors la correction de tous les azimuts du tour d'horizon sera $= \frac{dA}{d\varphi}\Delta\varphi + \frac{dA}{dp}\Delta p$; le point du nord subira la même correction, mais prise avec le signe contraire.

5. Tables auxiliaires.

Pour abréger ces calculs, on avait construit deux tables : l'une donnant à vue le demi-diamètre du soleil en azimut $= \frac{r}{\sin z}$ pour les premiers jours de chaque mois ; l'autre les quantités $\frac{11'.1}{\sin z}$ et $\frac{1}{\sin z}$, car on calculait la collimation par la formule $\frac{\mathbf{c}}{\sin z} = \frac{11'.1}{\sin z} + \frac{\mathbf{c} - 11'.1}{\sin z}$.

Mais nous avons préféré donner seulement la petite table **4** des cosecantes ou des valeurs de $\frac{1}{\sin z}$ depuis z = 90° jusqu'à z = 30°; on y prendra cosec z pour en multiplier e et r. Le demi-diamètre r du soleil se trouve dans le tableau suivant :

Janv. 1.	16′·30	Janv. 1.
Févr. 1.	16 ·26	Déc. 1.
Mars. 1.	16 ·17	Nov. 1.
Avril. 1.	16 ·03	Oct. 1.
Mai 1.	15 ·90	Sept. 1.
Juin 1.	15 ·81	Août 1.
Juill. 1.	15 ·77	Juill. 1.

6. Exemple.

Pour mieux expliquer le calcul d'une observation complète, prenons le tour d'horizon **305** observé sur le Mt *Abba Liqanos* le matin du 13 novembre 1847.

Objet.	Chronomètre.	Angle vertical.	Niveau.	Angle horizontal.	Lunette
☉	$14^h\ 37^m\ 58^s·0$	252° 22′ 0″	+ 6·0 — 1·0	187° 25′ 30″	à droite.
☉	40 22 ·8	22 0	+ 2·5 — 5·0	40 20	»
☉	44 30 ·0	109 1 30	+ 3·5 — 4·0	188 15 30	à gauche.
☉	46 58 ·2	1 30	+ 4·0 — 3·5	29 0	»

B = 580·0. T = 13·1. φ = 14° 9′·0 , l = $2^h\ 35^m·1$ est de Greenwich.

On commence par la correction des angles verticaux pour le niveau. Une partie du niveau étant = 13″·1 = 0′·22, on aura successivement les corrections + 0′·6, — 0′·3, — 0′·1, + 0′·1, et l'on trouve, avec Z = 179° 57′·3, les quatre apozénits suivants :

72° 25′ ·3
72 24 ·4
70 55 ·9
70 55 ·7.

On obtient ensuite la réfraction — parall. = 2′·2 pour les deux premiers, = 2′·0 pour les deux autres, et le demi-diamètre du soleil étant = 16′·2, les apozénits vrais du centre sont :

72° 43′ ·7
72 10 ·4
71 14 ·1
70 41 ·5.

L'apopole du soleil est pour le milieu des observations, ce qui est suffisamment exact ici. On avait donc p = 107° 48′·7. Le détail du calcul se trouve alors, pour la première observation, dans le tableau ci-dessous.

z = 72° 43′ ·7	s — z = 55° 28′ ·0	log sin (s — z) = 1̄. 91582
ψ = 75 51 ·0	s — ψ = 52 20 ·7	log sin (s — ψ) = 1̄. 89856
p = 107 48 ·7	s — p = 20 23 ·0	log sin (s — p) = 1̄. 54195
2 s = 256 23 ·4	s = 128 11 ·7	log sin s = 1̄. 89537

log sin (s — z) sin (s — ψ) = 1̄. 81438
log sin (s — p) sin s = 1̄. 43732

log tg² ½ A = 0. 37706
log tg ½ A = 0. 18853
½ A = 57° 3′·8
azimut vrai A = 114 7·6
demi-diamètre — 17·0
collimation + 11·6

azimut du bord = 114 2·2
angle observé = 187 25·5

N = 73 23·3.

Trois autres colonnes que nous supprimons ici donnent de la même manière pour les trois autres observations N = 73° 24'.1, 24'·5 et 23'·6. Le demi-diamètre et la collimation en azimut s'obtiennent en multipliant 16'·2 et 11'·1 par cosec 72°·7 = 1·047.

Ces résultats sont encore affectés des erreurs de Z, c, φ et p. Cherchons d'abord **Z**. Il nous faut pour cela les lectures réduites (**D**) et (**G**). On a :

$$\begin{aligned} \log\cos\varphi &= \bar{1}.\ 9866 \\ \log\sin A &= \bar{1}.\ 9588 \\ \hline &\ \ \bar{1}.\ 9454 \\ \cos\varphi\sin A &= 0.\ \ 882. \end{aligned}$$

Ensuite, en prenant les moyennes des deux premières et des deux dernières observations :

	Chr.	Angle vertical.	Niveau.	Réfr.	Angle réduit.
⊙	14h 39m 10s ·4	252° 22' ·0	+ 0' ·15	+ 2' ·2	252° 24' ·35
⊙	45 44 ·1	109 1 ·5	0 ·00	— 2 ·0	108 59 ·50.

L'intervalle Δt est = 6m 44s, ⅛ Δt = 49s·2 ; ce chiffre, multiplié par 0·882, donne 43'·40. On pourrait maintenant soustraire 43'·40 de chacun des deux angles réduits ; mais il suffit d'en diminuer leur demi-somme 180° 41'·92, ce qui donne :

$$\mathbf{Z} = 179°\ 58'{\cdot}525\ ;\quad \mathbf{Z} - Z = 1'{\cdot}225.$$

La demi-différence des mêmes angles réduits donne l'apozénit du centre pour le milieu des observations = 71° 42'·425 ; cette valeur est identique à la moyenne des quatre apozénits vrais trouvés ci-dessus, ainsi que cela doit être.

Pour obtenir la correction de c, nous avons :

$$\begin{aligned} N\ (D) &= 73°\ 23'\ {\cdot}70 \\ N\ (G) &= 73\ \ 24\ \ {\cdot}05 \\ \hline \text{Demi-différence} &= \ -\ 0'\ {\cdot}175. \end{aligned}$$

Il nous faut maintenant l'angle q et il se trouve par le calcul suivant :

Apoz. moyen z = 71° 42'	s — z = 55° 59'	log sin... $\bar{1}$. 918	
ψ = 75 51	s — ψ = 51 50	» ... $\bar{1}$. 896	
p = 107 49	s — p = 19 52	» ... $\bar{1}$. 531	
2 s = 255 22	s = 127 41	log cosec... 0. 102	
		log Ω² = $\bar{1}$. 447	
		log Ω = $\bar{1}$. 724	$\bar{1}$. 724
		log cosec (s — ψ) = 0. 104	cosec (s — z) = 0. 082
		log tg ½ q = $\bar{1}$. 828ₙ	log tg ½ t = $\bar{1}$. 806ₙ
		½ q = — 33° 56'	½ t = — 32° 36'
		q = — 67 52	t = — 65 12.

Les angles t et q sont négatifs parce que l'observation a été faite avant midi. Nous avons ensuite :

$$\begin{aligned} \log 0{\cdot}175 &= \bar{1}.\ 243_n \\ \log\sin z &= \bar{1}.\ 977 \\ \hline \bar{1}.\ 220_n &= \log -\ 0'{\cdot}17 \end{aligned} \qquad\qquad \begin{aligned} \log 1'{\cdot}225 &= 0.\ 088 \\ \log\cot q &= \bar{1}.\ 609_n \\ \hline \bar{1}.\ 697_n &= \log -\ 0'{\cdot}50. \end{aligned}$$

Par conséquent la collimation corrigée sera :

$$c = 11'{\cdot}1 - 0'{\cdot}67 = 10'{\cdot}43.$$

La moyenne des heures observées est 14h 42m·4, t = — 4h 20m·8, le temps vrai = 24h + t = 19h 39m·2. Cela donne le retard du chr. sur le temps vrai = 4h 56m·8, et le temps vrai de Greenwich = 17h 4m·1 en supposant la longitude du Mt *Liganos* = 2h 35m·1.

Pour cet instant, le *Nautical Almanac* donne p = 107° 48'·82, donc Δp = + 0'·12.

Il faut maintenant chercher les coefficients différentiels $\frac{dN}{d\varphi}$ et $\frac{dN}{dp}$. Nous avons, à cet effet :

$$\begin{array}{lll} \log \sec \varphi = 0.013 & \quad\ldots\ldots & 0.013 \\ \log \cot t = \bar{1}.665_n & \quad \log \operatorname{cosec} t = & 0.042_n \\ \hline \ \bar{1}.678_n & & 0.055_n \end{array}$$

$$\frac{dN}{d\varphi} = -\frac{dA}{d\varphi} = -0'48, \quad \frac{dN}{dp} = -\frac{dA}{dp} = -1'14.$$

L'expression finale de N sera donc :

$$N = 73^\circ\ 23'\cdot 87 - 0'48\ \Delta\varphi - 1'14\ \Delta p.$$

C'est avec cette valeur $73^\circ\ 23'\cdot 87$ et avec **c** $= 10'\cdot 43$ qu'on a réduit à leurs azimuts vrais les angles horizontaux du tour d'horizon **305**. La construction de la carte a donné plus tard $\varphi = 14^\circ\ 8'\cdot 5$; la valeur de N aurait donc reçu la correction $- 0'48 \times - 0'\cdot 5 - 1'14 \times 0'\cdot 12 = + 0'\cdot 24 - 0'\cdot 13 = + 0'\cdot 11$, et tous les azimuts la correction $- 0'\cdot 11$; mais cette petite quantité peut être regardée comme insensible pour nos constructions.

C'est de la même manière que tous les autres tours d'horizon ont été réduits. Pour obtenir p, on a calculé t avec une valeur approchée de p et avec 3 décimales, si l'on ne connaissait pas l'état du chronomètre. Le calcul du point nord aurait pu être abrégé en prenant toujours les moyennes des quatre observations, mais on a jugé plus convenable de calculer chaque observation séparément pour mieux contrôler leur exactitude par l'accord des résultats.

7. Méthode des azimuts correspondants (†).

La meilleure méthode de trouver l'azimut est certainement de combiner les observations faites avant et après la culmination de l'astre orientateur, près du premier vertical et à des hauteurs à peu près égales. En effet, le point nord ainsi déterminé sera indépendant de l'incertitude de φ, p et Z. On obtiendra, de plus, deux déterminations de **c** et de **Z**, dont l'accord sera un excellent contrôle de la stabilité de l'instrument.

Les voyageurs devraient donc faire leurs observations azimutales, quand les circonstances le permettent, aux deux côtés du méridien et aussi correspondantes que possible; car cette méthode donnera la plus grande précision dans le résultat sans presque exiger une connaissance de la position géographique ou de l'heure des observations. L'azimut d'un objet terrestre, compté du sud, sera la moyenne entre les différences des lectures azimutales relatives à cet objet et au soleil avant et après midi, sauf deux petites corrections. Comme φ et p n'entrent ici que dans les corrections, il suffit de connaître ces éléments d'une manière approchée ; encore peut-on les obtenir par les mêmes observations qui servent à orienter les azimuts.

Voici le modèle de l'arrangement de ces observations. Les pointillés indiquent des lectures des instruments. $\mathfrak{S}$ est le signal terrestre.

		Objet.	Chr.	Angle vertic.	Niveau.	Angle horiz.	Lunette.
	(1)	$\mathfrak{S}$	——	....	+ —	....	à droite.
Matin.	**1.**	☉	....	....	. .	....	»
	2.	☉	....	——	. .	....	»
B = ...	**3.**	☉	....	....	. .	....	à gauche.
T = ...	**4.**	☉	....	——	. .	....	»
	(2)	$\mathfrak{S}$	——	....	. .	....	»
	(3)	$\mathfrak{S}$	——	....	. .	....	à gauche.
Soir.	**5.**	☉	....	....	. .	....	»
	6.	☉	....	——	. .	....	»
B = ...	**7.**	☉	....	....	. .	....	à droite.
T = ...	**8.**	☉	....	——	. .	....	»
	(4)	$\mathfrak{S}$	——	....	. .	....	»

La lunette reste immobile en apozénit entre les observations **1** et **2**, **3** et **4**, etc., de manière à laisser passer le disque du soleil à travers le fil horizontal. Alors on observe, aux moments du contact **1**, **2**, l'azimut du bord gauche, et aux moments **3**, **4**, celui du bord droit, etc., etc.

Le calcul de ces observations est très-simple et facile. Nous désignerons ici les quantités relatives aux observations du matin, par des italiques, celles qui se rapportent aux observations du soir, par des lettres grasses. Les apozénits *I*, **I**, de l'objet terrestre s'obtiennent par les demi-différences des lectures verticales **(1)** — **(2)**, **(4)** — **(3)** *nivelées*, c'est-à-dire corrigées pour le niveau ; ceux de l'astre, *z*, **z**,

(†) Déjà publiée dans le n° 1258 des *Astron. Nachr.*

seront les demi-différences des lectures **1,2** — **3,4** et **7,8** — **5,6**, nivelées et corrigées pour la réfraction — parallaxe. Les lectures **1** et **2**, **3** et **4**, **5** et **6**, **7** et **8** étant, au niveau près, identiques, on aura à employer leurs moyennes corrigées.

On prendra ensuite les moyennes U, $\mathbf{U}$ des lectures azimutales (**1**) et (**2**), (**3**) et (**4**), et les moyennes u, $\mathbf{u}$ des quatre lectures **1.**, **2.**, **3.**, **4.**, et de **5**, **6**, **7**, **8**, ainsi que les moyennes des heures correspondantes; l'intervalle entre les deux moyennes des heures sera désigné par 2τ; on peut encore le corriger pour la marche diurne du chron. par rapport au temps vrai.

Faisant alors

$$\mathrm{W} = \tfrac{1}{2}\,(U - u + \mathbf{u} - \mathbf{U})$$

$$\mathfrak{U} = \frac{\mathrm{d}\mathbf{A}}{\mathrm{dp}}\,\Delta \mathrm{p} = -\frac{\Delta \mathrm{p}}{\cos\varphi \sin\tau},$$ où $\Delta\mathrm{p}$ est le mouvement en apopole pendant τ heures, et

$$\mathfrak{u} = \tfrac{1}{2}\,\frac{\mathrm{d}\mathbf{A}}{\mathrm{dz}}\,(\mathbf{z} - z);$$ on trouve les azimuts du soleil et du signal :

$$\begin{aligned}
A \odot &= 180^\circ - \mathrm{W} + \mathfrak{U} + \mathfrak{u}\\
\mathbf{A} \odot &= 180^\circ + \mathrm{W} + \mathfrak{U} + \mathfrak{u}\\
\mathrm{A} &= 180^\circ + \tfrac{1}{2}\,(U - u + \mathbf{U} - \mathbf{u}) + \mathfrak{U} + \mathfrak{u}\\
&= A + U - u = \mathbf{A} + \mathbf{U} - \mathbf{u}.\\
N &= u - A = U - \mathrm{A} \text{ et } \mathbf{N} = \mathbf{u} - \mathbf{A} = \mathbf{U} - \mathrm{A}.
\end{aligned}$$

Le moyen le plus simple d'obtenir $\frac{\mathrm{d}\mathbf{A}}{\mathrm{dz}}$, quantité toujours positive d'ailleurs, sera de la tirer des observations mêmes, en divisant par 2r la différence entre le 1er et le 2me, ou entre le 3me et le 4me angle azimutal d'une série, ou mieux encore la moyenne des 4 différences de ce genre qu'on tire des 8 observations du soleil. Si ces différences ne s'accordent pas entre elles à peu de chose près, il y a une erreur dans les observations, ou bien l'instrument a bougé.

Il faut de plus que les apozénits du signal soient presque identiques; et l'on s'assure de la stabilité du point zénital de l'instrument si les valeurs de $\mathbf{Z}$ données par les demi-sommes des lectures verticales nivelées (**1**) et (**2**), (**3**) et (**4**), sont à peu près identiques. Il est bon de prendre les apozénits du soleil avant et après midi autant que possible égaux, afin de diminuer la correction $\mathfrak{u}$ qui dépend de leur différence. Du reste, l'observation est symétrique et se fait d'une manière analogue à celle des hauteurs correspondantes. Pour savoir l'heure à laquelle il faut commencer la seconde série, il est bon de connaître approximativement l'état du chronomètre. Enfin, on aura quatre paires de hauteurs correspondantes pour trouver cette dernière quantité. A cet effet, il est bon d'observer en même temps le chronomètre, quand on en a un.

Les différences des heures **1** et **2**, **3** et **4**, etc., donnent le temps du passage du diamètre solaire par le fil horizontal, elles doivent par conséquent être égales. On peut s'en servir pour obtenir $\frac{\mathrm{dz}}{\mathrm{dt}}$, car on aura :

$$\frac{\mathrm{dz}}{\mathrm{dt}} = \frac{2\mathrm{r}}{\mathbf{2}-\mathbf{1}} = \frac{2\mathrm{r}}{\mathbf{4}-\mathbf{3}} = \text{etc., ou mieux}$$

$$= \frac{8\mathrm{r}}{\mathbf{2}-\mathbf{1}+\mathbf{4}-\mathbf{3}+\mathbf{6}-\mathbf{5}+\mathbf{8}-\mathbf{7}}.$$

Cette quantité sert à trouver le point zénital par les observations de l'astre.

Il nous reste à dire un mot sur la correction $\mathfrak{U}$. En désignant par v la variation de la déclinaison en 0·1 jour, et supposant τ exprimé en heures, $\Delta\mathrm{p}$ en minutes d'arc, on aura $\Delta\mathrm{p} = -\frac{10\,\mathrm{v}\,\tau}{24 \times 60}$, par conséquent $\mathfrak{U} = \frac{\mathrm{v}}{144}\,\frac{\tau}{\sin\tau}\sec\varphi$. Pour le soleil, on trouve $\mathfrak{U}$ à l'aide des tables destinées au calcul des hauteurs correspondantes, car on aura $\mathfrak{U} = \frac{1}{4}\,\mathfrak{f}\,\mathfrak{B}\sec\varphi$, en prenant $\mathfrak{B}$ dans la table **3** avec le signe inférieur, $\mathfrak{f}$ dans la table **5** qui a pour argument l'intervalle 2τ, et enfin $\frac{1}{4}\sec\varphi$ dans la petite table **4** de la page 24.

On peut aussi combiner, si l'on veut, les observations du soir avec celles du matin suivant; il faut seulement alors changer le signe de $\mathfrak{U}$, c'est-à-dire prendre $\mathfrak{B}$ avec son signe supérieur.

Enfin, quand il y a un intervalle de plusieurs jours entre les observations correspondantes, on peut encore en tirer parti de la même manière; seulement il faudra alors chercher $\mathfrak{U}$ par une formule plus rigoureuse. On aura, puisque z est presque constant,

$$\begin{aligned}
&\text{Le matin : } \cos p = \sin\varphi\cos \mathrm{z} + \cos\varphi \sin \mathrm{z} \cos A\\
&\text{Le soir : } \cos \mathbf{p} = \sin\varphi\cos \mathrm{z} + \cos\varphi \sin \mathrm{z} \cos \mathbf{A},
\end{aligned}$$

d'où $\cos p - \cos \mathbf{p} = \cos\varphi \sin \mathrm{z}\,(\cos A - \cos \mathbf{A})$; ou bien, en désignant par p, z les moyennes entre p et $\mathbf{p}$, z et $\mathbf{z}$,

$$\sin\tfrac{1}{2}\,(\mathbf{p} - p)\sin \mathrm{p} = \cos\varphi \sin \mathrm{z} \sin\tfrac{1}{2}\,(\mathbf{A} - A)\sin\tfrac{1}{2}\,(\mathbf{A} + A).$$

Mais $\frac{1}{2}(\mathbf{A} - A) = W$, $\frac{1}{2}(\mathbf{A} + A) = 180^\circ + U$,

par conséquent $- \sin U = \sin \frac{1}{2}(\mathbf{p} - p) \frac{\sin p}{\cos \varphi \sin z \sin W}$,

ou à très-peu près $U = \frac{1}{2}(p - \mathbf{p}) \frac{\sec \varphi}{\sin \tau}$.

On voit que cette expression est identique avec l'ancienne, si l'on peut remplacer $\frac{1}{2}(p - \mathbf{p})$ par $- \Delta p$ pour des observations circumméridiennes, par $+ \Delta p$ pour des observations circummédinocturnes. L'intervalle 2τ sera diminué du nombre de jours entiers qu'il contiendra.

L'erreur de collimation s'obtient par les différences des angles azimutaux à l'aide de la formule

$$\mathbf{e} = \frac{(\mathbf{1}) - (\mathbf{2})}{2} \sin I - i \cos I = \frac{(\mathbf{4}) - (\mathbf{3})}{2} \sin \mathbf{I} - i \cos \mathbf{I},$$

où $90^\circ + i$ est l'angle formé par les deux axes du théodolite; la concordance entre ces deux valeurs sera la preuve de la stabilité du cercle horizontal pendant une série d'observations. On peut aussi déterminer **e** par les observations de l'astre; alors il faut remplacer (**1**) par la moyenne de **1** et **2**, (**2**) par la moyenne de **3** et **4**, etc., et ajouter à leurs demi-différences le mouvement en azimut pendant les demi-différences correspondantes des heures; en outre, il faut diminuer du demi-diamètre les valeurs trouvées, en sorte qu'on obtiendra :

$$\mathbf{e} = \left(\frac{\mathbf{1,2} - \mathbf{3,4}}{2} + \text{mouv.}\right) \sin z - i \cos z - r$$

$$= \left(\frac{\mathbf{7,8} - \mathbf{5,6}}{2} - \text{mouv.}\right) \sin \mathbf{z} - i \cos \mathbf{z} - r.$$

Le mouvement en azimut est une quantité positive dans ces deux formules; pour le calculer, on prendra $\frac{dA}{dt}$ = la somme des quatre différences azimutales $\mathbf{2} - \mathbf{1} + \mathbf{4} - \mathbf{3} + \mathbf{6} - \mathbf{5} + \mathbf{8} - \mathbf{7}$ divisée par la somme des différences correspondantes des heures. Si l'inclinaison i n'est pas connue, on peut la déduire de ces équations en même temps que la collimation **e**. Les observations du soleil donnent enfin deux fois le point zénital en tenant compte du mouvement en apozénit.

Ainsi l'on aura par la méthode des azimuts correspondants :

1° Une orientation très-exacte, sans connaissance précise de la latitude, ou de l'heure des observations;

2° Quatre déterminations au moins du point zénital;

3° Quatre équations servant à déterminer la collimation de l'axe optique de la lunette et l'inclinaison relative des deux axes de l'instrument;

4° Une détermination du temps par quatre hauteurs correspondantes;

5° De nombreux moyens de contrôler les observations, la stabilité de l'instrument et les erreurs de lecture ou de transcription.

Enfin, cette méthode exige très-peu de calculs, et permet de se passer des logarithmes et des éphémérides astronomiques, ce qui est d'un grand avantage pour les voyageurs. Elle fournit même une valeur assez approchée de la latitude si celle-là est inconnue. En effet, on peut, en négligeant des quantités du second ordre, prendre $\cos p = \sin \varphi \cos z - \cos \varphi \sin z \cos W$, où p et z sont les valeurs moyennes. Faisant alors $\operatorname{tg} Q = \operatorname{tg} z \cos W$, on obtient $\sin(\varphi - Q) = \cos Q \sec z \cos p$.

On trouve de cette manière une valeur à 0'·5 près exacte de φ avec laquelle on peut calculer la correction U. On n'a donc besoin que d'une estime fort grossière de la longitude, tous les autres éléments sont fournis par les observations mêmes.

Pour la première ébauche d'une carte, on peut même négliger U, et alors on obtient l'orientation presque sans calcul.

8. Exemple d'une série d'azimuts correspondants.

Le 27 août 1856, M. d'Abbadie a observé en *Subernua*, dans la commune d'*Urrugne*, des azimuts correspondants du soleil avec un théodolite ayant les mêmes dimensions que le théodolite Falbe, mais qui était mieux construit. L'erreur de collimation avait un signe opposé à celle du théodolite Falbe.

Latitude du lieu = 43° 22'·7; sa longitude à l'ouest de Paris = 16m 15s.

Avant midi. Mt *Larhun* caché par un nuage.

	Objet.	Chronomètre.	Cercle vertical.	Niveau.		Cercle horizontal.	Lunette
(1)	Mt Gaizgibel.		254° 11′·75	+ 11·2	— 11·5	255° 37′·35	à droite.
1.	☉	8h 35m 11s·8	223 21 ·50	11·1	11·0	115 19 ·20	»
2.	☉	38 19 ·8	» »	12·6	10·0	115 55 ·25	»
3.	☉	42 59 ·8	111 21 ·50	9·0	13·1	116 47 ·45	à gauche.
4.	☉	46 7 ·8	» »	9·0	13·0	117 26 ·35	»
(2)	Mt Gaizgibel.		79 9 ·45	12·1	10·0	256 4 ·25	»

B = 764·20. *T* = 20·3. T = 20·2.

Après midi.

	Objet.	Chronomètre.	Cercle vertical.	Niveau.		Cercle horizontal.	Lunette
(3)	Mt Gaizgibel.		79 9 ·35	9·4	14·6	236 27 ·65	à gauche.
5.	☉	3 31 18 ·4	111 21 ·50	10·9	12·0	234 22 ·10	»
6.	☉	34 26 ·4	» »	10·3	12·0	235 6 ·30	»
7.	☉	39 6 ·4	223 21 ·30	10·9	11·2	236 13 ·80	à droite.
8.	☉	42 13 ·4	» »	11·1	10·9	236 55 ·45	»
(4)	Mt Gaizgibel.		254 11 ·50	10·1	11·8	236 0 ·25	»
(5)	Mt Larhun.		252 5 ·95	12·0	9·8	121 27 ·05	à droite.
(6)	Mt Larhun.		81 15 ·15	11·2	10·8	121 54 ·20	à gauche.

B = 763·0. *T* = 21·0. T = 22·2.

Une partie du niveau était = 13″·33 ; par conséquent on obtient, en prenant les moyennes des lectures nivelées :

		Angle vertical.	Angle horizontal.		Angle vertical.
1, 2.	à 8h 36m 45s·8	223° 21′·65	115° 37′·22	(1)	254° 11′·71
3, 4.	44 33 ·8	111 21 ·05	117 6 ·90	(2)	79 9 ·67
5, 6.	3 32 52 ·4	111 21 ·34	234 44 ·20	(3)	79 8 ·78
7, 8.	40 39 ·9	223 21 ·30	236 34 ·62	(4)	254 11 ·32
				(5)	252 6 ·19
				(6)	81 15 ·19

Les lectures (5), (6) sont, comme on le voit, des observations supplémentaires d'un second signal. On tire du tableau qui précède :

à 8h 40m·7.	à 15h 36m·8.		
u = 116° 22′·06	**u** = 235° 39′·41	....	moyennes de **1, 2, 3, 4** et de **5, 6, 7, 8**
U = 255 50 ·80	**U** = 236 13 ·95	....	» (1) , (2) » (3) , (4)
c + i cos I = — 13 ·44	= — 13 ·69	....	demi différ. (1) — (2) » (4) — (3)
z = 56 0 ·30 + ρ	**z** = 55 59 ·98 + ρ	....	» **1, 2 — 3, 4** » **7, 8 — 5, 6**
I = 87 31 ·02	**I** = 87 31 ·27	....	» (1) — (2) » (4) — (3)
Z = 166 40 ·69	**Z** = 166 40 ·05	....	demi-sommes (1) , (2) » (4) , (3)

Il est bien entendu que les numéros d'ordre se rapportent ici aux lectures azimutales pour u, U, et c, aux lectures verticales pour z, I et Z. Les valeurs de c + i cos I sont les demi-différences des lectures, mais multipliées par sin z. Les valeurs de *z* et de **z** doivent encore recevoir la correction ρ pour la réfraction — parallaxe.

Enfin, les observations (5), (6) donnent :

Angle azimutal du Mt *Larhun* = 121° 40′ ·62
Apozénit apparent » » = 85 25 ·50
Z = 166 40 ·69
c + i cos 85°·4 = — 13 ·53.

Ensuite nous avons :

$U - u$ = 139° 28′ ·74
U — **u** = 0 34 ·54

demi-différence = **W** = 69 27 ·10
et $\frac{1}{2}$ (*U* — *u* + **U** — **u**) = 70 1 ·64.

La quantité ρ est $= 1' \cdot 26$ pour les observations du matin et $= 1' . 25$ pour celles du soir, donc

$$z = 56^\circ\ 1'\ \cdot 56 \qquad \mathfrak{z} = 56\ \ 1\ \cdot 23 \qquad \tfrac{1}{2}(\mathfrak{z} - z) = -0' \cdot 165$$

Les quotients $\frac{d\mathbf{A}}{dz}$, $\frac{dz}{dt}$, $\frac{dA}{dt}$ se trouvent comme il suit :

	Différences d**A**.	Différences dt.	Demi-diamètre r = ½ dz.
	36′ ·05	188ˢ·0	15′ ·875
	38 ·90	188 ·0	
	44 ·20	188 ·0	
	41 ·65	187 ·0	
Somme. . .	160 ·80	751 ·0	8 r = 127 ·00

Donc $\frac{d\mathbf{A}}{dz} = \frac{160 \cdot 8}{127} = 1 \cdot 2662$, $\frac{dz}{dt} = \frac{127}{751} = 0 \cdot 1691$, $\frac{dA}{dt} = \frac{160 \cdot 8}{751} = 0 \cdot 2141$.

Avec ces valeurs on trouve d'abord la correction $u = 1 \cdot 266 \times -0' \cdot 165 = -0' \cdot 21$. Ensuite les demi-intervalles entre les moyennes premières des heures étant le matin $= 3^m\ 54^s \cdot 0 = 234^s \cdot 0$, le soir $= 233^s \cdot 7$, leurs produits avec $0 \cdot 1691$ donnent le mouvement en apozénit $= 39' \cdot 57$ le matin et $= 39' \cdot 53$ le soir ; et avec $0 \cdot 2141$, le mouvement en azimut $= 50' \cdot 10$ le matin, $= 50' \cdot 05$ le soir. Nous en aurons besoin pour déterminer de nouveau Z et c.

Mais avant d'y songer, nous finirons le calcul des azimuts. Pour trouver la correction $\mathfrak{U}$ nous avons d'abord :

	$\tfrac{1}{4}$ sec $\varphi = 0 \cdot 344$	(Table **4**)
et pour $\tau = 6^h\ 56^m$.	$\mathfrak{k} = 1 \cdot 152$	(Table **5**)
	Produit $= 0 \cdot 3963$.	

La correction de la date est pour l'année 1856.	+ 1 ·96
pour la longitude.	+ 0 ·01
	+ 1 ·97

et l'on trouve dans la table **3** avec la date corrigée août 28 ·97 le facteur $\mathfrak{B} = -13 \cdot 44$, donc $\mathfrak{U} = 0 \cdot 3963\ \mathfrak{B} = -5' \cdot 33$, et $\mathfrak{U} + u = -5' \cdot 54$.

Par conséquent

$$\begin{aligned} A\ \odot &= 180^\circ - 69^\circ\ 27'\ \cdot 10 - 5'\ \cdot 54 = 110^\circ\ 27'\ \cdot 36 \\ \mathbf{A}\ \odot &= 180 + 69\ \ 27\ \cdot 10 - 5\ \cdot 54 = 249\ \ 21\ \cdot 56 \\ A\ \ &= 180 + 70\ \ 1\ \cdot 64 - 5\ \cdot 54 = 249\ \ 56\ \cdot 10. \end{aligned}$$

Ensuite

$$\begin{aligned} N &= 255^\circ\ 50'\ \cdot 80 - 249^\circ\ 56'\ \cdot 10 = 5^\circ\ 54'\ \cdot 70 \quad \text{le matin,} \\ \mathbf{N} &= 236\ \ 13\ \cdot 95 - 249\ \ 56\ \cdot 10 = 346\ \ 17\ \cdot 85 \quad \text{le soir.} \end{aligned}$$

L'azimut du Mt *Larhun* se trouve encore $= 121^\circ\ 40' \cdot 62 - 346^\circ\ 17' \cdot 85 = 135^\circ\ 22' \cdot 77$. Une détermination antérieure par la méthode ordinaire avait donné $135^\circ\ 23' \cdot 02$, c'est-à-dire $0' \cdot 25$ de plus, différence qui rentre dans l'incertitude des lectures.

Il est très-bon d'ailleurs d'observer plusieurs signaux terrestres au lieu d'un seul, le matin et le soir, et de prendre ensuite pour W la moyenne des résultats donnés par chacun de ces signaux.

Cherchons maintenant Z et c par les observations du soleil.

Les angles verticaux étaient :	Le matin.	Le soir.
	223° 21′ ·65	111° 21′ ·34
	111 21 ·05	223 21 ·30
Demi-somme.	167 21 ·35	167 21 ·32
Mouvement en apozénit. . .	— 39 ·57	— 39 ·53
Z =	166 41 ·78	166 41 ·79.

Le point zénital donné par les signaux terrestres était moindre de $1' \cdot 3$.

Pour la collimation nous avons ce qui suit :

	Matin.	Soir.
Moyenne des deux premières lectures azimutales.	$115^\circ\ 37'\ \cdot22$	$-\ 234^\circ\ 44'\ \cdot20$
» » » suivantes.	$-\ 117\ \ 6\ \cdot90$	$236\ \ 34\ \cdot62$
Demi-différence.	$-\ 44\ \cdot84$	$+\ 55\ \cdot21$
Mouvement en azimut.	$+\ 50\ \cdot10$	$-\ 50\ \cdot05$
	$+\ 5\ \cdot26$	$+\ 5\ \cdot16$
sin z.	$0\ \cdot830$	$0\ \cdot830$
	$+\ 4\ \cdot37$	$+\ 4\ \cdot28$
Demi-diamètre.	$-\ 15\ \cdot88$	$-\ 15\ \cdot88$
	$-\ 11\ \cdot51$	$-\ 11\ \cdot60.$

En prenant la moyenne de ces deux résultats, nous avons l'équation

$$-\ 11\cdot55 = \mathbf{c} + \mathrm{i}\cos 56^\circ.$$

Les observations du Mt *Gaizgibel* donnent l'équation moyenne

$$-\ 13\cdot56 = \mathbf{c} + \mathrm{i}\cos 87^\circ\cdot5.$$

Il en résulte $\mathbf{c} = -\ 13'\cdot73$ et $\mathrm{i} = +\ 3'\cdot90$. Si la quantité i avait été connue auparavant, nous aurions eu quatre déterminations de **c** dont on aurait pris la moyenne.

Il reste à trouver l'état du chronomètre par les apozénits correspondants du matin et du soir. Voici comment :

	Matin.	Soir.	Somme.
	$8^h\ 35^m\ 11^s\ \cdot8$	$15^h\ 42^m\ 13^s\ \cdot4$	$0^h\ 17^m\ 25^s\ \cdot2$
	$38\ \ 19\ \cdot8$	$39\ \ 6\ \cdot4$	$26\ \cdot2$
	$42\ \ 59\ \cdot8$	$34\ \ 26\ \cdot4$	$26\ \cdot2$
	$46\ \ 7\ \cdot8$	$31\ \ 18\ \cdot4$	$26\ \cdot2$
$\mathfrak{M} =$	$8\ \ 40\ \ 39\ \cdot8$	$15\ \ 36\ \ 46\ \cdot15$	$0\ \ 17\ \ 25\ \cdot95$

Intervalle $2\tau = 6^h\ 56^m\cdot1.$ Midi vrai à $0^h\ 8^m\ 42^s\cdot97 + \mathfrak{K}.$

La correction $\mathfrak{K}$ se trouve $= 12^s\cdot97$ au moyen de nos tables de la page 23 avec la date corrigée août 28·97. Pour tenir compte de l'inégalité des apozénits du matin et du soir, on a $\frac{1}{2}\ (z - \mathbf{z} =)\ 0\cdot165$ et $\dfrac{dt}{dz} = \dfrac{1}{0\cdot169}$; le produit de ces deux quantités est $= 0\cdot98$ qu'il faut ajouter à $\mathfrak{K}$. De cette manière, on obtient l'heure du chronomètre à midi vrai $= 0^h\ 8^m\ 56^s\ \cdot92$

de plus, temps moyen à midi vrai. . . . . $= 0\ \ 1\ \ 14\ \cdot74$

Avance du chronomètre sur temps moyen. . . . . $= 0\ \ 7\ \ 42\ \cdot18.$

Par d'autres observations du même jour on a trouvé $0^h\ 7^m\ 42^s\cdot37$, donc seulement $0^s\cdot19$ de plus.

Tous nos résultats sont, on le voit, indépendants de la connaissance exacte de la position géographique, et les calculs n'exigent même pas de logarithmes.

Pour voir la différence entre les observations du matin et celles du soir, on a calculé les azimuts directement en prenant $\varphi = 43^\circ\ 22'\ 42''\cdot0$. Cette valeur repose sur une détermination de l'état-major, le lieu d'observation étant exactement sur le parallèle d'un des points des triangles du second ordre dans la carte de France. De plus, cette latitude a été confirmée presqu'à la seconde près par d'autres observations de M. d'Abbadie.

On a pour le milieu des observations	du matin	du soir
	$p = 80^\circ\ 1'\ \cdot54$	$\mathbf{p} = 80^\circ\ 7'\ \cdot65$
	$z = 56\ \ 1\ \cdot56$	$\mathbf{z} = 56\ \ 1\ \cdot23$

et l'on en déduit $A = 110^\circ\ 27'\cdot04$, $\mathbf{A} = 249^\circ\ 21'\cdot88$. Nous avons trouvé ci-dessus $110^\circ\ 27'\cdot36$ et $249^\circ\ 21'\cdot56$; il y a donc une légère différence de $0'\cdot32$ entre les résultats des deux méthodes ; mais on peut la regarder comme insensible pour un aussi petit instrument que le théodolite employé.

Reste à voir enfin avec quelle exactitude on peut obtenir φ par les observations précédentes. Nous avons :

z = 56° 1′ ·40	log tg z = 0. 17140	log sec z = 0. 25270
W = 69 27 ·10	log cos W = $\bar{1}$. 54531	log cos Q = $\bar{1}$. 94788
p = 80 4 ·60	log tg Q = $\bar{1}$. 71671	log sin (φ — Q) = $\bar{1}$. 43694
	Q = 27° 30′ ·74	
	φ — Q = 15 52 ·32	
	φ = 43 23 ·06,	

ou bien 0′ ·36 seulement de trop, ce qui est très-peu de chose pour le but de cette détermination. Ce résultat suffira donc, et au delà, pour que le voyageur place immédiatement sa station sur la carte en blanc qu'il a préparée à cet effet.

9. Azimuts ordonnés.

Nous venons de donner les procédés qui ont servi à réduire les tours d'horizon orientés par le soleil. Quant aux tours d'horizon sans soleil, nous en avons trouvé l'orientation au moyen de la carte même, dans le cours de sa construction. Les méthodes employées pour cela étant expliquées dans un article spécial, nous y renvoyons nos lecteurs. Il suffit de dire ici que tous les tours d'horizon observés au même endroit ont été réunis en un seul, en prenant les moyennes des différentes déterminations de l'azimut et de l'apozénit des mêmes signaux ; puis, que les observations ont été alors rangées dans l'ordre des azimuts en partant du nord ou de 0°, et en allant par l'est, le sud et l'ouest jusqu'à 360°. Ainsi, les *azimuts ordonnés* procèdent régulièrement dans le sens des aiguilles d'une montre, ce qui n'est pas toujours le cas dans les tours d'horizon où les observations sont données selon l'ordre du temps.

Dans le cas où, soit par mégarde, soit par la faute des guides, les objets terrestres étaient mal nommés en voyage, et où il était possible de découvrir leurs vrais noms lors de la construction de la carte, ces noms ont été substitués dans la liste des *Azimuts ordonnés*. Dans la liste générale des tours d'horizon au contraire, tous les noms ont été copiés fidèlement sur le manuscrit original. Ainsi l'on trouve par exemple dans le tour d'horizon **117**, sous les numéros 3, 4 et 7, le nom d'une montagne *Tullu Amara*. Elle a été également relevée dans le tour d'horizon **138**, sous le numéro 3 avec la même désignation, et c'est seulement plus tard, dans le tour d'horizon **265**, sous le numéro 3, que cette sommité a enfin été reconnue pour être le Mt *Balballa*. C'est la plus haute montagne de la chaîne du *Rare*, car le Mt *Amara*, quoique visible de *Dogom*, ne l'est pas de *Gurem*, bien que ce dernier lieu soit voisin de *Dogom*.

Il y a encore des cas où les noms des signaux ont été changés lorsque l'erreur de la désignation a été reconnue soit par des observations postérieures ou par les journées de route, soit pendant qu'on dressait la carte. Quant aux montagnes anonymes, M. d'Abbadie leur a assigné des noms empruntés à la langue du pays ; mais ces noms arbitraires sont toujours marqués d'un astérisque.

La dernière colonne contient les distances, en milles géographiques ou minutes de longitude, entre la station et ceux des signaux dont on a mesuré les distances sur la carte pour le calcul des différences de niveau.

Voici un exemple de la manière dont on a obtenu les azimuts ordonnés. Le Mt *Taluqla* avait été observé du Mt *Saloda* dans les tours d'horizon **18**, **23** et **306**. On avait donc :

	A	z	T. d'h.
	18° 8′ ·6	90° 39′ ·1	**18**, 2.
	11 ·9	41 ·3	**23**, 30.
	11 ·6	41 ·0	**306**, 35.
𝔐 =	18 10 ·7	90 40 ·5	

Les plus grands écarts autour de la moyenne sont — 2′ ·1 en A et — 1′ ·4 en z. Ce résultat se trouve dans les azimuts ordonnés du Mt *Saloda* sous le numéro 5.

CHAPITRE VIII.

TOURS D'HORIZON.

I. Index de la liste générale de tours d'horizon.

La quatrième colonne contient le nombre des relèvements dont se compose chaque tour d'horizon; dans la sixième colonne, R veut dire : entièrement réduit en voyage, et P : partiellement réduit.

N°	Station.	Date.	Relèvem.	Astro observé.	Réduits.	Journée de route.
		1839				
1	Caire.	Nov. 24	3	⊙		
2	»	» 29	3	⊙		
3	'Ayun musa...	Déc. 21	4	....		**117**
4	»	» 21	4	⊙		»
		1840				
5	Dihono	Mars 5	3	⊙		**119**
6	Aftah	» 7	6	⊙	R	**120**
7	Muçaww'a....	» 11	6	....		**121**
8	»	» 11	3	⊙	R	»
9	»	» 12	5	....		»
10	Dihono	» 13	26	⊙	R	»
11	Hanna Sanna..	» 20	20	2 ⊙	R	**126**
12	Digsa.........	» 21	3	⊙	R	»
13	»	» 22	10	⊙	R	»
14	Balasa	» 24	2	⊙	R	**129**
15	May Qani-i....	» 26	15	⊙	R	**131**
16	'Adwa........	Avril 2	5	⊙		**132**
17	»	» 2	4	....		»
18	Saloda........	» 11	19	⊙	R	**133**
19	'Adwa........	» 14	10	2 ⊙	R	»
20	»	» 19	6	....		»
21	»	» 20	3	2 ⊙		»
22	»	» 20	20	....	R	»
23	Saloda	» 22	65	3 ⊙	R	**134**
24	»	» 22	3	....	R	»
25	'Adwa........	» 28	10	2 ⊙	P	»
26	»	Mai 2	4	2 ⊙	R	»
27	Gunya	» 16	4	....		**137**
28	Micara	» 18	7	....		**139**
29	Cilaciqañe	» 23	11	....		**143**
30	»	» 24	2	⊙		»
31	Ibni barmaz...	» 31	3	⊙		**148**
32	Digsa	Juin 26	7	....		**161**
33	»	» 29	24	....	R	»
34	Inna Doqqo ...	Juill. 1	19	⊙		**162**
35	»	» 1	5	....		»
36	Bizen.........	» 3	9	⊙		**165**
		1841				
37	Tujurrah	Fév. 18	5	....		**182**
38	»	» 24	1	....		»
39	»	Mars 1	4	⊙	R	»
40	»	» 29	2	....		»
41	'Aylat	Août 13	10	⊙		**197**
42	Cap Mudir	» 21	14	⊙		**198**
43	Muçaww'a....	Sept. 18	2	⊙		»
44	»	» 20	2	⊙		»
45	Irir	» 26	11	⊙		**204**
46	Koqa.	» 29	13	⊙		**206**
47	Zartalamo. ..	Oct. 4	4	☽		**209**
48	'Oquwq.......	» 8	10	⊙	R	**213**
49	Bizen.........	» 21	10	⊙		**222**
		1842				
50	Za'arri........	Janv. 8	4	⊙		**233**
51	Guindat	» 10	5	⊙	R	**236**
52	Lafufle	Fév. 5	5	⊙		**243**
53	Hanna Sanna..	» 14	12	⊙		**250**
54	'Addi 'Itqat ...	» 16	4	⊙		**251**
55	Imba Ra'iniddi.	» 16	6	⊙	R	**252**
56	Kokma	» 23	3	⊙	R	**254**
57	Abuna Pantalewon	Avril 3	9	⊙	R	**256**
58	Aksum	» 3	3	⊙	R	»
59	Ilica	Juin 2	3	....		**261**
60	Aksum	» 10	5	⊙		**262**
61	Tigre micohya.	Juill. 18	19	⊙	P	**273**
62	»	Août 7	2	⊙	R	**274**
63	Soni..........	» 17	5	....		**275**
64	Galosge	Sept. 19	30	⊙	P	**286**
65	Qañ bet	Nov. 10	4	2 ⊙		**293**
66	Soni..........	» 11	33	....		**295**
67	Tigre micohya.	» 13	5	⊙	R	**296**
68	Qañ bet	»	4	....		»
69	Nabaga.......	»	5	....		**299**
70	Quarata	» 19	2	⊙	R	**300**
71	»	» 22	22	....	R	**301**
72	Tana I	» 24	17	⊙	R	**303**

Nº	Station.	Date.	Relèvem.	Astre observé.	Réduits.	Journée de route.
		1842				
73	Quarạṭa	Nov. 27	3	⊙	R	**303**
74	Dạq..........	» 30	7	....		**305**
75	»	» 30	5	....		»
76	Ganja	Déc. 4	15	....		**307**
77	Ṭana II.......	» 5	15	⊙	R	**308**
78	Zega wạnz....	» 5	28	⊙	R	»
79	Qạriña	» 6	24	⊙	R	**309**
80	Sạño gạbya...	» 8	36	....	R	**310**
81	Qạñ bet......	» 11	2	⊙		**312**
82	»	» 22	2	⊙		»
83	Qạñ bet I.....	» 22	2	⊙		»
84	Ayba.........	» 24	19	....		**314**
85	Tigre mịçohya.	» 26	38	⊙	R	**315**
86	Dumi I.......	» 29	68	⊙	R	**318**
87	Dumi II	» 29	15	⊙	P	»
		1843				
88	Šạguạla	Janv. 6	14	⊙	R	**325**
89	Lalibạla	» 9	11	⊙	R	**327**
90	Bịrko	» 12	25	⊙	R	**330**
91	Bịrkuakua	» 13	8	⊙		**331**
92	Kua Amba....	» 15	5	⊙		**333**
93	Abya.........	» 15	12	⊙		»
94	Lanko........	» 21	4	....		**336**
95	Qạlala........	» 21	33	....	R	»
96	Abba Foge....	» 22	5	⊙		**337**
97	Yfag..........	» 23	5	⊙		**338**
98	Loza.........	Fév. 7	17	⊙	P	**344**
99	Fanja	» 27	3	⊙		**346**
100	Sạño gạbya ...	» 28	11	2 ⊙	R	**347**
101	Yfag	Mars. 2	11	2 ⊙	R	**349**
102	Rịb	» 2	7	⊙		»
103	Mahdạra MARYAM	» 7	20	2 ⊙	R	**351**
104	Quarạṭa I.....	» 9	4	2 ⊙	R	**353**
105	Quarạṭa II....	» 10	14	2 ⊙	R	»
106	Bahr dar I....	» 13	5	2 ⊙	R	**354**
107	Bahr dar II....	» 13	10	⊙	R	»
108	Tạgạmbạt.....	» 15	19	⊙		**356**
109	Dạbrạ May....	» 16	7	....		**357**
110	Angạr........	» 19	14	⊙	R	»
111	Moṭa.........	Avril 1	20	⊙	R	**364**
112	»	» 4	7	⊙	R	»
113	Ạnnạbse......	» 4	10	⊙	R	**365**
114	Titar.........	» 5	15	⊙	R	**366**
115	Mạngịstu I....	» 6	12	⊙	R	**367**
116	Gurem	» 20	10	2 ⊙		**371**
117	»	» 27	34	2 ⊙	R	**372**
118	»	» 27	12	....	R	»
119	Safạrka	Mai 7	11	⊙	R	**376**
120	Dạbet........	» 10	8	⊙	R	**378**
121	Anafo	Juin 6	7	⊙		**386**
122	Qịṭo..........	Juill. 3	7	....		**392**
123	Saqa	Sept. 17	5	⊙		**401**
124	Çalla.........	Nov. 22	16	⊙	R	**409**
125	Sạdạra	» 25	9	⊙	R	**411**
		1844				
126	Ṭobo	Fév. 6	5	2 ⊙		**432**
127	Saqa.........	» 10	22	2 ⊙	R	**433**
128	Saqa I........	» 16	4	2 ⊙	R	»
129	»	» 21	4	2 ⊙		»
130	Koma	» 27	8	2 ⊙	R	**435**
131	Bạrạkạt	Mars 8	8		R	**440**

Nº	Station.	Date.	Relèvem.	Astre observé.	Réduits.	Journée de route.
		1844				
132	Bạrạkạt.......	Mars 8	10	3 ⊙	R	**440**
133	Qịṭo	» 10	24	2 ⊙	R	**441**
134	Lạg'amara.....	» 12	7	2 ⊙	R	**442**
135	Garre abdi.....	» 14	5	....		**443**
136	Yạwịš.........	Mai 6	18	2 ⊙	R	**463**
137	»	»	5	....	R	**464**
138	Gurem........	» 10	17	2 ⊙	R	**465**
139	Ịnnạmorạ	» 15	15	2 ⊙	R	**469**
140	»	» 15	3			»
141	Dạlma	» 16	11	....	R	**470**
142	Woqsostạ......	Juill. 2	15	....	D	**490**
143	Sakala	» 4	2	⊙	R	»
144	Baguịna I	» 8	13	2 ⊙	R	**494**
145	»	» 9	16	....	R	»
146	Baguịna II	» 19	9	2 ⊙	P	»
147	Ysmala........	» 27	6	....		**499**
148	Jahana........	» 27	22	....		**500**
149	Çịma	» 29	3	....		**502**
150	Tịgre mịçohya.	Août 19	5	....		**504**
151	»	» 25	24	....	R	**505**
152	Ịnçạtkab......	Oct. 3	7	2 ⊙	R	**516**
153	Abạrạ	» 4	13	....		**518**
154	'Addị Sịlamay..	» 4	7	....		**519**
155	Šịmarua I.....	» 6	8	....		**520**
156	Abunạ Mạzra'ịte	» 18	14	....		**526**
157	Guzạt	» 19	7	....		**527**
158	Mạdạb	» 19	10	2 ⊙		»
159	Dịgịm	» 20	15	2 ⊙	R	**528**
160	Afalba	Nov. 18	8	2 ⊙	R	**543**
161	Ẓạlot	» 22	6	2 ⊙	R	**546**
162	'Addị Nazzo ...	» 23	9	2 ⊙		»
163	Bịrqaqo.......	» 25	19	3 ⊙	R	**549**
164	Nị'ịlto........	» 26	4	2 ⊙		»
165	Aksum........	Déc. 9	12	2 ⊙	R	**554**
166	'Addị Dạḥno...	» 12	16	2 ⊙		**556**
167	'Ịdaga Šaḳa ...	» 13	15	2 ⊙		**557**
168	May Ṭịmqạt ...	» 13	15	2 ⊙		**558**
169	Ḥayda	» 14	20	2 ⊙		**559**
170	Wulqịffit.	» 17	10	2 ⊙		**562**
171	Wạsạnge I	» 18	30	2 ⊙	R	**563**
172	Wạsạnge II....	» 18	19	....	R	»
173	Çambịlge......	» 20	7	⊙	R	**564**
		1845				
174	Qạñ bet	Janv. 24	15	2 ⊙	R	**566**
175	Tịgre mịçohya.	Fév. 7	16	6 ⊙	R	**567**
176	Nabạga........	» 22	25	2 ⊙	R	**570**
177	»	» 22	30	2 ⊙	R	»
178	Quarạṭa III....	Mars 3	7	2 ⊙	R	**573**
179	»	» 4	10	4 ⊙	R	»
180	Quarạṭa.......	» 6	8	2 ⊙	R	»
181	Quarạṭa V.....	» 8	9	2 ⊙	R	»
182	Quarạṭa III....	» 8	3	....	R	»
183	Mạnta dạbịr I..	» 20	15	5 ⊙	R	**575**
184	Mạnta dạbịr II.	» 20	10	2 ⊙	R	»
185	Mạnta dạbịr III.	» 20	8	....	R	»
186	Mạnta dạbịr IV.	» 20	9	....	R	»
187	»	» 24	30	3 ⊙	R	**576**
188	Ṭul...........	» 26	6	3 ⊙		**578**
189	Densa........	» 28	13	⊙	R	**580**
190	Dạngyame.....	Avril 9	14	2 ⊙	R	**586**
191	Yạwịš III......	» 30	13	2 ⊙	R	**590**

N°	Station.	Date.	Relèvem.	Astre observé.	Réduits.	Journée de route.
		1845				
192	Danguago	Mai 4	35	4 ⊙	R	**591**
193	Yawiš IV	» 4	19	2 ⊙	R	»
194	Yawiš III	» 7	15	....		»
195	Yajibe	» 8	13	2 ⊙	R	**592**
196	Anafo	» 21	4	....		**596**
197	»	» 25	8	....	R	»
198	»	» 26	2	⊙	R	»
199	»	» 27	2	....	R	»
200	»	» 28	7	5 ⊙	R	»
201	Sabu Šunke	Juin 16	14	4 ⊙	R	**597**
202	Qarre kakarba	Juill. 1	7	2 ⊙	R	**598**
203	Ganu	» 6	6	4 ⊙		**602**
204	»	» 7	3	....	R	»
205	Ariya	» 12	21	4 ⊙	R	**605**
206	Sobso	» 12	7	....	R	**606**
207	Hapati	» 18	17	⊙	R	**609**
208	Saqa	Sept. 14	27	4 ⊙	R	»
209	Mile	Oct. 6	30	2 ⊙	R	**610**
210	Daga	» 28	14	4 ⊙	R	**612**
		1846				
211	Mile	Janv. 5	50	2 ⊙	R	**615**
212	Yatu	» 17	13	4 ⊙	R	**617**
213	Dambi	» 20	11	⊙	R	**621**
214	Garuqqe I	Févr. 6	22	4 ⊙	R	**622**
215	»	» 8	31	....	R	»
216	»	» 9	18	4 ⊙	R	»
217	Garuqqe II	» 19	4	2 ⊙	R	»
218	Garuqqe I	» 27	29	....	R	»
219	Saqa	Mars 5	23	....	R	**623**
220	Dar-u	» 6	26	2 ⊙	R	**624**
221	Garuqqe I	» 7	25	....	R	»
222	Tobo	» 9	6	2 ⊙	R	**625**
223	Kocawo	» 20	12	4 ⊙	R	**628**
224	Hapati	Avril 16	25	4 ⊙	R	**635**
225	Adami I	» 23	17	4 ⊙	R	**639**
226	»	Mai 2	24	....	R	»
227	Adami II	» 2	2	....		»
228	Adami I	» 2	2	....		»
229	Ilfata I	Juin 14	22	5 ⊙	R	**640**
230	Adami II	» 20	9	....	R	»
231	Adami I	» 20	13	....	R	»
232	Adami III	» 23	8	....	R	»
233	Adami II	» 24	6	....	R	»
234	Adami I	» 25	28	4 ⊙	R	»
235	»	» 28	52	....	R	»
236	»	Juill. 12	59	....	R	»
237	Ilfata I	» 23	33	....	R	**641**
238	Ilfata II	Août 4	25	3 ⊙	R	**642**
239	Sire boru	» 12	11	....		**643**
240	Adami I	» 14	12	....	R	»
241	»	» 16	2	....	R	»
242	Oddo Lote	» 21	6	⊙	R	**644**
243	»	» 23	7	....	R	**645**
244	Falle I	Sept. 26	9	....	R	**650**
245	»	» 27	8	3 ⊙	R	»
246	»	» 29	29	....	R	»
247	Falle II	Oct. 1	26	....	R	»
248	»	» 2	8	4 ⊙	R	»
249	»	» 6	12	....	R	»
250	»	» 17	21	4 ⊙	R	»
251	Kiyo	» 28	28	4 ⊙	R	**651**

N°	Station.	Date.	Relèvem.	Astre observé.	Réduits.	Journée de route.
		1846				
252	Carrifatu	Oct. 29	11	2 ⊙	R	**653**
253	Gurto	Nov. 1	15	....		**654**
254	Rogge	» 2	29	....	R	**655**
255	Gobe	» 12	16	4 ⊙	R	**658**
256	Watiyo	» 16	17	4 ⊙	R	**660**
257	Qobbo	» 18	21	4 ⊙	R	**661**
258	Sibarre	» 20	30	4 ⊙	R	**663**
259	»	» 21	29	4 ⊙	R	**664**
260	»	» 21	13	....	R	»
261	Dini	» 29	12	4 ⊙	R	**668**
262	Tanso	Déc. 1	25	4 ⊙		»
263	Dini	» 1	4	....		»
264	Yajibe	» 18	13	4 ⊙	R	**673**
265	Gurem	» 19	10	....	R	**674**
		1847				
266	Dogom	Janv. 5	17	4 ⊙	R	**675**
267	»	» 21	20	....	R	**676**
268	Yasanbat	Fév. 3	28	4 ⊙	R	**681**
269	Yakabat	» 5	15	4 ⊙	R	**683**
270	Yafatmat	» 12	26	4 ⊙	R	**685**
271	Yawiš III	» 12	13	....	R	»
272	Yajibe	» 13	26	....	R	»
273	Dogom II	» 14	30	4 ⊙	R	**686**
274	Yajibe	» 19	21	4 ⊙	R	**687**
275	Elyas	Mars 11	10	....	R	**691**
276	»	» 11	14	6 ⊙	R	»
277	»	» 12	36	....	R	»
278	Wogir	» 21	23	....	R	**697**
279	Karni	» 23	31	2 ⊙	R	**699**
280	Mota	» 25	10	7 ⊙	P	**700**
281	»	» 25	32	....	R	»
282	»	» 25	41	4 ⊙	R	»
283	Agamna	» 28	15	4 ⊙	R	**702**
284	Anbar	Avril 10	15	....	R	**706**
285	Annamucara	» 12	18	....		**707**
286	Nazrit I	» 14	11	6 ⊙	R	**708**
287	Nazrit II	» 14	4	....	R	»
288	Nazrit III	» 14	8	4 ⊙	R	»
289	Nazrit IV	» 15	18	4 ⊙	R	»
290	Wazzam	» 16	40	4 ⊙	R	»
291	Šinbire	» 17	11	2 ⊙	R	**709**
292	Mangistu II	» 17	45	....	R	**710**
293	Titar	» 18	30	4 ⊙	R	**711**
294	Qaranyo	» 19	24	4 ⊙	R	**712**
295	»	» 20	14	4 ⊙	R	»
296	Mota	» 22	3	....	R	**713**
297	Šolage	» 24	5	....		**715**
298	Šimarua II	Juill. 7	15	3 ⊙		**733**
299	Gugl'a	Sept. 10	8	2 ⊙	R	**758**
300	Ziban Sifra	» 13	10	2 ⊙	R	**759**
301	Mashal	Oct. 2	21	4 ⊙	R	**761**
302	Digsa II	» 13	31	4 ⊙	R	**768**
303	»	» 15	8	4 ⊙		»
304	Zohodo	Nov. 12	65	4 ⊙	R	**776**
305	Liqanos	» 13	55	4 ⊙	R	**777**
306	Saloda	» 15	52	4 ⊙	R	**778**
307	Dabra gannat	» 21	38	4 ⊙	R	**781**
308	Masararya	» 28	14	4 ⊙	R	**787**
309	Barna	» 29	32	4 ⊙	R	»
		1848				
310	Hora dibba	Janv. 4	39	4 ⊙	R	**796**
311	Ambazzo	» 14	36	4 ⊙	R	**797**

N°	Station.	Date.	Relèvem.	Astre observé.	Réduits.	Journée de route.
		1848				
312	Gondar........	Janv. 21	7	4 ⊙		**798**
313	Dinkuan.......	Fév. 6	34	4 ⊙	R	**799**
314	Dahna........	Mars 2	20	4 ⊙		**801**
315	Qañ bet III....	Avril 21	17	4 ⊙	R	**806**
316	Soni..........	» 22	25	5 ⊙	R	**807**
317	Gondar.......	» 26	10	4 ⊙	R	»
318	Tigre miçohya.	» 29	14	....	R	**808**
		1848				
319	Waqqan.......	Mai 9	19	4 ⊙		**811**
320	Makana.......	» 14	9	4 ⊙		**814**
321	Ankua *......	» 15	19	2 ⊙	R	**815**
322	Liqanos.......	Juin 17	8	....	R	**825**
323	Imakuliu.....	Juill. 20	40	....		**837**
324	»	» 21	12	3 ⊙		»
325	»	Oct. 3	15	4 ⊙		**839**

Sur les 223 azimuts orientés par les observations astronomiques, il y en a 59 qui n'ont pas été calculés et réduits en voyage.
Sur les 102 tours d'horizon non orientés, il y en a 46 non réduits en voyage.
Sur les 4764 relèvements, il y en a 514 du soleil, et un de la lune à Zartalamo.

II. Liste générale des tours d'horizon.

Le signe ¶ qu'on trouvera souvent à côté des numéros de la première colonne, renvoie aux profils des signaux. La troisième colonne contient les lectures azimutales W; la quatrième les lectures verticales V; la dernière enfin les lectures *deçà* et *delà* du niveau (*voir* page 2). Dans la dernière ligne de chaque tour d'horizon on trouve les points du nord et du zénit. La collimation c est = 11''1, si elle n'est pas donnée exprès. Pour avoir l'azimut vrai, l'on retranche de W la somme N + c cosec z, ou bien simplement N + c quand z est près de 90°. Dans les cas où la lunette a été renversée, l'on soustrait 180° + N — c au lieu de N + c. Les bords du soleil sont notés comme vus dans la lunette qui renverse.

1. *Caire.* 1839. Nov. 24 : dimanche s. B = 762. T = 20.

N°	Objet relevé.	W	V	+	—
1	⊙ 3h 56m 0s chr. 𝔄	310° 25'·5	92° 56'·0	...	...
2	Milieu du sommet de la gr. pyramide	301 47·0	90 32·0	...	...
3	Haut du télégraphe de la citadelle	232 43·5	91 54·5	...	...
	N... Z	246 0·5	179 57·3	...	...

2. *Caire.* 1839. Nov. 29 : vendredi s. B = 762. T = 20.

N°	Objet relevé.	W	V	+	—
1	Télégraphe de la citadelle †	92 24·8	91 54·1	...	...
2	Milieu du sommet de la gr. pyramide	161 29·0	90 31·0	...	...
3	⊙ 4h 5m 30s chr. 𝔄	169 50·3	90 57·5	...	...
	N... Z	105 41·3	179 57·3	...	...

3. *'Ayun Musa.* 1839. Déc. 21 : samedi s.

N°	Objet relevé.	W	V	+	—
1	Extr. basse du 2me cap noir, avec montagne au delà à l'ouest	282 16·5	269 52·5	...	...
2	Extr. du 1er cap (difficile à préciser)	333 1·3	270 1·3	...	...
3	Pic remarquable du Mt 'Etaqa	26 54·5	268 26·5	...	...
4	Bateau à vapeur anglais au mouillage	32 58·5	269 58·5	...	...
	N + c déduit de **4**,3... Z	89 55·1	179 57·3	...	...

4. *'Ayun Musa.* 1839. Déc. 21 : sam. s. B = 764. T = 23. c = 12'·6.

N°	Objet relevé.	W	V	+	—
1	Milieu de Suez	82 34·5	269 45·0	...	...
2	Bateau à vapeur de **3**,4	69 7·5	270 22·5	...	...
3	Pic de 'Etaqa de **3**,3	63 5·0	268 24·0	...	...
4	☾ 2h 7m temps moyen de Suez	340 33·5	241 47·0	...	...
	N... Z	125 54·5	179 57·3	...	...

1. Terrasse du grand couvent de Terre-Sainte.

2. Lieu de la station **1**. — 1. On a changé en 54''1 les 34''1 que porte le ms. évidemment à tort : ou bien il faudrait 91° 34''5 dans **1**, 3. Niveau bien vérifié, lunette d'épreuve bien.

5. *Diḫono.* 1840. Mars 5 : jeudi s. B = 759. T = 30.

N°	Objet relevé.	W	V	+	—
1	Muçaww'a	97° 11'·5	269° 51'·5	4	1
2	Mt Gadam, pic bifide	224 22·0	266 53·0	...	...
3	⊙ 3h 23m 0s chr. 𝔄	343 31·0	250 11·6	...	...
	N... Z	85 35·2	179 57·3	...	...

6. *Aftah.* 1840. Mars 7 : samedi m. B = 758. T = 33.

N°	Objet relevé.	W	V	+	—
1	⊙ 7h 56m 20s	165 32·0	225 40·5	1	4
2	Mt... très-peu visible	194 11·0	269 40·5	4	1
3	Mt Ḫabon hawah	218 8·0	269 15·0	4	1
4	Mt... bas	221 18·0	269 28·5	4	1
5	Col par lequel nous sommes venus	338 37·0	268 45·5	4	1
6	Mt Gadam, le plus haut pic †	20 30·0	266 53·0	4	1
7	Azoli, ancien Adulis; direction †	220	... .		
	N... Z	51 49·7	179 57·3		

7. *Muçaww'a.* 1840. Mars 11 : mercredi m.

N°	Objet relevé.	W	V	+	—
1	Mt Gadam (bouss. 196°)	49 21·5	267 38·5	1	4
2	Mât du Šayḵ Sa'iyd (bouss. 191°)	54 49·0	269 46·5	4	1
3	Mt Ḫabon hawah (bouss. 180°)	65 50·7	269 3·3	3·3	1·7
4	Diḫono, difficile à voir	86 18·5	269 54·5	2·5	2·5
5	Tualhut, un bout	114 30·0	269 58·5	0	5
6	Id., autre bout	138 25·5			
	N + c déduit de **8**,2... Z	251 48·0	179 57·3		

8. *Muçaww'a.* 1840. Mars 11 : merc. s. B = 760. T = 30.

N°	Objet relevé.	W	V	+	—
1	⊙ 2h 45m chr. 𝔄	357 50·0	242 20·7	2	3
2	Mt Ḫabon Farray	274 27·0	269 5·2		4
3	Mt Gadam, pic bifide	255 16·5	267 38·0	3·5	1·5
	N... Z	100 13·2	179 57·3		

6. La station est à 40 pas de l'enceinte de Aftah, du côté de l'Est. — 6. Le ms. porte 66° au lieu de 266°. — 7. Ruines à 1350mt.

7. Stn à l'extr. de l'île du côté de Diḫono, dans l'enclos de Ḫusayn Effendi.

9. *Muçaww'a.* 1840. Mars 12 : jeudi m.

Nº	Objet relevé.	W	V	+	—
1	Mt Ḥabon farray	353° 59′·2	269° 4′·0	3	2
2	Direction de Digsa	9 36·0	268 37·0	4·5	0·5
3	Id. (d'après Habtay)	12 25·0			
4	Pic large et lointain	34 5·0	267 18·0	1·5	3·5
5	Id. autre	39 1·0	267 23·0	5	0
	N + c déduit de 8,2... Z	179 56·5	179 57·3		

10. *Diḥono.* 1840. Mars 13 : vend. m. B = 759. T = 30.

Nº	Objet relevé.	W	V	+	—
1	Muçaww'a, maison du gouverneur	8 4·0	269 50·5	2·5	2·5
2	Fort du Ras Mudir	11 30·0			
3	Cap du Mt Gadam	93 54·0	269 58·0	3	2
4	⊙ 7h 4m chr. ♃	100 46·2	236 44·0	0·5	4·5
5	Pic bifide et bas	122 14·3	268 34·0	3	2
6	Pic pointu	132 53·2	266 54·5	0	5
7	Pic bifide, son creux	136 56·5	266 54·5	0	5
8	Dôme le plus élevé du mont	141 38·5	266 52·3	1·5	3·5
9	Point le plus bas du col de Ḥabon	157 23·0	269 31·6	4	1
10	Pic élevé derrière Ḥabon	163 52·0	268 30·5	2	3
11	Mt Ḥabon	164 4·0	268 42·5	1·5	3·5
12	Pic bas à 2 pointes ; la plus élevée	175 37·5	266 31·5	1·5	3·5
13	Pic d'Éthiopie, large et élevé	180 9·0	267 6·5	1·5	3·5
14	Pic bas et près la plage †	185 18·0	267 54·5	2	3
15	Pic arrondi	198 40·5	266 30·0	4·5	0·5
16	Diḥono, dernière hutte	206 46·0			
17	Pic bas, mais pointu	215 14·0	266 47·5	2	3
18	Mosquée de Diḥono	257 0·0	267 34·5	2	3
19	Bord d'un Mt lointain †	270 21·5	267 47·0	0	5
20	Dernières huttes de Diḥono	288 47·5	268 15·0	4	1
21	Pic très-lointain	299 31·0	268 46·5	4·5	0·5
22	Sommet d'un tertre à 0′·5	317 14·5	269 4·0	4	1
23	Fond de la baie	328 14·5			
24	Tombeau du Šayḳ Sa'iyd	15 0·0			
25	Un bout de l'île Šayḳ Sa'iyd	14 31·0			
26	Autre bout de cette île	16 21·5			
	N... Z	356 24·0	179 57·3		

11. *Hanna Sanna.* 1840. Mars 20 : vend. m. B = 561. T = 23.

Nº	Objet relevé.	W	V	+	—
1	⊙ 9h 8m 30s chr. ♃	272 50·0	207 3·0	3·4	3
2	Mt Kuaayto, Ag'ame	270 55·0	269 15·0	3	3
3	⊙ 9h 21m 15s chr. ♃	277 11·0	204 19·0	3	3
4	Mt Kaš'at	326 39·0	269 50·2	3·5	2
5	Direction de 'Addi graht	323 49·5	269 56·5	4	2
6	Mt Adigi Taḥuila	339 0·0	270 7·0	5·5	0·5
7	Mt Gual Ḥaze, aiguille	339 51·5	270 13·5	0	5·5
8	Mt Gandabta, la plus haute aiguille	349 27·0	270 8·7	1	4
9	Id. la plus basse id.	349 43·5	270 11·5	0·5	5·5
10	Mt Samayata	351 0·2	270 2·0	0·7	5
11	Mt Ḥiça	352 48·2	270 5·5	4	1·5
12	Mt Goraho, près 'Adwa	354 59·0	270 20·0	5	1
13	Mt Sib'at, id.	355 13·0	270 24·0	4	1·5
14	Mt Dabra Sina, id.	357 10·8	270 20·5	2	3·5

11. *Hanna Sanna* (suite).

Nº	Objet relevé.	W	V	+	—
15	Mt Taḥuila	11° 17′·1	271° 5′·5	2	3
16	Direction de Guindat ou Gundat	27 13·0			
17	Ziban Dabri en Sarawe ; observé la fourche	58 22·0	270 10·0	0	5
18	Direction de Dambalas	69 58·0			
19	Direction du couvent de Bizen	115 26·0			
20	Direction de Digsa	56 44·0			
	N... Z	150 44·2	179 57·3		

12. *Digsa.* 1840. Mars 21 : samedi m. B = 591. T = 28.

Nº	Objet relevé.	W	V	+	—
1	⊙ 5h 57m 50s chr. ♃	48 18·0	250 59·0	1	6·
2	Mt Kaš'at (boussole B. 192°)	116 10·0	269 9·5	4	2
3	Mt Samayata	149 31·7	269 44·0	6	0·
	N... Z	313 7·5	179 57·3		

13. *Digsa.* 1840. Mars 22 : dimanche m. B = 591. T = 18

Nº	Objet relevé.	W	V	+	—
1	Mt Gandabta le plus pointu	156 45·0	269 49·0	1·5	5·
2	Id. autre ; milieu de la fourche	157 1·2	269 51·7	3·2	3·
3	Mt...	158 21·0	269 55·7	4	3
4	Mt Samayata	158 46·5	269 43·2	5·5	1·
5	Mt Ra'iyu	159 53·0	269 50·5	4	3
6	Mt Ḥiça, près 'Adwa	160 16·0	269 44·2	4	2·
7	Mt Kaš'at	125 22·4	269 9·7	1·3	5·
8	⊙ 6h 28m 5s chr. ♃	59 30·5	243 31·5	1·5	5·
9 ¶	Mt Mitara	113 5·0	269 40·5	5	1·
10	Mt Taḥuila	173 48·0	270 25·5	3·5	3·
	N... Z	322 26·3	179 57·3		

14. *Balasa.* 1840. Mars 24 : mardi s. B = 635. T = 31.

Nº	Objet relevé.	W	V	+	—
1	⊙ 1h 34m 0s chr. ♃	223 35·0	225 70·0	2	3
2	Mt Kaš'at (boussole B, 305°)	6 50·0	266 33·0	1	4
	N... Z	326 2·4	179 57·3		

15. *May Qani-i.* 1840. Mars 26 : jeudi m. B = 604. T = 27.

Nº	Objet relevé.	W	V	+	—
1	⊙ 8h 49m 56s chr. ♃	183 33·0	209 21·5	6·5	—1
2	Mt Kaš'at (bouss. B. 311°)	105 40·0	269 24·0	3	3
3	Mt Mitara	109 51·0	269 33·0	0·5	5·5
4	Mt Bihat	111 45·0	269 33·0	1·5	4·5
5	Mt Igala, lieu de marché	112 38·0	269 32·0	5	1·5
6	Mt Wa'aga, estimé à 1′	136 5·0	264 21·0	2	4
7	Mt Tilile, estimé à 1′·5	136 49·0	265 40·0	1·5	4·3
8	Mt Seyrro, près 'Addi graht	155 26·5	268 33·0	4·5	1·5
9	Mt Awgar	157 33·0	268 18·0	6	0
10	Adigi Taḥuila, daga ; un bout †	163 9·0	267 32·0	4·5	1
11	Adigi Taḥuila, daga ; pic à l'autre bout	195 51·0	267 32·0	2·5	3·5
12	Mt Libiz (d'où l'on tira les pierres pour Aksum)	313 50·0	258 49·0	2	4
13	Dabra Zayt, à 300mt estimés	37 25·0	248 45·2	2·5	3
14	Mt Mokadi	56 57·0	260 16·0	—1	6·5
15	Mt Mahawi, à 800mt environ	86 29·0	264 20·5	2·5	3·5
	N... Z	71 32·9	179 57 3		

10, 14. Les verniers B et C montrent qu'il fallait 185°18′ et non 195°. — 19. Crête longue et unie.

11. Au sommet de ce Mt, dit à tort Mt Birqaqo dans le ms., et dans les restes d'un village ruiné par Grañ. Ici pour la première fois les parties du niveau ont été notées comme je l'ai fait toujours depuis. Dans les dix premières stations, il peut y avoir un peu d'incertitude dans les réductions du niveau.

12. Massif de schistes debout au milieu du village.

13. Place de Digsa.

14. Près du ruisseau et sur la route de la grande caravane.

15. Près la petite source de ce nom. — 10. Boussole (?) 230°.

16. *'Adwa*. 1840. Avril 2 : jeudi m. B = 612. T = 27.

N°	Objet relevé.	W	V	+	—
		° ′	° ′		
1	⊙ 4^h 10^m 30^s chr. 𝕮	261 44·3	258 33·0	4	2·5
2	Mt Gusaso, point le plus élevé	245 44·8	263 41·0	4	2·5
3	Id.		96 17·5	4·5	2
4	Id. } pour connaître la valeur		96 17·4	7	— 0·5
5	Id. } du niveau		96 16·2	0	6·5
	N... z	173 50·6	179 59·1		

17. *'Adwa*. 1840. Avril 2 : jeudi s.

N°	Objet relevé.	W	V	+	—
1	Mt Gusaso		359 59·9	16·2	8·6
2	Id. ; cercle retourné		167 26·1	18·8	7·2
3	Id. } pour la valeur d'une division du niveau		167 26·1	17·5	8·5
4	Id. }		167 26·9	0	26

18. *Sạloda*. 1840. Avril 11 : samedi m. B = 571. T = 17.

N°	Objet relevé.	W	V	+	—
1	⊙ à environ 7^h 30^m du lieu	75 13·0	253 45·7	4·5	2
2 ¶	M^t Tạbuịlạ	8 5·5	270 37·0	1·8	5
3 ¶	M^t Sịb'at	5 21·0	269 53·0	0	7
4	Mt May Soto, à droite du précédent	6 57·5	270 35·5	2	5
5	Mt Gunya	14 58·5	271 5·5	—1	7·5
6	M^t... dans Mịzbịr, une sommité	16 17·0	270 41·0	3	3·5
7	M^t... ? autre sommité	17 1·0	270 53·5	3	3·5
8	Mt Gunya ; 2me selon mes gens	20 30·0	270 16.5	0	7
9	M^t... dans Šaḫagnị	21 33·0	270 41·0	0	6·8
10	Mt Guraho	23 18·0	270 5·5	0	6·8
11	M^t... dans Yạha	26 43·0	270 23·5	0	6·8
12	Mt Arba'ịtu ịnsịsa, couvent	32 0·5	269 12·0	—1	7·8
13 ¶	M^t Ḫịça	41 23·0	268 9·0	3	4
14	M^t Ịrar	47 17·5	269 11·5	3	3·8
15 ¶	M^t...	54 32·0	270 1·5	4	2·5
16	M^t Gạndạbta, le plus petit	55 48·0	269 13·0	4·8	2
17	Id. le plus haut pic	56 25·5	269 3·0	4	2·5
18 ¶	Mt Anfara	12 5·5	271 4·5	1·2	6
19	M^t... dans Aḫsạ ? allant à gauche	11 40·5	271 5·5	0·5	6·5
	N... z	349 45·8	179 57·5		

19. *'Adwa*. 1840. Avril 14 : mardi m. B = 612. T = 24. c = 0′·9.

N°	Objet relevé.	W	V	+	—
1	⊙ 6^h 35^m chr. 𝕭	273 32·4	90 0·0	0	
2	⊙ 6 42 id.	272 38·4	247 36·1	5	
3	M^t Mạla-ịkt, une pointe	263 55·1 }		6	
4	Id., autre pointe, même niveau	264 3·9 }	166 38·9	6	
5	Id., première pointe	263 57·8 }		4	
6	Id., deuxième id.	264 5·2		4	
7	Tour de Fremona, côté gauche	60 4·5 }	174 57·5	20	
8	Même tour, côté droit	59 59·8 }		23	
9	M^t Sạloda	357 51·1 }	155 40·6	12	
10	Id.	357 50·7 }		16	
	N... z	356 3·8	0 0·0		

20. *'Adwa*. 1840. Avril 19 : dimanche m.

N°	Objet relevé.	W	V	+	—
1	M^t Sạmayata		263 35·0		
2	Id.		96 24·5		

20. *'Adwa* (suite).

N°	Objet relevé.	W	V	+	—
		° ′	° ′		
3	Mt Gusaso		96 17·1	4	2
4	Id.		263 41·7	3	3
5	Id.		263 40·6	8·4	2·4
6	Id.		263 42·5	—1	7
	z		179 59·5		

21. *'Adwa*. 1840. Avril 20 : lundi m. B = 612. T = 25. c = 14′·7.

N°	Objet relevé.	W	V	+	—
1	⊙ 6^h 28^m 30^s chr. 𝕭	4 30·0	260 31·5	3	3
2	⊙ 6 33 0 id.	184 14·5	100 31·4	2·5	4
3	M^t Sạmayata	179 55·5	96 24·2	3	3
	N... z	283 52·0	179 59·5		

22. *'Adwa*. 1840. Avril 20 : lundi m.

N°	Objet relevé.	W	V	+	—
1	M^t Sạloda	25 27·5	257 48·5	3	3
2	Mt Garra, et Beyto, village	54 8·5	266 20·0	2·5	5·5
3	Mt Gunya	56 15·5	267 6·0	4	2·5
4	Guasot, colline	60 15·0	266 54·5	3·8	2·8
5 ¶	Mt Guraho, pic (boussole 41° 20′)	62 14·0	267 4·2	3·5	3
6	'Addị Gutraho, colline	63 47·5	266 43·0	3	3·5
7	'Addị Darḫuaḫo	65 13·3	266 36·0	3	2·7
8	'Addị Ḫuạmạr	67 51·0	267 4·5	4	2·5
9 ¶	M^t Ḫịça (boussole 49° 7′)	70 4·0	266 3·0	6·5	0
10	M^t Ịrịr	74 41·0	266 47·0	2·5	3·5
11	May Quạlla, village ; un bout	76 40·0	266 47·0	2·5	3·5
12	Id. autre bout	81 0·0			
13	M^t Ạzgịba	81 34·5	266 49·5	3	3
14	M^t Guạsạso 1er pic	86 27·2	265 46·5	3	3
15	Id. 2me pic	88 42·0	265 1·0	3·2	2·8
16	Id. 3me pic	90 11·0	264 50·0	4	2
17	M^t 'Amạquay	94 22·0	266 24·5	2	4
18	Mt Kidanạ miḫrạt	99 12·0	263 43·0	4	2
19	Id... 2e et large pic	101 20·0	263 47·5	6	0
20	M^t Sạmayata	103 36·0	263 35·5	3·5	2·5
	N... z	27 20·0	180 0·3		

23. *Sạloda*. 1840. Avril 22 : mercredi m. B = 571. T = 17. c = 14′·5.

N°	Objet relevé.	W	V	+	—
1	⊙ 4^h 29^m 0^s chr. 𝕮. Un bord en azimut	53 53·3	269 25·4	1	
2	⊙ 4^h 33^m 50^s. L'autre bord †	233 3·1	109 45·5	2	5
3 ¶	Mt Buahit	190 43·7	269 35·4	5	2
4	May Ẓaḫlo (non.)	189 8·0	270 17·0	3·5	3·5
5 ¶	M^t...	188 14·0	269 26·4	3·5	3·5
6 ¶	Mt Buahit, autre côté	189 57·0	269 46·0	4	3
7	May Ẓaḫlo ou May Ṭaḫlo	188 4·0	269 54·0	4	3
8 ¶	M^t...	183 42·5	269 47·0	3·5	3·5
9 ¶	Mt Hay †	180 55·0	269 27·0	3	4
10	Rochers de Ḫawạza ; à peine visibles	196 48·0			
11 ¶	'Addị Aylas	211 58·5	270 17·0	3	4
12 ¶	Forasit, colline près du n° 11	213 38·0	270 6·5	3	4
13	Mt Abunạ Pantạlewon	222 34·0	270 35·0	2	5

16. Toit de la maison de Aytạ Tạsfu dans Mạdḫane'alạm, 'Adwa.

17. Théodolite Gambey : même lieu qu'en **16** et, comme alors, le but des observations était surtout de connaître les valeurs des parties des niveaux.

18. Sommet de ce mont.

19. Lieu de la station **16**. Théodolite Gambey.

20. Même lieu. Angles observés pour vérifier la valeur des parties du niveau du théodolite Falbe.

21. Lieu de la station **16**. C'est le toit de notre maison, large de 4^{mt} environ.

22. *Ibid*. Instrument changé de place pour une meilleure position.

23. Sommet du mont. Cette station est à 1^h 5^m de marche de notre maison dans 'Adwa. — 2. Bord du soleil sur le fil du milieu ; le bord observé en apozénit a été déterminé par le calcul, l'indication du ms. étant fautive. — 9. La partie ombrée dans l'esquisse est blanche comme si elle était couverte de neige.

23. *Saloda* (suite).

Nº	Objet relevé.	W	V	+	—
14	May Zagra, colline en Madabay	233° 47′·7	269° 58′·5	1	6
15 ¶	Id. et 'Addi Adaro †	237 58·0	270 20·0	1	6
16 ¶	Mt Bankual	239 8·5	270 14·5	0·5	6·5
17	⊙ 5h 58m 15s	237 14·0	129 48·2	4	3
18	Mt Dabra Sina, à tête brisée; égl. dessus	246 29·0	271 53·0	3·5	3·5
19	Mt... près 'Addi Yabo	251 50·0	270 35·5	3	4
20	Mt... au-dessus de Quahayn †	262 36·0	270 41·0	3·5	3·5
21 ¶	Col †	310 12·5	270 32·0	0	7
22 ¶	Mt..., aiguille †	315 42·0	270 27·0	3	4
23	Guindat †	318 15·0	271 33·0	3	4
24	Halelo	284 30·0		4	3
25	Gaša Warqi	288 20·0			
26	Mt au delà de 'Addi Manguanti	319 3·0	270 16·0	0	7
27	Mt Bihiza; église dessus	329 54·0	271 9·5	5·5	1
28	Šahagni et plus loin Ahsa	335 49·5	271 22·5	7·5	—1
29	Mt Tahuila?	341 53·0	271 20·0	6·5	0
30 ¶	Mt... près de nous	350 11·5	270 38·5	5	1·3
31	Mt Birqaqo (boussole 25°)	357 15·5	270 15·0	3	3·5
32	Mt le plus haut près Birqaqo	356 43·7	270 12·0	4	2·5
33 ¶	Mt Hiça	23 31·0	268 9·7	0	4·5
34 ¶	Id. point le plus élevé	23 17·5	268 8·0	2·5	3·8
35	Mt Ra'iyu	46 45·7	269 6·2	3·5	3·8
36	Mt Awgar	47 40·7	269 24·7	2	4
37	Kisat 'Atro	51 31·0	269 34·0	2	4
38 ¶	Kisat are	54 30·0	269 24·5	1·5	4·5
39 ¶	Mt 'Alequa †	58 57·0	269 21·0	2	4
40 ¶	Adigi Tahuila	58 22·5	269 25·5	1	5
41 ¶	Mt Samayata, pic le plus à gauche	61 43·5	268 1·7	0·5	5·5
42	Id., sommet du dôme le plus élevé	64 3·0	266 52·3	0·5	5·5
43	Id., dôme qui est du côté de 'Adwa	64 40·0	267 39·0	0·5	5·5
44	Notre dernière halte en venant à 'Adwa	34 40·5	272 43·0	2	3·5
45	MARYAM Šawito, église	25 47·0	269 28·0	1·4	4·5
46 ¶	Mt Gual Haze †	68 54·5	269 44·2	0	6
47	Kidana mihrat; dit Gusaso par mégarde	71 40·5	269 35·0	0·5	5·5
48 ¶	Id., téton au milieu	71 47·5	269 36·0	0	6
49 ¶	Gaddiba, église et bocage	72 9·0			
50 ¶	Mt Dimbalorit. Vu dans le col du nº 47 †	72 7·7	269 46·0	0·5	5·5
51	Kidana mihrat, dôme	73 40·5	269 41·0	0	5·5
52	Laza	79 2·0	270 21·0	0	5·5
53	Mt Makram	85 28·0	269 54·5	0	5·5
54	Misobo	87 28·0	269 51·2	0	5·5
55	Mt Mala-ikt	91 56·5	269 36·5	1	4·5
56 ¶	Magab; col	95 36·0	270 17·5	0	6
57	Hinzar	142 25·0			
58 ¶	Gir'alta †	101 24·0	270 17·5	—1	6
59	Église St-Gabriel près 'Adwa	141 31·5	280 43·5	—1	6·5
60	Église St-Michel †	142 37·5	284 24·0	—1	6
61	Notre maison dans 'Adwa : Stn **19**	150 14·0	282 9·5	0·5	6
62	'Addi Rasi dans la vallée de 'Adwa	154 5·0			
63	Mt Dammo Galila †	160° 11′·5	269° 41′·5	3·5	2
64	Église de Madhane'alam †	151 35·0	282 12·0	—2	8
65	Zyon, église de 'Adwa	155 36·0	278 50·0	—1	6·5
	N... z	331 45·1	179 57·6		

24. *Saloda*. 1840. Avril 22 : mercredi m.

Nº	Objet relevé.	W	V	+	—
1	Fremona; tour	220 21·7	280 35·2	2	4
2 ¶	Mt Buahit	207 40·5	269 34·3	3·5	2
3	Sur la station **23**	0 50·5	264 14·0		
	N + c déduit de **23**... z	348 56·3	179 57·6		

25. *'Adwa*. 1840. Avril 28 : mardi m. B = 612. T = 25. c = 0′.

Nº	Objet relevé.	W	V	+	—
1 ¶	Mt Saloda	123 28·5	155 41·2	11	18
2	Id.	123 28·7		16	13
3 ¶	Mt Hiça, bosse centrale	78 54·5	327 52·5	14	14
4 ¶	Id.	78 54·8		14	14
5	Mt Samayata, partie la plus élevée	45 21·9	135 7·3	16	13
6	Id.	45 22·5		11	17
7	⊙ 6h 33m 3s chr. 𝔅	43 51·2	156 30·9	16	12
8	⊙ 6 37 40 id.	43 7·4		15	13
9	Mt Dammo Galila, partie la plus élevée	291 21·9	330 32·8	14	14
10	Id.	291 22·7		14·5	13
	N... z	121 37·9	0 0·0		

26. *'Adwa*. 1840. Mai 2 : samedi m. B = 612. T = 25. c = 0′.

Nº	Objet relevé.	W	V	+	—
1	Lance fichée au Mt Saloda Stn **18**	81 19·7			
2	Id.	81 21·6			
3	⊙ } 6h 34m 0s chr. 𝔅	2 59·7	217 18·8	12	15
4	⊙	2 20·7		12	15
	N... z	79 30·8	0 0·0		

27. *Gunya*. 1840. Mai 16 : samedi.

Nº	Objet relevé.	W	V	+	—
1 ¶	Pic à droite du Mt Abar	259 58·5	267 49·5	0	5
2 ¶	Mt Ilay, angle le mieux défini †	243 0·0	268 12·5	2	4
3	Mt Dammo Galila	120 39·0	269 17·0	0·5	4·5
4	Mt Samayata, le plus élevé	112 46·5	269 12·0	2	3·5
	N + c par orientation... Z	55 58·0	179 57·3		

28. *Miçara*. 1840. Mai 18 : lundi.

Nº	Objet relevé.	W	V	+	—
1	Mt très-bas en Tigray	304 4·5	269 33·5	1·5	4
2	Mt Samayata	308 17·0	269 24·5	2	4
3	Mt Walo, en 'Adet	335 2·0	269 0·0	2	4
4 ¶	Mt Miçara	80 21·5	264 44·5	—2	8

15. 'Addi Adaro est une province à 3 journées de 'Adwa, située dans le qualla, et séparée des nègres par une large forêt. — 20. La rivière Marab coule tout près de ce mont. — 21. A une journée en deçà de Dambalas. — 22. Cette aiguille est à la frontière du Hamasen et du Sarawe. — 23. Près deux rochers blancs dans un qualla. Le Marab passe tout près. — 39. Juste dans la direction de 'Addi graht, dit-on, et en deçà. — 46. On assure que cette sommité est inaccessible. — 50. C'est là qu'on prit Dajac Kahsay. Le profil se rapporte à 49 ou à 50 ? — 58. Et, dans un col, Tanben 'addi, grande ville de musulmans. — 60. Au pied du Mt Saloda.

63. Inaccessible, me dit-on. — 64. Tout près de la station **19**.

24. A 2·21mt de la station **23**, et choisie pour relever Fremona.

25 et **26**. Lieu de la station **16**. Théodolite Gambey. Je supprime les lectures des 4 verniers. La lunette d'épreuve était bien, mais le toit de la maison tremblait tant que j'étais obligé, à chaque observation, de ramener la bulle du niveau de 10 à 15 divisions.

27. Station sur le plateau. — 2. Probablement le même angle de rocher relevé du Mt Saloda.

28. Station au bord du plateau, du côté du Takkaze et sur un nid de fourmis blancs.

28. *Miçara* (suite).

N°	Objet relevé.	W	V	+	—
5	¶ Mt Abar †	83° 25′·5	Nuage		
6	¶ Mt 'Alawgen, dans le Šire	206 33·0	269 13·0	3	3
7	¶ Mt Nanamba, ib.	228 13·0	269 3·5	4	2
	N + c et z par orientation	256 10·0	179 58·8		

29. *Çilaçiqqañe.* 1840. Mai 23 : samedi soir.

N°	Objet relevé.	W	V	+	—
1	¶ Mt... isolé † (boussole 188° 28′)	354 37·0	267 2·0	0	7
2	Mt de Šimarua	1 52·0	266 28·4	0	7
3	¶ Mt Abar †	4 10·5	266 14·5	0·5	6·5
4	¶ Mt Abar, pic isolé à droite	4 55·5	266 17·7	1·2	7·3
5	¶ Pic...	6 20·0	267 0·0	—1	8
6	¶ Pic. : .	6 30·0	266 57·2	—1	8
7	¶ Mt...	7 17·0	267 2·2	—1·5	8·5
8	¶ Mt Miçara, dit Kambal dans mon 1er voyage	8 9·5	267 36·5	—2	9
9	¶ Mt à droite du n° 8	10 42·0	268 9·5	—1	8
10	Dernier arbre à droite du village †	1 50·4	269 21·4	—1	8
11	¶ Dernier point à droite du Mt Hay (boussole 164° 40′)	330 35·0	268 45·0	2	5
	N + c par **30**... Z	173 22·3	179 57·3		

30. *Çilaçiqqañe.* 1840. Mai 24 : dim. s. B = 634. T = 28.

N°	Objet relevé.	W	V	+	—
1	⊙ 2h 16m chr. 𝔊	105 13·5	248 36·0	4	2
2	¶ Mt Miçara (boussole 202° 14′)	12 41·7	267 36·0	0	6
	N... Z	177 43·4	179 57·3		

31. *Ibni ḫarmaz.* 1840. Mai 31 : dim. s. B = 564. T = 19?

N°	Objet relevé.	W	V	+	—
1	¶ Mt Ḫiça (boussole 137°)	350 31·0	268 17·0	2	4·5
2	¶ Mt Aḫs-a? (boussole 123°)	5 1·5	269 24·0	2	4
3	⊙ 3h·5	65 45·5	259 28·0	—2	8
	N... Z	135 19·9	179 57·3		

32. *Digsa.* 1840. Juin 26 : vendredi.

N°	Objet relevé.	W	V	+	—
1	La plus haute montagne de Gandabta	248 10·0	269 54·5	—1	8
2	Mt Samayata	250 15·0	269 48·0	—1	8
3	Mt Ḫiça	251 46·0	269 48·5	—1	8
4	¶ Pic	253 53·5	270 6·0	—2	9
5	¶ Mt Saloda?	255 59·5			
6	¶ Mt...	256 34·5	270 7·0	4	3
7	¶ Mt Saloda?	258 13·5	270 18·0	5	2
	N + c déduit de **13**... Z	54 5·0	179 57·3		

33. *Digsa.* 1840. Juin 29 : lundi.

N°	Objet relevé.	W	V	+	—
1	¶ Mt Awgar	343 42·0	269 46·5	—2	9
2	Adigi Tahuila †	345? 26·5	269 55·0	—1	8

5. Visant au centre du pied du pic dont le haut était couvert.

29, 1. Le ms. portait 364° 37′·0. — 3. C'est le même qu'on me dit être Buahit quand j'étais au Mt Saloda. — 10. Ce village est au bas de Miçara et près du marché qui porte aussi ce nom.

30. Même lieu que **29**.

31. Station au bord du village en vue du cirque naturel.

32. Sur la place du village d'alors. Angles pris pour découvrir le Mt Saloda par son relèvement afin d'avoir sa différence en longitude. Soleil couvert.

33. Même lieu que la station précédente. J'ai lu ici les deux verniers verticaux : le vernier A était difficile à lire, à cause du manque de papier-écran. — 2. 345° ou 347° d'où l'azimut vrai est 181° ou 183°.

33. *Digsa* (suite).

N°	Objet relevé.	W	V	+	—
3	Mt Gual Ḫaze	348° 50′·5	270° 2′·5	—1	8
4	¶ Mankuarkuar walta	349 29			
5	Ḫayle Zanda, un bord †	350 28·5			
6	Id., autre bord	351 40			
7	Zohidaga	355 31·5	270 4·0	0·5	6·5
8	¶ Ida abba Yasyas	356 3·5	270 11·5	—2	9
9	Zanno	356 28·0			
10	Imba Asay	357 16·5	270 3·5	4	3
11	¶ Mt 'Amaquay †	358 28·0	269 53·5	6	1
12	Mt Samayata	0 31·0	269 47·0	7	0
13	¶ Mt Ḫiça	2 2·0	269 48·0	7	0
14	¶ Mt Goraho	4 10·0	270 4·5	7	0
15	'Addi Gutra	3 29·0			
16	Darqakuo	4 22·0			
17	¶ Mt Gunya	4 35·0			
18	Beyto	5 24·0	270 10·0	6	1
19	¶ Mt Saloda, bout de ma base	6 16·0	270 8·0	7	0
20	¶ Mt Dabra Sina	6 49·5	270 5·5	6·5	0·5
21	Gaša warqi	7 24·0			
22	¶ May Zagra, etc.	17 49·0	270 12·0	8	—1
23	¶ Mt Abuna Pantalewon	13 25·0	270 17·0	8	—1
24	Mt Kaš'at	327 8·0	269 14·0	2	5
	N + c déduit de **33**... Z	164 21·8	179 57·3		

34. *Inna doqqo.* 1840. Juill. 1 : merc. m. B = 600. T = 21.

N°	Objet relevé.	W	V	+	—
1	⊙ 2h 16m 5s chr. 𝔊	243 18·5	264 52·5	7	0
2	¶ Mt Sanafe †	306 41·0	269 15·5	6	1
3	¶ Mt dans le pays Taltal †	299 20			
4	Mt Sanafe, autre bord du mont médian	306 58·0			
5	¶ Mt Mitara	310 48·0	269 27·0	8	—1
6	¶ Id. autre point	310 53·0	269 23·5	10	—3
7	¶ Id. autre point	311 25·6	269 26·5	5·5	1·5
8	¶ Mt... relevé de Digsa	313 31·0	269 25·0	6·5	0·5
9	Mt Kaš'at	321 20·5	269 15·5	7	0
10	Mt Tahuila	353 16·0	270 15·0	3	4
11	Mt 'Amaquay, le plus haut pic †	359 26·5			
12	Id., le plus bas pic	359 42·5			
13	Mt Samayata	2 20·0	269 42·5	—2	9
14	¶ Mt Saloda †	8 20·5	270 2·5	0	7
15	Mt Abuna Pantalewon	16 22·0			
16	Commt de Ziban Sarawe	19 33·0			
17	¶ Pic isolé †	39 54·0			
18	¶ Mt dans le Sarawe †	81 41·0	269 27·0	0	7
19	¶ Mt Bihita	88 56·0			
	N... Z	175 45·5	179 57·3		

5. Nous sommes venus par cette colline qui est longue et à tête plate. — 11. Cette montagne est triple et l'une des trois têtes est bifide. C'est probablement la même que j'avais nommée Gandabta dans la station **13**. C'est la sommité la plus visible après les Mts Samayata et Ḫiça.

34, 2. Il y a plusieurs autres sommités Taltal dans le voisinage. — 3. Occupé par les Gaso et les Dasamo. Le pays se nomme Sawayra. — 11. Nommé Gandabta dans **13**, 1. — 14. Dabra Sina paraît partager en deux le dos de ce mont. — 17. Peut-être la limite du Ḫamasen et du Sarawe relevée du Mt Saloda en **23**, 22. — 18. Relevé de Digsa ou du Birqaqo.

35. *Inna doqqo*. 1840. Juill. 1 : mercredi m.

N°	Objet relevé.	W	V	+	—
		° ′	° ′		
1	Dibarua †	121 40·0			
2	Zadzaga	146 10·5			
3	Sabarti, Mt Damba	166 29·0	269 11·0	8	—1
4	Plateau de id., milieu	169 50·0	269 2·5	9	—2
5	Mt 18 de la station **34**	109 45·0			
	N + c déduit de **34**, 18... Z	204 0·6	179 57·3		

36. *Bizen*. 1840. Juill. 3 : vendredi s. B = 571. T = 24.

N°	Objet relevé.	W	V	+	—
1	Muçaww'a, maison du gouverneur (boussole 62°)	251 15·0	272 51·5	5	0
2	Id., fort du Ras Mudir	251 26·2			
3	Id., extr. de l'île qui regarde Ḥarqiqaw	251 38·6			
4	Le plus haut point du Mt Gadam †	275 35·0	271 50·5	8	—3
5	Mosquée ou maison blanche †	257 1·5			
6	Arug	317 7·0	269 3·5	—3	8
7	Mt Birqaqo	343 24·5	269 49·0	5·5	—0·5
8	Afralba	17 17·0			
9	⊙ $1^h 22^m 30^s$ chr. 𝔇	127 9·5	250 45·5	3	2
	N... Z	197 31·1	179 57·3		

37. *Tujurrah*. 1841. Févr. 18 : jeudi.

N°	Objet relevé.	W	V	+	—
1	Mt Bar'abari, petit plateau au sommet		0 0·0	10	13
2	Id.		171 59·0	15	7
3	Id.		171 59·0	9	11
4	Id.		343 57·3	16	7
5	Id., au Th. F. avec Z = 179°57′·3		265 56·5		

38. *Tujurrah*. 1841 Fév. 24 : mercredi.

N°	Objet relevé.	W	V	+	—
1	Mt Bar'abari, sommet †		265 37·8	0·4	...
	Z		179 57·3		

39. *Tujurrah*. 1841. Mars 1 : lundi s. B = 760. T = 34.

N°	Objet relevé.	W	V	+	—
1	¶ Mt bifide au delà du golfe chez les 'Eysa (boussole B 158°·0)	222 22·5	268 49·5	8	—2
2	Mt Bar'abari, petit plateau au sommet	288 16·5	265 57·0	1	4·6
3	⊙ $3^h 15^m 30^s$ chr. 𝔄	280 14·0	242 22·5	3	3.
	A peu près sur l'autre extr. de la base	301 24·5			
	N... Z	25 3·9	179 57·3		

40. *Tujurrah*. 1841. Mars 29 : lundi.

N°	Objet relevé.	W	V	+	—
1	Mt Bar'abari	323 13·5	265 56·0	0	5·5
2	Extrémité ouest de la base	336 34·5	270 0·0	3	3
	N + c déduit de **39**, 2... Z	60 12·0	179 57·3		

41. *'Aylat*. 1841. Août 13 : vendredi s. B = 736. T = 33.

N°	Objet relevé.	W	V	+	—
		° ′	° ′		
1	⊙ $7^h 37^m$ chr. 𝔅 †	37 54·5	255 16·5	—1	7
2	¶ Mt A'asa Awli, loin	267 4·2	267 36·5	6	0
3	Mt Ḥabaza malayša	272 11·5	267 7·0	6	0
4	Mt Angualalo; pays Saho comme le n° 3	277 9·0	266 51·0	6	0
5	Mogind'a, id.	285 12·0	267 13·0	4	2
6	Mt Šayḵ Ḥammado †	306 10·0	265 44·0	4	2
7	Sommet du Mt Bizen	307 14·0	265 44 5	4	2
8	Mt Barhúzlu	310 18·0	265 22·0	5	1
9	Mt Imba kalat dans Sabarti	329 16·5			
10	Mt Gorimba, en Ḥamasen †	351 14·0	264 26·5		
	N... Z	116 16·4	179 57·3		

42. *Cap Mudir*. 1841. Août 21 : sam. m. B = 760. T = 35.

N°	Objet relevé.	W	V	+	—
1	Point le plus élevé de l'île Dèse, au S.	201 49·5	269 54·0	3	2·5
2	Dernier arbre du Mt Gadam †	210 18·0	270 1·0	3	2·5
3	Partie la plus élevée du Mt Gadam	238 46·2	267 56·0	0·5	5
4	Mt Ayd'ale chez les Saho †	251 20·5	268 24·0	0	5·5
5	Partie la pl. élev. de la route Kumoyle †	255 20·0			
6	Mt Lahazendaga †	257 17·5	269 6·5	0·5	5
7	Mt Di'oto, très-élevé et apparent	266 45·7	267 36·0	1·5	4
8	Mt Šayḵ 'Ara †	282 38·0	267 8·0	2·5	3
9	Col par où l'on passe pour aller à Digsa †	287 31·0	268 9·0	2·5	2·5
10	Mt 'Eya, grand Mt des San'adigle	296 1·0	267 24·5	2·5	3
11	Mt A'usa Awli †	299 59·5	267 38·2	2·5	3
12	Mt Ḥabaza malayša, vu de 'Aylat	300 51·0	267 30·0	2·5	3
13	Mt Bizen, très-obscur †	314 11·5	267 27·0	7	— 1·5
14	⊙ $1^h 23^m 42^s$ chr. 𝔅 †	164 28·0	247 8·0	1	4·5
	N... Z	81 11·7	179 57·3		

43. *Muçaww'a*. 1841. Sept. 18 : sam. m. B = 760. T = 30.

N°	Objet relevé.	W	V	+	—
1	⊙ $10^h 37^m 20^s$ chr. 𝔅	30 31·0	247 43·5	1	5
2	Angle du corps-de-garde près Ras Mudir	359 12·5	269 42·5	—2·5	8·5
	N... Z	295 35·6	179 57·3		

44. *Muçaww'a*. 1841. Sept. 20 : lundi m. B = 760. T = 30.

N°	Objet relevé.	W	V	+	—
1	⊙ $11^h 38^m 30^s$ chr. 𝔅	36 44·5	233 7·5	7	
2	Angle susdit du corps-de-garde (b. 76°·5)	359 11·5		5·5	1
	N... Z	295 32·1	179 57·3		

45. *Irir*. 1841. Sept. 26 : dimanche s. B = 557. T = 24.

N°	Objet relevé.	W	V	+	—
1	¶ Mt Samayata	320 8·0	270 7·5	6	0
2	¶ Mt Bihisa, selon Daynasay; obscur	324 11·5			
3	¶ Mt Tahuila	353 53·5	271 10·5	3	3·

35. Tout près de **34**, le théodolite ayant été dérangé pour voir Dibarua. — 1. Et direction de Igala Gura'i. Le district de Zalima est, en azimut, à gauche de Dibarua, et Logo Safa est à droite.

36. Couvent situé sur ce mont et tout près de l'église. La date notée est 3 ou 4 juillet, l'accident qui m'était arrivé m'ayant fait oublier la date. — 4. Le ms. porte 255° 35′·0. — 5. La plus méridionale de Ḥarqiqaw.

37. Station sur un rocher isolé de la plage, à l'est de la mosquée en pierre. Cette station était l'extrémité E. d'une base qui a été omise dans le Chap. VI. Nous en parlerons plus loin, à propos des placements par apozénits. R.

38. Station à l'extrémité ouest de la base, sur l'un des rochers noirs de la plage sableuse. — 1. J'ai oublié d'observer l'azimut.

39 et **40**. Même station que **37**.

41. Station à environ 200 pas ou 130met au sud du village qui est composé de huttes très-légères. — 1. Soleil vu confusément sans verre obscur et à travers les nuages. — 6. Ce mont est séparé du Mt Bizen par Zala. — 10. May Wu'oy est plus près de nous et à peu près dans le même azimut.

42. Station près le cap de ce nom et sur la pointe septentrionale de la citerne voûtée. — 2. Près la mer et du côté de la haute mer. — 4. Très-apparent mais lointain. — 5. Position controversée par les Saho et les Tigray qui m'accompagnent. — 6. Nom selon 'Omaro le Saho : dit Ḥabon farray dans mon voyage précédent. — 8. Dihono, très-peu visible, est un peu à gauche en azimut. — 9. On n'est pas tout à fait d'accord entre 3 creux. — 11. La tombe de ce Šayḵ est plus bas et de l'autre côté. — 13. Relèvement un peu incertain. — 14. L'instrument a été dérangé de 3 à 4′ par les gens qui cherchaient le Mt Bizen.

43 et **44**. Maison sur le cimetière occupée par l'agent consulaire de France.

45. Sommet du mont, près le Mt Karibusa et dans le pays Saho.

45. *Irir* (suite).

N°	Objet relevé.	W	V	+	−
4	¶ Imba Zen †	345° 40′·0	° ′		
5	¶ Mt Ziban Sarawe, frontière du Hamasen	24 20·0	270 23·0	2	4
6	¶ Mt Badot, tout près de Halay	41 14·0	270 41·0	4	2
7	¶ Mt Gajirat †	51 17·0	270 26·0	4	2
8	¶ Mt Guadayf †	51 52·0	270 26·5	4	2
9	¶ Mt Birqaqo †	62 33·5	270 1·0	4	2
10	¶ Mt Abba Yohannis †	90 1·0			
11	⊙ 7h 49m chr. 𝔅 †	10 58·0	251 52·5	5	1
	N... Z	107 22·8	179 57·3		

46. *Koga.* 1841. Sept. 29 : mercr. s. B = 556. T = 24.

N°	Objet relevé.	W	V	+	−
1	⊙ 6h 37m 30s chr. 𝔅 †	144 38·0	234 48·0	3·5	3·5
2	Mt Kaš'at (boussole 205°·5)	86 54·0	269 56·2	4	3
3	¶ Mt 'Amaquay ? le plus pointu	97 9·0	270 13·0	−1	8
4	¶ Mt Samayata, très-obscur	97 54·0	270 5·0	−1	8
5	Mt Hiça	100 41·0	270 8·0	−1	8
6	¶ Imba Zen	126 33·5	270 40·0	−1	8
7	Mt Tahuila	135 28·0	271 12·0	−1	8
8	¶ Mt Ziban dabri? celui de gauche †	165 31·5	270 21·0	1	6
9	¶ Mt...	189 49·0	270 29·0	4·5	2·5
10	¶ Mt Birqaqo (boussole 321°)	206 1·5	270 3·7	4	3
11	Mt Fadum	260 3·0	270 31·5	3	3
12	¶ Mt Girgarro †	253 51·0	270 43·5	0	7
13	Mt Yangurgure	267 37·0			
	N... Z	247 56·4	179 57·3		

47. *Zartalamo.* 1841. Oct. 4 : lundi m. B = 560. T = 20.

N°	Objet relevé.	W	V	+	−
1	¶ Mt Ziban Dabri ?	45 34·5	270 17·0	5	2
2	Mt Birqaqo	79 6·3	269 54·0	7	0
3	Dagad, pays ou plaine de sel †	181 49·5	273 27·0	−2	9
4	⊙ 1h 25m 45 chr. 𝔅 †	60 52·0	259 57·5	3	3
	N... Z	129 18·0	179 57·3		

48. *'Oquwq.* 1841. Oct. 8 : vend. m. B = 759. T = 34.

N°	Objet relevé.	W	V	+	−
1	Mt Eyd'ale, chez les Saho †	312 40·0	264 56·0	1	5
2	Mt Gadam, point le plus haut †	21 11·5	268 29·2	2	4
3	Habon hawah, colline †	32 6·0	269 16·0	−1	7
4	Habon Galala, colline †	46 52·0			
5	Grosse colline de Dése, à peine visible †	55 5·5			

4. Guindat est en bas et un peu à gauche. — 7 et 8. Ces deux pics jumeaux et peu élevés sont dans le Hamasen. — 9. Halay gît un peu plus en azimut, mais les gens ne s'accordent pas sur sa direction. — 10. Là est l'église ruinée de ce saint. Mt Fadum est bien plus à droite. — 11. Mes gens ne s'accordant pas sur les monts du Ag'ame, je ne les ai pas relevés.

46. Tête de Daga à 15m de marche de Irir. — 1. Le ms. porte ⊙. — 8. Le plus haut des deux pics a été observé en apozénit : en azimut c'est leur fourche. — 12. Tout près de nous; cet azimut est aussi, autant que je puis l'identifier, celui de la station **45**, laquelle a un apozénit de 91° 12′.

47. Col près Maylele, tête de daga dans Ziban Unti. — 3. A peine visible : extrémité septentrionale de cette plaine, dit-on. — 4. Le soleil était trop bas pour un bon azimut.

48. Sommet d'un monceau de blocs de lave à environ 100mt de la source chaude et près Atfat. Instrument sur un bloc de pierre d'environ ½ mètre cube. — 1. Je n'ai pas pu l'identifier de Zullah. — 2. On dispute sur le plus haut point de ce mont. — 3. Colline de blocs de lave : elle est peu élevée et les gens de Zullah y font un sacrifice chaque année. — 4. Colline plus basse que la précédente : près d'elle est le puits de Zullah. — 5. C'est tout ce qu'on voit de cette île; c'est, je crois, l'extrémité méridionale.

48. *'Oquwq* (suite).

N°	Objet relevé.	W	V	+	−
6	Mt 'Abdur †	129° 10′·0	269° 17′·0	1	4
7	Felhayto, source ch., tout près de la St	166 0·0			
8	Mt Mangabo, siége principal des Hazzo	168 30·5	267 39·0	3	2
9	Direct. de Gombudle ; un peu vague †	195 40·0			
10	⊙ 11h 52m 0s chr. 𝔅 †	153 41·2	231 58·0	3	2
	N... Z	43 0·7	179 57·3		

49. *Bizen II.* 1841. Oct. 21 : jeudi m. B = 571. T = 20.

N°	Objet relevé.	W	V	+	−
1	Mt Kaš'at en Ag'ame (bouss. 163° 30′)	241 20·5	270 0·7	5·5	1·5
2	Mt 'Amaquay	263 39·0	270 15·0	4·5	2·5
3	Mt Samayata, Qayihkor et, plus près, Mt Ga'd	265 51·0	270 10·5	0	7
4	Id., autre sommet	265 52·2			
5	'Aylat †	105 5·0	272 31·0	9	−2
6	Mt A'asa Awli	177 47·0	271 36·0	5	2
7	Mts Habaza malayša et Angualala	194 30·5	272 16·0	4	3
8	Mt Birqaqo	226 42·5	269 47·0	1	6
9	Ancien clocher de Bizen †	108 30·0	272 47·5	6	1
10	⊙ 0h 2m 30s chr. 𝔅 †	198 32·0	231 27·5	4	3
	N... Z	81 16·8	179 57·3		

50. *Za'arri.* 1842. Janv. 8 : samedi. m. B = 590. T = 22.

N°	Objet relevé.	W	V	+	−
1	Digsa, vu un peu confusément †	14 14·0			
2	⊙ 1h 17m chr. 𝔅	79 58·0	265 7·0	3	4
3	¶ Mt Miçara ?	92 32·5	268 43·0	3·5	3·5
4	Mt Kaš'at	101 4·5	268 20·0	3·5	3·5
	N... Z	325 12·5	179 57·3		

51. *Guindat.* 1842. Janv. 10 : lundi m. B = 610. T = 20.

N°	Objet relevé.	W	V	+	−
1	⊙ 4h 16m 5s chr. 𝔅	106 53·0	229 43·5	5	1
2	¶ Mt Hiça	118 43·2	268 17·5	6	0
3	¶ Mt Samayata	123 59·5	268 26·0	5	1
4	¶ Mt Saloda	135 52·0	269 0·5	5	1
5	Mt Dammo Galila	141 44·5	269 14·5	5	2
	N... Z	330 1·6	179 57·3		

52. *Lafufle.* 1842. Fév. 5 : samedi m. B = 565. T = 21.

N°	Objet relevé.	W	V	+	−
1	¶ Colline noire la plus à gauche †	275 22·0			
2	Mt Bizen †	314 36·0	270 3·0	1	5
3	Mt A'asa Awli, estimé à 6 à 10 milles	342 17·0	271 27·0	5	1
4	¶ Mt Hambarud, dans Di'ot †	98 25·0	270 11·5	1	5
5	⊙ 6h 25m 12s chr. 𝔅	142 31·0	221 4·5	4	2
	N... Z	3 59·7	179 57·3		

6. Au-dessus de la fontaine Dagano au fond de la baie d'Adulis. — 9. Là existent, dit-on, les restes d'un débarcadère. — 10. Le soleil m'a très-gêné pendant ces observations.

49. Sommité à environ 500mt au sud du couvent ou église. — 5. J'ai bien de la peine à comprendre les indications des gens. — 9. Ou sommité dans le couvent, à 500mt estimés. — 10. Le ms. porte ⊙.

50. Milieu du village. — 1. Vu comme un pic blanc sur le fond sombre des monts.

51. Col en sortant du village et du côté du Marab.

52. Col et point culminant de la route de Šayk 'Ara. — 1. On la dit au-dessus de Qayihkor. — 2. Arbre isolé au milieu de la pente blanche : à demi masquée par une colline voisine. — 4. A gauche du Mt Fadum qui n'est pas visible d'ici.

53. *Hanna Sanna.* 1842. Fév. 14 : lundi m. B = 561. T = 21.

N°	Objet relevé.	W	V	+	—
		° ′	° ′		
1	Notre route en arrière jusqu'au bord du col bas	13 15·0			
2 ¶	Mt Mitara	161 25·5	269 55·0	2	4
3	⊙ 6h 40m 20s chr. 𝔅	138 24·3	216 34·0	2·5	4
4 ¶	Mt Saloda	204 35·5	270 23·5	4	3
5 ¶	Mt... †	170 41·2	269 49·5	2	4
6	Mt Kašʿat	174 57·0	269 52·0	3	4
7	Mt... et dir. de Halay qui est dans le creux	129 9·5	269 16·5	4	2
8	Kaʿato, plaine de Kahayto, dir. du mil.	129 19·0	269 34·0	2	4
9 ¶	Pics des Mts Sawayra †	139 1·0	269 28·0	2	4
10	Village de May Harasat †	255 20·0			
11	Dir. de ʿAddi graht, et camp de Wibe	168 10·0			
12	Vrai Mt Birqaqo, estimé à 500mt	339 11·0	265 43·0	6	0
	N... Z	358 43·6	179 57·3		

54. *ʿAddi ʿItqat.* 1842. Fév. 16 : merc. m. B = 590. T = 26.

N°	Objet relevé.	W	V	+	—
1	Vrai Mt Birqaqo	168 21·5	268 0·0	3	3
2	⊙ 2h 54m chr. 𝔅	247 46·5	263 52·0	4	3
3 ¶	Mt Mitara	274 32·5	268 26·5	4	3
4	Mt Kašʿat †	289 13·5			
	N... Z	142 41·4	179 57·3		

55. *Imba Raʿindi.* 1842. Fév. 16 : merc. s. B = 629. T = 29′·4.

N°	Objet relevé.	W	V	+	—
1	Mt Kašʿat †	204 15·0			
2 ¶	Dabra Damo	242 49·0	269 20·5	3	3
3	Mt ʿAmaquay, ou Gandabta ?	271 30·0	269 6·5	3	3
4 ¶	Mt Samayata	273 48·0	269 3·0	4	1
5 ¶	Mt Hiça	276 25·5	269 1·0	3	3
6	⊙ 0h 40m chr. 𝔅	324 58·5	251 1·0	7	−1
	N... Z	73 14·7	179 57·3		

56. *Kokma.* 1842. Fév. 23 : merc. m. B = 599. T = 21′·8. **T** = 14·8.

N°	Objet relevé.	W	V	+	—
1 ¶	Mt Hiça	263 3·5	263 7·0	7	0
2	Maison carrée de Abba Afze	299 6·5	269 48·0	1	6
3	⊙ 4h 40m 30s chr. 𝔅	125 48·0	238 48·5	2	4
	N... Z	14 20·1	179 57·3		

57. *Abuna Pantalewon.* 1842. Avril 3 : dim. m. B = 587. T = 26.

N°	Objet relevé.	W	V	+	—
1	⊙ 10h 41m chr. 𝔅	290 12·0	228 9·0	2	4
2	Mt Sibʿat †	248 9·7	269 30·5	4	2
3	Mt Hiça †	256 32·5	268 55·5	4	2
4	Mt ʿAmaquay, le plus pointu	262 28·5	269 15·5	4	2
5 ¶	Mt Saloda	264 25·5	269 23·5	4	2

57. *Abuna Pantalewon* (suite).

N°	Objet relevé.	W	V	+	—
6	Mt Samayata	272° 1′·3	268° 29′·5	4	2
7	Mt Dammo Galila	316 34·0	269 5·0	4	2
8	ʿAdd'arbaʿiti, distr. montueux et boisé †	199			
9	Dambalabila †	295			
	N... Z	193 54·7	179 57·3		

58. *Aksum.* 1842. Avril 3 : dim. s. B = 591. T = 26.

N°	Objet relevé.	W	V	+	—
1	⊙ 7h 8m chr. 𝔅	300 59·0	257 28·0	6	0
2	Mt Dammo Galila	144 37·5	268 42·7	5	1
3	Maison où a dû observer M. Ruppell †	34 46·0			
	N... Z	28 9·8	179 57·3		

59. *Hiça.* 1842. Juin 2 : jeudi.

N°	Objet relevé.	W	V	+	—
1	Mt Samayata	235 12·0	269 2·5	2	3·5
2	Mt Dammo Galila	261 25·2	272 6·5	−1·4	7·4
3	Mt Saloda	286 43·0	271 48·0	1	5
	N + c par la carte... Z	55 11·0	179 57·3		

60. *Aksum.* 1842. Juin 10 : vend. m. B = 591. T = 23.

N°	Objet relevé.	W	V	+	—
1	⊙ 5h 14m chr. 𝔅	224 38·5	244 43·5	4	2
2	Mt Dammo Galila (bouss. 119°·7)	270 8·5	268 43·5	4	3
3	... †	290 53·0			
4 ¶	Mt Ambara en Tanben †	321 26·5			
5 ¶	Mt Nobit †	328 40·0			
	N... Z	153 13·5	179 57·3		

61. *Tigre miçohya.* 1842. Juill. 18 : lundi m. B = 579. T = 17.

N°	Objet relevé.	W	V	+	—
1	⊙ 9h·7	328 15·7	215 16·5	3	3
2	Dafiça Kidana mihrat, église	9 38·0	270 14·5	3	3
3	Dabra Brihan, église	22 1·5			
4	Tour du Ras bet †	51 56·0	275 59·0	1	5
5	Id. du palais la plus vois. du Açage bet †	63 49·0	275 32·0	−1	8
6	Grande tour du palais; milieu sans doute	66 35·0	273 56·0	−1	8
7	Milieu de deux pics très-éloignés †	70 51·5			
8	Église, dite Dabra Mitmaq †	74 35·0	273 1·5	5	2
9	Id. de Abuna Gabra Manfas qiddus †	78 31·5			
10	Notre maison ? dans Qañ bet	81 53·5			
11	Église de Abuna ʿAbiy Izgi	87 38·0	274 18·0	5	2
12	Milieu de 2 pics très-loints au delà du lac	88 40·5	270 32·5	5	2
13	Bord S. d'une colline noire à l'O. du lac, Gorgora	99 52·5	270 35·5	3	3
14	Aborra, village †	99 45·0			

53. Sommet du monticule : appelé à tort Birqaqo à la station **11**. — 5. Le Mt ʿAlequa est droit derrière, selon G. Zadewos. — 9. [Dans les profils ce n'est pas un pic]. — 10. Et direction de Digsa qui est au delà dans le creux.

54. Village dans la tribu de Guzay. Thermomètre estimé. — 4. Caché par une pierre dès que je m'agenouille au théodolite.

55. Devant la maison supérieure du village. — 1. Demi caché par un arbre. — 3. Le plus pointu.

56. Dans le district de Yaha, près la maison dans le col. — 2. Angle le plus à gauche. La largeur de la face de cette maison antique = 17′·5.

57. Du côté oriental de l'église. — 2. Mt Dabra Sina est moins élevé et est en deçà du Mt Saloda. — 3. Le deuxième vernier et la construction montrent qu'il faut lire 256° au lieu de 266° que porte le ms.; de même 268° au lieu de 269°. — 8. Relevé le milieu. — 9. Village ruiné, à notre sud, tout près, et plus haut que la route de ʿAdwa à Aksum.

58. Milieu du tas de pierres près la maison du Qaša gabaz Abu Qalamsis, et sur la lisière de la prairie naturelle qui avoisine la ville. — 3. Maison de Abu Qalamsis, laquelle est à 258 pas ou 161 mt de ma station [*N. B.* L'ouvrage de M. Ruppell montre qu'il n'a pas observé sa latitude dans cette maison].

59. Sommet médian de ce mont qui a 3 mamelons. Ciel couvert; horizon voilé.

60. Porte de Abu Qalamsis. — 3. Nom omis dans le ms. — 4 et 5. Peu visibles. Abuna Pantalewon git par 69°·3 à la boussole.

63. Tas de pierres que j'ai rassemblées au haut de cette colline. Thermomètre supposé. — 4. Dans la paroisse de Madhaneʿalam : hauteur des sommets des pans des créneaux. — 5. Le ms. porte 83° 49′·0. — 7. A l'E. du lac Zana. — 8. Au N.-E. d'Abbo. — 9. Dite Abbo, par abréviation. — 14. Habité en grande partie par des Falaša.

61. *Tigre miçohya* (suite).

N°	Objet relevé.	W	V	+	−
		° ′	° ′		
15	Égl. St-Jean dans la plaine en deçà de 14 †	120 0·0			
16	Colline éloignée †	147 33·5	269 9·0	2	5
17	Tour carrée de Quisquam	168 2·0			
18	Soni tgrara, au delà de Quisquam †	195 16·0	265 44·0	4	3
19	Colline à pic. Relevé 2 arbr. rapprochés	236 30·7	265 36·5	5	2
	N... z	256 13·9	179 55·0		

62. *Tigre miçohya.* 1842. Août 7 : dim. m. B = 579. T = 17.

N°	Objet relevé.	W	V	+	−
1	☉ 6h 37m 10s chr. B	4 34·5	230 50·0	0	7
2	Grande tour du Palais, bord O.	95 37·7	273 55·5	3	4
	N... z	285 13·7	179 55·4		

63. *Soni.* 1842. Août 17 : mercredi m.

N°	Objet relevé.	W	V	+	−
1	Mon signal de Tigre miçohya	304 57·5	274 12·0	1	6
2	Arbre du Qañ bet	321 26·5	275 12·0	3	3
3	Colline pointue, relevée dans **61**,19	269 37·0			
4	Église de Abbo dans Gondar	330 55·5			
5	Pointe de la péninsule de Gorgora	23 27·0	271 13·5	3	3
	N + c déduit de **316**... z	186 19·8	179 58·2		

64. *Galosge.* 1842. Sept. 19 : lundi m. B = 585. T = 21.

N°	Objet relevé.	W	V	+	−
1	☉ 7h 36m chr. B	219 15·5	217 14·5	3	4
2	Mt Zibist dans Acafar †	6 0·0			
3	Col par où l'on va de Darita à Gondar †		266 55·0	3	4
4 ¶	Mt Libho au delà de Darita, à 2 milles †	209 34·5	266 49·0	3	4
5	Direction de Darita caché dans la vallée	245 0·0			
6 ¶	Haute montagne du pays Amhara	251 20·0	269 4·0	3	3
7	Dir. de Dabra Tabor, visé une égl. en deçà	255 20·0			
8 ¶	Amora gadal	260 16·0	270 34·0	3	4
9 ¶	Mt dans Kamkam †	266 33·0	271 46·0	4	3
10 ¶	Église IYASUS où est enterré Ras Gugsa †	263 16·7	269 50·0	3	4
11 ¶	Mahdara MAR., le plus élevé des 2 pics	272 43·5	270 9·5	2	5
12 ¶	Çoqe en Gojjam, près Mota	289 20·0	270 16·0	2	5
13	Afarognnat en Bagemdir	305 0·0	270 15·0	3	3
14 ¶	Manta dabir en Dara, en deçà du Abbay	312 39·0	270 24·0	5	2
15 ¶	Arbamba en Bagemdir	300 57·5			
16 ¶	Couvent de Warata, ibid. †	315 2·5			
17	Qiddist Hanna, église dans la plaine, près le lac	333 47·0	271 21·0	2	5
18	Ile de Daq, masquée par un arbre †	359 15·0			
19 ¶	Ile de Zage, invis. à la lunette; milieu	337 33·7			
20	Extr. de la péninsule de Waynuma	340 1·5	271 12·0	3	4
21	Ile au delà de Quarata; une extrémité	336 33·5	271 4·5	2	5
22	Autre extrémité de la même île †	336 49·5			
23	Ile N de la perspective; Igir manzo?	337 33·7	271 9·0	3	4
24	Petite île M	339 26·0			

15. Cachée par un arbre. — 16. Relevé deux arbres un peu isolés sur sa cime (Gondaroc MARYAM, cachée par ses arbres). — 18. Relevé deux acacias.

62. Même point qu'en **61**.

63. Sommet de ce Mt : Soleil trop haut pour un azimut vrai.

64. Bord méridional de ce Mt ; au-dessus et près de Darita. Thermomètre approximativement. — 2. Limite de l'Éthiopie chrétienne de ce côté-là : ensuite vient un braha (désert). Ce Mt est invisible dans la lunette. — 3. A la boussole 2°. — 4. Boussole 100°. — 9. En deçà du précédent, à 8 ou 10 milles de distance. — 10. Au delà de Dabra Tabor. — 16. Le Bagemdir commence au sud du Rib ou Irib. — 18. Très-peu éclairée. — 22. Marquée M sur la perspective; K Bet manzo.

64. *Galosge* (suite).

N°	Objet relevé.	W	V	+	−
25 ¶	Mt Asiba, à 400mt env.; 2 buiss. au somt.	8° 42′·0	270° 28′·0	1·5	5·5
26	Set inna wand, îles près de nous; l'une	11 26·0	272 4·0	3	3
27	L'autre de ces deux îles (bouss. 259°)	12 12·5	272 2·5	−4	1
28	Andabet, Šime, et pont sur le Abbay †	38 53·0			
29	Talba waha en Gojjam †	292 27·0	268 57·0	3	4
30	Amadamid : très-faible †	315 40·0			
	N... z	115 4·0	179 58·6		

65. *Qañ bet I.* 1842. Nov. 10 : jeudi m. B = 591. T = 16·7. T = 11·0. c = 0.

N°	Objet relevé.	W	V	+	−
1	☉ 1h 29m 30s chr. B	134 59·8	30 0·0	16	13
2	☉ 1 33 15 id., cercle retourné		155 57·2	15·5	13·8
3	Lieu de mes angles sur Tigre miçohya	246 10·6	155 57·2	11	17
4	Id., cercle retourné	66 10·6	325 32·7	12	17
	N... z	251 10·3	0 0·0		

66. *Soni.* 1842. Nov. 11 : vendredi. T = 17·4.

N°	Objet relevé.	W	V	+	−
1 ¶	Pic boisé; dans Galla agar?	271 30·0	271 18·5	2	6
2 ¶	Mt Abuna Absadi †	274 10·0	270 28·0	4	3
3 ¶	Extr. d'une colline, plateau à l'O. et près Dabbo girar	299 36·5	269 8·5	6	2
4 ¶	Colline à l'E. et près Dabbo girar †	300 56·0	269 13·0	6	2
5	Colline dite Qazqazzit †	312 59·0	269 19·0	4	3
6 ¶	Sommité dans le Wagara	321 55·5	268 50·0	0·5	7
7	Kosoge, petit plateau à orge †	351 25·0	269 38.0	−1	8
8	Bambilo dans le Wagara †	353 24·5	269 10·0	−1	8
9 ¶	Mt Dibba	8 35·5	270 18·5	4	3
10	Pic herbu derrière le n° 11; visé l'arbre	9 13·5	272 23·5	4	3
11	Gondaroc qiddus Giyorgis	25 26·0	274 5·0	3	4
12	Dargaj, appt sur la même élév. qu'Ayba	31 48·0	269 51·0	4	3
13 ¶	Ayba, et en deçà, mais pas visible, Sahor	37 49·0	269 49·5	4	3
14	Pic au N. tout près de Tigre miçohya	38 24·5	273 53·0	5	2
15	Dafaça kidana mihrat au delà du Magaç	43 10·0			
16	Tigre miçohya †	44 19·0	273 56·0	8	−1
17	Église de Dabra birhan; Gondar	46 2·0			
18	Id. de St-Pierre et St-Paul, ou Hawaryat	49 26·0			
19 ¶	Tour de la maison du Ras : madhane'ulam	51 12·3	274 42·5	8	−1
20 ¶	Tour du palais des Rois, peu visible	55 20·0			
21 ¶	Deuxième et plus grande tour †	57 18·3			
22 ¶	Arbre du Qañ bet	60 45·0	275 12·0	7	0·5
23	Lieu où j'observe la latit. dans Qañ bet	61 29·5	275 7·0	8	0
24	Pic très-éloigné dans Waynadaga	63 48·5	269 42·0	5	2
25	Église Abuna Gabra Manfas qiddus †	70 13·5			
26	Direction d'Yfag	79 20·0			
27 ¶	Çihra, colline près Farqa †	81 40·0	270 34·0	5	2
28	Passe de Farqa †	86 40·0			
29	Azazo	102 43·0			

28. Direction de Mota, m'assure-t-on. — 29. Au delà de Mota et près Çoqe. — 30. De ce Mt du Gojjam on voit Horro, Amuru, Gudru.

65. Maison du Liq Haylu. Théodolite Gambey.

66. Station **63.** Extrémité de ma base II. — 2. Pointe éloignée des montagnes de Armaçoho. — 4. Plus loin de moi que le n° 3. — 5. A côté du chemin de Jana Mora. — 7. En deçà et au bas du plateau du Wagara. — 8. Ici passe la route de Gondar à Dabariq. — 16. Impossible de bien identifier mon signal. — 21. Milieu de sa face sud. — 25. Ou Abbo, dans Gondar. — 27. Entre Farqa et le lac Tana. — 28. Limite du Dambya et du Bagemdir.

66. *Soni* (suite).

N°	Objet relevé.	W	V	+	—
30 ¶	Ile près Gorgora, un bout	122° 32'·7	271° 13'·5	2	5
31	Autre bout de cette île	122 20·5			
32	Autre île tout près : un bout †	122 19·0	271 13·0	1	6
33 ¶	Extr. de la presqu'île de Gorgora	122 44·0	271 14·5	2	5
	N + c déduit de **316**... z	285 39·3	179 58·9		

67. *Tigre miçohya.* 1842. Nov. 13 : dim. m. B = 579. T = 18.

N°	Objet relevé.	W	V	+	—
1	Arbre du Qañ bet, son pied	294 14·0	275 31·5	4	3·5
2 ¶	Lieu où j'observe la latit. dans Gondar	292 44·0	275 10·3	3·5	4
3 ¶	Sommet de la colline dite Miça dubba	336 8·5	270 39·0	1	6·5
4 ¶	Extrémité de ma base sur Soni tarara	47 11·5	266 0·0	5	2
5	⊙	224 48·5	247 41·5	0	8
	N... Z	109 27·4	179 57·3		

68. *Qañ bet.* 1842. Novembre.

N°	Objet relevé.	W	V	+	—
1	Tigre miçohya, face à l'O.	100 0·0	134 33·6	10	15
2	Id. face à l'E.	279 58·1	304 22·4	10	14
3			304 22·4	3	21·5
4	Mt Soni, face à l'O.	51 22·6	134 45·1	3·5	21·5
	N par **65**... z	95 3·3	0 0·0		

69. *Fogara.* 1842. Nov. 16 : mercredi.

N°	Objet relevé.	W	V	+	—
1 ¶	M^t... près Gutman dans Waynadaga	280 37·0	...		
2 ¶	Mt Libho, tout près de Darita	305 40·0	...		
3 ¶	Mt Dawaro au S.-O. du Mt Wihni	297 56·0	...		
4 ¶	Aiguille au N.-E. d'Yfag	308 0·0	...		
5 ¶	M^t en deçà de Quarata	116 28·0	...		
	N + c par orientation	264 24·5			

70. *Quarata.* 1842. Nov. 19 : samedi m. B = 613. T = 22.

N°	Objet relevé.	W	V	+	—
1	⊙ 11^h 19^m 38^s	52 31·0	231 2·0	3	3·4
2 ¶	? ? Manta dabir, près le pont sur le Abbay	29 52·5	268 46·5	3	3·4
	N... Z	285 41·7	179 57·3		

71. *Quarata I.* 1842. Nov. 22 : mardi.

N°	Objet relevé.	W	V	+	—
1	M^t éloigné	245 19·5	269 35·5	4	3
2 ¶	Petit cap tout près où les gens lavent	245 57·0	270 29·0	4·5	3
3 ¶	Arbre le plus élevé de Zage †	256 22·5	269 4·5	4	3
4 ¶	Autre point culminant de Zage	258 16·0			
5	Ile Bet manzo, Madhane'alam †	258 48·5	270 2·0	4	3
6	Autre bout de 5 dans la baie de Quarata	263 31·5	270 2·0	4	3
7 ¶	Montagne éloignée ? Ysmala en Acafar	266, 25·0	269 34·5	4	3
8	Extrémité de la presqu'île de Zage	303 15·5			
9 ¶	Milieu de la partie la plus élevée de Daga Istifanos †	331 10·5	269 44·5	3	4

32. L'autre bout est caché par un arbre.
67. Toujours sur mon tas de pierres.
68. Presque identique avec la station **65** : théodolite Gambey.
69. Église de Giyorgis dans Nahaga, près du Rib et sur sa rive gauche.
70. [Sans indication : probablement vers le centre de la ville, à mi-colline].
71. Au débarcadère des radeaux et presque au niveau de l'eau. — 3. Péninsule à café. — 5. Extrémité projetée sur Zage. — 9. J'écris ainsi avec Ludolf. On dit très-souvent Astifanos.

71. *Quarata I* (suite).

N°	Objet relevé.	W	V	+	—
10	Ile près Gorgora, un bout †	353° 10'·5	° '		
11	Id., autre bout	353 48·5			
12	2me île près la précédente, un bout	354 3·0			
13	Id., autre bout	354 28·5			
14	3me île près la même, un bout	355 11·3			
15	3me île près Gorgora, autre bout	355 26·0			
16	Ile près l'île St-Michel, un bout †	21 0·0			
17	Id., autre bout	21 54·5			
18	2me île ; l'autre extr. cachée par 19	22 44·0			
19	3me île, un bout	23 44·0			
20	Id., autre bout	24 42·0			
21 ¶	Amba MARYAM dans Waynadaga	37 55·0	269 13·5	1	6
22 ¶	Sommité ibid.; Q	35 12·5	269 21·5	4	3
	N + c par réduction... Z	13 45·5	179 57·3		

72. *Tana I.* 1842. Nov. 24 : jeudi m. B = 625. T = 18·8.

N°	Objet relevé.	W	V	+	—
1	Point de la colline de Gorgora †	25 19·5	269 51·0	3	4·5
2 ¶	Sommité Q dans Waynadaga	80 21·5	269 4·5	3	4
3 ¶	Amba MARYAM, ibid., un bord	83 41·5	268 51·5	5	2
4	Id., bord sud	84 2·5			
5 ¶	Mt Dawaro, qui ne s'appelle *pas* Šamo	97 25·0	268 50·0	6	1
6 ¶	Mt Libho au delà de Darita, un bord †	102 10·0	268 40·0	3	4
7 ¶	Id., autre bord	103 4·5			
8	Ile Çaqla manzo, un bord †	104 33·0	270 44·0	3	4
9	Id., autre bord	107 12·0			
10 ¶	Embouchure unique du Gumara	108 21·0			
11 ¶	Id., pointe en deçà de l'embouchure	116 53·0	270 51·0	5	2
12 ¶	Église de Fiqra IYASUS †	206 41·0	268 4·0	3	4
13 ¶	Manta dabir, près le pont du Abbay	215 11·5	268 58·0	5	2
14	Abba Gubba, direction	244 40·0			
15 ¶	Ile Daga Istifanos, déjà relevée en **71**	329 27·5	269 46·0	2·5	4·5
16	Ilot dont je n'ai pu savoir le nom	222 54·0	271 1·0	5·5	1·5
17	⊙	172 48·0	257 14·0	—1	8
	N... Z	58 30·2	179 57·3		

73. *Quarata III.* 1842. Nov. 27 : dim. m. B = 613. T = 22.

N°	Objet relevé.	W	V	+	—
1 ¶	Mt Dawaro dit Šamo par plusieurs ici	294 45·8	269 33·0	3·5	3·5
2 ¶	Mt Libho, au delà de Darita †	298 35·5	269 5·2	5	2
3	⊙ 11^h 58^m 30^s chr. B	26 2·5	236 5·5	5	2
	N... Z	260 44·9	179 57·3		

74. *Daq.* 1842. Déc. 1 : jeudi.

N°	Objet relevé.	W	V	+	—
1 ¶	M^t près Ysmala	257 27·0	269 29·0	0	7
2 ¶	Taklib dans Wandige	259 6·5	269 31·0	—0·5	7·5

10... 15. En allant à Tana Qirqos j'ai reconnu que ces 3 îles sont les 3 sommités de la presqu'île de Gorgora relevées par le mirage, car on ne voit pas les îles près Gorgora, même de l'île Tana qui est bien plus rapprochée de ces îles très-basses et petites. — 16. Probablement Igir manzo.

72. Mur trachytique dit Abba Gubba, près du clocher qui reste à mon sud. — 1. Identique avec le premier point relevé de la deuxième île ou **71**, 12. — 6. Yfag n'est pas visible. — 8. Près l'embouchure du Gumara. — 12. Sur la pointe du Mt Gugube.

73. Cour de la maison de Kahsay, gros marchand ; dans la partie la plus élevée de la ville. Date changée de nov. 26 en nov. 27. — 2. L'autre bord n'est pas visible.

74. A 300 ou 400^mt derrière l'île de Narga Sillase, et près le bord de la grande et plate île de Daq.

74. *Daq* (suite).

N°	Objet relevé.	W	V	+	—
		° '	° '		
3	¶ Zibist en Sakala	291 43·5	269 45·0	—0·5	7·5
4	¶ Id., autre point	292 16·0			
5	Lijomi, vill. au bord du lac dans Meça †	294 11·5			
6	¶ Autre bord de l'île de Narga, et M^t éloigné	309 14·0	269 21·0	0·5	6·5
7	¶ M^t... plus près que celui du n° 6	309 58·0	269 36·0	0·5	6·5
	N + c par la carte... Z	22 17·0	179 57·3		

75. *Daq*. 1842. Déc. 1 : jeudi.

N°	Objet relevé.	W	V	+	—
1	¶ Amba MAR. en Waynadaga ; un bord	125 6·0	269 7·5	4	2
2	¶ Id., autre bord	125 25·5			
3	¶ Mt Dawaro, près Wihni	136 52·5	269 11·3	6	1·5
4	¶ Mt Libho, près Darita ; un bord	139 48·5	269 4·0	6·5	0
5	¶ Id., autre bord	140 31·5			
	N + c par la carte... z	81 58·5	179 57·6		

76. *Ganja*. 1842. Déc. 4 : dimanche.

N°	Objet relevé.	W	V	+	—
1	¶ Quarata, un côté	321 12·0			
2	¶ Id., autre côté	330 29·0			
3	¶ Bet manzo Madhane'alam †	345 47·5			
4	Id., autre bord	346 44·0			
5	¶ Péninsule de Zage ; un côté	10 21·0			
6	¶ Id., autre côté	12 11·0			
7	¶ Colline remarquable dans Meça, un bord	49 15·0			
8	¶ Id., autre bord	49 44·0			
9	Premier arbre de Daq †	84 22·5			
10	Dernier arbre de Daq	88 37·5			
11	¶ Premier côté de Daga Istifanos	86 15·0			
12	¶ Milieu des arbres qui ensevelissent le sanctuaire de Daga	87 11·0	269 40·5	4	2
13	¶ Id., autre côté	87 44·0			
14	Ile Igir manzo, un bord †	101 16·0			
15	Id., autre bord	120 40·0			
	N + c par la carte... z	138 30·0	179 58·0		

77. *Tana II*. 1842. Déc. 5 : lundi m. B = 625. T = 20.

N°	Objet relevé.	W	V	+	—
1	☉ 1^h 5^m 0^s chr. 𝔅 †	1 41·0	225 30·0	—1·5	8·5
2	¶ Mt Gugube, égl. de Fiqra IYASUS	1 51·0	267 36·0	4	3
3	¶ Manta dabir	18 33·0	268 55·5	4	3
4	Ile Wof Gojjo, en deçà de Matalle, ile plus longue	45 16·0			
5	Id., autre bord	53 52·5			
6	Ile Irema Madhane'alam ; un bord	65 48·5	270 10·5	—1	8
7	Id., autre bord	67 28·7			
8	Ile Mahdara Sibhat, au delà de 7	69 4·5	270 9·5	—2	9
9	Id., autre bout	70 14·0			
10	¶ Ile de Zage, arbres du sommet ; un bout	83 5·5	269 38·0	3	4
11	¶ Id., autre bout	84 2·0			
12	Premier arbre de Daq †	131 49·5			

77. *Tana II* (suite).

N°	Objet relevé.	W	V	+	—
		° '	° '		
13	Dernier arbre de l'ile Daq	149 27·0			
14	¶ Milieu des arbres du sanctuaire de St-Étienne ; Daga	137 18·0	269 43·0	5	2
15	Ile très-éloignée de Kibran : milieu †	71 56·0			
	N... z	222 54·1	179 58·3		

78. *Zega wanz*. 1842. Déc. 5 : lundi s. B = 625. T = 21·7.

N°	Objet relevé.	W	V	+	—
1	☉ 7^h 5^m chr. 𝔅	291 45·5	247 54·2	2	4
2	¶ M^t...	140 5·7	269 0·5	8·5	—2·0
3	¶ Manta dabir, près du pont sur le Abbay	221 13·0	268 59·0	4	2·5
4	¶ Mt Gugube	253 38·0	268 35·3	1	6
5	Bout du cap de Takla haymanot †	300 28·0			
6	¶ M^t éloigné	313 0·0	269 55·0	3	3·5
7	Ile de Daga ; un côté	314 59·2	270 0·0	2	5
8	¶ Arbres du sanctuaire de Daga	315 46·5	269 48·0	0	7
9	Ile Daga ; autre côté	316 5·0			
10	¶ M^t de l'autre côté du lac	322 43·0	269 51·0	0	7
11	¶ Autre M^t au delà du lac	327 4·8	269 49·5	0	7
12	¶ Autre M^t, ibid.	337 42·0	269 54·0	—1	8
13	Ile Galila, église St Zakaryas †	354 42·0			
14	¶ Point de la colline de Gorgora †	10 32·5	269 50·7	—1	8
15	¶ Autre point, ibid. †	11 51·0			
16	¶ Escarpement à droite de Gorgora	13 0·5			
17	¶ M^t près Gondar	35 29·0	269 40·5	0	7
18	¶ M^t près Gondar	38 17·5	269 36·5	0	7
19	¶ M^t, ibid.	39 0·0	269 34·0	0	6·5
20	¶ Pic au N. de Amba MARYAM	69 16·0	268 56·0	4	3
21	¶ Amba MARYAM, un bord	72 45·5	268 40·5	4	3
22	¶ Id., autre bord	73 6·5			
23	¶ Mt Dawaro, en deçà du Mt Wihni	87 42·0	268 35·0	4	3
24	¶ Mt Libho au-dessus de Darita, un bord	93 20·5	268 22·5	6	1
25	Id., autre bord	94 21·0			
26	¶ Pic près Yfag et à très-peu de chose près, la direction de Darita	95 44·0	268 49·0	6·5	0·5
27	¶ M^t... en Ibinat	126 11·5	268 58·0	8·5	—1·5
28	¶ Autre M^t, Ibid., sans doute Qalala	127 35·5	268 56·5	2	5
	N... z	52 9·4	179 58·3		

79. *Qariña*. 1842. Déc. 6 : mardi s. B = 624. T = 18·6.

N°	Objet relevé.	W	V	+	—
1	2me pic à gauche de Manta dabir	314 26·5	269 24·0	1	5·5
2	1er pic. ib., ou entre le n° 1 et Manta d.	315 16·0	269 27·0	0	6
3	¶ Manta dabir (bouss. 185°)	322 35·5	269 31·0	1	5
4	Mt Gugube (bouss. 201°)	339 35·5	269 42·3	1·5	5
5	Ile Tana, un bout	344 30·0			
6	Id , probabl. l'église de Qirqos	344 49·5			
7	Id., autre bout	345 59·5			
8	Daga, sanctuaire (bouss. 232°)	14 47·0	269 57·5	4	2·5
9	☉ 5^h 15^m chr. 𝔅	5 7·5	226 53·5	7	— 1
10	Ile près Gorgora, un côté	65 50·5			
11	Id., autre côté	66 5·5			

5. Et un bord de Narga.

75. Autre bord de l'île Daq, du côté de Daga et à 60^{mt} de l'eau du lac.

76. Bord de l'eau et dans cette petite île du lac Tana. — 3. Entre Quarata et Zage. — 9. L'île Daq est au delà de l'île Daga Istifanos. — 14. A une portée de fusil de nous.

77. A environ 100^{mt} de l'extrémité sud de l'île Tana. — 1. Le ms. porte ☉. — 12. Isolé sur l'eau par le mirage.

15. Gorgora n'est pas visible.

78. Au bord du lac Tana et sur la rive droite du Zega wanz, ruisseau large de 2^{mt}. — 1. Le ms. porte ☉. — 5. Là est l'église de Galawdyos, bâtie en pierres et chaux. Ce cap cache l'île Tana. — 13. Arbres à peine visibles. — 14. Dit, à Quarata, commencement de la 2me île. — 15. Dit 3me île dans mes observations faites à Quarata.

79. Petite élévation rocailleuse sur le bord même du lac Tana.

79. *Qariña* (suite).

N°	Objet relevé.	W	V	+	−
12 ¶	Colline de Gorgora †	69° 7'·0	269° 45'·5	7·5	−1
13	Buahe, vrai nom des îlots Wandinna set, relevés de Galosge (bouss. 293°)	69 56·5	269 38·5	7·5	−1
14	Id., autre bord	73 20·0			
15	Cap presque à fleur d'eau d'une péninsule étroite à 1' environ	86 15·0			
16	Fond de la crique au delà de ce cap	118 50·0			
17	Horizon naturel du lac		270 1·5	7·5	−1
18	Ilot au delà de Buahe	73 27·0			
19	Id., autre bord	73 56·5			
20	Arbres : île ?	347 23·0			
21 ¶	Mt...	354 55·0			
22 ¶	Mt...	355 8·0			
23 ¶	Mt au delà du lac	37 1·0			
24 ¶	Autre, ibid.	40 50·5			
	N... z	142 17·5	179 58·3		

80. *Saño gabya.* 1842. Déc. 8 : jeudi.

N°	Objet relevé.	W	V	+	−
1 ¶	Mt Abbay dar? isolé par le mirage	134 29·0	269 53·5	3	4
2	Ile ; Galila ?	137 30·5			
3	Gorgora, sommité dite 1re île à Quarata	163 4·0	269 23·5	5	2
4	Gorgora, la plus haute sommité dite 3me île à Quarata	166 31·5	269 17·0	5	2
5 ¶	Mt du côté de Saqalt	255 2·5	268 51·3	−1	8
6 ¶	2me sommité bifide du même Mt	255 44·5			
7 ¶	Mt dans Saqalt	260 44·5	268 41·0	6	1
8 ¶	Sommité à droite du n° 7	264 11·5	268 48·5	5	2
9 ¶	Soni tarara, escarp. qui regarde Çalga	269 48·5	268 47·0	3	4
10 ¶	Id., autre bord ; bout de ma base	270 46·0			
11	Escarpement de la sommité à l'O. du col de Dabbo girar	271 55·5	268 52·0	1·5	5·5
12	Sommité du côté de Ayba †	323 58·5	268 3·0	4	3
13	Amba MAR. en Waynadaga, un bord	352 26·5	267 31·5	3	4
14	Id., deuxième bord	353 10·5			
15	Ile de Mitraha, un bord	43 27·0			
16	Id., autre bord	43 56·0			
17 ¶	Mt dans le Bagemdir †	39 45·5	269 8·5	3	4
18 ¶	Aut. Mt, ib. ; près Mahdara MAR.? un bord	48 31·0	269 37·0	3	4
19 ¶	Id., autre bord	48 44·5			
20	Ile de Qalamuj, Qalamoc ou Qalamonj	26 24·0			
21	Passe de Farqa, à peu près	2 16·0			
22 ¶	Mt lointain et élevé du pays Amhara	43 0·5	269 12·5	3	4
23	3e pic à l'E. de Manta dabir	72 43·5	269 43·0	3	4
24	2e pic à l'E. de Manta dabir	74 24·0	269 41·5	3	4
25	1er pic, c.-à-d. le plus rapproché de id.	76 0·0	269 43·0	3	4
26 ¶	Manta dabir ; creux †	80 26·0	269 46·0	3	4
27 ¶	Manta dabir, milieu de la petite sommité	80 30·5			
28	Ile ? probabl. sommité à l'E. de Gugube	82 48·5			
29	Autre île apparente, un bord †	83 58·5			
30	Id., autre bord	84 13·5			
31	Mt Gugube †	84 33·0	269 53·0	3	4
32 ¶	Sommité entre Mt Gugube et le lac †	85 38·5	269 33·0	3	4

80. *Saño gabya* (suite).

N°	Objet relevé.	W	V	+	−
33 ¶	Autre sommité	86° 42'·5	269° 52'·5	3	4
34 ¶	Autre sommité	87 35·5	269 50·7	3	4
35 ¶	Amdamid, corne E †	96 16·5	269 41·5	5	2
36 ¶	Id., corne O †	98 26·5			
	N + c par **100**... z	273 49·5	179 58·3		

81. *Qañ bet.* 1842. Déc. 11 : dim. m. B = 591. T = 19·8. **T** = 13·4.

N°	Objet relevé.	W	V	+	−
1	☉ 0h 54m 29s·2 chr. 𝔅	89 6·2	229 2·5	3·5	2·5
2	Lieu de mes angles sur Tigre miçohya	316 56·3	264 46·2	−2	8
	N... Z	311 50·4	179 57·3		

82. *Qañ bet.* 1842. Déc. 22 : jeudi m. B = 591. T = 22·0. **T** = 14·5.

N°	Objet relevé.	W	V	+	−
1	☉ 11h 11m 58s chr. 𝔅	71 59·9	236 11·0	4	2
2	Lieu de mes angles sur Tigre miçohya	306 29·1	264 44·2	3	3
	N... Z	301 25·5	179 57·3		

83. *Qañ bet.* 1842. Déc. 22 : jeudi m. B = 591. T = 22.

N°	Objet relevé.	W	V	+	−
1	☉	89 29·0	221 41·5	0	8
2	Lieu de mes angles sur Tigre miçohya	305 56·3	264 42·5	5	1
	N... Z.	300 45·3	179 57·3		

84. *Ayba.* 1842. Déc. 24 : samedi.

N°	Objet relevé.	W	V	+	−
1 ¶	Ile près Gorgora ; un bout	262 43·5	271 7·0	4	3
2	Id., autre bout	262 59·5			
3 ¶	2me île près Gorgora ; un bout	263 1·0			
4 ¶	Id., autre bout	263 13·0			
5 ¶	3me île dont la ½ empiète sur la précéd.	263 9·5	271 5·5	4	3
6 ¶	Pointe basse de Gorgora †	263 15·0	271 6·0	4	3
7	Pointe de Gorgora plus haute †	263 46·5	271 7·0	8	0
8 ¶	Sommet de la colline de Gorgora	266 16·5	270 52·0	4	3
9 ¶	Id., autre pointe	267 21·5	270 52·0	4	3
10 ¶	Mt Jibjiba, avec un village dessus †	285 50·0	270 56·0	2	6
11 ¶	Id., autre pointe	286 0·5			
12	Azazo, église	286 41·0			
13	Abbo, église à Gondar	300 3·0			
14	Grande tour du palais des Rois	307 2·0			
15	Tour de la maison du Ras	309 53·5	272 21·0	0	8
16	Église Abuna Ewostatewos	313 18·0			
17	Karua MARYAM †	308 13·0	270 31·5	5	2
18	Soni tarara ; extrémité de ma base	324 32·5			
19 ¶	Dabbo girar †	306 42·5	270 1·0	3	4
	N + c par la carte... z	50 54·0	179 58·4		

12. Ceci est probablement le 1er côté de la 2e île relevée de Quarata.

80. Rive du lac Tana où l'on décharge les radeaux pour le marché du lundi ; en Arabiya. — 12. Sur les confins du Waggara. — 17. Près Yfag et en deçà. — 26. Près du pont sur le Abbay. — 29. Car le mirage est très-fort. — 31. Le mirage empêche de reconnaître l'église. — 32. L'île Tana est projetée sur la terre.

35. En Gojjam, et à peine visible dans la lunette. — 36. Le ms. porte un ? accolé aux minutes de l'angle azimutal.

81., **82.**, **83.** } Même lieu qu'aux nos **65** et **68**.

84. [Sans indication sur le lieu de station]. — 6. Presque au niveau du lac. — 7. Probablement relevée de Soni. — 10. Près Janda ; une pointe. — 17. Deux arbres sur une haute colline. — 19. 336° 42'·5 ?

85. *Tigre miçohya.* 1842. Déc. 26 : lundi m. B = 579. T = 18.

N°	Objet relevé.	W	V	+	—
1	Pic au N. de Tigre miçohya †	167° 16′·0	265° 40′·0	5	2
2	2me pic qui fait partie de Tigre miçohya	198 5·0			
3	Église Dafaça kidana mihrat	300 22·0			
4	Église de Dabra birhan	312 34·0			
5	Église Hawaryat; un bord	343 17·5			
6	Tour du Ras bet †	342 40·5	276 2·0	4	3
7	Hawaryat, autre bord	347 17·0			
8 ¶	Grande tour du palais; une arête †	357 0·0	273 59·5	4	3
9 ¶	Id., deuxième arête	357 5·0			
10 ¶	Id., troisième arête	357 17·0			
11	Arbre isolé du Qañ bet	11 50·5			
12	Abbo, ou Abuna Gabra Manfas qiddus	9 3·0			
13	Passe de Farqa	353 56·0			
14	Ile près Gorgora; un bord	28 34·5	270 49·5	5	2
15	Id., autre bord	28 52·0			
16	2me île près Gorgora; un bord	28 54·5			
17	Id., autre bord	29 9·0			
18	Azuzo	28 54·5			
19	Pointe, probablemt au delà de Gorgora	29 28·0	270 49·0	4	3
20	2me pointe plus près, probt le vrai bout de Gorgora	29 33·5	270 51·0	4	3
21	Église de Lidata dans Kayla meda	48 0·0			
22	Église de Saint-Jean, ibid.	50 15·0			
23 ¶	Tour carrée de Quisquam	98 30·0	272 43·0	4	3
24 ¶	Amadamid, corne E	9 28·0	270 12·5	4·5	3
25 ¶	Id., corne O	11 28·5			
26	Pic à l'E. de Manta dabir	355 38·5	270 17·5	4	3
27 ¶	Manta dabir	359 3·0	270 21·5	4·5	3
28 ¶	Mt...	1 39·5	270 25·5	4	3
29 ¶	Mt Daga?	19 8·5	270 35·0	4·5	3
30	Péninsule de Guilqaba	357 55·5			
31	Ile de Qalamuj? un bord	0 46·5			
32	Id., autre bord	1 6·0			
33	Église de Tadda	358 35·5			
34	Église de Saint-Antoine	125 51·0			
35	Soni tarara; bout de ma base	124 48·0			
36 ¶	Mt de Dabbo girar	155 37·0			
37	Église Gondaroc qiddus Giyorgis	158 26·0			
38	⊙	311 0·0	244 7·5	4	3
	N... z	186 51·9	179 58·5		

86. *Dumi I.* 1842. Déc. 29 : jeudi m. B = 527. T = 16·7.

N°	Objet relevé.	W	V	+	—
1	⊙ 0h 38m 35s chr. 𝔅	308 14·0	222 11·0	5·5	1·5
2 ¶	Mt Amadamid en Gojjam, corne E	1 42·0	270 17·5	4	3
3 ¶	Id., autre extrémité, corne O	3 47·0			
4 ¶	Pic à l'ouest du n° 3	14 46·0	270 40·0	2	5
5 ¶	Fond de la baie de Quarata †	15 9·0			
6	Ile; un bord †	18 39·0	270 13·0	7	0
7	Id., autre bord	18 48·0			
8	Autre île; un bord †	20 12·5	271 21·0	7	0

85. Mon tas de pierres. — 1. Le ms. porte 270° 40′·0, ce qui est inadmissible. — 6. Le ms. porte 271° 2′·0. — 8. Le ms. porte 268° 59′·5. Dans ce tour d'horizon j'ai lu les 3 verniers azimutaux aux 7 principaux relèvements, mais une note avertit de s'en tenir au vernier A, à cause du ballotement causé par le porte-loupe.

86. Étranglement tout près de la limite sud de cette montagne-plateau qui est près Mt Libho. — 5. Et probablement cette ville. — 6. Angle vertical probablement 271° 13′·0. — 8. L'une ou l'autre de ces îles est Bet manzo.

86. *Dumi I.* (suite).

N°	Objet relevé.	W	V	+	—
9	Id., autre bord	20° 16′·5			
10	Fond de la baie de Gugube †	20 40·0	271 32·0	7	0·5
11	Ile Igir manzo; un bord †	21 39·0	271 26·0	7	0·5
12	Id., autre bord	21 46·5			
13 ¶	Presqu'île de Zage, commencement	21 42·5	271 15·0	7	0·5
14	Bout d'une île dont l'aut. extr. est cachée †	21 48·5	271 28·0	6	1
15	Id. de la presqu'île (cap) Waynuma †	22 16·5	271 31·0	6	1
16	Ile Mahdara Sibhat †	22 38·5	271 31·0	6	1
17	Id., autre bord	22 45·5			
18	Fin de l'île voisine	22 52·0			
19	Ile Irema Madhane'alam; un bord	22 56·0	271 36·0	4	3
20	Id., autre bord	23 23·0			
21 ¶	Partie la plus élevée de Zage	23 26·5			
22	Ile Matalle; un bord	23 28·5	271 32·0	4	4
23	Id., autre bord	23 35·5			
24	Ile Zana ou Tana	24 22·0	271 38·0	4	4
25	Cap en deçà de l'embouch. du Gumara	25 0·0	271 44·0	4	4
26	Ile Çaqla manzo †	25 8·0	271 43·5	4	4
27	Id., deuxième bord	25 12·0			
28	Autre extrémité de l'île Zana	25 41·5	271 41·0	4	4
29	Fond de la baie en deçà de l'embouchure de Gumara	22 16·0	271 47·5	4	4
30	Fond d'une 2me anse en deçà de 29	22 48·0	271 52·5	4	4
31	Cap d'alluvion entre 29 et 30	23 39·5	271 50·5	3	5
32	Fond de l'anse au delà de l'embouchure du Aboska	26 57·0			
33	Embouchure du Aboska qui forme cap dans le lac	27 39·0	272 11·0	0	7·5
34	Anse en deçà du Aboska et pic à 5 ou 6 milles de nous	31 21·5			
35	Embouchure du Aboba? près cette anse	31 56·5	271 23·5	4	3
36	Ile de Daga Istifanos †	36 57·5	271 23·5	4	3
37 ¶	Mt le plus élevé au delà du lac	37 7·5	270 39·8	5	2
38	Sanctuaire de Saint-Étienne, Daga	37 52·0	271 16·0	5	2
39	Autre extrémité de Daga	38 8·0	271 22·0	5	2
40	Bout de l'île Daq; cap	38 29·5	271 20·0	4	3
41	Autre cap en deçà de 40	38 34·0	271 21·5	4	3
42	Fond de l'anse entre ces deux caps	38 49·0			
43	Ile près Daq, du côté de Daga; un bord	39 1·5	271 18·0	4	3
44	Id., autre bord	39 11·0			
45	Bout d'une île voisine de 43 †	39 34·0	271 18·0	4	4
46	Côté ouest de l'île Daq		271 23·5	3	4
47	Côté est de id.		271 17·5	3	5
48	Autre bout de id.; Narga invisible	43 46·0	271 20·5	0	8
49	Milieu d'une terre élevée et lointaine †	46 11·0	270 51·0	5	3
50	Buahe ou 1er îlot, dit Set inna wand plus haut	50 22·5	272 46·0	2	5
51	Id., autre bord	50 35·5			
52	Ilot	50 39·5			
53	2me gros îlot, un bout	51 6·0	272 43·0	0·5	7
54	Id., autre bout	51 15·5			
55	I. Mitraha, probablement; un bout	61 49·0	272 47·5	1	7
56	Id., autre extrémité	62 24·0			
57	Ile près Gorgora; un bout	64 57·5	271 21·0	3	4
58	Id., autre extrémité	65 9·0			

10. Vis à vis Irema, etc. — 11. Au bout de la presqu'île de Waynuma. — 14. Ile Ganja? — 15. Église Zyon. — 16. Presque confondue avec l'île voisine — 26. Ras 'Aly y est emprisonné. — 36. Le ms. porte Astifanos, selon la prononciation vulgaire. — 45. Elle semble faire suite avec la précédente. — 49. Au delà du lac.

86. *Dumi I.* (suite).

F°	Objet relevé.	W	N	+	—
59	Autre île, ibid.	67° 34'·0	271° 28'·0	5	3
60	Id., autre extrémité	67 40·0			
61	Bout d'un cap	67 37·5			
62	Autre cap		271 27·0	4	4
63	Île près Gorgora, un bout	67 49·5	271 27·5	3	4
64	Id., 2me extrémité	67 56·0			
65	Autre île ibid., un bout	67 51·5	271 30·5	3	4
66	Id., autre extrémité	67 54·5			
67	Fond de la baie entre les deux caps	68 54·5			
68	Bout du cap de Gorgora	67 58·0	271 23·0	0·5	7
	N... z	160 36·1	179 58·9		

87. *Dumi II.* 1842. Déc. 29 : jeudi m. B = 527. T = 16·7.

1 ¶	Mt du Simen	59 27·0	269 47·5	6	0
2 ¶	Zoz amba en Balasa ; un bord	92 41·0	270 54·0	5	3
3 ¶	Id., autre bord	94 0·0			
4 ¶	Mt dans Wofila	100 25·0	270 28·5	3	4
5 ¶	Mt Zata en Lasta	106 44·5	270 32·0	3	4
6 ¶	Mt Bela, près Masqalo, en Lasta	110 26·5	270 12·5	2	5
7 ¶	Mt Makina en Lasta	115 48·5	270 13·0	1	6
8 ¶	Daga bas, en Ibinat	125 35·0			
9 ¶	Mt Qualala dans Malza	148 16·5	269 58·0	3	4
10 ¶	Pic à gauche de Manta dabir	224 38·0	270 41·0	3	4
11	Manta dabir, près le passage du Abbay	231 44·5	270 49·0	5	2
12 ¶	Mt Amadamid, corne E	232 35·5	270 17·5	5	2
13 ¶	Id., corne O	234 40·5			
14	☉ 5h 47m 20s chr. 𝔅	258 48·0	232 39·5	5	2
15	Sur la station de Dumi I	319 0·0			
	N... z	31 29·6	179 58·7		

88. *Šaguala.* 1843. Janv. 6 : vendredi s. B = 570. T = 22.

1	☉ 5h 58m 25s	207 2·5	245 51·5	2	3·5
2 ¶	Dabra Sina en Nagala, un bord	222 0·0	269 17·7	5	1
3 ¶	Id., fente	223 16·5			
4 ¶	Id., autre bord	223 31·5			
5 ¶	Mt Qualala dans Malza	224 58·5	269 34·5	5	2
6 ¶	Mt Abuna Yosef	41 41·0	266 17·0	3	4
7 ¶	Précipice d'Ymiraha	43 58·0	266 23·0	2	4
8	Pic à gauche de Lalibala	77 2·5	267 8·0	2	4
9 ¶	Montagne plate derr. Lalibala : Ašattan	77 42·0	266 58·0	2	4
10 ¶	Id., autre extrémité	79 25·0			
11 ¶	Pic à dr. de Lalibala, un bord du plateau	79 37·5	267 2·5	1	6
12	Id., autre bout du petit plateau	79 58·0			
13	Ville de Lalibala	78 50·0	267 44·5	1	6
14 ¶	Garagara q'Giyorgis, limite O. du Wadla	171 11·5	268 58·5	4	3
	N... z	328 39·2	179 58·5		

89. *Lalibala.* 1843. Janv. 9 : lundi s. B = 569. T = 22.

1	☉ 6h 17 10s †	35 25·5	249 21·5	1	6
2	Garagara qiddus Giyorgis en Wadla	23 19·0	270 1·0	4	3
3 ¶	Dabra Sina dans Nagala ; un bout	59 2·5	270 16·0	1	6
4 ¶	Id., autre bout	60 16·0			
5 ¶	Id., première fente	59 42·5			

89. *Lalibala* (suite).

N°	Objet relevé.	W	V	+	—
6 ¶	Id., deuxième fente	60° 3'·5			
7	Mt Qualala dans Malza	68 10·0	270 5·5	−1	8
8 ¶	Sanqa bar en Simen	122 10·5	270 4·5	3	4
9 ¶	Mt Buahit et Inçatkab	121 7·5			
10 ¶	Mt dans MARYAM wiha, Mt Marado ? un bord	80 7·0	270 30·0	4	3
11 ¶	Id., autre bord	80 25·0			
	N... z	154 30·9	179 58·5		

90. *Birko.* 1843. Janv. 12 : jeudi s. B = 565. T = 14.

1	☉ 6h 36m 50s	112 54·5	252 55·5	7	0
2	Mt Qualala dans Malza, ou Qalala	126 45·5	269 40·0	7	0
3 ¶	Mt Marado † ; un bord	146 30·5	270 8·0	5	2
4 ¶	Id., autre bord	146 43·0			
5 ¶	Zoz amba dans Balasa ; un bord	155 58·5	270 12·0	6	1
6 ¶	Id., autre bord	156 42·5			
7 ¶	Mt Buahit, en Simen	202 12·5	269 36·0	4	3
8 ¶	Sanqa bar, ibid.	204 37·5			
9	Siqil amba, en Wag	208 51·0	269 44·5	3	4
10 ¶	Mt Amda warq, arbres	223 0·0	269 35·5	3	4
11 ¶	Mt Qitara, en Wag	236 36·5	270 7·5	2	5
12 ¶	Mt Masqalo †	276 17·0	268 11·5	2	5
13 ¶	Mt Jala	289 38·5	268 49·5	0	7
14 ¶	Mt Gavzigivla	297 49·0	268 3·0	−1	8
15 ¶	Mt Isra-el amba	311 30·0	269 5·5	4	3
16 ¶	Mt Abuna Yosef, en Wadla	330 29·5	268 3·5	7	5
17 ¶	Précipice de Ymiraha	331 54·5			
18 ¶	Mt Ašattan derr. Lalibala ; une sommité	355 0·0	269 12·5	2	5
19 ¶	Id., 2e et large sommité ; un bord	355 27·0	269 9·0	3	7
20 ¶	Id., autre bord	356 27·0			
21 ¶	Mt Ašattan, pic plat à droite de 20	356 32·0	269 11·0	3	7
22 ¶	Id., autre bord	356 42·5			
23	Garagara St-Georges ; un peu confus	53 34·0			
24	Haute sommité du Simen	207 27·0	269 28·7	4	3
25 ¶	La plus haute somm. appar. du Simen	209 25·0	269 27·5	3	4
	N... z	230 22·9	179 58·5		

91. *Birkuakua.* 1843. Janv. 13 : vend. s. B = 570. T = 19.

1 ¶	Sommité de Abuna Yosef	103 57·0	268 22·0	0	7
2 ¶	Précipice d'Ymiraha	105 11·0			
3	Église Ayna IYASUS, visitée hier	109 25·0	269 22·5	3	4
4 ¶	Mt Ašattan derrière Lalibala ; un bord	124 25·5	269 12·5	2	5
5 ¶	Id., autre bord	125 14·5			
6 ¶	Pic à droite du précédent †	125 19·5			
7 ¶	Id., autre bord	125 28·5			
8	☉ 3h 12m chr. 𝔅	212 39·5	216 32·0	4	3
	N... z	8 58·1	179 58·5		

92. *Kua amba.* 1843. Janv. 15 : dim. m. B = 580. T = 20.

1 ¶	Dabra Sina dans Nagala, un bord	345 33·0	267 43·5	4	3
2 ¶	Id., autre bord	348 6·0			

87. Même lieu qu'à la station **86**, qui en est éloignée de 85mt.

88. Colline dans le district de Šaguala à l'O. de Lalibala. On dit aussi Šogola.

89. Précipice à mi-chemin entre Lalibala et le Mt Ašattan. — 1. Le ms. porte ☉.

90. Ruines de la maison de réception (addaraš) de l'oncle de Dajac Taklu, près l'église de St Gabriel, Birko. — 3. Dit Amba MARYAM, par les gens éloignés. — 12. Droit en deçà de Soqota.

91. A 100mt de l'église dite Birkuakua MARYAM et près du gros warka [sorte d'arbre]. — 6. Le pic à gauche est caché par le Mt n° 4.

92. Village de ce nom sur la rive droite du Takkaze et dans le dist. de Bugna.

92. *Kua Amba* (suite).

Nº	Objet relevé.	W ° ′	V ° ′	+	—
3 ¶	Fente de Dabra Sina	346 11·0			
4	Mt Qualala dans Malza	61 15·5	268 12·0	3	4
5	☉	277 37·5	262 45·0		7
	N... z	164 9·3	179 58·5		

93. *Abya.* 1843. Janv. 15 : dim. s. B = 570. T = 20.

Nº	Objet relevé.	W	V	+	—
1	☉ 5h 40m 6s	243 28·2	240 13·0	2	4
2	Dabra Sina en Nagala; fente	167 34·0			
3	Id., autre point	167 12·5	268 28·0	3	3
4	Id., autre fente	168 10·0			
5	Id., visant l'autre extrémité, et prenant la plus grande hauteur	169 43·5	268 22·5	5	2
6	Mt Guna, large et élevé	208 41·0	267 59·5	4	2
7	Mt Qualala, dans Malza	254 10·0	267 56·0	1	5
8	Mt Masqalo, droit devant Soqota	72 40·0	268 42·5	6	1
9	Mt Gavzigivla	83 9·0	268 44·0	2	5
10	Mt Ašattan, derrière Lalibala	112 45·0			
11 ¶	Bord du daga Zabit; Agritabo	149 55·0			
12 ¶	Mt Mira	28 35·0	269 32·0	8	—1
	N... z	6 42·2	179 58·5		

94. *Lanko.* 1843. Janv. 21 : samedi.

Nº	Objet relevé.	W	V	+	—
1 ¶	Mt Zoz amba, un bord	112 53·5	270 12·5	5	3
2 ¶	Id., autre bord	114 55·5			
3	Mt Mira et dir. du couvent de Sayko †	162 8·0	270 30·5	5	3
4	Mt Qualala	352 35·5	265 27·5	5	3
	N + c par la carte... z	120 13·5	179 58·5		

95. *Qalala.* 1843. Janv. 21 : samedi.

Nº	Objet relevé.	W	V	+	—
1 ¶	Mt Waqqan en Wagara †	36 17·0			
2 ¶	Mt dans ou près Guahla, en Balasa, un b.	50 6·0	271 24·5	3	4
3	Id., autre bord	50 26·0			
4	Mt Zoz amba, en Balasa; un bord	56 50·5	271 10·7	4	3
5	Id.. autre bord	58 36·5			
6 ¶	Mt dans Arbataguar †	80 26·0	270 55·5	4	3
7 ¶	Mt Mira dans Talaj, Wag	96 49·5	271 1·5	4	3
8 ¶	Mt..., prison des Wagšum	108 6·5	270 43·5	4	3
9 ¶	Mt Amda warq †	113 2·5	270 39·5	3	4
10	Église de Takla haymanot, Lanko	103 18·0			
11	Mt Gavzigivla	126 52·0			
12	Mt Isra-el amba dans Mara	131 14·0			
13	Mt Abuna Yosef	138 41·0			
14 ¶	Maskane près Garagara	184 55·5	270 20·5	4	4
15	Mt Gibirti, tout près de nous	167 16·0			
16	Dabra Sina, dans Nagala; un bord	159 45·5	270 51·5	4	3·5
17	Id., autre bord	157 48·0			
18	Fente de Dabra Sina	158 44·0			
19	Autre fente de Dabra Sina	158 10·0			
20	Guna, Mt élevé du Bagemdir	217 36·0	268 54·5	4	3·5
21 ¶	Église de IYASUS sur Dabra Tabor	262 37·0	270 51·0	4	3

95. *Qalala* (suite).

Nº	Objet relevé.	W ° ′	V ° ′	+	—
22 ¶	Mt Šit, dans Gahint	195 14·0	270 0·0	4	3
23	Direction de Goraf dans la vallée	218 50·0			
24	Direction de Mahdara MARYAM †	260 10·5			
25 ¶	Mt dans Afaroannat	276 32·0			
26	Manta dabir sur le Abbay	283 37·0	270 53·0	4	3
27	Mt Masqalo en deçà de Soqota	119 40·0	270 6·0	4	4
28	Mt Gugube? très-obscur	303 35·0			
29	Bout de Waynuma? très-obscur	308 47·0			
30	Pic dit Šamo	337 6·0	271 38·0	5	2
31	Mt Zang, près de nous	299 41·0	272 3·0	5	2
32	Mt Qatqat, près de Zang	297 35·5	272 29·5	5	2
33	Mt Dahuc, dans Balasa	7 31·5	270 51·0	5	2
	N + c par la carte... z	53 48·5	179 58·5		

96. *Abba Foge.* 1843. Janv. 22 : dim. s. B = 600. T = 20.

Nº	Objet relevé.	W	V	+	—
1	Mt Qalala	4 19·0			
2	Église de Dabra Tabor	54 9·0			
3	Mt Gugube	149 20·0			
4	Manta dabir	121 25·0			
5	☉ 7h 52m 20s chr. B	164 30·5	266 57·0	4	2
	N... z	275 23·7	179 58·5		

97. *Yfag.* 1843. Janv. 23 : lundi m. B = 600. T = 20.

Nº	Objet relevé.	W	V	+	—
1	☉ 11h 53m 50s chr. B	37 12·5	228 54·0	2	4
2	Mt Qalala	359 19·0	268 28·0	3·5	2·5
3	Aiguille Šamo, pas celle de Qaroda	344 49·0	268 21·0	4	2
4	Manta dabir	100 24·5	270 12·5	—1·5	7·5
5	Mt Gugube	126 1·5	269 56·5	—2	8
	N... z	267 38·3	179 58·3		

98. *Loza.* 1843. Fév. 7 : mardi s. B = 610. T = 20.

Nº	Objet relevé.	W	V	+	—
1	☉ 11h 53m 3s chr. B, réglé jeudi	185 33·5	220 16·0	2	4
2	Église de Loza à 0′·5 environ	325 15·0			
3 ¶	Mt Soni; bout de ma base?	325 16·0	267 23·5	6·5	1
4	Église de Gondaroc qiddus Giyorgis	339 35·5			
5	Tour du Ras bet	351 42·0	269 29·0	5	1
6	Tour du palais des rois	352 46·0	269 27·0	4	2
7	Église Abbo, difficile à identifier	357 11·0			
8	Id. Azazo à 1′·5 environ	22 20·0			
9	Mt près Ayba, un bord	41 31·0	268 3·0	0	7
10	Id., autre bord	40 39·0			
11	Mt Amba MARYAM †	83 58·5	268 46·3	5	1
12	Égl. de MARYAM Saramni, près Tadda	59 53·0			
13	Église de Tadda	76 21·0	270 43·5	3	4
14 ¶	Extrémité de la presqu'île de Gorgora	160 11·0	270 43·5	3	4
15 ¶	Première proéminence de cette colline	161 30·5			
16 ¶	Deuxième id.	164 13·5			
17	Mt Jibjiba près Janda, et maison de Manan dans Fanja	194 16·0			
	N... z	318 24·4	179 58·3		

93. Village de ce nom sur la rive gauche du Takkaze.

94. Près du village de ce nom. — 3. A 2′ environ.

95. Sommet de ce Mt qui est situé près Lanko [et se termine par une sorte de rocher cubique à sommet plat]. Comme Lanko, ce Mt est dans le district de Malza. Le qobar m'enleva la vue de bien des montagnes. — 1. Près Daqua kidana mihrat. — 6. Compté par les chefs comme appartenant au Simen; situé en deçà du Manna. — 9. Siége de la ville de Dahna.

24. Caché par la brume.

96. Hameau en Bagemdir. Qobar abondant.

97. [Sans indication du lieu].

98. Sur la colline : un peu au sud de la route de Fanja et de l'église MARYAM. — 11. Visible de tout le lac Tana.

99. *Fanja.* 1843. Fév. 27 : lundi s. B = 610. T = 20.

N°	Objet relevé.	W	V	+	—
1	☉ 0h 26m 17s chr. 𝔅	0° 21'·0	221° 59'·5	3·5	2
2 ¶	Soni tarara, extrémité de ma base	153 13·5			
3 ¶	Mt Amba MARYAM, point le plus élevé	220 27·0	268 45·5	3·2	2·5
	N... z	118 14·1	179 58·3		

100. *Saño gabya.* 1843. Fév. 28 : mardi m. B = 626. T = 21·9. e = 11'·2.

N°	Objet relevé.	W	V	+	—
1	☉ 7h 10m 0s chr. 𝔅 †	205 33·5	227 10·0	3	3
2	☉ 7 13 26 id. †	26 16·5	133 33·5	4	2·5
3	Colline de Gorgora qui va jusqu'à Fanja	341 17·5	269 23·5	6	1
4	Soni ; bout de ma base, à peine visible	89 7·5			
5	Amba MARYAM †, un bord	170 43·5	267 32·0	1·5	5
6	Id., autre bord	171 36·0			
7	Point le plus élevé de id.	171 0·0			
8	Passe de Farqa, col au delà de la baie	194 24·0			
9	Extrémité de la presqu'île de Gulqaba	208 55·0			
10	Fond de la baie entre nous et Farqa	128 40·0			
11 ¶	Colline qu'on dit être tout près d'Yfag	217 59·0	269 9·0	3	3·8
	N... z	91 55·7	179 58·6		

101. *Yfag.* 1843. Mars 2 : jeudi m. B = 600. T = 21.

N°	Objet relevé.	W	V	+	—
1	☉ 5h 40m 0s chr. 𝔅	157 15·0	247 25·0	4	2
2 ¶	Mt Qalala en Malza	144 46·5	268 20·0	5	1·5
3 ¶	Aiguille dite Šamo	127 34·5	268 2·0	—2	8·5
4 ¶	Aiguille derrière Yfag †	81 34·0	265 15·5	5	1
5	Saint-Michel, église de Gimajir	4 5·0			
6 ¶	Petite aiguille soulevée derrière Šamo	123 36·0	267 23·0	6	1
7 ¶	Manta dabir ; une sommité ou église	248 55·5	269 30·0	3	3
8 ¶	Id., autre église	249 12·0			
9 ¶	Tawgur, près Amora gadal †	179 18·5	268 29·5	3	4
10 ¶	Mt le plus S. relevé de **95**, Dargaj ?	170 22·5	268 46·5	4	3
11	☉ 5h 58m 15s chr. 𝔅	158 44·0	243 4·5	3	4
	N... z	53 59·3	179 58·3		

102. *Rib.* 1843. Mars 2 : jeudi m. B = 600. T = 21.

N°	Objet relevé.	W	V	+	—
1	☉ 9h 19m 6s chr. 𝔅	29 24·5	201 57·7	6	0
2	Mt Dumi d'où j'ai pris des angles	246 21·0	266 30·5	2	4
3	Même Mt, côté gauche	245 5·0			
4	Id., côté droit	247 21·0			
5	Petite aiguille soulevée derrière Šamo	278 58·5	266 49·0	0	5·5
6	Aiguille de Šamo	283 43·5	267 27·0	—1	7
7	Mt Tawgur	0 20·5	267 34·5	—1	7
	N... z	239 10·4	179 58·3		

103. *Mahdara MARYAM.* 1843. Mars 7 : mardi s. B = 576. T = 21.

N°	Objet relevé.	W	V	+	—
1	☉ 0h 32m 24s chr. 𝔅	256 37·5	226 53·8	3·2	2·8

103. *Mahdara MARYAM* (suite).

N°	Objet relevé.	W	V	+	—
2 ¶	Mt Gugube, église Fiqra IYASUS	295° 33'·5	270° 36'·0	3	3
3 ¶	Mt Dumi : très-peu visible à la lunette	356 33·0	269 25·5	4	2·5
4	Amora gadal : sommité seult visible	1 43·0	269 37·5	3·8	3
5	Aringo †	12 37·0	269 42·0	3	3·5
6	Dabra Sina	34 45·0			
7 ¶	Dabra Tabor : église de IYASUS	42 4·0	268 26·5	0	6·5
8 ¶	Dabra Tabor MARYAM †	45 47·5	269 7·5	0	6·6
9	Cawre qiddus Mika-el, à 2' environ	180 25·0			
10	Anqaza birhan dans Zugara †	157 40·0			
11	Dabra Qanta IYASUS, église à 10'	184 28·0	268 36·5	0	6·5
12	Abba Libanos dans Afaroannat	202 40·0	268 51·0	—1	7·5
13	Abba Galawdewos †	237 25·0	269 23·0	—2·5	9
14 ¶	Gana Qirqos, église à 16 ou 18' †	247 25·0	269 41·0	—2·5	9
15 ¶	Id., autre bord	246 34·0			
16	Sanne MARYAM, église, ibid., très-loin	262 0·0			
17	Dama qiddus Giyorgis, à 8 ou 12'	270 33·0	270 1·5	4	3
18	Carge Takla haymanot	280 49·0			
19	Direct. des Eaux chaudes à 2'·5 envir.	285 8·0			
20	☉ 1h 29m 42s chr. 𝔅 †	260 41·5	235 35·5	7·5	—1
	N... z	5 33·2	179 58·3		

104. *Quarata I.* 1843. Mars 9 : jeudi s. B = 625. T = 25.

N°	Objet relevé.	W	V	+	—
1	☉ 1h 28m 34s chr. 𝔅	260 22·7	234 28·0	5	1·5
2 ¶	Église de Daga Istifanos ; un bord	321 49·5	269 43·0	6	0
3 ¶	Id., autre bord	322 1·0			
4	☉ 1h 33m 53s chr. 𝔅	260 51·5	235 59·7	6	1·5
	N... Z	4 43·8	170 57·3		

105. *Quarata II.* 1843. Mars 10 : vend. s. B = 625. T = 25.

N°	Objet relevé.	W	V	+	—
1	☉ 1h 18m 22s chr. 𝔅	138 13·0	231 54·0	2·5	3·5
2	Amba MARYAM ou Marado †	266 57·0			
3	Mt Dawaro	276 52·0			
4	Mt Dumi près Libho et Darita	281 10·0			
5	Mt Qalala, invisible à la lunette ; direct.	307 35·0			
6	Égl. de Saint-Michel, près Quarata, à 3'	350 0·0			
7	Manta dabir †	8 11·5	268 33·5	—1	7
8	Église sur la même crête que 7 †	18 26·0			
9	Pic ibid., mais plus près de nous	29 6·5			
10 ¶	Mt..., un bord.	77 50·0			
11 ¶	Id., autre bord	79 9·0			
12 ¶	Mt...	82 45·0			
13	Ile	101 2·0			
14	☉ 1h 39m 56s·8	140 15·5	237 17·5	4	2
	N... Z	243 8·4	179 57·3		

99. Camp de l'Ytege Manan, dans le district de Fanja.

100. Lieu de marché sur la rive du lac Tana : station presque identique avec le n° **80**. — 1 et 2. Le ms. porte ☉ et ☉. — 5. Ou du moins la sommité visible de tout le Tana. Le qobar couvre tout le lac et ses îles.

101. Place du marché d'Yfag. — 4. Relevée de tout le Tana. — 9. Mont avec église de IYASUS.

102. A 80mt en aval du pont à six arches en pierre sur la rivière Rib ou Irib [rive gauche, je crois].

103. [Sans indication]. Vent grand frais du N.-O.

5. Aringo est à peu près aussi loin d'ici que l'est Dabra Tabor. — 8. Le camp du Ras Ali est entre cette église et la précédente. — 10. Église à 8 ou 10 milles. — 13. Fondé par ce roi, dans Afaroannat. — 14. En Afaroannat ; dit vulgairement Çirqos. — 20. L'église de MARYAM la mère cache le Mt Qalala, et le qobar cache le lac Tana.

104. Débarcadère de la ville, presque au niveau du lac. Le qobar empêche de voir Gorgora, etc.

105. A 0'·5 au S.-E. de Quarata. — 2. Très-obscurci par le qobar, ainsi que les 3 numéros qui suivent. — 7. Église sur la sommité la plus large et à gauche. — 8. L'angle azimutal était probablement 8° au lieu 18°, et le n° 8 était l'église occidentale de Manta dabir.

106. *Bahr dar I.* 1843. Mars 13 : lundi m. B = 625. T = 25.

N°	Objet relevé.	W	V	+	—
1	⊙ 6h 38m 57s·8 chr. 𝔅	177° 20′·5	232° 12′·7	2	4
2 ¶	Mt Amadamid, corne E	252 23·5	268 20·0	—1	7
3 ¶	Id., corne O	258 1·0			
4 ¶	Id., passe ou grande route ; peu visible	255 25·0			
5	⊙ 6h 46m 20s	177 59·5	230 26·5	2·8	3·8
	N... z	74 13.3	179 58·3		

107. *Bahr dar II.* 1843. Mars 13 : lundi m. B = 625. T = 25.

N°	Objet relevé.	W	V	+	—
1	⊙ 7h 9m 48s chr. 𝔅	251 47·5	224 54·0	4	1·5
2 ¶	Zage, arbres entourant l'égl., un bord	119 45·5	269 3·0	—1	6
3 ¶	Id., autre bord	120 19·0			
4 ¶	Ile Kibran †	124 17·5			
5	Bout du cap bas qui cache Kibran	139 29·0			
6	Ile éloignée ; sans doute Daga †	160 54·5	269 59·0	—2	7
7 ¶	Port de Quarata, à peu près	165 45·0			
8 ¶	Mt...	171 48·0	269 51·0	—3	8
9	Roche très-petite et à fleur d'eau	154 0·0			
10 ¶	Mt à 4 ou 5′ †	218 46·5	268 15·0	2	3
	N... z	145 28·7	179 58·3		

108. *Tagambat.* 1843. Mars 15 : merc. m. B = 600. T = 20.

N°	Objet relevé.	W	V	+	—
1 ¶	Église de Zage, un bord	84 42·5	270 23·5	1	6
2 ¶	Id., autre bord	84 31·0			
[3 ¶	Kibran, un bord	88 17·0	270 50·5	0	7
4 ¶	Id., autre bord	88 48·0			
5 ¶	Extrémité appar. de la presqu'ile Zage	88 41·5	270 44·5	0	7
6 ¶	Ile au nord de Kibran, un bord	89 2·0	270 51·5	0	7
7 ¶	Id., autre bord	89 19·5			
8	Bahr dar	93 0·0			
9	Ile, un bord	99 22·5	270 47·0	—1	8
10	Id., autre bord	100 12·0			
11	Ilot, roche relevée de Bahr dar, un b.	99 53·0	270 41·0	3	4
12	Id., autre bord	100 1·0			
13 ¶	Mt Gugube ? Warka?	109 52·0	270 22·0	0	7
14	Église	233 15·0			
15	Id. éloignée et passe dans les montag.	264 6·0			
16 ¶	Mt Amadamid, corne E †	273 1·5	267 28·5	3	4
17	⊙ 6h 4m 37s chr. 𝔅	194 1·5	240 2·5	2	5
18 ¶	Mt Makaro †	46 10·5	268 51·5	3	4
19	Direct. de Faras wagga dans le creux	295 0·0			
	N... Z	94 39·6	179 57·3		

109. *Dabra May.* 1843. Mars 16 : jeudi s.

N°	Objet relevé.	W
1	Lac dit Qurt bahr, un bord	228 50·0
2	Id., autre bord	231 40·0
3	Église de Tagambat	273 0·0
4	Mt Amadamid, corne E	134 40·0
5	Id., pic du milieu	141 15·0
6	Id., corne O	146 10·0
7 ¶	Mt Makaro	267 30·0
	N + c par la carte	309 35·0

110. *Angar.* 1843. Mars 19 : dim. m. B = 575. T = 21·6.

N°	Objet relevé.	W	V	+	—
1 ¶	Mt Abola Nigus	108° 51′·5	269° 20′·5	3	4
2	Mt Amadamid, corne E	91 10·0	268 20·5	3	4
3	Id., pic du milieu	95 15·0			
4	Id., corne O	97 36·0	268 25·5	3	4
5	Direction très-approchée du dildi ou pont de pierre †	227 27·0			
6 ¶	Mt Gugube, dit aujourd'hui Warka	225 23·0	270 8·5	4	3
7	Mt Manta dabir	237 38·0	269 52·0	5	2
8 ¶	Mt...	257 8·0	269 25·0	5	2
9	Église dans Andabet	359 30·0			
10	Mota, vu confusément	8 12·0	270 22·0	5	2
11	Dir. de la source d'eau chaude à 3′ env.	359 30·0			
12	⊙ 6h 8m 36s	333 38·5	238 20·5	5	2
13	Église d'Angar à 0′·7, un bord	329 53·0	269 40·0	4	3
14	Id., autre bord	330 24·0			
	N... Z	235 45·9	179 57·3		

111. *Mota.* 1843. Avril 1 : sam. s. B = 574. T = 22.

N°	Objet relevé.	W	V	+	—
1	Mt Manta dabir	238 51·0	270 15·0	5	2
2 ¶	Mt sur la même chaîne que 1	243 15·0	270 4·0	5	2
3 ¶	Point du Mt Guna, en Bagemdir	291 21·0	269 12·5	0	6
4 ¶	Point le plus élevé du Mt Guna	294 29·0	269 4·5	2	5
5	Église de Tac MARYAM	301 25·0			
6	Église à gauche du Mt Yaqandaç †	1 25·0			
7 ¶	Mt Yaqandaç	10 36·5	268 43·0	0	6
8 ¶	Id., autre point	11 10·0	268 43·0	0	6
9 ¶	Id., autre point	11 25·5			
10	Gangarta MARYAM, église †	41 30·0			
11	Yawtir, église †	22 20·0			
12	Église à 5 ou 6′, dite Manta Zigba	26 30·0			
13	Direction de Mota à 500mt †	95 45·0			
14	Dimmat gadal	64 55·0			
15 ¶	Mt Wasfe dangya	165 1·0	269 23·0	2	4
16 ¶	Mt Mizan	173 48·0	269 2·0	2·5	4
17	Mt Amadamid, corne O	179 49·0	269 4·0	3	3
18	Église de Talalo	202 8·0			
19 ¶	Mt Abola Nigus	203 28·5	270 4·5	0	6
20	⊙ 1h 26m 36s chr. 𝔅	171 7·0	232 50·0	4	2·5
	N... z	264 0·0	179 58·1		

112. *Mota.* 1843. Avril 4 : mardi m. B = 574. T = 20.

N°	Objet relevé.	W	V	+	—
1 ¶	Mt Mizan à 5 ou 6′	299 54·0	269 0·0	4	3
2 ¶	Mt Wasfe dangya	305 40·0			
3 ¶	Mt Amadamid, corne E ; obscure	320 25·0			
4 ¶	Mt Abola Nigus, obscur	344 13·0			
5	Église ruinée de Saint-Michel Angar †	354 37 0			
6	Agitta IYASUS, église	351 19·0			
7	⊙ 5h 41m 12s·4 chr. 𝔅 †	134 12·5	243 12·0	1·5	6
	N... z	44 43·8	179 58·1		

106. [Sans autre indication].

107. A environ 500mt au sud-ouest de la station précédente, d'où je ne voyais pas les objets relevés ici. — 4. Partie la plus élevée ; pied caché par un cap. — 6. Relevée en l'air par le mirage. — 10. Le reste de l'horizon est caché par les arbres.

108. Église abandonnée près Faras wagga et du côté de Bahr dar. — 16. L'autre corne est cachée. — 18. Visible de Bahr dar, mais non relevé de là.

109. [Sans autre indication].

110. Ruines d'une église *catholique*, dédiée à St Michel et près Angar. — 5. Ce pont, sur la rivière Abbay, est caché dans le creux.

111. Milieu d'un champ à environ 300mt des dernières huttes de Mota. — 6. Nagaš : estimé à 8 ou 10′. — 10. La direction de Qaranyo est un peu à droite de cette église. — 11. A droite du Mt Yaqandaç. — 13. J'avais écrit d'abord 330mt [il s'agit sans doute ici de l'église].

112. Même lieu que la station **111.** Fort qobar. — 5. A peu près. — 7. Le ms. porte à tort ⊙.

113. *Annabse.* 1843. Avril 4 : mardi s. B = 573. T = 22.

No	Objet relevé.	W	V	+	—
1	¶ Corne E. du Mt Amadamid	255° 49'·5	269° 9'·5	1·5	5
2	¶ Mt Abola Nigus (bouss. 310°)	277 58·5	270 5·0	1·5	5
3	Église de Mota	286 13·0			
4	Station **111** à peu près	299 0·0			
5	Tac MARYAM, église	339 46·0			
6	¶ Mt Yaqandaç	80 19·5	268 33·5	5	3
7	¶ Id., autre point	80 55·0	268 33·5	5	3
8	¶ Id., autre point	81 11·0			
9	Église de Gangarta †	111 6·5			
10	☉ 1h 50m environ	247 27·5	237 22·0	5	2
	N... z	337 54·6	179 58·3		

114. *Titar.* 1843. Avril 5 : merc. s. B = 573. T = 22.

No	Objet relevé.	W	V	+	—
1	☉ 2h 38m 11s·2 chr. B	177 18·0	250 32·2	2	4
2	¶ Mt Guna en Bagemdir	269 55·0			
3	Martula MARYAM, église catholique	305 13·0			
4	¶ Mt Yaqandaç, 1er point †	284 37·5	268 35·0	0	7
5	¶ Id., pic	287 11·5	268 34·0	0	7
6	¶ Id., double sommité	287 58·5	268 31·0	—1	8
7	¶ Id., 2 roches à pic sur la crête : l'une †	288 25·3			
8	¶ Id., id., l'autre	288 33·0			
9	¶ Mt élevé du Wallo	340 2·5	269 31·5	4	3
10	¶ Mt... en Walaka, un bord	0 34·5	270 31·0	4	3
11	¶ Id., autre bord	4 5·0			
12	¶ Mt Somma, colline forte de D. Birru ; un bord	13 7·5	270 40·0	5	1
13	¶ Id., autre bord	16 9·0			
14	¶ Mt du Wallo sur la crête du no 9	342 57·5	270 36·5	3	4
15	¶ Mt chez les Gallas. Frontière du Šawa ?	32 24·0	270 21·5	8·7	—1·7
	N... Z	264 50·1	179 57·3		

115. *Mangistu I.* 1843. Avril 6 : jeudi m. B = 568. T = 19.

No	Objet relevé.	W	V	+	—
1	☉ 7h 39m 42s	300 16·5	213 49·0	3·5	3·5
2	Mt Yaqandaç	224 26·0	268 59·0	1	5
3	¶ Id., no 7 de Titar	226 47·5	268 53·0	1	5
4	¶ Id., no 8 de id.	226 54·5	268 54·0	1	5
5	Direction de Dabra warq dans le creux	240 20·0			
6	Mt Yaqandaç, pic †	223 52·0			
7	¶ Mt Somma ; un bord (colline forte)	294 20·0	270 34·0	0	7
8	¶ Id., autre bord	300 35·5			
9	¶ Colline isolée de Dabet (bouss. 300°)	37 14·0	269 49·5	4	3
10	¶ Église de Mangistu à 2''·5 environ	71 9·0	269 14·7	4	3
11	Angac, égl. en deçà de 10, et dir. de Baso	64 10·0			
12	¶ Zawa, église sur la hauteur à 12'	83 58·0	269 17·0	4	3
	N... Z	205 44·5	179 57·3		

116. *Gurem I.* 1843. Avril 20 : jeudi m. B = 580. T = 20. c = 13'·0.

No	Objet relevé.	W	V	+	—
1	☉ 9h 53m 34s·4 chr. B	74 0·5	224 56·5	1	7·5
2	☉ 6 57 55·2	254 13·5	136 2·2	3	3

116. *Gurem I* (suite).

No	Objet relevé.	W	V	+	—
3	¶ Église de Dogom IYASUS	151° 31'·0	269° 27'·5	—2	8
4	¶ Colline forte de Mutara, un bord †	253 24·5			
5	¶ Id., autre bord	257 27·0			
6	¶ Colline forte de Jiballa †, un bord	274 41·0	271 23·5	—3	9
7	Id., autre bord †	269 40·0			
8	Abab Macakal, église dans Dalma	319 8·0			
9	¶ Mt Amora arga	356 57·0	269 5·0	5	1
10	¶ Mt Quira gadal, près de 9 (bouss. 8°)	357 29·0	269 2·0	4	3
	N... z	350 0·6	179 57·0		

117. *Gurem I.* 1843. Avril 27 : jeudi m. B = 580. T = 22·8. c = 12'·0.

No	Objet relevé.	W	V	+	—
1	☉ 7h 5m 40s·8 chr. B	109 4·0	221 59·5	1·6	5
2	☉ 7 9 46·0 id.	289 15·5	138 55·3	1·2	5
3	¶ Tullu Amara en Jimma Tibbe, à 50'	247 39·5	269 56·0	3·3	3
4	Id. †	67 14·5	89 59·5	2	4
5	¶ Mata Warabesa ibid.	246 55·0	270 0·0	—1	7
6	¶ Wayu, dans Tibbe jadis, auj. séparé	242 34·5	270 4·5	—1·3	7·3
7	Tullu, pour vérifier le vernier A	247 41·5	269 56·5	—1·5	7·5
8	¶ Hula Gobbo, passe de Gobbo en deçà à Gambo au delà	253 11·0	270 0·5	—1·5	7·5
9	¶ Gara Gobbo, dans Gobbo	254 34·5	270 0·5	—1	7
10	¶ Limite de Horro et de Gobbo †	257 9·5	270 14·0	—1·6	7·6
11	Agul, rivière †	269 32·0			
12	¶ Passage de la caravane allant en Gudru, un bord	240 15·5			
13	¶ Id., autre bord	239 47·0			
14	Source fréquentée par les éléphants †	288 33·0			
15	¶ Dego Wamet, bord du daga de Amuru	302 39·0	270 14·0	5·5	1
16	Dir. de la source du Abbay dans Sakala	348 0·0			
17	Agot Baso, église †	313 48·0	270 7·0	4	2
18	Église à large bois ; relevée en **116** ?	357 42·0			
19	¶ Double Mt vu du Tana †, un Mt	13 36·5	269 49·0	4	2
20	¶ Id., autre Mt	13 48·0			
21	Limite des Gudru et des Liban †	223 0·0			
22	Arbre tout près de Dogom †	190 20·5			
23	¶ Mt entre Tibbe et Gobbo : Adulan	250 48·5	269 52·5	—0·5	7·5
24	¶ Limite des Horro et des Amuru	281 49·0	269 57·0	5	2
25	Dogom IYASUS, église à 6 ou 8'	190 17·5	269 29·0	—1	8
26	Mt Amora arga	35 21·5	269 6·0	2	5
27	Mt Quira gadal	35 53·0	269 2·5	7	0
28	Colline carrée, un bord †	36 37·0	268 53·5	4	2
29	Id., autre bord	36 57·0			
30	¶ Mutara, colline forte ; un bord	294 56·0	271 19·5	5	1·5
31	¶ Id., église	295 59·0			
32	¶ Jiballa, colline forte en deçà ; un bord	313 3·0	271 24·0	4	3
33	¶ Id., autre bord	307 40·0			
34	¶ Autre bord de Mutara	292 33·0			
	N... z	28 20·8	179 57·6		

113. Sur la route de Mota à Qaranyo et à 5 ou 6' (?) de Mota. — 9. Et direction de Qaranyo.

114. Près l'église de Titar IYASUS, avant d'arriver à Dabra warq. — 4. Étant relevé de Mota. — 7. A la boussole 22°·0.

115. Sommet d'une colline basse dans le district de Mangistu. — 6. Point relevé de Mota.

116. Promontoire du daga de Gojjam à environ 5' au S.-O. de Yajibe. Tour d'horizon gêné par les brouillards.

4. Ce fort qui s'élève du qualla, appartient au Dajac Gošu. — 6. Dans le qualla. — 7. Le ms. porte 629° 40', ce qui est absurde.

117. [Sans indication. Cette station doit différer très-peu de la précédente]. — 4. Pour voir la différence des verniers azimutaux. — 10. [Probablement Gambo et non Gobbo]. — 11. Relevée à environ 20' du Abbay. — 14. A 10' de Mutara, mais en deçà du Abbay. — 17. Sur le promontoire du daga ; la plus grosse église. — 19. Selon Abbuye [qui est des environs], Gudra est au pied ; Amadamid est un peu à droite. — 21. Vue à travers les nuages et à peu près. — 22. A l'ouest de cette église : estimé à 8'. — 28. Les nos 26-27 et 28-29 et une autre sommité voisine, sont appelés collectivement Arat mankarakar.

118. *Gurem III.* 1843. Avril 27 : jeudi m.

N°	Objet relevé.	W	V	+	—
1	Dinta, église	45° 8′·0	269° 36′·0	3	3·5
2 ¶	Autre église, dite Mita †	47 21·0	269 31·5	3	4
3	Yawiš; relevé l'église *à peu près*	65 23·0			
4 ¶	Église de Taba à 20′	69 28·0			
5	Église à 3′	84 38·0			
6	Arbre isolé sur la colline †	111 6·0	269 22·5	0	7
7	Église à 2′	123 46·0			
8	Église	137 4·0			
9	Dogum IYASUS, un bord	156 52·0			
10	Id., autre bord	157 40·0			
11	Arbre isolé à droite du n° 9	157 44·0			
12	Stations **116** et **117**	291 6·0			
	N + c par réduction... z	355 14·0	179 57·6		

119. *Safarka.* 1843. Mai 7 : dim. m. B = 569. T = 18·2.

N°	Objet relevé.	W	V	+	—
1	⊙ 6h 23m 16s chr. ℬ	72 5·5	231 52·0	8	—1
2	Titar Abbo (bouss. 316°) †	303 42·0			
3	Station **114** à peu près	300 55·0			
4	Yaqandaç, point relevé de Mota †	5 50·0			
5	Martula MARYAM	20 54·0			
6	Église	25 35·0			
7 ¶	Colline un peu au delà de Martula MAR.	30 40·0			
8	Église de Dabra warq à 1′·5	214 13·5	269 28·5	4	3
9	Église sur la route de Yawiš : Mangistu ?	201 5·0			
10	Tababit qiddus Mika-el	222 51·0	268 35·5	4	3
11	Église éloignée de 10′ environ	192 35·0			
	N... z	355 3·9	179 57·6		

120. *Dabet.* 1843. Mai 10 : merc. m. B = 552. T = 20.

N°	Objet relevé.	W	V	+	—
1	Église de Taba, relev. de Gurem ; à 12′	232 36·0	270 36·0	3	5
2	Église à 12′ que nous longeons †	258 7·0			
3	Arera, colline isolée à 6′ (bouss. 290°)	287 46·0	270 32·5	3	4
4	Zawa, relevé de Mangistu	339 37·0			
5	Yaqandaç, vu faiblement	36 45·0			
6	Colline de Safarka 7	48 11·0			
7	Village de Yasanbat	313 14 0			
8	⊙ 6h 6m 42s chr. ℬ	97 8·0	236 11·5	1	6
	N... z	21 22·5	179 57·6		

121. *Anafo.* 1843. Juin 6 : mardi s. B = 578. T = 22·1.

N°	Objet relevé.	W	V	+	—
1	⊙	11 43·0	233 51·0	3	3·5
2 ¶	Mt Mosso, un bord	332 50·5	269 32·5	4	3
3 ¶	Id., autre bord	333 10·0			
4	Id., après avoir dérangé le théod. ; un b.	280 56·5	269 33·5	2	5
5	Id., autre bord	221 18·5			

121. *Anafo* (suite).

N°	Objet relevé.	W	V	+	—
6 ¶	Mt Goro Can †	270° 40′·0	269° 33′·7	0	7
7 ¶	Mt Kolba †	262 29·5	269 27·5	0	7
	N... z	80 49·3	179 57·9		

122. *Qito.* 1843. Juill. 3 : lundi.

N°	Objet relevé.	W	V	+	—
1	Mt Kunci dans Leqa, un point †	176 37·5	267 19·5	1	4
2	Id., autre point	170 48·5	267 7·5	0	6
3	Mt Gimbara, droit devant Inarya	190 45·0	268 33·5	4	2
4	Mt Wamay dans Leqa	210 28·0			
5	Mt Adulan dans Jimma	355 42·0	266 17·5	3	3
6	Mt... dans Botor en Jimma Qaqa	144 40·0			
7 ¶	Longue montag. dans Sibu : une extr.	270 33·0			
	N + c par **133**... z	337 45·0	179 59·8		

123. *Saqa I.* 1843. Sept. 17 : dim. s. B = 620. T = 22·1.

N°	Objet relevé.	W	V	+	—
1	⊙ 4h 18m 16s·0	104 4·0	229 3·5	3·5	2·5
2 ¶	Gara Tafi dans Jimma ; à 20′	333 57·5	268 0·5	1	5
3 ¶	Précipice Itanne devant Yadi ; à 15′ †	345 49·5	268 7·5	4	2
4 ¶	Id., Mt Gumar ; à 12′	4 40·0	268 19·5	6	—0·5
5 ¶	Gara Kollo †	64 6·5	266 31·5	5·5	1·5
	N... z	198 3·2	179 59·0		

124. *Çalla.* 1843. Nov. 22 : merc. s. B = 613. T = 22·1.

N°	Objet relevé.	W	V	+	—
1	⊙ 2h 51m 14s †	148 40·5	244 14·0	3	3
2 ¶	Masara de Jiren	326 9·0	269 16·0	3	3
3 ¶	Id. ? †	327 10·5			
4 ¶	Mt Qallaça, à 15′ †	349 51·0	268 56·0	—2	8
5 ¶	Mt Qawa, à 50′ †	11 12·0	268 28·0	3	3
6 ¶	Sito, petite colline (bouss. 138° 30′) †	33 4·0	268 53·0	0	6
7 ¶	Col où passe le chemin de Bonga	143 40·0	268 49·0	2	4
8	Atiro, colline	161 15·0			
9 ¶	Mt Mate doma, lieu de culte antique †	184 50·0			
10 ¶	Mt Gese à 30′	80 34·0	266 41·5	3	3
11 ¶	Boba, dos de longue montagne †	59 14·0	267 3·0	4	3
12 ¶	Qorti, colline basse, à 12 ou 15′	8 41·0			
13 ¶	Sadaro, colline dans Gera	170 18·5	268 1·5	3	3
14	Micoso, montagne à forêt †	130 39·5	267 15·0	3	3
15	Mt Mada, plus loin que le n° 14, à 20′	126 59·0	267 27·5	4	2
16 ¶	Colline de Jiren à *Kollo* ou génie	330 31·5	269 3·5	2	4
	N... Z	265 20·3	179 57·3		

118. Même lieu, mais à 96mt de la station **117**, qui était gênée par les restes du camp de D. Birru. — 2. Visitée la veille de notre entrée à Yawiš. — 6. Cet arbre est un Wanza.

119. Sur une élévation à 100mt de l'église Safarka Quisquam et à 1′·5 de Dabra warq, à peu près. — 2. Église près ma station **114**. — 4. Très-nuageux.

120. Sommet de cette colline remarquable, située entre Dabra warq et Yawiš. — 2. En allant à Yawiš.

121. Environs immédiats de la maison de Šumi Meça, guerrier et orateur du clan des Loya, tribu des Gudru.

6 et 7. Ces deux noms donnés par Šumi Meça, ont été niés par son collègue Dibar, qui n'en a pas néanmoins proposé d'autres. [La minute du n° 6 devrait être 20·7; il paraît qu'on a récrit la minute du n° 4, par distraction].

122. Campement de la caravane dans une prairie à demi-inondée, près le Gibe et non loin du hameau de Qito. Ciel ouvert. — 1. Dit aussi Kunc.

123. Porte de ma hutte dans le hameau de Saqa. — 3. Boussole 154° 30′. — 5. Kollo Jijilla : relevé du Mt Gimbara comme droit au sud : estimé à 10′.

124. Masara ou palais enclos de Sanna Abba Jifara, en Jimma Qaqa. Nuages commençant à se former par une douce brise du sud. — 1. Couvert aussitôt après : hauteur un peu incertaine. — 2 et 3. Le masara est probablement entre ces deux nos. — 4. Relevé l'espace entre deux arbres sur le sommet. — 5. Le pays de Boša git au delà de ce Mt. — 6. Et direction du qella de Kullo. — 9. A moitié caché. — 11. Et seconde route de Kullo. — 14. Avec buffles et éléphants.

125. *Sadara.* 1843. Nov. 25 : samedi s. B = 613. T = 23.

N°	Objet relevé.	W	V	+	—
1	☉ 2h 44m 3s chr. 𝔇	147° 10′·0	242° 37′·5	3·5	3
2	¶ Mt Alla, pic, à 40′ †	61 56·0	268 32·5	6	0
3	¶ Pic de Hotta dans Çida, à 40′ †	63 2·5	268 20·0	6	0
4	Fente où coule la rivière Wato, à 30′ †	67 8·5	268 34·5	5	1
5	Dulla dans Kaffa, à 25′ †	73 12·5	268 14·0	4	2
6	Susa en Kaffa, à 15′ †	100 9·0	267 35·5	5	1
7	Direction de Bonga	127 20·0			
8	District de Baqa en Kaffa †	133 20·0			
9	Direction du col de Tumama	293 40·0			
	N... Z	265 8·5	179 57·3		

126. *Tobo.* 1844. Fév. 6 : mardi s. B = 627. T = 30·3. **T** = 18·1. **c** = 13′·9.

N°	Objet relevé.	W	V	+	—
1	☉ 3h 24m 0s chr. 𝔅	318 29·0	223 24·5	4·8	0·3
2	☉ 3 27 30	138 26·0	135 16·0	11	
3	Direction approchée de Gombota	8 9·0			
4	¶ Mt Heco, masara en Guma, à 12′ †	42 50·0	268 43·5	2	3
5	¶ Col de Jijilla (bouss. 61° 0′)	131 46·5	268 46·5	—5	10
	N... z	81 36·8	179 57·6		

127. *Saqa.* 1844. Fév. 10 : samedi m. B = 520. T = 26. **c** = 14′·6.

N°	Objet relevé.	W	V	+	—
1	☉ 9h 11m 5s	336 51·0	240 23·5	0	7
2	☉ 9 13 50	156 12·0	120 11·0	1	6
3	¶ Mt Itanne, précip. devant Yadi, à 20′ †	12 12·5	268 20·0	1	6
4	¶ Mt Harawa, à 15′	8 54·5	268 45·5	4	3
5	¶ Walansu, colline boisée, à 10′	11 3·0	269 1·0	5	2
6	¶ Mt Tafi, à 25′	0 39·5	268 14·5	2	4
7	¶ Mt Gabana en deçà de Dar-u, à 7′ †	81 7·0	267 13·0	0	6
8	¶ Id., 2me sommet	86 20·0	267 10·5	3·5	3
9	¶ Mt Babe, à 25′	61 46·0	269 16·0	3·5	3·5
10	¶ Mt Kola ? derrière Garuqqe, à 16′	74 26·0	268 50·0	3	3·5
11	¶ Gumar, aspérité du daga, à 25′	49 42·5	269 14·0	6	1
12	¶ Mt Negera ? à 20′	282 23·0	268 31·5	0	6
13	¶ Mt Waco ? Golu ? à 12′	292 9·0	268 27·5	3	3
14	¶ Mt Qirarati, à 12′	306 40·0	268 16·0	0	6
15	¶ Mt..., en Botor, à 18′	327 35·0	268 35·5	3	4
16	¶ Église abandonnée de Dokono, à 1′·5	94			
17	Jijilla †, à 2′·5 (bouss. 251°)	107 27·5	267 33·0	2·5	3·5
18	¶ Mt Bilida, à 30′ (bouss. 20°)	235 34·0	268 16·5	2	4
19	Masara de Saqa	223			
20	Lac Çalalaqi, un bout	287 33·0	271 20·5	—2	8
21	Id., autre bout, à 6′	290 21·5	271 19·5	—2	8
22	¶ Mt éloigné, à demi caché, à 30′	340 45·0	268 42·5	4	2·5
	N... z	224 43·6	179 58·2		

128. *Saqa I.* 1844. Fév. 16 : vend. m. B = 520. T = 22·3. **T** = 16·3. **c** = 12′·5.

N°	Objet relevé.	W	V	+	—
1	☉ 9h 22m 46s	286° 59′·5	237° 1′·0	4	2·8
2	☉ 9 26 38	107 30·5	124 21·0	4·3	2
3	¶ Mt Itanne, précipice	143 22·5	91 49·5	5·2	0·8
4	¶ Id.	323 48·5	268 6·5	3	3
	N... z	176 5·7	179 58·0		

129. *Saqa I.* 1844. Fév. 21 : mercr. m. B = 520. T = 20. **c** = 14′·0.

N°	Objet relevé.	W	V	+	—
1	Mt Itanne, précipice	289 18·0	268 7·0	2	4
2	Id.	108 50·0	91 49·5	2·7	3·8
3	☉ 9h 14m 15s †	69 13·5	121 32·5	7	
4	☉ 9 17 40	250 42·5	237 4·5	0	6
	N... z	141 34·0	179 58·0		

130. *Koma.* 1844. Fév. 27 : mardi s. B = 608. T = 28·9. **T** = 15·0. **c** = 14′·4.

N°	Objet relevé.	W	V	+	—
1	☉ 4h 12m 41s	1 54·0	232 21·5		7·6
2	☉ 4 15 54	180 55·0	127 23·5	3·5	2
3	¶ Kollo Hapate à 0′·4	355 48·5	255 22·0	0	6
4	¶ Mt Sakala 2′·5, un sommet	328 17·5	266 44·0	2	4
5	¶ Id., 2me et plus haute cime à 3′ †	319 33·5	266 8·0	2	4
6	¶ Mt Mole, et coll. en deçà et près de id. †	244 34·5	269 34·5	2	3·5
7	Direction de Saqa †	261 24·0			
8	¶ Mt Bilida, probt (bouss. 87°·5) †	187 21·0	268 20·0	2	3·5
	N... z	109 2·9	179 58·4		

131. *Barakat.* 1844. Mars 8 : vendredi soir.

N°	Objet relevé.	W	V	+	—
1	¶ Mt Adulan	18 18·0	268 6.5	4	3
2	¶ Id. (bouss. 38° 22′)	197 53·5	91 48·7	2·5	4·5
3	¶ Mt Balballa, probablement	6 55·0	268 16·5	4	3
4	¶ Mt Sagal marme en Gambo	2 6·5	268 17·5	4	3
5	¶ Mt	356 37·5	268 16·0	5	2
6	¶ Mt	354 0·0	268 29·5	6	1
7	¶ Colline noire dans le qualla de Jimma	347 48·0	268 57·5	6	1
8	Hutte la plus à gauche sur la prairie †	352 34·5	269 57·5	5	2
	N + c par **132**... z	350 3·9	179 57·5		

132. *Barakat.* 1844. Mars 8 : vendredi s. B = 628. T = 27·1. **T** = 16·8.

N°	Objet relevé.	W	V	+	—
1	¶ Mt Tullu Habib (bouss. 38° 22′)	302 24·0	268 5·7	3	2·5
2	¶ Id.	121 57·5	91 49·8	3·3	2·1
3	¶ Mt Kunci, entre Leqa et Lofe, une somm.	238 27·0	96 5·5	2·7	3
4	¶ Id., autre sommité	243 29·0	96 58·0	2·7	3
5	¶ Mt Gimbara	116 46·5	266 17·2	2·5	3

125. Terre de Sadara, près Qanqati et à environ 500mt N. 20° E. de Sabaqa. — 2. La plaine de Suda précède Hotta. — 3. Hotta et Alla sont en Kullo. La boussole (164°) est très-paresseuse. — 4. Frontière commune de Kaffa et de Kullo. — 5. Daga élevé. — 6. Et à 5 ou 6′ col du Mt Yangala. — 8. Les vapeurs cachent le Mt Ufa, qui est bifide.

126. Près le masara [de Ibsa Abba Boggibo, seigneur des Limmu]. Calme plat : soleil couvert par intervalles; qobar épais sur tous les objets éloignés. — 4. Invisible dans la lunette; observé par repères et par dessus la lunette.

127. Sommet de la colline à mi-chemin entre ma hutte et le masara. Brise fraiche du N.-E. — 3. Boussole 154° 30′. — 7. Relevé du Mt Gimbara ? — 17. Milieu entre les deux warka.

128. Hameau de Saqa. Brise du S.-E. Niveau bien rectifié.

129. Hameau de Saqa. — 3. Le ms. porte à tort ☉.

130. Masara de Abba Jobar dans Koma. Qobar si fort qu'il cache totalement le Mt Gabana. — 5. Relevée du Mt Gimbara. — 6. Boussole 144°. — 7. Selon Getu, qui paraît avoir raison. — 8. Commencement du daga de Jimma Hinne, vu à travers le qobar, boussole 320° : direction du qolla, boussole 20°. Hier par 30° (?).

131. Terrain ouvert dans Leqa : dit aussi Laga Jarti. Ciel couvert. — 8. Pour prendre l'azimut vrai ensuite.

132. Même lieu que la station **131**, l'instrument ayant été dérangé pour voir plus d'objets lointains.

132. *Barakat* (suite).

N°	Objet relevé.	W	V	+	—
6	¶ Colline à 4′	169° 44′·5	265° 26′·0	2	4
7	¶ Colline à 3′ †	196 21·0	266 26·0	2	4
8	☉ 4^h 11^m 32^s le soir †	170 42·0	231 41·0	2·8	3
9	☉ 4 14 58 †	351 11·5	126 52·0	3	2·5
10	☉ 4 17 46·4, pour l'angle horaire		126 44·5	4	1
	N... z	273 58·8	179 57·5		

133. *Qiṭo.* 1844. Mars 10 : dimanche m. B = 629. T = 26·0. **T** = 17·4. **c** = 11′·7.

N°	Objet relevé.	W	V	+	—
1	¶ Mt Kunci, dans Leqa,	245 19·5	267 6·0	—1·2	7·2
2	¶ Id., 2me sommité	251 22·0	267 17·5	—1·5	7·5
3	¶ Mt Gimbara (bouss. 218°)	84 52·5	91 23·5	2	4
4	¶ Id.	265 17·0	268 32·0	—2	8
5	Mt éloigné entre Nonno et Botor	218 58·0	269 6·5	—1·5	7·5
6	☉ 9^h 20^m 52^s chr. ☽ †	153 42·0	234 21·0	4	3
7	☉ 9 24 10 » †	334 8·0	126 57·0	2	4·8
8	Mt relevé en Barakat 6	291 47·5	268 39·5	—2	8
9	¶ Mt de Sibu, à 25′ : Gara Korma	332 30·0	268 20·0	—0·5	6·5
10	¶ Id., autre point	336 0·0	268 5·5	1	5
11	¶ Id., autre point	337 10·0	268 5·5	1	5
12	¶ Colline à 8′	14 49 0	268 20·0	4	3
13	¶ Mt de Gambo, à 50′	34 36·0	268 4·0	4	2·5
14	¶ Mt... ib. 45′	37 39·0	268 11·5	6	0·5
15	¶ Mt... ib. 45′	38 4·5	268 13·0	6	0·4
16	¶ Mt...	41 29·0	267 44·0	6·4	0·4
17	¶ Mt... relevé de Barakat	43 0·5	267 30·5	6·7	0·7
18	¶ Mt Sagal marme en Gambo	47 42·0	267 19·5	3	3
19	¶ Mt Adulan (bouss. 28°)	70 0·0	266 17·0	3	3
20	¶ Aspérité du daga	78 20·5	267 3·5	3	3
21	¶ Tullu Amara (bouss. 62°·5)	102 51·5	266 29·0	3	3
22	¶ Id.	282 26·0	93 26·3	4	1·5
23	¶ Aspérité de la chaîne	119 22·0	266 13·5	4	2
24	Mt éloigné qui sépare du Liban, à 25′	178 47·5	268 29·0	3	3
	N... z	52 4·6	179 57·4		

134. *Lag'amara.* 1844. Mars 12 : mardi m. B = 610. T = 19·0. **T** = 15·0. **c** = 13′·4.

N°	Objet relevé.	W	V	+	—
1	☉ 8^h 25^m 54^s †	140 53·5	239 37·5	3	3·6
2	☉ 8 30 13	321 16·0	120 49·5		7·6
3	¶ Mt Gimbara	254 51·0	269 0·7	0·6	6
4	¶ Mt Gimbara	74 25·5	90 55·2	5·5	0·6
5	¶ Mt Kunci, large tête vers Laga Jarti	63 45·0	91 45·5	3·5	3
6	¶ Id., petit pic	60 42·0	91 41·0	6·2	0·5
7	¶ Id., grand pic (bouss. 200°·5)	58 58·5	91 56·0	6·5	0
	N... z	41 46·8	179 58·5		

135. *Garre abdi.* 1844. Mars 14 : jeudi matin.

N°	Objet relevé.	W	V	+	—
1	Pic E. du Mt Kunci, le plus haut †	323° 4′·0	269° 50′·5	5	3
2	Petit pic du Kunci	324 13·0	270 0·0	5	3
3	Id., grand large pic	326 8·0	269 57·0	5	3
4	Mt Gimbara	333 46·0	270 18·5	5	3
5	Longue montagne entre Nonno et Botor	299 52·0			
	N + c par la carte... z	125 15·1	179 58·4		

136. *Yawiš I.* 1844. Mai 6 : lundi m. B = 572. T = 17·2. **T** = 10·0. **c** = 12′·1.

N°	Objet relevé.	W	V	+	—
1	☉ 7^h 3^m 56^s chr. ☽	148 27·0	253 54·5	5	2
2	☉ 7 8 47	327 36·5	106 38·0	7·8	0
3	Anbar, égl. sur une coll. à 3′ (bous. 37°)	271 57·5	91 5·5	4	3
4	¶ Passage du Çoqe pour aller à Moṭa et source du Muga	268 32·0	91 4·5	3	4
5	¶ Pic du Çoqe très-peu élevé sur cette chaîne	263 19·5	91 22·5	3	3·5
6	¶ 2me pic, id.	261 49·0	91 29·0	4	3
7	¶ Pic 3me et le plus apparent	260 31·5	91 31·5	5	2
8	¶ Id., pour avoir la hauteur du Çoqe	80 58·5	268 22·5	4	3
9	Id.		268 23·5	—1	8
10	Id. †		91 31·2	5	2
11	¶ Arat Mankarakar, gros carré, un bord	245 59·0	91 9·2	6	1
12	¶ Id., autre bord	245 32·5	91 8·0	6	1
13	¶ 2me pic (petit carré); un bord	244 51·5	90 58·0	2	4
14	¶ Id., autre bord	244 36·5			
15	¶ 3me pic, Mt Quira gadal	243 57·5	90 58·0	3	3
16	¶ 4me pic, Amora arga	243 13·0	90 53·0	2·5	3·5
17	¶ Mt plus éloigné que le n° 16	239 39·0	90 36·5	2	4
18	Danguro †	191 15·0			
	N... z	72 27·4	179 57·2		

137. *Yawiš II.* 1844. Mai.

N°	Objet relevé.	W	V	+	—
1	¶ Mt... dans Çoqe, et qui semble en être le faite	342 7·0	268 21·5	6·5	0
2	Id.		91 33·0	5	1
3	¶ Arat Mankarakar, gros carré, un bord †	322 53·5	268 46·0	2·5	4
4	¶ Id., autre bord		91 9·0	3	4
5	Direct. de Yajibe caché dans le creux †	240 23·5	270 0·0		
	N + c par la carte (à peu près)... z	332 ?	179 57·4		

138. *Gurem II.* 1844. Mai 10 : vend. m. B = 580. T = 16. **c** = 13′·1.

N°	Objet relevé.	W	V	+	—
1	☉ 6^h 47^m 22^s chr. ☽	152 40·0	243 41·0	2	5
2	☉ 7 50 16	331 37·5	116 25·5	1	6
3	¶ Tullu Amara dans Jimma ; très-faible	115 53·0			
4	Arbre de Dogom IYASUS (bouss. 168°) †	59 13·0			
5	Id.	239 37·0			

7. Probablement la même que j'ai relevée de Lag'amara. — 8. Ayant attendu jusqu'alors. — 9. Le ms. porte 307° 58′, puis : « sans doute 306° 58. » Un calme plat régna pendant ce tour d'horizon.

133. Même lieu que **122**. — 6 et 7. Les profils du soleil sont intervertis dans le ms.

134. Maison de Curka dans Lag'amara, district de Jimma Rare, lequel prend son nom de la rivière voisine. Vent venant tantôt du Mt Gimbara, puis variant de 40° à 60° est. — 1. Le ms. porte 8^h 26^m 54^s, à tort.

135. Avant le lever du soleil, pour éviter l'importunité des curieux. Le Mt Adulan est à 1 mille O. ¼ S. Une colline ou aspérité du daga est à 2′ estimés, droit au sud magnétique. — 1. Boussole 213°.

136. Lisière de cette ville, près la maison de Blata Kulalit. Forte brise venant de Zanami. — 9 et 10. Cette paire d'apozénits fut prise après avoir soigneusement rectifié les pieds. — 18. Yadangura, à 6′, boussole 83°. Ṭaba, à 6′ et 85°·5. Danguago, à 1′·5 et 129°. Gulma, à 3′ et 103°. Ces 4 signaux sont des églises.

137. Entrée de Yawiš du côté de Yajibe. — 3. Déjà relevé en **136**, 12. Le ms. porte aussi 372°. — 5. Bulle du niveau rentrée par un bout.

138. Tête de promontoire du daga à 4′ estimés de Yajibe. — 4. L'arbre **118**, 11 est à demi-renversé aujourd'hui et est situé plus vers la gauche.

138. *Gurem II* (suite).

N°	Objet relevé.	W	V	+	—
6	¶ Danguago, coll. près Yawiš; visé l'arbre	157° 7'·0	269° 44'·0	2·5	4·5
7	¶ Église Anbar, relevée de Yawiš	129 26·5	269 32·0	4	3
8	Yadangura, probablement	151 51·0	269 44·0	4	3
9	Taba, relevé de Dabet probablement	151 28·0	269 44·0	4	3
10	Dir. de Yajibe, visant sur Yawiš (b. 75°)	147 17·0			
11	¶ Pic du Çoqe, relevé en **136**,7	98 32·0	268 40·5	5·5	1·5
12	¶ Large somm. du Çoqe, un bord; **137**,1	92 26·5	268 36·0	6	1
13	¶ Id., autre bord	92 50·0			
14	¶ Arat Mankarakar, gros carré; un bord	85 1·0	268 53·5	7·2	—0·2
15	¶ Id., autre bord	85 23·5			
16	¶ Mt... très-peu visible	80 22·0			
17	¶ Mt Licma? très-peu visible et fort loin	51 16·0			
	N... z	76 55·8	179 58·6		

139. *Innamora.* 1844. Mai 15 : merc. m. B = 582. T = 16. c = 8'·3.

N°	Objet relevé.	W	V	+	—
1	☉ 7h 54m 5s chr. ①	73 32·5	115 24·5	4·5	2·5
2	☉ 7 58 49 id.	254 29·5	244 1·5	2·3	4·6
3	¶ Mt Licma dans Sakala (bouss. 340°)	151 11·5	269 8·5	2·3	4·6
4	¶ Id.	330 48·5	90 46·5	2	4·7
5	¶ Mt	156 54·0	269 48·0	1	6·5
6	¶ Id. Dangya qadada	157 36·0	269 32·0	—1	8
7	¶ Mt Amadamid, corne O	163 36·0	269 30·5	2	4·5
8	¶ Id., proéminence au centre †	166 31·5	269 8·0	2	4·5
9	¶ Id., corne E (moins bien définie)	170 51·0	269 5·5	3	4
10	Arat Mankarakar, gros carré, un bord †	263 7·0	267 54·5	1	6
11	Id., autre bord	263 47·5			
12	Église dans la direction de Yajibe	350 30·5	270 22·5	6·4	0·5
13	¶ Mt Fudi, pic lointain dans Njabara, Agawmidir	129 50·0	269 46·0	2	4
14	¶ Mt... lointain et semblant un système à part	105 4·0	270 4·5	3·5	3
15	Dir. de la source du Abbay, vagt indiq. †	143 20·0			
	N... z	180 0·8	179 57·5		

140. *Innamora.* 1844. Mai 15 : mercredi soir.

N°	Objet relevé.	W
1	Mt Giš †	327 20·0
2	Mt Licma	336 11·5
3	Mt Fudi	316 25·0
	N + c par la carte	6 19·0

141. *Dalma.* 1844. Mai 16 : jeudi midi.

N°	Objet relevé.	W	V	+	—
1	¶ Wamet, colline centrale	200 0·0			
2	¶ Mt... en Agawmidir; une sommité	252 9·0	270 1·3	3	3
3	¶ Id., autre sommité	252 7·5			
4	¶ Mt... très-loin et confus	261 4·0	269 54·5	3	3·5

141. *Dalma* (suite).

N°	Objet relevé.	W	V	+	—
5	¶ Mt Licma (boussole 348°)	294° 46'·0	269° 15'·0	2·6	4
6	¶ Mt Fudi, en Agawmidir	275 23·5	269 46·0	2·6	4
7	Église de Dambaça (boussole 350°)	301 45·0			
8	Abre isolé sur la colline d'Innamora †	304 14·5	269 22·0	2	4·6
9	Église de MARIE Innamora †	306 17·0			
10	Direction de Yajibe	122 40·0			
11	Agot Baso, direction	173 40·0			
	N + c par la carte... z	320 47·5	179 57·6		

142. *Woqsosta.* 1844. Juill. 2 : mardi midi.

N°	Objet relevé.	W	V	+	—
1	¶ Mt Amadamid, corne O	298 37·0	268 5·0	3	4
2	¶ Id., pic	302 36·0	268 17·0	3	4
3	¶ Id., passe ou grande route	303 25·5	268 35·5	4	3
4	¶ Id., corne E, mieux définie que l'autre	308 49·0	268 15·5	3	4
5	¶ Mt Mizan, relevé de Mota en **112**,1	336 47·5	269 52·5	3	4
6	¶ Id., large sommité	337 33·5	269 35·0	1·5	5
7	¶ Mt probabt près Ysmala; très-obscur †	217 43·0	279 21·5	4	3
8	¶ Pic de Fudi, relevé d'Innamora	152 43·5	270 1·5	3	4
9	¶ Pic de Sangam	155 52·0	270 5·5	3	4
10	Mt Gindinizi, nommé plus tard Gindirzi	184 6·5	269 39·7	4	3
11	¶ Église de Kolal Saint-Michel à 0'·8	158 0·0			
12	Hameau de Kuic en deçà de la source	124 25·0	271 54·5	3	3
13	Source du Abbay	112 45·5	270 36·0	3	3
14	¶ Mt Giš Abbay rel. à la bouss. de Gudara	116 7·5	268 3·5	3	4
15	Ma tente au camp, pour l'azimut vrai	297 44·0	268 48?	—1	8
	N + c par la carte... z	252 31·0	179 57·6		

143. *Sakala.* 1844. Juill. 4 : jeudi m. B = 565. T = 13·5.

N°	Objet relevé.	W	V	+	—
1	☉ 5h 25m 37s chr. ①	142 33·0	250 40·5	4	3
2	Colline de Woqsosta ou station **142**	298 20·0	266 9·5	6	2
	N... z	72 42·4	179 57·6		

144. *Baguina I.* 1844. Juill. 8 : lundi m. B = 589. T = 17·8. c = 12'·3.

N°	Objet relevé.	W	V	+	—
1	☉ 6h 45m 34s chr. ①	277 53·0	232 50·0	4·2	2·5
2	☉ 6 48 23 id.	96 39·5	127 12·5	4	3
3	¶ Mt Taja, relevé de Dalma (b. O 1/4 N.-O.)	126 46·5			
4	¶ Id., pic	128 11·3			
5	¶ Mt Fudi (bouss. N. O., puis bouss. 317°)	158 25·5	268 31·5	4	2
6	¶ Id., autre bord	158 56·0			
7	¶ Id., fond de l'escarpement	159 11·0			
8	¶ Mt Tarqasi probabt relevé d'Innamora	171 50·5	268 37·5	5	2
9	¶ Id.	351 29·0	91 16·5	3	4
10	¶ Mt Gudi	175 48·0	268 33·0	6	1
11	¶ Mt Mirgi	181 8·0	268 31·5	5	1·5
12	¶ Mt Zahansa	187 36·0	268 40·5	5	1·5
13	¶ Mt Zangana Kabab †	203 47·5	268 31·5	5	1·5
	N... z	207 26·6	179 57·6		

139. Sur la colline, un peu au nord de l'église d'Innamora MARYAM et à environ 2' de Dambaça. — 8. [Ceci serait la vraie corne ouest]. — 10. Qobar très-fort de ce côté-ci seulement. — 15. Id. à la boussole 335° 30'. Instrument fort tranquille et lunette de repère immobile. Vis légèrement touchées avant le 14e relèvement. Thermomètre resté à Dambaça.

140. Retourné à la colline d'Innamora pour avoir la vraie position de la source du Abbay, par les indications d'un soldat dit Makru ; je fus enveloppé d'une nuée de sauterelles assez forte pour m'empêcher d'observer le soleil et la plupart des monts. La station était à environ 0'·75 au sud de la station **139**. — 1. Mont tout près de la source du Abbay.

141. Bord de la colline.

8. Plus tard, de cet arbre j'ai relevé à la boussole la station de Dalma par 172° et Wamet par 224° à la boussole. — 9. La station **139** est plus à droite.

142. Col ou sentier au haut de la colline, à environ 4' de la source du Abbay. Soleil couvert. Lunette inférieure bien immobile. — 7. Relevé du Fogara.

143. Ma tente au camp de D. Birru. Soleil couvert à 5h 26m. Le reste de l'horizon est couvert.

144. Hameau de Baguina en Damot, à l'est et à 0'·25 de l'addaraš brûlé de Haylu walda Mika-el. Calme. — 13. A l'œil, cette chaîne de sommités chez les Awawa semble orientée N.-N.-E. et S.-S.-O.

145. *Baguina I.* 1844. Juill. 9 : mardi.

Nº	Object relevé.	W	V	+	-
1	¶ Mt..., probabt Wašitti en pays Gonga †	213° 58′·5	270° 25′·0	3	4
2	¶ Id., 4me pic	213 22·5	270 27·0	3	4
3	¶ Mt Taja, un bord ; à 8′	247 26·5	268 53·5	3·5	4
4	¶ Id., autre bord	247 51·5			
5	¶ Id., pic	249 14·5	268 54·0	4	3·5
6	¶ Mt..., suite du précédent, à 7′	260 1·5	268 22·5	4·5	3
7	¶ Id., dôme	252 4·5	269 1·0	4·5	3
8	¶ Pic faisant suite au nº 6	266 23·0	268 34·0	4·5	3
9	¶ Mt Fudi, à 12′	279 58·5	268 32·0	4·5	3
10	¶ Mt Sangam? Tarqasi, à 9′ †	292 56·0	268 37·5	4·5	3
11	¶ Mt à 10′	302 10·0	268 31·5	4	3·5
12	¶ Mt Zangana Kabab, à 8′	324 50·0	268 31·5	4	3·5
13	Colline voisine boisée, à 5′	331 52·0	267 42·0	4	3·5
14	Autre colline id., à 3′	14 25·0	267 13·0	3·5	4
15	¶ Mt... probabt Zekob en Gonga, à 20′ †	210 28·5	270 21·5	4·5	3
16	¶ Mt... à 25′ †	138 5·0			
	N + c par **144**... z	328 41·4	179 57·2		

146. *Baguina II.* 1844. Juill. 19 : vend. s. B = 589. T = 19. c = 12′·9.

Nº	Object relevé.	W	V	+	-
1	☉ 4h 15m 51s chr. D	118 30·0	263 33·5	0	7
2	☉ 4 19 31	297 40·5	95 3·5	3	4
3	¶ Bord de la colline de Wamet †	342 44·0			
4	¶ Colline en Damot, à 15′ ; un bord	351 25·0			
5	¶ Id., autre bord	2 40·0			
6	Mt Tarqasi	7 19·0	269 56·5	6	1
7	¶ Mt...	154 33·5			
8	¶ Id., haute pointe	158 18·0			
9	¶ Id., tête moins haute que le nº 8	152 20·5	269 1·0	3	4
	N... z	187 57·5	179 58·7		

147. *Ysmala.* 1844. Juill. 27 : samedi.

Nº	Object relevé.	W	V	+	-
1	¶ Mt qu'on n'a pu identifier, pic bas	281 32·5			
2	¶ Id., haut pic	281 41·5	270 7·0	0	7·5
3	¶ Mt Abola Nigus près Ybaba (bouss. 125°)	306 13·5	269 54·0	1·8	5·7
4	¶ Mt Amadamid, corne E	322 22·5	269 13·0	5	2
5	¶ Mt Amadamid, pic central	324 25·5	269 10·5	6·5	1
6	¶ Mt Amadamid, corne O	325 35·0	269 6·0	6	1·5
	N + c par la carte... z	188 19·5	179 58·5		

148. *Jahana* 1844. Juill. 27 : samedi.

Nº	Objet relevé.	W	V	+	−
1	¶ Mt Abola Nigus (boussole 127°)	354 30·0	269 51·0	0	7
2	¶ Mando à peu près	0 44·5	269 47·5	4·5	2
3	¶ Mt Liema?	19 51·0	269 29·0	3	4
4	¶ Mt Dangya qadada?	21 12·0	269 27·0	3	4
5	¶ Id., 2e pic	21 29·0	269 26·5	3	4
6	¶ Mt...	22 50·5	269 30·5	2·5	4·5
7	¶ Mt...	23 54·5	269 31·0	3	4
8	¶ Mt...	25 2·5	269 34·5	2	5
9	¶ Mt, que je pris pour Mt Giš Abbay	25° 22′·0	269° 32′·0	2	5
10	¶ Mt...	28 36·0	269 32·5	2·5	4
11	¶ Mt...	32 14·0	269 35·5	2	5
12	¶ Mt...	35 34·5	269 40·5	1·5	6
13	¶ Mt Giš Abbay, selon Mahtintu (b. 167°)	36 29·5	269 36·5	0	7
14	¶ Mt Azim	46 58·0	269 30·5	−1	8
15	¶ Mt Barf	51 10·0	269 33·5	−2	9
16	¶ Mt Zirigi	54 40·7	269 30·0	3	4
17	¶ Mt Šambillo à 8′	105 24·5	267 45·0	0	7
18	¶ Mt Gajge	184 25·0	269 45·0	1	6
19	¶ Dabra Anbaro à 4′	277 49·0	270 7·5	4	2
20	Un bout de Daq, ile	278 52·0	270 25·0	8	−1
21	Id., autre bout	286 28·0			
22	¶ Sanctuaire de Daga Istifanos	287 28·0	270 17·0	8	−1
	N + c par la carte... z	231 40·0	179 58·5		

149. *Çima.* 1844. Juill. 29 : lundi.

Nº	Objet relevé.	W	V	+	−
1	Ile de Zakaryas (bouss. 137°)	217 18·0			
2	Ile de Daga (bouss. 155°)	236 19·0			
3	Mt Dabra Anbaro	273 28·0			
	N + c par la boussole	88 48·0			

150. *Tigre miçohya.* 1844. Août 19 : lundi.

Nº	Objet relevé.	W	V	+	−
1	¶ Manta dabir, sommet E. †	0 0·0	270 0·5	10	19
2	¶ Grande tour du palais ; arête O. †	21 42·0			
3	¶ Visé nº 1 et, comme alors, le vide entre les arbres	180 0·5	91 19·2	−1·2	64·2
4	¶ Autre Mt de Manta dabir †	179 44·5			
5	¶ Visé le nº 2	201 41·3			
	N par **85**	192 0·0			

151. *Tigre miçohya.* 1844. Août 25 : dimanche.

Nº	Objet relevé.	W	V	+	−
0	Avant de commencer	180 0·1	180 0·4		
1	¶ Mt à l'E. du nº 4; Manta dabir?			11	18
2	¶ Id., cercle retourné	359 58·3	0 49·5	10	19
3	¶ Pic O. du même Mt, face E.	359 50·6	0 49·9	10	19
4	¶ Mt Guaha dans Dara, face à l'E. †	357 15·2		9·5	19·8
5	¶ Id., face O.		179 51·4	8·5	21·5
6	¶ Id., sommet à plateau, dit Sannay MARYAM, face O. †	357 38·2	179 51·1	7	23
7	¶ Colline, peut-être de Zage, face O. †	343 53·1		11	18
8	¶ Id., face E.		23 7·5	13	15
9	¶ Mt Amadamid, corne E. à peu près, f. E.	349 30·0			
10	¶ Id., corne O., face E.	347 23·0			
11	¶ Mt, probablement Daga Istifanos	339 47·1			
12	¶ Colline au delà de Gorgora	320 44·4			

145. Même station que la veille. Ciel couvert. — A 20′ sur la rive gauche de la rivière Abbay. — 10. Écrit plus haut Tarqasi. — 15. Sur la rive gauche du Abbay. — 16. Caché par les arbres. Les arbres et les collines me dérobent le reste de l'horizon. Le Mt May, à droite de Tarqasi, est caché par les arbres.

146. A 500mt au S.-O. de la station **145**. — 3. Non relevé de Dalma.

147. Sans autre indication. Temps couvert.

148. Jahana Giyorgis, à 3′ d'Ysmala. Ciel couvert.

149. Rive gauche de cet affluent du lac Tana, à 5 heures de route de Janda.

150. Mon tas de pierres. Théodolite Gambey, bien rectifié. — 1. Et le plus foncé en couleur. — 2. Relevé la naissance des créneaux. — 4. La lunette d'épreuve a légèrement bougé. Amadamid était invisible. En comparant avec mon tour d'horizon nº **85** où j'avais un large horizon, je suis forcé de conclure que **150**, 1 est l'île Daga et que le nº 2 est une autre montagne située au delà du lac. La surface de ses eaux était à peine visible et le reste de l'horizon était voilé.

151. Mon tas de pierres. Théodolite Gambey : ciel couvert; niveau rectifié. — 4 et 7. Ramenant la lunette sur le signal par le mouvement simultané des deux cercles azimutaux. — 6. Entre Dara et Afaroannat.

151. *Tigre miçohya* (suite).

N°	Objet relevé.	W	V	+	—
13 ¶	Sommité, peut-être droit dev. Quaraṭa	355° 1'·4			
14 ¶	Autre sommité E. du n° 1	3 17·3			
15 ¶	Tangente à la limite apparente orientale du lac Ṭana	3 55·0			
16 ¶	Tour du palais : bord O. †	1 36·7			
17	Arbre isolé du Qañ bet, milieu du pied	347 2·7			
18	Tang. au bord du lac en deçà de Gorgora	327 46·5			
19	Ile près Gorgora, un bord	330 21·4			
20	Id., autre bord	330 1·1			
21	Autre île près le n° 19, un bord	329 58·2			
22	Id., autre bord	329 43·4			
23	Ilot isolé, visé entre les deux arbres †	329 39·7			
24	Extrémité de la presqu'île de Gorgora	329 25·4			
	N par **85**	171 51·0			

152. *Inçaṭkab.* 1844. Oct. 3 : jeudi m. B = 528. T = 14·4. **T** = 9·6. **c** = 12·5.

N°	Objet relevé.	W	V	+	—
1	☉ 11h 10m 55s chr. ☽	177 29·5	250 52·0	6	1
2	☉ 11 15 13 id.	357 54·7	109 33·2	3	5
3 ¶	Mt Waqqan (bouss. 267°) †	159 28·5	269 44·5	1	6·5
4 ¶	Mt Waqqan	339 55·5	270 12·0	5	3
5 ¶	Mt Marado ? †	287 10·5	270 27·0	4	3
6 ¶	Point le plus élevé du Mt Gung †	253 3·0			
	N... z	78 39·3	179 57·8		

153. *Abaṛa.* 1844. Oct. 4 : vendredi.

N°	Objet relevé.	W	V	+	—
1 ¶	Pic sur la même crête que le n° 2	306 15·0			
2 ¶	Mt Birkuttan †	308 4·0			
3 ¶	Id., autre bord de la large tête	307 43·5			
4 ¶	Rocher sud de Hawaza	269 0·0	273 57·0	7	1
5 ¶	Rocher nord de id.	271 56·0	273 9·0	8	0
6 ¶	Mt 'Alawgen en Šire (bouss. 352°)	345 46·5	271 5·5	2	5
7 ¶	Mt près Dambaguina, un pic	352 11·7	271 17·5	1	7
8 ¶	Id., 2me pic	352 3·5	271 16·5	2	6
9	Mt Nan amba, à peu près	355 0·0			
10 ¶	Bet Marya	0 30·0			
11 ¶	'Addi Da'aro en 'Add' Yabo	355 39·0	271 4·5	4	4
12	Direction de la route en arrière	143			
13	May Takli vers le fond	308			
	N + c par la carte... z	0 37·4	179 57·6		

154. *'Addi Silamay.* 1844. Oct. 4 : vendredi soir.

N°	Objet relevé.	W	V	+	—
1 ¶	Mt 'Alawgen en Šire (bouss. 336°)	320 34·5	270 33·0	—2	9
2	Mt près Dambaguina, 1er pic	327 1·0	270 45·0	—3	10
3	Id., 2me pic	327 14·5	270 46·3	1	6
4	Mt Dammo Galila	36 48·5	270 19·5	5	2

154. *'Addi Silamay* (suite).

N°	Objet relevé.	W	V	+	—
5	Mt Samayata (bouss. 50°)	35° 34'·5	270° 6'·5	5	2·5
6	Mt Ḥiça ?	32 27·5			
7	Mt Nan amba	337 55·0			
	N + c par la carte... z	351 52·0	179 57·6		

155. *Šimarua I.* 1844. Oct. 6 : dimanche.

N°	Objet relevé.	W	V	+	—
1 ¶	Mt Amba Hay, un bord	220 46·0			
2 ¶	Id., autre bord, à 10 milles estimés	206 12·0			
3 ¶	Mt Abar au-dess. de May Ṭablo, fourche	259 7·0			
4 ¶	Id., pic	261 55·0			
5 ¶	Mt 'Alawgen en Šire (bouss. 330°)	27 28 0			
6 ¶	Mt près Dambaguina, 1er pic	34 0·5			
7 ¶	Id., 2me pic	34 15·0			
8	Mt Nan amba	45 40·0			
	N + c par la carte	62 3·0			

156. *Abuna Mazra'ite.* 1844. Oct. 18 : vendredi.

N°	Objet relevé.	W	V	+	—
1	Mt Samayata (bouss. 191°)	321 56·0	268 6·5	0	7
2 ¶	Imba Ras en Tanben, près le Takkaze	329 54·5	270 38·5	3	5
3 ¶	Mt Ḥiça ou Ḥiza, 1er pic, à 1'	349 28·0	264 27·0	5	1
4 ¶	Id., 2me pic	350 50·0	264 11·0	4	2
5 ¶	Id , 3me pic	352 15·0	264 3·0	4	2
6 ¶	Mt Arba'itu Insisa, un bord	15 46·0			
7 ¶	Id., autre bord	24 0·0			
8 ¶	Id., point le plus élevé	20 58·0	270 35·5	6·5	0
9	Mt Tahuila, fort peu visible	146 16·0			
10	Kokma, où j'ai observé la latitude	216 25·5	276 31·0	3	4
11 ¶	Abba Afze à 1'·8	189 5·0			
12 ¶	Mt Ḥisti à 3' (bouss. 132°)	261 16·5	269 14·5	5	2
13	Dabra Damo, selon les gens, à 8 ou 10'	211 59·0	271 51·5	5	1
14 ¶	Mt Kaš'at	174 26·5	270 7·0	2	4
	N + c par la carte... z	135 36·5	179 57·6		

157. *Guzat.* 1844. Oct. 19 : samedi.

N°	Objet relevé.	W	V	+	—
1	Mt Wahabit et axe du Unguiya	130 40·0	267 39·5	2	3
2	Mt Ḥisti (bouss. 210°)	139 45·0	267 43·5	2	4·5
3	Mt Ḥiza ou Ḥiça, 1er pic	151 53·0	267 40·5	1·5	4
4	Id., 2me pic (bouss. 230°)	152 2·5	267 40·0	1·5	4
5	Id., 3me pic	152 9·0	267 39·0	1·5	4
6	Saint-George ou ma station **156**	153 7·5	267 56·5	2	3·5
7 ¶	Mt près Idaga Rabu'i, en Igala	338 44·0	265 48·5	4	1·5
	N + c par la carte... z	283 47·0	179 57·6		

158. *Madab.* 1844. Oct. 19 : samedi s. B = 610. T = 23·8. **c** = 13'·2.

N°	Objet relevé.	W	V	+	—
1	Mt Ḥisti probablement	233 41·0	268 24·5	4	1·5
2	Mt Samayata	234 46·5	268 24·7	4	1·5
3	Mt Ḥiça, pic du milieu (bouss. 226°)	243 39·5	268 15·5	3	3

16. A la hauteur de la naissance des créneaux. — 23. C'est-à-dire à peu près au centre de l'île.

152. Hors du village du côté de l'ouest. — 3. Près Daqua kidana mihrat. — 5. Les verniers azimutaux B et C qu'on a toujours supprimés dans cette liste, montrent que le ms. porte à tort 277° 10'·5. — 6 Mt Buahit, à la boussole 47°. Le qobar cache Mt Qalala.

153. A 0·5 heure de route de Abara MARYAM, en allant vers Aksum. — 2. Frontière du Walqayt et des Barya.

154. [Sans indication]. Ciel couvert.

155. [Sans indication]. — 8. Un peu vague faute de bon point culminant. On a lu ici 1° de trop.

156. De l'éminence près l'église de St-Georges, dans le monastère dit Abuna Mazra'ite. Mon ophthalmie m'empêcha d'observer le soleil.

157. Hameau ruiné près Idaga Rabu'i, ou marché du mercredi, du côté de 'Adwa et avant d'arriver à Hoca Guza, dans le district nommé Igala.

158. Col au nord du cirque naturel, avant d'arriver à Hoca Guza. Brise du nord.

158. *Madab* (suite).

N°	Objet relevé.	W	V	+	−
4	¶ Mt Saloda ?	253° 37'·0	269° 25'·0	3	3
5	⊙ 8h 45m 4s chr. ☽	278 22·5	259 34·0	2	4
6	⊙ 8 48 11 id.	97 36·5	99 6·0	4·5	1·5
7	Mt Hiça	63 16·5			
8	Mt Kaš'at (bouss. 38°) †	56 48·5	268 33·5	3	3
9	¶ Mt Macara, ou nom analogue	64 59·0	269 9·0	5	1
10	¶ Mt...	66 19·0	268 55·7	8	−2
	N... z	21 12·2	179 57·6		

159. *Digim.* 1844. Oct. 20 : dim. s. B = 600. T = 26·9. c = 14'·4.

N°	Objet relevé.	W	V	+	−
1	¶ Mt Kaš'at	247 25·5	265 26·0	−1	7
2	¶ Colline conique près Idaga Rabu'i †	330 11·5	268 54·5	2	4
3	Mt Histi ?	346 12·0	268 53·5	3	3
4	¶ Mt...	346 34·5	268 56·5	3	3
5	¶ Id., 2me pic	346 41·0	268 56·5	3	3
6	Mt Samayata	348 37·0	268 50·5	2	4
7	Mt Hiça	351 53·0	268 46·5	0·5	5·5
8	¶ Mt...	355 50·5	269 8·5	3	3
9	¶ Mt...	36 21·5	269 21·0	3	3
10	¶ Mt... en Sarawe	88 36·5	269 18·5	−1	7
11	¶ Id., 2me pic	89 7·0	269 18·5	−1	7
12	Mt Tahuila	96 14·0	268 29·5	−0·5	6·5
13	⊙ 7h 21m 18s chr. ☽	35 47·5	240 15·5	6·7	−0·7
14	⊙ 7h 24m 26s †	214 58·5	118 26·0	11	−4
15	¶ Colline n° 2 (bouss. 186°)	149 41·0	91 2·0	9	−3
	N... z	146 33·2	179 57·5		

160. *Afalba.* 1844. Nov. 18 : lundi m. B = 580. T = 19. c = 13'·0.

N°	Objet relevé.	W	V	+	−
1	⊙ 11h 31m 31s chr. ☽ †	75 26·5	249 31·5	7	0
2	⊙ 11 34 47 †	254 45·0	110 34·5	1	5·6
3	Mt Kaš'at (bouss. 155°)	287 39·5	90 22·5	9	−2·5
4	Mt Kaš'at	108 0·0	269 32·5	7	−0·5
5	Mt Samayata	144 26·0			
6	Mt Hiça (bouss. 185°)	145 5·0			
7	Mt Histi, le plus à gauche des deux	141 44·5			
8	¶ Mt Gorzo en Çalama	216 16·0	269 38·5	4	2
	N... z	317 20·5	179 58·9		

161. *Zalot.* 1844. Nov. 22 : vend. m. B = 571. T = 18·4. c = 13'·7.

N°	Objet relevé.	W	V	+	−
1	¶ Mt Bizen	297 46·5	269 23·0	3	3
2	¶ Mt Birqaqo (bouss. 135°)	179 30·5	90 13·5	4	3
3	Id.	359 58·0	269 42·5	3	4
4	Mt Kaš'at, très-obscur (bouss. 157°)	21 24·5			

161. *Zalot* (suite).

N°	Objet relevé.	W	V	+	−
5	⊙ 0h 12m 32s	354° 38'·5	242° 25'·0	2·5	4·5
6	⊙ 0 15 48 †	174 34·5	118 13·5	4	3
	N... z	230 49·7	179 58·7		

162. *'Addi Nazzo.* 1844. Nov. 23 : samedi m. B = 580. T = 18·2. c = 10'·5.

N°	Objet relevé.	W	V	+	−
1	¶ Mt Kaš'at	240 48·5	269 34·5	4	3
2	¶ Id. (bouss. 148°)	60 34·0	90 22·3	8	−1
3	¶ Mt Tahuila	262 58·0	270 21·5	7	0
4	¶ Histi ? un pic	274 52·5	269 56·5	5	1
5	¶ Id., 2me pic	275 8·0	270 0·0	7	0
6	¶ Mt Samayata ?	277 51·0	269 51·0	7	0
7	¶ Mt Hiça ?	278 1·0	269 51·5	7	0
8	⊙ 10h 47m 50s chr. ☽	29 57·0	100 24·5	10	−3
9	⊙ 10 51 51	210 38·0	259 12·0	4	3
	N... z	95 54·9	179 57·9		

163. *Birqaqo.* 1844. Nov. 25 : lundi m. B = 556. T = 15·8. T = 8·0. c = 13'·0.

N°	Objet relevé.	W	V	+	−
1	⊙ 11h 47m 1s·6	212 50·5	247 11·0	1	
2	⊙ 11 57 54·2 †	214 8·5	244 56·0	1·6	5
3	⊙ 12 2 26·0	34 49·5	115 23·0	−3	9
4	Mt Kusi'at ou Kaš'at (bouss. 185°)	87 46·0	89 52·5	−3	9
5	Id.	268 14·3	270 3·0	0	6
6	¶ Mt Šayk 'Ara †	111 57·5	268 49·0	4	2
7	¶ Diyot	141 53·0	270 54·0	1·5	5
8	¶ Col de Suluh à 0'·3	127 45·0	274 28·5	3	3
9	¶ Mt Caf 'Arab contre la val. de Kumoyle	215 12·5	269 36·5	3	3
10	¶ Mt Matara	255 3·5	270 5·0	3	3
11	¶ Mt Histi ? un pic	291 1·0	270 15·5	2	4
12	¶ Id., tête tronquée	291 17·5	270 19·5	2	4
13	¶ Mt Samayata et, plus près, Ni'ilto †	292 37·5	270 10·0	1·5	4
14	¶ Mt Hiça	294 22·0	270 12·0	1·5	4
15	¶ Mt Saloda †	297 54·5	270 29·0	1·5	4
16	¶ Mt Dabra Sina	298 42·5	270 28·5	1·5	4
17	¶ Mt...	296 29·0	270 28·0	1·5	4
18	¶ Mt Tahuila	311 48·5	271 16·0	1	5
19	Mt Bizen, difficile à identifier †	56 48·0	270 16·5	4	1·5
	N... z	92 18·6	179 58·4		

164. *Ni'ilto.* 1844. Nov. 26 : mardi s. B = 600. T = 25·0. T = 13·8. c = 12'·0.

N°	Objet relevé.	W	V	+	−
1	Mt Kaš'at (bouss. 167°)	199 47·0	268 27·5	2	5
2	Id.	19 22·5	91 28·0	4·5	2·5
3	⊙ 1h 48m 7s chr. ☽ †	77 17·0	133 1·5	6·5	
4	⊙ 1 52 0·8	258 1·0	227 25·5	0	5·5
	N... z	36 49·0	179 57·5		

8. En Guzay et non en Ag'ame.

159. Col isolé dans la plaine près Imba Ra'iniddi. Grand frais du nord-est. — 2. En Igala. — 13. Le ms. porte 7h 20m 18s, à tort. — 14. Les verniers B et C montrent que la lecture 224° 58'·5 du ms. est fautive.

160. Village de ce nom dans la terre des Akala. — 1. Le ms. porte 11h 30m 31s, à tort. — 2. Le ms. porte 264° 45'·0 : les verniers B et C montrent qu'il fallait 254°.

161. Petit plateau de fer hydraté au-dessus du précipice et à 5m [de marche] au sud du village de Zalot. Direction de Kuazen à la boussole, 335°.

6. Le ms. porte à tort ⊙ et 0h 14m 48s.

162. A 0h·4 de marche du village dit 'Addi Nazzo et presque sur le bord du plateau.

163. Sommet du vrai Mt Birqaqo. Vent nul. — 2. Niveau réglé après la 1re observation. — 6. De ce Mt on voit Muçaww'a et Mt Kaš'at. — 13. Boussole 203°. — 15. Le point précis de ma station est difficile à déterminer. — 19. May Mahارsat, à la boussole 330°. Digsa, invisible, est par environ 338°.

164. Village de ce nom. — 3. Chronomètre arrêté ce matin faute d'avoir été monté.

165. *Aksum.* 1844. Déc. 9 : lundi m. B = 591. T = 15·0. **T** = 12·0. **c** = 12'·5.

N°	Objet relevé.	W	V	+	−
1	¶ Mt Dammo galila	300° 15'·0	268° 44'·3	2	4
2	¶ Mt Abar, derrière May Tahlo (b. 210°·5)	34 10·0	269 6·5	4	3
3	¶ Id.	213 43·5	90 49·5	3	4
4	¶ Col de Buahit	32 23·5	269 10·5	3·5	3·5
5	¶ Mt Dajan	31 55·5	269 2·5	3·5	3·5
6	¶ Mt Çanaq	32 50·5	269 2·0	3·5	3·5
7	¶ Mt Hay	22 45·0	269 1·5	4	3
8	¶ Col de Maji	26 25·0	269 25·5	4	3
9	¶ Point culminant près le n° 8	28 14·0	269 2·0	4	3
10	⊙ 7h 13m 7s chr. ᗫ	300 40·0	258 25·5	5·6	1·8
11	⊙ 7 16 0	121 2·7	102 38·5	3	4·5
12	¶ Mt... précipice dans le Wagara	37 5·5	269 28·0	4	3
	N... z	183 15·7	179 57·6		

166. *'Addi Dahno.* 1844. Déc. 12 : jeudi m. B = 600. T = 22·0. **T** = 11·0. **c** = 14'·1.

N°	Objet relevé.	W	V	+	−
1	⊙ 7h 58m 47s·2 chr. ᗫ	86 8·0	110 16·0	2	5
2	⊙ 8 3 58·8	267 46·5	248 2·5	2·5	4·5
3	¶ Mt Abar derr. May Tahlo en Sawana	137 10·5	91 15·0	3	4
4	¶ Id.	317 36·0	268 37·5	0	7
5	¶ Mt Abar, grosse tête	317 10·5	268 37·5	0	7
6	¶ Col du Simen, dans Imba Hay?	321 16·5	268 41·0	0	7
7	¶ Mt Dajan : Buahit, selon d'autres	324 17·0	268 35·5	0	7
8	¶ Col ou passage de Inçatkab à Koso bar †	324 50·0	268 45·5	−0·5	7·5
9	¶ Mt Çanaq	325 25·0	268 35·0	−1	8
10	¶ Mt Dambaguina, un pic	354 19·0	269 25·0	−1	8
11	¶ Id., autre pic	354 36·0	269 23·0	−1	8
12	¶ Mt 'Alawgen (bouss. 230°)	7 54·0	269 7·0	−1	8
13	¶ Mt... en 'Add' Yabo (bouss. 340°)	117 28·0	269 45·5	4	3
14	¶ 'Addi Da'aro en 'Add' Yabo	119 40·0	269 52·5	4	3
15	¶ Mt au delà du n° 14	121 31·0	269 50·0	4	3
16	Direction du Mt Birkuttan en Walqayt	55 0·0			
	N... z	144 53·7	179 57·5		

167. *'Idaga Šaka.* 1844. Déc. 13 : vend. m. B = 600. T = 21·0. **T** = 11·7. **c** = 11'·9.

N°	Objet relevé.	W	V	+	−
1	⊙ 8h 2m 0s chr. ᗫ	236 22·0	248 31·5	2	4·6
2	⊙ 8 6 8	56 59·0	111 43·5	3	4
3	¶ Mt Abar près May Tahlo (bouss. 190°)	88 31·0	92 26·5	3	4
4	¶ Id., cercle retourné	268 55·0	267 29·0	3	3·5
5	¶ Id., aiguille isolée	269 38·5	267 29·0	7	0
6	Mt Dajan †	284 5·0	267 36·5	7	0
7	¶ Col de passage	284 49·0	267 50·7	4	2·5
8	Mt Çanaq	285 39·5	267 35·5	4	2·5
9	Col du Lamalmo †	304 2·0	269 1·0	5	1
10	¶ Mušarra dangya, une pointe †	323 51·0	269 41·5	4·5	2
11	¶ Id., autre pointe	323 57·5	269 43·5	4·5	2
12	¶ Ya Saytan rigiça près le précédent †	326			

167. *'Idaga Šaka* (suite).

N°	Objet relevé.	W	V	+	−
13	Mt 'Alawgen à envir. 3'·5 (bouss. 320°)	66° 10'·5	266° 32'·5	4	3
14	Mt de Dambaguina, une pointe	106 2·0	266 5·5	−2	9
15	Id., autre pointe	104 34·0	265 50·0	3	4
	N... z	114 25·2	179 58·5		

168. *May Timqat.* 1844. Déc. 13 : vendredi s. B = 620. T = 29·5. **T** = 12·8. **c** = 12'·0.

N°	Objet relevé.	W	V	+	−
1	¶ Mt Kammal en Talamti (bouss. 148°)	149 33·5	267 46·5	3	3
2	¶ Bord d'un Mt †	162 35·0	267 1·0	3	3
3	¶ Mt Cinfira?	168 0·0	267 4·0	2·5	3
4	¶ Mt Abar, dôme	176 0·0	265 56·0	−2	8
5	¶ Id., aiguille tronquée, un bord	176 42·0	265 56·0	−1·5	7·5
6	¶ Id., autre bord	176 48·5			
7	¶ Mt... une aiguille	180 17·5	266 31·5	−1	7
8	¶ Id., autre aiguille	180 32·5	266 34·0	−1·2	7·2
9	Direction très-approchée de May Tahlo	188 0·0			
10	¶ Mt Dajan	196 6·0	266 37·0	0	6
11	¶ Col	197 1·5	266 53·5	−1·5	7·5
12	¶ Mt Çanaq (bouss. 178°)	198 4·0	266 34·5	−1·5	7·5
13	⊙ 2h 21m 53s	248 58·0	230 28·7	2·3	3
14	⊙ 2 27 50	68 55·0	127 56·0	11	−5
15	Mt Abar, relevé au n° 4	355 36·0			
	N... z	24 40·2	179 58·0		

169. *Hayda.* 1844. Déc. 14 : sam. m. B = 600. T = 21·1. **c** = 12'·7.

N°	Objet relevé.	W	V	+	−
1	⊙ 7h 48m 54s·8 chr. ᗫ	299 9·5	251 15·7	1	6
2	⊙ 7 51 57·2	119 35·5	109 15·5	5	1·7
3	¶ Mt... **168**,2	114 10·0	93 4·5	7·6	−0·6
4	¶ Id.	294 36·0	266 50·5	−0·6	7·6
5	¶ Mt Cinfira, probablement, un bord †	305 3·5	266 47·0	−0·5	7·5
6	¶ Id., autre bord	304 48·0			
7	¶ Mt Abar, bord du plateau	311 58·5	265 16·5	−1	8
8	¶ Mt Abar, aiguille tronquée, un bord	312 46·0	265 15·0	−1	8
9	¶ Id., autre bord	313 5·5			
10	¶ Pics jumeaux, l'un	317 27·5	265 51·5	−1	8
11	¶ Id., l'autre	317 53·0	265 53·7	−0·5	7·5
12	May Tahlo, à peu près	324 34·0	266 57·0	−0·5	7·5
13	¶ Mt Dajan	341 52·0	265 56·0	−0·5	7·5
14	¶ Col	342 56·0	266 13·5	−1	8
15	¶ Mt Çanaq	344 6·5	265 50·5	0	7
16	¶ Mt Imba ras	2 20·3	266 56·5	−0·5	7·5
17	Col du Lamalmo † (bouss. 206°)	18 46·5	268 30·5	−1	8
18	Mt 'Alawgen (bouss. 353°)	164 40·0	268 20·5	3	4
19	Mt Kammal	275 54·0	267 55·5	2·5	4·5
20	Hawaza par environ	6			
	N... z	173 37·7	179 57·5		

170. *Wulqiffit.* 1844. Déc. 17. mardi m. B = 550. T = 14·8. **c** = 11'·7.

N°	Objet relevé.	W	V	+	−
1	⊙ 8h 15m 3s	132 50·5	246 46·5	2·5	5
2	⊙ 8 18 51	313 27·0	114 27·7	3·5	4

165. [Sans indication : probablement près des stations **58** et **60**]. La différence de 3° seulement entre les thermomètres sec et mouillé, explique la visibilité des sommités du Simen.

166. En sortant de 'Addi Dahno. Bon frais venant du Soleil. Thermomètres observés à 8h·6. — 8. Relevé en **165**,4.

167. Près le lieu du marché de ce nom. Petit frais venant du soleil. — 6. **165**,15 et **166**,7. — 9. Entre Dibibahr et Dabariq. — 10. Près Dabbo girar. — 12. Masqué par un arbre.

168. Sur la rive droite du Takkaze. Bon frais du sud-est. Thermomètres observés à 2h·6. — 2. Laissé à gauche en allant de May Tahlo au Mt Kammal.

169. Plaine de Hayda. Petit frais venant du Mt Kammal. Thermomètres observés à 8h·4. — 5. **168**,3. — 17. Entre Dibibahr et Dabariq.

170. Bord du plateau et de la descente de Lamalmo. Qobar très-fort. Grand frais venant du soleil.

170. *Wulqiffit* (suite).

N°	Objet relevé.	W	V	+	—
3	Mt Birkuttan, à peu près	338° 55′·0			
4	Mt ʿAlawgen (bouss. 355°)	26 1·5	270 33·5	1·5	6
5	Mt Dammo gallia	48 40·0			
6 ¶	Mt Dambaguina	30 30·0	270 36·0	0·5	7
7	Mt Hiça, près ʿAdwa	55 35·0			
8 ¶	Mt Kammal	55 48·5	270 32·5	5	2
9 ¶	Id.	235 25·0	89 42·0	5	2
10 ¶	Mt Abar	64 50·0	269 11·5	7	0
	N... z	9 49·0	179 57·6		

171. *Wasange I.* 1844. Déc. 18 : merc. m. B = 526. T = 14·4. **T** = 5·7. **c** = 12′·8.

N°	Objet relevé.	W	V	+	—
1 ¶	Mt Kulita en Walqayt †	228 40·0			
2 ¶	Mt Birkuttan, ibid.	229 32·0			
3	Eglise Saint-Georges Dibibahr, à 2′	238 13·0	277 36·0	5	2
4 ¶	Mt ʿAlawgen (bouss. 25°)	274 44·5	270 47·7	6	1·5
5 ¶	Mt Dambaguina, une pointe	278 8·0	270 54·5	6	1·5
6 ¶	Id., 2me pointe	279 0·5			
7 ¶	Mt Sibʿat, près ʿAdwa	303 20·0	270 46·5	4	3·5
8 ¶	Mt Hiça, ou n° 7 d'hier	305 14·5	270 40·5	5	2·5
9	Mt Samayata	307 18·0	270 35·5	5	2
10	Hawaza, vu un peu confusément	302 20·0			
11 ¶	Mt Abar, en Sawana, pic tronqué	305 31·0	270 49·5	5	2·5
12 ¶	Id., dôme	306 6·5	270 43·0	5	2·5
13 ¶	Id., aiguille	306 21·0	270 45·0	5	2·5
14 ¶	Mt Çanaq	338 50·0	267 48·5	5	3
15 ¶	Mt Buahit, dit ailleurs Dajan	345 17·5	267 54·0	5	2·5
16 ¶	Pic dans Amba ras, à 4 ou 5′	319 0·0	268 56·0	6·5	1·5
17	☉ 8h 10m 44s·4	23 31·0	247 11·0	7	1
18	☉ 8 14 49·2	204 6·2	113 1·0	4	4
19 ¶	Mt Waqqan en Wagara	123 21·0	270 14·0	2	5·5
20 ¶	Id.	302 58·5	89 40·5	3·5	4
21	Mt Kammal dans Macara	303 39·0	270 54·0	4	4
22 ?	Église de MARYAM Çambilge	297 56·0	270 44·5	3	4·5
23 ?	Daqua ? MARYAM Çambilge ?	104 33·0	270 23·0	2·8	6
24	Amba Giyorgis en Wagara	113 39·5	270 20·0	2	5·6
25 ¶	Mt Marado, probablement	94 59·5	270 22·0	2	5·6
26 ¶	Mt...	91 29·5	270 24·4	2	5·6
27 ¶	Mt...	90 22·5	270 25·5	2	5·6
28 ¶	Mt Dawaro	89 35·0	270 27·5	2	5·6
29	Mt Dumi, un bord	86 52·5	270 22·0	3	5
30	Id., autre bord	86 27·5			
	N... z	261 0·2	179 56·0		

172. *Wasange II.* 1844. Déc. 18 : mercredi matin.

N°	Objet relevé.	W	V	+	—
1 ¶	Mt de Balasa, probabt Zoz amba, un bord	344 25·5	270 41·0	0	8
2 ¶	Id., autre bord	345 15·5			
3	Mt Guna †	349 57·0			
4 ¶	Mt... en Balasa	358 13·0	271 5·5	2	6
5	Mt Gibirti en Malza ? †	350 41·0			
6	Mt Qalala ? ibid. †	352 0·0			

172. *Wasange II* (suite).

N°	Objet relevé.	W	V	+	—
7 ¶	Pic	357° 28′·5	270° 35′·5	3	5
8 ¶	Id.	359 14·5	270 30·5	3	5
9 ¶	Id.	0 54·5	270 33·5	1·5	6
10	Mt Dawaro	10 3·5	270 29·0	0	8
11	Mt Waqqan	44 49·5	270 16·0	0	8
12	Station **171**, à 500 pas, ou 341mt	172 0·0			
13	Notre maison de Dabariq †	44 40·0			
14 ¶	Bord de Dabbo girar	45 28·5	270 23·0	1	7
15 ¶	Ya Šaytan rigiça, un pic	49 55·5	270 45·0	0	8
16 ¶	Id., 2me pic ou peut-être 3me pic	50 9·0	270 52·0	—1	9
17 ¶	Makarakar, bord du daga en Tagade	102 8·0	270 36·5	0	8
18 ¶	Gamo, ibid.	107 53·5	270 28·5	—1	9
19 ¶	Çaquar hodo, église, ibid.	109 34·0	270 26·0	—2	10
	N + c par **171**... z	181 40·6	179 57·0		

173. *Çambilge.* 1844. Déc. 20 : vend. m. B = 552. T = 11·7.

N°	Objet relevé.	W	V	+	—
1	Mt Waqqan (bouss. 30°)	326 30·0	269 9·0	4	4
2	Wasange	336 8·5	269 29·5	4	4
3 ¶	Mt Amba ras	349 40·5	269 5·0	3	5
4	Mt Çanaq	357 32·0	268 43·5	1	7
5	Mt Buahit	0 28·0	268 43·5	0	8
6	☉ 7h 16m 8s; couvert ensuite	61 3·0	258 56·5	5	3
7	Inçatkab.	4 22·5			
	N... Z	303 48·9	179 57·3		

174. *Qañ bet II.* 1845. Janv. 24 : vendredi m. B = 591. T = 21·6. **T** = 12·0. **c** = 11′·8.

N°	Objet relevé.	W	V	+	—
1 ¶	Colline de Mica dubba †	318 28·0	267 32·0	1	6
2 ¶	Mt Soni, probablement bout de ma base	23 51·5	264 52·0	1·5	5
3	Tour carrée de Quisquam, milieu	18 50·0	268 42·0	2	5
4 ¶	Colline près Dabbo girar	44 54·0	266 7·5	2·5	4
5 ¶	Précipice à droite du passage †	52 6·5			
6 ¶	Arbre au N.-E. du précip. Dabbo girar	52 41·0	266 40·0	3	3·6
7 ¶	Arbre sur le petit pic, près le n° 6	53 14·0	266 29·5	3	3·6
8 ¶	Tertre près Abun bet	50 23·0	268 36·5	3	4
9	Eglise de Gondaroc qs Giyorgis, milieu	55 14·0	267 17·0	3	3
10 ¶	Mt Gay ? immédt. derr. le précédent	57 46·0	265 2·0	4	3
11	☉	184 20·5	248 54·5	4·8	2
12	☉	4 48·5	111 8·5	4	2·6
13	Mt Gay (bouss. 357°)	237 21·0	94 52·5	6	0·5
14	Grande tour du palais	149 54·5			
15	Id., autre arête	151 5·5			
	N... z	67 57·9	179 57·0		

175. *Tigre miçohya.* 1845. Fév. 7 : vendredi m. B = 579. T = 19·4. **T** = 8·8. **c** = 12′·8.

N°	Objet relevé.	W	V	+	—
1 ¶	Grande tour du palais †	15 29·5			
2	☉	312 56·7	260 46·0	—0·3	7·3
3	☉	133 15·0	99 20·5	2	5
4 ¶	Tour n° 1	195 4·5			

171. Large sommité couverte d'herbe à 55m de marche (2′·7 environ) de Dabariq et dite Wasange ras amba. Frais intermittent venant du soleil. Thermomètres observés à 8h·4. — 1. Qobar très-fort : visé au-dessus de la lunette.

172. Station choisie à 340mt de la précédente pour voir Mt Guna, etc. — 3. Qobar très-fort. — 5 et 6. Le qobar les rend à peine visibles même à la simple vue.

13. Lieu de ma latitude observée.

173. Hauteur à environ 400mt à l'est de l'église de Çambilge MARYAM.

174. Arbre double et isolé dans Qañ bet, quartier de Gondar. Station relevée en **151**,17. — 1. L'herbe de cette colline appartient au Açage ou chef des religieux réguliers. Visé l'arbre. — 5. En allant à Walya.

175. Mon tas de pierres : l'une des extrémités de ma base n° II. Petit frais venant du soleil. — 1. Naissance des créneaux.

175. *Tigre miçohya* (suite).

N°	Objet relevé.	W	V	+	−
5	☉	133° 25'·5	102° 17'·5	7	0
6	☉	314 42·5	257 15·0	3	3·5
7	¶ Tour n° 1	15 28·5			
8	¶ Mt Gay, derr. Gondaroc (bouss. 347°·5)	185 10·5	265 39·0	7	0·5
9	¶ Mt... à 6 ou 7'	220 36·5	267 2·0	4	3
10	¶ Mt...	242 55·5	266 52·5	4	3
11	¶ Colline †	263 55·5	268 0·5	3	4
12	¶ Tour n° 1	15 30·5			
13	☉	315 38·5	252 21·5	3	4
14	☉ †	136 6·0	108 1·0		−3
15	¶ Tour	195 5·5			
16	¶ Soni tarara, bout de ma base à peu près	143 22·5	265 46·5	−1	8
	N... z	204 58·6	179 57·6		

176. *Nabaga.* 1845. Fév. 22 : samedi m. B = 623. T = 19·5. **T** = 11·7. **c** = 12'·8.

N°	Objet relevé.	W	V	+	−
1	¶ Soni tarara, bout de ma base	5 48·0			
2	¶ Précipice à l'E. de Dabbo girar	7 11·0			
3	¶ Mt Marado	37 36·5	268 20·5	1	7
4	¶ Id., le pl. haut point, pour l'angle vert.	37 11?2	268 17·5	0·5	7·6
5	¶ Pic près le précédent	39 27·0	268 24·5	0·5	7·6
6	¶ Mamelon près le n° 5	39 59·0	268 27·5	0·5	7·6
7	¶ Sommité large près le n° 8	52 16·5	268 1·5	1	7
8	¶ Mt Dawaro	55 27·5	268 8·5	1·2	6·8
9	¶ Mt Kulalit derrière Yfag	56 14·0	268 19·5	1·5	6·5
10	¶ Mt Dumi, à peu près le lieu de ma statn	63 35·5	267 55·0	2	5·5
11	¶ Mt à tête large	72 33·5	268 1·5	3	5
12	¶ Mamelon	82 21·5	268 37·6	3·5	4·6
13	¶ Mt près Qalala	98 48·0	268 48·0	7	1
14	¶ Mt Qalala	100 7·5	268 45·5	6·5	1·5
15	☉ 8h 1m 29s	123 30·5	253 2·5	7·5	0·4
16	☉ 8 6 51 †	304 0·5	107 36·2	0	7
17	Mt Dawaro (bouss. 44°·0)	235 2·5	91 46·0	3·6	3·8
18	¶ Manta dabir, une sommité †	196 17·5	269 9·5	5	3
19	¶ Id., 2me sommité	196 39·0	269 11·0	6	1·5
20	¶ Mt Sine MARYAM †	201 35·0	269 28·0	6	1
21	¶ Mt Guaha †	202 46·3	269 26·0	7	0
22	Laguna Quisquam †	210 13·0	269 22·5	8	−1
23	¶ Mt Amadamid, corne O †	214 14·5	269 17·5	4	3
24	¶ Mt Gugube en deçà de Quarata	225 30·0	269 18·0	4	3
25	¶ Sanctuaire de Daga Istifanos	270 26·0	269 52·5	2	5
	N... z	18 55·2	179 56·3		

177. *Nabaga.* 1845. Fév. 22 : samedi s. B = 623. T = 26. **c** = 13'·1.

N°	Objet relevé.	W	V	+	−
1	¶ Mt Qalala	257 16·0	91 7·0	1	5·5
2	¶ Mt Tawgur IYASUS †	95 27·5	268 52·5	−2·5	9·5

177. *Nabaga* (suite).

N°	Objet relevé.	W	V	+	−
3	Points les plus élevés du Mt Guna, un b.	109° 25'·5	268° 31'·5	−2	9
4	Id., autre bord	111 17·0			
5	¶ Manta dabir	173 50·5	269 10·6	3	4
6	¶ Id., 2me sommité	174 11·0	269 12·0	3	4
7	¶ Mt Sine MARYAM, un bord †	179 16·5	269 28·5	3	3·5
8	¶ Id., autre bord	179 0·5			
9	¶ Mt Guaha	180 20·5	269 27·5	3	3·8
10	¶ Mt Amadamid, corne O.	191 48·0	269 19·5	4	3
11	¶ Id., corne E.	188 53·5	269 20·0	4	3
12	¶ Id., pic central	190 40·0	269 20·0	4	3
13	¶ Précipice à l'E. de Dabbo girar	164 21·5	90 23·4	6	0·5
14	¶ Tana Qirqos	218 14·5	269 43·0	5	2
15	¶ Pic très-bas et isolé au delà du lac	228 47·5	269 52·0	6·5	0
16	☉ 5h 40m 16s	252 59·5	256 40·0	4	2
17	☉ 5 45 10	73 24·5	102 6·0	7·5	−0·5
18	¶ Mt Qalala	77 42·5	268 48·2	−2·5	9·5
19	Aringo à peu près, selon les guides	99 44·0			
20	¶ Mt dans Meça, un bord †	131 57·0	269 16·0	0	7
21	¶ Id., autre bord	132 28·0			
22	¶ Mt... appt sur la même chaîne que 5	159 49·5	269 3·5	1	6
23	¶ Mt Mamarsay, id. id.	162 44·5	269 1·5	1·5	5·5
24	¶ Mt Abola Nigus, selon le guide	164 41·5	269 7·0	1·5	5
25	¶ Colline près Ysmala	237 21·5	269 45·0	7	0
26	¶ Colline au delà du lac	240 23·5	269 48·0	7·5	−0·5
27	Daga Istifanos	247 59·0	269 49·5	8	−1
28	¶ Colline de Gorgora, une sommité	304 9·0	269 46·0	7	0
29	¶ Id., autre sommité	305 19·0	269 46·2	7·5	−0·5
30	2me sommité de Maytaf	132 26·5	269 17·0	−0·6	7·6
	N... z	356 29·7	179 57·4		

178. *Quarata III.* 1845. Mars 3 : lundi s. B = 613. T = 27·0. **T** = 16·6. **c** = 11'·2.

N°	Objet relevé.	W	V	+	−
1	☉ 4h 41m 16s	288 11·5	241 50·0	4	1·6
2	☉ 4 45 0	108 34·0	116 41·5	7·5	−2
3	¶ Sanctuaire de Daga Istifanos, un bord	169 11·0	90 6·5	5·5	0
4	¶ Id., autre bord	169 27·5			
5	¶ Id., n° 3	349 41·0	269 49·5	−1·5	7
6	¶ Id., n° 4	349 53·5			
7	¶ Bout de l'île Daq †	353 52·5			
	N... z	32 25·3	179 58·0		

179. *Quarata III.* 1845. Mars 4 : mardi m. B = 613. T = 22·8. **T** = 14·0. **c** = 13'·4.

N°	Objet relevé.	W	V	+	−
1	¶ Daga Istifanos, sanctuaire, un bord	61 10·5	90 6·5	3·5	3
2	¶ Id., autre bord	60 59·0			
3	¶ Id., n° 1	241 23·0	269 48·0	3	4
4	¶ Id., n° 2 (boussole 323°·5)	241 37·5			
5	¶ Bord de l'île Daga à fleur d'eau	240 45·5	270 4·0	4	3

11. Qui reste à droite en allant de Gondar au Wagara. — 14. Le ms. porte 146° 6'·0, à tort; la correction a été faite à Gondar.

176. Maison de Gabra Giyorgis dans Bahr Nabaga, district du Fogara. Thermomètres observés à 8h 37m. — 16. Après avoir rajusté les pieds. — 18. En Afarwagnnat. — 20. Relevé de Tigre miçohya en **151**,6. — 21. Relevé en **151**,4 et 5. — 22. D'où l'on voit Gondar dans la saison des pluies. — 23. Invisible dans la lunette. La lunette d'épreuve n'avait pas bougé sensiblement. Le qobar rendait fort pénible l'observation des sommités éloignées et avait caché *totalement* Gorgora, qui était très-visible hier soir.

177. Station identique avec la précédente. Bon frais du nord-ouest. — 2. En deçà de Dabra Tabor.

7. Limite de Afaroagnnat et de Dara. — 20. Près les eaux chaudes de Guramba. Lunette d'épreuve assez bien. Qobar totalement dissipé, sauf un peu vers Gondar où il était protégé du vent par les montagnes au nord. Le coucher du soleil empêcha de relever les sommités de Saqalt, etc. Le qobar est généralement moindre vers le coucher du soleil.

178. Maison du marchand Kahsay au haut de la ville. Petit frais venant de Daga : lunette d'épreuve bien. Le reste de l'horizon ne se voit pas de ma station. — 7. Très-obscurci par le qobar.

179. Même station qu'hier. Calme. Lunette d'épreuve immobile. Le précipice **176**,2 gît par à peu près 11°·0 à la boussole.

179. *Quaraɫa III* (suite).

N°	Objet relevé.	W	V	+	−
		° ′	° ′		
6	¶ Id., autre bord	242 4·5			
7	☉ 8h 21m 44s	205 52·0	112 24·5		8
8	☉ 8 25 50	27 14·0	246 2·0		7
9	☉ 8 28 26	27 26·0	245 55·0	4	2
10	☉ 8 31 5	207 8·5	114 38·0	4	2
	N... z	284 10·2	179 58·2		

180. *Quaraɫa IV.* 1845. Mars 6 : jeudi s. B = 613. T = 27. c = 12′·3.

N°	Objet relevé.	W	V	+	−
1	☉ 4h 35m 40s	116 34·0	240 15·5	3	2·5
2	☉ 4 39 25	297 1·0	118 13·5	5·6	0
3	Maɲta daɓir	345 36·5	268 30·0	5	1
4	Sanctuaire de Daga, un bord	357 23·5	90 3·0	2	3·5
5	Id., autre bord	357 12·5			
6	Id., n° 4	177 47·5	269 52·0	−1	7
7	Id., n° 5	177 36·0			
8	Sur la station de Quaraɫa III †	191 40·0			
	N... z	219 59·8	179 57·1		

181. *Quaraɫa V.* 1845. Mars 8 : sam. m. B = 613. T = 20. c = 12′·9.

N°	Objet relevé.	W	V	+	−
1	¶ Mt Amaɗamid, corne O. (b. 191° 15′)	52 4·5	268 47·0	3	4
2	¶ Id., corne E. (bouss. 190° 50′)	47 47·0			
3	Extrémité des gros arbres de la presqu'île de Zaɠe	156 20·5			
4	Daga Isɫifanos (bouss. 332°), un bout	182 42·5	269 49·0	6	1
5	Id., autre bout	182 52·5			
6	Id., n° 4	2 18·5	90 6·5	8·5	−1·5
7	Id., n° 5	2 28·5			
8	☉	323 13·5	250 53·0	1	6
9	☉	143 36·5	109 30·5	3	4
	N... z	223 52·3	179 57·5		

182. *Quaraɫa III.* 1845. Mars 8 : samedi soir.

N°	Objet relevé.	W
1	Différence du précipice d au centre du bosquet, 1re observation	42 33·4
2	Id., 2me observation	42 47·4
3	Id., 3me et bonne observation	42 40·9

183. *Maɲta daɓir I.* 1845. Mars 20 : jeudi m. B = 576. T = 17·0. **T** = 13·6. c = 14′·1.

N°	Objet relevé.	W	V	+	−
1	¶ Mt Amaɗamid, corne O.	56 4·5	269 9·5	3·5	3·5
2	¶ Id., corne E. †	51 22·0			

183. *Maɲta daɓir I* (suite).

N°	Objet relevé.	W	V	+	−
3	¶ Id., id. O.	235° 36′·5	90° 45′·0	2	5
4	¶ Id., id. E.	231 3·0	90 46·5	1·5	5·5
5	¶ Id., pic central	233 49·5			
6	☉ 7h 58m 51s·2	123 20·5	109 50·0	8·5	
7	☉ 8 3 8·8	304 5·0	249 3·0	8·9	
8	☉ 8 5 38·8	304 48·0	248 59·5	8·8	
9	¶ Mt dit Mizan par les uns, puis contredit †	47 14·0			
10	¶ Mt Mizan, découvert	47 23·5	269 18·0	0	7
11	¶ Mt Amaɗamid, corne E. (bouss. 199°) †	51 35·5			
12	Mt Abolą Nigus	51 25·5	269 54·5	0	7
13	☉ 8h 20m 22s·8	305 43·5	245 23·5	7	0
14	☉ 8 23 21·4	124 47·0	115 48·5	4·6	2·5
15	¶ Mt près Ąste, me dit-on †	271 46·5	269 34·5	10	−3
	N... z	209 27·6	179 58·3		

184. *Maɲta daɓir II.* 1845. Mars 20 : jeudi m. B = 576. T = 17. c = 13′·5.

N°	Objet relevé.	W	V	+	−
1	☉ 8h 45m 36s·4	249 47·5	120 41·0	7·2	0
2	☉ 8 49 0·8	71 11·0	237 54·5	5·3	1·2
3	¶ Mt Qalala	22 46·0	269 34·0	5·1	1·3
4	¶ Mt... près Qalala	21 4·5	269 39·5	7	0
5	¶ Mt Dahuc, selon Haylu le fusilier	11 31·0	270 2·0	7·2	0
6	Mt Daɱbualul	3 8·0			
7	¶ Mt Dumi, ma station, à peu près	353 6·0	269 33·5	9	−2
8	¶ Id., autre bord	352 29·0			
9	¶ Mt Daɯaro	348 24·5	269 46·0	9	−2
10	¶ Id. (bouss. 21°·5)	167 54·0	90 10·0	10	−3
	N... z	333 2·3	179 58·5		

185. *Maɲta daɓir III.* 1845. Mars 20 : jeudi.

N°	Objet relevé.	W	V	+	−
1	Mt Amaɗamid, corne E.	5 46·0			
2	Id., pic central	8 35·5			
3	¶ Mt à 5′ env. près Wayra, une pointe †	23 50·5	270 34·5	2	4
4	¶ Id., autre pointe †	24 53·0	270 46·0	2	4
5	¶ Mt Guaha, à 3 ou 4′ †	26 26·0	270 42·5	2	4
6	¶ Abba Hara, église à 4′ environ	77 3·5	270 42·5	4	3
7	¶ Zaɠe, arbres de l'église	88 11·0	270 45·5	3	4
8	Baḥr dar, caché par une colline	69 0·0			
	N + c par **186**... z	163 58·8	179 58·5		

186. *Maɲta daɓir IV.* 1845. Mars 20 : jeudi.

N°	Objet relevé.	W	V	+	−
1	Daga Isɫifanos, très-obscur	33 54·0			
2	Gindą ɫimim qiddus Mika-el	29 30·0	271 25·5	7	0
3	Quaraɫa III, direction approchée	28 32·0			
4	Abba Hara pour relier avec **185**	354 48·5			
5	¶ Mt Šambilla, probablement †	346 45·0			
6	Mt Njabara, pays des Awawa	310			

180. [Sans indication]. Calme. — 8. A peu près, à 400mt de distance environ, mais invisible d'ici.

181. A 1000 pas ou environ 600mt au sud de la ville. Brise petit frais venant du soleil. Sur Quaraɫa III à peu près, 22° à la boussole.

182. Maison du marchand Kahsay. — 1. Le bosquet est le centre des arbres qui entourent l'église ou sanctuaire de Daga, par 317° 7′·95 d'azimut. Le précipice d m'a paru être le précipice E. de Dabbo girar. Durant 15 jours à Quaraɫa le qobar ne m'a laissé voir ce précipice que trois fois. Le 9 mars tous les lointains étaient de nouveau envahis par le qobar.

183. Sommet de la montagne et près l'église. Chronomètre non arrêté depuis le 15 février environ. Le voisinage des grands arbres me força à faire 4 stations différentes autour des deux églises pour compléter un tour d'horizon. — 2. Très-obscurci par le qobar.

9. Confus. — 11. La lunette d'épreuve ayant bougé, je répétai cette observation. — 15. Mt Guną est voilé par les nuages.

184. Près la station précédente.

185. Bord sud-ouest de la cime de Maɲta daɓir. — 3. Relevé probablement en **147**,2 de Ysmala. — 4. **147**,1. — 5. Relevé en **151**,4. Ce Mt a été dit successivement Guaha, Kokote, et aujourd'hui Wayra, ce qui me semble un nom de district ; tant il est parfois difficile de bien connaître un nom !

186. Station au nord-ouest des deux églises. — 5. Relevé de Woqɯsta et de Quaraɫa.

186. *Manta dabir IV* (suite).

N°	Objet relevé.	W	V	+	—
7	¶ Mt Amdamid, corne O.	288° 8·5			
8	¶ Mt Adama	292 30·0			
9	¶ Mt Koso bar	290 40·0			
	N + c par **187**... z	86 13·8	179 58·5		

187. *Manta dabir IV.* 1845. Mars 24 : lundi m. B = 576. T = 14·7. **c** = 12′·5.

N°	Objet relevé.	W	V	+	—
1	¶ Mt Wasfe dangya	284 2·5	270 6·0	3	4
2	¶ Mt Mizan	298 8·0	269 16·0	2	5·2
3	¶ Mt Amdamid, corne E. †	302 19·5	269 7·0	2	5·5
4	¶ Mt Abola Nigus	301 57·5	269 51·5	1·7	6
5	¶ Mt Amdamid, pic du milieu	305 1·5	269 10·0	1	7·5
6	¶ Id., corne O., mieux définie que l'autre	306 47·5	269 7·5	2	5·5
7	Mt Koso bar	309 26·5	269 43·0	4	4
8	Mt Adama	311 8·5	269 35·5	2	5·5
9	¶ Mt Yazoba †	314 12·5	269 25·5	3	5
10	¶ M^t^... à 4′ environ	311 3·0	270 40·0	2·5	5·5
11	¶ M^t^ Šambjila? près Ysmala	5 22·7	270 3·5	2·5	5
12	¶ M^t^... grand pic †	320 9·0	270 34·0	3·5	4
13	¶ Id.	139 42·5	89 21·0	—2	9·5
14	¶ Id., petite sommité	321 12·0	270 46·0	2·5	5
15	Église la plus élevée de Zage	24 33·0	270 47·0	1	6·5
16	Sanctuaire de Daga, très-faible	52 28·5			
17	¶ Ile Ganja qiddus Mika-el, un bord	56 22·5	271 24·5	7	0·5
18	¶ Id., autre bord	56 44·5			
19	Ya ayt dabir †	57 8·5			
20	¶ Pic en Acafar	16 29·0	270 26·0	1·5	6
21	☉ 8^h^ 22^m^ 23^s^·6 †	195 14·0	244 23·3	6	2
22	☉ 8 25 42	14 22·0	116 53·0	4	4
23	☉ 8 29 19·2	195 39·7	242 41·5	8	—1
24	¶ Bord d'un précipice près Mt Mizan	295 43·0	269 20·0	2	5·2
25	Bout du lac Tana à peu près	1 0·0			
26	¶ Abba Hara (bouss. 276°·5)	13 29·5			
27	Qurata III à peu près †	47 14·0	271 24·5	4·5	3·5
28	Un bout de l'ile plate de Daq	45 0·0			
29	Id., autre bout	47 50·0			
30	Mt Margado, dit Amba MARYAM ailleurs	108 48·0			
	N... z	100 33·1	179 58·6		

188. *Tul.* 1845. Mars 26 : mercredi s. B = 627. T = 30·0. **T** = 15·0. **c** = 13′·0.

N°	Objet relevé.	W	V	+	—
1	¶ Colline à 3′ † (bouss. 194°·25)	251 26·5	263 29·0	2	4
2	☉ 4^h^ 45^m^ 17^s^	325 7·5	242 19·5	0	6·6
3	☉ 4 52 27	144 26·5	116 25·0	3·1	2·5
4	☉ 4 55 46	325 6·3	244 51·5	1·5	4·5
5	¶ Colline dans le canton de Warka †	42 45·	267 45·5	2·5	3
6	Id.	222 20·0	92 9·8	3·5	2
	N... z	58 2·2	179 58·1		

187. Manta dabir III à très-peu près. Vent bon frais venant de l'azimut vrai 183°. Lunette d'épreuve immobile. — 3. Elle est triple et je relève la plus éloignée. — 9. Profil dessiné en **186.** — 12. Relevé en Manta dabir III,3. — 19. Bout de la presqu'île de Wayba. — 21. Soleil caché auparavant par les arbres et les nuages. — 27. Lieu de ma latitude.

188. Camp près la rivière Tul dans un qualla plein d'acacias et de *korakor* ou fentes étroites et profondes dans la terre noire dit walqa. Brises folles et tourbillons de vent. — 1. Probablement relevée en Manta dabir IV,1. — 5. Vue en Manta dabir III,5.

189. *Densa.* 1845. Mars 28 : vendredi s. B = 575. T = 27.

N°	Objet relevé.	W	V	+	—
1	¶ Mt Amdamid	114° 25·0	267° 26·7	2	4
2	¶ Id., 2me sommité †	117 15·0	267 29·5	2	4
3	¶ Id., 3me, relevée probab^t^ de Gondar †	121 22·0	267 48·0	2	4
4	Mt Abola Nigus (bouss. 305°·0)	173 49·5	269 14·2	1·8	4·5
5	¶ M^t^, probablement **187**,12	229 55·5	270 11·5	2	4
6	¶ M^t^... dans Warka (bouss. 355°·5) †	233 21·0	270 9·5	2	4
7	¶ M^t^... ibid., un bord †	234 20·0	270 10·7	2	4
8	¶ Id., autre bord	234 44·0			
9	M^t^ près Angar qiddus Mika-el †	236 46·5	269 56·0	2	4
10	¶ M^t^, peut-être Abba Hara : très-obscur	227 45·0	270 13·0	2	4
11	☉ 4^h^ 31^m^ 11^s^ †	145 2·0	238 19·0	0·5	5·5
12	Yaqandac, point le plus élevé	350 20·0			
13	¶ Mt Mizan, selon toute apparence ; Wasfe dangya †	103 4·0	267 42·0	1	5
	N... Z	238 18·7	179 57·3		

190. *Dangyame.* 1845. Avril 9 : merc. m. B = 569. T = 13·5. **c** = 8′·7.

N°	Objet relevé.	W	V	+	—
1	¶ Yaqandac, un point	97 0·0	268 13·0	5·5	2·5
2	¶ Id., pic	97 10·5	268 13·0	5·5	2·5
3	¶ Id., rocher à précipice, un bord	97 39·0	268 14·0	3·5	4·5
4	¶ Id., autre bord (bouss. 17°·5)	97 49·0	268 14·0	3·5	4·5
5	¶ Id., pic élargi	97 58·5	268 17·0	3	5
6	¶ M^t^ plus loin que les n°s 4 et 5	119 25·0	269 35·5	3	4·5
7	M^t^ n° 4	277 29·0	91 42·5	7	1
8	☉ 6^h^ 7^m^ 30^s^·8	355 49·0	102 0·5	7·2	0
9	☉ 6 11 57·6	175 45·0	256 20·0	8	—1
10	Sur le lieu de ma latitude à 2100 pas	339 0·0	272 15·0	0	7·3
11	¶ Église au delà de Dabra warq	339 5·5	268 53·0	0	7
12	¶ Dabra warq, église (bouss. 261° 45′)	341 51·0	269 43·0	4	3
13	¶ M^t^... dans Çoqe : demi caché.	1 0·0			
14	Montagne élevée chez les Gallas : demi-cachée	247 40·0			
	N... z	91 5·8	179 58·8		

191. *Yawiš III.* 1845. Avril 30 : mercredi s. B = 572. T = 24·3. **T** = 13·2. **c** = 11′·0.

N°	Objet relevé.	W	V	+	—
1	☉	46 1·0	248 47·0	3	3·5
2	☉	226 16·5	109 48·0		7·5
3	Arbre le plus élevé de Danguago †	63 25·5	91 12·0	6	0
4	Id. (bouss. 127° 40′)	243 47·0	268 44·0	2·5	4
5	¶ Égl. de Taba St-Michel, rel. de Dabet	203 47·5	269 22·0	2·5	4
6	Id. de Gatam MARYAM (bouss. 31° 35′)	146 36·5	268 33·0	2	4
7	¶ Pic qui semble le point le plus élevé du Çoqe †	132 50·5			
8	Gros arbre isolé vers Yajibe †	16 57·0	269 56·5	1·5	4·5

189. Église abandonnée dans Densa, district qui me fut d'abord nommé Kuallala, puis Zama. Soleil couvert à 4^h^ 33^m^. Lunette inférieure immobile. — 2. Probablement relevée de Gondar et malheureusement pas de Manta dabir. — 3. Le pic n'est pas visible. — 6. Vu de Tigre micohya. — 7. Vu ibid. et plus au sud que le précédent. — 9. Relevé en **187**,1. — 13. Le second nom est écrit en encre pâle. Sur notre camp à 1800 pas ou 1170^mt^, 98°·5 à la boussole.

190. Village abandonné dans Innawga. Vent bon frais du nord. Lunette d'épreuve immobile.

191. Point un peu en dehors de Yawiš, au N.-N.-E., et choisi pour extrémité de ma base n° IV; calme. — 3. Relevé de Gurem : apozénit du haut de l'arbre. — 7. Obscurci par le qobar. — 8. Et au delà du Yeda : apozénit du sol à côté.

191. *Yawiš III* (suite).

N°	Objet relevé.	W	V	+	—
9	Petit arbre près du précédent	23° 8'·5	269° 57'·5	2	4·6
10	2 petits arbres isolés sur la même crête	25 37·0			
11	¶ Le plus gros de 2 arbres isolés, ib. en apparence (bouss. 274°·5)	29 42·5	270 2·0	2	4·6
12	Église de Yawiš, à 450^{mt} †	287 51·5	267 11·5	—2	8·5
13	Lieu où j'observe ma latitude †	265 40·0			
	N... z	123 58·4	179 57·6		

192. *Danguago.* 1845. Mai 4 : dim. m. B = 564. T = 16·6. c = 8'·9.

N°	Objet relevé.	W	V	+	—
1	☉ 6^h 16^m 11^s·2 chr. ☽	131 23·0	254 28·0	4	3·3
2	☉ 6 20 16·0	311 44·0	106 58·5	6	1·5
3	☉ 6 28 53·2	311 21·0	109 1·5	7	0·5
4	☉ 6 32 14·8 †	132 19·0	250 38·0	2·9	4·9
5	¶ Mt Talba wiha †	59 25·0	268 32·5	3	4·5
6	Id. (bouss. 10°·5)	239 4·5	91 24·5	4·5	2·5
7	Alila, haute plaine près Talba wiha †	56 48·0			
8	¶ Mt Tala sur la même chaine que 6 et 7	54 14·0	268 32·5	0·3	6·7
9	¶ Quatre Mankarakar ; gros carré, un bord	45 14·5	268 55·0	0·4	7
10	¶ Id., autre bord	45 40·0			
11	¶ Id., petit carré, un bord	44 28·5	269 4·5	4	2·5
12	¶ Id., autre bord	44 12·0			
13	¶ Id., 3me	43 32·5	269 4·0	4	2·6
14	¶ Id., 4me	42 48·0	269 7·5	4	2·6
15	¶ Daguaj	39 42·0	269 25·0	4	2·6
16	¶ Dabra Qalamo, fort loin	38 2·0	269 35·5	4	2·6
17	Asla qiddus Mika-el, aussi loin que 16	36 14·0	269 40·0	4	2·6
18	¶ Yawobbi MARYAM †	14 28·5	269 48·5	4	2·6
19	Taymas Giyorgis	31 57·0			
20	Anbar Qirqos, lieu fréq. par des moines	51 0·0	269 49·0	0·4	7
21	¶ Arera MAR., relevé de Dabet (b. 39°45')	88 26·0	269 34·0	—2·5	9
22	Id.	268 4·0	90 20·5	—0·5	7
23	Église de Taba qiddus Mika-el	123 26·0			
24	Taba Nolawi	124 0·5	269 34·5	0	6
25	Église de Saint-Michel, Yawiš	350 9·0	270 55·0	3	3
26	Arbre près Gurem	312 15·0	270 18·5	0	6
27	Dogom IYASUS, relevé de Gurem	295 54·5	270 7·5	—1	7·5
28	Yadug Abbo	283 53·5			
29	Limicim Giyorgis, église de Yajibe	321 57·0	270 32·0	1·5	5
30	Arbre de Danguago †	196 19·0			
31	Zarar IYASUS	28 30·0	269 43·5	4·5	1
32	Kobba Elyas	312 45·5	270 22·0	—1	7·5
33	Arbre isolé de Dogom ; cime	295 39·5	270 5·5	—1·5	8
34	Arbre isolé de Yajibe (bouss. 274°·3) †	323 27·5	270 35·5	1	6
35	Sur Yawiš III, à peu près	355 10·0			
	N... z	55 18·4	179 57·7		

12. C'est l'église provisoire. — 13. Chez Dabtara Baggo Saw, éloigné de 350 pas ou 240^{mt}.

192. Haut de la colline dite Danguago kidana mihrat, et à 14^{mt} en deçà de l'extrémité sud de ma base n° IV. Brise du sud. Le vernier vertical de l'instrument m'a paru faux sur 250° 28'·0, c'est-à-dire le commencement du vernier donne 250° 30' et la fin 250° 28'. La lunette inférieure a varié de 3' au plus et dans le sens de la graduation, c'est-à-dire de l'azimut vrai. Théodolite rajusté après les deux premières observations. — 4. Le ms. porte d'abord 250° 28'·0, puis la correction évidente 250° 38'·0. — 5. Peut être le point culminant du Coqe. — 7. Environ. — 18. Près de là est une caverne-fort. — 30. A 24^{mt} (*sic*) ; relevé de Yawiš III. — 34. Près le cimetière musulman.

193. *Yawiš IV.* 1845. Mai 4 : dimanche s. B = 572. T = 25. c = 11'·5.

N°	Objet relevé.	W	N	+	—
1	Yawobbi MARYAM	134° 5'·0	269° 20'·5	2	4
2	Kobba Elyas	56 54·0			
3	Gandagab Giyorgis	2 51·0			
4	Arbre de Dogom IYASUS, cime	212 8·5	90 7·5	6·8	—0·8
5	Id. id. id.	32 31·5	269 47·5	1·8	4·2
6	Yadug Abbo	16 25·0			
7	Yomac Elyas	12 14·5			
8	Yagubat Giyorgis	45 58·0			
9	Gibzit MARYAM	49 29·0			
10	Yagalab Abbo	112 16·0			
11	Daguaj	152 15·0			
12	Arat Mankarakar, 4me †	155 52·5			
13	Id., 3me †	156 35·0			
14	¶ Grande église de Yawiš, sans croix	204 0·0	266 42·5	—0·7	6·7
15	Cime de l'arbre de Danguago †	274 58·0	268 45·0	—1	7
16	Yagora Quisquam	286 45·0			
17	☉ 3^h 49^m 9^s·6	87 10·5	244 45·5	3	3
18	☉ 3 52 26·0	267 23·7	113 52·0	4	2
19	Yaqamma Hawaryat	85 2·5			
	N... z	164 11.5	179 58·1		

194. *Yawiš III.* 1845. Mai 7 : mercredi.

N°	Objet relevé.	W
1	Église provisoire relevée en **191**,12	355 20·0
2	Grande égl. relevée en Danguago 25 †	351 14·0
3	Arbre de Danguago rel. en **191**, 3 et 4	311 13·5
4	Église de Taba qiddus Mika-el	270 30·0
5	Église de Taba Nolawi	271 14·5
6	Mt Tala	194 31·0
7	Daguaj	179 17·0
8	Yawobbi MARYAM	158 56·0
9	Taymas Giyorgis	183 20·0
10	Arat Mankarakar	182 54·0
11	Id.	183 38·0
12	Id.	184 30·5
13	Id., autre bord	184 16·0
14	Id.	185 40·0
15	Id., autre bord	185 12·0
	N + c par **191**	191 37·1

195. *Yajibe.* 1845. Mai 8 : jeudi. s. B = 577. T = 21·8. c = 10'·7.

N°	Objet relevé.	W	V	+	—
1	☉ 10^h 50^m 26^s·8	185 19·5	96 36·0	5·5	1
2	☉ 11 2 30·0	6 20·0	264 33·5	0	6·5
3	Pic de Talba wiha, très-obscur †	95 56·0	268 28·0	7	—0·5
4	Arbre de Dogom IYASUS	104 28·5			
5	Arbre de Danguago	171 25·0	269 31·0	4	2·5

193. Point sur la lisière de Yawiš. Calme. L'arbre de Dogom IYASUS est isolé à gauche, c'est-à-dire à l'est de l'Église. On l'a relevé de Gurem et on dit que de là on voit le Mt Amadamid. Lunette inférieure admirablement immobile, mais le soleil s'étant voilé vers 4^h je n'ai pu en prendre d'autres hauteurs plus près du 1er vertical. Toutes les églises relevées sont cachées par les arbres du sanctuaire dont j'ai pris le centre le mieux que j'ai pu. — 12 et 13. Relevés en Danguago 14 et 13. — 15. Relevé de Yawiš III.

194. Station **191**. — 2. Et en Yawiš IV,14.

195. Arbre déjà relevé de Danguago 34. Chronomètre arrêté et remonté avant-hier. — 3. En Gojjam on dit wiha ; à Gondar on prononce waha.

195. *Yajibe* (suite).

N°	Objet relevé.	W	V	+	—
6	Arbre de Danguago	351° 6'·0	90° 25'·0	7	—0·5
7	Église de Taba	158 1·0			
8	Église de Taba	157 31·0			
9	Arbre de Dogom IYASUS †	284 41·0			
10	Milieu du bosquet de Dogom IYASUS	285 7·5			
11	Yagora Quisquam	177 34·0			
12	Église de Gitim	127 21·0			
13	Dabizzim Madhane'alam	255 45·0			
	N... z	79 24·2	179 57·2		

196. *Anafo.* 1845. Mai 21 : mercredi. **c** = 11'·0.

N°	Objet relevé.	W	V	+	—
1	Arbre signal, à tête en bouquet	52 36·0	269 13·5	3 4	3·5
2	Id.	232 18·0	90 43·0	0·5	6·5
3 ¶	Mt Amara	339 50·5	269 32·0	3	3·7
4 ¶	Id.	159 28·5	90 24.5	2·6	4·3
	N + c par **200**... z	133 59·9	179 58·4		

197. *Anafo.* 1845. Mai 25 : dimanche.

N°	Objet relevé.	W	V	+	—
1	Mt Amara (bouss. 212°·5) †	315 3·5	269 30·5	5	2
2 ¶	Mt...	342 53·0	269 26·5	2·5	4·5
3 ¶	Mt Balballa	344 8·0	269 24·5	2	5
4 ¶	Mt Sagal marme †	345 50·5	269 30·5	2·5	4·7
5 ¶	Mt Mosso	351 7·0	269 19·2	2	5
6 ¶	Mt...	1 34·0	269 32·0	3	4·3
7	Mt Gaši, et route du désert de Dora	6 45·0	269 37·0	3	4
8	Arbre relevé en **196**,1 †	27 49·5		3	4
	N + c par **200**... z	109 12·0	179 57·2		

198. *Anafo.* 1845. Mai 26 : lundi s. B = 578. T = 20·0. **T** = 15·7.

N°	Objet relevé.	W	V	+	—
1	☉ 9h 54m 20s	18 51·5	247 9·7	4	3
2	Arbre relevé en **196**,1	8 29·5			
	N... Z	89 55·6	179 57·3		

199. *Anafo.* 1845. Mai 27 : mardi matin.

N°	Objet relevé.	W	V	+	—
1	Tullu Adulan	82 1·0			
2	Tullu Amara	70 46·5			
	N + c par **196**	224 55·8			

200. *Anafo.* 1845. Mai 28 : mercredi s. B = 578. T = 24·0. **T** = 16·3. **c** = 7'·8.

N°	Objet relevé.	W	V	+	—
1	☉ 10h 24m 50s·8	305° 22'·7	105° 48'·0	10	
2	☉ 10 28 28	125 9·0	255 29·5	2·5	4
3	☉ 10 30 44·4	125 12·5	255 29·5	2·5	4
4	☉ 10 33 49·6	305 32·0	103 12·5	4·5	1·9
5	☉ 10 36 0 ; montre mal observée	305 35·0	103 12·5	2	4·2
6	Arbre relevé en **196**,1	293 46·0	90 43·0	2·8	3·6
7	Id.	114 4·5	269 12·0	7·8	—1·3
8	Église de Sabu Šunke, dir. très-appr. †	(289 9)			
	N... z	195 26·0	179 57·6		

201. *Sabu Šunke.* 1845. Juin 16 : lundi m. B = 578. T = 18. **c** = 6'·8.

N°	Objet relevé.	W	V	+	—
1	☉ 6h 0m 8s·4	200 22·0	252 56·5	7	0·4
2	☉ 6 2 24	200 24·5	252 56·5	5	2·4
3	☉ 6 5 26	20 45·5	108 10·5	2	5
4	☉ 6 7 42·8	20 46·5	108 10·5	2·8	4·5
5	Mt Amara (bouss. 205°·5)	334 6·0	269 28·3	5	2
6	Id.	153 48·5	90 24·0	6	1
7 ¶	... Zyon en Gojjam	126 13·0	270 16·0	2·5	4·8
8	Kullic qiddus Mika-el près Wamet	113 50·5	270 11·0	3	4
9 ¶	Wamet, lieu où l'on fait le guet †	104 14·0			
10 ¶	Id., milieu de la colline principale †	105 25·5	270 20·5	0	7
11	Direction de Dar-u en Amuru †	61 4·5			
12	Mt Adulan	345 27·5	269 42·5	5·5	1·5
13 ¶	Mt Lemi en Amuru (bouss. 339°·5) †	84 9·5	269 50·0	2	5
14 ¶	Id., petite sommité	83 25·0	269 51·5	0	7
	N... z	132 9·2	179 57·5		

202. *Qarre kakarba.* 1845. Juill. 1 : mardi s. B = 578. T = 20. **c** = 9'·5.

N°	Objet relevé.	W	V	+	—
1	Mt Amara	215 10·5			
2	Id.	35 25·5			
3	Église, très-probablement de Dogom	25 29·0			
4	Id.	205 48·5			
5	☉	117 39·5	229 40·0	4·5	2
6	☉	297 45·5	129 6·0	6	0·5
7	Anafo, à 6600 pas ou 3575mt	289 10·0			
	N... Z	185 40·4	179 57·3		

9. Le ms. porte 84° 51', à tort. C'est à tort que la date est portée dans le ms. comme étant le vendredi 9 mai, ce qui ferait une différence de 16''4 dans les azimuts vrais. Le calendrier de voyage confirme cette correction.

196. Maison de Šumi Meça. Ciel couvert.

197. [Sans indication. Même station que la précédente]. Ciel couvert. — 1. Boussole très-inerte. — 4. Demi-voilé par un nuage. — 8. La lecture de l'apozénit est illisible parce qu'elle est sur le bord du papier et détruite dans le ms. La lecture en azimut semble être 27° 39''5, mais elle est aussi à peu près illisible.

198. Maison de Šumi Meça. Soleil couvert à 9h 55m. [Plus exactement, cette station est dans les *environs* de la maison].

199. [Sans indication. Station précédente sans doute]. Ciel couvert.

200. [Sans indication. Station précédente sans doute]. Calme. Montagnes cachées par les nuages. Lunette d'épreuve bien immobile. Niveau vacillant parfois. — 8. Cet azimut vrai est donné en note sans l'observation originale. Sabu Šunke est à 3000mt, estimés 2000mt en ligne droite d'après le temps de parcours.

201. Site d'une ancienne église dite Kistan Sabu Šunke, en Loya, tribu des Gudru et sur le bord du Daga. Théodolite immobile. Par un beau temps les monts du Damot, ou tout au moins ceux des Awawa, doivent être visibles d'ici. Thermomètre avec la note « environ ». — 9. Nous avons passé à côté. — 10. Très-peu visible. — 11. Indiquée par Ibsa. — 13. En deçà de Dego et du Cidatti.

202. Bord du daga de Gudru du côté du Libon. Position très-gênée. Ces angles furent observés pour relier le Mt Amara au Gojjam. Le second relèvement de Dogom est plus exact que le premier. Du reste le qobar le rendant invisible à la lunette, j'ai dû l'orienter par un repère établi à l'œil nu.

203. *Ganu.* 1845. Juill. 6 : dim. s. B = 563. T = 21 ·0. **T** = 15 ·7. **c** = 7′ ·6.

N°	Objet relevé.	W	V	+	—
1	☉ 4h 43m 17s·6	43° 46′·0	260° 30′·5	0	7
2	☉ 4 45 34	43 49·5	260 30·5	0	6·8
3	☉ 4 48 12	224 10·0	98 17·5	2·5	4·3
4	☉ 4 50 28 ·8	224 14·0	98 17·5	2·3	4·5
5	Arbre isolé	262 59·3	91 37·0	3	4
6	Id.	83 15·0	268 17·0	5·3	1·3
	N... Z	112 15·7	179 57·3		

204. *Ganu.* 1845. Juill. 7 : lundi m. **c** = 7′ ·6.

N°	Objet relevé.	W	V	+	—
1 ¶	Tullu Amara, couvert hier, à 3′	306 7·5	266 52·0	1	4·5
2 ¶	Id., autre bord de la tangente horizont.	306 42·0			
3	Arbre isolé, relevé hier (bouss. 339°)	359 56·5			
	N + c par **203**... Z	28 58·5	179 57·3		

205. *Ariya.* 1845. Juill. 12 : samedi m. B = 607. T = 18. **c** = 9′ ·1.

N°	Objet relevé.	W	V	+	—
1 ¶	Sommités de la chaîne du Mt Amara : A	359 23·5	269 7·0	2	5
2 ¶	Sommité B, ibid.	1 47·0	268 53·3	0·5	6·5
3 ¶	Mt Sagal marme	6 17·0	268 57·0	0·5	6·5
4 ¶	Sommité C de la même chaîne	10 29·5	268 55·5	3	3·5
5	☉ 6h 33m 0s chr. 𝔇	67 48·0	247 49·0	0	5·7
6	☉ 6 35 14	67 47·5	247 49·0	1·5	5·5
7	☉ 6 39 6	248 3·0	113 33·0	3	4
8	☉ 6 41 20	248 3·5	113 33·0	3	4
9	Mt Sagal marme (bouss. 15°·7)	185 56·5	90 59·0	3	4
10	Mt Amara	36 43·5	268 41·5	6	1
11 ¶	Mt Adulan	19 46·0	268 50·0	5·5	1·5
12 ¶	Mts jumeaux, à 20′, 1er pic	347 34·5	269 53·0	3·5	3·5
13 ¶	Id., 2me pic, demi-caché	347 14·0			
14	Mt Adulan	199 26·5	91 5·0	1·5	4·5
15	Mt Amara	216 25·0	91 14·0	4	3
16 ¶	Longue montagne dans Sibu †	312 26·5	268 46·5	1	6
17 ¶	Id., pic	310 35·0	268 39·5	1	6
18 ¶	Id., large sommité, milieu de 3 arbres	309 15·0	268 36·5	1	6
19	Faite d'une longue colline †	285 46·0	267 53·5	0	7
20	Passe du Mt Gimbara, pas celle de **206**	244 37·0	269 27·5	0·5	6·5
21	Mt Gimbara, à 2′ (bouss. 244°·3)	235 1·0	267 8·0	0	7
	N... Z	358 10·2	179 57·8		

206. *Sobso.* 1845. Juill. 12 : samedi soir.

N°	Objet relevé.	W	V	+	—
1	Mt Sagal marme	257 55·0	269 6·5	4	3
2	Mt Amara (bouss. 50°·5)	284 55·5	268 57·0	4	2·5
3	Mt Adulan (bouss. 36°·0)	270 51·0	269 2·5	4	3
4	Mt Gimbara, petite sommité	322 34·0	261 51·0	6	1

206. *Sobso* (suite).

N°	Objet relevé.	W	V	+	—
5	Id., grande sommité à 0′·5 environ	351° 2′·0	257° 9′·5	6	1
6	Kollo Hapati dans Limmu (bouss. 206°)	87 15·5	270 32·0	5	2
7	Mt Mole, ibid., probablement Mt Bilida	78 36·0	270 5·5	4	3
	N + c par la carte... Z	242 33·0	179 57·8		

207. *Hapati.* 1845. Juill. 18 : vend. m. B = 580. T = 18 ·0. **T** = 16 ·7. **c** = 8′ ·7.

N°	Objet relevé.	W	V	+	—
1	Mt Gimbara, gr. sommité (bouss. 35°·7)	31 57·0	269 52·0	4	3
2	Id.	211 39·5	90 4·0	1·6	5·4
3	Id., petite sommité	31 19·5	270 5·5	4·5	3·5
4	Station **206** à très-peu près	30 27·5	270 15·5	4·5	2·5
5	Longue montagne de Leqa †	23 46·0	269 50·8	4	3
6	Bois de Umo, à 4 ou 5′	51 45·0	268 19·0	7·5	−0·5
7	Sommité pierreuse du n° 5	20 53·5	270 17·0	2	6·5
8	Sommité mitoyenne de id., **205**,17	22 14·5	270 3·5	−1	8·5
9	☉ 6h 55m 4s †	83 47·5	243 14·5	4	3
10	Sommité du Mt Bilida (bouss. 84°·7) †	90 24·0	268 56·5	4·5	2·5
11	Mt Mole, près Saqa ; visé 4 arbres isolés	164 44·0	270 9·0	6	·1
12	Mt..., près Saqa	184 30·0			
13	Id., 2me sommité	185 58·0	269 48·0	5	2
14	Mt Qalala, grande sommité	206 38·0	266 48·0	5	2
15	Id., petite sommité	219 18·0	266 48·0	5	2
16	Long Mt de Jimma Hin-e, un bout	322 23·0	269 43·5	6	1
17	Id., autre extrémité	340 33·0			
	N... Z	13 17·2	179 58·3		

208. *Saqa.* 1845. Sept. 14 : dim. m. B = 520. T = 18. **c** = 8′ ·9.

N°	Objet relevé.	W	V	+	—
1 ¶	Extr. appar. de la chaîne du Cillimo	111 22·5	269 55·5	7	0
2	2me point de cette chaîne presque plate	110 10·5	269 53·5	6	1
3	3me id., touj. un point un peu saillant	108 50·5	269 51·5	6·5	0·5
4	4me id., id.	104 50·5	269 49·7	6·3	0·2
5	5me id.	102 35·0	269 48·0	4	3·2
6	6me id.	99 53·0	269 46·0	3	4
7 ¶	Pic très-peu élevé au-dess. de cette ch.	98 47·5	269 45·0	0·5	6
8 ¶	Même pic	278 29·5	90 11·5	4·5	2·5
9 ¶	Pic relevé en 8 †	278 31·0	90 11·5	2	4
10	Même pic	98 48·5	269 44·0	6·2	0·5
11	☉ 3h 41m 10s·0 chr. 𝔇	343 33·0	102 56·0	6·5	0
12	☉ 3 43 34	343 37·5	102 59·5	7	0
13	☉ 3 47 32	164 37·0	255 27·5	4	3
14	☉ 3 49 43 ·2	164 41·5	255 27·5	4	3
15 ¶	Mt Bilida †	86 38·0	268 15·5	4	3
16	Id., (bouss. 17°·4)	266 19·5	91 40·5	3	4

203. Maison de Gimire Arar dans le district de Dangago, nom aussi du ruisseau voisin qui est dans le clan des Tibbe de la tribu de Jimma. Vent de l'O.

204. Même station qu'hier.

205. Maison de Šorro Boka dans Ariya, tribu de Leqa. Le Mt Kunç auquel cette station est adossée, interceptait la vue et empêchait de relever les sommités à l'est du Mt Amara, lesquelles forment un long faîte à peu près plat et certainement plus élevé que le Mt Amara. — 16. Source du Gibe ? — 19. Faisant suite au Mt Gimbara.

206. Passe ou col du Mt Sobso, dit Gimbara jusqu'ici. C'est là que passe le sentier de Leqa à Inarya. Les cris d'alarme qu'on poussait partout et qui faisaient craindre une invasion d'ennemis, m'empêchèrent de relever un signal pour obtenir l'azimut vrai ensuite. Ciel couvert.

207. Sommet de ce rocher très-remarquable. De ce sommet il y a 10m de route jusqu'au masara du roi Abba Boggibo, masara dit de Koma. Par un ciel clair on verrait peut-être d'ici les sommités de Calliha. — 5. Probablement Ariya 18. J'avais écrit d'abord Ariya 17. — 9. Couvert aussitôt après. — 10. Le reste de ce mont est caché par les nuages.

208. Près le masara, plus près de la maison de Abba Nanno et contre la haie morte de la prairie du Roi. Ces observations furent faites principalement pour avoir des données sur le Mt Cillimo et sa chaîne, qui semble être la plus élevée du Damot et que je m'étonne de n'avoir pas relevée du Gojjam. La grande chaleur du soleil levant faisait varier le niveau. Lunette d'épreuve bien. — 9. Relèvement répété parce que le niveau s'était dérangé et que le théodolite avait tourné de 1′. — 15. Boisé et certainement différent de la sommité relevée du Mt Hapati.

208. *Saqa* (suite).

N°	Objet relevé.	W	V	+	—
17	Kollo Mile, à 1''·5	3° 47′·5	263° 43′·0	4	3
18	Col de Jijilla, relevé le petit arbre	317 5·5	267 35·5	3	4
19	¶ Mt Gabana, 1re cime	296 48·0	267 12·5	0	7
20	¶ Id., 2me cime †	291 28·0	267 14·5	0	7
21	¶ Mt Kossa †	272 34·0	268 15·5	0	7
22	¶ Mt Babya, source du fl. Blanc, une p.	264 23·5	269 14·0	1·5	5·5
23	¶ Id., 2me pointe	263 2·0	269 11·0	3	3·5
24	¶ Id., large dôme	261 22·0	269 13·0	4	3
25	Mt Itanne, précipice (bouss. 153°·7) †	223 3·5	268 22·5	7·5	—0·5
26	¶ Mt Tafi	211 30·0	268 14·0	4	3
27	Principale maison du masara †	88 21·5	269 14·5	4	2
	N... z	75 44·6	179 58·6		

209. *Mile.* 1845. Oct. 6 : lundi m. B = 596. T = 16·9. T = 14·6. c = 7′·1.

N°	Objet relevé.	W	V	+	—
1	☉ 4h 7m 21s chr. ☽	240 43·0	251 2·5	5·2	1·8
2	☉ 4 10 11·6	61 10·0	109 35·5	3	3·9
3	¶ Kollo Hapati, ma station	304 22·5	269 59·5	5	2
4	¶ Id. (bouss. 340°·3)	124 37·0	269 55·5	6·5	0·5
5	¶ Mt Qalala près Hapati	120 28·5	269 28·5	5	2
6	¶ Mt Qalala, 2me somm. plus haute que 5	118 28·5	269 21·0	5	2
7	Bois de Umo, relevé du Mt Hapati	137 21·0	269 32·0	6	1
8	¶ Mt Ilala, long. mont. en Jimma Hin-e	103 36·5	269 55·5	2	5
9	¶ Id., point le plus élevé †	112 42·0	269 45·0	1	6
10	¶ Mt Bido, près Liban †	186 42·5	269 40·5	6	0·8
11	¶ Mt Halelu †	180 0·5	270 29·5	4	3
12	¶ Mt... dans Mitte †	150 30·0	269 55·0	2	5·5
13	¶ Mt Bilida, et pl. près de nous, Mt Mole †	158 50·0	268 48·0	—1	8
14	Maison principale du masara du Roi à Saqa †	241 41·0	276 1·0	4	3
15	Lac Çalalaqi, un bout	212 46·0	272 13·5	6·5	0
16	Id., autre bout	215 22·0			
17	¶ Mt Golu dans Nonno	202 22·5	268 53·7	2	5
18	¶ Mt Waco dans Agalo	212 8·5	268 52·0	—0·8	7·8
19	¶ Mt Tafi	276 49·5	268 44·0	0	6·7
20	¶ Id.	277 25·5	268 48·0	1	5·5
21	¶ Mt Itanne, précipice (bouss. 146°·2)	287 25·0	268 56·5	5	1
22	Église antique de Dokono †	301 57·5	274 12·0	3	3
23	¶ Mt Gumar	305 43·5	268 56·0	2	4
24	¶ Col près le Mt Babya	323 39·0	269 55·0	2	4
25	¶ Mt Babya	327 5·5	269 51·5	2·5	3·5
26	Mt Gabana, une cime	344 24·0	268 42·0	4	3
27	Id., autre cime	350 11·0	268 33·5	1·5	4·5

20. C'est-à-dire sommités des arbres, car tout est boisé. — 21. Droit devant Jiren selon Kusa et Burce : l'autre pic est caché. — 25. Sommité bien boisée. — 27. Relevé les œufs d'autruche qui le couronnent.

209. Pic du Kollo (génie local) Mile à 0h·7 de marche de ma hutte dans Saqa. Chronomètre marchant depuis le 20 septembre au moins. J'observai ces angles pour lier rigoureusement le Mt Hapati à Saqa. J'espérais d'ailleurs voir des monts de Leqa, mais le Mt Bilida cache le Mt Amara. Les Mts Cilimo et Niso étaient voilés par des vapeurs, et le Mt Boka, qui porte le bois dit Umo, cache le Mt Gimbara. Des nuages légers voilaient les principaux lieux de Guma, ainsi que le Mt Kossa. La distance de Mile à Saqa est d'environ 1''·5 en ligne droite. Aiguille aimantée très-vive et oscillant beaucoup. — 9. L'extrémité nord de cette montagne est cachée par le Mt Qalala. — 10. Très-loin en apparence. — 11. A un ou deux milles en deçà de la jonction des deux Gibe. — 12. En deçà du Wirgesa selon Indryas. — 13. Boussole 15°·2. — 14. La station **208** est cachée par **208**,17. — 22. Relevé le plus haut arbre du centre.

209. *Mile* (suite).

N°	Objet relevé.	W	V	+	—
28	¶ Kollo Agamsa	8° 4′·5	270° 10′·5	—1	8
29	¶ Mt... dans Guma	15 31·0	269 47·5	1·5	4
30	Direction de ma hutte dans Saqa	255 40·0			
	N... z	142 34·6	179 58·4		

210. *Daga.* 1845. Oct. 28 : mardi. m. B = 632. T = 21·8. T = 17·6. c = 10′·7.

N°	Objet relevé.	W	V	+	—
1	☉ 4h 1m 31s·6	105 11·5	252 53·5	1	6
2	☉ 4 3 46·0	105 18·5	252 53·5	3	3·5
3	☉ 4 6 30·0	285 39·5	108 13·0	3·5	3
4	☉ 4 8 44·0	285 47·0	108 13·0	3·5	3
5	¶ Mt Qalala (bouss. 45°·8) †	35 0·5	269 21·0	1	5
6	¶ Heça, masara du roi de Guma (b. 12°·5)	3 18·5	269 12·0	1	5
7	¶ Mt Bilida, presque effacé par le qobar	55 59·0	269 14·5	4·5	2
8	Mt Gabana ; la sommité E. est cachée	60 47·5	268 43·5	4	1·5
9	Mt Agamsa, Kollo †	252 38·5	91 50·5	4	3
10	Dar-u	79 0·0	268 41·0	4·5	2·5
11	Mt Garuqqe †	102 7·0	268 27·0	3·5	2·5
12	Mt Agamsa	73 0·5	268 5·0	2·5	4
13	Mt Minjillos, Kollo	93 49·0	268 19·0	8	—1
14	Marti, colline (bouss. 132°·0)	124 10·0			
	N... z	358 57·0	179 57·8		

211. *Mile.* 1846. Janv. 5 : lundi m. B = 596. T = 23. c = 12′·2.

N°	Objet relevé.	W	V	+	—
1	¶ Forêt qui s'étend sur tout le daga de Bun-o, un bout	38 53·0	269 31·0	2·5	4
2	¶ Id., autre extrémité	61 42·0	269 37·0	3	3
3	¶ Mt Ilala dans Jimma Hin-e, un bout	92 56·5	269 54·0	4	3
4	¶ Id., autre bout	102 54·0	269 45·5	4	3
5	¶ Awangiro, petit bois sur une colline dans Limmu	78 27·5	270 52·5	3	3
6	Axe appr. d'une suite de méandres du Did-esa	63 55·0			
7	Mt Boka, dit ci-devant Qalala	107 49·5	269 20·0	3	3·5
8	Id., 2me sommité	109 49·0	269 28·0	3	3·5
9	¶ Mt Hapati ; à Kollo, ou génie	113 58·0	269 55·5	3	3·5
10	¶ Mt probt relevé du Gimbara dans Leqa	119 10·0	269 48·0	4	3
11	¶ Id., large dos	120 34·0	269 45·5	4	3
12	Mt Gimbara, ma station	137 16·0			
13	¶ Id.	137 31·0	270 1·0	0	7
14	¶ Id.	317 7·5	89 55·5	5	0·5
15	¶ Mt Bido, au delà du Walga	175 30·0	269 41·0	2·5	4
16	¶ Id., 2me sommité	175 57·5			
17	¶ Mt lointain au delà du Mt Bido	171 42·0	269 59·0	3	3

210. Masara du Roi dans Sapa, et dit Dagá. Calme. Niveau rectifié. J'ai oublié de relever un objet en retournant la lunette : observations bien faites d'ailleurs. Leur but était d'établir le Mt Bilida et d'en déduire le Mt Gimbara. Théodolite immobile. — 5. La sommité éloignée n'est pas visible. — 9. Kollo est un génie local : on donne aussi ce nom aux sommités où l'on sacrifie au génie local. — 11. L'arbre est tombé l'an dernier.

211. Même lieu qu'à la station **209**. Lunette inférieure dérangée de 1′ environ dans les 10 derniers numéros. Ce tour d'horizon est l'un des plus complets que j'aie encore faits. Qobar sur le Mt Niso qui est peut-être d'ailleurs caché en partie par le Mt Bilida. J'ai vu que le Mt Meso forme le pied d'une chaîne continue dont le Mt Wace est la première forte sommité en allant vers le sud.

211. *Mile* (suite).

N°	Objet relevé.	W	V	+	—
18	Mt Meso, proém. du pied du Mt Wace	169° 17′·5	270° 29′·5	0	6·7
19	Lieu approx. de la jonction des 2 Gibe	167 30·0	270 36·5	—1	8
20	☉	249 41·0	249 21·5	6	1
21	☉	249 52·5	249 21·5	5	2
22	Mt Itanne, précipice	276 39·5	268 55·0	4	3
23	Id.	96 15·0	91 1·0	3	4
24	Mt ?	322 15·0	269 46·5	5	2
25	Mt... dans Jimma	352 13·0	269 38·0	2·5	4
26 ¶	Mt... un bord	294 54·5	268 54·5	3	4
27 ¶	Id., autre bord	293 16·0			
28 ¶	Source du fleuve Blanc	312 52·5	269 55·5	1·5	4·5
29 ¶	Mt Babya, visé un gros arbre	315 12·5	269 30·5	4	3
30 ¶	Id., pic	316 18·0	269 31·0	4·5	2·5
31 ¶	Mt... dans Jimma ?	319 43·5	269 40·0	5	1·5
32 ¶	Colline dans Jimma	320 2·0	269 40·5	5	2
33 ¶	Mt loint., suite du n° 31, peut-être Boša	323 28·5	269 38·0	4	2·5
34 ¶	Mt Baballa, dans Jimma	323 54·5	269 41·0	4	2·5
35 ¶	Mt Kossa, une sommité	324 31·5	269 43·0	4	2·5
36 ¶	Id., 2me sommité	325 0·0	269 42·0	4	2·5
37 ¶	Mt Gabana, une sommité	333 41·0	268 41·5	4·5	2
38 ¶	Id., 2me sommité	339 28·0	268 33·5	4·5	2
39 ¶	Mt Agamsa ; bouquet occidental	357 20·5	270 10·0	3·5	3
40 ¶	Mt Minjillos	349 1·0	270 0·5	3	4
41 ¶	Afata	348 44·5	269 47·0	2·5	4
42 ¶	Mt Mata Gera	3 48·0	269 47·5	4	2
43 ¶	Méandres du Did-esa †	19 45·0			
44 ¶	Méandres du Did-esa †	36 50·0			
45 ¶	Méandres du Did-esa †	20 50·0			
46	Masara de Daga, à très-peu près	4 28·5	270 35·0	—1	7
47	Heça, masara de Guma	34 49·5	270 20·0	3	3
48 ¶	Gombota, pic du milieu avec 3 arbres	33 11·0	269 52·0	3	3
49 ¶	Atarkada probablement	26 0·0	270 0·0	3·5	3
50 ¶	Mt lointain au delà de Gera	13 6·5	269 48·0	1	5
	N... z	131 49·9	179 57·8		

212. *Yatu*. 1846. Janv. 17 : samedi m. B = 620. T = 21. c = 11′·3.

N°	Objet relevé.	W	V	+	—
1 ¶	Mt Ilala à 5 ou 6′ †	209 0·0	266 55·5	3	4
2 ¶	Id., 2me sommité (bouss. 248°·3)	212 25·0	266 48·5	3	4
3 ¶	Dar-u	302 41·0	267 40·0	—1	8
4 ¶	Mt Gabana, une sommité (bouss. 354°)	323 30·0	268 13·0	4	3
5 ¶	Mt Gabana, autre sommité	321 33·0	268 13·0	4	3
6	☉ 4h 48m 52s	272 46·0	108 57·5	3	4
7	☉ 4 51 16	272 56·0	108 57·5		9
8	☉ 4 55 0·8	94 11·0	249 34·5	3	4
9	☉ 4 57 27·2	94 22·0	249 34·5	2	5
10 ¶	Kollo Mile dans Walansu (bouss. 54°·5)	24 40·5	268 11·5	1·5	5·5
11	Hutte pour l'azimut vrai (bouss. 274°·0)	241 48·0			
12	Id.	61 26·5			
13 ¶	Mt Bilida, à peine visible par le qobar	344 7·5			
	N... z	338 2·7	179 57·5		

44. Angle azimutal probablement 26° 50′·0.

212. Maison de Abba Morqe dans Gena. Théodolite rectifié : Lunette inférieure bien immobile. Le reste de l'horizon est caché par les hauteurs environnantes ; angles observés avec soin. — 1. Dit ci-dessus Kossa par erreur : le tout est bien boisé.

213. *Dambi*. 1846. Janv. 20 : mardi s. B = 617. T = 27·6.

N°	Objet relevé.	W	V	+	—
1	Dar-u, 1re sommité	246° 25′·5	265° 46′·0	4	2
2	Id., 2me ; la 3me sommité est invisible	256 7·0	266 9·5	2	3
3 ¶	Mt Gabana †	291 18·0			
4 ¶	Id., 2me sommité relevée de Saqu	295 58·5	266 55·5	1	4
5 ¶	Id., 3me id., id.	298 56·0	266 52·0	—2	7
6	Mt Mile près Saqa, prob. (bouss. 5°·6)	318 56·5	268 48·0	—1	6
7 ¶	Mt Bilida (bouss. 16°·0)	329 33·5	268 52·0	—2	7
8 ¶	Mt Mile en Walansu	41 59·5	267 40·0	3	2·5
9	Mt Itanne, précipice	72 31·0	266 51·5	—1	6
10 ¶	Mt Sasilla	108 16·0	266 47·0	0	5
11	☉ 11h 39m 32s	192 11·5	224 53·5	—2	7
	N... Z	321 23·9	179 57·3		

214. *Garuqqe*. 1846. Fév. 6 : vend. m. B = 594. T = 22·3. c = 8′·9.

N°	Objet relevé.	W	V	+	—
1	☉ 5h 4m 36s·8	355 28·7	112 34·5	4	3
2	☉ 5 6 54·0	355 37·5	112 34·5	7·2	0
3	☉ 5 10 2·8	175 35·5	246 6·0	5·5	5
4	☉ 5 12 20·0	175 46·5	246 6·0	7·5	—0·7
5 ¶	Kollo Minjillos	350 2·5	271 57·0	—1	7.
6	Kollo Agamsa	18 27·5	270 47·5	3	3
7	Tobo	27 7·5			
8	Masara de Daga à peu près	348 46·5			
9	Mt Bilida	85 49·0	269 37·0	6	0
10 ¶	Mt Gabana, une sommité	89 20·0	269 28·5	8	—2
11 ¶	Id., 2me sommité	92 19·0	269 33·0	8	—2
12 ¶	Mt Sasilla, relevé du rocher de Bora	178 49·0	268 40·0	8·5	—2·5
13 ¶	Id., 2me extrémité	185 50·5			
14	Arbre lointain	170 36·5	271 50·7	4	2
15	Même arbre qu'au n° 14	350 18·0	88 5·0	4·5	2·5
16 ¶	Masara de Dar-u	92 5·0	270 12·0	8	—2
17	Dar-u, pointe boisée †	97 4·0			
18	Id., grosse pointe †	101 35·0			
19 ¶	Mt Mata Gera (bouss. 263°)	310 55·0			
20 ¶	Mt... un pointe †	221 55·0	269 0·0	4	2
21 ¶	Id., 2me pointe	219 47·0	269 13·0	4	2
22 ¶	Bosse, peut-être le rocher de Bora †	211 19·5	269 24·5	5	1
	N... z	64 38·7	179 57·8		

215. *Garuqqe*. 1846. Fév. 8 : dimanche.

N°	Objet relevé.	W	V	+	—
1 ¶	Mt dans Jimma	178 29·5	269 34·0	1	5·5
2 ¶	Id., large sommité	173 15·0	269 31·0	1	5·8

213. Marché de Dambi dans Inarya. — 3. Sommité relevée de Bora.

214. Haut de la colline de Garuqqe. Vent frais du sud. Théodolite rectifié et lunette d'épreuve immobile. Avant la fin de ce tour d'horizon les nuages, en s'élevant, envahirent tous les lointains ; ciel serein ensuite. — 17. Probablement la 2me relevée de Bora. — 18. Probablement la plus occidentale relevée du rocher de Bora. — 20. Peut-être Mt Ilala dit Kossa. — 22. A la bouss. 157°. Masara de Garuqqe 351°·5 bouss. Mt Agamsa 321° bouss.

215. Même lieu qu'à la station précédente. Lunette d'épreuve admirablement immobile. Le Mt Hapati n'est pas visible de Garuqqe. Le Mt innommé n° 29 me semble devoir être le même que **211**,50, car aujourd'hui je ne vois pas une seule sommité derrière le daga de Gera. Les Mts Wace, etc., et toutes les sommités de Bota, Cora, Migira sont voilés par les nuages. Gimbara, bien relevé en azimut, ne pouvait l'être en apozénit, à cause de son peu de visibilité. Le n° 18, dit ici Boka, est la large colline à forêt qui reste à droite en allant de Koma au qella de Çibbe. Le Mt dit ici Milqi est la colline à deux sommités faisant suite au Mt Hapati du côté du sud.

215. *Garuqqe* (suite).

N°	Objet relevé.	W ° ′	V ° ′	+	—
3	¶ Autre M^t dans Jimma	163 4·0	269 21·5	1·5	5·5
4	¶ Sommité boisée de la forêt de Babya	147 5·0	269 16·5	0	6·5
5	¶ Mt Ilala? une sommité †	134 20·0	268 59·0	4	3
6	¶ Id., 2me sommité	132 13·0	269 14·0	1	6
7	¶ Fourche entre les deux sommités derrière le rocher de Bora	124 18·0	269 30·0	1·6	5·6
8	Mt Tafi, et plus près Mt Ilanne, droit devant	69 8·5	268 54·0	—0·5	6·5
9	M^t éloigné dans Botor : visible de Saqa	57 34·0	269 44·0	—0·5	7·5
10	Mt Sasilla	91 14·5			
11	Arbre rel. avant-hier sous les n°s 14 et 15	83 3·0	271 51·0	3·5	3·5
12	¶ M^t..., une sommité †	123 44·0	269 24·5	4	3
13	¶ Id., autre sommité †	124 34·0	269 24·5	4	3
14	¶ Mt Gimbara dans Leqa †	353 33·0			
15	¶ Mt Bilida dans Inarya	358 11·0	269 39·0	2	5·5
16	¶ M^t... dans Leqa	352 25·5	270 8·5	3	4·5
17	¶ Id., large sommité	351 37·0	270 10·0	3	4·5
18	¶ Mt Boka, au N. de Hapati, dans Limmu	345 20·0	269 54·0	3	4·5
19	¶ Mt Milqi, une sommité †	339 34·5	269 54·0	3	4·5
20	¶ Id., 2me sommité	339 8·0	269 50·5	3	4·5
21	¶ Mt Ilala dans Jimma Hin-e, un bord	326 52·0	270 0·5	2	5
22	¶ Id., autre bord	312 25·0	270 9·0	0	7
23	Extrémité d'un daga au delà de Guma	296 4·0	269 45·5	0	7
24	¶ Colline de Guma	274 19·0	269 54·5	0	7
25	¶ Partie la plus élevée du daga de Gera	223 28·0	269 35·5	4	3
26	¶ Col, peut-être là où passe le Did-esa	224 42·0	269 30·0	4	3
27	Direction de Gombota?	244 20·0			
28	Heço, masara du roi de Guma	302 19·0	270 27·0	3	4
29	¶ Montagne large et éloignée derrière Gera	220 14·5	269 41·0	4	3
30	¶ M^t en Jimma	204 3·5	269 21·5	3	4
31	¶ Autre M^t ibid., peut-être Mate doma	199 28·0	269 32·0	0	7
	N + c par **214** et **216**... z	337 14·0	179 57·7		

216. *Garuqqe.* 1846. Fév. 9 : lundi m. B = 594. T = 22·3. **c** = 11′·3.

N°	Objet relevé.	W ° ′	V ° ′	+	—
1	☉	233 52·5	250 6·0	5	2
2	☉	234 1·0	250 6·0	5	2
3	Arbre relevé en **214**,14 et en **215**,11	231 6·5	271 51·5	6	1
4	☉	54 30·0	111 29·5	3	4
5	☉	54 41·5	111 29·5	2·5	4·5
6	Arbre n° 3	50 46·0	88 4·0	3	4
7	¶ M^t dont le pied finit au Mt Meso †	172 51·0	269 25·0	4·2	2·5
8	¶ Mt Waçe, sans doute	177 53·5	269 25·0	4	3
9	Fourche du Bora relevé en **215**,7	272 25·0			
10	¶ Harawa, colline isolée	198 9·5	269 59·5	4	2
11	Marché de Dambi	197 28·5			
12	¶ Colline de Gena, source boisée du Dambi	199 37·0	271 3·5	5	2

5. Dit Kossa du Mt Mile? — 12 et 13. Je présume que ces deux sommités sont au sud du rocher de Bora et tout près; au n° 13 j'ai visé un gros arbre. — 14. Visible seulement par le mouvement. — 19. Dit ailleurs Sakala ou Qulala.

216. Même lieu que la veille, toujours près la pierre noire isolée. Après le 4me relèvement je m'aperçus d'un dérangement de 0′·5 environ dans la lunette inférieure, et je le corrigeai avant d'observer le n° 5. Supposez le thermomètre comme avant-hier. Les divergences dans les relèvements du Mt Gabana s'expliquent et par son rapprochement et par le manque de points culminants. — 7. Mt Golu sans doute.

216. *Garuqqe* (suite).

N°	Objet relevé.	W ° ′	V ° ′	+	—
13	¶ Bosse d'une longue montagne éloignée	185 33·0	269 20·5	4	3
14	Lieu du masara où j'observe la latit. †	101 25·0			
15	Gombota, colline mitoy. relevée de Mile	56 8·0	269 52·0	3	4
16	Direction de Kocawo	47 7·0			
17	Mt Gabana, une sommité	149 56·5			
18	Id., 2me sommité	152 55·0			
	N... z	125 5·8	179 58·1		

217. *Garuqqe I.* 1846. Fév. 19 : jeudi m. B = 596. T = 21·8. **T** = 12·2. **c** = 11′·7.

N°	Objet relevé.	W ° ′	V ° ′	+	—
1	Lieu où je pris mes azimuts, à 0·2 mille	201 49·5	260 28·5	3	3
2	Id.	21 27·5	99 26·0	6	0
3	☉	331 36 5	117 34·5	8	—2
4	☉	151 52·0	240 28·5	3	4
	N... z	44 4·5	179 56·9		

218. *Garuqqe.* 1846. Fév. 27 : vend. m. **c** = 12′·5.

N°	Objet relevé.	W ° ′	V ° ′	+	—
1	Direct. du masara de Suntu, à peu près	274 9·5			
2	¶ Tête de Gera	101 47·0	269 36·5	—1	8
3	¶ Arbre dépassant la forêt du sommet occidental de Bora	2 56·0	269 25·0	0	7
4	¶ Id.	182 32·0	90 28·0	4	3·5
5	¶ Fourche de Bora, droit au S. du rocher	2 37·7	269 29·5	0·5	6·5
6	¶ Id.	182 15·0	90 25·3	4·6	3
7	¶ Sommet oriental de Bora	181 41·0	90 28·0	4	3
8	¶ Id. †	2 9·5	269 26·5	5·5	2
9	Arbre signal	321 25·5	271 50·5	1·5	5·5
10	Id.	141 0·5	88 5·0	7·5	0
11	Alge, église antique probablement	310 31·0	271 26·5	1	6
12	Alge, bouquet d'arbres	301 31·5	271 42·5	1	6
13	Direction de Jiren en Jimma †	42 17·0			
14	Direction de Afata	118 11·0			
15	Macalato, à peu près †	153 26·0			
16	¶ Kollo Aselo, en Guma †	160 36·0			
17	¶ Walansu, gros bouquet	289 51·0	271 2·0	3	4
18	¶ Harawa	288 22·5	270 0·0	2·5	5
19	Masara de Dar-u, cette fois bien vu	243 38·0	270 12·5	3·5	3·5
20	¶ Colline de Gombota	145 33·5	269 52·5	4·5	4
21	¶ 2me colline ibid. (nuages)	146 20·0			
22	¶ 3me id. ibid.	147 53·0	269 51·0	4	3·5
23	¶ Fissure entre Gera et Guma †	123 47·0			
24	¶ Daga de Bun-o, un bout	154 28·0			
25	¶ Id., autre bout	172 5·0			

14. Garuqqe I½ à 0·28 mille de cette station.

217. Masara de Garuqqe. Hutte où j'ai observé la latitude. Calme. J'ai fait ces observations pour relier le lieu de ma latitude avec celui de mes azimuts.

218. Toujours près la pierre noire isolée. Les différences dans l'azimut vrai de la fourche de Bora s'expliquent par sa largeur. Daga se voit tant soit peu à droite de Minjillos. J'avais ci-dessus très-mal relevé Tobo qui, se projetant sur la terre, est fort difficile à distinguer. Les nuages qui avaient remplacé le qobar couvraient tout le nord du paysage et le Mt Bilida était effacé soit par un brouillard, soit par le qobar. Gombota est à environ 3 milles (comme de Saqa au masara Abba Jobar) des 3 collines relevées sous le nom de Gombota. — 8. Sommet mal défini. — 13. Selon Seyd Warj. — 15. Lieu désert de Guma et en deçà de son qella. — 16. Vision gênée par le brouillard. — 23. Le Did-esa coule là.

218. *Garuqqe* (suite).

N°	Objet relevé.	W	V	+	—
26	¶ Point culminant du daga de Bun-o	167° 26'·0	269° 34'·0	4	3
27	¶ Hobati en Guma	210 46·5	271 39·5	4	3
28	Masara de Daga ; mal relevé ci-dessus	141 6·0			
29	Masara de Tobo ; mal rel. auparavant	182 47·0	273 39·0	4	3
	N + c par **214** et **216**... z	215 22·5	179 57·2		

219. *Saqa.* 1846. Mars 5 : jeudi matin.

N°	Objet relevé.	W	V	+	—
1	¶ Mt Itanne, précipice	166 3·5	268 22·0	3	3
2	¶ Mt Bilida	29 45·0	268 15·0	3	3
3	Direction de ma station au Kollo Mile	309 2·0			
4	Mt Golu	76 25·5	268 31·5	3	3·5
5	Mt Wace	86 15·0	268 27·0	2	4
6	Suntu, à très-peu près	176 7·0	270 56·0	1	5
7	¶ Harawa	164 59·0	269 2·0	—1	7
8	Direction appr. de Gena †	210 56·0			
9	Kollo Mile dans Walansu	192 58·0	269 57·0	3	3
10	¶ Bora, bosse orientale	198 47·5	269 21·5	3	2·5
11	¶ Id., bosse occidentale : gros arbre †	199 25·0	269 22·5	2	3·5
12	¶ Fourche profonde du Bora	199 3·0	269 24·5	3	3
13	¶ Autre bout du fond de la fourche	199 14·0			
14	¶ Mt Ilala, dit Kossa par erreur	215 6·0	269 17·3	3	2·8
15	¶ Id., 2me sommité	215 34·5	269 15·5	3	3
16	¶ Mt Sasilla probablement	183 23·5	268 29·5	4	2
17	¶ Mt... dit Gumar ci-dessus	183 34·5	268 29·5	4	2
18	¶ Id., autre bout	184 33·0	268 29·5	4	2
19	Direction du lieu de ma latitude †	155 0·0			
20	¶ Dar-u, 1re pointe	223 12·0			
21	¶ Id., 2me id.	225 54·0	268 48·0	0	6
22	¶ Id., 3me id.	228 2·5	268 51·5	—1	7
23	Petit arbre du col de Jijilla	260 0·5	267 34·3	2	4
	N + c par la carte... z	18 57·4	179 57·9		

220. *Dar-u* 1846. Mars 6 : vend. m. B = 617. T = 21.
c = 11'·6.

N°	Objet relevé.	W	V	+	—
1	⊙ 5h 30m 4s ; couvert aussitôt après	346 41·0	238 51·0	3·5	3
2	Mt Itanne, précipice	358 41·5	268 33·0	7	0
3	Mt Tafi	353 16·5	268 31·5	7	0
4	¶ Mt Sasilla	23 57·5	268 30·5	6·5	0·5
5	¶ Mt Gabana, un sommet	257 59·0	267 37·5	3·5	3·5
6	¶ Id., autre sommet	266 21·5	267 47·0	3	4
7	¶ Mt Bido probablement	285 10·0	269 48·5	2·5	4·5
8	¶ Mt Golu	295 2·5	269 10·0	1·5	5·3
9	Mt Wace	301 28·0	269 7·5	3	4
10	¶ Mt Utubo, relevé en **215**,9 †	338 59·0	269 28·0	3	3·7
11	Harawa	340 50·0	269 36·0	4	3

220. *Dar-u* (suite).

N°	Objet relevé.	W	V	+	—
12	Walansu ; relevé un gros arbre †	346° 9'·0	271° 8'·0	4	3
13	Yatu †	2 12·0	271 0·0	4	2·5
14	Direction de Suntu	301 4·0			
15	Colline de Dar-u, à 0'·3	84 0·0			
16	Autre id.	64 18·0			
17	Palais de Dar-u à 1'	111 13·0	267 51·5	5·5	1
18	⊙ 6h 9m 39s·2, couvert aussitôt après	168 34·0	130 4·5	3·5	3
19	Mt Itanne (bouss. 121°·5)	178 22·0	91 21·5	3	3·5
20	Agamsa, gros bouquet (bouss. 265°·0)	139 39·0	270 3·0	1·5	5
21	Collines de Gombota : 1re	161 26·5	269 46·0	1	5·5
22	3me colline ibid., ayant 3 arbres	162 7·5	269 46·0	0·5	6
23	3me ibid.	163 12·5	269 45·5	0·5	6
24	¶ Mt Goroqa dans Bun-o	202 27·5	269 54·5	0·5	6·5
25	Mt Rogge dans Agalo (bouss. 74°·2)	311 16·0	268 59·7	2	4·5
26	¶ Portion de Cora	195 9·5	269 54·5	0	7
	N... z	244 25·6	179 57·7		

221. *Garuqqe.* 1846. Mars 7 : samedi midi.

N°	Objet relevé.	W	V	+	—
1	¶ Mt Gimbara dans Leqa	239 48·5	269 58·0	—1	7
2	Arbre signal relevé en **218**,9, etc.	329 20·0			
3	Mt Sasilla	337 31·0	268 40·0	2·5	4·8
4	¶ Mt Alla, dit Moye par d'autres †	47 34·5	269 32·5	2	4
5	Mt Kossa ; sommité la plus occidentale	23 3·0	269 1·5	3	3
6	Direction approchée du Mt Hapati	226 30·0			
7	¶ Ma station près le Mt Gimbara †	239 32·5	270 4·0	2	3·5
8	¶ Badda digga ? Mt lointain et très-faible	218 48·5	269 59·5	— 0·5	6·5
9	¶ Mt Boka, près le Kollo Hapati	225 24·5	269 48·0	3	2·6
10	¶ Id., 2me sommité	225 49·0	269 52·5	2	4
11	Mt Bilida	244 28·5	269 35·5	3	2·5
12	Mt Rogge dans Agalo	283 42·5	269 18·0	3	2
13	¶ Daga Ne'enca †	106 38·0	269 40·5	2	3·5
14	¶ Kaka Iya dans le braha de Gera, Gomma et Jimma	85 46·0	269 31·0	3	2·5
15	Tête de Gera	109 45·0			
16	Mt Baballa (Badda Lemana) près 14	90 16·5	269 20·5	3	3
17	¶ Mt... à côté du col de Tumama	59 31·5	269 30·0	3	2·8
18	Col de Tumama	60 30·0			
19	¶ Mt Boke Tato, un bout †	57 38·0	269 44·0	3·5	2·5
20	¶ Id., autre bout et la plus grande hauteur	56 15·0	269 41·5	3·5	2
21	Mt Susa, daga long ; bout oriental	60 30·0	269 35·5	4	2
22	¶ Dar-u, en Jimma, et direct. de Jiren	14 30·5	269 37·0	3	3
23	¶ Mt Bore ou *g* du profil	25 46·0	269 1·0	5	1
24	Pic *h* du profil } probablement	28 44·0			
25	Pic *c'* id. } probablement	33 22·0	269 15·0	4	2
	N + c par **214** et **216**... z	223 25·7	179 56·4		

219. Même station que **208**. La bosse **216**,13 est cachée par les nuages. — 8. Caché par un arbre voisin. — 11. Le ms. porte 189° 25' à tort. — 19. Éloigné de 500 pas [ou 325mt] comptés à peu près en ligne droite et sur la pente. Il faudrait plutôt 156°, ou 137° 3' d'azimut vrai. — Ma station actuelle peut différer de la station **208**, mais la différence ne va pas à 10mt. Les azimuts ont été réduits à la station **208** par la formule de réduction :

$$+ \frac{57'\cdot 4}{\text{dist.}} \sin (A + 285°\cdot 5).$$

220. Arbre isolé à tête desséchée dans Dar-u, sur la route de Dora. Petit frais de l'est. Lunette inférieure souvent consultée et bien immobile. Je doute de l'identité de Walansu. — 10. Limite de Botor et de Badi.

12. Selon Seyd Arbuk. — 13. Dit ci-dessus Gena, ce qui est le nom du district.

221. [Sans indication. Probablement près de la pierre noire isolée]. La direction de Jiren a été indiquée aujourd'hui par Seyd Arbuk, qui a fait plusieurs voyages en Jimma, Kullo et Kaffa. Le Mt n° 8 m'embarrasse beaucoup. Air admirablement pur après les orages de la veille. D'ailleurs la rosée était tombée le matin.

N. B. 1846, 11 avril. Avant-hier je vis bien la montagne **221**,8 : jusqu'alors le qobar m'en avait caché une partie. D'après sa forme, c'est évidemment le Mt Kunç dans Leqa. Le Mt Gimbara n'est pas, je crois, visible de Garuqqe. Le Mt Amara se voit de Tiniqe en Limmu, à ce que j'ai appris hier seulement. De Garuqqe le Mt Bilida cache le Mt Amara. — 4. Sur la route de Kullo. — 7. A très-peu près, ce me semble. — 13. Dans le braha entre Gera et Kaffa. — 19. Colline-fort inhabitée et en deçà du Gojab.

222. *Tobo.* 1846. Mars 9 : lundi m. B = 626. T = 21.
c = 12′·3.

N°	Objet relevé.	W ° ′	V ° ′	+	−
1	⊙	154 5·5	252 12·5	4	2·5
2	Petit arbre du col de Jijilla, selon aucuns	106 55·5	268 46·0	4·5	2
3	Heça ; masara du roi de Guma (b. 329°·5)	17 52·5	268 47·5	4	3
4 ¶	Mt isolé dans Guma †	13 33·5	268 41·5	3	4
5 ¶	Kollo Agamsa (bouss. 232°·5)	286 58·0	262 11·0	2	4
6	⊙	334 45·0	109 56·0	6·5	0
	N... z	56 40·9	179 59·1		

223. *Kocawo.* 1846. Mars 20 : vend. m. B = 632. T = 22·4.
T = 16·6. **c** = 11′·7.

N°	Objet relevé.	W ° ′	V ° ′	+	−
1	⊙	287 50·5	242 28·0	2	4·5
2	⊙	287 57·3	242 28·0		7
3	⊙	108 18·5	119 1·0	2	4
4	⊙	108 24·5	119 1·0	2·5	3·5
5	Heça : masara du roi de Guma	14 43·0	90 59·5	−2	8
6	Id. (bouss. 10° 15′)	195 5·0	268 55·0	2	4
7	Dir., un peu vague, du masara de Daga	186 34·0			
8	Mt Boka, dit Qalala et Saqala, près Hapati	213 34·5	269 8·5	1·5	5
9	Mt Bilida, très-faible	228 53·5	269 7·0	4	2
10	Mt Agamsa (bouss. 64°·5)	249 54·0	267 27·5	3	3·5
11	Colline †	263 0·0			
12	Direction très-approchée de Afata	38 0·0			
	N... z	193 27·0	179 57·7		

224. *Hapati.* 1846. Avril 16 : jeudi m. B = 605. T = 20·7.
c = 10′·1.

N°	Objet relevé.	W ° ′	V ° ′	+	−
1 ¶	Mt Misingo (bouss. 81°·5) †	169 34·5	268 57·0	−1	8
2 ¶	Id., 2me sommité (bouss. 91°)	176 18·5	268 34·0	1·5	5·5
3 ¶	Mt Walqile	188 17·5	268 42·0	3	4
4 ¶	Mt Bilida (bouss. 109°·7) †	195 14·5	268 21·0	3	4
5	⊙ 4h 28m 38s	174 42·0	250 1·0	4	3
6	⊙ 4 30 48	174 44·5	250 1·0	4	3
7	⊙ 4 32 54	355 0·0	110 56·5	2·5	3·5
8	⊙ 4 35 1·6	355 3·5	110 56·5	6·5	0·5
9	Arbre lointain	328 35·5	90 20·0	7	0
10	Même arbre	148 53·5	269 35·0	1	6
11 ¶	Masara de Galira (bouss. 138°·5)	224 10·5	270 15·5	2·5	3·5
12	Mt Mole ; relevé les 3 arbres du milieu †	244 1·0	270 8·0	2	4
13	Mt Milo, près Saqa	254 35·0	270 10·5	0	7
14 ¶	Mt Gabana, 1re sommité	263 53·5	269 49·5	4	2
15 ¶	Id., 2me id., difficile à bien préciser	265 9·0	269 47·5	4	2

224. *Hapati* (suite).

N°	Objet relevé.	W ° ′	V ° ′	+	−
16 ¶	Id., 3me id., invisible de Saqa †	266 7·0	269 51·5	4	2
17 ¶	Mt Billaca (bouss. 200°) †	285 56·5	266 48·0	2·5	3·5
18	Escarpement, probab. rel. de Garuqqe †	276 29·0	269 50·0	1·5	4·5
19 ¶	Mt Billaca, 2me sommité	297 51·0	267 16·0	3	3
20	Id., 3me id. †	275 0·0			
21	Masara Abba Jobar, à 1 mille	158 40·0	274 34·5	2·5	4
22	Id. du Roi (de Koma), à 0·5 mille env.	148 10·0	275 40·0	1	3·5
23 ¶	Mt Gimbara, par repère	111 7·0	269 51·5	1	5·5
24 ¶	Ma station du Mt Sobso à peu près	110 44·0			
25	Direction approchée du Qella	103 40·0			
	N... z	92 26·3	179 57·5		

225. *Adami I.* 1846. Avril 23 : jeudi s. B = 596. T = 23·0.
T = 14·6. **c** = 10′·3.

N°	Objet relevé.	W ° ′	V ° ′	+	−
1	⊙ 2h 12m 20s·8	193 43·3	253 42·0	4	2·5
2	⊙ 2 14 32·8	193 47·5	253 42·0	3·5	2·5
3	⊙ 2 18 26	14 5·0	104 45·5	1	5
4	⊙ 2 20 38	14 8·0	104 45·5	2	4
5	Mt Amara	303 34·5	268 47·0	3·5	3
6	Id.	123 10·5	91 8·0	6	0
7	Mt Kunç, à 0·6 mille, un bord	179 31·0			
8	Id., autre bord	179 58·0	253 31·5	2	4
9 ¶	Mt Jarre ? boisé (bouss. 350°)	254 28·5	269 57·0	4	3
10 ¶	Mt... boisé, une sommité	256 1·5	270 2·0	4	3
11 ¶	Id., 2me sommité, légèrement plate	256 32·0	270 3·0	3	3
12 ¶	Mt *f* du profil dans Jimma : boisé	259 17·0	269 56·0	3	3
13 ¶	Mt... boisé	265 20·0	269 23·5	3	3
14 ¶	Mt... boisé	266 59·5	269 26·0	3	3
15 ¶	Mt... nu	268 22·5	269 16·5	3	3
16 ¶	Mt *i* du profil, nu	269 29·0	269 10·5	3	3
17 ¶	Mt Mosso, nu	270 35·0	269 3·0	3	3
18 ¶	Mt Sagal marme, nu	274 5·5	269 8·0	3	4
	N... z	273 17·4	179 58·2		

226. *Adami I.* 1846. Mai 2 : samedi soir.

N°	Objet relevé.	W ° ′	V ° ′	+	−
1	Mt Sagal marme (bouss. 9°·6)	223 29·6	269 8·4	2	4·6
2 ¶	Mt Balballa	227 30·5	269 7·0	0·5	6·5
3 ¶	Mt..., une pointe	230 56·5	269 16·0	0	6·6
4 ¶	Id., 2me pointe	231 13·0	269 15·5	0	6·6
5 ¶	Mt... près Adulan	233 54·5	269 16·5	0	6·6
6 ¶	Mt Adulan (bouss. 21°·4)	235 15·0	269 2·5	0	6·6
7 ¶	Mt Kolba : vu à travers un nuage	237 4·5	269 15·5	0·5	6·5
8 ¶	Pic à 1 mille : Mt Marfata	241 19·0	270 9·0	0	6·7
9	Sommité de la chaine près Adulan †	240 8·5	269 18·0	0	6·7
10 ¶	Mt Amara (bouss. 37°·9)	253 0·0	268 48·0	3	4
11 ¶	Petit précipice	254 17·0	269 0·5	2·5	4·2
12 ¶	Badda Timno en Calliha †	260 13·5	268 41·5	3	4
13	Autre pic obtus	261 20·0	268 43·5	3	4

222. Masara du Roi ou Seigneur dans Tobo. Lunette d'épreuve bien. Qobar sur tous les lointains. J'ai oublié d'observer un objet après avoir retourné la lunette. — 4. Le profil se rapporte au n° 4 ou au n° 5 ?

223. [Sans indication : probablement près du masara du Roi]. Faible brise du sud. Lunette d'épreuve bien. Qobar très-fort. Comme une grande foule m'entourait, je n'osai regarder le chronomètre. — 11. Qui divise le bassin de Minjillos de celui de Kocawo.

224. Sommet de ce Mt. Brise faible venant du soleil. Lunette d'épreuve consultée souvent, et immobile. Le qobar était si fort que je dus observer par repères les azimuts du Mt Gimbara. Le Mt Gabana était à peine visible et les nuages m'empêchèrent de voir le soleil avant 4h 25m. Le Mt Mile a été relevé d'après l'azimut, moins 180°, du Mt Hapati vu du Kollo'Mile. Je puis à peine préciser les sommités du Mt Gabana à travers le qobar. — 1. Dit Bilida en **207**. — 4. Probablement la sommité relevée de Saqa, etc. — 12. Boussole 158°·5. 16. Relevée du rocher de Bora. — 17. Dit ci-dessus Qalala, etc.; tout près de moi. — 18. Et à tort comme direction du Mt Hapati. — 20. Azimut approché, car cette sommité est cachée.

225. Près le Mt Kunç : extrémité Maro de ma petite base mesurée de 180mt. Bon frais du sud ; lunette d'épreuve bien. Selon Nuru, le n° 16 ou 17 serait Mt Jarre.

226. Point Maro. Lunette d'épreuve bien. Soleil trop bas pour un bon azimut. Les sommités de Calliha sont faiblement boisées. Le terrain s'abaisse par une pente douce depuis le Mt Jibate jusqu'au sud. — 9. Dans un nuage. — 12. Mt Mullu selon Nuru.

226. *Adami I* (suite).

N°	Objet relevé.	W	V	+	—
14	Pointe du Mt Cillimo	264° 45'·0	268° 37'·5	3	4
15	2me pointe id.	265 24·0	268 37·0	3	4
16	Mil. d'un large bouq. d'arb. du Mt Cillimo	268 40·5	268 45·5	3	4
17 ¶	Mt dans Calliha près le Liban, un bord †	303 25·0	269 7·5	6	1·5
18 ¶	Id., autre bord	303 47·0			
19 ¶	Mt Jibate, boisé, un sommet (b. 107°·3)	323 21·0	268 52·0	6	1
20 ¶	Id., autre sommet † (bouss. 109°·1)	325 5·5	268 53·5	6	1
21	Mt Sadani, à 2' (bouss. 147°·3)	3 24·0	268 31·0	3	3
22	Mt Iggu, à 0'·7 (bouss. 153°·6)	9 41·0	266 17·0	8	—1
23	Mt Ilfata, à 0'·4 (bouss. 194°)	50 46·0	260 57·0	12	—5
24	Mt Kunç † à 800mt (bouss. 275°·5)	129 20·5			
	N + c par **225**... z	222 53·8	179 58·2		

227. *Adami II*. 1846. Mai 2 : samedi soir.

1	Mt Kunçi, visé un arbrisseau isolé	219 2·0	252 44·5	0·5	6
2	Sur l'extrémité Maro de ma base	355 56·5	271 53·5	13	—6
	N + c par construction... Z	309 5·1	179 57·3		

228. *Adami I*. 1846. Mai 2 : samedi soir.

1	Sur Adula	338 48·5	268 5·5	8	—1
	Sur Mt Kunçi	18 57·5	253 29·5	5	2
	N + c par **227**... Z	111 57·1	179 57·3		

229. *Ilfata I*. 1846. Juin 14 : dim. m. B = 596. T = 17. c = 9'·1.

1	⊙	25 17·0	260 20·5	2	5
2	Mt Amara	346 27·0	269 4·0	0·5	7
3	⊙	205 36·5	100 45·0	5	2
4	⊙	205 39·5	100 45·0	5	2
5	Mt Amara	166 8·2	90 51·0	5·5	2
6	⊙	25 31·5	257 29·0	1	6·5
7	⊙	25 34·0	257 29·0	1	6·5
8	Mt *a* du profil	299 18·0	270 8·0	1	6·5
9	Mt *c* du profil	300 27·0	270 11·5	0·5	7
10	Mt Korma? bifide; pointe *d*	300 53·0	270 14·0	0	7
11	Id., pointe *e*	301 21·0	270 14·5	0·7	5
12 ¶	Mt fort loin et boisé, invisible de Adami	303 20·5	270 15·0	0	7·5
13 ¶	Id., 2me sommité	303 33·5			
14	Mt Mosso	314 52·0	269 15·5	—0·5	8
15	Mt Sagal marme	318 17·0	269 21·5	4·5	3
16	Mt Marfata, tout près de nous; visé l'arbre	326 30·0	272 14·5	4	3
17	Notre hutte à Adami	314 25·5			
18	Mt Jibate	55 37·5	269 4·5	3	4

229. *Ilfata I* (suite).

N°	Objet relevé.	W	V	+	—
19	Id., autre sommité	57° 20'·7	269° 5'·0	0	7
20	Confluent des deux Gibe	102 25·0			
21	Mt Adaro, dit Golu plus haut, et Negera par d'autres	115 29·0	269 15·5	4	3
22	Mt Meso, à ce qu'il me semble	104 46·0	270 21·0	6	0·5
	N... z	317 40·6	179 57·0		

230. *Adami II*. 1846. Juin 20 : samedi.

1	Sur le bout Maro de ma base	335 11·0	272 1·0	5	2
2	Gros acacia	17 26·0	275 0·0	4	3
3 ¶	Mt Lammi, une sommité	351 54·0	272 5·5	2	5
4 ¶	Id., autre sommité	348 49·5	272 7·5	1	6
5	Arbre, vu renversé, rasant l'arbre	353 34·5	272 58·0	1	6
6 ¶	Mt Turre	48 14·5	270 58·0	7	5
7	Mt Iggu	69 42·5	265 27·5	3	4
8	Maison noircie et non couverte †	99 55·0	265 10·0	4	3
9	Sommet du Mt Ilfata	112 52·0			
	N + c par construction... Z	288 20·0	179 57·3		

231. *Adami I*. 1846. Juin 20 : samedi.

1	Sur le bout Adula de ma base	51 55·5	267 49·5	2	5·5
2	Id.?	51 54·5			
3	Arbre isolé, vu renversé	352 3·0	270 29·0	2	4·6
4	Mt Ilfata	13 11·5	260 52·5	3·5	3·4
5	Maison non couverte et noircie	0 32·0	265 14·0	3	4
6	Mt Iggu	332 3·5	266 16·0	4	3
7	Mt Turre	306 48·0	270 57·5	1	5
8	Mt Buko	283 48·0	271 35·5	1	6
9	Mt Lammi, une sommité	248 59·5	272 5·5	0	7
10	Id., autre sommité	245 50·5	272 8·0	0	7
11	Mt Marfata, relevé l'arbre double	203 8·5	270 8·0	0	7
12	Notre hutte : tout près	200 5·0	271 53·0	0	7
13	Gros acacia	289 16·0	274 14·0	0	6·5
	N + c par **234**... z	184 59·5	179 57·6		

232. *Adami III*. 1846. Juin 23 : mardi.

1	Ilfata I, à peu près	247 53·0	263 55·5	12	—6
2	Extrémité Adula de ma base †	328 3·5			
3	Arbre double du pic Marfata	65 31·0	269 16·5	2	4
4	Extrémité Maro de ma base	342 52·5			
5	Id., une autre fois	342 51·5			
6	Notre maison	348 50·0	265 55·5	3	3
7	Mt Kunç; arbuste isolé	327 45·5	255 33·0	4	2
8	Église antique	2 8·0			
	N + c par construction... Z	58 36·7	179 57·3		

17. Boussole 84°·0. Selon Nuru, ce Mt se nomme Djrjko [plus tard le même Nuru a dit Djriqo]. On voit par les 11 relèvements à la boussole combien peu on doit compter sur cet instrument dans ces pays. — 20. Le ms. porte 268° 43'·5 à tort. — 24. Prononcé quelquefois Kunçi.

227. A l'extrémité d'une petite base de 150mt·3 ou 222 pas, ce qui donne 0mt·677 pour longueur de mon pas. Adula resta à cette station avec une mire que je relevai de la station suivante. Maro tenait un long bâton à l'autre extrémité de cette base.

228. Point Maro.

229. Près du Mt Ilfata et à son est. J'ai été fâché de voir que le Mt Bilida et les autres monts que je connais en Limmu, ainsi que les Mts Gimbara, Hapati, etc., sont invisibles de cette station. Lunette d'épreuve immobile.

230. Point Adula. — 8. Cette maison, noircie comme par un incendie, est à 40 ou 50 mètres de ma station Ilfata I, qu'elle cache.

231. Point Maro. L'inclinaison de ma base est mieux observée que dans la station précédente. — 1. J'observe aussi 51° 54'·5.

232. Du gros acacia relevé il y a trois jours au n° 13. Ciel couvert. La crainte des gens armés m'empêcha de prendre d'autres angles. — 2. Difficile à bien distinguer.

233. *Adami II.* 1846. Juin 24 : mercredi.

N°	Objet relevé.	W	V	+	—
1	Mt Buko	149° 39'·0	271° 35'·0	4	2
2	Mt Kunç, arbuste isolé	141 25·0	107 13·5	4	3
3	Id.	321 43·0	252 41·0	—2	8
4	Extrémité Maro de ma base †	99 26·5			
5	Pointe de l'arbre relevée en **230**,5	117 48·5	272 56·0	2	4
6	Mt Badas en deçà de Buko	145 8·5	271 31·0	4	2
	N + c par **227**... z	52 35·1	179 56·7		

234. *Adami I.* 1846. Juin 25 : jeudi m. B = 596. T = 20·0. **T** = 16·3. **c** = 6'·7.

N°	Objet relevé.	W	V	+	—
1	Mt Adulan	119 27·0	269 0·4	3	4
2	Id.	299 12·5	90 53·0	3	4
3	Mt Sagal marme	287 25·0	90 46·5	5	1
4	Mt Mosso †	283 53·5	90 51·3	3	3
5	Notre maison, c'est-à-dire ma hutte	301 44·0			
6	Mt Marfata	305 1·0	89 47·0	5	2
7	⊙	354 54·5	162 15·5	8	—1
8	⊙	354 56·5	102 15·5	9	—2
9	⊙	174 41·5	256 28·7	3	4
10	⊙	174 43·0	256 28·7	4	3
11	Mt Sagal marme	107 40·0	269 7·0	6·7	0·3
12	Mt Marfata	125 13·0	270 5·5	6·5	0·5
13	Mt Mosso	104 8·5	269 2·2	6·5	0·5
14	Arbre relevé en **231**,3	274 15·0	271 39·5	3	4
15	Mt Badas	201 10·0	271 50·0	3	4
16	Mt Kunç	13 0·0	253 32·0	0·7	6
17	Id.	192 44·0	106 22·0	5	2
18	Mt Amara	137 8·5	268 46·0	—0·4	7·4
19	¶ Mt... près Gondal Waqo	202 52·5	269 30·5	3	4
20	¶ Mt... ibid.	202 40·5	269 29·8	3	4
21	¶ Mt...	200 13·0	269 24·5	3	4
22	¶ Mt...	199 36·5	269 27·6	3	4
23	¶ Mt...	199 33·0	269 28·0	3	4
24	¶ Mt...	199 28·0	269 28·0	3·3	3·7
25	¶ Mt...	198 23·5	269 26·0	3·5	3·5
26	¶ Mt Diriqo	191 56·0	269 13·5	4	3
27	¶ Id., autre point	187 54·5	269 6·5	4	3
28	¶ Id., autre point	187 34·5	269 6·5	4	3
	N... z	106 58·0	179 56·7		

235. *Adami I.* 1846. Juin 28 : dim. m. T = 17·5. **c** = 10'·0.

N°	Objet relevé.	W	V	+	—
1	Église antique près de nous	337 33·5	266 2·0	5	2
2	¶ Tertre isolé dans Sibu, boisé	357 51·5	270 7·0	3	2
3	¶ Mt lointain, ibid. †	1 49·0	270 3·5	4·8	2·3
4	¶ Mt *a* du profil	2 25·0	269 57·0	5	2·3
5	¶ Id., autre point	3 0·0	269 56·5	5	2·5
6	¶ Mt *b*	3 21·0	270 1·5	5	2·5
7	¶ Id., autre point	3 43·5			

235. *Adami I* (suite).

N°	Objet relevé.	W	V	+	—
8	¶ Mt *c*	3° 56'·5	270° 3'·3	5·3	2·2
9	¶ Mt *c bis*	4 10·0	270 1·0	5	2·5
10	¶ Mt *d*	4 31·5	270 1·5	4	3
11	¶ Mt *e*, qui se termine par un petit plateau	5 0·7	270 2·5	4	3
12	¶ Mt *f* id., dans Jimma	7 46·0	269 55·5	4·2	3
13	¶ Mt *f'*	9 12·0	269 57·5	4·5	3
14	¶ Mt *f''*	9 42·3	269 58·0	4·5	3
15	¶ Mt *f'''*, mamelon plus large que le n° 14	9 49·5	269 56·5	4	3·5
16	¶ Mt *f*iv	10 13·7	269 54·0	4	3·2
17	¶ Mt *f*v	11 34·5	269 36·5	4·2	3
18	¶ Mt *g* ; ici cessent les grands arbres	13 39·5	269 23·2	4	3·2
19	¶ Petit pic du Mt *g*	14 16·0	269 28·0	4	3
20	¶ 2me pic du Mt *g*	14 40·5	269 35·0	4	3
21	¶ Mt *h*	15 28·0	269 25·5	4	3·2
22	¶ Id., cran	15 43·6	269 25·7	3·9	3·6
23	¶ Id., autre cran	15 57·4	269 28·0	4	3
24	¶ Id., 3me cran	16 10·5	269 27·7	4	3
25	¶ Petit précipice du Mt *i*	16 44·6	269 21·5	4	3
26	¶ Mt *i*	16 51·6	269 15·5	4	3
27	¶ Pic à l'ouest du sommet *j*	17 26·0	269 59·0	4	3
28	¶ 2me ibid.	17 41·3	269 16·0	4	3
29	¶ Pic *j*, sommité ouest	17 53·0	269 11·0	4	3
30	¶ Id., sommité est	18 0·0	269 9·5	4	3
31	¶ Aspérité *j'*	18 15·5	269 10·5	4	3
32	¶ Col du Mt Mosso, milieu entre 2 arbres	18 36·5	269 14·5	4	3
33	¶ Mt Mosso, le géant du Rare	19 3·5	269 2·5	4	3
34	¶ Mt *l*	19 38·5	269 11·5	0	7
35	¶ Mt *m*, formant une petite plaine	20 23·7	269 5·5	1	5·5
36	¶ Aspérité *m'*	21 23·5	269 10·5	4	3
37	¶ Mt Sagal marme, *n*	22 35·5	269 7·5	4	3
38	¶ Mt Balballa, *o*	26 37·5	269 5·8	6	1
39	¶ Mt... *p*	30 1·0	269 14·5	4	3
40	¶ Id., 2me point, couronné par des arbres	30 17·8	269 14·0	4	3
41	¶ Mt *q*	33 0·5	269 15·5	4	3
42	¶ Mt Adulan, *r*	34 20·6	269 1·0	4	3
43	Id.	214 0·6	90 55·5	2	4·3
44	¶ Mt Mosso	198 43·0	90 52·6	2	4·3
45	Mt Amara	231 44·5	91 8·5	3	4
46	Mt Gulti	238 57·0	91 14·5	4	3
47	Id.	59 15·5	268 40·6	2	5
48	Mt Amara	52 4·6	268 47·0	3	4
49	Mt Marfata	40 8·5	270 7·5	3	4
50	¶ Mt Adulan	34 21·0	269 1·5	3	4
51	¶ Mt Mosso	19 3·5	269 3·5	3	4
52	¶ Id.	198 42·5	90 52·1	4	3
	N + c par **234**... z	21 50·4	179 57·7		

236. *Adami I.* 1846. Juillet 12 : dimanche.

N°	Objet relevé.	W	V	+	—
1	Mt... †	46 14·0	269 11·0	3	4
2	Mt Adulan	62 46·5	269 0·5	3	4
3	¶ Mt Sagal marme	50 59·5	269 7·5	0	7
4	¶ Renflement près le n° 3	50 9·0	269 9·5	0	7·2
5	¶ Mt Kolba, sommité large et plate	64 36·5	269 15·0	4	3

233. Point Adula. — 4. Signal un peu incliné.

234. Point Maro. Calme plat. Lunette d'épreuve très-bien. Le Mt 19-20 est bien rarement visible d'ici. Le Mt Jibate et toute la terre de Galliha étaient voilés par les nuages. — 4. Le ms. porte à tort 90° 11'·3.

235. Point Maro. Lunette d'épreuve parfaite. Beaucoup de petites aspérités relevées ici ne sont que de faibles élévations couronnées de bouquets d'arbres qui les grossissent au loin. Les azimuts sont meilleurs aujourd'hui à cause de l'immobilité de l'instrument. — 3. Toutes ces sommités sont boisées jusqu'en *c*. Les derniers apozénits sont les plus soignés.

236. Point Maro. Lunette d'épreuve admirablement bien. J'ai cherché en vain quelque objet remarquable par 0° et 90° d'azimut vrai. La sommité du Mt Jibate n'est pas boisée et serait un bon lieu pour un tour d'horizon. — 1. Cette sommité me paraît avoir été relevée en Anafo, sous le nom de Sagal marme.

236. *Adami I* (suite).

N°	Objet relevé.	W	V	+	—
6 ¶	Petit plateau : arbre isolé ; un bord	66° 8′·5	269° 22′·0	4	3
7 ¶	Id., autre bord	66 24·5			
8 ?	Touffe d'arbres	66 57·5	269 24·5	3	4
9 ¶	Gros arbre près d'un autre svelte	67 36·5	269 16·5	2·3	4·3
10 ¶	Descente	68 14·5	269 22·0	1·3	5·4
11 ¶	Gros arbre	74 38·5	269 20·0	4	3
12	Mt Amara	80 30·0	268 47·0	4	3
13	Arbre double de la colline de Marfata	68 35·0	270 6·5	2·5	4·2
14 ¶	Petit précipice près le Mt Amara	81 48·5	268 57·5	2	5
15 ¶	Pic	85 37·0	268 48·0	0	6·6
16 ¶	Pic bas	86 31·0	268 49·5	0	7
17 ¶	Pic de Molu, et non Gulti : légt creusé	87 43·5	268 40·0	4	2·3
18 ¶	Pic	88 51·5	268 41·5	4	2·3
19 ¶	Mt Cillimo	92 16·5	268 36·5	4	2·8
20 ¶	Id., touffe d'arbres	92 28·5	268 37·0	4	3
21 ¶	Autre pic du Cillimo	92 55·5	268 35·5	4	3
22 ¶	Id., arbre isolé	93 3·5	268 37·0	4	3
23 ¶	Petit bosquet qui semble un dos de Mt	96 18·0	268 43·0	4	3
24 ¶	Colline faiblement jumelle	100 38·0	268 57·0	4	2·5
25 ¶	Arbre énorme †	102 12·5	268 54·5	7	0
26 ¶	Arbre isolé †	102 22·0	268 55·5	7·6	—0·5
27 ¶	Arbre à cymbe plat †	104 8·5	269 5·5	4	2·5
28 ¶	Dos rond, nu, et sans signal	108 1·5	269 3·7	6	1
29 ¶	Pli du daga ayant quelques arbres	110 13·0	269 10·5	6·5	0·5
30 ¶	Arbre isolé	112 8·5	269 15·0	4	2·5
31 ¶	Gros arbre près d'un autre	115 39·5	269 26·5	4	2·5
32 ¶	Dos rond avec quelques arbustes	118 44·5	269 15·5	4	2·5
33 ¶	Dos nu	122 45·5	269 21·0	4	2·5
34 ¶	Faible élévation avec bosquet	126 42·5	269 34·5	4	2·5
35 ¶	Mt Diriqo : dos	129 4·0	269 24·5	4	2·5
36 ¶	Id., pic à peine dessiné	130 25·0	269 13·5	4	2·5
37 ¶	Id., 2me pic	130 42·0	269 12·0	4	2·5
38 ¶	Mt Diriqo, un bord	130 53·0	269 8·0	4	2·5
39 ¶	Id., autre bord	131 16·5			
40 ¶	Faible élévation jumelle	132 8·0	269 11·5	5·5	1·5
41 ¶	Pic obtus	135 16·0	269 14·0	4	3
42 ¶	Autre id., ayant quelques arbres	141 44·5	269 26·0	4	2·5
43 ¶	Mamelon du Mt Jibate	149 4·5	269 11·0	7	0
44 ¶	Sommet de id.	150 50·0	268 53·0	3·5	3
45 ¶	Autre mamelon de id.	151 27·5	268 55·5	3	3·5
46 ¶	... (*sic*)	152 33·5	268 53·5	3	4
47 ¶	Vrai Mt Gulti en deçà du faîte de la chaîne	91 51·5	269 45·5	0	7
48	Direct. de la source du Gibe selon Nuru	34 20·0			
49	Axe mitoyen de la rivière Fato	123 25·0			
50	Confluent du Fato et du Gibe	131 50·0			
51	Gibe, un point	37 44·5	271 44·0	2	5
52	Id., autre point	39 18·0	271 43·5	3·5	3·5
53	Id., autre point	50 33·0	271 57·5	0	7
54	Id., autre point	54 31·5	271 58·0	4	3
55	Id., autre point	76 15·5	272 4·5	3·5	3
56	Confluent du Halanga et du Gibe	85 25·0	272 29·0	3	4
57	Partie supérieure du Halanga †	106 40·0			
58 ¶	Mt Mute dans Garjeda †	157 0·5	270 44·0	4	2
59 ¶	Mt Kolba, en deçà du Gibe, dans Lofe	138 53·5	272 3·5	5·3	1
	N + c par **234**... z	50 26·0	179 57·2		

25 et 26. Tous deux sur une faible élévation de terrain en Rare. — 27. A l'œil nu on le prend pour un précipice. — 57. Près le pied des montagnes. — 58. Ma route à Falle doit passer à l'ouest de ce Mt.

237. *Ilfata I.* 1846. Juill. 23 : jeudi matin.

N°	Objet relevé.	W	V	+	—
1	Notre hutte à Adami.	213° 2′·5	274° 37′·0	4	4
2	Hutte de Jijo Abba Jana	213 8·0	274 37·5	4	4
3	Mt Marfata	224 34·5	272 14·5	5	2
4 ¶	Mt Amara	244 57·5	269 2·5	9	—2
5	Mt Adulan ; Mt Kolba est caché	227 57·5	269 16·5	8	—1
6 ¶	Mt Diriqo, un bord †	294 40·0	269 18·5	3	4
7 ¶	Id., autre bord	295 6·5			
8 ¶	Mt Mollu	251 41·5	268 59·0	2	5·5
9 ¶	Mt Cillimo †	256 6·0	268 55·5	2	5·2
10 ¶	Id.	256 42·5	268 55·0	2	5·2
11 ¶	Point *d* : bouquet d'arbres	260 0·5	269 2·5	2	5·5
12 ¶	Id. *e*	264 32·5	269 13·5	2·5	5
13 ¶	Id. *f* : arbre énorme	265 54·5	269 13·0	2·5	5
14 ¶	Id. *g* : dos uni	271 36·5	269 20·5	3	4·5
15 ¶	Colline sur le revers N. du Jibate	305 26·5	269 37·3	4	3
16	Mamelon du Jibate	312 21·0	269 23·5	4	3
17 ¶	Autre id.	314 9·5	269 4·5	4	3·5
18 ¶	3me id.	314 49·0	269 7·5	5	2
19 ¶	4me id., gros arbre †	315 53·5	269 5·5	5	2·5
20 ¶	5me mamelon de id.	318 28·0	269 22·5	5	2
21 ¶	Mt... en Cora	3 20·0	270 22·0	4	3
22 ¶	Id., arbre isolé	5 0·5	270 20·0	3	4
23 ¶	Id., pointe	6 13·5	270 6·3	3·5	4
24 ¶	Mt Adaro ou Negera	14 3·4	269 16·5	4	3
25 ¶	Id., autre point	14 37·5	269 17·4	4	3
26 ¶	Mt...	18 43·0	269 32·0	4·3	3
27 ¶	Mt...	21 20·0	269 36·0	4	3·5
28	Mt Sadani : point relevé de Adami	334 55·0	269 26·0	2	5
29	Id., extrémité gauche	333 23·0			
30	Id., extrémité droite	343 39·0			
31	Mt Iggu, relevé de Adami	275 11·5	272 57·5	2	5
32 ¶	Mt... demi-caché par les nuages	31 21·5	270 7·0	4	4
33	Station **229**, à 8mt	2 0·0			
	N + c par **229**... z	216 20·6	179 57·5		

238. *Ilfata II.* 1846. Août 4 : mardi s. B = 596. T = 17. c = 9′·6.

N°	Objet relevé.	W	V	+	—
1 ¶	Mt Humo dans Nonno, tout boisé	200 3·0	269 58·0	4	2·5
2 ¶	Id., autre point	201 54·0	269 53·0	3·4	3
3 ¶	Id., autre point	203 34·5	269 58·5	3	4
4 ¶	Mt lointain, non identifié (bouss. 204°)	208 47·5	270 21·0	3	3
5 ¶	Id., tout boisé	210 3·5	270 22·5	—1	8
6 ¶	Mt Kosuma à 2′, bien boisé	213 6·0	268 45·5	2	4

237. Position choisie, légèrement différente de la station **229**, afin de voir ma butte à Adami qui aurait été autrement cachée par la maison noircie, laquelle est aujourd'hui couverte. Les Mts Waqe et Lammi étaient cachés par les nuages et le gros acacia était voilé par les arbres voisins. Les nuages cachaient aussi le Mt bizarre w de Nonno, qu'il me semble avoir relevé du Mt Sobso sous le nom de Mole ou Bilida. Les cours des deux Gibe étaient cachés par les brouillards ainsi que les Mts près Gondal Waqo. Il en était de même de Tiniqe en Limmu. — 6. Aujourd'hui Nuru dit Diriqo et non Diriqo ou Diriqo. — 9. Aujourd'hui on prononce Cillimo et non Cillimo ; tant on varie sur ces noms ! — 19. Car tout semble boisé aujourd'hui.

238. Station de l'autre côté du Mt Ilfata par rapport à Ilfata I. Lunette d'épreuve variant de 1′ environ vers la gauche apparente. Le Mt Kosuma, qui est à cheval sur les bassins des fleuves Bleu et Blanc, cache la plupart des Mts de Limmu, et les nuages cachent ceux de Guma, etc. Le Mt Ilfata, tout près et du côté de l'est, cache l'horizon dans ce sens.

238. *Ilfata II* (suite).

N°	Objet relevé.	W	V	+	—
7 ¶	Mt Sobso, dit ci-dev. Gimbara, à 3''5 †	275° 56'·0	269° 52'·5	3	3·5
8 ¶	Id., vrai milieu	275 54·0	269 52·5	3	3·5
9 ¶	Id., petite sommité	279 40·5	270 28·0	0	6
10 ¶	Mt... : daga de Leqa	254 5·5	270 1·0	0	6
11 ¶	Id. : précipice	255 47·0	269 56·0	2	4
12 ¶	Mt Kunç à 1', tête non boisée	320 0·5	259 54·5	4	2
13 ¶	Id., arbuste isolé; prob. relevé de Adami	320 13·3	259 54·5	4	2
14	☉	292 44·0	251 42·5	4·5	2
15	☉	292 46·5	251 42·5	3	3
16	☉	113 4·0	106 40·0	0	5·5
17	Arbre relevé au n° 13	139 53·3	100 1·5	0	5·6
18	Notre hutte	22 19·5	276 4·0	3	4
19	Hutte de Abba Jana	22 11·0	276 3·0	4	3
20	Arbre double du Mt Marfata	24 22·0	273 9·0	4	3
21	Mt Sagal marme (bouss. 9°·0)	8 44·5	269 25·5	5	2
22	Mt Adulan (bouss. 20°·7) †	20 7·1	269 27·7	4	2·5
23	Mt Kolba	21 51·0	269 34·5	4	3
24	Le plus oriental des deux Mts Lammi	62 58·0	273 14·0	4	3
25	Mt plat boisé	217 17·5	270 3·0	4	3
	N... z	7 29·7	179 58·4		

239. *Sire boru.* 1846. Août 12 : mercredi soir.

N°	Objet relevé.	W	V	+	—
1	Arbre isolé du Mt Kunç †	28 45·3	259 45·5	3	.3
2	Notre hutte, un bord	46 17·0	266 57·0	3	4
3	Id., autre bord	46 16·5			
4	Hutte de Abba Jana	47 6·0			
5	Arbre de Marfata	86 48·0	268 10·0	7	0
6	Pointe ou Mt *q*, près le Mt Adulan	114 31·0	269 8·5	4	3
7	Mt Adulan	115 36·5	268 52·0	4	3
8	Mt Amara	133 14·0	268 36·5	6	1
9	Mt Mollu	140 5·0	268 28·0	8·5	—1·5
10 ¶	Mt Cillimo; l'autre pointe est voilée	144 42·5	268 24·5	9·5	—2·5
11	Sagal marme	104 34·7	269 2·5	4	2·5
	N + c par la carte... z	106 15·7	179 57·6		

240. *Adami I.* 1846. Août 14 : vendredi.

N°	Objet relevé.	W	V	+	—
1	Arbre double du Mt Marfata	48 46·0	270 5·5	9·8	—2·8
2	Hameau de Qito	35 22·5	271 21·5	9	—2
3	Station de Qito, à peu près	37 13·0			
4	Source du Gibe †	22 26·5			
5	Embouchure du Sama †	56 4·0	272 2·0	5	2
6	Gibe, un point	99 51·0	272 2·0	7	0
7	Id., autre point	120 11·0	272 18·0	5	2
8	Ma station de Sire boru	149 0·5	272 52·0	6	1·3
9	Gros acacia	134 51·0	274 10·0	5·5	2
10	Extrémité Adula de ma base	257 20·0		9	—2
11	Bord du Mt Sadani, et peut-être un Mt lointain	163 43·5			
12	Arbre double de Marfata	48 45·5	270 7·5	3·5	3·5
	N + c par **236**... z	30 36·8	179 57·6		

7. Visant un arbre isolé. Bouss. 278°·0. — 22. 269° 22'·7?

239. Station en Çaw, résidence des Lofe. Ciel couvert. Lunette d'épreuve parfaite. Les Mts Lammi, *k*, etc., sont voilés par les nuages. — 1. Milieu apparent du petit plateau terminal.

240. Point Maro. Lunette d'épreuve bien. Le n° 11 semble être une montagne lointaine, mais il m'est difficile de l'affirmer. — 4. Selon un homme de Qito. — 5. Qui sépare Jimma de Çalliha.

241. *Adami I.* 1846. Août 16 : dimanche.

N°	Objet relevé.	W	V	+	—
1	Sire boru, statn, mieux vue que ci-dev.	282° 29'·5	273° 0'·5	2	5
2	Marfata	181 43·5	270 6·5	4	3
	N + c par **236**... z	163 34·5	179 57·0		

242. *Oddo lote.* 1846. Août 21 : vend. s. B = 596. T = 21.

N°	Objet relevé.	W	V	+	—
1	☉ : couvert avant et après; bien vu	237 43·0	261 47·5	3	4
2	Arbuste isolé au sommet du Mt Kunç †	221 27·5	257 50·5	2·4	4·4
3	Mt Marfata †	300 21·5	265 17·3	7·5	—0·5
4	Mt Lammi	12 8·5	270 54·5	8	—1
5	Id., 2me	16 1·0	270 48·0	8·5	—1·5
6	Mt Adulan (bouss. 18°·2)	326 48·5	268 42·5	9	—2
	N... Z	316 6·6	179 57·3		

243. *Oddo lote.* 1846. Août 23 : dimanche.

N°	Objet relevé.	W	V	+	—
1	Mt Kolba	4 48·5	269 3·5	—2	9
2	Mt Kunç (bouss. 272°·7) †	257 29·0	266 50·5	3·8	2
3	Mt Amara (bouss. 35°·6)	20 49·0	268 30·5	0	7
4	Mt Cillimo	32 40·0	268 17·0	1	6
5	Id., autre sommité	33 18·5	268 16·7	1	6
6	Mt *q*, près Mt Adulan	1 38·0	269 1·5	3	4
7	Mt Marfata (bouss. 351°·7)	336 24·0	265 40·0	0	7
	N + c par **242**... z	352 20·2	179 57·6		

244. *Falle I.* 1846. Sept. 26 : samedi soir.

N°	Objet relevé.	W	V	+	—
1	Mt Egan, dit à tort Negera, Golu et Adaro	252 36·0	269 20·5	3	4
2 ¶	Mt Bilida (bouss. 255°·7)	268 23·0	270 7·5	4	3
3 ¶	Mt... relevé du Hapati	269 23·0	270 11·0	4	3
4 ¶	Mt... id.	271 44·0	270 8·0	4	3
5 ¶	Mt... id.	273 16·5	270 13·0	5	2
6 ¶	Mt Billaca près Hapati? très-faible	275 2·5	270 23·0	6	1
7 ¶	Mt... Badda Digga en Leqa?	277 44·5	270 16·5	7	0
8	Arbre signal pour relier mes angles	308 22·0	270 6·5	8·3	—1·3
9	Creux, sans doute droit devant Pušariya	200 20·0			
	N + c par **245**... z	21 22·6	179 56·2		

245. *Falle I.* 1846. Sept. 27 : dim. s. B = 573. T = 18. c = 8'·6.

N°	Objet relevé.	W	V	+	—
1	Arbre signal	122 3·0	270 8·0	5	2
2 ¶	Mt Jibate, mamelon central	153 33·5	268 14·5	6	1
3	☉	102 28·0	265 43·0	6	1
4	☉	102 33·5	265 43·0	6	1
5	☉ : couvert ensuite	282 56·0	92 50·0	3	4
6	Arbre	301 45·5			
7	Mt Kunç probablement	305 36·0	90 0·0	5	2
8	Id.	125 53·5	269 55·3	3	4
	N... z	194 54·8	179 57·5		

241. Point Maro.

242. Site de l'ancien marché de Lofe. Lunette d'épreuve bien. Mt Amara caché par les nuages. Mt Sagal marme caché par le terrain. — 2. [L'angle vertical devrait être 256° au lieu de 257°]. — 3. [L'angle vertical devrait être 265° 37'·3].

243. Même point qu'à la station précédente sur le site du marché au coton. Lunette d'épreuve légèrement dérangée et de 1' environ. — 2. [L'angle vertical devrait être 256° au lieu de 266°].

244. Près le site de l'église ruinée de Falle, terre occupée par Yanfa Gudata. Ciel couvert; théodolite rectifié.

245. Lieu de la station d'hier : observations interrompues par la pluie. Lunette d'épreuve très-bien.

246. *Falle I.* Sept. 29 : mardi s. **c** = 9'·5.

N°	Objet relevé.	W	V	+	—
1	¶ Mt Habib chez les Yamma	170° 0'·5	270° 44'·0	4	3
2	¶ Faible pic, ibid.	170 31·5	270 14·0	3	4
3	¶ Mt Bor, Dieu tutélaire des Yamma ; plat	175 11·5	270 1·5	0	7
4	¶ Id., pic bien plus pointu	175 20·3	270 1·0	0	7
5	¶ Pic faisant suite au Mt Bor	176 0·5	270 9·5	0	7
6	¶ M^t probab. chez les Yamma ; tr.-faible †	179 11·5	270 20·5	4	3
7	¶ Mt Qawa dans Boša, probab. ; tr.-faible †	181 25·5	270 25·5	4	3
8	¶ Point culminant du M^t supposé Qawa	186 26·5	270 5·5	4	3
9	¶ Pet. pic de cette même longue montagne	187 17·5	270 11·5	4	3
10	¶ Pic bas et boisé ; dans Badi probablem.	188 42·0	270 14·5	4	3
11	¶ 2me pic de la même chaîne : boisé	192 25·5	270 8·5	4	3
12	¶ Large sommité au S. du Mt Wace	206 12·5	269 47·5	4	3
13	¶ Mt Wace, à ce qu'il me semble	207 24·0	269 43·0	4	3
14	¶ Pic bas en deçà du Mt Wace	205 42·0	270 10·0	3	4
15	¶ Large somm. faisant suite au Mt Egan	211 29·0	269 43·0	4	3
16	¶ 2me sommité moins large	213 26·0	269 36·0	4	3
17	¶ Mt Egan (bouss. 236°·5) †	219 51·5	269 21·5	3	4
18	¶ Pic rond, peut-être dans Gibbe †	258 50·0	270 18·5	0	7
19	¶ M^t... boisé	269 18·5	270 18·0	4	3
20	¶ M^t... pic rond et boisé	271 19·5	270 7·5	4	3
21	¶ M^t, dit Kunç ci-dessus, prob. Kosuma †	279 34·5	269 53·5	4	3
22	Arbre signal	275 43·0	270 6·5	4	3
23	¶ Mt Jibate, sommet A : boisé	296 54·5	268 55·5	3	4
24	¶ Id., sommet B	299 44·5	268 54·5	4	3
25	¶ Id., sommet C	302 11·5	268 31·5	4	3
26	¶ Id., id. D, point culminant (bous. 323°)	304 1·5	268 11·5	4	3
27	¶ Id., point E relevé en **245**,2	307 16·5	268 15·0	4	3
28	¶ Id., point D (vis calante touchée)	123 42·5	91 41·0	3	4
29	¶ Pic bas qui semble devant Pušariya †	167 10·5	271 0·0	1	7
	N + c par **245**... z	348 34·5	179 56·3		

247. *Falle II.* 1846. Oct. 1 : jeudi soir.

N°	Objet relevé.	W	V	+	—
1	¶ Longue montagne, probablement Wošo dans Walamo	254 26·5	270 17·5	5	2
2	¶ Id., autre point †	256 33·5	270 18·0	4	3
3	Entre-deux du Mt Bor et des M^ts de Tufte †	256 2·0			
4	¶ Petit pic, sur le flanc du Mt Bor	257 50·5	270 23·5	6	1
5	¶ 2me ibid.	259 4·0	270 13·0	7	0
6	¶ 3me pic bien plus saillant	260 0·0	270 8·0	4	3·5
7	¶ Mt Habib chez les Yamma	258 35·5	270 44·0	4	3·5
8	Mt Egan ; très-obscur	308 27·0			

246. Même lieu qu'avant-hier. Ciel couvert. Lunette d'épreuve progressivement dérangée de 3' dans le sens contraire des azimuts. Le Mt Bor, dit Bora par les Orme, ne me paraît pas avoir été relevé de Galla : il est rarement visible de Falle, le qobar ou les nuages le cachant selon la saison. A cause d'un brouillard il est incertain si le n° 7 est bien le point désigné sur l'esquisse. Mt Bilida à la boussole 255°·7. — 6. Et pic en deçà. — 17. Sommité trop plate pour être bien relevée. — 18. Et faisant suite à un daga. — 21. Boussole 299°·0. — 29. Boussole 187°·0.

247. Devant la porte de ma hutte dans Falle. Ciel couvert. Lunette d'épreuve bien. Le n° 25 est au-delà du Mt Bor. Les n°s 1 et 2 sont rarement visibles d'ici et sont probablement la plus haute montagne du grand Damot, si le Damot s'étend jusque-là. Du Mt Rogge ou n° 15 on m'assure qu'on voit le Gojjam, Galliba, etc. Le Mt Bido, au-delà du Walga, s'élève bas et isolé au milieu du vaste qualla de Waliso et Agabja. Après le n° 13, j'enlevai le théodolite à cause d'une ondée : les n°s 10 et 24 montrent qu'il ne fut pas dérangé en le remettant. — 2. Visible à peine par le mouvement. — 3. Est-ce là Pušariya?

247. *Falle II* (suite).

N°	Objet relevé.	W	V	+	—
9	¶ Point n° 2, mieux vu qu'auparavant	256° 35'·5	270° 17'·7	5	3
10	Acacia signal	198 20·0	271 25·5	0	7
11	¶ Mt Bido d'où partirent les Nonno ; un b.	202 36·5	270 44·0	—1	8
12	¶ Id., autre bord	202 59·0			
13	Bord N. du daga de Cabo : probablem.	182 15·5			
14	¶ Mt Bor ; le gros sommet est voilé	263 48·0	270 1·5	—1	7
15	Le plus gros de 2 arbres sur Mt Rogge †	131 54·0	266 11·5	3	4
16	Mt Egan (bouss. 234°·9)	308 26·0	269 21·5	3	4
17	¶ M^t...	301 58·5	269 35·5	5	2
18	¶ M^t près Wace †	297 24·5	269 38·5	6·5	0·5
19	¶ Id., la plus grosse des deux pointes	295 56·0	269 42·0	6·5	0·7
20	¶ Mt Taft? sommet presque caché	290 18·0	269 58·5	7	0·4
21	M^t demi caché par les M^ts en deçà	284 35·0	270 7·0	7	0·4
22	¶ M^t qui cache une partie du n° 21	285 28·0	269 58·5	7	0·4
23	¶ Pic relevé en... †	280 55·0	270 8·0	7	0·4
24	Acacia signal	198 20·0			
25	¶ Pic au bout du daga de Tufte	254 58·0	270 38·0	4	3
26	Mt Bilida	324 7·5			
	N + c par **248**... z	76 56·0	179 57·0		

248. *Falle II.* 1846. Oct. 2 : vend. m. B = 573. T = 16·1. **T** = 13·0. **c** = 8'·3.

N°	Objet relevé.	W	V	+	—
1	☉	196 43·5	260 16·5	2	6
2	☉	196 49·0	260 16·5	2	6
3	☉	17 15·0	101 11·0	1	6
4	☉	17 20·7	101 11·0	—2	9
5	Acacia signal	43 9·0			
6	Id.	223 27·0			
7	M^t dit Incinni hier	306 2·5	270 9·0	0	7
8	M^t relevé en **247**,19	321 3·0	269 42·0	9	—2
	N... z	101 54·8	179 57·0		

249. *Falle II.* 1846. Oct. 6 : mardi soir.

N°	Objet relevé.	W	V	+	—
1	Acacia signal	314 6·5	271 24·0	3	3
2	¶ Hernes entre Soddo et Maro	301 38·5	269 35·5	3	3
3	¶ M^t... dans Maro	307 2·5	269 44·5	4	3
4	¶ Bord S. du daga de Cabo (bouss. 124°·5)	308 20·5	269 37·0	5	1·5
5	¶ M^t... qui est un herne entre Bero en Waliso et Yanfa	293 43·0	269 43·5	6	1
	N + c par **248**	192 43·5			
6	Acacia signal, l'instr. s'étant dérangé	314 3·0			
7	Mt Bido, un bord	318 14·5	270 43·0	4	3
8	Id., autre bord	318 41·5			
9	¶ Dir. appr. d'un long M^t en Dadale : nuages	350			
10	¶ Mt Bor : visible seulem. par le mouvem.	19 20·0	270 1·0	3	3
	N + c par **248**	192 40·0			
11	Acacia signal, car l'instr. a encore bougé	314 0·0			
12	Direction approchée de Falle I †	113 0·0			
	N + c par **248**... z	192 37·0	179 56·9		

15. A 1'·5. — 18. Peut-être Mt Rogge relevé de Limmu. — 23. Dans le ms. le renvoi est en blanc. Ce M^t est dit Incinni par Abba Tullu.

248. Même point qu'hier. Calme. Nuages sur tout le qualla. Lunette d'épreuve bien.

249. Même site qu'à la station précédente. Ciel couvert. Je ne sais à quoi attribuer les dérangements de la lunette d'épreuve. Est-ce à mon pied fait ici? L'ancien pied fut volé à Adami. Qobar sur tous les lointains. — 12. A 478 pas ou 318^m.

250. *Falle II.* 1846. Oct. 17 : sam. m. B = 573. T = 15·3. T = 7·4. c = 11′·5.

Nº	Objet relevé.	W	V	+	—
1	¶ Montagne plate que je prends pour Wošo	239° 48′·0	270° 17′·5	4	3
2	¶ Id., autre point	237 41·5	270 17·0	4	3
3	¶ Mt Bor, nu (bouss. 193°·0)	246 52·5	270 1·0	2·5	5
4	¶ Id., pic nu	247 2·7	270 0·3	1	6
5	¶ Mt... boisé, suite du Mt Bor	250 57·0	270 20·0	1	6
6	¶ Mt Qawa ? un point	251 40·0	270 25·5	0	7
7	¶ Id., 2me point	256 33·5	270 6·0	4	3
8	¶ Id., dôme culminant (bouss. 204°·0)	258 5·5	270 4·5	4	3
9	¶ Mt loint. qui fait suite au dąga de Wošo	232 11·0	270 18·0	6	1
10	¶ Id., 2me sommité	232 17·0	270 17·0	4	3
11	¶ Élévation du dąga de Ḑaḑale	224 36·5	270 6·0	5	2
12	¶ Autre id.	218 11·5	269 58·0	6·5	0·5
13	¶ Id., autre point	215 46·5	269 11·5	7	0
14	Acacia signal	181 29·5			
15	Mt Rogge en Agalo (bouss. 224°·0)	279 5·5	269 43·0	3	4
16	Mt Bịlida (bouss. 247°·5)	307 17·0	270 8·5	3	4
17	☉	340 36·9	98 43·5	3	4
18	☉	340 42·3	98 43·5	3	4
19	☉ †	160 44·0	259 36·5	0	7
20	☉	160 50·5	259 36·5	5	2
21	Acacia, signal	1 3·5			
	N... z	59 54·0	179 56·8		

251. *Kiyo.* 1846. Oct. 28 : merc. m. B = 567. T = 11·6. c = 11′·5.

Nº	Objet relevé.	W	N	+	—
1	☉	269 7·8	263 8·5	2·6	5
2	☉	269 14·5	263 8·5	5	2
3	☉	89 27·5	97 46·0	4	3
4	☉	89 34·5	97 46·0	11	
5	¶ Mt Rogge, à 1′·8	158 42·0	267 0·0	4	4
6	¶ Sorte de *tumulus* sur une colline du Mt Rogge	153 27·5	267 24·0	0	4
7	¶ Chétif arbuste sur un autre mamel. de id.	152 38·0	267 31·5	0	7
8	Mamelon du Mt Rogge	136 26·0	266 57·0	3	3
9	¶ Basse coll. isol. entre Rogge et Muţe †	107 32·5	269 24·0	6·5	0·5
10	Direction présumée du Mt Dịrịqo caché par Rogge	128 20·0			
11	¶ Mt Muţe, isolé ; relevé de Adami	87 0·0	268 57·5	6	1
12	¶ Tombeau de la mère du roi, rel. de ib.	67 46·0	269 19·5	0	7
13	¶ Mt Jịbate, sommet	64 4·0	268 41·5	5	2·5
14	¶ Id., autre point	62 34·5	268 44·5	4·5	2·5
15	¶ Id., autre point	60 57·0	268 44·0	5	2
16	¶ Id., autre point	57 59·0	269 43·0	4	3
17	¶ Mt Bola, à 2′	314 59·0	266 20·5	—1	8
18	¶ Id., autre point	312 38·0	266 21·0	6	1
19	¶ Id., autre point	305 5·0	266 27·0	9	—2
20	¶ Mt Rogge, nº 5	338 21·0	92 56·0	3	4
21	¶ Deux pics de la chaine de Cabo, à 10′	267 47·5	268 10·5	3	3

251. *Kiyo* (suite).

Nº	Objet relevé.	W	N	+	—
22	¶ 2me pic	268° 2′·5	268° 10′·5	4	2
23	¶ Faible pic dans Cabo	258 6·5	267 54·0	4	2
24	¶ Autre sommité ibid.	255 41·0	268 1·0	4	2
25	¶ Faible pic du Mt Ilfata dans Kuţay	217 11·0	269 25·0	3	3
26	¶ Sommité de la même chaine	211 40·0	269 21·5	5	2
27	¶ Sommité carrée dans Gịndịbąrąt	191 4·0	270 0·5	4	3
28	¶ Coll. isol., à 4 ou 5′, et boisée : gros arb.	186 23·5	269 59·0	—1	8
	N... z	164 56·0	179 58·0		

252. *Carrifatu.* 1846. Oct. 29 : jeudi m. B = 567. T = 18·1.

Nº	Objet relevé.	W	N	+	—
1	☉	117 3·0	239 29·5	1	6
2	☉	117 14·0	239 29·5	6	1
3	¶ Mt Jịbate	272 18·0	268 36·0	9	—2
4	¶ Id.	274 22·0	268 38·0	2	4
5	¶ Id.	275 53·0	268 33·5	2	5
6	¶ Mt Muţe	308 17·5	269 1·0	—1	8
7	¶ Mt Cịllịmo, me dit-on	324 51·5	269 34·0	1	6
8	¶ Mt...	327 39·5	269 33·0	3	4
9	¶ Mt Dịrịqo, à ce qu'il me semble	340 30·0	268 14·0	3	4
10	¶ Id.	341 17·0	268 14·5	3·5	3·5
11.	Mt Rogge ; arbre relevé en Kiyo 5	7 34·5	267 57·5	4	3
	N... z	6 1·3	179 57·6		

253. *Gurţo.* 1846. Nov. 1 : dimanche midi.

Nº	Objet relevé.	W	N	+	—
1	¶ Mt Kunọ (bouss. 285°·5) †	190 58·5	270 4·0	4	2
2	¶ Id.	191 12·5	270 7·0	5	1
3	¶ Id., autre point, pic central invisible	191 38·5	270 12·0	4	2
4	¶ Id.	192 18·5	270 14·5	4	2
5	¶ Tombeau de la mère du roi (Jịbate)	187 9·5	269 31·5	4	2
6	¶ Mt Jịbate	183 33·0	268 54·0	4	2
7	¶ Id., pic central	182 10·0	268 57·0	4	2
8	¶ Id., large sommité (bouss. 274°·0)	180 14·7	268 55·5	5	1
9	Sommité S. du Mt Jịbate	176 33·5	269 34·0	5	1
10	¶ Mt Muţe, boisé	211 37·0	269 26·5	3	3
11	Gros arbre relevé en Kiyo 9	224 28·0	269 42·5	2	4
12	¶ Pic dit Cịllịmo, rel. en **252**,7 (b. 322°)	227 24·5	269 37·0	2	4
13	¶ Colline demi cachée : Dịrịqo ?	243 39·0	268 32·5	—3	9
14	Mt Rogge, relevé en Kiyo 8	251 31·0	268 6·0	—1	7
15	Arbre vu en Kiyo 5 (bouss. 1°·0)	267 43·5	268 18·0	1	5
	N + c par la carte... z	274 41·0	179 57·6		

254. *Rogge.* 1846. Nov. 2 : lundi.

Nº	Objet relevé.	W	N	+	—
1	Mt Rogge, dans Agalo	200 2·5	270 22·0	4	2

250. Même site qu'à la station précédente. Observations commencées avant le lever du soleil, afin de mieux distinguer les sommités lointaines. Grand frais dû S.-E. Lunette d'épreuve dérangée comme à la dernière station, de la même quantité et dans le même sens, malgré toutes mes précautions. — 19. Probablement 160° 46′.

251. Près d'un tronc isolé du bosquet central de Kiyo dans Ịncịnni, district de Ţịqur. Lunette d'épreuve dérangée *progressivement* de 3′ dans le sens des azimuts vrais. — 9. Gros arbre.

252. A 3 ou 4′ de Kiyo. Lunette d'épreuve légèrement dérangée de 2′ environ. Les autres sommités relevées de Kiyo sont cachées par les arbres. Ciel couvert.

253. Station à moins de 1′ de Carrifatu. Lunette d'épreuve très-bien par une nouvelle installation du pied. — 1. Rond : sommet relevé de Adami. — 15. Sur le sommet principal du Mt Rogge.

254. Tertre rocailleux sur le Mt Rogge, à droite et tout près du sentier qui mène de Kiyo à Lotu. Un grand vent venant du nº 22, et soufflant *par intervalles* avec une violence extraordinaire, faisait trembler mon pied, mais ne dérangeait pas les azimuts, car la lunette d'épreuve avait à peine bougé de 1′. La foule de curieux et leurs causeries me firent oublier de relever la sommité Kiyo 5, laquelle était tout près de moi. J'oubliai aussi le Mt Carrifatu 9 qui était à 1° ou tout au plus à 2° à gauche du Mt Rogge 21, c'est-à-dire par 302° ou 301° d'azimut vrai. Je relevai avec soin les Mts A, B, C et E, car je prenais alors ces sommités pour la chaine au bord de Çịllịha. J'oubliai enfin de relever d'autres points des Mts Bola et Wanç.

554. *Rogge* (suite).

N°	Objet relevé.	W	V	+	—
2	Mᵗ Wace : dit Oce à tort †	203° 3′·9	270° 20′·5	2	4
3	Mᵗ Egan	205 55·5	270 13·0	2	4
4	Mᵗ Jibate, sommet N	219 42·5	270 4·5	4	3
5	Id., pic central	220 20·5	270 7·5	4	3
6	Id., large sommité méridionale	221 47·5	270 2·5	4·5	2
7	Mᵗ Sadani dans Çaw ? un bord	252 14·5	270 44·0	5	2
8	Id., autre bord	252 23·5			
9 ¶	Mᵗ Kunç	254 14·0	270 27·5	3·5	3·5
10	Mᵗ Gabana en Inarya : très-faible	213 38·5			
11	Id., autre bord	214 3·5			
12	Mᵗ Rogge, à 0′′5 ; relevé en Kiyo 8	226 2·5	269 4·0	3	4
13 ¶	Large sommité du Mᵗ Kunç ; un bord	255 16·0	270 35·0	3	3
14 ¶	Id., autre bord : mal défini	255 44·5			
15	Gros arbre relevé en Kiyo 9	262 28·0	271 17·0	0	7
16 ¶	Mᵗ Badda Digga dans Leqa †	259 44·5	270 41·0	7	0
17 ¶	Mᵗ probablement dans Sibu, A	270 18·0	270 41·0	4	3
18 ¶	Id., B	271 57·5	270 31·0	4	3
19 ¶	Id., D, large sommité mal définie	274 21·5	270 15·5	3	4
20 ¶	Id., E ; ici D ?	275 2·0	270 16·0	4	3
21	Colline à 1′′3	293 5·5	268 50·5	3	3
22 ¶	Mᵗ lointain et innomé ; *a*	76 5·5	270 10·0	5	2
23 ¶	Id., *b*	76 39·5	270 12·5	4	2
24 ¶	Id., *c*	76 58·5	270 10·5	6	1
25	Double pic du Mᵗ Wanç en Çabo †	111 8·5	269 59·0	9	—2
26	2ᵐᵉ de ces pics †	111 30·5			
27	Bord du daga de Wariro †	120 31·5	270 2·0	4	3
28 ¶	Pic principal du Mᵗ Bola	138 18·0	269 27·0	—2	9
29 ¶	Sommet C, large et plat	272 51·0	270 20·5	3	4
	N + c par la carte... z	350 7·5	179 57·6		

255. *Gobe.* 1846. Nov. 12 : jeudi m. B = 582. T = 14.
c = 12′·1.

N°	Objet relevé.	W	V	+	—
1	☉	266 57·0	264 14·5	5	3
2	☉	267 1·0	264 14·5	4	3
3	☉	87 18·5	96 51·0	7	0
4	☉	87 25·2	96 51·0	7	0
5	Arbre du Mᵗ Rogge	134 30·5	90 54·0	—1	8
6	Id.	314 55·5	269 0·0	4	3
7 ¶	Mᵗ Rogge en Tiqur, une tête ; un bord	327 49·5	268 41·0	4	3
8 ¶	Id., id., autre bord	328 40·0	268 43·0	2	5
9 ¶	Id., autre tête ; un bord	332 27·5	268 43·0	2	5
10 ¶	Id., id., autre bord	332 44·5			
11	Arbre de la colline basse de Kiyo 9	338 27·0	269 33·5	1	6
12 ¶	Mᵗ Jibate, un point	351 39·5	269 25·5	4	3
13 ¶	Id., autre point	351 21·5	269 27·0	2	4
14 ¶	Id., autre point	351 7·0	269 29·0	1	5
15 ¶	Mᵗ Sagal marme, je crois	91 25·0	269 33·0	2	6
16 ¶	Pic bas au-dessous du daga de Gudru	161 26·5	270 39·0	6	1
	N... z	158 10·6	179 57·5		

256. *Watiyo.* 1846. Nov. 16 : lundi m. B = 578. T = 20.
c = 11′·7.

N°	Objet relevé.	W	V	+	—
1	☉	278° 31′·5	235° 5′·4	3	3
2	☉	278 50·5	235 5·4	4	2
3 ¶	Mᵗ Wanc en deçà de Çabo ou Kurcasi	306 9·5	269 26·0	1	5
4	☉	99 47·5	126 35·5	6	0·5
5	☉	100 9·5	126 35·5	7	—1
6 ¶	Mᵗ Amara (bouss. 235°·5)	208 14·9	91 2·0	—1	7
7 ¶	Id.	28 39·0	268 52·0	1·5	5
8 ¶	Mᵗ Bola	319 4·5	269 32·5	4	2
9 ¶	Id., autre point	320 7·0	269 32·5	7	—1
10 ¶	Mᵗ Rogge, une tête, un bord	328 14·5	269 15·5	9	—3
11 ¶	Id., id., autre bord	328 38·5	269 17·0	6	0
12 ¶	Id., autre tête, un bord	330 26·5	269 17·0	5·5	0·5
13 ¶	Id., id., autre bord (bouss. 175°·0)	330 40·5	269 17·0	4	2
14 ¶	Mᵗ Mida †	343 56·5	268 52·0	4	2
15 ¶	Mᵗ Çuqalla, arbres en dôme	357 59·5	268 41·5	5	1
16	Mᵗ Adulan (bouss. 247°·5)	43 11·5	269 23·5	4	2
17	Mᵗ Sagal marme (bouss. 267°·7)	58 20·5	269 22·0	0	6
	N... Z	158 5·1	179 57·3		

257. *Qobbo.* 1846. Nov. 18 : merc. m. B = 584. T = 13·0.
T = 8·9. c = 11′·9.

N°	Objet relevé.	W	V	+	—
1	☉	210 48·2	263 5·0	3·5	4
2	☉	210 53·5	263 5·0	4	3
3	☉	31 11·5	97 57·5	1·6	6
4	☉	31 18·5	97 57·5	2	5
5 ¶	Mᵗ Rogge, près Incinni (bouss. 169°·3)	81 31·0	90 30·0	1·5	6
6 ¶	Id., autre bord	81 52·5	90 29·0	5	2
7 ¶	Mᵗ Wanç	245 19·5	269 34·0	4	3
8	Colline boisée, en deçà du Mᵗ Wanç	245 34·5	269 44·0	1	6
9	Grand arbre du Mᵗ Rogge (Gobe 5)	260 36·0	269 34·3	3	3
10	Mᵗ Rogge, un bord (n° 5) †	261 35·3	269 26·5	4	3
11	Id., autre bord (n° 6)	262 16·0	269 27·5	4	3
12 ¶	Mᵗ Cillimo ? boisé	296 40·5	269 3·0	3	3
13 ¶	Id., autre sommet, boisé	297 9·5	269 2·5	4	3
14 ¶	Mᵗ... en Çalliha ?	301 25·5	269 4·5	4	3
15 ¶	Mᵗ Amara (bouss. 214°·5)	307 54·5	268 59·5	5·5	0·5
16 ¶	Mᵗ Adulan	327 0·5	269 15·5	6	1
17 ¶	Mᵗ... ; arbres comme une église	327 59·5	269 31·0	6	1
18 ¶	Mᵗ Kolba	328 55·0	269 19·5	4	3
19 ¶	Faible colline, peut-être Mᵗ *q* de Adami	331 23·5	269 23·5	4	3
20	Colline en deçà de la chaine	337 36·3	269 15·0	3	3·5
21 ¶	Mᵗ Sagal marme (bouss. 266°·5) †	358 11·5	269 4·0	1·5	5·5
	N... z	100 10.4	179 58·2		

2. Dans les tours d'horizon ci-dessus, j'ai remplacé partout le nom Oce par Wace, afin de préserver l'uniformité. — 16. Relevé de Garuqqe. — 26. Un peu plus bas que le précédent. — 25. [L'angle vertical devrait être 269° 39′′0]. — 27. Dit Cabo à Falle.

255. Tout près de Alunqo dans le clan de Mida, tribu de Çalliha. Calme plat. Lunette inférieure très-bien, sauf un léger dérangement après le n° 1. Autant j'observais ces angles, autant je discutais avec les Mida pour leur prouver que je ne jetais pas un sort sur un champ de chaume d'orge où je m'étais installé. Thermomètre = 13 à 15.

256. Milieu d'un champ d'orge dans la terre de Watiyo ; clan de Lukku, tribu de Gudru. Lunette d'épreuve à peine dérangée de 0′′·5. Le reste des montagnes est caché par les arbres qui gênent toutes les stations en Gudru. Thermomètre = 20 à très-peu près. — 14. Arbres qui à l'œil nu semblent un précipice.

257. Place du parlement des Gudru. Lunette inférieure bien. Les autres sommités sont cachées par les arbres épars. Je me serai trompé de 20′ dans le relèvement du n° 10. Les nᵒˢ 6 et 11 montrent d'ailleurs que mes azimuts du soleil ont été bien pris. — 21. J'avais d'abord ajouté : « dit ainsi à tort. »

258. *Sibarre.* 1846. Nov. 20 : vend. m. B = 589. T = 17·5. c = 11'·3.

N°	Objet relevé.	W	V	+	—
1	Tertre boisé dans Calliha : Cuqalla?	74° 40'·0	269° 22'·5	3·5	3·5
2	¶ Mt... dit Gulti?	92 36·0	269 16·0	3·5	3·5
3	¶ Mt...	95 43·5	269 17·0	3	4
4	¶ Mt Amara (bouss. 182°·5)	97 14·0	269 3·0	2	5
5	¶ Mt... qui semble en deçà de la chaine	109 36·5	269 37·0	3	4
6	¶ Pic	111 58·0	269 33·5	3	4
7	¶ Mt... arbre énorme	112 31·5	269 37·5	3	4
8	¶ Sommet plat	113 18·5	269 34·5	3	4
9	¶ Id., gros arbre	113 39·0	269 34·5	3	4
10	☉ : caché jusqu'alors par un nuage	34 39·5	252 40·2	2	5
11	☉	34 51·5	252 40·2	3	4
12	☉	215 16·5	108 34·5	3	4·5
13	☉	215 27·3	108 34·5	3	4
14	Mt Adulan (bouss. 204°·2)	297 40·5	90 37·5	4	3
15	Mt Kolba	115 55·0	269 22·0	1	6
16	Mt Adulan	118 2·5	269 17·0	2	4
17	¶ Mt *q*, à ce qu'il me semble	120 30·5	269 25·5	—2	8
18	Mt...	121 58·5	269 23·5	0	6
19	¶ Mt... en dedans de la chaine	126 8·0	269 11·0	1	5
20	Mt Qarra (bouss. 217°·7)	133 1·0	268 52·5	3	3
21	Grand arbre dans le col	135 48·5	269 26·5	4	2
22	Mt Çali, un bord (bouss. 224°·1)	139 49·5	268 56·4	3	3
23	Id., autre bord	139 57·5			
24	¶ Mt *m*, à ce que je crois	151 7·0	268 28·0	—1	7
25	¶ Mt *k*, Balhalla (bouss. 237°·7)	154 5·0	268 23·0	2	4
26	¶ Mt Sagal marme	158 4·0	268 37·0	1·5	4·5
27	¶ Id., 1re des trois pointes	159 17·5	268 45·5	—1	7
28	¶ Id., 2me pointe	159 36·5	268 52·0	0	6
29	¶ Id., 3me id.	159 54·0	268 55·5	0	6
30	¶ Mt Mosso, dans Horro (bouss. 289°·7)	202 19·0	268 42·0	—2	8
	N... z	280 43·8	179 56·5		

259. *Sibarre.* 1846. Nov. 21 : sam. m. B = 589. T = 14. c = 10'·0.

N°	Objet relevé.	W	V	+	—
1	☉	177 24·5	262 42·0	4	3
2	☉	177 30·5	262 42·0	1	6
3	☉	357 52·0	98 20·0	4	3
4	☉	357 59·5	98 20·0	6	1
5	Mt Wanç, très-faible	204 46·5	269 48·0	3·5	3·5
6	Mt Çuqalla, tombeau de Ugga	219 55·0	269 22·0	4	3
7	¶ Faible élévation de la crête dans Calliha	228 8·0	269 23·0	6	1
8	¶ Arbre de id.	228 46·0	269 24·5	6	1
9	¶ Mt Cilljmo?	231 6·5	269 25·5	7	0
10	¶ Id., autre point	231 23·5	269 27·5	7	0
11	¶ Id., gros arbre	231 49·0	269 24·5	6·5	0·5
12	¶ Mt **258**,2, dit Gulti?	237 38·5	269 17·0	6	1

259. *Sibarre* (suite).

N°	Objet relevé.	W	V	+	—
13	¶ Id., autre point	237° 52'·5	269° 16'·5	4	3
14	Mt Amara	242 32·7	269 3·0	6	1
15	¶ Mt Kolba	261 14·0	269 22·5	3·5	2·5
16	¶ Mt Adulan	263 20·0	269 16·5	5·5	1·5
17	¶ Mt Qarra, dit Balballa ci-devant	278 18·5	268 51·5	8	—2
18	¶ Mt Sallan I	288 6·5	269 45·5	4	2
19	Mt Sallan II	292 7·5	269 38·5	4	2
20	Mt *m*	296 26·5	268 28·0	4	2
21	Mt *k*, le vrai Balballa	299 22·5	268 23·5	2	4
22	Id.	118 58·0	91 31·0	4·5	2
23	Mt... 5 ou 6 arbres dans le col †	300 9·0	268 48·5	2	4
24	Mt *j'*, le vrai Sagal marme	303 22·0	268 37.5	1	5
25	¶ Mt...	308 32·5	268 41·5	4	3
26	¶ Mt...	311 3·5	268 32·5	4	2
27	¶ Mt...	311 37·5	268 31·0	4	2
28	¶ Mt Budanne, nu ; en dedans de la chaine	335 28·0	268 45·0	8	—2
29	Mt Habib, à 300mt env. ; sommet caché	44 20·0			
	N... z	65 58·5	179 57·1		

260. *Sibarre.* 1846. Nov. 21 : samedi midi.

N°	Objet relevé.	W	V	+	—
1	Pic du Mt Wanç	91 29·0	269 52·5	0·5	4·5
2	Point culminant de id.	90 34·0	269 48·5	1	5
3	Sommité plate de id.	91 58·5	269 54·0	0	6
4	Très-faible pic ; Mt Bola?	93 3·5	269 56·0	—1·5	7·5
5	Mt Amara	128 15·0	269 3·5	3	3
6	Mt Balballa	185 2·5	268 24·0	4	2
7	¶ Sommité A ou **259**,27	197 18·5	268 32·0	4·5	2
8	¶ Id., B	199 19·5	268 23·7	3	2·5
9	¶ Id., C	202 17·5	268 3·0	2	4
10	¶ Mt Qalala D, en dedans de la chaine	204 43·0	269 26·5	3	3
11	Mt Qalala 2me, presq. caché par un arbre	201 27·5	269 17·0	4	2
12	¶ Mt Teno, en ded. de la chaine, en Horro	235 2·5	269 4·5	1	4
13	Mt Habib ; tout près	295 55·5	255 52·5	—2	8
	N + c par **258** et **259**... z	311 52·5	179 57·6		

261. *Dini.* 1846. Nov. 29 : dim. m. B = 578. T = 16·0. T = 11·3. c = 12'·1.

N°	Objet relevé.	W	V	+	—
1	Mt Amara	290 17·5	269 43·5	0	7
2	☉	198 49·0	260 31·0	2	5
3	☉	198 59·0	260 31·0	2	5
4	☉	19 15·0	100 26·0	3·5	3·5
5	☉	19 23·0	100 26·0	10	
6	¶ Mt Kome en Liban † (bouss. 62°·9)	321 13·0	89 53·0	8	—1
7	¶ Id.	141 36·9	270 3·0	2	5
8	Église que je crois être Dogom	119 51·0	269 58·0	5·5	2
9	Autre église sur un terrain plus bas	115 40·0	270 4·0	5	2·5
10	Arbre isolé à gauche de 3 autres, en Gojjam	133 20·5	270 0·3	5·5	2
11	¶ Large point culminant du Çoqe	102 27·0	269 18·0	7	0·5
12	Mt Balballa (bouss. 229°·0)	313 18·0	269 37·0	4	3
	N... Z	85 7·1	179 57·3		

258. Sommet de ce Mt près du Mt Habib et de la terre de Šumi Meça dite Ejer, dans Gudru. Lunette d'épreuve assez bien. Cette station est le lieu de ma latitude observée. Les deux Mts Sallan sont par 228°·5 et 231°·9 à la boussole : le Mt Budanne par 277°·5; le Mt Teno en Horro par 288°·7. Le Mt Goro Çan est au-dessous du vrai Sagal marme et un peu en deçà. Le Mt Habib est à 300mt au nord de ma station. Un homme de Gambo m'apprend aujourd'hui que la pointe appelée jusqu'ici Sagal marme se nomme Çali (fuseau), que le Mt Qarra le suit à l'ouest, et que le vrai Sagal marme se compose de 4 pointes, dont la plus apparente est la plus occidentale. Le Mt *k* est le vrai Mt Balballa. J'ai reconnu aussi que Haratu est près du vrai Balballa et non du Mt Çali.

259. [Sans indication. Sans doute le même point que la station précédente]. Vent d'est comme hier, mais moins fort. Lunette d'épreuve assez bien.

23. Relevé en **235**,14.

260. Station à 15 ou 20mt de la précédente, plus près du Mt Habib et droit dans l'azimut du Mt Amara. Lunette d'épreuve admirable. On remarquera des différences de 2' avec le tour d'horizon précédent aux Mts Wanç et Amara : je préfère les relèvements du matin pour le Mt Amara, dont le sommet est d'ailleurs un peu large. Le Mt Wanç est très-faible et difficile à bien voir.

261. A Dini, dans la terre dite Asandabo en Gudru. Bon frais de l'est. Lunette d'épreuve parfaite. — 6. Qualla du Gojjam.

262. *Tanso.* 1846. Déc. 1 : mardi m. B = 578. T = 15.
c = 11′·2.

N°	Objet relevé.	W	V	+	−
1	☉	139° 19′·3	251° 4′·0	3	4
2	☉	139 33·4	251 4·0	5	2
3	☉	319 58·5	110 0·2	7	0
4	☉	320 11·3	110 0·2′	12	
5	Mᵗ Kome en Libạn	258 12·5	269 57·0	2	5
6	Id. (bouss. 66°·8)	78 36·0	269 57·0	4	3
7	Arbre isolé à g. dẹ 2 autres (Dini 10)	70 20·0	269 57·0	7	0
8	Église	64 13·5	269 57·0	3	4
9	Bouquet lointain ; église ?	60 45·0	269 57·5	0	7
10	Église près du n° 9	60 58·0	269 57·5	0	7
11	Église lointaine sur une colline	58 42·5	269 56.0	0	7
12	Arbre isolé près d'un bouquet	59 30·5	269 56·0		7
13	Église, probablement relevée en Dini 8	57 34·0	269 57·0	1	6
14	Autre église, peut-être Dini 8	56 28·5	269 55·5	5	2
15	Arbre isolé	55 41·5	269 57·0	0·5	6·5
16	Grand arbre à gauche d'un autre	54 47·0	269 59·0	2	5
17	Égl. sur une colline avec un bouquet †	54 55·5	269 54·0	7	0
18	Large église †	53 9·0	270 0·5	2	4
19	Arbre isolé sur le ciel	50 40·0	269 59·5	6	1
20	Église en Gojjam †	48 27·0	269 59·5	1·2	−5
21	Église	44 30·0	269 59·5	1·2	−5
22	Le gros Mạnkạrakạr ; côté droit (b. 22°·0) †	34 57·5			
23	Sommet Dini 11 ; Mᵗ Tala	39 25·5			
24 ¶	Pic du Çoqe, Tạlba wịhạ	43 5·5			
25	Direction de la station de Dini †	267 9·0			
	N... **z**	22 22·0	179 57·2		

263. *Dini.* 1846. Déc. 1 : mardi midi.

N°	Objet relevé.	W	V	+	−
1	Mᵗ Amara, ou du moins Dini 1 †	245 47·5	269 44·0	3	3
2	Mᵗ Kome	97 7·5	270 3·5	0	6
3	Arbre isolé	74 33·5	270 1·0	2	3
4	Église	64 38·0			
	N + c par **261**... **z**	40 49·4	179 58·0		

264. *Yajibe.* 1846. Déc. 18 : vend. m. B = 577. T = 12.
c = 11′·3.

N°	Objet relevé.	W	V	+	−
1	☉	25 40·0	253 58·0	1	7
2	☉	25 52·5	253 58·0	3	4
3	☉	206 15·2	107 3·5	2	6
4	☉	206 27·5	107 3·5	−2	10

264. *Yạjịbe* (suite).

N°	Objet relevé.	W	V	+	−
5	Arbre de Dạnguago près Yạwịš	179° 22′·5	90° 27′·0	0	8
6	Id.	359 49·3	269 28·5	0	7·3
7	Arbre isolé sur la route de Yạwịš	351 32·5	269 35·5	2·5	5
8	Yạgoru Quịsquam	5 54·0			
9	Ṭaba Nolawi	346 26·0	269 33·0	3	4
10	Ṭaba Mika-el : partie la plus élevée	345 59·0	269 32·5	2	5
11	Mᵗ... très-faible : Bạlbạlla ?	131 25·0	269 53·9	5	2·5
12 ¶	Mᵗ..., un bout	263 45·5	269 17·0	−1	8
13 ¶	Id., autre bout	265 59·5	269 12·0	4	3
	N... **z**	267 46·2	179 57·8		

265. *Gurem II.* 1846. Déc. 19 : samedi matin.

N°	Objet relevé.	W	V	+	−
1 ¶	Mᵗ... dans Ḉạlliha	238 20·5	270 2·0	2	4
2	Mᵗ Qarra	257 49·5	270 3·0	8	−2
3	Mᵗ Bạlbạlla	262 53·0	269 55·5	1	5
4 ¶	Mᵗ Sạgal mạrme	263 52·0	269 57·0	10	−4
5	Arbre de Dạnguago	123 40·0	269 41·5	3	4
6	Arbre le plus à droite de Dogom IYẠSUS	205 46·5			
7 ¶	Mᵗ... chez les Awawa	17 53·5	269 52·0	−4	10
8	Double Mᵗ près Gudạra, une sommité	28 42·5			
9	Id., autre sommité	28 58·0			
10 ¶	Bord du Mᵗ Amạdamid ?	30 51·5			
	N + c par **138**... **z**	43 44·0	179 56·2		

266. *Doyom I.* 1847. Janv. 5 : mardi m. B = 576. T = 20.
c = 12′·3.

N°	Objet relevé.	W	V	+	−
1	☉	338 52·0	237 44·0	5	1·5
2	☉	339 17·5	237 44·0	4	2
3	☉	159 41·5	123 7·3	0·5	6
4	☉	160 4·0	123 7·3	3	3·5
5	Mᵗ Amạdamid, pic : direction †	189 31·0			
6	Bord de la colline de Dạlma †	188 18·5	270 12·0	1	5
7 ¶	Mᵗ Amora arga	218 37·0	269 16·0	4	3
8 ¶	Mᵗ Quịra gadạl	219 7·5	269 13·5	4	2·5
9 ¶	Petit carré, un bord	219 30·5	269 14·0	4	2
10 ¶	Id., autre bord	219 35·7			
11 ¶	Grand carré, un bord	219 51·0	269 5·5	4	2·5
12 ¶	Id., autre bord †	220 10·5			
13	Pic de Tạlba wịha	232 11·5	268 50·5	4	2
14	Mᵗ Tala	226 57·0	268 48·0	2·5	4
15	Mᵗ Dạbet	265 22·9	269 44·0	4	2
16	Mᵗ Kome en Libạn	6 8·5	270 11·0	8	−2
17	Mᵗ Dạbet	84 59·0	90 8·5	3	4
	N... **z**	214 4·0	179 56·4		

262. Bord du dạga près la source du Tanso dans Dini. Lunette d'épreuve dérangée progressivement de 2′ vers la gauche. Un vent d'est, grand frais, faisait tant trembler l'instrument que plusieurs des objets semblaient flotter dans la lunette. Les 8 derniers relèvements ont malheureusement été en grande partie effacés sur la tablette de porcelaine qui me servait de brouillon. Baso, décembre 15 : c'est l'église de Tanso 20 que je prends aujourd'hui pour Dogom IYẠSUS. — 17. Probablement 54° 33′·5. — 18. Le ms. porte 5° 9′ et la note : 53° ? — 20. Avec 2 grands arbres isolés à gauche et un autre moins touffu à droite. — 22. 37′ ? 27′ plutôt. — 25. Distance de 5 à 600ᵐᵗ.

263. De ma station précédente à Dini. — 1. Invisible *sans* lunette. [C'est le contraire qui arrive le plus souvent en Éthiopie, quand une montagne se voit à peine.]

264. Arbre de Yạjịbe [probablement au N. du cimetière musulman]. Lunette d'épreuve aussi bien que le permet un vent violent du sud-est.

265. Le terrain étant en partie labouré et en partie couvert d'arbres, poussés depuis ma visite en mai 1844, il me fut impossible d'identifier le lieu exact de la station **138.** Lunette inférieure assez bien. Vent grand frais, du sud-est, et qui faisait tout trembler. 10ʰ du matin environ.

266. Près de l'église dite IYẠSUS. Lunette d'épreuve bien. Qọbar faible d'ailleurs, mais assez fort pour que le Mᵗ Amạdamid fût à peine imaginable à l'œil nu. [À la lunette je ne pouvais voir ce Mᵗ.] Je me suis aperçu aujourd'hui que ma boussole était cassée ; ma dernière boussole ! Thermomètre à peu près. — 5. Indiquée par repères et selon les habitants. — 6. En deçà de Dạmbạça. — 12. Les nᵒˢ 7-12 s'appellent collectivement Arat Mạnkạrakạr.

267. *Dogom I.* 1847. Janv. 21 : jeudi.

N°	Objet relevé.	W	V	+	—
1	Vrai Mt Sagal marme	228° 3′·5	269° 59′·5	2	4
2	Mt Balballa	227 3·5	269 55·0	3·5	2·5
3	Mt *m*	226 17·0	269 57·0	7	—0·5
4	Mt Çali	223 31·0	270 4·0	6·5	0
5	Mt Qarra	221 43·5	270 3·5	6·5	0
6	Mt Amara	210 39·3	270 1·5	6	0·5
7	Mt Gulti	208 32·5	270 4·5	5·5	0·5
8 ¶	Mt... en Calliha	201 31·0	270 3·0	6	0
9 ¶	Mt Goro Çan ?	230 29·0	269 52·0	3	4
10 ¶	Mt Mosso	234 38·5	270 0·5	3	4
11 ¶	Mt Licma †	339 54·7	269 56·0	—2	8·5
12 ¶	Mt... †	338 38·5	270 3·5	—0·5	7
13	Astar-iyo en Agot Baso	296 40·0		0	6·5
14	Mt Dabet	56 23·5	269 44·5	—0·5	7
15	Mt Licma †	339 55·0		—1·5	8
16	Mt Dabet, une seconde fois	56 23·5			
17	Anbar Qirqos	43 55·0	269 40·5	2	4
18	Gatam MARYAM	43 5·0	269 44·5	- 0·5	7
19	Yagaš Giyorgis	56 8·0	269 49·5	1·5	5
20	Pic dit de Talba wiha	23 13·5	268 50·0	—0·5	7
	N + c par **266**... z	5 17·0	179 55·4		

268. *Yasanbat.* 1847. Fév. 3 : merc. m. B = 575. T = 13·2. **c** = 10′·8.

N°	Objet relevé.	W	V	+	—
1	Tikil dangya, pic dit Talba wiha à Yawiš	9 7·5	267 9·0	5	2·5
2	Sommité Gibgib, dit Tala, ib.	2 0·5	267 33·0	5·5	2
3 ¶	Route de Tirgya	25 30·0	267 50·5	3	4
4	☉	144 0·9	257 47·0	5·5	2
5	☉	144 10·4	257 47·0	5	2·5
6	☉	324 31·6	103 17·0	2	5
7	☉	324 40·9	103 17·0	5	2
8	Église déserte de Dambal MARYAM †	339 15·5	269 14·0	1	6
9	Colline de Danguago †	239 58·0	270 28·5	6	1
10	Zawaro Taba	214 44·5	270 17·5	8	—1
11	Nolawi Taba	213 45·0	270 20·5	2·5	4
12	Yaguadana Mika-el	213 3·5	270 18·5	4	2
13	Anbar Qirqos	251 27·0	270 21·0	4	2
14	Gatam	252 16·5	270 23·5	3	4
15	Tikil dangya	188 41·0	92 45·5	3	4
16	Plaine dite Bag meda	18 38·0	267 53·0	4·5	2·5
17 ¶	Sommité à gauche de Tirgya	24 11·0	267 46·5	4	3
18 ¶	Mt...	26 52·0	267 42·5	4·5	2·5
19 ¶	Mt...	27 26·5	267 41·0	4·5	2·5

268. *Yasanbat* (suite).

N°	Objet relevé.	W	V	+	—
20 ¶	Point culminant apparent du Çoqe	28° 50′·5	267° 40′·5	4	3
21 ¶	Mt Wugir, visible de Yawiš ; un bord	36 31·0	267 55·0	3	4
22 ¶	Id., autre bord	36 55·5			
23	Yadarabu Mika-el, visible de Yawiš	302 55·0	270 16·5	2	4
24 ¶	Colline de Quiy	58 38·0	269 15·5	0	7
25	Sutara	90 40·0	270 13·0	2	4
26	Gimma Mangistu	69 5·0	269 52·0	3	2
27 ¶	Mt Dabet	147 58·5	269 34·5	9	—3
28 ¶	Arera MARYAM	199 4·0	269 57·5	5	1
	N... z	34 24·7	179 57·5		

269. *Yakabat.* 1847. Fév. 5 : vend. m. B = 573. T = 10. **c** = 11′·5.

N°	Objet relevé.	W	V	+	—
1	Station de Yasanbat à peu près	238 45·0			
2	Église de Yasanbat	234 14·0	269 23·0	3	4
3	Arera MARYAM	196 33·5	269 20·5	0	8
4	Mt Dabet	112 48·5	268 16·6	0	7·2
5	☉	255 27·9	94 55·5	3	4·5
6	☉	255 34·0	94 55·5	3	4·5
7	Mt Dabet	292 25·0	91 37·5	3	5
8	☉	75 40·4	263 20·0	4	4
9	☉	75 48·0	263 20·0	4·5	3·5
10	Tikil dangya	288 2·7	267 25·5	3	5
11	Pic qui pourrait être Tikil dangya, tant ils sont près	287 52·0	267 25·0	2	6
12	Pic de Nazrit	295 53·0	267 52 ?	4	4
13	Sommité à droite de Tirgya †	307 29·5	267 39·5	5	3
14 ¶	Mt Wugir	315 27·0	267 46·5	2	6
15	Mt Quiy	302 12·0	268 40·0	2·5	5
	N... z	328 2·9	179 56·8		

270. *Yafatmat.* 1847. Fév. 12 : vend. m. B = 574. T = 8·0. **c** = 12′·2.

N°	Objet relevé.	W	V	+	—
1	☉	229 53·0	258 30·4	2·5	4·5
2	☉	230 0·3	258 30·4		10
3	☉	50 17·0	102 31·6	6	2
4	☉	50 26·0	102 31·6	8	0
5	Arbre de Danguago	36 54·9	90 32·5	9	—1·5
6	Id.	217 18·5	269 23·5	5	2·5
7	Eglise	212 21·0	269 47·0	0·5	7
8	Yagora Quisquam	224 40·0	269 42·5	5	2
9	Acacia isolé à g. de 2 autres arbres †	326 40·0	269 46·0	4	4
10	Arbre de Dogom †	337 42·5	269 38·5	0·5	7
11	Arbres du sanctuaire de Dogom ; un côté	337 49·5	269 37·0	1	6
12	Id., autre côté	338 14·5			
13	Arbre extrême à droite †	338 19·5	269 42.5	2	5
14	Qobba Elyas ?	348 13·0			
15	... Gibzayt ?	353 30·0			
16	... Gibzayt ?	355 39·0			

267. Station du 5 janvier. La lunette d'épreuve a varié de moins de 2′ vers la gauche. Puisqu'on m'indiqua d'abord le Mt Mizan comme étant la corne orientale du Mt Amadamid, j'en pris l'azimut deux fois. La corne occidentale, le pic, et le Mt Licma étaient cachés par le qobar. Il y avait un peu de qobar sur Calliha, et le Mt Gulti était invisible à l'œil nu : je le découvris comme on trouve une comète télescopique. Le Mt Cillimo est caché par le daga de Gudru. — 11 et 15. Dit Mizan dans le ms. — 12. Dit d'abord Mt Amadamid E, puis barré.

268. A Yasanbat MARYAM. Calme plat. Lunette d'épreuve très-bien, sauf pour Arera. La chaîne de Tikil dangya cache le pic de Nazrit, qui est visible un peu plus à l'est. Ce pic, que j'ai vu de Bicena, semble être le point culminant de la chaîne du Çoqe. Vu de Yakabat, il semble égal au Mt Yasanbat 20. J'ai oublié de relever l'église de Yasanbat : elle est plus près du relèvement de Dabet que de celui d'Arera. Yaqandac est caché par le qobar. — 8. Site favori des camps. — 9. L'arbre est caché par le qobar.

269. Tertre près l'église de Yakabat Giyorgis. Calme. Lunette d'épreuve presque très-bien. Il me fut impossible de voir l'extrémité du pic de Nazrit dans la lunette. Yaqandac est caché par le qobar. — 13. Probablement Yasanbat 20.

270. Cette station est près d'un arbre isolé, peut-être celui que j'ai relevé en **191**,8. Lunette d'épreuve admirable. Bon frais venant de Danguago. Froid piquant. Plus tard on a nommé cette station Yadabet. — 9. A 3′. — 10. A feuillage clair-semé, isolé, à gauche et près de Dogom. — 13. Tout près de ma station de 1847, janvier 5.

270. *Yafatmat* (suite).

N°	Objet relevé.	W	V	+	—
17	Arbre incliné, à Yajibe †	27° 26′·5	269° 48′·5	1	5
18	Arbre **264**,7 à 14 pas ou 9^{mt}·5	39 0·0			
19	Tikil dangya ; ainsi dit ci-dessus	137 55·0	268 27·0	4	3
20	Petit carré des 4 Mankarakar ; un bord	122 38·0	268 55·5	4	3
21	Id., autre bord	122 26·5			
22	Anbar Qirqos	165 55·0	269 3·5	3·5	3·5
23	Gros Mankarakar ; un bord	123 8·5	268 47·0	4·5	2·5
24	Id., autre bord	123 33·0			
25	Grande église de Yawiš ; sans croix	201 24·9	269 43·5		9
26	Arbre de Danguago †	217 20·0			
	N... z	123 27·2	179 57·5		

271. *Yawiš III.* 1847. Fév. 12 : vendredi. T = 17.

N°	Objet relevé.	W	V	+	—
1	Arbre de Yafatmat 17 †	182 52·5	269 50·5	3	2·5
2	Yawobbi MARYAM	257 39·5	269 7·5	3	2·5
3	Mt Amora arga	281 46·5	268 57·0	1	5
4	Mt Quira gadal	282 30·0	268 53·5	1	5
5	Petit carré	283 11·0	268 54·5	—1	7
6	Petit carré, autre bord	283 26·0			
7	Grand carré : côté gauche seulement †	284 4·0	268 43·5	3	3
8	Pic dit Tikil dangya	299 13·3	268 21·0	1	5
9	Anbar Qirqos	312 59·0	268 32·0	—1	7
10	Dangyat ; tout près du n° 9	314 54·0	268 54·5	—2	8
11	Gatam : on voit à peine les somm. des arb.	321 44·5	268 41·5	—4	10
12	Site de Mita Sillase †	309 36·0			
13	Arbre de Danguago	50 39·2	268 42·0	0	6
	N + c par **191**... z	291 12·0	179 57·6		

272. *Yajibe.* 1847. Fév. 13 : samedi.

N°	Objet relevé.	W	V	+	—
1	Arbre à feuillage clair-semé, ou Yafatmat 10 †	317 34·5	260 35·5	2	4
2	Sanctuaire de Dogom ; un bord	317 37·5	269 33·5	4	3
3	Id., autre bord	318 5·0			
4	Dernier arbre à droite de Dogom	318 12·5	269 37·5	1·5	5
5	Mt Qarra, ce me semble : très-faible	335 47·5	269 53·5	4	2·5
6	Direction de ma latitude dans Yajibe †	13 0·0			
7	Mt Amora arga	112 15·0	269 0·0	0	7
8	Mt Quira gadal	112 53·0	268 55·5	1	6
9	Petit carré, un bord	113 23·5	268 55·5	3	4
10	Id., autre bord	113 35·0			
11	Grand carré, un bord	113 59·0	268 47·0	3·5	3·5
12	Id., autre bord	114 25·0			
13	M^t, dit Tala	122 37·5	268 26·0	2·5	4
14	M^t dit Tikil dangya ; pic	128 39·0	268 28·0	2	4·5
15	Autre pic	131 32·0	268 37·0	2	4·5
16	Autre faible pic	134 1·5	268 47·0	3·5	3·5
17	Mt Wugir ; un bord	135 59·5	268 53·5	3	4
18	Id., autre bord	136 14·0			
19	Yawobbi MARYAM	121 45·5	269 9·5	4	2
20	Gatam ? et autre église, †	157 28·0	269 19·5	0	7

17. En deçà du cimetière musulman et près ma station de 1846, décemb. 18. — 26. Relèvement répété à cause d'un dérangement causé par le vent.

271. Même point que **191**, à ce qu'il nous semble. Lunette d'épreuve bien. J'ai oublié de chercher le Mt Wugir. Le faite de l'église de Yawiš n'est pas visible. Thermomètre = 16 à 18. — 1. J'ai visé le haut, car le bas n'est pas visible. — 7. Les n°s 3-7 sont appelés collectivement Arat mankarakar. — 12. Église ruinée en deçà de Dangyat.

272. Même lieu qu'en **264**. — 1. A gauche de Dogom. — 6. A 800 pas ou 540^{mt}. — 20. Bien en deçà, sur la plaine.

272. *Yajibe* (suite).

N°	Objet relevé.	W	V	+	—
21	Anbar Qirqos †	160° 7′·5	269° 8′·5	5	2
22	Taba	190 16·0	269 33·5	4·5	2·5
23	Taba	190 45·0	269 34·0	1	6
24	Arbre tout près de la statⁿ de Yafatmat	195 51·0	269 35·0	3	3·5
25	Arbre de Danguago	204 6·5	269 28·5	2·5	4
26	Dabizzim Madhane'alam	288 22·5	269 35·0	3	4
	N + c par **264** et **274**... z	112 16·4	179 57·4		

273. *Dogom II.* 1847. Fév. 14 : dim. m. B = 576. T = 15·5. c = 11′·3.

N°	Objet relevé.	W	V	+	—
1	¶ Mt Wugir ; un bord	13 38·0	269 7·5	4·5	2·5
2	¶ Id., autre bord	13 48·9			
3	Gatam	27 10·5	269 42·0	4	3·5
4	Anbar Qirqos	27 59·0	269 38·0	3	4
5	Large église	35 34·0	269 42·0	2	5·5
6	Mt Dabet	40 39·0	269 43·0	1	6·5
7	Arbre de Danguago	49 56·0	269 51·0	0	7·5
8	Église.. , bien au delà du n° 7	50 8·5	269 46·0	0	7·5
9	¶ Montagne près le Šawa, *a*	92 50·3	269 48·0	3	5
10	¶ Id., *b*	92 58·5	269 49·5	3	5
11	¶ Id., *c*	93 30·0	269 54·0	3	5
12	¶ Id., *c′*	93 57·0	269 52·5	3	5
13	¶ Id., *d*	95 22·0	269 49·5	3	5
14	¶ Id., *e*	97 18·0	269 44·0	2	6
15	¶ Id., *f*, sommité un peu large	97 34·0	269 43·6	1	7
16	¶ Id., *g*	98 33·5	269 50·0	1	7
17	¶ Id., *h*	99 1·5	269 48·0	1	7
18	¶ Id., *i*	99 33·0	269 49·5	1	7
19	¶ Mt Wanc ? un point	114 35·0	270 8·5	1	7
20	¶ Id., autre point	115 57·0	270 8·7	1·5	6
21	¶ Mt Kome en Liban, Gojjam	141 53·5	270 10·5	1	7
22	¶ M^t... de Çalliha ? à peine visible	176 11·0	270 6·5	0	7·5
23	Faible renflem. du long daga de Çalliha	186 1·5	270 2·5	1	6
24	¶ Mt Amara	195 8·5	269 59·0	3	4
25	☉, caché jusqu'alors par un nuage	96 21·0	253 50·9	5	2
26	☉	96 32·0	253 50·9	5	2
27	☉	276 54·0	107 22·5	3·5	3·8
28	☉	277 3·5	107 22·5	3·5	3
29	Mt Kome	321 31·8	89 44·5	7	0
30	Arbre à 40 pas environ ou 27^{mt} †	203 27·0			
	N... z	349 29·6	179 56·8		

274. *Yajibe.* 1847. Fév. 19 : vend. m. B = 577. T = 11·6. c = 10′·8.

N°	Objet relevé.	W	V	+	—
1	☉	151 40·0	258 28·0	7	1
2	☉	151 47·4	258 28·0	6·5	1

21. Ludolf écrit Qirqos d'après l'étymologie. Il m'a semblé que dans le Gojjam on prononce Qirqos.

273. Tout près de l'arbre à feuillage clair-semé. Lunette d'épreuve parfaite. Entre les n°s 20 et 21 est une chaine cachée par les arbres voisins de moi et qui me paraît être les sommités du Tiqur. — 30. C'est l'arbre à feuillage clair-semé relevé de Yajibe en **272**,1.

274. Même point que le 18 décembre 1846. Petit frais de l'est. *A la fin* la lunette d'épreuve a varié de 1′ négative, c'est-à-dire vers la gauche. Le vent faisait varier le niveau que je dus régler continuellement. Les apozénits des églises sont ceux des arbres qui les entourent en les cachant, et leurs azimuts sont ceux du milieu apparent du bosquet. Aujourd'hui on m'a assuré que la station Yafatmat se nomme Yadabet.

274. *Yajibe* (suite).

N°	Objet relevé.	W	V	+	—
3	☉	332° 13'·4	103° 1'·0	7·5	0·4
4	☉	332 21·2	103 1·0	6	2
5	Pic dit Tikil dangya	243 57·0	91 26·6	7	0·5
6	Id.	64 22·0	268 27·5	1·5	6·5
7	Arbre isolé de Dogom	253 14·5	269 34·0	2	6
8	Yasla kidana mihrat	39 20·0	269 26·0	1	7
9	Yadgha qiddus Mika-el	53 52·5	269 27·0	1	6·5
10	Yawobbi MARYAM	57 30·5	269 9·5	—1	8
11	Taymat Giyorgis	68 42·5	269 25·5	—3	10
12	Yakule	74 19·0	269 28·5	—1	8
13	Gatam MARYAM †	93 12·0	269 17·5	5	2
14	Wanga k. mihrat ; dans la plaine	79 4·0	269 52·5	8	—1
15	Église sur le daga	95 50·5	269 8·0	8	—1
16	Yagaš	110 22·0	269 30·5	0	7
17	Yasawarab	123 29·5	269 30·5	0	7
18	Guluma kidana mihrat	136 3·5	269 45·0	—3	10
19	Dangyat Giyorgis	157 7·5	269 40·0	1	7
20	Yamistina	157 45·5	269 44·0	4	3
21	Yawanbad MARYAM	191 4·0	269 22·5	—1	8
	N... z	47 46·2	179 56·4		

275. *Elyas.* 1847. Mars 11 : jeudi midi.

N°	Objet relevé.	W	V	+	—
1	Elyas, à 900 pas ou 609m	271 45·0			
2	Liyim Astar-iyo (bouss. 258°·4)	253 54·5	269 43·5	1	6
3	Kullic qiddus Mika-el, à 2' au plus	339 49·5	270 5·0	1	6
4	Abišgba qiddus Mika-el, à 0'·5 au plus	121 56·0			
5	Innamora MARYAM, à peu près	11 2·5	269 40·5	6	1
6	¶ Bord de Dalma, ma station à peu près	22 30·0	269 37·5	3	3
7	Amanu-el	42 45·5	269 24·0	3	3
8	Dalma Madhane'alam	26 1·0	269 33·0	6	0
9	Mt dit Tikil dangya (bouss. 63°·5)	62 34·0	268 32·5	1	5
10	Église : Dogom ?	143 10·5	269 50·5	4	2
	N + c par **276**... z	9 18·5	179 58·4		

276. *Elyas.* 1847. Mars 11 : jeudi s. B = 576. T = 24·1.

N°	Objet relevé.	W	V	+	—
1	Arbre signal	54 12·5	269 14·5	4	2
2	☉	67 14·0	113 14·2	5·5	0·5
3	☉	67 21·9	113 14·2	5	1
4	☉	247 18·2	247 43·9	3·5	2·5
5	☉	247 26·2	247 43·9	3	3
6	Arbre n° 1	234 32·5	270 39·5	4	2
7	Mt dit Tikil dangya	39 21·0	268 31·5	—1	7
8	Église ; supposée Dogom	119 58·5	269 49·5	2	4
9	Mt...	22 14·0	268 48·0	4	3
10	¶ Mt dit Tala	32 14·0	268 22·5	—2	8
11	Mt Licma, dit tantôt Saguadit †	330 31·0			

276. *Elyas* (suite).

N°	Objet relevé.	W	V	+	—
12	☉	249° 47'·0	258° 45'·0	4	2
13	☉	249 53·5	258 45·0	4	2
14	Église près Dambaça	344 35·0	269 54·5	0	6·5
	N... z	345 54·9	179 57·0		

277. *Elyas.* 1847. Mars 12 : vendredi matin.

N°	Objet relevé.	W	V	+	—
1	¶ Mt Amadamid, corne O	341 0·5	269 31·5	1	6
2	¶ Id., pic	342 18·0	269 33·0	1	6
3	¶ Id., corne E, moins bien définie dans la courbe	343 55·3	269 29·5	2	6
4	¶ Double Mt relevé de Gurem : Boraz	346 6·5	269 30·5	6·5	1
5	¶ Id., 2me sommité	346 21·0	269 31·0	1	7
6	¶ Autre double Mt ; 1re sommité	350 10·0	269 32·5	1	7
7	¶ Id., 2me sommité	350 0·5	269 33·5	0·5	7
8	¶ Mt Licma	333 20·5	269 29·5	2	5·5
9	¶ Mt Çafaçit ?	332 18·0	269 37·5	2	5
10	¶ Id. ?	331 48·5	269 38·5	2·5	5
11	¶ Mt Fudi ?	314 51·5	269 50·5	3	4
12	¶ Mt...	304 9·0	269 58·0	4	3
13	¶ Mt double et lointain ; une sommité	293 7·5	270 0·0	5	2
14	¶ Id., autre sommité	292 55·5			
15	¶ Quatre Mankarakar ; Mt Amora arga	31 22·5	268 42·0	0	7
16	¶ Id., un bord	31 10·0	268 43·5	0	7·5
17	¶ Id., autre bord	31 1·0			
18	¶ Id., un bord	30 20·0	268 33·0	2	5·5
19	¶ Id., autre bord	30 4·5			
20	¶ Mt dit Tala, partie la plus élevée	35 9·5	268 21·0	2	5·5
21	Colline en deçà du n° 20	36 43·0	269 29·0	2	5·5
22	Mt dit Tikil dangya †	42 9·5	268 31·0	2	5·5
23	¶ Mt... †	30 41·5	268 46·0	4·5	3
24	Mt... †	25 3·5	268 47·0	4	3
25	¶ Mt Wari, près Bibuñ †	23 40·0	268 45·0	5	3
26	¶ Mt...	18 7·0	269 54·0	5	3
27	¶ Mt...	351 5·5	269 25·5	6	1·5
28	¶ Mt qui semble au delà de la chaîne plate	320 7·5	269 51·5	6	1·5
29	Yawobbi MARYAM, probablement	88 37·5	269 37·5	5	2·5
30	Dogom IYASUS, probablement	122 45·5	269 48·5	5	3
31	Mt Balballa	192 4·5	269 54·0	5	2·5
32	¶ Mt... Goro Çan ?	194 7·5	269 50·0	5	2·5
33	Passe vers Dora probablement	210 40·0			
34	Liyim Astar-iyo	233 30·6	269 43·0	5	2·5
35	Arbre relevé hier	237 21·0	270 40·0	5·5	2
36	Mt Giš Abbay, dit Mt Danguiya ; probt.	325 38·0	269 41·5	6	1·5
	N + c par **276**... z	348 54·0	179 56·7		

278. *Wugir.* 1847. Mars 21 : dimanche.

N°	Objet relevé.	W	V	+	—
1	Mt Gabararit dit Tikil dangya (b. 281°·5)	260 58·0	269 44·0	4	4
2	Mt dit Tala (bouss. 308°·7)	285 51·5	269 12·5	4	3·5

13. Et Dumbuqbay Giyorgis plus près et dans la plaine.

275. Lunette d'épreuve légèrement dérangée. J'ai reconnu aujourd'hui que le Mt **267**,12 a été relevé de Dambaça comme étant Licma. Amadamid est plus à droite et je ne l'ai pas vu de Dogom. Les 4 Mankarakar se projetant d'ici sur la terre, ne seront visibles que par un fort soleil.

276. Même station qu'à midi. La lunette d'épreuve semble légèrement dérangée, car à la fin l'arbre signal était par 54° 11'·0. Niveau soigneusement rectifié avant de commencer. Le thermomètre marqua plus tard 24·3 parce qu'il soufflait alors un petit frais de l'ouest, c'est-à-dire du qualla des deux fleuves. — 11. Visible seulement par le mouvement.

277. Même station qu'hier. Ciel couvert. Lunette d'épreuve dérangée vers la droite de 2', peu après le commencement. Je crois que les nos 18, 19 sont le gros carré, que 16, 17 sont Quira gadal et que 15 est Amora arga : mais je n'en affirme rien parce que W. Giyorgis, menteur parfois, soutient que 18, 19 sont le petit carré et que le gros carré n'est pas visible. — 22-25. Nous avons cru devoir diminuer ces quatre apozénits de 1°. Le ms. répète 4 fois 269°.

278. Sommet de ce Mt du Çoqe. Ciel couvert. Lunette d'épreuve bien. J'aurais eu un magnifique tour d'horizon sans le qobar qui, vu d'en haut, semblait un faible nuage et n'avait pas cet aspect de fumée qu'il affecte quand on le voit d'en bas. Arera, d'abord visible à l'œil nu, devint invisible au bout de quelques secondes.

278. *Wugir* (suite).

N°	Objet relevé.	W	V	+	−
3	Mt Tala, autre bord	286° 49′·0	° ′		
4	Agzios fatra dit pic de Nazrit (b. 325°·0)	303 56·0	268 48·0	2	6
5	Pic en deçà de 4, dit Amba bar (b. 322°·2)	297 29·5	269 26·5	0·5	7
6	Zawa Giyorgis (bouss. 239°·0) †	219 3·5	272 28·3	5	2·7
7	¶ Quiy (bouss. 225°·3)	201 17·5	272 42·0	5	2·5
8	Pic sur la même chaîne que 1 (b. 270°·0)	248 42·0	270 31·0	6	2
9	Mt Dabet, visible par le mouvem. seulem.	191 47·5			
10	¶ Mt Kanf, à 1′	324 43·0	267 16·5	4	3·5
11	Point culminant appt de Tirgya, à 3′	344 41·0	267 20·0	0·5	7
12	¶ Mt Karni, à 3′·5, dit le point culminant	358 21·7	268 30 *sic*	2	6
13	¶ Yawagare, faible pic en Annabse	48 23·5	271 43·5	3	4
14	¶ Église ibid.	52 35·0	271 51·0	3	5
15	¶ Église ibid.	55 1·0	271 51·0	1·5	6
16	¶ Église ibid.	59 33·5	271 43·0	0·3	7·5
17	¶ Pic dont la pointe seule est visible; Mt Wayzazir	62 4·8	271 30·5	0·6	7
18	¶ Précip. obliq. qui commence Yaqandac	65 21·5	271 9·5	3	5
19	¶ Mt Abba Zamu	72 2·0	270 23·5	1	6 5
20	¶ Point extrême de Yaqandac	78 21·0	270 37·0	1	6·2
21	¶ Darj en Sar midir : un bord	86 18·0	271 19·0	3	5
22	¶ Id., autre bord	85 27·5			
23	¶ Mt Karni	358 23·5			
	N + c par la carte... z	28. 9·0	179 56·6		

279. *Karni*. 1847. Mars 23 : mardi m. B = 475. T = 9·0,

N°	Objet relevé.	W	V	+	−
1	Mt Wugir, ma station (bouss. 130°·8)	129 31·0	271 28·0	4·3	3
2	☉, après 2h d'attente : observé à la hâte	88 15·0	208 13·5	2	6
3	☉, mieux obser. : couvert aussitôt après	88 49·5	207 1·0	3	4·2
4	¶ Mt, à 5′ : un bord	107 59·0	272 27·0	4	3
5	¶ Id., autre bord	108 38·5			
6	Mt sans nom, à 0′·3 ; relevé du Mt Wugir	174 41·0	267 41·0	1	6
7	Mt Kanf	137 57·0	271 21·0	6	1
8	¶ Mt que nous croyons Mt Licma †	275 42·5	270 53·5	1·5	6·5
9	¶ Mt Sagado : un bord	275 49·5	270 54·6	2·5	5·5
10	¶ Id, autre bord	279 14·5	270 52.5	4	4
11	Église de Mota, selon Taklu	326 57·5	272 20·5	1·5	6·5
12	Mt Wayzazir	21 35·5	271 50·0	3	5
13	Mt Abola Nigus, visé seulement par le mouvement (boussole 336°·3)	300 9·5			
14	¶ Mt Abba Zamu (bouss. 58°·2)	32 25·5	270 39·5	3·5	4
15	¶ Id., autre point	38 40·0	270 53·0	3·5	4
16	¶ Id., autre point	32 44·5			
17	¶ Mt Darj, un bord	46 8·0	271 33·0	4	4
18	¶ Id., autre bord	44 50·5			
19	Martula MARYAM, selon Taklu	55 46·5			
20	¶ Mt Somma : daga ; un bord	83 26·5	271 55·0	4	4
21	¶ Id., autre bord	85 0·5			
22	¶ Mt Somma : qualla ; bord éloigné †	86 42·5			
23	Qaranyo, à très-peu près	344 36·5			
24	¶ Mt Amadamid †	285 40·5	270 39·0	2	5·5

279. *Karni* (suite).

N°	Objet relevé.	W	V	+	−
25	¶ Id., corne O, moins bien définie	282° 58′·5	270° 36′·0	4	3·5
26	¶ Pic de Nazrit (bouss. 228°·5)	221 33·0	269 33·0	5	2·5
27	¶ Mt Cilti	236 53·0	269 21·5	5·5	2
28	¶ Pic	227 39·0	270 5·5	5	2·5
29	¶ Tête ronde à 4′ et qui gêne la vue	269 12·0	270 26·0	7	0·7
30	Yawagare	9 9·0	272 14·0	6	1·5
31	Manta dabir, fourche : par repères	308 52·0			
	N... z	339 27·3	179 56·6		

280. *Mota*. 1847. Mars 25 : jeudi m. B = 574. T = 25·7. e = 10′·7.

N°	Objet relevé.	W	V	+	−
1	☉	205 17·6	242 7·3	3·8	3·3
2	Arbre isolé de Lay MARYAM (b. 85°·2)	189 26·5	270 9·5	5·5	2
3	☉	206 3·5	238 48·0	5·5	1
4	☉	206 11·0	238 48·0	5·5	1·5
5	Arbre n° 2, la lun. inf. ayant paru bouger	189 26·5		5·5	1·5
6	☉	27 6·7	124 25·0	6	1·2
7	☉	27 16·0	124 25·0	7·8	
8	☉ bien observé	27 27·5	125 40·5	6	1·2
9	☉	27 36·5	125 40·5	7·2	0
10	Arbre n° 2	9 8·5	89 43·0	3	4
	N... z	111 19·9	179 56·5		

281. *Mota*. 1847. Mars 25 : jeudi soir.

N°	Objet relevé.	W	V	+	−
1	Eglise de Lay MARYAM, à 1′	61 12·0			
2	Yaqandac, pic bas	86 47·5	269 21·5	0	6
3	¶ Id., autre	92 52·0	268 42·5	−1	7
4	¶ Id., autre	93 9·0			
5	¶ Mt Karni	154 0·0	267 54·5	2	4·5
6	¶ Point sans nom	155 15·4	267 53·0	2	4
7	¶ Pic rond du Çoqe	163 1·5	267 54·0	3·3	3
8	¶ Culmen apparent du Çoqe	164 55·5	267 45·5	2·6	3·5
9	Arbre isolé de Lay MARYAM	64 7·0	270 10·5	3·5	2·5
10	¶ Mt Wasfe dangya	244 45·2	269 51·0	0	6
11	¶ Mt Mizan, petit pic	246 30·6	269 24·0	4	2
12	¶ Id., autre point	246 41·5	269 24·5	1	5
13	¶ Id., grand pic	246 57·5	269 22·0	2·5	3·5
14	¶ Mt Boraz † : une tête	255 23·0	269 1·0	2·5	3·5
15	Id., milieu ou fourche	255 25·0			
16	¶ Id., autre tête	255 44·5	269 1·0	2	4
17	¶ Mt Amadamid	259 25·4	269 0·5	2	4
18	¶ Id., point culminant	259 51·0	268 57·2	2	4
19	¶ Id., corne E, mal définie	261 41.5	269 3·0	2	4
20	Mt Abola Nigus	285 24·5	270 3·5	0·5	5·2
21	¶ Pic	312 22·5	270 22·5	0	6
22	¶ Pic	314 3·5	270 23·5	−1·5	7·5
23	¶ Mt...	315 7·0	270 22·0	−1	7
24	¶ Mt Manta dabir ? une sommité	320 36·0	270 16·0	2	4
25	¶ Id., autre sommité	320 46·0	270 14·5	1·2	4·6
26	¶ Mt... ; pic à tête plate : un bord	325 7·5	270 3·5	0·7	5·4
27	¶ Id., autre bord	325 12·5			

6. Jadis ville du Ras Haylu.

279. Sommet d'un rocher qui forme un hémisphère grossier sur le haut du Çoqe. Lunette d'épreuve admirable jusque vers la fin : alors elle dévia de 0′·5 vers la gauche. Mt Dabet et tout le Gojjam sont cachés par le qobar. Nous ne pûmes pas identifier Bicena. Les observations furent très-pénibles à cause d'un vent froid qui engourdissait mes doigts. — 8. A la fin je l'observai une seconde fois par 275° 42′·0. — 22. Visible seulement par le mouvement. — 24. A la fin je l'observai une seconde fois par 285°38′. J'ai oublié d'obs. **278**,18.

280. Ma station **111**. Calme. Lunette d'épreuve dérangée de 0′·5 vers la gauche. Tout l'horizon est couvert de nuages.

281. Même station que le matin : ce tour d'horizon fut fait aussitôt après mes observations pour la latitude. Lunette d'épreuve admirable jusqu'après l'antepénultième relèvement. Petit frais venant de Lay MARYAM. Je n'ose identifier le n° 24 avec Manta dabir. Le Mt Boraz cache la corne ouest du Mt Amadamid. — 14. Vu de Elyas, Dogom et Gurem.

281. *Mota* (suite).

N°	Objet relevé.	W	V	+	—
28	Mt... près de nous et qui semble boisé	356° 36′·0	269° 47′·5	−1	7
29	¶ Mt... près de nous et boisé ; un bord	355 9·0	269 46·0	−2	9
30	¶ Id., autre bord	354 45·5			
31	¶ Mt Guna, en Bagemdir	12 18·5	269 16·0	0	6
32	¶ Id., point culminant	16 14·5	269 2·5	3	3
	N + c par **282**... z	346 7·0	179 57·2		

282. *Mota.* 1847. Mars 25 : jeudi s. B = 574. T = 20·2. c = 12′·0.

N°	Objet relevé.	W	V	+	—
1	☉	132 36·0	254 4·0	3·5	3
2	☉	132 44·9	254 4·0	4	2
3	¶ Mt... peut-être Warka en Dara	173 43·0	270 13·0	6	1
4	Arbre isolé de Lay MARYAM	302 18·0			
5	☉	313 18·0	103 10·2	2·5	3·5
6	☉	313 24·5	103 10·2	3·8	2·4
7	Arbre signal n° 4	121 53·5		9	−3
8	¶ Nağuš, église	324 57·5	269 21·0	−2	8
9	¶ Mt Amonewos	330 31·5	268 42·7	1	5
10	¶ Yaqandaç	331 5·0	268 42·0	−1	7
11	¶ Id., autre point	331 20·5	268 43·0	0	6
12	¶ Agaw kab	333 8·0	268 45·0	−1	7
13	¶ Ahya faj	336 10·0	268 55·5	−1	7
14	Asa wiha, église à 6′	320 31·0	269 35·5	4	2·5
15	¶ Mt Yawaggre, un bord	335 52·5	269 30·0	2·5	4
16	¶ Id., autre bord	335 34·5			
17	Domma, église lointaine	342 15·0	269 32·0	2	4
18	Gangarta Giyorgis †	1 1·0	269 30·0	1	6
19	¶ Mt Karni ; Çoqe	32 12·0	267 54·0	3	3
20	¶ Mt Yabirur ; Çoqe	43 15·0	267 46·5	4	3
21	¶ Mt Wabir	48 13·5	267 49·5	3	3·5
22	¶ Mt Wari	57 46·0	268 24·5	0	6·7
23	¶ Mt... près Gadab et Bibuñ	59 33·0	268 19·5	−0·5	6·5
24	¶ Mt... ibid.	60 3·5	268 19·5	−0·5	6·5
25	¶ Mt... ibid.	61 10·0	268 22·0	−0·5	6·5
26	¶ Mt Tabamit ; Mando est tout près	66 45·5	268 35·5	−1	7
27	¶ Mt... ibid.	67 54·0	268 36·5	−1	7
28	¶ Mt Faras bet	96 20·0	269 15·5	3	4
29	¶ Çat warka	115 48·0	269 1·5	1	5
30	¶ Mt Sagado	119 7·0	268 59·0	0·6	6
31	¶ Mt...	129 57·0	269 10·0	0	7
32	¶ Mt Boraz	132 3·0	269 4·0	0	7
33	¶ Id., cran *a*	133 15·0	269 6·0	0	7
34	¶ Id., cran *b*	133 20·5	269 4·2	0	7
35	¶ Id., cran *c*	133 26·0	269 2·5	0	7
36	¶ Mt Boraz ; vu de Gurem ? une sommité	133 35·5	269 1·0	0	7
37	¶ Id., autre sommité	133 54·0	269 1·0	0	7
38	¶ Mt Amadamid, corne O. peut-être	135 17·5	269 4·5	0	7
39	¶ Mt Abola Nigus	163 34·0	270 3·0	0	7
40	Eglise de Mota, à 1090 pas ou 670mt env.	56 46·0	269 8·0	4	3
41	¶ Mt au delà et tout près de Wašira	137 22·0	269 15·0	1	6
	N... z	224 6·4	179 56·8		

282. Exactement au même point que la station du milieu du jour. Lunette d'épreuve légèrement dérangée sans que le théodolite parût l'être, car je trouvai derechef le même azimut pour mon arbre signal. Cela prouve que le dérangement de la lunette inférieure fixe n'influe pas toujours sur celui du limbe horizontal. J'en conclurais que la lunette d'épreuve est au moins inutile, car on peut toujours vérifier, en les réitérant, quelques azimuts déjà notés. — 18. Qaranyo est un peu à droite.

283. *Agamna.* 1847. Mars 28 : dim. m. B = 546. T = 11·2. c = 10′·2.

N°	Objet relevé.	W	V	+	—
1	¶ Mt Ziquala, relevé de Dogom	156° 41′·0	270° 1′·5	4	4
2	¶ Id., autre point	156 49·5	270 1·0	2	6
3	¶ Id., autre point	157 47·5	270 5·5	3	5
4	¶ Id., autre point	158 31·0	270 6·0	3	5
5	¶ Id., autre point	159 31·5	270 8·0	1	6·5
6	¶ Id., autre point	154 56·0	270 8·5	2	6
7	¶ Id., autre point	154 30·0	270 5·6	1	6·8
8	¶ Id., autre point	154 4·0	270 5·5	1	7
9	Mt Dabet (bouss. 151°·8)	161 53·5	270 14·0	2	6
10	Quiy	147 14·0	270 20·0	−1	9
11	Agamna, église, à 400mt environ	348 0·5	255 45·5	2	6
12	☉	106 42·5	264 52·5	5	2·6
13	☉	106 48·5	264 52·5	4	3·5
14	☉	287 8·4	96 17·5	4·5	3
15	☉	287 14·5	96 17·5	4·5	3
	N... z	18 42·8	179 56·8		

284. *Anbar.* 1847. Avril 10 : samedi midi.

N°	Objet relevé.	W	V	+	—
1	Arbre de Danguago	185 40·5	270 29·5	2	4
2	Mt Kome au-dessus de Zame †	203 59·5	270 23·0	2	4
3	Église de Yawiš, à très-peu près	211 33·5	271 1·5	4	2
4	Arbres de Dogom ; un bord †	229 43·5	270 16·5	4	2
5	Id., autre bord	229 56·0			
6	Bata ?	255 13·5	270 41·5	4	2
7	Yawobbi MARYAM	290 42·5	270 8·5	3	4
8	Gatam	36 35·0	269 35·0	0	6
9	Arbre clair-semé à g. et près de Dogom	229 40·6	270 17·5	4	2
10	Station Dogom I : arbre	229 57·7	270 18·0	4	2
11	Wanga, dans la plaine	283 29·5	271 53·5	3·5	3
12	Taymat	313 22·5	270 35·5	3	4
13	Anbar, église, à 600mt	21 2·5	266 20·0	0	7
14	Mt Quiy, très-faible	43 43·5	269 38·0	2	4
15	Mt Arera MARYAM	59 39·5	269 37·0	0	6
	N + c par la carte... z	10 40·0	179 58·0		

285. *Annamucara.* 1847. Avril 12 : lundi midi.

N°	Objet relevé.	W	V	+	—
1	Dogom IYASUS (bouss. 203°·3)	328 14·5	271 20·5	5	2·5
2	Sommité à o′·25	141 27·0	264 27·0	4	3
3	Mt à o′·3 environ (bouss. 57°)	180 59·5	267 8·0	3	4
4	Mt Quiy	255 20·5	272 52·5	5	2
5	Mt Dabet (bouss. 133°·5)	266 47·5	271 37·0	6	1·5
6	Zawa	267 35·5	273 40·5	6	1
7	Égl. de Yasanbat, et à peu près ma statn	281 57·0	272 37·0	6	1

283. Sanctuaire dit Agamna. Vent frais du sud-est. Lunette d'épreuve très-bien. J'ai oublié d'inscrire le relèvement de Dabet, lunette à gauche. Le reste de l'horizon est caché par la localité qui est fort encaissée. Le Mt Yirer, près du Mt Ziquala, est un pic pointu.

284. Pierres entassées près l'église de Anbar Qirqos. Ciel couvert. Lunette d'épreuve bien. Le reste de l'horizon est caché par les brouillards. — 2. Et, plus près de nous, Dangyat. — 4. L'église a été incendiée il y a quinze jours.

285. Dans le district dit Annamucara, sur une sommité tout près du Mt Muqtamuqt. Ciel nuageux. Lunette d'épreuve bien : niveau rectifié. Boussole très-inerte. Elyas est caché par le qobar. Il me fut impossible d'identifier le Mt Danguago. J'ai de l'incertitude sur l'identité des nos 10 à 13. Je n'ose identifier, comme prétend le guide, cette station avec le Mt dit successivement Tikil dangya, Talba wiha, etc. Ce n'est pas le Mt Gabararit.

285. *Ạnnạmucara* (suite).

N°	Objet relevé.	W	V	+	—
		° ′	° ′		
8	Arerạ MARYAM	284 20·5	272 5·5	7·5	0
9	Mt Kome au-dessus de Zạme	318 54·0			
10	Anbạr Qirqos	316 29·5	271 42·5	5	2
11	Gạṭạm MARYAM	315 10·5	271 48·0	6	1·5
12	Arbres du sanctuaire de Dogom ; un b.	328 14·5	271 20·0	4·5	2·6
13	Id., autre bord	328 11·5			
14	Yạwobbi MARYAM, selon le guide	336 50·0	271 50·5	5·5	1·8
15	Axe des méandres du Šigạza	338 40·0			
16	Id., » Gạṭla	301 35·0			
17	Id., » Bogana	297 10·0			
18	Id., » Bạqet	272 5·0			
	N + c par la carte... z	127 50·0	179 58·0		

286. *Nazrit I.* 1847. Avril 14 : merc. m. B = 546. T = 16. c = 11′·5.

N°	Objet relevé.	W	V	+	—
1	☉	214 19·5	245 34·0	2	5
2	☉	214 25·0	245 34·0		10
3	☉, après avoir réglé le niveau	214 34·0	244 3·5	4·2	2·3
4	☉	214 39·0	244 3·5	5·5	1
5	☉	34 54·0	117 2·5	3	4
6	☉	34 58·5	117 2·5	3	4
7	¶ Mt que nous croyons être le Muạṭạmuạṭ	180 18·0	96 55·5	3	4
8	¶ Faible pic	336 58·0	265 1·0	1	6
9	¶ Autre pic	349 17·0	263 36·5	– 0·5	7·5
10	¶ Pic n° 7	0 43·5	263 1·0	3	4
11	¶ Mt Gurj	78 11·5	263 17·0	—3	10
	N... z	129 48·8	179 58·2		

287. *Nazrit II.* 1847. Avril 14 : mercredi soir.

N°	Objet relevé.	W	V	+	—
1	Mt Dạbet	269 49·5	270 31·0	4	3
2	Mt Quiy	271 15·0	270 42·0	4	3
3	Pic de Nazrit I,7	349 32·5			
4	Mt Gurj †	166 33·5			
	N + c par la carte... z	117 56·0	179 58·2		

288. *Nazrit III.* 1847. Avril 14 : merc. s. B = 546. T = 20·8. **T** = 13·7. c = 11′·2.

N°	Objet relevé.	W	V	+	—
1	Mt Quiy	169 25·5	270 6·5	3·5	3
2	Mt Dạbet	170 7·0	270 11·5	0	7
3	Pic présumé le vrai Muạṭạmuạṭ	285 25·5	260 0·5	4	2
4	☉	294 51·5	238 43·0	3	3·5
5	☉	294 56·4	238 43·0	3	4
6	☉	115 14·5	119 52·2	6	0·5
7	☉	115 18·9	119 52·2	5	1
8	Pic n° 3	105 1·0	99 53·5	4	3
	N... z	20 28·8	179 57·1		

289. *Nazrit IV.* 1847. Avril 15 : jeudi s. B = 546. T = 21·2. **T** = 11·8. c = 11′·4.

N°	Objet relevé.	W	V	+	—
		° ′	° ′		
1	Mt Ziquala, partie la plus élevée, par repères (boussole 136°·0)	356 31·0		3	3
2	Mt Quiy	5 7·0	270 6·5	2	5
3	Mt Dạbet (bouss. 144°·6)	6 0·7	270 11·0	0	6·5
4	¶ Arbuste sur le Mt Muạṭạmuạṭ (b. 274°·0)	122 17·9	259 50·5	4	2·5
5	☉	131 23·5	239 16·5	3	3·5
6	☉ ; couvert aussitôt après	131 27·9	239 16·5	3	3
7	¶ Mt... tout près du n° 4	132 12·0	260 42·5	4	2
8	¶ Mt... probab. Ware, dit Tala ci-dessus	146 47·5	261 27·0	5	1
9	¶ Mt...	154 50·5	262 19·5	4	2
10	¶ Mt... près et en deçà du Mt Gurj	172 53·5	264 41·5	3	3
11	¶ Mt..., ib. ; pic élevé (bouss. 318°·3)	176 2·0	264 6·5	3	3
12	Église de Nazrit à 400mt estimés	101 6·0			
13	¶ Col plat de la route vers Agamna	11 37·0	269 40·0	5	1
14	☉	312 0·5	117 24·6	2	3·5
15	☉	312 5·6	117 24·6	3	3
16	¶ Arbuste n° 4	301 54·5	100 4·9	5	1·2
17	¶ Même Mt ; un bord	301 44·0			
18	¶ Id., autre bord	302 17·0			
	N... z	216 30·1	179 57·6		

290. *Wạzzạm.* 1847. Avril 16 : vend. m. B = 545. T = 16·7. c = 12′·6.

N°	Objet relevé.	W	V	+	—
1	☉	56 41·4	244 40·0	4	3
2	☉	56 45·5	244 40·0	3	4
3	¶ Pic Muạṭạmuạṭ	54 1·5	99 30·5	4	3
4	☉	237 4·5	117 4·5	3	4
5	☉	237 7·9	117 4·5	4·5	2·5
6	¶ Mt Muạṭạmuạṭ	234 26·0	260 25·5	0·5	6·5
7	¶ Faible pic	221 34·0	259 55·5	0	7·5
8	¶ Autre	202 29·0	260 59·5	0·5	6·5
9	¶ Sommité boisée : Nazrit IV,7	244 32·0	261 13·0	3	4
10	¶ Mt...	250 47·5	261 59·5	1	6
11	¶ Mt Akgrar, plus près que le n° 10	259 16·0	261 55·5	0·5	6·5
12	Église	265 24·5	268 4·5	0	7
13	¶ Gešo	268 53·5	262 37·5	2·5	4·5
14	¶ Mt large et lointain	284 54·5	265 39·5	4	3
15	¶ Système du Mt Gurj ; *a* : Amba bạr	288 19·0	264 57·0	4	3
16	¶ Id., *b* : Sinafil bạr	291 38·5	264 20·0	3·5	3·5
17	¶ Id., *c* : Ạgzios fạṭra †, un bord	293 48·0	264 17·5	3·5	3·5
18	¶ Id., autre bord	294 1·0	264 18·0	3·5	3·5
19	¶ Id., *e* : Mt Qạçin zala	295 6·0	264 23·0	3·5	3·5
20	¶ Id., *d* : Mt Gurj	294 6·5	264 55·5	3·5	3·5
21	¶ Id., *f*	297 42·0	264 37·0	3	4
22	Église	301 24·0	268 26·0	1	5
23	Autre église	306 49·5	267 1·0	0	7
24	Tête rocailleuse	307 56·0	264 55·5	0	7
25	Église la plus éloignée	313 23·0	269 39·5	0	7
26	Église, loin comme le n° 23	320 19·0	266 56·5	1	6
27	Église	280 2·0	267 39·0	2	5
28	Église	274 59·0	265 48·0	3	3

286. Sur le grand sentier de Nazrit à Guayba, près du Muga et sur sa rive gauche. Lunette d'épreuve assez bien.

287. Station légèrement différente de celle qui précède, afin de voir Dạbet et Quiy. — 4. Le ms. intervertit les noms de 3 et 4.

288. Tout près et à l'est du sanctuaire de Nazrit. Vent frais du sud-est. Lunette d'épreuve bien. Les nos 3 et 8 doivent différer un peu à cause du manque d'un bon signal.

289. Lieu de ma latitude dans Nazrit. Calme. Lunette d'épreuve très-bien.

290. Sur une colline tout près de Nazrit. Vent petit frais venant de Dạbet. Lunette d'épreuve dérangée de + 3′. Ce dérangement porta sur tout l'instrument, car à la fin le n° 6 fut relevé par 234° 22′·5. Biccna et le Mt Wugir sont cachés. — 17. Le plus haut point du Mt Gurj.

290. *Wazzam* (suite).

N°	Objet relevé.	W	V	+	—
29	¶ Col de Tirgya	329° 59′·0	264° 26′·0	2	5
30	¶ Mt...	336 7·5	263 25·0	0·5	6·8
31	¶ Mt... relevé de Yakabat?	341 24·5	263 20·5	0	7
32	¶ Mt..., id.?	343 2·0	263 21·0	2	5
33	Mt Kanf?	354 32·0	263 59·5	2	5
34	¶ Bord d'un daga au delà du Abbay	106 32·5	270 36·0	4	2·5
35	Yadaguat Giyorgis †	112 59·0	270 42·0	4	3
36	Mt Quiy	121 35·0	270 24·5	3	4
37	Mt Dabet Madhane'alam	122 23·0	270 20·5	3	4
38	Col qui mène à Agamna	128 8·5	270 14·0	3	4
39	Yibaqo, à peu près	144 40·0			
40	Égl. de Nazrit IYASUS, à 1000m à peu pr.	169 56·0	276 5·0	2	5
	N... z	332 48·6	179 57·6		

291. *Šinbire.* 1847. Avril 17 : samedi m. B = 570. T = 19.

N°	Objet relevé.	W	V	+	—
1	☉	224 16·0	248 17·0	1	6·5
2	☉	224 21·4	247 41·5	3·5	3·5
3	Mt Dabet	319 31·4	269 28·5	0	6·5
4	¶ Mt α	55 57·0	266 42·5	0	7
5	¶ Mt β	57 3·5	266 37·0	0	7
6	¶ Mt γ	59 6·5	266 34·0	3·6	3·5
7	¶ Mt δ	60 31·5	266 28·0	3	4
8	¶ Mt ε : Muatamuat, arbuste rel. de Nazrit	62 42·5	266 27·5	3	4
9	Id., milieu apparent	62 40·6			
10	¶ Mt Agzios fatra	83 21·4	266 45·5	3	4
11	Mt f	84 54·0	266 52·0	3	4
	N... z	141 19·6	179 57·6		

292. *Mangistu II.* 1847. Avril 17 : samedi midi.

N°	Objet relevé.	W	V	+	—
1	Mt Dabet (bouss. 199°·9)	238 40·0	269 57·0	3	4
2	Mt Arera (bouss. 220°)	260 54·5	270 10·5	3	3
3	Yadabala MARYAM	251 44·5	270 21·5	2·5	3·5
4	Angac, église abandonnée	267 45·5	270 21·5	2	4
5	Station de Yasanbat à peu près	270 38·0	270 11·5	—1	7
6	Ayšal, église ruinée	273 2·0	270 20·0	3	3
7	Petit Quiy	276 38·5	270 1·5	3·5	2·5
8	Gros Quiy (ordinairement relevé)	278 1·5	269 42·0	4	2
9	Zawa	299 6·5	269 14·5	4	2
10	Šaše	320 49·5	268 31·0	6	0
11	Daboza	292 22·5	269 45·0	8	—2
12	Mt α, relevé de Šimbire	327 15·0	267 29·5	6·5	—0·5
13	Mt β	328 15·5	267 25·5	3·5	3
14	Mt γ	330 19·0	267 21·5	4	2·5
15	Mt δ	331 42·0	267 14·5	4	3
16	Mt ε : Muatamuat (bouss. 293°·9)	333 54·0	267 11·9	3·5	3
17	¶ Mt...	339 56·5	267 24·0	3·5	3
18	Mt...	343 1·0	267 27·0	4	3
19	¶ Mt...	344 30·5	267 35·5	3	3·5
20	¶ Mt...	349 23·0	267 47·0	2	4·5

292 *Mangistu II* (suite).

N°	Objet relevé.	W	V	+	—
21	¶ Mt...	350° 9′·5	267° 48′·5	—0·5	7
22	¶ Mt Amba bar?	350 34·5	267 48·0	0·5	6
23	¶ Mt Sinafil bar	352 14·0	267 28·5	2	4·5
24	¶ Mt Agzios fatra (bouss. 310°·5)	354 17·0	267 16·0	2	4·2
25	Mt f	355 43·0	267 23·0	—1	7
26	Mt...	358 17·5	267 30·0	0·5	5·5
27	Mt... à tête rocailleuse, vu de Wazzam	359 7·5	267 27·5	—0·5	6·5
28	¶ Mt...	7 18·5	266 14·5	0	6
29	¶ Mt... qui ne semble pas Wugir : un bord	21 3·0	266 43·0	0	6
30	¶ Id., autre bord	21 19·0			
31	¶ Mt de Yaqandaç, un point (bouss. 39°·9)	80 4·0	269 8·0	1	5
32	¶ Id., autre sommité	80 10·0			
33	¶ Mt de Yaqandaç, précipice	80 25·5	269 8·0	2·5	3·5
34	¶ Id., a	80 31·0	269 9·5	3	2·5
35	¶ Id., b	81 46·0	269 13·5	4	2
36	¶ Id., c	82 34·0	260 14·5	4	2
37	¶ Id., d	83 28·0	269 14·5	4	2
38	¶ Id., e	84 30·0	269 15·4	4	2
39	¶ Id., f	86 22·5	269 20·5	3·5	3
40	¶ Mt..., sommet	94 24·5	270 3·0	4	2·5
41	¶ Id., autre point	94 50·0	270 6·0	3	3·5
42	¶ Mt... du pays Amara	120 31·5	269 45·5	3	3·5
43	¶ Point culminant de id., très-faible	123 48·5	269 40·0	3	3
44	Église de Mangistu, à 150mt	181			
45	Bord de daga, au delà du Çe, je crois	124 37·0	270 35·5	3·5	3
	N + c par la carte... z	55 59·0	179 57·6		

293. *Titar.* 1847. Avril 18 : dim. m. B = 573. T = 19·6. c = 12′·6.

N°	Objet relevé.	W	V	+	—
1	☉	304 51·5	206 5·5	3·5	2·8
2	☉	304 54·5	206 5·5	3·5	2·8
3	☉	125 14·5	155 7·0	3	3
4	☉	125 18·4	155 7·0	5	1·5
5	¶ Bord du précipice de Yaqandaç	60 31·0	91 24·5	0·5	6·5
6	¶ Yaqandaç	240 22·5	268 29·0	0	6·5
7	¶ Id., autre pic	240 32·5			
8	¶ Bord du précipice 5 (bouss. 31°·2)	240 55·0	268 30·0	3·5	3
9	¶ Mt... **292**,34	241 3·5	268 33·0	3·5	3
10	¶ Mt Yaqandaç, un point	242 57·5	268 34·0	4	2·5
11	¶ Id., autre point	244 11·0	268 36·0	4	2·5
12	¶ Id., autre point	245 39·5	268 37·0	4	2·5
13	¶ Id., autre point	247 17·0	268 39·5	4	2·5
14	¶ Id., autre point	250 1·0	268 47·0	4	2·5
15	Martula MARYAM, bien vu	256 22·5	270 5·5	4	2·5
16	Dir. de Dangyame, où j'observai la latit.	318 50·0			
17	¶ Mt Somma, daga, un bord	325 43·0	270 41·5	4	2·5
18	¶ Id., autre bord	328 7·5	270 41·5	3	3
19	¶ Mt Imbilati, entre les 2 Somma ; un bord	328 21·0	270 41·5	3	3
20	¶ Id., autre bord	328 28·0			
21	¶ Qualla Somma ; un bord	328 30·0	270 39·0	2	3·5
22	¶ Id., autre bord	330 48·0	270 37·0	3	4
23	¶ Mt Wugir ; un bord (bouss. 266°·8)	117 32·5	266 41·5	3	4
24	¶ Id., autre bord	118 14·5			
25	¶ Mt...	120 32·5	266 37·0	3	4
26	¶ Mt...	121 33·0	266 41·5	2	4·5

35. Droit devant le Mt Ziquala qui est invisible dans la lunette.

291. Station dans le district dit Innawga. Lunette d'épreuve bien. Les nuages empêchèrent de prendre d'autres relèvements du soleil : l'encaissement du site cachait la plupart des montagnes.

292. Tout près de l'église ruinée de Mangistu MARYAM. Ciel couvert. Lunette d'épreuve parfaite. L'église cachait les Mts Ziquala et Somma : ils devinrent ensuite trop faibles pour être aperçus d'une nouvelle station que je voulais faire.

293. Tout près de Titar IYASUS, église abandonnée. Lunette d'épreuve admirablement immobile. [Les relèvements à la boussole des nos 23 et 29 étaient intervertis dans le ms.]

293. *Tūar* (suite).

N°	Objet relevé.	W	V	+	—
27	¶ Mt Kanf?	123° 29'·5	266° 35'·5	2	4·5
28	¶ Mt innomé	130 24·5	266 33·5	2	4·5
29	¶ Mt Karni (bouss. 284°·0)	135 27·5	266 44·0	2	4·5
30	Ambala Giyorgis, sur notre route	168 34·0	269 24·0	3	3
	N... z	217 19·1	179 57·7		

294. *Qaranyo.* 1847. Avril 19 : lundi s. B = 573. T = 21. c = 12′·0.

1	☉	205 53·5	111 37·9	2	3·5
2	☉	205 57·0	111 37·9	7	
3	¶ Mt Karni	113 8·0	93 1·0	7	0
4	☉, après avoir réglé le niveau	26 5·5	250 45·5	3	3·5
5	☉	26 11·0	250 45·5	4	3
6	¶ Mt Karni (bouss. 194°·2)	293 32·4	266 55·0	3·5	3·5
7	¶ Mt...	290 11·0	267 7·0	4	3
8	¶ Mt innomé	294 15·9	266 59·0	5	2
9	¶ Mt...	305 41·5	267 7·2	5·5	1
10	¶ Mt...	310 56·0	266 57·0	6	1
11	Col et probab. dir. de la source du Abbay	318 35·5	267 44·5	5·5	1
12	¶ Mt Wari dans Bibuñ	328 41·0	268 5·5	6	0·7
13	Église de Qaranyo, à 200mt estimés †	118 46·0	266 49·5	2	4
14	Église lointaine	180 48·5	269 43·5	—4	10
15	¶ Mt Yawaggare probablement ; *a*	182 16·0	269 36·5	2·5	4
16	¶ Id., *b*	183 33·5	269 29·0	3	4
17	¶ Id., *c*	184 34·0	269 28·0	3	3·5
18	¶ Id., *d*	187 6·0	269 15·5	3	3·5
19	¶ Mts Yaqandaç	196 2·5	268 24·5	3	3·5
20	¶ Id., autre point	198 14·0	268 13·5	2	4
21	¶ Id., autre point ; relevé de Mangistu	198 50·0	268 12·0	1	6
22	¶ Id., id.	199 9·0	268 13·0	1	5·5
23	¶ Id., autre point	200 38·5	268 14·5	1	6
24	¶ Mt...	206 12·5	268 28·5	0	6·5
	N... z	108 10·1	179 57·6		

295. *Qaranyo.* 1847. Avril 20 : mardi m. B = 573. T = 12·4. c = 13′·2.

1	¶ Mt Mizan (bouss. 281°·0)	167 49·0		4	4
2	¶ Mt...	170 51·0		4	4
3	¶ Mt Boraz ; fourche	173 48·5		4	4
4	¶ Mt Amadamid	176 30·0		4	4
5	¶ Id., corne E. (bouss. 292°·8)	178 6·5		2·5	5
6	Mt Karni	77 27·5	266 55·5	1·5	6
7	☉	332 52·4	256 24·0	1·5	6
8	☉	332 58·0	256 24·0	1·5	6
9	Amba MARYAM, sorte de fort	300 17·5	270 10·0	1	7
10	☉	153 13·2	105 4·3	7·5	0
11	☉	153 19·5	105 14·0	3	5
12	Mt Karni	257 2·5	93 1·0	4	3·5
13	¶ Mt Faras wiha, dit Saguadit plus haut ; un bord	164 5·5	269 20·0	4	3
14	¶ Id., autre bord	161 48·5	269 20·5	4	3
	N... z	252 5·0	179 58·0		

294. Site du marché de Qaranyo. Petit frais du nord. Lunette d'épreuve très-bien. Les rayons du soleil couchant cachaient les Mts Mizan, etc. — 13. Boussole 18°·7.

295. Même lieu qu'hier. Lunette d'épreuve admirable. Petit frais venant du Mt Mizan. Les rayons du soleil levant cachaient Yaqandaç.

296. *Moța.* 1847. Avril 22 : jeudi midi.

N°	Objet relevé.	W	V	+	—
1	Mt Karni	152° 52'·5	92° 0'·6	2·4	2·5
2	Id.	333 16·9	267 55·0	2·5	2·5
3	Fourche du Mt Boraz, relev. de Qaranyo	74 51·5	269 4·0	0	5
	N + c par **282**... z	166 23·5	179 57·8		

297. *Šolage.* 1847. Avril 24 : samedi soir.

1	Mt Yaqandaç	163 0·0			
2	Mt Karni	196 51·0			
3	Ganta, à 2 ou 3′	238 6·0			
4	Mt Guna	72 20·0			
5	Église isolée ; dans Yamada?	120 10·0			
	N + c par la carte	20 59·0			

298. *Šimarua II.* 1847. Juill. 7 : merc. s. B = 561. T = 15. c = 7′·9.

1	Mt Dammo galila	202 56·5			
2	Mt Samayata	201 45·0			
3	¶ Mt Qabtya, pic près Birkuttan	94 21·7	270 25·0	3	3
4	¶ Mt Birkuttan, un bord (bouss. 306°·0)	96 8·5	270 50·0	9	—3
5	¶ Id., autre bord	96 50·5	270 49·0	4	2
6	☉ 10h 59m 33s	86 24·9	220 57·3	4	2
7	☉ 11 1 52·4	86 21·5	220 57·3	4	2
8	☉ 11 5 10 ; couvert ensuite	266 39·5	137 42·5	5	1·5
9	Mt 'Alawgen	305 9·3	89 27·0	1	5
10	Id. (bouss. 325°·3)	125 23·5	270 27·5	2	4
11	¶ Mt, un pic	131 53·0	270 40·5	1	5
12	¶ Id., autre pic	132 4·5	270 41·0	1	5
13	Mt...	142 15·0	270 33·0	0	6
14	¶ Mt St-Jean Kama, à 1′ ; église à côté à droite	176 16·5	266 44·0	—2	8
15	Mt..., à 2′	186 4·5	266 54·0	—4	10
	N... Z	157 32·1	179 57·3		

299. *Gugl'a.* 1847. Sept. 10 : vend. m. B = 567. T = 19.

1	☉ 6h 42m 49s·2 chr. 𝔄	271 41·9	121 3·0	1	6
2	☉ 6 45 18	271 51·5	121 6·5	1	6
3	Mt Bizan	336 5·0	93 30·5	9	—2
4	¶ Mt Ziban Sifra (bouss. 353°·0)	163 56·5	97 45·5	3	4
5	Arbre tout près de nous	213 35·0	105 5·0	7	0
6	Église de 'Addi graht (bouss. 252°·5)	65 7·5	89 9·0	3	4
7	¶ Mt 'Alequa	51 48·5	95 1·5	1	6
8	¶ Arbre isolé sur le n° 7 (bouss. 243°)	53 22·0	95 1·2	0	7
	N... z	359 8·3	179 57·6		

296. [Sans indication]. Niveau touché après le n° 1.

297. Colline isolée au nord de Šolage, dans le district dit Andabet en Bagemdir. Lunette d'épreuve assez bien. Un grand frais du nord, le plus fort vent que j'aie observé en Éthiopie, rendait toute autre observation impossible.

298. A l'ouest du col de Šimarua, en venant de May Tahlo. Thermomètre oublié, mais à environ 15. Lunette d'épreuve admirable. Le Mt Hiça, visible quand j'installais le pied, ne le fut plus après que j'eus nivelé l'instrument. Est-ce qobar ou nuages? — 14. Profil douteux.

299. Toit de la chapelle de la Mission Lazariste à Gol'a dit aussi Gugl'a. Brise du nord. Lunette d'épreuve dérangée de 1′ environ. Les nuages ne me permirent pas d'observer le soleil après avoir renversé la lunette.

300. *Ẓiban ṣifra.* 1847. Sept. 13 : lundi s. B = 560. T = 18·5.

Nº	Objet relevé.	W	V	+	—
		° ′	° ′		
1	☉ †	229 46·0	243 21·2	4	2
2	☉ †	229 54·2	243 21·2	6 5	0
3	¶ Mt Sạn'afe (bouss. 44°·0)	359 45·5	268 23·5	—0·5	7
4	¶ Mt...	334 40·0	269 1·0	—0·5	7
5	¶ Mt Kạš'at (bouss. 345°·5)	299 20·5	269 58·0	2·8	4
6	Église de 'Addị graht	194 17·0	272 29·0	5	1·5
7	¶ Arbre du Mt 'Alequa, relevé de Gol'a	191 16·0	265 42·5	5	2
8	¶ Bord du précip. du Mt 'Alequa (b. 233°)	189 47·5	265 42·5	5	2
9	Arbuste à 60 pas ou 41mt, rel. en Gol'a 4	121 36·5	272 24·5	3	3·5
10	¶ Mt Bizạn (bouss. 166°·0)	119 12·5	267 9·3	3	4
	N... z	321 15·3	179 57·6		

301. *Maṣḥal.* 1847. Oct. 2 : samedi m. B = 573. T = 15. **c** = 12′·6.

Nº	Objet relevé.	W	V	+	—
1	☉ 5h 34m 34s·4	41 42·0	254 16·0	2	5·5
2	☉ 5 36 46·0	41 49·5	254 16·0	2	5·5
3	☉ 5 40 55·2	222 16·0	107 10·0		8·2
4	☉ 5 43 6·0	222 25·5	107 10·0		8·2
5	Mt Sạn'afe ? (bouss. 133°·0)	251 36·5	91 0·3	4	3·5
6	Id.	72 1·5	268 55·5	8	—1
7	Mt Bizạn, milieu	105 18·5	269 30·0	3	4
8	¶ Mt 'Alequa	117 21·0	269 13·0	4	3
9	¶ Mt entre Maṣḥal et 'Addị graht	123 54·0	269 28·5	4	3
10	¶ Mt éloigné	125 36·0	269 34·0	3·5	3
11	¶ Dạbrạ Damo	144 9·5	270 49·0	6	1
12	¶ Awgạr	146 42·0	269 42·0	3·5	3
13	Mt Sạmayata (bouss. 226°·0) †	164 50·5			
14	Mt Ḥiça †	170 8·0			
15	Mt Kas'at, à 1′·5 (bouss. 317°·0)	257 41·5	268 49·0	2	4·6
16	¶ Mt Bịrqaqo (bouss. 356°·5)	293 46·7	270 2·0	0	6·6
17	¶ Point culminant à droite du précédent	298 21·5	269 52·0	1	6
18	Bois sacré de l'église de Nugot	197 31·0	272 53·0	0	7
19	Mt Saym, le plus élevé †	352 41·0	268 42·0	5	2
20	¶ Mt Dạbrimela, lointain	25 23·5	269 37·0	3	4
21	¶ Autre Mt plus loin que le nº 20	31 11·0	270 2·5	4	3
	N... z	304 3·1	179 57·8		

302. *Dịgsa II.* 1847. Oct. 13 : merc. m. B = 591. T = 17·9. **c** = 12′·1.

Nº	Objet relevé.	W	V	+	—
1	☉ 5h 50m 5s chr. ♃	16 36·4	250 54·0	3	3·5
2	☉ 5 52 21	16 46·9	250 54·0	4	3
3	☉ 5 55 29·6	197 12·5	110 16·9	3	4
4	☉ 5 57 46	197 23·5	110 16·9	6·3	0·5
5	Mt Kas'at (bouss. 171°·0)	255 26·5	270 40·5	5·5	1
6	Id.	75 47·9	269 14·3	8	—1·5

302. *Dịgsa II* (suite).

Nº	Objet relevé.	W	V	+	—
		° ′	° ′		
7	Mt Bizạn en Ag'ame	72 55·0	269 43·0	4	2·5
8	¶ Mt Maṣḥal, ma station à peu près	71 13·0	269 35·5	5	1·5
9	¶ Pic lointain	65 30·0	269 37·0	4	2
10	¶ Mt Saym, dit Maçạra dans mon 1er vol.	63 27·5	269 24·0	6	0·5
11	Id., point culmin. relevé en Maṣḥal 19	63 18·0	269 22·9	7	—0·5
12	¶ Mt Maṭạra, un point	60 58·5	269 20·0	2·5	3·8
13	¶ Id., autre point	61 36·5	269 26·0	2·3	3·6
14	¶ Mt 'Alequa	78 48·0	269 34·0	3	3
15	¶ Mt au delà du nº 14	83 13·2	269 44·5	4	2
16	¶ Mt Awgạr ?	92 59·5	269 45·5	3	3
17	¶ Mt...	96 15·5	269 53·0	3	3
18	¶ Mt plus loin que le nº 17	97 40·0	270 3·0	2	3·5
19	Mt près Gạndạbta, une sommité	107 19·5	269 54·5	3	2·5
20	Id., autre Mt	107 35·0	269 56·0	3	3
21	Mt Sạmayata (bouss. 204°·6)	109 21·5	269 47·5	2	4
22	Pierres blanches dans le quạlla de Dịgsa	109 10·5	271 2·5	2	4
23	Mt Ḥiça	110 54·5	269 49·0	1	4·5
24	Pic	113 0·0	270 5·0	2	4
25	Mt Sạloda ?	115 6·0	270 8·5	1	5
26	Mt Tạhuịlạ (bouss. 217°·7)	124 6·0	270 32·0	0·5	5·3
27	Mt très-loin ; Abba Liqanos probablem.	126 43·0	270 12·5	0	6
28	¶ Mt bifide en Sạrawe ; un pic (b. 275°·9)	183 31·0	269 46·5	1·5	5
29	¶ Id., autre pic	183 45·0	269 47·0	0	6·5
30	¶ Mt en Sạrawe : un bord	188 22·5	269 47·5	4	3
31	¶ Id., autre bord	189 14·5			
	N... Z	273 7·5	179 57·3		

303. *Dịgsa II.* 1847. Oct. 15 : vendredi m. B = 591. T = 19·2. **T** = 9·2. **c** = 11′·9.

Nº	Objet relevé.	W	V	+	—
1	☉ 6h 7m 34s·0	19 34·6	246 52·0	1·5	5·3
2	☉ 6 9 55	19 48·3	246 52·0	2	4·8
3	☉ 6 12 50	200 13·0	114 16·6	3	4
4	☉ 6 15 7	200 27·5	114 16.6	3·8	3·2
5	Mt Kạš'at, ou Kas'at	256 2·5	90 40·2	1	6
6	Id.	76 27·0	269 15·5	0	6·8
7	Mt Tạhuịlạ	124 44·0	270 33·0	2·5	4
8	Mt Çanạq, par repère †	124 14·0			
	N... z	273 44·1	179 57·8		

304. *Zohodo.* 1847. Nov. 12 : vend. m. B = 580. T = 14·1. **c** = 12′·7.

Nº	Objet relevé.	W	V	+	—
1	☉	296 46·0	250 16·5	4	3
2	☉	297 0·5	250 16·5	4	3
3	Mt Sạloda	258 3·5	269 35·4	5	2
4	☉	117 34·5	111 9·0	0	7
5	☉	117 49·5	111 9·0	3·5	3·5
6	¶ Mt Sạloda	77 40·0	90 20·5	2	4
7	¶ Mt... pic bas qui semb. appart. au Sịmen	9 46·0	270 8·0	2	5
8	¶ Id., second pic	10 29·5	270 2·0	2	5
9	¶ Sommité du Sịmen : *c*	12 11·7	269 51·5	3	4
10	¶ Autre id. : *d*	17 25·0	269 26·0	4	3

300. Sommet de Ẓiban ṣifra dit aussi Gạnaḥti, en Ag'ame. Vent grand frais venant du Mt Sạn'afe. — 1 et 2. [Le ms. porte à tort ☉ et ☉ ; l'angle azimutal doit être deux fois 228°, au lieu de 229°; le jour lundi m.]

301. Sommet du Mt et à côté du village du même nom. Lunette d'épreuve immobile : niveau vérifié. Ma station me sembla le point le plus élevé : il est près le bosquet sacré de l'ancienne église qui est de St Michel, je crois. — 13 et 14. Visibles seulement par le mouvement. — 19. Le point central est à gauche.

302. Petite place entre l'église et la maison du Šum Dabaza. Station tout près du clocher et à son nord. Calme plat. Lunette d'épreuve parfaite ; niveau rectifié.

303. Même lieu qu'avant-hier. Vent du nord par bouffées. — 8. Ce repère fut déterminé la veille au soir. Ce Mt est rarement visible d'aussi loin.

304. Du sommet de ce Mt près Aksum. Brise fraîche venant du soleil. Niveau vérifié. La lunette d'épreuve fut légèrement dérangée de moins de 1′ et vers la gauche : je m'en aperçus après avoir observé le nº 15. Ce dérangement fut rectifié ensuite sans que je sache comment.

304. *Zohodo* (suite).

N°	Objet relevé.	W	V	+	—
11	¶ Autre point	19° 51′·5	269° 14′·0	4	3
12	¶ Point *e*, ibid.	21 5·9	269 9·0	4	3
13	Point *f* : Caranfara ? ib.	22 43·5	269 34·0	5	2
14	Point *g*, ib.	23 3·0	269 27·0	4	3
15	Point *h*, un bord, ib.	23 44·0	269 32·5	4	3
16	Id., autre bord, ib.	23 57·5			
17	¶ Point *l*, ib.	26 36·5	269 10·0	4	2·5
18	¶ Mt... *i*, ib.	22 51·5	269 11·5	4	2·5
19	¶ Mt... *k*, ib.	23 42·0	269 15·0	3·5	3
20	¶ Mt Dajan	30 11·9	269 10·5	3	3·5
21	¶ Mt Canaq	31 6·5	269 9·7	3·5	3
22	¶ Mt Abar (bouss. 216°·5)	32 11·5	269 15·5	3	3·5
23	¶ Mt tout près du n° 22	32 22·5	269 29·5	4	3
24	¶ Mt... ib.	32 27·0	269 30·3	4	3
25	¶ Mt Amba ras ?	33 47·0	269 32·0	4	3
26	¶ Précipice près du n° 25	35 24·0	269 35·5	3	4
27	¶ Mt... à 10′	49 16·5	269 34·0	3	4
28	¶ Autre Mt à 20′	64 26·0	269 50·0	2·5	4·5
29	¶ Mt Wa'alta hazin, à 4 ou 5′	106 31·0	268 3·0	2	4
30	Mt à 2′·5	132 8·0	268 29·0	1	6
31	Terre élevée de 'Araza	142 7·0	270 34·0	5	4
32	¶ Mt Gorzo ? un pic	181 58·0	270 9·0	6·5	0
33	¶ Id., autre pic ; très-faible	182 24·0	270 10·5	9	—2
34	¶ Mt...	223 5·0	270 11·0	3	4
35	¶ Mt Kas'at ?	230 55·0	270 1·5	0	7
36	¶ Mt Saym ?	231 47·0	270 5·5	—3	10
37	¶ Pic	232 48·0	270 10·0	0	7
38	¶ Mt Hica (bouss. 72°·0)	248 49·0	269 4·0	1	6
39	¶ Mt...	253 44·5	269 28·0	4	2·5
40	¶ Mt...	253 58·5	269 23·5	4	2·5
41	Mt Saloda	258 3·0	269 34·5	4	3
42	¶ Mt 'Alequa	258 36·5	269 36·5	3	3·5
43	¶ Mt Samayata (bouss. 86°·5)	263 18·5	268 44·5	3·2	3·2
44	¶ Mt...	266 14·0	269 30·5	3	3
45	¶ Pic isolé	270 23·0	269 44·5	0	6·5
46	¶ Abba Liqanos, à 1′·8 ; un bord	275 37·5	269 10·5	3	3·5
47	¶ Id., autre bord	278 43·0	269 28·0	3·5	3
48	Pic Abuna Pantalewon	288 11·5	270 17·6	4·2	2·3
49	¶ Mt... dans Atbi ; un bord †	292 11·0	270 1·0	4	2
50	¶ Id., autre bord	292 23·5			
51	¶ Mt... dans Atbi †	292 55·5	270 3·5	4	2·5
52	¶ Mt... ib. †	293 28·0	270 4·0	4·2	2·2
53	¶ Mt... en Hawzen †	296 3·5	270 10·0	5	1·5
54	¶ Maggab †	297 58·0	270 11·5	5	1·5
55	¶ Mt Dammo galila (bouss. 127°·0)	302 24·5	269 21·5	5	1·5
56	¶ Daga Tanben	310 49·5	269 53·5	5	1·2
57	¶ Mt...	337 24·5	270 2·5	4	2
58	¶ Mt... dans Boru	347 42·0	270 18·0	4·5	2
59	¶ Mt... ib., faible	348 41·0			
60	Direction de Tarakarika	332 10·0			
61	¶ Mt... à 20′	350 23·0	270 20·0	4	2·2
62	¶ Mt... U	355 2·0	270 25·5	4	2·2
63	¶ Mt... V, un bord	357 1·5	270 23·0	3	3
64	¶ Id., autre bord	357 32·0			
65	¶ Mt W	1 1·5	270 24·0	4	2
	N... z	182 6·5	179 57·9		

49-52. [Ces monts paraissent être identiques avec les deux pics qui sont indiqués au sud de Atsbi dans la carte d'une portion de l'Abyssinie, dressée par MM. Ferret et Galinier]. — 53. Appartenant à Ayto Birille. — 54. Bord d'un daga.

305. *Liqanos.* 1847. Nov. 13 : samedi m. B = 580. T = 13·1. c = 10′·4.

N°	Objet relevé.	W	V	+	—
1	☉ 2h 37m 58s	187° 25′·5	252° 22′·0	6	1
2	☉ 2 40 22·8	187 40·3	252 22·0	5	2·5
3	☉ 2 44 30	8 15·5	109 1·5	4	3·5
4	☉ 2 46 58·2	8 29·0	109 1·5	3·5	4
5	Mt Saloda	327 10·5	90 18·5	5	2
6	Id.	147 33·0	269 36·5	1	6
7	Mt Samayata (bouss. 85°·5)	153 45·0	268 41·0	0·6	7
8	Mt... relevé en Zohodo 44	157 15·0	269 29·5	5	2
9	Mt Dammo galila (bouss. 126°·6)	196 18·5	269 22·0	3·5	3·5
10	Maggab	189 50·0	270 12·5	4·5	3
11	Daga Tanben	202 54·5	269 52·5	5	2·5
12	Mt... vu en Zohodo 58	239 55·5	270 18·5	6	1
13	¶ Mt... vu en Zohodo 59, un bord	240 23·5	270 18·0	6·5	1
14	¶ Id., autre bord	240 59·0			
15	¶ Mt... vu en Zohodo 61	243 26·0	270 20·0	6·5	1
16	¶ Mt... U	248 8·0	270 25·5	5·5	2
17	¶ Mt... V : un bord	250 34·0	270 22·5	5	2
18	¶ Id., autre bord	251 4·0			
19	Mt... W	254 32·5	270 24·5	5	2
20	Mt *a*, en Simen	262 9·5			
21	Mt *b*, ib.	262 53·0	270 0·5	4	3
22	Mt *d*, ib.	269 52·0	269 26·3	4	3
23	Mt *e*, ib. (bouss. 203°·6)	273 23·5	269 9·8	4	3
24	Mt *i*, ib.	275 17·0	269 13·5	4	3
25	Mt *k*, ib.	275 56·0	269 16·0	4	3
26	Mt *f*, ib.	275 17·0			
27	¶ Colline longée en allant à Cilaciqañe	275 48·0	270 28·0	4	3
28	Mt *l*	278 50·0	269 10·5	4	3
29	Mt Dajan	282 27·5	269 11·0	4	3
30	¶ Col du Mt Abar	283 54·5	269 23·5	4	3
31	Col du Mt Canaq †	282 51·5	269 20·5	3	4
32	Mt Canaq	283 19·8	269 11·0	3	4
33	Mt Abar : vu en Zohodo 22	284 38·5	269 16·5	3	4
34	¶ Aiguilles : l'une	284 50·5			
35	¶ Id., l'autre	284 53·0			
36	Mt Amba ras ?	286 11·5			
37	Précipice	287 30·5			
38	Colline : vue en Zohodo 27	306 2·0	269 43·0	2·5	4
39	¶ Église de Aksum ; un bout, *a*	301 35·5	275 45·5	0	7
40	¶ Id., *b*	301 50·0			
41	¶ Id., autre bout	302 43·5			
42	Grand obélisque	308 55·0	275 49·5	3	4
43	Mt... Zohodo 28, sans doute	318 2·5	269 53·0	0	6·5
44	Mt Wa'alta hazin (bouss. 288°·2)	355 1·5	268 43·5	1	6
45	Mt... vu en Zohodo 30	12 12·5	269 8·0	4	3
46	¶ Aiguille près du n° 45	16 36·5	269 46·5	5	2
47	Mt Gorzo? une tête	72 1·0			
48	Id., 2me tête	72 25·5			
49	Mt... vu en Zohodo 34	113 33·0	270 12·0	3·5	3·5
50	Mt Kas'at	121 14·5	270 1·0	0·5	6·5
51	Mt Sina	137 5·0	270 23·0	0	7
52	Mt Hica	138 24·5	269 2·0	—0·5	7·5

305. Partie la plus élevée du Mt Abba Liqanos. Vent petit frais venant du n° 11. Le Mt Abuna Pantalewon est à quelques minutes à droite du n° 9, mais il est caché par un qualqual (s. d'arbre). La comparaison des nos 6 et 55 montre le sens et la quantité de déviation de la lunette inférieure qui s'est mue *progressivement*, malgré toutes mes précautions. Les sommités non observées en apozénit étaient cachées par le qobar. — 31. Où l'on passe en allant à Incatkab.

305. *Liqanos* (suite).

N°	Objet relevé.	W	V	+	—
53	Mt... vu en Zohodo 39	143° 47′·5	269° 28′·5	—0·5	7·5
54	Mt... vu en Zohodo 40	144 3·0	269 24·5	—0·5	7·5
55	Mt Saloda	147 30·0	269 36·0	0	7
	N... z	73 23·9	179 56·9		

306. *Saloda*. 1847. Nov. 15 : lundi m. B = 571. T = 10. c = 11′·0.

N°	Objet relevé.	W	V	+	—
1	☉ 8h 24m 4s †	293 29·5	115 1·5	6·5	0·5
2	☉ 8 26 33	293 48·0	115 1·5	4·5	2·7
3	☉ 8 30 47	114 5·5	243 28·5	5	2
4	☉ 8 33 20	114 25·0	243 28·5	5	2
5	Mt Dammo galila (bouss. 194°·0)	183 27·0	269 41·0	9	—2
6	Id.	3 3·2	90 13·5	0	7
7	¶ Mt Guaylo en deçà de Soqota, tr.-faible	181 6·0	270 35·5	3	4
8	¶ Mt... U, relevé ci-dessus	186 36·5	270 33·5	4	3
9	¶ Mt... V, un bout	191 39·5	270 30·5	5	2
10	¶ Id., autre bout	192 4·0			
11	Mt Dammo galila	183 34·5			
12	¶ Mt dans Sahia près le Simen : *a*	193 7·0	270 15·5	3·5	3
13	¶ Id., pic *b*	193 46·0	270 10·0	3	4
14	Sommité *c* du Simen	195 7·5	270 2·0	3	4
15	¶ Mt... W	195 19·5	270 33·5	4	3
16	Sommité dans Sahla : *b*	193 44·5			
17	Mt... *e*	202 52·0	269 24·5	3	4
18	Mt... *i*	204 19·5	269 27·5	3	4
19	Mt... *k*	204 43·5	269 30·5	3	4
20	Mt... *f* †	206 29·5	269 44·0	1	5
21	Sommité *l*	207 40·0	269 25·5	1	5
22	Mt Dajan	210 55·0	269 26·4	0	5·5
23	Col où passe la route entre 22 et 24	211 19·5	269 34·5	1	5
24	Mt Çanaq	211 39·5	269 27·0	1	5·5
25	¶ Mt Abar (bouss. 224°·6)	214 19·0	269 35·0	0·5	6
26	¶ Précipice	214 44·0	269 49·5	—1	7·5
27	Mt Abunâ Pantalewon	246 0·5	270 35·0	0·5	6
28	Mt Liqanos : ma station, à peu près	249 25·5	270 25·5	4	2·5
29	Mt Wa'alta hazin	257 15·0	269 57·0	4	2·5
30	Pic près Mt Zohodo † (bouss. 272°·9)	261 23·5	270 18·0	6	0·5
31	¶ Mt... près le n° 30; Liqanos 45?	262 35·0	270 12·0	5·5	1
32	¶ Pic en Dambalas (bouss. 349°·2)	339 5·5	270 25·5	3	3·5
33	¶ Mt Gorzo? un pic	342 28·0	270 14·5	7	—0·5
34	¶ Id., autre pic	342 54·5	270 15·5	5·5	1
35	Mt Tahuila	13 35·0	270 38·5	4·5	1·2
36	¶ Mt... Zohodo 34, ce semble	16 35·5	270 23·0	5	2
37	¶ Mt...	18 44·5	270 11·5	8	—1·5
38	¶ Mt...	19 25·5	270 13·0	7	—0·5
39	¶ Mt Birqaqo, ce semble (bouss. 31°·0)	20 40·0	270 13·5	7	—0·5

306. *Saloda* (suite).

N°	Objet relevé.	W	V	+	—
40	Mt...	29° 33′·5	270° 10′·0	7	—0·5
41	¶ Mt Hiça	46 41·0	268 6·5		
42	Pic dans Ahsa	28 51·0	270 4·5	6	0·5
43	Mt Sib'at	10 55·5	269 52·5	4	2·5
44	Dabra Sina	269 52·0	271 49·0	12	—5·5
45	Awgar	80 10·0	269 27·0	0	6·5
46	Mt 'Alequa?	82 20·0	269 41·0	—1·5	8
47	Mt Samayata (bouss. 97°·6)	87 27·5	266 51·5	—2	8 5
48	¶ Pic vu en Liqanos 49	92 20·0	269 43·5	2·5	4
49	¶ Mt...	95 31·5	269 44·5	3·5	4
50	Daga Tanben	138 19·5	269 54·0	2·5	4
51	¶ Masobo, au delà de Hawzen	119 16·5	270 11·5	8	—1·5
52	Mt *e*	202 52·5	269 24·0	4	2·5
	N... z	355 6·4	179 57·9		

307. *Dabra gannat*. 1847. Nov. 21 : dim. m. B = 610. T = 18·6. c = 11′·8.

N°	Objet relevé.	W	V	+	—
1	☉ 8h 7m 25s	177 49·5	222 42·5	3	4·5
2	☉ 8 11 0	178 48·0	222 42·5	1·8	5
3	¶ Mt Caranfara *g*, je crois	241 45·5	268 32·0	6·2	0
4	☉ 8h 17m 43s	0 50·0	138 45·0	5	2
5	☉ 8 21 20	1 53·0	138 45·0	4	2.8
6	Mt Caranfara	61 23·5	90 23·5	5	1·6
7	Mt Dammo galila	88 33·0	269 17·5	3	3·5
8	¶ Mt 'Alequa?	102 14·5	269 34·5	3	3·5
9	¶ Pic	110 34·5	269 47·0	2	4·5
10	Daga Tanben (bouss. 107°·6)	140 43·5	269 39·5	1	5
11	¶ Mt... U	180 10·5	269 59·0	3	3·5
12	¶ Mt... V, un bord	180 25·5	269 59·0	4	2
13	¶ Id., autre bord	181 32·5			
14	¶ Mt... très-loin	177 39·0			
15	¶ Mt... W	187 13·0	270 2·5	6·5	0
16	¶ Mt... dans Bora, vu en Zohodo 58	189 59·5	270 3·5	5	1·8
17	¶ Mt..., ib., vu en Zohodo 58?	190 11·5	270 2·0	4	2
18	¶ Mt... Zohodo 59, ou plus à droite plutôt	191 59·0	270 7·5	4	2
19	¶ Mt... tout près de Soqota	202 55·5			
20	Vrai Mt Dajan, ou *e* ci-dessus	237 43·5	268 17·5	5	1·8
21	Mt *i*	240 24·0	268 25·0	6·5	0
22	Mt *k*	241 14·5	268 30·5	5·5	1
23	Mt *f*	241 19·5	268 41·0	4	2
24	Mt *g*	242 47·5			
25	Mt *h*	243 2·5	268 41·0	5	1
26	Mt *l*	245 42·5	268 20·0	9	—3
27	Mt *m*, dit Dajan jusqu'ici	251 0·5	268 20·0	6·2	0
28	Mt Çanaq	252 15·0	268 21·0	5·8	0·8
29	Mt Abar (bouss. 226°·0)	256 52·5	268 15·5	5·2	1
30	¶ Mt Kammal	270 13·5	269 53·5	5	1
31	¶ Mt Dambaguina? †	313 1·5	270 13·5	3	3·5
32	¶ Mt 'Alawgen (bouss. 287°·6)	316 7·0	270 0·0	0	7
33	¶ Mt...	322 6·5	269 57·0	3	3
34	¶ Mt... Nan amba?	6 35·0	269 20·5	3	4
35	¶ Mt...	16 29·5	269 20·5	1	5·5
36	Mt...	42 2·5	269 24·5	1	5·5
37	Mt Hiça	78 1·5	269 25·5	2	4·5
38	Mt Samayata (bouss. 55°·0)	83 59·0	269 10·5	1	6·5
	N... z	37 1·0	179 58·0		

306. Point le plus élevé de ce Mt ; thermomètre à peu près : froid vif. La lunette d'épreuve, pointée sur le Mt Abar, changeait de place comme on le voit en comparant les nos 5 et 11, 13 et 16. Ces variations paraissent provenir de la lentille azimutale, dont le tenon très-dur entrainait un peu le théodolite. Après le n° 16 j'y remédiai en pressant l'un des pieds de manière à ramener la lunette d'épreuve à la position primitive. La comparaison des nos 17 et 52 montre que ce procédé est bon. Les deux pics du Mt Abar, relevés en Zohodo 23 et 24, ne sont pas visibles du Mt Saloda.] A voir les lieux d'ici, je ne crois pas que le Mt Liqanos soit visible de Digsa. Les lettres ajoutées aux sommités du Simen indiquent ici les mêmes points que dans les deux tours d'horizon qui précèdent, c'est-à-dire en **304** et **305**. — 1. Le chr. s'arrête aujourd'hui souvent. — 20. *g* et *h* sont presque invisibles. — 30. Liqanos 46.

307. A environ 1′·3 au nord de Dabra gannat en Adet. Lunette d'épreuve assez bien. Bon frais soufflant du n° 10 à peu près. — 31. 270° 23′·5?

308. *Masgararya.* 1847. Nov. 28 : dim. s. B = 449. T = 3·0. e = 11'·5.

N°	Objet relevé.	W	V	+	—
1	☉	128° 1'·5	113° 37'·0	3	5
2	☉	128 29·5	113 37·0	2	6
3	☉	308 28·5	247 8·0	4	3·5
4	☉	308 45·6	247 8·0	6·5	1·6
5	Mt Waqqan	319 5·4	271 44·0	8·2	0
6	Mt Juliza, dit Çanaq ci-devant, à 1'·5	64 0·5	268 53·5	4	4
7 ¶	Mt... peut-être dit Dajan †	87 43·5	269 46·5	4	4
8	Mt *i*	145 13·5	269 34·5	2	6
9 ¶	Mt *e* : Ras Dajan	149 7·0	269 23·4	1	7
10	Mt... très-loin	207 33·5	270 38·0	1	7
11	Mt Guna	248 27·5	270 43·5	0	8
12	Mt Qalala, je crois	253 20·5	270 58·0	5	3
13	Mt Marado	279 8·0	271 4·5	5	3
14	Mt Waqqan	138 39·5			
	N... z	68 54·3	179 58·0		

309. *Barna.* 1847. Nov. 29 : lundi m. B = 539. T = 12·8. e = 12'·5.

N°	Objet relevé.	W	V	+	—
1	☉	68 31·5	242 25·5	2	5·5
2	☉	68 53·5	242 25·5	1	6·5
3	Pic	137 31·5	270 44·5	0	7
4	☉	249 51·5	119 21·5	4	3·5
5	☉	250 13·9	119 21·5	1·5	6
6	Pic n° 3	317 7·5	89 12·5	3·5	4
7 ¶	Mt *a*	136 57·0	270 46·5	3	4
8 ¶	Mt *b*	137 32·0	270 44·0	2·5	4·5
9 ¶	Mt *c*	138 21·5	270 46·5	2	5
10 ¶	Mt *d*	142 14·0	270 37·5	2	4·5
11 ¶	Mt *e*	142 48·5	270 41·0	4	3
12 ¶	Mt *f* : Mt Dumi?	144 13·5	270 35·0	5·5	1·5
13 ¶	Mt *g* : Mt Dumi ; un bout	144 29·5	270 34·5	5	2
14 ¶	Id., id., autre bout	144 52·0			
15 ¶	Mt *h* : Mt Dawaro (bouss. 209°·0)	147 25·5	270 42·0	4	2·3
16 ¶	Mt *i*	148 21·5	270 40·5	4	2·5
17 ¶	Mt *j*	149 51·5	270 39·5	3	3
18 ¶	Mt *k*	150 25·5	270 44·0	3	4
19 ¶	Mt *l*	150 31·0	270 43·5	3	4
20 ¶	Mt *m* : Mt Marado	153 27·6	270 37·4	3	4
21 ¶	Mt...	155 2·0	270 43·5	3	4
22 ¶	Mt...	171 35·0	270 35·5	2	5
23 ¶	Mt...	184 14·0	270 51·0	0·5	6·3
24 ¶	Mt...	185 32·5	270 56·5	—1	8
25 ¶	Mt... lointain	190 49·0	270 57·5	—1	8
26 ¶	Mt Waqqan (bouss. 258°·5)	197 2·5	270 49·0	0	7
27 ¶	Mt...	197 30·0	271 3·0	—1	8
28 ¶	Mt..., un bout	197 39·5	271 2·5	—1	8
29 ¶	Id., autre bout	198 2·5			

309. *Barna* (suite).

N°	Objet relevé.	W	V	+	—
30 ¶	Mt..., très-loin	199° 15'·5	271° 8'·0	0	7
31 ¶	Mt... en Waggara	200 38·0	271 1·5	0	7
32	Pic n° 3	137 32·5			
	N... z	305 47·0	179 58·1		

310. *Hora dibba.* 1848. Janv. 4 : mardi m. B = 539. T = 14·8. T = 6·9. e = 10'·6.

N°	Objet relevé.	W	V	+	—
1	☉	196 32·5	253 46·0	4	3
2	☉	196 47·5	253 46·0	5	2
3	Mt Ambazzo, à 1'·8 (bouss. 25°·5)	95 18·3	268 23·4	3·5	3·5
4	☉	17 44·5	108 27·5	7	0
5	☉	17 59·3	108 27·5	3	4
6 ¶	Mt Ambazzo	274 57·0	91 30·0	2	5
7 ¶	Id.	95 20·0			
8 ¶	Id., autre point	104 40·0	268 23·7	3	3·5
9	Digna, en Waggara	131 41·5	269 7·0	3·5	3·5
10 ¶	Dabar	162 30·0	269 45·5	1	6·5
11 ¶	Dargaj	188 1·5	269 52·5	0	7·5
12 ¶	Ayba	206 3·5	270 24·0	1	6
13 ¶	Mt Marado, un bout (bouss. 148°·0)	219 59·5	270 4·0	5·5	1·5
14 ¶	Id., autre bout	219 21·4			
15	Dafaça kidana mihrat	254 3·0	272 43·5	5	2
16	Firqa bar (bouss. 179°·0)	249 33·0	271 10·5	6·5	1
17	Tadda	259 59·5	271 55·5	7	1
18	Cap du lac : Gulqaba ?	256 45·5	271 27·0	5·5	1·5
19	Fond de la baie derrrière (au S.?) le cap n° 18	256 28·0			
20	Tour des rives du lac Tana	270 5·0	273 7·5	8	—0·5
21	Bout de ma base de Tigre micohya ?	272 43·0			
22	Tigre micohya, faite	273 49·0	272 55·0	3	4·5
23	Ile	278 55·0			
24	Autre ile	279 13·0			
25	Bout du cap de Gorgora	279 30·5	271 14·5	3·5	3·5
26 ¶	Mt Dinkuan	284 59·5	272 13·5	4	3
27 ¶	Mt Soni ; un bout	300 8·5	270 58·5	8·5	0
28 ¶	Id., autre extrémité	304 25·0			
29 ¶	Dabbo girar ?	312 50·0	271 1·5	7	0·5
30	Mt Çacquina ; arbre (bouss. 249°·0)	319 45·0	270 14·0	7	0·5
31	Calga	331 51·0	270 52·0	6·5	1
32	Mt Arb'amba, caché par un arbre : à peu près	358 22·0			
33 ¶	Maguina, un bout	38 4·5	270 50·5	4	3
34 ¶	Id., autre extrémité	37 18·0			
35 ¶	Cilkuana, un bout	32 6·5	270 48·0	3	4 5
36 ¶	Id., autre extrémité	30 34·0			
37 ¶	Mt... ; arbre	325 29·0	271 2·0	1	6
38	Dabbo ? Mt Gay, je crois	325 17·5	270 34·0	0	7
39	Mt Ambazzo	95 21·5			
	N... z	78 9·8	179 56·8		

308. Haut de ce Mt. Vent de l'est par bouffées. Lunette d'épreuve très-bien. Le froid vif et l'heure avancée m'empêchèrent d'observer la boussole. — 7. Mt *m* ci-dessus? — 13. L'apozénit doit être 271° au lieu de 270° que porte le ms.

309. Tout près de l'église qui reste au nord et est dédiée à Abbo, saint fameux dans toute l'Éthiopie. Bon frais venant du soleil. Les nos 3 et 32 montrent que la lunette d'épreuve a été un peu dérangée. Avant de commencer j'ai rectifié le niveau qui avait été légèrement dérangé par une chute du porteur un peu avant le 306me tour d'horizon.

310. Sommet du Mt ; lunette d'épreuve bien. Vent bon frais venant du soleil ; niveau rectifié. Par malheur le Mt Waqqan n'était pas visible. Le qobar cachait les objets lointains. Un arbre épais cachait plusieurs Mts à droite du no 13, ce qui me fait douter de son identité, car de ce côté les Mts sont près et massés.

311. *Ambazzo*. 1848. Janv. 14 : vend. m. B = 530. T = 14·4. c = 12′·8.

N°	Objet relevé.	W	V	+	—
1	☉ 8h 41m 50s·8	8° 0′·5	254° 16′·2	4·8	3
2	☉ 8 44 22·4	8 14·0	254 16·2	4·8	3
3	Mt Waqqan	293 31·2	270 3·0	4·2	3
4	☉ 8h 49m 44s·0	188 49·5	107 20·9	4	3
5	☉ 8 52 20 10s? 16s?	189 3·0	107 20·9		8
6	Mt Waqqan	113 4·5	89 52·5	4	3
7	¶ Mt Hora dibba	103 7·5	271 23·5	4	3
8	Mt Soni, un bout †	110 14·5	271 10·0	4	3
9	Id., autre bout	113 24·0	271 8·0	3·5	3·5
10	¶ Mt Ambazzo, pic large †, à 0′′3	124 9·0			
11	¶ Mt Çaçquina (bouss. 242°·0)	126 52·0	270 31·5	3·5	3·5
12	¶ Mt près le précédent	132 11·5	270 45·0	3·5	4
13	¶ Bord du précipice du Mt Ambazzo	138 57·5	270 42·0	2	6
14	Maguina ; très-faible	206 44·5	270 57·0	0	8
15	Daga de Tagade, un bord	249 35·0			
16	Id., autre bord	237 40·0			
17	¶ Mt dans qualla Wagara (bouss. 34°·5)	278 23·0	270 44·0	1	6
18	¶ Mt...	280 9·0	270 46·0	1·5	5·5
19	¶ Pic	281 36·0	270 35·0	1·5	6
20	¶ Pic Mušarra dangya ?	282 6·5	270 33·0	1·5	6
21	¶ Id., autre pic	282 18·0	270 31·0	4	3
22	Mt Waqqan	293 31·0	270 2·5	4	3
23	Wasange, à peu près	295 13·0	270 0·0	5	2·5
24	Précipice près Amba ras	300 2·0	269 43·0	5	2·5
25	¶ Mt Julìza ?	302 11·0	269 34·0	5	2·5
26	¶ Mt Masararya ?	302 52·5	269 34·0	5	2·5
27	¶ Mt Julìza, ce semble	305 14·5	269 27·5	3·5	3·5
28	¶ Mt Masgrarya d'après no 27 (b. 60°·5)	307 11·0	269 28·0	4	3·5
29	Digna, et plus loin Anjiba meda	315 12·0	269 26·5	4	3
30	Dargaj	344 35·5	269 39·0	4·3	3
31	¶ Mt... vu en Hora dibba 13 ; un bout	35 43·5	270 10·0	5	2·5
32	¶ Id., autre bout	35 23·5			
33	¶ Mt...	38 7·5	270 3·5	6	1
34	¶ Mt Margado, ce semble, un bout	39 40·0	270 2·5	6	1
35	¶ Id., autre extrémité	40 9·5			
36	¶ Pic près Das MARYAM (bouss. 160°.5)	45 21·5	270 3·0	6	1
	N... z	251 15·7	179 57·6		

312. *Gondar*. 1848. Janv. 21 : vend. s. B = 590. T = 24·0. **T** = 11·2. c = 10′·9.

1	☉ 3h 37m 43s	149 27·9	250 56·6	0	6
2	☉ 3 40 12	149 41·0	250 56·6		7
3	☉ 3 42 31·6	330 6·0	107 56·5	3	3
4	☉ 3 45 0·0	330 18·0	107 56·5	5	1
5	Mt Soni, le plus à droite de deux acacias	38 57·0	95 27·0	3·5	2·5
6	Id.	219 20·0	264 29·0	8	—2
7	Tigre miçohya, ma station à peu près	273 28·0	262 23·5	—1	7
	N... z	266 16·2	179 57·5		

313. *Dinkuan*. 1848. Fév. 6 : dim. m. B = 570. T = 17·7. c = 9′·9.

N°	Objet relevé.	W	V	+	—
1	☉	3° 36′·5	252° 31′·5	1	6
2	☉	3 47·5	252 31·5	3	4
3	¶ Pic près Das MARYAM (bouss. 151°·7)	34 4·6	269 29·0	3	4
4	☉	185 11·0	110 58·0	3	4
5	☉	185 24·5	110 58·0	3·5	3·5
6	¶ Pic no 3	213 46·5	90 26·0	2	5
7	¶ Mt... ; un bord	207 14·5	267 55·0	6·5	0
8	¶ Id., autre bord	212 1·5	267 43·5	6	0·5
9	¶ Autre Mt, prob. le précip. rel. du Fogara	220 22·5	269 43·5	6	1
10	¶ Mt... Ce précipice là ?	240 16·0	267 0·0	2	5
11	¶ Coll. point. dans le pass. de Dabbo girar	264 15·0	269 22·5	1	6
12	¶ Précipice du Mt Ambazzo	276 2·5			
13	¶ Pic du Mt Ambazzo	276 48·5	267 54·5	2·5	4
14	¶ Mt Hora dibba, ma station à peu près †	279 28·0	267 43·5	1·5	5·2
15	¶ Milieu du gros pic tout près de nous	21 14·0			
16	Église Dabra birhan	38 51·0	273 55·0	2	4
17	¶ Petit pic tout près de nous	39 7·0	277 47·5	2	4
18	Gros pic de Tigre miçohya	45 20·5	274 20·0	—2	8
19	Firqa bar	52 11·5	270 34·0	2	3
20	Gondaroc qe Giyorgis, tout près, à 1′	72 50·0			
21	Qaha IYASUS, église	76 41·0	277 56·5	0	6
22	Qiddus Yohannis, église	78 57·0	276 13·5	—1	7
23	Lidata, église	84 20·0	275 16·0	—2·5	8·5
24	Azazo, église (bouss. 203°·3)	85 31·0	272 31·0	0	5·5
25	Loza MARYAM	92 34·0	271 51·0	0	5·5
26	¶ Bout de la presqu'île de Gorgora	93 5·0	271 1·0	—2	8
27	¶ Mt *a*	94 3·5	270 51·5	2	3·5
28	¶ Mt *b*	96 5·5	270 45·5	3	3
29	¶ Mt *c*	97 30.0	270 45·5	3	3
30	Karua MAR., relevé de Loza (b. 248°·0)	129 36·5	270 16·0	3	2·5
31	Tour carrée de Quisquam, ce me semble	100 9·5	276 14·5	—0·5	6·5
32	Qiddus Iotonyos, église	115 3·5	278 51·0	2	4
33	Mt Soni, milieu de trois arbres ; bout de ma base environ	156 15·0	267 31·5	2	4
34	Mt Soni, autre bout	166 43·5	267 44·0	0	6
	N... z	252 28·5	179 57·6		

314. *Dahna*. 1848. Mars 2 : jeudi m. B = 610. T = 21. c = 12′·5.

1	☉	178 59·8	255 35·4	2	5
2	☉	179 9·0	255 35·4	0	7
3	Mt Margado, point le plus élevé	166 30·0	268 56·5	4·5	2·5
4	¶ Pic près Das MARYAM	156 43·5	268 54·0	6·5	0·5
5	☉	359 49·5	106 48·5	4	3
6	☉	359 57·5	106 48·5	7·5	
7	Mt Margado no 3 (bouss. 89°·0)	340 20·0	91 9·0	4	3
8	Église de Dahna, à 100mt environ	315 40·0			
9	Direction approchée de Çalga	48 40·0			
10	¶ Mt Gana Yohannis dans Saqalt (b. 25°·0)	95 40·0	268 53·0	2	5
11	¶ Mt Çaçquina, ib.	96 37·0	268 51·0	0	7
12	Karua MARYAM, ib.	99 25·0	269 5·5	1	6

311. Sur la sommité, à 2 ou 300mt au nord de la source Barkura. Niveau rectifié ; lunette d'épreuve très-bien. Brise venant du soleil. Qobar sur tous les qualla, mais très-peu sur les sommités du Simen. — 8. Visible entre un koso (sorte de grand arbre) et des arbustes tout près de moi. — 10. Caché par un arbre.

312. Cour de la maison du Dajac Birru, lieu de ma latitude dans Gondar, quartier dit Açage bet. Petit frais de l'ouest. La lunette inférieure a bougé légèrement.

313. Haut de ce Mt : vent petit frais venant du soleil. Lunette inférieure parfaite. — 14. Boussole 37°·2.

314. Village près Gorgora. Lunette d'épreuve assez bien ; niveau rectifié. Le qobar cachait le Mt Kulalit qui était visible avant-hier, et noyait tout le paysage.

314. *Dahna* (suite).

N°	Objet relevé.	W	V	+	−
13 ¶	Mt Soni, un bout	103° 13'·5	269° 2'·5	5	1·5
14 ¶	Id., autre extrémité †	104 55·0			
15 ¶	Mt... près Ayba (bouss. 55°·6)	126 16·5	269 2·0	1·5	5·5
16 ¶	Mt... près Marado ; un bord	154 15·5	268 56·5	4	3
17 ¶	Id., autre bord	154 57·0			
18 ¶	Mt Atyar, à 2' : *a* (bouss. 146°·0)	217 28·0	269 4·5	0	6·5
19 ¶	Mt Jalo : *b*	226 27·5	268 15·0	0	6
20 ¶	Mt Goraf : *c* †	236 7·0	268 3·5	3	4
	N... z	78 22·5	179 57·6		

315. *Qañ bet III.* 1848. Avril 21 : vend. m. B = 591. T = 23·2. **T** = 16·0. **c** = 11'·3.

1	Mt Soni (bouss. 321°·5)	45 15·5	264 48·5	6	0·5
2	Mt Gay (bouss. 354°·5)	78 44·5	265 5·5	6	0·2
3	Tigre miçohya, ma station ?	92 21·0	264 22·5	7	−1
4	Mt Ḥora dibba (bouss. 20°·0)	104 8·5	266 38·0	7	−1
5	☉	173 18·8	242 52·0	5	1
6	☉	173 24·8	242 52·0	4	2
7 ¶	Tour des Rois ; un bord	180 34·0	262 37·5	4	2
8 ¶	Id., autre bord	182 13·5	262 37·5	7	−1
9	☉ : couvert aussitôt après †	353 48·0	118 52·7	1	5
10	☉	353 53·5	119 0·5	4	2
11	Tour des Rois, n° 7	0 13·0	97 16·5	4	3
12	Id., n° 8	1 51·0	97 16·5	2	4
13	Tour du Ras, milieu (bouss. 45°·5)	309 27·5	93 6·0	5	1
14	Mt Ḥora dibba	283 46·0	93 15·5	6	1
15	Mt Gay	258 23·0	94 48·5	2	3
16	Mt... près la hutte de Šum Kidanu	294 4·0	93 29·0	3	2
17	Mt Mica dubba, paille du Açage	340 23·0	267 46·0	10	−4
	N... Z	90 31·5	179 57·3		

316. *Soni.* 1848. Avril 22 : sam. m. B = 555. T = 13·7. **c** = 9'·4.

1	☉	259 20·4	251 47·5	0·5	7
2	☉ : couvert ensuite	259 25·6	251 47·5	4·5	2·5
3 ¶	Mt Marado, je crois (bouss. 142°·5)	316 44·9	269 41·0	3	4·5
4	Lieu de ma latitude dans Açage bet	310 40·5	275 33·0	0	7
5	☉ : puis couvert	80 16·5	112 23·0	6·2	0·2
6	Mt Marado	136 24·5	90 13·5	4·7	3
7	☉	80 38·0	114 25·4	3	4
8	☉	80 44·4	114 25·4	3	5
9	Tigre miçohya ; bout de ma base ?	297 15·5	274 9·5	0·5	7
10 ¶	Mt Atyar dans Gorgora	16 42·0	271 1·5	2	5
11 ¶	Mt Jalo, ib. (bouss. 205°·6)	18 44·5	270 54·5	2·5	4·5

316. *Soni* (suite).

N°	Objet relevé.	W	V	+	−
12 ¶	Id. ?	19° 15'·0	270° 54'·5	0	7
13	Église de Loza ? †	4 6·0	272 45·5	2	5
14 ¶	Précipice de Dabbo girar	191 41·5	269 44·5	1	6
15 ¶	Pic de id., Mt Gay (bouss. 19°·0)	193 50·5	269 12·0	0·3	7
16	Mt Ḥora dibba ; confus	220 . 7·5			
17 ¶	Grañ bar, à peu près	313 0·0	270 21·0	0	7
18 ¶	Ayba (bouss. 84°·0)	260 9·0	269 30·5	−1	8
19	Mt Nora en Wagara	249 30·5	269 16·0	0	7
20	Mt Sahna, près la hutte de Šum Kidanu	234 32·5	269 13·0	1	6
21	Gondaroc qiddus Giyorgis	278 22·0			
22	Mt Dinkuan	261 50·0	272 22·5	0	7·6
23	Ras bet dans Gondar	304 7·5	274 1·5	2	5
24	Mt Ambazzo, ma station ?	218 1·5	268 51·5	3	4·5
25	Tigre miçohya ; ma station, je crois	297 13·0	274 12·0	2	5
	N... z	178 25·0	179 57·1		

317. *Gondar.* 1848. Avril 26 : merc. m. B = 590. T = 20·9. **T** = 13·8. **c** = 12'·1.

1	Mt Soni, bout de ma base (b. 321°·6)	301 3·5	264 21·5	3	3
2	Mt Dinkuan	337 50·5	264 28·0	3	3·5
3	Mt Tigre miçohya	356 24·5	262 26·5	4	3
4	☉ 6h 9m 24s	68 51·5	249 2·0		7
5	☉ 6 11 34	68 57·0	249 2·0	3·5	3
6	☉ 6 15 23·6	249 13·6	112 22·0	3	3
7	☉ 6 17 34·8	249 19·0	112 22·0	3	3·5
8	Mt Tigre miçohya	175 55·5	97 29·0	5	1
9	Mt Gay (bouss. 356°·0)	157 24·5	95 26·0	2	4
10	Mt Soni	120 36·5	95 34·0	3	3
	N... z	348 51·2	179 57·5		

318. *Tigre miçohya.* 1848. Avril 29 : samedi.

1	Tour des Rois ; un bord	63 17·5		1	5
2	Id., autre bord, pris pour l'origine des angles	63 34·5	273 58·5	−1	7
3	Lieu de ma latitude dans Açage bet	80 29·0	277 31·0	−4	10
4 ¶	Mt Atyar, près Gorgora (bouss. 208°·8)	96 47·5	270 37·5	3	3
5	Mt Jalo, ib.	98 53·0	270 32·0	2·5	3·5
6	Id., 2me élévation, ib.	99 10·5	270 33·0	0	6
7	Mt Goraf, ib.	100 1·0	270 31·0	−0·5	6·5
8	Mt Soni : mon signal ?	192 19·5	265 48·0	−4	10
9	Mt Dinkuan (bouss. 345°·5)	233 19·5	265 39·5	0	6
10	Pic de Tigre miçohya	264 20·0	266 35·5	0	6
11	Mt Ḥora dibba	268 42·0	267 1·5	−1	7
12	Mt de **315**,16 : en Sahna	281 6·5	266 52·5	2	4
13	Tour du Ras, milieu (bouss. 160°·5)	48 49·5	275 58·0	0	7
14	Tour des Rois, n° 2 (bouss. 174°·5)	63 35·0			
	N + c par **175**... Z	253 16·0	179 57·3		

14. Azimut probablement 103° 55'·0. — 20. Les sommités *a*, *b* et *c* semblent former la longue montagne de Gorgora.

315. Tout près d'un arbre isolé entre Qañ bet et Açage bet. Calme. Lunette d'épreuve assez bien ; niveau vérifié. Il est difficile de bien reconnaître ma station au Mt Ḥora dibba. — 9. Cette note devrait être mise au n° 10.

316. Bout de ma base n° II. Bon frais venant du soleil. Lunette d'épreuve très-bien. Le niveau, réglé avant le n° 5, marquait avant 7 parties à droite et, en le retournant, 2·6 parties : mais j'oubliai de marquer si cette dernière fois la lunette était à droite ou à gauche. Les arbres cachent le Mt Goraf et Karua MARYAM. Les Mts Manta dabir et Amadamid se découvrirent après que j'eus défait le pied.

13. J'ai oublié d'inscrire le nom sur le brouillon.

317. Lieu de ma latitude. Lunette d'épreuve assez bien : niveau réglé. Le reste de l'horizon est caché par les murs.

318. Sur mon tas de pierres, bout de ma base n° II. Lunette d'épreuve très-bien ; niveau réglé. Le qobar sur Gorgora m'empêchait de voir le bout de la montagne. La boussole fut observée avec un soin minutieux.

319. *Waqqan.* 1848. Mai 9 : mardi ? m. B = 540. T = 14.
e = 10′·1.

N°	Objet relevé.	W	V	+	—
1	☉ 9h 27m 53s ; heures appr. seulement	192° 51′·3	232° 16′·5	4	3
2	☉ 9 30 4 ; mauv. par le tremblotem.	192 52·0	232 16·5	6	1·3
3	☉ 9 34 56	13 11·7	129 20·5	6	1·3
4	☉ 9 37 10	13 14·0	129 20·5	9	
5 ¶	Mt e	352 56·9	91 4·5	7	0
6 ¶	Id.	173 17·0	268 49·0	5	2·3
7 ¶	Mt a	166 31·5	269 23·0	5	2·3
8 ¶	Mt b	168 41·0	269 5·0	3·3	4
9 ¶	Mt c, précipice de Amba ras ?	171 2·5	268 58·5	3·3	4
10 ¶	Mt d	172 13·0	269 4·5	6	1
11 ¶	Mt e	173 18·0		7	0·5
12 ¶	Mt f	175 28·0	268 48·0	6·3	1
13 ¶	Mt g	177 25·5	268 57·5	8	—1
14 ¶	Mt h	180 49·5	268 30·5	7·5	0
15 ¶	Mt i	181 26·5	268 41·0	6	1
16 ¶	Mt j	183 34·0	268 41·0	7·5	—0·5
17 ¶	Mt k	183 57·5	268 41·0	8	—2
18 ¶	Mt l (bouss. 72° environ)	185 9·0	268 33·5	7·5	0
19	Mt Zoz, en Balasa	268 0·0			
	N... z	115 1·3	179 57·7		

320. *Makana.* 1848. Mai 14 : dim. m. B = 560. T = 14·5.
T = 9·4. e = 11′·2.

N°	Objet relevé.	W	V	+	—
1	☉ 10h 44m 50s	79 36·0	229 48·6	1·7	5·5
2	☉ 10 47 7	79 37·0	229 48·6	0·7	6·3
3	☉ 10 52 9	259 52·5	131 50·5	5·5	2·5
4	☉ 10 54 19	259 52·5	131 50·5	5	2·4
5 ¶	Mt Buahit, dit Julіza ci-dessus	266 8·0	262 49·0	2·5	5
6	Id. (bouss. 269°·0)	85 45·0	97 6·4	6·7	0
7	Mt Masararya	227 7·5	265 30·0	4	3
8 ¶	Pointe j, relevée du Mt Waqqan	243 6·0	263 36·0	3	4
9	Mt Abba Yared, dit Dajan avant †	345 3·5	262 51·0	3	4
	N... z	3 2·5	179 57·6		

321. *Ankua* *. 1848. Mai 15 : lundi m. B = 440. T = 4·2.

N°	Objet relevé.	W	N	+	—
1	Mt Buahit, dit Juliza ci-dessus	281 11·0	270 26·0	4	4
2	☉ 11h 39m 6s·6 chr.	83 40·6	216 50·5	5	3
3	☉ 11 41 48	83 36·4	216 50·5	6·5	1·2
4	Mt Samayata	40 32·5	271 8·0	8·5	—0·5
5 ¶	Mt Birkuttan ? un bout	296 12·5	271 22·0	4	4
6 ¶	Id., autre bout	296 43·5			
7 ¶	Mt dit Dajan à Aksum	324 1·5	270 26·5	6	2

321. *Ankua* * (suite).

N°	Objet relevé.	W	N	+	—
8	Mt Abba Yared † (bouss. 334°·0)	336° 2′·5	270° 34′·5	7	1
9	Mt ʿAlawgen	348 4·0	271 49·0	7·5	1
10	Mt Ḥiça	38 36·0	271 12·0	5	3
11	Mt Abar (bouss. 17°·0)	5 14·0	271 35·0	6	2
12 ¶	Pic	4 24·6	271 35·0	6	2
13 ¶	Pic	1 45·5	272 10·5	5	3
14 ¶	Mt Sibʿat ? près le Mt Saloda	35 41·0	271 22·5	6	2
15 ¶	Pic	0 2·5	272 11·5	6	2
16 ¶	Sommité à 2′	60 19·0	270 48·0	3	5
17	Id. rocailleuse à 100mt est. (b. 102°·5)	90 50·0	269 54·0	3	5
18	Autre à 300mt estimés	125 51·5	271 22·0	1	7
19	Autre à 0′·5 (bouss. 145°·5)	136 12·0	271 36·5	0	8
	N... z	7 44·7	179 57·6		

322. *Liqanos.* 1848. Juin 17 : samedi soir.

N°	Objet relevé.	W	N	+	—
1	Mt Sibʿat	136 51·0	269 41·0	1	6
2	Mt Ḥiça	144 14·5	269 3·0	1	6
3	Mt Saloda	153 21·5	269 37·0	2·5	4
4	Mt Dammo	202 7·5	269 20·5	4·5	2
5	Mt Abba Pantalewon, vu à travers un qolqual	202 50·5	271 50·5	4·5	2
6	Mt Samayata	159 33·0	268 43·0	1·5	5·5
7	Mt Tahuila	108 40·0	270 32·5	—2	9
8 ¶	Mt Bihiza	116 27·5	270 31·0	—2	9
	N + c par **305**... z	79 24·0	179 57·8		

323. *Imakullu.* 1848. Juill. 20 : jeudi matin.

N°	Objet relevé.	W	N	+	—
1	Fond d'une anse	118 46·0	270 15·5	3	2
2	Bout du cap	123 48·3	270 14·5	2·5	2·5
3	Étang lointain, un bout	155 21·5	270 36·5	4·5	0·5
4	Id., autre bout	156 53·5			
5	Fond d'une crique	169 0·5	270 43·5	5	0
6	Bout rocailleux du cap près le n° 5	178 30·5	270 36·5	5	0
7	Ilot	186 26·5	270 38·0	4	1
8	Petit ilot	186 42·5			
9 ¶	Cap	186 50·5	270 42·0	3·5	1·2
10	Fond d'une crique	188 31·5	270 47·0	4	1
11	Fond d'une autre crique	194 26·0	270 43·5	4	1
12	Fort	195 6·5	270 35·0	4	1
13	Coin où est le mât de pavillon	195 17·0			
14	Cap	199 4·3	270 39·5	4	1
15	Baie en deçà du cap Girar	198 49·0	270 55·5	3·5	1·5
16 ¶	Cap Girar : on ne peut voir le débarcad.	202 28·2	270 48·0	3·5	1·5
17	Cap Mudir	203 46·0	270 40·0	3·5	1·5
18 ¶	Fortin du n° 17, coin du mât de pavillon	204 14·0	270 35·0	3	2
19	Id., id., autre angle	204 20·5			
20 ¶	Bout de l'ile Tualhut	204 58·0	270 48·5	3	2
21 ¶	Mosquée dite Šayk el Ḥammal ?	207 5·5	270 36·0	3	2
22	Dernière maison de Muçawwʿa	210 11·0	270 43·0	2·5	2·5
23	Bout de l'ile de Muçawwʿa	210 28·0	270 45·0	2·5	2·5
24	Ile Šayk Saʿiyd, partie boisée seulement : un bout	218 52·0	270 41·0	2	3

319. Sommet de ce Mt si remarquable par sa position. Vent grand frais venant de Kualisa ; niveau réglé. Lunette d'épreuve bien, jusqu'au n° 18. L'instrument tremblotait à cause du vent qui augmentant par bouffées faillit enlever le théodolite. Le qobar était si fort du côté du sud qu'il cachait entièrement les Mts Qalala, Margdo, et presque le Mt Zoz. A la fin le vent avait tant refroidi mes doigts que je cessai faute de pouvoir serrer les vis. Le vent empêcha aussi d'observer la boussole.

320. Village de Makana Abbo en Simen. Niveau réglé : lunette d'épreuve bien. Brise du nord. — 9. Boussole 348°·5.

321. J'ai donné ce nom à la partie la plus élevée de cette sommité du Mt Dajan, laquelle est la plus rapprochée du sentier qui mène de Makana à Bayada, afin de réserver le nom de Ras Dajan au n° 17, qui est un peu plus élevé encore. Tout le Lasta, le Bagemdir et le Mt Masararya étaient voilés par les nuages.

8. Légèrement couvert de neige : c'est le Mt l vu de Zohodo, etc.

322. Toujours la même station qu'auparavant. Ciel couvert : niveau réglé. Lunette d'épreuve très-bien.

323. Colline à 0′·25 du village. Ciel couvert : niveau réglé. La lunette d'épreuve dut être ramenée à tout moment sur son repère. L'apozénit de la mer Rouge fut pris à 9h environ du matin.

323 *Imakullu* (suite).

N°	Objet relevé.	W	V	+	—
		° ′	° ′		
25	Id., autre extrémité	221 51·0			
26	Autre bout de l'île Ṭualhut	222 31·5	270 51·5	1·5	3·5
27 ¶	Point de l'île Dĕse	228 57·0	270 5·5	1	4
28 ¶	Autre point de Dẹse ?	231 30·0	270 3·5	0	5
29	Ilot, un bout	232 20·5	270 14·0	1	4
30	Id., autre extrémité	232 18·0			
31	Milieu d'un tout petit îlot	232 26·0			
32 ¶	Mt Gạdạm, sommité double	258 55·5	268 10·5	1	4
33 ¶	Id., le plus haut point	261 59·0	268 9·0	1·5	3·5
34	L'une des mosquées de Ḫarqiqạw	266 21·5	270 29·0	1·5	3·5
35 ¶	Mt Ḥabon	277 20·0	269 20·0	1·2	4
36	Horizon de la mer		270 12·0	1·5	3·5
37	Mt Šạyḫ 'Ara?	281 29·5	268 29·5	1·6	4·5
38 ¶	Mt Ḫannạso	294 20·5	267 39·0	—2	7
39 ¶	Mt...	304 4·0	267 37·5	2	3
40 ¶	Mt Bizen	309 33·0	267 4·5	3	2
	N + c par **325**... Z	116 15·2	179 57·3		

324. *Imakullu.* 1848. Juill. 21 : vend. s. B = 754. T = 36·0. **T** = 25·7. **c** = 12′·6.

N°	Objet relevé.	W	V	+	—
1	☉	49 22·5	255 6·5	5·5	—0·5
2	☉	49 27·0	255 6·5	5	0
3	Fort du Šạyḵ, côté du pavillon	201 11·5			
4	☉	229 48·5	103 12·5	7	—1·5
5	Fort, point n° 3	20 47·5			
6 ¶	Mt Bizen (bouss. 195°·8)	315 29·5	267 6·5	4	1·5

324. Même station qu'hier. Vent petit frais venant du Mt Bizen. Niveau réglé. Lunette d'épreuve ramenée après chaque observation. Selon 'Ịmaro, le n° 12 d'aujourd'hui est le Mt Bizen et le n° 40 d'hier est le Mt Šạyḫ 'Ara. Selon d'autres, Šạyḫ 'Ara n'est pas visible d'ici. Les gens d'ici prononcent ḫ pour ḵ.

324. *Imakullu* (suite).

N°	Objet relevé.	W	V	+	—
		° ′	° ′		
7	Maison de l'agent consulaire de France †	92 28·5	273 14·5	1	3·5
8	Ma maison	89 23·5			
9 ¶	Mt Gurmus	324 26·5	267 32·5	6	—0·5
10 ¶	Mt Kobi ; Mt Bizen selon Fạto	328 9·0	267 17·0	6	—0·5
11 ¶	Mt... (bouss. 214°·6)	333 38·0	267 19·0	6	—0·5
12	Dos du dạga †	351 24·5	267 15·5	7	—1·5
	N... Z	121 58·8	179 57·3		

325. *Imakullu.* 1848. Oct. 3 : mardi m. B = 754. T = 31·3. **T** = 26·8. **c** = 8′·4.

N°	Objet relevé.	W	V	+	—
1	Pavillon du Šạyḵ 'Abd el qadạr	82 13·0	270 36·5	5	0
2 ¶	Mt Ḥabon fạrray	164 14·0	269 20·0	2	3·2
3	Mt dit Kobi ci-dessus	214 40·5	267 20·0	3·4	2
4 ¶	Mt Bizen selon Muḥammed, Šum des A'asaorta	231 14·5	267 15·5	3	2·5
5 ¶	Id., autre sommité	232 21·0	267 14·7	3	2·5
6 ¶	Id., autre sommité	229 52·5	267 17·0	2	4
7 ¶	Mt...	253 32·5	267 31·0	2	3·5
8	Partie la plus élevée d'un dạga plat	266 16·0	267 32·5	2	3·5
9	☉	280 26·5	100 58·7	3·5	2
10	☉	280 36·0	100 58·7	3·5	2
11	Pavillon n° 1	261 57·5	89 19·0	7·5	—2
12	☉	100 40·0	257 22·5	2·5	3
13	☉	100 49·5	257 22·5	2·5	3
14	Pavillon n° 1	82 12·5			
15	Milieu du fortin de Šạyḵ Sạ'iyd	108 49·0	270 40·0	3	2·5
	N... z	3 3·0	179 57·5		

7. Boussole 333°·3. — 12. Milieu du fortin du cap Mudịr, à la bouss. 90°·5.
325. Même point que la station précédente.

Remarque. — Les parenthèses carrées renferment des notes ajoutées lors de la révision de l'ouvrage.

III. Azimuts ordonnés.

Voir page 149. — La première colonne contient les noms adoptés par nous ; ces noms diffèrent souvent de ceux qu'on trouve dans les tours d'horizon en regard des mêmes relèvements. Les noms marqués d'un astérisque sont de création. Les colonnes A, z, renferment les azimuts et les apozénits; elles sont suivies des colonnes « Éc., » qui donnent les plus grands écarts des relèvements particuliers en azimut et en apozénit, autour de leurs moyennes inscrites dans la liste suivante. La colonne « Dist. » contient les distances, en milles ou minutes, des signaux à la station, toutes les fois que ces distances ont été mesurées dans nos cartes pour le calcul des différences de niveau. Les deux dernières colonnes sont les renvois aux tours d'horizon originaux. Quand il y avait plus de deux tours d'horizon pour une même station, et qu'il était impossible de les faire tous entrer dans les deux colonnes verticales, nous avons fait suivre au bas de la page le reste des renvois, sous forme de notes. La première ligne horizontale de la note contient alors le nom de la station et les numéros d'ordre de cette station, les lignes suivantes donnent d'abord, en chiffres gras, le numéro du tour d'horizon, puis, en chiffres ordinaires, les numéros d'ordre relatifs à ce tour d'horizon, toujours au-dessous des numéros d'ordre de la station auxquels ils se rapportent.

Abgra MARYAM.

N°	Objet relevé.	A	Éc.	z	Éc.	Dist.	
		° ′	′	° ′	′		**155**
1	Route en arrière	142 22·6					12
2	Rocher sud de Hawaza	268 22·6		94 0·1		5·4	4
3	Mt Gomad *	271 18·6		93 12·3		4·9	5
4	Mt Qabtiya	305 37·6					1
5	Mt Birkuttan; un bord	307 6·1					3
6	Direction de May Takli	307 22·6					13
7	Mt Birkuttan; autre bord	307 26·6					2
8	Mt 'Alawgen	345 9·1		91 7·6		32·4	6
9	Mt Asar * α	351 26·1		91 18·5		31·5	8
10	Mt Asar * β	351 34·3		91 19·2		31·6	7
11	Mt ...	354 22·6					9
12	Mt 'Addi Da'aro	355 1·6		91 6·9		54·3	11
13	Bet Marya	359 52·6					10

Abba Foye.

N°	Objet relevé.	A	Éc.	z	Éc.	Dist.	
							96
1	Mt Qalala	88 44·2					1
2	Église	138 34·2					2
3	Manta dabir, centre	205 50·2					4
4	Mt Gugube	233 45·2					3

Abuna Mazra'ite.

N°	Objet relevé.	A	Éc.	z	Éc.	Dist.	
							136
1	Mt Tabuila	10 39·5					9
2	Mt Kaš'at	38 50·0		90 9·2		30·4	14
3	Abba Afze	53 28·5					11
4	Mt ...	76 22·5		91 54·3			13
5	Kokma	80 49·0		96 33·3		2·6	10
6	Mt Histi	125 40·0		89 17·2		2·7	12
7	Mt Samayata	186 19·5		88 8·1		5·3	1
8	Mt Ambara	194 18·0		90 40·7		40·4	2
9	Mt Hiça γ	213 51·5		84 29·8		1·06	3
10	Mt Hiça β	215 13·5		84 13·6		1·04	4
11	Mt Hiça α	216 38·5		84 5·6		1·06	5
12	Mt Arba'itu insisa, un bord	240 9·5					6
13	Id., plus haut point	245 21·5		90 38·6		2·5	8
14	Id., autre bord	248 23·5					7

Abuna Pantalewon.

N°	Objet relevé.	A	Éc.	z	Éc.	Dist.	
		° ′	′	° ′	′		**87**
1	'Add' arba'ite	5 5·5					8
2	Mt Sib'at	54 15·3		89 33·4		12·5	2
3	Mt Hiça	62 38·0		88 58·4		16·0	3
4	Mt Histi	68 34·0		89 18·4		18·3	4
5	Mt Saloda	70 31·0		89 26·4		9·5	5
6	Mt Samayata	78 6·8		88 32·4		14·6	6
7	Dambalabila	101 5 5					9
8	Mt Dammo galila	122 39·5		89 7·9		9·3	7

Abya.

N°	Objet relevé.	A	Éc.	z	Éc.	Dist.	
							93
1	Mt Mira	21 41·7		89 34·5		21·0	12
2	Mt Bela	65 46·7		88 44·5		37·0	8
3	Mt Gavzigivla	76 15·7		88 45·2		37·2	
4	Mt Tat *	105 51·7					10
5	Bord de Zabit, Agritabo	143 1·7					11
6	Dabra Sina α	160 19·2		88 29·5		13·8	3
7	Dabra Sina β	160 40·7					2
8	Dabra Sina γ	161 16·7					4
9	Dabra Sina δ	162 50·2		88 24·3		14·4	5
10	Mt Guna	201 47·7		88 1·2		30·5	6
11	Mt Qalala	247 16·7		87 57·1		18·9	7

Adami [Maro].

N°	Objet relevé.	A	Éc.	z	Éc.	Dist.		
							235	**236**
1	Point de la rivière Gibe	0 7·0		91 59·5		7·9		53
2	Mt Çali	0 35·2	2·6	89 10·1		26·7	37	† 3
3	Point de la rivière Gibe	4 5·5		92 0·9		7·8		54
4	Mt Qarra	4 36·9	0·2	89 8·4	0·3	26·3	38	
								240
5	Qito, hameau	4 45·7		91 25·1		11·2		2
6	Qito, ma station	6 36·2						3
								226
7	Mt Ro-o *, un point	8 1·7	1·1	89 17·0	0·1		39	3
8	Id., autre point	8 18·3	0·9	89 16·5	0·1	25·5	40	4
9	Mt Gudata	11 0·4	0·3	89 17·7	0·2	23·6	41	5
								236
10	Mt Adulai	12 20·9	1·4	89 3·3	0·4	21·9	42	† 2
							43	
							50	

Adami [*Maro*] (suite).

N°	Objet relevé.	A	Éc.	z	Éc.	Dist.	235	236
		° '	'	° '	'			
11	Mt Kolba	14 10·6	0·1	89 17·3	0·6	24·0		† 5
12	Ma hutte	14 52·7					231	†
13	Id., autre relèvement	15 5·5		91 54·6			12	
14	Mt Bo-o *, un bord	15 42·5		89 24·9		24·1		6
15	Id., autre bord	15 58·5						7
16	Arbres près Mt Bo-o *	16 31·5		89 27·2				8
17	Mt Dirsa *	17 10·5		89 19·1		21·5	226	9
18	Id.	17 14·7		89 19·1			9 235	
19	Descente	17 48·5		89 24·4				10
20	Mt Marfata	18 8·9	0·8	90 9·6	0·5	1·3	49 †	13
21	Id., centre	18 25·2		90 10·1			† 240	
22	Mt...	24 12·5		89 22·9				11
23	Confluent du Sama et du Gibe	25 27·2		92 4·7		7·5	5 235	
24	Point de la rivière Gibe	25 49·5		92 7·4		7·3		55
25	Mt Amara	30 4·6	2·2	88 49·4	1·5	22·6	45 † 48	12
26	Petit précipice près le n° 25	31 22·8	0·4	89 1·0	1·1			14
27	Confluent du Halanga et du Gibe	34 59·0		92 31·7		6·0		56
28	Mt Jarso *	35 11·0		88 50·1		20·9		15
29	Pic surbaissé	36 5·0		88 51·5				16
30	Mt Molu	37 17·2	2·5	88 43·0	0·4	20·0	46 † 47 226	17
31	Pic	38 25·9	0·4	88 44·8	0·4		13	18
32	Mt Gulti	41 25·5		89 47·5				47
33	Mt Cillimo β	41 50·9	0·4	88 39·3	0·1	20·3	14	19
34	Mt Cillimo, arbres	42 2·5		88 39·9				20
35	Mt Cillimo α	42 29·9	0·4	88 38·5	0·2	20·2	15	21
36	Mt Cillimo; arbre isolé	42 37·5		88 39·9				22
37	Id., large bosquet	45 46·7		88 47·2			16 †	
38	Mt Darimu *	45 52·0		88 45·9		20·3		23
39	Mt Muño * β	50 12·0		89 0·0		23·3		24
40	Mt Muño * α	51 46·5		88 58·1		22·1		25
41	Mt...	51 56·0		88 59·2				26
42	Mt...	53 42·5		89 8·5				27
43	Partie supérieure du Halanga	56 14·0						57
44	Mt Gurra *	57 35·5		89 7·1		22·7		28
45	Mt...	59 47·0		89 14·0				29
46	Mt Lammi β	60 51·0		92 9·6		4·1	231 10	
47	Mt... arbre	61 42·5		89 18·0				30
48	Mt Lammi α	64 0·0		92 7·1		4·1	9	
49	Mt...	65 13·5		89 29·5				31
50	Mt Sasaba *	68 18·5		89 18·5		23·3		32
51	Point de la rivière Gibe	69 14·2		92 5·2		7·5	240 6	
52	Mt Warçe *	72 19·5		89 24·0		23·4		33
53	Axe de la rivière Fato	72 59·0						49

Adami [*Maro*] (suite).

N°	Objet relevé.	A	Éc.	z	Éc.	Dist.	234	236
		° '	'	° '	'			
54	Mt Darare *	76 16·5		89 37·5				34
55	Mt Diriqo; un point	78 38·0		89 27·5				35
56	Id., autre point	79 59·0		89 16·5				36
57	Id., autre point	80 16·0		89 15·0				37
58	Mt Diriqo α	80 29·3	2·3	89 10·2	0·8	29·3	28 †	38
59	Mt Diriqo β	80 51·2	2·0	89 9·9		29·3	27 †	39
60	Confluent du Fato et du Gibe	81 24·0						50
61	Mt Kalo *	81 42·0		89 14·7		30·4		40
62	Mt Amuma *	84 50·7	0·6	89 16·9	0·0	31·2	26	41
63	Mt Kolba en Lofe	88 27·5		92 6·8				59
64	Point de la rivière Gibe	89 34·2		92 20·7		6·7		†
65	Mt Mute	91 18·7	0·2	89 29·2	0·2	27·6	25	42
66	Mt Walu * b'	92 23·3		89 31·2			24	
67	Id. b''	92 28·3		89 31·2			23	
68	Id. b'''	92 31·8		89 30·8			22	
69	Mt Hamdo	93 8·3		89 27·7			21	
70	Mt Badas	94 5·3		91 53·2			15	
71	Mt Kašo * α	95 35·8		89 33·0		44·6	20	
72	Mt Kašo * β	95 47·8		89 33·7		45·2	19	
73	Mt Awala bada nigus	98 38·5		89 14·6		22·5		43
74	Mt Buko	98 48·5		91 37·3			231 8 226	
75	Mt Jibate α	100 25·6	1·6	88 55·1	0·8	22·7	19	44
76	Mt Maru *	101 1·5		88 58·2		22·9		45
77	Mt Jibate β	102 9·6	2·1	88 56·1	0·2	22·8	20	46
78	Acacia station **232**	104 15·3	1·1	94 14·2	1·5	0·25	231 13 230	240 9
79	Mt Mute	106 34·5		90 46·6			58	
80	Station de Sire boru?	118 23·7		92 54·9				8
81	Station de Sire boru	118 55·0		93 3·2		1·24	231	†
82	Mt Turre	121 48·5		90 59·5			7	
83	Mt Sadani, bord	133 6·7						11 226
84	Mt Sadani	140 30·2		88 52·8		2·5		21
85	Mt Iggu; un point	146 47·2		86 19·8		0·95		22
86	Id., autre point	147 4·0		86 18·5			6	231
87	Arbre signal	167 6·9	3·4	90 31·1 } 91 42·7 }			3	14 226
88	Hutte qui cache Ilfata I	175 32·5		85 16·3		1·08	5	
89	Mt Ilfata, un point	187 52·2		81 0·7		1·88		23 228
90	Id., autre point	188 12·0		80 54·9		1·88	4	
91	Adami Adula	226 51·4	8·2	88 0·4	8·8	0·09	1,2 † 225	1
92	Mt Kunc, arbre	265 54·0	1·3	73 34·9	0·2			† 226
93	Mt Kunc, centre, un bord	266 3·3				1·12	7	
94	Id., autre bord	266 28·5	1·8	73 33·1		1·12	8	24 228
95	Id., autre point	267 0·4		73 32·5				2
96	Église antique	315 33·1		86 4·6			235 1	

† Adami :	2	4	10	11	12	20	21	25	26	30	58	59	64	81	91	92	108	133
225	17	..	..	..	..	..	..	5, 6	..	..	..	..	..	..	..	..	12	..
226	1	2	6	7	..	..	8	10	11	12	17	18	..	..	..	..	..	..
231	..	..	..	..	..	11	..	..	..	..	..	..	..	..	..	..	..	..
234	3, 11	..	..	1, 2	5	6, 12	..	18	..	..	..	..	..	..	..	16, 17	..	4, 13
235	..	..	..	..	..	..	..	..	..	..	..	..	..	..	..	..	..	51, 52
240	..	..	..	..	..	1, 12	..	..	..	..	..	..	7	..	10	..	..	..
241	..	..	..	..	..	1, 12	..	..		..	..	..	..	1	..	..	..	..

Adami [*Maro*] (suite).

N°	Objet relevé.	A	Éc.	z	Éc.	Dist.	233	228
		° ′	′	° ′	′			
97	Mt... dans Sibu	335 51·1		90 9·4			2	
98	Mt... dans Sibu	339 48·6		90 6·0			3	
99	Mt *a* ; un bord	340 24·6		89 59·6			4	
								225
100	Id., autre bord	341 0·0	0·4	89 59·0	0·1		5	9
101	Mt *b* ; un bord	341 20·6		90 4·1			6	
102	Id., autre bord	341 43·1					7	
103	Mt *c*	341 56·1		90 5·9			8	
104	Mt *c′*	342 9·6		90 3·6			9	
105	Mt Zodi * α	342 32·4	1·3	90 3·9	0·0	27·5	10	10
106	Mt Zodi * β	343 2·3	2·0	90 4·9	0·1	28·2	11	11
								236
107	Dir. de la source du Gibe	343 54·0						48
108	Mt Jawi * en Jimma	345 47·5	1·9	89 57·9	0·1	20·6	12	†
109	Mt *f′*	347 11·6		90 0·0			13	
110	Point de la rivière Gibe	347 18·5		91 46·5		8·9		51
111	Mt *f″*	347 41·9		90 0·5			14	
112	Mt *f‴*	347 49·1		89 58·9			15	
113	Mt *f*iv	348 13·3		89 56·4			16	
114	Point de la rivière Gibe	348 52·0		91 46·3		8·9		52
115	Mt *f*v	349 34·1		89 38·9			17	
								240
116	Mt Lomi *	351 39·1		89 25·6		30·1	18	
117	Source du Gibe	351 49·7						4
								225
118	Mt...	351 52·3		89 25·3				13
119	Mt *g* ; un pic	352 15·6		89 30·4			19	
120	Id., autre pic	352 40·1		89 37·4			20	
121	Mt Ibsa *	353 29·7	2·1	89 27·8	0·1	31·1	21	14
122	Mt Gomol *	353 43·2		89 27·9		31·4	22	
123	Autre cran du Mt *h*	353 57·0		89 30·4			23	
124	Troisième cran du Mt *h*	354 10·1		89 40·0			24	
125	Précipice du n° 126	354 44·2		89 23·9			25	
126	Mt Yanfa *	354 53·0	1·8	89 18·1	0·2	30·8	26	15
127	Cran du Mt *j*	355 25·7		90 1·4			27	
								236
128	Mt Dinqi *	355 40·9		89 18·4		31·3	28	
129	Mt Sagal marme γ	355 50·3		89 13·5		31·0	29	1
								225
130	Mt Sagal marme β	356 0·4	0·8	89 12·1	0·2	31·1	30	16
131	Mt Sagal marme α	356 15·1		89 12·9		31·1	31	
132	Col du Mt Balballa	356 36·1		89 16·9		30·5	32	
133	Mt Balballa	357 3·5	3·5	89 5·4	0·8	30·2	33 †	17
							44	
134	Mt...	357 38·1		89 13·0			34	
135	Mt Mowa *	358 23·3		89 7·3		29·8	35	
								236
136	Mt *m′*	359 23·1		89 12·9			36	
137	Mt...	359 43·0		89 11·5				4

Adami, acacia.

N°	Objet relevé.	A	Éc.	z	Éc.	Dist.	252
1	Mt Marfata, arbre double	6 54·3		89 19·0		1·35	3
2	Station Ilfata I ; à peu près	189 16·3		84 0·2		1·03	1
3	Mt Kune, arbuste isolé	269 8·8		75 35·9		1·36	7
4	Stn Adula ; un peu confuse	269 26·8					2
5	Station Maro	284 15·3	0·5				4,5
6	Ma hutte	290 13·3		85 58·2			6
7	Église antique	303 31·3					8

Adami Adula.

N°	Objet relevé.	A	Éc.	z	Éc.	Dist.	250	253
1	Adami Maro	46 51·3	0·3	92 1·2	2·8	0·09	1	† 4
2	Mt Lammi β	60 29·5		92 9·6		4·2		4

Adami Adula (suite).

N°	Objet relevé.	A	Éc.	z	Éc.	Dist.	250	255
		° ′	′	° ′	′			
3	Mt Lammi α	63 34·0		92 7·9		4·2	3	
4	Arbre signal	65 14·0	0·6	92 59·1	1·0		5	5
5	Acacia **232** †	89 6·0		95 2·8		0·31	2	
6	Mt Badas	92 33·4		91 33·5				6
7	Mt Buko	97 3·9		91 37·5				:
8	Mt Turre	119 54·5		91 0·9			6	
9	Mt Iggu †	141 22·5		85 30·1		0·94	7	
10	Hutte qui cache Ilfata I	171 35·0		85 12·8		1·02	8	
11	Mt Ilfata	184 32·0					9	
12	Mt Kune ; centre	269 7·9	0·0	72 43·3		1·05		2,3
13	Id. ; arbre isolé	269 56·9		72 46·6				†

'Addi Dahno.

N°	Objet relevé.	A	Éc.	z	Éc.	Dist.	166
1	Mt Abar	172 2·7		88 40·7		35·8	5
2	Mt Inzirt *	172 29·5	1·4	88 40·8	1·6	35·9	3,4
3	Mt Lagata *	176 8·7		88 44·2		49·0	6
4	Mt Abba Yared	179 9·2		88 38·7		46·5	7
5	Col du Silki	179 42·2		88 48·6		46·6	8
6	Mt Baroc waha	180 17·2		88 38·1		46·4	9
7	Mt Asar * β	209 11·2		89 28·1		11·9	10
8	Mt Asar * α	209 28·2		89 26·1		12·0	11
9	Mt 'Alawgen	222 46·2		89 10·1		14·0	12
10	Direction du Mt Birkuttan	269 52·2					16
11	Mt Gamma *	332 20·2		89 49·6		13·1	13
12	Mt 'Addi Da'aro	334 32·2		89 56·6		13·8	14
13	Mt...	336 23·2		89 54·1			15

'Addi 'Itqat.

N°	Objet relevé.	A	Éc.	z	Éc.	Dist.	154
1	Mt Birqaqo	25 29·0		88 2·7		11·9	1
2	Mt Saym β	131 40·0		88 29·3		15·7	3
3	Mt Kaš'at	146 21·0					4

'Addi Nazzo.

N°	Objet relevé.	A	Éc.	z	Éc.	Dist.	162
1	Mt Kaš'at	144 46·3	3·3	89 35·7	1·0	31·3	1,2
2	Mt Tahuila	166 52·6		90 24·4		19·9	3
3	Mt Histi	178 47·1		89 59·0		50·8	4
4	Mt Amoqay	179 2·6		90 2·9		50·8	5
5	Mt Samayata	181 45·6		89 53·9		54·5	6
6	Mt Hica	181 55·6		89 54·4		50·1	7

'Addi Silamay.

N°	Objet relevé.	A	Éc.	z	Éc.	Dist.	154
1	Mt Hica	40 35·5					6
2	Mt Samayata	43 42·5		90 9·2		53·3	5
3	Mt Dammo galila	44 56·5		90 22·2		43·1	4
4	Mt 'Alawgen	328 42·5		90 34·2		28·2	1
5	Mt Asar * α	335 9·0		90 46·0		26·4	2
6	Mt Asar * β	335 22·5		90 48·1		26·4	3
7	Mt Nan amba	346 3·0					7

† Adami Adula :	1	13
227 :	2	1

† L'apozénit du n° 5 probablement 94° 2′·8 ; celui du n° 9 : 86° 30′·1 ?

'Adwa.

N°	Objet relevé.	A	Éc.	z	Éc.	Dist.	22	25
		° ′	′	° ′	′			
1	Mt Garra, et Beyto	26 48·5		86 19·4			2	
2	Mt Gunya	28 55·5		87 5·9		5·9	3	
3	Mt Guasot	32 55·0		86 54·3			4	
4	Mt...	34 54·0		87 3·9			5	
5	Mt 'Addi Gutraho	36 27·5		86 42·6		6·5	6	
6	'Addi Darhuaho	37 53·3		86 35·7		3·6	7	
7	'Addi Homar	40 31·0		87 4·4			8	
8	Mt Hiça 6	42 43·5	0·5	86 4·5	1·1	7·7	9	3,4
9	Mt Irar	47 21·0		86 46·6		7·2	10	
10	May Qualla; un bout	49 20·0		86 46·6			11	
11	Id., autre bout	53 40·0					12	
12	Mt Azgiba	54 14·5		86 48·8			13	
13	Mt Gososo; 1er pic	59 7·2		85 46·2			14	
14	Id., 2me pic	61 22·0		85 0·8			15	
15	Id., 3me pic	62 51·0		84 49·9			16	
16	Mt Amohua	67 2·0		86 24·0			17	
								17
17	Mt Gusaso	71 43·1		83 42·2	1·1	3·1		1,2
								3,4
								25
18	Mt Gusaso, et église	71 52·0		83 42·9		3·1	18	
19	Mt Gusaso	74 0·0		83 47·9		3·1	19	
20	Mt Samayata	76 16·4	1·8	83 35·3	2·1	5·4	20	5,6
							19	
21	Mt Mala-ikt; une pointe	91 59·2	0·6	83 19·5		2·6	4,6	
22	Id., autre pointe	92 7·4	1·3	83 19·5			3,5	
23	Mt Dammo galila	190 15·6	0·4	87 0·9		6·9		9
								10
24	Fremona; tour	296 1·6	2·4	87 28·8		1·40	7,8	
25	Mt Saloda	358 10·3	2·8	77 49·7		1·47	9	1,2
							10	

Afalba.

N°	Objet relevé.	A	Éc.	z	Éc.	Dist.	
							160
1	Mt Kaš'at	150 45·8	2·8	89 34·8	0·4	26·9	3,4
2	Mt Histi	184 27·5					9
3	Mt Samayata	187 9·0					5
4	Mt Hiça	187 48·0					6
5	Mt Gorzo	258 59·0		89 39·8		22·8	8

Aftah.

N°	Objet relevé.	A	Éc.	z	Éc.	Dist.	
							6
1	Mt...	142 10·2		89 42·9			2
2	Mt Habon hawah	166 7·2		89 18·0		4·4	3
3	Mt...	169 17·2		89 31·5			4
4	Col...	286 36·2		88 48·5			5
5	Mt Gadam 6	328 29·2		86 56·0		9·8	6
6	Ruines d'Adulis, direction	168					7

† 'Adwa :	17	20	25
16 :	2, 3, 4, 5	..	..
20 :	3, 4, 5, 6	1, 2	..
21 :	..	3	..
26 :	..	..	1, 2

† Afalba. — Nous avons changé, dans ce tour d'horizon, les bords observés du soleil, [☉] et [☉] en [☉] et [☉], pour obtenir un point du nord plus petit de 16′·5, comme l'exigeait l'orientation par la carte; mais ce changement est peut-être arbitraire.

Agamna.

N°	Objet relevé.	A	Éc.	z	Éc.	Dist.	283
		° ′	′	° ′	′		
1	Mt Quiy	128 21·0		90 22·1		4·1	10
2	Mt Sapera *	135 11·0		90 8·0		56·6	8
3	Mt Raya *	135 37·0		90 8·2		56·1	7
4	Mt Maca *	136 3·0		90 11·3		59·1	6
5	Mt Sirba *	137 48·0		90 4·7		60·7	1
6	Mt Gudru *	137 56·5		90 4·2		61·0	2
7	Mt Loya * ?	138 54·5		90 8·5		60·0	3
8	Mt Horro *	139 38·0		90 9·0		60·8	4
9	Mt Alelu *	140 38·5		90 10·6		60·0	5
10	Mt Dabet	143 0·5		90 16·8		12·2	9
11	Église de Agamna	329 7·5		75 48·3		0·22	11

Aksum I.

N°	Objet relevé.	A	Éc.	z	Éc.	Dist.	
							58
1	Maison de Abu Qalamsis	6 35·1					3
2	Mt Dammo galila	116 26·6		88 45·8		10·5	2

Aksum II.

N°	Objet relevé.	A	Éc.	z	Éc.	Dist.	
							60
1	Mt Dammo galila	116 43·9		88 46·3		10·5	2
2	...	137 28·4					3
3	Mt Ambara	168 1·9					4
4	Mt Nobit	175 15·4					5

Aksum III.

N°	Objet relevé.	A	Éc.	z	Éc.	Dist.	
							163
1	Mt Dammo galila	116 46·8		88 46·5		10·5	1
2	Mt Sazza * α	199 16·8		89 4·0		54·4	7
3	Col de Maj	202 56·8		89 28·0			8
4	Mt Lağata *	204 45·8		89 4·5		54·7	9
5	Mt Abba Yared	208 27·3		89 4·9		53·8	5
6	Col de Silki	208 55·3		89 12·9		54·0	4
7	Baroc waha	209 22·3		89 4·4		54·1	6
8	Mt Abar	210 41·0	0·8	89 8·5	0·5	42·0	2,3
9	Mt Zufan *	213 37·3		89 30·5		60·4	12

Ambazzo.

N°	Objet relevé.	A	Éc.	z	Éc.	Dist.	
							311
1	Mt Ya Saytan	26 54·6		90 45·7		12·8	17
2	Mt...	28 40·6		90 47·9			18
3	Mt...	30 7·6		90 36·8			19
4	Mt...	30 38·1		90 34·8			20
5	Mt...	30 49·6		90 33·4			21
6	Mt Waqqan	42 2·3	0·7	90 5·2	0·3	26·3	3,6
							22
7	Mt Amba ras	43 44·6		90 2·6		40·0	23
8	Mt Zufan *	48 33·6		89 45·6		49·8	24
9	Mt Baroc waha	50 42·6		89 36·6		57·2	25
10	Mt Abba Yared	51 24·1		89 36·6		57·8	26
11	Mt Buahit	53 46·1		89 29·8		51·5	27
12	Mt Masararya	55 42·6		89 30·4		50·5	28
13	Digna; et Anjiba meda	63 43·6		89 28·9		4·2	29
14	Dargaj	93 7·1		89 41·5			30
15	Mt Wanfit *; un bout	143 55·1				37·7	32
16	Id., autre bout	144 15·1		90 12·6			31
17	Mt Kidan *	146 39·1		90 6·4		35·3	33
18	Mt Dumi, un bout	148 11·6		90 5·4		35·6	34
19	Id., autre bout	148 41·1					35
20	Mt MARYAM	153 53·1		90 5·9		26·6	36

Ambazzo (suite).

N°	Objet relevé.	A	Éc.	z	Éc.	Dist.	
		° ′	′	° ′	′	-	**311**
21	Mt Hora dibba	211 39·1		91 25·9		2·0	7
22	Mt Soni; un bout	218 46·1		91 13·4		7·3	8
23	Id., autre bout	221 55·6		91 10·3		7·2	9
24	Mt Ambazzo β	232 40·6					10
25	Mt Çaçquina	235 23·6		90 33·8		9·5	11
26	Mt Tarat *	240 43·1		90 47·2		8·3	12
27	Mt Faqi *	247 29·1		90 43·9		0·56	13
28	Mt Maguina	315 16·1		90 58·4		27·1	14
29	Daga de Tagade; un bout	346 11·6					16
30	Id., autre bout	358 6·6					15

Anafo.

N°	Objet relevé.	A	Éc.	z	Éc.	Dist.		
							197	**199**
1	Mt Amara	205 39·8	0·6	89 33·6	0·1	33·1	1	† 2
2	Mt Adulan	216 54·1						1
								121
3	Mt Mowa *	233 25·9	4·0	89 29·0	0·2	33·0	2	7
4	Mt Balballa	234 44·9		89 27·0		33·3	3	
5	Mt Sagal marme γ	236 27·4		89 33·1		33·5	4	
6	Mt... †	241 32·4		89 35·0				6
7	Mt Goro Çan	241 43·9		89 21·7		31·2	5	
8	Mt Mosso; un bord	251 49·5	0·6	89 35·0	0·3	27·5		2,4
9	Id., autre bord	252 10·4	0·8	89 34·7			6	3,5
10	Mt Gaši	257 21·9		89 39·7			7	
								196
11	Arbre signal	278 27·0	4·2	89 14·9	0·5		8 †	1,2
12	Sabu Šunke; direction	289 9				2·5	†	

Anbar.

N°	Objet relevé.	A	Éc.	z	Éc.	Dist.	
							284
1	Anbar, église	10 22·5		86 21·2		0·28	13
2	Gatam	25 55·0		89 36·3		1·71	8
3	Quiy	33 3·5		89 39·8		18·0	14
4	Mt Arera MARYAM	48 59·5		89 38·3		11·4	15
5	Danguago, arbre signal	175 0·5		90 31·3		4·9	1
6	Mt Kome, et Dangyat	193 19·5		90 24·8		17·5	2
7	Yawiš, église	200 53·5		91 3·7		4·3	3
8	Dogom, arbre	219 0·6		90 19·7		12·6	9
9	Dogom IYASUS; un bord	219 3·5		90 18·7		12·6	4
10	Id., autre bord	219 16·0					5
11	Dogom I, ma station	219 17·7		90 20·2		12·6	10
12	Bata?	244 33·5		90 43·7			6
13	Wanga	272 49·5		91 55·6		2·6	11
14	Yawobbi MARYAM	280 2·5		90 10·4		4·7	7
15	Taymat Giyorgis	302 42·5		90 37·4		2·9	12

Angar.

N°	Objet relevé.	A	Éc.	z	Éc.	Dist.	
							110
1	Manta dabir	2 18·6		89 55·0		14·3	7
2	Mt Gana Qirqos	21 48·6		89 28·0		12·3	8

† Anafo :	1	11	12
196 :	3, 4	..	..
198 :	..	2	..
200 :	..	6,7	8

† Anafo, 6. Probablement Goro Çan; l'apozénit est fautif, et devrait être 89° 22′·0. Les azimuts du tour d'horizon **121** sont trop petits de 8′ environ.

Angar (suite).

N°	Objet relevé.	A	Éc.	z	Éc.	Dist.	
		° ′	′	° ′	′		**110**
3	Église de Angar, un bord	94 33·6		89 42·8		0·70	13
4	Id., autre bord	95 4·6					14
5	Église	124 10·6					9
6	Direct. de la source chaude	124 10·6					11
7	Direction de Mota	132 52·6		90 25·0			10
8	Mt Liyu *	215 50·6		88 23·1		20·5	2
9	Mt Koso bar	219 55·6					3
10	Mt Liq *	222 16·6		88 28·1		21·7	4
11	Mt Abola	233 32·1		89 23·1		9·0	1
12	Mt Guaha	350 3·6		90 11·3		11·8	6
13	Direction du pont de pierre	352 7·6					5

Ankua *.

N°	Objet relevé.	A	Éc.	z	Éc.	Dist.	
							321
1	Mt Sib'at	27 43·8		91 25·3		69·0	14
2	Mt Hiça	30 38·8		91 14·6		71·1	10
3	Mt Samayata	32 35·3		91 11·4		67·4	4
4	Mt Sazza * α	52 21·8		90 50·2		3·4	16
5	Mt Ras Dajan	82 52·8		89 56·2		0·05	17
6	Mt Gorabet *	117 54·3		91 23·7		0·12	18
7	Mt Wandi *	128 14·8		91 38·0		0·46	19
8	Mt Buahit	273 13·8		90 28·4		8·8	1
9	Mt...; un bout	288 15·3		91 24·4			5
10	Id., autre bout	288 46·3					6
11	Mt Baroc waha	316 4·3		90 29·3		8·6	7
12	Mt Lagata *	328 5·3		90 37·6		4·5	8
13	Mt 'Alawgen	340 6·8		91 52·1		45·0	9
14	Mt Hifni *	352 5·3		92 14·3		15·7	15
15	Mt Zamad *	353 48·3		92 13·1		16·3	13
16	Mt Inzirt *	356 27·4		91 37·8		17·1	12
17	Mt Abar	357 16·8		91 37·8		17·3	11

Annabse.

N°	Objet relevé.	A	Éc.	z	Éc.	Dist.	
							113
1	Tac MARYAM	2 30·5					5
2	Mt Amonewos α	103 4·0		88 35·4		22·2	6
3	Mt Abba zamu α	103 39·5		88 35·4		22·0	7
4	Mt Abba zamu β	103 55·5					8
5	Gangarta	133 51·0					9
6	Mt Amadamid α	278 34·0		89 10·8		29·8	1
7	Mt Abola Nigus	300 43·0		90 6·3		29·1	2
8	Mota, église	308 57·5					3
9	Mota, ma station †	321 44·5					4

Annamucara.

N°	Objet relevé.	A	Éc.	z	Éc.	Dist.	
							285
1	Mt Muatamuat	13 37·0		84 29·1		0·53	2
2	Mt Lamlam *	53 9·5		87 9·9		0·50	3
3	Mt Quiy	127 30·5		92 54·8		8·3	4
4	Mt Dabet	138 57·5		91 39·5		16·2	5
5	Zawa	139 45·5		93 43·1		5·1	6
6	Axe du Baqet	144 15·0					18
7	Yasanhat	154 7·0		92 39·6		11·0	7
8	Mt Arera	156 30·5		92 8·3		13·7	8
9	Axe du Bogana	169 20·0					17
10	Axe du Gatla	173 45·0					16
11	Gatam	187 20·5		91 50·5		18·8	11

† Annabse, 9. L'azimut est trop grand de 5° ?

Annamucara (suite).

Nº	Objet relevé.	A	Éc.	z	Éc.	Dist.	285
		° ′	′	° ′	′		
12	Anbar	188 39·5		91 44·8		20·2	10
13	Mt Kome	191 4·0					9
14	Dogom ; un bord	200 21·5					13
15	Id., autre bord	200 24·5	0·0	91 22·5	0·3	31·8	1,12
16	Église	209 0·0		91 52·9			14
17	Axe du Šigaza	210 50·0					15

Ariya.

Nº	Objet relevé.	A	Éc.	z	Éc.	Dist.	203
1	Mt Yanfa *	1 4·1		89 8·9		29·7	1
2	Mt Balballa	3 27·6		88 54·8		29·2	2
3	Mt Çali	7 56·5	1·1	88 58·6	0·1	26·0	3,9
4	Mt Qarra	12 10·1		88 57·6		25·8	4
5	Mt Adulan	21 26·0	0·6	88 52·5	0·1	21·9	11,14
6	Mt Amara	38 24·0	0·1	88 44·1	0·2	23·6	10,15
7	Mt Sobso α	236 41·6		87 9·0		3·8	21
8	Id., passe	246 17·6		89 29·0		4·4	20
9	Mt Wamay	287 26·6		87 54·9		6·6	19
10	Mt Owa korma α	310 55·6		88 38·1		24·1	18
11	Mt Owa korma β	312 15·6		88 41·1		24·5	17
12	Mt Owa korma δ	314 7·1		88 48·1		17·3	16
13	Mt Zodi * α	348 54·6					13
14	Mt Zodi * β	349 15·1		89 55·2		26·4	12

Ayba.

Nº	Objet relevé.	A	Éc.	z	Éc.	Dist.	84
1	Ile Arba dubba ; un bout	211 49·5		91 8·7		30·5	1
2	Id., autre bout	212 5·5					2
3	Ile Angara ; un bout	212 7·0					3
4	Ile Birgidda	212 15·5		91 7·2		30·7	5
5	Ile Angara ; autre bout	212 19·0					4
6	Cap de Gorgora, extrémité	212 21·0		91 7·7		30·8	6
7	Id., autre point	212 52·5		91 9·5			7
8	Mt Jalo α	215 22·5		90 53·7		29·2	8
9	Mt Goraf	216 27·5		90 53·7		29·5	9
10	Mt Jibjiba, un bord	234 56·0		90 57·2		25·2	10
11	Id., autre bord	235 6·5					11
12	Azazo ; église	235 47·0					12
13	Abbo, église de Gondar	249 9·0					13
14	Tour Managaša	256 8·0					14
15	Mt Karua MARYAM	257 19·0		90 33·4		11·7	17
16	Tour du Ras	258 59·5		92 21·7		5·9	15
17	Abuna Ewistatewos	262 24·0					16
18	Mt Soni, ma station	273 38·5					18
19	Dabbo girar, précipice sud	285 48·5		90 2·5		8·2	19

'Aylat.

Nº	Objet relevé.	A	Éc.	z	Éc.	Dist.	41
1	Mt A'asa awli	150 36·8		87 39·9		17·6	2
2	Mt Habaza malayša	155 44·0		87 10·4		24·3	3
3	Mt ...	160 41·5		86 54·4			4
4	Mt Mogind'a	168 44·5		87 15·9		18·4	5
5	Mt Šayk Hammado	189 42·5		85 46·9			6
6	Mt Bizen γ	190 46·5		85 47·4		15·9	7
7	Mt Bizen l	193 50·5		85 25·1		15·2	8
8	Mt Imba kalat	212 49·0					9
9	Mt Gorimba	234 46·5		84 29·6			10

'Ayun musa.

Nº	Objet relevé.	A	Éc.	z	Éc.	Dist.	3	4
		° ′	′	° ′	′			
1	Mt... et 2me cap noir	192 20·0		89 55·2			1	
2	1er cap	243 4·7		90 4·0			2	
3	Mt 'Etaqa	296 58·0	0·0	88 28·0	1·3		3	3
4	Vapeur anglais au mouillage	303 1·1	0·8	90 13·2	12·0		4	2
5	Milieu de Suez	316 27·4		89 47·7				1

Baguina I.

Nº	Objet relevé.	A	Éc.	z	Éc.	Dist.	144	148
1	Mt...	3 10·6		87 45·0				13
2	Mt...	45 43·6		87 15·7				14
3	Mt...	169 23·6						16
4	Mt Zekob, chez les Gonga ?	241 47·1		90 24·5				15
5	Mt Wašitti ; un pic	244 41·1		90 29·7				2
6	Id., autre pic	245 17·1		90 27·7				1
7	Mt Taja β, un bord	278 45·1		88 56·2		15·4		3
8	Id., autre bord	279 8·8	1·3				3	4
9	Mt Taja α	280 32·7	0·4	88 56·7		16·9	4	5
10	Mt...	283 23·1		89 4·0				7
11	Mt... précipice	291 20·1		88 25·5				6
12	Mt... pic	297 41·6		88 37·0				8
13	Mt Zangana kabab ; un bord	310 46·6		88 34·1			5	
14	Id., autre bord	311 17·1	0·0	88 35·0			6	9
15	Id., bas du précipice	311 32·1					7	
15	Mt Tarqasi ?	324 13·6	2·0	88 40·6	0·4		8,9	10
17	Mt Gudi	328 9·1		88 36·0			10	
18	Mt Mirgi	333 28·9	0·2	88 34·4	0·1	13·5	11	11
19	Mt Sangam	339 57·1		88 43·3		14·0	12	
20	Mt Fudi	356 8·6	0·0	88 34·4	0·1	15·3	13	12

Baguina II.

Nº	Objet relevé.	A	Éc.	z	Éc.	Dist.	146
1	Wamet, bord de la colline	154 33·6					3
2	Mt... ; un bord	163 14·6					4
3	Id., autre bord	174 29·6					5
4	Mt Tarqasi	179 8·6		89 58·4			6
5	Mt... tête plate	324 10·1		89 2·2			9
6	Id., pic	326 23·1					7
7	Id., petite sommité plate †	330 7·6					8

Bahr dar I.

Nº	Objet relevé.	A	Éc.	z	Éc.	Dist.	106
1	Mt Amadamid α	177 59·1		88 20·8		27·7	2
2	Koso bar, passe	181 0·6					4
3	Mt Liq *	183 36·6					3

Bahr dar II.

Nº	Objet relevé.	A	Éc.	z	Éc.	Dist.	107
1	Roche...	8 20·2					9
2	Ile Bet manzo	15 14·6		89 59·7		9·2	6
3	Port de Quarata, direction	20 5·2					7
4	Mt Ginda timim	26 8·2		89 51·5		9·7	8
5	Mt Laguna	73 6·7		88 16·6		8·3	10
6	Mahal Zage α ; un bord	334 5·7		89 3·9		6·7	2
7	Id., autre bord	334 39·2					3
8	Ile Kibran	338 37·7					4
9	Bout d'un cap	353 49·2					5

† Baguina II, 7. Mt Gudi ?

Balasa.

N°	Objet relevé.	A	Éc.	z	Éc.	Dist.	
		° ′	′	° ′	′		14
1	Mt Kaš'at	40 36·5		86 35·4		10·5	2

Barakat.

N°	Objet relevé.	A	Éc.	z	Éc.	Dist.	131	132
1	Hutte prise pour signal	2 3·6		90 0·3			8	
2	Mt Yanfa *	3 29·1		88 32·5		26·4	6	
3	Mt Balballa	6 6·6		88 18·8		26·0	5	
4	Mt Çali	11 35·6		88 20·1		22·9	4	
5	Mt Qarra	16 24·1		88 19·1		22·8	3	
6	Mt Adulan	27 45·0	2·2	88 8·4	0·6	19·2	1,2	1,2
7	Mt Kunc	144 12·3		83 52·0		5·5		3
8	Mt Sobico *	149 14·3		83 59·5		5·2		4
9	Mt Sobso α	202 9·6		86 19·7		5·9		5
10	Mt Wamay	255 7·6		85 28·3		5·4		6
11	Mt Wara *	281 44·1		86 28·3		4·7		7
12	Mt Jawi *	357 17·1		89 0·5		15·6	7	

Barna.

N°	Objet relevé.	A	Éc.	z	Éc.	Dist.	
							309
1	Mt...	190 57·5		90 48·3			7
2	Mt Dahuc	191 32·6	0·6	90 45·6	0·1	57·0	3,6,8
							32
3	Mt Dambualul	192 22·0		90 48·1		61·0	9
4	Mt Safed *	196 14·5		90 39·1		62·0	10
5	Mt Libho	196 49·0		90 43·0		62·3	11
6	Mt Kidan *	198 14·0		90 37·3		58·9	12
7	Mt Dumi; un bout	198 30·0		90 36·7		60·1	13
8	Id., autre bout	198 52·5					14
9	Mt Dawaro	201 26·0		90 44·1		60·7	15
10	Mt Wadaj *	202 22·0		90 42·6		59·9	16
11	Mt Qandam *	203 52·0		90 41·4		58·0	17
12	Mt...	204 26·0		90 45·8			18
13	Mt...	204 {31·5 / 51·5}		90 45·3			19
14	Mt MARYAM	207 28·1		90 39·2		56·8	20
15	Mt Marado	209 2·5		90 45·3		54·2	21
16	Mt...	225 35·5		90 37·1			22
17	Mt...	238 14·5		90 52·3			23
18	Mt...	239 33·0		90 57·4			24
19	Mt Ya Saytan	244 49·5		90 58·4		35·3	25
20	Mt Waqqan	251 3·0		90 50·1		21·2	26
21	Mt...	251 30·5		91 3·9			27
22	Mt... un bout	251 40·0		91 3·4			28
23	Id., autre bout	252 3·0					29
24	Mt... très-lointain	253 16·0		91 9·1			30
25	Mt... en Waggara	254 38·5		91 2·6			31

Birko.

N°	Objet relevé.	A	Éc.	z	Éc.	Dist.	
							90
1	Qitara	5 50·5		90 8·7			11
2	Mt Bela	45 31·0		88 12·7		19·2	12
3	Mt Jala	58 52·5		88 50·2			13
4	Mt Gavzigivla	67 3·0		88 3·5		17·7	14
5	Mt Izra-el amba	80 44·0		89 7·1		18·0	15
6	Mt Abuna Yosef	99 43·5		88 5·2		23·7	16
7	Précipice d'Ymiraha	101 8·5					17
8	Mt Tat *	124 14·0		89 13·7		23·8	18
9	Mt Ašattan, un bord	124 41·0		89 10·1		23·9	19
10	Id., autre bord	125 41·0					20

Birko (suite).

N°	Objet relevé.	A	Éc.	z	Éc.	Dist.	
		° ′	′	° ′	′		90
11	Mt Alga *, un bord	125 46·0		89 12·1		24·0	21
12	Id., autre bord	125 56·5					22
13	Garagara qiddus Giyorgis	182 48·0					23
14	Mt Qalala	255 59·5		89 42·3		38·4	2
15	Mt MARYAM, un bord	275 44·5		90 9·8		62·6	3
16	Id., autre bord	275 57·0					4
17	Mt Zoz amba α	285 12·5		90 14·0		37·5	5
18	Mt Zoz amba β et γ	285 56·5					6
19	Mt Buahit	331 26·5		89 37·6		68·7	7
20	Mt Sanqa bar	333 51·5					8
21	Mt...	336 41·0		89 30·3			24
22	Mt Siqil amba	338 5·0		89 45·9			9
23	Mt Dajan	338 39·0		89 28·9		64·6	25
24	Mt Amda warq	352 14·0		89 36·9		11·9	10

Birkuakua.

N°	Objet relevé.	A	Éc.	z	Éc.	Dist.	
							91
1	Mt Abuna Yosef	94 47·8		88 22·7		29·5	1
2	Précipice d'Ymiraha	96 1·8					2
3	Ayna IYASUS	100 15·8		89 23·9			3
4	Mt Ašattan, un bord	115 16·3		89 13·7		28·4	4
5	Id., autre bord	116 5·3					5
6	Mt Alga *, un bord	116 10·3					6
7	Id., autre bord	116 19·3					7

Birqaqo.

N°	Objet relevé.	A	Éc.	z	Éc.	Dist.	
							103
1	Mt Šayk 'Ara	19 25·9		88 50·8		4·6	6
2	Col de Suluh	35 13·4		94 30·1		0·56	8
3	Mt Diyot	49 21·4		90 55·2		10·0	7
4	Mt Yangurgure	122 40·9		89 38·1		8·4	9
5	Mt Saym	162 31·9		90 6·6		22·3	10
6	Mt Kaš'at	175 41·6	1·1	90 4·3	0·3	20·8	4,5
7	Mt Histi	198 29·4		90 16·9		48·5	11
8	Mt Amoqay	198 45·9		90 20·9		48·6	12
9	Mt Samayata, et Ni'ilto	200 5·9		90 11·3		52·9	13
10	Mt Hica	201 50·4		90 13·3		48·8	14
11	Mt Guraho	203 57·4		90 29·3		47·0	17
12	Mt Saloda	205 22·9		90 30·3		54·8	15
13	Mt Sib'at	206 10·9		90 29·8		50·6	16
14	Mt Tahuila	219 16·9		91 17·0		18·8	18
15	Mt Ga'd	324 16·4		90 18·4		22·2	19

Bizen I.

N°	Objet relevé.	A	Éc.	z	Éc.	Dist.	
							36
1	Muçaww'a, maison du gouvr	53 32·8		92 54·7		28·2	1
2	Fort du cap Mudir	53 44·0					2
3	Muçaww'a; autre bout	53 56·4					3
4	Dihono, mosquée	59 19·3					5
5	Mt Gadam α †	77 52·8		91 54·4			4
6	Arug	119 24·8		89 5·0			6
7	Mt Birqaqo	145 42·3		89 52·4		22·7	7
8	Afralba	179 34·8					8

Bizen II.

N°	Objet relevé.	A	Éc.	z	Éc.	Dist.	
							49
1	'Aylat, direction	23 37·1		92 32·5		15·6	5
2	Bizen; ancien clocher	27 2·1		92 50·7		0·18	9

† Bizen I, 5. Azimut corrigé.

Bizen II (suite).

N°	Objet relevé.	A	Éc.	z	Éc.	Dist.	49
		° ′	′	° ′	′		
3	Mt Kobi	96 19·1		91 39·0		10·8	6
4	Mt Mogind'a	113 2·6		92 18·8		8·0	7
5	Mt Birqaqo	145 14·6		89 49·2		22·6	8
6	Mt Kaš'at	159 52·6		90 3·9		41·9	1
7	Mt Histi	182 11·1		90 17·9		64·7	2
8	Mt Samayata α et Mt Ga'd	184 23·1		90 12·4		68·5	3
9	Mt Samayata β	184 24·3					4

Borg.

Angles relevés à la planchette, orientés par la carte.

N°	Objet relevé.	A
1	Mt Robg, et pl. loin, Mt Sasilla	37 29
2	Source du Kabanawa	255 48
3	Source du Fintirre	267 6
4	Minjillos	302 26
5	Mt Ilala α	305 56
6	Mt Ilala β	307 24
7	Mt Garuqqe	320 24
8	Mt Gardaca, et Qella de Babya	321 8
9	Alge, église antique	327 24
10	Dar-u δ	338 26
11	Dar-u β	339 36
12	Dar-u γ	339 56
13	Mt Gabana α	346 23
14	Mt Gabana β	347 27
15	Mt Gabana ?	347 41
16	Mt Illata, tout près	359 11

Caire.

N°	Objet relevé.	A	Éc.	z	Éc.	Dist.	1	2
1	Haut du télégr. de la citad.	166 56·4	0·3	88 3·0	0·2		3	1
2	Grande pyramide	235 58·2	0·6	89 25·8	0·5		2	2

Çalla.

N°	Objet relevé.	A	Éc.	z	Éc.	Dist.	124
1	Jiren, une pointe	60 37·6		89 18·7		5·2	2
2	Id., autre pointe	61 39·1					3
3	Jiren, Kollo	65 0·1		89 6·0			16
4	Mt Qallaca	84 19·6		88 57·7			4
5	Mt Qorti	103 9·6					12
6	Mt Qawa	105 40·6		88 30·7		25·2	5
7	Mt Sito, et Kollo	127 32·6		88 55·7			6
8	Mt Boba, et Kullo	153 42·6		87 5·8			11
9	Mt Gese	175 2·6		86 44·2			10
10	Mt Mada	221 27·6		87 30·4			15
11	Mt Micoso	225 8·1		87 17·7		10·2	14
12	Col de Tumama, et Bonga	238 8·6		88 51·5		7·6	7
13	Mt Atiro	255 43·6					8
14	Mt Sadaro	264 47·1		88 4·2			13
15	Mt Mate doma	279 18·6					9

Çambilge.

N°	Objet relevé.	A	Éc.	z	Éc.	Dist.	175
1	Mt Waqqan	22 30·0		89 11·7		10·5	1
2	Wasange I, ma station	32 8·5		89 32·2		19·6	2
3	Mt Zufan *	45 40·5		89 7·5		33·1	3
4	Mt Buahit	53 32·0		88 45·5		34·6	4
5	Mt Masararya	56 28·0		88 45·3		33·6	5
6	Incatkab	60 22·5					7

Carrifatu.

N°	Objet relevé.	A	Éc.	z	Éc.	Dist.	252
		° ′	′	° ′	′		
1	Mt Mata *	1 22·1		88 0·0		6·4	11
2	Mt Jibate β	266 5·6		88 39·6		10·8	3
3	Mt Maru *	268 9·6		88 40·2		10·5	4
4	Mt Jibate α	269 40·6		88 35·6		10·7	5
5	Mt Mute	302 5·1		89 2·4		6·4	6
6	Mt Muño * α	318 39·1		89 35·8		23·6	7
7	Mt Muño * β	321 27·1		89 35·3		24·2	8
8	Mt Diriqo β	334 17·6		88 16·3		9·5	9
9	Mt Diriqo α	335 4·6		88 16·9		9·7	10

Çilaçiqañe.

N°	Objet relevé.	A	Éc.	z	Éc.	Dist.	20	30
1	Mt...	157 12·7		88 47·4			11	
2	Mt Çinfira	181 14·7		87 3·9		16·8	1	
3	'Addi Hanze	188 28·1		89 23·1			10	
4	Mt Zaze	188 29·7		86 30·1		12·8	2	
5	Mt Abar	190 48·2		86 16·5		17·2	3	
6	Mt Inzirt *	191 33·2		86 19·7		17·4	4	
7	Mt Zimdinna *	192 57·7		87 1·7		18·6	5	
8	Mt Zamad *	193 7·7		86 58·9		18·5	6	
9	Mt Hifni *	193 54·7		87 3·8		19·2	7	
10	Mt Kammal	194 47·2	0·0	87 38·0	0·0	8·7	8	2
11	Mt Guanaqui *	197 19·7		87 11·2		19·5	9	

Çima.

N°	Objet relevé.	A	140
1	Ile Zakaryas	128 30·0	1
2	Ile Daga	147 31·0	2
3	Mt Ambaro	184 40·0	3

Dabet.

N°	Objet relevé.	A	Éc.	z	Éc.	Dist.	120
1	Mt Yaqandac	15 11·4					5
2	Mt Darj	26 37·4					6
3	Taba Nolawi	211 2·4		90 38·2		11·6	1
4	Eglise	236 33·4					2
5	Mt Arerg	266 12·4		90 54·8		5·3	3
6	Yasanbat	291 40·4					7
7	Zawa	318 3·4					4

Dabra Gannat.

N°	Objet relevé.	A	Éc.	z	Éc.	Dist.	307
1	Mt Wa'alta bazin	4 43·8		89 26·0		17·5	36
2	Mt Hiça	40 42·8		89 27·2		31·2	37
3	Mt Samayata	46 40·3		89 11·9		28·0	38
4	Mt Dammo galila	51 14·3		89 19·4		17·9	7
5	Mt 'Alequa α	64 55·8		89 36·4		49·6	8
6	Mt Dimbalorit	73 15·6		89 48·7		48·2	9
7	Mt Hawi *	103 24·6		89 41·1		37·5	10
8	Mt...	140 10·3					14
9	Mt Ambara	142 51·8		90 0·9		18·4	11
10	Mt Nobit, un bout	143 6·8		90 1·2		11·3	12
11	Id., autre bout	144 13·8				11·2	13
12	Mt 'Arke *	149 54·3		90 5·2		10·0	15
13	Mt Giruun * α	152 40·8		90 5·9		37·5	16
14	Mt Hamle *	152 52·8		90 4·2		39·5	17
15	Mt Giruun * β	154 40·3		90 9·7		37·1	18
16	Mt Bela	165 36·8					19
17	Mt Sazza * α	200 24·8		88 19·9		37·9	20
18	Mt Ankun *	203 5·3		88 27·7		40·8	21

Dabra Gannat (suite).

N°	Objet relevé.	A	Ec.	z	Éc.	Dist.	307
		° '	'	° '	'		
19	Mt Walta *	203 55·8		88 33·0		40·9	22
20	Mt Cirinfira α	204 0·8		88 43·2		24·7	23
21	Mt Cirinfira β	204 27·6	0·8	88 34·8	0·1	26·2	3,6
22	Mt Cirinfira γ, un bord	205 28·8					24
23	Id., autre bord	205 43·8		88 43·4		27·0	25
24	Mt Lagata *	208 23·8		88 23·2		38·4	26
25	Mt Abba Yared	213 41·8		88 22·7		37·8	27
26	Mt Baroc waba	214 56·3		88 23·6		38·2	28
27	Mt Abar	219 33·8		88 18·0		26·4	29
28	Mt Kammal	232 54·8		89 55·9		19·7	30
29	Mt...	275 42·8		90 {15·4 / 25·4}			31
30	Mt 'Alawgen	278 48·3		90 1·2		31·5	32
31	Mt Nan amba	284 47·8		89 59·0		23·9	33
32	Mt Dandi *	329 16·3		89 22·4		12·7	34
33	Mt Zabo *	339 10·8		89 22·0		1·72	35

Dabra May.

N°	Objet relevé.	A	Ec.	z	Éc.	Dist.	109
1	Mt Amadamid α	185 5·0					4
2	Mt Koso bar	191 40·0					5
3	Mt Liq *	196 35·0					6
4	Qurt bahr, un bord	279 15·0					1
5	Id., autre bord	282 5·0					2
6	Mt Makaro	317 55·0					7
7	Tagambat ; église	323 25·0					3

Daga.

N°	Objet relevé.	A	Ec.	z	Éc.	Dist.	210
1	Mt Heca en Guma	'4 10·9		89 13·8		8·6	6
2	Mt Misingo β	35 52·9		89 22·8		30·1	5
3	Mt Egan	56 51·4		89 17·0		40·7	7
4	Mt Gabana α	61 39·9		88 46·0		13·1	8
5	Mt Agamsa (Kollo)	73 52·6	0·4	88 7·2	0·2	4·8	9
							12
6	Dar-u δ	79 52·4		88 43·4		10·8	10
7	Mt Minjillos (Kollo)	94 41·4		88 22·2		5·2	13
8	Garuqqe	102 59·4		88 29·3		8·0	11
9	Marti ; colline	125 2·4					14

Dahna.

N°	Objet relevé.	A	Ec.	z	Éc.	Dist.	314
1	Mt Gana Yohannis	17 5·0		88 55·1		22·9	10
2	Mt Cacquina	18 2·0		88 52·6		23·4	11
3	Karua MARYAM	20 50·0		89 7·3		20·3	12
4	Mt Soni, un bout	24 38·5		89 5·3		24·3	13
5	Id., autre bout	25 20·0					14
6	Mt Azan *	47 41·5		89 4·0		24·8	15
7	Mt Marado ; un bout	75 40·5		88 59·0		27·4	16
8	Id., autre bout	76 22·0					17
9	Mt Gitm *	78 8·5		88 57·1		26·1	4
10	Mt MARYAM	82 10·0		88 48.7		27·0	7
11	Mt Qandam *	87 55·0		88 59·1		29·5	3
12	Mt Atyar	138 53·0		89 6·2		3·6	18
12	Mt Jalo α	147 52·5		88 16·7		2·8	19
14	Mt Goraf	157 32·0		88 5·8		2·5	20
15	Église de Dahna	237 5·0				0·05	8
16	Direction de Calga	330 5·0					9

Dalma.

N°	Objet relevé.	A	Éc.	z	Éc.	Dist.	141
		° '	'	° '	'		
1	Direction de Yajibe	161 52·5					10
2	Agot Baso	212 52·5					11
3	Wamet ; colline centrale	239 12·5					1
4	Mt Taja α ; un bord	291 20·0					3
5	Id., autre bord	291 21·5		90 3·7		50·0	2
6	Mt Kawan *	300 16·5		89 56·8		38·3	4
7	Mt Fudi	314 36·0		89 48·2		43·3	6
8	Mt Licma	333 58·5		89 17·2		30·5	5
9	Dambaca ; église St-Michel	340 57·5					7
10	Innamora ; arbre isolé	343 27·0		89 24·2		6·4	8
11	Id. ; église MARYAM	345 29·5					9

Dambi.

N°	Objet relevé.	A	Éc.	z	Éc.	Dist.	213
1	Mt Bilida	7 58·5		88 53·7		21·3	7
2	Mt Harawa	80 24·5		87 42·8		6·0	8
3	Mt Itanne	110 56·0		86 53·4		9·0	9
4	Mt Sasilla	146 41·0		86 49·1		9·4	10
5	Dar-u δ	284 50·5		85 48·9		3·6	1
6	Dar-u β	294 32·0		86 12·1		3·7	2
7	Mt Gabana γ	329 43·0					3
8	Mt Gabana α	334 23·5		86 57·9		5·8	4
9	Mt Gabana β	337 21·0		86 53·7		5·5	5
10	Mt Mile	357 21·5		88 49·9		9·2	6

Danguago.

N°	Objet relevé.	A	Éc.	z	Éc.	Dist.	192
1	Alila, haute plaine	1 20·7					7
2	Mt Gabarit	3 56·4	1·3	88 34·0	0·6	26·9	5,6
3	Arera MARYAM	32 56·6	2·1	89 35·7	0·7	14·9	21
							22
4	Taba Mika-el	67 58·7					23
5	Taba Nolawi	68 33·2		89 36·1		8·0	24
6	Arbre de Yawiš III,9 ; à 24mt	140 51·7					30
7	Yadug Abbo	228 26·2					28
8	Dogom IYASUS, arbre isolé	240 12·2		90 6·8		9·7	33
9	Id., centre	240 27·2		90 8·9		9·7	27
10	Arbre près Gurem	256 47·7		90 20·1		8·9	26
11	Gibzit MARYAM	257 18·2		90 23·4		7·6	32
12	Limicim Giyorgis	266 29·7		90 33·9		6·0	29
13	Arbre isolé près Yajibe	268 0·2		90 37·2		6·0	34
14	Yawiš, grande église	294 41·7		90 57·3		2·2	25
15	Yawiš III, à peu près	299 42·7					35
16	Yawobbi MARYAM	319 1·2		89 51·0		7·7	18
17	Zarar IYASUS	333 2·7		89 46·2			31
18	Taymat Giyorgis	336 29·7					19
19	Asla Mika-el	340 46·7		89 42·5			17
20	Dabra Qalamo	342 34·7		89 38·0			16
21	Daguaj	344 14·7		89 27·5		29·5	15
22	Mt Amora arga	347 20·7		89 10·0		27·3	14
23	Mt Quira gadal	348 5·2		89 6·5		27·6	13
24	Mt Lij *, un bord	348 44·7					12
25	Id., autre bord	349 1·2		89 7·0		28·0	11
26	Mt Abbat *, un bord	349 47·2		88 56·6		28·9	9
27	Id., autre bord	350 12·7					10
28	Anbar Qirqos	355 32·7		89 50·6		5·2	20
29	Mt Tala	358 46·7		88 34·1		29·7	8

Dangyame.

N°	Objet relevé.	A	Éc.	z	Éc.	Dist.	
		° ′	′	° ′	′		190
1	Mt Abba zamu α	5 41·5		88 14·5		17·4	1
2	Mt Abba zamu β	5 52·0		88 14·5		17·3	2
3	Mt Amonewos α, un bord	6 20·5		88 15·1		17·6	3
4	Id., autre bord	6 29·2	1·3	88 16·0	0·9	17·6	4,7
5	Mt Amonewos β	6 40·0		88 18·0		17·5	5
6	Mt Darj β	28 6·5		89 36·5		16·1	6
7	Mt...	156 21·5					14
8	Lieu de ma latitude, à 1430mt	247 41·5		92 17·0			10
9	Église	247 47·0		88 53·4			11
10	Dabra warq, église	250 32·5		89 44·3		3·7	12
11	Mt Wugir	269 41·5					13

Daq I.

N°	Objet relevé.	A	Éc.	z	Éc.	Dist.	
							74
1	Mt Ambaro	235 10·0		89 30·9		18·3	1
2	Mt Taklib	236 49·5		89 32·8			2
3	Mt Zibist, un point	269 26·5		89 46·8			3
4	Id., autre point	269 59·0					4
5	Lijome, et bout de Narga	271 54·5					5
6	Mt Gandi *, et autre bout de Narga	286 57·0		89 23·0		21·8	6
7	Mt...	287 41·0		89 38·0			7

Daq II.

N°	Objet relevé.	A	Éc.	z	Éc.	Dist.	
							73
1	Mt MARYAM, un bord	43 7·5		89 10·1		35·4	1
2	Id., autre bord	43 27·0					2
3	Mt Dawaro	54 54·0		89 14·2		34·7	3
4	Mt Dumi, un bord	57 50·0		89 7·1		37·1	4
5	Id., autre bord	58 33·0					5

Dar-u.

N°	Objet relevé.	A	Éc.	z	Éc.	Dist.	
							220
1	Mt Gabana α	13 22·8		87 39·8		3·4	5
2	Mt Gabana β	21 45·3		87 49·2		3·3	6
3	Mt Maru *	40 33·8		89 50·6		54·3	7
4	Mt Egan	50 26·3		89 11·9		30·3	8
5	Suntu, direction	56 27·8					14
6	Mt Wace	56 51·8		89 9·7		26·8	9
7	Mt Qirarati	66 39·8		89 1·7		24·0	25
8	Mt Utubo	94 22·8		89 30·2		17·2	10
9	Mt Harawq	96 13·8		89 38·4		9·2	11
10	Mt Mile en Walansu	101 32·8		91 10·4		8·2	12
11	Mt Tafi	108 40·3		88 33·0		16·8	3
12	Mt Itanne	114 6·1	0·8	88 35·3	0·8	12·8	2
							19
13	Yatu?	117 35·8		91 2·5			13
14	Mt Susilla	139 21·3		88 33·5		12·9	4
15	Mt Dar-u γ	179 41·8					16
16	Mt Dar-u β	199 23·8					15
17	Masara, ou Dar-u α	226 36·8		87 54·3		1·14	17
18	Mt Agamsa	255 2·8		90 4·9		6·4	20
19	Mt Anna *	276 50·3		89 47·8		23·9	21
20	Mt Mamme *	277 31·3		89 47·7		23·9	22
21	Mt Sanna *	278 36·3		89 47·2		23·2	23
22	Cora	310 33·3		89 56·0			26
23	Mt Goroqa	317 51·3		89 56·1			24

Densa.

N°	Objet relevé.	A	Éc.	z	Éc.	Dist.	
		° ′	′	° ′	′		189
1	Mt Abba zamu β	111 50·2					12
2	Mt Boraz α †	224 34·2		87 44·3		13·8	13
3	Mt Liyu *	235 55·2		87 29·2		14·1	1
4	Mt Amadamid α	238 45·2		87 32·0		13·5	2
5	Mt Liq *	242 52·2		87 50·5		16·1	3
6	Mt Abola Nigus	295 19·7		89 16·6		7·8	4
7	Mt Laguna	349 15·2		90 15·5		23·7	10
8	Mt Wayra	351 25·7		90 14·0		19·1	5
9	Mt Guaha	354 51·2		90 12·0		20·5	6
10	Mt Sannay MARYAM, un b.	355 50·2		90 13·2		19·8	7
11	Id., autre bord	356 14·2					8
12	Mt Wasfe dangya	358 16·7		89 58·5		8·4	9

Digim.

N°	Objet relevé.	A	Éc.	z	Éc.	Dist.	
							139
1	Mt Kaš'at	100 37·9		85 17·6		7·7	1
2	Mt Annane	183 23·0	0·9	88 56·8	0·0	16·3	2,15
3	Mt Histi	199 24·4		88 56·0		28·3	3
4	Mt Amoqay β	199 46·9		88 59·0		28·4	4
5	Mt Amoqay α	199 53·4		88 59·0		28·4	5
6	Mt Samayata	201 49·4		88 52·8		32·7	6
7	Mt Hica β	205 5·4		88 48·4		28·7	7
8	Mt Guraho	209 2·9		89 11·0		27·0	8
9	Mt Çara *	249 33·9		89 23·5		25·2	9
10	Mt Gorzo α	301 48·9		89 20·1		33·3	10
11	Mt Gorzo β	302 19·4		89 20·1		33·1	11
12	Mt Tabuila	309 26·4		88 31·3		7·6	12

Digsa.

N°	Objet relevé.	A	Éc.	z	Éc.	Dist.		
							13	33
1	Mt Saym β	150 27·6		89 43·6		22·4	9	
2	Mt Kaš'at.	162 47·5	3·9	89 13·5	2·9	19·8	7	24
3	Mt Awgar β	179 20·2		89 48·0		43·6		1
4	Mt Kisat atro	183 4·7		89 56·7		44·6		2
5	Mt Gual haze	184 28·7		90 4·2		49·6		3
6	Mankorkuar wa'alta	185 9·0						4
7	Hayle zanda, un bout	186 8·5						5
8	Id., autre bout	187 20·0						6
9	Mt Zohadaga	191 11·5		90 6·0				7
10	Ida abba Yasias (Wa-aga)	191 41·7		90 13·0		42·6		8
11	Zanno	192 6·2						9
12	Imba Asay	192 54·7		90 6·3		44·4		10
13	Mt Histi	194 6·3	1·3	89 54·7	3·4	45·5	1	11
14	Mt Amoqay, milieu de la fourche	194 23·9		89 54·3		45·6	2	
15	Mt...	195 43·6		89 58·5			3	
16	Mt Samayata	196 10·4	2·8	89 48·5	2·1	49·8	4	12
17	Mt Ra'iyu	197 15·6		89 53·3			5	
18	Mt Hica	197 39·9	1·3	89 49·7	2·5	45·6	6	13
							32	
19	'Addi Gutra	199 7·2						15
20	Mt Guraho	199 48·3	0·2	90 7·8	0·3	43·6	4	14
21	Mt Darqakuo	200 0·2						16
22	Mt Gunya	200 13·2						17
23	Mt Beyto	201 2·2		90 13·2				18
24	Mt Saloda	201 54·4	0·2	90 11·6		51·3	5	19

† Densa, 2. Azimut trop grand de 20′.

† Digsa 1 :	2	13	16	18
12 :	2	..	3	..
32 :	..	1	2	3

Digsa I (suite).

N°	Objet relevé.	A	Éc.	z	Éc.	Dist.	32	33
		° ′	′	° ′	′			
25	Mt Sib'at	202 29·5	0·0	90 9·4	0·5	47·1	6	20
26	Gaša warq	203 4·0						21
27	Mt...	204 8·5		90 21·0			7	
28	Mt Pantalewon	209 3·2		90 20·7		58·1		23
							13	
29	Mt Tahuila	211 10·6		90 28·3		14·8	10	
30	Mt Wa'alta hazin	213 29·0		90 15·7		59·4		22

Digsa II.

N°	Objet relevé.	A	Éc.	z	Éc.	Dist.	302	303
1	Mt Matara α	147 38·9		89 22·5		20·6	12	
2	Mt Matara β	148 16·9		89 28·5		20·3	13	
3	Mt Saym α	146 58·4		89 26·4		22·4	11	
4	Mt Saym, pic central, β	150 7·9		89 27·3		22·4	10	
5	Mt Danšalla *	152 10·4		89 39·9		37·3	9	
6	Mt Mashal, ma station	157 53·4		89 38·6		23·3	8	
7	Mt Bizan, en Ag'ame	159 35·4		89 45·9		50·9	7	
8	Mt Kaš'at	162 30·2	1·9	89 17·5	0·5	19·8	5,6	5,6
9	Mt 'Alequa β	165 28·4		89 36·7		46·6	14	
10	Mt Adigi tahuila ?	169 53·6		89 47·4		46·7	15	
11	Mt Awgar β	179 39·9		89 48·2		43·0	16	
12	Mt Kisat atro	182 55·9		89 55·7		44·6	17	
13	Mt Gual haze	184 20·4		90 5·5		49·7	18	
14	Mt Histi	193 59·9		89 57·3		45·5	19	
15	Mt Amogay	194 15·4		89 58·7		45·5	20	
16	Pierres blanc. dans le qualla	195 50·9		91 5·0			22	
17	M Samayata	196 1·9		89 50·0		49·8	21	
18	Mt Hiça β	197 34·9		89 51·3		45·6	23	
19	Mt Guraho	199 40·4		90 7·5		43·6	24	
20	Mt Saloda	201 46·4		90 10·8		51·3	25	
21	Mt Daroc waha, par un repère	210 18·0				113·5		8
22	Mt Tahuila	210 47·2	0·8	90 34·6	0·4	14·7	26	7
23	Mt Wa'alta hazin	213 23·4		90 14·5		59·4	27	
24	Mt Gorzo α	270 11·4		89 48·8		29·9	28	
25	Mt Gorzo ϐ	270 25·4		89 49·0		29·6	29	
26	Mt... un bord	275 2·9		89 50·3			30	
27	Id., autre bord	275 54·9					31	

Dihono.

N°	Objet relevé.	A	Éc.	z	Éc.	Dist.	8	10
1	Muçaww'a, maison du chef	11 27·0	1·8	89 53·9	0·6	4·0	1	1
2	Fort du cap Mudir	14 54·9						2
3	Ile Šayk Sa'iyd, un bout	17 55·9						25
4	Id., tombeau	18 24·9						24
5	Id., autre bout	19 46·4						26
6	Cap du Mt Gadam	97 18·9		90 0·8				3
7	Pic bifide et bas	125 39·2		88 36·7				5
8	Pic pointu	136 18·1		86 56·7				6
9	Mt Gadam ; pic bifide α	138 35·7		86 55·7		8·9	2	
10	Mt Gadam; creux entre 2 pics	140 21·4		86 56·7		8·9		7
11	Mt Gadam; faîte ϐ	145 3·4		86 54·8		9·7		8
12	Col de Habon	160 47·9		89 34·6				9
13	Mt Ayd'ale †	167 16·9		88 13·1		40·0		10
14	Mt Habon	167 28·9		88 45·0		10·0		11
15	Pic bas à deux pointes	179 2·4		86 34·0				12
16	Mt Diyot	183 33·9		87 9·0		25·1		13
17	Mt... en Samhar	188 42·9		87 57·1				14
18	Mt Habaza malayša	202 5·4		86 33·1		21·9		15
19	Dihono, dernière hutte	210 10·9						16

† Dihono, 13. Apozénit diminué de 20′.

Dihono (suite).

N°	Objet relevé.	A	Éc.	z	Éc.	Dist.	10
		° ′	′	° ′	′		
20	Mt Kobi	218 39·9		86 50·1		18·2	17
21	Dihono, mosquée	260 24·9		87 37·1			18
22	Mt Daharay *	273 46·4		87 50·2		24·0	19
23	Dihono, dernière hutte	292 12·4		88 18·0			20
24	Mt...	302 55·9		88 49·5			21
25	Tertre	320 39·4		89 7·0			22
26	Fond de la baie de Dihono	331 39.4					23

Dini.

N°	Objet relevé.	A	Éc.	z	Éc.	Dist.	261	263
1	Mt Tala α	17 7·8		89 21·4		51·5	11	
2	Église	23 48·6						4
3	Église	30 20·8		90 7·0			9	
4	Arbre isolé	33 44·1		90 2·9				3
5	Yadug Abbo	34 31·8		90 1·1			8	
6	Arbre Tanso 18	48 1·3		90 3·4			10	
7	Mt Kome	56 17·9	0·2	90 5·2	0·4	13·4	6,7	2
8	Mt Amara	204 58·2	0·1	89 45·7	0·3	42·2	1	1
9	Mt Balballa	227 58·8		89 39·8		41·2	12	

Dinkuan.

N°	Objet relevé.	A	Éc.	z	Éc.	Dist.	313
1	Mt...	11 36·6		89 24·3			11
2	Mt Ambazzo, précipice	23 24·1					12
3	Mt Faqi *	24 10·1		87 56·7		5·8	13
4	Mt Hora dibba, ma station	26 49·6		87 45·5		4·2	14
5	Mt...	128 35·6					15
6	Mt MARYAM	141 27·1	0·8	89 31·3	0·0	23·5	3,6
7	Dabra birhan	146 12·6		93 57·2		2·2	16
8	Mt...	146 28·6		97 49·7			17
9	Pic de Tigre micohya	152 42·1		94 21·3		1·23	18
10	Farqa bar	159 33·1		90 36·3			19
11	Gondaroc qiddus Giyorgis	180 11·6					20
12	Qaha IYASUS	184 2·6		97 58·2			21
13	Qiddus Yohannis	186 18·6		96 15·0		2·1	22
14	Lidata	191 41·6		95 17·2		2·5	23
15	Azazo, église	192 52·6		92 32·8		6·1	24
16	Loza MARYAM	199 55·6		91 52·8		6·5	25
17	Gorgora, bout	200 26·6		91 2·3		28·5	26
18	Mt Atyar	201 25·1		90 53·7		26·7	27
19	Mt Jalo α	203 27·1		90 47·9		26·6	28
20	Mt Goraf	204 51·6		90 47·9		26·8	29
21	Quisquam, tour	207 31·1		96 16·1		1·48	31
22	Qiddus Inionyos, église	222 25·1		98 53·2		0·97	32
23	Mt Karua MARYAM	236 58·1		90 18·1		5·8	30
24	Mt Soni, ma station	263 36·6		87 33·7		1·64	33
25	Mt Soni, autre bout	274 5·1		87 45·7		1·90	34
26	Mt Dabbo girar ϐ, un bord	314 36·1		87 58·1			7
27	Id., autre bord	319 23·1		87 46·5		1·93	8
28	Mt...	327 44·1		89 46·5			9
29	Mt Qazqazzit	347 37·6		87 2·1		2·2	10

Dogom I.

N°	Objet relevé.	A	Éc.	z	Éc.	Dist.	266	267
1	Mt Amora arga	4 20·7		89 19·7		31·4	7	
2	Mt Quira gadal	4 51·2		89 17·3		31·8	8	
3	Mt Lij *, un bord	5 14·2		89 17·8		32·3	9	
4	Id., autre bord	5 19·4					10	
5	Mt Abbat *, un bord	5 34·7		89 9·3		33·3	11	
6	Id., autre bord	5 54·2					12	

Dogom I (suite).

N°	Objet relevé.	A ° ′	Éc. ′	z ° ′	Éc. ′	Dist.	266	267
7	Mt Tala Є	12 40·7		88 51·4		35·2	14	
8	Mt Gabararit	17 55·8	0·6	88 54·1	0·2	33·1	13	20
9	Gatam MARYAM	37 48·0		89 48·3		14·2		18
10	Anbar Qirqos	38 38·0		89 44·9		12·7		17
11	Yagaš Giyorgis	50 51·0		89 53·7		16·2		19
12	Mt Dabet	51 6·5	0·2	89 48·0	0·3	28·0	15	14
							17	16
13	Mt Kome	151 52·2		90 15·7		8·3	16	
14	Mt Çuqalla	196 14·0		90 8·3		57·1		8
15	Mt Molu	203 15·5		90 9·7		61·7		7
16	Mt Amara	205 22·3		90 6·7		58·7		6
17	Mt Qarra	216 26·5		90 8·8		57·7		5
18	Mt Çali	218 14·0		90 9·3		58·4		4
19	Mt Mowa *	221 0·0		90 2·4		56·9		3
20	Mt Balballa	221 46·5		89 59·7		56·8		2
21	Mt Sagal marme α	222 46·5		90 3·9		56·7		1
22	Mt Goro Çan	225 12·0		89 56·5		53·9		9
23	Mt Mosso	229 21·5		90 4·8		48·6		10
24	Astar-iyo en Agot Baso	291 23·0						13
25	Mt Cafacit	333 21·5		90 7·3		56·9		12
26	Dalma, bord de la colline	334 2·2		90 15·2		27·5	6	
27	Mt Ljema	334 37·8	0·2	89 59·4		58·0		11
								15
28	Mt... direction	335 14·7					5	

Dogom II.

N°	Objet relevé.	A	Éc.	z	Éc.	Dist.	273
1	Mt Wugir, un bord	23 57·1		89 10·9		39·7	1
2	Id., autre bord	24 8·0					2
3	Gatam	37 29·6		89 45·3		14·1	3
4	Anbar Qirqos	38 18·1		89 41·1		12·7	4
5	Église	45 53·1		89 44·8			5
6	Mt Dabet	50 58·1		89 45·9		28·0	6
7	Mt Danguago, arbre	60 15·1		89 53·4		9·6	7
8	Guluma kidana mihrat	60 27·6		89 48·4		10·5	8
9	Mt Sapera *	103 9·4		89 51·0		55·8	9
10	Mt Raya *	103 17·6		89 52·5		55·2	10
11	Mt...	103 49·1		89 57·0			11
12	Mt...	104 16·1		89 55·5			12
13	Mt Maca *	105 14·1		89 52.5		57·5	13
14	Mt Sirba *	107 37·1		89 46·8		57·9	14
15	Mt Gudru *	107 53·1		89 46·1		58·1	15
16	Mt Loya * Є	108 52·6		89 52·5		57·8	16
17	Mt Horro *	109 20·6		89 50·5		57·0	17
18	Mt Alelu *	109 52·1		89 52·0		55·8	18
19	Mt Wanc ? un bord	124 54·1		90 11·0			19
20	Id., autre bord	126 16·1		90 11·4			20
21	Mt Kome	152 13·0	0·4	90 13·1	0·0	8·3	21
							29
22	Mt Diriqo	186 30·1		90 8·9		68·4	22
23	Mt Çuqalla	196 20·6		90 5·1		57·1	23
24	Mt Amara	205 27·6		90 2·1		58·7	24
25	Arbre 31 de Yajibe	213 46·1					30

Dumi I.

N°	Objet relevé.	A	Éc.	z	Éc.	Dist.	86
1	Mt Liyu *	200 53·3		90 19·1		70·9	2
2	Mt Liq *	202 58·3		(90 19·1)			3
3	Mt Fudi	213 57·3		90 41·2		88·4	4
4	Fond de la baie de Quarata	214 20·3					5

Dumi I (suite).

N°	Objet relevé.	A ° ′	Éc. ′	z ° ′	Éc. ′	Dist.	86
5	Ile Mado MARYAM, un bord	217 50·3		91 15·3		43·9	6
6	Id., autre bord	217 59·3					7
7	Ile Bet manzo, un bord	219 23·8		91 23·3		37·0	8
8	Id., autre bord	219 27·8					9
9	Fond de la baie de Gugube	219 51·3		91 34·2		31·1	10
10	Ile Innat *, un bout	220 50·3		91 28·2		34·1	11
11	Commencement de Zage, E	220 53·8		91 17·2		41·6	13
12	Ile Innat *, autre bout	220 57·8					12
13	Ile	220 59·8		91 30·1			14
14	Fond de la baie du Gumara	221 27·3		91 49·0		25·6	29
15	Cap de Waynuma, Ya ayt dabir	221 27·8		91 33·1		33·9	15
16	Ile Mahdara Sibhat, et Irema, un bord	221 49·8		91 33·1		31·6	16
17	Ile Mahdara Sibhat, autre b.	221 56·8					17
18	Fond de l'anse de Zega wanz	221 59·3		91 54·0		24·3	30
19	Ile Irema, autre bord	222 3·3					18
20	Ile Matalle, un bord	222 7·3		91 37·6		29·3	19
21	Id., autre bord	222 34·3					20
22	Mahal Zage, milieu	222 37·8					21
23	Ile Wof gojo, un bord	222 39·8		91 33·5		29·0	22
24	Id., autre bord	222 46·8					23
25	Cap, embouch. du Gumara	222 50·8		91 51·8		24·8	31
26	Ile Tana, bout sud	223 33·3		91 39·5		28·4	24
27	Cap Takla haymanot	224 11·3		91 45·5		26·3	25
28	Ile Çaqla manzo, un bout	224 19·3		91 45·0		26·9	26
29	Id., autre bout	224 23·3					27
30	Ile Tana, bout nord	224 52·8		91 42·5		27·8	28
31	Fond de l'anse au delà du Aboska	226 8·3					32
32	Embouchure cap du Aboska	226 50·3		92 11·7		20·5	33
33	Anse en deçà du n° 32, et Mt Asiba	230 32·8					34
34	Embouchure du Aboha	231 7·8		92 25·1		18·4	35
35	Ile Daga Istifanos, un bout	236 8·8		91 25·1		36·3	36
36	Mt Šambillo	236 18·8		90 41·8		71·5	37
37	Daga Istifanos, église	237 3·3		91 17·8		36·3	38
38	Ile Daga, autre bout	237 19·3		91 23·8		36·3	39
39	Ile Daq, cap Dabub *	237 40·8		91 21·6		38·5	40
40	Cap Gualu *	237 45·3		91 23·1		37·3	46
41	Fond de l'anse entre les nos 39 et 40	238 0·3					47
42	Ile Maçat, un bord	238 12·8		91 19·6			41
43	Id., autre bord	238 22·3					42
44	Bout de l'ile Lakata	238 45·3		91 19·5			43
45	Ile Daq ; misraq *	240·9 ?		91 24·9		35	44
46	Ile Daq ; mi-irab *	240·9 ?		91 18·8		40	45
47	Ile Daq, cap Samen *	242 57·3		91 21·1			48
48	Milieu d'une terre lointaine	245 22·3		90 52·7			49
49	Ile Buahe set ; un bout	249 33·8		92 47·2		15·6	50
50	Id., autre bout	249 46·8					51
51	Ile Çaqla *	249 50·8					52
52	Ile Buahe wand ; un bout	250 17·3		92 43·8		15·8	53
53	Id., autre bout	250 26·8					54
54	Ile Mitraha ; un bout	261 0·3		92 48·3		15·1	55
55	Id., autre bout	261 35·3					56
56	Ile Galila ; un bout	264 8·8		91 22·4		38·8	57
57	Id., autre bout	264 20·3					58
58	Ile Birgidda ; un bout	266 45·3		91 29·7		31·6	59
59	Cap...	266 48·8					61
60	Ile Birgidda ; autre bout	266 51·3					60

Dumi I (suite).

N°	Objet relevé.	A	Éc.	z	Éc.	Dist.	86
		° ′	′	° ′	′		
61	Cap Gorgora	266 56·2		91 28·5		31·7	62
62	Ile Angara ; un bout	267 0·8		91 28·9		31·5	63
63	Ile Arba dubba ; un bout	267 2·8		91 31·9		31·3	65
64	Id., autre bout	267 5·8					66
65	Ile Angara ; autre bout	267 6·8					64
66	Cap Itege *	267 9·3		91 23·8		36·5	68
67	Fond de la baie entre 2 caps	268 5·8					67

Dumi II.

N°	Objet relevé.	A	Éc.	z	Éc.	Dist.	87
1	Mt Gorgbet *	27 46·3		89 49·5		68·1	1
2	Mt Zoz amba 6	61 0·3		90 55·5		21·8	2
3	Mt Zoz amba, bord S. E.	62 19·3					3
4	Mt...	68 44·3		90 29·7			4
5	Mt Zata	75 3·8		90 33·2			5
6	Mt Bela	78 45·8		90 13·5		71·5	6
7	Mt Gavzigivla	84 7·8		90 13·8		71·4	7
8	Mt...	93 54·3					8
9	Mt Qalala	116 35·8		89 59·2		20·2	9
10	Mt Gana Qirqos	192 57·3		90 42·2		39·2	10
11	Mt Manta dabir F	200 3·8		90 50·6		37·5	11
12	Mt Liyu *	200 54·8		90 19·1		70·9	12
13	Mt Liq *	202 59·8					13
14	Station Dumi I	287 19·3					15

Elyas.

N°	Objet relevé.	A	Éc.	z	Éc.	Dist.	273	277
1	Mt... *a*	1 6·5		89 36·1				7
2	Mt... *b*	1 16·0		89 35·1				6
3	Innamora MARYAM, à peu pr.	1 44·0		89 42·7		17·8	5	
4	Mt Çat warqa	2 11·5		89 29·2		39·8		27
5	Dalma, station, à peu près	13 11·5		89 39·1		11·9	6	
6	Dalma Madhane'alam	16 42·5		89 35·3			8	
7	Mt Inja * ?	29 13·0		89 57·5		27·4		26
8	Amanuel	33 27·0		89 25·6			7	
9	Mt...	34 46·0		88 48·5				25
							276	
10	Mt Daguaj ?	36 8·7	0·8	88 50·7	0·4	24·3	9	24
11	Mt Abbat *, un bord	41 10·5						19
12	Id., autre bord	41 26·0		88 35·9		26·2		18
13	Mt Aguagul *	41 47·5		88 49·6		32·0		23
14	Mt Lij *, un bord	42 7·0						17
15	Id., autre bord	42 16·0		88 46·0		25·2		16
16	Mt Quira gadal	42 28·5		88 44·5		24·7		15
17	Mt Tala 6	46 8·0		88 24·4		30·2	10	
18	Mt Tala α	46 15·5		88 23·9		30·3		20
19	Mt... en deçà du n° 18	47 49·0		89 31·9				21
							273	
20	Mt Gabgrarit	53 15·3	0·2	88 33·8	0·1	30·2	9 †	22
21	Yawobbi MARYAM	99 43·5		89 41·1		17·6		29
22	Abišaba qiddus Mika-el	112 37·5					4	
23	Dogom IYASUS	133 52·0	0·5	89 52·2	0·2	19·5	10 †	30
24	Mt Balballa	203 10·5		89 57·6		60·8		31
25	Mt Goro Çan	205 13·5		89 53·6		56·8		32
26	Passe vers Dora probablemt	221 46·0						33
27	Liyim Astar-iyo	244 36·3	0·3	89 44·0	0·6	10·2	2	34
28	Arbre signal	248 27·4	1·3	90 43·0	0·7		†	35

† Elyas :	20	23	28
276 :	7	8	1,6

Elyas (suite).

N°	Objet relevé.	A	Éc.	z	Éc.	Dist.	273	277
		° ′	′	° ′	′			
29	Elyas	262 26·5					1	
30	Mt Taja α	304 1·5						14
31	Mt Taja 6	304 13·5		90 3·6		51·6		13
32	Mt Kawan *	315 15·0		90 1·4		43·5		12
33	Mt Fudi	325 57·5		89 53·7		50·6		11
34	Kullic qiddus Mika-el	330 31·0		90 6·0		2·0	3	
35	Mt...	331 13·5		89 55·2				28
36	Mt Danguiya	336 44·0		89 45·3		42·8		36
37	Mt Çafaçit, un pic	342 54·5		89 41·5		39·1		10
38	Id., autre pic	343 24·0		89 40·5				9
							276	
39	Mt Licma	344 25·8	0·8	89 32·4		40·4	11	8
40	Mt Liq *	352 6·5		89 34·2		50·0		1
41	Mt Koso bar	353 24·0		89 35·7		49·9		2
42	Mt Liyu *	355 1·3		89 32·4		49·2		3
43	Mt Borgz 6	357 12·5		89 34·4		46·9		4
44	Mt Borgz α	357 27·0		89 33·6		47·1		5
45	Église	358 29·0		89 56·8			14	

Falle I.

N°	Objet relevé.	A	Éc.	z	Éc.	Dist.	244	246
1	Pic bas	178 26·5		91 3·0				29
2	Creux ; devaut Pušariya ?	178 57·4					9	
3	Mt Habib	181 16·5		90 47·8				1
4	Pic	181 47·5		90 17·6				2
5	Mt Bor, sommité plate	186 27·5		90 4·4				3
6	Mt Bor, pic	186 36·3		90 3·9				4
7	Pic	187 16·5		90 12·4				5
8	Mt... et pic en deçà	190 27·5		90 24·3				6
9	Mt Qawa, probablement	192 41·5		90 29·3				7
10	Mt Qawa ; faite	197 42·5		90 9·3		70·4		8
11	Mt Qawa ; pic	198 33·5		90 15·3				9
12	Pic	199 58·0		90 18·3				10
13	Mt Incinni	203 41·5		90 12·3		24·4		11
14	Pic	216 58·0		90 13·6				14
15	Mt...	217 28·5		89 51·3				12
16	Mt Qirarati	218 40·0		89 46·8		31·4		13
17	Mt...	222 45·0		89 46·8				15
18	Mt Wace	224 42·0		89 39·8		27·4		16
19	Mt Egan	231 10·4	3·0	89 24·7	0·4	23·7	1	17
20	Mt Bilida	247 0·4		90 11·4		38·6	2	
21	Mt Walqite	248 0·4		90 14·9		38·0	3	
22	Mt Misingo 6	250 21·4		90 11·9		37·1	4	
23	Mt Misingo α et γ	251 53·9		90 17·1		37·3	5	
24	Mt...	253 39·9		90 27·4			6	
25	Mt Umo	256 21·9		90 21·1		41·7	7	
26	Mt Humo	270 6·0		90 21·4				18
27	Mt...	280 34·5		90 21·8				19
28	Mt Kosuma	282 35·5		90 11·3		31·6		20
29	Arbre signal	286 59·3	0·3	90 10·8	0·6		8 †	22
							245	
30	Mt Kunc	290 50·1		89 57·6	0·3	32·0	7,8	21
31	Mt Jibate A	308 10·5		88 59·1				23
32	Mt Jibate γ	311 0·5		88 58·3		9·1		24
33	Mt Jibate δ	313 27·5		88 35·3		8·0		25
34	Mt Jibate 6	315 17·5		88 15·3		9·4		26
								28
35	Mt Jibate α	318 31·3		88 18·2	0·6	9·8	2	27

† Falle I :	29
245 :	1,6

Falle II.

Nº	Objet relevé.	A	Éc.	z	Éc.	Dist.	247	249
		° ′	′	° ′	′			
1	Mᵗ Rogge	54 58·0		86 14·4			15	
2	Mᵗ...	100 59·5		89 47·2				5
3	Bord N. du daga de Wariro	105 19·5					13	
4	Désert entre Soddo et Maro	108 55·0		89 38·6				2
5	Mᵗ... dans Maro	114 19·0		89 47·7				3
6	Bord S. du daga de Wariro	115 37·0		89 40·5		51·5		4
								250
7	Acacia signal	121 23·2	0·8	91 27·4	0·3		10†	14
							24	21
8	Mᵗ Bido, un bord	125 37·5	3·0	90 46·1	0·1		11†	
9	Id., autre bord	126 2·3	0·8				12†	
10	Mᵗ... en Dadale	155 41·0		89 15·5				13
11	Mᵗ... direction	157 20·0					†	
12	Mᵗ... en Dadale	158 6·0		90 1·9				12
13	Mᵗ... en Dadale	164 31·0		90 9·5				11
14	Mᵗ lointain, une sommité	172 5·5		90 21·8				9
15	Id., 2ᵐᵉ sommité	172 11·5		90 20·3				10
16	Mᵗ Wošo, corne orientale	177 33·3	2·8	90 20·7	0·2	132·0	1	2
17	Pic...	178 2·0		90 41·1			25	
18	Intersection du Mᵗ Bor et des Mᵗˢ de Tufte	179 6·0					3	
19	Mᵗ Wošo, corne occidentale	179 39·8	2·7	90 20·9	0·1		2,9	1
20	Pic près Mᵗ Bor	180 54·5		90 27·1			4	
21	Mᵗ Habib	181 39·5		90 17·1			7	
22	Mᵗ Bor, 2ᵐᵉ petit pic	182 8·0		90 16·8			5	
23	Id., 3ᵐᵉ pic	183 4·0		90 11·1			6	
24	Id., une tête	186 46·3	6·3	90 3·9	0·1		14 †	3
25	Id., 2ᵐᵉ tête	186 57·2		90 2·9				4
26	Mᵗ... boisé	190 51·5		90 22·6				5
27	Mᵗ Qawa, une sommité	191 34·5		90 27·9				6
28	Id., 2ᵐᵉ sommité	196 28·0		90 9·3				7
29	Id., faite	198 0·0		90 7·8		70·5		8
30	Mᵗ Incinni	203 59·2	0·2	90 11·5	0·2	24·4	23†	
31	Mᵗ...	207 39·0		90 10·7			21	
32	Mᵗ Micu *	208 32·0		90 2·2		41·1	22	
33	Mᵗ Tafi	213 22·0		90 2·2		47·2	20	
34	Qirarati	219 0·0	0·0	89 46·0	0·4	31·6	19†	15
35	Mᵗ Hola *	220 28·5		89 42·2		30·7	18	
36	Mᵗ Wace	225 2·5		89 38·8		27·5	17	
37	Mᵗ Egan	231 30·5	0·5	89 24·4		23·8	8	
							16	
38	Mᵗ Bilida	247 11·5	0·0	90 11·6		38·7	26	16
39	Direct. de Falle I, à 318ᵐᵗ	280 23·0					†	

Fanja.

Nº	Objet relevé.	A	Éc.	z	Éc.	Dist.	99
1	Mᵗ Soni, ma station	34 48·3					2
2	Mᵗ MARYAM	102 1·8		88 47·3		25·9	3

Fogara.

Nº	Objet relevé.	A	60
1	Mᵗ MARYAM, pic	16 12·5	1
2	Mᵗ Dawaro	33 31·5	3
3	Mᵗ Dumi	41 15·5	2
4	Mᵗ Izub *	43 35·5	4
5	Mᵗ Gugube	212 3·5	5

† Falle II :	7	8	9	11	24	30	34	39
248 :	5,6	..	..	..	..	7	8	..
249 :	1,6,11	7	8	9	10	..	..	12

Galosge.

Nº	Objet relevé.	R	Éc.	z	Éc.	Dist.	64
		° ′	′	° ′	′		
1	Mᵗ Libho	94 9·1		86 50·3		3·8	4
2	Darita, direction	129 34·6					5
3	Mᵗ Guna α	135 54·6		89 5·4		38·5	6
4	Église ; dir. de Dabra Tabor	139 54·6					7
5	Amora gadal	144 50·6		90 35·3		14·8	8
6	Dabra Tabor	147 51·3		89 51·3		24·5	10
7	Mᵗ...	151 7·6		91 47·5			9
8	Mᵗ...	157 18·1		90 10·6			11
9	Mᵗ...	173 54·6		90 17·1			12
10	Mᵗ Agzios fatra ? †	177 1·6		88 58·3		89·6	29
11	Arbamba	185 32·1					15
12	Mᵗ Gana Qirqos	189 34·6		90 16·4		36·3	13
13	Manta dabir, fourche	197 13·6		90 25·7		34·4	14
14	Warata	199 37·1					16
15	Mᵗ Amadamid, centre	200 14·6					30
16	Qiddist Hanna, église	218 21·6		91 22·1		16·1	17
17	Ile Irema, un bout	221 8·1		91 5·6		27·5	21
18	Id., autre bout	221 24·1					22
19	Mahal Zage	222 8·3					19
20	Ile Wof gojo	222 8·3		91 10·3		25·4	23
21	Ile Çaqla manzo	224 0·6					24
22	Cap	224 36·1		91 13·3			20
23	Ile Daq	243 49·6					18
24	Mᵗ Zibist	250 34·6					2
25	Mᵗ Asiba	253 16·6		90 29·0		0·40	25
26	Col...	255?		86 56·3			3
27	Ile Buahe set	256 0·6		92 5·4		12·3	26
28	Ile Buahe wand	256 47·1		92 2·4		12·4	27
29	Andabet, Šime †	283 27·6					28

Ganja.

Nº	Objet relevé.	R	76
1	Quarata, un côté	182 42·0	1
2	Id., autre côté	191 59·0	2
3	Ile Bet manzo, un bord	207 17·5	3
4	Id., autre bord	208 14·0	4
5	Mahal Zage, un bord	231 51·0	5
6	Id., autre bord	233 41·0	6
7	Mᵗ... un bord	270 45·0	7
8	Id., autre bord	271 14·0	8
9	Ile Daq, un côté	305 52·5	9
10	Ile daga, un côté	307 45·0	11
11	Id., centre	308 41·0	13
12	Id., autre côté	309 14·0	12
13	Ile Daq, autre côté	310 7·5	10
14	Ile Igir manzo, un bord	322 46·0	14
15	Id., autre bord	342 10·0	15

Ganu.

Nº	Objet relevé.	R	Éc.	z	Éc.	Dist.	203	204
1	Mᵗ Amara, un bord	277 2·4		86 54·3		3·0		1
2	Id., autre bord	277 36·9						2
3	Arbre signal	330 51·4	0·2	88 20·1	0·0		5,6	3

Garre abdi.

Nº	Objet relevé.	R	Éc.	z	Éc.	Dist.	133
1	Mᵗ Egan	174 36·9					5
2	Mᵗ Kunc	197 48·9		89 52·3		22·9	1

† Galosge, 10. L'apozénit serait trop petit de 70′. — 29. Azimut 183° ?

Garre abdi (suite).

N°	Object relevé.	A (° ′)	Éc. (′)	z (° ′)	Éc. (′)	Dist.		
								135
3	Mt Sobico *	198 57·9		90 1·8		23·1		2
4	Mt Sore *	200 52·9		89 58·8		22·6		3
5	Mt Sobso α	208 30·9		90 20·3		25·9		4

Garuqqe.

N°	Object relevé.	A (° ′)	Éc. (′)	z (° ′)	Éc. (′)	Dist.		
							221	215
1	Mt Milqi	1 54·5	0·5	89 52·1	0·5	23·0	9	20
2	Mt Billaca	2 20·0	0·5	89 56·0	0·1	23·7	10	19
3	Mt Hapati, direction	3 0·5					6	
4	Mt Umo	8 6·0		89 56·1		29·2		18
5	Mt Boka ϐ	14 23·0		90 12·1		31·7		17
6	Mt Boka α	15 11·5		90 10·6		31·5		16
7	Mt...	16 3·0		90 7·4			7	
8	Mt Kune	16 19·0	0·0	90 0·7		52·3	1	14
							214	
9	Mt Bilida	20 59·1	2·2	89 40·0	0·9	25·5	9 †	15
								216
10	Mt Gabana α	24 35·8	3·5	89 31·8		8·8	10	17
11	Dar-u, masara ?	27 17·3		90 15·3			16	
12	Mt Gabana ϐ	27 34·6	3·3	89 36·3		8·8	11	18
13	Dar-u, masara	28 3·0		90 15·3		4·5	†	
14	Dar-u ϐ	32 16·3					17	
15	Dar-u	36 47·3					18	
16	Mt Egan	47 33·9		89 27·1		35·6		7
17	Mt Wace	52 36·4		89 27·0		31·9		8
							218	
18	Masara de Suntu, direction	58 34·5					1	
19	Mt Qirarati	60 14·5	1·5	89 22·1	0·4	28·8	†	13
20	Dambi, marché, à peu près	72 11·4						11
21	Mt Harawa	72 49·9	2·4	90 2·1	0·4	12·7	18	10
22	Mt Mile, en Walansu	74 17·9	2·0	91 5·2	0·5	11·4	17	12
								215
23	Mt Utubo	80 20·0		89 45·5		20·4		9
24	Alge, bouquet d'arbres	85 56·5		91 44·8			12	
25	Mt Tafi, et plus près, précipice de Itanne	91 54·5		88 55·6		18·8		8
26	Alge, église antique prob.	94 56·0		91 28·8		1·96	11	
27	Arbre signal	105 49·8	1·7	91 53·3	0·7		14 †	11
							15	
28	Mt Sasilla, une sommité	114 1·1	0·6	88 43·3	0·1	12·5	12 †	10
29	Mt Gumar	121 2·8					13	
30	Mt Bora α	146 31·8	2·7	89 28·3	1·4	12·5	22 †	12
31	Fourche ou rocher central de Bora	147 4·9	3·0	89 31·9	0·3		†	7
32	Mt Bora ϐ	147 21·0	1·0	89 27·7	1·6	12·4		13
							221	
33	Dar-u, en Jimma, et direction de Jiren	151 1·0		89 40·6			22	
							214	
34	Mt Ilala γ	154 59·2	0·2	89 15·5	0·2		21	6
35	Mt Ilala ϐ	157 6·7	0·6	89 1·9	0·5	5·1	20	5
							221	
36	Mt Ilala α	159 33·5		89 5·1		5·6	5	
37	Mt Bore γ	162 16·5		89 5·0		14·6	23	
38	Mt Bore δ	165 14·5					24	
39	Mt Bore ε	169 51·8	0·8	89 18·5	0·4	13·2	25	4
40	Mt Hotta	184 5·0		89 35·9		58·1	4	

† Garuqqe :	9	13	19	27	28	30	31	32	42	52
214 :	..	..	..	..	..	..	..	..	..	19
216 :	..	..	..	3,6	..	..	9	..	..	..
218 :	..	19	..	9,10	..	7,8	5,6	3,4	13	2
221 :	11	..	12	2	3	..	..	..	..	..

Garuqqe (suite).

N°	Object relevé.	A (° ′)	Éc. (′)	z (° ′)	Éc. (′)	Dist.		
							221	215
41	Mt... en Jimma	185 50·0		89 23·4				3
42	Direction de Jiren	186 42·0					†	
43	Mt Boke tato, un bout	192 45·5		89 45·3			20	
44	Id., autre bout	194 8·5		89 47·7			19	
45	Mt Micoso	196 1·5	0·5	89 33·2	0·4	29·8	17	2
46	Col de Tumama	197 0·5					18	
47	Susa, long daga : bout E	197 0·5		89 39·3			21	
48	Mt...	201 15·5		89 35·8				1
49	Mt Kaka Iya	222 15·2	1·3	89 34·1			14	31
50	Mt Baballa ou badda lemana	226 48·2	1·3	89 23·9	0·2	29·1	16	30
51	Mt Dagu Ne-enca	243 4·5	4·0	89 43·6	0·2		13	29
52	Mt Mata Gera	246 12·2	4·9	89 38·1	0·2	22·3	15 †	25
53	Col lointain	247 28·0		89 32·4				26
							218	
54	Afata, direction	262 36·0					14	
55	Gombota, direction	267 6·0						27
56	Fissure du Did-esa	268 12·0					23	
							214	216
57	Kocawo, direction	281 49·9						16
58	Daga, masara	283 59·8					8	
59	Mt Minjillos	285 14·8		91 58·3		2·9	5	
							218	
60	Daga, masara ?	285 31·0					28	
61	Mt Anna *	289 58·5		89 55·4		22·1	20	
62	Mt Mamme *	290 48·0	3·0	89 53·8		22·2	21	15
								215
63	Mt Sanna *	292 18·0		89 53·9		21·6	22	
64	Mt... en Guma	297 5·0		89 56·0				24
65	Macalato, désert en deçà de Guma	297 51·0					15	
66	Bun-o daga, un bout	298 53·0					24	
67	Mt Aselo	305 1·0					16	
68	Bun-o, daga : faîte	311 51·0		89 36·9		26·7	26	
								214
69	Mt Agamsa	313 39·8		90 49·7		4·5		6
70	Bun-o, daga : autre bout	316 30·0					25	
							214	215
71	Bout d'un daga	318 50·0		89 47·0				23
72	Tobo ?	322 19·8					7	
							218	
73	Mt Heça	325 5·0		90 29·2		12·6		28
74	Tobo, masara ; tout près de ma station	327 12·0		93 41·9		4·6	29	
75	Mt Ilala en Jimma Hin-e, un bout	335 11·0		90 10·5		46·3		22
								216
76	Lieu de ma latitude à 0′·2	336 7·9						14
								215
77	Mt Ilala, autre bout	349 38·0		90 2·5		38·6		21
78	Mt Hobati	355 11·5		91 42·4			27	
							221	
79	Mt Owa korma α	355 19·0		90 2·3		67·4	8	

Garuqqe I.

N°	Object relevé.	A (° ′)	Éc. (′)	z (° ′)	Éc. (′)	Dist.	
							217
1	Garuqqe, station des azimuts	157 34·0	0·7	80 31·6			1,2

Gobe.

N°	Object relevé.	A (° ′)	Éc. (′)	z (° ′)	Éc. (′)	Dist.	
							235
1	Pic dans le qualla	3 3·7		90 42·1			16
2	Mt Rogge	156 32·3	0·4	89 2·5	0·1	15·2	5,6
3	Mt Kalo α	169 26·7		88 43·6		13·8	7
4	Mt Kalo ϐ	170 17·2		88 45·2		13·6	8
5	Mt Diriqo α	174 4·7		88 45·2		13·3	9
6	Mt Diriqo ϐ	174 21·7					10
7	Mt Mute	180 4·2		89 35·4		18·5	11

Gobe (suite).

N°	Objet relevé.	A	Éc.	z	Éc.	Dist.	255
		° ′	′	° ′	′		
8	Mt Maru *	192 44·2		89 31·1		22·9	14
9	Mt Jibate β	192 58·7		89 29·3		23·3	13
10	Mt Jibate α	193 16·7		89 28·1		22·7	12
11	Mt Balballa	293 2·2		89 35·1		31·5	15

Gondar.

N°	Objet relevé.	A	Éc.	z	Éc.	Dist.	312	317
1	Mt Tigre miçohya, ma statn ?	7 0·9		82 25·1		0·68	7	
2	Id., ma station	7 18·8	2·4	82 29·0	0·1	0·68		3,8
3	Mt Soni, ma station	311 58·8	1·4	84 23·7	0·2	2·7		1,10
4	Id., autre point	312 52·3	0·6	84 31·6	1·0		5,6	
5	Mt Dinkuan	348 46·3	0·9	84 30·9	0·5	2·1		2,9

Gugl'a.

N°	Objet relevé.	A	Éc.	z	Éc.	Dist.	290
1	Arbre signal	34 37·8		74 53·4			5
2	Mt Bizan	157 7·8		86 28·3		5·9	3
3	Mt 'Alequa β	232 51·3		84 55·5		4·8	7
4	Mt 'Alequa β, arbre	234 24·8		84 55·6		4·8	8
5	'Addi graht, église	246 10·3		90 48·5		1·73	6
6	Mt Ziban sifra, arbuste	344 59·3		82 12·0		0·41	4

Gundat.

N°	Objet relevé.	A	Éc.	z	Éc.	Dist.	51
1	Mt Hiça	148 30·5		88 20·8		20·9	2
2	Mt Samayata	153 46·8		88 29·1		24·8	3
3	Mt Saloda	165 39·3		89 3·6		22·8	4
4	Mt Dammo galila	171 31·8		89 17·5		30·6	5

Gunya.

N°	Objet relevé.	A	Éc.	z	Éc.	Dist.	27
1	Mt Samayata	56 48·5		89 14·5		33·1	4
2	Mt Dammo galila	64 41·0		89 19·3		23·5	3
3	Mt Hay β	187 2·0		88 15·0		32·3	2
4	Mt Inzirt *	204 0·5		87 51·6		23·6	1

Gurem I.

N°	Objet relevé.	A	Éc.	z	Éc.	Dist.	116	117
1	Mt Amora arga	6 46·0	2·6	89 8·3	0·2	28·5	9	26
2	Mt Quira gadal	7 17·8	2·4	89 5·4	0·2	28·9	10	27
3	Mt Abbat *, un bord	8 4·2		88 56·1		30·5		28
4	Id., autre bord	8 24·2						29
5	Dogom IYASUS, église †	161 21·0	3·6	89 29·9	0·5	3·2	3	25
6	Arbre à l'ouest de Dogom	161 47·7						22
7	Limite du Gudru et de Çalliha ?	194 27·2						21
8	Défilé de Baso au Gudru, un bord	211 14·2						13
9	Id., autre bord	211 42·7						12
10	Mt Qarra	214 1·7		90 6·0		59·5		6
11	Mt Mowa *	218 22·2		90 1·5		58·4		5
12	Mt Balballa	219 7·0	1·7	89 58·1	0·3	58·6		3,4 7
13	Mt Goro Çan	222 15·7		89 54·0		55·4		23
14	Hula gambo	224 38·2		90 1·9				8
15	Mt Mosso	226 1·7		90 2·0		49·8		9
16	Limite de Gambo et de Horro	228 36·7		90 15·4				10
17	Creux où coule la riv. Agul	240 59·2						11

† Gurem I, 5. En diminuant de 20′ l'azimut de **117**,25.

Gurem I (suite).

N°	Objet relevé.	A	Éc.	z	Éc.	Dist.	116	117
		° ′	′	° ′	′			
18	Lim. du Horro et du Amuru	253 16·2		89 59·7				24
19	Source saline	260 0·2						14
20	Mutara, colline forte, un b.	263 10·9					4	
21	Id., un bord	264 0·2						34
22	Id., autre bord	266 23·2		91 22·3				30
23	Église de Mutara (**116**), et autre bord dans n° **117**	267 19·8	6·4				5	31
24	Dego wamet, bord du daga	274 6·2		90 16·9				15
25	Jiballa, colline forte, un bord	279 16·8	9·6				7	33
26	Id., autre bord	284 28·3	1·9	91 25·9	0·6		6	32
27	Liyim Astar-iyo	285 15·2		90 9·6		23·1		17
28	Source du Abbay, direction	319 27·2						16
29	Yabrage Sillase, et direction de Dambaça	329 1·8	7·4				8	18
30	Mt Boraz β	345 3·7		89 51·6		59·3		19
31	Mt Boraz α	345 15·2						20

Gurem II.

N°	Objet relevé.	A	Éc.	z	Éc.	Dist.	158	263
1	Mt...	3 13·1					16	
2	Mt Abbat *, un bord	7 52·1		88 56·7		30·4	14	
3	Id., autre bord	8 14·6					15	
4	Mt Tala β	15 17·6		88 39·0		32·5	12	
5	Mt Tala α	15 41·1					13	
6	Mt Gabararit	21 23·1		88 43·3		30·6	11	
7	Anbar, église	52 17·6		89 34·5		11·2	7	
8	Yawiš, direction	70 8·1					10	
9	Taba Mika-el	74 19·1		89 46·5		17·6	9	
10	Taba Nolawi	74 42·1		89 46·5		17·4	8	
11	Mt Danguago, arbre signal	79 57·0	1·1	89 45·7	0·5	9·5	6	5
12	Dogom IYASUS, un bout	162 2·5						6
13	Id., autre bout	162 29·2	1·1				4,5	
14	Mt Çuqalla	194 36·5		90 5·6		59·8		1
15	Mt Qarra	214 5·5		90 7·9		59·6		2
16	Mt Balballa	219 9·7	0·6	89 58·9		58·7	3	3
17	Mt Sagal marme β	220 8·0		90 2·3		58·4		4
18	Mt Licma	334 8·3	1·2	89 54·3		54·9	17	7
19	Mt Boraz β	344 58·5						8
20	Mt Boraz α	345 14·0						9
21	Mt Çat warqa	347 7·5						10

Gurem III.

N°	Objet relevé.	A	Éc.	z	Éc.	Dist.	118
1	Dinta, église	49 54·0		89 38·3			1
2	Anbar, église	52 7·0		89 33·8		11·3	2
3	Yawiš, église	70 9·0					3
4	Taba Mika-el	74 14·0					4
5	Gibzit MARYAM	89 24·0					5
6	Arbre isolé	115 52·0		89 24·1		0·73	6
7	Église	128 32·0					7
8	Église	141 50·0					8
9	Dogom IYASUS ; un bord	161 38·0					9
10	Id., autre bord	162 26·0					10
11	Arbre de Gurem I,6	162 30·0					11
12	Dir. des stat. **116** et **117**	295 52·0					12

Gurto.

N°	Objet relevé.	A	Éc.	z	Éc.	Dist.	253
1	Mt Jibate γ	261 52·5		89 36·8		12·1	9
2	Mt Jibate β	265 33·7		88 58·3		11·7	8

Gurto (suite).

N°	Objet relevé.	A	Éc.	z	Éc.	Dist.	233
		° ′	′	° ′	′		
3	Mt Maru *	267 29·0		88 59·6		11·5	7
4	Mt Jibate α	268 52·0		88 56·6		11·6	6
5	Mt Awala hada nigus	272 28·5		89 34·1		11·7	5
6	Mt Kunc, un bord	276 17·5		90 6·6		35·3	1
7	Id., autre bord	276 21·5		90 9·8			2
8	Mt Sorc * ; un bord	276 57·5		90 14·6		36·4	3
9	Id., autre bord	277 37·5		90 17·1			4
10	Mt Mute	296 56·0		89 28·9		7·1	10
11	Mt Quço	309 47·0		89 44·7		11·9	11
12	Mt Cillimo α	312 43·5		89 39·2		27·6	12
13	Mt Diriqo α	328 58·0		88 33·6		10·0	13
14	Mt Amuma *	336 50·0		88 7·5		7·3	14
15	Mt Mata *	353 2·5		88 20·2		6·2	15

Guzat.

N°	Objet relevé.	A	Éc.	z	Éc.	Dist.	157
1	Mt Annane	54 57·0		85 51·2		2·6	7
2	Mt Tilile et axe du Ongujya	206 53·0		87 41·8		6·9	1
3	Mt Histi	215 58·0		80 45·5		11·1	2
4	Mt Hiça γ	228 6·0		87 42·6		12·5	3
5	Mt Hiça β	228 15·5		87 42·1		12·5	4
6	Mt Hiça α	228 22·0		87 41·1		12·5	5
7	Abuna Mazraʿite	229 20·5		87 58·7		11·5	6

Hanna Sanna.

N°	Objet relevé.	A	Éc.	z	Éc.	Dist.	11	53
1	Col de Suluh	14 16·4						1
2	Mt Yangurgure, et direction de Halay	120 13·4	0·2	89 18·6	0·8	8·1	2	7
3	Kaʿato	130 21·0		89 36·5				8
4	Pic des Mts Sawayra	140 3·0		89 30·5		23·8		9
5	Mt Saym β	162 27·5		89 57·5		22·0		2
6	Direction de ʿAddi graht	169 12·0						11
7	Mt ʿAlequa β	171 43·3		89 52·0		47·2		5
8	ʿAddi graht, direction	173 9·8		89 59·4		45·5	5	
9	Mt Kašʿat	175 59·2	1·5	89 53·9	0·6	20·5	4	6
10	Mt Kisat arc	188 20·3		90 9·1		47·5	6	
11	Mt Gual haze	189 11·8		90 15·6		51·7	7	
12	Mt Histi	198 47·3		90 11·1		48·3	8	
13	Mt Amoqay	199 3·8		90 13·7		48·3	9	
14	Mt Samayata	200 20·5		90 4·9		52·7	10	
15	Mt Hiça β	202 8·5		90 8·5		48·6	11	
16	Mt Guraho	204 19·3		90 23·1		46·7	12	
17	Mt...	204 33·3		00 27·0			13	
18	Mt Saloda	205 37·5		90 26·3		54·5		4
19	Mt Sibʿat	206 31·1		90 23·0		50·0	14	
20	Mt Tahuila	220 37·4		91 8·1		18·6	15	
21	Gundat, direction	236 33·3					16	
22	Maharasat et dir. de Digsa	256 22·0						10
23	Digsa, direction	266 4·4					20	
24	Mt Gorzo, fourche	267 42·3		90 12·2		34·3	17	
25	Dambalas, direction	279 18·3					18	
26	Bizen, direction	324 46·3					19	
27	Mt Birqaqo	340 13·0		85 46·4		0·36		12

Hapati.

N°	Objet relevé.	A	Éc.	z	Éc.	Dist.	207	224
1	Mt...	7 27·5		90 18·2			7	
2	Mt...	8 48·5		90 4·2			8	

Hapati (suite).

N°	Objet relevé.	A	Éc.	z	Éc.	Dist.	207	224
		° ′	′	° ′	′			
3	Mt Wamay	10 20·0		89 52·6		28·4	5	
4	Qella de Cibbe, direction	11 3·5						25
5	Ma stat. du Mt Sobso, à peu pr.	17 1·5		90 17·4		25·2	4	
6	Mt Gimbara	17 53·5		90 7·3		25·5	3	
7	Ma station du Mt Sobso ?	18 7·5						24
8	Mt Sobso α	18 30·8	0·2	89 53·7	0·2	25·1	1,2	23
9	Mt Umo	38 19·0		88 19·8		4·5	6	
10	Koma, masara du Roi	55 33·5		95 42·2				22
11	Arbre signal	56 18·2	1·1	89 37·6	0·6			9,10
12	Koma, masara Abba Jobar	66 3·5		94 36·8		0·83		21
13	Mt Misingo α	76 58·0	0·0	88 58·5	0·1	8·1	10	1
14	Mt Misingo β	83 42·0		88 36·1		8·5		2
15	Mt Walqite	95 41·0		88 44·4		8·0		3
16	Mt Bilida	102 38·0		88 23·4		8·0		4
17	Gatira, masara	131 34·0		90 17·9				11
18	Mt Mole	151 21·2	3·2	90 10·8	0·5	11·2	11	12
19	Mt Mile	161 58·5		90 12·2		14·1		13
20	Mt Gabana β	171 10·5	6·5	89 52·2		17·8	12	14
21	Mt Gabana α	172 32·2	0·2	89 50·1	0·1	17·5	13	15
22	Mt Gabana γ	173 30·5		89 54·2		17·9		16
23	Mt Billaca, une sommité	182 23·5						20
24	Id., escarpement	183 52·5		89 52·1				18
25	Id., autre sommité	193 16·0	4·0	86 50·2	0·2	1·71	14	17
26	Mt Sakala	205 14·5		87 18·5		1·63		19
27	Id., autre point †	205 52·0		86 50·0			15	
28	Mt Ilala en Jimma Hin-e, un bout	308 57·0		89 45·8		26·4	16	
29	Id., autre bout	327 7·0					17	

Hayda.

N°	Objet relevé.	A	Éc.	z	Éc.	Dist.	169
1	Mt Kammal	97 3·6		87 57·8		11·8	19
2	Mt Zaze *	115 45·3	0·3	86 52·1		13·0	3,4
3	Mt Cinfara, un bord	125 57·6				16·7	6
4	Id., autre bord	126 13·1		86 48·6		16·7	5
5	Mt Abar	133 8·1		85 18·0		14·5	7
6	Mt Inzirt *, un bord	133 55·6		85 16·5		14·5	8
7	Id., autre bord	134 15·1					9
8	Mt Zamad *	138 37·1		85 53·0		14·7	10
9	Mt Zimdinna *	139 2·6		85 55·3		14·8	11
10	May Tahlo, à peu près	145 43·6		86 58·6			12
11	Mt Abba Yared	163 1·6		85 57·6		21·9	13
12	Col de Silki	164 5·6		86 15·0		21·9	14
13	Mt Baroc waha	165 16·1		85 52·2		21·6	15
14	Mt Zufan *	183 29·9		86 58·1		24·1	16
15	Hawaza, environ	187 9·6					20
16	Col	199 56·1		88 32·0			17
17	Mt ʿAlawgen	345 49·6		88 22·9		15·7	18

Hiça.

N°	Objet relevé.	A	Éc.	z	Éc.	Dist.	89
1	Mt Samayata	180 1·0		89 5·0		4·4	1
2	Mt Dammo galila ? ?	206 14·2		92 8·2		14·0	2
3	Mt Saloda	231 32·0		91 50·3		6·7	3

† Hapati, 27. Apozénit probablement 87° 30′; la minute du n° 14 de **207** aura été répétée par mégarde.

Ḫorạ dịbbạ.

N°	Objet relevé.	A	Éc.	z	Éc.	Dist.	310
1	Mt Faqi *	16 59·2	2·0	88 26·6	0·1	1·53	3,6,7
							39
2	Mt Ambạzzo β	26 19·7		88 26·8		1·66	8
3	Dịgna	53 21·2		89 10·2		6·1	9
4	Dabạr	84 9·7		89 48·1			10
5	Dạrgaj	109 41·2		89 54·9			11
6	Gạday *	127 43·2		90 26·6		4·7	12
7	Mt Wanût *, un bout	141 1·1					14
8	Id., autre bout †	141 39·2		90 7·6		37·0	13
9	Fạrqa bạr	171 12·7		91 14·3		26·9	16
10	Dafạça kịdanạ mịḫrạt	175 42·7		92 47·0		5·9	15
11	Fond de la baie de Gulqaba ?	178 7·7					19
12	Cap du lac Ṭana	178 25·2		91 30·6			18
13	Ṭadda	181 39·2		91 59·1		12·4	17
14	Rive du lac ?	191 44·7		93 9·8			20
15	Tịgre mịçohya ; ma station	194 22·7					21
16	Tịgre mịçohya, pic	195 28·7		92 58·0		5·0	22
17	Ile Arba dubba	200 34·7					23
18	Ile Angara	200 52·7					24
19	Gorgora, bout du cap	201 10·2		91 17·7		32·7	25
20	Mt Dịnkuan	206 39·2		92 16·8		4·2	26
21	Mt Soni, un bout	221 48·2		91 2·6		5·3	27
22	Id., autre bout	226 4·7					28
23	Mt Qạzqạzzit	234 29·7		91 5·5		2·9	29
24	Mt Çạçquina	241 24·7		90 18·0		7·7	30
25	Mt Alama *	246 57·2		90 36·4		10·3	38
26	Mt Gay	247 8·7		91 4·6		3·0	37
27	Çạlga	253 30·7		90 55·8		25·7	31
28	Mt Arbamba	280 1·7					32
29	Mt Cịlkuana, un bout	312 13·7					36
30	Id., autre bout	313 46·2		90 51·0			35
31	Mt Mạguina, un bout	318 57·7					34
32	Id., autre bout	319 44·2		90 53·8		27·6	33

Ịbnị ḫarmaz.

N°	Objet relevé.	A	Éc.	z	Éc.	Dist.	31
1	Mt Ḫịça	215 0·0		88 19·4		14·9	1
2	Mt Beyto	229 30·5		89 26·5		13·5	2

ʿIdaga Šaḫa.

N°	Objet relevé.	A	Éc.	z	Éc.	Dist.	167
1	Mt Abạr	154 17·8	0·1	87 31·2	0·3	23·8	3,4
2	Mt Ịnzịrt *	155 1·4		87 31·3		23·8	5
3	Mt Abba Yared	169 27·9		87 38·8		33·1	6
4	Col de Sịlqi	170 11·9		87 52·4		33·1	7
5	Mt Bạroc wạha	171 2·4		87 37·2		32·9	8
6	Col	189 24·9		89 2·9			9
7	Mt Mušạrra dạngya α	209 13·9		89 43·3			10
8	Mt Mušạrra dạngya β	209 20·4		89 45·3			11
9	Mt Yạ Sạyṭan rịgiça ; environ	211 22·9					12
10	Mt ʿAlawgen	311 33·4		86 34·1		5·5	13
11	Mt Asar * α	349 56·9		85 51·4		3·6	15
12	Mt Asar * β	351 24·9		86 5·8		3·6	14

† Ḫorạ dịbbạ, 8. Azimut trop grand de 20′.

Ilfata I.

N°	Objet relevé.	A	Ec.	z	Éc.	Dist.	229	237
1	Mt Çali	0 27·2		89 24·7		27·8	15	
2	Mt Mạrfata	8 13·9		92 17·3		2·4		3
3	Mt Mạrfata, arbre isolé	8 40·2		92 17·6			16	
4	Mt Adulan	11 36·9		89 20·0		22·9		5
5	Mt Amara	28 36·9	0·3	89 6·3	0·1	23·5	2,5	4
6	Mt Molu	35 20·9		89 1·1		20·9		8
7	Mt Cịllimo β	39 45·4		88 57·6		21·1		9
8	Mt Cịllimo α	40 21·9		88 57·1		21·0		10
9	Mt Darimu *	43 39·9		89 4·6		21·0		11
10	Mt Muño * β	48 11·9		89 15·7		24·0		12
11	Mt Muño * α	49 33·9		89 15·2		22·8		13
12	Mt Gurra *	55 15·9		89 22·8		23·2		14
13	Mt Ịggu	58 50·9		92 59·7		0·53		31
14	Mt Dịriqo α †	78 19·4		89 20·9		29·5		6
15	Mt Dịriqo β †	78 45·9						7
16	Mt Muṭe	89 5·9		89 39·9		27·6		15
17	Mt Awala hạdạ nịgus	96 0·4		89 26·1		22·3		16
18	Mt Jịbate α	97 48·3	0·6	89 7·2	0·2	22·4	18	17
19	Mt Maru *	98 28·4		89 10·3		22·6		18
20	Mt Jịbate β	99 31·9	1·0	89 7·8	0·6	22·4	19	19
21	Mt Jịbate δ	102 7·4		89 25·3		23·5		20
22	Mt Sadani, extrémité gauche	117 2·4						29
23	Id., autre point †	118 34·4		89 28·2		1·68		28
24	Id., extrémité droite	127 18·4						30
25	Confluent des deux Gịbe	144 35·2					20	
26	Station **229**	145 39·4						33
27	Mt...	146 57·8	1·6	90 24·6	0·0		22	21
28	Id., autre point	148 39·9		90 22·4				22
29	Id., pointe ; Mt Ịncịnnị	149 52·9		90 8·7		37·8		23
30	Mt Egan, sommet	157 41·0	1·8	89 18·8	0·2	27·3	21	24
31	Id., autre point	158 16·9		89 20·0				25
32	Mt Wạce	162 22·4		89 34·6		31·3		26
33	Mt Hola *	164 59·4		89 38·6		35·0		27
34	Mt Fạgo *	175 0·9		90 9·5		40·6		32
35	Mt...	341 28·2		90 10·4			8	
36	Mt...	342 37·2		90 13·8			9	
37	Mt Zodi * α	343 3·2		90 16·2		28·5	10	
38	Mt Zodi * β	343 31·2		90 16·7		29·3	11	
39	Mt...	345 30·7		90 17·2			12	
40	Mt...	345 43·7					13	
41	Adami, ma hutte	356 38·8	3·1	94 39·5		1·07	17	1
42	Hutte de Jịjo abba Jana	356 47·4		94 40·0				2
43	Mt Bạlbạlla	357 2·2		89 17·6		31·3	14	

Ilfata II.

N°	Objet relevé.	A	Ec.	z	Éc.	Dist.	238
1	Mt Çali	1 5·5		89 27·4		27·6	21
2	Mt Adulan	12 28·7		89 24·5		22·8	22
3	Mt Kolba	14 12·0		89 36·2		25·0	23
4	Adami, hutte de Abba Jana	14 32·0		96 4·6			19
5	Adami, ma hutte	14 40·5		96 5·5		0·93	18
6	Mt Mạrfata	16 43·0		93 10·6		2·3	20
7	Mt Lammi α	55 19·0		93 15·7		4·7	24
8	Mt Mịsingo γ	192 24·0		89 59·8		22·2	1
9	Mt Bịlida	194 15·0		89 54·6		26·4	2
10	Mt Mịsingo α	195 55·5		90 0·0		23·1	3

† Ilfata I, 14 et 15. Azimuts trop petits de 20′. — 23. Apozénit trop petit de 2°.

Ilfata II (suite).

N°	Objet relevé.	A	Éc.	z	Éc.	Dist.	238
		° ′	′	° ′	′		
11	Mt Boka α	201 8·5		90 22·6		20·4	4
12	Mt Boka β	202 24·5		90 23·1		20·2	5
13	Mt Kosuma	205 27·0		88 46·9		4·2	6
14	Mt Umo	209 38·5		90 4·7		23·5	25
15	M^t...	246 26·5		90 1·9			10
16	Id., précipice	248 8·0		89 57·4			11
17	Mt Sobso α	268 15·0		89 54·0		6·3	8
18	Mt Sobso, arbre	268 17·0		89 54·0		6·3	7
19	Mt Gimbara	272 1·5		90 28·9		6·4	9
20	Mt Kunc, sommet	312 21·5		79 56·3		1·20	12
21	Id., arbuste	312 33·9	0·4	79 56·3	0·0		13
							17

Imakullu.

N°	Objet relevé.	A	Éc.	z	Éc.	Dist.	323	324
1	Fond de l'anse n° 1	2 30·8		90 18·3			1	
2	Bout du cap Harub	7 33·1		90 17·2		12·1	2	
3	Étang lointain ; un bout	39 6·3		90 39·6			3	
4	Id., autre bout	40 38·3					4	
5	Fond de l'anse n° 2	52 45·3		90 46·7		3·8	5	
6	Bout rocail. du cap Qurqusum	62 15·3		90 39·8		4·5	6	
7	Ilot	70 11·3		90 41·0		4·4	7	
8	Petit ilot	70 27·3					8	
9	Cap ʿAbd el-qadar	70 35·3		90 45·1		4·0?	9	
10	Fond de l'anse n° 3	72 16·3		90 50·0		3·4	10	
11	Fond de l'anse n° 4	78 10·8		90 46·5			11	
12	Fort	78 51·3		90 38·0			12	
13	Coin du fort 12, où est le mât de pavillon	79 1·5	1·4	90 39·5	0·0		13 †	3,5
14	Anse en deçà du cap Girar	82 33·8		90 58·4		3·0	15	
15	Cap Girar ; un point	82 49·1		90 42·5		3·8	14	
16	Id., autre point	86 13·0		90 50·9		3·5	16	
17	Cap Mudir	87 30·8		90 42·9		3·7	17	
18	Fortin du cap Mudir ; coin du pavillon	87 58·8		90 37·8		3·7	18	
19	Id., autre angle	88 5·3					19	
20	Ile Tuwalut ; un bout ?	88 42·8		90 51·3			20	
21	Šayk el Hammal, mosquée ?	90 50·3		90 38·8			21	
22	Dern. maison de Muçawwʿa	93 55·8		90 45·7			22	
23	Bout de l'ile de Muçawwʿa	94 12·8		90 47·7		3·4	23	
24	Ile Šayk Saʿiyd ; un bout de la partie boisée	102 36·8		90 43·6		3·8	24	
								323
25	Id., autre bout	105 36·7	1·0	90 42·6			25	15
26	Ile Tuwalut, autre bout	106 16·3		90 54·0		2·8	26	
27	Ile Dĕse ; un point	112 41·8		90 7·9			27	
28	Id., autre point	115 14·8		90 5·6		21·7	28	
29	Ilot, un bout	116 2·8					30	
30	Id., autre bout	116 5·3		90 16·4			29	
31	Petit ilot, milieu	116 10·8					31	
32	Mt Gadam, sommité doub. α	142 40·3		88 12·9		13·6	32	
33	Id., le plus haut point β	145 43·8		88 11·5		14·4	33	
34	Harqiqaw ; l'une des mosq.	150 6·3		90 11·5			34	
35	Mt Habon	161 3·7	1·1	89 22·4	0·0	14·5	35	2
36	Mt Ayd'ale	165 14·3		88 31·9		44·5	37	
37	Mt Diyot	178 5·3		87 40·7		29·0	38	

† Imakullu : 13
325 : 1, 11, 14

Imakullu (suite).

N°	Objet relevé.	A	Éc.	z	Éc.	Dist.	323	324
		° ′	′	° ′	′			
38	M^t...	187 48·8		87 40·1			39	
39	Mt Habaza malayša	193 18·0	0·2	87 8·4	1·1	24·9	40	6
40	M^t Aʿasa awli	202 15·1		87 35·9		18·6		9
41	Mt Kobi	205 57·6		87 20·4		20·1		10
							323	
42	Mt Angualala	211 27·9	1·3	87 22·5	0·2	21·0	3	11
43	Mt Bizen γ	226 41·2		87 19·3		25·6	6	
44	M^t Gaʿad	228 3·2		87 18·1		26·1	4	
45	Mt Bizen II	229 9·7		87 17·3		25·8	5	
46	Mt Bizen I	229 13·1		87 19·1		25·6		12
47	M^t...	250 21·2		87 33·3			7	
48	Mt Daharay *	263 4·7		87 34·8		21·5	8	
49	Notre maison à Imakullu	327 12.1						8
50	Maison de l'agent consulaire de France	330 17·1		93 16·9				7
							323	
51	Horizon naturel de la mer Rouge			90 14·5		14·7	36	

Imba Raʿindi.

N°	Objet relevé.	A	Éc.	z	Éc.	Dist.	55
1	M^t Kašʿat	130 49·2					1
2	Mt Dabra Damo	169 23·2		89 23·2		23·4	2
3	Mt Histi	198 4·2		89 9·2		32·7	3
4	Mt Samayata	200 22·2		89 6·0		37·1	4
5	Mt Hica β	202 59·7		89 3·7		33·0	5

Inçatkab.

N°	Objet relevé.	A	Éc.	z	Éc.	Dist.	152
1	Mt Guna α	174 11·2					6
2	Mt Gitim *	208 18·7		90 29·3		50·7	5
3	Mt Waqqan	261 2·7	1·0	90 13·5	0·8	16·8	3,4

Inna doqqo.

N°	Objet relevé.	A	Éc.	z	Éc.	Dist.	54	55
1	Mt Sawayra	123 24·9					3	
2	Mt Zaba * α	130 44·4		89 18·7		26·1	2	
3	Mt Zaba * β	131 1·4					4	
4	Mt Matara, un point	131 51·4		89 30·7			5	
5	Mt Matara α	134 56·4		89 27·6		27·1	6	
6	Mt Matara β	135 29·0		89 29·6		26·7	7	
7	Mt Saym β	137 34·4		89 28·4		28·6	8	
8	M^t Kašʿat	145 23·9		89 19·0		25·0	9	
9	Mt Tahuila	177 19·4		90 17·6		14·4	10	
10	Mt Histi	183 29·9					11	
11	Mt Amoqay	183 45·9					12	
12	Mt Samayata	186 23·4		89 44·0		49·9	13	
13	Mt Saloda	192 23·9		90 4·4		50·5	14	
14	Mt Bihiza	200 25·4					15	
15	Ziban Sarawe, commencem.	203 36·4					16	
16	Pic isolé	223 57·4					17	
17	Mt Gorzo, fourche	265 44·4	0·0	89 28·9		21·6	18	5
18	Mt Bohta, et Igala Gur'a	272 59·4					19	
19	Dibaruą	277 39·4						1
20	Zadzaga	302 9·9						2
21	Mt Damba	322 28·4		89 14·7		11·5		3
22	Id., milieu du plateau	325 49·4		89 6·4				4

Innamora I.

N°	Objet relevé.	A	Éc.	z	Éc.	Dist.	
		° ′	′	° ′	′		139
1	Mt Abbat *, un bord	82 57·9		87 56·5		16·5	10
2	Id., autre bord	83 38·4					11
3	Église, et direct. de Yajibe	170 21·4		90 24·4			12
4	Mt Taja α	284 54·9		90 7·0		46·5	14
5	Mt Fudi	309 40·9		89 48·3		37·9	13
6	Direct. de la source du Abbay	323 10·9					15
7	Mt Licma	330 59·2	3·2	89 10·7	0·0	24·2	3,4
8	Mt Dangya qadada α †	336 44·9		89 49·9		30·4	5
9	Mt Dangya qadada ϐ	337 26·9		89 33·5		29·3	6
10	Mt Amadamid	343 26·9		89 32·7			7
11	Mt Liq *	346 22·4		89 10·2		32·7	8
12	Mt Liyu *	350 41·9		89 7·9		31·6	9

Innamora II.

N°	Objet relevé.	A	Éc.	z	Éc.	Dist.	
							140
1	Mt Fudi	310 6·0					3
2	Mt Danguiya	321 1·0					1
3	Mt Licma †	329 52·5					2

Irir.

N°	Objet relevé.	A	Éc.	z	Éc.	Dist.	
							48
1	Mt Ḥiça α	212 25·3		90 10·9		46·0	1
2	Mt Sib'at	216 28·8					2
3	Imba Zen, un bord	237 57·3					4
4	Mt Tahuila	246 10·8		91 13·2		20·1	3
5	Mt Gorzo, fourche	276 37·3		90 25·5		40·9	5
6	Mt Badot près Ḥalay	293 31·3		90 43·9			6
7	Mt Gajiret	303 34·3		90 28·9			7
8	Mt Guadayf	304 9·3		90 29·4			8
9	Mt Birqaqo	314 50·8		90 3·9		9·1	9
10	Mt Habaza malayša	342 18·3					10

Jahana.

N°	Objet relevé.	A	Éc.	z	Éc.	Dist.	
							148
1	Mt Ambaro †	46 9·0		90 9·2		4·2	19
2	Ile Daq, un bout, cap Samen *	47 12·0		90 27·5			20
3	Id., autre bout, cap Dabub *	54 48·0					21
4	Ile Daga Istifanos, centre	55 48·0		90 19·5		26·5	22
5	Mt Abola Nigus †	122 50·0		89 51·7		37·8	1
6	Mt Mando, à peu près	129 4·5		89 49·3			2
7	Mt...	148 11·0		89 30·4			3
8	Mt Dangya qadada ϐ	149 32·0		89 28·4		41·6	4
9	Mt Dangya qadada α	149 49·0		89 27·9		40·5	5
10	Mt...	151 10·5		89 31·8			6
11	Mt...	152 14·5		89 32·4			7
12	Mt...	153 22·5		89 35·7			8
13	Mt Licma	153 42·0		89 33·2		46·5	9
14	Mt...	156 56·0		89 33·8			10
15	Mt Danguiya	160 34·0		89 36·7		43·5	11
16	Mt...	163 54·5		89 41·5			12
17	Mt...	164 49·5		89 37·2			13
18	Mt Azim (Fudi)	175 18·0		89 31·0		38·9	14
19	Mt Barf	179 30·0		89 33·8			15
20	Mt Zirigi	183 0·7		89 31·4			16
21	Mt Šambillo	233 44·5		87 45·7		8·6	17
22	Mt Gajge	312 45·0		89 45·9			18

† Innamora I, 8. Le profil et la construction demandent 89° 29′·9.

† Innamora II, 3. Azimut trop petit de 70′ ?

† Jahana, 1. Apozénit trop grand de 40′. — 5. Azimut trop grand de 20′.

Karni.

N°	Objet relevé.	A	Éc.	z	Éc.	Dist.	
		° ′	′	° ′	′		279
1	Qaranyo	5 12·0					23
2	Mt Yawagare	29 45·0		92 17·9		18·1	30
3	Mt Wayzazir	42 11·5		91 53·2		24·4	12
4	Mt Amonewos α	53 1·5		90 42·8		23·6	14
5	Mt Amonewos ϐ	53 20·5					16
6	Mt Molala *	59 16·0		90 56·3		24·4	15
7	Mt Darj α	65 26·5					18
8	Mt Darj ϐ	66 44·0		91 36·4		26·0	17
9	Martula MARYAM	76 22·5					19
10	Mt Somma daga α	104 2·5		91 58·4		29·3	20
11	Mt Somma daga ϐ	105 36·5					21
12	Mt Somma qualla, bord éloig.	107 18·5					22
13	Mt Nib *, un bord	128 35·0		92 30·5		3·5	4
14	Id., autre bord	129 14·5					5
15	Mt Wugir	150 7·0		91 31·6		3·9	1
16	Mt Kanf	158 33·0		91 25·0		3·2	7
17	Mt Birhan *	195 17·0		87 43·8		1·08	6
18	Mt Agzios fatra	242 9·0		89 36·7		5·8	26
19	Mt Šakara * ou Mt Gadab *	248 15·0		90 9·2		4·7 ou 4·2	28
20	Mt Cilti	257 29·0		89 25·3		3·4	27
21	Mt Wanbar *	289 48·0		90 30·1		4·3	29
22	Mt Dangya qadada α	296 18·5		90 56·3		44·0	8
23	Mt Sagado ϐ †	296 25·5		90 57·1		30·2	9
24	Mt Sagado α	299 50·5		90 55·9		30·3	10
25	Mt Liq *	303 34·5		90 39·5		42·2	25
26	Mt Amadamid α	306 16·5		90 42·1		40·0	24
27	Mt Abola Nigus	320 45·5					13
28	Mt Manta dabir, centre	339 28·0					31
29	Mota, église	347 33·5		92 23·3		21·1	11

Kiyo.

N°	Objet relevé.	A	Éc.	z	Éc.	Dist.	
							251
1	Mt Killesa *	21 16·0		90 0·0		4·5	28
2	Mt... dans Gindibarat	25 56·5		90 2·6			27
3	Mt... en Kutay	46 32·5		89 23·8			26
4	Mt Ilfata, en Kutay	52 3·5		89 27·0			25
5	Mt Qar * en Kurcaš ou Cabo	90 33·5		88 3·2		11·2	24
6	Mt Hamdo	92 59·0		87 56·2		12·9	23
7	Mt Kašo *, α	102 40·0		88 12·5		11·1	21
8	Mt Kašo *, ϐ	102 55·0		88 12·7		11·7	22
9	Mt Bola α	139 57·5		86 30·2		2·0	19
10	Mt Bola ϐ	147 30·5		86 23·6		2·0	18
11	Mt Bola γ	149 51·5		86 21·5		2·0	17
12	Mt Jibate γ	252 51·5		89 45·1		12·2	16
13	Mt Jibate ϐ	255 49·5		88 46·3		11·8	15
14	Mt Marn *	257 27·0		88 46·7		11·4	14
15	Mt Jibate α	258 56·5		88 43·8		11·7	13
16	Mt Awala hada nigus	262 38·5		89 20·7		11·5	12
17	Mt Mute	281 52·5		89 0·1		6·2	11
18	Mt Quço	302 25·0		89 26·7		10·5	9
19	Mt Diriqo, direction	323 12·5					10
20	Mt Amuma *	331 18·5		86 59·0		5·4	8
21	Mt Rogge, mamelon	347 30·5		87 32·7			7
22	Mt Rogge, sorte de *tumulus*	348 20·0		87 25·6			6
23	Mt Mata *	353 35·5	1·0	87 2·0	0·1	4·3	5,20

† Karni. A la suite d'une orientation par la carte, on a ajouté 14′·4 à tous les azimuts de ce tour d'horizon, orienté d'abord par le soleil.

† Karni, 23. Probablement 297° au lieu de 296°.

Kocawo.

Nº	Objet relevé.	A	Éc.	z	Éc.	Dist.	223
		° ′	′	° ′	′		
1	Mt Ileça	1 27·0	0·6	88 57·1		10·0	5,6
2	Mt Milqi	19 55·9		89 10·4		24·2	8
3	Mt Bilida	35 14·9		89 9·5		28·8	9
4	Mt Agamsa	56 15·4		87 29·8		5·1	10
5	Mt Marti	69 21·4					11
6	Afaṭa, direction	204 21·4					12
7	Daga, direction	352 55·4					7

Kokma.

Nº	Objet relevé.	A	Éc.	z	Éc.	Dist.	56
1	Mt Ḫiça 6	248 32·3		83 10·5		3·4	1
2	Maison carrée de Abba Afze	284 35·3		89 50·2		1·54	2

Koma.

Nº	Objet relevé.	A	Éc.	z	Éc.	Dist.	130
1	Mt Misingo α	78 3·7		88 21·4		7·3	8
2	Mt Fago * ? et Mt...	135 17·2		89 35·9		24·2	6
3	Ṡaqa, direction	162 6·7					7
4	Mt Billaca	210 16·2		86 9·4		2·3	5
5	Mt Sakala	219 0·2		86 45·4		2·4	4
6	Mt Hapati	246 31·2		85 22·9		0·83	3

Koqa.

Nº	Objet relevé.	A	Éc.	z	Éc.	Dist.	46
1	Mt Diyot et Girgarro	5 43·5		90 45·4		13·5	12
2	Mt Fadum	11 55·5		90 34·2			11
3	Mt Yangurgure, et Irir à p. pr.	19 29·5					13
4	Mt Kaš'at	198 46·5		89 59·1		14·6	2
5	Mt Ḫisti	209 1·5		90 14·7		44·7	3
6	Mt Samayata	209 46·5		90 6·7		49·3	4
7	Mt Ḫiça 6	212 33·5		90 9·7		45·5	5
8	Mt Imba zen	238 26·0		90 41·7			6
9	Mt Taḥuila	247 20·5		91 13·7		19·7	7
10	Mt Gorzo, fourche	277 24·0		90 23·2		40·8	8
11	Mt Damba	301 41·5		90 31·9		30·3	9
12	Mt Birqaqo	317 54·0		90 6·6		9·3	10

Kua amba.

Nº	Objet relevé.	A	Éc.	z	Éc.	Dist.	92
1	Mt Dabra Sina α	181 11·4		87 45·1		10·9	1
2	Mt Dabra Sina γ	181 49·4					3
3	Mt Dabra Sina 6 ?	183 44·4					2
4	Mt Qalala	256 53·9		88 13·4		22·9	4

Lafufle.

Nº	Objet relevé.	A	Éc.	z	Éc.	Dist.	82
1	Mt Diyot	94 24·2		90 13·8		7·8	4
2	Mt...	271 21·2					1
3	Mt Ga'ad	310 35·2		90 5·3		16·8	2
4	Mt Angualala	338 16·2		91 30·1		11·3	3

Lag'amara.

Nº	Objet relevé.	A	Éc.	z	Éc.	Dist.	134
1	Mt Kunc	197 25·1		88 3·1		15·0	7
2	Mt Sobico *	199 8·6		88 18·0		15·2	6
3	Mt Sore *	202 11·6		88 12·9		14·8	5
4	Mt Sobso	212 51·5	0·6	89 2·8	1·0	18·2	3,4

Lalibala.

Nº	Objet relevé.	A	Éc.	z	Éc.	Dist.	89
		° ′	′	° ′	′		
1	Garagara qiddus Giyorgis	228 37·1		90 2·7		23·8	2
2	Mt Dabra Sina δ	264 20·6		90 16·9		32·0	3
3	Mt Dabra Sina γ	265 0·6					5
4	Mt Dabra Sina 6	265 21·6					6
5	Mt Dabra Sina α	265 34·1					4
6	Mt Qalala	273 28·1		90 6·0		53·8	7
7	Mt Marado, un bord	285 25·1		90 31·6		82·0	10
8	Id., autre bord	285 43·1					11
9	Mt Buahit	326 25·6					9
10	Sanqa bar	327 28·6		90 5·9			8

Lanko.

Nº	Objet relevé.	A	Éc.	z	Éc.	Dist.	94
1	Mt Mira, et, plus près, Sayko	41 54·5		90 32·2		32·9	3
2	Mt Qalala	232 22·0		85 29·2		4·0	4
3	Mt Zoz amba, un bord, α	352 40·0		90 14·2		16·8	1
4	Mt Zoz amba, autre bord, γ	354 42·0					2

Liqanos.

Nº	Objet relevé.	A	Éc.	z	Éc.	Dist.	303	322
1	Mt Tahuila	29 16·0		90 33·5		43·2		7
2	Mt Bihiza	37 3·5		90 32·0		3·1		8
3	Mt Yangurgure	39 58·7		90 15·1		62·3	49	
4	Mt Kaš'at	47 40·2		90 3·4		46·8	50	
5	Mt Sib'at	57 27·0		89 42·6		12·8		1
6	Mt Dabra Sina	63 30·7		90 25·3		6·8	51	
7	Mt Ḫiça α	64 50·3	0·2	89 4·4	0·2	16·4	52	2
8	Mt Amoqay 6	70 13·2		89 30·7		18·5	53	
9	Mt Ḫisti	70 28·7		89 26·7		18·7	54	
10	Mt Saloda	73 57·2	1·5	89 38·8	0·5	10·0	5,6 55	3
11	Mt Samayata α	80 10·3	1·3	88 44·1	0·7	15·1	7	6
12	Mt 'Alequa α	83 40·7		89 32·9		39·7	8	
13	Maggab	116 15·7		90 15·9		36·6	10	
14	Mt Dammo galila	122 43·8	0·4	89 24·1	1·1	10·1	9	4
15	Mt Abba Pantalewon	123 26·5		91 53·0		0·76		5
16	Mt Ḫawi *	129 20·2		89 55·9		40·0	11	
17	Mt Ḫamle *	166 21·2		90 22·2		53·3	12	
18	Mt Girum *, un bord	166 49·2		90 21·7		51·3	13	
19	Id., autre bord	167 24·7				51·2	14	
20	Mt Ambara	169 51·7		90 23·7		31·8	15	
21	Mt Sabeyti *	174 33·7		90 29·0		31·0	16	
22	Mt Nobit, un bord	176 59·7		90 25·9		25·6	17	
23	Id., autre bord	177 29·7				25·6	18	
24	Mt 'Arke *	180 58·2		90 27·9		25·2	19	
25	Mt Lawa *	188 35·2				52·8	20	
26	Mt Liga *	189 18·7		90 3·7		52·9	21	
27	Mt Hay α	196 17·7		89 29·5		47·2	22	
28	Mt Sazza * α	199 49·2		89 13·0		55·1	23	
29	Mt Ankua *	201 42·7		89 16·7		58·3	24	
30	Mt Cirinfira α	201 42·7					26	
31	Mt Zabo *	202 13.7		90 31·2		16·2	27	
32	Mt Walta *	202 21·7		89 19·2		58·3	25	
33	Mt Lagata *	205 15·7		89 13·7		55·7	28	
34	Mt Abba Yared	208 53·2		89 14·2		54·8	29	
35	Col de Silki	209 17·2		89 23·5		55·1	31	
36	Mt Baroc waḥa	209 45·5		89 14·0		55·2	32	
37	Col du Mt Abar	210 20·2		89 26·7			30	
38	Mt Abar : bord du dôme	211 4·2		89 19·5		43·1	33	
39	Mt Zimdinna *	211 16·2					34	

Liqanos (suite).

N°	Objet relevé.	A	Éc.	z	Éc.	Dist.	
		° '	'	° '	'		303 322
40	Mt Zamad *	211 18·7					35
41	Mt Guanaqui *	212 37·2					36
42	Mt Zufan *	213 56·2					37
43	Aksum, église de l'Unique, *a*	228 1·2		95 47·8			39
44	Id., *b*	228 15·7					40
45	Id., *c*	229 9·2					41
46	Mt Kurkur *	232 27·7		89 45·9		8·1	38
47	Aksum, grand obélisque	235 20·7		95 52·5			42
48	Mt Dandi *	244 28·2		89 55·4		12·3	43
49	Mt... Wa'alta bazin	281 27·2		88 46·0		4·1	44
50	Mt Manbar *	298 38·2		89 11·2		3·2	45
51	Mt Marf-i *	303 2·2		89 49·9		3·6	46
52	Mt Gorzo * α	358 26·7					47
53	Mt Gorzo β	358 51·2					48

Loza.

N°	Objet relevé.	A	Éc.	z	Éc.	Dist.	
							98
1	Loza, église	5 54·0					2
2	Mt Soni, ma station	5 55·0		87 25·8		6·5	3
3	Gondaroc qiddus Giyorgis	20 14·5					4
4	Tour du Ras bet	32 31·0		89 31·1		5·7	5
5	Tour Managaša	33 25·0		89 28·9		5·3	6
6	Abbo, église	37 50·0					7
7	Azazo, église	62 59·0					8
8	Mt Azan *, un bord	81 18·0					10
9	Id., autre bord	82 10·0		88 3·9		8·7	9
10	MARYAM Saramni, église	100 32·0					12
11	Tadda, église	117 0·0		90 45·1		4·3	13
12	Mt MARYAM	124 37·5		88 48·4		20·7	11
13	Mt Atyar, escarpement	200 50·0		90 45·1		19·2	14
14	Mt Atyar	202 9·5					15
15	Mt Jalo	204 52·5					16
16	Mt Jibjiba	234 55·0					17

Madab.

N°	Objet relevé.	A	Éc.	z	Éc.	Dist.	
							138
1	Mt Kaš'at	35 23·1		88 35·9		15·8	8
2	Mt Matara β	43 33·6		89 11·8		20·0	9
3	Mt Matara α	44 53·6		88 58·0		20·2	10
4	Mt Ḫisti	212 15·6		88 27·2		14·6	1
5	Mt Samayata	213 21·1		88 27·8		19·2	2
6	Mt Ḫiça	222 15·8	1·7	88 17·9		15·7	3,7
7	Mt Anfara	232 11·6		89 27·4		17·3	4

Maḥdara MARYAM.

N°	Objet relevé.	A	Éc.	z	Éc.	Dist.	
							103
1	Aringo	6 52·7		89 43·6		5·4	5
2	Dabra Sina	29 0·7					6
3	Dabra Tabor IYASUS	36 19·7		88 27·5		9·3	7
4	Dabra Tabor MARYAM	40 3·2		89 8·5			8
5	Anqaza birhan	151 55·7					10
6	Cawre qiddus Mika-el	174 40·7					9
7	Dabra Qanta IYASUS	178 43·7		88 37·5		10	11
8	Mt Abba Libanos	196 55·7		88 51·8			12
9	Abba Galawdewos	231 40·7		89 23·4			13
10	Gana Qirqos, un bord	240 49·7					15
11	Id., autre bord	241 40·7		89 41·4		15·6	14
12	Mt Mamarsay	256					16

Maḥdara MARYAM (suite).

N°	Objet relevé.	A	Éc.	z	Éc.	Dist.	
		° '	'	° '	'		103
13	Dama qiddus Giyorgis	264 48·7		90 3·1		13·5	17
14	Carge Takla haymanot	275 4·7					18
15	Guramba, eaux chaudes	279 23·7					19
16	Mt Gugube	289 49·2		90 37·7		24·4	2
17	Mt Dumi	350 48·7		89 27·4		31·2	3
18	Mt...	355 58·7		89 39·1			4

Makana.

N°	Objet relevé.	A	Éc.	z	Éc.	Dist.	
							320
1	Mt...	223 53·8		85 32·5			7
2	Mt Masararya	239 52·3		83 38·3		5·8	8
3	Mt Buahit	262 54·1	0·2	82 51·5	0·4	5·4	5,6
4	Mt Abba Yared	341 49·8		82 53·3		5·2	9

Mangistu I.

N°	Objet relevé.	A	Éc.	z	Éc.	Dist.	
							118
1	Mt Agaw kab	18 17·5					6
2	Mt...	18 51·5		89 1·3			2
3	Mt Amonewos α	21 13·0		88 55·3		23·6	3
4	Mt Amonewos β	21 20·0		88 56·3		23·5	4
5	Dabra warq, direction ?	34 45·5					5
6	Mt Somma daga α	88 45·5		90 35·9		18·0	7
7	Mt Somma qualla ?	95 1·0					8
8	Mt Dabet	191 39·5		89 52·3		14·9	9
9	Angac et direction de Yawiš	218 35·5					11
10	Église de Mangistu	225 34·5		89 17·5		3·3	10
11	Zawa	238 23·5		89 19·8		12·2	12

Mangistu II.

N°	Objet relevé.	A	Éc.	z	Éc.	Dist.	
							292
1	Mt Abba zamu α	24 5·0		89 10·0		26·0	31
2	Mt Abba zamu β	24 11·0					32
3	Mt Amonewos α	24 26·5		89 10·3		26·3	33
4	Mt Amonewos β	24 32·0		89 12·0		26·2	34
5	Mt Ahya faj	25 47·0		89 16·1		23·9	35
6	Mt Medeq * α	26 35·0		89 17·1		23·9	36
7	Mt Medeq * β	27 29·0		89 17·1		24·1	37
8	Mt Medeq * γ	28 31·0		89 18·0		24·1	38
9	Mt Molala *	30 23·5		89 23·0		25·8	39
10	Mt Darj α	38 25·5		90 5·6		27·2	40
11	Mt Darj β	38 51·0		90 8·3		25·5	41
12	Mt Wara zahay	64 32·5		89 47·8			42
13	Id., point culminant	67 49·5		89 42·4		54·1	43
14	Bord du daga au delà du Çe	68 38·0		90 38·0			45
15	Église de Mangistu	125 1·0					44
16	Mt Dabet	182 41·0		89 59·3		12·3	1
17	Yadabala MARYAM	195 45·5		90 23·8			3
18	Arera MARYAM	204 55·5		90 12·9		13·9	2
19	Angac	211 46·5		90 23·7			4
20	Yasanbat, ma station à p. pr.	214 39·0		90 13·0		11·7	5
21	Ayšal	217 3·0		90 22·4			6
22	Mt Quiy, petite sommité	220 39·5		90 4·0			7
23	Mt Quiy, grande sommité	222 2·5		89 44·6		7·0	8
24	Daboza	236 23·5		89 48·5			11
25	Zawa	243 7·5		89 17·1		8·9	9
26	Šašc	264 50·5		88 34·1			10
27	Mt Lamlam *	271 16·0		87 32·7		10·8	12
28	Mt Muaiamuat	272 16·5		87 28·0		11·1	13
29	Mt Bigir *	274 20·0		87 24·1		11·4	14
30	Mt Digir *	275 43·0		87 17·0		11·7	15

Mangistu (suite).

N°	Objet relevé.	A	Éc.	z	Éc.	Dist.	
		° ′	′	° ′	′		292
31	Mt Gabararit	277 55·0		87 14·4		12·2	16
32	Mt Akarar	283 57·5		87 26·5		12·0	17
33	Mt Tala 6	287 2·0		87 29·5		15·3	18
34	Mt...	288 31·5		87 38·0			19
35	Mt...	293 24·0		87 49·1			20
36	Mt...	294 10·5		87 50·2			21
37	Mt Amba bar	294 35·5		87 49·8		14·0	22
38	Mt Sinafil bar	296 15·0		87 30·6		14·2	23
39	Mt Agzios fatra	298 18·0		87 18·1		14·9	24
40	Mt Fit *	299 44·0		87 24·5		14·7	25
41	Mt...	302 18·5		87 31·8			26
42	Mt Šakara *	303 8·3		87 29·1		14·7	27
43	Mt Kanfar *	311 19·5		86 16·2		10·4	28
44	Mt Nib *, un bord	325 4·0		86 44·7		9·2	29
45	Id., autre bord	325 20·0					30

Manta dabir I.

N°	Objet relevé.	A	Éc.	z	Éc.	Dist.	183
1	Mt Dabra Tabor IYASUS	62 4·8		89 34·8		26·2	15
2	Mt Boraz α	197 32·3					9
3	Mt Boraz 6	197 41·8		89 18·9		34·7	10
4	Mt Abola Nigus	201 43·8		89 55·4		21·1	12
5	Mt Amadamid α	201 40·3					2
6	Mt Amadamid 6	201 51·2	1·9	89 11·4		32·7	4,11
7	Mt Koso bar	204 36·0					5
8	Mt Liq *	206 22·9	0·1	89 12·1	0·9	33·9	1,3

Manta dabir II.

N°	Objet relevé.	A	Éc.	z	Éc.	Dist.	184
1	Mt Dawaro	15 12·0	1·7	89 49·3	0·6	37·1	9,10
2	Mt Dumi, un bord	19 18·2					8
3	Mt Dumi, ma station là p. pr.	19 55·2		89 36·2		37·5	7
4	Mt Dambualul	29 57·2					6
5	Mt...	38 20·2		90 4·3			5
6	Mt Atir *	47 53·7		89 41·8		39·6	4
7	Mt Qalala	49 35·2		89 35·9		40·5	3

Manta dabir III.

N°	Objet relevé.	A	Éc.	z	Éc.	Dist.	185
1	Mt Amadamid 6	201 26·1					1
2	Mt Koso bar	204 15·6					2
3	Mt Wayra α	219 30·6		90 35·8		5·4	3
4	Mt Wayra 6	220 33·1		90 47·3		5·3	4
5	Mt Guaha	222 6·1		90 43·8		3·6	5
6	Bahr dar, direction	264 40·1					8
7	Mt Laguna	272 43·6		90 44·1		4·9	6
8	Mahal Zage α	283 51·1		90 46·9		16·2	7

Manta dabir IV.

N°	Objet relevé.	A	Éc.	z	Éc.	Dist.	186	187
1	Mt MARYAM	8 2·2						30
2	Mt Wasfe dangya	183 16·9		90 7·3		14·7		1
3	Mt Gadal *	194 57·4		89 21·0		33·5		24
4	Mt Boraz 6	197 22·4		89 17·0		34·7		2
5	Mt Abola Nigus	201 11·9		89 52·4		21·1		4
6	Mt Liyu *	201 33·9		89 8·0		33·3		3
7	Mt Koso bar	204 15·9		89 10·7		33·4		5
8	Mt Liq *	206 2·3	0·4	89 8·5		33·9	7	6
9	Koso bar, col	208 37·6	3·3	89 44·4			9	7

Manta sabir IV (suite).

N°	Objet relevé.	A	Éc.	z	Éc.	Dist.	186	187
		° ′	′	° ′	′			
10	Mt Sannay MARYAM	210 17·4		90 41·1		3·9		10
11	Mt Adama	210 23·6	0·7	89 26·5			8	8
12	Mt Yazoba	213 26·9		89 26·7				9
13	Mt Wayra α	219 22·6	0·8	90 35·9	0·4	5·4		12
								13
14	Mt Wayra 6	220 26·4		90 47·1		5·3		14
15	Mt Njabara	228					6	
16	Bout du lac Tana, à peu pr.	260 14·4						25
17	Mt Šambillo	264 38·2	1·0	90 4·6		46·5	5	11
18	Mt Laguna	272 43·3	0·6				4	26
19	Mt Ambaro	275 43·4		90 26·9		36·6		20
20	Mahal Zage α	283 47·4		90 47·8		16·3		15
21	Ile Daq, un bout	304 14·4						28
22	Quarata III	306 27·4,	1·0	91 26·0		12·0	3	27
23	Ile Daq, autre bout	307 4·4						29
24	Mt Ginda timim	307 24·3		91 27·8		10·9	2	
25	Daga Istifanos	311 45·6	2·7				1	16
26	Ile Ganja, un bord	315 36·9		91 26·6		13·0		17
27	Id., autre bord	315 58·9						18
28	Ya ayt dabir	316 22·9						19

Masararya.

N°	Objet relevé.	A	Éc.	z	Éc.	Dist.	308
1	Mt Baroc waha	18 37·7		89 48·5		8·2	7
2	Mt Sazza * 6	76 7·7		89 36·1		6·8	8
3	Mt Ras Dajan	80 1·2		89 24·7		8·7	9
4	Mt Abuna Yosef	138 27·7		90 39·3		83·7	10
5	Mt Guna α	179 21·7		90 44·6		88·9	11
6	Mt Qalala	184 14·7		91 0·2		68·1	12
7	Mt MARYAM	210 2·2		91 6·7		60·3	13
8	Mt Waqqan	249 58·2	1·5	91 46·9		25·6	5,14
9	Mt Buahit	354 54·7		88 55·5		2·0	6

Mashal.

N°	Objet relevé.	A	Éc.	z	Éc.	Dist.	301
1	Mt Saym α	48 25·3		88 44·5		3·2	19
2	Mt Dabrimela	81 7·8		89 39·1			20
3	Mt...	86 55·3		90 4·8			21
4	Mt San'afe	127 45·8	0·0	88 58·1	0·6	17·7	5,6
5	Mt Bizan, milieu	161 2·8		89 32·1		27·6	7
6	Mt 'Alequa 6	173 5·3		89 15·3		23·8	8
7	Mt 'Abiy *	179 38·3		89 30·8		23·6	9
8	Mt Adigi tahuila	181 20·3		89 36·3		24·4	10
9	Mt Dabra Damo	199 53·8		90 51·8		15·5	11
10	Mt Awgar α	202 26·3		89 44·3		23·0	12
11	Mt Samayata	220 34·8					13
12	Mt Hiça	225 52·3					14
13	Nugot, église	253 15·3		92 54·4			18
14	Mt Kaš'at	313 25·8		88 50·9		3·9	15
15	Mt Birqaqo	349 31·0		90 3·5		23·8	16
16	Mt Šayk 'Ara	354 5·8		89 53·6		27·9	17

May Qani-i.

N°	Objet relevé.	A	Éc.	z	Éc.	Dist.	18
1	May Mahyawit	14 45·0		84 23·1		0·43	15
2	Mt Kaš'at	33 56·0		89 26·7		28·3	2
3	Mt Zaba * 6	38 7·0		89 35·2		34·4	3
4	Mt Matara α	40 1·0		89 35·4		32·4	4
5	Mt Annane	40 54·0		89 35·1		11·5	5
6	Mt Wa-aga	64 21·0		84 23·5		1·5	6

May Qani-i (suite).

N°	Objet relevé.	A	Éc.	z	Éc.	Dist.	18
		° ′	′	° ′	′		
7	Mt Tilile	65 5·0		85 42·5		2·5	7
8	Mt Seyrro	83 42·5		88 36·0			8
9	Mt...	85 49·0		88 21·4			9
10	Mt Adigi tahuila? un bout	91 25·0		87 35·1			10
11	Id., pic à l'autre bout	124 7·0		87 34·6			11
12	Mt Lihiż	242 6·0		78 51·5		1·0	12
13	Mt Dabra Zayt	325 41·0		68 47·9		0·15	13
14	Mt Mokadi	345 13·0		80 18·1		0·50	14

May Timqat.

N°	Objet relevé.	A	Éc.	z	Éc.	Dist.	168
1	Mt Kammal	124 41·3		87 48·5		11·3	1
2	Mt Zaze *	138 42·8		87 3·0		14·1	2
3	Mt Cinfara	143 7·8	0·0	87 6·0		18·5	3
4	Mt Abar	151 7·8		85 56·9		16·9	4,15
5	Mt Inzirt *, nn bord	151 49·8		85 57·0		17·0	5
6	Id., autre bord	151 56·3					6
7	Mt Zamad *	155 25·3		86 32·6		17·5	7
8	Mt Zimdinna *	155 40·3		86 35·1		17·6	8
9	May Tahlo, direction	163 7·8					9
10	Mt Abba Yared	171 13·8		86 38·3		26·1	10
11	Col de Silki	172 9·3		86 54·5		26·1	11
12	Mt Baroc waha	173 11·8		86 35·5		25·9	12

Miçara.

N°	Objet relevé.	A	Éc.	z	Éc.	Dist.	28
1	Mt Hiça α	47 54·5		89 34·4		48·1	1
2	Mt Samayata	52 7·0		89 25·5		45·3	2
3	Mt Walo	78 52·0		89 1·0			3
4	Mt Kammal	184 11·5		84 44·6		3·2	4
5	Mt Abar, b	187 15·5					5
6	Mt ʿAlawgen	310 23·0		89 14·2		20·6	6
7	Mt Nan amba	332 3·0		89 4·9		16·6	1

Mile.

N°	Objet relevé.	A	Éc.	z	Éc.	Dist.	209	211
		° ′	′	° ′	′			
1	Mt Gimbara	5 14·0						12
2	Mt Sobso α	5 29·4	0·4	90 2·6	0·2	37·4		13
								14
3	Mt Boka α en Mitte	7 48·4		89 56·2		18·6	12	
4	Mt Bilida et, plus près, Mt Molc	16 8·4		88 48·6		12·3	13	
5	Conflt des 2 Gibe, lieu appr.	35 28·0		90 37·7		31·6		19
6	Mt Meso	37 17·2	1·7	90 31·1	0·1	30·6	11	18
7	Mt Quço	39 40·0		90 1·0		54·6		17
8	Mt Jibate α	43 28·0		89 43·0		47·1		15
9	Mt Jibate β	43 58·2	2·7	89 42·7		46·6	10	16
10	Mt Egan	59 40·9		88 55·0		23·8	17	
11	Mt Wace	69 26·9		88 52·7		21·0	18	
12	Lac Calalaqi, un bout	70 4·4		92 15·8		6·4	15	
13	Id., autre bout	72 40·4					16	
14	Saqa, hutte principale du masara	98 59·4		96 2·7		1·19	14	
15	Saqa, direct. de ma latitude	112 58·4					30	
16	Mt Tafi, un bout	134 7·9		88 44·9		18·2	19	
17	Id., autre bout	134 43·9		88 49·1			20	
18	Mt Itanne	144 39·4	4·0	88 57·5	1·0	15·3	21	22
								23
19	Dokono, église antique	159 15·9		94 13·6		1·09	22	
20	Mt Gumar, bord est	161 14·0						27

Mile (suite).

N°	Objet relevé.	A	Éc.	z	Éc.	Dist.	209	211
		° ′	′	° ′	′			
21	Mt Gumar, bord ouest	162 52·5		88 56·6		19·8		26
22	Id.	163 1·9		88 57·4		19·8	23	
23	Creux dans la crête	180 54·0	3·4	89 56·9	0·5		24	28
24	Mt Bore γ	183 10·5		89 32·8		25·9		29
25	Mt Kossa	184 20·0	4·0	89 33·2	0·2	22·9	25	30
26	Mt Bore ε	187 41·5		89 42·6		25·2		31
27	Mt...	188 0·0		89 43·0				32
28	Mt...	190 13·0		89 49·0				24
29	Mt...	191 26·5		89 40·4				33
30	Mt...	191 52·5		89 43·4				34
31	Mt Ilala α	192 29·5		89 45·4		17·6		35
32	Mt Ilala β	192 58·0		89 44·4		17·1		36
33	Mt Gabana β	201 40·7	1·7	88 43·9	0·2	4·5	26	37
34	Mt Gabana α	207 27·7	1·7	88 35·4	0·6	4·2	27	38
35	Afata	216 42·5		89 49·0				41
36	Mt Minjillos	216 59·0		90 2·6		14·1		40
37	Mt Baballa	220 11·0		89 40·0		41·7		25
38	Mt Agamsa, bouquet ouest	225 20·7	2·2	90 11·7	0·6	12·6	28	39
39	Mata Gera	231 46·0		89 49·9		33·5		42
40	Daga; masara, à peu près	232 26·5		90 36·3		17·0		46
41	Mt...	232 49·4		89 33·4			29	
42	Mt... lointain	241 4·5		89 49·8				50
43	Méandres du Did-esa, *a*	247 43·0						43
44	Méandres du Did-esa, *b*	248 48·0						45
45	Atarkada	253 58·0		90 2·3				49
46	Méandres du Did-esa, *g*	254 / 264 } 48·0						44
47	Mt Mamme *	261 9·0		89 54·2		26·9		48
48	Mt Heça	262 47·5		90 22·2		13·1		47
49	Daga de Bun-o, un bout	266 51·0		89 33·0		25·0		1
50	Id., autre bout	289 40·0		89 39·2		27·4		2
51	Axe d'une suite de méandres du Did-esa	291 53·0						6
52	Mt Awangiro	306 25·5		90 54·7		13·8		5
53	Mt Ilala en Jimma Hin-e, un bout	320 54·7	0·2	89 56·5	0·2	38·8	8	3
54	Id., autre bout †	330 56·2	4·2	89 46·9	0·9	29·0	9	4
55	Mt Milqi	335 47·2	0·3	89 22·5	0·4	12·1	6	7
56	Mt Billaca	337 47·0	0.0	89 30·2	0·2	12·6	5	8
57	Mt Hapati	341 55·5	0·5	89 58·2	1·0	14·1	3,4	9
58	Mt Owa korma γ	347 8·0		89 50·3		55·4		10
59	Mt Owa korma α	348 32·0		89 47·8		56·4		11
60	Mt Umo	354 39·4		89 34·2		17·0	7	

Mota.

N°	Objet relevé.	A	Éc.	z	Éc.	Dist.	281	111
1	Mt..., un bord	8 38·5					30	
2	Id., autre bord	9 2·0		89 47·6			29	
3	Mt...	10 29·0		89 49·4			28	
4	Mt Mize *	26 11·5		89 18·1			31	
5	Mt Mize *	26 57·9		89 13·7				3
6	Mt Guna β	30 6·7	0·8	89 5·7	0·4	43·3	32	4
7	Tac MARYAM	37 1·9						5
8	Lay MARYAM	75 5·0					1	
							282	
9	Arbre signal	77 58·3	2·4	90 13·4	0·0		9†	4,7
10	Asa wiha	96 12·7		89 38·9		6·0		14
11	Église	97 1·9						
12	Nagaš, église	100 39·2		89 23·1			†	8

† Mile, 54. En augmentant de 1° l'azimut observé en **209**, 9.

Moța (suite).

N°	Objet relevé.	A	Éc.	z	Éc.	Dist.	281	282
		° ′	′	° ′	′			
13	Mt Çaf *	100 40·5		89 23·6		22·2	2	
14	Mt Amonewos α	106 13·3	0·1	88 44·8	0·6	24·3	†	9
15	Mt Abba zamu α	106 46·2	1·2	88 44·3	0·1	24·1	3 †	10
16	Mt Abba zamu β	107 2·2	0·2	88 45·5		24·1	4 †	11
17	Agaw kab	108 49·7		88 47·8		23·1		12
18	Mt Ygwagare, un bord	111 16·2						16
19	Id., autre bord	111 34·2		89 33·0		14·5		15
							111	
20	Ahya faj	111 51·7		88 57·8		24·6		13
21	Domma	117 56·8	0·1	89 35·0			11	17
22	Manta Zigba	122 6·9					12	
23	Gangarta Giyorgis	136 42·7		89 32·7				18
24	Gangarta MARYAM	137 6·9					10	
25	Dimmat gadal	160 31·9					14	
							281	
26	Mt Karni	167 53·4	8·4	87 57·2	0·1	21·5	5 †	19
27	Mt Birhan *	169 8·4		87 55·6		22·4	6	
28	Mt Cilti	176 54·5		87 56·8		21·8	7	
29	Mt Wanbar *	178 48·5		87 48·2		19·5	8	
30	Mt Yabirur	178 56·7		87 49·8				20
31	Mt Wabir	183 55·2		87 52·6				21
							111	
32	Moța, direction de ma hutte	191 21·9					13	
33	Moța, église	192 27·7		89 11·3		0·35		40
34	Mt Wari	193 27·7		88 27·0		19·5		22
35	Mt Gadab et Bibuñ, un point	195 14·7		88 21·9				23
36	Id., 2me point	195 45·2		88 21·9				24
37	Id., 3me point	196 51·7		88 24·4				25
38	Mt Tabamit	202 27·2		88 37·8				26
39	Mt...	203 35·7		88 38·8				27
40	Mt Faras bet	232 1·7		89 18·6				28
41	Mt Çat warqa	251 29·7		89 4·3		23·5		29
42	Mt Sagado α	254 48·7		89 1·6		22·5		30
							281	112
43	Mt Qirib *	254 59·1		89 2·0		5·0		1
44	Mt...	258 38·2		89 53·1			10	
45	Mt Sadaqa *, un bord	260 23·6		89 27·0		24·9	11	
46	Id., autre bord	260 34·5		89 26·9			12	
47	Mt Mizan	260 48·5	3·4	89 24·7	0·0	24·6	13 †	2
								282
48	Mt Bikkita *	265 38·7		89 12·4		26·4		31
49	Mt...	267 44·7		89 6·4				32
50	Mt..., fourche entre 49 et 51	268 28·0		89 5·6			†	
51	Mt...	268 56·7		89 8·4				33
52	Mt...	269 2·2		89 6·6				34
53	Mt...	269 7·7		89 4·9				35
54	Mt Boraz β	269 16·6	0·6	89 3·6	0·2	26·0	14	36
55	Mt..., fourche entre 54 et 56	269 17·6					15	
56	Mt Boraz α	269 36·7	1·0	89 3·6	0·2	25·9	16 †	37
57	Mt Gadal *	270 59·2		89 6·9		24·3		38
58	Mt...	273 3·7		89 17·7				41
59	Mt Amadamid, un point	273 18·4		89 3·1			17	
60	Mt Liyu *	273 44·0		88 59·8		28·1	18	
								111
61	Mt Amadamid α	275 34·2	4·1	89 5·8	0·2	27·9	19 †	17
62	Talalo	297 56·9						18

† Moța :	9	11	14	15	16	26	47	50	56	61	63
111 :	..	6	7	8	9	..	15	..	16	..	19
112 :	..	..	..	..	..	..	..	..	..	3	4
280 :	2,5,10	..	..	..	..	..	..	..	..	..	..
296 :	..	..	..	..	..	1,2	..	3	..	..	..

Moța (suite).

N°	Objet relevé.	A	Éc.	z	Éc.	Dist.	281	282
		° ′	′	° ′	′			
63	Mt Abola Nigus	299 17·2	1·5	90 5·6	0·2	26·8	20 †	39
							112	
64	Agita IYASUS	306 24·1					6	
65	Mt...	309 24·7		90 16·7				3
66	Angar	309 42·1					5	
							281	
67	Mt Wayra α	326 15·5		90 24·6		34·4	21	
68	Mt Laguna	327 56·5		90 25·3		39·0	22	
69	Mt Sannay MARYAM	329 0·0		90 23·9		34·3	23	
70	Mt Manta dabir O.	334 29·0		90 18·6		36·2	24	
								111
71	Mt Manta dabir E.	334 39·4	0·4	90 17·1	0·2	36·2	25	1
72	Mt Gana Qirqos, un bord	339 0·5		90 5·8		32·0	26	
73	Id., autre bord	339 4·7	0·8	90 6·2			27	2

Muçawwʿa I.

N°	Objet relevé	A	Éc.	z	Éc.	Dist.	7	8
1	Mt Gadam, pic bifide : α	154 52·2		87 40·9		11·8		3
2	Mt Gadam, faîte : β	157 33·5		87 40·9		12·7	1	
3	Šayḵ Saʿiyd, mât dans l'île	163 1·0		89 49·5		0·90	2	
								9
4	Mt Habon farray	174 2·7	0·0	89 6·9	0·7	13·6	3 †	1
5	Digsa, direction : Suluḥ ?	189 39·5		88 40·1				2
6	Digsa, direction	192 28·5						3
7	Dihono	194 30·5		89 57·2		3·8	4	
8	Mt ʿEya	214 8·5		87 20·5				4
9	Mt Angualala	219 4·5		87 26·2		22·8		5
10	Ile Tuwalut, un bout	222 42·0		90 0·7		0·86	5	
11	Id., autre bout	246 37·5					6	

Muçawwʿa II.

N°	Objet relevé	A	Éc.	z	Éc.	Dist.	43	44
1	Bord N. du fort de Ras Mudir	63 27·0	1·3	89 44·0			2	2

Mudir.

N°	Objet relevé	A	Éc.	z	Éc.	Dist.	42
1	Ile Dĕse, point le plus élevé	120 26·7		89 56·8		18·5	1
2	Dernier arbre du Mt Gadam	128 55·2		90 3·8			2
3	Mt Gadam, pic bifide : α	157 23·4		87 58·2		11·8	3
4	Mt Aydʿale	169 57·7		88 26·1		43·8	4
5	Kumoyle	173 57·2					5
6	Mt Lahazendaga ou Habon farray	175 54·7		89 8·7		13·9	6
7	Mt Diyot	185 22·9		87 38·2		29·3	7
8	Mt Habaza malayša	201 15·2		87 10·6		26·1	8
9	Col qui mène à Digsa	206 8·2		88 11·7			9
10	Mt ʿEya	214 38·2		87 27·1			10
11	Mt Aʿasa awli ?	218 36·7		87 40·9			11
12	Mt Angualala	219 28·2		87 32·6		23·2	12
13	Mt Gaʿad	232 48·7		87 30·6		29·1	13

Nabaga.

N°	Objet relevé	A	Éc.	z	Éc.	Dist.	176	177
1	Mt MARYAM, un bord	18 3·2		88 20·4		21·8	4	
2	Id., autre bord	18 28·5		88 23·6		21·7	3	
3	Mt...	20 19·0		88 27·4			5	
4	Mt...	20 51·0		88 30·4			6	
5	Mt Wadaj *	33 8·5		88 4·6		18·7	7	

† Muçawwʿa I :	4
8 :	2

Nabaga (suite).

N°	Objet relevé.	A	Éc.	z	Éc.	Dist.	176	177
		° ′	′	° ′	′			
6	Mt Daɡaro	36 19·7	0·2	88 11·0	0·6	18·2	8	
							17	
7	Mt Kulalit	37 6·0		88 22·7		9·5	9	
8	Mt Dumi	44 27·5		87 58·3		19·8	10	
9	Mt Safed *	53 25·5		88 5·0		19·5	11	
10	Mt Šamo	63 13·5		88 40·7		20·0	12	
11	Mt Atir *	79 40·0		88 51·4		30·8	13	
12	Mt Qalala	80 59·5	0·2	88 49·7	0·2	32·4	14	1
								18
13	Tawgur IYASUS	98 44·7		88 53·8		20·2		2
14	Aringo, direction	103 1·2						19
15	Mt Guna α	112 42·7		88 32·9		41·3		3
16	Mt Mize *	114 34·2		88 32·9		33·3		4
17	Mt Guramba, une sommité	135 14·2		89 17·8		22·5		20
18	Id., autre sommité	135 44·5	0·8	89 18·7		22·5		21
								30
19	Mt Dama	163 6·7		89 5·6		18·5		22
20	Mt Mamarsay	166 1·7		89 3·7		20·5		23
21	Mt Gana Qirqos	167 58·7		89 9·2		24·6		24
22	Manta dabir E.	177 8·6	0·9	89 13·3	0·2	21·2	18	5
23	Manta dabir O.	177 29·6	1·4	89 14·8	0·4	21·2	19	6
24	Mt Sannay MARYAM, un b.	182 17·7						8
25	Id., milieu	182 27·0		89 32·2		24·6	20	
26	Id., autre bord	182 33·7		89 31·0				7
27	Mt Guaha	183 38·0	0·3	89 30·2	0·2	23·9	21	9
28	Mt Laguna	191 5·0		89 25·2		21·4	22	
29	Mt Amadamid β	191 10·7		89 22·7		52·8		11
30	Mt Koso bar	193 57·2		89 22·7		53·2		12
31	Mt Liq *	195 5·8	0·6	89 21·8	0·4	53·5	23	10
32	Mt Gugube	206 22·0		89 21·8		9·2	24	
33	Tana Qirqos, église	221 31·7		89 45·9		8·1		14
24	Mt Satin *	232 4·7		89 55·3		23·9		15
35	Mt Šambillo	240 38·7		89 48·4		52·2		25
36	Mt Ambaro	243 40·7		89 51·5		39·6		26
37	Daga Istifanos, centre	251 17·1	0·9	89 54·4	1·5	17·5	25	27
38	Mt Jalo β	307 26·2		89 49·4		23·6		28
39	Mt Jalo α	308 36·2		89 49·7		23·6		29
40	Mt Dabbo girar, ouest	346 40·0					1	
41	Mt Dabbo girar α	348 4·0	1·0				2	13

Nazrit I.

N°	Objet relevé.	A	Éc.	z	Éc.	Dist.	286
1	Mt Muatamuat	206 57·7		85 2·2		4·0	8
2	Mt Digir *	219 16·7		83 37·4		3·7	9
3	Mt Gabararit	230 42·0	1·3	83 2·7	0·0	3·7	7,10
4	Mt Agzios fatra	308 11·2		83 17·4		4·9	11

Nazrit II.

N°	Objet relevé.	A	Éc.	z	Éc.	Dist.	287
1	Mt Dabet	151 53·5		90 32·9		18·4	1
2	Mt Quiy	153 19·0		90 43·9		10·1	2
3	Mt Gabararit	231 36·5					3
4	Mt Agzios fatra	308 37·5					4

Nazrit III.

N°	Objet relevé.	A	Éc.	z	Éc.	Dist.	288
1	Mt Quiy	148 45·5		90 9·5		8·3	1
2	Mt Dabet	149 27·0		90 13·6		16·6	2
3	Mt Gabararit	264 44·4	1·1	80 3·7	0·0	3·2	3,8

Nazrit IV.

N°	Objet relevé.	A	Éc.	z	Éc.	Dist.	289
		° ′	′	° ′	′		
1	Mt Ziquala, faite (Gudru *)	139 49·5					1
2	Mt Quiy	148 25·5		90 8·6		8·3	2
3	Mt Dabet	149 19·2		90 12·7		16·5	3
4	Col Bar *	154 55·5		89 42·8		3·7	13
5	Église de Nazrit	244 24·5					12
6	Mt Gabararit, un bord	265 25·3					17
7	Id., arbuste	265 36·1	0·3	79 53·1	0·0	3·1	4,16
8	Id., autre bord	265 58·3					18
9	Mt Bizat *	275 30·5		80 45·1		3·2	7
10	Mt Akarar	290 6·0		81 29·8		2·8	8
11	Mt...	298 9·0		82 22·1			9
12	Mt Amba bar	316 12·0		84 43·9		5·5	10
13	Mt Sinafil bar	319 20·5		84 8·9		5·8	11

Ni'ilto.

N°	Objet relevé.	A	Éc.	z	Éc.	Dist.	164
1	Mt Kaš'at	162 45·8	0·2	88 29·7	0·0	14·2	1,2

Oddo lote.

N°	Objet relevé.	A	Éc.	z	Éc.	Dist.	242	243
1	Mt Gudata *	9 17·8		89 3·8		23·4		6
2	Mt Adulan	10 30·8		88 46·4		21·7	6	
3	Mt Kolba	12 28·3		89 4·7		23·8		1
4	Mt Amara	28 28·8		88 32·1		22·2		3
5	Mt Cillimo β	40 19·8		88 18·8		19·8		4
6	Mt Cillimo α	40 58·3		88 18·5		19·7		5
7	Mt Lammi β	55 50·8		90 58·2		3·4	4	
8	Mt Lammi α	59 43·3		90 51·8		3·4	5	
9	Mt Kunc †	265 9·3	0·5	76 53·0	0·0	1·89	2	2
10	Mt Marfata †	344 3·8	0·0	85 41·8	0·8	1·26	3	7

'Oquwq.

N°	Objet relevé.	A	Éc.	z	Éc.	Dist.	48
1	Mt Habon galala	3 40·2					4
2	Ile Dĕsc, grosse colline	11 53·7					5
3	Mt 'Abdur	85 58·2		89 19·4			6
4	Falhayto, source chaude	122 48·2				0·05	7
5	Mt Mangabo	125 18·7		87 41·8			8
6	Gombudle, direction	152 28·2					9
7	Mt Diyot? ?	269 28·2		84 58·3			1
8	Mt Gadam β	337 59·7		88 31·7		19.0	2
9	Mt Habon hawah	348 54·2		89 17·8		5·1	3

Qalala.

N°	Objet relevé.	A	Éc.	z	Éc.	Dist.	98
1	Mt Zoz amba, un bord, α	3 2·0		91 12·3		19·2	4
2	Id., autre bord	4 48·0					5
3	Mt...	26 37·5		90 57·1			6
4	Mt Mira	43 1·0		91 3·1		36·9	7
5	Lanko Takla haymanot	49 29·5					10
6	Mt...	54 18·0		90 45·1			8
7	Mt Amda warq, et ville de Dahna	59 14·0		90 40·9		41·4	9
8	Mt Bela	65 51·5		90 7·5		55·9	27
9	Mt Gavzigivla	73 3·5					11
10	Mt Isra-el amba	77 25·5					12
11	Mt Abuna Yosef	84 52·5					13

† Oddo lote, 9. Apozénit corrigé. — 10. Apozénit corrigé.

Qalala (suite).

Nº	Objet relevé.	R	Éc.	z	Éc.	Dist.	98
		° ′	′	° ′	′		
12	Mt Dabra Sina α	103 59·5					17
13	Mt Dabra Sina ϐ	104 21·5					19
14	Mt Dabra Sina γ	104 55·5					18
15	Mt Dabra Sina δ	105 57·0		90 53·1		22·8	16
16	Mt Gibirti	113 27·5					15
17	Mt Maskane	131 7·0		90 22·0			14
18	Mt Šit	141 25·5		90 1·6			22
19	Mt Guna α	163 47·5		88 56·1		21·9	20
20	Goraf, direction	165 1·5					23
21	Mahdara MARYAM	206 22·0					24
22	Dabra Tabor IYASUS	208 48·5		90 52·6		15·0	21
23	Mt Gana Qirqos	222 43·5					25
24	Mt Manta dabir E	229 48·5		90 54·6		40·6	26
25	Mt Qalqal	243 47·0		92 31·3			32
26	Mt Zang	245 52·5		92 4·8			31
27	Mt Gugube	249 46·5					28
28	Cap Takla haymanot	254 58·5					29
29	Mt Saytan *	283 17·5		91 39·8		14·2	30
30	Mt Dahue	313 43·0		90 52·8		14·5	33
31	Mt Waqqan †	342 28·5					1
32	Mt..., un bord	356 17·5		91 25·9			2
33	Id., autre bord	356 37·5					3

Qañ bet I.

Nº	Objet relevé.	R	Éc.	z	Éc.	Dist.	65	68
1	Tigre miçohya, ma station	4 56·7	4·2	84 47·7	0·6	0·95	3,4	1,2
2	Mt Soni, ma station	316 19·3		84 54·3		2·9		3,4

Qañ bet II.

Nº	Objet relevé.	R	Éc.	z	Éc.	Dist.	174
1	Managaša, tour du palais ; un bord	81 44·8					14
2	Id., autre bord	82 55·8					15
3	Mt Mica dubba	250 18·3		87 34·4		1·47	1
4	Tour de Quisquam	310 40·3		88 44·7		1·44	3
5	Mt Soni	315 41·8		84 54·6		2·9	2
6	Mt...	336 44·3		86 10·3			4
7	Tertre près le Abun bet	342 13·3		88 39·4			8
8	Précip. à l'E. de Dabbo girar	343 56·8					5
9	Mt Gay ; arbre	344 31·3		86 42·9		5·0	6
10	Mt Gay	345 4·3		86 32·4		5·0	7
11	Gondaroc qs Giyorgis, église	347 4·3		87 20·0		1·82	9
12	Mt Dinkuan	349 35·6	0·6	85 5·1	0·0	2·3	10
							13

Qañ bet III.

Nº	Objet relevé.	R	Éc.	z	Éc.	Dist.	315
1	Tigre miçohya, ma station	1 38·2		84 26·1		0·86	3
2	Mt Hora dibba	13 25·7	0·1	86 42·0	0·4	6·2	4,14
3	Mt Sahna	23 43·8		86 28·4		5·4	16
4	Tour du Ras bet	39 7·3		86 51·7		0·42	13
5	Managaša, grande tour du palais ; un bord	89 52·0	0·8	82 40·6	0·2	0·17	7,11

† Qalala, 31. Azimut trop grand de 20′.

† Qañ bet I. 1
81 : 2
82 : 2
83 : 2

Qañ bet III (suite).

Nº	Objet relevé.	A	Éc.	z	Ec.	Dist.	315
		° ′	′	° ′	′		
6	Id., autre bord	91 30·7	0·1	82 40·0	0·6		8,12
7	Mt Mica dubba	249 40·2		87 50·2		1·53	17
8	Mt Soni	314 32·7		84 51·8		2·9	1
9	Mt Dinkuan	348 2·3	0·6	85 8·7	0·0	2·3	2,15

Qaranyo.

Nº	Objet relevé.	A	Éc.	z	Éc.	Dist.	294	298
1	Église de Qaranyo	10 23·9		86 51·7		0·11	13	
2	Mt Amba MARYAM	47 59·3		90 11·3				9
3	Église lointaine	72 26·4		89 44·3			14	
4	Mt Yawaggare, un point	73 53·9		89 38·7			15	
5	Id., autre point	75 11·4		89 31·3			16	
6	Id., autre point	76 11·9		89 30·3			17	
7	Id., faite	78 43·9		89 17·8		7·9	18	
8	Mt...	87 40·4		88 26·8			19	
9	Mt Amonewos α	89 51·9		88 15·7		17·6	20	
10	Mt Abba zamu α	90 27·9		88 13·8		17·3	21	
11	Mt Abba zamu ϐ	90 46·9		88 14·9		17·3	22	
12	Mt Agaw kab	92 16·4		88 16·3		16·1	23	
13	Mt Ahya faj	97 50·4		88 30·2		17·2	24	
14	Mt...	181 48·9		87 9·5			7	
15	Mt Karni	185 10·1	0·8	86 57·2	0·2	14·2	3,6	6
								12
16	Mt Birhan *	185 53·8		87 1·7		15·3	8	
17	Mt Cilti	197 19·4		87 10·1		15·6	9	
18	Mt Wanbar *	202 33·9		87 0·0		13·8	10	
19	Col, et source du Abaya	210 13·4		87 47·4			11	
20	Mt Wari dans Bibuñ	220 18·9		88 8·5		15·9	12	
21	Mt Sagado ϐ	269 30·3		89 22·6		28·0		14
22	Mt Sagado α	271 47·3		89 22·1		27·6		13
23	Mt Mizan	275 30·8						1
24	Mt Bikkita *	278 32·8						2
25	Mt Boraz, fourche	281 30·3						3
26	Mt Liq *	284 11·8						4
27	Mt Amadamid α	285 48·3						5

Qariña.

Nº	Objet relevé.	A	Éc.	z	Éc.	Dist.	79
1	Mt Mamarsay	171 57·9		89 25·2		28·2	1
2	Mt Gana Qirqos	172 47·4		89 28·0		32·4	2
3	Manta dabir, fourche	180 6·9		89 32·3		29·2	3
4	Mt Gugube	197 6·9		89 43·6		17·1	4
5	Ile Tana, un bout †	202 1·4					5
6	Id., église de Qirqos probab.	202 20·9					6
7	Id., autre bout	203 30·9					7
8	Ile Irema	204 54·4					20
9	Mt...	212 26·4					21
10	Mt...	212 39·4					22
11	Daga Istifanos, centre	232 18·4		89 59·4		22·3	8
12	Mt...	254 32·4					23
13	Mt Gandi *	258 21·9					24
14	Ile Angara, bout ouest	283 21·9					10
15	Ile Arba dubba, bout est	283 36·9					11
16	Mt Jalo ϐ	286 38·4		89 48·1		20·5	12
17	Ile Buahe set, un bout	287 27·9		89 41·1		1·95	13
18	Id., autre bout	290 51·4					14

† Qariña. Date changée de décembre 5 en décembre 6. — 5, 6, 7. Ces trois azimuts sont trop petits de 3°.

Qariña (suite).

N°	Objet relevé.	A	Éc.	z	Éc.	Dist.		
		° '	'	° '	'			79
19	Ile Buahe wand, un bout	290 58·4						18
20	Id., autre bout	291 27·9						19
21	Cap Tihut *	303 46·4						15
22	Fond de la crique au delà de ce cap	336 21·4						16
23	Horizon naturel du lac			90 4·1				17

Qarre kakarba.

N°	Objet relevé.	A	Éc.	z	Éc.	Dist.		
								202
1	Dogom IYASUS	19 58·9	0·8					3,4
2	Mt Amara	209 37·6	2·0					1,2
3	Anafo, direction	283 39·1						7

Qito.

N°	Objet relevé.	A	Éc.	z	Éc.	Dist.		
							122	133
1	Mt Adulan	17 43·7	0·0	86 18·7	1·0	10·5	5	19
2	Mt Kolba ? †	26 4·2		87 6·1		12·7		20
3	Mt Amara	50 34·2	1·1	86 31·5	0·1	12·8		21
								22
4	Mt Molu	67 5·7		86 16·3		11·6		23
5	Mt Jibate α †	126 31·2		88 31·6		26·0		24
6	Mt Egan	166 41·7	0·0	89 8·1		38·8	6	5
7	Mt Kune	193 3·4	0·2	87 7·4	0·4	11·8	2	1
8	Mt Sore *	198 59·1	6·6	87 19·3	0·2	11·5	1	2
9	Mt Sobso α	213 0·0	0·6	88 33·7	0·2	14·8	3	3,4
10	Mt Wamay	232 43·0					4	
11	Mt Wara *	239 31·2		88 41·0		12·1		8
12	Mt Owa korma γ	280 13·7		88 21·8		24·3		9
13	Mt Owa korma α	283 43·7		88 7·7		23·6		10
14	Mt Owa korma ϐ	284 53·7		88 7·7		23·8		11
15	Mt... en Sibu	292 34·7					7	
16	Mt Jawi *	322 32·7		88 22·7		10·8		12
17	Mt Lomi *	342 19·7		88 6·7		19·2		13
18	Mt Ibsa *	345 22·7		88 14·7		20·2		14
19	Mt Gom-ol *	345 48·7		88 16·2		20·4		15
20	Mt Sagal marme γ	349 12·7		87 47·3		19·9		16
21	Mt Balballa	350 44·2		87 33·8		19·0		17
22	Mt Çali	355 25·7		87 22·1		15·4		18

Qobbo.

N°	Objet relevé.	A	Éc.	z	Éc.	Dist.	
							257
1	Mt Hamdo	144 57·2		89 35·9		46·5	7
2	Mt...	145 12·2		89 45·2			8
3	Mt Amuma *	160 13·7		89 36·1		34·7	9
4	Mt Kalo α †	161 32·7	0·2	89 28·0	0·3	32·8	5,10
5	Mt Kalo ϐ	161 53·8	0·2	89 29·4	0·1	32·5	6,11
6	Mt Cillimo α	196 18·2		89 4·8		21·5	12
7	Mt Cillimo ϐ	196 47·2		89 4·4		21·4	13
8	Mt Molu	201 3·2		89 6·4		21 0	14
9	Mt Amara	207 32·2		89 1·9		18·1	15
10	Mt Adulan	226 38·2		89 17·9		20·7	16
11	Mt Re-e *	227 37·2		89 33·4		15·9	17
12	Mt Kolba	228 32·7		89 21·4		18·5	18
13	Mt Gudata *	231 1·2		89 25·4		19·6	19
14	Mt Ro-o *	237 14·0		89 16·7		19·1	20
15	Mt Yanfa *	257 49·2		89 15·4		23·0	21

† Qito, 2. Azimut trop grand de 2° pour être celui du Mt Kolba. — 5. Azimut trop petit de 20'.

† Qobbo, 4. Azimut corrigé.

Quarata.

N°	Objet relevé.	A	Éc.	z	Éc.	Dist.	
		° '	'	° '	'		70
1	Mt Dama	103 59·7		88 49·2		14·6	2

Quarata I.

N°	Objet relevé.	A	Éc.	z	Éc.	Dist.		
							71	103
1	Ile Innat *, un bout	7 14·8					16	
2	Id., autre bout	8 9·3					17	
3	Ile Igir manzo	8 58·8					18	
4	Ile Ganja, un bout	9 58·8					19	
5	Id., autre bout	10 56·8					20	
6	Mt Gitim *	21 27·3		89 24·3		39·2	22	
7	Mt MARYAM	24 10·0		89 15·7		38·2	21	
8	Mt...	231 34·0		89 38·3			1	
9	Petit cap tout près du lavoir	232 11·3		90 31·9			2	
10	Mahal Zage α, un bord	242 37·6		89 7·3		6·9	3	
11	Mahal Zage ϐ, autre bord	244 30·8					4	
12	Ile Bet manzo, un bout	245 3·0		90 4·8		0·94	5	
13	Id., autre bout	249 45·8		90 4·8			6	
14	Mt Šambillo	252 39·0		89 37·3		38·5	7	
15	Zage, extrémité N.	289 30·0					8	
16	Daga Istifanos, église ; un b.	317 18·6		89 46·4		11·6		2
17	Id., centre apparent	317 24·3		89 47·1		11·6	9	
18	Id., autre bord	317 30·1						3
19	Ile..., un bout	339 25·3					10	
20	Id., autre bout	340 3·3					11	
21	Ile..., un bout	340 17·8					12	
22	Id., autre bout	340 43·3					13	
23	Ile..., un bout	341 26·1					14	
24	Id., autre bout	341 40·8					15	

Quarata II.

N°	Objet relevé.	A	Éc.	z	Éc.	Dist.	
							163
1	Mt MARYAM	23 37·5					2
2	Mt Dawaro	33 32·5					3
3	Mt Dumi	37 50·5					4
4	Mt Qalala	64 15·5					5
5	Qiddus Mika-el	106 40·5					5
6	Manta dabir, E.	124 52·0		88 35·3		11·8	7
7	Manta dabir, O. †	135 6·5					8
8	Mt Laguna	145 47·0					9
9	Mt..., un bord	194 30·5					10
10	Id., autre bord	195 49·5					11
11	Mt...	199 25·5					12
12	Ile Mado MARYAM	217 42·5					13

Quarata III.

N°	Objet relevé.	A	Éc.	z	Éc.	Dist.		
							73	179
1	Mt Kulalit	33 49·8		89 35·0		26·0	1	
2	Mt Dumi, bord ouest †	37 39·5		89 8·3		36·1	2	
3	Ile Daga, un bord	316 21·9		90 5·9		11·3		5
4	Ile Daga, sanctuaire, un b.	317 0·8	1·4	89 50·8		11·5	3,5	2,3
5	Id., id., autre bord	317 14·6	1·9	89 51·7		11·3	4,6	1,4
6	Ile Daga, autre bord	317 40·9						6
								182
7	Ile Daq : cap Misraq *	321 13·1					7	
8	Précip. à l'E. de Dabbo girar	359 48·3						1,2
								3

† Quarata II, 7. Azimut doit être 125° 6' ·5.

† Quarata III. Date changée pour **73** de novembre 25 en novembre 26. — 2. Azimut trop petit de 20'.

Quarata IV.

N°	Objet relevé.	A	Éc.	z	Éc.	Dist.	
		° ′	′	° ′	′		180
1	Manta dabir E	125 24·4		88 33·3		12·0	3
2	Ile Daga, un bord du sanct.	317 24·5	0·6				5,7
3	Id., autre b. du sanctuaire	317 35·7	0·4	89 54·0	0·1	11·7	4,6
4	Quarata III, direction	331 27·8					8

Quarata V.

N°	Objet relevé.	A	Éc.	z	Éc.	Dist.	
							181
1	Mt Amadamid α	183 41·8					2
2	Mt Liq	187 59·3		88 49·4		37·5	1
3	Zage N., fin des gr. arbres	292 15·3					3
4	Daga, un bord du sanctuaire	318 38·2	0·9	89 52·0	0·0	11·8	4,6
5	Id., autre bord du sanctuaire	318 48·2	0·9				5,7

Rib.

N°	Objet relevé.	A	Éc.	z	Éc.	Dist.	
							102
1	Mt Dumi, un bord	5 43·5					3
2	Id., point le plus élevé	6 59·5		86 32·0		11·7	2
3	Id., autre bord	7 59·5					4
4	M^t Šamo	39 37·0		86 50·1		8·6	5
5	Mt Saytan	44 22·0		87 27·8		8·3	6
6	M^t Ṯawgur ? ?	120 59·0		87 35·3		9·6	7

Rogge.

N°	Objet relevé.	A	Éc.	z	Éc.	Dist.	
							234
1	M^t... a	85 58·0		90 12·7			22
2	M^t... b	86 32·0		90 15·1			23
3	M^t... c	86 51·0		90 13·5			24
4	M^t Kašo * β †	121 1·0		90 2·6		15·4	25
5	M^t Kašo * α	121 23·0					26
6	Wariro, bord du daga	130 24·0		90 4·5		57·2	27
7	Mt Bola	148 10·5		89 28·2			28
8	Mt Qirarati	209 55·0		90 24·6		45·9	1
9	Mt Wace	212 56·4		90 22·7		40·9	2
10	Mt Egan	215 48·0		90 15·2		36·5	3
11	Mt Gabana β	223 31·0					10
12	Mt Gabana α	223 56·0					11
13	Mt Jibate β	229 35·0		90 7·0		12·5	4
14	Mt Maru *	230 13·0		90 10·0		12·1	5
15	Mt Jibate α	231 40·0		90 5·2		12·0	6
16	Mt Amuma *	235 55·0		89 6·3		0·87	12
17	Mt Ilfata, un bord	262 7·0		90 46·7		32·3	7
18	Id., autre bord	262 16·0					8
19	Mt Kune	264 6·5		90 29·9		33·0	9
20	Mt Sore *, un bord	265 8·5		90 37·4		34·1	13
21	Id., autre bord	265 37·0					14
22	Mt Wamay	269 37·0		90 44·2		41·3	16
23	Mt Quco	272 20·5		91 18·6		7·0	15
24	Mt Owa korma ε	280 10·5		90 43·5			17
25	Mt Owa korma δ	281 50·0		90 33·5		48·5	18
26	Mt Owa korma γ	282 43·5		90 22·8		55·6	29
27	Mt Owa korma α	284 14·0		90 17·8		54·9	19
28	Mt Owa korma β	284 54·5		90 18·5		55·0	20
29	Mt Kalo * β	302 58·0		88 52·9		2·3	21

† Rogge, 4. Apozénit probablement 89° 42′·6.

Sabu Šunke.

N°	Objet relevé.	A	Éc.	z	Éc.	Dist.	
		° ′	′	° ′	′		201
1	Mt Amara	201 48·0	2·0	89 32·6	1·5	33·1	5,6
2	Mt Adulan	213 11·5		89 45·4		34·6	12
3	Dar-u en Amuru, direction	288 48·5					11
4	Mt Lemi, un sommet	311 9·0		89 53·2			14
5	Id., grande sommité	311 53·5		89 52·2			13
6	Wamet, lieu du guet	331 58·0					9
7	Id., milieu de la coll. princ.	333 9·5		90 22·2		40·2	10
8	Liyim Astar-iyo	341 34·5		90 13·4		33·1	8
9	... Ziyon en Damot	353 57·0		90 18·2			7

Sadara.

N°	Objet relevé.	A	Éc.	z	Éc.	Dist.	
							123
1	Col de Tumama, direction	28 20·4					9
2	Mt Alla	156 36·4		88 35·9			2
3	Mt Hotta	157 42·9		88 23·4		30·5	3
4	Fente de la rivière Wato	161 48·9		88 37·6			4
5	Mt Dulla, en Kaffa	167 52·9		88 16·9			5
6	Susa, en Kaffa, et col du Mt Yangala	194 49·4		87 38·6			6
7	Bonga, direction	222 0·4					7
8	Baqqa	228 0·4					8

Safarka.

N°	Objet relevé.	A	Éc.	z	Éc.	Dist.	
							119
1	Mt Agaw kab ? †	10 35·0					4
2	Martula MARYAM ? †	25 39·0					5
3	Église de...	30 20·0					6
4	Mt Darj	35 25·0					7
5	Église de...	197 20·0					11
6	Église de...	206 50·0					9
7	Dabra warq, église	219 58·5		89 31·0		1·51	8
8	Ṯababit qiddus Mika-el	227 36·0		88 38·0			10
9	Titar ; ma station à peu près	305 40·0					3
10	Titar Abbo ; près ma station	308 27·0					2

Šaguala.

N°	Objet relevé.	A	Éc.	z	Éc.	Dist.	
							88
1	Mt Abung Yosef	73 3·5		86 18·4		17·5	6
2	Mt Ymiraha	75 20·5		86 24·3		17·6	7
3	M^t Ṯat *	108 25·0		87 9·3		13·8	8
4	M^t Ašattan, un bout	109 4·5		86 59·3		13·8	9
5	Lalibala, ville	110 12·5		87 45·5		7·0	13
6	M^t Ašattan, autre bout	110 47·5					10
7	Mt Alga *, un bord	111 0·0		87 3·5		13·7	11
8	Id., autre bord	111 20·5					12
9	Garagara qiddus Giyorgis	202 34·0		89 0·1		20·7	14
10	Mt Dabra Sina δ	253 22·5		89 19·6		22·9	2
11	Mt Dabra Sina β	254 39·3					3
12	Mt Dabra Sina α	254 54·0					4
13	M^t...	256 21·0		89 36·3			5

Sakala.

N°	Objet relevé.	A	Éc.	z	Éc.	Dist.	
							143
1	Mt Woqsosta, ma station	225 26·5		86 12·3			2

† Safarka, 1. Trop grand de 20′. — 2. Trop grand de 9″ tout juste.

Saloda.

N°	Objet relevé.	A	Éc.	z	Éc.	Dist.	23	306
		° '	'	° '	'			
1	Šahagni, et plus loin, Abs-a	3 49·9		91 35·8			28	
2	Mt...	9 53·4		91 23·1			29	
							18	
3	Mt Sib'at	15 28·1	4·0	89 54·8	0·1	4·2	3	43
4	Mt May Soto	17 0·6		90 37·7			4	
							23	
5	Mt Tahuila	18 10·7	2·1	90 40·5	1·4	36·8	30	†35
							18	
6	Mt...	21 12·1		90 25·4				36
7	Mt...	21 43·6		91 7·3			19	
8	Mt Anfara	22 8·6		91 6·5		5·7	18	
9	Mt...	23 21·1		90 14·6				37
							23	
10	Mt...	24 2·1		90 15·9				38
11	Mt Šayk 'Ara	24 44·2		90 14·6		59·3	32	
12	Mt Gunya ?	25 1·6		91 7·1				†
13	Mt Birqaqo	25 16·2	0·4	90 16·8	0·4	54·8	31	39
							18	
14	Mt Mazbir	26 20·1		90 43·4			6	
15	Mt...	27 4·1		90 55·9			7	
16	Mt Gunya, 2me du même nom	30 33·1		90 18·2		4·7	8	
17	Mt...	31 36·1		90 42·8			9	
18	Mt Guraho	33 24·3	3·3	90 7·2	0·1	7·9	10	42
19	Mt Yangurgure	34 10·1		90 12·9		54·3		40
20	Mt...	36 46·1		90 25·3			11	
21	Mt monast. de Arba'itu insisa	42 3·6		89 13·5		5·4	12	
							23	
22	Mt Hiça α	51 17·8	0·2	88 9·9	0·4	6·7	34	41
								18
23	Mt Hiça β	51 26·1		88 11·4		6·7		13
24	Mt Hiça γ	51 31·4		88 11·8		6·7	33	
25	MARYAM Šawito, église	53 47·4		89 30·1			45	
26	Mt Irar	57 20·6		89 13·9		6·4		14
27	Notre dernière halte en venant à 'Adwa	62 40·9		92 45·2			44	
28	Mt Asay	64 35·1		90 4·2		10·2		15
29	Mt Amoqay	65 51·1		89 15·8		8·5		16
30	Mt Histi	66 28·6		89 5·7		8·7		17
31	Mt Ra'iyu	74 46·2		89 8·6			35	
32	Mt Awgar α	75 41·2		89 26·9		19·6	36	
33	Mt Kisat atro	79 31·4		89 36·2		17·0	37	
34	Mt Kisat are	82 30·4		89 26·6		16·8	38	
								306
35	Mt 'Abiy *	84 46·6		89 28·4		28·0		45
36	Mt Adigi tahuila	86 22·9		89 27·5		27·3	40	
37	Mt 'Aloqua α	86 57·0	0·4	89 22·7	0·6	29·9	39	46
38	Mt Samayata γ	89 43·9		88 3·5		5·3	41	
39	Mt Samayata α	92 3·8	0·4	86 53·5	0·7	5·3	42	47
40	Mt Samayata β	92 40·4		87 40·9		5·3	43	
41	Mt Gual haze	96 55·7	0·8	89 45·6	0·3	15·4	46	48
42	Mt Kidana mihrat	99 40·9		89 36·9		3·0	47	
43	Id., mamelon central	99 47·9		89 37·7		3·0	48	
44	Mt Dimbalorit	100 8·1	0·1	89 47·2	0·7	31·6	50	49
45	Gaddfbay, église	100 9·4					49	
46	Mt Gusaso	101 40·9		89 42·8		3·1	51	
47	Laza	107 2·4		90 22·8			52	
48	Mt Mokrim	113 28.4		89 56·3			53	
49	Mt...	115 28·4		89 53·1			54	
50	Mt Mala-ikt	119.56·9		89 38·5		3·1	55	

† Saloda. Les azimuts du tour d'horizon **18** pourraient bien être trop petits de 4' environ.

† Saloda :	5	12
18 :	2	5

Saloda (suite).

N°	Objet relevé.	A	Éc.	z	Éc.	Dist.	23	306
		° '	'	° '	'			
51	Magab, col	123 36·4		90 19·2			56	
52	Mt Masobo	123 53·1		90 14·6		38·8		51
53	Gir'alta	129 24·4		90 19·1			58	
54	Mt Hawi *	142 56·1		89 55·9		35·3		50
55	'Adwa, qiddus Gabri-el, égl.	169 31·9		100 45·1			59	
56	Hinzar, en Tanben	170 25·4					57	
57	'Adwa qiddus Mika-el, église	170 37·9		104 25·6			60	
58	'Adwa, notre maison	178 14·4		102 11·2		1·46	61	
59	'Adwa, Madhane'alam, égl.	179 35·4		102 13·2			64	
60	'Addi Rasy	182 5·4					62	
61	'Adwa, Ziyon, église	183 36·4		98 51·6			65	
62	Guaylo	185 48·6		90 37·5				7
63	Mt Dammo galila	188 9·8	2·1	89 44·5	0·7	8·3	63	5,6
								11
64	Mt Sabeyti *	191 19·1		90 35·5		34·3		8
							24	
65	Sur la station **24**, tout près	191 54·2		95 43·6			3	
66	Mt Nobit, un bout	196 22·1		90 32·3		29·6		9
67	Id., autre bout	196 46·6				29·6		10
68	Mt Lawa *	197 42·1		90 17·7		57·7		12
69	Mt Liga *	198 21·1		90 12·0		57·9		13
								16
70	Mt Šahua *	199 42·6		90 4·0		59·1		14
71	Mt 'Arke *	199 54·6		90 35·7		29·7		15
72	Mt Sazza * α	207 28·9	0·2	89 26·4	0·1	61·8		17
								52
							23	
73	Mt Ankua * ?	208 55·8	0·4	89 29·4	0·1	64·8	9	18
74	Mt Walta *	209 20·1		89 32·5		65·0		19
75	Mt Çirinfira β	211 6·1		89 45·7		50·3		20
76	Mt Çirinfira γ	211 42·9		89 49·4		51·2	8	
77	Mt Lağata *	212 16·6		89 27·2		62·8		21
78	Mt Abba Yared	215 31·6		89 27·9		62·3		22
79	Col de Silki	215 56·1		89 36·2		62·6		23
80	May Tahlo	216 4·4		89 56·5			7	
81	Mt Baroc waha	216 15·2	0·8	89 29·7	0·2	62·8	5	24
82	May Tahlo ?	217 8·4		90 19·4			4	
83	Mt..., un côté	217 57·4		89 48·5			6	
								25
84	Id., autre côté	218 44·2		89 38·1			3	2
								306
85	Mt Abar	218 55·6		89 36·5		50·9		25
86	Mt Zufan *	219 20·6		89 50·7		69·5		26
								24
87	Rochers près Hawaza	224 48·4					10	
88	Fremona, tour	231 25·4		100 37·4		1·44		1
89	'Addi Aylas	239 58·9		90 19·3			11	
								306
90	Mt Forasit, près Aylas	241 38·4		90 8·8			12	
91	Mt Abuna Pantalewon	250 35·8	1·3	90 36·8	0·3	9·5	13	27
92	Mt Liqanos, ma station	254 2·1		90 27·8		10·0		28
93	Mt Wa'alta hazin	261 49·9	1·7	89 59·9	0·6	13·8	14	29
94	Mt Marfi *	265 59·3	0·8	90 21·3	0·6	12·7	15	30
95	Mt...	267 10·2	1·3	90 15·4	0·8		16	31
96	Mt Dabra Sina	274 29·0	0·4	91 54·3	1·1	3·6	18	44
97	Mt Gamma *	279 50·4		90 37·9		43·4	19	
98	Mt... près Kuahayn	290 36·4		90 43·4			20	
99	Hallelu	312 30·4					24	
100	Gaša warq	316 20·4					25	
101	Col...	338 12·9		90 33·6			21	
102	Mt Çara *	343 42·2	0·2	90 28·4	0·9	22·2	22	32
103	Gundat	346 15·4		91 35·3		22·8	23	
104	Mt Gorzo α	347 4·0	0·6	90 17·5	0·1	49·0	26	33
105	Mt Gorzo β	347 31·1		90 18·1		49·0		34
106	Mt Bihiza ?	357 54·4		91 12·4			27	

Sa̱ño ga̱bya.

N°	Objet relevé.	A	Éc.	z	Éc.	Dist.	80	100
		° ′	′	° ′	′			
1	Fond de la baie entre nous et Fa̱rqa	36 33·1						10
2	Mt...	50 9·0		88 4·8			12	
3	Mt MARYAM, un bord	78 36·8	0·2	87 33·1	0·1	15·4	13	5
4	Id., point le plus élevé	78 53·1						7
5	Id., autre bord	79 25·1	4·0				14	6
6	Fa̱rqa ba̱r, à peu près	88 26·5					21	
7	Fa̱rqa ba̱r, ou col de Fa̱rqa	102 17·1						8
8	Ile de Qalamuj	112 34·5					20	
9	Guj̱lqaba, extrémité de la presqu'île	116 48·1						9
10	Mt Kulalit	125 54·1	2·0	89 10·2	0·1	17·3	17	11
11	Mt Mize * en Amhara	129 11·0		89 14·1		49·8	22	
12	Ile Mi̱traha, un bord	129 37·5					15	
13	Id., autre bord	130 6·5					16	
14	Mt..., un bord	134 41·5		89 38·6			18	
15	Mt..., autre bord	134 55·0					19	
16	Mt Da̱má	158 54·0		89 44·6		38·1	23	
17	Mt Mama̱rsay	160 34·5		89 43·1		39·9	24	
18	Mt Gana Qi̱rqos	162 10·5		89 44·6		44·0	25	
19	Ma̱nta da̱bi̱r, centre	166 36·5		89 45·6		40·0	26	
20	Ma̱nta da̱bi̱r O.	166 41·0					27	
21	Ile ?... Mt... ?	168 59·0					28	
22	Cap Ta̱kla̱ haymanot, un b.	170 9·0					29	
23	Id., autre bord	170 24·0					30	
24	Mt Gugube	170 43·5		89 54·6		26·3	31	
25	Mt...	171 49·0		89 54·6			32	
26	Mt...	172 53·0		89 54·1			33	
27	Mt Laguna̱	173 46·0		89 52·3		38·9	34	
28	Mt Li̱yu *	182 27·0		89 43·1		70·0	35	
29	Mt Liq *	184 37·0					36	
30	Mt Šambi̱llo	220 39·5		89 55·1		57·1	1	
31	Ile...	223 41·0					2	
32	Mt Atyar	249 12·6	2·0	89 25·4	0·1	9·9	3	3
33	Mt Jalo α	252 42·0		89 19·0		10·6	4	
34	Mt Alama *	341 13·0		88 52·0		22·3	5	
35	Mt...	341 55·0					6	
36	Mt Gaua Yoha̱nnis	346 55·0		88 43·2		21·7	7	
37	Mt Ta̱ra̱t *	350 22·0		88 50·5		23·1	8	
38	Mt Soni, un bord	355 59·0		88 48·6		21·3	9	
39	Mt Soni, ma stat. à peu pr.	356 58·5	2·0				10	4
40	Dabbo gi̱rar β	358 6·0		88 53·3		22·9	11	

Saqa.

N°	Objet relevé.	A	Éc.	z	Éc.	Dist.	127	208
1	Mt Bi̱llda	10 44·2	0·0	88 17·6	0·6	12·4	18 †	15
								16
2	Ma̱sa̱ra de Saqa, hutte princ.	12 28·0		89 16·1		0·19		27
3	Mt Ci̱llimo α	22 55·1	0·3	89 46·5	0·8	58·2		7,8
								9,10
4	Mt Darimu *	24 0·5		89 47·3		57·8		6
5	Mt Muño * α	26 42·5		89 49·5		58·6		5
6	Mt Gurra *	28 58·0		89 51·8		58·1		4
7	Mt Sa̱saba *	32 58·0		89 53·6		56·4		3
8	Mt Wa̱rça *	34 18·0		89 55·4		55·4		2
9	Mt Mida ?	35 30·0		89 57·7		54·8		1

† Saqa :	1	22	38	46	47
208 :	..	25	21	18	17
219 :	2	..	..	..	..

Saqa (suite).

N°	Objet relevé.	A	Éc.	z	Éc.	Dist.	127	219
		° ′	′	° ′	′			
10	Mt Egan	57 29·0	1·6	88 33·0	0·4	23·0	12	4
11	Lac Ca̱la̱laqi, un bout	62 34·8		91 21·2		5·5	20	
12	Id., autre bout	65 23·3		91 20·2			21	
13	Mt Wa̱ce	67 16·9	0·3	88 29·1	0·2	20·1	13	5
14	Mt Qi̱rarati	81 46·1		88 17·1		18·3	14	
15	Mt Fa̱go *	102 38·5		88 37·2		12·9	15	
16	Mt Micu *	115 47·2		88 44·5		20·5	22	
								208
17	Mt Ṯafi, bord sud	135 37·8	1·3	88 15·8	0·3	17·1	6	26
								219
18	Lieu de ma latit. dans Saqa	137 2·6						19
19	Mt...	143 50·5		88 47·4			4	
20	Mt Harawa	145 58·5		89 3·1		9·5	5	
21	Id.	146 7·6		89 3·2				7
22	Mt I̱tanne	147 10·0	0·0	88 22·8	1·6	14·4	3 †	1
23	Sunṯu, à très-peu près	157 19·1		90 57·7		4·3		6
24	Mt Guma̱r, est, α	164 29·4		88 31·8				16
25	Mt Guma̱r, est, β	164 40·4		88 31·8		19·1		17
26	Mt Guma̱r, ouest	165 38·9		88 31·8		19·1		18
27	Mt Bore α	179 52·3		89 23·7		22·0		10
28	Mt Bore, creux ou fourche, un bord	180 7·8		89 26·6				12
29	Id., autre bord	180 18·8						13
30	Mt Bore β	180 29·8		89 24·4		22·2		11
31	Mt..., en Wa̱la̱nsu	184 6·7		89 59·1				9
								208
32	Mt...	184 39·4		89 16·3			11	
33	Mt Bore γ	185 28·5		89 14·5		25·6		24
34	Mt Kossa	187 8·5		89 12·3		22·6		23
35	Mt Bore δ	188 30·0		89 15·0		24·3		22
								219
36	Yatu, direction	191 58·6						8
37	Mt Ilala α	196 11·5		89 19·4		17·6		14
38	Mt Ilala β, et direct. de Ji̱ren	196 40·2	0·2	89 17·2	1·1	17·0	9 †	15
39	Mt Dar-u	204 19·4						20
40	Mt Dar-u δ	207 1·2		88 49·4		8·9		21
41	Mt Dar-u β	209 9·5		88 52·7		8·3		22
								208
42	Mt Ka̱la	209 19·3		88 51·7		14·8	10	
43	Mt Gabana β	215 34·7	0·2	87 14·6	0·5	4·7	7	20
44	Mt Gabana α	220 53·9	0·6	87 12·8	0·4	4·8	8	19
								219
45	Dokono, église déserte	229 1·8					16	
46	Col de Ji̱ji̱lla	241 12·0	0·0	87 35·9	1·2	1·6	17 †	23
47	Mt Mi̱le	287 54·0		83 44·5		1·18	†	
48	Mt Mi̱le, direction	290 4·6						3
49	Ma̱sa̱ra du Roi	358 1·8					19	

Saqa I.

N°	Objet relevé.	A	Éc.	z	Éc.	Dist.	123	128
1	Mt Ṯafi	135 43·2		88 1·1		16·8	2	
2	Mt I̱tanne	147 31·0	4·2	88 8·7	0·0	14·1	3 †	3,4
3	Mt Guma̱r, ouest	166 25·7		88 21·2		18·9	4	
4	Gara Kollo	225 52·2		86 33·1			5	

Si̱barre.

N°	Objet relevé.	A	Éc.	z	Éc.	Dist.	260	259
1	Mt Hamdo	138 39·8	1·8	89 50·7	0·2	55·1	2	5
2	Mt Qa̱r *, pic	139 36·5		89 54·5		53·7	1	
3	Mt..., sommité plate	140 6·0		89 55·7			3	
4	Mt Kašo β	141 11·0		89 57·4		55·8	4	

† Saqa I :	2
129 :	1,2

Sibarre (suite).

Nº	Objet relevé.	A	Éc.	z	Éc.	Dist.	258	259
		° ′	′	° ′	′			
5	Mt Çuqalla	153 45·6	0·8	89 25·5	0·5	23·6	1	6
6	Mt Muño * β	161 59·5		89 26·5		25·2		7
7	Id., autre point	162 37·5		89 28·0				8
8	Mt..., une sommité	164 58·0		89 29·2				9
9	Id., 2me sommité	165 15·0		89 31·2				10
10	Id., 3me sommité	165 40·5		89 28·1				11
11	Mt Cillimo α	171 30·0		89 20·5		24·2		12
12	Mt Cillimo β	171 42·4	1·6	89 19·5	0·0	24·0	2	13
13	Mt Jarso *	174 48·3		89 20·4		21·9	3	
14	Mt Amara	176 21·8	3·0	89 6·2	0·3	19·4	4†	14
15	Mt Re-e *	188 41·3		89 40·4		14·3	5	
16	Mt...	191 2·8		89 36·9			6	
17	Mt Dirsa *	191 36·3		89 40·9		18·7	7	
18	Mt Bo-o * α	192 23·3		89 37·9		16·1	8	
19	Mt Bo-o * β	192 43·8		89 37·9		16·1	9	
20	Mt Kolba	195 2·7	2·8	89 25·2	0·3	16·1	15	15
21	Mt Adulan	197 8·9	2·6	89 19·7	0·6	18·3	14	16
							16	
22	Mt Gudata *	199 35·3		89 27·9		16·7	17	
23	Mt...	201 3·3		89 26·3			18	
24	Mt Ro-o *	205 12·8		89 14·1		15·1	19	
25	Mt Qarra	212 7·9	2·1	88 55·8	0·2	14·9	20	17
26	Grand arbre dans le col	214 53·3		89 30·2			21	
27	Mt Çali, un bord	218 54·3		88 59·9		15·6	22	
28	Id., autre bord	219 2·3					23	
29	Mt Sallan α	221 58·0		89 48·6		10·0		18
30	Mt Sallan β	225 59·0		89 41·6		9·7		19
31	Mt Mowa *	230 14·9	3·1	88 30·9	0·2	14·2	24	20
32	Mt Balballa	233 10·8	3·1	88 26·4	0·2	14·5	25†	21
								22
33	Col du Mt Balballa	234 0·5		88 51·2		14·6		23
34	Mt Sagal marme α	237 11·2	2·4	88 40·1	0·1	14·4	26	24
35	Mt Dinqi *, 1re pointe	238 22·3		88 48.1		14·6	27	
36	Id., 2me pointe	238 41·3		88 54·8			28	
37	Id., 3me pointe	238 58·8		88 58·3			29	
38	Mt...	242 24·0		88 44·5				25
39	Mt...	244 55·0		88 35·6				26
							260	
40	Mt...	245 27·5	1·5	88 34·4	0·3		7	27
41	Mt...	247 27·0		88 26·2			8	
42	Mt Qalala α	249 35·0		89 19·6		6·1	11	
43	Mt Goro Çan	250 25·0		88 5·2		12·7	9	
44	Mt Qalala ϵ	252 50·5		89 28·9		6·0	10	
45	Mt Budanne	269 19·5		88 49·0				28
							258	
46	Mt Moso, en Horro	281 23·8		88 44·4		10·8	30	
							260	
47	Mt Teno	283 10·0		88 6·6			12	
48	Mt Habib, un point	338 11·5						29
49	Id., autre point	344 3·0		75 53·8		0·16	13	

Šimarua I.

Nº	Objet relevé.	A	Éc.	z	Éc.	Dist.	155
1	Mt Hay; un bord	144 9·0					2
2	Id., autre bord	158 43·0					1
3	Mt Abar, milieu des 2 dômes	197 4·0					3
4	Mt Inzirt *	199 52·0					4

† Sibarre :	14	32
260 :	5	6

Šimarua I (suite).

Nº	Objet relevé.	A	Éc.	z	Éc.	Dist.	155
		° ′	′	° ′	′		
5	Mt 'Alawgen	325 25·0					5
6	Mt Asar * α	331 57·5					6
7	Mt Asar * β	332 12·0					7
8	Mt Nan amba †	343 37·0					8

Šimarua II.

Nº	Objet relevé.	A	Éc.	z	Éc.	Dist.	293
1	Mt Saint-Jean Kama	18 36·6		86 45·6		1·00	14
2	Mt Zaze *	28 24·6		86 55·2		2·7	15
3	Mt Samayata	44 5·1					2
4	Mt Dammo galila	45 16·6					1
5	Mt Qabtiya	296 41·8		90 27·7		65·8	3
6	Mt Birkuttan ; un bord	298 28·6		90 54·0		67·8	4
7	Id., autre bord †	299 10·6		90 51·9			5
8	Mt 'Alawgen	327 44·3	0·7	90 30·0		27·7	9,10
9	Mt Asar * α	334 13·1		90 42·8		25·8	11
10	Mt Asar * ϵ	334 24·6		90 43·3		25·8	12
11	Mt Nan amba	344 35·1		90 35·0		25·5	13

Šinbire.

Nº	Objet relevé.	A	Éc.	z	Éc.	Dist.	291
1	Mt Dabet	178 0·7		89 30·2		11·8	3
2	Mt Lamlam *	274 26·3		86 44·1		9·9	4
3	Mt Muatamuat	275 32·8		86 38·6		10·2	5
4	Mt Digir *	277 35·8		86 36·4		10·5	6
5	Mt Digir *	279 0·8		86 30·3		10·8	7
6	Mt Gabararit	281 9·9					9
7	Id., milieu apparent	281 11·8		86 29·8		11·4	8
8	Mt Agzios fatra	301 50·7		86 47·8		14·4	10
9	Mt Fit *	303 23·3		86 54·3		14·2	11

Sire boru.

Nº	Objet relevé.	A	Éc.	z	Éc.	Dist.	230
1	Mt Gudata *	8 15·3		89 11·0		24·0	6
2	Mt Adulan	9 20·8		88 52·5		22·3	7
3	Mt Amara	26 58·3		88 39·7		22·6	8
4	Mt Molu	33 49·3		88 31·5		19·9	9
5	Mt Cillimo ϵ	38 26·8		88 28·2		20·1	10
6	Mt Kunc	282 29·6		79 47·9		2·3	1
7	Adami, ma hutte	300 1·0	0·3	86 59·3		1·24	2,3
8	Adami, hutte de Abba Jana ?	300 50·3					4
9	Mt Marfata	340 32·3		88 13·2		2·0	5
10	Mt Çali	358 19·0		89 5·1		27·3	11

Sobso.

Nº	Objet relevé.	A	Éc.	z	Éc.	Dist.	206
1	Mt Çali	15 22·0		89 8·8		28·6	1
2	Mt Adulan	28 18·0		89 4·8		25·2	3
3	Mt Amara	42 22·5		88 59·4		27·6	2
4	Mt Gimbara	80 1·0		81 53·8		0·66	4
5	Mt Sobso α	108 29·0		77 12·3		0·81	5
6	Mt Milqi †	196 3·0		90 7·8		27·5	7
7	Mt Awangiro	204 42·5		90 34·5		32·4	6

† Šimarua I, 8. Azimut trop grand de 1° ?
† Šimarua II, 7. Azimut trop grand de 30′.
† Sobso, 6. Azimut trop grand de 20′.

Šolage.

N°	Objet relevé.	A	Éc.	z	Éc.	Dist.	
		° ′	′	° ′	′		297
1	Mt Guna ϐ	51 21·0					4
2	Église	99 11·0					5
3	Mt Amonewos α	142 1·0					1
4	Mt Karni	175 52·0					2
5	Ganta	217 7·0					3

Som.

N°	Objet relevé.	A	Éc.	z	Éc.	Dist.		
							66	316
1	Mt Dabbo girar α	13 7·1		89 46·9		2·9		14
2	Mt...	13 57·2		89 10·0			3	
3	Mt Gay	15 16·4	0·3	89 14·4	0·1	2·9	4	15
4	Mt Qazqazzit	27 19·7		89 20·2		2·6	5	
5	Mt Faqi *	36 16·2		88 50·4		6·8	6	
6	Mt Ambazzo, ma station	39 27·1		88 54·2		7·3		24
7	Mt Hora dibba	41 33·1						16
8	Mt Sahna	55 58·1		89 15·4		5·2		20
9	Kosoge	65 45·7		89 38·2			7	
10	Bambillo	67 45·2		89 10·2			8	
11	Mt Nora	70 56·1		89 18·1		10·0		19
12	Mt Gaday *	81 34·6		89 32·4		7·3		18
13	Mt Dibba	82 56·2		90 19·7			9	
14	Mt Dinkuan	83 16·4	0·8	92 24·6		1·64		†22
15	Mt...	83 34·2		92 24·7			10	
16	Gondaroc qiddus Giyorgis	99 47·1	0·4	94 6·0		1·67	11	21
17	Dargaj	106 9·7		89 52·2			12	
18	Ayba	112 9·7		89 50·7			13	
19	Pic de Tigre micohya	112 45·2		93 54·4		2·4	14	
20	Dafaca kidana mihrat, église	117 30·7					15	
21	Tigre micohya, ma station	118 39·3	1·9	94 13·2	1·5	2·4	16†	9
								25
22	Dabra birhan, égl. de Gondar	120 22·7					17	
23	Hawaryat, église de Gondar	123 46·7					18	
24	Tour de la maison du Ras †	125 33·4	0·2	94 44·3	0·3	2·9	19	23
25	Id. du pal. des Rois, Gondar	129 40·7					20	
26	Managaša, grande tour de id.	131 39·0					21	
27	Gondar, lieu de ma latitude	132 6·1		95 35·1		2·7		4
28	Grafi bar, à peu près	134 25·6		90 23·1				17
29	Qañ bet II, arbre isolé	135 6·2	0·0	95 13·8	0·0	2·9	22†	
30	Qañ bet I, lieu de ma latit.	135 50·2		95 9·0		2·9	23	
31	Mt MARYAM	138 9·7	0·8	89 43·6	0·2	24·5	24	3,6
32	Abbo, église de Gondar	144 35·0	0·8				25†	
33	Direction d'Yfag	153 40·7					26	
34	Mt Cibra	156 0·7		90 35·4			27	
35	Farqa bar	161 0·7					28	
36	Azazo, église de Pedro Paez	177 3·7					29	
37	Loza MARYAM	185 31·6		92 48·1		6·0		13
38	Ile Arba dubba	196 39·7		91 13·6		27·6	32	
39	Ile Angara, un bout	196 41·2					31	
40	Id., autre bout	196 54·5		91 14·3		27·6	30	
41	Gorgora, extrémité	197 6·0		91 15·3	0·0	27·8	33†	
42	Mt Atyar	198 7·6		91 4·1		25·9		10
43	Mt Jalo α	200 10·1		90 57·6		25·8		11
44	Mt Jalo ϐ	200 40·6		90 56·6		26·3		12
45	Mt...	345 50·7		91 19·2			1	
46	Mt Abuna Absadi	348 30·7		90 29·2			2	

† Soni, 24. Apozénit de **316**,23 augmenté de 40′.

† Soni :	14	21	29	32	41
63 :	3	1	2	4	5

Tagambat.

N°	Objet relevé.	A	Éc.	z	Éc.	Dist.	
		° ′	′	° ′	′		108
1	Ile Dabra MARYAM, un bord	4 31·8		90 48·7		17·8	9
2	Ile Bet manzo, un bord	5 2·3		90 43·6		21·6	11
3	Id., autre bord	5 10·3					12
4	Ile Dabra MARYAM, autre b.	5 21·3					10
5	Mt Gugube	15 1·3		90 23·9		28·7	13
6	Église	138 24·3					14
7	Église lointaine, et défilé	169 15·3					15
8	Mt Amadamid α	178 10·8		87 31·1		15·2	16
9	Faras wagga, direction	200 9·3					19
10	Mt Makaro	311 19·8		88 54·1		2·3	18
11	Mahal Zage α ; un bord	349 40·3					2
12	Id., autre bord	349 51·8		90 25·7		19·0	1
13	Ile Kibran ; un bord	353 26·3		90 52·4		16·0	3
14	Extrémité est de Zage	353 50·8		90 46·4		18·7	5
15	Ile Kibran ; autre bord	353 57·3					4
16	Ile Mado MARYAM ; un bord	354 11·3		90 53·4		15·6	6
17	Id., autre bord	354 28·8					7
18	Bahr dar	358 9·3					8

Tana I.

N°	Objet relevé.	A	Éc.	z	Éc.	Dist.	
							72
1	Mt Gitim *	21 46·2		89 7·1		30·3	2
2	Mt MARYAM, un bord	25 6·2		88 54·5		29·3	3
3	Id., autre bord	25 27·2					4
4	Mt Dawaro	38 49·7		88 53·2		26·2	5
5	Mt Dumi, un bord	43 34·7		88 42·6		27·8	6
6	Id., autre bord	44 29·2					7
7	Ile Caqla manzo, un bord	45 57·7		90 46·6		0·68	8
8	Id., autre bord	48 36·7					9
9	Cap Takla haymanot	49 45·7					10
10	Cap, embouchure du Gumara	58 17·7		90 54·0		2·9	11
11	Mt Gugube	148 5·7		88 6·6		2·9	12
12	Manta dabir, fourche	156 36·2		89 1·0		16·7	13
13	Ilot	164 18·7		91 4·8			16
14	Direction du mur sur lequel je suis	186 4·7					14
15	Ile Daga Istifanos, centre	270 52·2		89 48·5		11·0	15
16	Mt Jalo ϐ	326 44·2		89 53·5		24·0	1

Tana II.

N°	Objet relevé.	A	Éc.	z	Éc.	Dist.	
							77
1	Mt Gugube	138 45·8		87 37·4		2·4	2
2	Manta dabir, fourche	155 27·8		88 57·3		16·2	3
3	Ile Wof gojo, et plus loin, île Mitille, un bout	182 10·8					4
4	Ile Wof gojo, autre bout	190 47·3					5
5	Ile Irema Madhane'alam, un bout	202 43·3		90 11·2		2·9	6
6	Id., autre bout	204 23·5					7
7	Ile Mahdara Sibhat, un bord	205 59·3		90 10·0		3·4	8
8	Id., autre bord	207 8·8					9
9	Ile Kibran, milieu	208 50·8					15

† Tana I. Nous avons ajouté 6′ aux azimuts, pour les mieux orienter dans la carte.

† Tana II. Date changée de décembre 4 en décembre 5. Cela augmente les azimuts de 16′·4; mais il a fallu encore ajouter 29′, donc en osmme 45′·4. On arriverait au même résultat, en laissant la date intacte, et changeant ☉̲ en ☉̱. Dans le tour d'horizon **77** nous avons, par mégarde, indiqué les deux changements à la fois.

Tana II (suite).

Objet relevé.	A	Éc.	z	Éc.	Dist.	77
	° ′	′	° ′	′		
Zage α	220 0·3		89 39·6		14·2	10
Zage б	220 56·8					11
ı, premier arbre	268 44·3					12
stifanos, milieu	274 12·8		89 45·0		10·9	14
ı, dernier arbre	286 21·8					13

Tanso.

Objet relevé.	A	Éc.	z	Éc.	Dist.	202
bat *, bord E.	12 24·3					22
a	16 52·3					23
barait	20 32·3					24
(Dini 2?)	21 56·8		90 4·2			21
ı IYASUS	25 53·8		90 4·2		16·3	20
isolé de Yafatmat 16	28 6·8		90 2·9		22·3	19
église, en Gojjam	30 35·8		90 3·1			18
arbre, en Gojjam	32 13·8		90 1·5			16
iy	32 22·3		89 57·6		46·6	17
isolé en Gojjam	33 8·3		89 59·1			15
Abbo	33 55·3		89 58·6		17·2	14
en Gojjam	35 0·8		89 59·2			13
erg	36 9·3		89 58·0		39·7	11
isolé en Gojjam	36 57·3		89 58·0			12
Giyorgis	38 11·8		89 59·5		31·7	9
nguago	38 24·8		89 59·5		24·8	10
bet	41 40·3		89 59·7		43·3	8
isolé en Gojjam	47 46·8		90 0·6			7
ne	56 2·3	0·6	89 59·9	0·0	13·2	5,6
direction	244 35·8					25

Tigre miçohya.

Objet relevé.	A	Éc.	z	Éc.	Dist.	83	318
e Tigre miçohya	11 3·0	1·0	86 37·5		0·26	2	10
ora dibba	15 25·5	0·4	87 3·9	0·6	5·3	†	11
hna	27 50·5		86 55·0		4·6		12
							175
	37 44·1		86 55·0				10
ora.	58 44·1		88 2·8		8·5		11
							61
a kidana mihrat	113 16·0	3·0	90 19·5		2·0	3	2
birhan, égl. de Gondar	125 33·2	2·2				4	3
du Ras bet	155 34·0	3·5	96 3·6	0·0	0·59	6 †	4
aryat, église de Gondar,							
ı bord	156 14·5					5	
autre bord	160 14·0					7	
a bar	166 53·0					13	
tour du palais des Rois	167 24·0		95 36·0		0·76	†	
							131
te orientale apparente							
u lac Tana	167 56·0						15

Tigre miçohya (suite).

N°	Objet relevé.	A	Éc.	z	Éc.	Dist.	83	131
		° ′	′	° ′	′			
14	Mt Gana Qirqos	168 34·6	0·9	90 19·1		63·1	26	14
15	Managaša, tour du palais; un bord	169 57·0		94 1·1			8	318
16	Id., autre arête	170 1·8	0·2				9	1
								131
17	Id., milieu approximatif	170 10·0		94 0·0		0·88	†	
18	Id., autre bord	170 17·3	5·4	94 0·1	0·2		10 †	16
19	Guilqaba, péninsule ou cap du lac	170 52·5					30	
20	Tadda, église	171 32·5					33	
21	Manta dabir E.	171 51·8	1·0	90 24·5				1,2
22	Manta dabir O.	172 0·2	0·2	90 23·2			27	3
23	Ile Qalamuj, un bord	173 43·5					31	
24	Id., autre bord	174 3·5					32	
25	Mt Sannay MARYAM	174 12·8		90 28·8		62·6		6
26	Fourche entre les nos 25 et 27	174 26·5					†	
27	Mt Guaha	174 36·2	0·3	90 27·1		61·9	28	4
28	Mt Laguna?	176 49·7						13
29	Mitmaq ou Yohannis matmiq	178 10·0		93 6·8		1·85	†	
30	Abbo, église de Gondar	182 3·2	3·3				12 †	
31	Mt Liyu *	182 23·0	2·0	90 14·2		90·0	24	9
32	Qañ bet, lieu de ma latitude	183 5·5		95 12·9		0·95	†	
33	Mt Liq *	184 26·7	1·3				25	10
34	Qañ bet II, arbre isolé	184 43·8	8·3	95 34·3		0·90	11 †	17
35	Qañ bet, notre maison	185 28·5					†	
							318	
36	Gondar, lieu de ma latitude	187 13·0		97 32·2		0·68	3	
37	Malial Zage, milieu	187 57·8		90 38·0		55·4		7
38	Abuna 'Abiy Azgi, église de Gondar	191 13·0		94 23·3			†	
							83	
39	Daga Istifanos	192 2·2	3·3	90 36·7		44·4	29 †	11
40	Mt Satin *?	192 15·1		90 37·8		53·6	†	
41	Ile Arba dubba, un bord	201 30·6	1·0	90 51·3		27·2	14	19
42	Id., autre bord	201 49·4	0·4				15	20
43	Azazo, sanctuaire de P. Paez	201 51·5					18	
44	Ile Angara, un bord	201 52·2	0·6				16	21
45	Id., autre bord	202 6·8	0·8				17	22
46	Ile Birgidda	202 11·3						23
47	Gorgora, bout du cap	202 25·3	0·3	90 50·6		27·4	19	24
48	Id., bout du cap en décemb.	202 30·5		90 52·6			20	
							318	61
49	Aborra, village près Gondar	203 20·0						14
50	Mt Atyar	203 29·5	2·0	90 40·3	0·2	25·6	4	13
								131
51	Limite du lac Tana près Mt Atyar	204 4·5						18
52	Mt Jalo α	205 37·0		90 34·6		25·6	5	
53	Mt Jalo б	205 54·5		90 35·0		26·0	6	
							83	
54	Mt Goraf	206 45·0		90 32·9		26·0	†	
55	Cap Itege *	211 6·6						12
56	Lidata, église de Kayla meda	220 57·0					21	

nso. Plusieurs de ces relèvements paraissent être faussés par la transcription.

miçohya :	2	8	12	17	18	26	29	30	32	34	35	38	39	40	54	58	61	65	68
61 :	..	..	5	6	..	7	8	9	..	..	10	11	..	12	..	..	..	.	..
62 :	..	..	..	..	2	..	..	..	..	..	..	..	..	..	..	..	..	..	..
67 :	..	..	..	..	..	..	..	..	2	1	..	..	..	..	..	3	4	..	..
150 :	..	..	..	..	2,5	..	..	..	..	..	..	..	1,3	4	..	..	..	..	..
175 :	9	..	..	..	1,4,7,12,15	..	..	..	..	..	..	..	..	..	..	..	..	..	8
318 :	..	13	..	..	2,14	..	..	..	..	..	..	..	..	..	7	..	..	8	9

Tigre miçohya (suite).

Nº	Objet relevé.	A	Éc.	z	Éc.	Dist.		
		° ′	′	° ′	′		93	61
57	Qiddus Yohannis, église	223 23·5	11·5				22	15
58	Mt Miça dubba	226 30·0		90 41·1		2·0	†	
59	Karua MARYAM	251 8·5		89 13·7		5·6		16
60	Quisquam, tour carrée	271 32·0	5·0	92 44·6		1·18	23	17
61	Mt Soni, ma station?	297 39·0	6·0	86 3·0			35 †	
								175
62	Mt Soni, ma station	298 11·1		85 47·9		2·4		16
63	Qiddus Intonyos, église	298 49·5					34	
								61
64	Mt Soni, deux acacias	298 51·0		85 49·1				18
65	Mt Soni, ma station?	299 3·5		85 49·2			†	
66	Mt Dabbo girar ϐ	328 34·0					36	
67	Gondaroc qe Giyorgis, église	331 23·0					37	
68	Mt Dinkuan	340 5·3	7·7	85 41·8	0·5	1·43	1 †	19

Titar.

Nº	Objet relevé.	A	Éc.	z	Éc.	Dist.		
							114	293
1	Mt Gung	4 53·8					2	
2	Mt Agaw kab	19 36·3		88 36·9		16·1	4	
3	Mt...	22 10·3		88 35·9			5	
4	Mt Abba zamu α	22 50·8		88 30·6		17·0		6
5	Fourche entre α et ϐ	22 57·8		88 32·7		17·0	6	
6	Mt Abba zamu ϐ	23 0·8						7
7	Mt Amonewos α	23 24·0	0·6	88 32·4		17·3	7	5,8
8	Mt Amonewos ϐ	23 31·8	0·0	88 35·4		17·2	8	9
9	Mt Ahya faj	25 25·8		88 36·5		14·9		10
10	Mt Medeq * α	26 39·3		88 38·5		14·9		11
11	Mt Medeq * ϐ	28 7·8		88 39·5		15·1		12
12	Mt Medeq * γ	29 45·3		88 42·0		15·1		13
13	Mt Molala *	32 29·3		88 49·5		16·8		14
14	Martula MARYAM	38 50·8		90 8·0		7·3		15
15	Martula MARYAM?	40 11·8					3	
16	Mt Wara zahay	75 1·3		89 34·3		47·8	9	
17	Mt...	77 56·3		90 39·1			14	
18	Mt... en Walaqa, un bord	95 33·3		90 33·8			10	
19	Mt..., autre bord	99 3·8					11	
20	Dangyame, direction	101 18·3						16
21	Mt Somma daga; un bord : x	108 8·8	2·5	90 43·6	0·4	17·3	12	17
22	Id., autre bord : ϐ	110 35·8		90 43·8		18·5		18
23	Mt Imbilati, pic du Somma, un bord	110 49·3		90 43·8				19
24	Id., autre bord	110 56·3						20
25	Mt Somma quaila, un bord	110 58·3		90 41·1				21
26	Id., id.	111 7·8					13	
27	Id., autre bord	113 16·3		90 39·2		18·8		22
28	Mt...	127 22·8		90 25·4			15	
29	Mt Wugir, un bord	260 0·8		86 43·7		10·2		23
30	Id., autre bord	260 42·8						24
31	Mt Kanf	263 0·8		86 39·2		10·9		25
32	Mt Kanfar *	264 1·3		86 43·5		11·9		26
33	Mt Dassita *	265 57·8		86 37·5		11·1		27
34	Mt Birhan *	272 52·8		86 35·5		12·3		28
35	Mt Karni	277 55·8		86 46·0		12·1		29
36	Ambala Giyorgis	311 2·3		89 26·3				30

Tobo.

Nº	Objet relevé.	A	Éc.	z	Éc.	Dist.		
							126	222
1	Col de Jijilla?	49 59·1	3·2	88 47·3	0·0		5	2
2	Mt Agamsa	230 4·8		82 11·7		1·47		5
3	Gombota, direction	286 18·4					3	
4	Mt...	316 40·3		88 42·3				4
5	Mt Heça	320 59·3	0·0	88 47·1	1·3	8·1	4	3

Tujurrah I.

Nº	Objet relevé.	A	Éc.	z	Éc.	Dist.		
		° ′	′	° ′	′		30	40
1	Mt au delà du golfe	197 7·5		88 53·3			1	
2	Mt Bar'abari	263 1·5		85 59·1		13·1	2 †	[illegible]
3	Extrémité ouest de ma base (à peu près)	276 9·5					4	
4	Extrémité ouest de ma base	276 22·5		90 2·7		0·95		2

Tujurrah II.

Nº	Objet relevé.	A	Éc.	z	Éc.	Dist.	
							38
1	Mt Bar'abari			85 40·5		12·2	1

Tul.

Nº	Objet relevé.	A	Éc.	z	Éc.	Dist.	
							180
1	Mt Wasfe dangya	193 11·3		83 30·7		3·4	1
2	Mt Guaha	344 30·6	0·2	87 47·8	0·4	9·0	5,6

Waqqan.

Nº	Objet relevé.	A	Éc.	z	Éc.	Dist.	
							319
1	Mt...	51 20·1		89 25·6			7
2	Mt...	53 29·6		89 7·2			8
3	Mt Zufan *	55 51·1		89 0·7		23·9	9
4	Mt...	57 1·6		89 7·4			10
5	Mt Baroc waha	58 6·0	0·6	88 52·8	1·2	31·4	5,6
							11
6	Mt...	60 16·6		88 50·9			12
7	Mt...	62 13·6		89 0·8			13
8	Mt Buahit	65 38·1		88 33·6		26·2	14
9	Mt...	66 15·1		88 43·9			15
10	Mt...	68 22·6		88 44·2			16
11	Mt...	68 46·1		88 44·4			17
12	Mt Masararya	69 57·6		88 36·6		25·6	18
13	Mt Zoz amba	152 48·6					19

Wasange I.

Nº	Objet relevé.	A	Éc.	z	Éc.	Dist.	
							171
1	Mt 'Alawgen	13 31·5		90 50·6		47·0	4
2	Mt Asar * ϐ †	16 55·0		90 57·4		47·9	5
3	Mt Asar * α	17 47·5		90 57·4		47·9	6
4	Mt Wa'alta hazin †	36 43·0		90 46·8		72·8	22
5	Hawaza	41 7·0					10
6	Mt Sib'at	42 7·0		90 49·0		86·9	7
7	Mt Kammal	42 26·0		90 56·4		39·3	21
8	Mt Hiça ϐ	44 1·5		90 43·2		89·8	8
9	Mt Hawaza; pic tronqué	44 18·0		90 52·2		20·0	11
10	Mt Gomad *	44 53·5		90 45·7		20·5	12
11	Id., aiguille	45 8·0		90 47·7			13
12	Mt Samayata	46 5·0		90 38·2		86·8	9
13	Mt Amba ras	57 47·0		88 59·0		4·0	16
14	Mt Buahit	77 37·0		87 51·1		18·0	14
15	Mt Masararya	84 4·5		87 56·7		17·8	15
16	Mt Dumi, un bord	185 14·5					30
17	Id., autre bord	185 39·5		90 24·2		57·1	29
18	Mt Dawaro	188 22·0		90 29·5		57·1	28
19	Mt Wadaj *	189 9·5		90 27·5		56·2	27

† Tujurrah I : 2

37 : 1,2,3,4,5

† Wasange I, 2. Azimut probablement 17° 55′·0. — 4. A moins que cet azimut ne soit trop petit de 180°. — 24. En ajoutant 180° à l'azimut relevé.

Wasange I (suite).

N°	Objet relevé.	A	Éc.	z	Éc.	Dist.	
		° ′	′	° ′	′		171
20	Mt Qandam *	190 16·5		90 26·4		54·0	26
21	Mt MARYAM	193 46·5		90 24·0		51·9	25
22	Daqua	203 20·0		90 25·5			23
23	Amba Giyorgis	212 26·5		90 22·0			24
24	Çambilge MARYAM †	216 43·0					22
25	Mt Waqqan	222 9·6	1·5	90 16·5	0·5	9·3	19
							20
26	Mt Qabtiya	327 27·0					1
27	Mt Birkuttan	328 19·0					2
28	Dibibahr	337 0·0		97 38·7		2·0	3

Wasange II.

N°	Objet relevé.	A	Éc.	z	Éc.	Dist.	
							172
1	Mt Zoz amba γ	162 48·5		90 41·5		48·6	1
2	Mt Zoz amba α	163 38·5					2
3	Mt Guna	168 20·0					3
4	Mt Qalala	169 4·0					5
5	Mt...	170 23·0					6
6	Mt...	175 51·5		90 36·7			7
7	Mt...	176 36·0		91 6·5			4
8	Mt Dahuc	177 37·5		90 31·7		55·8	8
9	Mt Dambualul	179 17·5		90 34·4		59·4	9
10	Mt Dawaro	188 26·5		90 29·5		56·9	10
11	Dabariq, lieu de ma latitude	223 3·0					13
12	Mt Waqqan	223 12·5		90 16·5		9·2	11
13	Dabbo girar, bord	223 51·5		90 23·7			14
14	Mt Ya Saytan rigiça	228 18·5		90 45·5		23·5	15
15	Id., 2me ou peut-être 3me pic	228 32·0		90 52·3			16
16	Mt Makarakar, en Tagade	280 31·0		90 37·0			17
17	Mt Gamo, en Tagade	286 16·5		90 38·8			18
18	Çaquar Hodo, égl. du Tagade	287 57·0		90 26·1			19
19	Wasange I	350 23·0					12

Watiyo.

N°	Objet relevé.	A	Éc.	z	Éc.	Dist.	
							256
1	Mt Hamdo	147 52·7		89 28·3		39·7	3
2	Mt...	160 47·7		89 35·4			8
3	Mt...	161 50·2		89 36·1			9
4	Mt Kalo * α	169 57·7		89 19·5		27·2	10
5	Mt Kalo * β	170 21·7		89 20·4		26·8	11
6	Mt Diriqo α	172 9·7		89 20·3		26·6	12
7	Mt Diriqo β	172 23·7		89 19·9		26·8	13
8	Mt Mida	185 39·7		89 54·9		25·4	14
9	Mt Çuqalla	199 42·7		88 44·6		14·1	15
10	Mt Amara	230 21·8	0·4	88 54·3	0·1	18·1	6,7
11	Mt Adulan	244 54·7		89 26·4		22·8	16
12	Mt Çali	260 3·7		89 24·0		25·4	17

Wazzam.

N°	Objet relevé.	A	Éc.	z	Éc.	Dist.	
							200
1	Mt Wib *	3 6·3		83 26·7		5·1	30
2	Mt...	8 22·3		83 22·1			31
3	Wirrata *	10 0·8		83 23·1		5·1	32
4	Mt Dassita *	21 30·8		84 1·6		5·5	33
5	Bord d'un daga	133 31·3		90 38·7			34
6	Yadaguat Giyorgis *	139 57·8		90 44·5			35
7	Mt Quiy	148 33·8		90 26·8		8·5	36
8	Mt Dabet	149 21·8		90 22·8		16·8	37
9	Bar *, col	155 7·3		90 16·3		4·0	38

Wazzam (suite).

N°	Objet relevé.	A	Éc.	z	Éc.	Dist.	
		° ′	′	° ′	′		200
10	Ytbaqo, à peu près	171 38·8					39
11	IYASUS, église de Nazrit	196 54·8		96 7·1		0·36	40
12	Mt Muatamual	229 27·8		81 1·2		2·6	8
13	Mt Digir *	248 32·8		79 57·1		2·7	7
14	Mt Gabrarit	261 25·2	0·4	80 27·2	0·0	3·1	3,6
15	Mt Bizat *	271 30·8		81 15·3		3·1	9
16	Mt..	277 46·3		82 1·3			10
17	Mt Akarar	286 14·8		81 57·2		2·6	11
18	Église	292 23·3		83 6·1			12
19	Gešo	295 52·3		82 39·7			13
20	Église	301 57·8		85 50·4			28
21	Église	307 0·8		87 41·1			27
22	Mt Agnagul *	311 53·3		85 42·0		7·9	14
23	Mt Amba bar	315 17·8		84 59·5		5·2	15
24	Mt Sinafil bar	318 37·3		84 22·4		5·5	16
25	Mt Agzios fatra, un bord	320 46·8		84 19·9		6·4	17
26	Id., autre bord	320 59·8		84 20·4			18
27	Mt...	321 5·3		84 57·9			20
28	Mt Qaçin zala	322 4·8		84 25·4			19
29	Mt Fit *	324 40·8		84 39·3		6·3	21
30	Église	328 22·8		88 28·0			22
31	Église	333 48·3		87 2·6			23
32	Mt Gadab *	334 54·8		84 57·1		6·7	24
33	Église	340 21·8		89 41·1			25
34	Église	347 17·8		86 58·3			26
35	Tirgya, col	356 57·8		84 28·1		5·8	29

Woqsosta.

N°	Objet relevé.	A	Éc.	z	Éc.	Dist.	
							142
1	Sakala, station †	45 13·0		88 49·4?			15
2	Mt Liq * †	46 6·0		88 17·3		11·2	1
3	Mt Koso bar α	50 5·0		88 19·3		12·1	2
4	Mt Koso bar β	50 54·5		88 38·0		12·1	3
5	Mt Liyu *	56 18·0		88 17·8		12·9	4
6	Mt Mizan, pic †	84 16·5		89 55·8		14·5	5
7	Mt Sadaqa *	85 2·5		89 36·9		14·2	6
8	Source du Abbay	220 14·5		90 38·4		3·10	13
9	Mt Danguiya	223 36·5		88 5·8		3·05	14
10	Kule, hameau	231 54·0		91 56·9		2·3	12
11	Mt Mirgi	260 12·5		90 3·8		18·6	8
12	Mt Sangam, pic	263 21·0		90 7·8		17·3	9
13	Kualal qiddus Mika-el	265 29·0					11
14	Mt Gindinizi ou Gindirzi	291 35·0		89 42·2			10
15	Mt Šambillo	325 13·0		90 24·0		41·1	7

Wuyir.

N°	Objet relevé.	A	Éc.	z	Éc.	Dist.	
							278
1	Mt Yawaggare	20 14·5		91 46·8		20·4	13
2	Église	24 26·0		91 54·2			14
3	Eglise	26 52·0		91 53·9			15
4	Église	31 24·5		91 45·6			16
5	Mt Wayzazir	33 55·8		91 33·2		25·9	17
6	Mt Çaf *	37 11·5		91 12·7		25·5	18
7	Mt Amonewos α	43 53·0		90 26·3		24·4	19
8	Mt Molala *	50 11·0		90 39·8		24·8	20
9	Mt Darj α	57 18·5		91 22·2		27·4	21
10	Mt Darj β	58 9·0					22

† Woqsosta, 1. Apozénit 93°49′·4? — 2. Apozénit probablement 88° 7′·3. — 6. Apozénit probablement 89° 35′·8.

Wugir (suite).

Nº	Objet relevé.	A ° ′	Éc. (A) ′	z ° ′	Éc. (z) ′	Dist.	278
11	Mt Dabet	163 38·5					9
12	Mt Quiy	173 8·5		92 45·7		11·6	7
13	Zawa Giyorgis	190 54·5		92 32·0		10·5	6
14	Mt Mugtamugt	220 33·0		90 34·8		7·8	8
15	Mt Gabararit	232 49·0		89 47·4		7·7	1
16	Mt Tala α, β	257 42·5		89 16·0		8·7	2
17	Mt Tala, autre bord	258 40·0					3
18	Mt Sinafil bar	269 20·5		89 29·2		6·7	5
19	Mt Agzios fatra	275 47·0		88 51·0		7·1	4
20	Mt Kanf	296 34·0		87 20·0		0·87	10
21	Mt Birhan *	316 32·0		87 22·7		3·2	11
22	Mt Karni	330 13·6		88 33·0		3·9	12
							23

Wulqiffit.

Nº	Objet relevé.	A	Éc. (A)	z	Éc. (z)	Dist.	170
1	Mt 'Alawgen	16 0·9		90 35·4		46·3	4
2	Mt Asar *, fourche	20 29·4		90 37·7		46·9	6
3	Mt Wa'alta hazin	38 39·4					5
4	Mt Ḫiça	45 34·4					7
5	Mt Kammal	45 47·8	0·1	90 35·5	0·4	39·4	8,9
6	Mt Abar	54 49·4		89 14·7		33·2	10
7	Mt Birkuttan, à peu près	328 54·4					3

Yafatmat.

Nº	Objet relevé.	A	Éc. (A)	z	Éc. (z)	Dist.	270
1	Mt Gabararit	14 15·6		88 29·6		27·4	19
2	Anbar Qirqos	42 15·6		89 6·0		6·7	22
3	Yawiš, église	77 45·5		89 44·8		3·0	25
4	Guluma kidana mihrat	88 41·6		89 28·7		5·7	7
5	Arbre de Danguago	93 39·9	0·8	89 26·3	0·0	4·9	5,6
							26
6	Yagora Quisquam	101 0·6		89 45·3		5·3	8
7	Acacia isolé	203 0·6		89 48·5			9
8	Arbre Dogom II,25	214 3·1		89 40·3		6·0	10
9	Dogom IYASUS, un bord	214 10·1		89 38·9		6·1	11
10	Id., autre bord	214 35·1					12
11	Arbre tout près de Dogom I	214 40·1		89 44·7		6·1	13
12	Qobba Elyas ?	224 33·6					14
13	Église	229 50·6					15
14	Gibzit MARYAM	231 59·6					16
15	Arbre tout près de la station de Yajibe	263 47·1		89 50·6		1·10	17
16	Arbre	275 20·6					18
17	MtLij *, un bord	358 47·1					21
18	Id., autre bord	358 58·6		88 58·1		27·2	20
19	Mt Abbat *, un bord	359 29·1		88 49·7		28·2	23
20	Id., autre bord	359 53·6					24

Yajibe.

Nº	Objet relevé.	A	Éc. (A)	z	Éc. (z)	Dist.	272	274
1	Mt Quira gadal	0 36·6		88 57·5		26·8	8	
2	Mt Lij *, un bord	1 7·1		88 58·0		27·3	9	
3	Id., autre bord	1 18·6					10	
4	Mt Abbat *; un bord	1 42·6		88 49·6		28·3	11	

† Yajibe :	9	18	21	22	23	25	26	30	31
195 :	3	12	..	..	..	5,6	11	13	4,9
264 :	..	..	10	9	7	5,6	8	..	..

Yajibe (suite).

Nº	Objet relevé.	A ° ′	Éc. (A) ′	z ° ′	Éc. (z) ′	Dist.	272	274
5	Id., autre bord	2 8·6					12	
6	Yadaha qiddus Mika-el	5 55·5		89 30·0				9
7	Yawobbi MARYAM	9 31·3	2·2	89 12·2	0·1	5·7	19	10
8	Mt Tala β	10 21·1		88 28·4		30·0	13	
9	Mt Gabararit	16 22·6	2·4	88 30·7	0·8	27·8	14†	5,6
10	Mt Mugtamugt	19 15·6		88 39·3		27·0	15	
11	Église	20 45·5		89 27·7				11
12	Mt...	21 45·1		88 49·6			16	
13	Mt Wugir, un bord	23 43·1		88 56·0		34·3	17	
14	Id., autre bord	23 57·6					18	
15	Taymat Giyorgis	26 22·0		89 31·1		7·1		12
16	Wanga kidana mihrat	31 7·0		89 57·1		5·7		14
17	Gatam MARYAM, et en deçà, Dumbuqbay	45 13·3	1·7	89 21·4	0·1	8·9	20	13
18	Anbar Qirqos	47 50·2	4·1	89 12·0	0·6	7·5	21†	15
19	Yagaš	62 25·0		89 33·3		11·5		16
20	Yasawarab	75 32·5		89 33·3				17
								195
21	Taba Mika-el	77 59·1	3·0	89 35·3	0·9	13·9	22†	8
22	Taba Nolawi	78 27·7	1·6				23†	7
23	Yafatmat ; ma station	83 34·8	0·2				24†	
								274
24	Guluma kidana mihrat	88 6·5						18
25	Arbre de Danguago	91 50·4	2·8	89 31·5	2·4	6·0	25†	
26	Yagora Quisquam	97 57·8	1·3	89 35·5	0·4	6·4	†	
27	Dangyat Giyorgis	109 10·5		89 42·9				19
28	Yamistina	109 48·5		89 47·7				20
29	Yawanbad MARYAM	143 7·0		89 25·1				21
30	Dabizzim Madhane'alam	176 8·1	2·0	89 37·5			26†	
31	Arbre isolé de Dogom II	205 16·7	1·6	89 37·5	0·4	5·4	1†	7
32	Dogom IYASUS ; un bord	205 21·1		89 36·2		5·4	2	
								195
33	Id., milieu	205 32·6						10
34	Id., autre bord	205 48·6					3	
35	Dogom I ; dernier arbre	205 56·1		89 39·7		5·4	4	
								264
36	Mt Goro Çan	223 29·3	1·8	89 56·4	0·1	59·0	5	11
37	Yajibe, lieu de ma latitude	260 43·6					6	
								274
38	Yasla kidana mihrat	351 23·0		89 28·9				8
								264
39	Mt..., un bord	355 48·0		89 18·2				12
40	Id., autre bord	358 2·0		89 14·3				13
41	Mt Amora arga	359 58·6		89 1·8		26·5	7	

Yakabat.

Nº	Objet relevé.	A	Éc. (A)	z	Éc. (z)	Dist.	269
1	Mt Dabet	144 33·9	0·2	88 19·0	0·0	3·2	4,7
2	Mt Arera MARYAM	228 19·1		89 22·8		4·5	3
3	Yasanbat, église	265 59·6		89 26·1		4·0	2
4	Yasanbat, ma station	270 30·6					1
5	Mt Gabararit	319 37·6		87 27·8		15·1	11
6	Mt Digir *	319 48·3		87 28·5		14·2	10
7	Mt Agzios fatra	327 38·6		87 55·2		19·9	12
8	Mt Quiy	333 57·6		88 42·9		5·1	15
9	Mt Wib *	339 15·1		87 42·9		18·1	13
10	Mt Wugir	347 12·6		87 49·3		16·4	14

Yasanbat.

Nº	Objet relevé.	A	Éc. (A)	z	Éc. (z)	Dist.	268
1	Mt Wugir ; un bord	1 55·5		87 57·4		16·0	21
2	Id., autre bord	2 20·0					22
3	Mt Quiy	24 2·5		89 17·2		5·0	24

Yasanbat (suite).

Objet relevé.	A	Éc.	z	Éc.	Dist.	
	° ′	′	° ′	′		208
ıma Mangistu (II)	34 29·5		89 54·6		11·7	26
·gra	56 4·5		90 15·3			25
Dabet	113 23·0		89 38·3		6·7	27
Arera MARYAM	164 28·5		90 0·4		3·1	28
·a Mika-el	178 28·0		90 21·2		12·5	12
·a Nolawi	179 9·5		90 22·8		12·6	11
)a Zawaro	180 9·0		90 21·0			10
Danguago	205 22·5		90 31·6		17·1	9
bar Qirqos	216 51·5		90 23·7		12·9	13
·am	217 41·0		90 25·9		11·5	14
larapa Mika-el	268 19·5		90 18·8			23
nbal MARYAM	304 40·0		89 15·9			8
··	327 25·0		87 35·9			2
Gabararit	334 29·5	2·4	87 11·9	0·0	12·6	1,15
·meda	344 2·5		87 55·7			16
··	349 35·5		87 49·1			17
·gya, col	350 54·5		87 52·9		17·8	3
··	352 16·5		87 45·2			18
Wib *	352 51·0		87 43·7		17·0	19
Wirrata *	354 15·0		87 43·1		16·5	20

Yatu.

						212
Bilida	5 53·5					13
Harawa	46 26·5		88 13·6		7·6	10
llala α	230 46·0		86 57·9		6·0	1
llala β	234 11·0		86 50·9		5·6	2
·te signal	263 34·6	0·6				11
						12
·-u δ	324 27·0		87 41·5		6·4	3
Gabana α	343 19·0		88 15·6		9·9	5
Gabana β	345 16·0		88 15·6		9·5	4

Yawiš I.

						136
Gabararit	8 17·6	1·4	88 25·7	0·3	26·1	7,8
Digir *	9 33·7		88 28·3		25·7	6
Muatamuat	11 4·2		88 34·6		25·1	5
·ssage de Nazrit à Mota	16 16·7		88 52·6			4
·ar Qirqos	19 42·2		88 51·8		4·5	3
·guro ?	298 59·7					18
Inja * ? Daguaj ?	347 23·7		89 20·5		33·9 28·0	17
Amora arga	350 57·7		89 4·1		25·9	16
Quira gadal	351 42·2		88 59·2		26·2	15
Lij *, un bord	352 21·2					14
, autre bord	352 36·2		88 59·0		26·6	13
Abbat *, un bord	353 17·2		88 49·7		27·6	12
, autre bord	353 43·7		88 48·5		27·6	11

Yawiš II.

						137
Muatamuat	12 30·7	0·0	88 24·8			1,2
·ibe, direction	270 47·2		90 2·6			5
Abbat *, bord O.	353 17·2	0·0	88 48·3			3,4

·awiš II. Ces azimuts sont difficiles à orienter. Celui du Mt Abbat pour-
·re trop petit de 4°.

Yawiš III.

Nº	Objet relevé.	A	Éc.	z	Éc.	Dist.		
		° ′	′	° ′	′		194	271
1	Mt Tala	2 53·9					6	
							191	
2	Mt Gabararit	8 42·0	0·8	88 23·0		26·0	7	8
3	Mita Sillase	19 5·5						12
4	Anbar Qirqos	22 27·8	0·7	88 34·3	0·9	4·4	6	9
5	Gatam MARYAM	24 23·5		88 55·8		5·8		10
6	Église	31 14·0		88 42·4			194	11
7	Taba Mika-el	78 52·9					4	
8	Taba Nolawi	79 37·8	0·4	89 24·2		9·7	5 †	
9	Arbre de Danguago	119 37·7	1·3	88 45·4	1·7	2·4	3 †	13
10	Yawiš, lieu de ma latitude	141 30·6					†	
11	Yawiš, grande église	159 36·9					2	
12	Yawiš, église provisoire	163 42·5	0·4	87 12·7		0·24	1 †	
13	Arbre Yafatmat 16	252 22·0		89 53·0		3·0	191	1
14	Arbre isolé vers Yajibe	252 47·6		89 58·6			8	
15	Petit arbre près le précédent	258 59·1		89 59·6			9	
16	Deux arbres isolés sur la même crête	261 27·6					10	
17	Deux autres arbres, ibid.	265 33·1		90 4·1			11	
							194	
18	Yawobbi MARYAM	327 13·9	5·0	89 10·0		5·5	8	2
19	Daguaj	347 39·9					7	
20	Mt Amora arga	351 16·5	0·4	88 59·0		25·8	10	3
21	Taymat Giyorgis	351 42·9					9	
22	Mt Quira gadal	352 0·2	0·7	88 55·5		26·1	11	4
23	Mt Lij *; un bord	352 39·7	0·8	88 56·0		26·5	13	5
24	Id., autre bord	352 54·5	1·1				12	6
25	Mt Abbat *; un bord	353 34·2	0·7	88 45·9		27·5	15	7
26	Id., autre bord	354 2·9					14	

Yawiš IV.

							195
1	Yawiš, grande église	39 37·0		86 43·6		0·14	14
2	Arbre de Danguago, cime	110 35·0		88 46·0		2·3	15
3	Yagora Quisquam	122 22·0					16
4	Gandagab Giyorgis	198 28·0					3
5	Yomac Elyas	207 51·5					7
6	Yadug Abbo	212 2·0					6
7	Dogom IYASUS, arbre	228 8·5	0·0	89 50·2	1·1	8·3	4,5
8	Yagubat Giyorgis	241 35·0					8
9	Gibzit MARYAM	245 6·0					9
10	Qobba Elyas	252 31·0					2
11	Yaqamma Hawaryat	280 39·5					19
12	Yagalab Abbo	307 53·0					10
13	Yawobbi MARYAM	329 42·0		89 22·2		5·7	1
14	Daguaj	347 52·0					11
15	Mt Amora arga	351 29·5					12
16	Mt Quira gadal	352 12·0					13

Yfag I.

							197
1	Mt Saytan *	76 59·6		88 22·9		11·5	3
2	Mt Qalala	91 29·6		88 29·8		25·0	2
3	Mt Manta dabir, fourche	192 35·1		90 13·2 ?		27·5	4
4	Mt Gugube	218 12·1		89 57·1		17·8	5

† Yawiš III :	8	9	10	12
191 :	5	3,4	13	12

Yfag II.

N°	Objet relevé.	A	Éc.	z	Éc.	Dist.	101
		° '	'	° '	'		
1	Mt Izub *	27 23·6		85 17·6		4·3	4
2	Mt Šamo	69 25·6		87 25·2		10·5	6
3	Mt Saytan	73 24·1		88 2·5		10·5	3
4	Mt Qalala	90 36·1		88 22·1		24·0	2
5	Mt Amora gadal	116 12·1		88 48·3		13·0	10
6	Mt Tawgur	125 8·1		88 31·1		14·6	9
7	Manta dabir E.	194 45·1		89 31·7		27·4	7
8	Manta dabir O.	195 1·6					8
9	Église de St-Michel Gimajir	309 54·6					5

Ysmala.

N°	Objet relevé.	A	Éc.	z	Éc.	Dist.	187
1	Mt Wayra β	93 13·0					1
2	Mt Wayra α	93 22·0		90 7·7		37·8	2
3	Mt Abola Nigus	117 54·0		89 55·1		38·0	3
4	Mt Amadamid α	134 3·0		89 14·8		40·6	4
5	Mt Koso bar	136 6·0		89 12·6		39·6	5
6	Mt Liq *	137 15·5		89 8·0		38·8	6

Za'arri.

N°	Objet relevé.	A	Éc.	z	Éc.	Dist.	30
1	Digsa, à peu près	48 50·4					1
2	Mt Saym β	127 8·9		88 45·7		22·3	3
3	Mt Kaš'at	135 40·9		88 22·7		18·1	4

Zalot.

N°	Objet relevé.	A	Éc.	z	Éc.	Dist.	161
1	Mt Ga'ad	66 43·6		89 24·3		6·7	1
2	Mt Birqaqo	128 54·5		89 44·5		24·4	2,3
3	Mt Kaš'at	150 21·0					4

Zartalamo.

N°	Objet relevé.	A	Éc.	z	Éc.	Dist.	47
1	Dagad, plaine de sel	52 20·4		93 28·5			3
2	Mt Gorzo, fourche	276 5·4		90 20·0		41·7	1
3	Mt Birqaqo	309 37·2		89 57·5		9·5	2

Zega wanz.

N°	Objet relevé.	A	Éc.	z	Éc.	Dist.	78
1	Mt Gitim *	16 55·5		88 57·8		27·5	20
2	Mt MARYAM β	20 25·0		88 42·3		26·3	21
3	Mt MARYAM γ	20 46·0					22
4	Mt Dawaro	35 21·5		88 36·8		22·8	23
5	Mt Dumi α	41 0·0		88 24·7		24·2	24
6	Mt Dumi ϐ	42 0·5					25
7	Mt Izub *	43 23·5		88 51·4		18·1	26
8	Mt Atir *	73 51·0		89 0·8		34·0	27
9	Mt Qalala	75 15·0		88 57·9		35·5	28
10	Mt Tawgur	87 45·3		89 3·4		22·4	2
11	Manta dabir, fourche	168 52·5		89 0·9		17·5	3

† Zega wanz. Date changée de décembre 4 en décembre 5; de plus, retranché 5''·2 de tous les azimuts. L'orientation totale obtenue de cette manière est de — 14''·5. On arrive au même résultat, en laissant la date intacte, et changeant ☉ en ☉. Par mégarde, nous avons indiqué les deux changements à la fois dans le tour d'horizon **78**.

Zega wanz (suite).

N°	Objet relevé.	A	Éc.	z	Éc.	Dist.	78
		° '	'	° '	'		
12	Mt Gugube	201 17·5		88 36·5		4·6	4
13	Cap de Takla haymanot	248 7·5					5
14	Mt...	260 39·5		89 56·6			6
15	Ile Daga Istifanos, un côté ?	261 38·7		90 1·4		14·2	7
16	Id., arbres de l'église	263 26·0		89 48·9		14·3	8
17	Id., autre côté	263 44·5					9
18	Mt...	270 22·5		89 51·9			10
19	Mt Gandi *	274 44·3		89 50·4		39·1	11
20	Mt...	285 21·5		89 54·7			12
21	Ile Galila Zakaryas	302 21·5					13
22	Mt Jalo α	318 12·0		89 51·4		24·5	14
23	Mt Jalo ϐ	319 30·5					15
24	Mt Atyar, escarpement	320 40·0					16
25	Mt Alama *	343 8·5		89 41·4		44·8	17
26	Mt Gana Yohannis	345 57·0		89 37·4		44·2	18
27	Mt Çaçquina	346 39·5		89 35·0		44·4	19

Ziban sifra.

N°	Objet relevé.	A	Éc.	z	Éc.	Dist.	300
1	Mt Danšalla *	13 13·6		89 2·6		9·1	4
2	Mt San'afe	38 19·1		88 25·1		12·0	3
3	Mt Bizan	157 46·1		87 11·6		6·3	10
4	Arbuste Gual'a 6	160 10·1		92 26·8		0·02	9
5	Mt 'Alequa β	228 21·1		85 45·2		4·9	8
6	Id., arbre	229 49·6		85 45·2		4·9	7
7	'Addi graht, église	232 50·6		92 31·8		1·84	6
8	Mt Kaš'at	337 54·1		90 0·2		25·8	5

Zohodo.

N°	Objet relevé.	A	Éc.	z	Éc.	Dist.	304
1	Mt Gorzo ϐ	0 4·8		90 13·8		50·6	33
2	Mt Yangurgure	40 45·8		90 13·0		63·0	34
3	Mt Kaš'at	48 35·8		90 2·8		47·5	35
4	Mt Zaba * α	49 27·8		90 6·2		54·2	36
5	Mt Bihiza	50 28·8		90 11·3		3·8	37
6	Mt Hiça α	66 29·8		89 5·5		17·4	38
7	Mt Amoçay	71 25·3		89 30·3		19·5	39
8	Mt Histi	71 39·3		89 25·8		19·7	40
9	Mt Saloda	75 44·8	1·4	89 37·2	0.6	11·0	3,6
							41
10	Mt Awgar ϐ	76 17·3		89 38·5		31·2	42
11	Mt Samayata	80 59·3		88 46·6		16·2	43
12	Mt 'Alequa α	83 54·8		89 32·6		40·8	44
13	Mt Gual haze	88 3·8		89 45·9		26·0	45
14	Mt Abba Liqanos, un bord	93 18·3		89 12·5		1·07	46
15	Id., autre bord	96 23·8		89 30·2			47
16	Mt Abuna Pantalewon	105 52·3		90 19·9		1·75	48
17	Mt Hadgu * dans Azbi, un b.	109 51·8		90 3·3		61·1	49
18	Id., autre bord	110 4·3					50
19	Mt Zage *, dans Azbi	110 36·3		90 5·8		66·0	51
20	Mt Habtay *, dans Azbi	111 8·8		90 6·3		67·9	52
21	Mt Masobo	113 44·3		90 12·5		46·8	53
22	Mt Magab, bord d'un daga	115 38·8		90 14·0		37·6	54
23	Mt Dammo galila	120 5·3		89 24·0		10·9	55
24	Mt Hawi *	128 30·3		89 56·0		40·9	56
25	Direction de Tarakarika	149 50·8					60

† Ziban sifra. Bords du ☉ changés, et azimuts du ☉ augmentés de 1''.

Zohodo (suite).

N°	Objet relevé.	A	Éc.	z	Éc.	Dist.	304
		° ′	′	° ′	′		
26	Mt...	155 5·3		90 4·8			57
27	Mt Hamle *	165 22·8		90 20·4		53·5	58
28	Mt Girum *	166 21·8					59
29	Mt Ambara	168 3·8		90 22·3		32·1	61
30	Mt Sabeyti *	172 42·8		90 27·8		31·2	62
31	Mt Nobit ; un bord	174 42·3		90 25·1		25·8	63
32	Id., autre bord	175 12·8				25·8	64
33	Mt 'Arke *	178 42·3		90 26·3		25·3	65
34	Mt Lawa *	187 26·8		90 9·8		52·7	7
35	Mt Liga *	188 10·3		90 3·8		52·8	8
36	Mt Šahua *	189 52·5		89 53·5		53·7	9
37	Mt Hay	195 5·8		89 28·2		47·0	10
38	Id., autre point	197 32·3		89 16·2		50·0	11
39	Mt Sazza * α	198 46·7		89 11·2		55·1	12
40	Mt Çirinfira α	200 24·3		89 36·4		41·8	13
41	Mt Ankua *	200 32·3		89 13·8		57·9	18
42	Mt Çirinfira β	200 43·8		89 29·2		43·3	14

Zohodo (suite).

N°	Objet relevé.	A	Éc.	z	Éc.	Dist.	304
		° ′	′	° ′	′		
43	Mt Walta *	201 22·8		89 17·2		57·9	19
44	Mt Çirinfira γ, un bord	201 24·8		89 34·7		44·0	15
45	Id., autre bord	201 38·3					16
46	Mt Lagata *	204 17·3		89 12·3		55·2	17
47	Mt Abba Yared	207 52·7		89 12·5		54·3	20
48	Mt Baroc waha	208 47·3		89 11·9		54·7	21
49	Mt Abar	209 52·3		89 17·5		42·7	22
50	Mt Zimdinna *	210 3·3		89 31·7		44·1	23
51	Mt Zamad *	210 7·8		89 32·5		44·0	24
52	Guanaqui *	211 27·8		89 34·2		45·3	25
53	Mt Zufan *	213 4·8		89 37·5		61·0	26
54	Mt Kurkur *	226 57·3		89 36·0		7·4	27
55	Mt Dandi *	242 6·8		89 51·9		12·3	28
56	Mt Wa'alta hazin	284 11·8		88 4·9		3·0	29
57	Mt Manbar *	309 48·8		88 30·5		2·3	30
58	'Araza, daga	319 47·8		90 36·2			31
59	Mt Gorzo α	359 38·8		90 11·8		50·4	32

IV. Déclinaison de la boussole.

Relèvements extraits des tours d'horizon, pour montrer le danger qu'il y a à se fier aux relèvements à la boussole. La première colonne contient les renvois ; la troisième l'azimut vrai ; la quatrième l'azimut magnétique ; la cinquième leur différence, c'est-à-dire la déclinaison ; la colonne des 𝔐 renferme les moyennes pour chaque station ; et la dernière colonne indique le sens (est ou ouest) de la déclinaison de l'aiguille aimantée.

T. d'h.	Station.	A	Bouss.	Décl.	𝔐	Sens
7, 1	Muçaww'a	157°6	164°0	6°4	6°2	O.
2		163·0	169·0	6·0		
3		174·0	180·0	6·0		
†		355·0	1·3	6·3		
12, 2	Digsa	162·9	168·0	5·1	5·1	O.
14, 2	Balasa	40·6	55·0	14·4	14·4	O.
15, 2	May Qani-i	33·9	49·0	15·1	?	O.
10		91·4	130·0	38·6		
22, 5	'Adwa	34·9	41·3	6·4	6·8	O.
9		42·7	49·1	6·4		
††		284·0	291·5	7·5		
23,31	Saloda	25·3	25·0	−0·3	0·3	E.
29, 1	Çilaçiqañe	181·3	188·5	7·2	7·4	O.
11		157·2	164·7	7·5		
30, 2		194·8	202·2	7·4		
31, 1	Ibni harmaz	215·0	223·0	8·0	7·7	O.
2		229·5	237·0	7·5		

† Par un relèvement de la polaire.
†† Par un relèvement du soleil.

T. d'h.	Station.	A	Bouss.	Décl.	𝔐	Sens
36, 1	Bizen	53°5	62°0	8°5	8°5	O.
39, 1	Tujurrah	197·1	202·0	4·9	4·9	O.
44, 2	Muçaww'a	63·5	76·5	13·0	13·0	O.
46, 2	Koqa	198·8	205·5	6.7	4·9	O.
10		317·9	321·0	3·1		
49, 1	Bizen	159·9	163·5	3·6	3·6	O.
60, 2	Aksum	116·7	119·7	3·9	3·0	O.
64, 3	Galosge	355?	2	7	4·9	O.
4		94·2	100	5·8		
27		256·8	259·0	2·2		
79, 3	Qariña	180·1	185·0	4·9	3·5	O.
4		197·1	201·0	3·9		
8		232·3	232·0	−0·3		
13		287·5	293·0	5·5		
113, 2	Annabse	299·9	310·0	10·1	10·1	O.
114, 7	Titar	23·4	22·0	−1·4	1·4	E.
115, 9	Mangistu I	191·3	300·0	108·7	?	O.
116,10	Gurem	7·3	8·0	0·7	0·7	O.
119, 2	Safarka	308·5	316·0	7·5	7·5	O.

T. d'h.	Station.	A	Bouss.	Décl.	𝔐	Sens
120, 3	Dabet	266°·2	290°·0	23°·8	23°·8	O.
123, 3	Saqa	147·6	154·5	6·9	6·9	O.
124, 6	Çalla	127·5	138·5	11·0	11·0	O.
125, 3	Sadara	157·7	164·0	6·3	6·3	O.
126, 5	Tobo	49·9	61·0	11·1	11·1	O.
127, 3	Saqa	147·2	154·5	7·3	8·4	O.
17		242·5	251·0	8·5		
18		10·6	20·0	9·4		
130, 6	Koma	135·3	144·0	8·7	9·0	O.
8		78·1	87·5	9·4		
131, 2	Barakat	28·2	38·4	10·2	10·2	O.
132, 1		28·2	38·4	10·2		
133, 3	Qito	213·0	218·0	5·0	9·0	O.
19		17·7	28·0	10·3		
21		50·6	62·5	11·9		
134, 7	Lag' amara	197·4	200·5	3·1	3·1	O.
135, 1	Garre abdi	197·8	213·0	15·2	15·2	O.
136, 3	Yawiš	19·7	37·0	17·3	?	O.
18		299·0	83	?		
Note		76	85·5	9·5		
»		103	103	0		
»		118	129	11		
138, 4	Gurem	162·5	168·0	5·5	5·2	O.
10		70·1	75·0	4·9		
139, 3	Innamora	331·0	340·0	9·0	10·6	O.
15		323·2	335·5	12·3		
141, 5	Dalma	334·0	348·0	14·0	11·5	O.
7		341·0	350·0	9·0		
144, 3	Baguina	279·1	281·3	2·2	4·2	O.
5		310·8	317·0	6·2		
147, 3	Ysmala	117·9	125·0	7·1	7·1	O.
148, 1	Jahana	122·8	127·0	4·2	3·2	O.
13		164·8	167·0	2·2		
149, 1	Çima †	128·5	137·0	8·5	8·0	O.
2		147·5	155·0	7·5		
152, 3	Incatkab	261·0	267·0	6·0	5·8	O.
Note		41·3	47·0	5·7		
153, 6	Abara	345·1	352·0	6·9	6·9	O.
154, 1	'Addi Silamay	328·9	336·0	7·3	6·8	O.
5		43·7	50·0	6·3		

† Les azimuts de Çima ont été orientés en supposant 𝔐 = 8°·0.

T. d'h.	Station.	A	Bouss.	Décl.	𝔐	Sens
155, 5	Šimarua I	325°·4	330°·0	4°·6	4°·6	O.
156, 1	Abuna Mazra'ite	186·3	191·0	4·7	5·5	O.
12		125·7	132·0	6·3		
157, 2	Guzat	216·0	210·0	−6·0	2·1	E.
4		228·3	230·0	1·7		
158, 3	Madab	222·2	226·0	3·8	3·2	O.
8		35·4	38·0	2·6		
159, 15	Digim	183·4	186·0	2·6	2·6	O.
160, 3	Afalba	150·8	155·0	4·2	0·7	O.
6		187·8	185·0	−2·8		
161, 2	Zalot	128·9	135·0	6·1	6·4	O.
4		150·3	157·0	6·7		
162, 2	'Addi Nazzo	144·8	148·0	3·2	3·2	O.
163, 4	Birqaqo	175·7	185·0	9·3	6·1	O.
13		200·1	203·0	2·9		
164, 1	Ni'ilto	162·8	167·0	4·2	4·2	O.
165, 2	Aksum	210·7	210·5	−0·2	0·2	E.
166, 12	'Addi Dabno	222·7	230·0	7·3	7·5	O.
13		332·3	340·0	7·7		
167, 3	'Idaga Šaba	154·3	190·0	35·7	?	O.
13		311·6	320·0	8·4		
168, 1	May Timqat	124·7	148·0	23·3	?	O.
12		173·2	178·0	4·8		
169, 17	Hayda	199·9	206·0	6·1	6·6	O.
18		345·8	353·0	7·2		
170, 4	Wulqilit	16·0	355·0	−21·0	21·0	E.
171, 4	Wasange	13·5	25·0	11·5	11·5	O.
173, 1	Çambilge	22·5	30·0	7·5	7·5	O.
174, 13	Qañ bet	349·6	357·0	7·4	7·4	O.
175, 8	Tigre micohya	340·0	347·5	7·5	7·5	O.
176, 17	Nabaga	36·3	44·0	7·7	7·7	O.
179, 4	Quarata III	317·2	323·5	6·3	8·7	O.
Note		359·8	11·0	11·2		
181, 1	Quarata V	188·0	191·3	3·3	7·9	O.
2		183·7	190·8	7·1		
4		318·6	332·0	13·4		
183, 11	Manta dabir	201·9	199·0	−2·9	2·4	O.
184, 10		15·1	21·5	6·4		
187, 26		272·7	276·5	3·8		
188, 1	Tul	193·2	194·2	1·0	1·0	O.

T. d'h.	Station.	A	Bouss.	Décl.	𝔐	Sens
189, 4	Densa	295°3	305°0	9°7	5°2	O.
6		354·8	355·5	0·7		
190, 4	Dangyame	6·5	17·5	11·0	11·1	O.
12		250·5	261·8	11·3		
191, 4	Yawiš	119·6	127·7	8·1	8·7	O.
6		22·5	31·6	9·1		
11		265·6	274·5	8·9		
192, 6	Danguago	3·9	10·5	6·6	6·6	O.
21		32·9	39·8	6·9		
34		268·0	274·3	6·3		
197, 1	Anafo	205·7	212·5	6·8	6·8	O.
201, 5	Sabu Šunke	201·8	205·5	3·7	?	O.
13		311·9	339·5	27·6		
204, 3	Ganu	330·9	339·0	8·1	8·1	O.
205, 9	Ariya	7·9	15·7	7·8	7·7	O.
21		236·7	244·3	7·6		
206, 2	Sobso	42·4	50·5	8·1	5·7	O.
3		28·3	36·0	7·7		
6		204·7	206·0	1·3		
207, 1	Hapati	18·5	35·7	17·2	12·5	O.
10		77·0	84·7	7·7		
208,16	Saqa	10·7	17·4	6·7	6·6	O.
25		147·2	153·7	6·5		
209, 4	Mile	341·9	340·3	—1·6	0·3	E.
13		16·1	15·2	—0·9		
21		144·7	146·2	1·5		
210, 5	Daga	35·9	45·8	9·9	8·4	O.
6		4·2	12·5	8·3		
14		125·0	132·0	7·0		
212, 2	Yatu	234·2	248·3	14·1	10·3	O.
4		345·3	354·0	8·7		
10		46·4	54·5	8·1		
11		263·6	274·0	10·4		
213, 6	Dambi	357·4	5·6	8·2	8·1	O.
7		8·0	16·0	8·0		
214,19	Garuqqe	246·1	263·0	16·9	12·2	O.
22		146·5	157·0	10·5		
Note		313·7	321·0	7·3		
»		337·5	351·5	14·0		
217, 1	Garuqqe I	157·5	163·5	6·0	6·0	O.
220,19	Dar-u	114·1	121·5	7·4	8·3	O.
20		255·0	265·0	10·0		
25		66·7	74·2	7·5		
222, 3	Tobo	321·0	329·5	8·5	5·4	O.
5		230·1	232·5	2·4		

T. d'h.	Station.	A	Bouss.	Décl.	𝔐	Sens
223, 6	Kocawo	1°4	10°2	8°8	8°5	O.
10		56·3	64·5	8·2		
224, 1	Hapati	77·0	81·5	4·5	6·6	O.
2		83·7	91·0	7·3		
4		102·6	109·7	7·1		
11		131·6	138·5	6·9		
12		151·4	158·5	7·1		
17		193·3	200·0	6·7		
225, 8	Adami	341·0	350·0	9·0	7·0	O.
226, 1		0·6	9·6	9·0		
6		12·4	21·4	9·0		
10		30·1	37·9	7·8		
17		80·5	84·0	3·5		
19		100·5	107·3	6·8		
20		102·2	109·1	6·9		
21		140·5	147·3	6·8		
22		146·8	153·6	6·8		
23		187·9	194·0	6·1		
24		266·4	275·5	9·1		
238, 4	Ilfata I	201·1	204·0	2·9	7·2	O.
7		268·3	278·0	9·7		
21		1·1	9·0	7·9		
22		12·5	20·7	8·2		
242, 6	Oddo Iote	10·5	18·2	7·7	7·5	O.
243, 2		265·1	272·7	7·6		
3		28·5	35·6	7·1		
7		344·1	351·7	7·6		
244, 2	Falle	247·0	255·7	8·7	6·2	O.
246,17		231·1	236·5	5·4		
21		290·8	299·0	8·2		
26		315·3	323·0	7·7		
29		178·4	187·0	8·6		
247,16		231·5	234·9	3·4		
249, 4		115·6	124·5	8·9		
250, 3		186·8	193·0	6·2		
8		198·0	204·0	6·0		
15		219·0	224·0	5·0		
16		247·2	247·5	0·3		
253, 1	Gurto	276·3	285·5	9·2	8·7	O.
8		265·6	274·0	8·4		
12		312·7	322·0	9·3		
15		353·0	1·0	8·0		
256, 6	Watiyo	230·3	235·5	5·2	4·5	O.
13		172·4	175·0	2·6		
16		244·9	247·5	2·6		
17		260·1	267·7	7·6		
257, 5	Qobbo	161·5	169·3	7·8	7·8	O.
15		207·5	214·5	7·0		
21		257·8	266·5	8·7		

T. d'h.	Station.	A	Bouss.	Décl.	𝔐	Sens
258, 4	Sibarre	176°3	182°5	6°2	6°3	O.
14		197·1	204·2	7·1		
20		212·1	217·7	5·6		
22		218·9	224·1	5·2		
25		233·2	237·7	4·5		
30		281·4	289·7	8·3		
259,18		222·0	228·5	6·5		
19		226·0	231·9	5·9		
28		269·3	277·5	8·2		
260,12		283·2	288·7	5·5		
261, 6	Dini	56·3	62·9	6·6	3·8	O.
12		228·0	229·0	1·0		
262, 6	Tanso	56·0	66·8	10·8	10·2	O.
22		12·4	22·0	9·6		
275, 2	Elyas	244·6	258·4	13·8	12·0	O.
9		53·3	63·5	10·2		
278, 1	Wugir	232·8	281·5	48·7	50·2	O.
2		257·7	308·7	51·0		
4		275·8	325·0	49·2		
5		269·3	322·2	52·9		
6		190·9	239·0	48·1		
7		173·1	225·3	52·2		
8		220·6	270·0	49·4		
279, 1	Karni	149·9	130·8	—19·1	2·8?	E.
13		320·5	336·3	15·8		
14		52·8	58·2	5·4		
26		241·9	228·5	—13·4		
280, 2	Mota	77·9	85·2	7·3	7·3	O.
283, 9	Agamna	143·0	151·8	8·8	8·8	O.
285, 1	Annamucara	200·4	203·3	2·9	0·4	O.
3		53·2	57·0	3·8		
5		139·0	133·5	— 5·5		
289, 1	Nazrit IV	139·8	136·0	— 3·8	0·3	E.
3		149·3	144·6	— 4·7		
4		265·6	274·0	8·4		
11		319·3	318·3	— 1·0		
292, 1	Mangistu II	182·7	199·9	17·2	15·3	O.
2		204·9	220·0	15·1		
16		277·9	293·9	16·0		
24		298·3	310·5	12·2		
31		24·1	39·9	15·8		
293, 8	Titar	23·4	31·2	7·8	6·9	O.
23		260·0	266·8	6·1		
29		277·9	284·0	6·8		
294, 6	Qaranyo	185·2	194·2	9·0	7·4	O.
13		10·4	18·7	8·3		
295, 1		275·5	281·0	5·5		
5		285·8	292·8	7·0		
298, 4	Šimarua II	298°5	306°0	7°5	2°5	O.
10		327·7	325·3	— 2·4		
299, 4	Gual'a	345·0	353·0	8·0	7·6	O.
6		246·2	252·5	6·3		
8		234·4	243·0	8·6		
300, 3	Ziban sifra	38·3	44·0	5·7	6·5	O.
5		337·9	345·5	7·6		
8		228·3	233·0	4·7		
10		157·8	166·0	8·2		
301, 5	Mashal	127·8	133·0	5·2	5·3	O.
13		220·6	226·0	5·4		
15		313·4	317·0	3·6		
16		349·5	356·5	7·0		
302, 5	Digsa	162·5	171·0	8·5	7·4	O.
21		196·0	204·6	8·6		
26		210·8	217·7	6·9		
28		270·2	275·9	5·7		
304,22	Zohodo	209·9	216·5	6·6	6·1	O.
38		66·5	72·0	5·5		
43		81·0	86·5	5·5		
55		120·1	127·0	6·9		
305, 7	Liqanos	80·2	85·5	5·3	4·9	O.
9		122·7	126·6	3·9		
23		199·8	203·6	3·8		
44		281·5	288·2	6·7		
306, 5	Saloda	188·2	194·0	5·8	5·9	O.
25		218·9	224·6	5·7		
30		266·0	272·9	6·9		
32		343·7	349·2	5·5		
39		25·3	31·0	5·7		
47		92·0	97·6	5·6		
307,10	Dabra Gannat	103·5	107·6	4·1	6·8	O.
29		219·6	226·0	6·4		
32		278·9	287·6	8·7		
38		46·8	55·0	8·2		
309,15	Barna	201·4	209·0	7·6	7·5	O.
26		251·0	258·5	7·5		
310, 3	Hora dibba	17·0	25·5	8·5	7·5	O.
13		141·7	148·0	6·3		
16		171·2	179·0	7·8		
30		241·4	249·0	7·6		
311,11	Ambazzo	235·4	242·0	6·6	6·4	O.
17		26·9	34·5	7·6		
28		55·7	60·5	4·8		
36		153·9	160·5	6·6		
313, 3	Dinkuan	141·4	151·7	10·3	10·5	O.
14		26·8	37·2	10·4		
24		192·9	203·3	10·4		
30		237·0	248·0	11·0		

T. d'h.	Station.	A	Bouss.	Décl.	𝔐	Sens
314, 7	Dabna	82°·2	89°·0	6°·8	7°·4	O.
10		17·1	25·0	7·9		
15		47·7	55·6	7·9		
18		138·9	146·0	7·1		
315, 1	Qañ bet	314·5	321·5	7·0	6·6	O.
2		348·0	354·5	6·5		
4		13·4	20·0	6·6		
13		39·1	45·5	6·4		
316, 3	Soni	138·2	142·5	4·3	3·9	O.
11		200·2	205·6	5·4		
15		15·3	19·0	3·7		
18		81·6	84·0	2·4		
317, 1	Gondar	312·0	321·6	9·6	8·4	O.
9		348·8	356·0	7·2		
318, 4	Tigre miçohya	203·5	208·8	5·3	4·9	O.
9		340·1	345·5	5·4		
13		155·6	160·5	4·9		
14		170·3	174·5	4·2		

T. d'h.	Station.	A	Bouss.	Décl.	𝔐	Sens
319,18	Waqqau	70°·0	72°·0	2°·0	2°·0	O.
320, 6	Makana	262·9	269·0	6·1	6·4	O.
9		341·8	348·5	6·7		
321, 8 †	Ankua	328·1	334·0	5·9	?	O.
11		357·3	17·0	19·7		
17		82·9	102·5	19·6		
19		128·3	145·5	17·2		
323,18	Imakullu	88·0	90·5	2·5	2·8	O.
324, 6		193·3	195·8	2·5		
7		330·3	333·3	3·0		
11		211·4	214·6	3·2		
††	Qañ bet	66·3	72·0	8·3	8·3	O.

† Probablement **321**,7 : A = 316°·1, Décl. = 17°·9.

†† Par un relèvement du soleil, fait en 1838.

CHAPITRE IX.

QUELQUES FORMULES DE GÉODÉSIE.

Nous croyons utile de réunir, dans ce qui va suivre, les formules dont on a besoin pour résoudre les problèmes de géodésie qui se présentent le plus souvent dans la pratique. Ces formules ont été pour la plupart puisées dans l'admirable mémoire de M. Chazallon : *Sur les divers moyens de se procurer une base*, imprimé dans les *Annales maritimes et coloniales* de 1837, et dont il existe un tirage à part. Nous en avons rarement fait usage, parce que nos constructions étaient exécutées dans la projection de Mercator; mais nos lecteurs nous sauront gré de leur donner ici l'ensemble de ces formules élégantes et commodes.

En prenant pour unité le rayon de l'équateur, la normale d'un point terrestre à la latitude φ sera $n = (1 - e^2 \sin^2 \varphi)^{-\frac{1}{2}}$. L'aplatissement de $\frac{1}{300}$ adopté aujourd'hui selon Bessel, donne $\log e^2 = \bar{3}{\cdot}8231843$, et en développant on trouve, si l'on fait encore $e = \sin \varepsilon$,

$$\log n = -2 \log \cos \tfrac{1}{2} \varepsilon - M \left\{ tg^2 \tfrac{1}{2} \varepsilon \cos 2\varphi - \tfrac{1}{2} tg^4 \tfrac{1}{2} \varepsilon \cos 4\varphi + \tfrac{1}{3} tg^6 \tfrac{1}{2} \varepsilon \cos 6\varphi - \ldots \right\}$$

$$= 0{\cdot}0007245 - 0{\cdot}0007250 \cos 2\varphi + 0{\cdot}0000006 \cos 4\varphi - \ldots$$

Dans les formules de géodésie, on exprime les distances en minutes de l'arc équatorial ou milles géographiques si l'on adopte la valeur ci-dessus de log n. Veut-on maintenant les avoir en mètres, il faudra les multiplier par 1855·11, le nombre de mètres compris dans une minute équatoriale; c'est-à-dire qu'il faudra ajouter 3·2683695 à log n, ou bien prendre pour sa valeur

$$\log \mathbf{n} = 3{\cdot}2690940 - 0{\cdot}0007250 \cos 2\varphi + 0{\cdot}0000006 \cos 4\varphi - \ldots$$

Voici un exemple pour l'application de ces séries. Soit $\varphi = 27^\circ\ 30'{\cdot}5$ la latitude donnée. On aura :

$$\begin{array}{rl} \log \cos 55^\circ\ 1'{\cdot}0 = & \bar{1}{\cdot}75841 \\ \log\ 7{\cdot}250 = & 0{\cdot}86036 \\ \hline & 0{\cdot}61877 = \log 4{\cdot}157 \end{array}$$

$$\begin{array}{r} \cos 4\varphi = \cos 110^\circ = -\sin 20^\circ = -0{\cdot}34 \\ 6 \\ \hline -2 \\ -4157 \\ \hline -4159 \end{array}$$

Par conséquent, on obtient $-0{\cdot}0004159$ à ajouter à la constante de log n. Cela donne :

$$\log n = 0{\cdot}0003086 \ \ldots \text{ distances en milles.}$$
$$\log \mathbf{n} = 3{\cdot}2686781 \ \ldots \text{ distances en mètres.}$$

Dans nos cartes qui s'étendent de $\varphi = 7^\circ$ à $\varphi = 15^\circ$, nous avons en général employé la valeur moyenne 3·26842, qui est celle du logarithme de la normale du 11me parallèle, exprimée en mètres et multipliée par sin 1'. Pour exprimer en milles ou en mètres une distance donnée en minutes d'arc, il faut la multiplier respectivement par n ou par **n**.

Les différences de longitudes et les azimuts n'éprouvent pas de changements sensibles, d'après Gauss, quand on passe d'une sphère théorique à la figure réelle de la terre qui est un sphéroïde. La différence ne se fait même pas sentir dans les grandes triangulations. L'influence de l'ellipticité de la terre portera donc principalement sur les latitudes.

Quand on a mesuré les trois angles d'un triangle géodésique, leur excès sur 180° sera l'excès sphérique, mais affecté des erreurs d'observation, et l'on peut se faire une idée de ces dernières en calculant directement l'excès sphérique qui est égal à l'aire du triangle, exprimée en secondes carrées et multipliée par sin 1''. Si l'on retranche ensuite de chaque angle mesuré le tiers de l'excès de leur somme sur 180°, on peut toujours traiter le triangle comme étant rectiligne, et calculer deux côtés par le troisième et par les angles réduits. Quand on ne connaît que deux des trois angles, il est parfaitement inutile de calculer l'excès sphérique pour réduire les angles, parce que les erreurs d'observation surpassent fort souvent cette quantité.

Ayant une fois trouvé les côtés d'un triangle, on peut chercher les coordonnées des trois sommets, ou bien on peut calculer un côté lorsqu'on connaît les coordonnées de ses deux bouts. Cela donne naissance à différents problèmes de géodésie dont nous allons indiquer sommairement les solutions.

Il s'agit toujours ici des positions relatives de deux points, et il est clair d'abord qu'il faut toujours avoir au moins une latitude, puisque la courbure des arcs en dépend. Les autres données seront tour à tour la seconde latitude, la différence des longitudes, l'azimut et l'apozénit.

En désignant par A l'azimut du point (l_1, φ_1) vu du point (l, φ), et par A_1 l'azimut réciproque, nous supposerons toujours $l_1 > l$, par conséquent $A < 180°$ et $A_1 > 180°$. Soit φ_0 la latitude moyenne $= \frac{1}{2}(\varphi + \varphi_1)$, et $\epsilon = (\varphi_1 - \varphi)\, e^2 \cos^2 \varphi$ la correction due à l'aberration de sphéricité. Alors on peut traiter comme un triangle plan rectangle le triangle ayant pour côtés s, $\varphi_1 - \varphi - \epsilon$ et $(l_1 - l)\sqrt{\cos\varphi \cos\varphi_1}$. Si les deux points sont situés sur un même méridien, on aura donc $A = 0$, $A_1 = 180°$ et $s = \varphi_1 - \varphi - \epsilon$.

Ici, et dans les formules qui vont suivre, la distance s'obtient toujours en minutes d'arc ; pour la convertir en milles ou en mètres, il faut la multiplier par n ou par **n** ; de même, si elle était donnée en milles ou en mètres, il faudrait diviser par n ou par **n** respectivement pour avoir la valeur de s en minutes d'arc, qui entre dans ces formules.

Voici maintenant les cas ou problèmes dont nous avons parlé :

Premier et deuxième cas.

1° Donné : φ, φ_1, $l_1 - l$.	Cherché : A, A_1, s.
2° » φ, φ_1, s.	» A, A_1, $l_1 - l$.

On aura : 1° $s = \sqrt{(\varphi_1 - \varphi - \epsilon)^2 + (l_1 - l)^2 \cos\varphi \cos\varphi_1}$; 2° $l_1 - l = \sqrt{\sec\varphi \sec\varphi_1 [s^2 - (\varphi_1 - \varphi - \epsilon)^2]}$.

Ensuite pour tous les deux :

$$\sin A = \frac{l_1 - l}{s} \cos(\varphi_1 - \tfrac{1}{2}\epsilon) \quad , \quad \sin A_1 = \frac{l_1 - l}{s} \cos(\varphi + \tfrac{1}{2}\epsilon),$$

ou bien $\operatorname{tg} \frac{1}{2}(A + A_1 - 180°) = \operatorname{tg} \frac{1}{2}(l_1 - l) \cos\varphi \operatorname{cosec} \frac{1}{2}(\varphi_1 - \varphi - \epsilon)$, ou enfin : $A_1 = A + 180° + 2\mathbf{g}$.

Ici $2\mathbf{g}$ est la quantité connue sous le nom de la convergence des méridiens. On a $2\mathbf{g} = (l_1 - l)\sin\varphi_0 \sec\frac{1}{2}(\varphi_1 - \varphi)$.

Le premier cas arrive lorsqu'on connaît les coordonnées géographiques de deux lieux et qu'on veut en déduire leur distance et leurs gisements réciproques. Le second se présenterait si l'on avait observé les latitudes et mesuré la distance par un moyen quelconque. Mais ceci n'arrive que rarement, et l'on ne pourrait pas compter sur une grande précision dans la différence des longitudes et dans l'azimut obtenus par les formules du n° 2 ; du reste, on trouvera l'azimut avec d'autant plus d'exactitude qu'il s'approchera plus de 90° ou de 270°. Nous avons donné l'expression de $l_1 - l$ pour faire pendant à celle de s, mais nous supprimons les formules qui servent à trouver la différence des latitudes par celle des longitudes, par la distance et par une latitude, ce problème nous paraissant dénué d'intérêt pour la pratique.

Troisième cas.

Donné : φ, A, $l_1 - l$.	Cherché : φ_1, A_1, s.

Soit $\operatorname{tg} \upsilon = \operatorname{tg} A \sin\varphi$; on aura, pour trouver φ_1 :

$$\operatorname{tg}(\varphi_1 - \epsilon) = \operatorname{tg}\varphi \frac{\sin(l_1 - l + \upsilon)}{\sin\upsilon} = \frac{\cot A \sin(l_1 - l + \upsilon)}{\cos\varphi \cos\upsilon}.$$

Quand A se trouve entre 60° et 120°, il vaut mieux développer, ce qui donne :

$$\varphi_1 = \varphi + \epsilon + (l_1 - l)\cos\varphi \cot A - \sin 1'' \{(l_1 - l)\cos\varphi \cot A\}^2 \operatorname{tg}\varphi\,(1 + \tfrac{1}{2}\operatorname{tg}^2 A).$$

Ensuite on a :

$$s = \frac{l_1 - l}{\sin A} \cos(\varphi_1 - \tfrac{1}{2}\epsilon) \quad , \quad \text{et } A_1 = A + 180° + 2\mathbf{g}.$$

Ce cas pourrait se présenter si l'on voulait chercher la latitude à laquelle un méridien donné serait rencontré par la trajectoire d'un azimut donné. On y aurait recours dans la construction d'une carte si l'azimut était voisin de 90°.

Quatrième cas.

Donné : φ, φ_1, A. Cherché : s, $l_1 - l$, A_1.

Soit $\operatorname{tg} \eta = \cot(\varphi + \frac{1}{2} e) \cos A$, on aura, pour trouver s :

$$\cos(\eta - s) = \cos \eta \frac{\sin(\varphi_1 - \frac{1}{2} e)}{\sin(\varphi + \frac{1}{2} e)}.$$

Lorsque l'azimut n'est pas trop près de 90°, on peut faire :

$$s = \frac{\varphi_1 - \varphi - e}{\cos A} + \sin \tfrac{1}{2}'' \left(\frac{\varphi_1 - \varphi - e}{\cos A}\right)^2 \sin A \operatorname{tg} A \operatorname{tg}(\varphi - \tfrac{1}{2} e) \quad + \tfrac{1}{6} \sin^2 1'' \left(\frac{\varphi_1 - \varphi - e}{\cos A}\right)^3 (\sin^2 A + 3 \operatorname{tg}^2 A \operatorname{tg}^2 \varphi).$$

Ensuite on trouve :

$$l_1 - l = \frac{s \sin A}{\cos(\varphi - \frac{1}{2} e)} \quad \text{et} \quad A_1 = A + 180^\circ + 2\mathbf{g}.$$

Le troisième terme du développement de s pourra toujours être négligé pourvu que A soit entre 0 et 30° ou entre 150° et 180°, et $\varphi < 60°$.

Ce problème peut naître si l'on veut former une base géodésique de deux latitudes et d'un azimut. Mieux vaut encore avoir des azimuts réciproques pour diminuer l'influence des erreurs d'observation. L'on prendrait alors pour A la moitié de la somme des deux azimuts observés, cette somme étant diminuée de 180° + **g**.

Cinquième cas.

Donné : φ, s, A. Cherché : φ_1, $l_1 - l$, A_1.

On aura d'abord :

$$\varphi_1 = \varphi + (1 + e^2 \cos^2 \varphi) [s \cos A - \sin \tfrac{1}{2}'' \operatorname{tg} \varphi \, s^2 \sin^2 A].$$

Ensuite on trouvera $l_1 - l$ et A_1, comme dans le cas précédent. Pour nos cartes, on aura log $(1 + e^2 \cos^2 \varphi) = 0 \cdot 00278$ en moyenne.

Le cinquième cas sera utile si l'on a mesuré la distance et l'azimut d'un signal par rapport à une station dont la position est déjà connue, et qu'on désire obtenir celle du signal.

Passons maintenant à l'usage de l'apozénit et des différences de niveau. Les cas précédents, si l'on ajoute l'apozénit à leurs données, fourniront toujours la différence de niveau ou les altitudes relatives par la distance, au moyen de la formule

$$h = \mathbf{n} \, s \cot(z - \beta s) \sec \tfrac{1}{2} s, \quad \text{ou simplement} = \mathbf{n} \, s \cot(z - \beta s),$$

où $\beta = \frac{1}{2} - r$, r étant le coefficient de la réfraction terrestre. Nous avons toujours supposé $r = 0 \cdot 07$ et $\beta = 0 \cdot 43$ en moyenne.

Lorsqu'on connaît les altitudes et la distance de deux points, et qu'on veut savoir sous quel apozénit l'un serait vu de l'autre, on trouvera

$$z = \beta s + \operatorname{arc} \cot \frac{h}{\mathbf{n} s}.$$

Enfin, il peut arriver qu'on connaisse seulement les altitudes de deux points et qu'on ait observé l'apozénit de l'un des deux, d'un petit îlot par exemple ou d'un point d'une rivière dont on connaît le niveau. Il s'agit alors d'obtenir la distance par h et z. Ce problème se résout facilement au moyen de la table **17** que nous avons construite pour les deux quantités **n** s cot z et **n** s tg β s. A défaut de cette table, on pourra s'y prendre comme suit. On remplace l'expression ci-dessus de h par cette autre formule :

$$\frac{h}{\mathbf{n}} = s \cot z + s^2 \operatorname{tg} \beta,$$

d'où il suit

$$s = \frac{h}{\mathbf{n}} \operatorname{tg} z - s^2 \operatorname{tg} \beta \operatorname{tg} z.$$

Quand l'apozénit s'écarte assez de 90°, on peut procéder par approximations successives, en négligeant d'abord le terme qui dépend de s^2, et en prenant ensuite, pour calculer ce terme, la distance s égale à la valeur trouvée. Si, au contraire, l'apozénit était peu différent de 90°, il faudrait résoudre l'équation du second degré à coefficients connus qui est renfermée dans la formule dont il s'agit.

Il serait aisé d'imaginer d'autres combinaisons plus compliquées où la détermination des coordonnées géographiques serait basée sur des apozénits et des différences d'altitudes : faute d'un meilleur moyen, nous en avons employé quelques-unes dans ce qui suit; mais il faut généralement éviter d'y avoir recours, parce que le coefficient de la réfraction terrestre peut varier d'une manière difficile à contrôler, et surtout parce que les altitudes relatives obtenues directement par l'hypsométrie sont rarement d'une exactitude comparable à celle des autres opérations géodésiques. Enfin, la principale raison qui milite contre cet emploi des apozénits est le désavantage évident qu'il y a toujours à déduire une grande quantité d'une petite.

CHAPITRE X.

ALTITUDES RELATIVES.

---

1. Calcul des différences de niveau par les apozénits observés.

Dans la liste des azimuts ordonnés, on trouve les apozénits apparents des signaux relevés. Avant d'employer ces apozénits au calcul des altitudes, il faut les dégager tant de la réfraction terrestre que de l'influence de la courbure du globe. Voici comment nous avons tenu compte de ces corrections.

Soient z l'apozénit observé, s la distance, en minutes d'arc, du signal à la station; h la différence de niveau, en mètres; **n** la normale terrestre à la latitude moyenne de l'arc s, exprimée en mètres et multipliée par arc 1'; r le coefficient de la réfraction terrestre, et $\frac{1}{2} - r = \beta$. Alors on a, d'après les formules connues :

$$h = \mathbf{n}\, s \cot (z - \beta s) \sec \tfrac{1}{2} s.$$

Le voyage de M. d'Abbadie s'étendant depuis le 7me jusqu'au 15me degré de latitude nord, le parallèle moyen sera le 11me. La valeur correspondante de **n** est $= 1855 \cdot 33 = 3 \cdot 26842$. La variation de n depuis le 7me jusqu'au 15me parallèle étant renfermée dans les limites $- 0 \cdot 0001.\, n$ et $+ 0 \cdot 0001.\, n$, il était permis de la négliger. Il en est de même du facteur sec $\frac{1}{2}$ s, qui ne comporte tout au plus qu'un changement de 0·1 mètre dans nos altitudes et qui par conséquent peut être considéré comme égal à l'unité. La formule ci-dessus devient ainsi :

$$h = 1855 \cdot 33.\ s.\ \cot (z - \beta s).$$

Le coefficient de la réfraction terrestre se trouve par la formule de M. Bravais :

$$\log r = \bar{4} \cdot 1134 + \log \mathbf{B} - 2 \log (1 + 0 \cdot 00366\ T).$$

Pour **B**, il faut, à la rigueur, prendre la moyenne des hauteurs barométriques entre la station et le signal; pour T, la moyenne des températures de ces deux points; et si les observations ne sont pas réciproques, on peut y suppléer par certaines hypothèses. Mais nous avons reconnu que cette précision aurait été inutile dans la réduction des apozénits que nous avons employés. A cause du ballottement de la croisée des fils dans la lunette du théodolite Falbe, le point zénital changeait perpétuellement, de manière que les apozénits observés peuvent s'écarter de la vérité jusqu'à 2 ou 3'. Nous nous sommes donc borné à prendre pour r sa valeur moyenne 0·07, et 0·43 pour β; dans quelques tours d'horizon seulement où l'influence de la valeur de β était appréciable, on a tenu compte de l'état de l'atmosphère, mais en s'y prenant après coup. C'est ce qui est arrivé, par exemple, à la station *Dumi I* d'où l'on commande un horizon fort étendu.

Pour faciliter le calcul de h, on avait réduit en tables les quantités 0·43 s et 1855·33 s cot z. Nous ne donnerons ici que la dernière de ces deux tables; elle s'étend de s = 0 jusqu'à s = 40 minutes, et de z = 90° jusqu'à z = 87° ou 93°, et l'on peut y entrer avec la distance s et l'apozénit réduit z — 0·43 s comme arguments. Les valeurs sont négatives toutes les fois que l'apozénit argument est plus grand que 90°.

Mais nous avons plus tard simplifié ces calculs, en ajoutant à la table en question une colonne donnant les valeurs de la quantité

$$\rho = \mathbf{n}\, s \operatorname{tg} \beta s,$$

qui est la dépression produite par la courbure du globe terrestre, moins l'élévation qui naît de la réfraction moyenne. On trouve dès alors $h = \mathbf{n}\, s \cot z + \rho$. Pour justifier cette abréviation, développons l'expression de h. Nous avons :

$$h = \mathbf{n}\, s \cot (z - \beta s) = \frac{\mathbf{n}\, s (\cot z + \operatorname{tg} \beta s)}{1 - \cot z \operatorname{tg} \beta s} = \mathbf{n}\, s (\cot z + \operatorname{tg} \beta s) (1 + \cot z \operatorname{tg} \beta s + \ldots .).$$

On va voir qu'il est permis de se borner au premier terme de la dernière parenthèse. En effet, la quantité dépendant du second terme est $\mathbf{n}\, s (\cot z + \operatorname{tg} \beta s) \cot z \operatorname{tg} \beta s$, ou si l'on omet les termes de second ordre,

$$h \cot z \operatorname{tg} \beta s = h\, \mathbf{n}\, s \cot z \frac{\operatorname{tg} \beta}{\mathbf{n}} = h (h - \rho)\ 0 \cdot 000000067 . .$$

Cette expression n'a qu'un minimum, analytiquement parlant. Les plus grandes valeurs qu'elle obtient dans nos calculs, se trouvent en *Tigray*. Parmi celles-là le plus fort chiffre est $0^{mt} \cdot 58$; mais en général les valeurs sont de beaucoup inférieures à $0 \cdot 5$ mètre. On peut donc en toute sécurité, dans les limites de nos calculs, supposer

$$h = \mathbf{n}\, s \cot z + \rho.$$

Le premier terme est positif pour les apozénits au-dessous de 90°, négatif pour ceux qui sont au-dessus de 90° ; ρ est toujours positif. Nous donnons à la fin de cet article la table **17** des quantités $\mathbf{n}\, s \cot z$ et ρ, et à la page 274 une table plus étendue des dépressions terrestres, c'est-à-dire des valeurs de ρ calculées avec le coefficient moyen $\beta = 0 \cdot 43$ et depuis $s = 0$ jusqu'à $s = 60'$. On trouve d'ailleurs :

$$\rho = s^2 .\ 0 \cdot 2320 \ldots$$

Quant aux changements de ρ qui dépendent de ce que β n'est pas strictement $= 0 \cdot 43$, mais $= 0 \cdot 43 + x$, comme ρ est proportionnel à β, on aura évidemment $\rho \left(1 + \frac{x}{0 \cdot 43}\right)$ au lieu de ρ. La variation x qui dépend de l'état de l'atmosphère, a pour limites $- 0 \cdot 03$ et $+ 0 \cdot 03$, par conséquent le plus grand changement de ρ aurait été $\pm 0 \cdot 07\ \rho$. Mais en réalité x était toujours bien au-dessous de ces limites, et de plus, ses valeurs les plus considérables ne se trouvent pas combinées avec les plus grandes distances ni, par conséquent, avec les plus grandes valeurs de ρ.

Comme on a d'ailleurs

$$h = \mathbf{n}\, s \cot z + \rho + \rho \frac{x}{0 \cdot 43} = \mathbf{n}\, s \cot z + \rho + x s^2\ 0 \cdot 54,$$

on peut toujours, après avoir calculé h à l'aide de la table des ρ, ajouter la correction $x\, s^2\ 0 \cdot 54$ s'il y a lieu, c'est-à-dire si l'on trouve $r = 0 \cdot 07 - x$. Mais on peut la négliger en commençant une carte.

Comme on n'aura pas toujours sous la main notre table **17**, il est bon de montrer qu'on peut calculer l'expression $\mathbf{n}\, s \cot z$ d'une manière très-facile et sans logarithmes. En prenant $\log \mathbf{n} = 3 \cdot 26842$, on trouve $\mathbf{n} \operatorname{tg} 1' = 0 \cdot 53972$ ou bien $= 0 \cdot 54 = \frac{1}{2} + \frac{1}{20} - \frac{1}{100}$, donc à très-peu près :

$$\mathbf{n}\, s \cot z = \left(\tfrac{1}{2} + \tfrac{1}{20} - \tfrac{1}{100}\right) s\, (90° - z).$$

Ainsi, quand z est l'apozénit réduit ou diminué de $0 \cdot 43\, s$, on peut prendre $h =$ la moitié du produit de la distance en milles par l'angle d'élévation en minutes + un dixième de cette moitié — un centième du produit total. Si z était l'apozénit brut, il faudrait ajouter la dépression terrestre ρ.

Cette règle exige, à la vérité, une petite correction pour être exacte, car on a : $\cot z = \operatorname{arc} 1' (90° - z) (1 + \frac{1}{3} \cot^2 z)$, donc plus exactement :

$$\mathbf{n}\, s \cot z = 0 \cdot 54\, s\, (90° - z) \left(1 - 0 \cdot 0006 + 0 \cdot 00028 \left(\frac{90° - z}{100}\right)^2\right).$$

Cela donne la correction $\frac{h}{1000} \left(- 0 \cdot 6 + 0 \cdot 28 \left(\frac{90° - z}{100}\right)^2\right)$ qui est zéro lorsque z est dans le voisinage de 90° ou de 92° 30' ou de 87° 30', et qui peut presque toujours être négligée.

Exemple. Du mont *Soni* on a observé l'apozénit du mont *Ambazzo* $= 88° \, 54' \cdot 2$, ce qui donne $90° - z = 65' \cdot 8$. La distance a été trouvée $= 7 \cdot 30$. La réduction de l'apozénit serait donc $- 3' \cdot 14$; en ajoutant $3 \cdot 14$ à $65 \cdot 8$, on obtient $68 \cdot 94$. Le produit de $68 \cdot 94$ par $7 \cdot 30$ est $= 503 \cdot 26$. Par conséquent

$$h = 251 \cdot 63 + 25 \cdot 16 - 5 \cdot 03 = 271 \cdot 76.$$

La dernière correction serait $- 0 \cdot 27 \times 0 \cdot 46 = - 0 \cdot 12$, donc $h = 271 \cdot 64$. Le calcul direct de l'expression $\mathbf{n}.\ 7 \cdot 30 \cot 88° \, 51' \cdot 06$ donnerait aussi $h = 271 \cdot 64$. Si l'on voulait se servir de la table de la dépression terrestre, on aurait d'abord, en négligeant la correction $3' \cdot 14$,

$$h = 240 \cdot 17 + 24 \cdot 02 - 4 \cdot 80 = 259 \cdot 4 ;$$

en y ajoutant $\rho = 12 \cdot 3$, on obtiendrait $h = 271 \cdot 7$. La table **17** donnerait $271 \cdot 4$.

Table 17 pour obtenir les différences d'altitudes.

ARGUMENT : APOZÉNIT OBSERVÉ.

87°0	87°10	87°20	87°30	87°40	87°50	88°0	88°10	88°20	88°30	88°40	88°50	89°0	89°10	89°20	89°30	89°40	89°50	90°0	ρ	Distance en minutes d'arc.
0·0	0·0	0·0	0·0	0·0	0·0	0·0	0·0	0·0	0·0	0·0	0·0	0·0	0·0	0·0	0·0	0·0	0·0	0·0	0·0	**0·0**
9·7	9·2	8·6	8·1	7·6	7·0	6·5	5·9	5·4	4·9	4·3	3·8	3·2	2·7	2·2	1·6	1·1	0·5	0·0	0·0	**0·1**
19·4	18·4	17·3	16·2	15·1	14·0	13·0	11·9	10·8	9·7	8·6	7·6	6·5	5·4	4·3	3·2	2·2	1·1	0·0	0·0	**0·2**
29·2	27·5	25·9	24·3	22·7	21·1	19·4	17·8	16·2	14·6	13·0	11·3	9·7	8·1	6·5	4·2	3·2	1·6	0·0	0·0	**0·3**
39·9	36·7	34·5	32·4	30·2	28·1	25·9	23·8	21·6	19·4	17·3	15·1	13·0	10·8	8·6	6·5	4·3	2·2	0·0	0·0	**0·4**
48·6	45·9	43·2	40·5	37·8	35·1	32·4	29·7	27·0	24·3	21·6	18·9	16·2	13·5	10·8	8·1	5·4	2·7	0·0	0·1	**0·5**
58·3	55·1	51·8	48·6	45·4	42·1	38·9	35·6	32·4	29·2	25·9	22·7	19·4	16·2	13·0	9·7	6·5	3·2	0·0	0·1	**0·6**
68·0	64·3	60·5	56·7	52·9	49·1	45·4	41·6	37·8	34·0	30·2	26·5	22·7	18·9	15·1	11·3	7·6	3·8	0·0	0·1	**0·7**
77·8	73·4	69·1	64·8	60·5	56·2	51·8	47·5	43·2	38·9	34·6	30·2	25·9	21·6	17·3	13·0	8·6	4·3	0·0	0·1	**0·8**
87·5	82·6	77·8	72·9	68·0	63·2	58.3	53·5	48·6	43·7	38·9	34·0	29·2	24·3	19·4	14·6	9·7	4·9	0·0	0·2	**0·9**
97·2	91·8	86·4	81·0	75·6	70·2	64·8	59·4	54·0	48·6	43·2	37·8	32·4	27·0	21·6	16·2	10·8	5·4	0·0	0·2	**1·0**
106·9	101·0	95·0	89·1	83·2	77·2	71·3	65·3	59·4	53·5	47·5	41·6	35·6	29·7	23·8	17·8	11·9	5·9	0·0	0·3	**1·1**
116·6	110·2	103·7	97·2	90·7	84·2	77·8	71·3	64·8	58·3	51·8	45·4	38·9	32·4	25·9	19·4	13·0	6·5	0·0	0·3	**1·2**
126·4	119·3	112·3	105·3	98·3	91·3	84·2	77·2	70·2	63·2	56·2	49·1	42·1	35·1	28·1	21·1	14·0	7·0	0·0	0·4	**1·3**
136·1	128·5	121·0	113·4	105·8	98·3	90·7	83·2	75·6	68·0	60·5	52·9	45·4	37·8	30·2	22·7	15·1	7·6	0·0	0·5	**1·4**
145·8	137·7	129·6	121·5	113·4	105·3	97·2	89·1	81·0	72·9	64·8	56·7	48·6	40·5	32·4	24·3	16·2	8·1	0·0	0·5	**1·5**
155·5	146·9	138·2	129·6	121·0	112·3	103·7	95·0	86·4	77·8	69·1	60·5	51·8	43·2	34·6	25·9	17·3	8·6	0·0	0·6	**1·6**
165·3	155·1	146·9	137·7	128·5	119·3	110·2	101·0	91·8	82·6	73·4	64·3	55·1	45·9	36·7	27·5	18·4	9·2	0·0	0·7	**1·7**
175·0	165·2	155·5	145·8	136·1	126·4	116·6	106·9	97·2	87·5	77·8	68·0	58·3	48·6	38·9	29·2	19·4	9·7	0·0	0·7	**1·8**
184·8	174·4	164·2	153·9	143·6	133·4	123·1	112·9	102·6	92·3	82·1	71·8	61·6	51·3	41·0	30·8	20·5	10·3	0·0	0·8	**1·9**
194·5	183·6	172·8	162·0	151·2	140·4	129·6	118·8	108·0	97·2	86·4	75·6	64·8	54·0	43·2	32·4	21·6	10·8	0·0	0·9	**2·0**
204·2	192·8	181·4	170·1	158·8	147·4	136·1	124·7	113·4	102·1	90·7	79·4	68·0	56·7	45·4	34·0	22·7	11·3	0·0	1·0	**2·1**
213·9	202·0	190·1	178·2	166·3	154·4	142·6	130·7	118·8	106·9	95·0	83·2	71·3	59·4	47·5	35·6	23·8	11·9	0·0	1·1	**2·2**
223·7	211·1	198·7	186·3	173·9	161·5	149·0	136·6	124·2	111·8	99·4	86·9	74·5	62·1	49·7	37·3	24·8	12·4	0·0	1·2	**2·3**
233·4	220·3	207·4	194·4	181·4	168·5	155·5	142·6	129·6	116·6	103·7	90·7	77·8	64·8	51·8	38·9	25·9	13·0	0·0	1·3	**2·4**
243·1	229·5	216·0	202·5	189·0	175·5	162·0	148·5	135·0	121·5	108·0	94·5	81·0	67·5	54·0	40·5	27·0	13·5	0·0	1·5	**2·5**
252·8	238·7	224·6	210·6	196·6	182·5	168·5	154·4	140·4	126·4	112·3	98·3	84·2	70·2	56·2	42·1	28·1	14·0	0·0	1·6	**2·6**
262·5	247·9	233·3	218·7	204·1	189·5	175·0	160·4	145·8	131·2	116·6	102·1	87·5	72·9	58·3	43·7	29·2	14·6	0·0	1·7	**2·7**
272·3	257·0	241·9	226·8	211·7	196·6	181·4	166·3	151·2	136·1	121·0	105·8	90·7	75·6	60·5	45·4	30·2	15·1	0·0	1·8	**2·8**
282·0	266·2	250·6	234·9	219·2	203·6	187·9	172·3	156·6	140·9	125·3	109·6	94·0	78·3	62·6	47·0	31·3	15·7	0·0	2·0	**2·9**
291·7	275·4	259·2	243·0	226·8	210·6	194·4	178·2	162·0	145·8	129·6	113·4	97·2	81·0	64·8	48·6	32·4	16·2	0·0	2·1	**3·0**
301·4	284·6	267·8	251·1	234·4	217·6	200·9	184·1	167·4	150·7	133·9	117·2	100·4	83·7	67·0	50·2	33·5	16·7	0·0	2·3	**3·1**
311·1	293·8	276·5	259·2	241·9	224·6	207·4	190·1	172·8	155·5	138·2	121·0	103·7	86·4	69·1	51·8	34·6	17·3	0·0	2·4	**3·2**
320·9	302·9	285·1	267·3	249·5	231·7	213·8	196·0	178·2	160·4	142·6	124·7	106·9	89·1	71·3	53·5	35·6	17·8	0·0	2·5	**3·3**
330·6	312·1	293·8	275·4	257·0	238·7	220·3	202·0	183·6	165·2	146·9	128·5	110·2	91·8	73·4	55·1	36·7	18·4	0·0	2·6	**3·4**
340·3	321·3	302·4	283·5	264·6	245·7	226·8	207·9	189·0	170·1	151·2	132·3	113·4	94·5	75·6	56·7	37·8	18·9	0·0	2·8	**3·5**
350·0	330·5	311·0	291·6	272·2	252·7	233·3	213·8	194·4	175·0	155·5	136·1	116·6	97·2	77·8	58·3	38·9	19·4	0·0	3·0	**3·6**
359·7	339·7	319·7	299·7	279·7	259·7	239·8	219·8	199·8	179·8	159·8	139·9	119·9	99·9	79·9	59·9	40·0	20·0	0·0	3·2	**3·7**
369·5	348·8	328·3	307·8	287·3	266·8	246·2	225·7	205·2	184·7	164·2	143·6	123·1	102·6	82·1	61·6	41·0	20·5	0·0	3·4	**3·8**
379·2	358·0	337·0	315·9	294·8	273·8	252·7	231·7	210·6	189·5	168·5	147·4	126·4	105·3	84·2	63·2	42·1	21·1	0·0	3·5	**3·9**
388·9	367·2	345·6	324·0	302·4	280·8	259·2	237·6	216·0	194·4	172·8	151·2	129·6	108·0	86·4	64·8	43·2	21·6	0·0	3·7	**4·0**
398·6	376·4	354·2	332·1	310·0	287·8	265·7	243·5	221·4	199·3	177·1	155·0	132·8	110·7	88·6	66·4	44·3	22·1	0·0	3·9	**4·1**
408·3	385·6	362·9	340·2	317·5	294·8	272·2	249·5	226·8	204·1	181·4	158·8	136·1	113·4	90·7	68·0	45·4	22·7	0·0	4·1	**4·2**
418·1	394·7	371·5	348·3	325·1	301·9	278·6	255·4	232·2	209·0	185·8	162·5	139·3	116·1	92·9	69·7	46·4	23·2	0·0	4·3	**4·3**
427·8	403·9	380·2	356·4	332·6	308·9	285·1	261·4	237·6	213·8	190·1	166·3	142·6	118·8	95·0	71·3	47·5	23·8	0·0	4·5	**4·4**
437·5	413·1	388·8	364·5	340·2	315·9	291·6	267·3	243·0	218·7	194·4	170·1	145·8	121·5	97·2	72·9	48·6	24·3	0·0	4·7	**4·5**
447·2	422·3	397·5	372·6	347·8	322·9	298·1	273·2	248·4	223·5	198·7	173·9	149·0	124·2	99·3	74·5	49·7	24·8	0·0	4·9	**4·6**
457·0	431·5	406·1	380·7	355·3	329·9	304·5	279·2	253·8	228·4	203·0	177·6	152·2	126·9	101·5	76·1	50·8	25·4	0·0	5·2	**4·7**
466·7	440·7	414·8	388·8	362·9	337·0	311·0	285·1	259·1	233·2	207·3	181·4	155·5	129·5	103·6	77·8	51·8	25·9	0·0	5·4	**4·8**
476·5	449·9	423·4	396·9	370·4	344·0	317·4	291·1	264·5	238·1	211·6	185·1	158·7	132·2	105·8	79·4	52·9	26·5	0·0	5·6	**4·9**
486·2	459·1	432·1	405·0	378·0	351·0	323·9	296·9	269·9	242·9	215·9	188·9	161·9	134·9	107·9	81·0	54·0	27·0	0·0	5·8	**5·0**
93°0	92°50	92°40	92°30	92°20	92°10	92°0	91°50	91°40	91°30	91°20	91°10	91°0	90°50	90°40	90°30	90°20	90°10	90°0	ρ	Distance en minutes d'arc.

ARGUMENT : APOZÉNIT OBSERVÉ.

Table 17 (*suite*).

ARGUMENT : APOZÉNIT OBSERVÉ.

Distance en minutes d'arc.	87°0	87°10	87°20	87°30	87°40	87°50	88°0	88°10	88°20	88°30	88°40	88°50	89°0	89°10	89°20	89°30	89°40	89°50	90°0	ρ	Distance en minutes d'arc.
5·0	486	459	432	405	378	351	324	297	270	243	216	189	162	135	108	81	54	27	0	6	**5·0**
5·1	496	468	441	413	386	358	330	303	275	248	220	193	165	138	110	83	55	28	0	6	**5·1**
5·2	506	478	449	421	393	365	337	309	281	253	225	196	168	140	112	84	56	28	0	6	**5·2**
5·3	515	487	458	429	401	372	343	315	286	257	229	200	172	143	114	86	57	29	0	6	**5·3**
5·4	525	496	467	437	408	379	350	321	291	262	233	204	175	146	117	87	58	29	0	7	**5·4**
5·5	535	505	475	446	416	386	356	327	297	267	237	208	178	148	119	89	59	30	0	7	**5·5**
5·6	545	514	484	454	423	393	363	332	302	272	242	212	181	151	121	91	60	30	0	7	**5·6**
5·7	554	523	493	462	431	400	369	338	308	277	246	215	185	154	123	92	62	31	0	8	**5·7**
5·8	564	533	501	470	438	407	376	344	313	282	250	219	188	156	125	94	63	31	0	8	**5·8**
5·9	574	542	510	478	446	414	382	350	318	287	255	223	191	159	127	96	64	32	0	8	**5·9**
6·0	583	551	518	486	454	421	389	356	324	291	259	227	194	162	130	97	65	32	0	8	**6·0**
6·1	593	560	527	494	461	428	395	362	329	296	263	230	198	165	132	99	66	33	0	9	**6·1**
6·2	603	569	536	502	469	435	402	368	335	301	268	234	201	167	134	100	67	33	0	9	**6·2**
6·3	613	578	544	510	476	442	408	374	340	306	272	238	204	170	136	102	68	34	0	9	**6·3**
6·4	622	588	553	518	484	449	415	380	345	311	276	242	207	173	138	104	69	35	0	9	**6·4**
6·5	632	597	562	527	491	456	421	386	351	316	281	246	210	175	140	105	70	35	0	10	**6·5**
6·6	642	606	571	535	499	463	428	392	356	321	285	249	214	178	142	107	71	36	0	10	**6·6**
6·7	651	615	579	543	507	470	434	398	362	325	289	253	217	181	145	109	72	36	0	10	**6·7**
6·8	661	624	588	551	514	477	441	404	367	330	294	257	220	183	147	110	73	37	0	10	**6·8**
6·9	671	634	596	559	522	484	447	410	372	335	298	261	223	186	149	112	74	37	0	11	**6·9**
7·0	681	643	605	567	529	491	454	416	378	340	302	264	227	189	151	113	76	38	0	11	**7·0**
7·1	690	652	614	575	537	498	460	422	383	345	307	268	230	192	153	115	77	38	0	11	**7·1**
7·2	700	661	622	583	544	505	466	428	389	350	311	272	233	194	155	117	78	39	0	12	**7·2**
7·3	710	670	631	591	552	512	473	433	394	355	315	276	236	197	158	118	79	39	0	12	**7·3**
7·4	720	679	639	599	559	519	479	439	399	360	320	280	240	200	160	120	80	40	0	12	**7·4**
7·5	729	689	648	608	567	527	486	445	405	364	324	283	243	202	162	121	81	40	0	13	**7·5**
7·6	739	698	657	616	575	534	492	451	410	369	328	287	246	205	164	123	82	41	0	13	**7·6**
7·7	749	707	665	624	582	541	499	457	416	374	332	291	249	208	166	125	83	42	0	13	**7·7**
7·8	758	716	674	632	590	548	505	463	421	379	337	295	253	210	168	126	84	42	0	14	**7·8**
7·9	768	725	683	640	597	555	512	469	426	384	341	298	256	213	171	128	85	43	0	14	**7·9**
8·0	778	735	691	648	605	562	518	475	432	389	345	302	259	216	173	130	86	43	0	14	**8·0**
8·1	788	744	700	656	612	569	525	481	437	394	350	306	262	219	175	131	87	44	0	15	**8·1**
8·2	797	753	709	664	620	576	531	487	443	398	354	310	266	221	177	133	89	44	0	15	**8·2**
8·3	807	762	717	672	627	583	538	493	448	403	358	314	269	224	179	134	90	45	0	16	**8·3**
8·4	817	771	726	680	635	590	544	499	453	408	363	317	272	227	181	136	91	45	0	16	**8·4**
8·5	826	780	734	689	643	597	551	505	459	413	367	321	275	229	184	138	92	46	0	16	**8·5**
8·6	836	790	743	697	650	604	557	511	464	418	371	325	279	232	186	139	93	46	0	17	**8·6**
8·7	846	799	752	705	658	611	564	517	470	423	376	329	282	235	188	141	94	47	0	17	**8·7**
8·8	856	808	760	713	665	618	570	523	475	428	380	333	285	237	190	143	95	47	0	18	**8·8**
8·9	865	817	769	721	673	625	577	529	480	432	384	336	288	240	192	144	96	48	0	18	**8·9**
9·0	875	826	778	729	680	632	583	534	486	437	389	340	291	243	194	146	97	49	0	18	**9·0**
9·1	885	836	786	737	688	639	590	540	491	442	392	344	295	246	196	147	98	49	0	19	**9·1**
9·2	894	845	795	745	695	646	596	546	497	447	396	348	298	248	199	149	99	50	0	19	**9·2**
9·3	904	854	804	753	703	653	603	552	502	452	401	351	301	251	201	151	100	50	0	20	**9·3**
9·4	914	863	812	761	711	660	609	558	507	457	405	355	304	254	203	152	102	51	0	20	**9·4**
9·5	924	872	821	770	718	667	616	564	513	462	410	359	308	256	205	154	103	51	0	21	**9·5**
9·6	933	881	830	778	726	674	622	570	518	466	415	363	311	259	207	155	104	52	0	21	**9·6**
9·7	943	891	838	786	733	681	628	576	524	471	419	366	314	262	209	157	105	52	0	21	**9·7**
9·8	953	900	847	794	741	688	635	582	529	476	423	370	317	264	212	159	106	53	0	22	**9·8**
9·9	963	909	855	802	748	695	641	588	534	481	427	374	321	267	214	160	107	53	0	23	**9·9**
10·0	972	918	864	810	756	702	648	594	540	486	432	378	324	270	216	162	108	54	0	23	**10·0**
Distance en minutes d'arc.	93°0	92°50	92°40	92°30	92°20	92°10	92°0	91°50	91°40	91°30	91°20	91°10	91°0	90°50	90°40	90°30	90°20	90°10	90°0	ρ	Distance en minutes d'arc.

ARGUMENT : APOZÉNIT OBSERVÉ.

Table 17 (*suite*).

ARGUMENT : APOZÉNIT OBSERVÉ.

Distance en minutes d'arc.	87°0	87°10	87°20	87°30	87°40	87°50	88°0	88°10	88°20	88°30	88°40	88°50	89°0	89°10	89°20	89°30	89°40	89°50	90°0	ρ	Distance en minutes d'arc.
10·0	972	918	864	810	756	702	648	594	540	486	432	378	324	270	216	162	108	54	0	23	**10·0**
10·1	982	927	873	818	764	709	654	600	545	491	436	382	327	273	218	163	109	54	0	24	**10·1**
10·2	992	937	881	826	771	716	661	606	551	496	440	385	330	275	220	165	110	55	0	24	**10·2**
10·3	1002	946	890	834	779	723	667	612	556	500	445	389	334	278	222	167	111	56	0	25	**10·3**
10·4	1011	955	899	842	786	730	674	618	561	505	449	393	337	281	225	168	112	56	0	25	**10·4**
10·5	1021	964	907	850	794	737	680	624	567	510	453	397	340	283	227	170	113	57	0	26	**10·5**
10·6	1031	973	916	859	801	744	687	630	572	515	458	400	343	286	229	172	114	57	0	26	**10·6**
10·7	1040	982	925	867	809	751	693	635	578	520	462	404	347	289	231	173	115	58	0	27	**10·7**
10·8	1050	992	933	875	816	758	700	641	583	525	466	408	350	291	233	175	117	58	0	27	**10·8**
10·9	1060	1001	942	883	824	765	706	647	588	530	471	412	353	294	235	176	118	59	0	28	**10·9**
11·0	1070	1010	950	891	832	772	713	653	594	534	475	416	356	297	237	178	119	59	0	28	**11·0**
11·1	1079	1019	959	899	839	779	719	659	599	539	479	419	360	300	240	180	120	60	0	29	**11·1**
11·2	1089	1028	968	908	847	786	726	665	605	544	484	423	363	302	242	181	121	60	0	29	**11·2**
11·3	1099	1038	976	917	854	793	732	671	610	549	488	427	366	305	244	183	122	61	0	30	**11·3**
11·4	1108	1047	985	926	862	800	739	677	615	554	492	431	369	308	246	185	123	62	0	30	**11·4**
11·5	1118	1056	994	932	869	807	745	683	621	559	497	435	372	310	248	186	124	62	0	31	**11·5**
11·6	1128	1065	1002	940	876	814	752	689	626	564	501	438	376	313	250	188	125	63	0	31	**11·6**
11·7	1138	1074	1011	948	883	821	758	695	632	568	505	442	379	316	253	189	126	63	0	32	**11·7**
11·8	1147	1083	1020	956	891	828	765	701	637	573	510	446	382	319	255	191	127	64	0	32	**11·8**
11·9	1157	1093	1028	964	899	835	771	707	642	578	514	450	385	321	257	193	128	64	0	33	**11·9**
12·0	1167	1102	1037	972	907	842	777	713	648	583	518	453	389	324	259	194	130	65	0	33	**12·0**
12·1	1177	1111	1046	980	915	849	784	719	653	588	523	457	392	327	261	196	131	65	0	34	**12·1**
12·2	1186	1120	1054	988	922	856	790	725	659	593	527	461	395	329	263	197	132	66	0	35	**12·2**
12·3	1196	1129	1063	996	930	863	797	731	664	598	531	465	398	332	266	199	133	66	0	35	**12·3**
12·4	1206	1139	1071	1004	937	870	803	736	669	602	535	469	402	335	268	201	134	67	0	36	**12·4**
12·5	1215	1148	1080	1013	945	877	810	742	675	607	540	472	405	337	270	202	135	67	0	36	**12·5**
12·6	1225	1157	1089	1021	953	884	816	748	680	612	544	476	408	340	272	204	136	68	0	37	**12·6**
12·7	1235	1166	1097	1029	960	891	823	754	686	617	548	480	411	343	274	206	137	69	0	37	**12·7**
12·8	1245	1175	1106	1037	968	898	829	760	691	622	553	484	415	345	276	207	138	69	0	38	**12·8**
12·9	1254	1184	1115	1045	975	906	836	766	696	627	557	487	418	348	279	209	139	70	0	39	**12·9**
13·0	1264	1194	1123	1053	983	913	842	772	702	632	561	491	421	351	281	210	140	70	0	39	**13·0**
13·1	1274	1203	1132	1061	990	920	849	778	707	637	566	495	424	354	283	212	141	71	0	40	**13·1**
13·2	1283	1212	1141	1069	998	927	855	784	713	641	570	499	428	356	285	214	142	71	0	40	**13·2**
13·3	1293	1221	1149	1077	1005	934	862	790	718	646	574	503	431	359	287	215	144	72	0	41	**13·3**
13·4	1303	1230	1158	1085	1013	941	868	796	723	651	579	506	434	362	289	217	145	72	0	42	**13·4**
13·5	1313	1239	1166	1094	1021	948	875	802	729	656	583	510	437	364	291	219	146	73	0	42	**13·5**
13·6	1322	1249	1175	1102	1028	955	881	808	734	661	587	514	440	367	294	220	147	73	0	43	**13·6**
13·7	1332	1258	1184	1110	1036	962	888	814	740	666	592	518	444	370	296	222	148	74	0	44	**13·7**
13·8	1342	1267	1192	1118	1043	969	894	820	745	670	596	521	447	372	298	223	149	74	0	44	**13·8**
13·9	1352	1276	1201	1126	1051	976	901	826	750	675	600	525	450	375	300	225	150	75	0	45	**13·9**
14·0	1361	1285	1210	1134	1058	983	907	831	756	680	605	529	453	378	302	227	151	76	0	46	**14·0**
14·1	1371	1295	1218	1142	1066	990	914	837	761	685	609	533	457	381	304	228	152	76	0	46	**14·1**
14·2	1381	1304	1227	1150	1073	997	920	843	767	690	613	537	460	383	307	230	153	77	0	47	**14·2**
14·3	1390	1313	1236	1158	1081	1004	927	849	772	695	618	540	463	386	309	232	154	77	0	47	**14·3**
14·4	1400	1322	1244	1166	1089	1011	933	855	778	700	622	544	466	389	311	233	155	78	0	48	**14·4**
14·5	1410	1331	1253	1175	1096	1018	939	861	783	705	626	548	470	391	313	235	157	78	0	49	**14·5**
14·6	1420	1341	1262	1183	1104	1025	946	867	788	709	630	552	473	394	315	236	158	79	0	49	**14·6**
14·7	1429	1350	1270	1191	1111	1032	952	873	794	714	635	555	476	397	317	238	159	79	0	50	**14·7**
14·8	1439	1359	1279	1199	1119	1039	959	879	799	719	639	559	479	399	320	240	160	80	0	51	**14·8**
14·9	1449	1368	1288	1207	1126	1046	965	886	804	724	643	563	483	402	322	241	161	80	0	52	**14·9**
15·0	1458	1377	1296	1215	1134	1053	972	891	810	729	648	567	486	405	324	243	162	81	0	52	**15·0**
Distance en minutes d'arc.	93°0	92°50	92°40	92°30	92°20	92°10	92°0	91°50	91°40	91°30	91°20	91°10	91°0	90°50	90°40	90°30	90°20	90°10	90°0	ρ	Distance en minutes d'arc.

ARGUMENT : APOZÉNIT OBSERVÉ.

Table 17 (*suite*).

ARGUMENT : APOZÉNIT OBSERVÉ.

Distance en minutes d'arc.	87°0	87°10	87°20	87°30	87°40	87°50	88°0	88°10	88°20	88°30	88°40	88°50	89°0	89°10	89°20	89°30	89°40	89°50	90°0	ρ	Distance en minutes d'arc.
15·0	1459	1377	1296	1215	1134	1053	972	891	810	729	648	567	486	405	324	243	162	81	0	52	**15·0**
15·1	1468	1387	1305	1223	1142	1060	978	897	815	734	652	570	489	407	326	244	163	82	0	53	**15·1**
15·2	1478	1396	1313	1231	1149	1067	985	903	821	728	656	574	492	410	328	246	164	82	0	54	**15·2**
15·3	1488	1405	1322	1239	1157	1074	991	909	826	743	661	578	495	413	330	248	165	83	0	54	**15·3**
15·4	1497	1414	1331	1247	1164	1081	998	915	831	748	965	582	499	416	333	249	166	83	0	55	**15·4**
15·5	1507	1423	1339	1256	1172	1088	1004	920	837	753	669	586	502	418	335	251	167	84	0	56	**15·5**
15·6	1517	1432	1348	1264	1179	1095	1011	926	842	758	674	589	505	421	337	253	168	84	0	57	**15·6**
15·7	1526	1442	1357	1272	1187	1102	1017	932	848	763	678	593	508	424	339	254	169	85	0	57	**15·7**
15·8	1536	1451	1365	1280	1194	1109	1024	938	853	768	682	597	512	426	341	256	170	85	0	58	**15·8**
15·9	1546	1460	1374	1288	1202	1116	1030	944	858	772	687	601	515	429	343	257	172	86	0	59	**15·9**
16·0	1556	1469	1383	1296	1210	1123	1037	950	864	777	691	605	518	432	345	259	173	86	0	59	**16·0**
16·1	1565	1478	1391	1304	1217	1130	1043	956	869	782	695	608	521	434	348	261	174	87	0	60	**16·1**
16·2	1575	1488	1400	1312	1225	1137	1050	962	875	787	700	612	525	437	350	262	175	88	0	61	**16·2**
16·3	1585	1497	1408	1320	1232	1144	1056	968	880	792	704	616	528	440	352	264	176	88	0	62	**16·3**
16·4	1595	1506	1417	1328	1240	1151	1063	974	885	797	708	620	531	443	354	266	177	89	0	62	**16·4**
16·5	1604	1515	1426	1337	1247	1158	1069	980	891	802	712	623	534	445	356	267	178	89	0	63	**16·5**
16·6	1614	1524	1434	1345	1255	1165	1075	986	896	806	717	627	538	448	358	269	179	90	0	64	**16·6**
16·7	1624	1533	1443	1353	1262	1172	1082	992	902	811	721	631	541	451	361	270	180	90	0	65	**16·7**
16·8	1634	1543	1453	1361	1270	1179	1088	998	907	816	725	635	544	453	363	272	181	91	0	65	**16·8**
16·9	1643	1552	1460	1369	1278	1186	1095	1004	912	821	730	639	547	456	365	274	182	91	0	66	**16·9**
17·0	1653	1561	1469	1377	1285	1193	1101	1010	918	826	734	642	551	459	367	275	184	92	0	67	**17·0**
17·1	1663	1570	1478	1385	1293	1200	1108	1015	923	831	738	646	554	462	369	277	185	92	0	68	**17·1**
17·2	1672	1579	1486	1393	1300	1207	1114	1021	929	836	743	650	557	464	371	278	186	93	0	69	**17·2**
17·3	1682	1588	1495	1401	1308	1214	1121	1027	934	840	747	654	560	467	374	280	187	93	0	69	**17·3**
17·4	1692	1598	1504	1409	1315	1221	1127	1033	939	845	751	657	564	470	376	282	188	94	0	70	**17·4**
17·5	1702	1607	1512	1418	1323	1228	1134	1039	945	850	756	661	567	472	378	283	189	94	0	71	**17·5**
17·6	1711	1616	1521	1426	1331	1235	1140	1045	950	855	760	665	570	475	380	285	190	95	0	72	**17·6**
17·7	1721	1625	1529	1434	1338	1242	1147	1051	956	860	764	669	573	478	382	287	191	96	0	73	**17·7**
17·8	1731	1634	1538	1442	1346	1249	1153	1057	961	865	769	673	576	480	384	288	192	96	0	74	**17·8**
17·9	1741	1644	1547	1450	1353	1256	1160	1063	966	870	773	676	580	483	386	290	193	97	0	74	**17·9**
18·0	1750	1653	1555	1458	1361	1264	1166	1069	972	874	777	680	583	486	389	291	194	97	0	75	**18·0**
18·1	1760	1662	1564	1466	1368	1271	1173	1075	977	879	782	684	586	488	391	293	195	98	0	76	**18·1**
18·2	1770	1671	1573	1474	1376	1278	1179	1081	983	884	786	688	589	491	393	295	197	98	0	77	**18·2**
18·3	1779	1680	1581	1482	1383	1285	1186	1087	988	889	790	691	593	494	395	296	198	99	0	78	**18·3**
18·4	1789	1689	1590	1490	1391	1292	1192	1093	993	894	795	695	596	497	397	298	199	99	0	79	**18·4**
18·5	1799	1699	1599	1499	1399	1299	1199	1099	999	899	799	699	599	499	399	300	200	100	0	79	**18·5**
18·6	1808	1708	1607	1507	1406	1306	1205	1105	1004	904	803	703	602	502	402	301	201	100	0	80	**18·6**
18·7	1818	1717	1616	1515	1414	1313	1212	1111	1010	909	807	707	606	505	404	303	202	101	0	81	**18·7**
18·8	1828	1726	1625	1523	1421	1320	1218	1116	1015	913	812	710	609	507	406	304	203	101	0	82	**18·8**
18·9	1838	1735	1633	1531	1429	1327	1225	1122	1020	918	816	714	612	510	408	306	204	102	0	83	**18·9**
19·0	1847	1745	1642	1539	1436	1334	1231	1128	1026	923	820	718	615	513	410	308	205	103	0	84	**19·0**
19·1	1857	1754	1650	1547	1444	1341	1237	1134	1031	928	825	722	619	515	412	309	206	103	0	85	**19·1**
19·2	1867	1763	1659	1555	1451	1348	1244	1140	1037	933	829	725	622	518	415	311	207	104	0	86	**19·2**
19·3	1877	1772	1668	1563	1459	1355	1250	1146	1042	938	833	729	625	521	417	313	208	104	0	86	**19·3**
19·4	1886	1781	1676	1571	1467	1362	1257	1152	1047	943	838	733	628	524	419	314	209	105	0	87	**19·4**
19·5	1896	1790	1685	1580	1474	1369	1263	1158	1053	947	842	737	632	526	421	316	211	105	0	88	**19·5**
19·6	1906	1800	1694	1588	1482	1376	1270	1164	1058	952	846	741	635	529	423	317	212	106	0	89	**19·6**
19·7	1915	1809	1702	1596	1489	1383	1276	1170	1064	957	851	744	638	532	425	319	213	106	0	90	**19·7**
19·8	1925	1818	1711	1604	1497	1390	1283	1176	1069	962	855	748	641	534	427	321	214	107	0	91	**19·8**
19·9	1935	1827	1720	1612	1504	1397	1289	1182	1074	967	859	752	645	537	430	322	215	107	0	92	**19·9**
20·0	1945	1836	1728	1620	1512	1404	1296	1188	1080	972	864	756	648	540	432	324	216	108	0	93	**20·0**
Distance en minutes d'arc.	93°0	92°50	92°40	92°30	92°20	92°10	92°0	91°50	91°40	91°30	91°20	91°10	91°0	90°50	90°40	90°30	90°20	90°10	90°0	ρ	Distance en minutes d'arc.

ARGUMENT : APOZÉNIT OBSERVÉ.

Table 17 (*suite*).

ARGUMENT : APOZÉNIT OBSERVÉ.

Distance en minutes d'arc.	87°0	87°10	87°20	87°30	87°40	87°50	88°0	88°10	88°20	88°30	88°40	88°50	89°0	89°10	89°20	89°30	89°40	89°50	90°0	ρ	Distance en minutes d'arc.
20·0	1945	1836	1728	1620	1512	1404	1296	1188	1080	972	864	756	648	540	432	324	216	108	0	93	**20·0**
20·1	1954	1846	1737	1628	1520	1411	1302	1194	1085	977	868	760	651	542	434	325	217	108	0	94	**20·1**
20·2	1964	1855	1746	1636	1527	1418	1309	1200	1091	981	872	763	654	545	436	327	218	109	0	95	**20·2**
20·3	1974	1864	1754	1644	1535	1425	1315	1206	1096	986	877	767	657	548	438	329	219	110	0	96	**20·3**
20·4	1984	1873	1763	1653	1542	1432	1322	1212	1101	991	881	771	661	551	440	330	220	110	0	97	**20·4**
20·5	1993	1882	1771	1661	1550	1439	1328	1217	1107	996	885	775	664	553	443	332	221	111	0	98	**20·5**
20·6	2003	1892	1780	1669	1557	1446	1335	1223	1112	1001	890	778	667	556	445	334	222	111	0	99	**20·6**
20·7	2013	1901	1789	1677	1565	1453	1341	1229	1118	1006	894	782	670	559	447	335	224	112	0	100	**20·7**
20·8	2023	1910	1797	1685	1573	1460	1348	1235	1123	1011	898	786	674	561	449	337	225	112	0	100	**20·8**
20·9	2032	1919	1806	1693	1580	1467	1354	1241	1128	1016	903	790	677	564	451	338	226	113	0	101	**20·9**
21·0	2042	1928	1815	1701	1588	1474	1361	1247	1134	1020	907	794	680	567	453	340	227	113	0	102	**21·0**
21·1	2052	1937	1823	1709	1595	1481	1367	1253	1139	1025	911	797	683	569	456	342	228	114	0	103	**21·1**
21·2	2061	1947	1832	1717	1603	1488	1374	1259	1145	1030	916	801	687	572	458	343	229	114	0	104	**21·2**
21·3	2071	1956	1841	1725	1610	1495	1380	1265	1150	1035	920	805	690	575	460	345	230	115	0	105	**21·3**
21·4	2081	1965	1849	1734	1618	1502	1387	1271	1155	1040	924	809	693	578	462	347	231	116	0	106	**21·4**
21·5	2091	1974	1858	1742	1625	1509	1393	1277	1161	1045	929	812	696	580	464	348	232	116	0	107	**21·5**
21·6	2100	1983	1866	1750	1633	1516	1400	1283	1166	1050	933	816	700	583	466	350	233	117	0	108	**21·6**
21·7	2110	1993	1875	1758	1641	1523	1406	1289	1172	1054	937	820	703	586	469	351	234	117	0	109	**21·7**
21·8	2120	2002	1884	1766	1648	1530	1412	1295	1177	1059	942	824	706	588	471	353	235	118	0	110	**21·8**
21·9	2130	2011	1892	1774	1656	1537	1419	1301	1182	1064	946	828	709	591	473	355	236	118	0	111	**21·9**
22·0	2139	2020	1901	1782	1663	1544	1425	1307	1188	1069	950	831	713	594	475	356	238	119	0	112	**22·0**
22·1	2149	2029	1910	1790	1671	1551	1432	1312	1193	1074	954	835	716	596	477	358	239	119	0	113	**22·1**
22·2	2159	2038	1918	1798	1678	1558	1438	1318	1199	1079	959	839	719	599	479	359	240	120	0	115	**22·2**
22·3	2168	2048	1927	1806	1686	1565	1445	1324	1204	1084	963	842	722	602	482	361	241	120	0	116	**22·3**
22·4	2178	2057	1936	1815	1693	1572	1451	1330	1209	1088	967	846	726	605	484	363	242	121	0	117	**22·4**
22·5	2188	2066	1944	1823	1701	1579	1458	1336	1215	1093	972	850	729	607	486	364	243	121	0	118	**22·5**
22·6	2198	2075	1953	1831	1709	1586	1464	1342	1220	1098	976	854	732	610	488	366	244	122	0	119	**22·6**
22·7	2207	2084	1962	1839	1716	1593	1471	1348	1226	1103	980	858	735	613	490	368	245	123	0	120	**22·7**
22·8	2217	2093	1970	1847	1724	1601	1477	1354	1231	1108	985	862	738	615	492	369	246	123	0	121	**22·8**
22·9	2227	2103	1979	1855	1731	1608	1484	1360	1236	1113	989	865	742	618	494	371	247	124	0	122	**22·9**
23·0	2236	2112	1987	1863	1739	1615	1490	1366	1242	1118	993	869	745	621	497	372	248	124	0	123	**23·0**
23·1	2246	2121	1996	1871	1746	1622	1497	1372	1247	1122	998	873	748	623	499	374	249	125	0	124	**23·1**
23·2	2256	2130	2005	1879	1754	1629	1503	1378	1253	1127	1002	877	751	626	501	376	251	125	0	125	**23·2**
23·3	2266	2139	2013	1887	1762	1636	1510	1384	1258	1132	1006	880	755	629	503	377	252	126	0	126	**23·3**
23·4	2275	2149	2022	1896	1769	1643	1516	1390	1263	1137	1011	884	758	632	505	379	253	126	0	127	**23·4**
23·5	2285	2158	2031	1904	1777	1650	1523	1396	1269	1142	1015	888	761	634	507	381	254	127	0	128	**23·5**
23·6	2295	2167	2039	1912	1784	1657	1529	1402	1274	1147	1019	892	764	637	510	382	255	127	0	129	**23·6**
23·7	2304	2176	2048	1920	1792	1664	1536	1408	1280	1152	1024	896	768	640	512	384	256	128	0	130	**23·7**
23·8	2314	2185	2057	1928	1799	1671	1542	1413	1285	1156	1028	899	771	642	514	385	257	128	0	131	**23·8**
23·9	2324	2194	2065	1936	1807	1678	1549	1419	1290	1161	1032	903	774	645	516	387	258	129	0	133	**23·9**
24·0	2334	2204	2074	1944	1814	1685	1555	1425	1296	1166	1037	907	777	648	518	389	259	130	0	134	**24·0**
24·1	2343	2213	2082	1952	1822	1692	1562	1431	1301	1171	1041	911	781	650	520	390	260	130	0	135	**24·1**
24·2	2353	2222	2091	1960	1830	1699	1568	1437	1307	1176	1045	915	784	653	523	392	261	131	0	136	**24·2**
24·3	2363	2231	2100	1968	1837	1706	1574	1443	1312	1181	1050	918	787	656	525	394	262	131	0	137	**24·3**
24·4	2373	2240	2108	1977	1845	1713	1581	1449	1317	1186	1054	922	790	659	527	395	263	132	0	138	**24·4**
24·5	2382	2250	2117	1985	1852	1720	1587	1455	1323	1190	1058	926	794	661	529	397	265	132	0	139	**24·5**
24·6	2392	2259	2126	1993	1860	1727	1594	1461	1328	1195	1062	930	797	664	531	398	266	133	0	140	**24·6**
24·7	2402	2268	2134	2001	1867	1734	1600	1467	1334	1200	1067	933	800	667	533	400	267	133	0	142	**24·7**
24·8	2411	2277	2143	2009	1875	1741	1607	1473	1339	1205	1071	937	803	669	536	402	278	134	0	143	**24·8**
24·9	2421	2286	2152	2017	1882	1748	1613	1479	1344	1210	1075	941	806	672	538	403	269	134	0	144	**24·9**
25·0	2431	2296	2160	2025	1890	1755	1620	1485	1350	1215	1080	945	810	675	540	405	270	135	0	145	**25·0**
Distance en minutes d'arc.	93°0	92°50	92°40	92°30	92°20	92°10	92°0	91°50	91°40	91°30	91°20	91°10	91°0	90°50	90°40	90°30	90°20	90°10	90°0	ρ	Distance en minutes d'arc.

ARGUMENT : APOZÉNIT OBSERVÉ.

Table 17 (*suite*).

ARGUMENT : APOZÉNIT OBSERVÉ.

Distance en minutes d'arc.	87°0	87°10	87°20	87°30	87°40	87°50	88°0	88°10	88°20	88°30	88°40	88°50	89°0	89°10	89°20	89°30	89°40	89°50	90°0	ρ	Distance en minutes d'arc.
25·0	2431	2296	2160	2025	1890	1755	1620	1485	1350	1215	1080	945	810	675	540	405	270	135	0	145	**25·0**
25·1	2441	2305	2169	2033	1898	1762	1626	1491	1355	1220	1084	948	813	677	542	406	271	135	0	146	**25·1**
25·2	2450	2314	2178	2041	1905	1769	1633	1497	1360	1224	1088	952	816	680	544	408	272	136	0	147	**25·2**
25·3	2460	2323	2186	2049	1913	1776	1639	1502	1366	1229	1093	956	819	683	546	410	273	137	0	149	**25·3**
25·4	2470	2332	2195	2058	1920	1783	1646	1508	1371	1234	1097	960	823	685	548	411	274	137	0	150	**25·4**
25·5	2480	2341	2204	2066	1928	1790	1652	1514	1377	1239	1101	964	826	688	551	413	275	138	0	151	**25·5**
25·6	2489	2351	2212	2074	1935	1797	2659	1520	1382	1244	1106	967	829	691	553	415	276	138	0	152	**25·6**
25·7	2499	2360	2221	2082	1942	1804	1665	1526	1387	1249	1110	971	832	694	555	416	278	139	0	153	**25·7**
25·8	2509	2369	2229	2090	1951	1811	1672	1532	1393	1254	1114	975	836	696	557	418	279	139	0	155	**25·8**
25·9	2518	2378	2238	2098	1958	1818	1678	1538	1398	1258	1119	979	839	699	559	419	280	140	0	156	**25·9**
26·0	2528	2387	2247	2106	1966	1825	1685	1544	1404	1263	1123	982	842	702	561	421	281	140	0	157	**26·0**
26·1	2538	2397	2255	2114	1973	1832	1691	1550	1409	1268	1127	986	845	704	564	423	282	141	0	158	**26·1**
26·2	2548	2406	2264	2122	1981	1839	1698	1556	1414	1273	1131	990	849	707	566	424	283	141	9	159	**26·2**
26·3	2557	2415	2273	2130	1988	1846	1704	1562	1420	1278	1136	994	852	710	568	426	284	142	0	161	**26·3**
26·4	2567	2424	2281	2139	1996	1853	1710	1568	1425	1283	1140	998	855	712	570	428	285	143	0	162	**26·4**
26·5	2577	2433	2290	2147	2003	1860	1717	1574	1431	1288	1144	1001	858	715	572	429	286	143	0	163	**26·5**
26·6	2586	2442	2299	2155	2011	1867	1723	1580	1436	1292	1149	1005	861	718	574	431	287	144	0	164	**26·6**
26·7	2596	2452	2307	2163	2019	1874	1730	1586	1441	1297	1153	1009	865	721	577	433	288	144	0	166	**26·7**
26·8	2606	2461	2316	2171	2026	1881	1736	1592	1447	1302	1158	1013	868	723	579	434	289	145	0	167	**26·8**
26·9	2616	2470	2325	2179	2034	1888	1743	1598	1452	1307	1162	1016	871	726	581	436	290	145	0	168	**26·9**
27·0	2625	2479	2333	2187	2041	1895	1749	1604	1458	1312	1166	1020	874	729	583	437	292	146	0	169	**27·0**
27·1	2635	2488	2342	2195	2049	1902	1756	1609	1463	1317	1170	1024	878	731	585	439	293	146	0	171	**27·1**
27·2	2645	2498	2350	2203	2056	1909	1762	1615	1468	1322	1175	1028	881	734	587	440	294	147	0	172	**27·2**
27·3	2655	2507	2359	2211	2064	1916	1769	1621	1474	1326	1179	1032	884	737	590	442	295	147	0	173	**27·3**
27·4	2664	2516	2368	2219	2071	1923	1775	1627	1479	1331	1183	1035	887	739	592	444	296	148	0	174	**27·4**
27·5	2674	2525	2376	2228	2079	1930	1782	1633	1485	1336	1183	1039	891	742	594	445	297	148	0	176	**27·5**
27·6	2684	2534	2385	2236	2087	1937	1788	1639	1490	1341	1192	1043	894	745	596	447	298	149	0	177	**27·6**
27·7	2694	2543	2394	2244	2094	1944	1795	1645	1495	1346	1196	1047	897	748	598	449	299	150	0	178	**27·7**
27·8	2703	2553	2402	2252	2102	1952	1801	1651	1501	1351	1201	1050	900	750	600	450	300	150	0	179	**27·8**
27·9	2713	2562	2411	2260	2109	1959	1808	1657	1506	1356	1205	1054	904	753	602	452	301	151	0	181	**27·9**
28·0	2723	2571	2420	2268	2117	1966	1814	1663	1512	1360	1209	1058	907	756	605	453	302	151	0	182	**28·0**
28·1	2732	2580	2428	2276	2124	1973	1821	1669	1517	1365	1214	1062	910	758	607	455	303	152	0	183	**28·1**
28·2	2742	2589	2437	2284	2132	1980	1827	1675	1522	1370	1218	1066	913	761	609	457	305	152	0	185	**28·2**
28·3	2752	2598	2445	2292	2140	1987	1834	1681	1528	1375	1222	1069	917	764	611	458	306	153	0	186	**28·3**
28·4	2762	2608	2454	2301	2147	1994	1841	1687	1533	1380	1227	1073	920	766	613	460	307	153	0	187	**28·4**
28·5	2771	2617	2463	2309	2155	2001	1847	1693	1539	1385	1231	1077	923	769	615	462	308	154	0	189	**28·5**
28·6	2781	2626	2471	2317	2162	2008	1853	1698	1544	1390	1235	1081	926	772	618	463	309	154	0	190	**28·6**
28·7	2791	2635	2480	2325	2170	2015	1860	1704	1549	1395	1239	1085	930	775	620	465	310	155	0	191	**28·7**
28·8	2800	2644	2489	2333	2177	2022	1866	1710	1555	1399	1244	1088	933	777	622	466	311	155	0	193	**28·8**
28·9	2810	2654	2497	2341	2185	2029	1872	1716	1560	1404	1248	1092	936	780	624	468	312	156	0	194	**28·9**
29·0	2820	2663	2506	2349	2192	2036	1879	1722	1566	1409	1252	1096	939	783	626	470	313	157	0	195	**29·0**
29·1	2830	2672	2515	2357	2200	2043	1885	1728	1571	1414	1257	1100	942	785	628	471	314	157	0	197	**29·1**
29·2	2839	2681	2523	2365	2208	2050	1892	1734	1576	1419	1261	1103	946	788	631	473	315	158	0	198	**29·2**
29·3	2849	2690	2532	2373	2215	2057	1898	1740	1582	1424	1265	1107	949	791	633	475	316	158	0	199	**29·3**
29·4	2859	2700	2541	2382	2223	2064	1905	1746	1587	1428	1270	1111	952	793	635	476	317	159	0	201	**29·4**
29·5	2868	2709	2549	2390	2230	2071	1911	1752	1593	1433	1274	1115	955	796	637	478	319	159	0	202	**29·5**
29·6	2878	2718	2558	2398	2238	2078	1918	1758	1598	1438	1278	1119	959	799	639	479	320	160	0	203	**29·6**
29·7	2888	2727	2566	2406	2245	2085	1924	1764	1603	1443	1283	1122	962	802	641	481	321	160	0	205	**29·7**
29·8	2898	2736	2575	2414	2253	2092	1931	1770	1609	1448	1287	1126	965	804	643	483	322	161	0	206	**29·8**
29·9	2907	2746	2584	2422	2260	2099	1937	1776	1614	1453	1291	1130	968	807	646	484	323	161	0	208	**29·9**
30·0	2917	2755	2592	2430	2268	2106	1944	1782	1620	1458	1296	1134	972	810	648	486	324	162	0	209	**30·0**
Distance en minutes d'arc.	93°0	92°50	92°40	92°30	92°20	92°10	92°0	91°50	91°40	91°30	91°20	91°10	91°0	90°50	90°40	90°30	90°20	90°10	90°0	ρ	Distance en minutes d'arc.

ARGUMENT : APOZÉNIT OBSERVÉ.

Table 17 (*suite*).

ARGUMENT : APOZÉNIT OBSERVÉ.

Distance en minutes d'arc.	87°0	87°10	87°20	87°30	87°40	87°50	88°0	88°10	88°20	88°30	88°40	88°50	89°0	89°10	89°20	89°30	89°40	89°50	90°0	ρ	Distance en minutes d'arc.
30·0	2917	2755	2592	2430	2268	2106	1944	1782	1620	1458	1296	1134	972	810	648	486	324	162	0	209	**30·0**
30·1	2927	2764	2601	2438	2276	2113	1950	1788	1625	1462	1300	1137	975	812	650	487	325	162	0	210	**30·1**
30·2	2936	2773	2610	2446	2283	2120	1957	1794	1630	1467	1304	1141	978	815	652	489	326	163	0	212	**30·2**
30·3	2946	2782	2618	2454	2291	2127	1963	1799	1636	1472	1309	1145	981	818	654	491	327	164	0	213	**30·3**
30·4	2956	2791	2627	2463	2298	2134	1970	1805	1641	1477	1313	1149	985	820	656	492	328	164	6	215	**30·4**
30·5	2966	2801	2636	2471	2306	2141	1976	1811	1647	1482	1317	1152	988	823	659	494	329	165	0	216	**30·5**
30·6	2975	2810	2644	2479	2313	2148	1983	1817	1652	1487	1321	1156	991	826	661	495	330	165	0	217	**30·6**
30·7	2985	2819	2653	2487	2321	2155	1989	1823	1657	1492	1326	1160	994	829	663	497	331	166	0	219	**30·7**
30·8	2995	2828	2662	2495	2328	2162	1996	1829	1663	1496	1330	1164	997	831	665	499	332	166	0	220	**30·8**
30·9	3005	2837	2670	2503	2336	2169	2002	1835	1668	1501	1334	1168	1001	834	667	500	334	167	0	222	**30·9**
31·0	3014	2847	2679	2511	2344	2176	2009	1841	1674	1506	1339	1171	1004	837	669	502	335	167	0	223	**31·0**
31·1	3024	2855	2687	2519	2351	2183	2015	1847	1679	1511	1343	1175	1007	839	672	504	336	168	0	224	**31·1**
31·2	3034	2864	2696	2527	2359	2190	2022	1853	1684	1516	1347	1179	1010	842	674	505	337	168	0	226	**31·2**
31·3	3043	2873	2705	2535	2366	2197	2028	1859	1690	1521	1352	1183	1014	845	676	507	338	169	0	227	**31·3**
31·4	3053	2882	2713	2544	2374	2204	2034	1865	1695	1526	1356	1186	1017	847	678	508	339	170	0	229	**31·4**
31·5	3063	2892	2722	2552	2381	2211	2041	1871	1701	1530	1360	1190	1020	850	680	510	340	170	0	230	**31·5**
31·6	3073	2902	2731	2560	2389	2218	2047	1877	1706	1535	1365	1194	1023	853	682	512	341	171	0	232	**31·6**
31·7	3082	2911	2739	2568	2396	2225	2054	1883	1711	1540	1369	1198	1027	856	684	513	342	171	0	233	**31·7**
31·8	3092	2920	2748	2576	2404	2232	2060	1889	1717	1545	1373	1202	1030	858	687	515	343	172	0	235	**31·8**
31·9	3102	2929	2757	2584	2412	2239	2067	1895	1722	1550	1378	1205	1033	861	689	517	344	172	0	236	**31·9**
32·0	3112	2938	2765	2592	2419	2246	2073	1900	1728	1555	1382	1209	1036	864	691	518	345	173	0	238	**32·0**
32·1	3121	2948	2774	2600	2427	2253	2080	1906	1733	1560	1386	1213	1040	866	693	520	347	173	0	239	**32·1**
32·2	3131	2957	2783	2608	2434	2260	2086	1912	1738	1564	1391	1217	1043	869	695	521	348	174	0	241	**32·2**
32·3	3141	2966	2791	2616	2442	1267	2093	1918	1744	1569	1395	1220	1046	872	697	523	349	174	0	242	**32·3**
32·4	3150	2975	2800	2625	2449	2274	2099	1924	1749	1574	1399	1224	1049	874	700	525	350	175	0	244	**32·4**
32·5	3160	2984	2808	2633	2457	2281	2106	1930	1755	1579	1404	1228	1053	877	702	526	351	175	0	245	**32·5**
32·6	3170	2993	2817	2641	2465	2288	2112	1936	1760	1584	1408	1232	1056	880	704	528	352	176	0	247	**32·6**
32·7	3180	3003	2826	2649	2472	2295	2119	1942	1765	1589	1412	1236	1059	883	706	529	353	177	0	248	**32·7**
32·8	3189	3012	2834	2657	2480	2302	2125	1948	1771	1594	1417	1239	1062	885	708	531	354	177	0	250	**32·8**
32·9	3199	3021	2843	2665	2487	2309	2132	1954	1776	1598	1421	1243	1066	888	710	533	355	178	0	251	**32·9**
33·0	3209	3030	2852	2673	2495	2316	2138	1960	1782	1603	1425	1247	1069	891	713	534	356	178	0	253	**33·0**
33·1	3218	3039	2860	2681	2502	2323	2145	1966	1787	1608	1429	1251	1072	893	715	536	357	179	0	254	**33·1**
33·2	3228	3049	2869	2689	2510	2330	2151	1972	1792	1613	1434	1255	1075	896	717	538	358	179	0	256	**33·2**
33·3	3238	3058	2878	2697	2517	2338	2158	1978	1798	1618	1438	1258	1078	899	719	539	359	180	0	257	**33·3**
33·4	3248	3067	2886	2706	2525	2345	2164	1984	1803	1623	1442	1262	1082	901	721	541	361	180	0	259	**33·4**
33·5	3257	3076	2895	2714	2533	2352	2171	1990	1809	1628	1447	1266	1085	904	723	542	362	181	0	261	**33·5**
33·6	3267	3085	2903	2722	2540	2359	2177	1995	1814	1633	1451	1270	1088	507	726	544	363	181	0	262	**33·6**
33·7	3277	3094	2912	2730	2548	2366	2184	2001	1819	1637	1455	1273	1091	916	728	546	364	182	0	264	**33·7**
33·8	3287	3104	2921	2738	2555	2373	2190	2007	1825	1642	1460	1277	1095	912	730	547	365	182	0	265	**33·8**
33·9	3296	3113	2929	2746	2563	2380	2196	2013	1830	1647	1464	1281	1098	915	732	549	366	183	0	267	**33·9**
34·0	3306	3122	2938	2754	2570	2387	2203	2019	1836	1652	1468	1285	1101	918	734	551	367	184	0	268	**34·0**
34·1	3316	3131	2947	2762	2578	2394	2209	2025	1841	1657	1473	1289	1104	920	736	552	368	184	0	270	**34·1**
34·2	3325	3140	2955	2770	2585	2401	2216	2031	1846	1662	1477	1292	1108	923	738	554	369	185	0	272	**34·2**
34·3	3335	3149	2964	2778	2593	2408	2222	2037	1852	1667	1481	1296	1111	926	741	555	370	185	0	273	**34·3**
34·4	3345	3159	2973	2787	2601	2413	2229	2043	1857	1671	1486	1300	1114	928	743	557	371	186	0	275	**34·4**
34·5	3355	3168	2981	2795	2608	2422	2235	2649	1863	1676	1490	1304	1117	932	745	559	372	186	0	276	**34·5**
34·6	3264	3177	2990	2803	2616	2429	2242	2055	1868	1681	1494	1307	1121	934	747	560	374	187	6	278	**34·6**
34·7	3374	3186	2999	2811	2623	2436	2248	2061	1873	1686	1499	1311	1124	937	749	562	375	187	0	280	**34·7**
34·8	3384	3195	3007	2819	2631	2443	2255	2067	1879	1691	1503	1315	1127	939	751	564	376	188	0	281	**34·8**
34·9	3394	3205	3015	2827	2638	2450	2261	2073	1884	1696	1507	1319	1130	942	754	565	377	188	0	283	**34·9**
35·0	3403	3214	3025	2835	2646	2457	2268	2079	1889	1700	1511	1322	1133	945	756	567	378	189	0	284	**35·0**
Distance en minutes d'arc.	93°0	92°50	92°40	92°30	92°20	92°10	92°0	91°50	91°40	91°30	91°20	91°10	91°0	90°50	90°40	90°30	90°20	90°10	90°0	ρ	Distance en minutes d'arc.

ARGUMENT : APOZÉNIT OBSERVÉ.

Table 17 (*suite*).

ARGUMENT : APOZÉNIT OBSERVÉ.

Distance en minutes d'arc.	87°0	87°10	87°20	87°30	87°40	87°50	88°0	88°10	88°20	88°30	88°40	88°50	89°0	89°10	89°20	89°30	89°40	89°50	90°0	ρ	Distance en minutes d'arc.
35·0	3403	3214	3025	2835	2646	2457	2268	2079	1889	1700	1511	1322	1133	945	756	567	378	189	0	284	**35·0**
35·1	3413	3223	3033	2843	2654	2464	2274	2084	1895	1705	1516	1326	1137	947	758	568	379	189	0	286	**35·1**
35·2	3423	3232	3042	2851	2661	2471	2281	2090	1900	1710	1520	1330	1140	950	760	570	380	190	0	288	**35·2**
35·3	3432	3241	3050	2859	2669	2478	2287	2096	1906	1715	1524	1334	1143	953	762	572	381	191	0	289	**35·3**
35·4	3442	3251	3059	2868	2676	2485	2294	2102	1911	1720	1529	1338	1146	955	764	573	382	191	0	291	**35·4**
35·5	3452	3260	3068	2876	2684	2492	2300	2108	1916	1725	1533	1341	1150	958	767	575	383	192	0	293	**35·5**
35·6	2462	3269	3076	2884	2691	2499	2307	2114	1922	1730	1537	1345	1153	961	769	576	384	192	0	294	**35·6**
35·7	3471	3278	3085	28;2	2699	2506	2313	2120	1927	1734	1542	1349	1156	963	771	578	385	193	0	296	**35·7**
35·8	3481	3287	3094	2900	2706	2513	2319	2126	1933	1739	1546	1353	1159	966	773	580	386	193	0	297	**35·8**
35·9	3491	3296	3102	2908	2714	2520	2326	2132	1938	1744	1550	1356	1163	969	775	581	388	194	0	299	**35·9**
36·0	3500	3306	3111	2916	2722	2527	2332	2138	1943	1749	1555	1360	1166	972	777	583	389	194	0	301	**36·0**
36·1	3510	3315	3120	2924	2729	2534	2339	2144	1949	1754	1559	1364	1169	974	780	585	390	195	0	303	**36·1**
36·2	3520	3324	3128	2932	2737	2541	2345	2150	1954	1759	1563	1368	1172	977	782	586	391	195	0	304	**36·2**
36·3	3530	3333	3137	2940	2744	2548	2352	2156	1960	1764	1568	1372	1176	979	784	588	392	196	0	306	**36·3**
36·4	3539	3342	3146	2949	2752	2555	2358	2162	1965	1768	1572	1375	1179	982	786	589	393	197	0	308	**36·4**
36·5	3549	3352	3154	2957	2759	2562	2365	2168	1970	1773	1576	1379	1182	985	788	591	364	197	0	309	**36·5**
36·6	3559	3361	3163	2965	2767	2569	2371	2174	1976	1778	1581	1383	1185	988	790	593	395	198	0	311	**36·6**
36·7	3569	3370	3171	2973	2774	2576	2378	2180	1981	1783	1585	1387	1189	990	792	594	396	198	0	313	**36·7**
36·8	3578	3379	3180	2981	2782	2583	2384	2185	1987	1788	1589	1390	1192	993	795	596	397	198	0	314	**36·8**
36·9	3588	3388	3189	2989	2790	2590	2391	2191	1992	1793	1594	1394	1195	996	797	598	398	199	0	316	**36·9**
37·0	3598	3397	3197	2997	2797	2597	2397	2197	1997	1798	1598	1398	1198	999	799	599	399	200	0	318	**37·0**
37·1	3607	3407	3206	3005	2805	2604	2404	2203	2003	1803	1602	1402	1201	1001	801	601	401	200	0	320	**37·1**
37·2	3617	3416	3215	3013	2812	2611	2410	2209	2008	1807	1606	1406	1205	1004	803	602	402	201	0	321	**37·2**
37·3	3627	3425	3223	3021	2820	2618	2417	2215	2014	1812	1611	1409	1208	1007	805	604	403	201	0	323	**37·3**
37·4	3637	3434	3232	3030	2827	2625	2423	2221	2019	1817	1615	1413	1211	1009	808	606	404	202	0	325	**37·4**
37·5	3646	3443	3241	3038	2835	2632	2430	2227	2024	1822	1619	1417	1214	1012	810	607	405	202	0	326	**37·5**
37·6	3656	3453	3249	3046	2843	2639	2436	2233	2030	1827	1624	1421	1218	1015	812	609	406	203	0	328	**37·6**
37·7	3666	3462	3258	3054	2850	2646	2443	2239	2035	1832	1628	1425	1221	1017	814	610	407	204	0	330	**37·7**
37·8	3676	3471	3266	3062	2858	2653	2449	2245	2041	1837	1632	1428	1224	1020	816	612	408	204	0	332	**37·8**
37·9	3685	3480	3275	3070	2865	2660	2456	2251	2046	1841	1637	1432	1227	1023	818	614	409	205	0	333	**37·9**
38·0	3695	3489	3284	3078	2873	2667	2462	2257	2051	1846	1641	1436	1231	1026	821	615	410	205	0	335	**38·0**
38·1	3705	3498	3292	3086	2880	2674	2469	2263	2057	1851	1645	1440	1234	1028	823	617	411	206	0	337	**38·1**
38·2	3714	3508	3301	3094	2888	2681	2475	2269	2062	1856	1650	1443	1237	1031	825	619	412	206	0	339	**38·2**
38·3	3724	3517	3310	3102	2895	2689	2481	2275	2068	1861	1654	1447	1240	1034	827	620	413	207	0	341	**38·3**
38·4	3734	3526	3318	3111	2903	2696	2488	2281	2073	1866	1658	1451	1244	1036	829	622	415	207	0	342	**38·4**
38·5	3744	3535	3327	3119	2911	2703	2494	2286	2078	1871	1663	1455	1247	1039	831	623	416	208	0	344	**38·5**
38·6	3753	3544	3336	3127	2918	2710	2501	2292	2084	1875	1667	1459	1250	1042	834	625	417	208	0	346	**38·6**
38·7	3763	3554	3344	3135	2926	2717	2507	2298	2089	1880	1671	1462	1253	1044	836	627	418	209	0	348	**38·7**
38·8	3773	3563	3353	3143	2933	2724	2514	2304	2095	1885	1676	1466	1257	1047	838	628	419	209	0	349	**38·8**
38·9	3782	3572	3362	3151	2941	2731	2520	2310	2100	1890	1680	1470	1260	1050	840	630	420	210	0	351	**38·9**
39·0	3792	3581	3370	3159	2948	2738	2527	2316	2105	1895	1684	1474	1263	1053	842	632	421	211	0	353	**39·0**
39·1	3802	3590	3379	3167	2956	2745	2533	2322	2111	1900	1689	1477	1266	1055	844	633	422	211	0	355	**39·1**
39·2	3812	3599	3387	3175	2963	2752	2540	2328	2116	1905	1693	1481	1270	1058	846	635	423	212	0	357	**39·2**
39·3	3821	3609	3396	3183	2971	2759	2546	2334	2122	1909	1697	1485	1273	1061	849	636	424	212	0	358	**39·3**
39·4	3831	3618	3405	3192	2979	2766	2553	2340	2127	1914	1702	1489	1276	1063	851	638	425	213	0	360	**39·4**
39·5	3841	3627	3413	3200	2986	2773	2559	2346	2132	1919	1706	1493	1279	1066	853	640	426	213	0	362	**39·5**
39·6	3850	3636	3422	3208	2994	2780	2566	2352	2138	1924	1710	1496	1282	1069	855	641	428	214	0	364	**39·6**
39·7	3860	3645	3431	3216	3001	2787	2572	2358	2143	1929	1715	1500	1286	1071	857	643	429	214	0	366	**39·7**
39·8	3870	3655	3439	3224	3009	2794	2579	2364	2149	1934	1720	1504	1289	1074	859	644	430	215	0	368	**39·8**
39·9	3880	3664	3448	3232	3016	2801	2585	2370	1154	1939	1724	1508	1292	1077	862	646	431	215	0	369	**39·9**
40·0	3889	3673	3457	3240	3024	2808	2592	2376	2159	1943	1728	1511	1295	1080	864	648	432	216	0	371	**40·0**
Distance en minutes d'arc.	93°0	92°50	92°40	92°30	92°20	92°10	92°0	91°50	91°40	91°30	91°20	91°10	91°0	90°50	90°40	90°30	90°20	90°10	90°0	ρ	Distance en minutes d'arc.

ARGUMENT : APOZÉNIT OBSERVÉ.

Parties proportionnelles pour les unités de minutes en apozénit.

Distance en minutes d'arc.	1′	2′	3′	4′	5′	6′	7′	8′	9′	Distance en minutes d'arc.
0·0	0·0	0·0	0·0	0·0	0·0	0·0	0·0	0·0	0·0	**0·0**
1·0	0·5	1·1	1·6	2·2	2·7	3·2	3·8	4·3	4·9	**1·0**
2·0	1·1	2·2	3·2	4·3	5·4	6·5	7·6	8·6	9·7	**2·0**
3·0	1·6	3·2	4·9	6·5	8·1	9·7	11·3	13·0	14·6	**3·0**
4·0	2·2	4·3	6·5	8·6	10·8	13·0	15·1	17·3	19·4	**4·0**
5·0	2·7	5·4	8·1	10·8	13·5	16·2	18·9	21·6	24·3	**5·0**
6·0	3·2	6·5	9·7	12·9	16·2	19·4	22·7	25·9	29·2	**6·0**
7·0	3·8	7·6	11·3	15·1	18·9	22·7	26·5	30·2	34·0	**7·0**
8·0	4·3	8·6	13·0	17·3	21·6	25·9	30·2	34·5	38·9	**8·0**
9·0	4·9	9·7	14·6	19·4	24·3	29·2	34·0	38·9	43·7	**9·0**
10·0	5·4	10·8	16·2	21·6	27·0	32·4	37·8	43·2	48·6	**10·0**
11·0	5·9	11·9	17·8	23·7	29·7	35·6	41·6	47·5	53·4	**11·0**
12·0	6·5	13·0	19·4	25·9	32·4	38·9	45·3	51·8	58·3	**12·0**
13·0	7·0	14·0	21·1	28·1	35·1	42·1	49·1	56·1	63·2	**13·0**
14·0	7·6	15·1	22·7	30·2	37·8	45·4	52·9	60·5	68·0	**14·0**
15·0	8·1	16·2	24·3	32·4	40·5	48·6	56·7	64·8	72·9	**15·0**
16·0	8·6	17·3	25·9	34·6	43·2	51·8	60·5	69·1	77·7	**16·0**
17·0	9·2	18·4	27·5	36·7	45·9	55·1	64·2	73·4	82·6	**17·0**
18·0	9·7	19·4	29·2	38·9	48·6	58·3	68·0	77·7	87·5	**18·0**
19·0	10·3	20·5	30·8	41·0	51·3	61·5	71·8	82·1	92·3	**19·0**
20·0	10·8	21·6	32·4	43·2	54·0	64·8	75·6	86·4	97·2	**20·0**
21·0	11·3	22·7	34·0	45·3	56·7	68·0	79·4	90·7	102·0	**21·0**
22·0	11 9	23·8	35·6	47·5	59·4	71·3	83·1	95·0	106·9	**22·0**
23·0	12·4	24·8	37·2	49·7	62·1	74·5	86·9	99·3	111·8	**23·0**
24·0	13·0	25·9	38·9	51·8	64·8	77·7	90·7	103·7	116·6	**24·0**
25·0	13·5	27·0	40·5	54·0	67·5	81·0	94·5	108·0	121·5	**25·0**
26·0	14·0	28·1	42·1	56·1	70·2	84·2	98·2	112·3	126·3	**26·0**
27·0	14·6	29·2	43·7	58·3	72·9	87·4	102·0	116·6	131·2	**27·0**
28·0	15·1	30·2	45·3	60·5	75·6	90·7	105·8	120·9	136·0	**28·0**
29·0	15·7	31·3	47·0	62·6	78·3	93·9	109·6	125·2	140·9	**29·0**
30·0	16·2	32·4	48·6	64·8	81·0	97·2	113·4	129·6	145·8	**30·0**
31·0	16·7	33·5	50·2	66·9	83·7	100·4	117·1	133·9	150·6	**31·0**
32·0	17·3	34·5	51·8	69·1	86·4	103·6	120·9	138·2	155·5	**32·0**
33·0	17·8	35·6	53·4	71·2	89·1	106·9	124·7	142·5	160·3	**33·0**
34·0	18·4	36·7	55·1	73·4	91·8	110·1	128·5	146·8	165·2	**34·0**
35·0	18·9	37·8	56·7	75·6	94·5	113·3	132·2	151·1	170·0	**35·0**
36·0	19·4	38·9	58·3	77·7	97·2	116·6	136·0	155·6	174·9	**36·0**
37·0	20·0	39·9	59·9	79·9	99·9	119·8	139·8	159·8	179·8	**37·0**
38·0	20·5	41·0	61·5	82·1	102·6	123·1	143·6	164·1	184·6	**38·0**
39·0	21·1	42 1	63·2	84·2	105·3	126·3	147·4	168·4	189·5	**39·0**
40·0	21·6	43·2	64·8	86·4	108·0	129·5	151·1	172·8	194·3	**40·0**
Distance en minutes d'arc.	1′	2′	3′	4′	5′	6′	7′	8′	9′	Distance en minutes d'arc.

Table 18. — Dépression terrestre.

Argument horizontal : distance en milles.
Argument vertical : dixièmes de la distance.

s	0	1	2	3	4	5	6	7	8	9	10	11	12	13	14	s
0	0·0	0·2	0·9	2·1	3·7	5·8	8·4	11·3	14·9	18·8	23·2	28·0	33·4	39·2	45·6	0
1	0·0	0·3	1·0	2·3	3·9	6·0	8·6	11·7	15·2	19·2	23·7	28·6	34·0	39·9	46·2	1
2	0·0	0·3	1·1	2·4	4·1	6·3	8·9	12·0	15·6	19·7	24·1	29·1	34·5	40·5	46·8	2
3	0·0	0·4	1·2	2·5	4·3	6·5	9·2	12·3	16·0	20·1	24·6	29·6	35·1	41·1	47·5	3
4	0·0	0·5	1·3	2·6	4·5	6·7	9·5	12·7	16·4	20·5	25·1	30·1	35·7	41·7	48·2	4
5	0·1	0·5	1·5	2·8	4·7	7·0	9·8	13·1	16·8	21·0	25·6	30·7	36·3	42·3	48·9	5
6	0·1	0·6	1·6	3·0	4·9	7·3	10·1	13·4	17·2	21·4	26·1	31·3	36·9	42·9	49·5	6
7	0·1	0·7	1·7	3·2	5·2	7·6	10·4	13·8	17·6	21·8	26·6	31·8	37·5	43·6	50·1	7
8	0·1	0·7	1·8	3·4	5·4	7·8	10·7	14·1	18·0	22·3	27·0	32·3	38·1	44·2	50·8	8
9	0·2	0·8	2·0	3·5	5·6	8·1	11·0	14·5	18·4	22·8	27·6	32·9	38·6	44·9	51·6	9

s	15	16	17	18	19	20	21	22	23	24	25	26	27	28	29	s
0	52·2	59·4	67·0	75·2	83·8	92·9	102·3	112·3	122·9	133·7	145·0	156·9	169·2	181·9	195·2	0
1	52·9	60·2	67·8	76·0	84·7	93·8	103·3	113·4	123·8	134·8	146·2	158·1	170·5	183·2	196·5	1
2	53·6	61·0	68·7	76·9	85·6	94·7	104·4	114·5	125·0	135·9	147·4	159·4	171·7	184·6	197·9	2
3	54·4	61·7	69·5	77·7	86·5	95·7	105·3	115·5	126·0	137·0	148·6	160·6	173·0	185·9	199·2	3
4	55·1	62·4	70·2	78·5	87·4	96·6	106·3	116·5	127·1	138·2	149·8	161·8	174·3	187·2	200·6	4
5	55·8	63·2	71·1	79·5	88·3	97·6	107·4	117·6	128·2	139·3	151·0	163·0	175·6	188·6	202·0	5
6	56·5	64·0	71·9	80·3	89·2	98·6	108·4	118·6	129·2	140·4	152·1	164·3	176·8	189·9	203·3	6
7	57·3	64·7	72·7	81·2	90·1	99·5	109·3	119·6	130·3	141·6	153·3	165·5	178·1	191·2	204·7	7
8	57·9	65·5	73·6	82·0	91·0	100·4	110·3	120·7	131·4	142·7	154·5	166·7	179·3	192·5	206·1	8
9	58·7	66·3	74·4	82·9	91·9	101·4	111·4	121·8	132·6	143·9	155·7	168·0	180·6	193·9	207·5	9

s	30	31	32	33	34	35	36	37	38	39	40	41	42	43	44	s
0	208·9	223·0	237·6	252·7	268·3	284·3	300·8	317·8	335·2	353·0	371·3	390·1	409·4	429·1	449·3	0
1	210·3	224·4	239·1	254·2	269·9	285·9	302·5	319·5	337·0	354·8	372·1	392·0	411·3	431·1	451·4	1
2	211·7	225·9	240·6	255·8	271·5	287·6	304·2	321·3	338·8	356·6	374·0	393·9	413·3	433·1	453·4	2
3	213·1	227·3	242·1	257·4	273·1	289·2	305·9	323·0	340·5	358·4	375·9	395·8	415·2	435·1	455·5	3
4	214·5	228·8	243·6	258·9	274·7	290·9	307·6	324·7	342·3	360·3	377·7	397·7	417·2	437·1	457·5	4
5	216·0	230·3	245·1	260·5	276·3	292·6	309·3	326·4	344·1	362·1	379·6	399·6	419·2	439·1	459·6	5
6	217·4	231·8	246·7	262·1	277·9	294·2	311·0	328·2	345·8	363·9	381·5	401·6	421·1	441·1	461·6	6
7	218·8	233·2	248·2	263·6	279·5	295·8	312·7	329·9	347·6	365·8	383·4	403·5	423·1	443·2	463·7	7
8	220·2	234·6	249·7	265·1	281·1	297·4	314·4	331·7	349·4	367·6	385·3	405·5	425·1	445·2	465·8	8
9	221·6	236·1	251·2	266·7	282·7	299·1	316·1	333·4	351·3	369·4	387·2	407·4	427·1	447·3	467·9	9

s	45	46	47	48	49	50	51	52	53	54	55	56	57	58	59	s
0	470·0	491·1	512·7	534·8	557·3	580·3	603·7	627·6	652·0	676·8	702·1	727·8	754·0	780·7	807·8	0
1	472·1	493·2	514·9	537·0	559·6	582·6	606·0	630·1	654·4	679·3	704·6	730·4	756·6	783·4	810·6	1
2	474·2	495·4	517·1	539·3	561·9	584·9	608·4	632·5	656·9	681·8	707·2	733·0	759·3	786·1	813·3	2
3	476·3	497·5	519·3	541·5	564·2	587·3	610·8	634·9	659·4	684·3	709·7	735·6	761·9	788·8	816·1	3
4	478·4	499·7	521·5	543·7	566·5	589·6	613·2	637·4	661·9	686·8	712·3	738·2	764·6	791·5	818·8	4
5	480·5	501·8	523·7	546·0	568·8	592·0	615·6	639·8	664·4	689·4	714·9	740·8	769·2	794·2	821·6	5
6	482·6	504·0	525·9	548·2	571·1	594·3	618·0	642·2	666·8	691·9	717·4	743·4	771·9	796·9	824·3	6
7	484·7	506·1	528·1	550·5	573·4	596·6	620·4	644·6	669·3	694·4	720·0	746·0	773·6	799·6	827·1	7
8	486·8	508·3	530·3	552·7	575·7	599·0	622·8	647·1	671·8	696·0	722·6	748·7	775·3	802·4	829·8	8
9	489·0	510·5	532·6	555·0	578·0	601·3	625·2	649·5	674·3	699·5	725·2	751·3	778·0	805·1	832·6	9

Usage de la table 17.

On entre avec la distance s dans la colonne imprimée en chiffres gras, et l'on cherche dans la ligne horizontale qui se trouve en regard, le nombre placé au-dessous, ou bien au-dessus, de l'apozénit qui s'approche le plus de l'apozénit observé. Lorsque ce dernier est > 90°, l'argument correspondant se trouve au bas de la page, et les nombres de la table (excepté ceux de la colonne ρ), seront pris négatifs. Le tableau de la page 273 est destiné à faciliter l'interpolation par rapport à l'apozénit; l'usage en sera facilement compris par l'exemple que nous donnons plus bas. Nous avons dû abréger cette dernière table auxiliaire, mais quand on a beaucoup d'altitudes à calculer, il sera commode de l'étendre aux dixièmes des distances.

Nous supposons donc qu'on a d'abord pris dans la table **17** le nombre qui correspond à une distance et à un apozénit donnés; il sera positif ou négatif, selon que l'apozénit observé sera plus petit ou plus grand que 90°. A ce nombre, pris avec le signe qui lui convient, on ajoutera le nombre toujours positif qui se trouvera dans la colonne ρ, à côté de la distance donnée.

Exemple.

A la page 246 on trouve l'apozénit de Saqa 22, c'est-à-dire celui du précipice de *Itanne*, vu de Saqa, = 88° 22'·8, et la distance = 14·4 minutes ou milles. En entrant dans la table **17** avec l'argument vertical 14·4 et l'argument horizontal 88° 20', on a d'abord le nombre correspondant + 778. Le tableau de la page 273 donne :

pour s = 14... partie proportionnelle à 2'·8 ... 21·2
pour s = 15... » » » ... 22·7

La différence étant de 1·5, on trouve pour s = 14·4 la partie proportionnelle à 2'·8 = 21·8, qu'il faut retrancher de 778. Cela donne 756; en y ajoutant la dépression ρ = 48, qui se trouve en regard de la distance 14·4, on obtient la différence de niveau entre Saqa et *Itanne* h = 804, par l'observation isolée de Saga 22, la liste des positions = 806, comme résultat moyen de nos déterminations.

La table **17** peut encore servir quand même les données sortiraient de ces limites. D'abord, si la distance dépasse 40 minutes, on peut entrer avec sa moitié, ou avec son tiers, sauf à multiplier le nombre correspondant de la table par 2 ou 3 respectivement. Toutefois, il faut alors se rappeler que la dépression ρ n'est pas proportionnelle à s, mais à s^2, et qu'elle doit être prise dans la table **18** avec la distance entière s, à moins qu'on ne préfère employer la formule primitive : $h = \mathbf{n}\, s \cot (z - 0{\cdot}43\, s)$, et se servir de la table **17** sans la colonne ρ.

Quand c'est, au contraire, l'apozénit qui excède l'intervalle compris entre 87° et 93°, on peut obtenir la différence de niveau, en ajoutant algébriquement plusieurs colonnes de la table **17** : car il est permis de partager l'angle 90° — z en plusieurs parties, et de faire la somme des nombres qui correspondent à chacune de ces parties, pourvu que la distance ne soit pas trop grande. Supposons, par exemple, s = 5 minutes, z = 85° 50'; on aura 90° — z = 4° 10' = 2° + 2° 10', et

$$\begin{array}{r} \mathbf{n} \,.\, 5 \,.\, \cot 88^\circ\ 0' \doteq 351 \\ \mathbf{n} \,.\, 5 \,.\, \cot 87^\circ\ 50' \doteq 324 \\ \hline \mathbf{n} \,.\, 5 \,.\, \cot 85^\circ\ 50' = 675. \end{array}$$

Le calcul direct donnerait 676 mètres. Quand la distance est très-petite, on peut aussi la multiplier par 10, et diviser l'angle 90° — z par le même nombre. Soit, par exemple, s = 1·32, et z = 96° 48'·9; on aura 90° — z = — 6° 48'·9, dont le dixième = — 40'·9; par suite

$$h = -\,\mathbf{n} \,.\, 13{\cdot}2 \,.\, \mathrm{tg}\ 40'{\cdot}9 = 292.$$

La première page de la table **17** donne encore les dixièmes de mètres, mais pour les distances au-dessus de 5 milles nous les avons supprimés, comme dans la table **11**.

2. Correction des différences de niveau pour les variations des distances.

Lorsqu'on modifie les distances sur lesquelles sont basées les différences d'altitudes, il faut corriger ces dernières d'une quantité proportionnelle aux changements des distances. Toutes les fois que ces changements excédaient une minute, nous avons répété le calcul des différences avec les nouvelles distances; mais pour les petites corrections qu'exigeaient sans cesse les changements du canevas, et pour les placements par apozénits, il suffisait d'employer une table qu'on trouvera à la fin de cet article et dont nous allons expliquer la construction.

La formule pour les différences de niveau était :

$$h = \mathbf{n}\, s \cot (z - \beta s).$$

Il s'ensuit que

$$dh = \mathbf{n}\, ds \cot (z - \beta s) + \frac{\mathbf{n}\, s\, d(\beta s)}{\sin^2 (z - \beta s)}.$$

Dans les limites de nos calculs le facteur $\frac{1}{\sin^2 (z - \beta s)}$ peut être négligé, et d (βs) se remplacer par tg d (βs). Ainsi nous aurons :

$$dh = \mathbf{n}\, ds \cot (z - \beta s) + \mathbf{n}\, s \operatorname{tang} d(\beta s).$$

Mettons la variation de la distance ds = 1 mille ; alors nous aurons :

$$d(\beta s) = \beta.\, ds = 0' \cdot 43.$$

L'accroissement de h, si la distance est augmentée d'une minute, sera par conséquent

$$dh_0 = \mathbf{n}.\, \cot (z - \beta s) + \mathbf{n}\, s.\, \operatorname{tang} 0' \cdot 43.$$

Cette formule se prête bien à la formation d'une table. Le premier terme est la différence de niveau qui répond à une distance de 1 mille avec le même apozénit réduit; le second terme est la différence de niveau pour la distance s avec un apozénit réduit = 0' ·43.

Exemple :

Soit $s = 35 \cdot 8$, $z = 88° \; 25' \cdot 4$.

On aura $\beta s = 15' \cdot 4$, $z - \beta s = 88° \; 10' \cdot 0$, $h = 2126 \cdot 0$.

Ensuite pour $s = 36 \cdot 8$, $z - \beta s = 88° \; 9' \cdot 6$, $h = 2193 \cdot 4$.

Par conséquent $dh_0 = \frac{dh}{ds}.\, 1 = 67 \cdot 4$. Notre table des dh_0 donnerait

$$\mathbf{n}.\quad 1.\ \cot 88° \; 10' \cdot 0 = 59 \cdot 4$$
$$\mathbf{n}.\ 35 \cdot 8.\ \operatorname{tg} 0' \cdot 43 = 8 \cdot 3$$
$$dh_0 = 67 \cdot 7.$$

La différence de 0 ·3 entre les valeurs 67 ·7, qu'on trouve par la table **19**, et 67 ·4, que nous venons de calculer directement, tient à la suppression des centièmes dans βs en calculant les valeurs de h. Mais pour notre but, il suffit de connaître les unités de dh_0, car ds n'est qu'une fraction de minute. Supposons, par exemple, que la distance 35 ·8 devienne 35 ·95. On aura ds = + 0 ·15, dh_0 = + 67 ·7, donc

$$dh = 0 \cdot 15 \times 67 \cdot 7 = + 10 \cdot 2.$$

La table **19** donne les valeurs des deux termes dont se compose dh_0, celles du premier depuis $z - \beta s = 86°$ jusqu'à $z - \beta s = 94°$. Ce terme est négatif toutes les fois que $z - \beta s$ est $> 90°$. Dans les cas où l'apozénit réduit sort des limites de la table, on n'aura qu'à ajouter 32 ·4 pour chaque degré en plus (ou en moins).

Table 19, donnant les deux termes de dh_o ou $\frac{dh}{ds}$.

	Argument : apozénit.				
	89°	88°	87°	86°	
0'	32·4	64·8	97·2	129·6	60'
1	31·9	64·3	96·7	129·1	59
2	31·3	63·7	96·1	128·6	58
3	30·8	63·2	95·6	128·0	57
4	30·2	62·6	95·1	127·5	56
5	29·7	62·1	94·5	127·0	55
6	29·2	61·6	94·0	126·4	54
7	28·6	61·0	93·4	125·9	53
8	28·1	60·5	92·9	125·3	52
9	27·5	59·9	92·4	124·8	51
10	27·0	59·4	91·8	124·2	50
11	26·4	58·9	91·3	123·7	49
12	25·9	58·3	90·7	123·2	48
13	25·4	57·8	90·2	122·6	47
14	24·8	57·2	89·6	122·1	46
15	24·3	56·7	89·1	121·6	45
16	23·7	56·2	88·6	121·0	44
17	23·2	55·6	88·0	120·5	43
18	22·7	55·1	87·5	119·9	42
19	22·1	54·5	87·0	119·4	41
20	21·6	54·0	86·4	118·8	40
21	21·1	53·4	85·9	118·3	39
22	20·5	52·9	85·3	117·8	38
23	20·0	52·4	84·8	117·2	37
24	19·4	51·8	84·2	116·7	36
25	18·9	51·3	83·7	116·2	35
26	18·4	50·7	83·2	115·6	34
27	17·8	50·2	82·6	115·1	33
28	17·3	49·7	82·1	114·5	32
29	16·7	49·1	81·5	114·0	31
30	16·2	48·6	81·0	113·4	30
	90°	91°	92°	93°	

	Argument : apozénit.				
	89°	88°	87°	86°	
30'	16·2	48·6	81·0	113·4	30'
31	15·7	48·0	80·5	112·9	29
32	15·1	47·5	79·9	112·4	28
33	14·6	47·0	79·4	111·8	27
34	14·0	46·4	78·8	111·3	26
35	13·5	45·9	78·3	110·7	25
36	13·0	45·3	77·8	110·2	24
37	12·4	44·8	77·2	109·7	23
38	11·9	44·3	76·7	109·1	22
39	11·3	43·7	76·1	108·6	21
40	10·8	43·2	75·6	108·0	20
41	10·3	42·6	75·1	107·5	19
42	9·7	42·1	74·5	107·0	18
43	9·2	41·6	74·0	106·4	17
44	8·6	41·0	73·4	105·9	16
45	8·1	40·5	72·9	105·3	15
46	7·6	39·9	72·4	104·8	14
47	7·0	39·4	71·8	104·3	13
48	6·5	38·9	71·3	103·7	12
49	5·9	38·3	70·7	103·2	11
50	5·4	37·8	70·2	102·6	10
51	4·9	37·3	69·7	102·1	9
52	4·3	36·7	69·1	101·6	8
53	3·8	36·2	68·6	101·0	7
54	3·2	35·6	68·0	100·5	6
55	2·7	35·1	67·5	99·9	5
56	2·2	34·6	67·0	99·4	4
57	1·6	34·0	66·4	98·9	3
58	1·1	33·5	65·9	98·3	2
59	0·5	32·9	65·3	97·8	1
60	0·0	32·4	64·8	97·2	0
	90°	91°	92°	93°	

Argument s.

Distance.		Distance.		Distance.	
0	0·0	25	5·8	65	15·1
1	0·23	27·5	6·4	67·5	15·7
2	0·5	30	7·0	70	16·2
3	0·7	32·5	7·6	72·5	16·8
4	0·9	35	8·1	75	17·4
5	1·2	37·5	8·7	77·5	18·0
6	1·4	40	9·3	80	18·6
7	1·6	42·5	9·9	82·5	19·1
8	1·9	45	10·5	85	19·7
9	2·1	47·5	11·0	87·5	20·3
10	2·3	50	11·6	90	20·9
12·5	2·9	52·5	12·2	92·5	21·5
15	3·5	55	12·8	95	22·0
17·5	4·1	57·5	13·3	97·5	22·6
20	4·6	60	13·9	100	23·2
22·5	5·2	62·5	14·5		

Nous nous sommes servis de cette table parce que les calculs ayant été faits d'abord avec les apozénits réduits, nous avions déjà sous les yeux les valeurs de $z - \beta s$. Lorsqu'on a fait usage, au contraire, de la table des dépressions terrestres, il faut calculer dh_0 d'une autre façon. Nous aurons dans ce cas : $\mathbf{n} \cot(z - \beta s) = \mathbf{n} \cot z + \mathbf{n}\, s \operatorname{tg} \beta$, aux termes du second ordre près, et par conséquent

$$dh_0 = \mathbf{n} \cot z + 2\, \mathbf{n}\, s \operatorname{tg} \beta.$$

Il est donc clair qu'on peut toujours se servir de la même table **19**, en prenant z au lieu de $z - \beta s$ pour premier argument, et en doublant le second terme qui dépend de la distance s.

Dans l'exemple que nous venons de donner ci-dessus, nous aurions eu de cette manière :

$$\begin{aligned} \mathbf{n} \cot 88^\circ\ 25'\cdot4 &= 51\cdot1 \\ 2\,\mathbf{n}\, s \operatorname{tang}\ 0'\cdot43 &= 16\cdot6 \\ \hline dh_0 &= 67\cdot7, \end{aligned}$$

valeur identique à celle que nous avons obtenue de l'autre façon.

3. Marche du calcul des différences d'altitudes.

Nous allons maintenant exposer le procédé par lequel les différences d'altitudes ont été obtenues, et donner un tableau de l'ensemble des calculs exigés par ce procédé.

D'abord nous avons extrait de la liste des azimuts ordonnés toutes les stations où M. d'Abbadie a observé des apozénits. Pour cela, nous avons transcrit les numéros, les noms et les apozénits qui s'y trouvaient. Nous avons ensuite mesuré les distances de ces stations aux signaux observés. Ces mesures ont été exécutées à l'aide d'une règle argentée, munie d'une loupe et divisée en millimètres et demi-millimètres, cette fraction représentant des dixièmes de minute d'après l'échelle primitive de nos cartes. La différence entre la division de la règle et celle du papier employé, ou, pour mieux dire, celle de l'échelle des longitudes dans ce papier, était minime, et nous avons pu en faire abstraction pour notre usage. La règle nous donnait donc immédiatement les distances exprimées en minutes d'arc. Ces distances se rapportaient aux points percés dans le papier au moyen d'une aiguille fine et à l'aide d'une loupe, points que nous avons eu soin d'entourer encore d'un cercle d'encre pour les mieux retrouver. On s'est d'ailleurs assuré par plusieurs comparaisons entre les distances ainsi mesurées dans nos cartes et leurs valeurs calculées, que ce procédé donne un degré suffisant d'exactitude. L'usage d'une loupe nous a encore permis d'estimer toujours les centièmes de minute. Les distances au-dessous de 3′ ont été généralement *calculées*, parce que l'incertitude de l'estime des centièmes dans ces distances aurait eu trop d'influence sur le résultat.

Les distances mesurées étaient des distances réduites, c'est-à-dire des distances dans la projection de Mercator. Il fallait en déduire les distances vraies au moyen de la table **23**. La construction de cette table montre pourquoi on avait besoin des latitudes moyennes à côté des distances mesurées. Nous appelons latitude moyenne, la latitude du point milieu entre les deux extrémités de la distance mesurée. En d'autres termes, c'est la moyenne des latitudes des deux points dont on envisage la distance. Il est toujours suffisant de connaître à peu près cette latitude moyenne.

Ayant ainsi à côté les uns des autres les apozénits observés et les distances vraies, nous avons calculé les différences de niveau par la table **17**. Pour mieux faire ressortir la marche de ce procédé, nous donnons ici un exemple tiré de nos minutes de calcul, où h est l'altitude du second point par rapport au premier.

Mt Soni.	No	Noms.	Altitudes.	Dist. mes.	Lat. moy.	Dist. vraie.	Apoz. obs.	h	Altit. de Soni.	dh_0
	6	Ambazzo......	3110	7·48	12° 40′	7·30	88° 54′·2	+ 271·5	2838	39·0
	8	Sahna........	2966	5·28	12 42	5·15	89 15 ·4	+ 130·1	2836	26·5

Nous expliquerons plus loin dans le paragraphe qui traite de la compensation des altitudes, ce que signifient ici les altitudes des signaux et celles de la station qu'on en a déduites.

Avant d'avoir dressé la table des ρ ou dépressions terrestres, nous avions déjà calculé une grande partie des différences d'altitudes au moyen des apozénits réduits. Le tableau des calculs était alors plus large ; il fallait une colonne pour la réduction $-\beta s$, et une autre pour les apozénits réduits. L'exemple que nous venons de donner avait alors, au lieu de la colonne des apozénits observés, les trois colonnes suivantes :

Apoz. obs.	Réd.	Apoz. réduit.
88° 54′·2	3′·14	88° 51′·1
89 15 ·4	2 ·22	89 13 ·2.

Cette étendue donnait plus de prise aux distractions du calculateur, car la réduction des apozénits était une nouvelle source d'erreurs de calcul. Mais, il faut le dire, on y trouvait un avantage : les distances au-dessus de 40′, qui n'étaient pas dans notre table, se prêtent mieux à l'ancien arrangement, et nous avons calculé les différences qui leur correspondaient, pour la plupart, avec les apozénits réduits.

---

4. Il convient de parler encore des observations de l'horizon de la mer. Dans ce cas particulier, la distance est inconnue; mais cette donnée est remplacée par l'équation qui exprime que la ligne visuelle est une tangente à la surface de la terre au point observé. Soit s la distance inconnue; l'apozénit vrai sera = z + r. s, où r est le coefficient de la réfraction; on trouve aisément que la condition du contact donne cette relation :

$$z + r.\, s = 90° + s,$$

d'où $s = \frac{z - 90°}{1 - r} = \frac{z - 90°}{\beta + \frac{1}{2}}$, puisque $\beta = \frac{1}{2} - r$. Il s'ensuit $z - \beta s = 90° + \frac{1}{2} s$, par conséquent

$$h = -\,\mathbf{n}.\, s.\ \mathrm{tg}\ \tfrac{1}{2}\, s$$

et $$s = \frac{z - 90°}{\beta + \frac{1}{2}} = \frac{z - 90°}{0 \cdot 93 + x}.$$

Prenons pour exemple l'observation faite à *Imakullu*. On trouve dans les azimuts ordonnés :

Imakullu 51 : Horizon naturel de la mer Rouge : $z = 90°\ 14'\cdot 5$.

Ce relèvement est le n° 36 du tour d'horizon **323**, la note dit qu'il fut fait vers 9^h du matin. Faute de mieux, nous prendrons, pour avoir β, l'état du baromètre et du thermomètre observé le lendemain soir, pour le tour d'horizon **324** : B = 754·0, T = 36·0. On trouve alors $\beta = 0\cdot 4234$, ou $x = -\,0\cdot 0066$, et

$$s = \frac{14'\cdot 5}{0\cdot 93 - 0\cdot 0066} = 15'\cdot 59 + 0'\cdot 11 = 15'\cdot 7.$$

La correction x produit la différence de 0′·11 dans la valeur de s. Nous trouverons donc h par la formule qui suit :

$$h = -\,\mathbf{n}.\ 15\cdot 7.\ \mathrm{tg}\ 7'\cdot 85 = -\ 66\cdot 5.$$

Imakullu est par conséquent situé à 66^{mt}·5 au-dessus du niveau de la mer Rouge. — Un autre exemple se trouve dans *Qariña* 23, où l'apozénit de l'horizon du lac *Tana* est donné = 90° 4′·1. On a $\beta = 0\cdot 4286$, $s = \frac{4'\cdot 1}{0\cdot 9286} = 4'\cdot 415$, $h = -\,\mathbf{n}.\ 4\cdot 4.\ \mathrm{tg}\ 2'\cdot 2 = -\,5\cdot 3$; c'est-à dire que *Qariña* est 5^{mt}·3 au-dessus du niveau du lac *Tana*.

5. Compensation des altitudes.

Dans la Liste des Positions, les altitudes forment les troisièmes coordonnées des points de la carte. Elles sont fondées d'une part sur les différences de niveau qui se déduisent des apozénits et des distances, et d'autre part sur les hauteurs absolues de quelques points situés à fleur d'eau dans la mer Rouge. Les altitudes obtenues par l'hypsométrie n'ont servi, en général, que pour les calculs provisoires et comme moyens de contrôle.

Avant qu'on pût déterminer les positions, il fallait déjà connaître à peu près le système des altitudes relatives, non-seulement pour modifier les positions incertaines de manière à donner plus d'accord aux altitudes, mais encore pour découvrir les désaccords qui, ne tenant pas à des fautes de construction, devaient plutôt s'expliquer par des erreurs dans les apozénits observés, ou bien dans les noms de signaux.

Disons d'abord ce que nous entendons par l'expression *système d'altitudes relatives*. Lorsqu'on donne à telle station une altitude supposée, par exemple celle qui est le résultat d'une observation directe, et que l'on attribue ensuite aux signaux relevés de cette station les altitudes qui s'obtiennent en ajoutant à la hauteur supposée de la station les différences de niveau calculées pour ces signaux, on aura un système d'altitudes relatives basé sur la hauteur supposée de la station en question. Ce système peut s'étendre plus loin, si l'on déduit des altitudes relatives qu'on a déjà, celles de quelques autres points dont les différences de niveau avec les premiers points nous sont aussi connues par le calcul déjà expliqué.

Pour avoir les altitudes approchées de tous nos points autant que cela était nécessaire pour la construction, nous avions formé plusieurs systèmes basés sur des hauteurs observées que nous choisissions convenablement. Après avoir ensuite achevé la construction du canevas, nous étions à même d'établir le système définitif des altitudes relatives, en le fondant sur une hauteur supposée du Mt *Saloda*. Pour y arriver, on aurait pu se servir de la méthode des moindres carrés ; mais il se présentait à cet égard une grave objection.

Afin de procéder régulièrement selon la méthode qu'on emploie ordinairement pour obtenir les résultats les plus probables, il aurait fallu, dans le cas particulier dont nous parlons, introduire comme inconnues les hauteurs de tous nos points et formuler les équations de leurs différences. Chaque observation d'apozénit en aurait fourni une. On y aurait encore ajouté les équations résultant des observations de hauteurs. Or, comme il y a assez de signaux qui ont été souvent relevés, le nombre des équations aurait de beaucoup dépassé celui des inconnues, et l'on aurait ainsi pu obtenir leurs valeurs les plus probables par la méthode des moindres carrés. De cette manière, on aurait établi tout de suite le système des altitudes absolues, et l'on aurait en même temps trouvé les erreurs probables de ces valeurs finales.

Mais la résolution de ces équations aurait amené trop d'embarras pour le résultat qu'on pouvait en attendre. D'abord cette méthode n'était praticable qu'après l'achèvement de la construction, car il fallait toujours établir d'une autre façon les altitudes approchées afin de s'en servir pour éclairer la marche de la construction. Ensuite il aurait fallu donner des poids convenables aux équations des différences selon le degré d'exactitude qu'on aurait cru pouvoir attribuer à chaque détermination. L'incertitude relative de telle détermination d'une différence d'altitudes implique d'abord, sur la distance, une incertitude qui tient à l'imperfection de la construction et qui peut émaner de plusieurs causes différentes ; vient ensuite l'incertitude de l'observation d'apozénit qui dépend des circonstances dans lesquelles un tour d'horizon a été exécuté, du nombre de fois que la même observation a été répétée et de l'accord de ces réitérations entre elles, ainsi que de la forme du signal ; enfin, le troisième élément de cette incertitude relative de la détermination qui donne la mesure du poids à attribuer à l'équation qui en dérive, dépend du plus ou moins d'influence que l'incertitude du coefficient de la réfraction viendrait à exercer sur le résultat.

On voit bien qu'il aurait été impossible d'apprécier à leur juste valeur toutes les équations données, et que la difficulté de signaler et surtout d'exprimer par des chiffres les nombreuses circonstances qu'il aurait fallu considérer comme sources d'erreurs, aurait réduit à des résultats illusoires les limites des erreurs probables qu'on aurait ainsi obtenues.

Ce sont là les raisons principales qui nous ont conduit à renoncer à la méthode ordinaire. N'ayant plus ainsi à formuler un système d'équations pour les différences d'altitudes, nous avons simplement employé à la détermination de chaque altitude relative toutes les différences qui s'y rapportaient et qui n'étaient ni suspectes ni trop incertaines. De cette façon, la plupart de ces différences ont servi deux fois, pour l'altitude de la station et pour celle du signal. D'autres n'ont servi qu'une seule fois, soit pour l'altitude d'un signal rarement relevé et dont l'altitude restait ainsi un peu douteuse, soit pour celle d'une station d'où l'on n'avait observé qu'un seul apozénit. Enfin, les observations évidemment erronées ont été complétement exclues.

Ce que nous venons de dire sera rendu plus clair par l'exposé que nous allons donner de notre procédé pour compenser entre elles les altitudes relatives.

Il a été déjà dit que les hauteurs approchées de nos points nous étaient connues lorsque nous avions à en fixer le système final. Avec ces premières valeurs, nous sommes entré dans la colonne des altitudes, comme on le voit dans l'exemple qui sera donné plus loin ; et en y ajoutant les différences calculées, nous avons obtenu les altitudes de la station. Ces dernières n'étaient d'ailleurs pas déduites de tous les signaux observés, mais seulement d'un certain nombre de ces signaux convenablement choisis. On excluait, comme nous l'avons dit, les observations suspectes ou reconnues erronées ; on éliminait aussi les signaux qui n'avaient pas été relevés assez souvent ou dont les altitudes résultaient de déterminations trop discordantes pour qu'on pût admettre ces altitudes à concourir dans l'établissement de la hauteur d'une station. Quand enfin les altitudes d'une station présentaient de grands désaccords sans qu'on pût les attribuer à un défaut de la position, comme cela nous est quelquefois arrivé, nous avons essayé d'y remédier en altérant légèrement le point zénital du tour d'horizon en question. Toutes les fois que nous avons eu besoin de ce moyen, nous en avons fait mention dans les notes qui suivent la Liste des Positions.

A ces altitudes d'une station fondées sur les altitudes supposées des signaux, on ajoutait encore celles qui résultaient d'observations faites ailleurs, c'est-à-dire dans des lieux d'où la station en question avait elle-même servi de signal. Pour les points signaux, on n'avait qu'à rassembler tous leurs relèvements. Ces préliminaires une fois exécutés, on a enfin pris la moyenne. Après avoir ainsi obtenu un nombre suffisant d'altitudes moyennes, on les a introduites dans la colonne des altitudes à la place des premières valeurs dont on avait d'abord fait usage. Cela s'est fait toujours en ajoutant à toutes les altitudes déduites de l'ancienne valeur la différence positive ou négative trouvée entre la moyenne obtenue et cette valeur. Les différentes altitudes dont la moyenne devait donner l'altitude cherchée d'un point de la carte, recevaient ainsi des corrections dont la somme, divisée par le nombre des altitudes employées, fut appliquée à la première moyenne. La modification qui en résulta donna la seconde moyenne. Les secondes moyennes furent ensuite substituées aux premières, et ainsi de suite jusqu'à ce qu'on eût obtenu un système de moyennes qui n'étaient plus sensiblement altérées quand on les introduisait elles-mêmes à la place de celles qui les précédaient immédiatement dans la colonne des altitudes. Nous entendons ici par altération sensible celle qui changerait une altitude de plus d'un mètre.

Ce résultat est ce que nous appelons la compensation des altitudes. Il est facile de voir comment notre procédé y conduit. Supposons que la première moyenne trouvée pour l'altitude de tel point diffère de la valeur précédemment employée de Δ mètres. On aura alors à ajouter à toutes les autres altitudes qui dépendent de l'altitude en question, cette différence Δ divisée toujours par le nombre des altitudes normales dont ces autres altitudes dépendent à leur tour. Les modifications que ces dernières éprouveront ainsi seront par conséquent assez inférieures à Δ, car elles seront respectivement $\frac{\Delta}{n}$, $\frac{\Delta}{n'}$, ... Appliquées ensuite aux moyennes qui dépendent de ces altitudes modifiées, les quantités $\frac{\Delta}{n}$, $\frac{\Delta}{n'}$... seront encore divisées par les dénominateurs de ces moyennes; et ainsi de suite. Il est clair que de la sorte l'influence du premier changement de Δ mètres finit par disparaître dans ces délayements successifs.

Au point de vue de l'analyse, notre manière de procéder n'est autre chose que la résolution par tâtonnements d'un certain système d'équations linéaires. L'algorithme qui donne l'altitude h_0, a la forme suivante :

$$\begin{array}{l} h_0 - h_1 = \alpha_{01} \\ h_0 - h_2 = \alpha_{02} \\ \dots\dots\dots \\ h_0 - h_n = \alpha_{0n} \\ h_1 - h_0 = \alpha_{10} \\ \dots\dots\dots \\ h_m - h_0 = \alpha_{m0} \end{array}$$

On en tire

$$h_0 = \frac{h_1 + h_2 + \dots h_n + h_1 \dots + h_m + \alpha_{01} + \alpha_{02} + \dots \alpha_{0n} - \alpha_{10} \dots - \alpha_{m0}}{n + m}.$$

Une équation semblable se trouve pour chacune des autres altitudes; et c'est là le système d'équations dont nos altitudes relatives sont les racines. Mais comme toutes ces équations sont formées avec les différences des inconnues, on ne peut en tirer que les valeurs des différences, et il faut donner une valeur arbitraire à l'une de ces altitudes pour en achever la détermination.

Si toute équation établie entre une différence et sa valeur calculée a servi deux fois, c'est-à-dire si elle est entrée dans les algorithmes des deux altitudes dont il s'agit, la somme des équations qui représentent les moyennes, et qui sont multipliées chacune par son dénominateur, sera nécessairement identique à zéro, pourvu qu'on leur donne cette forme :

$$(n + m)\, h_0 - h_1 - \dots - h_n - h_1 - \dots - h_m - \alpha_{01} - \dots \alpha_{0n} + \alpha_{10} + \dots \alpha_{m0} = 0.$$

Alors chacune d'entre elles sera la conséquence des autres prises ensemble, et ceci est le critérium analytique où l'on reconnaît qu'un système d'équations peut se résoudre rigoureusement. Mais nous avons déjà dit que plusieurs valeurs calculées n'ont été employées qu'une seule fois; il s'ensuit donc que notre système n'a pas de racines qui lui satisfassent, analytiquement parlant. Mais il faut remarquer : 1° que les équations de différences négligées dans la formation des équations pour les altitudes moyennes, sont à peu près satisfaites par les valeurs finales de ces moyennes, et que par conséquent leur introduction dans les algorithmes n'aurait pas produit des modifications très-sensibles dans les résultats du calcul; 2° que nous n'avions pas besoin de racines rigoureuses, mais seulement de valeurs telles qu'elles pussent satisfaire, dans certaines limites, aux conditions données.

Dans chacune de nos quatre cartes nous avons d'abord rassemblé des groupes d'une dizaine de points importants, et formé les moyennes en nous servant deux fois de chaque observation. Ces systèmes étaient alors susceptibles d'être complétement résolus; nous en avons déterminé les racines exactes, toujours par le procédé qu'on vient de lire. Plus tard, en liant les cartes et en étendant le système des altitudes relatives sur tous les points de la liste, il a fallu légèrement modifier les altitudes de ces groupes principaux après l'introduction des points de liaison dans les algorithmes des moyennes.

On peut donc admettre finalement que les altitudes de la liste sont les moyennes de leurs différentes valeurs qu'on peut, au moyen des différences de niveau calculées, déduire des autres altitudes employées à les établir. Nous n'avons pas donné les erreurs probables de ces valeurs parce que, comme nous l'avons déjà expliqué, ces quantités échappent à une appréciation numérique. Nous avions l'habitude de signaler à côté de chaque altitude le plus grand écart, c'est-à-dire la plus grande des différences entre la valeur moyenne adoptée et les valeurs particulières qui l'avaient fournie. Mais il nous a paru inutile de publier ces chiffres, excepté dans quelques cas où toutes les altitudes particulières sont rapportées dans les notes, car en général ces plus grands écarts ne donnent qu'une idée fausse de la précision d'une moyenne.

Les altitudes relatives ayant été ainsi fixées, il restait, pour arriver à des hauteurs absolues, à établir définitivement la base du système. Nous renvoyons pour ce sujet au chapitre qui s'occupe des positions absolues.

CHAPITRE XI.

TRACÉ DES CARTES.

---

1. On a imaginé différents artifices pour représenter avec le moins de déformation possible, la surface sphérique du globe terrestre sur la surface plane des feuilles de papier qui sont employées à recevoir le tracé des cartes. Le plus souvent on a circonscrit à la sphère, ou bien on y a fait légèrement pénétrer, suivant certaines conditions, un cône ou un cylindre dont les surfaces peuvent être développées dans un plan. On appelle projection un artifice de ce genre. Comme les pays de l'Éthiopie que nous avions à représenter sont situés près de l'équateur, et que le travail qui va suivre est surtout basé sur des azimuts observés, qui sont faussés dans toutes les autres projections, nous avons préféré cette forme de la projection cylindrique à laquelle on donne le nom de *Mercator*. Nos cartes sont donc ce qu'on appelle des cartes réduites. On sait que les latitudes y sont croissantes, c'est-à-dire que les lignes qui figurent les parallèles de latitude y sont tracées à des intervalles qui s'agrandissent en allant de l'équateur au pôle. La lecture donne alors immédiatement la latitude vraie d'un point de la carte, et les chiffres qui se trouvent à la marge auprès des parallèles inégalement espacés indiquent des latitudes vraies. En toute rigueur et pour atteindre notre limite d'exactitude qui est le plus souvent au-dessous de o′·1, il aurait fallu tracer les parallèles non-seulement de degré en degré, ainsi qu'on le fait ordinairement, mais bien de minute en minute : c'est ce que fit M. d'Abbadie dans sa première carte du Grand-Damot.

Mais comme cette opération est trop pénible à exécuter, nous avons jugé qu'il valait mieux calculer les latitudes croissantes et conserver dans la division du papier les parallèles de latitudes à des intervalles égaux, de manière que la lecture donnât la latitude croissante d'un point, exprimée en minutes de l'équateur, comme les longitudes. On trouve alors la latitude vraie au moyen d'une table qui permet de convertir, presqu'à vue, en latitudes vraies les lectures faites dans la carte.

Lorsqu'on a ainsi placé chaque point dans la carte par sa longitude vraie et par sa latitude croissante calculée, la figure géométrique du plan représente la projection mercatorienne de la surface du pays. Pour se conformer à l'usage des géographes, on pourrait encore tracer sur la carte achevée les parallèles des latitudes vraies, en les séparant par des intervalles croissants de dix en dix minutes par exemple. Cela servirait à lire immédiatement les latitudes vraies d'une manière approximative.

Dans nos cartes primitives nous avons représenté, par un intervalle de 5 millimètres, la minute de longitude sexagésimale, ou le mille marin. Cela donne une échelle d'environ $\frac{1}{371000}$, ramène un dixième de minute ou 6 secondes à la longueur de o·5 millimètre, et permet, au moyen d'une loupe, d'apprécier les centièmes de minute.

2. Coefficient du papier.

Nous avons construit notre canevas sur le papier quadrillé de Reichmann (†), divisé de millimètre en millimètre; mais l'emploi de ce papier exige une correction. Dans ce papier, les espaces sont trop petits dans le sens de la longueur qui est celui des latitudes, et trop grands dans le sens contraire. Cette imperfection peut provenir soit d'une inégalité constante dans la division du rouleau gravé qui servait de planche, soit d'un refoulement non prévu du papier alors qu'il était encore empreint de l'humidité nécessaire pour une bonne impression.

(†) Reichmann, papetier, rue Saint-Benoît, 19, à Paris. Pour une carte, il est nécessaire de choisir une feuille imprimée avant l'usure du rouleau qui paraît avoir servi à l'impression.

Des mesures exactes ont montré que le rapport entre l'étendue des espaces dans le sens des latitudes et dans celui des longitudes n'était pas le même pour toutes les feuilles employées, qu'il variait un peu selon l'état de l'atmosphère et par d'autres circonstances difficiles à apprécier. Nous avons aussi trouvé que les espaces n'étaient pas exactement égaux dans le même sens du papier ; heureusement les différences étaient assez petites pour qu'on se contentât de prendre les moyennes des mesures.

Avant de nous servir d'une feuille coupée dans ce papier et longue ordinairement de 2 mètres, nous avons toujours mesuré avec une règle argentée et sous différentes latitudes le nombre d'espaces ou d'unités de longitude embrassés par cet étalon, et sous différentes longitudes le nombre d'espaces de latitude qu'il embrassait. Des comparaisons très-soignées avaient donné sa longueur = 500^{mm} dans la limite de 0·001 millimètre.

Ainsi nous avons par exemple reconnu une fois dans la carte du Grand-Damot que les deux bouts de notre étalon marquaient les longitudes suivantes :

A la latitude 12° 20' :	36° 27'·80	et	34° 47'·96	,	différence = 99'·84
	34° 12'·20	et	35° 52'·06	,	id. = 99'·86
					Moyenne 99'·85.

Des moyennes analogues ont été trouvées à la latitude 9° 40', 7° 0', etc.

Les latitudes marquées par les deux bouts de l'étalon étaient :

A la longitude 34° 13' :	12° 20'·20	et	10° 39'·43	,	différence = 100'·77
	10° 20'·20	et	8° 39'·43	,	id. = 100'·77
	8° 43'·98	et	7° 3'·20	,	id. = 100'·78
					Moyenne 100'·77.

A la longitude	34° 50'	les différences étaient :	100'·70	100'·73	100'·73	moyenne	100'·72
Id.	35° 20'	id.	100'·69	100'·70	100'·68	id.	100'·69
Id.	36° 27'	id.	100'·71	100'·69	100'·69	id.	100'·70
						Moyenne générale	100'·720.

Nous avons appelé coefficient du papier le rapport entre l'étendue moyenne des espaces de longitude et de latitude. Pour la carte du Grand-Damot, il était $= \frac{100 \cdot 72}{99 \cdot 85} = 1 \cdot 0087$, c'est-à-dire qu'un espace dans le sens des longitudes était égal à 1·0087 espaces dans le sens opposé. Ainsi, pour exprimer une différence de latitudes en unités de l'échelle des longitudes, il fallait multiplier par le coefficient du papier le chiffre que le calcul avait donné en unités de longitude. Cela était nécessaire pour pouvoir tracer dans la carte la latitude calculée d'un point, en se guidant par l'échelle des latitudes écrite en marge et par les parallèles distribués sur cette échelle dans toute l'étendue des feuilles. Nous avions donc besoin pour chaque carte d'une table qui permît de convertir en latitudes vraies les latitudes croissantes, *exprimées en unités de l'échelle des latitudes*, et *vice versâ*.

Pour abréger, nous appellerons latitude *dilatée* une latitude croissante exprimée en ces unités.

Nous parlerons plus loin de la construction de ces tables, quand nous aurons donné quelques détails sur les latitudes croissantes. Comme nos calculs se rapportaient presque exclusivement aux latitudes dilatées, il fallait toujours introduire le coefficient du papier dans le calcul des trajectoires comme cela se trouve expliqué dans le paragraphe I du Chapitre XII.

Quant aux distances mesurées dans les cartes avec la règle argentée, il aurait fallu, à la rigueur, tenir compte de la différence de 0'·15 trouvée entre 100' de longitude et 500 millimètres ou 100' de l'étalon ; différence qui était encore moindre pour les autres cartes que celle du Grand-Damot. Mais dans les petites distances la correction qui en résulterait rentre dans l'incertitude de la mesure, et pour les grandes elle serait sans influence sensible sur les différences de niveau fondées sur les distances. Nous étions donc parfaitement en droit de négliger cette correction.

3. Latitudes croissantes.

La latitude croissante est, comme on le sait, donnée par cette formule :

$$\Phi = \frac{10800'}{\pi} \left\{ \log \text{nat tg} \left(45° + \tfrac{1}{2}\varphi\right) - e^2 \sin\varphi \left(1 + \tfrac{1}{3} e^2 \sin^2\varphi\right) \right\}$$

Le dernier terme monte à 0'·001 pour une latitude $\varphi = 16°$, on peut donc le laisser de côté quand φ est compris entre 7° et 16°, comme c'est le cas dans nos cartes. Alors la formule ci-dessus devient :

$$\Phi = \frac{1}{M. \sin 1'} \log \text{tg} \left(45° + \tfrac{1}{2}\varphi\right) - \frac{e^2 \sin\varphi}{\sin 1'}$$

où M est le module des logarithmes népériens, et $\sin 1' = \frac{\pi}{10800}$ comme on sait.

Posant maintenant

$$\frac{1}{M \sin 1'} = A \quad , \quad \frac{e^2}{\sin 1'} = B,$$

on aura :

$$\log A = 3{\cdot}8984896.. \quad , \quad \log B = 1{\cdot}35946.. \text{ pour un aplatissement} = \tfrac{1}{300},$$

et

$$\Phi = A \log \text{tg} \left(45° + \tfrac{1}{2}\varphi\right) - B. \sin\varphi.$$

Cette formule est très-commode pour le calcul des latitudes croissantes, et nous l'avons employée pour construire la table donnée à la fin de ce paragraphe. On pourrait aussi déduire les latitudes croissantes pour un aplatissement $= \frac{1}{300}$ de celles que Mendoza a données dans l'hypothèse d'un aplatissement $= \frac{1}{321}$. On aurait à cette fin à différentier l'équation de Φ, et l'on trouverait :

$$\Delta\Phi = -\Delta B. \sin\varphi$$
$$= -\Delta e^2. \frac{\sin\varphi}{\sin 1'}.$$

Or, l'aplatissement de $\frac{1}{321}$ donne $e^2 = 0{\cdot}00622083..$
celui de $\frac{1}{300}$ $e^2 = 0{\cdot}00665555..$ $(\log e^2 = \bar{3}{\cdot}8231843...)$

on aura donc

$$\Delta e^2 = +\ 0{\cdot}00043472..,$$

ce qui donne enfin

$$\Delta\Phi = -1'{\cdot}49446. \sin\varphi = -C. \sin\varphi \quad , \quad \log C = 0{\cdot}17448...$$

Voici un exemple de l'application de ces formules. Pour la latitude vraie $\varphi = 14°\ 0'$ on a :

log tang 52° 0' = 0·1071902, dont le log =	$\bar{1}$·0301551	log sin 14° 0' =	$\bar{1}$·38368
log A =	3·8984896	log B =	1·35946
	2·9286447		0·74314
A. log tg (45° + ½ φ) =	848·486	B sin φ =	5·535
	— 5·535		
Φ =	842'·951	Φ — φ =	2'·951.

La latitude croissante de Mendoza est $= 843' \cdot 31$. Nous avons, pour en déduire la nôtre :

$$\begin{aligned} \log \sin \varphi &= \bar{1} \cdot 38368 \\ \log C &= 0 \cdot 17448 \\ \hline & \bar{1} \cdot 55816 \\ \Delta \Phi &= -0 \cdot 361 \end{aligned}$$

donc la nouvelle latitude croissante

$$\Phi = 842' \cdot 949$$

avec une différence de $0' \cdot 002$, parce que la valeur de Φ, selon Mendoza, n'est donnée qu'avec les centièmes dans l'ouvrage de Bégat où nous l'avons prise.

Après avoir calculé la table des latitudes croissantes pour les dizaines de minutes des latitudes vraies, nous avons construit la table inverse de la manière suivante.

On tire de l'expression de Φ donnée plus haut,

$$\log \operatorname{tg} (45^\circ + \tfrac{1}{2} \varphi) = \sin 1'. (M. \Phi + e^2 \sin \varphi).$$

Il suffit ici de prendre φ dans la première table pour avoir $\sin \varphi$ dans le second terme de droite. Par exemple, pour $\varphi = 11^\circ 0'$ on trouve $\Phi - \varphi = -0' \cdot 27$; on fera donc $\varphi = 11^\circ 0' \cdot 27$ pour $\Phi = 11^\circ 0'$.

La formule peut s'écrire ainsi :

$$\log \operatorname{tg} \frac{90^\circ + \varphi}{2} = a. \Phi + b. \sin \varphi,$$

où

$$\log a = \bar{4} \cdot 1015104.. \quad , \quad \log b = \bar{3} \cdot 46097..$$

Exemple.

$\Phi = 11^\circ 0' = 660'$, $\varphi = 11^\circ 0' \cdot 27$ approximativement.

$$\begin{aligned} \log \Phi &= 2 \cdot 8195439 \\ \log a &= \bar{4} \cdot 1015104 \\ \hline & \bar{2} \cdot 9210543 \\ a \Phi &= 0 \cdot 0833785 \\ b \sin \varphi &= 0 \cdot 0005518 \\ \hline \log \operatorname{tg} \tfrac{1}{2} (90^\circ + \varphi) &= 0 \cdot 0839303 \\ \tfrac{1}{2} (90^\circ + \varphi) &= 50^\circ \ 30' \cdot 135 \\ \varphi &= 101^\circ \ 0' \cdot 270 - 90^\circ \\ &= 11^\circ \ 0' \cdot 270 \\ \text{ou } \varphi - \Phi &= 0' \cdot 270. \end{aligned}$$

$$\begin{aligned} \log \sin 11^\circ 0' \cdot 27 &= \bar{1} \cdot 28077 \\ \log b &= \bar{3} \cdot 46097 \\ \hline & \bar{4} \cdot 74174 \end{aligned}$$

Pour trouver cela par interpolation, on aurait eu :

Lat. vraie.	Lat. croiss.
$11^\circ 0' + x$	$11^\circ 0' = 11^\circ 0' + x - 0 \cdot 274 + \frac{0 \cdot 126}{10} x$

$$= 11^\circ - 0' \cdot 274 + 1 \cdot 0126. \ x$$

$$\text{donc } x = \frac{0 \cdot 274}{1 \cdot 0126} = 0' \cdot 270.$$

En général, on aura :

$$\left.\begin{array}{l}\varphi = \Phi - \Delta \\ \varphi + 10' = \Phi_1 - \Delta_1\end{array}\right\} \quad \varphi + x = \Phi(x) - \Delta - \frac{\Delta_1 - \Delta}{10} \cdot x.$$

Maintenant, lorsque x sera compris entre o et 10′, $\Phi(x)$ sera compris entre Φ et Φ_1, et dans le cas dont il s'agit ici, nous avons $\Phi(x) = \varphi$. Il s'ensuit que

$$x = -\Delta - \frac{\Delta_1 - \Delta}{10} \cdot x, \quad \text{ou bien} \quad x = \frac{-\Delta}{1 + \dfrac{\Delta_1 - \Delta}{10}}, \quad \text{où } \Delta = \Phi - \varphi, \quad \Delta_1 = \Phi_1 - (\varphi + 10').$$

Soit par exemple $\Phi(x) = 14°\ 10'$, on aura $\begin{array}{l}\Delta = 3 \cdot 196 \\ \Delta_1 = 3 \cdot 449\end{array}$, $x = -\dfrac{3 \cdot 196}{1 \cdot 0253} = -3' \cdot 117$. Le calcul direct donne $-3' \cdot 119$.

Table 20. Pour convertir les latitudes **vraies** en latitudes **croissantes.**

(Aplatissement = $\frac{1}{300}$).

Latitude vraie. φ	Φ — φ	Diff. pour 1′	Latitude croissante. Φ
7° 0′	— 1″·739	·0011	6° 58″·26
10	1 ·728	·0015	7 8 ·27
20	1 ·713	·0018	18 ·29
30	1 ·695	·0021	28 ·31
40	1 ·674	·0026	38 ·33
50	1 ·648	·0031	48 ·35
8 0	— 1 ·617	·0035	58 ·38
10	1 ·582	·0038	8 8 ·42
20	1 ·544	·0043	18 ·46
30	1 ·501	·0047	28 ·50
40	1 ·454	·0052	38 ·55
50	1 ·402	·0057	48 ·60
9 0	— 1 ·345	·0062	58 ·65
10	1 ·283	·0066	9 8 ·72
20	1 ·217	·0071	18 ·78
30	1 ·146	·0077	28 ·85
40	1 ·069	·0081	38 ·93
50	0 ·988	·0085	49 ·01
10 0	— 0 ·903	·0090	59 ·10
10	0 ·813	·0097	10 9 ·19
20	0 ·716	·0102	19 ·28
30	0 ·614	·0108	29 ·39
40	0 ·506	·0113	39 ·49
50	0 ·393	·0119	49 ·61
11 0	— 0 ·274	·0126	59 ·73
10	— 0 ·148	·0130	11 9 ·85
20	— 0 ·018	·0136	19 ·98
30	+ 0 ·118	·0143	30 ·12

Latitude vraie. φ	Φ — φ	Diff. pour 1′	Latitude croissante. Φ
11° 30′	+ 0″·118	·0143	11° 30″·12
40	+ 0 ·261	·0149	40 ·26
50	+ 0 ·410	·0155	50 ·41
12 0	+ 0 ·565	·0161	12 0 ·57
10	0 ·726	·0168	10 ·73
20	0 ·894	·0175	20 ·89
30	1 ·069	·0181	31 ·07
40	1 ·250	·0188	41 ·25
50	1 ·438	·0195	51 ·44
13 0	+ 1 ·633	·0201	13 1 ·63
10	1 ·834	·0209	11 ·83
20	2 ·043	·0216	22 ·04
30	2 ·259	·0223	32 ·26
40	2 ·482	·0230	42 ·48
50	2 ·712	·0239	52 ·71
14 0	+ 2 ·951	·0245	14 2 ·95
10	3 ·196	·0253	13 ·20
20	3 ·449	·0260	23 ·45
30	3 ·709	·0268	33 ·71
40	3 ·977	·0277	43 ·98
50	4 ·254	·0284	54 ·25
15 0	+ 4 ·538	·0292	15 4 ·54
10	4 ·830	·0301	14 ·83
20	5 ·131	·0310	25 ·13
30	5 ·441	·0317	35 ·41
40	5 ·758	·0326	45 ·76
50	6 ·084	·0335	56 ·08
16 0	+ 6 ·419		16 6 ·42

Table 21. Pour convertir les latitudes **croissantes** en latitudes **vraies**.

($\varphi = \Phi$ pour 11° 21''·36).

Latitude croissante. Φ	$\varphi - \Phi$	Dist. pour 1'	Latitude vraie. φ
7° 0'	+ 1''·738	·0012	7° 1''·74
10	1·726	·0015	11·73
20	1·711	·0019	21·71
30	1·692	·0023	31·69
40	1·669	·0026	41·67
50	1·643	·0031	51·64
8 0	+ 1·612	·0035	8 1·61
10	1·577	·0039	11·58
20	1·538	·0044	21·54
30	1·494	·0048	31·49
40	1·446	·0052	41·45
50	1·394	·0057	51·39
9 0	+ 1·337	·0061	9 1·34
10	1·276	·0066	11·28
20	1·210	·0071	21·21
30	1·139	·0076	31·14
40	1·063	·0081	41·06
50	0·982	·0086	50·98
10 0	+ 0·896	·0091	10 0·90
10	0·805	·0096	10·80
20	0·709	·0101	20·71
30	0·608	·0107	30·61
40	0·501	·0112	40·50
50	0·389	·0118	50·39
11 0	+ 0·271	·0123	11 0·27
10	+ 0·148	·0129	9·85
20	+ 0·019	·0135	19·98
30	− 0·116	·0141	29·88

Latitude croissante. Φ	$\varphi - \Phi$	Dist. pour 1'	Latitude vraie. φ
11° 30'	− 0''·116	·0141	11° 29''·88
40	− 0·257	·0146	39·74
50	− 0·403	·0153	49·60
12 0	− 0·556	·0159	59·44
10	0·715	·0165	12 9·28
20	0·880	·0171	19·12
30	1·051	·0177	28·95
40	1·228	·0184	38·77
50	1·412	·0189	48·59
13 0	− 1·601	·0198	58·40
10	1·799	·0203	13 8·20
20	2·002	·0210	18·00
30	2·212	·0216	27·79
40	2·428	·0224	37·57
50	2·652	·0230	47·35
14 0	− 2·882	·0237	57·12
10	3·119	·0244	14 6·88
20	3·363	·0252	16·63
30	3·615	·0259	26·38
40	3·874	·0266	36·13
50	4·140	·0273	45·86
15 0	− 4·413	·0280	55·59
10	4·693	·0289	15 5·31
20	4·982	·0296	15·02
30	5·278	·0303	24·72
40	5·581	·0311	34·42
50	5·892	·0319	44·11
16 0	− 6·211		15 53·79

4. Latitudes dilatées.

Nous avons déjà dit que l'emploi du papier Reichmann nous obligeait à réduire à l'échelle des latitudes les différences de latitudes exprimées en minutes de longitude. A cet effet, on les multipliait par un facteur peu différent de l'unité, et qui représentait le nombre d'espaces de latitude égal à un espace de longitude dans ce papier.

Pour marquer dans nos cartes les positions calculées, nous avons réduit les latitudes, qui étaient croissantes, à l'échelle des latitudes du papier, en multipliant par le facteur en question les différences obtenues quand on retranchait des latitudes données une latitude fixe que nous prenions pour point de départ. Cette latitude fixe était par exemple = 11° 0' dans la carte du *Bagemdir*.

Nous avons construit pour chacune de nos cartes une table donnant des latitudes croissantes ainsi dilatées à partir d'un point choisi; l'excès des latitudes croissantes sur les latitudes vraies, et la dilatation correspondante, furent calculés de cinq en cinq minutes, et après avoir réuni ces deux quantités, on en déduisait par voie d'interpolation les valeurs pour toutes les minutes de latitude vraie.

Soit φ la latitude vraie, Φ la latitude croissante, c le coefficient du papier, Θ la latitude fixe choisie pour une carte. C la latitude dilatée. On aura :

$$
\begin{aligned}
C &= \Theta + (\Phi - \Theta)\, c \\
&= \Phi + (\Phi - \Theta)\,(c - 1) \\
&= \Phi + \text{dil.}\,(\Phi - \Theta) \\
&= \varphi + (\Phi - \varphi) + \text{dil.}\,(\varphi - \Theta) + \text{dil.}\,(\Phi - \varphi)
\end{aligned}
$$

On construit donc une table qui donne l'excès $C - \varphi$, en y ajoutant à la quantité $\Phi - \varphi$, prise dans la table **20**, les quantités $(\varphi - \boldsymbol{\Theta})\ (c - 1)$ et $(\Phi - \varphi)\ (c - 1)$, qui représentent les dilatations de $\varphi - \boldsymbol{\Theta}$ et de $\Phi - \varphi$ minutes. Il est bon de se servir à cet effet d'une petite table auxiliaire qui donne la dilatation de 0 à 60' ou à 120' pour une valeur donnée de c. On calculera ainsi $C - \varphi$ pour toutes les dix ou cinq minutes, puis on interpolera.

Prenons un exemple dans la carte du Gojjam. Là nous avons :

$$c = 1{\cdot}00863 \qquad \boldsymbol{\Theta} = 9^\circ\ 50'$$

Soit $\varphi = 10^\circ\ 30'$. On trouve d'abord dans la table **20** :

$$\Phi - \varphi = -0'{\cdot}614$$

Puis on a:

$$\begin{aligned}
\text{dil. } (\varphi - \boldsymbol{\Theta}) &= 40' \times 0{\cdot}00863 = 0'{\cdot}345 \\
\text{dil. } (\Phi - \varphi) &= -0'{\cdot}614 \times 0{\cdot}00863 = -0'{\cdot}005 \\
\text{donc } C - \varphi &= -0'{\cdot}614 + 0'{\cdot}345 - 0'{\cdot}005 = -0{\cdot}'274
\end{aligned}$$

La latitude dilatée correspondant à une latitude vraie $\varphi = 10^\circ\ 30'$, dans la carte du Gojjam est par conséquent $C = 10^\circ\ 29'{\cdot}726$. Ce résultat se retrouve dans la table employée pour notre carte du Gojjam.

Maintenant il faut encore avoir la table inverse qui permet de convertir immédiatement en latitudes vraies les latitudes de la carte. Nous venons de trouver que

$$C = \Phi + \text{dil. } (\Phi - \boldsymbol{\Theta})$$

Il s'en suit que : $\varphi - C = \varphi - \Phi - \text{dil. } (\Phi - \boldsymbol{\Theta})$, et $\Phi = C - \text{dil. } (\Phi - \boldsymbol{\Theta})$; donc en substituant cette valeur de Φ dans le dernier terme de l'expression de $\varphi - c$, nous aurons :

$$\varphi - C = \varphi - \Phi - \text{dil. } (C - \boldsymbol{\Theta}) + \text{dil. dil. } (\Phi + \boldsymbol{\Theta}).$$

On peut maintenant remplacer Φ dans le dernier terme par C, la différence étant sans influence ; on aura ainsi :

$$\varphi - C = \varphi - \Phi - \text{dil. } (C - \boldsymbol{\Theta}) + \text{dil. dil. } (C - \boldsymbol{\Theta}).$$

Le premier terme $\varphi - \Phi$ se trouve dans la table **21**, avec l'argument Φ. Comme on n'a ni Φ, ni φ, mais seulement C, il faut entrer dans la table avec C, et corriger le résultat par la variation de la quantité $\varphi - \Phi$ dépendant de la différence entre C et Φ. Cette différence est $=$ dil. $(\Phi - \boldsymbol{\Theta})$, mais pour notre but il suffit de la supposer $=$ dil. $(C - \boldsymbol{\Theta})$. Désignant $\varphi - \Phi$ par $\Delta\Phi$, on avait alors :

$$\varphi - C = \Delta\Phi - \text{dil. } (C - \boldsymbol{\Theta}) + \text{dil. dil. } (C - \boldsymbol{\Theta})$$

En prenant C au lieu de Φ pour argument, on trouve ΔC au lieu de $\Delta\Phi$. Mais on a $\Delta\Phi = \Delta C - \frac{d\Delta C}{dC} + \text{dil. } (C - \boldsymbol{\Theta})$,

Par suite $\varphi - C = \Delta C - \frac{d\Delta C}{dC} \cdot \text{dil. } (C - \boldsymbol{\Theta}) - \text{dil. } (C - \boldsymbol{\Theta}) + \text{dil. dil. } (C - \boldsymbol{\Theta})$.

Exemple. Dans la carte du *Bagemdir*, on avait $c = 1{\cdot}00851$, $\boldsymbol{\Theta} = 11^\circ\ 0'$.

Soit donné la latitude dilatée $C = 12^\circ\ 10'$. Alors on aura $C - \boldsymbol{\Theta} = 70'$

et par la table **21** :

$$\Delta C = -0'{\cdot}715.$$

Ensuite :

$$\begin{aligned}
\text{dil. } (C - \boldsymbol{\Theta}) &= 70' \times 0{\cdot}00851 = 0'{\cdot}596 \\
\text{dil. dil. } (C - \boldsymbol{\Theta}) &= 0'{\cdot}596 \times 0{\cdot}00851 = 0'{\cdot}005
\end{aligned}$$

$\frac{d\Delta C}{dC}$, ou la variation de ΔC pour une minute, $= -0{\cdot}016$; donc

$$-\frac{d\Delta C}{dC}, \text{ dil. } (C - \boldsymbol{\Theta}) = 0{\cdot}016 \times 0'{\cdot}596 = 0'{\cdot}010.$$

On trouvera donc enfin

$$\begin{aligned}
\varphi - C &= -0'.715 + 0'.010 - 0'{\cdot}596 + 0'{\cdot}005 \\
&= -1'{\cdot}296,
\end{aligned}$$

c'est-à-dire que la latitude vraie correspondant à la latitude $C = 12^\circ\ 10'$, donnée par la carte du *Bagemdir*, sera

$$\varphi = 12^\circ\ 9'{\cdot}704.$$

On pourrait aussi, si l'on voulait, déduire la table pour convertir C en φ, de la table qui sert à l'opération inverse. Cela se ferait par une sorte d'interpolation analogue à celle dont nous avons parlé à propos des latitudes croissantes. Il suffira d'en donner ici un exemple. On trouve dans la table construite pour le *Gojjam*

φ	$C - \varphi$	Diff.
10° 20′	— 0′ ·274	20
10 21	— 0 ·254	

Or il faut chercher x par la condition que

$$x = 0 \cdot 274 - x .\ 0 \cdot 020$$

Cela donne $x = \frac{0 \cdot 274}{1 \cdot 020} = 0 \cdot 269$, et l'on aura pour $\varphi = 10° \, 20' \cdot 269$

$$C = 10 \;\; 20 \cdot 269 - 0 \cdot 269$$
$$= 10 \;\; 20 \cdot 000$$

On a donc trouvé un chiffre de la seconde table, car on a

C	$\varphi - C$
10° 20′	+ 0′ ·269

Nous ne donnons pas ici les tables dont il s'agit, car elles doivent être construites séparément pour chaque feuille de papier employée.

Il nous reste à parler de l'équation entre deux cartes, c'est-à-dire de la réduction à appliquer à une latitude dilatée qui appartient à une carte donnée, et qu'on veut convertir en latitude dilatée d'une autre carte.

Soient Φ une latitude croissante, C et C′ les latitudes dilatées qui lui correspondent dans deux cartes où les coëfficients du papier seront c, c', et l'origine des latitudes dilatées respectives $\mathbf{O}$, $\mathbf{O}'$.

On aura

$$C = \Phi + (\Phi - \mathbf{O})\,(c - 1)$$
$$C' = \Phi + (\Phi - \mathbf{O}')\,(c' - 1)$$

D'où

$$C - C' = (\Phi - \mathbf{O})\,(c - c') + (\mathbf{O}' - \mathbf{O})\,(c' - 1)$$
$$= (C - \mathbf{O})\,(c - c') + (\mathbf{O}' - \mathbf{O})\,(c' - 1) - (\Phi - \mathbf{O})\,(c - c')\,(c - 1)$$

Or, dans nos cartes $\Phi - \mathbf{O}$ est tout au plus égal à $3° = 180'$, $c - 1 < 0 \cdot 009$, $c - c'$ au plus $= 0 \cdot 00034$; il s'ensuit que la plus grande valeur possible du dernier terme sera $= 0 \cdot 00054$, et que ce terme reste par suite sans influence. Nous aurons en le supprimant :

$$C - C' = (C - \mathbf{O})\,(c - c') + (\mathbf{O}' - \mathbf{O})\,(c' - 1) \quad ,$$

ou bien aussi

$$= (C' - \mathbf{O}')\,(c - c') + (\mathbf{O}' - \mathbf{O})\,(c - 1).$$

On voit que la réduction de C à C′ est une constante dans les limites de 30′ au moins, car le terme qui dépend de C, est multiplié par $c - c'$, et un changement de 30′ dans C produirait un changement de $30' \, (c - c')$ ou de $0' \cdot 01$ au plus dans $C - C'$.

Prenons pour exemple nos cartes du *Bagemdir* et du *Gojjam*. Pour la première nous avions $c = 1 \cdot 00851$, $\mathbf{O} = 11° \, 0'$, pour l'autre $c' = 1 \cdot 00863$, $\mathbf{O}' = 9° \, 50'$. Cela donne $c - c' = - 0 \cdot 00012$, $\mathbf{O} - \mathbf{O}' = 70'$,

donc

$$C_B - C_G = - (C - 11° \;\; 0')\, 0 \cdot 00012 - 0 \cdot 604$$
$$= - (C - \;\; 9° \; 90')\, 0 \cdot 00012 - 0 \cdot 596$$

On voit que l'on aura pour toutes les latitudes entre 9° 40′ et 11° 10′ : $C_G - C_B = + 0 . \cdot 60$

» 11° 10′ » 12° 30′ : » » $= + 0 \cdot 61$

De cette manière il était facile de réduire les latitudes d'une carte à celles d'une autre lorsqu'on en avait besoin pour le calcul des trajectoires.

5. Correction Givry.

Dans la projection de Mercator, les méridiens sont des lignes droites, mais les autres arcs de grand cercle deviennent des courbes transcendantes. La tangente d'une telle courbe qui joint deux lieux d'une carte réduite, fait avec le méridien un angle égal à l'azimut *vrai* du point extrême de la courbe, vu du point de contact. Mais cette tangente ne passe pas par le point extrême, et ne donne pas en conséquence l'azimut *de la carte*. M. Givry a trouvé que la différence entre ces deux azimuts est la moitié de la convergence des méridiens, c'est-à-dire de la différence qui existe entre les azimuts réciproques de deux lieux à la surface du globe. On trouve la démonstration de ce théorème dans Bégat (*Traité de Géodésie*, p. 186.).

La convergence des méridiens est, en supprimant le facteur sec $\frac{1}{2}(\varphi_1 - \varphi)$ qui diffère peu de l'unité,

$$2\mathbf{g} = (l_1 - l) \sin \tfrac{1}{2}(\varphi_1 + \varphi) = (l_1 - l) \sin \varphi_0 ;$$

et l'on a toujours

$$A_1 = A + 180^\circ + 2\mathbf{g},$$

où A, A_1 sont les azimuts réciproques des deux lieux l_1, φ_1 et l, φ. On voit que la quantité $\mathbf{g}$ est tantôt positive, tantôt négative. Mais pour la pratique il vaut mieux la prendre toujours positive lorsqu'on la réduit en table, et faire alors

$$A_1 = A \pm (180^\circ + 2\mathbf{g}) \qquad \text{selon que } A \lessgtr 180^\circ.$$

La correction Givry est $\mathbf{g} = \frac{1}{2}(l_1 - l) \sin \varphi_0$, et doit être ajoutée à l'azimut vrai lorsque celui-ci est $< 180^\circ$; on la retranche au contraire d'un azimut qui est $> 180^\circ$. Il s'ensuit que la position réelle d'un point dans la carte sera toujours moins élevée en latitude que celle qui aurait été obtenue avec les azimuts vrais.

L'azimut de la ligne de jonction de deux points d'une carte réduite sera par conséquent, dans l'hypothèse que $A < 180^\circ$ et $A_1 > 180^\circ$,

$$= A + \mathbf{g} = A_1 - \mathbf{g} - 180^\circ.$$

Cet azimut est évidemment la moyenne entre les azimuts vrais réciproques dont l'un est diminué de 180°. Nous avions construit une table à double entrée pour la correction $\mathbf{g}$; nous la donnons ci-après en abrégé. Les arguments sont : la différence des longitudes et la latitude moyenne des deux points.

Table 22. Correction Givry.

Différence, en minutes d'arc, des longitudes de la station et du signal.

Latitude moyenne.	2	4	6	8	10	12	14	16	18	20	22	24	26	28	30	32	34	36	38	40	42	44	46	48	50	52	54	56	58	60	62	64
7° 0'	0·1	0·2	0·3	0·5	0·6	0·7	0·8	0·9	1·1	1·2	1·3	1·4	1·6	1·7	1·8	1·9	2·1	2·2	2·3	2·4	2·6	2·7	2·8	2·9	3·1	3·2	3·3	3·4	3·6	3·7	3·8	3·9
20	0·1	0·2	0·4	0·5	0·6	0·7	0·9	1·0	1·1	1·3	1·4	1·5	1·7	1·8	1·9	2·0	2·1	2·3	2·4	2·6	2·7	2·8	2·9	3·0	3·2	3·4	3·5	3·6	3·8	3·9	4·0	4·1
40	0·1	0·3	0·4	0·5	0·7	0·8	0·9	1·1	1·2	1·3	1·4	1·5	1·7	1·9	2·0	2·1	2·2	2·4	2·5	2·7	2·8	3·0	3·1	3·2	3·3	3·5	3·6	3·7	3·9	4·0	4·1	4·3
8 0	0·1	0·3	0·4	0·6	0·7	0·8	1·0	1·1	1·3	1·4	1·5	1·6	1·8	1·9	2·1	2·2	2·4	2·5	2·6	2·8	2·9	3·1	3·2	3·4	3·5	3·6	3·8	3·9	4·0	4·2	4·3	4·5
20	0·1	0·3	0·4	0·6	0·7	0·9	1·0	1·2	1·3	1·4	1·5	1·7	1·9	2·0	2·2	2·3	2·5	2·6	2·8	2·9	3·0	3·2	3·3	3·5	3·7	3·8	4·0	4·1	4·2	4·3	4·5	4·6
40	0·1	0·3	0·5	0·6	0·8	0·9	1·0	1·2	1·3	1·5	1·6	1·8	1·9	2·1	2·3	2·4	2·6	2·7	2·9	3·0	3·1	3·3	3·4	3·6	3·8	3·9	4·1	4·2	4·4	4·5	4·6	4·8
9 0	0·2	0·3	0·5	0·6	0·8	0·9	1·1	1·3	1·4	1·6	1·7	1·9	2·0	2·2	2·4	2·5	2·7	2·8	3·0	3·1	3·3	3·4	3·6	3·7	3·9	4·0	4·2	4·4	4·5	4·7	4·9	5·0
20	0·2	0·3	0·5	0·7	0·8	1·0	1·1	1·3	1·4	1·6	1·8	2·0	2·1	2·3	2·5	2·6	2·8	2·9	3·1	3·2	3·4	3·5	3·8	3·9	4·1	4·2	4·4	4·6	4·7	4·9	5·1	5·2
40	0·2	0·3	0·5	0·7	0·9	1·0	1·2	1·3	1·5	1·7	1·9	2·0	2·2	2·4	2·6	2·7	2·9	3·0	3·2	3·4	3·5	3·7	3·9	4·0	4·2	4·4	4·6	4·7	4·9	5·1	5·3	5·4
10 0	0·2	0·4	0·5	0·7	0·9	1·0	1·2	1·4	1·6	1·7	1·9	2·1	2·2	2·4	2·6	2·8	3·0	3·1	3·3	3·5	3·7	3·8	4·0	4·2	4·3	4·5	4·7	4·9	5·1	5·2	5·4	5·5
20	0·2	0·4	0·5	0·7	0·9	1·1	1·3	1·4	1·6	1·8	2·0	2·1	2·3	2·5	2·7	2·9	3·1	3·2	3·4	3·6	3·8	3·9	4·1	4·3	4·4	4·7	4·9	5·0	5·2	5·4	5·6	5·8
40	0·2	0·4	0·6	0·8	0·9	1·1	1·3	1·5	1·7	1·8	2·0	2·2	2·4	2·6	2·8	3·0	3·2	3·3	3·5	3·7	3·9	4·1	4·3	4·5	4·7	4·9	5·1	5·2	5·4	5·6	5·8	6·0
11 0	0·2	0·4	0·6	0·8	1·0	1·1	1·3	1·5	1·7	1·9	2·1	2·3	2·5	2·7	2·9	3·0	3·2	3·4	3·6	3·8	4·0	4·2	4·4	4·6	4·8	5·0	5·2	5·3	5·5	5·7	5·9	6·1
20	0·2	0·4	0·6	0·8	1·0	1·2	1·4	1·6	1·8	2·0	2·2	2·4	2·6	2·8	3·0	3·1	3·3	3·5	3·7	3·9	4·1	4·3	4·5	4·7	4·9	5·1	5·3	5·5	5·7	5·9	6·1	6·3
40	0·2	0·4	0·6	0·8	1·0	1·2	1·4	1·6	1·8	2·0	2·2	2·4	2·6	2·8	3·1	3·2	3·4	3·6	3·8	4·0	4·2	4·4	4·6	4·8	5·0	5·2	5·4	5·6	5·8	6·0	6·3	6·5
12 0	0·2	0·4	0·6	0·8	1·0	1·2	1·5	1·7	1·9	2·1	2·3	2·5	2·7	2·9	3·1	3·3	3·5	3·7	4·0	4·2	4·4	4·6	4·8	5·0	5·2	5·4	5·6	5·8	6·0	6·2	6·4	6·6
20	0·2	0·4	0·6	0·9	1·1	1·3	1·5	1·7	1·9	2·1	2·3	2·5	2·8	3·0	3·2	3·4	3·6	3·8	4·1	4·3	4·5	4·7	4·9	5·1	5·3	5·6	5·8	6·0	6·2	6·4	6·6	6·8
40	0·2	0·4	0·7	0·9	1·1	1·3	1·5	1·7	2·0	2·2	2·4	2·6	2·8	3·0	3·2	3·5	3·7	3·9	4·2	4·4	4·6	4·8	5·0	5·3	5·5	5·7	5·9	6·1	6·3	6·6	6·8	7·0
13 0	0·2	0·5	0·7	0·9	1·1	1·3	1·6	1·8	2·0	2·2	2·5	2·7	2·9	3·1	3·4	3·6	3·8	4·0	4·3	4·5	4·7	5·0	5·2	5·4	5·6	5·8	6·1	6·3	6·5	6·8	7·0	7·3
20	0·2	0·5	0·7	0·9	1·1	1·4	1·6	1·8	2·1	2·3	2·5	2·8	3·0	3·2	3·4	3·6	3·9	4·1	4·4	4·6	4·9	5·1	5·3	5·5	5·8	6·0	6·2	6·5	6·7	6·9	7·1	7·4
40	0·2	0·5	0·7	0·9	1·2	1·4	1·6	1·9	2·1	2·3	2·6	2·8	3·0	3·3	3·5	3·7	4·0	4·2	4·5	4·7	5·0	5·2	5·4	5·6	5·9	6·1	6·3	6·6	6·8	7·1	7·3	7·6
14 0	0·2	0·5	0·7	1·0	1·2	1·4	1·7	1·9	2·2	2·4	2·7	2·9	3·1	3·4	3·6	3·9	4·1	4·3	4·6	4·8	5·1	5·3	5·6	5·8	6·1	6·3	6·5	6·8	7·0	7·3	7·5	7·7
20	0·2	0·5	0·7	1·0	1·2	1·5	1·7	2·0	2·2	2·5	2·7	3·0	3·2	3·5	3·7	4·0	4·2	4·4	4·7	4·9	5·2	5·4	5·7	5·9	6·2	6·4	6·7	6·9	7·2	7·4	7·7	7·9
40	0·2	0·5	0·8	1·0	1·3	1·5	1·8	2·0	2·3	2·5	2·8	3·0	3·3	3·5	3·8	4·0	4·3	4·5	4·8	5·0	5·3	5·5	5·8	6·0	6·3	6·6	6·8	7·1	7·4	7·6	7·9	8·1
15 0	0·3	0·5	0·8	1·0	1·3	1·6	1·8	2·1	2·3	2·6	2·9	3·1	3·4	3·6	3·9	4·1	4·4	4·6	4·9	5·2	5·4	5·7	6·0	6·2	6·5	6·7	7·0	7·3	7·5	7·8	8·0	8·3
20	0·3	0·5	0·8	1·1	1·3	1·6	1·9	2·1	2·4	2·7	2·9	3·2	3·5	3·7	4·0	4·2	4·5	4·7	5·0	5·3	5·5	5·8	6·1	6·3	6·6	6·9	7·2	7·4	7·7	8·0	8·2	8·5
40	0·3	0·5	0·8	1·1	1·4	1·6	1·9	2·2	2·4	2·7	2·9	3·2	3·5	3·7	4·0	4·3	4·6	4·8	5·1	5·4	5·7	5·9	6·2	6·4	6·7	7·0	7·3	7·6	7·8	8·1	8·3	8·6
16 0	0·3	0·6	0·8	1·1	1·4	1·7	1·9	2·2	2·5	2·8	3·0	3·3	3·6	3·8	4·1	4·4	4·7	4·9	5·2	5·5	5·8	6·0	6·3	6·6	6·9	7·2	7·5	7·7	7·9	8·2	8·5	8·8
	2	4	6	8	10	12	14	16	18	20	22	24	26	28	30	32	34	36	38	40	42	44	46	48	50	52	54	56	58	60	62	64

6. Correction des distances dans une carte réduite.

La méthode ordinaire pour trouver la distance vraie dans la projection de Mercator consiste à porter la distance comprise dans une ouverture de compas, sur le bord de la carte où l'échelle des latitudes vraies se trouve marquée, de manière à ce que son milieu coïncide avec la latitude moyenne des deux points dont on veut mesurer l'éloignement. La distance vraie est alors la différence de latitude embrassée par le compas. Pour ne pas avoir deux nombres fractionnaires à ajouter au total de minutes entières comprises dans la distance, on peut toujours, sans inconvénient, avancer l'un des deux bouts du compas jusqu'à un trait voisin de l'échelle.

Mais cette méthode n'est qu'une approximation, et quand même elle aurait été exacte, nous ne pouvions pas nous en servir, puisque nous n'avons pas tracé sur nos cartes les parallèles à intervalles croissants des latitudes vraies. Il a donc fallu, pour trouver les distances vraies, employer une table de réduction dont nous allons expliquer l'origine.

Soient s la distance vraie des deux points (l, φ) et (l_1, φ_1), et A, A_1 les azimuts réciproques de manière que A soit celui du second point vu du premier. Alors on a

$$s = \frac{l_1 - l}{\sin A} \cos (\varphi_1 - \tfrac{1}{2} e) = \frac{l - l_1}{\sin A_1} \cos (\varphi + \tfrac{1}{2} e).$$

La distance dans la carte réduite sera, en minutes de longitude

$$\Delta = \frac{l_1 - l}{\sin (A + \mathbf{g})} = \frac{l - l_1}{\sin (A_1 - \mathbf{g})}.$$

Il s'ensuit que

$$\frac{s}{\Delta} = \frac{\sin (A + \mathbf{g})}{\sin A} \cos (\varphi_1 - \tfrac{1}{2} e) = \frac{\sin (A_1 - \mathbf{g})}{\sin A_1} \cos (\varphi + \tfrac{1}{2} e),$$

ou bien

$$= (\cos \mathbf{g} + \sin \mathbf{g} \cot A) \cos (\varphi_1 - \tfrac{1}{2} e) = (\cos \mathbf{g} - \sin \mathbf{g} \cot A_1) \cos (\varphi + \tfrac{1}{2} e).$$

Prenant la moyenne entre ces deux valeurs égales, on trouve, eu égard aux expressions précédentes de s, que

$$\frac{s}{\Delta} = \cos \varphi_0 \cos \tfrac{1}{2} (\varphi_1 - \varphi - e) \cos \mathbf{g} + \sin \mathbf{g} \frac{s}{l_1 - l} (\cos A + \cos A_1).$$

Mais $\cos A_1 = -\cos (A + 2\mathbf{g})$, donc $\cos A + \cos A_1 = 2 \sin \mathbf{g} \sin (A + \mathbf{g})$, et $\dfrac{\sin (A + \mathbf{g})}{l_1 - l} = \dfrac{1}{\Delta}$.

par conséquent
$$\frac{s}{\Delta} = \cos \varphi_0 \cos \tfrac{1}{2} (\varphi_1 - \varphi - e) \cos \mathbf{g} + 2 \sin^2 \mathbf{g} \frac{s}{\Delta},$$

ou bien
$$\frac{s}{\Delta} \cdot \cos 2\mathbf{g} = \cos \varphi_0 \cos \tfrac{1}{2} (\varphi_1 - \varphi - e) \cos \mathbf{g},$$

d'où il suit enfin :
$$\frac{s}{\Delta} = \cos \varphi_0 \cos \tfrac{1}{2} (\varphi_1 - \varphi - e) \frac{\cos \mathbf{g}}{\cos 2\mathbf{g}}.$$

Le facteur $\dfrac{\cos \mathbf{g}}{\cos 2\mathbf{g}}$ est presque égal à l'unité. Nous avons $2\mathbf{g}$ $(l_1 - l) \sin \varphi_0$, les différences $l_1 - l$ prises dans nos cartes ne dépassent pas 80', et la latitude y monte tout au plus à 16°, le maximum de $2\mathbf{g}$ sera donc $80' \sin 16° = 22'$. Ainsi la valeur de $\dfrac{\cos \mathbf{g}}{\cos 2\mathbf{g}}$ qui diffère le plus de l'unité, sera $\dfrac{\cos 11'}{\cos 22'} = 1 + 1{\cdot}5 \sin^2 11' = 1{\cdot}000015$.

Nous ferons par conséquent
$$\frac{s}{\Delta} = \cos \varphi_0 \cos \tfrac{1}{2} (\varphi_1 - \varphi - e).$$

Les différences $\varphi_1 - \varphi$ ne dépassent pas 90' dans nos calculs ; donc $\cos \tfrac{1}{2} (\varphi_1 - \varphi - e)$ sera $> \cos 45'$, c'est-à-dire $> 0{\cdot}99992$, et différera de l'unité de moins que $0{\cdot}00008$. Ainsi quand même Δ serait $= 100'$, $\Delta \cos \tfrac{1}{2} (\varphi_1 - \varphi - e)$ ne différerait de Δ que de $0'{\cdot}008$; il s'ensuit qu'on peut faire

$$s = \Delta \cos \varphi_0 = \Delta - 2\Delta \sin^2 \tfrac{1}{2} \varphi_0 .$$

Table 23. Correction à retrancher d'une distance mesurée sur la carte réduite.

Distance mesurée en milles de l'arc équatorial, c'est-à-dire en minutes de longitude.

Latitude moyenne.	0	5	10	15	20	25	30	35	40	45	50	55	60	65	70	75	80	85	90	95	100
7° 0'	0·00	0·04	0·07	0·10	0·15	0·18	0·22	0·26	0·30	0·34	0·37	0·41	0·45	0·48	0·52	0·56	0·60	0·64	0·67	0·71	0·75
10	0·00	0·04	0·08	0·12	0 16	0·19	0·23	0·27	0·31	0·35	0·39	0·43	0·47	0·51	0·55	0·58	0·62	0·66	0·70	0·73	0·78
20	0·00	0·04	0·08	0·12	0·16	0·20	0·24	0·28	0·32	0·36	0·41	0·45	0·49	0·53	0·57	0·61	0·65	0·69	0·73	0·77	0·81
30	0·00	0·04	0·09	0·13	0·17	0·21	0·26	0·30	0·34	0·38	0·42	0·47	0·51	0·55	0·59	0·63	0·68	0·72	0·76	0·80	0·85
40	0·00	0·05	0·09	0·13	0·18	0·22	0·27	0·32	0·36	0·40	0·45	0·49	0·53	0·57	0·62	0·66	0·71	0·75	0·80	0·84	0·89
50	0·00	0·05	0·09	0·14	0·19	0·23	0·28	0·33	0·37	0·42	0·47	0·51	0·56	0·60	0·65	0·69	0·74	0·79	0·84	0·88	0·93
8 0	0·00	0·05	0·10	0·14	0·19	0·24	0·29	0·34	0·39	0·44	0·49	0·53	0·58	0·63	0.68	0·73	0·78	0·82	0·87	0·92	0·97
10	0·00	0·05	0·10	0·15	0·20	0·25	0·30	0·35	0·40	0·46	0·51	0·56	0·61	0·66	0·71	0·76	0·81	0·86	0·91	0·96	1·01
20	0·00	0·05	0·11	0·16	0·21	0·26	0·32	0·37	0·42	0·48	0·53	0·58	0·63	0·68	0·74	0·79	0·84	0·89	0·95	1·00	1·05
30	0·00	0·06	0·11	0·16	0·22	0·27	0·33	0·39	0·44	0·50	0·55	0·60	0·66	0·71	0·77	0·82	0·88	0·93	0·99	1·04	1·10
40	0·00	0·06	0·11	0·17	0·23	0·27	0·34	0·40	0·46	0·52	0·57	0·62	0·68	0·74	0·80	0·85	0·91	0·97	1·03	1·08	1·14
50	0·00	0·06	0·12	0·18	0·24	0·29	0·35	0·41	0·47	0·53	0·59	0·65	0·71	0·77	0·83	0·88	0·94	1·00	1·07	1·12	1·18
9 0	0·00	0·06	0·12	0·18	0·25	0·31	0·37	0·43	0·49	0·55	0·62	0·68	0·74	0·80	0·86	0·92	0·98	1·04	1·11	1·17	1·23
10	0·00	0·06	0·13	0·19	0·25	0·32	0·38	0·45	0·51	0·57	0·64	0·70	0·76	0·82	0·89	0·95	1·02	1·08	1·15	1·21	1·27
20	0·00	0·07	0·13	0·19	0·26	0·33	0·40	0·47	0·53	0·59	0·66	0·72	0·79	0·85	0·92	0·99	1·06	1·12	1·19	1·25	1·32
30	0·00	0·07	0·14	0·20	0·27	0·34	0·41	0·48	0·55	0·62	0·69	0·75	0·82	0·89	0·96	1·03	1·10	1·16	1·23	1·30	1·37
40	0·00	0·07	0·14	0·21	0·28	0·35	0·43	0·50	0·57	0·64	0·71	0·78	0·85	0·92	0·99	1·06	1·14	1·21	1·28	1·35	1·42
50	0·00	0·07	0·15	0·22	0·29	0·36	0·44	0·52	0·59	0·66	0·74	0·81	0·88	0·95	1·03	1·10	1·18	1·25	1·32	1·39	1·47
10 0	0·00	0·08	0·15	0·22	0·30	0·38	0·46	0·54	0·61	0·69	0·76	0·83	0·91	0·98	1·06	1·14	1·22	1·29	1·37	1·44	1·52
10	0·00	0·08	0·16	0·23	0·31	0·39	0·47	0·55	0·63	0·71	0·79	0·86	0·94	1·02	1·10	1·18	1·26	1·33	1·41	1·49	1·57
20	0·00	0·08	0·16	0·24	0·32	0·40	0·49	0·57	0·65	0·73	0·81	0·89	0·97	1·05	1·13	1·21	1·30	1·38	1·46	1·54	1·62
30	0·00	0·08	0·17	0·25	0·33	0·41	0·50	0·59	0·67	0·76	0·84	0·92	1·00	1·08	1·17	1·25	1·34	1·42	1·50	1·58	1·67
40	0·00	0·09	0·17	0·26	0·34	0·43	0·52	0·61	0·69	0·78	0·86	0·94	1·03	1·11	1·20	1·29	1·38	1·46	1·55	1·63	1·72
50	0·00	0·09	0·18	0·27	0·36	0·44	0·53	0·62	0·71	0·80	0·89	0·98	1·07	1·16	1·25	1·33	1·42	1·51	1·60	1·69	1·78
11 0	0·00	0·09	0·18	0·28	0·37	0·46	0·55	0·64	0·74	0·83	0·92	1·01	1·10	1·19	1·29	1·38	1·47	1·56	1·65	1·74	1·84
10	0·00	0·09	0·19	0·29	0·38	0·47	0·57	0·66	0·76	0·85	0·95	1·04	1·13	1·22	1·32	1·41	1·51	1·60	1·70	1·79	1·89
20	0·00	0·10	0·20	0·30	0·39	0·48	0·58	0·68	0·78	0·88	0·98	1·07	1·17	1·27	1·36	1·46	1·56	1·65	1·75	1·85	1·95
30	0·00	0·10	0·20	0·30	0·40	0·50	0·60	0·70	0·80	0·91	1·01	1·11	1·21	1·31	1·41	1·51	1·61	1·71	1·81	1·91	2·01
40	0·00	0·10	0·21	0·31	0·41	0·51	0·62	0·72	0·83	0·94	1·04	1·14	1·24	1·34	1·45	1·55	1·66	1·76	1·86	1·96	2·07
50	0·00	0·11	0·21	0·32	0·43	0·53	0·64	0·74	0·85	0·96	1·07	1·17	1·28	1·38	1·49	1·59	1·70	1·81	1·92	2·02	2·13
12 0	0·00	0·11	0·22	0·33	0·44	0·55	0·66	0·77	0·88	0·99	1·09	1·20	1·31	1·42	1·53	1·64	1·75	1·86	1·97	2·08	2·19
10	0·00	0·11	0·23	0·34	0·45	0·56	0·68	0·79	0·90	1·02	1·13	1·24	1·35	1·46	1·57	1·68	1·80	1·91	2·02	2·13	2·25
20	0·00	0·12	0·23	0·35	0·46	0·57	0·69	0·80	0·92	1·04	1·16	1·27	1·39	1·50	1·62	1·73	1·85	1·96	2·08	2·19	2·31
30	0·00	0·12	0·24	0·36	0·47	0·59	0·71	0·83	0·95	1·07	1·19	1·30	1·42	1·54	1·66	1·78	1·90	2·01	2·13	2·25	2·37
40	0·00	0·12	0·24	0·37	0·49	0·61	0·73	0·85	0·97	1·10	1·22	1·34	1·46	1·58	1·70	1·82	1·94	2·06	2·19	2·31	2·43
50	0·00	0·12	0·25	0·38	0·50	0·62	0·75	0·87	1·00	1·13	1·25	1·37	1·49	1·61	1·74	1·86	1·99	2·11	2·24	2·36	2·49
13 0	0·00	0·13	0·26	0·39	0·51	0·64	0·77	0·89	1·02	1·15	1·28	1·41	1·54	1·66	1·79	1·92	2·05	2·17	2·30	2·43	2·56
10	0·00	0·13	0·26	0·39	0·52	0·65	0·79	0·92	1·05	1·18	1·31	1·44	1·57	1·70	1·83	1·96	2·10	2·23	2·36	2·49	2·62
20	0·00	0·13	0·27	0·40	0·54	0·67	0·80	0·94	1·08	1·22	1·35	1·48	1·61	1·74	1·88	2·01	2·15	2·28	2·42	2·55	2·69
30	0·00	0·14	0·28	0·41	0·55	0·69	0·83	0·97	1·10	1·24	1·38	1·52	1·66	1·79	1·93	2·07	2·21	2·34	2·48	2·62	2·76
40	0·00	0·14	0·28	0·42	0·57	0·71	0·85	0·99	1·13	1·28	1·42	1·56	1·70	1·84	1·98	2·12	2·26	2·40	2·55	2·69	2·83
50	0·00	0·14	0·29	0·43	0·58	0·73	0·87	1·02	1·16	1·31	1·45	1·59	1·74	1·88	2·03	2·17	2·32	2·46	2·61	2·75	2·90
14 0	0·00	0·15	0·30	0·44	0·59	0·74	0·89	1·04	1·19	1·34	1·49	1·63	1·78	1·93	2·08	2·23	2·38	2·52	2·67	2·82	2·97
10	0·00	0·15	0·30	0·46	0·61	0·76	0·91	1·07	1·22	1·37	1·52	1·67	1·82	1·97	2·13	2·28	2·43	2·58	2·74	2·89	3·04
20	0·00	0·15	0·31	0·47	0·62	0·77	0·93	1·09	1·24	1·40	1·56	1·71	1·87	2·02	2·18	2·33	2·49	2·64	2·80	2·95	3·11
30	0·00	0·16	0·32	0·48	0·64	0·79	0·95	1·11	1·27	1·43	1·59	1·75	1·91	2·07	2·23	2·38	2·54	2·70	2·86	3·02	3·18
40	0·00	0·16	0·33	0·48	0·65	0·81	0·98	1·14	1·30	1·47	1·63	1·79	1·95	2·11	2·28	2·44	2·60	2·76	2·93	3·09	3·25
50	0·00	0·17	0·33	0·50	0·67	0·83	1·00	1·17	1·33	1·50	1·67	1·83	2·00	2·16	2·33	2·49	2·66	2·83	3·00	3·16	3·33
15 0	0·00	0·17	0·34	0·51	0·68	0·85	1·02	1·19	1·36	1·53	1·70	1·87	2·05	2·22	2·39	2·56	2·73	2·90	3·07	3·24	3·41
10	0·00	0·17	0·35	0·52	0·70	0·87	1·04	1·22	1·39	1·56	1·74	1·91	2·09	2·26	2·44	2·61	2·79	2·96	3·13	3·30	3·48
20	0·00	0·18	0·36	0·53	0·71	0·89	1·07	1·25	1·42	1·60	1·78	1·96	2·14	2·31	2·49	2·67	2·85	3·02	3·20	3·38	3·56
30	0·00	0·18	0·36	0·54	0·73	0·91	1·09	1·28	1·46	1·64	1·82	2·00	2·18	2·36	2·55	2·73	2·91	3·09	3·28	3·46	3·64
40	0·00	0·19	0·37	0·55	0·74	0·93	1·11	1·30	1·49	1·67	1·86	2·04	2·23	2·41	2·60	2·78	2·97	3·15	3·34	3·52	3·71
50	0·00	0·19	0·38	0·57	0·76	0·95	1·14	1·33	1·52	1·71	1·90	2·08	2·27	2·46	2·65	2·84	3·03	3·22	3·41	3·60	3·79
16 0	0·00	0·19	0·39	0·58	0·77	0·96	1·16	1·36	1·55	1·75	1·94	2·13	2·32	2·51	2·71	2·90	3·09	3·28	3·48	3·67	3·87
	0	5	10	15	20	25	30	35	40	45	50	55	60	65	70	75	80	85	90	95	100

La table **23** donne la correction $2\Delta \sin^2 \frac{1}{2} \varphi_0$ qu'il faut retrancher des distances mesurées dans la carte, pour les convertir en distances vraies. Les arguments sont la distance mesurée Δ et la latitude moyenne φ_0.

On trouvera dans cette table que $s - \Delta = -2' \cdot 97$ quand $\Delta = 100'$ et $\varphi_0 = 14° \ 0'$. La distance vraie de deux points éloignés de 100′ dans une carte réduite et dont la latitude moyenne est = 14° 0′, sera donc = 97′ ·03. En suivant la marche ordinaire et prenant pour latitude moyenne la latitude croissante 14° 0′, ou la latitude vraie 14° 0′, à laquelle correspond la latitude croissante 14° 3′, on doit trouver pour latitudes des deux bouts du compas

14° 50′ ·0	croiss. = 14° 45′ ·85	vraie		14° 53′ ·0	croiss. = 14° 48′ ·78	vraie
13 10 ·0	» = 13 0 ·21	»		13 13 ·0	» = 13 11 ·14	»
	s = 97 ·64				s = 97 ·64	

Ce résultat diffère encore de 0′ ·61 de celui que donne la table **23**, quoique nous ayons supposé qu'on puisse surmonter dans la pratique les obstacles qui s'opposent à l'exécution de la mesure telle que les marins la font ordinairement.

L'origine de la différence assez considérable que nous venons de trouver, est facile à découvrir. La différence de deux latitudes n'est point la distance de deux lieux dans la direction du méridien. Cette distance est égale à l'arc elliptique compris entre les deux points, et il faut, pour l'obtenir, multiplier la différence des latitudes par le facteur $(1 - e^2 \cos^2 \varphi_0)$. Dans notre exemple cela donnerait

$$\begin{aligned} \log \quad 97 \cdot 64 &= 1 \cdot 98963 \\ \log \quad (1 - e^2 \cos^2 14°) &= \bar{1} \cdot 99727 \\ \hline \log \quad s &= 1 \cdot 98690 \end{aligned}$$

d'où s = 97′ ·03, comme ci-dessus. La correction de 0′ ·61 que doit subir la valeur de 97′ ·64, n'est autre chose que la quantité que nous désignons par ϵ. Le facteur $(1 - e^2 \cos^2 \varphi)$ varie dans nos cartes de 0 ·9934 ($\varphi = 7°$) à 0 ·9938 ($\varphi = 16°$), ou ce qui revient au même, de 1 — 0 ·0066 à 1 — 0 ·0062; sa valeur moyenne est $1 - 0 \cdot 0064 = 1 - \frac{1}{153}$.

———○○○———

CHAPITRE XII.

CONSTRUCTION DES CARTES.

---

1. Calcul des trajectoires.

Par le nom de trajectoire nous désignerons la projection horizontale de la ligne visuelle entre deux points, déduite d'une observation d'azimut et tracée dans la carte. D'après ce que nous avons dit sur la correction Givry, il est clair que l'azimut d'une trajectoire tracée dans une carte réduite s'obtient en ajoutant la quantité **g**, donnée par la table **22**, à l'azimut vrai si ce dernier est < 180°, et en la retranchant, s'il est > 180°. Pour déduire l'azimut d'une trajectoire d'un azimut observé, il sera donc nécessaire de connaître à peu près la distance moyenne et la différence en longitude des deux points dont il s'agit; car ce sont là les arguments avec lesquels on trouve **g** dans la table **22**. Ces données seront toujours connues avec un degré suffisant d'approximation lorsqu'on aura préalablement déterminé les positions en calculant avec les azimuts non corrigés : il suffit même d'employer une construction graphique.

Nous pourrons donc supposer que la correction **g** soit donnée. Il s'agit maintenant de trouver la longitude exacte où la trajectoire d'un azimut donné viendra couper le parallèle de la latitude supposée du point à placer, ou de trouver la latitude où cette trajectoire rencontrera le méridien de la longitude supposée du même point. Cela nous sert à tracer la trajectoire dans le plan de construction du point en question.

Donc si la trajectoire se rapproche plus du méridien que du parallèle, il faut retrancher de la latitude supposée du point à placer celle de la station, et déduire de la différence trouvée la différence des longitudes des deux points à mettre en rapport par la trajectoire. Dans le cas contraire on portera la différence des longitudes pour chercher celle des latitudes.

Soient :

C, l	latitude dilatée et longitude de la station,
C', l'	celles de l'autre bout de la trajectoire, l'une supposée, l'autre cherchée.
A_0	l'azimut réduit ou moyen.
c	le coefficient du papier.

On aura

$$l' - l = \frac{1}{c}\,(C' - C)\ \mathrm{tg}\ A_0$$

d'où il suit

$$l' = l + \frac{1}{c}\,(C' - C)\ \mathrm{tg}\ A_0$$

$$C' = C + c\,(l' - l)\ \cot\ A_0$$

Car il ne faut pas oublier que les latitudes qui entraient dans nos calculs, étaient des latitudes dilatées, et qu'il fallait réduire leurs différences à l'échelle des longitudes, en les divisant par le coefficient du papier. Ceci donnait un logarithme constant à retrancher de log (C' — C) ou à ajouter à log (l' — l) dans tous les calculs relatifs à une même carte.

Voici maintenant comment nous avons arrangé les calculs des trajectoires. Nous avons extrait de la liste des azimuts ordonnés et transcrit dans la colonne A du tableau suivant, tous les azimuts observés, à l'exception de ceux qui étaient d'avance reconnus inutiles. Ensuite nous avons écrit à côté des noms de nos stations leurs latitudes dilatées et leurs longitudes, connues déjà approximativement par les premières constructions de la carte. Puis nous avons rempli la colonne ΔC par les différences des latitudes opposées des stations et des signaux ; nous avons employé la différence Δl des longitudes supposées au lieu de ΔC, lorsque les azimuts étaient trop près de 90° ou de 270°, car alors il aurait été peu avantageux de calculer Δl par ΔC, parce qu'une petite variation de ΔC aurait eu trop d'influence sur Δl, et l'on aurait souvent trouvé des longitudes très-différentes de la longitude supposée du point à placer.

Après cela, il fallait corriger les azimuts observés au moyen de la table **22**. Les azimuts des trajectoires obtenus de cette façon donnaient la colonne A_0. Alors on cherchait les logarithmes des tangentes ou des cotangentes de A_0, selon qu'on avait ΔC ou Δl pour donnée ; ensuite on inscrivait dans les tableaux les logarithmes de $\frac{1}{c}\Delta C$ ou de $c\Delta l$. Les logarithmes du coefficient c étant de cette forme : 0·00378, on n'avait qu'à retrancher toujours ces trois chiffres des trois dernières décimales de log ΔC, ou à les ajouter à celles de log Δl. Ajoutant enfin log tg A à log $\frac{\Delta C}{c}$, ou log cot A à log $c\Delta l$, on trouvait respectivement log Δl ou log ΔC, et, par ces logarithmes, les valeurs cherchées de Δl ou de ΔC. En réunissant ces différences avec les coordonnées synonymes des stations, on trouvait la longitude ou la latitude de l'intersection de la trajectoire avec la latitude ou avec la longitude supposée du signal. En les réunissant avec les coordonnées supposées des signaux, on trouvait les points par où les trajectoires passaient dans les plans de construction des stations elles-mêmes, en les faisant partir des signaux.

Le tableau suivant, qui peut servir de type de calcul, a été pris dans nos cahiers.

Coordonnées du signal.	N°	Noms.	Latitude de la station.	Longitude de la station.	A	A_0	tang A_0	ΔC	log ΔC—log c (382)	log Δl	Δl	Longitude du nœud.
		Saloda	14° 15′·10	36° 36′·0								
15° 6′·70 (37 0 ·0)	13	Birqaqo		35 ·80	25° 16′·2	25° 19′·2	$\bar{1}$·67498	51′·60	1·70883	1·38381	24′·20	37° 0′·20
37 6 ·70 (14 16 ·7)	37	ʿAlequa α....	15 ·08		86· 57 ·0	87 0 ·8	*$\bar{2}$·71746	1 ·62	0·20842	1·49096	30 ·7	14 16 ·72
13 22 ·60 (35 58 ·0)	81	Baroc waha.		36 ·06	216 15 ·2	36 10 ·7	$\bar{1}$·86410	52 ·50	1·71634	1·58044	38 ·06	35 57 ·94

On voit que nous avons remplacé la latitude du signal ʿ*Alequa* par sa longitude, et *vice versâ*, parce que l'azimut 86° 57′ est trop près de 90°. Le logarithme à côté de l'azimut corrigé 87° 0′·8 est donc celui de sa cotangente; nous l'avons marqué par un astérisque. De même au lieu de log Δl on trouve log $c\Delta l$, et au lieu de log $\frac{\Delta C}{c}$ on trouve log ΔC dans l'avant-dernière ligne du petit tableau précédent.

Les résultats trouvés signifient que les trajectoires de *Saloda* 13, 37, 81 rencontrent les latitudes 15° 6′·70, 14° 16′·72, 13° 22′·60 resp. sous les longitudes 37° 0′·20, 37° 6′·70, 35° 57′·94, dans l'hypothèse que la position de *Saloda* soit 14° 15′·10, 36° 36′·00; et on en conclura de même que les trajectoires de 13 *Birqaqo*, 81 *Baroc waha* rencontrent la latitude 14° 15′·10 de *Saloda* sous les longitudes 36° 35′·80 et 36′·06 resp., et que 37 ʿ*Alequa* α rencontre la longitude de 36° 36′·0 sous une latitude de 14° 15′·08. Dans ces résultats, on est parti de l'hypothèse que les positions exactes des trois signaux ont été écrites à gauche des noms dans la première colonne du tableau précédent.

2. Calcul des triangles dans une carte réduite.

Les calculs relatifs aux constructions dans une carte réduite, c'est-à-dire dans la projection de Mercator, sont très-simples, parce que toutes les formules dont on a besoin appartiennent à la trigonométrie rectiligne.

Nous avons presque toujours remplacé le calcul des triangles par celui des trajectoires. Comme pour déterminer la position d'un point de la carte nous disposions de deux azimuts relatifs à deux autres points dont les positions étaient connues, nous avons simplement calculé les trajectoires de ces azimuts, c'est-à-dire les points où les trajectoires rencontraient la latitude (ou la longitude) supposée du point à placer. La position approchée de ce point était d'abord trouvée par une construction graphique. Après avoir ensuite déterminé les trajectoires par le calcul, on les traçait dans un plan de construction où le dixième d'une minute d'arc était représenté par 10 ou par 5 millimètres, en sorte que ces tableaux de construction étaient des grossissements de 20 ou de 10 fois des parties qui composaient nos cartes générales. L'intersection des trajectoires dans ces tableaux donnait la position cherchée du point en question, et l'on pouvait très-bien lire les centièmes de minute.

Néanmoins nous donnerons ici les formules qui servent à calculer directement la position d'un point par ses azimuts relatifs à deux autres points dont on connaît les coordonnées. Soient Φ, Φ_1, Φ_2 les latitudes croissantes, l, l_1, l_2 les longitudes du point à placer et des deux points donnés; A_1, A_2 les azimuts (corrigés de $\mathfrak{g}$) du même point, vu des deux autres.

On aura

$$(l_1 - l) \cos A_1 = (\Phi_1 - \Phi) \sin A_1$$
$$(l_2 - l) \cos A_2 = (\Phi_2 - \Phi) \sin A_2$$

En multipliant la première équation par $\cos A_2$, l'autre par $\cos A_1$, et retranchant, on trouve

$$\begin{aligned}(l_1 - l_2) \cos A_1 \cos A_2 &= (\Phi_1 - \Phi) \sin A_1 \cos A_2 - (\Phi_2 - \Phi) \sin A_2 \cos A_1 \\ &= (\Phi_1 - \Phi) \sin (A_1 - A_2) + (\Phi_1 - \Phi_2) \sin A_2 \cos A_1 \\ &= (\Phi_2 - \Phi) \sin (A_1 - A_2) + (\Phi_1 - \Phi_2) \sin A_1 \cos A_2 ,\end{aligned}$$

d'où l'on tire

$$\Phi - \Phi_1 = \frac{\cos A_1}{\sin (A_2 - A_1)} \left\{ (l_1 - l_2) \cos A_2 - (\Phi_1 - \Phi_2) \sin A_2 \right\}$$
$$\Phi - \Phi_2 = \frac{\cos A_2}{\sin (A_2 - A_1)} \left\{ (l_1 - l_2) \cos A_1 - (\Phi_1 - \Phi_2) \sin A_1 \right\}$$

En remplaçant les facteurs $\cos A_1$, $\cos A_2$ devant les parenthèses par $\sin A_1$ et $\sin A_2$, on aura immédiatement les expressions de $l - l_1$, et de $l - l_2$, car les équations ci-dessus donnent $l - l_1 = (\Phi - \Phi_1) \operatorname{tg} A_1$. $l - l_2 = (\Phi - \Phi_2) \operatorname{tg} A_2$. Il s'entend que toutes les fois qu'on introduit les latitudes dilatées, il faudra diviser les différences de latitudes par le coefficient $\mathfrak{c}$, ou multiplier par le même nombre les différences de longitude. Si l'on calcule $\Phi - \Phi_1$ et $\Phi - \Phi_2$ à la fois, on aura un contrôle du calcul.

Prenons un exemple dans la carte du Grand-Damot. Nous avons placé l'église déserte de *Dokono* près *Saqa* par les azimuts

Saqa 45	:	$229^\circ\ 1'{\cdot}8 = A_1$
Mile 19	:	$159\ \ 15\ {\cdot}9 = A_2$

car les différences de longitudes sont si petites que la correction $\mathfrak{g}$ est au-dessous de $0'{\cdot}05$, en sorte qu'on peut employer immédiatement les azimuts observés. Les latitudes dilatées et les longitudes des deux stations étaient

Saqa :	$C_1 = 8^\circ\ 11'{\cdot}09$,	$l_1 = 34^\circ\ 38'{\cdot}46$
Mile :	$C_2 = 8\ \ 11\ {\cdot}47$,	$l_2 = 34\ \ 37\ {\cdot}32$
	$C_2 - C_1 = 0\ {\cdot}38$,	$l_1 - l_2 = 1\ {\cdot}14$

et $A_2 - A_1 = - 69^\circ\ 45'{\cdot}9$.

On trouve

$$\log (l_1 - l_2) = 0{\cdot}05690 , \qquad \log (C_2 = C_1) = \bar{1}{\cdot}57978$$
$$\log \operatorname{cosec} (A_2 - A_1) = 0{\cdot}02766_n \qquad 0{\cdot}02766_n$$
$$\log \left(\frac{l_1 - l_2}{\sin (A_2 - A_1)}\right) = 0{\cdot}08456_n \qquad \log \left(\frac{C_2 - C_1}{\sin (A_2 - A_1)}\right) = \bar{1}{\cdot}60744_n$$

Dans la carte du Grand-Damot on avait $\log \mathfrak{c} = 0{\cdot}00378$, il faut donc ajouter 378 au logarithme de $l_1 - l$ pour le calcul des différences de latitudes, et soustraire le même nombre de $\log (C_2 - C_1)$ pour le calcul des différences de longitudes. On formera maintenant les logarithmes des produits $\cos A_1 \cos A_2$, $\cos A_1 \sin A_2$, etc., et l'on trouvera

$$\log \cos A_1 = \bar{1}{\cdot}81668_n , \quad \log \sin A_1 = \bar{1}{\cdot}87798_n$$
$$\log \cos A_2 = \bar{1}{\cdot}97091_n , \quad \log \sin A_2 = \bar{1}{\cdot}54906$$

cela donne

$$\log \cos A_1 \cos A_2 = \bar{1}{\cdot}78759 , \quad \log \cos A_1 \sin A_2 = \bar{1}{\cdot}36574_n$$
$$\log \sin A_1 \sin A_2 = \bar{1}{\cdot}42704_n , \quad \log \cos A_2 \sin A_1 = \bar{1}{\cdot}84889$$

Pour avoir d'abord $C - C_1$ et $C - C_2$, on fait les calculs suivants :

$$\log \left(\mathfrak{c} \cdot \frac{l_1 - l_2}{\sin (A_2 - A_1)}\right) = 0{\cdot}08834_n \qquad \log\left(\frac{C_2 - C_1}{\sin (A_2 - A_1)}\right) = \bar{1}{\cdot}60744_n \qquad \bar{1}{\cdot}60744_n$$
$$\log \cos A_1 \cos A_2 = \bar{1}{\cdot}78759 \qquad \log \cos A_1 \sin A_2 = \bar{1}{\cdot}36574_n \qquad \log \cos A_2 \sin A_1 = \bar{1}{\cdot}84889$$
$$\bar{1}{\cdot}87593_n \qquad \bar{2}{\cdot}97318 \qquad \bar{1}{\cdot}45633_n$$

Ceci donne

$$C - C_1 = -0{\cdot}751 + 0{\cdot}094 = -0{\cdot}657$$
$$C - C_2 = -0{\cdot}751 - 0{\cdot}286 = -1{\cdot}037$$

d'où $C_2 - C_1 = 0{\cdot}380$, comme on devait s'y attendre.

Pour trouver $l - l_1$ et $l - l_2$, on calcule comme il suit :

$$\log\left(\frac{l_1 - l_2}{\sin(A_2 - A_1)}\right) = 0{\cdot}08456_n \qquad 0{\cdot}08456_n \qquad \log\left(\frac{C_2 - C_1}{c\sin(A_2 - A_1)}\right) = \bar{1}{\cdot}60366_n$$
$$\log\sin A_1 \cos A_2 = \bar{1}{\cdot}84889 \qquad \log\sin A_2\cos A_1 = \bar{1}{\cdot}36574_n \qquad \log\sin A_1 \sin A_2 = \bar{1}{\cdot}42704_n$$
$$\bar{1}{\cdot}93345_n \qquad 1{\cdot}45030 \qquad \bar{1}{\cdot}03070$$

Cela donne

$$l - l_1 = -0{\cdot}858 + 0{\cdot}107 = -0{\cdot}751$$
$$l - l_2 = +0{\cdot}282 + 0{\cdot}107 = +0{\cdot}389$$

d'où $l_1 - l_2 = 1'{\cdot}140$, comme cela doit être. Nous avons donc trouvé par un double calcul $C = 8°\ 10'{\cdot}433$, $l = 34°\ 37'{\cdot}709$. Les tables de réduction donnent ensuite $\varphi = 8°\ 11'{\cdot}400$.

Lorsque c'est la distance entre deux points qui est donnée avec l'azimut de l'un, vu de l'autre, et avec les azimuts d'un troisième point, vu des deux premiers (ceci est par exemple le cas de *Gualʿa, Ziban sifra, ʿAddi grahi*), on peut se servir des formules que nous allons donner.

Désignons par (12), (23), (31) les distances entre les points premier et second, second et troisième, troisième et premier. La distance (12) est donnée. L'azimut du second point, vu du premier, sera A_{12} ; on connaît A_{12}, A_{23}, A_{13}. Les angles du triangle formé par les trois points seront :

$$(1) = A_{13} - A_{12}$$
$$(2) = -A_{23} + A_{12} + 180°$$
$$(3) = A_{23} - A_{13}$$

et l'on aura les rapports suivants :

$$(12) : (23) : (31) = \sin(3) : \sin(1) : \sin(2)$$
$$\Phi_2 - \Phi_1 = (12).\cos A_{12}$$
$$l_2 - l_1 = (12).\sin A_{12}$$
$$\Phi_3 - \Phi_2 = (23).\cos A_{23} = (12).\frac{\sin(1)}{\sin(3)}.\cos A_{23}$$
$$l_3 - l_2 = (23).\sin A_{23} = (12).\frac{\sin(1)}{\sin(3)}.\sin A_{23}$$
$$\Phi_3 - \Phi_1 = (31).\cos A_{13} = (12).\frac{\sin(2)}{\sin(3)}.\cos A_{13}$$
$$l_3 - l_1 = (31).\sin A_{13} = (12).\frac{\sin(2)}{\sin(3)}.\sin A_{13}.$$

Ces équations contiennent deux fois la solution du problème, on trouve Φ_3 par Φ_1 et par Φ_2 , l_3 par l_1 et par l_2.

3. Calcul d'un quadrangle dans la carte réduite.

Les quadrangles devront servir quelquefois de bases dans la géodésie expéditive ; il convient donc de développer ici les formules qui nous ont servi à calculer le quadrangle sur lequel est basée la construction du *Bagemdir*. Les données étaient : les azimuts des quatre côtés et celui d'une diagonale, et enfin les latitudes des deux points que joignait l'autre diagonale. On cherchait les deux autres latitudes, et les différences de longitude.

Pour avoir d'abord les positions approchées afin de réduire les azimuts observés au moyen de la table **22**, nous avons construit le quadrangle dans le papier quadrillé, en commençant par la diagonale dont la direction était connue. Cette première opération donne la forme du quadrilatère, et par conséquent les valeurs relatives des différences de latitudes et de longitudes. Il fallait ensuite en obtenir les valeurs absolues, et il suffisait, à cette fin, d'agrandir ou de rapetisser proportionnellement toute la figure jusqu'à ce que les deux points où l'on avait observé la latitude fussent à la distance requise pour atteindre la différence donnée des latitudes. Avec les différences de longitudes et les latitudes moyennes obtenues par ce procédé, nous avons cherché la correction Givry dans la table **22**. On put ainsi faire le calcul avec les azimuts corrigés.

Nous désignerons par (13), (14), (23), (24) les côtés du quadrangle 1234. [*Voir fig.* 4, *au commencement des profils*]. On connaît les latitudes des points 1 et 2, l'azimut corrigé de la diagonale (34), et les azimuts des quatre côtés. Par A_{12} nous entendrons l'azimut du point 2 par rapport au point 1, de manière que $A_{12} = 180° + A_{21}$, etc. Soit $\Phi_1 - \Phi_2 = \Delta$,

$$\frac{\Phi_1 - \Phi_3}{\Phi_1 - \Phi_4} = u \quad , \quad \frac{\Phi_3 - \Phi_2}{\Phi_4 - \Phi_2} = v \quad . \quad A_{34} - A_{31} = \alpha \quad , \quad A_{32} - A_{34} = \gamma$$
$$A_{41} - A_{43} = \beta \quad , \quad A_{43} - A_{42} = \delta$$

Nous aurons d'abord

$$\Phi_1 - \Phi_3 = (13) \cos A_{31} \quad , \quad \Phi_3 - \Phi_2 = (23) \cos A_{23}$$
$$\Phi_1 - \Phi_4 = (14) \cos A_{41} \quad , \quad \Phi_4 - \Phi_2 = (24) \cos A_{24}$$

$$\text{et} \quad \frac{(13)}{(14)} = \frac{\sin \beta}{\sin \alpha} \quad , \quad \frac{(23)}{(24)} = \frac{\sin \delta}{\sin \gamma} \quad .$$

Il s'ensuit

$$u = \frac{\sin \beta}{\sin \alpha} \cdot \frac{\cos A_{31}}{\cos A_{41}} \quad , \quad v = \frac{\sin \delta}{\sin \gamma} \cdot \frac{\cos A_{23}}{\cos A_{24}} \quad \ldots\ldots\ldots \quad (\odot)$$

Or, l'équation identique

$$(\Phi_1 - \Phi_3)(\Phi_4 - \Phi_2) - (\Phi_1 - \Phi_4)(\Phi_3 - \Phi_2) = (\Phi_1 - \Phi_2)(\Phi_4 - \Phi_3)$$

donne, lorsqu'on la divise par $\Phi_4 - \Phi_2$ et que l'on remarque que $\dfrac{\Phi_3 - \Phi_2}{\Phi_4 - \Phi_2} = v$,

$$\Phi_1 - \Phi_3 - (\Phi_1 - \Phi_4) . \, v = (\Phi_1 - \Phi_2) \frac{\Phi_4 - \Phi_3}{\Phi_4 - \Phi_2} \quad ,$$

Mais

$$\frac{\Phi_4 - \Phi_3}{\Phi_4 - \Phi_2} = 1 - v \quad , \quad \text{et } \Phi_1 - \Phi_4 = \frac{\Phi_1 - \Phi_3}{u} \quad , \quad \text{donc}$$

$$(\Phi_1 - \Phi_3) \left\{ 1 - \frac{v}{u} \right\} = \Delta \, (1 - v).$$

Il s'ensuit $\Phi_1 - \Phi_3 = \Delta . \dfrac{1 - v}{1 - \dfrac{v}{u}}$, $\Phi_1 - \Phi_4 = \Delta . \dfrac{1 - v}{u - v}$; de même, en échangeant u, v et les indices 1 et 2, ce qui transforme Δ en $-\Delta$,

$$\Phi_3 - \Phi_2 = \Delta . \frac{1 - u}{1 - \dfrac{u}{v}} \quad ; \quad \Phi_4 - \Phi_2 = \Delta . \frac{1 - u}{v - u}$$

Ces quatre relations donnent les différences de latitudes, les quantités u, v étant données par les équations $(\odot)$. Les différences de longitudes se trouvent sans peine au moyen des formules suivantes :

$$l_1 - l_3 = (\Phi_1 - \Phi_3) \operatorname{tg} A_{31} \quad , \quad l_1 - l_4 = (\Phi_1 - \Phi_4) \operatorname{tg} A_{41} \quad . \quad l_3 - l_2 = (\Phi_3 - \Phi_2) \operatorname{tg} A_{23} \quad ,$$
etc., etc.

Pour faciliter le calcul de ces expressions, nous allons introduire des angles auxiliaires. Mais il est nécessaire de distinguer trois cas selon les signes des quantités u, v.

1° $u > 0, v > 0$. Faisons $u = \operatorname{tg}^2 u$, $v = \operatorname{tg}^2 v$, et nous aurons

$$\left\{ \begin{aligned} \Phi_1 - \Phi_3 &= \Delta . \frac{\cos 2v . \sin^2 u}{\sin (u + v) \sin (u - v)} \\ \Phi_1 - \Phi_4 &= \Delta . \frac{\cos 2v . \cos^2 u}{\sin (u + v) \sin (u - v)} \end{aligned} \right.$$

On obtient $\Phi_3 - \Phi_2$ et $\Phi_4 - \Phi_2$, en échangeant u, v dans ces expressions.

2° $u < 0, v < 0$. Faisons $u = -\operatorname{tg}^2 u$, $v = -\operatorname{tg}^2 v$, et nous aurons

$$\left\{ \begin{aligned} \Phi_1 - \Phi_3 &= \Delta . \frac{\sin^2 u}{\sin (u + v) \sin (u - v)} \\ \Phi_4 - \Phi_1 &= \Delta . \frac{\cos^2 u}{\sin (u + v) \sin (u - v)} \end{aligned} \right.$$

d'où $\Phi_3 - \Phi_2$, $\Phi_2 - \Phi_4$ par l'échange de u, v.

3° Lorsque les signes de u, v sont différents, les expressions de $\Phi_1 - \Phi_3$ et de $\Phi_3 - \Phi_2$ n'ont plus la même nature, l'une est alors plus simple que l'autre. Supposons que u soit > 0, et $v < 0$. Alors nous aurons, en faisant $v = -\operatorname{tg}^2 v$,

$$\Phi_1 - \Phi_3 = \Delta . \frac{1}{\cos^2 v + \frac{1}{u} \sin^2 v}$$

$$\Phi_4 - \Phi_1 = \Delta . \frac{1}{\sin^2 v + u \cos^2 v} \quad ;$$

Mais en faisant $u = \operatorname{tg}^2 u$,

$$\Phi_3 - \Phi_2 = \Delta . \frac{\cos 2 u}{\cos^2 u - \frac{1}{v} \sin^2 u}$$

$$\Phi_2 - \Phi_4 = \Delta . \frac{\cos 2 u}{- v \cos^2 u + \sin^2 u} \quad ,$$

où il y a un facteur de plus que dans les deux autres expressions. Comme nous avons seulement besoin de deux de ces quatre formules, nous choisirons les deux premières. Des deux quantités u et $\frac{1}{u}$, l'une ou l'autre doit être < 1. Si c'est $\frac{1}{u}$, nous ferons $\frac{1}{u} = \cos^2 u$, et nous aurons

$$\Phi_1 - \Phi_3 = \Delta . \frac{1}{1 - \sin^2 u \sin^2 v} = \frac{\Delta}{\cos^2 w}$$

en posant $\sin u \sin v = \sin w$, et

$$\Phi_4 - \Phi_1 = \Delta . \frac{\cos^2 u}{\cos^2 w} .$$

Les formules auxiliaires seront donc, dans l'hypothèse que $u > 1$, $v < 0$,

$$\cos^2 u = \frac{\sin \alpha}{\sin \beta} . \frac{\cos A_{41}}{\cos A_{31}} \quad , \quad \operatorname{tg}^2 v = - \frac{\sin \delta}{\sin \gamma} . \frac{\cos A_{23}}{\cos A_{24}} \quad , \quad \sin w = \sin u . \sin v .$$

Dans le cas où $u < 1$, on fera $u = \cos^2 u$, ce qui donne $\cos^2 u = \frac{\sin \beta}{\sin \alpha} . \frac{\cos A_{41}}{\cos A_{31}}$; mettant encore $\cot^2 v$ au lieu de $\operatorname{tg}^2 v$, on obtiendra

$$\Phi_1 - \Phi_3 = \Delta . \frac{\cos^2 u}{\cos^2 w}$$

$$\Phi_4 - \Phi_1 = \Delta . \frac{1}{\cos^2 w}$$

Ces formules se distinguent de celles du cas precédent ($u > 1$) en ce que $\Phi_1 - \Phi_3$ et $\Phi_4 - \Phi_1$ se trouvent échangés, et que les expressions de $\cos^2 u$ et de $\operatorname{tang}^2 v$ sont réciproques.

On aura d'ailleurs encore dans le cas $u > 1$,

$$\begin{cases} \Phi_4 - \Phi_2 = \Delta . \operatorname{tg}^2 w \cot^2 v \\ \Phi_2 - \Phi_3 = \Delta . \operatorname{tg}^2 w \end{cases}$$

et dans l'autre cas où $u < 1$:

$$\begin{cases} \Phi_2 - \Phi_4 = \Delta . \operatorname{tg}^2 w \\ \Phi_3 - \Phi_2 = \Delta . \operatorname{tg}^2 w \cot^2 v , \end{cases}$$

L'exemple que nous allons traiter maintenant est le quadrangle formé par les stations de *Tigre miçohya*, de *Manta dabir IV* et de *Quarata III*, et par le signal *Daga Istifanos.*

Les latitudes de *Tigre miçohya* et de *Quarata III* étaient connues, la première par réduction à la tour *Managaša* dans *Goudar*, l'autre par l'observation immédiate.

On avait : pour *Tigre miçohya* $C_1 = 12° 39'{\cdot}11$ $(\varphi_1 = 12° 37'{\cdot}08)$
pour *Quarata* $C_3 = 11° 45'{\cdot}68$ $(\varphi_3 = 11° 44'{\cdot}96)$

d'où $\Delta = 53'{\cdot}43$, $\log \Delta = 1{\cdot}72779$.

Nous mettrons partout la lettre C au lieu de Φ puisque nous avons introduit les latitudes dilatées au lieu des latitudes croissantes. Cela exige seulement la division des différences de latitudes par le facteur ε quand on en déduira les différences de longitudes.

Les azimuts observés étaient les suivants :

Tigre mįçohya	22 :	*Manta dabir* O.	172° 0′ ·2
id.	39 :	*Daga Istifanos*	192 2 ·2
Qnarata III,	4, 5 :	*Daga Istifanos*	317 7 ·7
Manta dabir IV,	22 :	*Quarata III*	306 27 ·4
id.	25 :	*Daga Istifanos*	311 45 ·6

Le premier de ces relèvements se rapporte à l'église occidentale de *Manta dabir*, mais comme la station IV est tout près, on pouvait le prendre pour celle-ci.

Une construction provisoire et la table **22** donnaient la correction Givry pour les cinq azimuts précédents respectivement = + 0′ ·9 , — 1′ ·0, — 0′ ·8, — 1′ ·0, — 1′ ·9. En donnant à *Manta dabir* et à *Daga* les numéros 4 et 3, on trouve :

$$A_{14} = 172^\circ\ 1'\cdot 1 \quad , \quad A_{13} = 192^\circ\ 1'\cdot 2 \quad , \quad A_{23} = 317^\circ\ 6'\cdot 9 \quad , \quad A_{42} = 306^\circ\ 26'\cdot 4 \quad , \quad A_{43} = 311^\circ\ 43'\cdot 7.$$

Il s'ensuit

$$\alpha = A_{34} - A_{31} = 180^\circ + A_{43} - 180^\circ - A_{13} = 119^\circ\ 42'\cdot 5 \qquad \beta = A_{41} - A_{43} = 40^\circ\ 17'\cdot 4$$

$$\gamma = A_{32} - A_{34} = 5^\circ\ 23'\cdot 2 \qquad \delta = A_{13} - A_{12} = 5^\circ\ 17'\ 3$$

En formant l'équation (☉), on trouve que u est positif, v négatif. Nous sommes par conséquent dans le cas 3. Nous avons d'abord :

$$u = \frac{\sin\ 40^\circ\ 17'.4}{\sin\ 119^\circ\ 42'\cdot 5}\cdot\frac{\cos\ 12^\circ\ 1'\cdot 2}{\cos\ 352^\circ\ 1'\cdot 1} \quad , \quad v = \frac{\sin\ 5^\circ\ 17'\cdot 3}{\sin\ 5^\circ\ 23'\cdot 2}\cdot\frac{\cos\ 317^\circ\ 6'\cdot 9}{\cos\ 126^\circ\ 26'\cdot 4}$$

log sin	40° 17′ ·4	=	$\bar{1}$ ·81067	log sin	5° 17′ ·3	=	$\bar{2}$ ·96458
log cos	12 1 ·2	=	$\bar{1}$ ·99037	log cos	317 6 ·9	=	$\bar{1}$ ·86494
log cosec	119 42 ·5	=	0 ·06120	log cosec	5 23 ·2	=	1 ·02744
log sec	352 1 ·1	=	0 ·00423	log sec	126 26 ·4	=	0 ·22623$_n$
			$\bar{1}$ ·86647				0 ·08319$_n$

Le premier logarithme trouvé étant celui d'un nombre au dessous de l'unité, nous le prendrons pour $\cos^2 u$, et l'autre logarithme pour $-\cot^2 v$. Il s'ensuit log cos u = $\bar{1}$ ·93323 ·5 , u = 30° 57′ ·8 , log sin u = $\bar{1}$ ·71138 ,
et log cot v = 0 ·04159 ·5 , v = 42° 15′ ·6 , log sin v = $\bar{1}$ ·82770 ,

donc log sin w = $\bar{1}$. 53908 , w = 20° 14′ ·6 ,

log cos w	=	$\bar{1}$ ·97231	,	
log $\cos^2$ w	=	$\bar{1}$ ·94462		
log $\sec^2$ w	=	0 ·05538		
log Δ	=	1 ·72779		
log $\frac{\Delta}{\cos^2 w}$	=	1 ·78317	=	log ($C_1 - C_4$)
log $\cos^2$ u	=	$\bar{1}$ ·86647		
		1 ·64964	=	log ($C_4 - C_3$)

d'où $C_1 - C_4 = 60'\cdot 70$, $C_4 - C_3 = 44'\cdot 63$.

On aurait encore log tg w = $\bar{1}$ ·56677 ,

log tg^2 w	=	$\bar{1}$ ·13354		
log Δ	=	1 ·72779		
		0 ·86133	=	log ($C_2 - C_4$)
log $\cot^2$ v	=	0 ·08319		
		0 ·94452	=	log ($C_3 - C_2$)

d'où $C_2 - C_4 = 7'\cdot 27$, $C_3 - C_2 = 8'\cdot 80$. Les valeurs trouvées donnent deux fois $C_3 - C_4 = 16'\cdot 07$, et $C_1 - C_2 = 53'\cdot 43 = \Delta$. Cela sert de contrôle à notre calcul. Les latitudes cherchées seront donc les suivantes :

Manta dabir IV : $C_4 = 11^\circ\ 38'\cdot 41$ ($\varphi_4 = 11^\circ\ 37'\cdot 86$)
Daga Istifanos : $C_3 = 11\ \ 54\cdot 48$ ($\varphi_3 = 11\ \ 53\cdot 56$)

Pour trouver les longitudes relatives, nous avons les équations :

$$l_1 - l_3 = (\Phi_1 - \Phi_3)\ \mathrm{tg}\ A_{31} = \frac{1}{c}\ (C_1 - C_3)\ \mathrm{tg}\ A_{31}$$

$$l_1 - l_4 = \frac{1}{c}\ (C_1 - C_4)\ \mathrm{tg}\ A_{41} \quad , \quad l_3 - l_2 = \frac{1}{c}\ (C_3 - C_2)\ \mathrm{tg}\ A_{23} \quad , \quad l_2 - l_4 = \frac{1}{c}\ (C_2 - C_4)\ \mathrm{tg}\ A_{42}.$$

Dans la carte du *Bagemdir*, on avait $\log c = 0 \cdot 00368$. Par conséquent

$$\log \frac{1}{c}\ (C_1 - C_3) = 1 \cdot 64596 \qquad \log \frac{1}{c}\ (C_1 - C_4) = 1 \cdot 77949$$

$$\log \mathrm{tg}\ 12^\circ\ 1' \cdot 2 = \bar{1} \cdot 32822 \qquad \log \mathrm{tg}\ 352^\circ\ 1' \cdot 1 = \bar{1} \cdot 14679_n$$

$$0 \cdot 97418 \qquad 0 \cdot 92628_n$$

$$l_1 - l_3 = 9' \cdot 42 \qquad l_1 - l_4 = -\ 8' \cdot 44$$

$$\log \frac{1}{c}\ (C_2 - C_4) = 0 \cdot 85765 \qquad \log \frac{1}{c}\ (C_3 - C_2) = 0 \cdot 94084$$

$$\log \mathrm{tg}\ 306^\circ\ 26' \cdot 4 = 0 \cdot 13174_n \qquad \log \mathrm{tg}\ 317^\circ\ 6' \cdot 9 = \bar{1} \cdot 96791_n$$

$$0 \cdot 98939_n \qquad 0 \cdot 90875_n$$

$$l_2 - l_4 = -\ 9' \cdot 76 \qquad l_3 - l_2 = -\ 8' \cdot 10$$

On trouve ainsi par deux voies différentes que $l_4 - l_3 = 17' \cdot 86$.

Prenant maintenant la longitude de *Tigre miçohya* à l'est de Paris

$$l_1 = 35^\circ\ 10' \cdot 00$$

On trouve

pour *Quarata* : $l_2 = 35^\circ\ \ 8' \cdot 68$
pour *Daga* : $l_3 = 35\ \ \ 0 \cdot 58$
pour *Manta dabir* : $l_4 = 35\ \ 18 \cdot 44$

De cette manière les quatre points de notre quadrangle sont parfaitement déterminés. Ils ont servi de base à la construction du *Bagemdir*, et les légères modifications que nous avons plus tard apportées à leurs coordonnées sont peu importantes. Nous en reparlerons dans le chapitre qui s'occupe de la carte du *Bagemdir* en particulier.

4. Orientation des azimuts par la carte.

Nous appelons toujours point nord l'angle azimutal qui correspond au nord du méridien dans une position donnée de l'instrument. Lorsqu'on ne connaît pas le point nord d'un tour d'horizon, ou qu'on regarde comme douteux celui qui résulte des observations du soleil, il est nécessaire d'orienter les azimuts observés, c'est-à-dire de chercher le point du nord ou la modification qu'il doit subir.

Pour cette opération, il suffit d'avoir trois points, déjà fixés, qui aient été relevés de la station en question. Car, géométriquement parlant, on pourra décrire sur les lignes de jonction des trois points donnés, regardés comme cordes, des segments capables des différences des trois azimuts observés. Le point où ces circonférences se couperont donnera la position cherchée de la station des azimuts, et les trois lignes visuelles tracées entre ce dernier point et les trois points donnés représenteront les trajectoires des azimuts vrais, en sorte que l'on connaîtra le point nord du tour d'horizon auquel les trois azimuts appartiennent.

C'est de cette manière qu'il faut toujours orienter préalablement un tour d'horizon où le point du nord est encore tout à fait inconnu ; car la méthode d'orientation par un plus grand nombre de signaux exige une connaissance approchée des azimuts vrais. Pour une orientation grossière, il suffirait aussi de tracer sur un papier transparent les azimuts observés, et de tourner ce papier sur la carte où l'on aurait marqué les trois points donnés, jusqu'à ce que les trois lignes passent par les trois points. Leurs directions seront alors à peu près celles des azimuts vrais.

Il est évident d'ailleurs que l'orientation par trois azimuts sera d'autant plus certaine que les positions des trois points donnés seront plus différentes relativement à celle de la station ; les erreurs d'observation auraient une influence fâcheuse sur le résultat de l'orientation si les points donnés étaient trop voisins l'un de l'autre et trop éloignés de la station. Enfin, l'orientation serait impossible, si les trois signaux et la station se trouvaient par hasard sur une même circonférence de cercle.

Nous allons maintenant donner les formules nécessaires pour transformer en calcul le procédé géométrique dont il s'agit.

Soient O la station, A, B, C les trois signaux rangés selon l'ordre des azimuts, a, b les distances AB, BC, et B l'angle ABC. On connaît encore les angles formés par les azimuts observés, $BOC = \alpha$, $AOB = \beta$, $AOC = \gamma = \alpha + \beta$. Nous désignerons par x, y, les angles OCB, OAB.

Alors on a, en négligeant la correction Givry, dans le quadrangle $OABC$:

$$x + y + \gamma + B = 360^\circ.$$

Puis, en exprimant successivement la diagonale OB par a et par b,

$$OB = \frac{a \sin y}{\sin \beta} = \frac{b \sin x}{\sin \alpha},$$

d'où il suit

$$\frac{\sin x}{\sin y} = \frac{a \sin \alpha}{b \sin \beta}$$

En introduisant l'angle auxiliaire θ de manière que $\operatorname{tg} \theta = \frac{a \sin \alpha}{b \sin \beta}$, on trouve $\frac{\sin x}{\sin y} = \operatorname{tg} \theta$,

donc

$$\frac{\sin x - \sin y}{\sin x + \sin y} = \frac{\operatorname{tg} \theta - 1}{\operatorname{tg} \theta + 1},$$

ou bien, en vertu des formules connues :

$$\frac{\operatorname{tg} \frac{1}{2} (x - y)}{\operatorname{tg} \frac{1}{2} (x + y)} = \operatorname{tg} (\theta - 45^\circ),$$

et puisque $\operatorname{tg} \frac{1}{2} (x + y) = - \operatorname{tg} \frac{1}{2} (\gamma + B)$, enfin

$$\operatorname{tg} \tfrac{1}{2} (x - y) = \operatorname{tg} \tfrac{1}{2} (\gamma + B) \operatorname{tg} (45^\circ - \theta).$$

De cette formule et de l'équation

$$\tfrac{1}{2} (x + y) = 180^\circ - \tfrac{1}{2} (\gamma + B)$$

on tirera x et y; ensuite on aura l'azimut vrai du point A, vu de O, en ajoutant y à l'azimut de A, vu de B; et celui de C, vu de O, en retranchant x de l'azimut de C, vu de B.

Pour tenir compte, après le calcul, de la correction Givry, ou d'une erreur qui pourrait se trouver ou être soupçonnée dans l'un des azimuts observés dont il s'agit, on peut se servir des formules différentielles que nous allons développer. En augmentant α de $d\alpha$, β de $d\beta$, on aura d'abord

$$dx + dy + d\gamma = 0 \quad \text{et} \quad d\gamma = d\alpha + d\beta.$$

Puis, en différentiant les logarithmes de $\operatorname{tg} \frac{1}{2} (x - y)$ et de $\operatorname{tg} \theta$,

$$\frac{d (x - y)}{\sin (x - y)} = \frac{d\gamma}{\sin (\gamma + B)} - \frac{2\, d\theta}{\cos 2\theta}$$

$$\text{et} \quad \frac{2\, d\theta}{\sin 2\theta} = \cot \alpha\, d\alpha - \cot \beta\, d\beta$$

donc

$$\frac{d (x - y)}{\sin (x - y)} = \frac{d\gamma}{\sin (\gamma + B)} - (\cot \alpha\, d\alpha - \cot \beta\, d\beta) \operatorname{tg} 2\theta.$$

Cette formule n'est pas simplifiée en remplaçant $\operatorname{tg} 2\theta$ par l'expression $\frac{2 \sin x \,.\, \sin y}{\sin (x - y) \sin (\gamma + B)}$ qu'on tire de l'équation $\operatorname{tg} \theta = \frac{\sin x}{\sin y}$; nous donnerons plus loin un exemple de l'usage de ces différentielles, mais autant vaut noter, en calculant l'orientation, et à côté des logarithmes, les différences que donnent les tables, et s'en servir pour introduire les corrections nécessaires à cause de $d\alpha$ et de $d\beta$.

Exemple. Tour d'horizon **11**. *Harna Sanna*. Orientation par le soleil insuffisante, à refaire par les trois signaux *Gorzo*, *Kaš'at*, *Samayata*.

Azimuts observés	(*A*) *Kaš'at*	175° 43'·7
	(*B*) *Samayata*	200 4·9
	(*C*) *Gorzo*	267 26·7
Azimuts de la carte	*Samayata* — *Gorzo*	341° 28'·8
	Samayata — *Kaš'at*	34 14·6

On a par conséquent :

$$\alpha = 67^\circ\ 21'\cdot 8 \qquad \log a = 1\cdot 55742$$
$$\beta = 24\ 21\cdot 2 \qquad \log b = 1\cdot 71766$$
$$\gamma = 91\ 43\cdot 0$$
$$B = 52\ 45\cdot 8$$
$$B + \gamma = 144\ 28\cdot 8$$

$$\log \sin \alpha = \bar{1}\cdot 96519\ [6] \qquad \log \sin \beta = \bar{1}\cdot 61528\ [28]$$
$$\log a = 1\cdot 55742 \qquad \log b = 1\cdot 71766$$
$$\log a \sin \alpha = 1\cdot 52261 \qquad \log b \sin \beta = 1\cdot 33294$$
$$\log b \sin \beta = 1\cdot 33294$$

$$\log \operatorname{tg} \theta = 0\cdot 18967 + 6.\ d\alpha - 28.\ d\beta \quad [28]$$
$$\theta = 57^\circ\ 7'\cdot 9 + \tfrac{6}{28}\ d\alpha - 1.\ d\beta$$
$$45^\circ - \theta = -12\ \ 7\cdot 9$$
$$\tfrac{1}{2}(B + \gamma) = 72\ 14\cdot 4$$
$$\log \operatorname{tg}(45^\circ - \theta) = \bar{1}\cdot 33236_n + 62.\ \tfrac{6}{28}\ d\alpha - 62\ d\beta$$
$$\log \operatorname{tg} \tfrac{1}{2}(B + \gamma) = 0\cdot 49445 + 43.\ \tfrac{1}{2}\ d\gamma$$
$$\log \operatorname{tg} \tfrac{1}{2}(x - y) = \bar{1}\cdot 82681_n \quad [27]$$
$$\tfrac{1}{2}(y - x) = 33^\circ\ 52'\cdot 0 + \tfrac{1}{4}\ d\alpha - 2\cdot 3\ d\beta + 0\cdot 8\ d\gamma$$
$$\tfrac{1}{2}(y + x) = 107\ 45\cdot 6 - \tfrac{1}{2}\ d\gamma$$
$$y = 141\ 37\cdot 6$$
$$x = 73\ 53\cdot 6$$

Ensuite on a :

Azimut *Samayata* — *Gorzo* $= 341^\circ\ 28'\cdot 8$

$- \ 73\ 53\cdot 6$

$267\ 35\cdot 2$

$267\ 26\cdot 7$

$\omega = +\ 8\cdot 5$

Azimut *Samayata* — *Kaš'at* $= 34\ 14\cdot 6$

$+\ 141\ 37\cdot 6$

$175\ 52\cdot 2$

$175\ 43\cdot 7$

$\omega = +\ 8\cdot 5$

C'est-à-dire qu'il faut ajouter 8'·5 à tous les azimuts du tour d'horizon **11**.

Pour trouver la position de *Hanna Sanna*, nous avons :

$$\log b = 1\cdot 71766$$
$$\log \operatorname{cosec} \alpha = 0\cdot 03481$$
$$\log \sin x = \bar{1}\cdot 98261$$

$1\cdot 73508 = \log$ dist. *Hanna Sanna* — *Samayata*

$\bar{1}\cdot 53868 = \log \sin 20^\circ\ 13'\cdot 4$ (Azimut *Samayata* — *Hanna Sanna*)

$\bar{1}\cdot 97618 = \log \cos 20\ \ 13\cdot 4 + 0\cdot 00382$

$1\cdot 27376 = \log (l' - l)$

$1\cdot 71126 = \log (C' - C)$

$$l' - l = 18'\cdot 78 \qquad C' - C = 51'\cdot 43$$
$$l = 36^\circ\ 41\cdot 44 \qquad C = 14^\circ\ 14\cdot 98$$

Hanna Sanna : $l' = 37\ \ 0\cdot 22$, $C' = 15\ \ 6\cdot 41$

Avec cette position qui diffère très-peu de la position adoptée par nous, la table **22** donne la correction Givry = 0'·2, = 2'·3 = 4'·5 respectivement pour les trois azimuts employés. Les azimuts de la carte seront par conséquent :

Kaš'at	175°	52'·4
Samayata	200	11·1
Gorzo	267	30·7

Il s'ensuit

$$\alpha = 67^\circ\ 19'\cdot 6 \qquad d\alpha = -2'\cdot 2$$
$$\beta = 24\ 18\cdot 7 \qquad d\beta = -2\cdot 5 \qquad d\gamma = -4'\cdot 7$$

En nous servant des différences des logarithmes notées ci-dessus, nous aurons la correction de y

$$= -\tfrac{1}{2} \times 2'\cdot 2 + 2\cdot 3 \times 2'\cdot 5 - 0\cdot 3 \times 4'\cdot 7 = +3'\cdot 3$$

et celle de $x = 4'\cdot 7 - dy = +1'\cdot 4$

Cela donne pour l'azimut de *Gorzo* (dans la carte) :

$$267^\circ\,35'\cdot 2 - 1'\cdot 4 = 267^\circ\,33'\cdot 8$$
$$\underline{267\;\;30\cdot 7}$$
$$d\omega = +3'\cdot 1$$

et pour celui de *Kaš'at* :

$$175^\circ\,52'\cdot 2 + 3'\cdot 3 = 175^\circ\,55'\cdot 5$$
$$\underline{175\;\;52\cdot 4}$$
$$d\omega = +3'\cdot 1$$

L'orientation totale sera donc $= 8'\cdot 5 + 3'\cdot 1 = +11'\cdot 6$.

Les formules différentielles donnent le même résultat. On a

$$\log \operatorname{cosec}(B+\gamma) = 0\cdot 23583$$
$$\log \sin(x-y) = \bar{1}\cdot 96634_n$$
$$\log \frac{\sin(x-y)}{\sin(B+\gamma)} = 0\cdot 2022_n = \log - 1\cdot 593$$

Puis

$$\log \operatorname{tg} 2\theta = 0\cdot 3461_n$$
$$\log \sin(x-y) = \bar{1}\cdot 9663_n$$
$$0\cdot 3124$$
$$\log \cot \alpha = \bar{1}\cdot 6201_n$$
$$\log \cot \beta = 0\cdot 3443$$

$$\left.\begin{array}{l}\log \cot \alpha \operatorname{tg} 2\theta \sin(x-y) = \bar{1}\cdot 9325_n = \log - 0\cdot 856 \\ \log \cot \beta \operatorname{tg} 2\theta \sin(x-y) = 0\cdot 6567 = \log \quad 4\cdot 536\end{array}\right\} \text{ d'où } d(x-y) = -1\cdot 593\, d\gamma - 0\cdot 856\, d\alpha + 4\cdot 536\, d\beta$$

$$= -1'\cdot 92$$
$$d(x+y) = \quad 4\cdot 70$$
$$dx = 1'\cdot 39, \qquad dy = 3'\cdot 31, \text{ comme ci dessus.}$$

En trouvant l'orientation de $+11'\cdot 6$ pour le tour d'horizon **11**, on a en même temps celle du tour d'horizon **53** qui a été observé au même endroit et qui est également mal orienté par le soleil ; car l'azimut du M[t] *Kaš'at*, donné par le tour d'horizon **53**, était $= 176^\circ\,6'\cdot 5$. En supposant cet azimut $= 175^\circ\,43'\cdot 7 + 11'\cdot 6 = 175^\circ\,55'\cdot 3$, l'orientation du tour d'horizon **53** devient $-11'\cdot 2$. Alors l'azimut du Mt *Saloda* dans ce dernier tour d'horizon devient $205^\circ\,33'\cdot 8$, et sa trajectoire tombe presque exactement sur la position de *Hanna Sanna* qui résulte de l'orientation de $11'\cdot 6$ du tour d'horizon **11** ; cette position est $15^\circ\,6'\cdot 43$, $37^\circ\,0'\cdot 24$. On avait donc raison d'étendre l'orientation du premier tour d'horizon à celle du second.

ORIENTATION PAR PLUS DE TROIS SIGNAUX.

Lorsqu'on a déjà orienté un tour d'horizon par trois d'entre ses signaux, et qu'on veut en faire concourir un plus grand nombre à l'orientation, il faut procéder par la méthode que nous allons développer et qui s'applique à un nombre quelconque de points donnés, mais toujours dans l'hypothèse que l'orientation cherchée ω soit une quantité assez petite ou pour ainsi dire différentielle.

Soient $\Phi_1, \Phi_2 \ldots$ et $l_1, l_2 \ldots$ les coordonnées des points donnés, Φ, l celles de la station O, déterminées par la première orientation $\Phi + \eta$, $l + \xi$ celles de la position cherchée. Les azimuts orientés et corrigés de **g** seront $A_1, A_2 \ldots$, et ω sera la nouvelle orientation cherchée, c'est-à-dire la quantité à ajouter à tous les azimuts. La trajectoire de l'azimut $A_1 + \omega$, qui part du premier point donné, ne passera pas exactement par le point $\Phi + \eta$, $l + \xi$, et l'écart de sa trajectoire par rapport à ce point sera exprimé par

$$\Delta = (\Phi - \Phi_1 + \eta)\sin(A_1 + \omega) - (l - l_1 + \xi)\cos(A_1 + \omega)$$

Chacun des points donnés fournira une équation semblable. Il s'agit alors de trouver les valeurs de ω, ξ, η qui donnent les moindres écarts possibles, ou de déterminer l'orientation et la position du point O de manière que la somme des carrés Δ^2 soit un minimum. Les équations dont on aura besoin pour cela, seront de la forme $\Delta = 0$, et il faudra les résoudre selon les règles de la méthode des moindres carrés. La première équation sera donc

$$(\Phi - \Phi_1 + \eta) \sin A_1 + (\Phi - \Phi_1 + \eta) \cos A_1\, \omega - (l - l_1 + \xi) \cos A_1 + (l - l_1 + \xi) \sin A_1\, \omega = 0$$

en supposant que $\cos \omega = 1$, et $\sin \omega = \omega$, exprimé en parties du rayon. On peut encore écrire ainsi :

$$(\Phi - \Phi_1) \sin A_1 - (l - l_1) \cos A_1 + \eta \sin A_1 - \xi \cos A_1 + \omega\, [(\Phi - \Phi_1) \cos A_1 + (l - l_1) \sin A_1] = 0.$$

On aura les autres équations en remplaçant Φ_1, l_1, A_1 par Φ_2, l_2, A_2, etc.

Exemple.

Tour d'horizon **11**. *Hanna Sanna.* L'orientation par le soleil est reconnue insuffisante.

			log sin A	log cos A	lat. de la carte	longitude	C_n — C	l_n — l
Azimuts de la carte en supposant l'orientation = 11'·6	*Kaš'at*	175° 55'·5	$\bar{2}$·85163	$\bar{1}$·99890$_n$	14° 45'·08	37° 1'·75	21'·36	— 1'·50
	Ḫisti	18 41 ·3	$\bar{1}$·50572	$\bar{1}$·97648	14 18·80	36 44·26	47·64	15·99
	Samayata	20 14 ·2	$\bar{1}$·53895	$\bar{1}$·97233	14 14·98	36 41·442	51·46	18·808
	Ḫiça	22 2 ·2	$\bar{1}$·57426	$\bar{1}$·96705	14 19·53	36 41·437	46·89	18·813
	Gorzo	87 33 ·8	$\bar{1}$·99961	$\bar{2}$·62854	15 4·914	36 24·86	1·526	35·39
	Hanna Sanna				15 6·44	37 0·25		

Les différences de latitudes devront être divisées par le coefficient du papier 1·0088, on aura donc à retrancher 0·00382 de leurs logarithmes. En formant maintenant les équations $\Delta = 0$, et mettant, pour plus d'uniformité entre les coefficients, $\frac{\omega}{100}$ au lieu de ω, on trouve le système suivant :

$$\begin{aligned}
-\,0{\cdot}0084 - \xi\ 0{\cdot}9975 - \eta\ 0{\cdot}0711 + \omega\ 0{\cdot}2123 &= 0\\
0{\cdot}0157 + \xi\ 0{\cdot}9473 - \eta\ 0{\cdot}3204 - \omega\ 0{\cdot}4986 &= 0\\
0{\cdot}0028 + \xi\ 0{\cdot}9383 - \eta\ 0{\cdot}3459 - \omega\ 0{\cdot}5437 &= 0\\
-\,0{\cdot}0004 + \xi\ 0{\cdot}9270 - \eta\ 0{\cdot}3752 - \omega\ 0{\cdot}5014 &= 0\\
-\,0{\cdot}0067 + \xi\ 0{\cdot}0425 - \eta\ 0{\cdot}9991 - \omega\ 0{\cdot}3542 &= 0
\end{aligned}$$

Il en résulte pour les meilleures valeurs de ξ, η, ω les trois équations finales

$$\begin{aligned}
0{\cdot}0253 + 3{\cdot}6339\ \xi - 0{\cdot}9474\ \eta - 1{\cdot}6741\ \omega &= 0\\
0{\cdot}0014 - 0{\cdot}9474\ \xi + 1{\cdot}3663\ \eta + 0{\cdot}8749\ \omega &= 0\\
-\,0{\cdot}0085 - 1{\cdot}6741\ \xi + 0{\cdot}8749\ \eta + 0{\cdot}9660\ \omega &= 0
\end{aligned}$$

Les valeurs de ξ, η, ω qui en résultent, sont celles-ci :

$$\begin{aligned}
\xi &= -\,0'{\cdot}0092\\
\eta &= -\,0{\cdot}0068\\
\omega &= -\,0{\cdot}00107
\end{aligned}$$

$$\text{donc l'orientation} = \frac{\omega}{100} = -\,0{\cdot}0000107 \text{ en parties du rayon,}$$

$$\text{ou} = -\,0'{\cdot}04.$$

La meilleure position de *Hanna Sanna* est d'après cela :

$$\begin{aligned}
C &= 15^\circ\ 6'{\cdot}433\\
l &= 37\ \ 0{\cdot}241.
\end{aligned}$$

L'orientation n'est pas sensiblement altérée puisque nous n'avons que 0'·04 à retrancher de tous les azimuts.

Nous avons choisi pour exemple le tour d'horizon **11** parce qu'il contient un assez grand nombre de signaux dont les positions étaient bien fixées avant qu'on n'eût besoin de la station *Hanna-Sanna*, et parce que les calculs qui précèdent ont été réellement exécutés. Néanmoins, on ne trouvera pas dans les azimuts ordonnés l'orientation de + 11'·6 qui en résulte, des considérations d'une autre nature nous ayant plus tard obligé à la modifier.

PROCÉDÉ GÉOMÉTRIQUE POUR ORIENTER DÉFINITIVEMENT UN TOUR D'HORIZON.

Nous allons encore exposer un moyen très-commode pour trouver l'orientation des azimuts d'un tour d'horizon lorsqu'on connaît déjà à peu près le point du nord.

Comme nous nous sommes habitué à baser les constructions autant que possible sur le calcul des trajectoires, nous avons essayé de les utiliser aussi pour l'orientation, et il s'est trouvé que cette manière de procéder était la plus simple et la plus prompte de toutes. On n'a qu'à tracer dans le plan de construction de la station les trajectoires de tous les azimuts qu'on veut employer, toujours dans la supposition qu'on ait déjà trouvé, d'une manière ou d'une autre, le point nord approché. Puis on mesure dans la carte les distances de la station aux signaux employés, et l'on écrit à côté des trajectoires leurs vitesses virtuelles, pour nous servir d'une expression empruntée à la mécanique. Nous entendons par là les quantités dont chaque trajectoire avance dans le tableau lorsqu'on ajoute ω minutes à tous les azimuts. Ces quantités seront égales à Δ sin ω ou à $\frac{3}{10^3} \cdot \frac{\omega}{100} \cdot \Delta$; si l'on veut les exprimer en centièmes de minute, on les fera $= \frac{3}{10^3} \cdot \omega \cdot \Delta$. On peut aussi les trouver à l'aide d'une petite table donnant les sinus de toutes les minutes du premier degré, et il est bon de remarquer pour cela que $\Delta \sin \omega = \omega \sin \Delta$.

Après avoir calculé les vitesses virtuelles des trajectoires pour $\omega = 1'$ ou $= 10'$, on tracera, dans le tableau de construction, des parallèles aux trajectoires à des distances égales ou proportionnelles à leurs vitesses. Ces parallèles seront les nouvelles trajectoires des azimuts augmentés. Maintenant on joindra par des lignes droites les points d'intersection homologues des trajectoires entre elles et de leurs parallèles entre elles.

Ces lignes droites indiquent les chemins que parcourent les points d'intersection des trajectoires lorsque tous les azimuts sont augmentés de la même quantité. Trois de ces points d'intersection forment un triangle ; les trois points d'intersection correspondants des parallèles formeront un triangle semblable, mais plus petit ou plus grand ; ce triangle disparaîtra à la fin dans le point où viendront se réunir les trois lignes droites qui joignent les sommets homologues des deux premiers triangles. Si l'on ne considère que trois azimuts, on a ainsi trouvé à la fois l'orientation et la position de la station. Le point de réunion des trois lignes droites est le point où les trajectoires se couperont lorsque les azimuts sont bien orientés. La grandeur de l'orientation se trouve en divisant les distances des trajectoires au point de réunion par ce que nous avons appelé leurs vitesses virtuelles calculées pour $\omega = 1'$. En faisant cette division pour chacun des trois azimuts, et prenant ensuite la moyenne des trois quotients, on trouvera l'orientation avec un degré suffisant d'exactitude.

Il y a des cas où l'orientation est impossible à cause d'une erreur dans les azimuts observés ; alors les trois lignes qui joignent les sommets des triangles considérés ci-dessus, deviennent parallèles entre elles et n'ont pas d'intersection, du moins dans les limites où la position de la station des azimuts est renfermée.

Lorsqu'on veut mettre en œuvre plus de trois azimuts, toutes les lignes droites qui représentent les lieux géométriques des points d'intersection doivent converger vers un même point ; alors on est certain que les azimuts observés sont bons et qu'il n'y a pas d'erreur dans leurs noms. Dans ce cas on peut choisir le point à adopter pour la station, parmi les points d'intersection des lignes droites dont il s'agit. En effet, ces points sont très-voisins l'un de l'autre si les lignes convergent vers un même point (nous n'entendons pas par là qu'elles se réunissent précisément dans un même point) ; et l'on calculera l'orientation par les distances à parcourir par chacune des trajectoires jusqu'à ce point adopté pour la station. Si les distances sont considérables, c'est-à-dire qu'elles montent à plus d'une minute, et que la station est importante, on fera bien de répéter le calcul des trajectoires avec les azimuts ainsi orientés et de chercher de nouveau l'orientation, en imprimant aux nouvelles trajectoires de petits mouvements proportionnels à leurs vitesses. Pour ne pas se tromper de sens dans les déplacements qu'on fait subir aux trajectoires, il est bon d'écrire toujours le nom de leur point de départ à ce bout qui est du côté de ce point. On choisira enfin, à vue, le point qui s'écarte le moins possible des trajectoires employées, et on peut en même temps tenir compte, dans ce choix, des circonstances ou des renseignements auxquels on veut laisser quelque influence sur la position de la station, par exemple d'une latitude observée ou d'une distance donnée à un autre point de la carte.

Si parmi les azimuts employés il s'en présente un qui soit en désaccord avec l'orientation qu'exige le reste, on peut aisément s'assurer si ce désaccord provient d'une erreur de 20′ dans l'angle azimutal observé ; nous avons déjà dit dans l'introduction de cet ouvrage que les erreurs de 20′ étaient les plus faciles à commettre à cause de la division de l'instrument. S'il y a lieu de supposer une telle erreur dans un azimut, l'orientation donnée par sa trajectoire doit différer de 20′ de celle qu'on trouve par les autres. Ainsi, par exemple, le tour d'horizon de *Qalala* pouvait être orienté de manière que la position de la station coïncidât avec la position de *Qalala* construite par les relèvements de ce pic faits ailleurs ; mais il fallait supposer une faute de 20′ dans l'azimut 31 *Waqqan*.

5. Placements par apozénits.

L'imperfection des observations d'azimuts laissait quelquefois des doutes sur les positions obtenues avec les trajectoires; quelquefois même elle en rendait impossible la détermination par ce moyen. Alors on était dans la nécessité d'avoir recours aux apozénits.

Considérons un à un les cas où l'usage des apozénits peut suppléer à celui des azimuts.

I.

Lorsqu'on n'a que des azimuts très-convergents pour déterminer la position d'un signal ou d'une station, il faut chercher, sur une trajectoire moyenne entre celles qu'on emploie, le point où les altitudes qui résultent des apozénits observés, s'il y en a, s'accordent le mieux. A cette fin, on calculera les hauteurs pour un point supposé de cette trajectoire moyenne et qui doit être situé de manière que les trajectoires ne s'écartent pas trop les unes des autres dans son voisinage. On notera ces altitudes sur les trajectoires respectives, et à côté, leurs quotients différentiels par rapport aux distances sur lesquelles sont basés les calculs des différences de niveau. On peut trouver par la table **19** ces quotients, qui sont les quantités dont croissent ou diminuent les différences de niveau lorsque les distances sont augmentées d'une minute d'arc. Alors, en remontant ou en descendant le long de la trajectoire moyenne, on voit aisément de combien les altitudes se rapprochent les unes des autres, à mesure qu'on s'éloigne du point fixé. Il faut alors choisir la position cherchée de manière à satisfaire à ces deux conditions : donner aux altitudes le plus grand accord possible, et aux trajectoires les moindres écarts possibles.

On aurait pu, à la vérité, suivre une méthode analytique rigoureuse pour remplir les conditions énoncées ; mais le résultat n'en aurait pas été moins incertain, puisqu'avec nos matériaux il était impossible de préciser exactement les conditions et l'influence à leur attribuer. Nousavons donc évité ce travail, en choisissant à vue et par tâtonnement les positions qui ont été déduites des apozénits, et nous avons eu soin d'indiquer les écarts qui restaient dans les trajectoires et dans les altitudes. On trouve un exemple de ce procédé dans le paragraphe où la méthode de compenser les constructions est exposée, à propos du Mt *Bizan*, et nous en donnerons un autre à la fin de la présente section.

Les équations de condition qu'il faudrait résoudre pour déterminer la position la plus probable du point à placer, se composeraient d'abord des équations des trajectoires sur lesquelles le point devrait être situé. Ces équations sont linéaires par rapport aux coordonnées de ce point. Viendraient ensuite les équations pour l'égalité des altitudes ; celles-là auraient la forme suivante :

$$\begin{aligned} h &= \mathbf{n}\, s_1 \cot z_1 + \mathbf{n}\, s_1^2 \operatorname{tg} \beta + H_1 \\ &= \mathbf{n}\, s_2 \cot z_2 + \mathbf{n}\, s_2^2 \operatorname{tg} \beta + H_2 \\ &\text{etc.} \end{aligned}$$

On pourrait rendre ces dernières équations linéaires en éliminant l'inconnue h ; car alors on obtiendrait des équations de cette forme :

$$s_1 \cot z_1 - s_2 \cot z_2 + (s_1^2 - s_2^2) \operatorname{tg} \beta = (H_2 - H_1) \frac{1}{\mathbf{n}}$$

et en introduisant les coordonnées Φ, l, on aurait $s_1^2 - s_2^2 = \Phi_1^2 - \Phi_2^2 + l_1^2 - l_2^2 + 2\,\Phi\,(\Phi_2 - \Phi_1) + 2\,l\,(l_2 - l_1)$.

Mais ces équations seraient toujours assez incommodes, outre qu'elles ont cet inconvénient qu'il faut faire abstraction de l'inconnue h. Nous allons développer un autre système plus simple dont on peut faire usage si l'on ne veut pas se contenter du procédé géométrique que nous avons donné plus haut. Dans l'hypothèse que les azimuts soient très-convergents, on peut prendre la trajectoire moyenne pour axe des abscisses, et pour origine des coordonnées le point pour lequel on a déjà calculé les altitudes. Soient s_1, s_2 .. les distances à ce point des signaux ou stations qu'on emploie, δ la distance, du point qu'on cherche, au même point provisoire. On peut alors confondre cette distance avec son abscisse sur la trajectoire moyenne, et faire aussi les distances des autres points de la carte au point cherché $= s_1 + \delta$, $s_2 + \delta$, etc.

Désignant encore par x la distance du point cherché à l'axe des abscisses, par ε_1, ε_2, .. les distances entre les trajectoires données et la trajectoire moyenne au point adopté pour l'origine des coordonnées, et par ω_1, ω_2, .. les différences entre les azimuts de ces trajectoires et celui de la moyenne, on peut sans peine former les équations de condition.

D'abord la condition que le point cherché devrait être situé sur chaque trajectoire, fournit les équations suivantes :

$$\begin{aligned} -x + \varepsilon_1 &= \delta \sin \omega_1 \\ -x + \varepsilon_2 &= \delta \sin \omega_2 \\ &\text{etc.} \end{aligned}$$

Ensuite la condition que les altitudes soient les mêmes, donne les équations :

$$h = H_1 + \mathbf{n}\,(s_1 + \delta)\cot z_1 + \mathbf{n}\,(s_1 + \delta)^2 \operatorname{tg}\beta$$
$$h = H_2 + \mathbf{n}\,(s_2 + \delta)\cot z_2 + \mathbf{n}\,(s_2 + \delta)^2 \operatorname{tg}\beta$$
etc.

A l'origine des coordonnées on aura $h_0^{(1)} = H_1 + \mathbf{n}\,s_1 \cot z_1 + \mathbf{n}\,s_1^2 \operatorname{tg}\beta$
$$h_0^{(2)} = H_2 + \mathbf{n}\,s_2 \cot z_2 + \mathbf{n}\,s_2^2 \operatorname{tg}\beta$$
etc.,

et comme on connaît les valeurs de h_0, il est bon de les introduire dans les formules. On trouve alors

$$h = h_0^{(1)} + \mathbf{n}\,\delta \cot z_1 + 2\,\mathbf{n}\,s_1\,\delta \operatorname{tg}\beta + \mathbf{n}\,\delta^2 \operatorname{tg}\beta$$
$$h = h_0^{(2)} + \mathbf{n}\,\delta \cot z_2 + 2\,\mathbf{n}\,s_2\,\delta \operatorname{tg}\beta + \mathbf{n}\,\delta^2 \operatorname{tg}\beta$$
etc.

Lorsqu'on a choisi l'origine des coordonnées de manière que les valeurs de h_0 ne soient déjà plus très-différentes, la distance δ sera assez petite pour qu'on puisse négliger son carré auprès du produit $2\,s\delta$. Alors les équations ci-dessus deviennent fort simples. On peut leur donner cette forme :

$$h = h_0^{(1)} + \mathbf{n}\,\delta \cot (z_1 - 2\,\beta\,s_1)$$
$$h = h_0^{(2)} + \mathbf{n}\,\delta \cot (z_2 - 2\,\beta\,s_2)$$
etc.

Les coefficients $\mathbf{n} \cot z$ et $2\,\mathbf{n}\,s \operatorname{tg}\beta$ se trouvent directement par la table **19**, et les nombres $h_0^{(1)}$, $h_0^{(2)}$, ... sont déjà connus par le calcul. Ainsi le système des équations de condition sera au complet :

$$\text{I.}\;\begin{cases} \delta \sin\omega_1 + x - \varepsilon_1 = 0 \\ \delta \sin\omega_2 + x - \varepsilon_2 = 0 \\ \dots\dots \end{cases} \qquad \text{II.}\;\begin{cases} -\,\mathbf{n}\,\delta \cot (z_1 - 2\,\beta\,s_1) + h - h_0^{(1)} = 0 \\ -\,\mathbf{n}\,\delta \cot (z_2 - 2\,\beta\,s_2) + h - h_0^{(2)} = 0 \\ \dots\dots \end{cases}$$

On peut encore, pour avoir des nombres moins grands, mettre au lieu de h et de h_0 les différences de ces altitudes avec l'altitude moyenne de l'origine des coordonnées. Les quantités x, ε, δ seront exprimées en centièmes de minute, il faudra donc diviser par 100 les coefficients $\mathbf{n} \cot (z - \beta s)$ que l'on prend dans la table **19**, l'unité de cette table étant une minute entière. Mais alors même il sera encore nécessaire de multiplier le système I par un facteur afin de donner à ces équations, dans le résultat, une influence proportionnelle à celle du système II, car l'unité de mesure dans ce dernier est le mètre ; dans le premier, c'est le centième de minute, quantité égale à 20 mètres environ. Ainsi l'on peut attribuer la précision 20 aux équations du premier système, celle des équations du second étant $= 1$. Mais il est permis de donner encore des poids relatifs aux différentes équations du même système selon le degré d'importance qu'on veut leur supposer ; soit donc λ le facteur de la précision par lequel chaque équation se trouvera définitivement multipliée. L'expression de x peut se déduire immédiatement du système I, le système II ne contenant pas cette inconnue. Comme les coefficients de x sont tous l'unité, l'équation $\frac{d}{dx}\,\Sigma\,(\delta \sin\omega + x - \varepsilon)^2 = 0$, donnera $\Sigma\,(\delta \sin\omega + x - \varepsilon) = 0$. Or $\Sigma \sin\omega = 0$, car la quantité ω est la différence entre la moyenne des azimuts donnés et l'un de ces azimuts, d'où il suit que la somme des ω, ou bien, puisque ces arcs sont très-petits, celle des $\sin\omega$, se détruira. Il viendra donc enfin $\Sigma\,(x - \varepsilon) = 0$, ou en désignant par n le nombre des azimuts employés,

$$x = \frac{1}{n}\,\Sigma\,\varepsilon.$$

Ensuite on aura

$$\frac{d}{dh}\,\Sigma\,(-\,\delta\,\mathbf{n} \cot (z - 2\,\beta\,s) + h - h_0)^2 = -\,\delta\,\Sigma\,\mathbf{n} \cot (z - 2\,\beta\,s) + n\,h - \Sigma\,h_0 = 0.$$

Mais $\Sigma\,h_0 = 0$ puisque nous avons supposé que les h_0 étaient les différences entre les valeurs de h calculées pour l'origine des coordonnées, et la moyenne de ces mêmes valeurs. Par suite la seconde équation finale sera :

$$n\,h - \delta\,\Sigma\,\mathbf{n} \cot (z - 2\,\beta\,s) = 0,$$

où les $\mathbf{n} \cot (z - 2\,\beta\,s)$ sont les valeurs de $\frac{dh}{ds}$ d'après la table **19**, mais divisées par 100. Différentiant enfin par rapport à δ la somme des carrés de toutes nos équations de condition, après avoir multiplié le premier système par λ, nous aurons en troisième lieu :

$$\delta\,\Sigma\,(\mathbf{n}^2 \cot^2 (z - 2\,\beta\,s) + \lambda^2 \sin^2\omega) - h\,\Sigma\,\mathbf{n} \cot (z - 2\,\beta\,s) + \Sigma\,(h_0\,\mathbf{n} \cot (z - 2\,\beta\,s) - \lambda^2\,\varepsilon \sin\omega) = 0,$$

Mettons la moyenne des coefficients **n** cot $(z - 2\beta s) = \mathfrak{M}$, leur somme sera $= n\,\mathfrak{M}$, et la seconde des équations finales donnera $h = \mathfrak{s}\,\mathfrak{M}$. On aura encore

$$\Sigma\, \mathbf{n}^2 \cot^2 (z - 2\beta s) = n\,\mathfrak{M}^2 + \Sigma\, \Delta^2\,,$$

en désignant par Δ les différences entre les valeurs de **n** cot $(z - 2\beta s)$ et leur moyenne, cette moyenne étant retranchée des valeurs particulières. La troisième équation finale deviendra donc, en y substituant $\mathfrak{s}\,\mathfrak{M}$ pour h, et $\mathfrak{M} + \Delta$ pour **n** cot $(z - 2\beta s)$,

$$\mathfrak{s}\, \Sigma\, (\Delta^2 + \lambda^2 \sin^2 \omega) + \Sigma\, (h_0\, \Delta - \lambda^2\, \varepsilon \sin \omega) = 0,$$

d'où l'on tire

$$\mathfrak{s} = \frac{\Sigma\, \lambda^2\, \varepsilon \sin \omega - \Sigma\, h_0\, \Delta}{\Sigma\, \lambda^2\, \sin^2 \omega + \Sigma\, \Delta^2}\,.$$

Cette équation ayant donné $\mathfrak{s}$, on trouvera $h = \mathfrak{s}\,\mathfrak{M}$.

Pour mieux montrer l'usage de ces formules, nous allons donner un exemple pris dans la carte du *Tigray*, celui du Mt *Aydale*. Les azimuts des trajectoires de *Imakulla* 36, *Dihono* 13, *Mudir* 4, qui se rapportent à ce signal, sont respectivement : 165° 15′·8, 167° 18′·1, 169° 58′·7. Les trajectoires rencontrent la latitude dilatée de 14° 59′·20 sous les longitudes de 37° 18′·66, 18′·77 et 18′·70. L'azimut de la trajectoire moyenne sera donc 167° 30′·9. Nous avons

$\omega_1 = -2°\ 15'\cdot 1$	$\sin \omega_1 = -0\cdot 0393$	$\sin^2 \omega_1 = 0\cdot 001543$
$\omega_2 = -0\ \ 12\cdot 8$	$\sin \omega_2 = -0\cdot 0037$	$\sin^2 \omega_2 = 0\cdot 000014$
$\omega_3 = +2\ \ 27\cdot 8$	$\sin \omega_3 = +0\cdot 0430$	$\sin^2 \omega_3 = 0\cdot 001847$
		$\Sigma \sin^2 \omega = 0\cdot 003404$

En faisant passer la trajectoire par le point 14° 59′·20, 37° 18′·70, on aura $\varepsilon_1 = -4$, $\varepsilon_2 = +7$, $\varepsilon_3 = 0$, et $x = \frac{1}{3}\Sigma\,\varepsilon = 1$, en centièmes de minute. Les trois altitudes calculées pour le point fixé, sont 2724, 2739, 2735, la moyenne $= 2732\cdot 7$, donc $h_0^{(1)} = -8\cdot 7$, $h_0^{(2)} = +6\cdot 3$, $h_0^{(3)} = +2\cdot 3$. Les valeurs de **n** cot $(z - 2\beta s)$ prises dans la table **19** avec les distances 44·26, 39·78, 43·58 et les apozénits observés 88° 31′·9, 88° 13′·1, 88° 26′·1, sont respectivement 68·2, 76·2, 71·0. En les divisant par 100, on trouve $\mathfrak{M} = 0\cdot 718$; les valeurs de Δ sont $-0\cdot 036$, $+0\cdot 044$, $-0\cdot 008$, donc $\Sigma\,\Delta^2 = 0\cdot 0033$; enfin $\Sigma\,\varepsilon \sin\omega = 0\cdot 1313$, $\Sigma\, h_0\,\Delta = 0\cdot 5620$. Par conséquent

$$\mathfrak{s} = \frac{\lambda^2\ 0\cdot 1313 - 0\cdot 5620}{\lambda^2\ 0\cdot 0034 + 0\cdot 0033}\,,$$

si l'on prend λ constant pour les trois équations de condition qui dépendent des trajectoires. Supposons d'abord $\lambda = 20$; il s'ensuit $\mathfrak{s} = 38$, c'est-à-dire $= 0'\cdot 38$; $h = 27\cdot 3$; l'altitude du Mt *Aydale* = 2760, sa latitude = 14° 58′·83, sa longitude = 37° 18′·79. Si, au lieu de donner la précision 20 au système I, on donnait la même précision aux deux systèmes, c'est-à-dire si l'on attribuait la même importance à un écart de 0′·01 dans une trajectoire qu'à une divergence de 1 mètre dans une altitude, on aurait $\lambda = 1$, $\mathfrak{s} = -0'\cdot 64$, $h = -46$, l'altitude cherchée = 2687, C = 14° 59′·83, l = 37° 18′·55. On voit combien le résultat dépend des poids relatifs qu'on donne aux deux systèmes d'équations. Les écarts qui restent dans les trajectoires sont pour la première des positions trouvées : $-0'\cdot 03$, $+0'\cdot 06$, $-0'\cdot 03$, pour la seconde : $-0'\cdot 05$, $+0'\cdot 08$, $+0'\cdot 05$; les écarts des altitudes sont pour la première : -10, $+8$, $+2$, pour la seconde -6, $+3$, $+3$. Dans nos calculs nous avons supposé en général que les écarts de 0′·02 signifient autant que ceux de 10 mètres; d'après cela, le système I aurait la précision 5, et il s'ensuit $\mathfrak{s} = +0'\cdot 31$, $h = +22$, l'altitude du Mt *Aydale* = 2755, sa latitude dilatée = 14° 58′·90, sa longitude = 37° 18′·78.

Les écarts sont alors : $-0'\cdot 04$, $+0'\cdot 06$, $-0'\cdot 03$; -10, $+7$, $+2$. Ce résultat ne se trouve pas directement dans la liste des positions parce que toutes les altitudes et toutes les longitudes de cette dernière ont été réduites plus tard, pour des raisons indiquées dans le chapitre suivant.

C'est sur le principe des probabilités que sont fondées toutes ces méthodes rigoureuses. Mais lorsqu'on voudra les appliquer à un nombre trop petit d'observations d'une exactitude insuffisante, elles donneront toujours des résultats purement illusoires et ne serviront qu'à masquer l'incertitude réelle de ces derniers par l'apparence d'un raisonnement subtil. Il ne faut pas attribuer à ces résultats une trop grande valeur absolue; on se procure seulement la satisfaction d'être arrivé à son but d'une manière *scientifique*, satisfaction qu'ont aussi les malades qui meurent sous la main d'un médecin.

II.

Nous avons eu à résoudre encore le problème suivant : placer une station Ξ par son altitude donnée et par les azimuts et apozénits de deux signaux $\mathfrak{L}$, $\mathfrak{S}$, chacun de ces signaux ayant encore été relevé d'une seule de deux stations Υ, Ω dont on connaît déjà les positions ; en d'autres termes : déterminer la station inconnue Ξ et les deux signaux, de façon qu'il y ait accord entre les altitudes de ces signaux, déduites de celles des trois stations.

Il est facile de donner à la solution de ce problème une forme géométrique. Lorsqu'on se figure les lignes visuelles des deux signaux par rapport aux deux stations connues Υ, Ω, et qu'on mène par ces lignes visuelles deux plans obliques à l'horizon, et qui passent en même temps chacun par la ligne visuelle de la station inconnue Ξ par rapport au même signal, ces deux plans intercepteront deux lignes droites sur le plan horizontal mené à la hauteur de la station Ξ. Les deux sections seront les lieux géométriques de cette station, et leur point de croisement donnera la position cherchée; de même, les intersections des quatre lignes visuelles donneront alors les positions des deux signaux.

Il est vrai que les lignes visuelles ne sont pas exactement des lieux géométriques pour les positions des signaux, parce que les altitudes ou les différences de niveau dépendent aussi du carré de la distance, en sorte que les véritables lieux géométriques sont des paraboles; mais on peut, pour trouver d'abord des positions approchées, substituer dans des limites assez étendues les lignes visuelles, déterminées pour des distances convenablement choisies, à la place des paraboles qui passent par les positions correspondantes à ces distances. Ensuite, lorsqu'on connaît déjà à peu près les positions cherchées, on peut prendre, en des limites plus restreintes, les tangentes des paraboles en question pour ces courbes elles-mêmes, et mener suivant ces tangentes les deux plans dont l'intersection doit déterminer la station inconnue sur le plan horizontal de son altitude.

C'est ce principe qui sert de base au procédé que nous allons exposer. On calcule les altitudes des deux signaux par les apozénits observés aux stations Υ, Ω, chacune pour une distance choisie arbitrairement. Ensuite on augmente ces distances d'une certaine partie, par exemple d'un dixième de leurs valeurs, et l'on ajoute aux altitudes la même partie aliquote des différences de niveau calculées. On substitue ainsi les lignes visuelles aux paraboles. On peut aussi substituer à ces courbes leurs tangentes, en augmentant les distances d'un nombre entier de minutes, et en ajoutant aux altitudes les produits de ces nombres multipliés par les coefficients $\frac{dh}{ds}$ que donne la table **19**. Ainsi, d'une manière ou de l'autre, on se procure deux altitudes pour chaque signal. Leurs différences avec l'altitude donnée de la station Ξ doivent alors servir à déterminer quatre distances de cette dernière, au moyen des deux apozénits observés de cette station. On trouve ces quatre distances par le procédé indiqué à la page 262. Il faut alors tracer dans la carte les trajectoires des deux signaux relevés des stations Υ, Ω, et marquer sur ces trajectoires les quatre distances pour lesquelles on a calculé les altitudes, puis tracer les trajectoires de la station Ξ par rapport aux deux signaux, en partant toujours des extrémités des quatre distances coupées sur les deux premières trajectoires. Ensuite on coupera sur les quatre trajectoires de Ξ les quatre distances qui résultent des différences de niveau correspondantes aux quatre positions supposées des signaux. Les extrémités de ces quatre distances seront alors deux points de chacune des lignes d'intersection dont nous avons parlé plus haut. En joignant chaque couple de points par des lignes droites, on obtiendra les lignes de section, et le point où elles se rencontreront sera la position approchée de la station Ξ qu'on veut placer. En menant encore par ce point des parallèles aux trajectoires de Ξ, les positions approchées des deux signaux seront aux points où ces parallèles couperont les deux trajectoires des signaux qui partent des stations Υ, Ω.

Si maintenant on veut mieux préciser les trois positions demandées Ξ, 𝔏, 𝔖, on peut calculer directement les altitudes des signaux 𝔏, 𝔖 par les distances qu'on mesure dans la carte, et y ajouter les coefficients $\frac{dh}{ds}$ de la table **19**. Si les deux altitudes du signal 𝔏, déduites de celles des stations Ξ et Υ sont alors différentes de **m** mètres, il faut augmenter ou diminuer la distance s_1 de Ξ à 𝔏 jusqu'à ce que ces altitudes s'accordent; cela est facile à faire au moyen du coefficient $\frac{dh}{ds_1}$, car la modification de s_1 sera $= \mathbf{m}.\ \frac{ds_1}{dh}$. Ensuite on augmente d'une minute entière la distance s_2 du même signal à la station Υ, et l'on ajoute $\frac{dh}{ds_2}$ à l'altitude correspondante. La différence de niveau entre ce signal et la station Ξ étant ainsi modifiée de la quantité $\frac{dh}{ds_2}$, la distance $s_1 + \mathbf{m}\ \frac{ds_1}{dh}$ qui en résultait, doit être modifiée proportionnellement, c'est-à-dire de la quantité $\frac{dh}{ds_1}\ \frac{ds_2}{dh}$. On obtient donc ainsi deux positions nouvelles pour Ξ. Le même procédé appliqué à l'autre signal 𝔖, donne encore deux autres positions de Ξ. De cette manière on aura de nouveau quatre points que l'on joint deux à deux par des lignes droites, et ces lignes, en se croisant, donneront enfin la position exacte de la station Ξ, qui sert alors à trouver les positions des signaux.

On peut d'ailleurs exécuter ces opérations graphiquement dans un plan de construction dressé comme il suit. Lorsqu'on a calculé les trajectoires des signaux 𝔏, 𝔖 par rapport à la première position approchée de Ξ et que l'on a trouvé leurs positions, on marque dans le papier quadrillé un point 𝔓 par lequel on mène toutes les quatre trajectoires relatives aux deux signaux. Sur les deux trajectoires qui se rapportent aux stations Υ et Ω, on coupe les accroissements de une minute à donner aux distances, et des extrémités de ces segments on mène deux parallèles aux deux trajectoires qui se rapportent à Ξ. Ensuite, à partir du point 𝔓, on porte la quantité $\mathbf{m}\ \frac{dh}{ds_1}$ sur la trajectoire 𝔏 Ξ, et la quantité analogue sur la trajectoire 𝔖 Ξ. De même, sur la ligne parallèle à 𝔏 Ξ, et à partir du point d'intersection de cette parallèle avec la trajectoire 𝔏 Υ, on porte la quantité $\frac{dh}{ds_1}\left(m + \frac{ds_2}{dh}\right)$, et sur la parallèle à 𝔖 Ξ on porte la quantité analogue. On joint alors par une ligne droite les extrémités des deux segments faits sur la trajectoire 𝔏 Ξ et sur sa parallèle, ou sur 𝔖 Ξ et sa parallèle. L'intersection (𝔓) des deux lignes de jonction sera la position nouvelle de Ξ, relativement au point 𝔓 qui représente l'ancienne position. Si l'on mène encore par (𝔓) deux nouvelles parallèles aux trajectoires qui se rapportent à Ξ, jusqu'à leur rencontre avec les trajectoires 𝔏 Υ et 𝔖 Ω, ces dernières parallèles couperont ces dernières trajectoires en deux points qui seront les positions nouvelles des deux signaux en prenant pour leurs anciennes positions le point 𝔓.

Toutefois, ce moyen de placer une station a un grand inconvénient; c'est que l'altitude de cette station doit être donnée par une observation directe et non par un procédé géodésique. Or l'incertitude des hauteurs observées est beaucoup plus grande que celle des hauteurs obtenues par apozénits; il s'ensuit que les positions basées sur une altitude observée seront beaucoup moins certaines que les autres. Cette incertitude de l'altitude donnée se fera d'autant plus sentir que les altitudes des signaux ne varieront pas assez avec les distances si ces dernières seront trop petites ou les apozénits trop près de 90°.

Une seule fois nous avons essayé de déterminer une position par cette voie. C'était la station de *Çalla* que nous avions placée, au commencement, par son altitude et par les relèvements des monts *Qawa* et *Miçoso ;* le premier avait encore été relevé de *Falle I* et de *Falle II*, mais ces deux relèvements ne comptaient que pour un, à cause du rapprochement des deux stations; le second avait été observé de *Garuqqe.* Il y avait encore dans ce cas particulier une circonstance fâcheuse pour le résultat, c'était que Mt *Qawa* est un mauvais signal; aussi les azimuts observés des deux stations de *Falle* divergent-ils de 0'·18 en longitude, et les altitudes déduites des apozénits de *Falle I* et de *Falle II* diffèrent toujours de 52 mètres. Heureusement, M. d'Abbadie avait observé une latitude à *Çalla*, ce qui nous a permis de mieux fixer la position que s'il avait fallu s'en tenir à la seule altitude hypsométrique. Sans cette donnée, on aurait obtenu *Çalla* à 2'·5 plus au nord. Dans la construction actuelle nous avons ajouté 1' à la latitude observée de *Çalla* qui était incertaine de 2', et les latitudes que nous avons adoptées pour *Çalla, Qawa* et *Miçoso*, résultent d'une compensation réciproque telle que l'altitude de *Çalla* est la moyenne entre son altitude observée et ses deux altitudes déduites des deux signaux, et que celles des signaux sont des moyennes entre leurs altitudes déduites des stations d'où ils ont été relevés.

En général, lorsqu'au lieu de la hauteur absolue c'est la latitude de la station qui est connue, on peut sans peine trouver la position demandée par des tâtonnements, en cherchant sur le parallèle de la latitude donnée le point où s'accordent les altitudes de la station qui se déduisent de celles des deux signaux.

Pour arriver directement au but, imaginons différents plans horizontaux qui représentent les lieux géométriques de différentes altitudes supposées de la station à placer. Ces plans couperont les deux plans obliques qui passent chacun par deux lignes visuelles aboutissant au même signal. Les intersections formeront le même angle sur chaque plan horizontal, et les sommets de ces angles seront tous situés sur la ligne d'intersection des deux plans obliques. En rabattant tous ces angles sur un même plan horizontal, on aura des angles dont les côtés seront parallèles entre eux, et la projection de la ligne de jonction passera toujours par leurs sommets. Alors on prolongera cette ligne jusqu'à sa rencontre avec le parallèle de la latitude donnée, et l'on aura la position cherchée.

Pour transformer ces considérations en procédés graphiques, on aura à suivre d'abord la voie indiquée plus haut, en supposant pour la station à placer une altitude arbitraire, mais, s'il est possible, déjà déterminée à une centaine de mètres près ; ensuite, après avoir trouvé la position correspondante à cette altitude, on cherchera la position pour une autre altitude supposée, ce qui se fait aisément à l'aide des coefficients $\frac{dh}{ds}$, comme nous l'avons déjà fait voir. Tout revient à ceci : mener aux deux lignes dont l'intersection donne la première position, deux parallèles à des distances qui seront en raison inverse des deux coefficients $\frac{dh}{ds}$. Ayant ainsi deux points pour la station à placer, on les joindra par une ligne droite qui donnera, en coupant le parallèle de la latitude, la position demandée.

Cependant il ne faut pas oublier que le résultat de ce procédé ne peut être qu'une approximation, puisque nous avons toujours supposé les coefficients différentiels $\frac{dh}{ds}$ constants. Or, comme ils dépendent en réalité de la distance, on sera obligé de répéter d'abord le calcul des altitudes avec les positions approchées de la station et des signaux, puis de refaire la construction même, ou bien de corriger les positions par un tâtonnement facile au moyen des coefficients différentiels.

III.

On peut quelquefois placer un point par un seul relèvement complet, c'est-à-dire par son azimut et son apozénit, lorsqu'on connaît sa hauteur probable ainsi que celle de la station. Car alors on déduit de la différence de niveau et de l'apozénit observé la distance du signal à la station, et l'on peut porter cette distance sur la trajectoire de l'azimut. C'est ainsi qu'on a l'habitude de déterminer les limites d'un plateau de roches, des bancs de sable, etc., dans les levés hydrographiques.

Nous avons fait parfois usage de ce moyen, par exemple pour fixer une série de points de la rivière *Gibe* et quelques îles du lac *Tana.* La rivière *Gibe* est très-lente et sinueuse près de *Ḉaw*, on pouvait donc supposer qu'elle a très-peu de pente, et lui attribuer le niveau de la plaine uniforme où est situé *Qilo*, et dont la hauteur était connue par l'observation et par les apozénits de la station *Qilo ;* car c'est dans cette même plaine que se trouvaient les points observés. Les distances à la station *Adami* d'où ces relèvements avaient été faits, sont comprises entre 6 et 9 milles. La différence de niveau entre *Adami* et la rivière fut supposée = 492 mètres, et les distances pouvaient alors être déduites des apozénits observés.

On a de la même manière placé l'île *Intonis* par un relèvement de *Tagambat*, en lui donnant la hauteur moyenne des autres îles du lac *Tana* observées de *Tagambat* et déterminées au moyen de relèvements faits encore ailleurs. On a aussi fixé de la même façon les positions de plusieurs caps et baies du même lac, relevés en azimut et en apozénit de la station *Dumi I.* Quelquefois il s'est trouvé après coup que la position obtenue par ce moyen était confirmée par un autre relèvement, anonyme jusque-là ; ainsi, par exemple, la trajectoire de *Tigre miçohya* 55 est venue tomber sur la place du cap *Itege**, déterminée par *Dumi I*, 66.

IV.

En dernier lieu, nous allons donner la construction du Mt *Bar'abari*, à l'aide de la base obtenue par le son à *Tujurrah*, le mercredi 17 février 1841. Cette base a été oubliée dans la liste des *bases par le son*, peut-être parce qu'à l'époque où ces bases étaient calculées pour la première fois, on a considéré celle de *Tujurrah* comme une observation perdue, et que, dès-lors, on ne s'en est plus occupé. En effet, M. d'Abbadie avait déterminé cette base dans le but d'en déduire la hauteur du Mt *Bar'abari*, mais il a omis d'observer son azimut de la seconde station de *Tujurrah*, à l'autre extrémité de la petite base. Cependant, il est encore possible de fixer la position de cette montagne, au moins approximativement, par ses deux apozénits et par le seul azimut qui a été observé. Comme je n'ai fait cette remarque que lorsque le chapitre sur les bases était déjà imprimé, je suis obligé d'insérer ici le calcul de la base de *Tujurrah* et celui de la position du Mt *Bar'abari*.

Voici d'abord le texte de l'observation de M. d'Abbadie : « A $7^h\ 5^m$ du chronomètre 𝔄, mon frère est allé tirer un coup de tromblon d'un des rochers noirs qui seuls interrompent la continuité de plage sableuse entre le village et *Ambobo*. Le son m'est parvenu en 5 secondes (12·6 battements). J'étais sur un rocher isolé sur la plage auprès et à l'est de la mosquée la plus orientale de *Tujurrah*. T = 27·7, **T** = 23·8. Le vent était complétement nul. »

L'on peut supposer **B** = 760 ; les formules de la page 134 donnent alors *v* = 350·66, b = 1753. La réduction à l'horizon est nulle. Désignons par S, E, O les trois sommets du triangle formé par le signal *Bar'abari* et par les deux stations *Tujurrah I* et *Tujurrah II* qui représentent les bouts est et ouest de la base. On trouve à la page 250 :

	Azimut.	Apozénit.
Base EO :	276° 22'·5	90° 2'·7
Mt *Bar'abari*, vu de E :	263 1·5	85 59·1
Mt *Bar'abari*, vu de O :	... ...	85 40·5

Avec ces données, on a d'abord la longueur de la base = 0'·946, et l'élévation du point E au-dessus du point O = 1·3 mètre. On peut donc chercher à placer la montagne sur la trajectoire de l'azimut observé en E, de manière à ce que les altitudes résultant des deux apozénits observés en E et en O, s'accordent entre elles. Soit la distance SE = x, et SO = y. L'élévation du Mt *Bar'abari* au-dessus de E sera

$$= \mathbf{n}\, x \cot(85°\,59'\cdot1 - 0'\cdot43\, x) = \mathbf{n}\, y \cot(85°\,40'\cdot5 - 0'\cdot43\, y) - 1\cdot3.$$

Or on a entre x et y la relation suivante :

$$\begin{aligned} x &= y \cos \text{OSE} + 0'\cdot946 \cos \text{SEO} \\ &= y + 0'\cdot920 - 2y \sin^2 \tfrac{1}{2}\,\text{OSE}, \end{aligned}$$

puisque l'angle SEO est = 13° 21'·0. Comme il est à prévoir que l'angle OSE sera très-petit, on peut d'abord négliger le dernier terme de l'expression ci-dessus, et prendre x = y + 0'·9. L'équation des altitudes donne alors :

$$x \operatorname{tg}(4°\,0'\cdot9 + 0'\cdot43\, x) = x \operatorname{tg}(4°\,19'\cdot1 + 0'\cdot43\, x) - 0\cdot9 \operatorname{tg} 4°\,19'\cdot1 - 0\cdot9 \operatorname{tg} 0'\cdot43\, x - \frac{1\cdot3}{\mathbf{n}}$$

ou bien, si l'on réunit en un seul les trois termes affectés de x, après avoir échangé les facteurs x et 0·9 dans l'avant-dernier terme du côté droit,

$$\mathbf{n}\, x \operatorname{tg} 17'\cdot8 = \mathbf{n}\, 0\cdot9 \operatorname{tg} 4°\,19'\cdot1 + 1\cdot3 = 127,$$

d'où x = 13 ·2 et y = 12 ·3. On trouve, avec ces valeurs des distances, l'angle OSE = 4° 6'; par conséquent x = y + 0 ·920 — 0 ·031 = y + 0 ·89. Cette seconde approximation conduit aux valeurs x = 13 ·1, y = 12 ·2, c'est-à-dire qu'elle n'apporte pas de changement sensible, attendu que nous ne pouvons pas ici répondre des dixièmes dans les valeurs de x et de y. En prenant, du reste, x = 13 ·10, on trouvera l'élévation du *Bar'abari* au-dessus de E = 1744 ·4, et avec y = 12 ·21, son élévation au-dessus de O = 1745 ·7, ou bien, en retranchant 1 ·3, encore 1744 ·4 mètres au-dessus de E. En conséquence, nous adopterons les valeurs trouvées pour x et pour y; les formules de la page 262 donnent alors, avec la latitude moyenne de 11° 45' et l'azimut de 263° 1' ·5, la différence de latitude entre *Tujurrah I* et Mt *Bar'abari* = 1' ·6, la différence de longitude = 13' ·3; en prenant donc 11° 46' ·2 pour la latitude de la station (page 65), 40° 33' ·0 pour sa longitude (page 91), et 10 mètres environ pour son altitude absolue, les coordonnées du Mt *Bar'abari* seront les suivantes :

Latitude. . .	11° 44' ·6
Longitude. .	40 19 ·7
Altitude. . .	1754.

6. Divers moyens pour commencer une carte.

Nous n'avons pas à nous occuper ici des méthodes que l'on suit ordinairement pour lever et construire le plan d'une contrée dans les pays civilisés, où rien ne s'oppose à l'usage des signaux artificiels, où l'on peut d'avance choisir les endroits les plus avantageux pour y faire station, et les points qui sont les plus importants comme signaux, enfin où l'on peut à son aise exécuter la mesure exacte d'une base sur laquelle doit s'appuyer ensuite une triangulation.

La question que nous allons examiner est celle-ci : Quels sont les moyens pour tirer d'un certain nombre d'observations de tous les genres, faites en route et suivant les circonstances, des bases pour la construction d'une carte?

Les matériaux fournis par les observations qu'on peut faire en voyage, seront à peu près les suivants :

1° Latitudes;

2° Longitudes assez certaines lorsqu'elles résulteront d'occultations observées, peu certaines, au contraire, lorsqu'on les aura déduites d'observations d'apozénits lunaires, et moins encore quand il s'agira de distances de la lune;

3° Différences de longitudes, obtenues par des expéditions chronométriques;

4° Altitudes observées au moyen du baromètre ou de l'hypsomètre;

5° Altitudes par l'apozénit de l'horizon de la mer;

6° Relèvements de signaux naturels en azimut et en apozénit, pris au théodolite;

7° Relèvements à la boussole;

8° Distances mesurées au moyen de chaînes, lanières, verges, etc.;

9° » » par stadia, polemomètre, ou autre instrument fondé sur une base micrométrique;

10° » » au pas de l'homme ou des bêtes de charge;

11° » » par la vitesse du son;

12° » estimées par le son, par le jet d'une pierre, d'une fronde, d'un javelot ou d'une arme à feu;

13° » » à vue; elles sont plus exactes quand on a soin de garder en sa mémoire quels détails des arbres, etc., sont bien visibles à des distances connues. Ainsi le souvenir des arbres épineux du Mt *Soni*, vus de *Tigre miçohya*, a servi à M. d'Abbadie à mieux estimer ailleurs des distances de 2 milles;

14° Distances estimées selon le temps du parcours de l'homme ou des bêtes;

15° Différences de niveau estimées à vue;

16° Renseignements de toute nature parmi lesquels nous comptons aussi les cartes dressées par d'autres voyageurs.

Il s'agit maintenant de tirer parti de ces données pour donner une base à la construction du canevas de la carte. Et d'abord on trouvera toujours des groupes de points liés entre eux par des azimuts, de manière à former quelque figure géométrique dont la forme sera complétement déterminée par les gisements donnés. Alors il faut songer à déterminer toutes les distances par une d'entre elles qui soit assez grande pour pouvoir servir de base. Les distances obtenues par la vitesse du son seront rarement assez grandes, et encore d'autant plus incertaines qu'elles seront plus petites; les distances mesurées directement par des étalons ou bien au pas seront presque toujours trop petites, et celles qu'on estime à vue resteront ordinairement trop incertaines. Ainsi, quand la carte qu'on veut construire embrasse plusieurs degrés carrés, les bases les plus convenables seront en général celles que l'on obtient en combinant des observations astronomiques avec un gisement pris au théodolite.

On fera bien d'éviter à cet effet l'emploi des longitudes, dont l'incertitude est trop grande, dans la plupart des cas, pour qu'on puisse en faire les fondements d'une carte; les meilleures bases seront celles qu'on déduit de deux latitudes et d'un azimut aussi près que possible de 180°, c'est-à-dire de la directiou des méridiens. Ces bases doivent être d'au moins seize milles ou trente kilomètres.

Au lieu de combiner deux latitudes avec un gisement, on peut aussi les rattacher l'une à l'autre au moyen d'une figure rectiligne quelconque, par exemple d'un quadrangle, pourvu que la forme de cette figure soit assez nettement fixée par les azimuts qui joignent les sommets de ses angles. Il faudra en outre, dans tous les cas où l'on se servira de deux latitudes, que les stations où elles auront été observées ne soient pas, l'une par rapport à l'autre, dans un azimut trop différent de la direction du méridien ; car si cela était, une petite erreur dans l'une des latitudes produirait une trop grande variation de la longueur de la base. Si l'on a plus de deux latitudes observées qu'on veut employer pour la construction d'une carte, on peut en choisir deux pour former une base provisoire, et tenir compte des autres latitudes, lorsqu'on a construit toute la carte, au moyen d'équations de condition dont nous parlerons plus loin, et qui servent à trouver les corrections finales de la base et des latitudes de la carte.

Les petites distances obtenues par la vitesse du son au moyen du fusil ou du canon, celles qu'on détermine par des mesures directes de toute sorte, comme par la longueur du pas de parcours ou par des verges, pourront toujours servir à lier entre elles des stations supplémentaires ou une station et un signal voisin quand on n'a pas trouvé l'occasion de faire station sur la place même de ce signal, ainsi qu'on doit toujours chercher à faire. Ces constructions auxiliaires sont très-utiles pour déterminer la latitude d'un lieu sans l'avoir observée, c'est-à-dire par la latitude d'une station voisine, surtout lorsqu'on en a besoin pour former une base astronomique. Un exemple se trouve dans la relation que nous avons faite sur la construction de la carte du *Grand-Damot.*

Les petites bases en question pourront aussi servir à établir la largeur d'une rivière, ou celle de l'intervalle entre deux îles, entre une île et la côte, entre les rives d'une anse, etc., ou bien l'élévation d'un pic au-dessus du niveau d'une station. Mais on aura tort de les employer pour une carte tant soit peu étendue.

Aussitôt qu'on aura une base assez grande, on pourra construire tous les points qui sont liés aux deux bouts de la base par des azimuts, et ensuite les autres points qui sont en rapport avec deux d'entre ceux-là. Pour ces constructions, il est souvent d'un grand avantage de se servir d'un azimut calculé entre deux points qui sont à peu près en ligne droite avec un troisième dont on connaît les azimuts par rapport aux deux premiers. On peut alors prendre la plus grande des trois distances égale à la somme des deux autres, et les deux angles aigus du triangle formé par les trois points seront en raison directe des deux distances opposées. On aura donc seulement besoin du rapport entre ces distances, et on le trouve aisément dans la plupart des cas par la considération des apozénits ou par quelque recoupement. Plus tard, quand la construction est déjà plus avancée, on peut faire rentrer ce troisième point auxiliaire dans ses droits, et éliminer l'azimut calculé. Un exemple d'une construction de ce genre est fourni par le Mt *Kolba,* qui a servi à trouver l'azimut de *Sibarre* par rapport à *Adami,* ses gisements observés de ces deux stations (195° 2′·7 et 14° 10′·6) étant presqu'à deux angles droits entre eux.

Dans les paragraphes qui traitent des placements par apozénits, on trouve encore différents moyens de commencer la construction d'une portion de la carte en supposant que les azimuts nous fassent défaut. Il est souvent d'une grande utilité de placer un signal par des azimuts convergents et par des apozénits afin de découvrir un relèvement du même signal par quelque trajectoire innomée qui pourrait passer par le point fixé.

7. Méthode de compensation.

Nos positions résultent en général de plus de deux observations d'azimuts, et ces observations ne sont point d'égale valeur pour la détermination de la position cherchée. Or, on a l'habitude d'employer la méthode des moindres carrés dans toutes les occurrences où le nombre des observations données dépasse celui dont on aurait eu besoin. Pour appliquer cette méthode au cas particulier de nos cartes, on aurait pu calculer un réseau trigonométrique comme à l'ordinaire, et c'est ce qu'on avait d'abord essayé avant que j'eusse entrepris de reconstruire le canevas de ces cartes. Mais il m'a bientôt fallu abandonner l'ancienne méthode pour en chercher une autre, plus appropriée à la nature exceptionnelle et originale des observations géodésiques de M. d'Abbadie.

Je tâcherai de signaler les principaux obstacles qui s'opposaient à l'usage des méthodes ordinaires. Lorsqu'on relève la carte d'un grand territoire, d'ordinaire on le couvre d'une suite de triangles enchaînés l'un à l'autre et dont on a soin de mesurer les angles aux trois sommets de chacun ; on s'étudie autant que possible à n'avoir que des triangles équilatéraux ; enfin les valeurs numériques des côtés sont fondées sur la mesure exacte d'une base géodésique. Mais dans les pays sauvages et si peu connus de l'Éthiopie, il était impossible au voyageur de suivre dans l'arrangement de ses observations un système formé d'avance. On trouvera donc dans l'ouvrage actuel très-peu de triangles dont tous les trois angles aient été mesurés ; les triangles qui seraient les plus importants pour la construction de nos cartes, ne sont quelquefois rien moins qu'équilatéraux ; les bases proprement dites que l'on a pu mesurer seulement par la vitesse du son, se trouvent en général trop peu sûres pour être considérées comme fondements du canevas. D'un autre côté, il s'est présenté dans assez de cas particuliers des moyens bien plus exacts pour arriver à la détermination de certaines positions, moyens qui ne sauraient entrer sans de grandes difficultés dans le cadre des méthodes ordinaires. Ainsi j'ai abandonné sans scrupule le chemin frayé, et l'expérience m'a fourni une méthode essentiellement pratique qui, tout en remplaçant les calculs qu'exige le principe connu des probabilités, s'étend encore à ces cas où celui-ci nous fait défaut.

Parmi les considérations, dont il aurait été difficile, pour ne pas dire impossible, de tenir compte dans une triangulation régulière, les principales sont celle des altitudes et celle de l'identité des signaux. Souvent une position donnée d'une façon trop incertaine par les azimuts, quand ces derniers étaient trop peu nombreux et trop convergents, s'est déterminée par la condition de l'accord des hauteurs qui se déduisaient des apozénits observés. Souvent aussi a-t-il fallu refondre complétement la construction de quelque partie du canevas, parce que les altitudes discordantes qu'on obtenait pour tel point s'opposaient à l'identité présumée des signaux auxquels on avait donné le nom de ce point. Alors on était forcé de dissoudre cette combinaison pour identifier entre eux d'autres numéros des tours d'horizon. Cette difficulté nous a par exemple donné beaucoup d'embarras pour la construction de cette partie du *Bagemdir* qui est entre *Gondar* et *Darita*. Presque tous les monts dans le voisinage du Mt *MARYAM*, lesquels vus de loin offrent l'aspect de gros carrés, avaient été désignés dans les tours d'horizon originaux sous le nom de Mt *Marado*. Il a donc fallu découvrir, par un examen critique des apozénits, les combinaisons à former avec ces observations données. Nous en avons fait un à un les monts *Marado*, *MARYAM*, *Gilim**, *Wadaj**, *Wanfit**, *Kidan**, et *Qandam**; et en même temps la résolution de ce problème nous a fourni des indications précieuses pour fixer les positions jusqu'alors incertaines de plusieurs stations, comme *Barna* et *Lalibala*. Comment s'occuper de questions de cette nature, tout en suivant la marche directe et nette d'une triangulation ordinaire ? On verra combien la méthode que nous avons adoptée donne de facilité pour tirer parti de ces matériaux dont la composition irrégulière, mixte et hasardeuse, nous crée des conditions si exceptionnelles. D'abord, au lieu de former des triangles entre les points à placer, nous avons simplement calculé les trajectoires des azimuts dans la projection de Mercator (*V.* page 294). Cela nous mettait en état de faire concourir à la détermination de chaque position tous les azimuts qui s'y rapportaient, soit qu'ils résultassent d'observations faites sur le lieu même dont la position était cherchée, soit qu'ils fussent observés des stations auxquelles ce lieu avait servi de signal. On traçait donc les trajectoires en question dans de petites cartes construites à une échelle dix fois plus grande que celle des cartes générales, à l'échelle de 50 millimètres pour une minute en arc, et de cette façon nous avions les tableaux complets des conditions auxquelles les positions cherchées devaient satisfaire. En évitant ainsi de formuler toutes ces conditions afin de les faire entrer dans le calcul et de chercher les poids à leur attribuer selon leur importance relative, nous les avons, pour ainsi dire, dessinées et assujetties au jugement de nos yeux. Ceci est le côté pratique de notre procédé qui consiste essentiellement à transformer en opérations géométriques l'application du principe des probabilités. Il était d'autant plus nécessaire d'éviter l'usage des conditions analytiques, que maintes fois il a été possible d'expliquer une déviation de telle trajectoire par une faute de l'observation en nombres ronds, au lieu de lui donner, dans la forme primitive, une influence sur le résultat de la recherche. On n'a pas assez dit que, pour s'autoriser à mettre en jeu la méthode des moindres carrés, il faut d'abord s'assurer que les observations soient purgées, jusqu'à une certaine limite, de grosses erreurs accidentelles.

Je vais maintenant expliquer de quelle façon je me suis servi des petits tableaux subsidiaires qui forment en quelque sorte les instruments de cette méthode. Ces petites cartes, dont je donnerai plus loin un exemple détaillé qui pourra servir de type, étaient construites pour chacune des positions que l'on trouve dans la liste à la fin de ce livre. On connaissait ordinairement d'avance, par les constructions dont nous avons parlé, le lieu approché du point à placer. Les trajectoires pouvaient donc être calculées sur ce lieu approximatif, et, pour peu qu'elles fussent nombreuses, elles laissaient de prime abord entrevoir le résultat probable de l'examen à faire. On pouvait ensuite calculer, avec un système provisoire de positions et de distances, les différences de niveau correspondantes.

Alors on voyait s'il était permis d'acquiescer aux identifications de signaux qu'on venait d'essayer, aux orientations adoptées, aux longueurs des bases déterminées par le son ; ou s'il était nécessaire de modifier ces dernières, de recommencer l'orientation de tours d'horizon sans soleil, de supposer certaines erreurs dans les observations du soleil qui servaient à en orienter d'autres, de changer le nom de tel numéro dans tel tour d'horizon, parce qu'il était incompatible avec son apozénit, ou bien de supposer dans telle observation d'azimut ou d'apozénit une erreur ronde de 20′, 40′, 60′ par exemple, ou bien une autre erreur qui s'expliquât par des circonstances particulières ; enfin on savait s'il fallait entièrement rejeter comme absurde une observation qu'il était impossible de mettre d'accord avec le reste ou même d'expliquer par une erreur manifeste ou probable.

Après avoir noté sur chacune des trajectoires tracées le nom et la distance du point d'où elle vient, il est facile de calculer de tête l'erreur en azimut qui donnerait la déviation d'une trajectoire qu'on trouve sous les yeux, ou la quantité de déviation qui résulterait d'une certaine modification de l'azimut, voulue par exemple par une nouvelle orientation. Soit s la distance des deux bouts d'une trajectoire, ω le nombre de minutes à ajouter à l'azimut, x la déviation correspondante; on aura $x = s \sin \omega$ ou $= \frac{\omega\, s\, \pi}{10800} = \frac{\omega\, s}{100}\ \frac{1}{34{\cdot}377} = \frac{\omega\, s}{100}\ \frac{3}{103}$ environ.

Donc si l'on exprime toujours x en centièmes de minute d'arc, s en minutes entières,

$$x = \omega\, s\, \tfrac{3}{103}\ .$$

Par conséquent la déviation x sera égale à l'erreur en azimut, multipliée par la distance et par $\frac{3}{103}$; l'erreur en azimut sera égale à la déviation, en centièmes de minute, divisée par la distance et par $\frac{3}{103}$. Pour les distances voisines de 34·4, les nombres des centièmes de la déviation et des minutes de l'erreur en azimut seront donc égaux.

Pour mieux faire ressortir comment l'examen des trajectoires tracées au complet devient utile pour la construction, nous avons un exemple très-remarquable dans la manière dont le Mt *Molala* * a été placé. Dans sa construction préalable de la carte du *Gojjam*, M. d'Abbadie avait obtenu ce pic de la chaîne de *Yaqandac*, en combinant *Karni* 6 et *Titar* 13, ce qui donna un point par 10° 56′·95 lat. carte, et 36° 1′·03 long., avec les deux altitudes 3516[mt] et 3560[mt]. La sommité en question se trouvait, selon les profils, à l'extrémité de la chaîne, et reçut le nom de *Molala*. L'azimut de *Wugir* 8 passait 0′·20 plus vers l'ouest, l'altitude par *Wugir* 8 était 3542[mt]. Plus tard j'ai encore découvert dans *Mangistu II*, 9 un relèvement qui semblait se rapporter au même point, mais la trajectoire passait 0′·45 plus N. O. Cela était d'autant plus singulier que les azimuts de *Titar* 6-12 et de *Mangistu II*, 1-8, lesquels se rapportent aux autres pics de *Yaqandac*, paraissaient presque coïncider. Après avoir trouvé alors que les trajectoires de *Karni*, *Wugir* et *Mangistu* se croisaient en un même point, et que les trois altitudes s'accordaient sur le même point, voire même que l'apozénit de *Titar* 13, combiné avec la distance de ce nouveau point, donnait une quatrième altitude suffisamment d'accord avec les trois premières, il fallut bien soupçonner quelque faute commise dans l'azimut de *Titar* 13. La déviation de la trajectoire de *Titar* 13, relativement au nouveau point, était de 0′·30 vers l'est, la distance de *Titar* = 17·6, ce qui donne une erreur de + 60′ en azimut. La liste des *Azimuts ordonnés* portait 33° 29′·3 comme azimut vrai de *Molala* * vu de *Titar*. Mais l'angle azimutal observé en **293**, 14 étant = 250° 1′·0, et le point nord corrigé par la collimation ayant été calculé = 217° 31′·7 pour ce tour d'horizon, il en résulte en effet l'azimut vrai de 32° 29′·3 au lieu de 33° 29′·3. Il y avait par conséquent dans *Titar* 13 une faute de calcul de + 1°. Si cela n'avait pas été, j'aurais dû supposer une erreur pareille dans l'observation, ce qui aurait toujours eu l'inconvénient de jeter quelque incertitude sur la construction du Mt *Molala* *. Les nouvelles altitudes étaient de 3530[mt] par *Karni*, de 3540 par *Wugir*, de 3533 par *Titar*, de 3528 par *Mangistu*, accord très-suffisant d'ailleurs.

Cet exemple pourra faire juger du parti que j'ai toujours pu tirer de l'usage des trajectoires et des petites cartes subsidiaires. On verra plus loin, dans l'exemple que je donnerai à la fin de ce chapitre, tout le détail de nos procédés. En y réunissant presque tous les éléments qui sont mis en jeu par la méthode, j'ai cru pouvoir me dispenser d'entrer ici dans de plus amples détails; car l'exemple dont il s'agit suffira pour donner une idée assez nette du mécanisme de ce travail.

Le système de petites cartes dont je viens de parler rassemblait donc, d'une manière graphique et par conséquent claire et expéditive, tous les matériaux qui devaient servir à placer chacun de nos points. Il fallait ensuite épurer ces matériaux, en les débarrassant des fautes évidentes d'observation ou d'orientation, ainsi que des combinaisons d'azimuts qui étaient déjà reconnues erronées par le désaccord des latitudes correspondantes. Puis, après avoir fixé les limites dans lesquelles on pouvait changer les positions, il était loisible de passer outre en cherchant à les déterminer d'une manière plus exacte.

Embrassant alors d'un même coup d'œil l'ensemble de ces tableaux générateurs, on se trouvait à la hauteur du problème ; on pouvait mener de front un grand nombre de constructions, et les perfectionner graduellement et pièce à pièce, en modifiant d'abord d'une certaine quantité les coordonnées de quelque point principal et en corrigeant ensuite dans les tableaux toutes les trajectoires qui se ralliaient à ce point, de manière à les déplacer d'une quantité égale, sans en altérer les directions. De cette façon on jugeait du profit à tirer de toute modification de la position provisoire de tel point, du moins en tant que cette modification pouvait mettre d'accord les trajectoires qui en partaient, et les faire mieux converger sur les positions adoptées ou probables des points auxquels ces mêmes trajectoires aboutissaient. On tenait compte en même temps des latitudes observées, des distances mesurées soit par le son, par le temps de parcours ou au pas, soit par l'estime à vue, des profils ou croquis, du degré d'importance enfin à attribuer aux différents relèvements. Cette dernière appréciation dépend des circonstances particulières où les tours d'horizon ont été exécutés, et du nombre de fois que chaque observation a été répétée ; ainsi que de la forme plus ou moins nette et précise des signaux naturels et de leurs distances à la station. On pouvait enfin distinguer entre les relèvements d'une importance capitale pour la construction et ceux qu'il était permis d'écarter au besoin dans les fondements de la construction. De cette façon les cercles qui limitaient l'incertitude de chaque position se resserraient peu à peu, et marchant ainsi d'un pas lent, mais sûr, nous sommes arrivé à établir les coordonnées finales de chaque point de la carte. Nous avons toujours cru pouvoir nous contenter d'une position quand nous étions parvenu à ce degré d'approximation où il n'y avait plus moyen de réduire davantage le résidu des déviations dans les trajectoires, c'est-à-dire les écarts qui restaient encore dans les tableaux d'un groupe de positions liées ensemble et que, pour cette raison, on était tenu d'embrasser à la fois. Mais alors nous avons eu soin de noter toujours ces petits écarts ou déviations qu'il a fallu laisser subsister dans les trajectoires. Comme on peut le voir dans les notes ajoutées à la *Liste des Positions*, ces écarts sont d'ailleurs très-peu considérables, vu la nature des signaux employés, et même la précision obtenue dépasse beaucoup notre attente. Tel est l'avantage considérable que nous avons retiré de nos constructions et tâtonnements graphiques. Jamais, en effet, le seul calcul de triangles géodésiques ne nous aurait donné cette conscience d'avoir pu mettre en œuvre tous nos matériaux, et de pouvoir signaler la part que chaque observation, chaque renseignement fortuit, comme ceux que nous avons trouvés dans les journées de route et ailleurs, a eue dans la construction définitive de notre canevas. S'il est permis de faire une comparaison un peu forcée, nous dirons que, dans ses effets, cette disposition du travail présente une certaine analogie avec la décentralisation du pouvoir administratif, laquelle, en simplifiant les procédés par l'action prompte et sûre des autorités locales, facilite essentiellement la tâche d'un gouvernement désireux d'être juste et clairvoyant sur tous les points.

Passons maintenant à l'exemple que nous avons promis de développer ici, comme type de notre procédé. A ces fins nous avons choisi le groupe des monts *Ziban sifra*, *'Alequa*, *Bizan*, avec *Gual'a* et *'Addi graht;* tous ces lieux sont situés au sud-est de la carte du *Tigray*.

Voici d'abord les positions finales :

	Lat. carte.	Lat. vraie.	Longit.	Altit. relative.
Gual'a	14° 20′·74	14° 16′·67	37° 10′·63	2635
Mt Ziban sifra....	14 21 ·18	14 17 ·09	37 10 ·51	2743
'Addi graht......	14 20 ·00	14 15 ·95	37 8 ·96	2592
Mt Bizan........	14 15 ·10	14 11 ·21	37 13 ·00	3316
Mt 'Alequa α.....	14 16 ·77	14 12 ·83	37 5 ·86	3440
Id. β.....	14 17 ·77	14 13 ·80	37 6 ·74	3425

Les matériaux dont on disposait étaient ce qui suit. En premier lieu les tours d'horizon de *Gual'a* et de *Ziban sifra* que nous transcrirons ici :

	Ziban sifra. Noms des objets relevés.	Azimut.	Apozénit.	Profil **300**
1	Mt.	11° 46′·9	89° 2′·6	4
2	Mt San'afe.	36 52 ·4	88 25 ·1	3
3	Mt Bizan.	156 19 ·4	87 11 ·6	10
4	Arbuste à 40m, relevé en Gual'a 6.	158 43 ·4	92 26 ·8	
5	Mt 'Alequa β, bord.	226 54 ·4	85 45 ·2	8
6	Id. arbre.	228 22 ·9	85 45 ·2	7
7	'Addi graht, église.	231 23 ·9	92 31 ·8	
8	Mt Kaš'at.	336 27 ·4	90 0 ·2	5

	Gual'a. Noms des objets relevés.	Azimut.	Apozénit.	Profil **299**
1	Arbre signal.	34° 37′·8	72° 53′·4	
2	Mt Bizan.	157 7 ·8	86 28 ·3	
3	Mt 'Alequa β, angle.	232 51 ·3	84 55 ·5	7
4	Id. arbre.	234 24 ·8	84 55 ·6	8
5	'Addi graht, église.	246 10 ·3	90 48 ·5	
6	Mt Ziban sifra, arbre.	344 59 ·3	82 12 ·0	4

Puis on avait les deux observations du Mt *Bizan*, faites à *Digsa* et au Mt *Mashal*, à savoir :

	Azimut.	Apozénit.	
Digsa II, 7 : Mt Bizan en Ag'ame..	159° 35′·4	89° 46′·3	sans profils.
Mashal, 5 : Mt Bizan, milieu.....	161 2 ·9	89 32 ·1	

Ensuite on avait la distance entre la station de *Gual'a* et l'arbuste de *Ziban sifra*, déterminée par le son. Réduite à l'horizon elle est = 803 mètres = 0·433 mille.

Puis encore, il existait une latitude de *Gual'a*, observée par M. d'Abbadie = 14° 16′·86 ± 0′·23 ; la latitude de *'Addi graht* avait été fixée par M. Ruppell à 14° 16′·43, par MM. Ferret et Galinier à 14° 15′·95. En dernier lieu enfin on pouvait tirer quelque parti de l'altitude hypsométrique de *Gual'a* (2655), et de l'esquisse du contour du Mt *'Alequa* qui se trouve (sans nom) dans la carte de MM. Galinier et Ferret.

Le groupe en question nous a causé beaucoup d'embarras. Il a été construit successivement de plusieurs manières assez différentes sans qu'on ait pu obtenir un résultat satisfaisant.

Deux difficultés s'élevaient principalement : 1° les tours d'horizon de *Gual'a* et de *Ziban sifra* étaient en contradiction manifeste sur le Mt *Bizan*; car, au lieu de converger vers le sud-est, les deux azimuts divergaient considérablement dans cette direction ; 2° l'autre difficulté était dans la forme du Mt *'Alequa* qui, offrant l'aspect d'une longue crête plate et mal définie, ne permettait pas de rapporter les observations à des points identiques.

Il serait inutile de nous arrêter ici aux premiers essais de construction faits sur ce groupe ; nous nous bornerons donc à exposer la manière dont les positions adoptées par nous, et que nous croyons bonnes, ont été obtenues à la fin.

Le point qu'il était le plus facile de fixer, et dont l'identité nous a paru constatée par l'accord des hauteurs et des profils, est *'Alequa* α, le bord sud-ouest du précipice. Cette position est fondée sur des observations faites aux meilleures stations du *Tigray ;* les écarts des trajectoires qui sont restés s'expliquent tout naturellement par la forme indécise du signal. Nous avons ensuite fixé la position relative de *Gual'a* et de *Ziban sifra*. Vu la petite distance des deux stations, leur gisement relatif pouvait varier dans les limites d'une orientation, sans que les différences de latitude et de longitude en fussent sensiblement altérées. Cela était d'autant plus avantageux qu'une orientation de *Gual'a*, essayée dans le but d'accorder les azimuts du Mt *Bizan*, restait ainsi sans influence sur la jonction de *Gual'a* et *Ziban sifra*. La distance obtenue par la vitesse du son était susceptible d'être modifiée de ± 73 mètres, ou de ± 0′·04, à cause de l'incertitude de la détermination ; on pouvait ainsi un peu allonger ou raccourcir les triangles qui s'appuyaient sur cette base, et c'est ce que nous avons fait plus tard pour mieux fermer le triangle aboutissant à *'Alequa* β sur la trajectoire de *Mashal* 6.

Mais nous n'avons pas été exact en disant : cette base. La base du triangle au bout duquel est situé *'Alequa*, est la distance entre *Gual'a* et la station *Ẕiban sifra*, mais la distance mesurée se rapporte à l'arbuste de *Ẕiban sifra*. Cependant, la première se déduit aisément de la seconde, puisque nous avons dans *Ẕiban sifra* 4 le gisement et la distance de l'arbuste, par rapport à la station.

Les azimuts montrent encore que l'arbuste et la station étaient situés à peu près sur la même ligne visuelle de *Guaḻ'a*, nous n'avons par conséquent qu'à ajouter 40 mètres ou 0 ·022 mille à la distance de l'arbuste, pour avoir celle de la station ; cette dernière distance sera donc de 0 ·455 mille. Encore faut-il en déduire la distance réduite, en ajoutant + 0 ·014, ce qui donne pour la base à employer dans la carte une longueur de 0 ·469 ou 0 ·47 mille. Malheureusement l'incertitude de la mesure est de ± 0 ·04, comme on vient de le dire ; cette incertitude est donc plus grande que ces petits changements.

La différence de niveau entre les stations de *Guaḻ'a* et de *Ẕiban sifra* peut s'obtenir comme il suit. Si l'on rapporte l'apozénit de 82° 12' ·0 (en *Guaḻ'a* 6) à l'arbuste relevé en azimut, la distance de 0 ·433 + 0 ·014 = 0 ·447 mille donnera une élévation de 113 ·6 mètres; il faut y ajouter l'élévation de la station au-dessus de l'arbuste, laquelle résulte de la distance de 0 ·022 mille et de l'apozénit de 92° 26' ·8, = 1 ·7 mètres. La somme est = 115 ·3 mètres. Si l'on supposait, au contraire, que ce fût la station dont l'apozénit eût été observé, on aurait, par la distance de 0 ·469 mille, une élévation de 119 ·2 mètres ; on aurait donc pour la station une altitude trop grande de 4 mètres, car il est visible que l'arbuste la cachait et que l'apozénit de 82° 12' ·0 est celui de cet arbuste.

Il reste à trouver les différences de latitude et de longitude. Comme elles sont exprimées en fraction de minute, et non pas en mètres, la différence entre les azimuts de *Guaḻ'a* 6 et de *Ẕiban sifra* 4 n'aura pas la même influence que celle qui reste entre les apozénits des mêmes numéros. L'azimut de l'arbuste vu de *Guaḻ'a* est 344° 59' ·3, l'azimut réduit sera = 164° 59' ·3. L'azimut de l'arbuste vu de la station de *Ẕiban sifra* est = 158° 43' ·4 ; la différence de 6° 16' est insensible sur les différences de latitude ou de longitude qui résultent de la distance de 0 ·022 mille ; même si l'orientation de l'un des deux tours d'horizon augmentait cette différence, on pourrait, sans crainte, remplacer l'azimut de *Ẕiban sifra* 4 par celui de *Guaḻ'a* 6. Alors nous aurons la différence de latitude entre les stations en question par la formule 0' ·47. 1 ·00885 cos 164° 59' ·3 = 0' ·457, la différence de longitude = 0' ·47. sin 164° 59' ·3 = 0' ·121.

Nous voulons maintenant chercher les latitudes approchées de *Guaḻ'a*, *Ẕiban sifra* et *'Addị graht*. La latitude observée de *Guaḻ'a* est = 14° 16' ·86, ou = 14° 20' ·93 latitude dilatée. Les latitudes de *'Addị graht* observées par M. Ruppell et par MM. Ferret et Galinier donnent les latitudes de la carte suivantes : 14° 20' ·48 et 14° 20' ·00 ; la moyenne sera 14° 20' ·24. Pour avoir la différence de latitude entre *Guaḻ'a* et *'Addị graht* qui résulte de la base de 0 ·47 et des deux relèvements en *Guaḻ'a* 5 et *Ẕiban sifra* 7, on pourrait calculer le triangle au sommet duquel est située l'église de *'Addị graht*. Mais nous préférons nous servir des trajectoires. Supposons la latitude de l'église = 14° 20' ·20, celle de *Guaḻ'a* = 14° 20' ·93, et celle de *Ẕiban sifra* = 14° 21' ·39 (en ajoutant 0' ·46 à celle de *Guaḻ'a*); nous aurons le calcul suivant :

	Latitude de 'Addị graht.	Longitude de l'intersection.	Azimut observé.	Azimut réduit.	log tg A	Δφ	log Δφ—38a	log Δl	Δl	Longit. supposées des stations.
Guaḻ'a, 5......	14° 20' ·20	37° 9' ·06	246° 10' ·3	66° 10' ·1	0·35486	0·73	$\bar{1}$·85950	0·21436	— 1·64	37° 10' ·70
Ẕiban sifra, 7..		9 ·10	231 23 ·9	51 23 ·7	0·09776	1·19	0·07173	0·16949	— 1·48	37 ;0 ·58

Traçant maintenant dans une petite carte deux trajectoires par 66° et 51° d'azimut qui coupent la latitude de 14° 20' ·2 par 37° 9' ·06 et 37° 9' ·10 de longitude, leur intersection nous donne la position de *'Addị graht* = 14° 20' ·24 et 37° 9' ·15.

On peut aussi calculer cela de tête. En remontant la latitude de 0' ·01, la longitude de l'intersection ou du nœud de la trajectoire de *Guaḻ'a* rétrograde vers l'est de $0' \cdot 01 \times \frac{164}{73}$, celle de *Ẕiban sifra* de $0' \cdot 01 \times \frac{148}{119}$. Or, il faut déterminer x centièmes de manière que l'on ait $x.\ \frac{164}{73} = 4 + x.\ \frac{148}{119}$. Ceci donne $x = 4$, $x.\ \frac{164}{73} = 9$, $x.\ \frac{148}{119} = 5$. Les trajectoires se rencontreront donc à la latitude 14° 20' ·24. On voit que la base employée donne à *'Addị graht*, avec la latitude observée de *Guaḻ'a*, la moyenne entre les latitudes observées. Malheureusement l'azimut de *Ẕiban sifra* 7 est erroné.

Occupons-nous maintenant de *'Alequa* β. Ce point est le bord nord-est de la crête. Il a été relevé en *Maṣḥal* 6, et probablement aussi en *Dịgsa II*, 9. Voici ces deux relèvements :

Maṣḥal, 6 : Mt 'Alequa	173° 5' ·4	89° 15' ·3	**301**, 8	profil.
Dịgsa II, 9 : Mt 'Alequa	165 28 ·4	89 37 ·1	**302**, 14	profil.

Ces azimuts déterminent à peu près la longitude de *'Alequa* β = 37° 6' ·8, en supposant la latitude = 14° 17' ·5 environ. L'altitude par *Maṣḥal* 6 est de 3440mt, donc peu différente de celle de *'Alequa* α ; celle par *Dịgsa II*, 9, est de 3415mt environ, ce qui fait naître le soupçon d'une petite erreur commise dans la mesure de l'apozénit. Nous avons identifié ce point avec celui qui a été relevé de *Guaḻ'a* et de *Ẕiban sifra*, en nous appuyant sur les profils et sur les altitudes ; cependant la forme du signal ne permet pas de trop se fier à cette combinaison. Seulement, comme l'altitude fournie par *Maṣḥal* 6 varie très-peu avec la distance, et qu'elle diffère à peine de l'altitude du point α, on peut supposer que le dos de cette montagne de basalte est presque plat et d'un niveau uniforme, ce qui se confirme d'ailleurs par les profils. Ceci est très-important parce que les altitudes calculées par *Gualʿa* et par *Ziban sifra* varient au contraire énormément avec les distances, et qu'on peut en conséquence se servir des apozénits de *ʿAlequa* relevés de ces deux stations, pour déterminer la limite de la distance entre le bord est de *ʿAlequa* et *Gualʿa*, en supposant l'altitude de la crête à peu près constante, et celle de *Gualʿa* connue par l'observation, ou bien par la différence de niveau avec *Ziban sifra* dont l'altitude se déduit à son tour de l'apozénit de *Kašʿat*.

Pour calculer avec les trajectoires le triangle de *ʿAlequa* β, nous chercherons les latitudes où les trajectoires de *Gualʿa* 3 et de *Ziban sifra* 5 viennent rencontrer la longitude de 37° 6′ ·8, assumée pour *ʿAlequa* β. A cet effet déterminons d'abord les longitudes approchées de *Gualʿa* et de *Ziban sifra* (les longitudes supposées ci-dessus étaient arbitraires puisqu'on n'avait pas encore besoin de les connaître pour trouver la longitude de *ʿAddi graht*). La longitude de *Ziban sifra* s'obtient par l'azimut du M[t] *Kašʿat* relevé en *Ziban sifra* 8. Elle est = 37° 11′ ·11 pour la latitude supposée de 14° 21′ ·39. La longitude de *Gualʿa* sera donc = 37° 11′ ·23. Pour trouver maintenant les intersections des trajectoires dont il est question, nous aurons le calcul suivant :

	Latitude de la section.	Longitude de ʿAlequa β	Azimut observé.	Azimut réduit.	cot A	Δl	log Δl+382	log Δφ	Δφ
Gualʿa, 3.......	14° 17′ ·54	37° 6′ ·80	232° 51′ ·3	52° 50′ ·8	$\bar{1}$·87953	4·43	0·65022	0·52975	— 3·39
Ziban sifra, 5...	17 ·32		226 54 ·4	46 53 ·9	$\bar{1}$·97120	4·31	0·63830	0·60950	— 4·07

Il y a donc une différence de 0′ ·22 entre les latitudes des points d'intersection. Les trajectoires se rencontrent à 14° 18′ ·53, 37° 8′ ·09, en dehors de la limite assignée au M[t] *ʿAlequa* par l'azimut de *Mashal* 6. Voyons maintenant les altitudes. Les distances respectives du point d'intersection des deux trajectoires à *Gualʿa* et *Ziban sifra* seraient = 3 ·94 et 4 ·15 (dans la carte), ce qui donnerait les altitudes du 3277[mt] et 3296[mt], altitudes évidemment trop faibles.

Or, comme l'azimut de *Mashal* 6 peut être regardé comme limite du M[t] *ʿAlequa* vers l'est, nous pourrons chercher jusqu'à quelle longitude nos stations peuvent être déplacées pour donner encore des altitudes admissibles à cette crête. La distance de *Ziban sifra* à *ʿAlequa* β sera toujours de 0′ ·2 environ plus grande que celle de *Gualʿa*. L'altitude relative de *Ziban sifra*, déduite de celle de *Kašʿat*, est = 2740[mt] environ, celle de *ʿAlequa* sera de 3430 à 3440[mt]; la différence de niveau sera par conséquent de 690 à 700[mt], ce qui suppose une distance de 5 ·1 à 5 ·2. La distance de *Gualʿa* serait alors de 4 ·9 à 5 ·0, d'où il résultera une différence de niveau relative comprise entre 787 et 803[mt], ou une altitude entre 3420 et 3437[mt]. Ces altitudes sont assez bien d'accord entre elles. La longitude de *Ziban sifra* ne saurait dépasser 37° 10′ ·6, si la distance de *ʿAlequa* β doit rester au-dessous de 5 ·2; ceci se voit aisément dans le tableau de construction. La longitude de 37° 11′ ·1 paraît donc être trop forte au moins de 0′ ·5.

Mais il nous reste encore le Mt *Bizan*, le plus important de tous les signaux pour la construction de cette partie de la carte. Ce signal nous fournira les moyens d'orienter le tour d'horizon de *Ziban sifra*. On s'aperçoit d'abord que ses quatre azimuts relevés de *Mashal*, *Digsa*, *Gualʿa* et *Ziban sifra* sont extrêmement convergents; car la plus grande différence est de 4° 40′. Ainsi l'incertitude de la position de *Bizan* déduite des relèvements de *Mashal* et de *Digsa*, n'aura point une grande influence sur l'orientation de *Ziban sifra*, vu qu'elle n'existe que dans un sens parallèle à la trajectoire de *Ziban sifra*. On peut d'ailleurs trouver la position approchée du Mt *Bizan* par les apozénits. Supposons d'abord que sa position soit 14° 15′ ·0 et 37° 13′ ·0, point qui s'éloigne peu de l'intersection des trajectoires de *Mashal* et de *Digsa*. Les distances de ce point à *Mashal* et *Digsa II* seront respectivement de 28 ·6 et de 52 ·7, les altitudes qui en résultent : 3324 + x. 28, 3305 + x. 31, où x est l'accroissement de la distance, lequel sera le même pour les quatre stations à cause du parallélisme des trajectoires. On voit que la différence de 20[mt] reste toujours, à moins que les distances ne soient beaucoup moindres, ce qui ne saurait être admis. Ces deux apozénits ne suffisant donc pas pour déterminer la latitude de *Bizan*, il faut avoir recours aux apozénits relevés de *Gualʿa* et de *Ziban sifra*. Mais les azimuts de ces stations ne tombent nullement sur la position adoptée de *Bizan*; celui de *Gualʿa* rencontre la latitude de 14° 15′ ·0 à 0′ ·7, celui de *Ziban sifra* à 0′ ·9, tous deux plus vers l'est. Nouvelle preuve que les longitudes sont trop fortes. Comme l'étude de la construction du M[t] *ʿAlequa* a montré que l'excès est de 0′ ·6 environ, il paraît que l'azimut de *Gualʿa* est bon, et que celui de *Ziban sifra* est trop petit, qu'il dévie trop vers l'est. La longitude de *Gualʿa* par le Mt *Bizan* serait de 37° 10′ ·52 pour la latitude de 14° 20′ ·93. La distance de *Gualʿa* à *Bizan* serait alors = 6 ·4, l'altitude de *Bizan* par *Gualʿa* = 3350 + x. 117. La distance correspondante de *Ziban sifra* serait = 6′ ·87, l'altitude qui en résulterait serait = 3356 + x ·94. Évidemment ces distances sont encore trop grandes. Il faudra supposer *Bizan* plus au nord, ou les deux stations plus au sud, ou l'un et l'autre. Mais en raccourcissant les distances de 0′ ·3 (x = — 0′ ·3), on abaisse déjà les deux dernières altitudes de 35[mt] et de 28[mt] respectivement, ce qui suffit presque pour l'accord des hauteurs, et une variation de 0 ·3 dans le sens des distances qui est celui de la trajectoire moyenne, aurait très-peu d'effet sur l'orientation de *Ziban sifra*. Nous pourrons donc très-bien la trouver à peu près avec la position ci-dessus du Mt *Bizan*. La longitude de *Ziban sifra* par *Kašʿat* était = 37° 11′ ·11, par *Bizan* elle serait = 37° 10′ ·22, ou moindre de 0′ ·89. Comme les trajectoires de *Ziban sifra*, qui partent de *Bizan* et de *Kašʿat*, forment entre elles un angle de 180° 6′ ·3, elles sont pour ainsi dire parallèles, et leur distance sera égale à 0′ ·89 ·cos 156° ·3 ou à 0′ ·81, ce qu'on trouve aussi immédiatement par la règle ou par le compas. La distance de *Kašʿat* est = 26′ ·7, celle de *Bizan* = 6′ ·9; donc la distance entre *Bizan* et *Kašʿat* = 33′ ·6.

La correction ω des azimuts qui ferait coïncider les deux trajectoires, s'obtient par la formule $\omega = \frac{x}{s} \cdot \frac{103}{3}$, où s est la somme des deux distances opposées, donc ici $\omega = \frac{81}{33 \cdot 6} \cdot \frac{103}{3} = 83'$.

L'orientation ω est positive parce que les trajectoires se rapprochent quand les azimuts augmentent. Nous aurons donc à ajouter environ 1° 23′ à tous les azimuts de *Ẕiban sifra.* Or on obtient + 26′ ·7 en échangeant les bords observés du soleil, et + 1° en supposant une erreur de + 1° commise dans le chiffre de l'angle azimutal du soleil (t. d'h. **300**, 1 et 2 = 229° 46′ et 54′ au lieu de 228° 46′ et 54′). Nous ferons donc usage d'une orientation de + 1° 26′ ·7. Alors la longitude de *Ẕiban sifra* devient = 37° 10′ ·42 par *Ḵaš'at*, = 37° 10′ ·41 par *Bizan*. Celle de *Gual'a* était de 37° 10′.52 par *Bizan*, et la différence de longitude avec *Ẕiban sifra* calculée = 0′ ·12. Ainsi lorsqu'on établit la longitude de *Ẕiban sifra* par *Ḵaš'at* = 37° 10′ ·42, et celle de *Gual'a* par *Ẕiban sifra* = 37° 10′ ·54, la latitude de 14° 15′ ·0 du Mt *Bizan* sera rencontrée à la longitude de 37° 13′ ·01 par la trajectoire partant de *Ẕiban sifra*, et à 37° 13′ ·02 par celle de *Gual'a*; ensuite par celle de *Mashal* à 37° 13′ ·05, et par celle de *Digsa* à 37° 13′ ·04. Ces trajectoires sont alors tracées dans le tableau de *Bizan*. Pour les mettre d'accord, il faudrait augmenter de 0′ ·02 les longitudes de *Ẕiban sifra* et *Gual'a* et supposer *Bizan* par 37° 13′ ·04. Ainsi *Ẕiban sifra* serait par 37° 10′ ·44. Mais en considération de la trajectoire de *Ḵaš'at*, nous choisirons une longitude moyenne de 37° 10′ ·43 de manière que la trajectoire de *Ḵaš'at* passe 0′ ·01 à l'ouest, et celle de *Bizan* 0′ ·02 à l'est de *Ẕiban sifra.* *Gual'a* sera par 37° 10′ ·55, et la trajectoire de *Bizan* passera 0′ ·01 à son est. Dans *Bizan* les trajectoires de *Ẕiban sifra*, *Gual'a*, *Mashal* passeront respectivement à 0′ ·02 et 0′ ·01 vers l'ouest, et à 0′ ·01 vers l'est. La trajectoire moyenne de *Bizan* sera dans l'azimut de 158° 53′, les plus grandes divergences des autres seront de — 1° 45′ et de + 2° 10′. Nous aurons donc à choisir la position définitive de *Bizan* sur cette trajectoire moyenne qui passe par la position provisoire de 14° 15′ ·00 et 37° 13′ ·04. Les petits écarts resteront à peu près constants. Quant à *Ẕiban sifra*, ce point doit être fixé sur la trajectoire entre celles de *Ḵaš'at* et de *Bizan* qui sont parallèles; elle sera par un azimut de 157° 50′ et passera par 14° 21′ ·39, 37° 10′ ·43. La nouvelle position de *'Addi graht* sera de 14° 20′ ·16 et 37° 8′ ·82. Les trajectoires de *Gual'a* 3 et de *Ẕiban sifra* 5 rencontrent la longitude de 37° 6′ 80, assumée pour *'Alequa* β, à 14° 18′ ·05 et à 14° 18′ ·12. Les altitudes de *'Alequa* β, construit avec ces trajectoires et celle de *Mashal* 6, seraient = 3403 par *Gual'a*, = 3404 par *Ẕiban sifra*, et = 3420 par *Mashal.*

Il y a maintenant deux choses auxquelles il faut avoir égard en déterminant les positions finales des deux stations dont il s'agit ici. D'abord l'écart entre les trajectoires de *'Alequa* β doit être diminué; ensuite il faut raccourcir la distance du Mt *Bizan* à *Gual'a* et à *Ẕiban sifra* afin de donner un accord plus grand aux quatre altitudes de ce pic. Les quatre trajectoires dans le tableau de *Bizan* convergent vers le point 14° 14′ ·90, 37° 13′ ·08; par conséquent on aurait tort de donner à ce mont la latitude 14° 15′ ·3. Il vaut mieux faire descendre en latitude les deux stations dans le but d'amoindrir leurs distances au Mt *Bizan.* Cela aurait en même temps pour effet de diminuer la divergence des trajectoires de *'Alequa* β. Nous l'avons donc fait; et nous avons encore favorisé la fermeture du triangle de *'Alequa* β en raccourcissant de 0 ·02 la distance entre *Gual'a* et *Ẕiban sifra.* Ceci change la position de *'Addi graht* en 14° 20′ ·19 et 37° 8′ ·88.

Pour avoir maintenant un point fixe de départ dans la construction de cette partie de la carte, nous choisissons comme donnée invariable la latitude observée à *'Addi graht* par MM. Ferret et Galinier; car celle-ci est la moins élevée de toutes. La latitude de la carte qui lui correspond est 14° 20′ ·00. Il faudra donc diminuer de 0′ ·19 les latitudes tant de *Gual'a* que de *'Addi graht* et celle de *Ẕiban sifra* de 0′ ·21, parce que la distance de *Gual'a* est diminuée de 0′ ·02. En faisant descendre *Ẕiban sifra* de 0′ ·21 en latitude sur la trajectoire de *Ḵaš'at*, sa longitude augmente de 0′ ·08. Il en sera de même de celle de *Gual'a* et de *'Addi graht.* De cette manière nous aurons les positions finales :

	Latitudes dilatées.	Longitudes.
Gual'a	14° 20′ ·74	37° 10′ ·63
Ẕiban sifra . . .	14 21 ·18	37 10 ·51
'Addi graht . . .	14 20 ·00	37 8 ·96
'Alequa β	14 17 ·77	37 6 ·74

La distance du Mt *Bizan* à *Ẕiban sifra* se trouve à présent diminuée de 0′ ·22, celle de *Gual'a* de 0′ ·20. Les quatre altitudes de *Bizan* seront donc :

3324 + x. 28 (*Mashal*)
3305 + x. 31 (*Digsa*)
3327 + x. 117 (*Gual'a*)
3335 + x. 94 (*Ẕiban sifra*)

On peut, dans l'intérêt des altitudes, faire monter *Bizan* de 0'·1 en latitude. La position de *Bizan* sera alors :

14° 15'·10 37° 13'·00

et les altitudes seront 3321, 3302, 3315, 3326 : moyenne 3316^{mt}. La différence de niveau entre *Gualʿa* et *Ziban sifra* est maintenant de 106^{mt} ; les différences entre les deux stations et *ʿAddi graht* respectivement de 44^{mt} et de 150^{mt}. Les altitudes de *ʿAlequa* β seront enfin : par *Mashal*, 3430 ; par *Digsa*, 3412 ; par *Gualʿa*, 3430 ; par *Ziban sifra*, 3427 mètres.

Il s'est encore trouvé après coup deux autres confirmations de cette nouvelle construction : Les altitudes du Mt *Sanʿafe* qui différaient de 40^{mt} dans l'ancienne construction, sont maintenant = 3393 par *Mashal* et = 3391 par *Ziban sifra*. Puis j'ai découvert dans *Ziban sifra* 1 un pic qui a été relevé en *Digsa II*, 5 ; ce dernier relèvement porte la note *pic lointain*, et les profils sont parfaitement semblables l'un à l'autre. Les altitudes sont 3043 par *Ziban sifra*, et 3045 par *Digsa* (distance = 37·3). Ce pic, surnommé *Danšalla* * par M. d'Abbadie, se trouve d'ailleurs indiqué dans la carte de MM. Ferret et Galinier. En construisant *Danšalla* avec l'ancienne position de *Ziban sifra* et sans l'orientation de ce tour d'horizon, on aurait obtenu les altitudes 3018 par *Ziban sifra*, et 3058 par *Digsa*, donc 40 mètres de différence, comme pour *Sanʿafe*.

Ainsi tout se réunit pour corroborer les suppositions qui m'ont conduit à changer le point nord du tour d'horizon observé à *Ziban sifra*.

Quant aux altitudes que je donne ci-dessus, elles sont toujours relatives ; les hauteurs absolues en ont été déduites par la soustraction de 65 mètres, ainsi que cela est indiqué à la page 327. L'altitude de *Gualʿa*, par exemple, devient ainsi 2570, celle du Mt *Bizan* 3251, etc.

L'on trouve au commencement des *Profils* (*fig.* 5), le petit plan de construction auquel l'exposé qui précède fait toujours allusion ; les noms inscrits auprès des trajectoires serviront de légende, et nous dispensent d'entrer ici dans des détails explicatifs.

R. R.

CHAPITRE XIII.

COORDONNÉES ABSOLUES.

Fixation des coordonnées absolues de nos cartes.

Lorsqu'un système de positions relatives est invariablement fixé, tous les changements qui s'appliquent à une position quelconque comprise dans ce système doivent se communiquer également à toutes les autres. Par cette raison, on peut regarder les différences que les coordonnées de certains points offrent avec leurs valeurs observées, comme existant entre les valeurs supposées et observées des coordonnées d'un point quelconque du système. En conséquence, on cherchera la moyenne de toutes les différences qu'on trouve entre les valeurs adoptées pour les coordonnées d'une même nature dans le système des positions relatives, et leurs valeurs qui résultent de l'observation ; et l'on ajoutera cette moyenne à toutes les coordonnées qu'elle regarde, en la prenant avec des poids convenables, et comme correction définitive.

La question est plus compliquée quand le système des positions relatives est fondé sur quelques coordonnées absolues qui résultent déjà de l'observation directe, par exemple, sur une base formée avec deux latitudes. Dans ce cas il faudrait, pour opérer rigoureusement, faire concourir toutes les latitudes observées, selon leur importance relative, à l'établissement de la base. Par suite, la correction à ajouter aux latitudes devrait contenir un terme variable dépendant de la correction de la base, correction que l'on trouverait comme il suit.

Soit Δ la base, x sa correction. Les deux systèmes aux bases Δ et $\Delta + x$ se ressemblent, et toutes les distances homologues seront en raison de $\Delta : \Delta + x$ ou de $1 : 1 + \frac{x}{\Delta}$. Par conséquent, en désignant par Φ_0, Φ_1, ... les latitudes vraies du système primitif, et, prenant pour point de départ celui dont la latitude est Φ_0, les différences $\Phi_1 - \Phi_0$, $\Phi_2 - \Phi_0$, ... seront augmentées dans le nouveau système à raison du facteur $1 + \frac{x}{\Delta}$, et la correction dépendant de x sera pour Φ_1 : $(\Phi_1 - \Phi_0)\frac{x}{\Delta}$, pour Φ_2 : $(\Phi_2 - \Phi_0)\frac{x}{\Delta}$, etc. Désignons par ψ la correction constante de toutes les latitudes, alors les nouvelles latitudes seront

$$\Phi_0 + \psi, \quad \Phi_1 + \psi + (\Phi_1 - \Phi_0)\frac{x}{\Delta}, \quad \Phi_2 + \psi + (\Phi_2 - \Phi_0)\frac{x}{\Delta}, \quad \ldots\ldots$$

On pourrait nommer coefficient du lieu les coefficients $\frac{\Phi_1 - \Phi_0}{\Delta}$, ... Soient encore φ_0, φ_1, ... les latitudes observées, les différences $\Phi_0 - \varphi_0 = \varepsilon_0$, $\Phi_1 - \varphi_1 = \varepsilon_1$, ..., et p_0, p_1, p_2... les poids à attribuer à chaque point du système dans le calcul de la correction définitive, alors les équations de condition seront les suivantes :

$$p_0\,(\psi + \varepsilon_0) = 0$$
$$p_1\left(\psi + \varepsilon_1 + \frac{\Phi_1 - \Phi_0}{\Delta}\,x\right) = 0$$
$$p_2\left(\psi + \varepsilon_2 + \frac{\Phi_2 - \Phi_0}{\Delta}\,x\right) = 0$$

etc., etc.

Ces équations, résolues par la méthode des moindres carrés, donneraient la correction x de la base et le terme constant ψ de la correction des latitudes. Les longitudes éprouveraient aussi une correction de cette forme : $\frac{l_1 - l_0}{\Delta}$ x , et même les différences de niveau lorsqu'elles seraient basées sur de grandes distances, seraient légèrement altérées par l'accroissement de ces distances égal à $\frac{s}{\Delta}$. x.

La correction x devrait d'ailleurs toujours être déterminée par les latitudes seules, sans égard aux longitudes observées, puisque la base Δ devait être fondée sur les latitudes. Mais nous n'avons pas cru nécessaire d'entrer dans les calculs que je viens d'exposer, pour les cartes qui, comme celle du *Tigray,* étaient construites primitivement sur une base formée par deux latitudes. Voici pour quelles raisons.

La base du *Tigray* avait déjà été modifiée plusieurs fois, dans le cours de la construction, par des considérations dont on va trouver plus loin l'exposé. Ainsi il n'y avait plus lieu de dire, au fond, qu'elle résultait des latitudes observées aux deux stations qu'elle joint. D'un autre côté, les matériaux d'azimuts et d'apozénits, avec lesquels il fallait construire la carte, n'étaient pas assez complets pour nous permettre de faire abstraction, avant la fin de la construction, des latitudes observées çà et là, et le réseau trigonométrique n'était pas assez solide pour garder sa forme dans le cas où il se serait trouvé de trop graves discordances entre les latitudes observées de quelques points et leur latitude dans le canevas. On n'était donc pas autorisé à communiquer une correction, devenue nécessaire dans tel point, à tout le système de points regardés alors comme invariablement liés entre eux ; c'était plutôt, pour ainsi dire, un système flexible.

Ainsi, j'ai cru qu'il valait mieux déterminer la base du *Tigray* de manière à obtenir dans la carte pour *Digsa II* et *Muçaww'a* qui était le point le plus septentrional de la carte, leurs latitudes observées, surtout parce que cet arrangement permettait aussi, heureusement pour la construction, d'adopter pour la carte du *Tigray* les positions des lieux méridionaux construits déjà dans la carte du *Bagemdir*. Les discordances qui restaient dans quelques latitudes de la carte par rapport aux valeurs observées, devaient s'expliquer par une erreur de l'observation ou par un défaut inconnu des matériaux qui avaient servi à construire le point en question.

Dans la carte de *Bagemdir,* les latitudes employées comme fondamentales ont été légèrement altérées dans la suite ; les deux stations dont il s'agit n'étaient pas jointes par un azimut, et le quadrangle, par lequel on pouvait les lier ensemble, ne se fermait pas exactement à *Manta dabir*, de manière que la forme définitive du canevas n'était déterminée que par la méthode de compensation que l'on sait. Et comme la liaison avec le *Gojjam* demandait quelques modifications des latitudes du *Bagemdir,* je les ai faites sans trop me laisser gêner par les deux latitudes fondamentales, car il était peu juste de leur donner une influence exclusive sur la carte. Ensuite j'ai été d'avis que la forme de la carte réunie du *Bagemdir* et *Gojjam* était assez nettement déterminée par les compensations continuelles où j'avais toujours eu égard aux latitudes observées en différents points, et qu'il était inutile de chercher par des équations de condition la correction finale des latitudes $\frac{x}{\Delta}$ $(\Phi_1 - \Phi_0)$ laquelle dépend de la place de chaque point, en prenant pour Δ quelque distance arbitraire regardée comme base ou comme étalon de la carte. J'ai seulement cherché la correction constante ψ_0 comme on va le voir plus loin.

La même chose peut se dire de la carte du *Grand-Damot.* Là aussi j'ai déterminé ψ_0 après avoir établi le canevas par des compensations de tous les plans de construction particuliers. On verra que ces corrections ψ_0 n'étaient que de — 0' ·02 pour la carte du *Bagemdir-Gojjam,* de + 0' ·02 pour celle du *Grand-Damot :* cela prouve, par la petitesse même de ces corrections, qu'elles n'étaient pas strictement nécessaires. Je les ai seulement calculées par manière de précaution, pour m'assurer que les résultats de mes compensations ne s'écartaient pas trop, dans les latitudes, de la condition que la somme des désaccords entre la carte et l'observation fût nulle quand on la multipliait par des poids convenables.

1. Latitudes absolues.

Je viens de dire que les latitudes dans la carte du *Tigray* ont été déterminées par les latitudes observées à *Digsa* et à *Muçaww'a*. Je donnerai ici, pour faire connaître les désaccords qui sont restés entre la carte et l'observation, le tableau des différences.

Stations.	Latitudes dans la carte.	Latitudes observées.	Erreur probable.	Différence.
'Adwa	14° 9' ·78	14° 9' ·90	± 0' ·20	+ 0' ·12
'Aylat.........	15 34 ·64	15 34 ·86	0 ·23	+ 0 ·22
Bizen I........	15 19 ·82	15 19 ·86	0 ·17	+ 0 ·04
Digsa II	14 59 ·11	14 59 ·11	0 ·10	0 ·00
Dihono........	15 32 ·69	15 32 ·84	?	+ 0 ·15
Gual'a	14 16 ·67	14 16 ·86	0 ·23	+ 0 ·19
Imakullu......	15 36 ·67	15 37 ·55	0 ·60	+ 0 ·88
Kokma........	14 16 ·73	14 17 ·61	0 ·67	+ 0 ·88
May Timqat...	13 46 ·36	13 46 ·40	0 ·33	+ 0 ·04
Muçaww'a.....	15 36 ·52	15 36 ·52	0 ·48	0 ·00
Muçaww'a d'après M. Ruppell.		15 36 ·20		— 0 ·32

La latitude de *Imakullu* a été observée au nord de la station des azimuts, la distance est inconnue ; celle de *Kokma* fut obtenue par le sextant Joinville, et est par conséquent très-incertaine. Les désaccords de 0′ ·88 n'ont donc rien d'effrayant. La latitude observée à *Hanna-Sanna* est = 14° 57′ ·51 ± 2′ puisque la lunette ne fut pas retournée ; la carte donne 15° 0′ ·65 , donc 3′ ·14 de plus. La latitude de *Balasa* est la latitude observée ; celle de *'Addi graht* la latitude donnée par MM. Ferret et Galinier, et la latitude de *Gual'a* est fondée sur celle de *'Addi graht*. Les latitudes de *Ḥalay* et de *Aftah* sont celles que donne M. Ruppell.

Dans la carte réunie du *Bagemdir* et du *Gojjam*, j'ai déduit de la manière suivante la correction de — 0′ ·02 à ajouter aux latitudes de la dernière rédaction pour avoir les latitudes définitives.

Station.	Latitude adoptée.	Latitude observée.	Diff.	Erreur probable.	Valeur du point.	Poids.	Diff. × poids.
Managaša	12° 36′ ·27	12° 36′ ·21	— 0′ ·06	± 0′ ·15	2	13·33	— 0·8000
Nabaga...........	11 59 ·18	11 58 ·87	— 0 ·31	0 ·20	½	2·50	— 0·7750
Quarata III.......	11 45 ·02	11 45 ·04	+ 0 ·02	0 ·25	1	4·00	+ 0·0800
Baguina I	10 44 ·21	10 43 ·68	— 0 ·53	0 ·50	½	1·00	— 0·5300
Dambaça	10 33 ·37	10 33 ·70	+ 0 ·33	0 ·23	$\frac{1}{10}$	0·44	+ 0·1436
Dangyame........	10 40 ·59	10 40 ·37	— 0 ·22	0 ·13	1	7·69	— 1·6922
Dini	9 49 ·05	9 49 ·47	+ 0 ·42	0 ·27	½	1·85	+ 0·7777
Mota.............	11 4 ·91	11 5 ·62	+ 0 ·71	0 ·17	½	2·94	+ 2·0882
Yajibe............	10 8 ·87	10 8 ·71	— 0 ·16	0 ·37	1	2·70	— 0·4324
Yawiš III	10 9 ·88	10 9 ·93	+ 0 ·05	0 ·17	1	5·88	+ 0·2831
						42·33	— 0·8570

$$\frac{-0{\cdot}857}{42{\cdot}3} = -0''{\cdot}02.$$

La valeur d'un point a été prise = ½ lorsque le point n'était pas très-bien fixé dans la carte, ou lorsque la station de la latitude était, comme à *Nabaga*, un peu différente de celle des azimuts ; enfin à *Mota* j'ai mis ½ pour diminuer l'influence du désaccord de 0′ ·71 qui m'était suspect. Le poids est le quotient de la valeur du point et de l'incertitude. Pour *Managaša*, par exemple, $\frac{0{\cdot}2}{15}$ = 13 ·33.

Une latitude déterminée près *Nazrit IV* est = 10° 38′ ·22, mais notée comme trop forte de 2′ à 3′. La carte donne pour *Nazrit IV* 10° 35′ ·92 ; donc 2′ ·3 de moins. Aux limites de la carte du *Bagemdir*, il y a encore les latitudes observées à *Dabariq* et à *Makana*. La première est de 13° 9′ ·90 ± 0′ ·37 ; dans la carte elle est 13° 8′ ·48, mais *Dabariq* est faiblement placé par une direction prise de *Wasange* et par l'estime de la distance parcourue. La latitude de *Makana* est de 13° 8′ ·2, mais notée comme trop petite, peut-être même de 5′. Dans la carte cette latitude est = 13° 15′ ·2.

Le tableau du calcul fait pour la carte du *Grand-Damot* est le suivant :

Station.	Latitude adoptée.	Latitude observée.	Diff.	Erreur probable.	Valeur du point.	Poids = p	Diff. × p
Adami	8° 50′ ·90	8° 51′ ·21	+ 0·31	± 0·10	1	10·00	+ 3 ·1000
Anafo.......	9 40 ·60	9 40 ·70	+ 0·10	0·25	½	2·00	+ 0 ·2000
Barakat.....	8 55 ·28	8 54 ·97	— 0·31	0·20	1	5·00	— 1 ·5500
Daga........	8 2 ·16	8 2 ·11	— 0·05	0·15	1	6·66	— 0 ·3333
Garuqqe.....	8 0 ·35	8 0 ·28	— 0·07	0·08	1	12·50	— 0 ·8750
Ganu	9 10 ·16	9 10 ·10	— 0·06	0·50	1	2·00	— 0 ·1200
Koma.......	8 26 ·20	8 26 ·73	+ 0·53	0·20	½	1·00	+ 0 ·5300
Qito	9 2 ·40	9 2 ·29	— 0·11	0·37	1	2·70	— 0 ·2973
Saqa........	8 12 ·03	8 11 ·97	— 0·06	0·12	1	8·33	— 0 ·5000
Sibarre......	9 30 ·00	9 30 ·24	+ 0·24	0·37	1	2·70	+ 0 ·6486
						52·89	— 0 ·8030

En divisant — 0′ ·8030 par 52 ·9, on obtient — 0′ ·015 ; nous avons donc adopté la correction ronde — 0′ ·02. La latitude de *Koma* a été observée au N.-E. de la station des azimuts, ce qui explique le désaccord. Les latitudes de *Birbirsa*, *Bonga*, *Çalla*, *Çokorsa*, *Jiren*, *Kiftan*, *Sadara*, *Dar-u* (*Amuru*), *Qella de Cibbe* ont été employées dans la carte.

La latitude de *Inçatkab* est = 13° 6′ ·32 d'après M. Ruppell ; nous l'avons trouvée = 13° 6′ ·31 dans la carte.

Les petits changements des latitudes de — 0′ ·02 ou + 0′ ·02 peuvent se faire sans que l'accord des trajectoires dans les points de liaison entre deux cartes soit troublé ; seulement il faut paralyser ces changements par des changements proportionnels des longitudes, de manière que le mouvement d'une carte dans le sens des méridiens se transforme en un mouvement dans le sens moyen des trajectoires qui passent d'une carte à l'autre. Ainsi la correction de — 0'·02 des latitudes du *Bagemdir* et *Gojjam* exigeait — 0'·02 pour les longitudes de la même carte relativement à celle du *Tigray;* les deux corrections de — 0'·02 pour la même carte, et de + 0'·02 pour celle de *Damot*, demandaient ensemble + 0'·03 pour les longitudes en *Damot*, relativement à celles de l'autre carte.

Les latitudes observées qui ne se trouvent pas dans notre carte sont celles de :

Alexandrie . . . . . . Barberah . . . . Caire . . . . Jiddah . . . . Moka. . . . . Quçayr. . . . . Suez . . . . Tujurrah	en dehors de la carte.	'Addi Habib. . . . . . Anfi'ana . . . . Dima . . . . May Rahya . . . . . . May Uray. . . . . . . Taranta.	en Tigray.

2. Longitudes absolues.

L'incertitude des longitudes observées, comparée à celle des latitudes observées ou des positions obtenues par un procédé géodésique, est trop grande pour que nous ayons pensé à tenir compte des différences de nos longitudes lunaires pendant la construction de la carte. Nous nous sommes seulement servi des résultats de nos occultations, pour fixer la longitude définitive d'un point de la carte, et la quantité dont elle différait de la longitude supposée du même point, a été ajoutée à toutes les autres longitudes qui n'étaient jusque-là que relatives.

Les longitudes conclues des huit occultations observées à *'Adwa* s'accordaient fort bien entre elles, surtout après les corrections qu'exigeaient les nouvelles positions de la lune calculées avec les tables de M. Hansen. La différence entre les valeurs extrêmes de la longitude de *'Adwa* obtenues avec les tables de Burckhardt, était $= 10^s \cdot 8$; par les corrections selon M. Airy elle était réduite à $7^s \cdot 8$, par celles d'après M. Adams à $7^s \cdot 5$, et par l'usage des tables de M. Hansen à $5^s \cdot 1$, comme on peut le voir dans le tableau des occultations. La moyenne des huit longitudes finales de *'Adwa* qu'on y trouve, est :

$$2^h\ 26^m\ 21^s \cdot 53 \pm 1^s \cdot 87 = 36^\circ\ 35' \cdot 38 \pm 0' \cdot 46 \text{ à l'est de Paris.}$$

Voici maintenant les différences entre les longitudes finales de six points de la carte et leurs longitudes relatives, fondées sur la longitude de *'Adwa*, qui avait été supposée $= 36^\circ\ 36' \cdot 05$, ou $= 2^h\ 26^m\ 24^s \cdot 20$. Nous appelons longitudes finales celles qui résultent des occultations, calculées avec les tables de M. Hansen.

Stations.	Long. relative.	Long. finale.	Diff.	Diff. + 3ˢ·4.	Corr. Adams.	Diff.
'Adwa	$2^h\ 26^m\ 24^s \cdot 20$	$21^s \cdot 53$	$- 2^s \cdot 67$	$+ 0^s \cdot 7$	$22^s \cdot 04$	$- 2^s \cdot 16$
'Aylat.	2 27 22 ·7	8 ·0	— 14 ·7	— 11 ·3	23 ·4	+ 0 ·7
Dambaça	2 20 44 ·9	41 ·0	— 3 ·9	— 0 ·5	55 ·2	+ 10 ·3
Gondar.	2 20 39 ·7	36 ·6	— 3 ·1	+ 0 ·3	51 ·2	+ 11 ·5
Muçaww'a	2 28 41 ·6	23 ·2	— 18 ·4	— 15 ·0	41 ·6	+ 0 ·0
Inçatkab.	2 23 10 ·8	13 ·3	+ 2 ·5	+ 5 ·9	8 ·1	— 2 ·7

La longitude de *Gondar* se rapporte à la station *Qañ bet I*; la longitude de *Inçatkab* a été calculée par les observations originales de M. Ruppell qui donne lui-même un résultat différent du nôtre ($2^h\ 23^m\ 57^s \cdot 3$). L'avant-dernière colonne du tableau ci-dessus contient les résultats du calcul exécuté à l'aide des tables de Burckhardt et des corrections de M. Adams. Il est à remarquer que les longitudes de *Muçaww'a* et de *'Aylat* viennent mieux par les anciennes tables que par les nouvelles.

Pour trouver la correction des longitudes relatives, nous avons donné les poids 8 à *'Adwa*, 1 à *Gondar*, *Dambaça* et *Inçatkab*, $\frac{1}{2}$ à *Muçaww'a*, et $\frac{1}{3}$ à *'Aylat;* on trouve alors la correction finale

$$= \frac{-2 \cdot 67 \times 8 - 3 \cdot 9 - 3 \cdot 1 + 2 \cdot 5 - \frac{1}{2} \times 18 \cdot 4 - \frac{1}{3} \times 14 \cdot 7}{11\ \frac{5}{6}} = -3^s \cdot 38 = -0' \cdot 84.$$

Après avoir ajouté partout cette correction, les différences se réduisent à celles que l'on trouve ci-dessus dans la cinquième colonne. Les longitudes de notre liste des positions sont basées sur cette correction de — 0'·84, ou bien sur la longitude de *'Adwa*, supposée

$$= 2^h\ 26^m\ 20^s \cdot 82 = 36^\circ\ 35' \cdot 21.$$

Les distances lunaires n'ont fourni que les longitudes de deux points isolés de la carte, celles de *Bonga* et de *Dar-u* en *Amuru*. Sur quatorze distances observées à *Bonga*, nous en avons exclu cinq qui s'écartent trop de la moyenne, et autant sur les dix-huit observées à *Dar-u*, ce qui a donné $2^h\ 16^m\ 0^s$ pour *Bonga* et $2^h\ 17^m\ 30^s$ pour *Dar-u*.

Quant aux autres longitudes qui résultent des distances et des hauteurs lunaires observées, voici leur comparaison avec celles qui ont été adoptées pour la carte. Les moyennes ont été prises en tenant compte des nombres d'observations qui ont fourni chaque valeur particulière, et l'on trouve, à droite et à gauche de la colonne du milieu, les différences entre ces moyennes et les longitudes définitives.

	Par les distances.	Nombre d'obss.	Diff.	Longitudes adoptées.	Diff.	Par les hauteurs.	Nombre d'obss.
Anafo.......	$2^h\ 17^m\ 4^s$	4					
	20 17	8					
	19 27	12					
𝔐 =	2 19 20	24	$-1^m\ 31^s$	$2^h\ 20^m\ 51^s$			
Barberah....	2 49 9	4	-1 26	2 50 35			
Digsa.......	2 28 19	11	$+0$ 40	2 27 39			
Gondar.....	2 20 37	1				$2^h\ 21^m\ 38^s$	2
	20 47	10				20 53	8
𝔐 =	2 20 46	11	$+0$ 9	2 20 37	$+0^m\ 25^s$	2 21 2	10
Muçaww'a...	2 28 58	3	$+0$ 20	2 28 38			
Saqa........	2 19 59	1				2 18 30	2
	20 29	2					
	16 59	4				18 38	4
	16 17	5					
	17 47	5					
	17 39	8				17 51	9
	17 48	8				19 11	7
	17 26	11				16 29	3
	17 28	8					
	17 38	11					
	17 58	33					
	18 0	21					
	18 6	21					
	18 17	4				17 49	4
	18 3	3				18 40	4
	18 4	8				18 38	10
	18 38	3				18 22	3
𝔐 =	2 17 50	151	-0 40	2 18 30	-0 2	2 18 28	43
Tujurrah....	2 42 10	7					
	41 31	6					
	41 42	10					
	42 23	7					
	43 25	4					
𝔐 =	2 42 6	34	$+0$ 4	2 42 2			
Yajibe......	2 20 53	12	-0 51	2 21 44			
Yawiš.......	2 21 58	4					
	21 38	11					
	21 35	9					
𝔐 =	2 21 40	24	-0 20	2 22 0.			

Les longitudes définitives de *Bạrberạh* et de *Tujurrạh* résultent chacune d'une occultation.

En déduisant les moyennes pour *Saqa*, nous avons exclu les deux valeurs marquées d'astérisques. L'on s'aperçoit d'ailleurs que les résultats des observations lunaires de *Saqa* sont meilleurs vers la fin du voyage où M. d'Abbadie avait acquis une plus grande habitude de ce genre de travail. Les hauteurs de la lune ont été encore très-peu employées pour trouver la longitude ; cependant elles sont préférables aux distances lunaires dans les pays voisins de l'équateur. L'influence des erreurs d'observation sur la longitude dans les deux méthodes se traduit par les formules

$$dl = \frac{-dD}{\Delta a \cos \delta \sin ☾ - \Delta\delta \cos ☾}$$

et

$$dl = \frac{dh}{\Delta a \sin A \cos \varphi - \Delta\delta \cos q} = \frac{-dh}{\Delta a \cos \delta \sin q + \Delta\delta \cos q},$$

où δ est la déclinaison de la lune, Δa et $\Delta\delta$ son mouvement en ascension droite et en déclinaison pendant une seconde, q l'angle parallatique, enfin ☾ l'angle occupé par la lune dans le triangle pôle — lune — étoile (soleil). Évidemment, le dénominateur de la première formule est indépendant de la latitude, tandis que celui de la seconde expression augmente si la latitude diminue, parce que le terme multiplié en Δa domine l'autre terme qui dépend de $\Delta\delta$. La quantité Δa est toujours positive, elle varie entre 0″·4 et 0″·7, tandis que $\Delta\delta$ varie entre — 0″·3 et + 0″·3. L'on voit donc encore qu'il faut observer les hauteurs dans le voisinage du premier vertical, et qu'il vaut mieux les observer à l'ouest quand la déclinaison croît, et à l'est quand elle décroît; car de cette manière on augmente le dénominateur de dh. Dans nos calculs, nous avions ordinairement $\frac{dl}{dD}$ et $\frac{dl}{dh} = \pm 2$, par conséquent $\frac{dl}{d\,2h} = \pm 1$; une erreur d'une minute dans la distance lunaire ou dans l'apozénit de la lune en produisait donc une de 2 minutes en temps sur la longitude; mais si l'on avait mesuré des distances et des doubles hauteurs, la même erreur de lecture avait une influence deux fois plus grande dans les distances que dans les hauteurs.

Pour terminer, nous allons rappeler quelques longitudes qui ont été déterminées en Éthiopie par d'autres voyageurs, et qui sont comparables à nos données. MM. Ferret et Galinier ont d'abord trouvé la longitude de *Aksum* et celle de *Intetchaou* (*Ạntiçạw*) par des observations astronomiques; ensuite ils ont, par le transport des chronomètres, déterminé les différences en longitude entre *'Adwa* et *Aksum*, entre *'Adwa* et *Ạntiçạw*, et entre *'Addi grahṭ* et *Ạntiçạw*. Leur résultat pour *Aksum* était 36° 20′ 40″ et 36° 26′ 40″, en moyenne 36° 23′·7; nous avons par la géodésie 36° 24′·3, c'est-à-dire 0′·6 de plus. Pour *Ạntiçạw* ils avaient 34° 36′ 52″; la différence avec *'Adwa* ayant alors été trouvée = — 1^m 10^s·4 = — 17′·36, et celle entre *'Adwa* et *Aksum* = 36^s·6 = 9′·15, on avait par *Aksum* 36° 32′·81, et par *Ạntiçạw* 36° 35′·15 pour la longitude de *'Adwa*. Notre liste des positions donne 36° 35′·21.

M. Ruppell donne pour la longitude de sa maison à *Gondạr*, déduite de deux occultations, 37° 31′ 57″ à l'est de Greenwich; or, la réduction à la tour *Mạnqqạša* étant + 8″·4, celle au méridien de Paris — 2° 20′ 9″, on a pour la longitude de cette tour, d'après le voyageur allemand, 35° 11′·95; et d'après notre liste, 35° 9′·32. La différence est de 2′·63. Bruce avait 35° 8′·10 par les immersions des satellites de Jupiter, calculées par Maskelyne; cette longitude est de 1′·22 seulement plus faible que la nôtre.

3. Altitudes absolues.

La base du système des altitudes relatives n'était qu'une seule altitude supposée, celle du M[t] *Sạloda*, adoptée en premier lieu d'après les observations de l'hypsomètre. Nous l'avions choisie parce qu'elle nous semblait appuyée par les altitudes observées de plusieurs autres points. Pour tirer parti ensuite de toutes les observations hypsométriques, il aurait fallu considérer les différences entre les altitudes relatives et leurs valeurs observées comme existant entre la valeur supposée et la valeur observée de l'altitude base. La moyenne de toutes ces différences multipliées par des poids convenables, aurait alors été la correction à ajouter à toutes nos altitudes relatives, pour en faire un système d'altitudes absolues.

Nous avons essayé ce moyen, tout en ayant égard à la hauteur estimée de *Muçạwwʿạ* qui était introduite avec un poids considérable, parce qu'elle doit être très-près de la vérité. Nous avons alors trouvé qu'il fallait retrancher environ 35 mètres de toutes nos altitudes. Mais les points de l'île *Muçạwwʿạ* et des petites îles environnantes, ainsi que plusieurs points de la plage, restaient toujours encore trop élevés de trente mètres à peu près au-dessus du niveau de la mer Rouge. Ce désaccord était très-naturel, vu l'incertitude des altitudes hypsométriques basées sur des observations isolées. Nous avons donc préféré réduire toutes nos altitudes en les diminuant de soixante-cinq mètres afin de donner à *Muçạwwʿạ I* une hauteur de deux mètres, et aux autres points très-voisins de la mer, des altitudes vraisemblables.

Le tableau qui va suivre contient la comparaison des altitudes hypsométriques avec les altitudes que nous avons adoptées en définitive. Les différences sont parfois assez considérables, comme on devait s'y attendre, puisque les observations correspondantes manquaient et qu'il n'était pas possible de tenir compte des variations du point zéro dans le thermomètre **212**. Une variation capricieuse de ce genre paraît avoir influencé les observations de 1848 qui ont été faites avec le plus grand soin, et qui néanmoins donnent des altitudes trop fortes de 100 à 200 mètres (*Ḫora dịbba, Ambaẕzo, Buahit, Dajan*).

Les observations faites à Audaux et à Paris, en 1850-51, indiquent un changement de 1 ·3 parties ou de 0 ·20 grades dans le zéro du thermomètre **212**, relativement à l'année 1841 où les deux observations de *Muçawwʿa* ont été faites. Si l'on voulait s'y fier, on aurait probablement 0 ·20 à ajouter aux températures de la vapeur observées en 1848, ce qui donnerait 63 mètres de moins pour les altitudes, et diminuerait d'autant les écarts dont il s'agit.

Les différences entre les altitudes de la géodésie et celles qu'a données le baromètre, sont moins considérables. Mais en général on s'apercevra que nos altitudes hypsométriques sont trop fortes, soit qu'on les compare avec celles de la liste des positions, ou avec les résultats des observations barométriques de M. Ruppell et de MM. Ferret et Galinier. Ceci semble prouver que la hauteur moyenne du baromètre au niveau de la mer Rouge a été supposée trop forte. Pour chaque millimètre de moins, toutes les altitudes perdraient 11 ·6 mètres ; si, par exemple, au lieu de 762 ·1 on voulait choisir 759 ·0, elles seraient toutes moindres de 36 mètres. Les observations de *Muçawwʿa*, calculées comme les autres, donnent aussi 63^{mt} en moyenne par le baromètre, et 33^{mt} et — 6^{mt} par l'hypsomètre, pour l'élévation de cette île au-dessus de la mer, au lieu de 2 à 10 mètres qui seraient sa hauteur véritable. Au reste, on trouve dans la météorologie de Kæmtz que la hauteur moyenne du baromètre au niveau de l'Océan et sous les latitudes de 10° environ, est de 760^{mm}, ce qui équivaut à 758^{mm} sous la latitude de Paris ; de plus, il faut se rappeler que nos observations isolées ne représentent point l'état moyen de l'atmosphère aux endroits où elles ont été faites, et qu'en conséquence leur combinaison avec les valeurs moyennes de 𝔅 et de 𝔗 était un peu hasardée. Nous croyons être dans le vrai en assumant que la valeur employée de 𝔅 = 762 ·1 peut être dans quelques cas trop grande de 7^{mm}, ce qui donnerait 80 mètres de trop dans les altitudes en question.

La formule d'Atkinson pour la réduction de la température au niveau de la mer (page 117) est déjà une seconde approximation par rapport à celle de Ramond, car ce dernier suppose la dépression du thermomètre proportionnelle à l'altitude (sa règle revient essentiellement à prendre pour cette dépression les six millièmes de l'altitude en mètres). Mais il est évident que ces formules ne pourront jamais suppléer au défaut d'observations simultanées. La comparaison d'un grand nombre d'observations faites en Europe et en Amérique a montré que le nombre de mètres dont il faut s'élever pour que la température s'abaisse d'un degré, est fort loin d'être constant, qu'il varie, au contraire, énormément avec la saison, avec l'heure de la journée, avec le climat, et surtout avec la configuration du pays. On l'a trouvé flottant entre 120 et 300 ; quelquefois même beaucoup plus considérable (*Voir* Kæmtz, *Météorologie*, pages 194-204 de la traduction française). Il paraît donc que l'erreur de nos valeurs théoriques de 𝔗 peut aller jusqu'à 10 degrés pour une altitude très-élevée, et il en résulte une erreur de 2 pour 100 dans le chiffre de l'altitude, ce qui fait 100 mètres sur 5000. Il s'ensuit de tout cela qu'une altitude considérable, conclue d'une bonne observation isolée du baromètre ou de l'hypsomètre, peut être parfois fautive de 100 à 200 mètres. Et quand même on aura l'occasion d'instituer des observations correspondantes, on doit se rappeler le conseil de Ramond, qui veut, avec raison, que les deux endroits où l'on observe simultanément n'aient pas des différences sensibles de climat.

Ainsi, il est peut-être téméraire de combiner ensemble des observations faites à *Maçawwʿa* et dans les hautes plaines de l'Éthiopie, car la saison pluvieuse des *daga* a lieu toujours dans ces mêmes mois où le temps est sec et brûlant dans les *qualla* près de la côte.

Il se peut d'ailleurs qu'une partie des écarts signalés entre les altitudes hypsométriques et les résultats de la géodésie trouve son explication dans l'incertitude de quelques-unes de nos positions, ou dans celle du coefficient de la réfraction terrestre qui varie probablement dans les chaleurs exceptionnelles des climats éthiopiens. Enfin, les observations de l'hypsomètre peuvent être affectées çà et là d'une erreur de lecture.

Malgré tous ces inconvénients, nous avons cru utile de publier les résultats des observations hypsométriques pour montrer ce qu'on peut attendre en général de pareilles mesures indépendantes et exécutées en voyage. Les observations de *Dabra Tabor*, de *Imakullu* et de *Lalibala* n'ont pas été rapportées ici, parce qu'elles n'avaient pas été faites aux stations qui portent ces noms dans la liste des positions. A la fin du tableau, on trouvera l'altitude de *Imakullu*, déduite d'un apozénit observé de l'horizon de la mer ; elle est certainement trop petite de 20 mètres au moins. Mais on sait combien il est difficile de faire une observation de cette espèce sur une mer dont l'horizon est rarement net dans ces parages. Il faut donc admettre que l'apozénit trouvé est trop petit de 2′ à 3′.

COMPARAISON DES ALTITUDES ADOPTÉES ET DE CELLES QUI RÉSULTENT DES OBSERVATIONS DIRECTES.

Station.	Altitude adoptée.	Hyps.	Diff.	Remarques.
Abbay, source..	2831	2809	+ 22	
Adami.........	2147	2212	— 65	
ʻAdwa.........	1965	1970	— 5	Deux obs. avec obs. corresp., deux isolées.
»	»	B. 2023	— 58	
Aksum........	2200	2270	— 70	
Ambazzo......	3045	3240	— 195	Point du zéro dérangé?
Anafo.........	2397	2439	— 42	
ʻAylat.........	203	281	— 78	
Baguina.......	2267	2289	— 22	
Barakat.......	1678	1710	— 32	
Birko.........	2590	2578	+ 12	
Birqaqo........	2758	2813	— 55	
Bizen.........	2493	2519	— 26	Une obs. isolée, une combinée.
Buahit........	4510	4664	— 154	Point du zéro dérangé?
Çalla..........	1940	1920	+ 20	
Çambilge......	2827	2791	+ 36	
Çilaçiqañe.....	1635	1644	— 9	
Dabet.........	2840	2851	— 11	
Daga..........	2000	1969	+ 31	Daga Istifanos. On pourrait diminuer de 10 mètres les 2000 de la géodésie où l'on a relevé les sommets des arbres.
Dajan.........	4620	4713	— 93	
Dangyame.....	2595	2607	— 12	
Digsa I........	2244	2311	— 67	
»	»	B. 2262	— 18	
Dini...........	2405	2468	— 63	
Dogom........	2490	2498	— 8	
Dumi.........	3245	3313	— 68	
»	»	B. 3279	— 34	
Falle I........	2503	2492	+ 11	
Ganu..........	2723	2651	+ 72	Position un peu incertaine.
Garuqqe.......	2175	2152	+ 23	
Gondar........	2280	2307	— 27	Station de Qañ bet I.
»	»	B. 2318	— 38	
Gualʻa.........	2570	2655	— 85	
Gurem I.......	2409	2434	— 25	
Hanna Sanna...	2691	2742	— 51	
»	»	B. 2750	— 59	
Iliça..........	2956	3068	— 112	Erreur de lecture?
Hora dibba.....	2949	3058	— 109	Point du zéro dérangé?

Station.	Altitude adoptée.	Hyps.	Diff.	Remarques.
Imba Raʻiniddi.	1693	1747	— 54	
Inçatkab.......	3181	3217	— 36	
Inna doqqo....	2170	2112	+ 58	Le point zénital du tour d'horizon a dû être changé.
Irir...........	2750	2733	+ 17	Observations correspondantes.
Jijjlla.........	2013	1991	+ 22	
Karni..........	4070	4092	— 22	
Ķocawo........	1640	1668	— 28	
Kokma........	2200	2333	— 133	
Koma.........	2056	2008	+ 48	
Lanko.........	2720	B. 2773	— 53	
»	»	B. 2762	— 42	
Maguina.......	2343	2320	+ 23	
Mahdara MAR..	2460	2523	— 63	
Manta dabir....	2442	2480	— 38	Hauteur moyenne entre celles des quatre stations.
Masararya.....	4444	4516	— 72	
May Qani-i.....	2135	B. 2164	— 29	
Mota..........	2538	2530	+ 8	
Muçawwʻa I...	2	13	— 11	
Muçawwʻa.....	7	B. 63	— 56	Station météorologique.
Nazrit IV......	2895	2971	— 76	
Qito..........	1658	1693	— 35	
Qobbo.........	2369	2356	+ 13	
Qalala.........	3329	3360	— 31	
Quarata.......	1914	1909	+ 5	
» port...	1871	1870	+ 1	
Sadara........	1921	1911	+ 20	
Saqa..........	1887	1824	+ 63	
Saloda........	2557	2622	— 65	
»	»	B. 2629	— 72	
Soni..........	2770	2786	— 16	
Tobo..........	1684	1752	— 68	
Tul...........	1711	1758	— 47	
Tumama......	2206	2176	+ 30	
Wasange......	3204	3269	— 65	
Wugir........	3875	3918	— 43	
Yajibe.........	2423	2443	— 20	
Yawiš I.......	2460	2564	— 104	
Imakullu......	97	67	+ 30	L'altitude de 67^{mt} résulte d'une observ. de l'horizon de la mer.

COMPARAISON DES ALTITUDES SELON LES OBSERVATIONS DE :

	M. d'Abbadie.			M. Rüppell.	MM. Ferret et Galinier.
	Géodésie.	Hypsométrie. ($\mathfrak{B}$ = 762·1)	Hypsométrie. ($\mathfrak{B}$ = 759·0)		
ʻAddi graht.	2527	2610 (par Gualʻa)	2574	2493	2467
ʻAdwa......	1965	1970	1958	1895	1911
»	»	B. 2023	B. 1987	»	»
Aksum.....	2200	2270	2234	2161	2175
Gondar....	2280	2307	2271	2262	....
»	»	B. 2318	B. 2282	»	....

	M. d'Abbadie.			M. Rüppell.	MM. Ferret et Galinier.
	Géodésie.	Hypsométrie. ($\mathfrak{B}$ = 762·1)	Hypsométrie. ($\mathfrak{B}$ = 759·0)		
Inçatkab....	3181	....	....	3155	....
Dajan......	4620	4713	4677	....	4623
Digsa.......	2244	2311	2275	....	2210
»	»	B. 2262	B. 2226	....	»
Tana....... (rive du lac)	1855			1862	

Il est à remarquer que nous avons donné ici l'altitude de l'église de *ʻAddi graht,* tandis que les observations de MM. Rüppell, Ferret et Galinier se rapportent au village de ce nom, et devraient par conséquent être augmentées pour la comparaison. Les altitudes de la liste sont en moyenne plus fortes de 30 mètres que celles qui résultent des observations des trois voyageurs cités.

CHAPITRE XIV.

HISTOIRE DE NOS CARTES.

I.

Carte du Tigray.

Je vais d'abord esquisser la composition de ce canevas, pour faire voir comment nous avons réussi à tirer des matériaux donnés des fondements solides pour une carte du pays entre *Muçaww'a* et la grande chaîne du *Simen*. On pouvait prendre pour base géodésique la distance entre les stations importantes de *Digsa II* et de *Saloda* qui avaient encore cet avantage d'être situées au milieu de la carte. Il y avait une latitude observée à *Digsa*, une autre à *'Adwa* dont on pouvait déduire celle du Mt *Saloda* au moyen de sa distance à *'Adwa*, obtenue par la vitesse du son, et des azimuts réciproques de ces deux dernières stations. Ces deux latitudes, combinées avec l'azimut du Mt *Saloda* relevé de *Digsa* = 201° 46′, ce qui est un azimut favorable à cette sorte de combinaisons, donnaient une distance entre *Saloda* et *Digsa* = 50 milles ou 93000 mètres environ. Sur cette base, on a construit le grand triangle au bout duquel est situé le Mt *Gorzo*, à peu près sur la latitude de *Digsa* et à son ouest. Le Mt *Gorzo*, relevé, comme aussi le Mt *Saloda*, de *Zohodo* et de *Liqanos*, donnait le moyen de placer ces deux stations importantes qui sont près de *Aksum*. On pouvait dès lors fixer les positions des signaux qui avaient été le plus souvent relevés, à savoir des monts *Samayata*, *Hiça*, *Wa'alta hazin* et *Kaš'at*, les deux premiers voisins de *'Adwa*, le troisième près de *Aksum*, et le dernier situé entre *'Adwa* et *Digsa*, à l'est de la base. Pour étendre le réseau trigonométrique jusqu'à *Muçaww'a*, il fallait rallier le nord de la carte aux points principaux qu'on avait ainsi placés. A cet effet, on avait à placer les monts *Bizen* et *Diyot*, relevés tous deux de *Imakullu*, station liée à *Muçaww'a*, et de *Ras Mudir*, qui est un cap de l'île de *Muçaww'a*. De *Bizen II*, on avait relevé les monts *Samayata*, *Kaš'at* et *Birqaqo*; l'angle formé par les azimuts de *Samayata* et de *Kaš'at* n'était que de 24°·5, celui entre *Samayata* et *Birqaqo* était de 39°·1. Il y avait donc avantage à placer *Bizen* par *Birqaqo*; et on en avait encore besoin pour placer *Diyot*. Le tour d'horizon de *Birqaqo* (à 5 milles environ au N.-E. de *Digsa*) n'avait pas, par malheur, d'azimuts favorables pour déterminer la latitude de cette station; celle de *Hanna-Sanna*, au pied du Mt *Birqaqo* et liée à celui-ci, avait bien Mt *Gorzo*, mais les deux tours d'horizon de *Hanna Sanna* étaient mal orientés par le soleil, comme il était facile de s'en assurer, et sa distance au Mt *Birqaqo*, estimée à 500 mètres, était peu certaine. Il valait donc mieux placer *Birqaqo* par ses relèvements et par *Koqa* 12, après avoir placé *Koqa* par les signaux *Gorzo*, *Samayata* et *Kaš'at*. Ensuite on pouvait placer *Diyot* par *Birqaqo* et *Koqa*, et *Bizen* par *Birqaqo*, *Kaš'at* et *Samayata*. De cette façon la partie nord de la carte se trouvait liée à son milieu. Pour arriver au sud, on avait le Mt *Dammo galila*, relevé de *Saloda*, *Zohodo*, *Liqanos*, et la station de *Dabra Gannat* qui se plaçait par *Wa'alta hazin* et *Dammo galila*. Enfin, tout au sud, il y avait la station de *Wasange*, et celle de *Ankua* * tout près du *Ras Dajan* qui est le plus haut point de la chaîne du *Simen* et qui a été souvent relevé des stations du nord. De *Wasange* on avait relevé les monts *Samayata*, *Hiça*, *Wa'alta hazin*, *'Alawgen*; de *Ankua*, on avait vu *Samayata*, *Hiça*, *'Alawgen*. Le Mt *'Alawgen* avait encore été observé de *Dabra Gannat* et servait à lier plus étroitement *Wasange* et *Ankua* avec le milieu du *Tigray*.

Après avoir ainsi ébauché la carte, on pouvait aisément construire les points secondaires, orienter les tours d'horizon qui en avaient besoin, rectifier les noms donnés aux relèvements, et procéder ensuite à un examen plus rigoureux de la base et des positions de tous les points.

La base reposait, comme je l'ai dit, primitivement sur les deux latitudes observées à *Digsa* et à *'Adwa*, que l'on avait combinées avec les gisements du Mt *Saloda* vu de ces deux stations, et sa distance à *'Adwa* trouvée par la vitesse du son. La latitude de *Digsa* était = 14° 59′·06 ± 0′·10; mais c'est à un point situé au sud de la station des azimuts que M. d'Abbadie l'a observée, et malheureusement il a omis de mesurer la distance de ces deux endroits; elle était d'environ 100 mètres = 0′·05, estimée de souvenir. De cette manière la latitude de *Digsa II* pouvait être supposée = 14° 59′·11.

La latitude de *'Adwa* était moins certaine. Comme on peut le voir dans le « Résumé des latitudes observées », la moyenne des observations de 1840 donne la latitude 14° 10'·00, celle de 1838 pour un endroit à 100 ou 200 mètres au nord de la station des azimuts, 14° 9'·56. Ce dernier résultat était d'accord avec celui des observations de MM. Ferret et Galinier, tandis que le premier était confirmé par celui de M. Rüppell. On voit donc qu'il n'y avait pas beaucoup à faire avec cette latitude de *'Adwa*. Quant à la distance entre *'Adwa* et le Mt *Saloda*, elle était par le son = 2837 mètres ± 121. Mais les triangles *'Adwa-Saloda-Hiça* et *'Adwa-Saloda-Samayata* la donnaient = 2695 et 2730 mètres respectivement, en supposant la base = 51·3 milles, et les changements de la base que nous avons faits dans le courant du travail, étant toujours inférieurs à 0'·6, ces distances géodésiques ne pouvaient être altérées que d'un centième environ, c'est-à-dire de 30 mètres, et encore auraient-elles été diminuées, car la longueur de 51'·3 était le maximum de toutes les valeurs essayées pour la base. La différence de latitudes vraies entre *'Adwa* et Mt *Saloda* qui résulte de la distance observée et de l'azimut de 178° 12'·3, est de 1'·536; celles qui résultent des deux distances trouvées par les triangles étaient respectivement 1'·460 et 1'·480, moyenne 1'·47. Nous avons adopté cette moyenne pour la carte; car pour avoir entre *'Adwa* et *Saloda* la distance que donne la vitesse du son, il faudrait supposer une erreur de 15' dans l'azimut du Mt *Saloda* vu de *Digsa II*; il est donc peu probable que cette distance observée soit la vraie. En la remplaçant par celle que donnent les triangles, et choisissant pour *'Adwa* la latitude de 14° 10'·00, on avait pour *Saloda* 14° 11'·47. La différence entre les latitudes de *Digsa II* et de *Saloda* était alors de 47'·64. Il faut d'ailleurs observer que la base *'Adwa-Saloda*, mesurée par le son, a été forcément dans des conditions exceptionnelles. En effet, *'Adwa* était abrité par les montagnes vers l'est, et il y régnait un calme plat, tandis que le Mt *Saloda* était balayé par des raffales passagères, et comme les coups de fusil alternatifs aux deux extrémités de la base n'étaient pas rigoureusement simultanés, on ne peut se flatter d'avoir entièrement éliminé l'influence du vent sur la vitesse du son. D'ailleurs le vent souffle le plus souvent dans une direction horizontale, tandis que la base, mesurée obliquement, était inclinée de 12° 11' à l'horizon. Ces considérations expliquent suffisamment l'incertitude d'une mesure bien faite d'ailleurs.

Comme les premières constructions de la carte furent exécutées à l'aide des triangles géodésiques, nous nous servirons ici des latitudes et distances vraies, au lieu de donner les nombres pour la projection de Mercator. On trouve à la page 262 la formule par laquelle la distance vraie se déduit de la différence de deux latitudes vraies et de l'azimut observé. Cette formule peut s'abréger de la manière suivante :

$$s = (\varphi_1 - \varphi)(1 - e^2\cos^2\varphi_0)\sec A + \tfrac{1}{2}\sin 1'\left[(\varphi - \varphi_1)(1 - e^2\cos^2\varphi_0)\sec A\right]^2 \sin A \operatorname{tg} A \operatorname{tg}\varphi_0 .$$

Nous avons $\varphi_1 - \varphi = -47'{\cdot}64$, $\varphi_0 = 14°\ 35'{\cdot}3$, $A = 201°\ 46'{\cdot}4$. Le calcul de s devient ainsi :

$$\begin{aligned}
\log(\varphi_1 - \varphi) &= 1{\cdot}67797_n \\
\log(1 - e^2\cos^2\varphi_0) &= \bar{1}{\cdot}99728 \\
\log\sec A &= 0{\cdot}03212_n \\
&\overline{1{\cdot}70737}\ , \quad \text{nombre} = 50{\cdot}977 \\
&3{\cdot}41474 \\
\log \tfrac{1}{2}\sin 1' &= \bar{4}{\cdot}16270 \\
\log \operatorname{tg}\varphi_0 &= \bar{1}{\cdot}42758 \\
\log \sin A \operatorname{tg} A &= \bar{1}{\cdot}17074_n \\
&\overline{\bar{2}{\cdot}17576_n}\ , \quad \text{nombre} = -0{\cdot}015 \\
&\qquad\qquad s = 50'{\cdot}962
\end{aligned}$$

La carte construite sur cette base donnait pour *Muçaww'a I* une latitude de 15° 36'·35. La latitude observée à *Muçaww'a* était de 15° 36'·52 ± 0'·5; d'après M. Rüppell = 15° 36'·20. Ainsi la construction donnait la moyenne entre les latitudes observées par M. d'Abbadie et par M. Rüppell. Mais il faut remarquer que la latitude de *Muçaww'a* dépendait beaucoup de la manière dont on plaçait *Birqaqo*, et j'ai déjà dit que la latitude de cette station était difficile à déterminer. Dans la forme actuelle de la carte, la position de *Birqaqo* résulte des relèvements faits à la station de *Birqaqo*, de l'azimut *Hanna Sanna* 27 avec la distance estimée, et de l'azimut de *Koqa* 12. Mais il a fallu orienter les deux tours d'horizon de *Hanna Sanna* par la carte, parce que l'orientation par le soleil était insuffisante, et plus tard modifier de quelques minutes l'orientation calculée, pour mettre d'accord la position de *Hanna Sanna* et l'azimut *Hanna Sanna* 27 avec la position de *Birqaqo* donnée par *Koqa* 12. La distance du Mt *Birqaqo* à *Hanna Sanna* avait été estimée à 500 mètres, elle est dans la carte = 0'·36 = 668 mètres, et l'apozénit de *Birqaqo* relevé en *Hanna Sanna* 27, demanderait une distance de 0'·40 = 760 mètres. Le tour d'horizon de *Koqa* a dû être orienté aussi, et il s'est trouvé que le bord du soleil qui avait été observé n'était pas celui que le ms. indiquait, il fallait augmenter les azimuts de 14'·5 par suite du changement des bords observés. On conçoit que ces difficultés nous ont causé assez d'embarras, et que j'ai dû refondre la construction à plusieurs reprises avant d'arriver à la position actuelle du Mt *Birqaqo*, qui me semble être le résultat le plus probable de toutes les données dont je pouvais disposer.

La base, supposée = 47'·64, donnait donc la latitude de *Muçaww'a* = 15° 36'·35, mais toujours dans l'hypothèse que *Birqaqo* fût placé de la manière que je viens d'exposer. Je passerai sous silence les différents essais de construction où la position de *Bịrqaqo* fut obtenue d'une autre façon, les positions de *Muçaww'a* qui en résultaient, et les modifications de la base introduites dans le but d'obtenir pour *Muçaww'a I* l'une des latitudes observées ou leur moyenne. Je dirai seulement que la construction du *Tigray* était déjà finie au moyen des triangles géodésiques dont je me servais encore au commencement, lorsque j'ai découvert une faute de — 1° dans les azimuts *Mudir* 7 et *Mudir* 8 commise par le premier calculateur en retranchant le point nord des angles azimutaux. Comme *Mudir* 7 était l'azimut du Mt *Diyot*, qui servait à placer *Mudir* et par conséquent *Muçaww'a*, la construction dut être recommencée.

J'ai déjà dit que 15° 36′ ·35 était la moyenne entre les latitudes observées de *Muçaww'a*, on aurait donc très-bien pu se contenter de la latitude choisie de *'Adwa*, si les positions des lieux du sud qui en résultaient avaient été d'accord avec la carte du *Bagemdir*. Mais la latitude de *Wasange I* devenait ainsi = 13° 11′ ·2 par le *Tigray*, elle était de 13° 10′ ·7 dans la carte du *Bagemdir*; la latitude de *Wasange* était donc trop élevée de 0′ ·5 environ dans celle du *Tigray*. Il en était de même de *Ankua*. Cela montrait qu'il fallait augmenter la base, en poussant *'Adwa* et *Saloda* plus vers le sud. La différence des latitudes de *Digsa* et de *Wasange* était de 108′ environ, celle entre *Digsa* et *Muçaww'a* de 37′ environ. En augmentant la base de la quantité x, sans altérer la latitude de *Digsa*, on faisait monter *Muçaww'a* de $\frac{37}{51}$ x, et descendre *Wasange* de $\frac{108}{51}$ x en latitude. En prenant x = 0′ ·23, la latitude de *Muçaww'a* devenait 15° 36′ ·35 + 0′ ·17 = 15° 36′ ·52, égale à la latitude observée par M. d'Abbadie, et celle de *Wasange* = 13° 11′ ·2 — 0′ ·49 = 13° 10′ ·7, comme l'exigeait la carte du *Bagemdir*. D'ailleurs la liaison entre le *Tigray* et le *Bagemdir* n'est pas formée par des triangles très-bien fermés. Les azimuts de *Wa'alta hazin*, *Hiça* et *Samayata* qui sont des signaux de *Wasange I*, sont trop convergents; *'Alawgen* a été relevé de *Wasange*, mais *'Alawgen* est principalement déterminé par *Dabra Gannat* et *Ankua*, station qui ne saurait être établie d'une façon certaine par les relèvements du Mt *Ras Dajan* faits au nord ; enfin *Baroc waha* et *Abba Yared* sont des signaux assez mauvais. Ainsi les latitudes des lieux du sud pouvaient varier de 0′ ·1 sans altérer sensiblement la base du *Tigray*; car puisque tous les points du *Bagemdir*, relevés du *Tigray*, sont situés au sud-ouest de *Saloda*, on pouvait sans inconvénient faire légèrement monter leurs trajectoires qui partaient du *Tigray*, si l'on donnait en même temps à ces trajectoires un certain mouvement vers l'est. Je ne parle du reste ici que de modifications qui n'excèdent guère quelques centièmes de minute.

Il était donc certain qu'on pouvait choisir la latitude de *Saloda* de manière à obtenir pour *Muçaww'a* la latitude observée, tout en gardant celle de *Digsa I*, et à mettre d'accord les trajectoires des lieux du sud avec les positions que ceux-là avaient dans la carte du *Bagemdir*. En allongeant la base de 0′ ·23, on faisait descendre *Saloda* de 0′ ·22 ; ainsi la latitude de *Saloda* devenait = 14° 11′ ·25 ; celle de *'Adwa* = 14° 9′ ·78. Les autres latitudes observées en *Tigray* étaient ou peu certaines, ou appartenaient à des points dont les positions étaient trop peu liées aux points principaux, de manière qu'on pouvait faire abstraction de ces latitudes, excepté tout au plus celles de *Bizen*.

La nouvelle base était = 50′ ·96 + 0′ ·23 = 51′ ·19. La latitude de *'Adwa* était intermédiaire entre ces deux valeurs observées. On pouvait maintenant construire tous les points du *Tigray* par les petits tableaux dont nous avons parlé dans le chapitre sur la méthode de compensation. Dans le *Résumé géodésique* publié comme avant-coureur de cet ouvrage, on trouve des positions construites sur la base de 51′ ·22, et les latitudes de *Digsa II* = 14° 59′ ·18 ; de *'Adwa* = 14° 9′ ·82, de *Muçaww'a* = 15° 36′ ·61. Cet arrangement était le résultat de certaines considérations par lesquelles j'avais donné quelque influence aux autres latitudes observées en *Tigray*, en déterminant la correction x de la base et l'accroissement ψ_0 de la latitude de *Saloda*, conformément au principe exposé dans le paragraphe **1** du chap. XIII qui s'occupe des coordonnées absolues.

Mais j'ai préféré remanier la construction pour baser la carte du *Tigray* sur les latitudes observées de *Digsa II* et de *Muçaww'a*, et sur les latitudes des lieux méridionaux obtenues dans la carte du *Bagemdir*.

Il est très-facile de déduire des positions primitives celles qui correspondent à une modification de la base, au moyen des deux formules :

$$\psi = \psi_0 + \frac{x}{\Delta} (\Phi - \Phi_0), \qquad \lambda = \lambda_0 + \frac{x}{\Delta} (l - l_0),$$

où Φ_0, l_0 sont les coordonnées du point de départ , ψ_0, λ_0 leurs accroissements. Pour tirer les nouvelles positions de l'ancienne liste, nous avons x = — 0′ ·03 , Δ = 51 , $\frac{x}{\Delta}$ = — 0 ·0006. En prenant *Saloda* pour origine des changements, nous avons

$$\Phi_0 = 14^\circ\ 11' \ , \ l_0 = 36^\circ\ 36' \ , \ \psi_0 = -\ 0'\cdot 04 \ , \ \lambda_0 = -\ 0'\cdot 03 \ ;$$

il faut faire λ_0 = — 0′ ·03 , pour arriver à l'ancienne position de *Wasange* donnée par la carte de *Bagemdir*, car la latitude de *Wasange* n'éprouve qu'un changement de — 0′ ·004, et la longitude de + 0′ ·005. De cette façon, les trajectoires du *Tigray* décrivent un mouvement de 0′ ·006 dans le sens N.-O. — S.-E., ce qui est insensible. Je n'ai pas pris λ_0 = — 0′ ·04 (quoique cette hypothèse aurait laissé tout à fait inaltérées les trajectoires de *Wasange*) parce que les trajectoires de *Ankua* seraient alors passées plus vers l'ouest de 0′ ·02. Avec les données ci-dessus, on peut sans peine se faire une petite table de ψ et de λ , arrangée comme il suit :

φ	ψ	l	λ
13° 12′ ·7	— 0·005	35° 29′ ·3	+ 0·01
21	— 0·01	37 ·7	+ 0·005
29 ·4	— 0·015	46	+ 0·00
37 ·7	— 0·02	54 ·3	— 0·005
46	— 0·025	36 2 ·7	— 0·01
etc.		etc.	

Avec cette table on peut très-vite réduire la carte à la base nouvelle; toutes les latitudes entre 13° 12′ ·7 et 13° 21′, par exemple, seront diminuées de 0′ ·01, les longitudes entre 35° 29′ ·3 et 37′ ·7 seront augmentées de 0′ ·01, etc. La position de *Wasange* reste la même, et les petits changements dans celles de *Ankua* *, *Baroc waha, Abba Yared, Zufan* * sont insensibles pour l'accord des trajectoires qui viennent du *Bagemdir.*

Dans la nouvelle rédaction du *Tigray*, la carte repose sur les deux latitudes observées à *Digsa* et à *Muçawwa*, mais ces deux stations ne sont pas liées d'une manière directe par un gisement, elles sont rattachées l'une à l'autre par un réseau trigonométrique. La latitude adoptée pour *'Adwa* est maintenant 14° 9′ ·78. Ses latitudes observées étaient 14° 10′ ·00 ± 0′ ·12, et 14° 9′ ·56 ± 0′ ·50 — 150 mètres environ, ou bien 14° 9′ ·48. La moyenne de 14° 10′ ·00 et 14° 9′ ·48 avec les poids $\frac{1}{12}$ et $\frac{1}{50}$ est 14° 9′ ·90 ± 0′ ·20; elle excède la latitude adoptée de 0′ ·12. La latitude observée à *Bizen* est = 15° 19′ ·86 ± 0′ ·17, dans la carte elle est 15° 19′ ·82 (*Bizen I*), la différence est de 0′04. On trouve les autres différences dans le paragraphe qui s'occupe des latitudes absolues.

II.

Carte du Bagemdir.

Pour commencer la carte du *Bagemdir*, on partait forcément du grand quadrangle *Tigre miçohya, Manta dabir, Quarata, Daga Istifanos*, déterminé par les latitudes de *Tigre miçohya* et de *Quarata*, et par cinq azimuts. Le calcul de ce quadrangle se trouve au complet aux pages 300, 301. La latitude de *Tigre miçohya* résulte du triangle *Managaša - Soni - Tigre miçohya* au moyen de la latitude observée qui est rattachée à la tour *Managaša*, de la base mesurée par le son entre *Soni* et *Tigre miçohya*, et des relèvements faits entre ces trois points. Ce triangle, en fixant les positions des deux stations importantes de *Soni* et de *Tigre miçohya*, donnait le moyen de déterminer les points de *Gondar* que l'on trouve dans la liste, ainsi que les stations *Dinkuan* et *Hora dibba*.

Ensuite on pouvait provisoirement fixer Mt *MARYAM* par ses relèvements de *Soni, Dinkuan* et *Manta dabir IV;* puis la station *Nabaga* par sa latitude observée et par les signaux *Daga, Manta dabir* et Mt *MARYAM;* puis M^t^ *Šambillo* par *Manta dabir IV* et *Nabaga.* La station *Dumi I* était fixée par *Nabaga* 8 et par 37 *Daga*, 36 *Šambillo ; Dumi II* par le relèvement de *Dumi I* et par 11 *Manta dabir.*

Ainsi l'on avait déjà les positions approchées de *Manta dabir, Quarata, Nabaga, Dumi, Soni, Tigre miçohya, Dinkuan, Hora dibba, Gondar, Qañ bet*, et celles des signaux Mt *MARYAM*, M^t^ *Šambillo, Daga Istifanos.*

La station de *Ambazzo* se déterminait par les azimuts de *Soni, Hora dibba* et Mt *MARYAM.* Les azimuts du Mt *Waqqan* par rapport à *Ambazzo* et à *Wasange I* diffèrent de 180° 6′ à peu près, on pouvait donc sans peine en déduire celui de *Wasange* par rapport à *Ambazzo*, et s'en servir pour construire *Wasange* avec 21 *MARYAM.* Ensuite on pouvait construire Mt *Buahit* par *Wasange* et *Ambazzo*, la station *Masgrarya* par Mt *Buahit* et Mt *MARYAM*, la station du Mt *Waqqan* par *Masgrarya, Buahit, Wasange* et *Ambazzo*, et Mt *Qalala* par *Nabaga, Dumi, Wasange, Masgrarya ;* après avoir trouvé la position de *Qalala* on pouvait orienter son tour d'horizon et s'en servir pour construire *Gana Qirqos, Gugube*, etc. La construction du reste de la carte est suffisamment expliquée par les indications de la liste, et l'on trouve dans ce que je viens de dire sur le *Tigray*, de quelle manière les cartes de ce dernier pays et celle du *Bagemdir* étaient liées ensemble.

La base du *Bagemdir* était donc une ligne imaginaire, pour ainsi dire, à savoir : la distance entre *Tigre miçohya* et *Quarata III*, déterminée par les deux latitudes et par le réseau de constructions étendu entre ces deux stations. Cette base imaginaire est de 52′ ·3 et a un azimut moyen de 181° 33′ environ. Les deux latitudes fondamentales n'ont pas été gardées intactes ; à la suite des compensations mutuelles entre les positions de la carte, elles ont éprouvé des modifications de + 0′ ·04, et de — 0′ ·04, ce qui est très-peu si l'on a égard au degré de précision où nos matériaux nous permettaient d'aspirer.

Les stations et les signaux de la partie méridionale de *Bagemdir* servaient alors à construire quelques points principaux du *Gojjam.* La liaison qui existe entre ces deux cartes sera expliquée dans ce qui va suivre.

III.

Carte du Gojjam.

La carte du *Gojjam* est celle de nos quatre cartes qui était la plus difficile à commencer, parce qu'elle manque de positions fondamentales et d'une base, fût-ce même un quadrangle comme dans le *Bagemdir*. Mais, d'un autre côté, c'est la carte où l'accord intérieur des trajectoires est le plus brillant. On a suppléé au défaut de base par les positions méridionales du *Bagemdir* et par celles qui sont au nord du *Grand-Damot*.

Je vais essayer de donner une idée de la manière dont ce canevas pouvait être construit. Il y avait bien une petite base mesurée par le son au sud du *Gojjam*, c'était la distance entre *Danguago* et *Yawiš III*; et cette base servait à construire une petite portion de la carte, comme la base *Tigre miçohya-Soni* a été utilisée pour la construction des environs et points principaux de *Gondar*. Mais il n'y avait pas, parmi les stations comprises dans cette portion, une station aussi importante que *Tigre miçohya*.

La distance et le relèvement réciproque de *Danguago* et *Yawiš III* servaient à fixer la position relative de ces deux stations ; ensuite on pouvait construire la station de *Dogom II* relevée des deux bouts de la base, et *Yajibe* par *Dogom* et *Danguago*; enfin *Yafaimat*, lié à ces quatre points, servait à contrôler la construction. Tous les cinq avaient été stations et signaux en même temps. A *Yawiš III* et *Yajibe*, il y avait des latitudes observées qui s'accordaient fort bien entre elles, et donnaient par conséquent des latitudes très-probables aux cinq lieux déterminés et à ceux qu'on pouvait encore y rattacher par des triangles. Mais aucun de ces points n'était directement lié par un azimut à quelque lieu du nord où une latitude eût été observée, ou qui se laissât construire en partant du *Bagemdir*. Tout au plus pouvait-on construire le Mt *Gabararit* par les relèvements de *Dogom*, *Yawiš*, *Danguago*, etc., puis *Elyas* par *Dogom* et *Gabararit*; alors on était à même de déduire l'azimut du Mt *Wugir* vu de *Elyas*, des deux azimuts du Mt *Gabararit* par rapport à *Elyas* et à *Wugir*, lesquels sont presque parallèles. On va voir à quoi servait cet azimut calculé.

La station de *Elyas* pouvait déterminer la longitude de *Dogom*, et par suite celle des autres lieux du sud, si sa propre longitude était donnée par Mt *Borgz* qui est par 357°·3, c'est-à-dire presque droit au nord de *Elyas*. Pour cela, il fallait avoir la position du Mt *Borgz*. Ce signal a été relevé de *Manta dabir* par 197°·3, de *Mota* par 269°·4; sa longitude se détermine donc d'une manière très-sûre par le *Bagemdir*, quand même la position de *Mota* serait peu certaine. La station *Mota* devait être provisoirement fixée par sa latitude observée et par les signaux du *Bagemdir*, c'est-à-dire par *Manta dabir*, *Gana Qirqos*, etc. Puis on construisait *Borgz* et *Abola Nigus* par *Mota* et *Manta dabir*. Ensuite on trouvait la position du Mt *Karni* par *Mota* 26 et par 27 *Abola*, après avoir préalablement orienté le tour d'horizon de *Karni* par l'azimut réciproque 1 *Qaranyo* 15 ; plus tard l'orientation était corrigée par la carte. Mt *Wugir* était placé par *Karni* 15, *Dogom II*, 1,2 et par l'azimut calculé de *Elyas*; l'azimut réciproque 22 *Karni* 15 servait à orienter le tour d'horizon sans soleil de *Wugir*; la distance estimée de *Wugir* à *Karni* servait de contrôle à cette construction.

D'un autre côté, on pouvait fixer Mt *Amonewos* par *Mota* et *Karni*, puis la station de *Titar* par Mt *Amonewos* et Mt *Karni*; Mt *Wugir* était alors déterminé par *Titar* et *Karni*. On avait ainsi le moyen de construire le nord du *Gojjam* indépendamment du sud ; et les trajectoires qui venaient du sud confirmaient alors ou modifiaient les positions obtenues d'abord. La latitude de *Mota* a été considérablement altérée dans la suite, car elle est amoindrie de 0'·7 dans la carte.

Les notes et les indications, qu'on trouve dans la liste des positions, pourront guider ceux qui voudront suivre le reste de la construction. Après la première ébauche que je viens d'exposer, c'était le tour des compensations au moyen de petits tableaux de construction ; et les positions finales sont les résultats de cette méthode. Les compensations s'étendaient aussi aux cartes du *Bagemdir* et du *Damot*; et il s'est trouvé à la fin qu'il fallait déplacer ces trois cartes, l'une par rapport à l'autre, en modifiant toutes les latitudes et longitudes d'une carte de la même quantité ; ces déplacements relatifs devaient alors être répartis entre deux cartes, en ayant égard aux latitudes observées. J'ai trouvé, par exemple, quand les constructions étaient déjà avancées, que le Mt *Amadamid*, très-mauvais signal d'ailleurs, mais souvent relevé de tous côtés, exigeait un plus grand éloignement des cartes du *Bagemdir* et du *Gojjam* pour que les trajectoires montrassent accord, dans certaines limites du moins. Il fallait un déplacement relatif de 0'·11 environ dans le sens N.-N.-O. — S.-S.-E. ; j'ai alors ajouté + 0'·06 aux latitudes et retranché 0'·02 des longitudes en *Bagemdir*, de même que j'ai retranché 0'·04 des latitudes et ajouté 0'·02 aux longitudes en *Gojjam*. Il est bien entendu que ces modifications devaient être d'accord avec la construction des autres points de liaison ; c'est-à-dire tant qu'il s'agissait du *Bagemdir* et du *Gojjam*, avec les trajectoires réunies dans les plans de construction de *Abola Nigus*, *Fudi*, *Gana Qirqos*, *Laguna*, *Guaha*, *Manta dabir*, *Šambillo*, etc.

Il fallait pareillement mettre d'accord le sud du *Gojjam* et le nord du *Damot* par les signaux *Balballa*, *Goro-Çan*, *Sagal marme*, *Mosso*, *Çuqalla*, *Amara*, *Liyim Astar-iyo*, etc., qui avaient été observés de *Dogom*, *Gurem*, *Yajibe*, *Elyas*, *Dini*. On y arrivait par des modifications convenables des stations de *Anafo* et de *Sibarre*. Mais ceci empiète déjà sur le *Grand-Damot*, dont nous allons nous occuper.

IV.

Carte du Grand-Damot.

Dans cette carte qui embrasse le pays situé entre le *Gojjam* et *Kaffa*, on aurait pu choisir pour base la distance de 42'·3 de la station *Garuqqe* au Mt *Kunc* qui se trouve lié à la station *Adami Maro;* Mt *Kunc* gît par un azimut de 16°·3, vu de *Garuqqe;* la latitude de *Garuqqe* a été observée; celle du Mt *Kunc* se déduit de la latitude observée à *Adami* qui aurait dû le remplacer comme station de l'autre bout de la base, parce que le Mt *Kunc* n'a été que signal. Mais cette base était peu avantageuse, parce qu'il n'y a aucun signal commun dans les tours d'horizon de *Garuqqe* et de *Adami;* il aurait fallu, pour parer à cet inconvénient, appuyer l'autre bout de la base sur l'ensemble des stations de *Adami* et de *Ilfata*, liées toutes au Mt *Kunc* dont elles sont peu éloignées; car de *Ilfata I* on a du moins observé les M^ts^ *Egan* et *Wạce* relevés de *Garuqqe*. L'azimut du M^t^ *Bịlida* n'a été découvert qu'après coup dans *Ilfata II*, 9. Cependant il est clair que cèla aurait été une désignation un peu forcée que d'appeler base la distance en question; et les autres combinaisons qu'on pourrait faire de deux stations de latitudes en *Damot* méritent encore moins le nom d'une base.

Lorsque j'ai commencé à m'occuper de cette carte, j'ai trouvé un ensemble de positions fondamentales qu'on avait obtenues en calculant un réseau de triangles avec des équations de condition, où entraient les latitudes observées. Ce réseau avait été composé à plusieurs reprises entre les stations *Adami, Ilfata I, Ilfata II, Garuqqe, Mịle, Saqa, Daga, Sịbarre, Qịto, Bạrạkạt, Anafo, Dini, Dogom I* et les signaux *Bạlbạlla, Amara, Sobso, Egan, Wạce, Bịlida, Heça,* dont on avait formé différentes combinaisons. Les latitudes observées étaient celles de *Adami, Garuqqe, Saqa, Sịbarre, Qịto, Bạrạkạt, Anafo, Dini, Daga* et du Mt *Amara*, cette dernière déduite de celle de *Ganu*. *Dogom I* et *Dini* avaient donc été joints au *Damot* et adoptées pour le *Gojjam*.

Mais il y avait encore des désaccords considérables dans les positions des M^ts^ *Amara* et *Bạlbạlla*, en sorte qu'on s'était vu forcé de supposer, au lieu du premier, deux points *Amara* bout N., et *Amara* bout S.; au lieu de l'autre deux monts différents, M^t^ *Bạlbạlla* et M^t^ *Dịnqi*, sur la trajectoire de *Dogom*, d'où l'on devait les voir confondus. Mais je n'ai pas cru pouvoir admettre ces hypothèses, et la construction actuelle montre que j'ai réussi à les éviter. Cependant, en appliquant ma méthode de compensation à ces positions, j'ai trouvé que celles du sud, c'est-à-dire celles de *Adami, Ilfata, Kunc, Sobso, Mịle, Saqa, Garuqqe, Egan, Wạce, Bịlida, Ḍaga, Heça,* devaient être gardées presque intactes, tandis que les stations et les signaux du nord changeaient sensiblement de place.

Pour rester dans les procédés par lesquels les trois autres cartes ont été commencées, et que je viens d'exposer, je vais indiquer ici le moyen d'ébaucher aussi la quatrième d'une façon semblable. On avait d'abord au centre de la carte un assemblage de stations voisines rattachées l'une à l'autre. Les stations *Adami Maro* et *Adami Adula* étaient liées par l'azimut réciproque et par la distance de 180 mètres ou de 0'·10, mesurée au moyen d'une lanière de cuir; sur cette petite base on pouvait construire au moyen des azimuts observés les stations de *Adami* acacia, *Ilfata I, Ilfata II,* et le Mt *Kunc;* ensuite M^t^ *Mạrfata* et les stations de *Sịre boru* et de *Oddo lote*. La latitude de *Adami* déterminait celles des autres points de ce système. Puis on y rattachait *Garuqqe* par l'azimut du Mt *Kunc* et la latitude de *Garuqqe*. Les monts *Egan* et *Wạce* étaient fixés par *Ilfata I* et *Garuqqe;* la station *Daga* par *Egan* et *Garuqqe;* Mt *Heça* par *Daga* et *Garuqqe*. Cependant il faut remarquer que *Daga* 3 portait primitivement le nom de *Bịlida* au lieu de *Egan*, et que par conséquent la première construction de *Daga* et du Mt *Heça* devait être fausse. Pour cette raison, j'éviterai d'en faire usage pour la construction des points suivants.

Les stations très-importantes de *Saqa* et du M^t^ *Mịle* étaient voisines (éloignées de 1'·2) et supplémentaires; on pouvait les placer par la latitude de *Saqa*, par l'azimut réciproque de *Mịle* et *Saqa* avec la distance estimée à 1'·5, et par les relèvements des M^ts^ *Egan* et *Wạce*, faits à ces deux stations. Ensuite on pouvait placer Mt *Heça* par *Mịle* et *Garuqqe*, *Daga* par *Heça* et *Garuqqe*, et rétablir alors le nom de Mt *Egan* en *Ḍaga* 3. M^t^ *Bịlida* était déterminé par les azimuts, assez convergents d'ailleurs, de *Mịle, Saqa* et *Garuqqe*. Ensuite on plaçait Mt *Sobso* α par *Mịle* et *Ilfata II;* *Bạrạkạt* se fixait par sa latitude observée et par *Kunc* et *Sobso* α. En prenant pour Mt *Amara* la latitude qui se déduisait d'une manière assez certaine de celle de *Ganu*, parce que l'azimut est de 277°·3 et la distance de 3 milles, on pouvait placer ce signal important par les azimuts très-convergents de *Adami* et de *Ilfata I*. Rapprochant ensuite la position du Mt *Amara* à la trajectoire de *Dogom I*, 16, on avait une liaison avec le *Gojjam;* cela donnait le moyen de construire M^t^ *Bạlbạlla* par *Adami, Ilfata I, Dogom, Elyas* et *Gurem;* puis la station de *Anafo* par *Amara* et *Bạlbạlla*, tout en contrôlant la construction par la latitude observée à *Anafo*. Pour *Sịbarre*, on avait d'abord une latitude, puis les signaux *Amara* et *Bạlbạlla*, enfin l'azimut de *Adami*, calculé par Mt *Kolba;* car l'azimut du Mt *Kolba*, vu de *Adami*, est = 14° 10'·6, de *Sịbarre* = 195° 2'·7, la différence = 51'·3 en prenant **g** = 0'·8; et la position du Mt *Kolba* se déterminait aisément par ces deux apozénits. Ensuite on construisait encore Mt *Adulan* par *Adami, Ilfata, Bạrạkạt, Anafo, Sịbarre,* M^t^ *Ṭafi* par *Saqa, Mịle, Garuqqe* et les deux stations de *Falle*, liées d'ailleurs par un azimut et une distance estimée, par *Bịlida, Egan, Wạce, Ṭafi*. Alors on avait les positions approchées des points principaux. La construction des autres points est visible dans les indications de la liste. Des compensations soigneuses entre les trajectoires ont fait le reste. Des points à la limite méridionale de la carte se trouvent moins bien déterminés que les autres, parce qu'à défaut d'un nombre suffisant de relèvements, on s'est souvent vu dans la nécessité d'employer des distances déduites des journées de route afin de placer ces points. *Bonga* n'est même placé que par une latitude observée et une longitude résultant d'observations de distances lunaires.

V.

Degré de certitude de nos positions.

Les doutes qui pourraient encore planer sur les positions données dans notre liste seraient fondés, tant sur l'incertitude des déterminations absolues résultant d'observations directes, que sur la défectuosité des constructions par lesquelles les différences des coordonnées ont été trouvées. Il est donc nécessaire, pour juger de la valeur de nos positions, d'examiner celle des latitudes, longitudes, altitudes et distances observées, ainsi que le degré de précision qu'on peut attribuer à la construction.

L'incertitude des observations complètes de latitudes, faites au théodolite Falbe, va jusqu'à 32″, et est en moyenne de 15″. Parmi les latitudes observées au moyen du sextant Joinville, nous n'avons eu besoin que de celle de *Kokma,* son incertude est de 40″. Il y a, en outre, neuf observations faites sans retourner la lunette, et dont l'incertitude est pour cette raison de 2′ ; il nous a fallu en employer cinq, celles de *Balasa, Birbirsa, Çalla, Çokorsa, Qella de Çibbe.* Les latitudes observées à *Makana* et à *Nazrit* dans des circonstances très-défavorables, et dont l'incertitude est de 3 à 5′, n'ont pas été employées. Comme les stations de *Balasa*, de *Birbirsa* et du *Qella de Çibbe* se trouvent isolées dans la carte et sans influence sur les autres positions, il n'y a que *Çalla* et *Çokorsa* où la latitude soit réellement affectée d'une incertitude de 2′ qui s'étende aux lieux placés par ces deux stations, c'est-à-dire à *Qawa, Micoso, Tumama, Jiren, Kiftan.* Nous avons d'ailleurs pris pour *Çalla* la latitude observée + la moitié de son incertitude de 2′.

L'incertitude des autres latitudes est en général bien plus petite. Elle dépend des erreurs probables de toutes les latitudes observées et employées; d'une part, et de l'incertitude de la construction, d'autre part. Comme les latitudes observées ont été employées avec choix, les différences qu'on trouve dans les tableaux des pages 323, 324 n'atteignent pas une minute, et je ne crois pas que les latitudes de la carte aient jamais une erreur aussi forte que celle-là, lorsqu'une position est le résultat de plusieurs trajectoires pas trop convergentes. Dans la plupart des cas, l'incertitude d'une latitude peut être supposée au-dessous de 0′·5. Quand les trajectoires sont très-convergentes et dirigées dans un sens peu différent du méridien, il est évident que la latitude peut être en erreur de plusieurs minutes, surtout lorsque les apozénits sont tels que les altitudes varient peu avec les distances et que leur accord reste le même dans les limites de quelques minutes.

Quant aux longitudes, il est clair que l'incertitude des différences de longitude est la même que celle des différences de latitude. En général, cette incertitude sera proportionnelle à ces différences elles-mêmes, c'est-à-dire d'autant moins sensible qu'elle seront plus petites ; mais toujours dans l'hypothèse que la différence dont il s'agit ait été obtenue par la construction. Car il est évident que la distance entre deux points qui ne sont pas directement liés l'un à l'autre par des trajectoires, sera moins certaine que si ces points avaient été mis en rapport par un réseau d'azimuts.

Les longitudes absolues dépendent essentiellement de celle de *'Adwa.* L'écart extrême entre les huit longitudes de *'Adwa* est de 5 secondes en temps, et l'erreur probable de la moyenne = 1ˢ·87 ou 0′·46. Mais si beau que soit ce résultat, il faut craindre que le hasard ne puisse y être pour quelque chose et que l'incertitude réelle ne soit plus grande. Le tableau de la page 93 montre que la longitude qui résulte de la huitième occultation est diminuée de 14ˢ·3 par les corrections qu'exigent les tables de Hansen. On voit donc combien l'influence des tables de la lune est grande, et cette remarque nous engage à nous méfier des résultats du calcul, quand même une heureuse coïncidence semblerait leur donner une grande valeur. Il y a d'ailleurs les longitudes de *Muçaww'a* et de *'Aylat,* où la discordance entre les longitudes de la carte et les résultats des occultations sont bien plus graves ; il est vrai qu'à *Muçaww'a* il reste des doutes sur le temps de la disparition de l'étoile.

Malgré ces deux désaccords, je ne crois pas que la longitude adoptée pour *'Adwa* et, par conséquent celles des points bien placés, soient incertaines de plus de 4ˢ ou d'une minute en arc. L'incertitude est plus grande pour les positions obtenues par des azimuts trop convergents dans le sens des parallèles ; mais je l'ai toujours noté alors.

Parmi les distances observées, c'est-à-dire mesurées par le son, il n'y a que celle de *Gondar* qui ait été employée dans la construction. L'incertitude hypothétique est de 130 mètres ou de 0·07 mille, mais les écarts des trois déterminations par rapport à la moyenne ne sont que de — 5, — 24, + 3 mètres. On pouvait donc se persuader qu'en tout cas l'influence de l'incertitude de cette base devait être minime.

Ainsi on peut dire que les positions principales de la liste ne sont pas incertaines de plus d'une minute et rarement d'autant, soit en latitude soit en longitude. Quant aux points déterminés avec des matériaux insuffisants, leur incertitude est plus grande, mais on en a toujours parlé dans les notes.

Reste à voir quelle est l'exactitude de nos altitudes. L'incertitude des différences de niveau n'est pas souvent au-dessus de 30 mètres, elle est beaucoup moindre pour les bons signaux. Les différences entre les altitudes observées et celles de la carte sont bien plus grandes; et l'incertitude d'une altitude observée peut aller au delà de 100 mètres, comme je l'ai expliqué à la page 328. Mais les erreurs à craindre dans les altitudes hypsométriques n'ont guère d'influence sur nos résultats, puisqu'en définitive les données de l'observation directe n'ont été employées qu'à commencer la carte, et qu'elles ont été éliminées au fur et à mesure qu'on avançait dans la construction.

En somme, on peut supposer l'incertitude d'une altitude de la liste entre 10 et 100 mètres, selon la bonté du signal et la solidité de la construction qui en a fixé la place.

Il est impossible de préciser davantage l'incertitude des coordonnées de chaque point, parce qu'elles dépendent de trop d'éléments. Mais on peut, après tout, se contenter du degré d'exactitude atteint par nos constructions, si l'on a égard à l'incertitude qui reste encore sur les résultats des déterminations que l'on fait dans les circonstances les plus favorables, ainsi qu'à l'usage auquel nos positions sont destinées.

R. R.

CHAPITRE XV.

RÉSIDU DES RELÈVEMENTS.

Dans un pays où il est rarement permis de s'éloigner des sentiers battus, le choix des stations d'observation sera nécesssairement indiqu par les circonstances du voyage ; M. d'Abbadie s'est vu souvent obligé de prendre ses azimuts, pour ainsi dire, à la volée ; et il s'ensu que plusieurs de ses relèvements n'ont pu être utilisés dans le présent travail. Nous avons jugé convenable d'en faire la liste, en les parta geant en trois catégories : azimuts sans croisements (*sans cr.*), au nombre total de 784, qui serviront peut-être aux voyageurs à venir azimuts devenus inutiles (*inut.*), qui ont été observés le plus souvent pour s'assurer de l'immobilité de l'instrument; enfin azimuts vague (*vague*), qui sont de simples directions de points importants qu'il était impossible de voir de la station d'un tour d'horizon. Nous avons en core réparti ce résidu de nos relèvements suivant les quatre provinces du *Tigray*, du *Bagemdir*, du *Gojjam* et du *Grand-Damot*, afin d faciliter la comparaison avec nos cartes. Les chiffres dans les trois colonnes indiquent toujours les numéros que ces relèvements porten dans les stations respectives des *Azimuts ordonnés*. Les astérisques renversés signifient ici, comme dans la *Liste des positions*, qu'un relè vement est incomplet, c'est-à-dire sans apozénit.

Tigray.

186 azimuts sans croisement, 3 inutiles, 15 vagues.

Station.	Sans cr.	Inut.	Vague.	Objet relevé.
Abara MARYAM. .			1⁎	Route en arrière.
			6⁎	May Takli.
	11⁎			Mt Nan amba ?
	13⁎			Bet Marya.
Abuna Mazra'ite . .	4			Peut-être Mt Tilile.
	12⁎			Bord de Arba 'itu insisa.
	14⁎			
Abuna Pantalewon.	1⁎			'Add'arba'ite.
	7⁎			Dambalabila.
'Addi Dahno			10⁎	Mt Birkuttan.
	13			Mt...
'Adwa	1			Mt Garra, et Beyto.
	3			Mt Guasot. Serait Arba'itu insisa si l'apozénit était moindre de 25′.
	4			Mt...
	6			'Addi Darhuaho. Digsa I, 21 ?
	7			'Addi Homar.
	10, 11			May Qualla.
	12			Mt Azgiba.
	13, 14, 15			Mt Gososo.
	16			Mt Amohua.

Station.	Sans cr.	Inut.	Vague.	Objet relevé.
Aftah.	1			Mt...
	3			Mt...
	4			Col de la route de Dihono.
Aksum I	1⁎			Maison de Abu Qalamsis.
Aksum II	2⁎			Sans nom.
Aksum III	3			Col de Maj.
Ankua ⁎	9, 10			Mt...
'Aylat	3			Mt Angualala.
	5			Mt Šayk Hammado.
	8⁎			Mt Imba kalat.
	9			Mt Gorimba.
'Ayun Musa	1			Mt..., et 2e cap noir.
	2			1er cap noir.
	3			Mt 'Etaqa.
		4		Vapeur anglais.
	5			Suez.
Bizen I.	4⁎			Dihono, mosquée.
	6			Arug.
	8⁎			Afralba. Passe 1′′16 O. de Afalba.

Tigray.

Station.	Sans cr.	Inut.	Vague.	Objet relevé.
Bizen II			1	ʿAylạt.
Caire.	1			Télégraphe.
	2			Pyramide.
Çilaçiqaħe	1			Mt...
	3			ʿAddị Hanze.
Dạbrạ Gạnnạt . . .	8*			Mt... très-lointain.
	15			Mt...
	29			Mt...
Dịgsa I.	6*			Mạnkorkuar wạʿalta.
	7, 8*			Ḥayle zạnda.
	9			Zohạdaga.
	11*			Zanno.
	15			Mt...
	17			Mt Raʿịyu.
	21*			Mt Darqakuo; ʿAdwa 6?
	26			Gaša wạrq.
	27			Mt...
Dịgsa II	16			Pierres dans le quạlla.
	26, 27			Mt en Sạrawe.
			21*	Bạroc wạha, par repère.
Diḥono.	6			Cap du Mt Gạdạm.
	7			Pic bifide et bas.
	8			Pic pointu.
	9			Gạdạm α. Le même point que 10, mais relevé d'une station un peu différente.
	12			Col de Ḥabon.
	15			Pic bas.
	17			Mt... en Samhar.
	19*			Hutte de Diḥono.
	21			Mosquée de Diḥono.
	23			Hutte de Diḥono.
	24			Mt... très-lointain.
	25			Tertre à 0·5 mille.
	26*			Fond de la baie de Diḥono.
Gualʿa			1	Arbre signal.
Hanna Sanna . . .	3			Kạʿato
			6*	ʿAddị graht.
			8*	ʿAddị graht.
	17			Mt...
			21*	Gundạt.
	22*			Mạharasat, et dir. de Dịgsa.
			23*	Dịgsa.
			25*	Dạmbạlos.
			26*	Bizen.
Ḥaydạ	10			May Ṭaḥlo, à peu près.
	15*			Hawaza.
	16			Col du Lạmalmo.
ʿIdaga Šaḥa	6			Col du Lạmalmo.
	7, 8			Mt Mušarra dạngya.
	9*			Mt Yạ Sạyṭan rịgiça.

Tigray.

Station.	Sans cr.	Inut.	Vague.	Objet relevé.
Imạkullu.	1, 3, 4			Divers caps, ilots et anses.
	8, 11, 12, 13			Divers caps, ilots et anses.
	20			Ile Ṭuwalut, un bout; est une erreur.
	21			Šayḳ el Ḥammal, mosquée.
	22			Dernière maison de Muçawwʿạ.
	27			Ile Dĕse, un point.
	29, 30			Ilot.
	31*			Ilot.
	34			Ḥarqiqaw, mosquée.
	38			Mt...
	47			Mt...
	49			Maison à Imạkullu.
	50			Maison de l'agent consulaire de France.
Innạ doqqo	4			Mt Mạṭara.
	15*			Ziḅan Sạrawe, commencement.
	16*			Pic isolé.
	18*			Mt Bohta, et Igạla Gurʿa.
	19*			Mt Dịbaruạ.
	20*			Ẓadzăga.
	22			Mt Damba, milieu du plateau.
Irir.	3*			Imba ẓen, un bord.
	6			Mt Badot, près Ḥalay.
	7			Mt Gạlịret.
	8			Mt Guadayf.
Koḳa.	2			Mt Fạdum.
	8			Mt Imba ẓen.
Lafufle	2			Mt..., au-dessus de Qayiḥkor.
Lịqanos	37			Col du Mt Abạr.
	43, 44, 45			Église de l'Unique à Aksum.
	47			Obélisque de Aksum.
Mạkana	1			Mt...
Maṣḥal.	2			Mt Dạbrimela.
	3			Mt... plus loin que le no 2.
	13			Nugot, église.
May Qanị-ị.	8			Mt Seyrro.
	9			Mt Awgạr. N'est pas Awgạr.
	10			Mt Adigi taḥuịla, un bout. Est peut-être Mt Awgạr.
	11			Id., pic à l'autre bout.
May Ṭịmqat			9	May Ṭaḥlo.
Miçara	3			Mt Walo en ʿAdet.
Muçawwʿạ I			5	Dịgsa, Suluḥ?
	6			Diḥono.
			7*	Dịgsa.
	8			Mt ʿEya.
	10			Ile Ṭuwalut, un bout.
Muçawwʿa II. . . .	1			Fortin de Ras-Mudịr.

Tigray.

Station.	Sans cr.	Inut.	Vague.	Objet relevé.
Mudịr	2			Dernier arbre du Mt Gạdạm.
	5			Kumoyle.
	9			Col qui mène à Dịgsa.
	10			Mt 'Eya.
'Oquwq	1			Mt Ḫabon galala.
	3			Mt 'Abdur.
	5			Mt Mangạbo.
			6	Gombudle.
	7			Mt Ayd'ale. N'est pas ce mont, mais peut-être le bord sud de Mt Ḍiyot. L'apozénit est trop fort de 10' pour Ḍiyot.
Sạloda	1			Šahagni, et plus loin Aḫs-a.
	2			Mt...
	4			Mt May Soto.
	6			Mt...
	7			Mt...
	9			Mt...
	10			Mt...
	12			Mt Gunyạ.
	15			Mt Mịzbịr, autre sommité.
	17			Mt... dans Šahagni.
	20			Mt... dans Yeha.
	25			MARYAM Šạwito, église.
		27		Dernière halte.
	31			Mt Ra'ịyu.
	45			Gạddịbay, église.
	47			Laẓa.
	48			Mt Mokṛim.
	49			Mt...
	51			Mạgạb, col.

Tigray.

Station.	Sans cr.	Inut.	Vague.	Objet relevé.
Sạloda.	53			Gịr'alta.
	55			Qs Gạbrị-el, église.
	56			Ḫinzar, en Tạnben.
	57			Qs Mika-el, église.
	59			Mạdḫane 'alạm, église.
	60			'Addị Rasy.
	61			Ẓịyon, église dans 'Adwa, comme les trois précédentes.
	62			Quạylo.
	73			Mt Dạjạn.
	80			May Tạḫlo ?
	82			May Tạḫlo ?
	83, 84			Mt...
	87			Rochers près Hawaza.
	89			'Addị Aylas.
	90			Mt Forasit.
	95			Mt Bankual ?
	98			Mt... près le Mạrab.
	99			Hallelu.
	100			Gaša wạrq.
	101			Col.
	106			Mt Bịḫịza.
Šịmarua I	8			Mt Nan amba. Azimut probablement erroné.
Tujurrạḫ I.	1			Mt... bifide.
Zạrtạlạmo	1			Dạgạd, plaine de sel.
Zohodo.			25	Tarakarịka.
	26			Mt...
	58			'Araza, dạga.

Bạgemdịr.

185 azimuts sans croisement, 2 inutiles, 6 vagues.

Station.	Sans cr.	Inut.	Vague.	Objet relevé.
Abba Foge.	2			N'est pas Dạbrạ Tabor.
Abya.	5			Bord de Zạbit, Agritabo.
Ambạzzo.	2			Mt...
	3, 4, 5			Mt... trifide.
	14			Dargaj.
	29, 30			Dạga de Tagade.
Aybạ.	6			Cap de Gorgora.
	10, 11			Mt Jịbjịba.
	17			Abunạ Ewịstạtewos.
Bahr dar II.	1			Roche à fleur d'eau.
	9			Bout d'un cap voisin.
Barna	1			Mt...
	12, 13			Mt...
	16			Mt...
	17			Mt...

Station.	Sans cr.	Inut.	Vague.	Objet relevé.
Barna	18			Mt...
	19			Mt... lointain.
	21			Mt...
	22, 23			Mt...
	24			Mt... très-lointain.
	25			Mt... en Wạgạra.
Bịrko	1			Qitara.
	3			Mt Jala.
	19			Mt Buahit. S'accorderait en apozénit, mais non pas en azimut, ni par le profil.
	20			Sanqa bạr.
	21			Mt en Sịmen.
	22			Mt Sịqịl amba en Wag.
Bịrkuakua.	3			Aynạ IYẠSUS, église.
Çima.	1			Ile de Zạkaryas ; ne s'accorde pas sur l'île Gạlilạ.

Bagemdir.

Station.	Sans cr.	Inut.	Vague.	Objet relevé.
Dabra May	4.5.			Qurt bahr, lac.
Daq I	2			Mt Taklib.
	3,4			Mt Zibist.
	5			Lijome.
	7			Mt...
Dinkuan	1			Mt...
	5.			Gros pic tout près.
	8			Petit pic tout près.
	10			Farqa bar. En désaccord.
	12			Qaha IYASUS, église.
	26			Dabbo girar S., un bord.
	28.			Mt...
Dumi I	4.			Fond de la baie de Quaraja.
	30			Ile Tana, bout nord.
	31			Fond de l'anse au S. du Aboska.
	33.			Anse.
	41			Fond d'une anse de Daq.
	45,46.			Bords de Daq, apozénits sans azimuts.
	48			Milieu d'une terre élevée et lointaine au delà du lac.
	59.			Cap.
	67.			Fond d'une baie.
Dumi II	4			Mt dans Wafila.
	5			Mt Zata en Lasta.
	8			Daga bas en Ibinat.
Galosge	4			Église, dir. de Dabra Tabor.
	7			Mt dans Kamkam.
	8			Mt bifide.
	9			Pic du Çoqe.
	10			Agzios fatra? Apozénit trop petit de 70'.
	11			Mt Arbamba.
	14			Warata.
	16			Qiddist Hanna, église.
	22			Péninsule de Waynuma, extrémité. Ne s'accorde pas.
	24.			Mt Zibist en Acafar.
	26			Col voisin.
	29			Andabet, Šime.
Ganja	7,8.			Mt en Meca.
Hora dibba	4			Dabar.
	5			Dargaj.
	11.			Fond de la baie.
	12			Guilqaba?
	14			Rive du lac.
	28			Mt Arbamba.
	29,30			Mt Cilkuana.
Lalibala	10			Sanqa bar.
Loza	10			Saramni, église.
	16.			Mt Jibjiba, près Janda.

Bagemdir.

Station.	Sans cr.	Inut.	Vague.	Objet relevé.
Mahdara MARYAM	2.			Dabra Sina.
	4			Dabra Tabor MARYAM.
	5.			Anqaza birhan.
	7			Dabra Qanta IYASUS, à 10 milles estimés.
	8			Abba Libanos.
	9			Abba Galawdewos.
	14			Carge Takla haymanot.
	18			Amora gadal?
Manta dabir II	5			Mt...
Manta dabir III			6	Bahr dar.
Manta dabir IV	11			Mt Adama.
	12			Mt Yazoba.
	15.			Mt Njabara.
	16.			Bout du lac Tana.
	21.			Ile Daq, un bout.
Nabaga	3			Pic près Mt Marado.
	4			Mamelon près le n° 3.
			14.	Aringo.
	33			Tana Qirqos.
Qalala	3			Mt en Arbataguar.
	5			Lanko, église.
	6			Mt... prison des Wagšum.
	16.			Mt Gibirti, tout près.
	17			Mt Maskanc, près Garagara.
	18			Mt Šit en Gahint.
			20.	Goraf.
			21.	Mahdara MARYAM.
	25			Mt Qatqat, tout près.
	26			Mt Zang, près du n° 25.
	32,33			Mt près Guahila.
Qañ bet II	7			Tertre près le Abun bet.
Qariña	9,10			Mt bifide.
	12			Mt...
	22.			Fond de crique.
Quarata I	3.			Ile.
	8			Mt lointain.
	9			Petit cap voisin.
	19,20.			Trois îles ou collines relevées par le mirage.
	21,22.			
	23,24.			
Quarata II	5.			Qe Mika-el, à 3 milles estimés.
	9,10.			Mt...
	11.			Mt...
Rib	6			Tawgur. Azimut trop petit de 4° 30' environ.
Šaguala	5			Lalibala, ville.
	13			Qalala? Azimut trop petit de 15', apozénit mal d'accord aussi.

Bagemdir.

Station.	Sans cr.	Inut.	Vague.	Objet relevé.
Saño gabya.	1.			Fond de baie.
	2			Mt...
			6.	Farqa bar.
	14,15			Mt...
	21			Ile?
	25			Mt?
	26			Mt?
	31.			Ile.
	35.			Mt...
Soni.	9			Kosoge, petit daga.
	10			Bambillo en Wagara.
	13			Mt Dibba.
	15			Mt près Mt Dinkuan.
	17			Dargaj.
	18			Ayba.
	28			Grañ bar.
			33.	Yfag.
	34			Mt Çihra.
	45			Mt...
	46			Mt Abuna Absadi.
Tagambat.	6.			Eglise.
	7.			Eglise lointaine, et défilé.
Tana I.	13			Ilot.
	14.			Direction du mur de trachyte.
Tana II.		12.		Premier arbre de Daq.
		14.		Dernier arbre de Daq.

Bagemdir.

Station.	Sans cr.	Inut.	Vague.	Objet relevé.
Tigre micohya. . .	4			Mt...
	11.			Farqa bar.
	13.			Limite du lac.
	38			Abuna 'Abiy Azgi, église de Gondar.
	49			Aborra.
	51			Limite du lac.
Waqqan.	1			Pics d'une chaine.
	2			Pics d'une chaine.
	4			Pics d'une chaine.
	6			Pics d'une chaine.
	7			Pics d'une chaine.
	9			Pics d'une chaine.
	10			Pics d'une chaine.
	11			Pics d'une chaine.
Wasange I.	22			Daqua.
	23			Amba Giyorgis.
Wasange II.	6			Mt...
	7			Mt...
	13			Dabbo girar.
	14,15			Mt Ya Saytan rigiça.
	16			Mt Makarakar, en Tagade.
	17			Mt Gamo, en Tagade.
	18			Çaquar hodo, église.
Yfag II.	9			Qe Mika-el Gimajir.
Zega wanz.	14			Mt lointain.
	18			Mt au delà de lac.
	20			Mt ib.

Gojjam.

206 azimuts sans croisement, 24 inutiles, 16 vagues.

Station.	Sans cr.	Inut.	Vague.	Objet relevé.
Anbar.	1			Bata?
Angar.	5.			Église dans Andabet.
			6.	Source chaude à 3 milles.
			7.	Mota.
			13.	Pont en pierre.
Annabse	5.			Gangarta. Ne s'accorde pas avec Mota 23, ni avec 24.
Annamucara. . . .	6.			Axe du Baqet.
	9.			Axe du Bogana.
	10.			Axe du Gatla.
	17.			Axe du Šigaza.
	16			Église.
Baguina I.	1			Mt voisin et boisé, à 5 milles estim.
	2			Mt... à 3 milles estimés.
	3.			Mt... à 25 milles estimés.
	4			Mt Zekob chez les Gonga?
	5,6			Mt Wašitti, ibid.

Station.	Sans cr.	Inut.	Vague.	Objet relevé.
Baguina I.	10			Mt..., suite du Mt Taja.
	11			Mt..., précipice.
	12			Mt..., pic.
	13,14,15			Mt..., à 12 milles.
	16			Mt Sangam? Tarqasi?
	17			Mt Gudi.
Baguina II.	1.			Bord de Wamet. Probablement trop petit de 6°.
	2,3.			Mt en Damot, à 15 milles.
	4			Mt Tarqasi.
	5			Mt..., tête plate.
	6.			Id., pic pl. élevé. C'est Baguina I, 16.
	7.			Mt Gudi.
Dabet.	1.			Mt Yaqandac.
	4.			Église.
Dalma.			1.	Yajibe.
	2.			Agot Baso.
		10		Innamora, arbre isolé.

Gojjam.

Station.	Sans cr.	Inut.	Vague.	Objet relevé.
Danguago.	12			Limicim Giyorgis.
		13		Arbre isolé, près Yajibe.
	17			Zarar IYASUS.
	19			Asla qs Mika-el, loin.
	20			Dabra Qalamo, loin.
Dangyame.	7.			Mt sur la rive gauche du Abbay.
	9			Église au delà de Dabra warq.
Dini.	2.			Église.
	3			Église.
		4		Arbre isolé.
		6		Arbre de Tanso 18.
Dogom I.			26	Dalma.
			28.	Mt...
Dogom II.	11,12			Pics du Mt Ziquala.
	19,20			Mt Wanc ?
Elyas.	1,2			Mt bifide. Ne saurait être près Gudra.
			3	Innamora.
			5	Dalma, station.
	6			Dalma madhane 'alam.
	8			Amanu-el.
	9			Mt...
	19			Mt...
	26.			Passe vers Dora.
		28		Arbre signal.
	35			Mt...
	38			Mt Čafačit, un pic.
	45			Église près Dambača.
Gurem I.		6.		Arbre de Dogom.
	7.			Limite de Gudru et Čalliha.
	8,9.			Défilé de Baso au Gudru (Aradawro).
	14			Hula gombo.
	16			Limite de Gombo et de Horro.
	17			Creux, lit du Agul.
	20-23			Mutara.
	24			Dego wamet.
	25,26			Jiballa.
			28.	Source du Abbay.
	29.			Yabrage Sillase, et direction de Dambača.
Gurem II.			8.	Yawiš.
		12,13.		Arbre de Dogom.
Gurem III.	1			Dinta, église. Peut-être Gatam ?
	7.			Église à 2 milles.
	8.			Église.
		11.		Arbre de Dogom.
Innamora I.	3			Église.
			6.	Giš Abbay.
	10			Mt Amadamid, bord O.
Jahana.	6			Mt Mando, à peu près.
	7			Mt...
	10			Mt...

Gojjam.

Station.	Sans cr.	Inut.	Vague.	Objet relevé.
Jahana	11			Mt...
	12			Mt...
	14			Mt...
	16			Mt...
	17			Mt...
	19			Mt Barf.
	20			Mt Ziriği.
	22			Mt Gajge.
Mangistu I.	2			Mt..., pic du Yaqandac.
			5.	Dabra warq.
	9			Angac ? église.
Mangistu II.	12			Mt Wara zahay.
	14			Bord du daga au delà du Čo.
	17			Yadabala MARYAM.
	19			Angac, église.
	21			Ayšal, église.
	24			Daboza.
	26			Šaše.
	34			} Mts près Mt Tala.
	35			}
	36			}
	41			Mt...
Mota.	1,2			} Mts près Mota.
	3			}
	4-5			Mt Mize *.
	8*			Lay MARYAM.
		9		Arbre signal.
	11.			Église.
	12			Nagaš, église. Paraît être la même chose que le nº 13, Mt Čaf*.
	21			Domma, église lointaine.
	23			Gangarta Giyorgis.
	24.			Gangarta MARYAM.
	25.			Dimmat gadal.
	30			Mt Yabirur.
	31			Mt Wabir.
		32.		Hutte dans Mota.
	35-37			Mt Gadab et Bibuñ.
	38			Mt Tabamit, près Mando.
	39			Mt ibid.
	40			Mt Faras bet.
	44			Mt...
	46			Mt Sadaqa *, autre bord.
	49-53			Points du Mt Boraz.
		55.		Fourche entre Boraz α et β.
	58			Mt au delà de Wašra.
	59			Mt Amadamid, pic.
	62.			Talalo, église.
	64.			Agita IYASUS.
	65			Mt...
			66.	Angar.
Nazrit IV.	11			Mt...
Qaranyo.	2			Amba MARYAM.
	3			Église lointaine.
	4-6			Mt Yawagare.
	8			Mt, pic du Yaqandac.

Gojjam.

Station.	Sans cr.	Inut.	Vague.	Objet relevé.
Qaranyo.	14			Mt près Wugir.
			19	Col, et source du Abbay.
Safarka.	1.			Agaw kab? Trop grand de 20′.
	2.			Martula MARYAM? Trop grand de 9°.
	5.			Église à 10 milles.
	6.			Église.
	8			Tababit qs Mika-el.
	10			Titar Abbo.
Šolage	2.			Église en Ysmada?
Tanso	4			Église. Probablement Dini 2.
	7			Large église en Gojjam.
		8		Grand arbre.
		10		Arbre isolé.
	12			Église.
		14		Arbre isolé.
		18		Arbre isolé de Dini 6.
Titar.	3			Mt...
			15.	Martula MARYAM?
	17			Point du Mt Wara zahay.
	18, 19			Mt en Walaqa.
			20.	Dangyame.
	23			Mt Imbilati.
	24, 26			Mt Somma.
	28			Mt... Frontière du Šawa.
	36			Ambala Giyorgis.
Wazzam	2			Mt...
	5			Bord d'un daga au delà du Abbay.
	6			Yadaguat Giyorgis.
	10.			Ytbaqo, à peu près.
	16			Mt...
	18			Église.
	19			Gošo.
	20, 21			Églises.
	27			Mt...
	28			Mt Qaçin zala.
	30, 31			Églises.
	32			Mt...
	33, 34			Église.

Gojjam.

Station.	Sans cr.	Inut.	Vague.	Objet relevé.
Woqsosta	14			Mt Gindinizi.
Wugir.	2, 3, 4			Églises en Annabse.
Yafatmat.	7			Acacia isolé à 3 milles.
	12.			Qobba Elyas.
	13.			Église.
Yajibe	6			Yadaha qs Mika-el.
	11			Église.
	12			Mt...
	20			Yasawarab.
	27			Dangyat Giyorgis.
	28			Yamistina.
	29			Yawanbad.
	30			Dabizzim.
	38			Yasla kidana mihrat.
Yasanbat.	4			Gimma Mangistu. Azimut trop petit de 30′ pour l'église de Mangistu.
	5			Sutara.
	10			Taba Zawaro.
	14			Yadaraba Mika-el.
	15			Dambal MARYAM.
	16			Mt...
	18			Bagmeda, plaine.
	19			Mt...
	21			Mt...
Yawiš I.	4			Passage de Nazrit à Mota.
	6.			Danguro?
Yawiš II		1, 2, 3		Station inutile; il y a erreur dans les relèvements.
Yawis III.	3			Mita Sillase, église.
		14, 17		Arbres près Yajibe.
Yawis IV.	4.			Gandagab Giyorgis.
	5.			Yomac Elyas.
	8.			Yaguhat Giyorgis.
	10.			Qobba Elyas.
	11.			Yaqamna Hawaryat.
	12.			Yagalab Abbo.

Grand-Damot.

207 azimuts sans croisement, 33 inutiles, 24 vagues.

Station.	Sans cr.	Inut.	Vague.	Objet relevé.
Adami [Maro] . . .	7			Mt Bo-o*, un point.
		12, 13		Hutte à 2 ou 3 mètres.
		16		Arbres près Mt Bo-o*.
	19			Descente.
	22			Mt...
	26			Précipice près Mt Amara.
	29			Pic surbaissé.
	31			Pic.
	32			Mt Gulti, en deçà de la chaine.
Adami [Maro]. . . .		34, 36, 37		Arbres du Mt Cillimo.
	41			Mt..., arbre isolé.
	42			Mt..., arbre à cymbe.
	43			Partie supérieure du Halanga.
	45			Mt..., arbres.
	47			Mt..., arbres.
	53			Axe de la rivière Fato.

Grand-Damot.

Station.	Sans cr.	Inut.	Vague.	Objet relevé.
Adami [Maro]. . .	54			Mt...
	55,57			Points du Mt Diriqo.
	60			Confluent du Fato et du Gibe.
	63			Mt Kolba en Lofe, en deçà du Gibe.
	66,69			Mt... Pics en Libqn.
	70			Mt Badas.
	74			Mt Buko.
	79			Mt Mute en Garjeda.
		80		Station de Sire boru ?
	82			Mt Turre.
	83			Mt Sadani, bord, et Mt lointain
	85			Mt Iggu, un point.
		87		Arbre signal.
		92		Points du Mt Kunc.
		93		
		95		
	96			Église antique près Adami.
	97			Mt dans Sibu.
	98			Mt Ibid.
	99,100			Mt *a* du profil. Mt Jarre ?
	101,102			Mt *b*.
	103			Mt *c*.
	104			Mt *c'*.
			107.	Source du Gibe.
	109			Mt f'.
	111			Mt f''.
	112			Mt f'''.
	113			Mt f^{iv}.
	115			Mt f^{v}.
			117.	Source du Gibe.
	118			Mt... boisé.
	119			M *g*, pics.
	120			
	123			Crans du Mt *h*.
	124			
	125			Mt Yanfa*, précipice.
	127			Cran du Mt *j*.
	134			Mt *l*.
	136			Mt *m'*.
	137			Mt...
Adami (acacia). . .		6		Hutte.
	7.			Eglise antique de Adami.
Adami (Adula). . .		4		Arbre signal.
	6			Mt Badas, en deçà du Buko.
	7			Mt Buko.
	8			Mt Turre.
	13			Mt Kunc, arbre isolé.
Anafo.		6		Mt Goro Çan. Relèvement erroné.
	10			Mt Gaši, et route du désert de Dora.
		11		Arbre signal.
			12.	Sabu Šunke.
Barakat		1		Hutte signal.
Bora	1.			Mt Roba.
	2.			Source du Kabanawa.
	3.			Source du Fintirre.

Grand-Damot.

Station.	Sans cr.	Inut.	Vague.	Objet relevé.
Bora.	4.			N'est pas Minjillos.
	16.			Mt Ilfata, tout près.
Çalla	3			Jiren, Kollo.
	7			Mt Sito, et route de Kullo.
	8			Mt Boba, et 2me route de Kullo.
	9			Mt Gese, à 50 milles.
	13.			Mt Atiro.
	15			Mt Mate doma, Kollo.
Dar-u			5.	Suntu.
			13	Yatu en Gena.
	22			Portion de Cora.
	23			Mt Goroqa en Bun-o.
Falle I	1			Pic bas.
	2.			Creux devant Pušariyą ?
	3			Mt Habib chez les Yamma.
	4			Faible pic ibid.
	5,6,7			Pics du Mt Bor.
	8			Mt, probt chez les Yamma, et pic en deçà.
	9,11			Pics du Mt Qawa.
	12			Pic bas et boisé, en Badi.
	14			Pic bas.
	15			Large sommité.
	17			Id.
	24			Mt..., près Hapati.
	26			Pic rond faisant suite à un daga.
	27			Mt...
		29		Arbre signal.
	31			Sommité du Mt Jibate.
Falle II.	1			Mt Rogge ?
	2			Colline dans le désert.
	3.			Bord nord du daga de Wariro.
	4			Désert entre Soddo et Maro.
	5			Mt dans Maro.
		7		Arbre signal.
	8,9			Mt Bido.
	10,13			Mts en Dagale.
	14,15			Mt lointain.
	17			Pic au bout du daga de Tufte.
	18.			Intersection du Mt Bor et des Mts de Tufte.
	20			Petit pic sur le flanc du Mt Bor.
	21			Mt Habib.
	22 — 26			Pics du Mt Bor.
	27,28			Sommités du Mt Qawa.
	31			Mt...
Ganu.		3		Arbre signal.
Garuqqe			3.	Mt Hapati.
		7		Mt Sobso ?
		11		Masara de Dar-u. Erroné.
			18.	Suntu.
			20.	Dambi.
		24		Alge, bouquet d'arbres.
		2		Arbre signal.
	29			Mt Sasilla, autre sommité.

Grand-Damot.

Station.	Sans cr.	Inut.	Vague.	Objet relevé.
Garuqqe......		31		Fourche du Mt Bora.
			33	Dar-u en Jimma et Jiren.
	34			Mt Ilala, une sommité.
	41			Mt en Jimma.
			42*	Jiren.
	43,44			Mt Boke tato.
	49			Mt Kaka Iya.
	51			Mt Daga Ne-enca.
	53			Col lointain.
			55*	Gombota.
	56*			Fissure du Did-esa.
			57*	Kocawo.
			60*	Masara de Daga ?
	64			Colline en Guma.
	65*			Macalato, désert en deçà de Guma.
	67*			Mt Aselo, Kollo en Guma.
	71			Bout d'un daga au-delà de Guma.
			72*	Tobo.
	78			Mt Hobati en Guma.
Gobe.........	1			Pic dans le qualla.
	2			Mt Rogge ?
Hapati.......	1,2			Sommités du Mt Wamay.
	7			Mt Sobso, descente.
	10			Koma, masara du roi.
		11		Arbre signal.
	1			Gatira, masara.
	23*,24			Points du Mt Billaca.
	27			Mt Sakala, autre point, probablement erroné.
Ilfata I.......	22,24*			Points du Mt Sadani.
	27,28			Mt en Cora. Points du Mt Incinni.
	35			Mt *a* du profil.
	36			Mt *c'*.
	39,40			Mt bifide, lointain et boisé, invisible de Adami.
		42		Hutte de Adami.
Ilfata II......		4		Hutte (Ilfata I, 42).
	15			Mt..., daga de Leqa.
	16			Id., précipice.
		21		Mt Kunc, arbuste isolé.
Kiyo........	2			Mt... Sommité carrée dans Gindibarat.
	3			Mt en Kutay.
	4			Mt Ilfata en Kutay.
	21,22			Mamelons du Mt Rogge.
Koma.......	2			Mt..., et colline plus près.
			3*	Saqa.
Mile.........	17			Mt Tafi, autre bout.
	20			Mt Gumar, bord est.
	23			Creux de la crête.
	27			Mt...
	28			Mt...
	29			Mt lointain.

Grand-Damot.

Station.	Sans cr.	Inut.	Vague.	Objet relevé.
Mile.........	30			Mt en Jimma.
			35	Afata. Erroné.
	41			Mt en Guma.
	42			Mt lointain, au delà de Gera.
	43*			Méandres du Did-esa.
	44*			Méandres du Did-esa.
	46*			Méandres du Did-esa.
	51*			Méandres du Did-esa.
	45			Atarkada.
Qito.........	2			Mt du Rare.
	15			Mt fort long, en Sibu.
Qobbo.......	2			Colline boisée.
Rogge.......	1,2,3			Mts en Šawa.
	7			Mt Bola.
	24			Point du Mt Owa korma.
Sabu Šunke....			3*	Dar-u en Amuru.
	4,5			Mt Lemi ib.
	6*			Mt Wamet, bord ouest.
	9			Ziyon en Damot.
Sadara.......			1*	Col de Tumama.
	2			Mt Alla en Kullo.
			7	Bonga.
			8	Baqqa.
Saqa I.......	4			Mt Gara Kollo.
Saqa........	9			Mt du Rare.
	19			Mt...
	24,25			Points du Mt Gumar.
		28		Mt Bore, fourche.
	31			Mt en Walansu.
	32			Mt...
			36*	Yatu.
			39*	Dar-u.
			48*	Mt Mile.
Sibarre.......	3			Mt.... sommité plate.
	8 — 10			Sommités du Mt Cillimo.
	16			Mt... pic.
	23			Mt...
		26		Grand arbre dans le col.
	36,37			Pointes du Mt Dinqi.*
	38 — 41			Mts au N. du Mt Balballa.
	45			Mt Budanne, en deçà de la chaîne.
	47			Mt Teno en Horro, en deçà de la chaîne.
Sire boru......		8*		Hutte de Adami.
Tobo........			1	Col de Jijilla.
	4			Mt en Guma.
Watiyo......	2,3			Mt Bola ?
	8			Mt Mida.
Yatu........		5		Hutte signal.

CHAPITRE XVI.

JOURNÉES DE ROUTE.

Itinéraire d'après les manuscrits de voyage.

Les détails du chemin parcouru sont nécessaires pour remplir le canevas entre les stations déterminées soit par le théodolite soit par la boussole. Les heures notées sont celles de la montre employée, et sans avoir égard au temps moyen du lieu. En effet, celui-ci variait à mesure qu'on changeait de longitude : en outre, quand la montre s'arrêtait faute d'être montée, je me bornais le plus souvent à la remettre en marche sans me permettre de toucher aux aiguilles, de peur d'un dégât facile à prévoir quand on découvre le cadran, et impossible à réparer quand on est seul en Éthiopie. Dans les cas très-rares où l'on aurait besoin de l'heure absolue, on peut la trouver en général au moyen des tableaux détaillés qui donnent les états et les marches des chronomètres (pages 26-31).

Pour éviter des répétitions fastidieuses, j'ai le plus souvent supprimé les mots *départ* et *arrivée* au commencement et à la fin de chaque journée de voyage. L'heure du chronomètre, notée chaque fois, a été supprimée, excepté aux haltes principales, et remplacée par les différences des heures, car ce que l'on cherche surtout, c'est la distance relative d'un point à l'autre. La somme de ces différences, donnée au bas de la colonne des heures, doit être égale à la différence entre l'heure du départ et celle de l'arrivée, après qu'on en a déduit les durées de toutes les haltes faites dans la même journée. Si cette différence n'est pas égale au *total,* on doit en conclure qu'il y a erreur quelque part, et j'ai eu soin de signaler de pareilles erreurs quand elles ont lieu, ainsi qu'on peut le voir à la fin de la route **518**. Quand toute une journée n'a pas été détaillée, j'ai mis à la fin les mots *total noté,* voulant dire par là le total de ce qui a été noté, sans compter le temps du reste du parcours.

Dans ces listes, le temps est exprimé par heures et dixièmes; un dixième d'heure correspond à six minutes, et comme une légère différence dans la vitesse de la marche peut aisément faire perdre ou gagner 5 à 6 minutes, il était inutile d'aller au delà en tenant compte des centièmes d'heure. Cette raison m'a engagé à mettre des dixièmes d'heure au lieu des minutes, et ce n'est pas là un des moindres avantages des fractions décimales que de s'arrêter quand on veut au degré de précision qu'il est permis d'atteindre. Expliquons comme exemple la journée de route **725** : Les chiffres $0^h \cdot 0$, dans la colonne intitulée *durée de la marche*, indiquent que la route commence, et les mots « A $4^h \cdot 0$ *Mandarge* » signifient que je quittais *Mandarge* quand la montre indiquait 4 heures juste. Après $4^h \cdot 8$ est une ligne qui dénote la halte faite pour le repas du matin, ordinairement loin de toute habitation et près de l'eau. Après avoir passé *Abša,* on voit l'expression « R. à G. » Elle veut dire que je traversai un ruisseau dont l'eau coulait alors vers ma gauche. Cette notation m'a semblé la plus claire pour indiquer de quel côté est la pente du bassin où l'on chemine. Sur l'esquisse de la carte, on indique par une flèche la direction de cette pente. Enfin « à $2^h \cdot 2$ *Samis* » signifie que j'entrais au gîte, village de *Samis,* à 2^h et 12 minutes de la montre. La somme des différences marquées dans cette journée de route est égale à $7^h \cdot 2$, c'est-à-dire que j'ai marché pendant 7 heures et 12 minutes en tout. On trouvera également $7^h \cdot 2$, si l'on retranche l'heure du départ, ou $4^h \cdot 0$, de l'heure d'arrivée $2^h \cdot 2$, et que de la différence $10^h \cdot 2$ on soustrait $3^h \cdot 0$, somme de la durée des cinq haltes. Toutes les journées détaillées ont été vérifiées de cette manière. Les journées sans détails ont été admises dans la liste pour montrer la suite du voyage, et je n'ai mentionné les lieux des tours d'horizon que lorsque j'avais interrompu la route pour les prendre. Ainsi les tours d'horizon **92** et **93** ne sont pas mentionnés dans la 333e journée de route, parce que le premier a été observé avant mon départ de *Kua amba* et le second après mon arrivée à *Abya.*

La fatigue, la faim et le danger portent un voyageur à exagérer et la vitesse et la durée de sa marche. J'ai néanmoins le plus souvent noté de pareilles estimations ; en effet, des différences de quantités s'expriment mal sans des nombres; mes appréciations du moment valent mieux qu'un silence complet, et enfin ces erreurs, corrigées souvent d'ailleurs par les positions bien fixées de mes stations, montreront aux voyageurs jusqu'à quel point on peut s'abuser quand on prétend apprécier sa route sur terre de la même façon que les marins estiment souvent la leur sur l'Océan. Les trois causes d'erreur que je viens de signaler étaient toutes réunies dans ma journée **398**, où j'ai estimé à 35 milles une route qu'au nº **607** de cette liste j'ai trouvée égale à 15 milles seulement.

Toutes les fois qu'on a employé la boussole de Burnier, qui avait une graduation en sens contraire des azimuts, les angles sont comptés à partir du nord magnétique par l'ouest, le sud et l'est. Nous avons indiqué cette circonstance par les lettres B. B. placées en tête des colonnes des angles ; et les séries de relèvements faits à la même boussole sont désignées par S^{n} B. B. Les relèvements donnés ici sont, à moins de mention contraire, ceux du sentier devant moi, c'est-à-dire de la route que j'*allais* parcourir. La manière d'observer l'aponadir a été expliquée dans la préface. Le mot Esq. veut dire qu'une esquisse a été faite dans le journal de voyage. Ces esquisses n'ont pas été gravées.

A. D'A.

PREMIER VOYAGE.

1. — 1837. Décembre 25. Lundi.

Durée de marche.		Direction à la boussole. B. B.
h		°
0·0	A 10^{h}·3. Derniers palmiers de Qeneh à D., à G. rochers.	210
0·7	Petit village très-nu. Ensuite palmiers à G.	230
1·4	Terre nue et sèche. Therm. = 20·5. Petit village à D.	260
1·2	Suite de collines à G.; touffes d'herbes éparses à D.	220
0·7	Byr Ambar.	
1·7	A 4^{h}·0 petits rochers un peu en surplomb, hauts d'environ 12 mètres.	
5·7	Total	

2. — 1837. Décembre 26. Mardi.

0·0	A 5^{h}·7. Désert à D.	215
1·0	Légères collines à G., légères collines perp. à la route à D.	
3·0	Rangée d'arbres à D.	345
1·3	Urines de chameaux, collines à G. et à D.	265
1·7	Collines lointaines à G., collines légèrement coniques à D.	255
0·3	Camp et puits dit de Legata, à D.	285
1·0	. . . .	290
1·0	A 3^{h}·0 halte ; à 3^{h}·45^{m}, therm. à l'air = 1·0.	
9·3	Total	

3. — 1837. Décembre 27. Mercredi.

0·0	A 5^{h}·0. Rochers à G. ; à D. collines de rochers nus comme toutes celles que nous avons vues jusqu'ici.	270
1·0	A G. rocher de grès blanchâtre et un côté coupé droit comme un mur, et isolé.	272
0·7	Rochers moindres à G., très-petite montée. Esq.	
1·3	Rochers à G. et à D.	265
0·4	. . . .	250
2·6	Rochers à D. Enceinte de rochers rocailleux à G.	290
0·8	Therm. à l'ombre = 16·7.	
0·6	Ici commence une enceinte de rochers noirs, tous pointus, comme sillonnés de ruisseaux de sable. Ces rochers ont de 40 à 60 mètres de haut, et sont une poudingue quartzeuse à grès verts, mêlé de masses de quartz blanc.	
0·6	Rochers à G. et à D., puits nouveau ayant 144 marches et 27 mètres 36 centim. de profondeur.	265
0·8	. . . .	285
0·5	Mon esquisse indique les contours de la route, pris à l'œil, au moins leur nombre ; route très-sinueuse.	300
0·3	. . . .	290
0·6	A 3^{h}·2 halte. Rochers fracassés de grès rouge à fissures nombreuses, verticales et horizontales.	
10·2	Total	

4. — 1837. Décembre 28. Jeudi.

0·0	A 5^{h}·0 départ.	260
2·2	Deux arbres.	270
	Nombreuses huttes en pierres sèches, pour les télégraphes.	
	Tournant dans les rochers.	240

4. (*suite*).

Durée de marche.		Direction à la boussole. B. B.
h		°
0·5	Toujours tournant dans les rochers.	230
0·3	Hors du défilé étroit qui avait 30 à 40 mètres de large. Direction de quelques couches de schiste qui traversent la route.	220
1·0	Plus large.	
1·0	Après bien des tours.	280
1·0	. . . .	270
0·7	Rochers nus de gneiss en décomposition à G., rochers nus à D.	230
0·4	Rochers très-écartés.	315
0·2	. . . .	290
3·7	A 4^{h}·0 Puits de Hajji Suleyman. A 1^{h}·40^{m}, nous avons laissé à droite les quatres murs d'un caravansérail.	
11·0	Total	

5. — 1837. Décembre 29. Vendredi.

Nous partîmes de Hajji Suleyman à 8^{h}·30^{m} du matin, et nous arrivâmes à la plage du Quçayr au coucher du soleil. A environ 14 milles de Quçayr sont les puits anglais faits par l'armée anglaise qui envahit l'Égypte. A 6 ou 7 milles est un ruisseau d'eau saumâtre. De Quçeyr 92° 0' pour aponadir d'une montagne au S.-O. Selon la carte anglaise sa hauteur = 1372^{mt}.

6. — 1838. Janvier 9. Mardi.

Départ du Quçayr une heure avant l'asir, et navigation toute la nuit.

7. — 1838. Janvier 10. Mercredi.

Près de l'île Ṣaybara. Mouillé le soir au sud de l'île Ḩassany. Lat. 25° 0 ; long. 34° 8.

8. — 1838. Janvier 11. Jeudi.

Mouillé dans la baie de Yenbʿe. Lat. 24° 9' ; long. 35° 39'.

9. — 1838. Janvier 12. Vendredi.

2^{h}·2 de navigation pour les 12 milles restants jusqu'à la ville de Yenbʿe. Lat. 24° 5' ; long. 35° 47'.

10. — 1838. Janvier 13. Samedi.

Départ de Yenbʿe.
Mouillé près le cap Ma'jr. Lat. 23° 44' ; long. 36° 8'.

11. — 1838. Janvier 14. Dimanche.

Mouillé un peu au sud du cap Burayqah. Lat. 23° 36' ; long. 36° 15'.

12. — 1838. Janvier 15. Lundi.

Mouillé au cap Mastuwrah. Lat. 23° 4' ; long. 36° 32'.

Durée de marche.		Direction à la boussole.

13. — 1838. Janvier 16. Mardi.

Mouillé au port de Dunayb ذُنَيب. Lat. 22° 35′ ; long. 36° 48′.

14. — 1838. Janvier 17. Mercredi.

Parti à 15^{h} au coucher du soleil, mouillé au port de Ubḥur. Lat. 21° 37′ ; long. 36° 49′.

15. — 1838. Janvier 18. Jeudi.

Halte au port de Ubḥur.

16. — 1838. Janvier 19. Vendredi.

A midi, mouillé à Jiddah. J'ai mesuré au pas 300^{mt} depuis la citerne jusqu'à la porte de la ville, et 562^{mt} depuis cette porte jusqu'à la maison du Ma'alim Yusuf, maison où j'ai fait mes observations astronomiques.

17. — 1838. Février 8. Jeudi.

Départ de Jiddah au point du jour. Mouillé à Ragwan رَغْوَان. (C'est sans doute là le Guan du ms.). Lat. 20° 38′ ; long. 37° 12′.

18 — 1838. Février 9. Vendredi.

Mouillé à 'Uśarah. Lat. 20° 17′ ; long. 37° 35′.

19. — 1838. Février 10. Samedi.

Mouillé au port Ibrahym, port de El Lyt (لَيث). Lat. 20°8′; long. 37°58′.

20 — 1838. Février 11. Dimanche.

Mouillé parmi les trois îles Fara. Lat. 19°·4; long. 38°·6.

21. — 1838. Février 12. Lundi.

A 7^{h} du matin, mouillé à Qunfudah. Lat. 19° 8′ ; long. 38° 48′.

A 10^{h} du matin, parti de Qunfudah ; mouillé le soir à Ḥaly. Lat. 18° 36′ ; long. 39° 4′.

22. — 1838. Février 13. Mardi.

Côtoyé jusqu'à El Berk (lat. 18° 13′ ; long. 39° 14′), d'où nous tournâmes vers le S.-O. et nous nous rendîmes à Façalyat. Lat. 17° 40′ ; long. 38° 40′.

23. — 1838. Février 15. Jeudi.

Après avoir traversé la mer Rouge toute la nuit, nous reconnûmes le cap Mubarak à 2^{h}. Lat. 16° 32′ ; long. 36° 55′.

24. — 1838. Février 16. Vendredi.

Voguant par le vent du nord.

25. — 1838. Février 17. Samedi.

Mouillé à Muçaww'a.

L'île de Muçaww'a est longue dans la direction N.-E. et S.-O. A l'extrémité N.-E. est un fortin carré, couvert en terrasse et qui a dix pas de côté. Il s'y trouve 4 pièces de 24 et une de 12. De là j'ai marché droit vers une mosquée à double dôme ; à 394 pas se trouve un mur isolé avec des degrés, et à côté une niche. Ce mur a 1^{mt}·6 de haut environ et est isolé au milieu d'un espace nu où croît à peine une herbe grasse, et dans un trou abrité encore par des branchages

Durée de marche.		Direction à la boussole.

25. (*suite*). B. B.

on tâchait de cultiver trois ou quatre pieds de choux. La hauteur du fortin = $\frac{2}{3}$ de sa largeur. A 580 pas de là commence le cimetière. Les maisons commencent à 700 pas, et peu après vient la mosquée à deux dômes dont le minaret isolé consiste en un mât sur lequel on grimpe comme pour les grues des maçons à Paris. A 1040 pas du fortin commence le marché. A 1410 pas finit l'autre bout de l'île. J'ai marché aussi directement que je l'ai pu par les rues les plus droites.

Du mur isolé près la niche l'aponadir du Mt Gadam est 92° 20′.

La longueur de mon pas de promenade mesurée avec soin est de 0^{mt}·625. Ainsi la longueur totale de l'île de Muçaww'a est de 881^{mt}.

De Muçaww'a, pic d'Éthiopie 152

Id. aponadir 92° 56′·5.

Les montagnes d'Éthiopie vues de Muçaww'a offrent quatre étages ; la dernière présentant une crête unie comme un mur au N. du pic le plus septentrional dont j'ai pris l'azimut.

L'axe de l'île Muçaww'a, pris du Ras Mudir en visant sur la mosquée à deux dômes, est dans l'azimut magnétique de 115°. Dans la direction 205°, c'est-à-dire à 90° de la première, et à peu près à mi-chemin entre Ras Mudir et le cimetière ; j'ai trouvé 416 pas de promenade pour la largeur de l'île = 260^{mt}. Cette ligne qui se termine du côté du N. à une vieille citerne disloquée par la chute d'une portion de la falaise voisine, m'a paru dessiner à peu près la plus grande largeur de l'île.

Longueur de la rue où reste Ḥusayn Efendi = 142^{mt}·5.

26. — 1838. Février 22. Jeudi.

h

0·0 A 0^{h}·0 partis pour Ḥarqiqaw ou Diḥono par mer.

1·0 A 1^{h}·0 arrivés à Ḥarqiqaw. A 0^{h}·2 au petit trot, ruisseau de 3^{mt} de large et 0^{mt}·2 de profondeur. Rentré à Muçaww'a par Sabyl et le cap Girar.

27. — 1838. Février 25. Dimanche.

Partis de Muçaww'a pour l'île Dĕsc.

Mouillé au cap 'Abd el-qader.

28. — 1838. Février 26. Lundi.

Débarqué dans l'île Dĕsc, du côté de l'Orient.

0·0 A 2^{h}·1 partis de la maison principale de l'île 340

0·2 A 2^{h}·3 excavations où l'on puise l'eau à 2^{mt} au-dessous de la surface du sol, marchant très-vite. Au retour, 0^{h}·3 allant au pas ordinaire.

Du rocher qui dessine le pourtour du port de l'île et qui est à gauche en attérissant :

S^{n}. B. B. **1.**

Cap du Mt Gadam		65
Distance du nadir à l'horizon	89° 49′	
Distance du nadir à la pointe du pic Dulḥi	90° 19′	
Direction des couches de gneiss au bas du rocher †		180
Id. au haut du rocher		185
Id. près des mares d'eau		202
Pic de Dulḥi (Hurtaw? des Anglais)		228
Sayl Kabyr		262
Ile Huadjt, milieu		290
Axe de l'île Dĕsc		360
Mt Gadam couvert.		

† Leur angle dièdre obtus est ouvert vers l'est.

Durée de marche.		Direction à la boussole.
	29. — 1838. Février 26. Lundi.	B. B.
h		°
0·0	A 7^{h}·5 rivage de la mer dans le golfe de Qafay.	140
0·4	Toujours parmi les mangliers.	155
0·2	Trou profond de 4^{mt} et large de 40^{mt}.	
0·4	Lit d'un torrent encore humide.	175
0·3	A 8^{h}·7, Zullaḥ, marchant à la vitesse ordinaire 120 de mes pas, c'est-à-dire 75^{mt} par minute, ce qui faisait 2·4 milles par heure.	
1·3	Total.	
	S^{n}. B. B. **2.**	
	D'un tertre parallèle à la mer et tout près du nouveau Zullaḥ :	
	Sur le Mt Gadam, partie la plus élevée (aponadir, 92° 21′)	25
	Sur les sources d'eau à boire	292
	S^{n}. B. B. **3.** Du bord de la mer avant de me rembarquer :	
	Mt Gadam, point culminant	43
	Port ou coupure dans la montagne	85
	Vers Zullaḥ	150
	Pic (Mt Dulḥi?)	220
	Terre de Bure, pointe nord	318
	Ile Dĕse, pointe sud	330
	Ile Dĕse, pointe nord	340
	S^{n}. B. B. **4.** De Muçaww'a (prob^{t} de la citerne du gouverneur).	
	Monts d'Éthiopie : pic à droite	142
	» pic du milieu	150
	» pic à gauche (apon. 92° 50′·5)	163
	Mt Gadam	197·5
	30. — 1838. Mars 3. Samedi.	
0·0	A 2^{h}·6, cap Girar :	
	Sur Imakullu	68
	Longueur du môle du cap Girar, 59^{mt}.	
0·2	Descente du rocher calcaire à la plaine de sable.	
0·2	Plantes grasses hautes de 1^{mt}·5.	
0·3	Cimetière à gauche.	
0·1	Cimetière :	
	Sur Imakullu	80
0·3	A 3^{h}·7. Imakullu.	
1·1	Total	
	31. — 1838. Mars...	
	S^{n}. B. B. **5.** Dabir Zaga.	
	Aponadir de l'horizon de la mer 89° 53′.	
	Sur Zaga, Imakullu, et plus loin Gallala.	330
0·0	Zaga.	
1·4	Imakullu.	
	Sur Hotomlu	305
0·2	Hotomlu, petit hameau entre Imakullu et Gallala.	
0·1	Sur Muçaww'a	250
0·9	Rocher.	
0·2	Cap Girar ou Jirar, toujours au petit pas.	
2·8	Total	
	32. — 1838. Mars 15. Jeudi.	
0·0	A 2^{h}·6. Ḥarqiqaw. Herbes éparses en touffes.	200
0·2	A G. ruisseau presque stagnant large de 1^{mt}.	170
0·3	A 1·5 mille environ et perpendiculairement à la route, finit le golfe de Ḥarqiqaw.	
0·2	Route en plaine, plantes hautes et grasses çà et là.	
0·3	Arbres épineux épars.	
0·6	Halte à Qatra sous quelques arbres ; village de 'Addi Ḥabib à D.	
[illegible]·6	Total	

Durée de marche.		Direction à la boussole.
	33. — Mars 16. Vendredi.	B. B.
h		°
0·0	A 0^{h}·7 Qatra, départ de nuit.	190
0·5	Premières inégalités du terrain.	
1·5	Roches mi-cassées ; la nuit m'empêche de relever le changement de direction. Ce défilé, dans lequel nous rentrons, se nomme Šiluki ; au fond est un lit de sable de 8 à 10^{mt} de large.	
1·0	Direction du gneiss = 150°. Arbres épineux et roches fracassées.	220
0·1	Ce défilé s'élargit jusqu'à $\frac{1}{6}$ mille.	195
0·3	Après quatre détours à droite et à gauche, on tourne à droite.	150
0·2	Petit Ḥidale. [Les Saho nomment ce lieu 'Inda lele.] Fin du défilé de Šiluki.	
0·2	Tombeaux ; ici commence une plaine de 2 milles entre les collines.	
0·4	Lit d'un torrent de 8 ^{mt} à G. ; bloc de lave isolé, de 0^{mt}·5, à D.	135
0·1	Pierreux.	145
	Sur Wi'a, à environ 3 milles de distance : lieu fertile et plein de ruisseaux.	210
0·2	Vu quatre autruches courant sur les pierres.	
0·1	A 5^{h}·3, halte de 7^{h}·3 au grand Ḥidale ; à D., vallon uni couvert de gros cailloux de gr. A G., toutes les collines sont verdoyantes. Arbres épineux ; gazelles, mais pas d'eau.	
4·6	Total	
	34. — 1838. Mars 17. Samedi.	
0·0	A 0^{h}·6 grand Ḥidale.	130
0·2	Sur le sentier qui mène à Zullaḥ, rempli de gr. pierres roulées.	280
0·1	Dépression subite de 2^{mt}. Lit d'un torrent à D.	
0·1	Lit d'un torrent large de 5^{mt}. Lit d'un torrent large de 2^{mt}.	122
0·0	Lit d'un torrent large de 2^{mt}.	
0·1	Lit d'un torrent, après une chute de 3^{mt}.	
0·2	15 tombeaux saho faits de schistes ; lit de torrent de 2^{mt}.	
0·1	A G., colline de 50^{mt} environ de haut ; à D., torrent sec de 3^{mt}·5, escarpé du côté de Ḥamḥamo.	155
	Plus loin, traversé autre lit de torrent de 7^{mt}.	
0·1	Petit défilé ; couches de schiste.	170
0·2	. . . .	160
0·1	. . . .	145
0·2	Tombeaux Saho à G. ; très-pierreux ; à D., lit de torrent de 8^{mt}. Sabsobal à G. ; rocher à pic à D.	
0·4	La vallée se resserre.	
0·1	Premiers arbres un peu grands.	
0·2	Très-pierreux ; plantes odoriférantes. Défilé de 200^{mt} de large.	
0·1	Hameau de An'ana, 10 huttes ; défilé large de 200^{mt}.	140
0·1	2 à 300^{mt} de large. Très-petit filet d'eau vive, salie par le fumier du bétail. Cette eau doit se perdre dans le lit du torrent que nous avons tant de fois traversé.	
0·4	A 3^{h}·3, Ḥamḥamo. C'est de là que je suis retourné à Muçaww'a.	
2·7	Total	
	35. — 1838. Mars 25. Dimanche.	
0·0	A 4^{h}·7, départ de Diḥono.	
2·0	A 6^{h}·7, halte de 5^{h}·8.	
	A 0^{h}·5 marche.	
1·6	Défilé large de 0·25 mille.	150
0·2	A G., pic pointu qu'on voit de Muçaww'a ; à D., pic à 2 pointes qui se divisent en 3, quand on s'en approche.	
0·4	Défilé large de 15 à 20^{mt}.	
0·3	Couches de schiste noir traversant la route : leur direction = 165°. Peu après, un dépôt de terre et de pierres haut de 5^{mt}.	
2·5	A 5^{h}·5, halte.	
7·0	Total	

Durée de marche.		Direction à la boussole.
	36. — 1838. Mars 26. Lundi.	B. B.
h		
0·0	A 3^{h}·5, marche.	
1·8	A 5^{h}·3, halte de 6^{h}·0 à Ḩamḩamo.	
	A 11^{h}·3, départ : lit d'un torrent.	
0·8	A G., défilé s'embranchant au nôtre ; boussole cassée. Esq.	
0·1	Af'Illiliya. Arbres de chaque côté du torrent comme une avenue.	
0·2	A D., défilé très-étroit.	
1·0	Dabara'ion. Marche toujours dans un défilé de 30 à 50^{mt} de large.	
0·3	Premières plantes en fleurs.	
0·3	Singes, marmottes (aśqqoqqo), sangliers. Premiers tapis de gazon à D.	
0·4	Éboulis et détritus.	
0·3	A 2^{h}·7, halte à 'Afanab. Un de nos gens est tué par un lion. Gros rocher qui abrite de la pluie. Le ruisseau qui nous avait accompagnés depuis Ḩamḩamo, nous quitte tout d'un coup, et pour ainsi dire sur place.	
5·2	Total	

	37. — 1838. Mars 27. Mardi.	
0·0	A 3^{h}·9, 'Afanab.	
1·2	Ibririga	
1·5	Ruisseau : halte de 5^{m}.	
0·4	Tabo. A D., grands arbres à côté de l'eau.	
0·2	Ala'ari. Le défilé s'élargit à 200^{mt}.	
0·1	Le ruisseau est encaissé à 2^{mt} de profondeur. Traces d'inondation à 3^{mt} au-dessus de l'eau.	
0·1	A 7^{h}·5, halte de 3^{h}·6. Ililaye.	
	A 11^{h}·1, départ : large lit d'un torrent avec une gorge à gauche.	
0·2	La'ilay Tabo.	
1·4	A D., défilé de Taranta ; à G., défilé de Šinfayto. Le Mt Ḩaddas s'élève entre ces deux défilés. On m'a aussi écrit Šinfa-ito.	
0·4	Rocher conique remarquable.	
0·3	Roches de schiste friable. Depuis Ḩamḩamo nous avons toujours cheminé dans une gorge sinueuse.	
0·2	A 1^{h}·6, Abdi hamiri.	
6·0	Total	

	38. — 1838. Mars 28. Mercredi.	
0·0	A 7^{h}·3, Abdi hamiri.	
0·4	Misaley ; à G., chemin de 'Addi graht. Esq.	
0·9	Ism'at.	
0·1	A 8^{h}·7, Maḩyo, halte de 3^{h}·5.	
0·0	A 0^{h}·2, départ de Maḩyo. A partir de Ism'at, le chemin est un sentier de chèvres que j'ai pourtant parcouru sur ma mule. Le terrain est toujours schisteux.	
0·6	Mt Ra'iyo. Dans un endroit, j'ai vu ce que je crois être le feldspath décomposé et friable. Nous contournons trois côtés du Mt Ism'at, puis nous descendons dans un très-petit vallon où les arbres sont espacés comme dans un verger : il y a beaucoup de plantes grasses, et point d'eau visible.	
0·6	A 1^{h}·4, Kurkudda : halte de 2^{h}·6.	
2·6	Total	

	39. — 1838. Jeudi. Mars 29.	
	A 4^{h}·0, Kurkudda. Direction des fissures du schiste = N.-E. ¼ E.	
1·0	Près du petit carré nommé Fengel ; premiers conifères.	
0·3	Mt Ba'araz : halte de 0^{h}·2.	

Durée de marche.	**39.** (*suite*).	Direction à la boussole.
h		
0·2	Point culminant.	
0·1	Amheda ; c'est ici plutôt le point culminant : on voit Ḩalay. Les couches de schiste sont inclinées vers Aksum.	
0·4	A 6^{h}·2, Irar ; halte à 6 ou 700^{mt} de Ḩalay. Le terrain est couvert de fragments de quartz et feldspath blancs non roulés. Le terrain descend par dix degrés de la hauteur moyenne de 0^{mt}·5 chacun.	
2·0	Total noté †.	

	40. — 1838.	
0·0	A 4^{h}·8, départ de Igir zabo, allant vers le S.-S.-E.	
1·0	Église sur un rocher à gauche.	
0·2	Arrivé à Bati, village au pied d'un rocher.	
0·7	Tombeaux à gauche : montée forte.	
0·9	Point culminant du Kisad Bunat, col du Mt Kaš'at. Nous allons E.-S.-E. Esq.	
0·3	Cimetière formé comme ceux des Saho de pierres entassées.	
0·3	Lit d'un torrent perpendiculaire à la route ; peu d'eau dans les creux. Halte de 0^{h}·2.	
0·8	Nous commençons à gravir le Mt Razyu en allant vers le S.-S.-E. Halte de 0^{h}·3 en route.	
1·0	Point culminant du Mt Razyu.	
0·1	Lit d'un torrent dans une fissure du Mt....	
	Notre route, S.-E. ; 'Addi graht, S. ; 'Adwa, S.-S.-O.	
0·1	A 10^{h}·9, halte de 3^{h}·1 près d'un trou où il y a de l'eau bourbeuse.	
0·0	A 1^{h}·8, marché sur la direction S.-E.	
0·2	Bibo, village au fond d'une vallée à gauche.	
0·8	Halte de 0^{h}·5 à May ta'ida, village sur une petite terrasse haute de 15^{mt} et longue de 200^{mt} environ.	
0·2	A 3^{h}·5, Darigime.	
6·6	Total	

	41. — 1838. Avril 13. Vendredi.	
0.0	A 4^{h}·4, départ de May Uray. (Fissures du grès, direction = 347°, axe du plateau, 350°.) Sur le rocher colonnaire, 105° ; sur le côté gauche du plus petit des deux rochers, 130° ; côté droit, 136°.	160
0·2	Nous dépassons le plus petit des rochers Igir zabo.	
0·1	A droite et à gauche sont des terres labourées, le reste de la plaine contient beaucoup de buissons épineux.	190
0·1	. . . .	230
0·3	Beaucoup de grosses pierres non roulées.	170
0·1	Lit d'un torrent large de 3^{mt}.	
0·1	Champs cultivés et clôtures de haies mortes. Halte de 0^{h}·2.	
0·2	. . . .	180
0·1	. . . .	215
0·4	A D., pierre de Lawiša, rocher remarquable sur une colline tout près de la route ; relevé par 190° le village de Lagosarda, village sur une colline à 4 milles environ et séparé de nous par une autre colline.	215
0·3	Halte = 0^{h}·1.	173
0·2	Descente et montée rapides à travers le lit d'un torrent large de 24 pas : très-grosses pierres roulées.	
0·1	Arbres des deux côtés. Inculte.	186
0·2	Montagnes à 600^{mt} et arbres bas très-touffus à G. ; lit d'un torrent de 1^{mt}. Peu après, grand lit de torrent = 24 pas.	
0·1	Lit d'un torrent.	
0·1	Halte de 0^{h}·3. Nous commençons à monter la rive coupée à pic et haute de 4^{mt}. Couches schisteuses verticales, beaucoup d'arbres.	

† Il manque ici une ou deux journées de route.

Durée de marche. | Direction à la boussole.

41. (*suite*).

h

Nous commençons à monter par le lit d'un torrent avec beaucoup de pierres peu roulées et de quartz blanc et schiste vertical ; puis halte = 0^{h}·2. 193

0·1 Nous marchons horizontalement. 185

0·1 Nous tournons toujours à gauche en descendant un peu. 137
A G. un vallon triangulaire avec un tertre central.

0·2 Nous montons après le lit d'un torrent large de 7 pas. Peu après, nous descendons : lit d'un torrent = 7 pas.

0·4 A 8^{h}·3, nous arrivons au village de Anfiʿana après une montée fort pénible. Il est à environ 150^{mt} au-dessous du sommet de la montagne qui paraît terminée en plateau.

3·4 Total

42. — 1838. Avril 14 : Samedi.

0·0 A 4^{h}·4, départ de Anfiʿana en tournant à gauche et par une descente rapide. Immenses pierres peu roulées.

0·2 225
Beaucoup de fragments de quartz blanc sur le sol ; direction d'une petite vallée. 175

0·2 Dans la vallée. Lit de torrent 12^{mt} de large. 165

0·2 Direction de la vallée = 245°. Son nom est ʿAddi Himmit. 87

0·1 Torrent de 12^{mt} à sec. Dans le lit du torrent. 205

0·1 Berge abrupte de pierres roulées = 2^{mt}. Esq.

0·1 Rocher de schiste-ardoise grossier. 115

0·1 Trou remarquable dans le schiste, un peu d'eau ; retour subit. Esq.

0·1 Nous commençons à monter. Berge de schiste à pic, haute de 18^{mt} ; petit faîte.

0·1 Montagne à 500^{mt} à G. ; montagne de 4 à 500^{mt} à D. Nous cheminons dans une étroite vallée, plus profonde que celle de Himmit : il s'y trouve beaucoup plus de sable et moins de pierres roulées. Elle est limitée au lit du torrent ; son nom est ʿAddi Hammado. 95

0·2 Halte de 0^{h}·3.

0·4 Petite source à G. Nous grimpons un abrupte rocher de schiste. Esq.

0·4 Beau Daʾiro (sorte d'arbre).

0·3 A G., Sarda, village sur une montagne, à 4 milles en ligne droite.

0·1 Tournant à gauche et montant. Anhayamat sur la hauteur, à 3 ou 4 milles à D. Esq. 100
Sur Lottat 35

0·5 Saglat à 5 milles à G. ; petit plateau. Toujours dans le schiste avec des blocs arrondis de mine de fer.

0·3 Chemin *fait* de 1^{mt} de large ; Ahiz un peu loin.

0·3 Aregel. C'est aussi le nom de la montagne escarpée que nous avons gravie. [N'est-ce pas le Mt Kašʿat ?]
Sur Mišat 40
Ici j'ai relevé la route en arrière sur le lieu de 7^{h}·3 par 270°. Tout le pays depuis Anfiʿana jusqu'à Aregel se nomme Lago.

0·2 Nous cheminons sur le haut du plateau depuis 10^{m}.

0·3 Vallée triangulaire écartée de toute habitation. Joli puits, eau à 3^{mt} de la surface.

0·4 Anbaša. Schistes et grès blanc dans la plus grande confusion. La boussole ne marche plus.

0·4 Point culminant d'une montée des plus rudes.

1·0 A 10^{h}·7 Tirke, pays de Tasfay. Depuis 6^{h}·30^{m} nous avons vu beaucoup de quilqual (s. d'arbre).

5·8 Total

N. B. Dans cette route nous errâmes beaucoup, faute de guide.

Durée de marche. | Direction à la boussole.

43. — 1838. Avril 17. Mardi.

h

0·0 A 6^{h}·3. Tirke. Esq.

Sn. B. 6. Maison de Bilata Tasfay.

Sur ʿAdwa 246
Sur Mt Kašʿat 354
Sur ʿAddi graht 184

0·6 Lit d'un torrent. Berges de 2^{mt}.

0·1 Terrain à plateau, arbustes nombreux ; nous commençons à monter. Montée de 40^{mt}.

0·1 Lit d'un torrent. Les pierres sont très-peu roulées.

0·1 Agʿa à G. Fond de la vallée, descente rapide. Quilqual à D. Colline de 60^{mt} à G. et à D.

0·2 Adena à G. Prairies à joncs, Magdillo. A D. Taçcata dans une vallée à angle droit.

0·1 Champs cultivés.

0·1 Rocher haut de 10^{mt}, à G.

0·1 Faîte de la vallée.

0·1 Fin d'une descente très-grande. Blocs entassés et roulés.
Rochers à pic à D. et à G. Beaucoup d'arbres et de quilqual. Esq.

0·2 May Batu. May Giyorgis à 3 milles sur la colline à G. (Zifʿiqalay, vallée à 1 mille à D.)

0·1 Vallon à D.

0·2 Collines de 300^{mt}. A G. Mt Adejmʿat, haut de 50^{mt}.
Mambirʿo sur un plateau haut de 100^{mt}. De 8^{h}·20^{m} à 8^{h}·25^{m} nous changeons de direction, laissant à gauche une montagne remarquable nommée Qayatu, ainsi que le village qui est à son pied.

0·2 Saglat, champs cultivés à G. ; champs cultivés à D. où deux ou trois petits vallons se rencontrent.

0·1 ʿAdd'Aruka à G. (pays de chardons).

0·2 Dohamadumay à G.

0·2 A G. ruisseau à flaques bourbeuses.

0·1 Gorso, vallée étroite.

0·2 Coupé le lit d'un torrent. Route relevée en arrière par 36°. Lugda à 1 mille sur un tertre contre la montagne à D. Halte de 0^{h}·1.

0·4 Petit plateau sur la pente. Le lit du torrent à 30^{mt} au-dessous de moi se resserre beaucoup. Poudingues de quartz, granits, pierres roulées, point d'eau, arbres nombreux. Quilqual. Mule échappée. Halte de 0^{h}·5.

0·1 Lit d'un torrent ; à D., pierres peu roulées, granit.

0·2 Beaux arbres. Naʿini à G. ; un peu d'eau, puis on commence à monter.

0·1 Lit d'un torrent très-rapide large de 3^{mt}, énormes pierres roulées.

0·1 ʿAddi Sibkin loin à G. Bet Qorqos à 1 ou 2 milles à D.

0·2 Montée douce, vallée ouverte ; May Godof à D.

0·2 Plateau, nous tournons à angle droit sur le village de Qarsiber à cause de l'orage.

0·2 A 11^{h}·4, halte de 1^{h}·9.

0·0 A 1^{h}·3, départ.

1·2 A 2^{h}·5, ʿAddi graht, route relevée en arrière = 5°. Jusqu'à Gorso, le terrain se nomme Gilat, et de là jusqu'au bout, Agʿame.
Depuis Tirke je fis toute la route à pied et lentement.

5·7 Total.

44. — (Sans date).

0·0 A 4^{h}·3, de Tirke.

2·0 Halte de 0^{h}·2.

0·6 Faʿahe.

0·7 Maka Wizaba, vallée entourée de hautes collines, étroite et aride.
A G. Ahoz, village.

44. (*suite*).

Durée de marche.		Direction à la boussole.
h		
1·0	Plusieurs da'iro à D et à G.	
0·3	Halte de 2^{h}·7 dans la vallée de Hamado.	
0·0	Départ à 11^{h}·8.	
0·2	Marchant dans le lit d'un torrent.	
0·2	Nous rentrons dans la vallée principale.	
0·4	'Addi Ḫimmit ; à G. May Ceni, village sur le plateau.	
5·4	Total.	

La suite de cette route n'a pas été notée parce que le guide l'allongea beaucoup en s'égarant tout à fait. Je me méfie des noms de lieux, mon interprète étant fort menteur.

45. — 1838. Avril 25. Mercredi.

Durée de marche.		Direction à la boussole.
0·0	A 9^{h}·9, Anfi'ana. Descente.	
	Sur Tarana, colline surmontée de deux rochers remarquables.	315
0·3	De niveau.	
0·2	Descente rapide; Waldi calafo à 0·25 mille, village anciennement habité à G.	
0·1	Fond, arbres épineux des deux côtés.	255
0·5	Traversé un lit de torrent. Nous montons.	220
0·1	Girobabsal'e, à 1 mille sur la hauteur à gauche ; une montée rude commence.	
0·1	Faite. Relevé un col lointain par	290
0·1	Lits de torrents que nous traversons.	
0·1	Col et plateau.	
0·2	Halte de 0^{h}·2. Girbabtere à G., descente douce et arbres.	
0·2	Montagnes couvertes d'arbres des deux côtés.	
	Sur Šabiti kisad	207
0·2	Plaine de Balasa.	
0·1	Montée.	
0·1	Sur la route et sur la colline isolée de Abba Anbasa.	220
0·1	Lit de torrent large de 4^{mt}.	
0·2	A 0^{h}·7, champs avec un peu d'eau à Balasa Abbo. Le reste jusqu'à 'Adwa n'a pas été noté.	
2·6	Total.	

46. — 1838. Mai 14. Lundi.

Durée de marche.		Direction à la boussole.
0·0	A 8^{h}·3, de 'Adwa.	270
0·7	Sur Daren, mont et église à 2 milles	238
0·5	A 9^{h}·5, camp. Halte de 1^{h}·8.	
	A 11^{h}·3, départ. Descente brusque.	240
0·2	Rivière traversée.	275
0·2	Halte de 0^{h}·9. Colline tout près à G.	
	On commence à monter.	
0·1		228
0·2	Plateau et faite.	280
0·1	Légère descente.	
0·1	Montée et cirque de rochers.	
0·1	Sur le M^{t}... en arrière	75
0·1	Creux, inculte. Quilqual à G., inculte partout.	248
0·2	Inculte.	260
0·1	Champs cultivés, à D. Nous montons depuis 0^{h}·3.	248
0·2	Faite. Champs labourés, belle plaine ; halte = 0^{h}·3.	265
	Ida IYASUS, église à D.	
0·2	. . . .	252
0·2	. . . .	268

46. (*suite*).

Durée de marche.		Direction à la boussole.
h		°
0·2	Sur Abuna Pantalewon, colline pointue, 276°.	262
0·1	Pierres non roulées.	
0·1	. . . .	255
0·3	A 3^{h}·2, halte au pied d'une colline. Température d'une faible source = 20·0.	300
3·9	Total.	

47. — 1838. Mai 15. Mardi.

Durée de marche.		Direction à la boussole.
0·0	A 6^{h}·2, départ. Colline à D.	190
0·1	Deux da'iro (s. d'arbre). Colline à D.	240
0·1	Chemin très-sinueux et pierreux : à D. collines peu hautes.	290
0·2	Colline haute et oblongue à G.	285
0·1	Abuna Pantalewon à 0·75 mille.	
0·2	Collines plus accidentées hautes d'environ 150^{mt}.	270
0·3	Quilqual, obélisque haut de 5^{mt}.	330
0·02	A 7^{h}·3, Aksum, halte de 2^{h}·0.	
	A 9^{h}·3, départ.	240
0·8	A 10^{h}·0, halte au milieu des prairies.	
	A 10^{h}·9, départ. Prairies à G. et à D.	250
0·1	Mare.	290
0·2	Quilquals à G. et à D. ; chemin très-pierreux.	275
0·1	Colline abrupte à précipice à 0·25 mille. Collines onduleuses et basses à G.	262
0·1	Route dans une jolie plaine.	285
0·2	Prairies et champs labourés.	305
0·1	. . . .	5
0·2	Colline de 100^{mt} à G. Colline de 200^{mt} à D.	310
0·1	Nous montons.	332
0·1	A 0^{h}·1, hameau de Dabaru.	
3·0	Total.	

48. — 1838. Mai 16. Mercredi.

Durée de marche.		Direction à la boussole.
0·0	A 6^{h}·0, Dabaru. Descente en traversant une vallée étroite dans le sens de sa largeur.	230
0·1	Montée.	260
0·2	Plateau, montagnes à G. et à D.	
0·3	May Šum, tout près à G.	280
0·2	Sur un plateau cultivé ; pierres demi-roulées.	290
0·2	. . . .	310
0·2	Fin du plateau, chemin pierreux avec acacias, eau à G. Descente, arbres épineux à D.	290
	Montée rapide. Amoho à 0·5 mille à G.	310
0·1	. . . .	270
0·5	Faite.	
0·1	Chemin très-pierreux, plateau borné de monticules à G.	260
0·3	Chemin plein d'arbres.	300
0·2	. . . .	285
0·6	Montée. May Barazyu à 250^{mt} à D., 245°.	275
0·2	. . . .	265
0·3	Fin du plateau, descente. Mt Aribzare ('Aqab sar'e ?) haut de 400^{mt} à G.	280
0·4	Descente.	260
0·3	Fond.	
0·1	Tambuk tout près à G., chemin pierreux, plaine boisée, la première que nous ayons vue depuis l'Europe. 280°, peu après :	300
0·2	Église à 10 milles sur une colline 275°.	250
0·3	Village à 6 ou 7 milles 115.	230

Durée de marche. — Direction à la boussole.

48. (*suite*).

h		°
0·2	Notre route en arrière : 5°	220
	Grande plaine. Salakilaka à D.	220
0·1	Halte de 0h·7.	
0·0	Départ à 11h·8.	290
0·2	. . . .	260
0·2	. . . .	207
0·2	Petit plateau après une montée.	
0·1	Défilé large de 500mt.	260
0·2	A D. colline à pente douce. A G. Afa gahgah, village et montagne à précipice. Couches verticales, roches blanches, mines de fer à la surface des roches plates. Halte de 0h 4.	210
0·0	. . . .	225
0·2	Légère descente ; puis	190
0·1	Montée. Zana, plaine de 15 milles d'étendue, riche et entourée de collines isolées.	
0·2	. . . .	282
0·1	Sur la montagne où nous allons	225
0·2	Faite des collines, taillis plus rares à G. et à D.	250
0·5	Descente, vaste plaine devant nous.	280
0·1	Nous marchons à mi-mont et de niveau. Esq.	
0·2	A G. village de Qiddus Giyorgis.	
0·1	Descente brusque, église sur un plateau à G.	
0·1	Fond.	
0·1	A 3h·0, Balas, hameau de 15 huttes dans la plaine.	
7·9	Total.	

49. — 1838. Mai 17. Jeudi.

0·0	A 6h·5. Balas.	280
0·1	Au loin les Mts du Simen à G.	310
0·7	Maysagi, nom du lieu.	
0·5	Point de villages dans cette plaine. May Koho, nom du lieu. Samu-el Korys à 6 milles sur une hauteur.	270
0·4	Bet Marya à G., Adigi dade à D. [?]	
0·9	A 9h·1, halte de 1h·5 dans Ginglu, gorge où nous restons à côté d'un petit ruisseau entouré de palmiers et de verdure. Cette gorge à pente très-brusque a 60mt de profondeur, et contient de nombreux blocs de granit ainsi que du fer oxydé.	
	A 10h·6, départ.	182
0·2	Faite du ravin. Halte de 0h·2.	270
0·2	Visant sur le Mt 'Alawgen à 20 milles environ	245
0·1	. . . .	270
0·1	. . . .	290
0·2	Halte de 0h·5.	285
	Départ.	245
0·3	. . . .	240
0·3	A 0h·7, Çumay, d'où un pic remarquable du Simen [Inzirt.* Esq.] gît par	177
	Ce village était très-beau jadis, il n'a aujourd'hui qu'une quinzaine de huttes rondes. Les gens de Marye ont brûlé tous les villages de cette vaste plaine.	
4·0	Total.	

50. — 1838. Mai 18. Vendredi.

0·0	A 6h·1, Çumay. Fin des montagnes qui bordaient la plaine à droite. Elle s'étend jusqu'à l'horizon, sauf 3 Mts à D., et des collines à G., lesquels interrompent partiellement la vue. Esq.	355
0·5	A G. ravin à 200mt de profondeur. Nous le contournons. Esq.	245

50. (*suite*).

h		
0·2	Chemin ferrugineux. Asgide est le nom du district.	230
0·5	Logote, ravin à 0·5 mille à D. May Barya à 0·2 mille à D. ; à 400mt à D., ravin large de 400mt.	285
1·0	A 60mt, colline rocailleuse coupée à pic. May wayni, boussole dérangée.	
0·2	Colline à G., le grand ravin se rapproche de nous ; chemin à grosses pierres. A angle droit avec la route est le mont 'Alawgen.	235
0·3	Halte de 0h·5.	
	Chemin pierreux ; futaie clair-semée ; village de May manni (quarantaine de huttes) à G. Nous montons les collines Mayguenni ; eau et dattiers.	220
0·5	Logote, ravin profond de 500mt.	
0·3	Halte de 0h·2. A G., May Bagalo (quinzaine de huttes).	240
	D'ici au Takkaze, le pays se nomme Sambilla et fait toujours partie du Šire.	
0·2	Bouquet de dattiers à l'entrée d'un ravin qui se joint à celui de Logote.	195
	Chemin très-pierreux et dans la gorge de May Za'ida.	150
0·3	Arbres épineux et touffus.	250
0·4	Village de Dambaguina (20 huttes) tout près. Péage.	215
0·1	Halte de 0h·5 dans une gorge profonde de 50mt, avec eau, dattiers et verdure.	
	A 0h·8, départ.	230
0·4	Mont à 4 milles à G. ; à 100mt à D. Mt Dambaguina ; route en plaine.	225
0·1	Chemin pierreux.	210
0·1	Après une légère descente, fin des pierres.	
0·2	Plaine cultivée. Esq.	207
0·2	. . . .	197
0·2	Mt et village de Nan amba à 1·5 mille. Esq.	180
0·1	Halte = 0h·2.	180
0·2	. . . .	207
0·1	. . . .	228
0·5	A 3h·1, Carasige ou Carasiga.	
7·6	Total	

Sn. B. **7**. De Carasige.

Sur Mt Dambaguina	23
Sur Mt Nan amba	50
Sur Mt du Simen	190
Sur une Mgne à 50 milles dans le pays nègre	290
Sur Mt Durgona à 50 milles	295
Sur Mt 'Alawgen	327
Pic relevé de Çumay (Mt Abar ?)	158·5
Id. aponadir	92° 34'·5
Distance du Mt Abar au Mt Inzirt. Esq.	0 49
Distance du Mt Abar au Mt...	16 44
Distance du Mt Abar au Mt Zimdinna et Zamad	2 39
Distance entre les Mts Zimdinna et Zamad	0 12
Aponadir du Mt 'Alawgen	94 13
» des Mts Walqayt	90 26

51. — 1838. Mai 19. Samedi.

0·0	A 1h·5, Carasige.	45
0·2	Nous traversons un ravin sans eau et profond de 30mt.	
0·1	Eau dans un ravin de 10mt de profondeur.	
0·2	Village de 'Idaga Šaba, à D. Marché qui se tient tous les samedis sous les arbres et au fond de la pente sur laquelle est le village de 15 huttes : il y avait 3000 personnes présentes à ce marché.	
0·1	Fond du vallon.	135

51. (*suite*).

Durée de marche.		Direction à la boussole.
h		°
0·2	Champs à D. et à G.	155
0·2	. . . .	135
0·2	Colline douce de 30^{mt} de haut.	
0·1	Terre rouge; arbres à D. et à G.; taillis infesté de lions.	
0·2	. . . .	175
0·3	Ravin à D.	
0·1	Terrain ouvert sans arbres. Ce relèvement est sur Mt Abar :	155
0·1	Douane du marché.	
0·1	. . . .	127
0·1	A $3^h{\cdot}7$, 'Add'Ankato. Une vingtaine de huttes.	
2·2	Total	

52. — 1838. Mai 20. Dimanche.

Durée de marche.		Direction à la boussole.
0·0	A $5^h{\cdot}6$, 'Add'Ankato.	260
0·0	Petite futaie à G. et à D.	180
0·1	Fer oxydé à G. et à D.	195
0·7	Ravin à G. Grandes roches sur la route.	220
0·1	On chemine sur le Mt May Timqat avec le ravin à G.	265
	A 6^h 45^m on passe à un autre contrefort par 185° ; ravin à D.	
0·7	Montagnes en-dessous à G. et à D.	180
0·1	Jusqu'ici on est descendu brusquement, à présent on monte.	130
	Depuis 7^h 10^m commence la descente du Takkaze. Descente brusque. Sur le chemin de l'autre côté de la rivière.	220
0·2	. . . .	165
0·1	Montagne à D., vallée à G.	210
0·6	Rochers de schiste dans la direction de 165°.	150
1·1	Takkaze après une descente très-brusque. Halte de $0^h{\cdot}8$. Esq. Largeur du Takkaze 10^{mt}, profondeur $0^{mt}{\cdot}5$, vitesse 0·5 nœuds. Dans les pluies l'eau s'élève ici de 12^{mt} et a une largeur de 20^{mt}.	
0·0	Marchant vers le N. sur la plaine.	
0·1	Montée en zigzag.	

S^n. B. **8**.

1·1	Pic du Simen	148
	'Alawgen	352
0·3	Faîte d'une montagne escarpée.	
0·1	. . . .	195
0·2	Village de Tabalaka à 100^{mt} (20 huttes), halte de $0^h{\cdot}2$.	233
0·2	. . . .	245
0·1	Toujours sur un grand plateau couvert d'un taillis à clairières.	210
0·1	Beaucoup de lions, halte de $0^h{\cdot}2$.	235
	A $0^h{\cdot}7$, creux subit dans la plaine. Halte de $2^h{\cdot}6$ à May 'Ayni, source presque à fleur de terre, entourée de grands arbres et au milieu d'une prairie aujourd'hui très-sèche. L'eau est verte, mais bonne à boire. D'ici on relève le pic du Simen (Abar ?) par	139
0·0	A $3^h{\cdot}3$, départ.	190
0·3	. . . .	181
0·5	Collines de 80^{mt} à G.	122
0·4	A $4^h{\cdot}5$, 'Addi Hamar, 40 huttes.	
7·1	Total.	

53. — 1838. Mai 21. Lundi.

Durée de marche.		Direction à la boussole.
0·0	A $6^h{\cdot}0$, 'Addi Hamar. A G., collines au pied desquelles nous marchons.	180
	Plaine fertile et cultivée. Collines à 0·3 mille à D.	170
0·5	Descente dans une gorge avec de l'eau stagnante.	
	Halte de $0^h{\cdot}3$ peu après.	245
0·3	Beaucoup d'arbres à G.; montée à D. Ravin de Gawi où les Šanqilla ont attaqué une caravane.	225
0·1	Montée légère sur de grandes plaques de roches blanches.	185

53. (*suite*).

Durée de marche.		Direction à la boussole.
h		
0·1	Faite.	
0·7	A $8^h{\cdot}0$, halte de $4^h{\cdot}7$ à l'eau de Modh'aja, R. à D.	
0·0	A $0^h{\cdot}7$, départ.	171
	Sur M^t 'Alawgen	2
0·3	Rochers à G. Montée de 10 milles, puis taillis à G. et à D.	
0·2	. . . .	206
0·1	Faite. Collines de 8^{mt} tout près à G.; colline de 50^{mt} à 3 milles à D.	225
	Peu après.	232
	Sur un village au haut de la colline où nous allons, 168°.	197
0·2	Faite, colline basse à G.	
0·1	(Chemin lointain de Gondar, 221°).	159
0·1	Montée rude. Pic du Simen :	112
0·3	A $2^h{\cdot}0$, village de Madhane'alam de 60 à 70 huttes éparses sur le sommet de la colline.	

S^n. B. **9**. De ce village à $2^h{\cdot}5$.

Sur 'Alawgen,	6°
Sur le pic du Simen (Abar),	112
Route lointaine de Gondar.	221

3·0	Total.	

54. — 1838. Mai 22. Mardi.

Durée de marche.		Direction à la boussole.
0·0	A $4^h{\cdot}5$, Madhane'alam. Descente.	247
0.1	Fond, colline à G., on chemine à mi-colline.	275
0·3	Descente brusque, vallée à D.	235
0·3	Observé du faite d'une petite montée :	242
0·1	Autre faite, puis légère descente; ensuite un petit plateau.	194
0·2	Forte descente.	
0·2	Fond.	219
0·4	Lit de torrent, le vallon a ici 450^{mt} env. de large.	
0·1	Vallon irrégulièrement rompu de collines et de tertres.	160
0·3	Boye, rivière large de 3^{mt}, profonde de $0^{mt}{\cdot}2$. La berge droite est à pic et de 6^{mt} de haut. Nous allons de la rive droite à la rive g.	
	A $6^h{\cdot}5$, halte de $0^h{\cdot}7$ sur un banc de roches et sous un Da'iro.	
	Départ. Ce lieu est infesté de lions.	19
0·1	En montant un peu.	163
0·1	Route de niveau. Peu après descente douce. Colline à 0·25 mille à D.	248
0·1	. . . .	226
0·2	Toujours serpentant dans le vallon formé par l'intersection des collines.	284
0·1	Montée.	243
0·1	Nous marchons à mi-colline, vallon à D.	236
0·1	Montant et descendant, enfin montée.	214
0·3	Faite, beaucoup d'arbres brûlés.	261
0·2	A $8^h{\cdot}6$, halte de $3^h{\cdot}4$ à la source de May Lahm, qui forme un petit ruisseau. Température de la source = 25·5. Arbres éparpillés comme dans un parc. Ce vallon que nous parcourons dans sa longueur a env. 500^{mt} de large.	
0·0	A 0^h 0, départ en descendant.	261
0·1	Fond.	
0·2	Nous cheminons à mi-côte la colline étant à gauche.	
	Sur 'Add 'Arkay, et sur une colline continue à 8 milles, 242°.	239
	Sur Angare, colline un peu isolée à 3 milles, 295°.	
0·2	Du fond du creux après un détour à gauche.	249
0·2	Montée.	
0.1	Toujours à mi-côte, vallée à droite.	169
0·1	Descente.	230
0·1	Fond.	

Durée de marche.		Direction à la boussole.

54. (*suite*).

h		°
0·1	. . . .	210
0·2	Descente.	
0·2	Traversé le lit d'un torrent large de 10^{mt}. Source dite comme la vallée Darrgq wanz, c'est-à-dire rivière à sec. Cependant cette petite source, me dit-on, ne tarit jamais.	
0·3	Montée en zigzag très-rude.	
0·6	Faite.	
0·2	. . . .	210

S^n. B. **10**.

	Sur M^t 'Alawgen	26
	Sur notre route en arrière	53
	Sur Mt Hawaza à 10 milles	131
0·2	Descente toujours à mi-côte.	
0·1	Halte de 0^h·5 à la source de May Takli.	250
0·1	Source de 'Addi Qawqab.	
0·5	A 4^h·0 'Addi Qawqab, village dans le district de 'Add'Arkay.	
6·9	Total.	

55. — 1838. Mai 23. Mercredi.

0·0	A 6^h·6, 'Add'Arkay, descente très-forte. Chemin plein de minerai de fer.	
0·6	Arrivée à la rivière Ansya. Très-forte montée boisée, berges à pic et hautes de 100^{mt}. Cette rivière a 12^{mt} de large et 0^{mt}·3 de profondeur. Dans la saison des pluies, sa largeur est de 18^{mt}. Nous allons de la rive D. à la rive G.	
0·7	Village de Birhi, 30 huttes, pierres noires.	
0·8	Faite, 10 huttes de Birhi. Relevé le chemin en arrière par	35
0·1	Sur le penchant d'un M^t boisé. Halte de 0^h·1.	
0·1	Descente très-longue ; à G., haute montagne noire à pic.	245
	Sur M^t 'Alawgen	18
1·6	A 10^h·5, halte de 3^h·0 à la rivière Inzo, large de 3^{mt}, profonde de 0^{mt}·2. Ces deux rivières sont des ruisseaux, hors la saison des pluies.	
	A 1^h·5, départ. Nous cheminons dans le lit desséché d'une rivière ; il s'y trouve d'énormes blocs de pierres roulées.	210
0·4	Montée très-rude ; boussole inerte.	
0·2	Faite : colline à D.	
0·2	Inculte : huttes couvertes en chaume ; beaucoup de jolis arbres. Nous marchons de nouveau en contournant les collines avec un ravin et un ruisseau à G. ; hutte à D.	
0·1	Champs à G. ; espèce de petit plateau, précipice de 15^{mt} avec de l'eau dans le fond.	282
0·2	A 2^h·6, faite : Nabra, village. Le nom de ces hautes collines est Šabagni.	
5·0	Total	

56. — 1838. Mai 24. Jeudi.

0·0	A 5^h·9, départ de Nabra : montée.	275
1·2	Col entre deux sommets. A 7^h·0, laissé à droite le chemin de Waldibba à 0^h·5 de distance.	
1·6	A 8^h·7, halte de 2^h·6 au vallon de Zarema.	
	A 11^h·3, départ en montant.	
0·2	Sentier de niveau ondoyant à mi-colline.	
0·1	Sur un col : détour ensuite à gauche et passage à une autre vallée.	

Durée de marche.		Direction à la boussole.

56. (*suite*).

h		
0·2	Dure montée.	
0·2	Faite : arbres sans feuilles à G. et à D.	
0·1	Montée.	
0·1	Faite : chemin de niveau.	
0·1	Montée. Défrichements récents sur la montagne. La vallée est sans eau, mais cultivée de haut en bas. Faite.	
0·3	Espèce de col : à G., colline très-pointue et haute de 200^{mt} au-dessus du col.	
0·1	Descente.	
0·1	Petit col à G. ; montée.	
0·1	Faite.	
0·2	Col. Le sol est très-rocailleux : on va droit vers une deuxième colline pointue.	
0·3	Arrivée à une espèce de col et à la colline pointue.	
0·1	Descente brusque pour arriver à une espèce de col ouvert et large.	
0·2	Halte de 0^h·2 à la très-faible source de May 'Agam.	
0·4	Sentier ondoyant et le plus souvent au niveau, sur un éboulis avec nombreux fragments de pierres vertes (probablement minerai de cuivre) et de pierres poreuses comme de la lave.	
0·1	La plus rude montée que j'ai vue ; nombreuses hyènes dans les fourrés.	
0·3	Faite.	
0·4	Montée : espèce de plateau à D.	
0·4	A 3^h·5, Dibibahr.	
	Sur le cilindre de Hawaza	64
	Sur la route de demain	196
6·8	Total	

57. — 1838. Mai 25. Vendredi.

0·0	A 3^h·8, Dibibahr.	
0·2	Montée du Lamalmo.	
0·1	. . . .	182
0·1	Montée ; traversé une petite source coulant vers notre droite.	
0·1	Faite.	
0·2	Contour vers la gauche : montée.	215
0·1	Faite.	

S^n. B. **11**.

	Sur Hawaza	57
	Sur le haut de la montagne	160
	Nous quittons cette petite colline d'abord par un chemin ombragé, puis par un sentier à mi-côte avec vallée à gauche.	
0·1	Montée.	
0·2	Nous marchons sur des collines prismatiques et verticales de basalte.	
0·1	Espèce de plateau sur le sommet du contrefort que nous venons de monter.	
0·6	Halte de 0^h·9 sur un plateau d'environ 500^{mt} de large avec une jolie source et plantée comme un parc.	

S^n. B. **12**.

	Sur 'Alawgen	22
	Sur Hawaza	55
0·0	Départ par une montée rude en zigzag : basalte, sulfate de chaux, disthène, etc.	
0·1	Arrivée à une source qui coule vers la droite.	
0·5	Faite : vaste plateau ondoyé de collines. Ce relèvement est pris sur . . .?	160
0·2	Traversé un ruisseau coulant à droite : halte de 0^h·1. Champs de blé vert et troupeaux.	
0·1	A 7^h·6, halte de 1^h·1 près d'un autre ruisseau.	

57. (*suite*).

Durée de marche.		Direction à la boussole.
h		
	A 8h·7 départ dans la plaine montant doucement. Halte de 0h·1 après 0h·6 de marche.	
0·7	A 9h·4, Dabariq.	
3·4	Total	

58. — 1838. Mai 26. Samedi.

Durée de marche.		Direction à la boussole.
0·0	A 5h·4, Dabariq; descente douce : pays ouvert.	204
0·2	Traversé un petit ruisseau coulant vers notre gauche sur le rocher. Cette eau va au Takkaze.	220
0·3	Traversé le Ansara, large de 3mt, et? coulant vers notre gauche. Ce nom est celui de la vallée.	
0·3	Traversé un ruisseau coulant vers la gauche.	
0·3		

Sr. B. **13.**

Durée de marche.		Direction à la boussole.
	En arrière sur Dabariq	42
	Sur la route et en même temps sur la colline de Saint-Georges	208
	Sur Mt Waqqan	232
0·3	Zabzaba à 1 mille à G. sur la colline.	227
0·3	Halte de 0h·8.	
0·0	Départ.	216
0·1	Traversé un ruisseau large de 1mt·3, profond de 0mt·1, à 2·5 nœuds, et coulant vers notre gauche.	216
0·2	Ruisseau coulant vers notre gauche.	
0·4	Traversé un ruisseau coulant vers notre gauche et encaissé comme les autres de 4mt environ, large de 3mt, profond de 0mt·2.	
0·5	Sanbaqoc, ruiné par les Gallas : tout près à G. : Mt Waqqan, à 1 mille à D.	
0·2	A 9h·3, halte de 3h·0 au ruisseau de Daqua, large de 1mt, profond de 0mt·1.	
0·0	A 0h·3, départ.	255
0·3	Descente.	
0·1	Fond.	
0·1	Rivière de Çira wanz, large de 2 à 3mt.	
0·2	Montée longue et douce, route à Salamge à G.	238
0·3	Halte de 0·1.	
0·1	Descente assez forte : Salamge sur la colline; église à mi-colline; c'était autrefois un village musulman.	245
0·2	Traversé le Tiqur waha, ruisseau encaissé de 15 à 20mt et coulant vers la gauche.	
0·1	Haut de la montée, puis descente douce.	
0·3	. . . .	220
0·1	Montée.	
0·2	A 2h·4, halte pour la nuit au gros village de Sumalako, gouverné par 10 chefs et composé de 200 huttes.	
	Sur Mt Waqqan	23
5·1	Total	

59. — 1838. Mai 27. Dimanche.

Durée de marche.		Direction à la boussole.
0·0	A 4h·1, Sumalako.	231
0·6	. . . .	207
0·1	. . . .	219
0·2	Fond : eau croupissante; village à 1 mille à D.	
0·2	Halte de 1h·2.	187
0·0	. . . .	195
0·7	. . . .	223
0·2	. . . .	214
0·3	Halte de 0h·2.	

59. (*suite*).

Durée de marche.		Direction à la boussole.
h		
0·0	Départ.	194
0·2	. . . .	202
0·5	A 8h·5, halte de 1h·4 à une église sur une colline à montée douce.	
0·0	A 10h·0, départ.	170
0·1	Descente douce et pierreuse.	216
0·2	Halte de 0h·2, puis montée douce.	195
0·2	Faite, puis descente : colline de 60mt, à 0·5 mille à D.	205
0·2	Fond.	
0·6	Halte de 0h·2 au fond d'une longue descente. Le ruisseau que nous traversons coule à droite, et se nomme Baltet waha : il est large de 0mt·3.	
0·2	Montée longue et douce.	205
0·6	A D., vallée profonde de 50mt.	
0·1	Descente.	
0·1	Halte de 0h·3. Colline à 1 mille à G. Colline à 50mt à droite.	230
	Fond de la vallée de Mashal dangya.	
0·1	Ruisseau à sec.	
0·3	Légère montée	228
0·1	On entre dans une plaine ouverte de 1 mille en tout sens. De chaque côté, collines douces, hautes de 80mt. Halte de 0h·1.	238
0·0	Nous quittons la route de Gondar.	285
0·4	Arbres dans une gorge.	
0·1	Montée.	
0·2	Halte de 0h·4.	
0·3	A 2h·9, faite de la colline. Amajagi, village de 40 huttes.	
	Sur Mt Waqqan	[illegible]
6·8	Total	

60. — 1838. Mai 28. Lundi.

Durée de marche.		Direction à la boussole.
0·0	A 8h·7, Amajagi.	199
0·3	Fond d'une forte descente. Vallée perpendiculaire à la direction de la route.	
0·1	Fond : on chemine au bas d'une colline qui s'élève à gauche.	
0·2	Montée douce : colline à G.; champs cultivés, puis collines à D.	180
0·2	Halte de 0h·2. Puis on monte dans l'intersection des deux collines.	
0·2	Faite : col plateau, colline à D.	215
0·3	Faite d'une douce montée. A 200mt Sanqa tiqam, sur le sommet de la colline à D.	
0·2	Église entourée d'arbres. Le village est ruiné.	200
0·1	Montée : on entre dans une jolie plaine nommée Anjiba meda et entourée de collines douces.	228
0·3	Eau par mares. Halte de 0h·3 pour chasser des gazelles.	
0·5	Yshaq dabir est à 0h·5 à gauche.	240
0·3	La suite du voyage fut faite vite et au pas d'un bon mulet, à environ 3·3 milles par heure.	
0·6	Traversé un ruisseau coulant à droite, puis montée.	
	MARYAM waha à G.	
0·7	A G., vallée profonde de 400mt.	
	Sur Gondar du haut d'une forte colline.	220
1·2	Magac, R. à sec; pont. Limite de Wibe et de Ras Ali.	
2·3	A 4h·6, Gondar.	
7·4	Total.	

Sr. B. **14.**

	Direction à la boussole.
De l'extrémité sud de la colline de Gondar, à 520 pas au sud de l'enceinte de l'église dite Abbo.	
Abbo ou Abuna Gabra manfas qiddus, église	192
Dabra matmiq, église à 300mt environ	78
Rue voisine, large partout de 9 à 10mt.	360

Durée de marche.		Direction à la boussole.
	60. (*suite*).	
h		°
	Même rue à 620 pas	10
	Même rue à 1230 pas	360
	De 1415 à 1530 pas dans cette rue on longe à droite l'église de Qirqos. Là commence une place à 1530 pas.	
	De ce dernier point :	
	Sur le palais du Ras	38
	Sur la maison du Liq Azqu	360
	Du bout de la place à cette dernière maison, il y a 200 pas. Ces pas sont un peu allongés à cause de mes sandales. La fréquence des pierres aiguës rend l'égalité des pas absolument impossible.	
	61. — 1838. Juin.	
0·0	Gondar.	
0·3	Traversé un R. coulant à gauche.	
0·2	Traversé un autre R. coulant aussi à gauche, après avoir laissé à droite l'église de Fasiladas.	
0·1	Traversé le Qaha coulant à gauche.	
0·3	Quisquam. Sur Gondar	144
0·9	Total	
	62. — 1838. Juillet 2. Lundi.	
0·0	A 5h·3, rivière Angarab près Gondar. Kokoc est le nom de ce lieu. Collines de 100mt à G. ; collines à D.	50
0·5	Montée : la vallée se rétrécit.	
0·1	Colline de 200mt à D.	
0·1	Sur la colline où nous allons monter.	60
0·4	Halte de 0h·3 au haut de la colline.	
	Sur la route	77
	Sur le palais des rois	230
	A 300mt à droite est le pic de Dibba, qui s'élève encore de 60 à 80mt, en forme de cône.	
	La vallée à droite se nomme Ayba et le pays au-delà Kidana mihrat.	27
0·1	Fond de la gorge : jolie prairie à G. A D., vallée profonde de 200mt. A 4 milles, colline longue, haute de 400mt, et parallèle à la route. Ayba appartient à l'Açage ou chef des moines.	42
0·6	Descente au pont sur le Magaç, qui coule vers ma droite ; puis montée.	
0·2	Faite ; puis montée.	50
0·3	Toujours grimpant la colline Bambilo.	60
0·6	Faite : halte de 0h·3. Sur le Mt Dibba	215
	Ici il y a 5 ou 6 villages de Qimant dans la vallée et sur la colline : ils sont païens et pasteurs.	
0·3	Faite définitif du Bambilo.	45
0·2	Plateau.	54
0·2	Premières cultures ; belles prairies à D. et à G.	27
0·1	A 9h·6, halte de 1h·0.	
0·0	A 10h·6, départ.	65
0·2	Descente, prairies à D. Plein d'arbres de 4 à 5mt de haut, à tête aplatie en cymbe ou ombelle ; fruit en gousses rouges et plates, feuillage menu et touffu, nommé Girar, sorte d'acacia.	
0·5	D'ici à la première halte, magnifiques prairies parsemées d'arbres comme dans un parc.	
0·2	. . . .	60
0·1	Eau stagnante	
0·1	. . . .	80
0·4	. . . .	60

Durée de marche.		Direction à la boussole.
	62. (*suite*).	
h		°
0·2	Halte de 0h·2.	
2·6	A 3h·1, village de Mashal dangya.	
	S^{n}. B. **15**.	
	Sur Mt Waqqan	35
	Sur l'église de Çambilge	52
8·0	Total	
	63. — 1838. Juillet 3. Mardi.	
0·0	A 4h·3, Mashal dangya.	
0·5	Eau stagnante.	
2·5	Église de Çambilge à G. Sur Mt Waqqan	32
0·8	Halte de 0h·9 au marché de Calla, où il y a 2000 personnes. Ce marché se tient tous les mardis sur un renflement de terrain sans une seule maison.	
1·6	Traversé un ruisseau coulant à droite. Ce lieu se nomme Šinbira zigin, plus souvent zaggan.	
1·5	Colline à G. Nous montons par un chemin large et bien frayé ; à G. est un ravin à 80mt.	
1·1	Traversé le Çira wanz. Filet d'eau coulant à droite et tombant dans le ravin.	
0·5	Le Mt Waqqan est ici à angles droits.	
0·3	A 2h·0 village de Daqua, 200 maisons.	
	Sur Mt Waqqan à 3 milles	320
8·8	Total	
	64. — 1838. Juillet 4. Mercredi.	
0·0	A 4h·2, départ de Daqua. Sur une église devant nous.	65
0·1	Traversé Daqua wanz coulant à droite.	
1·2	40 maisons à 1 mille à G. ; 20 maisons tout près à D.	
0·3	Halte de 0h·2.	
0·7	Traversé un ruisseau large de 10mt, profond de 0mt·04 et filant 3 nœuds. Esq. Ce ruisseau coule vers la droite et fait cascade dans un ravin de basalte, profond de 150mt. Route en arrière.	193
0·1	. . . .	165
0·4	Traversé un joli filet d'eau coulant dans le ravin vers la droite.	
	Sur le haut du cours de ce ruisseau	77
0·7	Traversé un petit filet d'eau coulant à droite.	
0·1	A 8h·0, Zabzaba, camp de Lij Lamma. L'eau du ravin se nomme Absera. Il y a des maisons et prairies au fond du ravin.	
	Sur Waqqan	273
	Sur un village à 2·5 milles	339
3·6	Total	
	65. — 1838. Juillet 5. Jeudi.	
0·0	A 3h·8, départ de Zabzaba. Sur l'église A sur la colline.	345
0·2	Traversé une faible source coulant à droite.	
0·1	Église A tout près à D.	356
0·5	Village de 20 maisons à D. ; montagnes à G. ; vallée brisée.	335
0·1	Prairies très-belles à G. Nous cheminons à mi-hauteur sur la colline.	3
0·2	. . . .	40
0·4	A 5h·3, halte de 1h·2 au village, et source de Qaba dans un repli du terrain qui est rempli de bétail.	
0·0	A 6h·5, départ.	27
0·2	Traversé la R. de Lamma, coulant à droite. Beaucoup de fenouil,	

Durée de marche.		Direction à la boussole.
	65. (*suite*).	
h		
	d'herbes et de fleurs. Cette rivière forme une chute en 3 de 60ᵐᵗˢ de profondeur. Direction du ravin.	360
0·4	Mare. A G. Qiddus Giyorgis fagas sabbar à 3 milles.	62
	Sur Mt Waqqan	342
0·6	Faîte de la colline.	45
	Sn. B. **16.**	
	Sur Mt Waqqan	240
	Sur Dabariq et St George	275
0·3	Vallée de 60mt à D. Halte de 0h·1.	130
0·1	Nous suivons une vallée dans sa longueur.	
0·2	Fond.	
0·3	Traversé la rivière de Angoba coulant à droite, large de 2m·3. Cinq nœuds. Halte de 0h·2. Sur la mont. où nous allons	93
0·1	Cheminant à mi-colline. Vallée à D., colline à G.	82
0·1	Montée.	
0·2	Faîte de cette longue colline.	77
0·2	Descente douce. Prairies sur la colline à G.; jolie vallée à prairie et grands blocs de pierre.	82
0·1	Traversé une petite source coulant à droite, puis montée douce.	
0·0	Après un énorme détour à droite, halte de 0h·2, puis descente excessivement forte.	
	Sur la montée de demain	70
0·3	Colonnes en forme de basalte.	
0·1	Halte de 0h·7 pour la pluie.	
1·2	A 11h·9, Amsafqj, là où la vallée s'ouvre pour joindre la grande vallée. Le cours d'eau que nous avons côtoyé dans la descente se nomme comme le village.	
5·9	Total.	

66. — 1838. Juillet 6. Vendredi.

Durée de marche.		Direction à la boussole.
0·0	A 3h·8, Amsafqj.	
0·3	Traversé le ruisseau Wazla coulant à droite; peu après nous tournons au N. dans la grande vallée.	
0·3	Ambaras, 30 huttes à D.	
0·2	Halte de 0h·3.	
0·2	10 huttes à 100mt à G.	
0·3	1er contrefort à D.	
0·5	2e ravin et 3e contrefort à D.	
0·2	Village à G. Faîte de la montée d'un large contrefort.	
0·2	Village à D., nous côtoyons la rive droite du Balaggaz. Halte de 0h·5.	
0·2	Ravin sans eau. Direction de la vallée en arrière	210
0·1	Ravin. Nous traversons une eau coulant vers la droite.	
0·2	Ravin, pas d'eau, puis un autre ravin.	
0·1	Ravin.	
0·1	Ravin sans eau. Aussitôt après, ravin avec torrent coulant à droite.	
0·1	Ravin.	
0·2	Torrent coulant vers la droite.	
0·1	Ravin.	
0·2	Torrent, peu d'eau, puis un ravin.	
0·2	Torrent, peu d'eau, halte de 0h·3, puis un ravin.	
0·1	Ravin avec eau.	
0·3	Ravin, halte de 0h·1.	
0·1	Ravin.	
0·1	Ravin.	
0·1	Ravin, halte de 0h·2.	
0·3	Deux ravins, le 2e avec torrent.	
0·2	Ravin sans eau.	

Durée de marche.		Direction à la boussole.
	66. (*suite*).	
h		
0·1	Ravin sans eau, puis un arbre, puis un 3e ravin avec torrent.	
0·2	Ravin, puis descente. Nous avons traversé tous ces ravins dont la pente est vers la droite.	
0·1	Descente. Traversé le Balaggaz pour suivre sa rive gauche. La rivière est droite ici.	
0·4	A 10h·9, après une rude montée, nous entrons au village de Argil, 30 huttes.	
5·7	Total.	

67. — 1838. Juillet 7. Samedi.

Durée de marche.		Direction à la boussole.
0·0	A 7h·2, Argil.	
0·2	Ravin et cours d'eau allant à gauche.	
0·9	Grand cours d'eau allant à gauche. C'est le dernier de ces ravins allant tous au Balaggaz.	
1·0	Faîte de la longue montée depuis Amsafqj. Ici est la source du Balaggaz. Le Mt Buahit est tout près.	
2·4	Grand ruisseau après une descente des plus fortes.	
0·5	A 0h·2, village de Luari, 40 huttes. La montée est pleine de Jibarua, acotylédon qui ressemble par son port à un palmier, et dont on regarde l'ombrage comme étant très-malsain.	
5·0	Total.	

68. — 1838. Juillet 8. Dimanche

Durée de marche.		Direction à la boussole.
0·0	A 6h·7, Luari. Montée.	
0·3	Sur le faîte de la montée d'hier.	220
1·1	Vallées pleines de montagnes à G.; beaucoup de grêle non fondue à droite.	
1·0	Sur la direction de May Tahlo.	10
	Halte de 0h·3. Ce lieu se nomme Silkit (probt Silqi).	
0·2	Descente excessivement abrupte et pleine d'eau.	
	Direction de la vallée devant nous, visant deux rochers	40
2·3	Sentier très-étroit et de niveau, puis montée.	
0·3	Faîte.	
0·7	Descente sur le flanc O. de la montagne.	
0·1	Précipice à G., petit vallon à D.	
0·3	Forte montée.	
0·3	Faîte, contournant de hautes collines.	360
1·0	Amas de pierres attribué à Grañ le musulman.	
0·8	Halte de 0h·3.	
1·1	A 4h·7, May Tahlo ou Zahlo.	
9·5	Total.	

69. — 1838. Juillet 12. Jeudi.

Durée de marche.		Direction à la boussole.
0·0	A 6h·9, May Tahlo. A G., vallée où l'on ne voit que le sommet des montagnes.	30
0·5	Descente dans une forêt sur les flancs du Mt Abar.	80
0·2	Précipice à pic à G.; Mt Abar à D.	20
0·5	Forêt.	
0·3	Halte de 0h·1.	355
0·3	Montagne toujours à D. Précipice à G.	40
0·5	Fin du bois.	
0·1	(Route en arrière par 200°).	41
0·3	Bois. A 1·5 mille à G., Mt Girarer avec faisceau basaltique, à la cime [Kammal ?]	
0·2	Traversé un ruisseau allant à gauche, descente et détour à gauche.	
0·3	Fin du bois.	
0·3	'Addi salam, 30 huttes, sur un plateau large et cultivé. Halte de 0h·5.	

Durée de marche.		Direction à la boussole.
	69. (*suite*).	
h		°
0·5	Vallée profonde à G. Fond d'un ravin entre les deux plateaux. Vallée à D.	
0·8	A 0h·3, village de Šimarua, 200 huttes.	
4·8	Total.	
	70. — 1838. Juillet 13. Vendredi.	
0·0	A 6h·3. Šimarua.	
0·1	Descente, vallée de 100mt de profondeur à G. avec un ruisseau dont nous longeons la rive droite jusqu'à Mịçara.	
0·2	Filet d'eau, montagne à G. et à D.	
0·1	Filet d'eau.	
0·1	Filet d'eau.	327
0·2	Sur Mt 'Alawgen	330
	Sur l'axe de la vallée	355
1·4	Village de Daben, 100 huttes entièrem. en paille, taillis clair-semé.	
0·2	Halte de 0h·7.	
0·3	Descente.	10
0·2	Kamben, vill. de 15 huttes. [Kammal ?]	
0·3	Warka curieux (s. d'arbre.).	
0·5	'Addi Hanse, vill.	
0·1	A D., à 200mt, Mt Kammal, haut de 500mt, piliers de basalte.	
0·4	. . . .	20
0·4	Village de 30 huttes à D.	
0·1	. . . .	25
0·4	A G., fissures de 30 à 40mt de profondeur. Halte de 0h·6.	345
0·2	A 0h·8, 'Addi Hanze dans Mịçara ou Mịçabra, 80 huttes environ.	
	Sn. B. **17.**	
	Sur Mt Kammal	199
	Sur Mt 'Alawgen	318
5·2	Total.	
	71. — 1838. Juillet 14. Samedi.	
0·0	A 6h·4, départ de Mịçara en revenant sur nos pas.	
0·2	. . . .	350
0·4	Descente, fissure à G., énorme fissure à D.	
0·1	. . . .	30
0·2	Allant sur des roches blanches plates et horizontales.	360
0·2	Allant sur la pente d'une colline qui s'élève à gauche.	30
0·1	Allant sur des débris de rocher.	40
0·7	Halte de 0h·5. 20 huttes à 0·5 mille à D.	
0·0	Départ.	325
0·2	A 8h·9, halte de 1h·4. Salasa guila, 60 huttes très-éparses.	
0·0	A 10h·3, départ.	
0·3	Église à D.	
	Sur la route en arrière	145
	Sur Mt 'Alawgen	317
0·1	. . . .	25
0·2	Descente dans une confusion de collines.	34
0·2	. . . .	355
0·2	Traversé le May Dima, filet d'eau coulant vers la droite sur des rochers, puis montée.	
0·2	Descente.	90
0·2	. . . .	22
0·3	Sur le sommet de la montée opposée dans le Tigray.	25
0·2	Takkaze qui coule à gauche, nous remontons sa rive gauche.	
0·3	Halte à 0h·5. Axe de la rivière par	355
	Largeur estimée 24mt; 2·5 nœuds; profondeur 2mt·5, dit-on.	
4·3	Total.	

Durée de marche.		Direction à la boussole.
	72. — 1838. Juillet 15. Dimanche.	
h		°
0·0	A 7h·4, départ en suivant la rive droite du Takkaze après l'avoir traversé.	
0·2	Rude montée.	
0·3	Halte de 0h·2.	
0·4	Halte de 0h·6.	
0·4	A 9h·5, halte de 2h·2 : beaux warka et joli ruisseau à G. May Gorambay, 10 misérables huttes à D.	
	A 11h·7, départ.	
1·1	. . . .	75
	Sn. B. **18.**	
	Sur Kammal	205
	Sur Hawaza	225
1·2	Halte de 0h·3, traversé un filet d'eau qui va à gauche.	
0·3	Église à droite.	
0·7	Takle, 70 à 80 maisons. Halte à 3h·3.	
4·6	Total.	
	73. — 1838. Juillet 16. Lundi.	
0·0	A 7h·7, Takle, montée.	50
	Sur la route d'hier	160
0·2	Vallée profonde à G. et à D.	87
0·1	Faite.	
	Sn. B. **19.**	
	Sur Kammal	208
	Sur 'Alawgen	291
0·2	Plateau de Zana. Sur la fin de la route d'aujourd'hui.	10
0·4	'Addi Filkiros à G., hameau très-éparpillé ; à D. Mantal, 30 huttes dans un ravin profond de 50mt.	
	Sur le Mt Dehra vers lequel nous allons.	2
2·1	A 10h·7, halte de 3h·0 ; à G., 'Addi Barik à 2 milles ; à D., Dabra Kawl, à 1 mille. Terrain noir dit Walqa.	
	A 1h·7, départ. Mt Dehra à 2·5 milles à gauche.	92
0·1	. . . .	82
0·2	Haut d'une petite colline.	72
0·3	. . . .	20
	Sn. B. **20.**	
	Sur Mt Kammal	207
	Sur 'Alawgen	276
0·1	. . . .	87
0·2	A 2h·5, Yawandaro, 70 à 80 huttes très-éparses.	
3·9	Total.	
	74. — 1838. Juillet 17. Mardi.	
0·0	A 9h·9, Yawandaro, descente et puis montée sur la colline.	20
0·4	Vallée irrégulière à D., descente. Direction de Aksum	55
0·2	Immense ravin plein de reliefs. Fond.	
0·2	Descente. Grand taillis, puis un grand détour à D. et en marchant très-vite.	
0·4	Halte de 0h·2 au Firfira, ruisseau perenne large de 3mt sur 0mt·05 de profondeur.	
0·0	Montée.	
0·1	Halte de 0h·3 pour une ondée.	
0·3	Couches de schiste plongeant vers 130°.	
0·4	Faite du ravin du Firfira.	
0·3	Cheminant sur les pierres plates et blanches si fréquentes ici.	
0·4	Traversé le May Agayš, petite source, puis montée.	

74. (*suite*).

Durée de marche.		Direction à la boussole.
h		°
0·3	Faite, colline à G., vallée à D.	
0·2	Descente douce, pierres roulées et indices de minerai de cuivre.	
0·2	Fond, halte de 0h·2.	45
0·4	Jolie prairie et petit ravin à D.	
0·1	Courte montée.	
0·2	Descente courte, puis fond du ravin avec eau stagnante.	
0·1	Haut.	
0·2	Plein de très-grosses pierres un peu roulées, ravin de 10mt de profondeur.	
0·2	Descente dans un ravin de 60mt par degrés comme d'escaliers dans la roche. Dans le fond sont plusieurs blocs de granit fin.	
0·1	Fond, traversé un ruisseau coulant à D., halte de 0h·3.	
0·3	A 4h·0, Girabala, 40 à 50 huttes.	
	Sur la direction de Aksum	90
5·0	Total.	

75. — 1838. Juillet 18. Mercredi.

Durée de marche.		Direction à la boussole.
0·0	A 6h·4, Girabala.	
0·2	Petit ruisseau perenne. ʿIdaga rubʿi à D.	
1·0	Défilé de collines qui se resserre de plus en plus.	
0·4	Fin du défilé par une montée dans un terrain inculte.	
0·3	Descente. Sur Aksum, en vue	70
1·5	Beaucoup de blocs de granit. May ʿAbaqat. R. à D.	
1·2	A 11h·0, Aksum, face du grand obélisque par 250°. Halte de 1h·7.	
	A 0h·7, départ.	
0·3	. . . .	85
0·3	Sur Mt Dammo galila	128
0·1	Abuna Pantalewon à 1 mille à G.	
0·1	Sur la route de ʿAdwa et sur le Mt...	83
	A D., ʿAddi Guagua, 2 huttes.	
1·2	Daʿiro (s. d'arbre), et petite source. A D., Sagla, 20 huttes. Halte de 0h·3.	
0·5	Colline à G., vallée à D., plus loin une colline.	
0·2	Descente assez forte, mais courte.	
	Sur l'axe de la vallée	60
0·7	..... MARYAM, 30 huttes. A 0·25 mille à G, Beta Yohannis sur un Mt conique, 40 huttes. Esq.	
0·3	Traversé le May Dalaʿita coulant vers la D., halte de 0h·2.	
0·8	May Gobat (Gogua ?), large de 6mt, profond de 0mt·2.	
0·3	A 6h·0, ʿAdwa.	
9·3	Total.	

76. — 1838. Juillet 26. Jeudi.

Durée de marche.		Direction à la boussole.
0·0	A 7h·6, ʿAdwa.	35
0·2	Montée.	
0·3	Faite, vallon à G.	
0·2	A 8h·3, le Mt Samayata, la plus haute sommité des environs, est à 6 milles, le village de May Kolla à 0·7 mille; le Mt de Kidana mihrat à 0·7 mille aussi, et Abba Garima derrière nous à 2 milles estimés.	
0·2	Descente, vallon à D. Sur ʿAdwa	225
0·2	Fond.	20
0·1	Labyrinthe de collines.	10
0·2	Descente.	90
0·3	Fond, traversé le R. May Qorrar, qui coule à gauche, halte de 0h·2.	
	Dans le vallon.	58
0·1	A G., Ida MARYAM Šawito, 20 à 30 huttes.	75

76. (*suite*).

Durée de marche.		Direction à la boussole.
h		°
0·2	Défilé de 3 à 400mt de large.	55
0·5	Daʿiro huako, 20 huttes.	
0·3	Fondrière. Mt Atgebat à 500mt à D., halte de 0h·2.	10
0·2	Le défilé se resserre, large de 50 à 100mt.	
0·2	Ballah, 15 huttes à D.	
0·2	. . . .	105
0·2	Montée. Mt isolé et village de Raʿiyo à 300mt à D, 12 huttes.	
0·2	Faite. Collines coniques à G. et à D.	55
0·1	Išaše, 10 huttes à G.; à 2 milles à D. Ibusa, 20 huttes.	
0·1	May Šaka, fontaine bourbeuse, halte de 0h·5.	
0·3	Gandabta, colline et village de 200 maisons en groupes épars; halte de 0h·7.	20
	Ici est un rocher énorme fendu en deux dans le sens de la route.	
0·6	A 2h·1, halte de 1h·1 pour une ondée.	
	A 3h·2, départ.	
0·2	A G., Dabra Zayt et ʿAddi Hano, 30 huttes.	
0·1	Traversé un ruisseau coulant à droite, halte de 0h·6.	55
	Relevé la route en arrière.	260
0·5	A 4h·6, Mt et village de May Mahyawit, 40 huttes, quelques-unes à toit plat. Mt et village de Waʿiga à D.	
5·7	Total.	

77. — 1838. Juillet 27. Vendredi.

Durée de marche.		Direction à la boussole.
0·0	A 6h·8, May Mahyawit. Nous sommes hors du système des montagnes de ʿAdwa.	55
0·5	Wahabit, Mt de 400mt de haut, village du même nom.	
0·4	A D., Elale, Mt et village, 15 huttes.	
0·3	Vallon arrosé; à D. Solali, 12 huttes, puis descente.	
0·2	ʿUnguya, affluent du Marab, 2mt de large sur 0mt·2 et 2·5 nœuds. La rivière coule à droite quand nous la traversons.	
0·4	Traversé la même rivière.	
0·3	Autre traversée.	
0·8	Autre traversée, halte de 0h·3, puis encore une traversée.	
0·5	Autre traversée.	30
	Sur Mt Wahabit	210
	Sur la suite du ʿUnguya	20
0·4	Traversé un filet d'eau perenne coulant à gauche. May Sagla.	
0·7	Faite, halte de 0h·2.	
0·6	Traversé le Maman, ruisseau perenne allant au ʿUnguya, lit large de 3mt, peu d'eau.	
	Sur la direction de ʿAdwa	244
1·1	A 1h·5, traversé le May Sagla qui coule à gauche, halte de 1h·0 à ʿAddi Hanhan, 15 maisons.	
	A 2h·5, départ.	55
0·3	Halte de 0h·2 pour la pluie.	
0·3	Après une descente, Daʿiros (s. d'arbre), fontaine et péage de Qayihbahri, halte de 0h·1, puis montée.	
0·3	Faite et petit col entre deux collines-plateaux, puis descente; gros blocs épars de roche blanche; halte de 0h·2.	25
	Sur Mt Wahabit	198
0·2	Descente, fond, lit de torrent, plateau à D., montée.	
0·3	Faite, 2e col, 70 maisons à 1 mille à G.	
0·5	Halte de 0h·3.	
0·4	A 5h·6, May Çaʿi, village de 50 huttes, un peu à G. de la route directe.	
8·4	Total.	

78. — 1838. Juillet 28. Samedi,

Durée de marche.		Direction à la boussole.
h		°
0·0	A 7^{h}·3, départ de May Ça'i par une montée sur un plateau.	15
0·5	Dagabsi, 50 huttes. Sur les rochers de Guil zabo ou Igiri zabo	28
0·4	Descente.	
0·4	Chemin en plaine.	
0·2	Descente.	
0·4	Halte de 0^{h}·2, puis descente.	
0·2	Traversé le Balasa qui coule vers la G. et a 10^{mt} sur 0^{mt}·1 et 0·4 nœud, eau perenne, vallée en partie cultivée.	
0·8	A D., groupes de collines de 50^{mt}, granit en blocs et quartz blanc épars, sol sablonneux. Lions et éléphants. Halte de 0^{h}·1.	
0·4	A 10^{h}·9, traversé un ruisseau coulant à G., 2^{mt} sur 0^{mt}·05 et 0·5 nœud. Halte de 1^{h}·7 pour le péage. Anfi'ana à 2 milles à D.	
	A 0^{h}·6, départ.	
0·5	A D., collines dont les profils simulent un buste.	
0·3	Halte de 0^{h}·2. Défilé.	
0·7	Halte de 0^{h}·3 dans la petite plaine de Guil zabo.	
1·4	A 4^{h}·0, rocher de Guil zabo.	
6·3	Total.	

79. — 1838. Juillet 29. Dimanche.

0·0	A 11^{h}·6, départ. Sur Mt Tahuila	300
	Jusqu'à 'Addi Nabri s'étend l'immense plaine de Zam-a, large de 15 à 20 milles, inculte et remplie d'arbres épineux dits Girar.	
1·0	Fin des plateaux sur notre droite. Nous avons passé sept villages sur les collines.	
0·2	Lit de torrent large de 4^{mt}.	
0·5	Traversé un lit de torrent penché à gauche.	
0·2	Lit de torrent, un peu d'eau, halte de 0^{h}·2.	
0·3	Collines de schiste à D., halte de 0^{h}·1.	
1·9	A 3^{h}·9, arrivée à Tali 'Addi, 100 huttes.	
4·1	Total.	

80. — 1838. Juillet 30. Lundi.

0·0	A 5^{h}·9, Tali 'Addi.	
0·4	Mt Tahuila à 500^{mt} à G.	
0·4	A 3 milles à D., lieu où périt Dajac Walda Mika-el.	
1·0	Traversé un lit de torrent avec eau stagnante.	
0·5	A D., village de Tadarar, 50 huttes. Sur la route en arrière	165
0·5	Sur la route en arrière et sur Mt Tahuila	172
1·0	A G., 'Addi Nabri, ruiné ; à D., autre village abandonné.	
	Route en arrière	166
0·5	Montée et défilé.	
0.6	. . . .	5
0·7	Filet d'eau allant à G., fin du défilé.	
0·8	Traversé un ruisseau de 2^{mt} sur 0^{mt}·1, 3 nœuds, allant à D. A 0^{h}·3 halte de 2^{h}·3 pour le repas.	10
	A 2^{h}·6, départ.	
0·3	Gura'i, 200 belles maisons.	360
0·6	Halte de 0^{h}·7, 2e Gura'i, 250 à 300 maisons. Blocs erratiques de granit venus du nord.	90
0·6	Montée.	50
0·3	. . . .	60
1·4	Descente.	70
0·3	A G., village abandonné, 150 maisons.	
0·8	Fontaine de mauvaise eau.	
0·3	A 7^{h}·9, camp du Dajac Kahsay ; tout mon monde est épuisé de fatigue.	
11·0	Total.	

81. — 1838. Juillet 31. Mardi.

Durée de marche.		Direction à la boussole.
h		°
0·0	A 6^{h}·0, levée du camp près Saganeyti.	
2·4	Sur Mt Tahuila et la route	195
0·9	A 9^{h}·3, arrivée avec l'armée du D. Kahsay.	
3·3	Total.	

82. — 1838. Août 4. Samedi.

0·0	A 6^{h}·2, départ.	245
1·8	Traversé un ruisseau allant à droite.	
1·4	Traversé un ruisseau allant à droite.	
1·3	A 10^{h}·7, halte près d'une colline-plateau.	
4·5	Total.	

83. — 1838. Août 5. Dimanche.

0·0	A 10^{h}·2, départ.	
0·8	Relevé en arrière.	205
0·7	Traversé un ruisseau coulant vers la gauche.	55
0·4	. . . .	60
0·4	Nous commençons à monter.	92
0·2	Parmi des collines incultes et sauvages.	72
1·2	A 1^{h}·9, traversé le May Šaraw, coulant vers notre droite, 1^{mt} sur 0^{mt}·08; halte de 1^{h}·8.	
	A 3^{h}·7, départ.	
0·7	Perte du May Astagala, joli ruisseau.	
0·1	Jolie source du May Astagala sous un énorme da'iro, halte de 0^{h}·2, puis montée, douce d'abord.	
0·5	Balato, 50 maisons inhabitées à 0·5 mille sur la colline à D.	
0·5	Perte d'un ruisseau.	
0·8	Ruisseau ; montée forte à pied.	
0·7	Halte de 0^{h}·2, Guil zabo est invisible.	
	Sur Mt Tahuila	228
	Direction des schistes	320
0·6	Halte de 0^{h}·2, puis descente douce.	
	S^{n}. B. **21**.	
	Sur Halay	57
	Sur Mt Tahuila	230
0·7	A 8^{h}·7, Halay.	
8·1	Total.	

84. — 1838. Août 8. Mercredi.

0·0	A 7^{h}·6, Halay.	
0·7	Fin du vallon de Irar. Sur la route en arrière	265
0·2	Descente.	
1.4	Halte de 0^{h}·4. Nous suivons un lit de torrent dans le bas de la vallée.	
0·3	Traversé un filet d'eau allant à gauche.	
0·6	Deux passages très-difficiles de Bakna, deux beaux arbres.	
	Sur la route en arrière	225
0·5	Vallée allant au Mt Taranta, union des deux vallées.	
0·4	A 0^{h}·1, halte de 2^{h}·2.	
	A 2^{h}·3, départ.	
0·6	Petite source, l'eau coule dans le sens de la route et disparaît plusieurs fois.	
2·3	A 5^{h}·2, source de Ibririga.	
7·0	Total.	

85. — 1838. Août 9. Jeudi.

Durée de marche.		Direction à la boussole.
h		
0·0	A 6h·1, Ibririga.	
1·2	'Afanab.	
0·4	Source.	
0·6	Perte de l'eau de cette source. Halte de 0h·1.	
0·1	A G., gorge et source de Šaḳala [Šayḫ 'Ara prob^t].	
0·8	A 9h·2, source et rocher de 'Ayna Bago, halte de 6h·0.	
	A 3h·2, départ de 'Ayna Bago.	
0·4	Lieu ouvert et large, vastes troupeaux, halte de 0h·2.	
0·1	Halte de 0h·5 dans une gorge à D. de la route, petit filet d'eau courante.	
1·2	Changement de direction au sortir du défilé.	
0·3	Halte de 0h·3.	
1·8	A 8h·0, halte de 2h·3 pour souper.	
	A 10h·3, départ.	
1·0	A 11h·3, halte de 1h·0,	
	A 0h·3, départ.	
1·1	A 1h·4, 'Addi Ḥabib, village.	
9·0	Total.	

86. — 1838. Août 10. Vendredi.

Durée de marche.		Direction à la boussole.
0·0	A 6h·0, 'Addi Ḥabib.	
1·0	A 7h·0, Diḥono, halte de 1h·0.	
	A 8h·0, départ.	
1·0	Maison isolée de Sąbyl.	
1·0	A 10h·0, Ras Girar.	
3·0	Total.	

87. — 1838. Août 20. Lundi.

Partis de Muçaww'a.

88. — 1838. Août 21. Mardi.

Mouillé à l'ile Dèse.

89. — 1838. Août 22. Mercredi.

Mouillé à l'ile El Dallamah. Lat. 15° 31'·1 ; long. 37° 39'.

90. — 1838. Août 23. Jeudi.

Mouillé à l'ile El 'Ajuwz. Lat. = 15° 14'; long. 37° 54'.

91. — 1838. Août 24. Vendredi.

Mouillé à l'ile Fur. Ce nom manque sur la carte de Moresby, et je n'en ai pas noté la position.

92. — 1838. Août 25. Samedi.

Mouillé à Ḥanfalah. Lat. = 14° 42'; long. = 39° 31'.

Du cap où nous débarquâmes, il y a 812^{mt} jusqu'aux puits creusés dans un sol plat, sablonneux et désolé. L'eau était saumâtre.

93. — 1838. Août 26. Dimanche.

Cinglé vers Moḳa. Lat. = 13° 19'; long. = 40° 55'.

94-95. — 1838. Septembre 26. Mercredi.

Parti de Moḳa.

96. — 1838. Septembre 28. Vendredi.

Arrivé à Ḥudaydah en 42h de navigation. Lat. = 14° 45'; long. = 40° 37'.

97. — 1838. Octobre 2. Mardi.

Parti de Ḥudaydah.

98. — 1838. Octobre 3. Mercredi.

Mouillé à l'Ile Kamran. Lat. = 15° 26'; long. = 40° 20'.
Je n'ai pas noté au vol. V les noms des cinq ou six ancrages suivants.

104. — 1838. Octobre 10. Mercredi.

Mouillé à Quwz el-baqrah. Lat. = 17° 46'; long. = 39° 33'.

Là se trouve au bord de l'eau une colline nommée Raḳabat el Ḥudayr, haute de 180^{mt} environ et présentant du côté du nord une coulée comme de lave ayant 10 à 15° d'inclinaison et dirigée comme le grand axe de la colline à peu près N. ¼ N. O. L'un des côtés de la coulée est presque perpendiculaire. Cette colline n'a presque pas de végétation et se prolonge en mer par un rocher de 4 à 5^{mt} de haut, et un autre à fleur d'eau : ils sont à environ 100^{mt} du rivage de la colline. Tous ces détails manquent à la carte de Moresby. Je n'ai pas vu le fort, marqué sur cette carte, et le pilote m'en a nié l'existence.

105. — 1838. Octobre 11. Jeudi.

Passé tout près de Kutunbul. Ce rocher de lave a 80^{mt} environ de haut sur une largeur égale E. et O. Il y a deux sommités de hauteur inégale. La ligne qui les joint est à peu près N.-O. par la boussole.

106. — 1838. Octobre 14. Dimanche.

Mouillé à Qunfudah. Lat. = 19° 7'; long. = 38° 49'.

107. — 1838. Octobre 23. Mardi.

Mouillé au port de Dagbaj دُغْبَج. Lat. = 20° 18'; long. = 37° 26.

108. — 1838. Octobre 24. Mercredi.

Devant le port de Šaj'ah. Lat. = 20° 25'; long. = 37° 21 .

109. — 1838. Octobre 25. Jeudi.

Mouillé à Sawdah. Lat. = 20° 30'; long. = 37° 17'.

110. — 1838. Octobre 26. Vendredi.

Dérivé en arrière jusqu'aux environs de 'Umayr. Lat. = 20° 26': long. = 37° 19'.

111-113. — 1838. Octobre 29. Lundi.

Arrivé en 3 journées par voie de terre à Jiddah, dit aussi Juddah.

114. — 1838. Novembre 6. Mardi.

Parti de Jiddah, mouillé en vue de Raways, camp de Baduw, non marqué sur la carte de Moresby, à 3 ou 4 milles de Jiddah et ayant de l'eau.

115. — 1838. Novembre 7. Mercredi.

Mouillé au N. de l'ile Ḥaramil. Lat. = 22° 16'; long. = 36° 43'.

116. — 1838. Novembre 8. Jeudi.

Mouillé un peu au sud du cap M'aliq. Lat. = 22° 18'; long. = 36° 50'.

La suite de ce voyage n'est pas notée dans le volume V des mss.

SECOND VOYAGE.

Durée de marche.		Direction à la boussole.
	117. — 1839. Décembre 21. Samedi.	
h 0·0	Départ de Suez dit Suwqys par ses habit. Nous allons par eau vers le S.-E.	
0·7	Débarqué et parti à pied à 10h·2, laissant à G. les sentiers qui mènent au puits où l'on approvisionne Suez.	
2·0	Le désert s'abaisse brusquement de 3 ou 4mt.	
0·6	Première des fontaines de Moïse, dites 'Ayun Musyq (prononcez Musq), rond d'un diamètre de 6mt, à 1mt au-dessous de la surface du sol et ayant 0mt·3 d'eau.	
3·3	Total.	

118. — 1840. Janvier 5. Dimanche.

Bases de mon plan de la ville de Suez. Angles mesurés à la boussole et comptés du nord à l'est. Pas au compteur.

Angles pris de la tour carrée au N.-O. de la ville.

Sur les 40 Šqyk	328·5
Sur la colline de Qulzum	6
Sur la maison au bas de Qulzum	23
Sur la porte et le mur et la jetée	47
Sur le belvédère de l'hôtel arabe-franç.	117
Sur le pavillon anglais	119·5
Sur la mosquée principale	120
Autre mosquée	128
Autre mosquée	130
Coin marit. de l'hôtel fr.	114
Coin du côté du Šuni	123·5
Ligne mesurée au pas (2e).	121·6
Tour près la mer à l'O.	160
Angle rentrant de l'enceinte	145
Coin de l'hôtel ruiné	133·5
2e tour d'enceinte au N.-O.	157
Bâtiments mouillés en rade	184
Coin du Šuni, mur à contreforts	126
Du coin 121°·6 à 133°·5	237·5

L'angle rentrant de l'enceinte (145°) est sur le prolongement de la ligne dont l'azimut est 237°·5.

	Pas.
De notre maison jusqu'au mur de l'hôtel Hill	166
Façade de l'hôtel à gauche après la mosquée principale	38
Largeur de la rue devant cet hôtel	24
Ligne tirée du coin du côté du Šuni à la tour carrée	421
Épaisseur de l'hôtel franç. vers la mer	74
2e ligne de la tour au coin N.-O. de l'hôtel fr.	376
De ce coin à celui de l'hôtel ruiné	90

118. (*suite*).

Angles pris du petit espace entre deux contreforts entre la tombe du Šqyk maritime près la poterne et la batterie des canons.

	Direction à la boussole.
Sur la porte près la batterie (direction du mur d'enceinte)	53
Sur le mât du pavillon du consul anglais	0
Sur la poterne	254

Angles pris de la dernière tour qu'on voit de la tour N.-O. près la porte principale. (Cette tour est tout près de la mer et délabrée).

Sur la mosquée principale	41
Sur le pavillon anglais	55
Sur la porte de Suez	340
Sur les 40 Šqyk	333
Sur le caravansérail	318
Sur la tour voisine	176

Distance de ces deux tours = 131 pas. De cette seconde tour à la mosquée 57°·5; au centre de l'hôtel fr. 24

De cette tour une ligne tirée droit au 1er coin du Šuni (mur à contreforts, = 207 pas.

Angles pris de la terrasse de notre maison à ? pas de la ligne sur laquelle j'ai mesuré la distance à l'hôtel Hill.

Mur de notre maison	38
Route près la batterie	165
Cap extrême	189·5
Mouillage	193·5
Espace entre les deux contreforts	203·5
Espèce de minaret delabré	223·5
Angle N.-E	247
3e Mosquée	259
2e Mosquée	263
Maison du consul français	289
Mosquée principale	304
Belvédère de l'hôtel français ou arabe	305·5
Pavillon anglais	310
Angle du divan du côté du port	321
Qulzum (milieu de la colline)	325
Maison isolée près Qulzum et coin du corps de garde du côté du port	330
Bout S. de l'île, 8°; bout N. de l'île	339

Il y a 417 pas de la grande porte de Suez au sommet de la colline de Qulzum où nous avons observé l'aiguille aimantée.

118. (*suite*).

Bouss.	Pas.	
169°	0	Du commencement de la porte près notre maison, et près le magasin à charbon.
	188	Commencement de la place où est la batterie de 5 pièces de 24.
	68	Mer, pleine ou à peu près.
313	23	Tourné pour me remettre dans le prolongement du mur suivi d'abord.
	10	Étant revenu, mesuré la longueur du bout du mur près la porte du côté de la place.
	239	Après avoir tourné en quittant le port pour arriver de l'autre côté de la place près du marché.
310		Parti de la porte principale de la maison du gouverneur.
	278	Tourné à gauche le long d'un hôtel arabe après la maison de Qodsy.
317	74	Arrivé près du mur du Šuni et visant sur le mur d'enceinte.
	518	Arrivé au mur d'enceinte, puis tourné à gauche à angles droits.
	51	Arrivé au milieu de la porte principale de Suez.
	14	Épaisseur de la porte.
54	92	Direction et longueur de la jetée.
135		Sur la mosquée principale.
9		Sur la maison à gauche de la baie.
255		Sur la tour après la porte.
350		Sur Qulzum. Hauteur de la tour où je suis, 4mt.
	42	Jusqu'à l'angle obtus de la courtine au N.-O. de la ville.
223·5	43	Jusqu'à l'autre tour haute de 3mt.
	77	Arrivé à l'autre côté de la porte dont la largeur = 6 pas.
	21	Arrivé au commencement d'un redan retourné, profond de 15 pas.
	21	Arrivé à la tour dernièrement relevée et d'où j'ai pris les premiers angles.
	13	Largeur de cette tour qui est angulaire. Ici le terrain est plus élevé de 2mt jusqu'à la porte.
148		Sur une tour carrée. 178°·5 mouillage.
168		Sur une tour plus loin.
188·5		Bout de cap.
129·5		Mosquée. 215° bout de cap noir et bas.

Le terrain que je vais parcourir est régulier, mais n'offre nulle part des profondeurs creusées de plus de 2mt.

284°		Pic relevé de 'Ayun musq.
330		Les 40 Šqyk.
	44	Milieu d'une demi-courtine ou redan.
	69	Fin de cette courtine.
	114	Le long d'une courtine assez régulière, arrivé à une tour ronde.

Bouss.	Pas.	**118.** (*suite*).
142	85	Sur une saillie carrée le long d'un mur un peu irrégulier. Quatre pas avant j'ai traversé le lit d'un ruisseau profond de $0^{mt}\cdot5$.
136	57	Courtine droite, mur élevé de quatre hauteurs d'œil, ou $6^{mt}\cdot5$.
	35	Fin de la courtine par une saillie de dix pas.
	58	Fin d'une courtine irrégul. 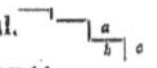 a = 15 pas, b = 20, c = 11.
145		Sur un angle rentrant d'une courtine, 62 pas jusqu'à cet angle.
202		Sur la tour. Cette rentrée est déterminée par une dépression du terrain de 2^{mt}. Après 116 pas arrivé à une tour dont le diamètre = 9 pas.
176	142	Sur l'autre tour séparée par une courtine droite, arrivé là. Cette tour est en mauvais état et s'élève peu au-dessus du mur.
139	91	Angle du mur près la mer, arrivé là.
132	25	Tour près la mer, arrivé à l'angle.
	45	Arrivé à la tour dont le diamètre = 4 pas.
	21	2e tour de même diamètre, séparée de la 1re par un mur de même hauteur, c'est-à-dire de trois hauteurs d'œil.
	13	Du pied de la 2e tour à la trace de la haute marée.
92		Suite du mur, bâtiments mouillés 188°.
285		Pic de 'Etaqa.
	197	Arrivé à ce point du mur relevé par 92°.
	38	Fourneau à gauche contre le mur. A 5 pas à droite est un corps de garde.
	15	Poterne haute de 1^{mt}.
	60	Le mur s'élève ici sur un amas de décombres noirs haut de 4^{mt}.
67	14	Deux contreforts séparés par une distance de 5 pas ; relevé en avant.

N. B. Ces mesures, prises pour un plan de Suez, n'ont pas été parachevées et on les insère pour comparer l'état ancien d'une ville qui a bien changé depuis.

119. — 1840. Mars 5. Jeudi. †

Durée.	
$0^h\cdot0$	A $6^h\cdot7$, départ du cap Girar faisant $2\cdot5$ milles par heure.
1·0	Deux huttes dites Sabyl.
0·7	A $8^h\cdot4$, arrivé à Harqiqaw. Halte de $7^h\cdot2$.

† On a supprimé ici une douzaine de journées dont les détails n'ont pas été notés et qui comprennent deux voyages. Le premier de Suez à Jiddah, et le second de Jiddah à Muçaww'a.

Durée de marche.	**119.** (*suite*).
	A $3^h\cdot6$, départ.
0·5	Champs de *Sorghum*.
0·6	Halte de $0^h\cdot2$.
0·3	A $5^h\cdot2$, 'Addi Habib.
3·1	Total.

120. — 1840. Mars 6. Vendredi.

0·0	A minuit, 'Addi Habib.
2·0	Halte de $2^h\cdot2$ pour dormir par terre dans une petite clairière.
	A $4^h\cdot2$, départ.
0·5	A $4^h\cdot7$, arrivée à 'Urole Sambo. Halte de $1^h\cdot6$.
0·0	A $6^h\cdot3$, départ.
1·0	Tombeaux du Šayk Isma'iyl, اسمعيل.
1·2	Commencement du défilé vers la mer.
0·2	Faîte de ce défilé : col.
0·5	A $9^h\cdot2$, Aftah.
5·4	Total.

121. — 1840. Mars 8. Dimanche.

0·0	A $2^h\cdot0$, Aftah, nous longeons la mer en allant vers le N. à $2\cdot3$ milles par heure.
2·5	Lit de torrent.
0·1	Tombeau et trois puits amers à 400^{mt} de la mer.
0·6	Tourné à gauche vers le Mt Gadam : peu après, arrivé à 'Adambago, cercle de 15 à 20 huttes. Halte de $0^h\cdot7$.
1·6	Après avoir passé trois puits de bonne eau et les tombeaux de Hagen, arrivé aux puits, aux rochers et au cap du vallon de Gabalalo. Eau à 3^{mt} de la surface, et devenant amère en été. Halte de $6^h\cdot1$, pour laisser passer la chaleur.
	A $1^h\cdot7$, départ.
0·5	Cap Tikul, omis sur la carte de Moresby.
0·4	Hamaso, puits légèrement amer.
0·7	Changé de direction en marchant vers le soleil.
0·7	Laissé à gauche le puits Habibet.
0·5	Marché vers le sud.
0·5	A $5^h\cdot0$, arrivé à Ab Haseyn. Halte de $8^h\cdot8$.
	A $1^h\cdot8$, départ.
1·6	A $3^h\cdot4$, Harqiqaw, ou pour mieux dire, Dibono. De là rentré à Muçaww'a. Le 13, je me rendis à Dibono.
9·7	Total.

122. — 1840. Mars 16. Lundi.

0·0	A $2^h\cdot5$, Dibono.
0·1	Hauteur de Dabbat.

Durée de marche.	**122.** (*suite*).
0·2	Embranchement avec le sentier à Ab Haseyn.
0·5	Champs de sorghum, haut de 3^{mt}, et que nous traversâmes en $0^h\cdot2$.
0·1	Tombeaux dits du Šayk 'Abd el Qadir.
0·2	A $3^h\cdot6$, 'Addi Habib dans le district de Qatra. Halte de $2^h\cdot9$. Sur Muçaww'a 13°·5.
	A $6^h\cdot5$, départ.
1·8	Halte de $0^h\cdot4$: peu après, le bloc isolé dit Misrar daqqa Digna.
1·0	Arrivé à $0\cdot25$ mille du Mont Habon, que nous laissons à gauche.
1·1	A $10^h\cdot8$, halte pour dormir dans le désert, sans eau ni abri : ciel couvert.
5·0	Total.

123. — 1840. Mars 17. Mardi.

0·0	A $4^h\cdot7$, marche vers le S.-E. allant à Wi'a.
0·6	Descente et commencement de défilé.
0·5	A $5^h\cdot8$, lit de torrent et sources ou puits de Sahto. Halte de $6^h\cdot5$.
	A $0^h\cdot3$, départ de Sahto peu après minuit : plaine ouverte et brisée.
0·5	Halte de $0^h\cdot3$.
0·3	Plaine de Hidgle, large de 3 à 4 milles.
0·3	Halte de $0^h\cdot1$.
0·5	Tombeau de Hot.
0·2	Halte de $0^h\cdot6$ au col de Zarazir ; puis route.
0·4	Halte de $0^h\cdot1$ après quelques tombeaux.
1·0	A $4^h\cdot5$, halte pour la nuit.
4·2	Total.

124. — 1840. Mars 18. Mercredi.

0·0	A $4^h\cdot7$, départ.
0·6	Laissé à droite le rocher de Kurkure gabarto, pierre haute et percée de trous, comme formée par cristallisation, et située en territoire Toro'a.
0·5	Arrivé au défilé de 'Illiya, laissé à droite. Depuis Hamhamo, tout le pays se nomme Haddas.
0·9	Arrivé à la pierre de May nesita : c'est le nom Saho d'un roi que les Tigray appellent Tri-om. Halte de $0^h\cdot6$.
	Repris la route à 3 milles par heure pour rejoindre les gens.
0·3	Tombeau de Hasan Zadwa, riche Saho.
0·7	A $8^h\cdot3$, halte de $4^h\cdot8$ à Dima, près du ruisseau.
	A $1^h\cdot1$, départ.
0·9	Halte de $0^h\cdot2$: lieu ouvert, nommé Za'idun ; à droite est le défilé de Firon.
0·3	Halte de $0^h\cdot2$: ayant à gauche la roche Ferada ou pierre du doigt, ainsi nommée parce

Durée de marche.

124. (*suite*).

qu'un homme fort peut tout juste lancer une pierre au-dessus.
0·3 A gauche, défilé de Faro. Nous avons déjà passé Manta Sagla. Halte de 0h·1.
0·7 Wi-illi, lieu de halte fréquenté par les caravanes : à droite est le défilé de Šiʿito. Halte de 0h·1.
0·3 Tabbo gubba ou Tabbo d'en bas.
0·1 A 4h·2, halte.

5·6 Total.

125. — 1840. Mars 19. Jeudi.

0·0 A 4h·3, Tabbo gubba.
1·8 Halte de 0h·2.
0·1 Laissé à gauche le défilé de Dirgade, peu après avoir passé le hameau Saho de Mihdar wadi Quirtimto, situé sur un col.
0·5 Asuba, point de réunion des défilés de Šinfayto et de Taranta.
0·8 May Zaʿabo, source dans un défilé à gauche.
0·4 A 8h·0, halte ayant à droite un défilé avec un beau petit ruisseau qui s'y perd.

3·6 Total.

126. — 1840. Mars 20. Vendredi.

0·0 A 1h·1, départ au clair de la lune.
2·9 Arrivé à la pierre de la vierge Marsisa, où cette fille volée par un Saho qui voulait la vendre comme esclave, dansa sur la pointe et gagna ainsi la liberté. Esq.
0·3 Halte de 0h·5.
0·2 Faite et descente à Saʿasʿi.
1·2 A 6h·2, halte à Tirmo : visite au Mt Hanna Sanna. T. d'H. **11**.
2·5 Arrivée à Digsa en 2h·5 à peu près.

7·1 Total.

127. — 1840. Mars 22. Dimanche.

0·0 A 2h·7, départ de Digsa par le chemin dit du qualla ʿAddi Hadid. Cette route tourne beaucoup, est principalement en descendant, et traverse des rochers de schiste à peine praticables pour un mulet.
0·5 Lit sec de torrent.
0·8 A 4h·0, May Šaraw : sous un Daʿiro, arbre portant dans son axe, et du côté de Digsa, un autre arbre d'espèce fort différente. En étendant leurs bras, huit hommes purent faire le tour de cet arbre, dont les huit grosses branches horizontales s'étendaient à 36 pas ou 22mt·5 du pourtour du tronc. Ce ruisseau a 1mt sur 0mt·1 et file 3 nœuds.

1·3 Total.

Durée de marche.

128. — 1840. Mars 23. Lundi.

0·0 A 4h·4, May Šaraw.
0·4 Arrivé à ʿAddi Banni (?), village abandonné sur le sommet d'une colline.
0·4 Arrivé au lit du May Barazyu, où il y a pendant toute l'année de l'eau courante par ci par là.
0·2 Lit de torrent.
0·4 Sommet d'une longue colline pleine de pierres et d'arbres épineux. On la nomme Ziban dandar, ainsi que les collines voisines.
0·4 Halte de 0h·1.

Sn. B. **22**.

Sur le col de Halay	303°
Sur Mt Birqaqo	317 ·5
Sur Digsa	344

0·1 Commencement de ʿAlba, district.
0·1 Descente.
0·5 Fond et premiers champs cultivés.
0·4 ʿAlba ; petit ruisseau ; puis montée.
0·9 Arrivé à ʿAddi ʿIiqat, village au sommet d'une longue colline. Halte de 0h·3.

Sn. B. B. **23**.

	Bouss.	Hauteur.
Sur un pic du Sarawe	65° ·5	0° ·2
Sur la direction de Gurʿa	29	
Sur Digsa	347 ·5	0 ·9
Sur Mt Birqaqo	327	2 ·0
Sur Mt Maratla	65	1 ·6
Sur la direction de Halay	116	
Sur Kašʿat	208	1 ·7
Sur Mt près Bihat	228	1 ·1
Sur Mt Matara.	222	1 ·0

La seconde colonne donne les angles de hauteur au-dessus de l'horizon observés avec un niveau perpendicule, muni d'un cercle divisé en degrés.
0·6 ʿAddi Firti.
0·2 A 9h·3, May Rahya. Très-peu d'eau dans un lit de torrent plein d'énormes pierres de schiste. Beaucoup de singes. Scorpion tué ici. Halte de 4h·5.

A 1h·8, départ.
0·8 Faite.
0·2 Village de Bagahit. Halte de 0h·1.
0·5 Fond du Qualla : village de Maʿaranedi sur la hauteur à droite. Sur la gauche de l'autre côté du qualla est Imba Raʿindi. A 3h·4, halte au village de ...

6·1 Total.

129. — 1840. Mars 24. Mardi.

0·0 A 11h·0, départ peu après minuit à raison de plus de 3 milles à l'heure, en colonne serrée à travers le qualla.
1·8 Col de Digim.

Durée de marche.

129. (*suite*).

4·7 A 5h·5, arrivé au Balasa, ruisseau qui a 2mt sur 0mt·05, à 2 milles par heure. Halte de 8h·7. T. d'H. **14**.

A 2h·2, départ.
0·5 Faite d'une montée.
0·1 Descente.
0·2 Halte de 0h·3.
0·5 Sur la hanche d'une colline.

Sn. B. B. **24**.

Mt Tahuila	10°
Mt Kašʿat	308

0·2 A 3h·9, faite, et arrivé à deux maisons dépendant du village de Hoya, ou Zaʿida baʿilil.

Sn. B. B. **25**.

Sur Mt Samayata	147°
Sur ʿAddi graht	231
Sur Mt Bihat	295
Sur Mt Kašʿat	310

Tout le territoire, généralement inculte, parcouru aujourd'hui se nomme Igala daq ʿAzmay.

8·0 Total.

130. — 1840. Mars 25. Mercredi.

0·0 A 4h·5, départ de Hoya à la pointe du jour.
0·2 Fond de la descente et lit de torrent.
0·1 Arrivé à ʿAddi Qarna harmaz, village situé sur la large tête d'une colline autour d'une place large de 200mt, pleine de troupeaux, avec des meules de paille rangées d'un côté.
0·5 Mont-joie pour une église située sur le sommet d'une colline à 4 milles environ.
0·3 Lit de torrent où l'on trouve de l'eau en creusant. Halte de 0h·2.
0·4 May Tiray ; 0mt·1 sur 0mt·015 à 4 nœuds.
0·2 Village de 60 maisons à 1 mille à droite sur un faible col.
0·3 Arbre à deux pierres blanches et quelques brins de verdure pour une église sur le sommet d'une colline à 2 milles.
0·1 May Agamo, ayant très-peu d'eau non courante. Halte de 0h·5.
0·1 May Minkurkuar, 1mt sur 0mt·06 à 4 nœuds. Halte de 0h·1. Rude montée.
0·3 Faite.
0·6 A 8h·3, May Maman. Halte de 4h·9 pour déjeuner.

A 1h·2, départ.
0·3 Descente.
0·4 May Šagla, dans un petit vallon triangulaire formé par l'intersection de trois fortes collines.
0·3 ʿUnguiya, 2mt sur 0mt·1 à 2·5 nœuds ; traversé le ʿUnguiya encore ; 2mt sur 0mt·08 et 3 nœuds.

Durée de marche.

130. (*suite*).

Sn. B. B. **26**.

Sur Mt Awgar 212°
Sur Mt Wahabit 148.

0·7 Toujours tournant dans le lit de la rivière. Les rives, aujourd'hui cultivées, ne l'étaient pas il y a 18 mois. Halte de 0h·1.

0·3 Lit de torrent à D., c'est-à-dire sur la rive gauche. Halte de 0h·2.

0·2 La rivière forme une péninsule de 100mt de large environ, basse et pleine d'herbe.

0·2 A 3h·8, arrivés à un da'iro double où nous passons la nuit. Ici la rivière est encaissée de 4mt. Dans cette journée, nous l'avons traversée sept fois.

Sn. B. B. **27**.

Mt Wahabit 150°
Mt Mazbir 32·5

5·5 Total.

131. — 1840. Mars 26. Jeudi.

0·0 A 4h·3, départ.

0·6 Montée.

0·6 Nous avons depuis 25m le Mt Wahabit à 500mt environ à G.

Sn. B. **28**.

Mt Kaš'at 322°
Igala 315
Mt .... bout sud 300
Mt Tilale 158

0·2 Mt Hatyar est par le travers à gauche.

0·1 Je pris les angles suivants d'un point dans la petite plaine de Magala Zamri.

Sn. B. **29**.

Mt Wa'aga 135
Mt Misahit 143
Mt près 'Addi graht 153
Mt Tilale 172
Mt Lihiz 122
Mt Dabra Zayt 120
Mt May Mahyawit 111
Mt Arba'itu insisa 102
Mt Guraho 95 et 96
Mt 'Idaga rabu'i 87

0·4 Lit sec d'un ruisseau. Halte de 0h·1.

0·4 Halte de 0h·1.

0·5 A 7h·3, May Qani-i; observation de latitude et T. d'H. **15**. Halte de 5h·3.

A 0h·6, départ.

0·5 Entre Mt Lihiz à droite et Mt Nabirgonto à gauche. On dit que c'est le Mt Lihiz, qui a fourni les obélisques à Aksum, ce qui me paraît erroné, car la pierre ici a tout l'air

Durée de marche.

131. (*suite*).

d'être schisteuse quoique un peu compacte. Le vallon intermédiaire a 200mt de large environ.

0·2 Entrés dans la petite plaine de Iha, que nous avons à notre gauche et au-dessous de nous. On dit souvent Yaha.

0·3 Halte de 0h·2.

0·2 Rocher bifide de Gandabta à G.; à D. est 'Addi Za'ida hamla.

0·4 Halte de 0h·3 à la source de ...

0·1 Col de Rabbi are-anni.

0·4 Petite source.

1·1 A 4h·3, halte pour la nuit dans un lieu ouvert près de quelques buissons et dans le terrain de Mamsah.

6·0 Total.

132. — 1840. Mars 27. Vendredi.

0·0 A 4h·3, départ.

0·4 Ruisseau; beaucoup de montées et descentes.

1·3 A 6h·0, 'Adwa.

1·7 Total.

133. — 1840. Avril 11. Samedi.

Visite au Mt Saloda et retour à 'Adwa T. d'H. **18**.

134. — 1840. Avril 22. Mercredi.

Visite au Mt Saloda et retour à 'Adwa. T. d'H. **23** et **24**.

135. — 1840. Mai 14. Jeudi.

0·0 A 11h·3 du chr. ☽, 'Adwa.

1·0 Confluent de deux ruisseaux.

1·1 Halte de 0h·3.

2·0 A 3h·7, hameau de Za mihrat, fief de Ayta Wasan.

Sn. B. **30**.

Mt Dammo galila 112°
Mt Hica 59

4·1 Total.

136. — 1840. Mai 15. Vendredi.

0·0 A 3h·8, Za mihrat.

1·6 Arrivé au fond de la descente de May Çaw.

1·3 Halte de 0h·2.

1·1 A 8h·0, Manna, petit cours d'eau : 0mt·5; 0mt·05; 2 nœuds; avec prairie autour. Halte de 4h·5.

Durée de marche.

136. (*suite*).

A 0h·5, départ.

1·0 A 1h·5, 'Addi Hoza, toujours dans le district dit Ida MARYAM.

5·0 Total.

137. — 1840. Mai 16. Samedi.

A 4h·1, B = 600·75. T = 18·7.

0·0 A 4h·8, 'Addi Hoza.

0·7 Descente.

1·5 Ruisseau très-faible coulant vers la gauche, comme tous les ruisseaux entre 'Adwa et le Takkaze.

1·4 A 8h·4, arrivé au ruisseau dit Firfira, en un vaste ravin bien plus profond ici que dans l'endroit où je l'avais traversé à mon dernier passage. Halte de 2h·0.

A 10h·4, départ par une montée rude. Mt Abba Barya Izgi et église à D. Petite plaine; puis légère descente.

1·8 May Salasa (0mt·4 sur 0mt·05; 3 nœuds).

1·3 Guna 'imba. Halte de 0h·5 sur le bord d'un petit plateau, après une forte montée. On dit aussi Gunya. T. d'H. **27**.

1·0 On commence à descendre du daga.

0·9 A 3h·9, Mintil, grand village dans un vallon brisé. Nous y passâmes la nuit à jeun.

8·6 Total.

138. — 1840. Mai 17. Dimanche.

0·0 A 5h·3, départ de Mintil.

0·9 A 6h·2, halte de 3h·1 au lit presque sec d'un large ruisseau.

A 9h·3, départ.

0·9 Faîte de la haute montée.

1·1 A 11h·3, hameaux de Cilaciqañe, chez M. Schimper.

2·9 Total.

139. — 1840. Mai 18. Lundi.

0·0 A 4h·0, Cilaciqañe.

1·5 A 5h·5, arrivé au Takkaze : halte de 1h·0. Pour savoir la largeur de la rivière, je mesurai une base de 30·657 mètres. Les deux angles furent 100° 58′ et 41° 11′. J'avais cherché à obtenir un angle de 45° pour que le côté mesuré fût égal au côté cherché. La base avait 48 de mes pas environ. Ceci donne 32·9 mètres pour largeur du Takkaze. Mon pas était long de 0mt·64. Ce jour-là, la profondeur pouvait être 0mt·4, et la vitesse 3·5 nœuds.

Durée de marche.

139. (*suite*).

A 6^{h}·5, départ : commencement de la montée.

0·8 A 7^{h}·3, arrivé à la faible source de Dima, où nous égorgeâmes nos deux bêtes et déjeunâmes. Halte de 4^{h}.

A 11^{h}·3, marche.

1·0 Premier faîte.

1·7 Halte de 0^{h}·5 au bord du plateau de Miçara. T. d'H. **28**.

0·5 A 3^{h}·0, 'Addi Ḫanze, tout près du marché de Miçara. C'est là que dans mon précédent voyage je m'étais arrêté en venant de May Taḫlo.

5·5 Total.

140. — 1840. Mai 19. Mardi.

2·0 Jusqu'au ruisseau presque sec de ... où les gens de mon frère nous quittèrent pour aller à Gondar.

A 10^{h}·5, départ de ce ruisseau.

4·0 A 2^{h}·5, Šimarua.

6·0 Total.

141. — 1840. Mai 20. Mercredi.

1·0 Après une heure de marche, nous fîmes halte à un petit ruisseau.

A 6^{h}·3, départ de ce ruisseau.

2·8 Halte.

1·0 May Taḫlo, après 1^{h} environ de marche.

4·8 Total.

142. — 1840. Mai 21. Jeudi.

De May Taḫlo ou May Zaḫlo à Šimarua.

143. — 1840. Mai 22. Vendredi.

0·0 A 2^{h}·0, Šimarua.

0·6 A 2^{h}·6, premières lueurs de l'aurore, descente longue et rapide. Halte de 2^{h}·0.

A 4^{h}·6, départ.

12·4 A 5^{h}·0, sauf erreur, hameaux de Çilaçiqañe.

13·0 Total.

144. — 1840. Mai 25. Lundi.

0·0 A 4^{h}·5, départ.
Direction des schistes à Çilaçiqañe = 25°.

2·4 A 6^{h}·9, arrivé à un ruisseau. Halte de 4^{h}·4.

A 11^{h}·3, départ.

0·9 Laissé à droite le village de Mintil.

Durée de marche.

144. (*suite*).

0·5 Halte de 0^{h}·5 dans un petit col, après avoir toujours traversé un bois taillis.

1·3 Bord du plateau de Gunya ou Guna 'imba.

1·6 A 4^{h}·1, ..., petit hameau où nous nous fîmes donner à manger au nom de Wibi.

6·7 Total.

145. — 1840. Mai 26. Mardi.

0·0 A 2^{h}·1, départ.

0·8 Commencé la descente du Firfira, en laissant à gauche l'église et la colline de Abba Barya Izgi.

0·6 Arrivé au Firfira, 1^{mt} sur 0^{mt}·03 et 7 nœuds. Halte de 0^{h}·6.

0·3 Ruisseau (3^{mt} sur 0^{mt}·03 et 4 nœuds).

1·6 Ruisseau à G. que nous avons déjà traversé trois fois (0^{mt}·1 sur 0^{mt}·02 et 6 nœuds). Nous avons toujours voyagé à 1 mille par heure depuis Çilaçiqañe à cause du cheval dont les sabots sont usés.

2·7 Halte de 0^{h}·4.

0·6 A 9^{h}·7, ruisseau de Marana (1^{mt} sur 0^{mt}·03 et 1·5 nœud). Halte de 3^{h}·3.

A 1^{h}·0 environ, départ.

1·8 Halte de 0^{h}·3, route en plaine.

0·7 Ruisseau très-faible. Halte à 3^{h}·8.

9·1 Total.

146. — 1840. Mai 27. Mercredi.

0·0 A 0^{h}·4, départ de nuit.

2·9 Source de l'arbre sur la pente qui mène à la vallée de 'Adwa.

3·2 A 6^{h}·5, 'Adwa.

6·1 Total.

147. — 1840. Mai 30. Samedi.

0·0 A 3^{h}·0, 'Adwa, au point du jour.

2·0 Passé notre dernière station dans Mamsaḫ.

0·3 Source qui forme un petit ruisseau coulant vers 'Adwa.

0·2 Laissé M^t^ Ḫiça à gauche.

1·0 A G., Rabbi are-anni, rocher à pic de 4 à 5^{mt}. A D. et tout près, M^t^ Ra'iyu.

0·3 Arrivé à la source de ...

5·2 Iḫa. Halte de 0^{h}·5.

S^n^. B. **31**.

M^t^ Ḫiça	130°
Mt de Gandabta	198

1·5 Arrivé au village de May Maḫyawit, où je passai la nuit dans mon premier départ de 'Adwa.

1·5 Campé en plein champ à 3^{h}·5.

12·0 Total.

Durée de marche.

148. — 1840. Mai 31. Dimanche.

0·0 A 3^{h}·0, départ.

3·0 Source.

1·0 A 7^{h}·0, halte de 4^{h}·0 près de l'eau, pour d jeuner. Ce matin nous avons traversé o fois le 'Unguiya (1^{mt}·0 sur 0^{mt}·05 et 4 nœuds).

0·0 A 11^{h}·0, départ.

0·6 May Minkurkuar.

1·3 Halte de 0^{h}·6, après avoir traversé un lo désert à surface ondoyante rempli de je nes arbres et de nombreuses couches schiste qui affleurent avec le sol. Jusqu point de cette halte, le désert se nom 'Abaq ; au delà en avant, il se nom Dokin.

0·5 Arrivé au commencement d'un cirque de r chers à tête en plateau et ouvert au N.-

0·3 A 2^{h}·3, Ibni harmaz qu'on nomme au 'Addi Qarna harmaz. Sous les beaux Da' et à côté de la misérable source, nous p sâmes la soirée et toute la journée du l demain, car un homme de Lago vint n effrayer en disant qu'il viendrait avec no

6·7 Total.

149. — 1840. Juin 1er. Lundi.

0·0 A 0^{h}·5, départ.

2·0 A 2^{h}·5, Balasa ; R. à raison de 1·8 mille heure depuis 'Adwa. Ce ruisseau est d le district de Igala. Halte de 1^{h}·5.

A 4^{h}·0, départ à raison de 3·6 milles heure, marchant dans le qualla. Halt 0^{h}·5 en route.

3·1 A 7^{h}·6, col de Digim.

5·1 Total.

150. — 1840. Juin 2. Mardi.

0·0 A 2^{h}·2, départ longtemps avant l'auror

1·7 A 3^{h}·9, arrivé à 'Imba Ra'indi où passâmes la journée pour reposer porteurs très-fatigués.

De là il y a 0^{h}·25 de marche jusqu'aux p dits Hadadom, qui sont dans ce mom 19 coudées (19^{mt}·1) de la surface du torrent, laquelle est là à 6^{mt} environ dessous du qualla. Ce torrent coule p Lago, etc., dans le Marab, et se no Hadadim. Du côté du sud, il se join vaste qualla, plaine que borne le M^t^ ḫuila et qui s'étend jusque tout pr Gur'a d'une part et du Sarawe de l'a Tout ce qualla est fréquenté par des

Durée de marche.

150. (*suite*).

h

phants, sauf Hadadim où il n'en vient guère. Hadadim est aussi le nom du torrent.

1·7 Total.

151. — 1840. Juin 3. Mercredi.

0·0 A $3^{h}\cdot 7$, 'Imba Ra'indi.
0·6 Village de Ragahit.
1·4 Village où l'on demande un droit de passage.
0·5 Village.
0·9 A $7^{h}\cdot 1$, ruisseau de 'Alba. Halte de $4^{h}\cdot 2$.

A $11^{h}\cdot 3$, parti de ce ruisseau qui, malgré un lit très-large, n'a que de l'eau stagnante par ci par là.
0·9 Halte de $0^{h}\cdot 1$, après avoir toujours monté par un chemin pierreux où nous nous sommes perdus plus d'une fois.
1·6 Ruisseau sans courant : lit large et profond. Halte de $0^{h}\cdot 3$.
0·3 Pont naturel après une forte descente.
0·5 May Šaraw (2^{mt} sur $0^{mt}\cdot 02$ et 3 nœuds).
0·3 A $3^{h}\cdot 3$, 'Addi Hadid, gros village.

7·0 Total.

152. — 1840. Juin 4. Jeudi.

0·0 A $4^{h}\cdot 0$, 'Addi Hadid.
2·0 A $6^{h}\cdot 0$, Digsa.

2·0 Total.

153. — 1840. Juin 6. Samedi.

0·0 A $4^{h}\cdot 0$, Digsa.
2·2 Halte de $0^{h}\cdot 3$ à la source de...
0·2 Fond du vallon Gara tafa, petit et abrupte. Il s'y trouve les restes d'un mur en pierres sèches, large de 1^{mt}, qui divisait le territoire de Halay de celui de Digsa. Puis montée rude jusqu'au petit plateau de Tirmo.
0·9 A $7^{h}\cdot 6$, halte de $3^{h}\cdot 2$ au petit plateau de Tirmo sous le même arbre que la première fois, et à 400^{mt} au sud du Mt Birqaqo.

A $10^{h}\cdot 8$, départ.
0·7 Sa'as'i, puis nous entamâmes la descente escarpée du Suluh.
3·1 A $2^{h}\cdot 6$, Takamte, à peu de distance de la source Taranta.

7·1 Total

154. — 1840. Juin 7. Dimanche.

0·0 A $2^{h}\cdot 7$, Takamte.
3·7 A $6^{h}\cdot 4$, halte de $5^{h}\cdot 9$ à Tabbo d'en bas.

Durée de marche.

154. (*suite*).

h

A $0^{h}\cdot 3$, départ.
2·9 A $3^{h}\cdot 2$, 'Afanab à 100^{mt} environ au-dessus de l'endroit où un de mes gens fut mangé en partie.

6·6 Total.

155. — 1840. Juin 8. Lundi.

0·0 A $2^{h}\cdot 8$, 'Afanab.
1·2 A $4^{h}\cdot 0$, halte de $9^{h}\cdot 0$ à Dabara-i. Le ruisseau est ici de $1^{mt}\cdot 5$ sur $0^{mt}\cdot 1$ et 7 nœuds : il se perd peu après et reparaît ensuite.

A $1^{h}\cdot 0$, départ.
0·8 Laissé à gauche le défilé de Šayk 'Ara, qui mène à Digsa par un chemin court, sûr, mais impraticable à mulet. Il en vient un ruisseau qui coule sur la terre blanche ($1^{mt}\cdot 5$ sur $0^{mt}\cdot 04$ et 3 nœuds). La petite vallée où s'effectue la jonction se nomme Illaye. Peu auparavant nous passâmes 'Ayna bago où un dépôt d'alluvion, haut de 2^{mt}, remplace la petite plaine où nous avons déjeuné il y a 22 mois.
1·5 A $3^{h}\cdot 3$, dépassé le cirque de Hamhamo. Immédiatement après on s'arrêta au bord du ruisseau.

3·5 Total.

156. — 1840. Juin 9. Mardi.

0·0 A $2^{h}\cdot 2$, départ de Hamhamo avant l'aurore.
1·0 Tourné à gauche.
0·1 Tombeau de Hot, rond et élevé en pierres blanches et noires à la hauteur de 2^{mt}.
0·6 Chemin de Islam à D., celui de Wi'a à G.
0·4 Pierre ou rocher dit Dakano rabita da, d'où un éléphant descendit et tua un enfant.
1·1 A $5^{h}\cdot 4$, Wi'a. Halte de $9^{h}\cdot 1$ pour la chaleur.

A $2^{h}\cdot 5$, partis de Wi'a.
1·1 A $3^{h}\cdot 6$, défilés de Sahto. Nous marchâmes ensuite presque toute la nuit, dormant une heure près de 'Addi Habib, et moins de 3^{h} à Dihono. Le soleil levant nous trouva à Sabyl, peu après à Ras Girar qui est à 2^{h} environ de Dihono par terre. La nuit était si obscure qu'il me fut impossible de lire la montre.

Nous étions entrés dans Muçaww'a le mercredi 10 juin, le mardi 16 nous nous rendîmes à Dihono, d'où nous partîmes le 17 au soir, après la mort de 'Abd errahym, frère du Nayb.

4·3 Total noté.

Durée de marche.

157. — 1840. Juin 17. Mercredi.

h

0·0 A $2^{h}\cdot 1$, Dihono, dit Harqiqaw par les Arabes.
1·3 'Addi Habib, halte de $0^{h}\cdot 3$.
5·0 A $10^{h}\cdot 2$, halte pour dormir, après $1^{h}\cdot 5$ de halte.

6·3 Total.

158. — 1840. Juin 18. Jeudi.

0·0 A $2^{h}\cdot 0$, départ.
1·9 Première source de Hamhamo, halte de $0^{h}\cdot 6$.
0·2 Défilé à D.
1·1 A $5^{h}\cdot 8$, halte de $7^{h}\cdot 5$ ayant jusqu'ici voyagé à environ 1 mille à l'heure.

A $1^{h}\cdot 3$, départ.
2·3 A $3^{h}\cdot 6$, halte à l'endroit où j'avais acheté un bâton dans mon premier voyage.

5·5 Total.

159. — 1840. Juin 19. Vendredi.

0·0 A $2^{h}\cdot 9$, départ.
0·4 A G., défilé de Ši'ito.
2·9 Halte.
0·2 Jusqu'au défilé à gauche, où, à un quart d'heure du défilé principal, est un rocher ressemblant à un schiste compacte, ayant cinq à six fossiles en cristaux de quartz légèrement creusés dans la surface. C'est là ce que les Saho avaient pris pour des inscriptions de leurs ancêtres. Il y en a d'autres tout à fait pareils à 0·75 de journée plus haut dans cette vallée. Esq.
0·3 Halte pour la nuit.

3·8 Total.

160. — 1840. Juin 20. Samedi.

0·0 A $2^{h}\cdot 9$, départ.
2·5 A $5^{h}\cdot 4$, halte de $3^{h}\cdot 9$ à Takamte près la source et vallée de Taranta. De ce point j'ai relevé par 116° à la boussole le col qu'on m'indiquait comme direction de Digsa. Ce col avait 14°·5 de hauteur.

A $9^{h}\cdot 3$, départ.
4·3 A $2^{h}\cdot 6$, Tirmo après cinq haltes de une heure en tout.

6·8 Total.

161. — 1840. Juin 21. Dimanche.

0·0 Tirmo.
2·5 Digsa, à raison de 4 milles à l'heure.

Durée de marche.

161. (*suite*).

h

S^o. B. B. **32.**

Direction de Inba Ra'indi 158°
Mt Kaš'at 191
Direction de Taranta 295
'Addi Hadid est plus à gauche.

2·5 Total.

162. — 1840. Juin 30. Mardi.

0·0 A 4h·2, Digsa.
0·8 Lit de torrent.
0·7 Village, puis descente et tourné à gauche.
0·1 Halte de 0h·2.
0·8 Halte de 0h·1 en vue du village de Ma'araba.

S. B. **33.**

Mt Samayata 191°·3
Mt Kaš'at 179
0·3 Village de Ma'araba après une jolie petite plaine, vallée de 1 mille.
0·2 Halte de 0h·1.
0·6 Tourné à droite pour aller à :
0·1 'Addi Hasa. Halte de 1h·0.
0·5 Lit de torrent, limite de la province de Akala et commencement de celle de Igala.
0·5 A 10h·3, Inna doqqo. Esq.

S^o. B. **34.**

Sur Igala Gur'a et sur le Mt bifide relevé du Mt Birqaqo 270°
Sur Mt Tahuila 298
Sur la direction de Dibarua qui est un peu à D. de la source du Marab 185

4·7 Total.

163. — 1840. Juillet 1er. Mercredi.

0·0 A 4h·3, Inna doqqo.
1·7 Mare, puis descente de 15mt environ dans la plaine de Gur'a.
0·3 Entré dans le chemin de la caravane ; peu après, descente par les ravins que les eaux ont creusés dans l'arkose.
0·6 Fond, laissant à gauche une faible source.
0·3 Qayihkor, après une descente très-brusque.
0·1 A 7h·3, arrivé dans l'autre petit vallon. A 1 mille à partir de Inna doqqo, il y a un chemin, d'abord assez large pour une voiture, puis graduellement plus étroit, fait, me dit-on, par Ya qadamo dahana šumagile ; ce village n'est composé que de laboureurs. Les maisons sont bâties par groupes autour d'une petite cour où l'on

Durée de marche.

163. (*suite*).

h

entre par une porte avec galerie ouverte. Chaque maison a en outre sa porte. On boit l'eau d'une mare voisine, près de là est un faisceau de roches granitiques qu'on doit voir de loin et d'où j'ai pris mes angles au théod. Le village doit avoir 150 feux et a un air d'aisance et de bien-être que je n'ai pas vu dans le Tigray. Les maisons sont à toits plats, sur lesquels paissaient les chevreaux. Les champs sont tous clos de haies le plus souvent mortes ou de murs de pierres sèches. D'ici à Gur'a la vallée descend par degrés étages qui sont tous couverts de culture. Les coutres sont en bois, et les deux bœufs attelés par les cols à un joug de bois.

La plaine vallée de Gur'a doit avoir 7 à 8 milles de long, depuis le terrain très-accidenté qui la sépare du Mt Tahuile. La descente à la plaine de Qayihkor est fort brusque, celle-ci est un peu moins étendue, du N. au S. au moins. Le village peut avoir 60 feux. Plus loin à gauche est le village de Sasah.

3·0 Total.

164. — 1840. Juillet 2. Jeudi.

0·0 A 3h·7, Qayihkor.
0·3 Laissé à droite la route pour Bal'e (Muçaww'a).
1·0 Halte de 0h·1 toujours dans la plaine.
0·2 Camp de pasteurs, halte de 0h·4.
0·6 Commencement des collines.
0·2 Halte de 0h·3 au sommet d'un petit col nommé Dar'a Ka'adiga : Balaq est le nom de la plaine depuis Qayihkor. G'ab est celui de la plaine devant nous. Le Mt Har'ado est à notre gauche. Descente brusque.
0·6 Alugena, prairie où il y a beaucoup de bœufs. Peu après est un col, puis descente.
0·7 Entré dans un système de petites collines.
0·2 Entré dans le lit sec d'un torrent. Vu d'ici, le col que nous devons atteindre avant d'entrer dans Bizen est par 5° à la boussole.
0·3 Entré dans le lit d'un torrent large comme le Taranta, mais sec, et dont nous suivons les méandres jusqu'à 9h·5.
0·9 A 9h·5, halte de 1h·2 à une source de bonne eau qui coule vers nous et se perd à 2 ou 300 pas. La chaleur est étouffante. Les bords du torrent ont des arbres épars et sont souvent à pic. Sa largeur est ici de 15 à 20mt, de souvenir.

A 10h·7, départ, tournant brusquement à droite pour monter le contrefort Agamle,

Durée de marche.

164. (*suite*).

h

et aller à sa montagne nommée Bara daga.
0·6 Halte de 0h·2.
0·3 Halte de 0h·2 à un col d'où 53° (307°?) sur la vallée de Mogat, longue de 5 à 6 milles, ayant beaucoup d'arbres épars, et terminée par une haute colline perpendiculaire à la direction de la vallée. Jusqu'ici nous avons grimpé avec une vallée à G. et à peu près perpendiculairement au lit de torrent où nous nous sommes reposés.
0·4 Halte de 0h·3 après avoir toujours monté.
Mt Birqaqo. 153°.
0·5 Halte de 0h·5 à un col élevé et verdoyant.
0·3 Halte, perdu 0h·3 à retourner de la direction du couvent.
0·6 A 2h·9, arrivé dans un superbe parc plein de troupeaux et nommé Zala. Mt Awalid est celui par lequel nous sommes venus.

7·7 Total.

165. — 1840. Juillet 3. Vendredi.

0·0 A 10h·0, Zala ; montée peu après.
1·1 Arrivé à la croix de bois.
0·2 Couvent de Bizen. Au retour nous parcourûmes en 50m cette même route en descendant.

1·3 Total.

166. — 1840. Juillet 4. Samedi.

0·0 A 5h·6, départ de Zala en descendant la montagne qui est couverte par une magnifique végétation auj. un peu fanée.
0·9 Lomito ou source des citrons, jolie source entourée de citronniers plantés jadis par les moines.
1·1 A 7h·6, halte de 4h·0 à la source de Nagarto ou des oranges.

A 11h·6, départ.
0·7 Ruisseau Ziret (1mt sur 0mt·03 et 5 nœuds).
0·4 Halte de 0h·1 sur le même ruisseau plus bas.
0·9 Perte du Ziret.
0·3 A 2h·0, Gadamsiga, 120 huttes de Saho en cercle dans un vallon. Il n'y a ici que des chèvres.

4·3 Total.

167. — 1840. Juillet 5. Dimanche.

0·0 A 1h·4, départ de Gadamsiga, en allant à pied.

Durée de marche.

167. (*suite*).

h

0·6 Dongalla, cours d'eau (1^mt sur 0^mt·02 et 4 nœuds).

0·2 Vallée de Damas, à droite la route de la caravane vient embrancher ou se réunit à la nôtre. Le confluent se nomme Dalimlo. Plus loin est Baha'arlz à notre droite, c'est probablement une montagne.

0·3 A 2h·5, halte de 1h·0.

A 3h·5, départ.

1·0 Halte de 0h·2.

0·5 Ambatogam, lieu ouvert ayant des broussailles; nous quittons la route à cause du manque d'eau.

0·8 A 6h·0, ruisseau de Mashal, vallon large de 2 à 3 milles, long de 4 à 5, et ayant des troupeaux de chèvres, beaucoup d'arbustes épineux, mais peu de verdure. Jusqu'ici les arbres épineux nous ont gênés beaucoup. Halte de 6h·1.

A 0h·1, départ.

0·9 A 1h·0, halte de 1h·0.

A 2h·0, départ.

0·6 A 2h·6, halte ou camp de . . . . . sous Šum Suleyman, qui commande une tribu branche des A'usaworta.

4·9 Total.

168.— 1840. Juillet 6. Lundi.

0·0 A 1h·6, départ.

1·4 A 3h·0, petit ruisseau de Waynigus qui ne tarit jamais. Sangliers et pintades en grand nombre. Nous restâmes là jusque vers 3 heures, et arrivâmes la nuit à Imakullu.

1·4 Total noté.

169-172. — 1840. Novembre 1er. Dimanche. †

Parti ce soir de Suez dans un vapeur anglais par un vent léger du N. qui a duré trois jours.

173. — 1840. Novembre 5. Jeudi.

Latitude = 20° 58′, calme et vent du N.

174. — 1840. Novembre 6. Vendredi.

Latitude = 18° 35′ avec léger vent du S.

† Je n'ai pas noté mes journées de voyage de Muçaww'a à 'Aden, et de là au Caire et à Suez. Il y avait 23 journées en tout.

Durée de marche.

175-177. — 1840. Novembre 7. Samedi.

Latitude = 16° 33′ ou 32′, vent du S. qui nous a accompagnés jusqu'au détroit entre l'île Perim et l'Arabie. Douze heures après, c'est-à-dire à 2h du matin le 10 novembre, nous mouillâmes à 'Aden.

178. — 1840. Novembre 21. Samedi.

Partis de 'Aden à 4h du soir, nous arrivâmes à Barberah le 22 à 8 ou 9h du soir. Nous avons presque toujours navigué au plus près, mais le vent était fort et la traversée a été courte.

Vue de Barberah, la direction de Harar telle qu'elle m'est montrée par les gens du pays est au S.-O. ¼ O. env., ou 230°, azimut magnétique.

179. — 1841. Janvier 15. Vendredi.

Parti de Barberah.

180. — 1841. Janvier 16. Samedi.

Arrivé à Zel'a.

181. — 1841. Janvier 17. Dimanche.

Mouillé près l'île Mesbah.

182.— 1841. Janvier 18. Lundi.

Arrivé à Tujurrah le soir.

183. — 1841. Mai 12. Mercredi. †

Parti dans l'après-midi du Šayk Muhammad, près Tujurrah, mouillé à Ambado de l'autre côté du golfe. C'est un vallon pierreux de 1·5 mille environ de long et 0·3 mille de large, resserré entre des collines de trapp, dont plusieurs fragments étaient répandus en bas. Ce lieu a 2 à 3 sources qui sortent de terre sans courant apparent et dont l'une paraît enveloppée d'une maçonnerie ancienne, bien que notre pilote le niât. Ces sources forment des estuaires de 1 mille jusqu'à la mer environ entouré de mangliers. La terre est très-accore là et de notre barque je pus sauter à terre.

† Je supprime ici 57 relèvements et 38 distances mesurées au pas pour faire un plan de Tugurro, dit Tujurrah par les Arabes. Comme ce villlage est formé de huttes qui prennent feu souvent, son plan n'offrirait pas d'intérêt.

Durée de marche.

184. — 1841. Mai 13. Jeudi.

Nous partîmes au lever de la lune et par de très-petites brises du large nous parvînmes à Modé, petite plage saillante au pied d'une colline trappique. Il n'y avait ici ni traces de chevaux ni vestiges de panthères comme à Ambado, mais en revanche il y avait des troupeaux et nous eûmes du lait.

185. — 1841. Mai 14. Vendredi.

Repartis après le soleil levé et par un bon vent largue, nous arrivâmes vers 1h par le travers de trois collines à tête plate comme en Haute-Éthiopie; notre pilote nous dit qu'elles se nommaient Gen. Cap Seyyan est devant nous. Le même soir nous arrivâmes à Gabala, port de Rahaytah, nous y restâmes toute la journée du 15.

186.

Nous repartîmes dans la nuit du 15 au 16, avant le coucher du soleil nous étions à Hudaydah par un fort 'azyab ou vent de la partie du sud.

187.— 1841. Juin 28. Lundi.

Parti de Hudaydah, mouillé le soir à l'île Kamaran où nous fîmes de l'eau.

188.— 1841. Juin 29. Mardi.

Cinglé par un vent 'azyab frais et mouillé le soir à 1·5 mille environ au S. de Lubayyah.

189. — 1841. Juillet 2. Jeudi.

Parti de Lubayyah, mouillé à Kamaran où nous fîmes de l'eau.

193. — 1841. Juillet 4. Dimanche.

Naviguant au plus près, tribord amures, nous arrivons en deux jours et une nuit à . . . . . . , au sud du cap Qaçar قصار.

194.— 1841. Juillet 7. Mercredi. †

Gênés par le vent du nord, nous arrivons enfin à Hanfalah.

Lat. 14°·5; long. 39°·1.

† Il y a quelque incertitude dans les dates entre Lubayyah et Muçaww'a à cause du manque de détails.

Durée de marche.

195.— 1841. Juillet 10. Samedi.

h

Arrivé à Muçaww'a.

196.— 1841. Août 9. Lundi.

0·0 A $4^h·5$ du soir, partis du Ras Girar, Jarar des Arabes, nos mules allant lentement.
1·3 A $5^h·8$, Imakullu.

1·3 Total.

197.— 1841. Août 10. Mardi.

0·0 Partis de nuit de Imakullu.
3·0 Daq 'Aly, vallon accidenté.
4·5 A $7^h·3$, source très-faible et presque stagnante. Repos pendant 5 heures.

A $0^h·3$, départ.
0·7 A $1^h·0$, halte.

A $4^h·9$, départ.
0·4 Commencement d'un défilé.
1·0 Fin du défilé.
0·1 Halte.
1·0 'Aylat. Le chemin jusqu'au défilé est un qualla comme celui de Silluki. Dans le défilé il y a force schistes inclinés avec de gros fragments de quartz blanc disposés par couches selon les feuillets des schistes qui sont gros et tout juste indiqués. Le nom de la vallée est Mut'at : elle est fort longue, unie et de formation alluviale, car les torrents y portent beaucoup de sediments des montagnes. Les habitants ne boivent que l'eau de la source chaude, qui est à la fois sulfureuse et ferrugineuse. Elle se perd dans la terre et coule lentement. Le petit vallon qui la renferme est en conséquence fréquenté par un grand nombre d'animaux. Les couches près des eaux chaudes sont dirigées par 182° et plongent vers l'ouest. Il y a une heure de chemin ou environ 2·5 milles de 'Aylat à May Wuyo'i ou eaux chaudes.

10·7 Total.

198.— 1841. Août 14. Samedi.

0·0 A $8^h·3$, 'Aylat.
0·7 Commencement d'un défilé.
0·4 Faîte.
0·9 Fin du défilé *étroit*.
0·6 Entré dans le qualla.
1·1 A $0^h·0$, halte de $1^h·5$ à la source de Sahati.

A $1^h·5$, départ.
1·3 Daq 'Aly, lit d'un torrent où l'on trouve, en creusant, de l'eau en tout temps.

Durée de marche.

198. (*suite*).

h

1·8 Halte de $0^h·6$.
0·8 Imakullu.
0·2 A $6^h·2$, halte de $1^h·2$.

A $7^h·4$, départ.
1·3 A $8^h·7$, Ras Girar allant très-doucement.

9·1 Total.

199.— 1841. Septembre 21. Mardi.

0·0 A $0^h·5$, Bat'e, dit Muçaww'a par les Arabes.
1·0 A $1^h·5$, arrivé dans Sabyl. Halte de $2^h·0$.
Sur Bat'e 52°·5.

A $0^h·2$, départ de Dikono, ou Dihono.
1·4 A $1^h·6$, 'Addi Habib.

2·4 Total noté.

200. — 1841. Septembre 22. Mercredi.

0·0 A $6^h·6$, parti de 'Addi Habib le soir.
0·4 Arrivé aux limites du terrain cédé par les San'adigle aux Balaw de Dihono. Ces limites sont marquées par de grosses pierres plantées debout, et la ligne est continuée par de petits tas de pierres blanches ou rouges 4 à 5 ensemble, et posés sur la surface du terrain.
0·3 Halte de $0^h·2$.
0·5 Matkamat, lieu plein d'arbres un peu grands, et où les gens de Zullah *campèrent* un an après que l'un d'entre eux eut tué le fils de 'Aly nakuda, du pays 'Afar.
1·2 A $9^h·2$, halte un peu au S.-O. du Mt Habon Farray, près d'un troupeau de chèvres.

2·4 Total.

201.— 1841. Septembre 23. Jeudi.

0·0 A $9^h·2$, départ en longeant de près les flancs orientaux des montagnes.
1·3 Ar'azit, lieu désert.
0·4 Monté et tourné à droite, laissant la plaine où nous marchons depuis le matin. Nous entrons dans une plaine de 8 à 10 milles, couverte de jeunes acacias et sans eau.
0·2 Torrent à sec dans cette plaine et profond de 4^mt.
0·7 A $11^h·8$, halte de $7^h·7$ à Tarakaba, près du lit d'un torrent très-peu creusé et où il y a un filet de bonne eau. La chaleur était étouffante.

S^n. B. **35.**

Mt Mangabo	134°.
Mt Gadam, tête bifide	22.

Durée de marche.

201. (*suite*).

h

A $7^h·5$, départ de Tarakaba. Tout près est un petit tertre plein, formé de schistes posés horizontalement et assemblés d'une manière grossière. Mon guide dit que c'était une maison des gens d'autrefois; peut-être une station des marchands de Adulis. Ce qui en reste est fort peu de chose.
0·4 Tourné à droite, plaine longue.
0·8 Halte de $0^h·1$.
0·4 Fin de la plaine.
0·4 Entré dans le large lit d'un torrent. On reconnait que les quatre guides se sont trompés. Le commencement de cette vallée est remarquable par une colline surmontée de pierres blanches comme les ruines d'une maison. Nous revenons sur nos pas et nous rentrons dans la plaine.
1·3 Entré dans la vraie route qui est le lit d'un large torrent fort peu encaissé ici.
1·1 A $0^h·0$, halte sur une berge abrupte de la rive droite. Un lion nous tient éveillés toute la nuit.

7·0 Total.

202. — 1841. Septembre 24. Vendredi.

0·0 A $8^h·5$, départ.
1·0 Tombeau et petit hameau abandonné.
0·6 Arrivé à l'eau. Halte de $0^h·5$.
1·3 Commencement d'un défilé de rocs à pic.
0·5 Pas difficile où les bêtes ne peuvent passer. Halte de $0^h·5$.
0·3 A $1^h·2$, halte de $4^h·8$.

A $6^h·0$, départ.
0·7 Défilé à droite, siége de A'asakare.
0·3 A G., tombeau de Šayk Muhammad.
0·2 Halte de $0^h·1$. Mt Hambarro, à G.; Mt Fadum à D., le même qui est dans Haddas. Défilé à D.
0·7 A $8^h·5$, Ananitaf, petite plaine avec des vaches.

6·1 Total.

203. — 1841. Septembre 25. Samedi.

0·0 A $9^h·2$, Ananitaf.
0·4 Barasakla à D.
1·2 A $10^h·8$, arrivé à . . . . Halte de $7^h·2$.

A $6^h·0$, départ.
0·6 Défilé à G. allant aux Garsilay. Halte de $0^h·1$ à Gede. Le pays à droite est A'asa lesan, en avant c'est Fakat 'are.
0·3 A D., défilé de Gabalaf.
0·4 Halte de $0^h·1$ à Gorsa af.

Durée de marche.

203. (*suite*).

h

1·4 Halte de 0^{h}·1, après avoir passé le lieu où s'arrêta Billata Qoqabe quand il envahit les Saho au mois de sane (juin). A D. est Sari daga, montagne où il y a 2000 chèvres; Dalo est devant nous, et Seyto est à G. Ce sont tous des M^{ts} peu boisés.

0·3 A 9^{h}·3, halte à un rocher à pic au pied de la montée, ou rampe qui mène au daga.

4·6 Total.

204. — 1841. Septembre 26. Dimanche.

0·0 A 9^{h}·0, départ : montée brusque sur le Mt Sihat.

1·5 Halte de 0^{h}·7. A G. est le Mt May Lele dont la tête horizontale est formée de cette pierre blanche de grès quartzeux légèrement micacé, si commun dans le Tigray. Plus loin, à G., est M^{t} 'Addi Šum, le repaire d'un esprit qui parle tout seul la nuit. Ce M^{t} est aussi coupé à pic. C sur lequel nous montons se nomme Sihat, et se joint à B par un col où nous allons passer. Esq.

0·5 Faîte et col du M^{t} 'Addi Šum. Nous descendons ensuite pendant 0^{h}·2; puis nous cotoyons le flanc de ce M^{t}.

0·8 Halte de 0^{h}·2 près d'une source.

0·7 A 1^{h}·4, halte à Husseyn dig, village dans Irir : ce village est dans un giron à 30 ou 40^{mt} au-dessous du sommet d'un M^{t} de grès blanc.

3·5 Total.

205. — 1841. Septembre 27. Lundi.

Route de 3 milles environ pour visiter le tombeau de Afar.

206. — 1841. Septembre 29. Mercredi.

De Irir à Koqa et retour. T. d'H. **46.**

207. — 1841. Septembre 30. Jeudi.

0·0 A 3^{h}.3, départ de Irir marchant à 4 milles par heure.

0·7 Arrivé à Sitinko (?), petit creux où le Šayk enterré dans la route **210** trouva de l'eau.

0·3 Arrivé à l'ancienne digue de Safara. Halte de 0^{h}·2.

0·1 Arrivé aux six colonnes de MARYAM Waqayro.

0·1 Tombeau de l'Égyptien taillé dans le roc de grès blanc.

A 5^{h}·8, départ du vaste puits.

1·3 A 7^{h}·1, Irir, à raison de 3·5 milles par heure.

2·5 Total noté.

208. — 1841. Octobre 1er. Vendredi.

h

0·0 A 1^{h}·9, Irir.

1·3 A 3^{h}·2, halte de 1^{h}·3.

A 4^{h}·5, départ.

0·7 A 5^{h}·2, halte à un précipice près Mata Libanos, où nous descendîmes, coupâmes le thalweg et cotoyâmes de l'autre côté sur les blocs de grès. Enfin nous arrivâmes à une sorte de tablette dans le grès où nous marchâmes en a. C'est une demi-caverne comme près du tombeau de Afar. Vers le milieu est une source d'eau tombant goutte à goutte sur les ravins d'un arbre qui se reploie vers le précipice. Esq.

Mata Libanos, ce qui est un nom religieux, est en G. T est le fond de la vallée brusque et profonde de 200^{mt} environ; il se joint par B au fossé du Mt Sawayra. D est un précipice du daga, C idem. BR est aussi une descente très-brusque, OP idem. O est un rocher isolé qui fait saillie dans la pente et peut contenir 5 à 6 personnes sur sa surface horizontale. Esq.

A 7^{h}·9, départ du ravin.

1·1 A 9^{h}·0, Irir.

3·1 Total.

A environ 300^{mt} du Maqabar gibzi, ou tombeau de l'Égyptien, mais de l'autre côté du ravin.

S^{n}. B. **36.**

Tombeau de l'Égyptien	132°
Mata Libanos	160
Husseyn dig dans Irir	352

209. — 1841. Octobre 4. Lundi.

0·0 A 9^{h}·9, Irir.

0·4 Halte de 0^{h}·2 aux pierres de Salomon.

0·4 A 10^{h}·9, Zartalamo. Halte de 1^{h}·6. T. d'H. **47.**

A 0^{h}·5, départ du col de Zartalamo.

0·2 'Ali gamal dig, hameau Saho. Une veine de quartz dans le grès est par 220° bouss.

0·4 Tombeaux, source et champ d'orge Saho.

0·2 Ibni Bolišat d'où une femme de ce nom est tombée dans le précipice vis-à-vis le daga de Halay. Halte de 0^{h}·2.

0·8 Faîte et descente vers la mer. Halte de 0^{h}·1.

0·4 Halte de 0^{h}·2; relevé en arrière la tête de May Lele par 285°, étant dans le fond de la vallée.

0·4 A 3^{h}·5, halte de 2^{h}·3; défilé à droite; relevé May Lele par 265° en arrière. Nous mangeons ici profitant de l'eau du défilé à droite, car il n'y en a pas près de nous. Le chemin qui suit est sans eau.

209. (*suite*).

h

A 5^{h}·8, départ.

0·4 Vallée à G.

0·4 Halte de 0^{h}·5.

0·4 Halte de 0^{h}·3. Vallée à G.

0·2 Halte de 0^{h}·1 à Aguda, vallée de Egade à G. Mt de Falasiti hangal à G., un peu devant nous : c'est un roc presque isolé, schisteux et couronné d'un seul arbre.

0·4 Halte de 0^{h}·2.

0·2 Pluie et halte dans une petite caverne à droite. Cette pluie vient de la mer : par conséquent, il n'y a pas de torrent.

0·3 Marche dans une obscurité complète : ce qui décourage tant, que nous nous couchons là sans feu ni souper. La rosée de cette nuit a été plus abondante que je ne l'ai jamais vue. Mon tromblon était couvert de grosses gouttes : j'ai été à pied toute la journée.

5·6 Total.

210. — 1841. Octobre 5. Mardi.

0·0 A 9^{h}·3, départ.

0·3 Gerzale, défilé à D.

0·7 Défilé Zara ale à G.

0·5 Ada, défilé, à D.

0·3 Halte de 0^{h}·5.

0·5 A 0^{h}·1, halte de 3^{h}·7 à la première eau.

A 3^{h}·8, départ.

0·9 A 4^{h}·7, halte de 1^{h}·1.

A 5^{h}·8, départ.

0·6 Tombeau du Šayk qui trouva l'eau près Safara.

0·5 A pied dans le défilé.

0·9 Lieu où nous avons déjeuné avant.

0·7 Mauvais pas.

0·1 A D., défilé qui se bifurque plus haut en deux autres dits Bazo à G. et Raynalo à D.

0·1 A 8^{h}·7, nuit. Halte.

6·1 Total.

211. — 1841. Octobre 6. Mercredi.

0·0 A 9^{h}·0, départ.

0·5 Hors d'un 2e pas difficile.

0·3 Hors du défilé de rochers. A D., défilé de Lubak gubba.

0·1 A G., défilé de Aba Nuga et Mt Afadi immédiatement au N.

0.9 A G., défilé de Hejahi, et M^{t} A'asa tare; à D., Mt Madir.

1·0 A 11^{h}·9, halte de 6^{h}·2 à l'eau de Išir, défilé qui embranche à droite du défilé nommé Gal'ale.

Durée de marche.

211. (*suite*).

h

A 6h·1, départ.

1·6 Halte de 0h·6 au cimetière de Kumoyle, où mon sot guide ne peut pas trouver les chaises en pierre dont ʻOmar m'avait parlé. Nous entrons ensuite dans les plaines du Samhar.

1·9 A 10h·2, halte après une marche pressée, dans un lieu dépourvu d'arbres et par conséquent à l'abri des lions.

6·3 Total.

212. — 1841. Octobre 7. Jeudi.

0·0 A 4h·9, départ après le lever de la lune.

0·6 Dépassé la faible colline et entré dans le grand lit de torrent qui mène à la mer les eaux de Ḥaddas et de Kumoyle. Ce lit de torrent est creusé de 6 et 7mt dans le terrain environnant et large là de 30 à 50m. Ce torrent doit être majestueux. La branche de Ḥaddas passe par Wiʻa près de Zullaḥ. Ce lit se nomme Furo.

1·5 A 7h·0, Zullaḥ.

2·1 Total.

213. — 1841. Octobre 8. Vendredi.

0·0 A 6h·3, Zullaḥ.

0·7 Ḫabon Hawḡah à G. et tout près.

0·4 A 7h·4, halte de 1h·1 au milieu de 150 chameaux environ.

A 8h·5, départ.

1·7 A 10h·2, arrivé à Layn lay, près la source. Halte de 2h·1. T. d'H. **48** à ʻOquwq.

A 0h·3, parti de la source de Atfat.

0·2 Halte de 0h·2 à Bafsu, où se trouve un peu d'eau de pluie dans le lit du torrent.

0·6 Source de Fatar à environ 2 milles perpendiculairement à G.

2·0 A 3h·3, Zullaḥ. Les arbustes étaient trop hauts pour le théodolite.

Sn. B. **37**.

Grosse île Dese	21°·5
Makannale	72·5
Kusrale	103
ʻAbdur	125
Ḫabon Galala, côté gauche	136
Gumbudle	143
Ḫabon Galala, côté droit	143·2
Mangabo	150·5
Ḫabon Hawḡah	186·5
Ḫabon Hawḡah, côté droit	198
Kumoyle	246

Durée de marche.

213. (*suite*).

h

Ḫabon Farray	303
Adulis	318
Aftah	323
Mt Gadam	332·5

5·6 Total.

214. — 1841. Octobre 9. Samedi.

0·0 A 5h·5 Zullaḥ.

0·5 Adulis, dit ici Azoli. Halte de 0h·4.

0·4 Premiers arbres, après avoir passé la grande plaine.

0·1 Halte de 0h·7.

0·6 Tombeaux.

0·1 Sorti du col.

0·5 Tourné à droite pour entrer dans Otmat, vallon du Mt Gadam.

0·6 A 9h·4, halte.

2·8 Total.

215. — 1841. Octobre 10. Dimanche.

0·0 A 5h·4, départ.

0·8 Hors du défilé dans les ténèbres.

2·5 Ḫabon Farray à G.

3·0 Halte à l'eau de Jerar Šayḫ.

0·7 Arrivé à Diḫono en 3/4 d'heure environ.

7·0 Total.

216. — 1841. Octobre 12. Mardi.

De Muçaww'a à Diḫono, de là à Imakullu et ensuite à Waynigus.

217. — 1841. Octobre 13. Mercredi.

0·0 A 5h·4, parti de Waynigus.

1·5 Petit défilé de Maʻasena.

0·2 Eau de Maʻasena.

0·6 Ambatogam, et à D. à perte de vue la vallée de Mutʻat.

1·9 A 9h·6, Baʻaraza.

4·2 Total.

218. — 1841. Octobre 14. Jeudi.

A 8h·5 †, parti de Baʻaraza avant le jour.

2·0 Mamba, dernier point qu'atteignent les chameaux chargés, quoique ceux qui paissent aillent jusqu'à Qayiḫkor ; puis forte montée.

0·4 Faite et halte de 0h·1.

† Le MS. porte aussi : 7h·5?

Durée de marche.

218. (*suite*).

h

0·2 Bas d'une descente assez abrupte.

0·5 Inda mamba, source dans le lit du torrent.

0·4 Galʻasa, petit vallon triangulaire circonscrit par les collines.

0·7 Haut d'une longue montée.

0·7 Halte de 0h·1.

0·3 ʻAddi Rasu, lieu désert et petite source sortant du rocher.

0·2 A 2h·2, halte de 4h·7 sous un bel arbre près de quelques palmiers.

A 6h·9, départ et longue montée.

1·1 A 8h·0, arrivée à ..... dig Saho.
Direction du Mt Bizen 330°.

6·6 Total.

219. — 1841. Octobre 15. Vendredi.

0·0 A 6h·4, départ longtemps avant l'étoile du matin.

2·7 Caʻaytu.

1·6 A 10h·7, Qayiḫkor. Ce matin nous avons marché très-vite, et toute cette route depuis Waynigus a été faite promptement. J'avais un guide et deux domestiques seulement.

4·3 Total.

220. — 1841. Octobre 18. Lundi.

0·0 A 5h·6, Qayiḫkor.

0·4 A D., Kor Zibi, colline isolée de roches à D., laissé à G. quand nous entrions à Qayiḫkor. La route que nous suivons se nomme Salaqt ; Arʻahto est le nom de la colline sur laquelle est Qayiḫkor. Mt Arug est derrière Sasah.

1·3 Dispute. Halte de 0h·3.

0·2 A 7h·8, halte à ..... dig Saho.

1·9 Total.

221. — 1841. Octobre 19. Mardi.

0·0 A 8h·7, départ du campement Saho.

0·1 Gaʻadan, petit ruisseau dans le lit d'un torrent.

1·2 A 10h·0, halte de 2h·9 à un dig Saho.

A 0h·9, départ.

0·3 Faîte d'une montée.

0·2 Fond de la montée.

0·2 Day dora, rocher large et bas, où il y a de l'eau en hiver.

0·4 Halte de 0h·2 près des tombeaux ; puis marche.

Durée de marche.

221. (*suite*).

h	
0·7	Sur le col en deçà de Bizen 346°. Entrés dans le lit du torrent.
0·6	Nous quittons le lit pour monter à gauche, afin d'éviter un détour à droite.
0·2	Plusieurs baobab (Dima) dans le lit où nous entrons.
0·2	Eau de Kil'aot.
0·2	A 4h·1, halte de 2h·2 à la même eau plus haut, mais plus bas que l'an dernier. Verdure et arbres magnifiques ici.
	A 6h·3, départ.
0·3	Montée.
1·0	Halte de 0h·1 dans le col à l'entrée de la vallée de Mogat, qui court à peu près N. et S.
0·7	A 8h·4, halte dans le premier dig de Mogat après avoir laissé à gauche le Mt Bizen.
6·3	Total.

222. — 1841. Octobre 20. Mercredi.

0·0	A 10h·8, départ à pied.
0·2	Montée.
0·4	Halte de 0h·1 ; plus tard, repos de 20m en deux fois. Pâturages de Zala.
1·4	Eau de Ḥirraytó dans le lit d'un torrent éphémère.
0·6	Halte de 0h·3.
0·2	Halte de 0h·4 à la jolie source en coupe de Dabala 'ab'a.
0·5	Halte de 0h·3.
0·5	A 4h·0, monastère de Bizen, où j'écris ceci. Aujourd'hui j'ai dû marcher pieds nus, ce qui m'a gêné beaucoup. Si ma mule avait été mulet, elle m'aurait servi ; mais rien de femelle ne peut vivre dans l'enceinte du monastère, pas même la femelle d'une mouche, à ce que disent les Saho.
3·8	Total.

223. — 1841. Octobre 21. Jeudi.

0·0	A 3h·9, Bizen.
0·5	Bloc de grès avec un creux où l'on ne trouve plus d'eau aujourd'hui. Halte de 0h·1 ; puis descente brusque par une route non frayée.
1·4	Fond : terrain à pâturages nommé Awalib.
0·3	Laissé à gauche la route de 'Aylat. Dig Saho à G.
0·1	Halte de 0h·1.
0·3	Nous découvrons Šayk Ḥammado à environ 6 milles à D. Halte de 0h·2.
0·1	Za'ida barka, petite fontaine d'eau non coulante.

Durée de marche.

223. (*suite*).

h	
4·7	A 11h·7, Gadamsiga, après avoir perdu une heure en route pour nous reposer. Après Za'ida barka la descente est continuelle jusqu'à environ une heure de Gadamsiga. J'étais hors d'état de marcher pour ainsi dire, et nous fîmes presque toute cette route très-lentement.
7·4	Total.

224. — 1841. Octobre 23. Samedi.

0·0	A 9h·0, Gadamsiga.
0·6	Eau de pluie.
0·4	Descente.
0·3	Ruisseau de Ginda, coulant vers la mer.
0·5	Halte de 0h·2.
0·8	Tombeau du Šayk 'Omar caché quelque part dans les arbres.
0·1	A 11h·9, halte de 1h·8.
	A 1h·7, départ.
0·3	Halte de 0h·2.
0·8	Halte à l'eau (lit de torrent) de Ḥarara'a.
3·0	'Aylat, la dernière heure environ étant dans la vallée de Mul'at.
6·8	Total.

225. — 1841. Novembre 17. Mercredi.

0·0	A 11h·3, 'Aylat.
3·3	A 2h·6, Sahati. Halte de 2h·1.
	A 4h·7, départ.
4·3	A 9h·0, Imakullu, allant doucement.

Sn. B. **38**.

Sur le sentier qui va à 'Aylat 203"

7·6	Total. Le retour à 'Aylat n'a pas été noté

226. — Décembre ...

0·0	A 3h·6, 'Aylat, étant malade, ce qui m'a fait oublier la date.
1·4	Arrivé à Akuar.
0·3	Halte de 0h·1, puis montée continuelle.
0·4	Halte de 0h·4, au commencement d'une petite plaine nommée Adagena.
1·6	Premières semailles du Hamasen, récoltées déjà.
0·4	A 8h·2, arrivée dans un tout petit vallon à Ašuma, parc de vaches.
4·1	Total.

Durée de marche.

227. — 1841. Décembre ...

h	
0·0	A 2h·9, départ du parc de vaches.
0·6	Halte de 0h·7.
4·1	A 9h·6, 'Aylat.
5·4	Total. La route de 'Aylat à Imakullu n'a pas été notée.

228. — 1842. Janvier 1. Samedi.

De Imakullu à Dihono.

229. — 1842. Janvier 2. Dimanche.

De Dihono à Ḥamḥamo que nous atteignons au point du jour.

Sn. B. **39**. De 'Addi Ḥabib.

Ras Mudir 9"
Mt Gadam 129

230. — 1842. Janvier 3. Lundi.

?	De Ḥamḥano à l'entrée de Šayk 'Ara.
0·0	A 8h·2, embouchure de la vallée de Šayk 'Ara : il est environ 2h après midi.
0·6	Halte de 0h·2.
0·5	Halte de 0h·2, toujours allant à pied.
1·6	Halte de 0h·1, après être monté par une vallée à pente très-forte.
0·5	A 11h·9, halte après une montée très-forte, et fort irrégulièrement tournante. Ici est un tout petit bassin à côté d'une sorte de palier, entouré de roches et ayant un peu plus de 1mt sur 0mt·50. L'eau est bonne, mais peu abondante. De magnifiques touffes d'herbes pendaient au-dessus. Source qui a donné son nom 'Ara à la route.
3·2	Total noté.

231. — 1842. Janvier 4. Mardi.

0·0	A 0h·7, départ de 'Ara.
0·6	Après avoir toujours monté, source dite Saro à G. sous deux beaux arbres.
0·9	Relevé par 47" le même pic méridional du Mt Gadam que je relevai de 'Addi Ḥabib.
0·6	Faite d'une très-rude montée, après plusieurs haltes de 0h·5 en tout. Cette montagne se nomme Mubfil. Le faite des montagnes devant nous de l'autre côté de la vallée est plus élevé de 0h·5. Nous sommes sur des pierres schisteuses à peu près verticales.
0·1	Descente forte.
1·4	Lit de torrent que nous suivons en descendant.
0·4	A 5h·7, halte de 2h·6 dans Ferka'at, après diverses haltes de 0h·5 en tout. La vallée est pleine de quilqual, car les wayra ne

Durée de marche.

231. (*suite*).

h

sont que de l'autre côté du Maḫfil. Il y a de l'eau dans le lit du torrent dans le fond à gauche, et des éléphants vinrent y troubler nos gens, qui s'enfuirent à leurs cris.

A 8h·3, départ en montant.

0·3 Faite, puis descente.

0·3 Petites montées et descentes et champs récoltés jusqu'à 9h·4

0·5 Ruisseau de 'Addi Finn'e, coulant vers la droite et se perdant dans le Samhar avant d'atteindre la mer. Nous suivons quelque temps sa rive droite d'abord élevée et escarpée, puis se confondant presque avec le lit de sable sec.

0·6 Petit village saho.

0·5 Commencement d'un grand nombre de blocs erratiques, quelques-uns de 10 à 15^{mt}, formés de ce conglomerat qui, du côté de Qayiḫkor, sépare les schistes du grès de Tigray.

1·0 Halte de 0h·2, après une petite mais forte montée.

0·6 A 0h·3, marchant droit au soleil couchant, nous arrivons à Daggara, fief du Nayb et appartenant aux San'adigle.

7·8 Total.

232. — 1842. Janvier 5. Mercredi.

0·0 A 1h·5, départ de Daggara en allant droit au soleil levant pendant les commencements à travers un terrain accidenté.

1·2 A 2h·7, arrivé aux ruines de Digsa dont l'église seulement a été respectée.

1·2 Total.

233. — 1842. Janvier 7. Vendredi.

0·0 A 2h·3, parti de Digsa, allant, jusqu'à 3h·0 à raison de 4 milles à l'heure.

0·7 Halte de 0h·4 à 'Addi Maḫmaqo ; chemin toujours tournant avec petites montées et descentes. Comme à Digsa, les schistes sont verticaux. Puis jolies plaines irrégulières au milieu des collines : on aperçoit des pois chiches dont tous mes gens volent en passant, malgré ma défense.

2·3 Petit bois touffu.

0·1 A 5h·8, halte à l'eau stagnante de Mo'ali, dans le lit du torrent. Ce chemin est le même que je suivis il y a trois ans avec D. Kaḫsay. J'écris sous un immense arbre. C'est sous cet abre (Saggla) que se tiennent les wa'alo ou assemblées générales de la province de Marata.

Durée de marche.

233. (*suite*).

h

1·1 A Za'arri. Esq. En route les schistes furent remplacés par une roche à masses fendillées et bleuâtres. Za'arri est sur le grès blanc horizontal. L'esquisse donne une idée de sa situation. P et p indiquent des précipices ; E = l'église ; MM' sont des montées très-rudes sur le grès blanc, M' surtout. C est le šongo ou la place du village. O est la tête de la montagne de grès, laquelle se continue en S, et bien plus loin encore. D et K indiquent à peu près les directions selon lesquelles j'ai vu Digsa et Mt Kaš'at. En deçà de M' étaient plusieurs maisons dont il ne reste que des ruines. (*Voir* fig. 5, au commencem. des profils).

4·2 Total.

234.

0·0 A 1h·6, départ de Za'arri, allant au S. vers le Mt Taḫuila.

0·9 Arrivé à l'eau stagnante dans le lit d'un torrent qui va au Marab.

1·8 A 4h·3, halte de 4h·7 au N.-O. du Mt Taḫuila, là où il y a un peu d'eau en creusant dans le lit du torrent. Cette route est très-solitaire. Les champs de coton et de piment ont disparu et l'on voit partout les traces du feu mis aux champs par ordre de Wibe. Au-dessus et tout contre le lieu de notre halte, est une petite colline où Dajac Ašgtu campa huit jours.

A 9h·0, départ : peu de temps après nous arrivâmes à l'eau stagnante dont s'approvisionne le village. Il y avait plusieurs jeunes filles occupées à remplir leur gombo, et deux jeunes gens avec lances et boucliers pour les convoyer ; car les Saho ont volé à ce village un très-grand nombre de jeunes filles.

0·5 Montée.

0·1 Halte de 0h·5 au village de ....., où nous fîmes de vaines questions sur l'inscription de Idaga sijus que nous laissâmes à droite et tout près de l'eau.

0·7 A 10h·8, Ḫaddiš 'addi.

4·0 Total.

235. — 1842. Janvier 9. Dimanche.

0·0 A 2h·5, Ḫaddiš 'addi.

1·2 Laissé à droite le village Lalubalu qui est toujours dans Tadarar.

0·9 A 4h·6, halte de 2h·0 à une mare dans le lit du torrent entre deux précipices de rocs et un peu en deçà d'un village.

A 6h·6, départ.

Durée de marche.

235. (*suite*).

h

1·3 Halte de 0h·3 après avoir toujours marché sur le grès blanc.

0·3 Village de Mazafaro, où il ne reste que deux maisons, toutes les autres ayant été détruites par D. Wibe. Le village est comme à l'ordinaire sur la hauteur et l'eau est dans un énorme creux à G.

0·1 Halte de 0h·3 pour qu'on nous porte de l'eau, puis nous continuons à nous élever par plusieurs montées et petites terrasses jusqu'à 10h·5.

1·6 Petite descente pour entrer dans la plaine daga de May Ca'ada.

0·4 Halte de 0h·1 aux mares qui approvisionnent le village.

0·9 A 11h·9, May Ca'ada.

6·7 Total.

236.— 1842. Janvier 10. Lundi.

0·0 A 0h·6, May Ca'ada avant la pointe du jour. Je voulus prendre l'angle à la boussole entre les Mts Saloda et Ḫiça, mais l'aiguille était paresseuse et prenait à peu près les positions qu'on lui donnait.

0·6 Village de 'Addi Ḫuala sur le bord du daga. Aussitôt après commence une descente très-brusque, couverte de pierres peu roulées.

0·4 Fond, puis nous perdîmes beaucoup de temps à tâter différents sentiers.

1·1 Halte de 0h·1.

1·3 Guindat ou Gundat, sur la colline. Halte de 0h·4. T. d'H. **51**.

0·4 Fond d'une longue descente et entrée dans le qualla du Marab.

0·6 Entré dans de petites collines qui vont à peu près parallèlement au Marab, puis nous allâmes au pas de course.

0·7 A 6h·2, nous atteignons le Marab, qui n'a pas aujourd'hui un cours continu, mais plusieurs mares. Nous campâmes sous trois beaux arbres et je fis bouillir l'eau. Halte de 3h·5.

A 7h·7, départ du Marab, peu après nous entrons dans un terrain très-accidenté, au milieu de petites collines ayant, comme le grand braha, beaucoup d'arbustes aujourd'hui sans feuilles, mais point de bois de construction.

0·8 Commencement d'une montée par plusieurs petites rampes, terrasses et descentes.

0·4 A 10h·9, Tibay, dit aussi Ḫaddiš 'addi; c'est le premier village de la province de Aḫs-a.

6·3 Total noté.

Durée de marche.

237. — 1842. Janvier 11. Mardi.

h
0·0 A 1^h·0, Tibay, montée.
1·2 Halte après 0^h·1 de halte.
0·5 Station des caravanes près d'un lit de torrent à mares et resserré entre deux collines.
0·4 Village.
0·2 Haut d'une longue montée. Depuis Ḥaddiš 'addi jusqu'ici toutes les collines sont incultes et couvertes de longues belles herbes aujourd'hui sèches. On n'ose y faire pâturer dans la crainte des voleurs, car les Saho viennent piller jusqu'ici.
0·9 Premiers champs cultivés.
0·5 Halte de 0^h·2.
0·5 Fond d'une descente.
0·1 Magala Zamri, plaine accidentée.
0·5 A 6^h·1, halte de 2^h·4 à l'eau.

A 8^h·5, départ, puis halte de 1^h environ avec le P. Sapeto.
1·0 Point de partage des bassins du Marab et du Takkaze.
0·1 Halte de 0^h·1.
0·1 Halte de 0^h·1.
1·8 A 0^h·7, arrivé au village de Qiddus Mika-el, 'Adwa. Depuis le Marab tout le terrain est schisteux, et sur notre route les feuillets sont le plus souvent presque verticaux et la face inférieure tournée vers l'ouest ; il n'y a pas de grès blanc de ce côté.

7·8 Total.

238. — 1842. Janvier 31. Lundi.

0·0 A 3^h·5, 'Adwa.
3·3 Partage des eaux.
1·9 A 8^h·7, halte de 2^h·5 à May Qani-i.
Départ de May Qani-i, à 11^h·2.
1·2 Antiques tombeaux musulmans dans un fourré d'arbres et au milieu d'un pays désert.
1·3 A 1^h·7, 'Addi qalqal sur le daga de grès blanc et dans le district de Magala Zamri.

7·7 Total.

239. — 1842. Février 1er. Mardi.

0·0 A 2^h·4, 'Addi qalqal.
1·1 'Unguya, R.
1·1 A 4^h·6, halte de 4^h·4 à May Maman.

A 9^h·0, départ.
0·7 May Minkurkuar où est le péage sous les beaux arbres qui ombragent le ruisseau.
2·5 A 0^h·2, Nugot, dans la province de Igala, après avoir laissé à gauche 'Addi Qarni harmaz.

5·4 Total.

Durée de marche.

240. — 1842. Février 2. Mercredi.

h
0·0 A 10^h·3, départ de Nugot environ 2^h après minuit.
1·4 Laissé à gauche, en le longeant, Abba Anbasa.
2·5 Zarana, R.
1·2 Col de Digim.
1·9 A 5^h·3, Imba Ra'indi, halte de 6^h·7. Cette marche de sept heures environ sans s'arrêter est regardée comme forte en Éthiopie.

A 0^h·0, départ de Imba Ra'indi.
0·6 Ragahit.
0·1 'Addi Firti.
1·5 A 2^h·2, 'Addi 'Itqat.

9·2 Total.

241. — 1842. Février 3. Jeudi.

0·0 A 3^h·0, 'Addi 'Itqat.
3·5 May Šaraw.
0·5 'Addi Ḥadid.
1·1 A 8^h·1, Digsa.

5·1 Total.

242. — 1842. Février 4. Vendredi.

0·0 A 3^h·4, Digsa.
1·2 Village de Daggara.
2·8 A 7^h·4, halte au ruisseau-source devant 'Addi Finn'e, où nous passâmes le reste de la journée; la grande vallée où est situé 'Addi Finn'e se nomme Seyah.

4·0 Total.

243. — 1842. Février 5. Samedi.

0·0 A 2^h·2, source devant 'Addi Finn'e.
2·2 Perdu près de 0^h·5 à laisser passer des éléphants.
1·0 Faîte du col nommé Lafufle, halte de 0^h·8. T. d'H. **52.**
0·7 Laissé à droite le grand Šayk 'Ara.
0·7 A 8^h·0, source de Suro, halte de 2^h pour déjeuner.

A 10^h·0, départ de Suro.
0·6 Source de 'Ara près d'un précipice. Halte de 0^h·2.
1·2 Embouchure inférieure du grand Šayk 'Ara.
1·6 A 1·6, embouchure de la vallée de Ḥaddas à 'Iliiya.

8·0 Total.

Durée de marche.

244. — 1842. Février 6. Dimanche.

h
0·0 A 1^h·6, 'Iliiya.
1·8 Laissé à droite le lit du grand torrent de Ḥaddas.
0·4 Petit col qui mène à Šiluki.
2·8 Halte de 0^h·7 après avoir passé le roc dit Misrar daqqa Digna.
2·3 A 9^h·6, 'Addi Ḥabib. Halte de 1^h·0.

A 10^h·6, départ.
1·1 A 11^h·7, Dihono.

8·4 Total.

245. — 1842. Février 7. Lundi.

0·0 A 11^h·1, parti de Dihono à pied et allant vite.
0·7 Sabyl.
1·0 A 0^h·8, Imakullu.

1·7 Total.

246. — 1842. Février 10. Jeudi.

0·0 A 10^h·7, Imakullu.
1·1 Sabyl.
0·9 Dihono.

2·0 Total.

247. — 1842. Février 11. Vendredi.

0·0 A 3^h·7, Dihono.
1·5 A 5^h·2, halte de 6^h·8 à 'Addi Ḥabib.

A 0^h·0, départ.
0·5 Misrar daqqa Digna.
1·6 A 2^h·1, halte au milieu de la plaine boisée de Ḥidale, allant lentement.

3·6 Total.

248. — 1842. Février 12. Samedi.

0·0 A 2^h·1, Ḥidale.
2·9 'Ayna bago.
0·7 A 5^h·7, halte de 4^h·0 dans une petite caverne à Af 'Iliiya.
3·0 A 0^h·7, Ibririga, peu au-dessous de Tabbo.

6·6 Total.

249. — 1842. Février 13. Dimanche.

0·0 A 2^h·3, Ibririga.
2·2 A 4^h·5, halte de 4^h·9 à Tabbo d'en haut.

A 9^h·4, départ de Agana Tabbo.
1·2 Embranchement des deux vallées Šinfa-ito et Taranta.

Durée de marche.

249. (*suite*).

h

0·9 Halte de 0h·5.

0·2 A 0h·2, lieu de halte nommé Takamze, avec le vallon de Taranta à droite. Le Taranta est presque à sec. C'est ici le *nec plus ultrà* de la marche des chameaux.

4·5 Total.

250. — 1842. Février 14. Lundi.

0·0 A 2h·0, Takamze.

1·7 Pierre de la fille de Lamino.

0·1 Halte de 0h·6 à Dawayla haqar, petite terrasse sur la pente. Relevé l'arbre de Taranta par 13°·8 au-dessous de l'horizon.

0·3 Faîte.

0·7 A 5h·4, Tirmo. Halte de 4h·8. L'intervalle de 0h·7 est seulement approximatif. La source de Tirmo est minime. T. d'H. **53** au Mt Hanna Sanna.

A 10h·2, départ de Tirmo.

2·8 A 1h·0, entré à Digsa, marchant vite, c'est-à-dire 3 milles à l'heure.

5·6 Total noté.

251. — 1842. Février 15. Mardi.

0·0 A 4h·9, départ de Digsa.

0·9 'Addi Hadid, à 3 milles à l'heure. Halte de 0h·9. La suite du voyage fut à raison de 2 milles à l'heure.

0·3 May Šaraw.

0·6 'Addi Ganne, abandonné de peur des Saho, et ayant seulement 5 à 6 maisons sur la hauteur. Avant d'y parvenir nous traversâmes d'abord le pont naturel en argile, puis vint une courte mais forte montée.

0·4 Eau.

1·9 Halte à ..... près du coucher du soleil.

0·8 'Addi 'Itqat.

4·9 Total.

252. — 1842. Février 16. Mercredi.

0·0 A 3h·4, départ de 'Addi 'Itqat.

1·5 Ragabit, ou Ragabet.

0·6 A 5h·5, 'Imba Ra'indi : halte de 7h·6. Cette route fut faite à moins de 2 milles par heure. T. d'H. **55**.

A 1h·1, départ peu avant le coucher du soleil, escorté par Tasfa zen et Gabiray et ses frères à cheval.

1·5 Col de Digim, petite élévation au milieu de la plaine qualla.

Durée de marche.

252. (*suite*).

h

1·5 Lit du Zarana à sec ici, mais ayant de l'eau un peu plus haut.

2·7 A 6h·8, passé le ruisseau de Balasa.

7·8 Total.

253. — 1842. Février 17. Jeudi.

0·0 A 3h·4, départ du Balasa.

1·2 A 4h·6, halte de 3h·8 à 'Addi Ibni harmaz, où nous déjeunâmes sous les beaux arbres à côté de la source.

A 8h·4, départ. Nugot est resté à gauche.

1·1 May Laha, faible ruisseau.

1·0 May Minkurkuar, ayant laissé le péage à gauche ; petite montée et descente.

0·2 Halte de 0h·8 sur le même ruisseau, mais plus haut où il y a un joli bassin d'eau.

0·5 Halte à May Maman ; puis petite montée et descente.

0·7 Campé sous un arbre, de l'espèce nommée Sagla, sur un affluent du 'Unguya.

4·7 Total.

254. — 1842. Février 18. Vendredi.

0·0 A 2h·0, départ.

2·0 Montée dans le massif de 'Adwa, après avoir traversé à gué le 'Unguya onze fois. Nous passâmes aussi le Sagla où nous dormîmes l'an dernier. Ensuite la plaine un peu brisée de May Mahyawit au milieu de petites montagnes schisteuses isolées comme des quilles.

2·0 A 6h·0, arrivé à May Qani-i, d'où je me rendis à Kokma.

4·0 Total noté.

255. — 1842. Février 23. Mercredi.

De Kokma à 'Adwa ; route faite de nuit.

256. — 1842. Avril 3. Dimanche.

0·0 A 5h·0, parti de 'Adwa pour Aksum, longtemps avant le jour.

0·1 Halte de 0h·2 pour attendre mon secrétaire lépreux.

1·8 May Dala'ita.

0·2 Saint-Jean-Baptiste à G. ; puis un petit col près May Šinkurt, tout petit ruisseau que nous longeons pour le traverser.

0·3 Traversé le May Šinkurt, ayant le village de Mahariz, en 'Addi Abun, à D. à 2 milles. Halte de 0h·1.

Durée de marche.

256. (*suite*).

h

0·6 Commencé à monter pour atteindre le plateau de Aksum.

0·3 Sommité du plateau.

0·3 Limite de 'Addi Abun et de Ida abuna Pantalewon dans un petit ravin à sec.

0·9 Montée.

0·2 Abuna Pantalewon, petit village. Halte de 2h·0. T. d'H. **57**.

A 0h·0, départ.

0·4 A 0h·4, May Šum, eau ouverte et stagnante, bue par les pauvres de Aksum.

5·1 Total.

257. — 1842. Avril 4. Lundi.

0·0 A 6h·8, Aksum.

2·0 Quitté la plaine de Aksum.

0·8 May Šinkurt.

0·4 May Guagua.

0·2 A 10h·2, 'Adwa.

3·4 Total.

258. — 1842. Mai 26. Jeudi.

0·0 A 5h·6, 'Adwa.

4·4 A 10h·0, Aksum, laissant Saint-Jean-Baptiste à gauche et Dambalabila à droite.

4·4 Total.

259. — 1842. Mai 28. Samedi.

0·0 A 11h·0, départ de Aksum dans la nuit.

1·0 Arrivé à Da'iro Misila, au sud de Dambalabila.

1·0 Quitté le plateau de Aksum pour descendre.

1·0 May Šinkurt.

1·0 May Dala'ita.

0·4 May Guagua.

0·0 A 3h·4, 'Adwa.

4·4 Total.

260. — 1842. Mai 21. Mardi.

0·0 A 4h·4, parti de 'Adwa au clair de la lune, à pied.

1·6 A 6h·0, arrivé au couvent de Abba Garima, au tout petit point du jour. Halte de 4h·8.

0·0 A 10h·8, départ de Abba Garima.

0·2 Col avec Imba Mala-ikt à D. et Mt ... à G. Halte de 0h·3.

Sn. B. **40**.

Sur 'Adwa (caché)	250°
Sur le Mt de Gandabta	45

Durée de marche.

260. (*suite*).

h
0·6 Tara-it, village.
0·8 A 0h·8, ʿAdwa.

3·2 Total

261. — 1842. Juin 2. Jeudi.

0·0 A 2h·2, ʿAdwa.
1·5 Arrivé au col qui mène dans la plaine de Mamsaḫ.
0·3 May Kuạrar, petit ruisseau qui se joint, dit-on, au May Guagua.
0·9 Ruisseau de Kuạdo qui se réunit au May Kuạrar.
May Hoẓa se jette plus bas dans le May Kuạrar. May Ṯirikus se jette dans le May Kuạrar. May Tarʿa, id. May Adaga, id. Tous ces ruisseaux se réunissent au Ẕaʿida qalay, qui, recevant le May Kuạrar, se jette dans le May Guagua. Gurungura est le nom du ruisseau après la jonction du May Guagua et du ʿAsạm.
1·0 Hameau de May ʿAnkey, avec une faible source plus haut dans le lit du torrent; puis vient la montée du bas du Ḫiça.
0·9 Village de Mataro, ainsi nommé selon une autre étymologie à cause de la *coupure* dans les rochers, faite jadis pour séparer son territoire de celui de ʿAddi Abun. Halte de 0h·7.
0·4 Halte.
0·2 Arrivé au sommet le plus septentrional, qui est aussi le plus élevé du Mt Ḫiça; on y a construit une cabane d'observation pour la guerre, dont il ne reste que le fond. La sommité médiane est séparée par une fente de 15mèt de profondeur environ et la distance horizontale me paraît être de 30mèt. T. d'H. **59**. Le haut du Ḫiça est formé de schistes passant à l'état compacte. En descendant nous fûmes très-gênés et presque en danger par le feu qu'on avait mis aux herbes.
0·0 Départ du sommet du Mt Ḫiça.
0·5 Mataro.

A 11h·8, départ.
0·7 May ʿAnkey.
0·9 Halte de 0h·7 près le May Kuạdo, un peu au-dessous du point de jonction des deux vallées, l'autre étant celle qui conduit à Magala Ẕamri.
0·1 Vignes de Mamsaḫ.
0·6 MARYAM Šạwito, un peu hors de la route à droite. Halte de 0h·7.
0·2 May Korar ou Kuạrar.
0·2 Faîte du col qui termine Mamsaḫ et entrée dans Gurre.

Durée de marche.

261. (*suite*).

h
0·4 Vue de ʿAdwa dans le fond au-dessous de nous.
0·2 Descente dans la plaine du ʿAsạm.
0·7 A 5h·3, ʿAdwa Madḫaneʿalạm.

9·7 Total.

262. — 1842. Juin 8. Mercredi.

0·0 A 3h·2, parti de ʿAdwa, à pied.
1·1 Saint-Jean-Baptiste à G.
0·8 Commencement de la terrasse de Aksum.
1·0 Halte de 0h·3, sous l'un du très-petit nombre d'arbres de Ịda abunạ Pantalewon, dans la plaine: c'est un acacia.
0·6 Source dite May Kahnat dans la montée de la colline de Abunạ Pantalewon.
1·1 A 8h·1, arrivé à Aksum.

4·6 Total: à pied.

263. — 1842. Juin 11. Samedi.

0·0 A 2h·7, départ le soir de Aksum.
0·8 Daʿiro Misịla, arbre fameux dans le pays.
0·9 Bord de la plaine de Aksum avec l'église de IYẠSUS à gauche.
0·2 Marche dans l'obscurité et lentement.
2·7 A 7h·4, ʿAdwa.

4·6 Total.

264. — 1842. Juin 17. Vendredi.

0·0 A 8h·7, départ de ʿAdwa à pied.
2·0 A 10h·7, arrivé au pied de la montée qui mène à la terrasse de Aksum. Cette fois-ci nous avons pris la grande route dite de Sạgla. Comme la lune était presque couchée, nous dormîmes à la belle étoile sans eau, feu, ni abri.

2·0 Total.

265. — 1842. Juin 18. Samedi.

0·0 A 2h·2, départ au point du jour.
2·8 Arrivé à Aksum. Halte de 0h·6.

0·0 A 5h·6, départ de Aksum. Notre pas est rapide et fatigant.
1·6 Halte de 0h·4.
2·4 May Šut: halte de 0h·3. Ce faible ruisseau coule vers le S., et est une station favorite des marchands.
0·7 Arrivé sur une petite montée au bas de laquelle est la source dite Abba Boro, très-froide, bonne et curative, dit-on. Elle est cachée par des arbres. Halte de 0h·2.
1·8 A 1h·1, Tambuḵ, tout petit village. Tout le pays depuis Aksum, excepté tout près de

Durée de marche.

265. (*suite*).

h
cette ville, se compose de montées et descentes, mais peu élevées. Tambuḵ est dans une petite plaine, et en sortant de là du côté de Balạs, il y a les restes d'un chemin qui ressemble aux routes vicinales de France ayant des arbres des deux côtés qui le séparent des champs labourés; mais cette petite route ne s'étend pas loin.

9·3 Total.

266. — 1842. Juin 19. Dimanche.

0·0 A 2h·7, départ de Tambuḵ.
2·7 Balạs, petit village au commencement de la plaine et après avoir descendu la colline qui est raide mais peu haute. La plaine de Balạs me paraît plus basse que celle de Tambuḵ; mais nous allons trop vite pour prendre des mesures. Il y a plusieurs palmiers dans cette plaine; mais leurs dattes, quoique nombreuses, sont trop petites et trop aigres pour servir à rien. Halte de 0h·1.
1·4 A 6h·9, halte de 1h·8 à May Koho, où j'observai l'eau bouillante. Cette eau est très-peu abondante.

0·0 A 8h·7, départ de May Koho, toujours dans cette ennuyeuse plaine qui continue avec peu de variations jusqu'à ʿỊdaga Šạḫa.
1·0 Halte de 0h·3 au ruisseau Gimạlu (May Ḫagalo?), très-encaissé et rempli de palmiers, où nous mangeâmes dans notre premier voyage.
1·7 Halte de 0h·3 à un petit ruisseau.
1·1 May Šịbinni.
1·7 A 2h·9, Dambaguịna, tout petit village, où la pluie qui allait commencer nous força de chercher un abri.

9·6 Total.

267. — 1842. Juin 20. Lundi.

0·0 A 3h·3, Dambaguịna, laissant à gauche la colline de Dambaguịna et ayant Mt ʿAlawgen un peu devant nous à notre droite.
1·9 A 5h·2, arrivé à la plaine de ʿỊdaga Šạḫa. Halte de 4h·1.

0·0 A 9h·3, départ de ʿỊdaga Šạḫa.
1·1 Halte de 0h·1 à un petit ruisseau. Depuis 9h·3, tout le pays est couvert de taillis.
3·6 Traversé le Takkạze qui a dans cet endroit de l'eau presque jusqu'au genou. Halte de 0h·5.
2·7 A 5h·3, après une averse de pluie, arrivé à May ʿAynị, où nous rencontrâmes une petite caravane.

9·3 Total.

Durée de marche.

268. — 1842. Juin 21. Mardi.

h

0·0 A 3^{h}·5, départ de May 'Aynị.
1·5 Fạrantiya, ruisseau.
0·5 Mạdaca, ruisseau.
1·2 Halte de 0^{h}·2 dans une vallée plate.

S^{n}. B. **41**.

Sur 'Alạwgen 355°
Sur M^{t} Dạmbaguịna 9

0·5 Montée dite 'Aqạb Sịla'u.
0·5 Halte au fond.
1·1 A 9^{h}·0, arrivé au Buya, gros ruisseau. Halte de 2^{h}·5.

0·0 A 11^{h}·5, départ du Buya.
1·0 Halte de 0^{h}·2.
0·4 Halte de 0^{h}·3.
1·7 Halte de 0^{h}·2 dans le creux.
1·0 A 4^{h}·3, arrivé à la hutte du péage de May Tạklil. Nous avons marché pendant les 3 ou 4 dernières heures à mi-flanc d'une colline ondoyante et boisée légèrement de manière à orner beaucoup de paysage. Sur la colline à droite, on voit Dạbrạ Ẓiyon, le couvent des femmes de Waldịbba. Esq.

9·4 Total.

269. — 1842. Juin 22. Mercredi.

0·0 A 3^{h}·3, départ de May Tạklil : toujours sur un joli flanc de colline.
1·1 Ansya, rivière ; puis rude montée.
0·4 Halte de 0^{h}·5, ayant tout près de nous à droite le couvent de Dạbrạ Ẓiyon ou Ẓen.
0·7 Halte de 0^{h}·3.
1·0 Onzo (5^{mit} sur 0^{mt}·2 et 6 nœuds). Halte de 0^{h}·3.
1·6 Halte de 0^{h}·5 près la descente au Waldịbba.
2·0 A 11^{h}·7, arrivé à la R. Zarema.

0·0 A 1^{h}·5, départ du Zarema.
0·7 Halte de 0^{h}·3 au sommet d'une forte montée.
1·6 A 4^{h}·1, halte pour la nuit dans un champ sans ombrage, près May 'Agam, faible source.

9·1 Total.

270. — 1842. Juin 23. Jeudi.

0·0 A 3^{h}·0, départ de May 'Agam par un sentier très-pierreux.
1·0 Sommet d'une forte montée. Halte de 0^{h}·3.

S^{n}. B. **42**.

Sur la passe de Lạmalmo 208°
Sur M^{t} 'Alạwgen 11

0·6 Halte de 0^{h}·5 à la source au delà et tout près de Dịbbạbahr.

Durée de marche.

270. (*suite*).

h

1·1 Halte de 0^{h}·1 dans la montée.
1·0 Halte de 0^{h}·4 pour observer l'eau bouillante à 2 ou 3^{mt} au-dessous du faîte de la passe dite Lạmalmo.
1·2 A 9^{h}·2, arrivé à la grande caravane, 1 mille environ en deçà de Dạbariq.

0·0 A 1^{h}·5, départ.
0·7 Ruisseau.
2·0 A 4^{h}·2, halte pour la nuit à un village un peu en deçà de Daqua kidanạ mịhrạt.

7·6 Total.

271. — 1842. — Juin 24. Vendredi.

0·0 A 3^{h}·7, Daqua.
0·7 Halte de 0^{h}·2 à une faible montée.
0·4 Çira wạnz, ruisseau.
0·3 Halte de 0^{h}·2.
0·7 Šịnbịra Zạggạn.
0·9 Ṭiqur wạha.
2·2 A 9^{h}·3, halte pour manger en bas et tout près de Çambịlge, où j'observai l'eau bouillante près d'une source à mi-colline.

0·0 A 11^{h}·3, départ de Çambịlge.
1·8 Halte de 0^{h}·2.
1·3 A 2^{h}·6, halte à un village de pasteurs pour passer une mauvaise nuit entre le jeûne et la pluie.

8·3 Total.

272. — 1842. Juin 25. Samedi.

0·0 A 3^{h}·3, départ.
1·0 Halte de 0^{h}·5 pour acheter du lait.
1·2 Anjịba meda, dans une belle plaine ondulée.
3·5 Pont sur le Mạgạç à trois arches, dont une pour le passage de l'eau.
0·1 A 9^{h}·6, halte de 2^{h}·0.
0·0 A 11^{h}·6 environ, départ.
0·4 Kokoc.
0·8 Guạndạr ou Gondạr.

7·0 Total noté.

273. — 1842. Juillet 18. Lundi.

Du Qạñ bet dans Gondạr au M^{t} Tịgre mịçohya et retour. T. d'H. **61**.

274. — 1842. Août 7. Dimanche.

De Gondạr au M^{t} Tịgre mịçohya et retour. T. d'H. **62**.

Durée de marche.

275. — 1842. Août 17. Mercredi.

h

0·0 Qạñ bet, Gondạr.
0·5 Qaha, R. à gauche.
0·3 Quịsquam, église.
2·2 Sommet du Mt Soni. T. d'H. **63**.
2·0 Rentré à Gondạr par une route plus directe.

5·0 Total. Mon domestique fit la route en 1^{h}·7.

276. — 1842. Août 23. Mardi.

0·0 Départ du Abun bet dans Gondạr.
2·0 Dabo gịrar, point de partage entre le Tạkkạze et le Abbay, après avoir passé dans l'église déserte de Gondạroc qịddus Giyorgis.
6·0 Arrivé au Mahuina ou Mahna, ruisseau gonflé par les pluies. Couché à Bajena, chez des Qịmant.

8·0 Total noté ; marche lente.

277. — 1842. Août 24. Mercredi.

0·0 A 5^{h}·3, Bajena.
2·4 Arrivé dans la vallée ou quạlla.
0·9 A 8^{h}·6, halte de 1^{h}·4 dans une prairie entremêlée de fondrières.

0·0 A 10·0, départ.
2·0 Walya, marché où l'on vend surtout les toiles de Tạgạde et du Walqayt, pour approvisionner Gondạr. Halte de 0^{h}·2.
1·6 Traversé le ruisseau : puis montée.
0·7 A 2^{h}·5, arrivé à Indibina, joli hameau à huttes rondes, vastes et bien construites, en paille gigantesque liée par des baguettes horizontales et fendues de rotin. (Est-ce Guarage ?)

7·6 Total.

278. — 1842. Août 25. Jeudi.

0·0 Départ de Indibina.
2·4 Arrivé à Warq lịbho.

2·4 Total.

279. — 1842. Août 26. Vendredi.

0·0 A 3^{h}·9, départ de Wạrq lịbho après avoi relevé à la boussole par 113° un roche lointain de cette forme : 
1·6 Ruisseau.
1·1 Ruisseau.
0·3 And Abịdna (Andaynada ?), fameux rendez-vous de voleurs.
0·5 Ruisseau.
0·9 Ruisseau.
1·2 Halte de 0^{h}·2, pour disputer avec le gui qui refuse de nous mener.

Durée de marche.

279. (*suite*).

h
0·4 A 10h·2, halte au hameau de Zamoge, où notre guide nous donne un plat de choux cuits sans pain ni condiment aucun. La hutte était comme ensevelie dans l'herbe et le maïs. J'y fis bouillir l'eau.

0·0 Départ à 4h·0 environ.
1·8 A 5h·8, hameau de Nuramba Kidana mib-rat, où un musulman sadataña ou émigré du Tagade nous donna l'hospitalité. Sa hutte comme toutes celles du Armaçoho était faite de fortes perches à comparti-ments internes et bâtie en rond autour d'un pilier central.

7·8 Total.

280. — 1842. Août 27. Samedi.

0·0 A 4h·2, Nuramba.
2·1 A 6h·3, halte de 2h·0.

0·0 A 8h·3, départ.
0·6 Halte de 0h·1 au col de Amba Subhala, puis petite montée.
0·2 Caverne de Abuna Absadi, dominant une profonde vallée, dont l'axe a l'azimut 32°. Son ruisseau va au Angarab qu'on voit tortueux et sale. Cette rivière sépare le Armaçoho du Tagade.
0·8 Halte à l'appel de la sentinelle du couvent et au-dessus d'une vallée par 35° d'azimut.
0·5 Arrivé au couvent de Maguina. Esq.

4·2 Total.

281. — 1842. Août 29. Lundi.

0·0 A 0h·0, parti de Maguina.
De Abuna Absadi, sur Gedon 335°.
1·1 Col où campa Dori : sur Çirqin 289°, à 0·7 journée de chemin, et sur les collines ju-melles de Godabe, situé à 4 journées dans le pays arabe, feudataire du Armaçoho. Nous descendons par une autre route. Çir-qin est un peu à G. de la direction de Go-dabe. Le Mt Darki Sazdur est près de nous, et le Mt Kurkuana un peu plus à G. et en fuyant devant.
2·5 Vallon séparé de Zamoge par un petit col.
0·8 A 4h·4, Zamoge.

4·4 Total.

282. — 1842. Août 30. Mardi.

0·0 A 5h·0, Zamoge.
2·2 Šumtobo, ruisseau coulant à gauche. Mt Çil-kuana à 4 ou 5 milles à D.

Durée de marche.

282. (*suite*).

h
0·4 Andaynada.
0·2 Acaraho, ruisseau coulant à gauche, et fai-sant cascade sur un bloc de porphyre.
1·2 Fare masqal, et aussitôt après le Gavçoho qui se jette à angles droits dans le précé-dent.
0·8 Traversé le torrent du Gavçoho dont nous suivons la vallée. Ce torrent se jette dans le Fare masqal.
0·2 Halte de 0h·3; puis nous traversons le Gav-çoho 5 à 6 fois et marchons quelque temps dans son lit.
0·9 Indibina à G.
1·5 Walya, marché reconnaissable par son gros arbre mort.
2·3 A 3h·0, ... Abbo après deux descentes et deux montées.

9·7 Total.

283. — 1842. Août 31. Mercredi.

0·0 A 5h·9, départ de ... Abbo.
1·4 Commencé à monter.
0·4 Commencé à descendre sur un long ados de roc nu.
0·2 Halte de 0h·7.
0·1 Dans le lit du Mahna.
0·3 Traversé le Mahna.
1·9 Idyat Matahya, rivière qui se jette dans le Mahna.
Sur la direction du Mahna 330°.
0·3 Indibina après une montée.
2·5 Halte de 0h·2.
0·6 Dabo girar, point du partage des eaux entre le Takkaze et le Abbay.
1·7 A 4h·2, Gondaroc qiddus Giyorgis, près Gondar.

9·4 Total.

284. — 1842. Septembre 15. Jeudi.

0·0 A 5h·8, Islam bet, Gondar.
0·3 Halte de 0h·8. Fantar est le nom local du pays en deçà de la rivière Magaç.
1·1 Pont de 5 arches sur le Magaç.
0·8 Vallon avec l'église de Saint-Jean, district de Tadda à D., et l'église de Maca à 1 mille à G.
4·4 Halte de 0h·5.
0·3 Ruisseau.
0·2 Ruisseau.
0·5 A 2h·7, halte à un hameau abandonné de Bilata G. biywat.

7·6 Total.

Durée de marche.

285. — 1842. Septembre 16. Vendredi.

h
0·0 A 4h·0, départ.
2·4 Halte de 0h·2.
0·3 Village et église de Gutman à droite, séparés de nous par un ruisseau profond.
0·3 Commencé à monter.
0·5 Haut.
0·7 Mt Kotogo, tout près à G. Esq.
3·3 Halte de 0h·4 en vue du Mt Wihni, où les princes du sang royal furent longtemps em-prisonnés. Esq.
2·6 Halte de 0h·2.
1·1 A 4h·0, arrivé à Darita, dans un vilain creux.

11·2 Total.

286. — 1842. Septembre 19. Lundi.

Visite au Mt Galosge pour le T. d'H. **64**.

287. — 1842. Septembre 20. Mardi.

0·0 A 4h·0, Darita.
1·5 Halte de 0h·7 à Waššа, ainsi nommé à cause des cavernes du côté du Simen et un peu en deça de Darraq wanz. J'y fis bouillir l'eau, mais le faîte de cette passe du Way-nadaga est plus élevé de 20mt environ.
0·5 Halte de 0h·3.
0·9 Pris la route de Warq amba laissant le Mt Du-waro derrière nous.
0·5 A 8h·4, église de qiddus Giyorgis Wihni. Halte de 1h·8.

0·0 A 10h·2, départ du pied de Wihni.
3·5 Halte de 0h·1.
0·9 Commencé à descendre du Waynadaga pour prendre le vallon où est à gauche, et au delà de l'eau, le joli village de Gutman avec son église.
0·4 Halte de 0h·3 près du fond.
0·2 A 3h·6, halte pour la nuit dans un pré, où nous dormîmes sur l'herbe humide et sous une pluie battante.

8·4 Total.

288.— 1842. Septembre 21. Mercredi.

0·0 A 2h·1, départ.
2·8 Gumara, ruisseau à notre D.
0·7 Traversé le Gumara.
0·2 Ruisseau qui se joint ensuite au Gumara.
0·1 Village.
1·8 Halte de 0h·3.
3·3 Pont du Magaç.
1·5 Qaha, R.
0·3 Tombeaux musulmans.
0·6 A 1h·7., Qañ bet dans Gondar.

11·3 Total.

Durée de marche.

289.— 1842. Septembre 28. Mercredi.

h

De Gondar à Azazo.

290.— 1842. Septembre 29. Jeudi.

De Azazo au camp de Manan dans Fanja.

291.— 1842. Octobre 3. Lundi.

De Fanja à Ayta Mamoge en Arabya.

292. — 1842. Octobre 5. Mercredi.

Navigation en esquif sur le lac Tana.

293.— 1842. Octobre 7. Vendredi.

De Ayta Mamoge à Gondar.

294. — 1842. Novembre 8. Mardi.

Visite au Mt Soni pour mesurer la base II, c, et retour à Gondar.

295.— 1842. Novembre 11. Vendredi.

De Gondar au Mt Soni et retour. T. d'H. **66**.

296.— 1842. Novembre 13. Dimanche.

De Gondar au Mt Tigre miçohya et retour. T. d'H. **67**.

297.— 1842. Novembre 14. Lundi.

Parti de Gondar et arrivé à l'entrée de la nuit à Farqa bar où j'oubliai de monter mon chronomètre, ce dont je ne m'aperçus qu'en arrivant à la rivière de Arno Garno, formée de la réunion du Arno et du Garno.

298.— 1842. Novembre 15. Mardi.

0·0 Arno Garno.
3·5 Gimajjr, village à 0^h·5 au nord du marché de Yfag. (Le ms. porte ici du Gumara à Farqa 3^h·2, ce qui est obscur.)

299.— 1842. Novembre 16. Mercredi.

Route très-ondoyante à travers les prairies jusqu'au Rib ou Irib.

Là je mesurai une base de 76^mt·7 et à ses bouts les angles 39° 13' et 101° 56', ce dernier du bout de la base situé à 4^mt·5 du bord de la rivière. La largeur du Rib au bac est donc de 71^mt.

0·0 Rib.
0·5 Nabaga Giyorgis. T. d'H. **69**.
Couché au hameau de qiddist Hanna.

Durée de marche.

300.— 1842. Novembre 17. Jeudi.

h

0·0 Partis de bonne heure nous arrivâmes bientôt au Gumara, la plus forte rivière probablement entre le Takkaze et le Abbay. A 300^mt environ en amont du bac, le Gumara reçoit, sur sa rive gauche, le Fogara Matabya. A 3 ou 400^mt en aval du bac, le Gumara se divise en deux branches qui se rendent séparément au lac Tana. De l'embouchure du F. Matabya, je pris à la boussole les angles suivants :

S^n. B. **43**.

Sur Mt Libho, N.-E. et tout près de Darita	39°
Sur Mt Dawaro	34
Sur l'arbre, près la partie la plus élevée de l'île Tana Qirqos (?)	345

Au bac, je mesurai au ruban une base de 68^mt·2 et les angles 86° 15' et 48° 53', ce qui donne 72^mt pour la largeur du Gumara. Au centre du Gumara la profondeur était de 5^mt·8, et les rives étaient encaissées de 1^mt·5. Le courant était de 0·25 mille à l'heure. Il n'y a guère que 1 mille du Gumara au Mt Gugube.

3·3 Traversé le Isure, après avoir franchi le Bida.
0·7 Quarata immédiatement après avoir traversé son ruisseau.

4·0 Total noté, les 3^h·3 étant comptés à partir du Gumara.

301.— 1842. Novembre 20. Dimanche.

Visite à l'île Bet manzo et retour à Quarata.

302.— 1842. Novembre 23. Mercredi.

De Quarata à l'île Tana Qirqos. Esq.

303.— 1842. Novembre 25. Vendredi.

De l'île Tana à Quarata.

304. — 1842. Novembre 29. Mardi.

0·0 Partis vers 3^h après minuit de Quarata dans un tankua ou bateau-radeau, moi cinquième, dont deux pagayeurs.
6·0 Arrivé à l'île Daq, du côté de Daga.
Au lever du soleil le vent nous aida un peu.

6·0 Total.

305.— 1842. Novembre 30. Mercredi.

Courses dans l'île Daq. Le lendemain visite à Daga et S^n. B. **44**.
Voir page 137.

Durée de marche.

306.— 1842. Décembre 1. Jeudi.

h

0·0 Ile Daq du côté de Daga.
6·0 Quarata, pagayant toujours par un calme plat. On m'a estimé la vitesse à 1 mille à l'heure ; je l'estime au plus à 2 milles.

6·0 Total.

307.— 1842. Décembre 4. Dimanche. †

Départ de Quarata par eau. Visite à l'île Ganja. T. d'H. **76**.
Ile Igir manzo par un vent bon frais du N.-O. et qui nous gêna beaucoup.

308.— 1842. Décembre 5. Lundi.

Ile Igir manzo.
Iles Irema et Mahdara sibbat à G.
Iles Matalle et Wof Gojo à D.
Ile Tana, partie méridionale. T. d'H. **77**. Esq.

0·0 A 3^h·8, parti de l'île Tana.
0·5 Fin de l'île ; elle se termine par deux ou trois roches à fleur d'eau qui probablement se joignent ensuite.
1·7 Cap.
0·4 Zega wanz où je pris mon T. d'H. **78**, et d'où nous partîmes de nuit.
(2·0 Peut-être). Embouchure du Aboska par une nuit des plus profondes et toujours en poussant contre le fond par 2^mt d'eau tout au plus et souvent à 0^mt·5 seulement.

4·6 Total noté.

309.— 1842. Décembre 6. Mardi.

0·0 A 9^h·2, départ, peu après l'aurore, de l'embouchure du Aboska.
2·8 Embouchure du Aboha après plusieurs détours.
4·2 Qariña, joli cap avec église à MARIE, et qui est un fief de Dajac Wibe. T. d'H. **79**.
Départ dans la soirée.
1·0 Embouchure du Arno Garno. Esq.

8·0 Total.

† Les azimuts de Zega wanz et de Qariña, montrent que c'était le dimanche et non le samedi, ainsi que le porte mon journal. Dans l'almanach que j'écrivais tous les jours, on voit aussi qu'il y a par ici une erreur d'un jour. J'ai donc augmenté d'un jour les dates originales jusqu'au 10 décembre.

Durée de marche.

310. — 1842. Décembre 7. Mercredi.

h

0·0 A 9h·5, Arno Garno.
1·0 Mitiraha, île séparée de terre ferme d'une portée de canon. Halte de 0h·5.
3·3 Gulqaba, cap élevé.
0·5 Qalamuj, très-petite île.
1·4 Wayn arab, rivière de 6mt de large et 4mt de profondeur, et qui a formé vis-à-vis son embouchure un haut fonds qui sera bientôt une île. Halte de 0h·6.
3·0 A 7h·8, Saññno gabya, après avoir passé Ambo.

9·2 Total.

311. — 1842. Décembre 9. Vendredi.

0·0 Kidang mihrat, village près Saññno gabya.
1·5 Gumara, rivière.
0·5 Zangaj MARYAM, village sur une élévation de terrain.

Sn. B. **45.**

Sur Soni tarara	355°
Sur le haut point de Gorgora	241

2·0 Total.

312. — 1842. Décembre 10. Samedi.

De Zangaj à Gondar.

313. — 1842. Décembre 23. Vendredi.

De Gondar à Aruage MARYAM.

314. — 1842. Décembre 24. Samedi.

De Aruage MARYAM à Gondar par Ayba. T. d'H. **84.**

315. — 1842. Décembre 26. Lundi.

De Gondar au Mt Tigre micohya et retour. T. d'H. **85.**

316. — 1842. Décembre 27. Mardi.

De Gondar à Karama Giyorgis.

317. — 1842. Décembre 28. Mercredi.

De Karama Giyorgis à ...

318. — 1842. Décembre 29. Jeudi.

De ... à Darita par le Mt Dumi. T. d'H. **86** et **87.**

Durée de marche.

319 — 1842. Décembre 30. Vendredi.

h

De Darita à Awlida.

320. — 1842. Décembre 31. Samedi.

De Awlida par Ibinat à Lanko.

321. — 1843. Janvier 1er. Dimanche.

0·0 Lanko Takla haymanot.
2·0 environ, Abarqe Takla haymanot.

2·0 Total noté.

322. — 1843. Janvier 2. Lundi.

0.0 A 8h·5, Abarqe.
1·2 Ruisseau de Mowon, qui sépare le Malza du Manna, tous deux districts du Bagemdir; puis nous franchîmes les hauteurs qui séparent les bassins du Mowon et du Agisa.
1·8 A 11h·5, arrivé à Agisa Takla haymanot. Halte de 2h·1.

0·0 A 1h·6, départ de Agisa.
0·4 Rivière dit aussi Manna, autre que le Manna de Balasa et que nous suivîmes pour descendre dans le qualla.
4·5 Village de ...
1·5 A 8h·0, Abya, gros village et le dernier sur la rive gauche du Takkaze.

Sn. B. **46.** De Abya.

Sur Nagala, Mt bifide	175°
Sur Qalala, Mt au delà de Lanko	262

9·4 Total.

323. — 1843. Janvier 3. Mardi.

0·0 A 8h·5, Abya.
1·5 Takkaze, qui a 34 pas ou 23mt de large sur environ 0mt·5 de profondeur et 4 nœuds de vitesse. Le Gologe qui s'y joint a 7mt de large sur 0mt·1 de profond et 6 nœuds, même tout près de la jonction. Nous perdîmes là 4h à chercher la route.
3·5 environ, Kua amba, repaire de brigands où nous arrivâmes démoralisés.

5·0 Total noté.

324. — 1843. Janvier 4. Mercredi.

0·0 A 8h·2, Kua amba.
4·8 Darawze. Depuis le Takkaze nous parcourûmes toujours de hautes collines-terrasses toutes incultes mais jadis labourées, comme le prouve, selon mes gens, l'abondance du firfira, herbe haute de 1mt·5, et parfois de 2mt.

Durée de marche.

324. (*suite*).

h

1·0 Pour grimper le contrefort d'une 2e suite de collines en terrasses.
4·0 Aqla qiddus Mika-el, village protégé par les côtés d'une profonde vallée.

9·8 Total.

325. — 1843. Janvier 5. Jeudi.

0·0 A 8h·4, Aqla.
0·6 Remonté au niveau des terrasses.
1·0 Halte de 0h·2.
1·5 Village de Lay Dibba, premiers champs cultivés. Halte de 1h·2.
2·6 Village à église entre une montée et un précipice (probt Ayna IYASUS).
1·0 Dambata MARYAM, puis forte descente, remplie de cailloux énormes de trachyte qui roulaient sous nos pieds nus et leur présentaient tous leurs angles.
0·9 Colline en forme de pyramide triangulaire très-régulière et couverte de verdure.
2·6 Traversé un précipice dans Šaguala.
1·0 A 9h·0, site désert d'une maison isolée. Toujours dans Šaguala.

11·2 Total.

326. — 1843. Janvier 7. Samedi.

Après un jour de repos nous nous rendîmes à Lalibala, allant très-lentement à cause de la fatigue.

327. — 1843. Janvier 9. Lundi.

Allé vers le Mt Ašatan pour le T. d'H. **89**, puis retour à Lalibala.

328. — 1843. Janvier 10. Mardi.

0·0 A 1h·0, Lalibala.
1·0 Fond de la vallée.
0·4 Simena, ruisseau, à G.
0·4 Diqara, ruisseau coulant à G.
0·7 Abdya, ruisseau coulant à G.
2·0 A 5h·5, halte sur l'autre revers de la colline en plateau, là où il y a des quilqual.
0·5 Bilbala, rivière.
1·5 A 7h·0, halte dans Šaguala près des huttes qui remplacent un village brûlé par les soldats.

6·0 Total?

Durée de marche.

329. — 1843. Janvier 11. Mercredi.

h

0·0 A 9h·4, départ de...
0·8 Descente dans la fissure.
0·2 Tall, ruisseau.
0·2 Haut de la montée.
0·9 Halte de 0h·8.
0·5 Halte de 0h·6 dans la montée.
1·0 A 2h·4, Dambata MARYAM.

3·6 Total.

330. — 1843. Janvier 12. Jeudi.

0·0 A 10h·6, Dambata.
1·0 Halte de 0h·3 à Ayna IYASUS, église Beta nigus avec incrustations en os, ce qui est assez joli. Tout près sont des colonnes de basalte debout à 8 pans et un grand nombre de fragments de colonnes.
0·0 Départ par une forte descente.
0·3 Ruisseau de Saglda, mince filet d'eau. Halte de 0h·2.
0·5 Double fissure.
1·2 A 2h·3, plaine en haut, puis longue descente à mi-montagne jusqu'aux hameaux de Lay Dibba, où nous restâmes longtemps.
1·0 environ, Birko qiddus Gabri-el, laissant Aqla dans le creux à droite devant nous.

4·2 Total.

331. — 1843. Janvier 13. Vendredi.

0·0 A 9h·6, Birko.
2·4 Pierre blanche (pierre à chaux ?) terrain de schiste passant à l'état compacte.
1·1 A 1h·1, halte de 3h·2 à Birkuakua MARYAM, toujours sur le daga, à peu près à la hauteur de Birko. Le Mari coule à droite dans une grande fissure et nous marchons à peu près parallèlement à cette rivière qui sépare Dahna de Ayna Bugna, et va au Takkaze ; à G., à 1 mille au plus est le qualla. T. d'H. **91**.
0·0 A 1h·2, départ de Birkuakua.
0·6 Jointure de deux montagnes.
0·1 Église de...
0·9 Descente.
0·3 Sorte de col toujours en descendant. Halte de 0h·4.
0·4 Fond en plaine et à mi-colline.
0·6 Col avec l'église de Abbo sur la hauteur à G.
0·2 A 7h·8, hameaux de Darawze.

6·6 Total.

332. — 1843. Janvier 14. Samedi.

0·0 A 9h·6, Darawze.
2·3 Forte descente.

Durée de marche.

332. (*suite*).

h

1·1 A 1h·0, ruisseau de Takla qui se jette dans le Takkaze à droite de notre route. Halte de 1h·5.
0·0 A 2h·5, départ.
1·0 A 3h·5, Kua amba.

4·4 Total.

333. — 1843. Janvier 15. Dimanche.

0·0 A 10h·0, Kua amba.
1·0 Takkaze.
3·0 A 2h·0, Abya après une bonne montée.
Dans la descente de Darawze et dans les deux descentes du Takkaze il y a de nombreux indices de minerai de cuivre.

4·0 Total.

334. — 1843. Janvier 16. Lundi.

0·0 A 8h·4, Abya.
3·5 Lieu où nous quittâmes, en allant, le lit du Agisa pour monter.
0·8 A 0h·7, halte de 2h·0 après avoir foulé 43 fois l'eau du Agisa ; avant midi nous traversâmes 19 fois le lit là où des pierres portées par les torrents d'hiver avaient complétement couvert et caché l'eau qui coule en-dessous et reparaît plus loin, phénomène analogue à ce qui se voit partout dans le Samhar.
8·0 A 2h·7, nous traversâmes encore 63 fois le Agisa, ce qui fait 106 ou 125 fois en tout.
2·0 Commencé à monter.
0·4 Agisa Takla haymanot, sanctuaire fermé aux femmes, et sur la rive droite. Sur la gauche est l'église de MARIE. Ces deux églises sont dans une autre vallée au N. du Agisa.
0·1 Col et halte de 0h·8.
0·6 Filet d'eau.
0·4 Mowon R.
1·0 Hameaux, puis forte montée.
2·5 Faîte.
0·5 Aganint waha.
1·0 Eglise de MARYAM.
0·4 A 0h·4, Lanko. Cette marche de 13h·2, la plus forte que j'aie faite en Ethiopie, avait éreinté tout le monde, et un inkifat que je reçus dans la montée fit gonfler mon aine. L'air du qualla m'avait donné les fièvres, mais le froid du Lanko fit du bien à tout le monde.

13·2 Total.

335. — 1843. Janvier 20. Vendredi.

Visite au couvent de Sayko et retour à Lanko.

Durée de marche.

336. — 1843. Janvier 21. Samedi.

h

0·0 A 10h·7, Lanko.
1·8 Église de Qiddus Mika-el, jadis bâtie sur le sommet du Mt Qalala. (Le temps de route peut être 1h·1, car le chiffre est presque effacé.)
0·7 A 1h·2, faîte de ce Mt. Halte de 2h·3, où je pris le T. d'H. **95**. J'y fis bouillir l'eau aussi, et la brume sèche, ou le qobar, me déroba la vue de bien des objets, car il n'y a peut-être pas en Éthiopie de lieu plus centralement élevé que le Mt Qalala.
0·0 A 3h·5. départ du sommet du Mt Qalala.
0·7 Col de Gib, halte de 0·6.
3·3 A 8h·1, Çaçoho, gros village sur une petite hauteur à la rive gauche du Çaçoho. Dans cette vallée je vis les plus gros girar, et en général les plus beaux arbres que j'eusse encore vus en Éthiopie.

6·5 Total.

337. — 1843. Janvier 22. Dimanche.

0·0 A 8h·8, Çaçoho.
1·0 Marché de Ibinat.
0·9 Naç dangya qiddus Giyorgis, fief du Açage.
1·6 A 0h·3, halte de 2h·2 à côté du ruisseau (Çaçoho ?)
0·0 A 2h·5, départ.
0·3 Awlida à G.
0·3 Faîte et descente dans une autre vallée.
0·6 Traversé le Çaçoho.
0·8 Ruisseau.
1·1 Ruisseau.
1·2 Ruisseau.
0·2 Ruisseau.
0·2 Ruisseau.
0·2 A 7h·4, Abba Foge.

8·4 Total.

338. — 1843. Janvier 23. Lundi.

0·0 A 8h·8, Abba Foge.
0·7 ..., ruisseau qui passe au bas de Darita (6mt sur 0mt·08 et 3 nœuds).
0·4 Filet d'eau.
0·6 Šinta (8mt sur 0mt·15 et 2 nœuds).
0·5 A 11h·0, arrivé à Yfag.

2·2 Total noté.

339. — 1843. Janvier... ?.

0·0 A 9h·3, départ de Gimajir qiddus Mika-el, près Yfag.
1·1 Ruisseau.
0·1 Descente.

Durée de marche.

339. (*suite*).

h

0·1 Filet d'eau.

0·2 Ruisseau.

0·4 Tibiza, ruisseau.

0·7 A 11^{h}·9, ruisseau, halte de 1^{h}·7.

0·0 A 1^{h}·6, départ.

1·2 Arno Garno (12^{mt} sur 0^{mt}·2 et 3 nœuds).

0·6 Ruisseau, puis colline.

1·6 Farqa bar, après avoir passé quatre collines avec petites plaines entre.

1·7 A 6^{h}·7, tourné à gauche pour chercher un village dans Waynarab.

7·7 Total.

340.— 1843. Janvier...

0·0 A 7^{h}·4, Waynarab.

1·4 Péage de Goraba.

0·5 Gumara (6^{mt} sur 0^{mt}·2 et 0·5 nœud).

1·0 Ruisseau (1^{mt} sur 0^{mt}·04 et 0·5 nœud).

0·5 Minziro, église à Takla haymanot et filet d'eau.

0·2 Ruisseau (1^{mt} sur 0^{mt}·03 et 0·3 nœud).

0·7 A 11^{h}·7, halte de 1^{h}·9 à un ruisseau (2^{mt} sur 0^{mt}·04 et 0·5 nœud).

0·0 A 1^{h}·6 départ de ce ruisseau qui est encaissé de près de 2^{mt}.

0·4 Ruisseau (7^{mt} sur 0^{mt}·02 et 1 nœud).

0·3 Tadda.

0·2 Descente.

0·4 A 2^{h}·9, pont du Magaç, près Gondar (5^{mt} sur 0^{mt}·1 et 4 nœuds).

5·6 Total.

341.— 1843. Février 4. Samedi.

De Gondar à Fanja.

342.— 1843. Février 5. Dimanche.

De Fanja à Janda.

343.— 1843. Février 6. Lundi.

De Janda à Fanja.

344.— 1843. Février 7. Mardi.

De Fanja à Gondar par Loza. T. d'H. **98**.

345.— 1843. Février 25. Samedi.

De Gondar par Azazo à Fanja.

Durée de marche.

346.— 1843. Février 27. Lundi.

h

0·0 Camp de l'Ytege Manan dans Fanja, traversé tout près le Girma, sur un ponceau; puis un autre R. aussi muni d'un ponceau.

2·5 Gué du Magaç.

1·2 Ayta Mamoge en Arabya, en allant très-vite à la fin de cette journée.

3·7 Total.

347.— 1843. Février 28. Mardi.

0·0 A 5^{h}·6, Ayta Mamoge.

0·4 Gavikora, ruisseau.

1·5 Sañño gabya sur le bord du lac Tana. T. d'H. **100**.

3·0 Défilé de Farqa.

4·9 Total.

348.— 1843. Mars 1er. Mercredi.

0·0 A 4^{h}·2, Farqa bar.

0·6 ...

1·1 Ruisseau de Qariña.

0·8 Arno Garno, R.

1·1 Collines de part et d'autre.

0·2 Halte de 0^{h}·5.

0·9 Ruisseau, puis montée.

0·4 Faite.

0·2 Détour à gauche, puis revenus sur nos pas.

1·0 A 11^{h}·0, Gimajir qiddus Mika-el.

6·3 Total.

349.— 1843. Mars 2. Jeudi.

0·0 A 4^{h}·9, Gimajir.

0·4 Marché d'Yfag et halte de 0^{h}·8. T. d'H. **101**.

0·1 Ruisseau.

0·2 Cibirna (4^{mt} sur 0^{mt}·02 et 2 nœuds).

0·2 Šini, ruisseau (4^{mt} sur 0^{mt}·04 et 4 nœuds).

1·4 Rib (4^{mt} sur 0^{mt}·2 et 5 nœuds). Halte de 1^{h}·5. T. d'H. **102**.

2·2 Halte au ruisseau de Falen.

2·0 Amora gadal.

6·5 Total.

350.— 1843. Mars 3. Vendredi.

0·0 A 3^{h}·9, Amora gadal.

1·0 Petite halte sur la hauteur.

0·5 Ac (3^{mt} sur 0^{mt}·04 et 1·5 nœud).

1·4 Commencement de la plaine.

1·2 A 8^{h}·0, Dabra Tabor.

4·1 Total.

351.— 1843. Mars 6. Lundi.

0·0 A 6^{h}·7, Dabra Tabor.

0·4 Ruisseau allant à gauche.

Durée de marche.

351. (*suite*).

h

0·5 Descente.

0·3 Halte de 0^{h}·6.

1·4 Descente.

0·7 A 10^{h}·6, halte de 1^{h}·3 au Gumara (24^{mt} sur 0^{mt}·2 et 3 nœuds).

0·0 A 11^{h}·9, départ.

0·7 Traversé le Gumara, deuxième du même nom (9^{mt} sur 0^{mt}·03 et 2 nœuds).

0·3 Faite et halte de 0^{h}·2.

0·3 Tour à mi-flanc de la colline.

1·2 A 2^{h}·6, Mahdara MARYAM.

5·8 Total.

352. — 1843. Mars 8. Mercredi.

0·0 A 4^{h}·3, Mahdara MARYAM à la pointe du jour.

1·0 Traversé pour la 2e fois un petit ruisseau.

0·7 Gumara.

1·8 Sabaga, hameau.

0·1 A 7^{h}·9, halte de 1^{h}·2 après avoir traversé le Gumara.

0·0 A 9^{h}·1, départ.

1·1 Halte de 0^{h}·4 au Gumara, divisé par une île et deux îlots (6^{mt} sur 0^{mt}·2 et 3 nœuds. L'autre branche a 12^{mt} sur 0^{mt}·3 et 2 nœuds).

0·4 Gros village et église ; puis dévié de la route pour atteindre la source thermale de Wanzage.

1·0 Wanzage à côté du Gumara qu'il fallait encore traverser. Halte de 0^{h}·8, puis deux petits ruisseaux.

0·6 Nous nous rapprochons du Gumara.

0·6 Traversé le chemin d'Yfag au Gojjam.

0·8 Collines qui forment le contrefort du petit plateau de Zara.

0·7 Faite et plaine-plateau.

0·1 A 3^{h}·6, Zara qiddus Mika-el complétement enseveli dans un bois de l'arbre dit Išše, aujourd'hui sans fruits à cause de la grêle.

8·9 Total.

353.— 1843. Mars 9. Jeudi.

0·0 A 3^{h}·9, Zara.

0·3 Šina.

0·2 Likua (1^{mt} sur 0^{mt}·03 et 2 nœuds).

1·6 Isure ou Išure (2^{mt} sur 0^{mt}·04 et 3 nœuds) toujours sur un plateau inculte et boisé.

1·0 A 7^{h}·0, Quarata.

3·1 Total.

Durée de marche.

354. — 1843. Mars 11. Samedi.

h

0·0 A 5^{h}·3, Quarata.

0·7 Arrivé au Galda, profond de 1^{mt}, large de de 50^{mt} estimés, et sans courant visible. Halte de 0^{h}·6.

1·9 Le pays de pâturages est remplacé par un taillis clair-semé.

1·2 Çimbil, ruisseau tout petit.

0·2 Traversé le Abbay que nous avons d'abord longé un peu.

0·5 Sanctuaire de Bahr dar qiddus Giyorgis, dit aussi Bar dar.

Comme il y avait beaucoup de monde près de nous, je n'ai pas osé mesurer une grande base pour avoir la largeur du bac du Abbay. J'ai pris un angle de 6° 8′ entre deux paquets de Dangal sur l'autre rive et dont la distance s'est trouvée de 30^{mt}. Mais cette base était inclinée d'environ 30° à la direction : divisant le triangle isocèle en deux triangles rectangles, j'ai obtenu 240^{mt} environ pour la largeur, ou en nombres ronds 200^{mt}, car la trajectoire était oblique au courant. La rivière aurait 0·5 nœud environ, mais la profondeur moyenne était de 3^{mt} au moins. C'est la plus belle masse d'eau que j'aie vue en Éthiopie. Un peu plus haut il y a des rapides qu'on peut appeler cataractes, car les barques n'y peuvent passer. Il n'y a ni crocodiles ni hippopotames au lieu du bac, et je me fatiguai sensiblement à traverser à la nage. Les berges sont hautes de 2^{mt}.

4·5 Total.

355. — 1843. Mars 14. Mardi.

0·0 Départ de Bahr dar : par un terrain couvert de petits blocs erratiques de lave dont les plus gros pouvaient avoir 0^{mt}·4 de diamètre : le terrain s'élève légèrement d'abord, puis s'abaisse ; il est tout inculte et s'appelle le biraha de Talala.

? A 9^{h}·2, Andasa, R., allant au Abbay (20^{mt} sur 0^{mt}·5 et 2 nœuds), il y a un îlot à ce bac. Halte de 0^{h}·1.

0·1 Ruisseau.

1·4 Ruisseau (0^{mt}·5 sur 0^{mt}·03 et 4 nœuds).

0·4 Filet d'eau, halte de 0^{h}·8.

1·7 Tagambat, halte de 0^{h}·2 au faîte de la colline, puis descente.

0·4 Asabala, ruisseau (1^{mt} sur 0^{mt}·02 et 1 nœud).

0·1 A 2^{h}·4, Faras wagga, village de 60 huttes.

4·1 Total noté.

356. — 1843. Mars 15. Mercredi

0·0 A 2^{h}·6, Faras wagga par Tagambat. T. d'H. **108.**

1·2 A 3^{h}·8, Dabra May.

1·2 Total.

Durée de marche.

357. — 1843. Mars 16. Jeudi.

h

0·0 A 4^{h}·8, Dabra May.

0·6 Ruisseau (6^{mt} sur 0^{mt}·03 et 2 nœuds). Šina ?

1·2 Šina (8^{mt} sur 0^{mt}·2 et 2 nœuds). Tul probablement.

0·2 Marécage.

0·4 Descente avec précipice à gauche, allant au Abbay.

0·4 Halte de 0^{h}·3 à ce même précipice, près d'un ruisseau (3^{mt} sur 0^{mt}·02 et 1 nœud).

0·6 Ganta, village il y a 10 ans, aujourd'hui complétement abandonné.

0·7 Agitta IYASUS, village d'au moins 300 huttes.

1·0 Angar, en Ybaba.

5·1 Total.

358. — 1843. Mars 20. Lundi.

Angar, avec l'armée. Campé au Šina, qu'on me dit aujourd'hui être le Tul. Il est de fait que le Tul doit être quelque part ici.

359. — 1843. Mars 21. Mardi.

Parti du Tul pour aller camper en Ybaba sur une hauteur un peu au-delà du palais ruiné de Fasiladas qui est au N.-E. de Dabra May.

360. — 1845. Mars 23. Jeudi.

Campé à Dabra May, qui est tout au plus à 2 milles de la dernière station.

361. — 1843. Mars 24. Vendredi.

0·0 A 5^{h}·0, Dabra May.

0·6 Ruisseau allant vers la gauche.

0·3 Église à D. sur la hauteur du pic isolé de Abola nigus qui reste à gauche.

0·8 Šigaz (6^{mt} sur 0^{mt}·04 et 0·5 nœud).

0·2 Haylu gabya, marché sans maisons.

0·2 Šina ou peut-être Tul (6^{mt} sur 0^{mt}·04 et 3 nœuds).

0·2 Adet, village que les Warari du D. Birru viennent de brûler. Ce village reste un peu à droite.

1·0 Kam qiddus Mika-el, église à D., aujourd'hui abandonnée. Halte de 0^{h}·1.

0·3 Ruisseau (1^{mt} sur 0^{mt}·02 et 4 nœuds).

1·0 St-Georges à G., sans une âme.

0·2 Yazzat (6^{mt} sur 0^{mt}·03 et 3 nœuds). Halte de 0^{h}·6.

0·9 Route à G. qui descend par le sanctuaire de Ganj dans le qualla. Nous allons à droite.

0·5 Malza (4^{mt} sur 0^{mt}·3 et 3 nœuds).

Durée de marche.

361. (*suite*).

h

0·8 Talalo, sanctuaire. Toute cette journée a été sur la plaine ondoyante du daga. Yata est, dit-on, le vrai nom du Malza.

7·0 Total.

362. — 1843. Mars 25. Samedi.

0·0 A 3^{h}·9, Talalo.

0·9 Halte de 0^{h}·1, puis descente très-forte que je parcourus en courant.

1·8 Zama (1^{mt} sur 0^{mt}·04 et 4 nœuds).

0·6 Abaya (Abaa) dans une profonde fissure qualla (14^{mt} sur 0^{mt}·4 et 3 nœuds).

1·7 Haut de la montée, halte de 0^{h}·5.

0·4 Dol (0^{mt}·2 sur 0^{mt}·03 et 6 nœuds).

0·7 Qiddus Giyorgis, église abandonnée.

0·2 Ruisseau de Mota.

0·2 A 11^{h}·0, Mota.

6·5 Total.

363. — 1843. Mars 27. Lundi.

0·0 A 5^{h}·0, Mota.

1·0 Sadi (7^{mt} sur 0^{mt}·1 et 1 nœud).

1·7 Qaranyo.

2·7 Total.

364. — 1843 Mars 28. Mardi.

0·0 A 3^{h}·3, Qaranyo un peu avant l'aurore.

1·0 Ruisseau, et à D. bois rabougris d'acacias dits Arataga.

1·1 A 5^{h}·4, Sadi.

0·5 Mota, allant vite.

2·6 Total.

365. — 1843. Avril 4.

De Mota à Qaranyo. En route. T. d'H. **113.**

366. — 1843. Avril 5. Mercredi.

0·0 A 4^{h}·6, Qaranyo.

0·2 Tamen (23 pas ou 15^{mt}·7 sur 0^{mt}·2 et 1 nœud).

0·8 Filet d'eau.

0·4 Filet d'eau.

0·3 Filet d'eau.

0·5 Nadatra MARYAM, sans maisons, à gauche. Cette église est une des plus anciennes du Gojjam.

0·6 Halte de 0^{h}·3 au ruisseau de Tala (1^{mt} sur 0^{mt}·3 et 0·5 nœud).

0·6 Azwari (12^{mt} sur 0^{mt}·1 et 1 nœud).

0·4 ..... (1^{mt} sur 0^{mt}·02 et 3 nœuds), coulant vers la droite, en sens contraire de tous les autres.

Durée de marche.

366. (*suite*).

h

0·5 Tadbar (4mt·7 sur 0mt·07 et 2 nœuds).

0·5 Filet d'eau bourbeuse presque sans cours, ce qu'on appelle en Gojjam un Šat.

0·7 Filet d'eau.

0·2 ... (2mt sur 0mt·03 et 1 nœud).

0·6 Filet d'eau.

0·6 Ce, rivière où il y a un péage, et qui est dans une fissure de 30mt de profondeur environ (6mt sur 0mt·4 et 4 nœuds). A 1 mille en aval commence le qualla qui s'avance ici beaucoup dans le daga. Cette rivière sépare la province de Annabse du Gojjam proprement dit.

0·4 Galgal Ce (2mt sur 0mt·06 et 5 nœuds).

0·4 Deux tours ruinées ayant servi à veiller aux invasions des Galla.

0·6 Faîte et partage entre le Gojjam et le Annabse.

Halte de 0h·5, puis descente.

0·1 R... (5mt sur 0mt·02 et 3 nœuds).

0·4 R... (1mt sur 0mt·04 et 3 nœuds).

0·3 Faîte, près Titar.

Halte de 0h·7 pour le tour d'horizon **114**.

1·1 A 4h·3, Azwari, un des deux ruisseaux qui enceignent Dabra warq (4mt sur 0mt·1 et 3 nœuds).

10·2 Total.

367. — 1843. Avril 6. Jeudi.

0·? Parti de Dabra warq je parvins à une petite colline où je fis le tour d'horizon **115**. Cette colline est à 4 ou 5 milles de Dabra warq, qui est dans un creux.

0·0 A 8h·2, départ de la station n° **115**, dite Mangistu I.

0·4 Filet d'eau.

0·3 Filet d'eau.

0·3 A 9h·2, halte de 1h·5 sur la rive gauche du Soha (20mt·9 sur 0mt·2 et 2 nœuds).

0·0 A 10h·7, départ du Soha.

0·5 Faîte entre l'église de Mangistu à droite, et son betalihem à gauche près de deux tours du guet. Il y a plus de 1 mille de l'église à la sacristie ou betalihem.

0·6 Šat, dans la plaine accidentée.

0·3 Yabart (15mt sur 0mt·15 et 3 nœuds). A 0·25 mille à droite, et sur la rive droite, est le hameau de Afarame.

0·8 Adgilla sur la gauche.

0·8 Muga (12mt sur 0mt·4 et 3 nœuds). C'est la plus belle rivière du Gojjam après le Abaya ; elle est encaissée de 2mt tout au plus, et sa rive gauche est dessinée par une suite de

Durée de marche.

367. (*suite*).

h

très-basses collines. Sur la rive droite est une plaine que nous parcourûmes.

1·1 Angac, village bâti sur une colline brusque et raide.

5·1 Total noté.

368. — 1843. Avril 7. Vendredi.

0·0 Angac, à 4h·4.

0·7 Bacat (1mt·5 sur 0mt·05 et 3 nœuds).

0·4 Šat.

0·3 Šat.

0·4 Yasanbat, village à 2 milles à gauche.

0·2 Girar.

0·3 Bagana (1mt sur 0mt·5 et 3 nœuds), encaissé de 3mt. Halte de 0h·3.

0·2 Yasagara.

1·3 Descente commencée.

0·4 A 8h·9, Gatla (10mt sur 0mt·2 et 2 nœuds). Halte de 1h·1.

0·0 A 10h·0, départ du Gatla.

1·0 Šat.

0·8 Jiba (12mt sur 0mt·2 et 4 nœuds).

0·8 ... MARYAM, église ; puis descente.

0·4 Halte de 0h·4.

0·5 A 1h·9, Dinjat.

7·7 Total.

369. — 1843. Avril 8. Samedi.

0·0 Dinjat.

1·6 Yawiš.

1·6 Total.

370. — 1843. Avril 9. Dimanche.

0·0 A 0h·2, Yawiš.

0·3 Yeda, R. (6mt sur 0mt·1 et 3 nœuds).

0·5 Hameau à G.

0·1 Šat.

0·4 Village à G.

0·3 A 1h·8, Yajibe.

1·6 Total.

371. — 1843. Avril 20. Jeudi.

De Yajibe à Gurem et retour. T. d'H. **116**.

372. — 1843. Avril 27. Jeudi.

De Yajibe à Gurem et retour. T. d'H. **117** et **118**.

373. — 1843. Mai 1er. Lundi.

De Yajibe à Yawiš.

Durée de marche.

374. — 1843. Mai 2. Mardi.

h

0·0 A 6h·3, départ, probablement de Yawiš.

0·4 Šat.

2·0 Église sur la hauteur.

0·8 Rivière pleine de pierres.

0·7 Église.

0·2 Šat.

0·9 Gatla, rivière. Halte de 0h·3.

1·4 Yajirar, village.

0·2 Šat.

0·2 Bogana, rivière et un ruisseau.

0·9 A 2h·3, Yasanbat.

7·7 Total.

375. — 1843. Mai 3. Mercredi.

0·0 A 6h·5, départ (de Yasanbat ?)

0·6 Couches relevées à pic sur une colline.

0·2 Šat.

0·6 Šat et halte de 1h·0.

0·8 Šat et halte de 0·3.

0·7 Soha (?), rivière et halte de 0h·3.

0·3 Šat.

1·4 Soha, rivière.

4·6 Total. Le reste de cette route n'a pas été retrouvé dans les notes.

Arrivée à Dabra warq.

376. — 1843. Mai 7. Dimanche.

De Dabra warq à Safarka et retour. T. d'H. **119**.

377. — 1843. Mai 9. Mardi.

0·0 A 8h·4, départ de Dabra warq.

5·1 A 1h·5, arrivé au Muga, rivière.

Continué jusqu'à ....

378. — 1843. Mai 10. Mercredi.

De .... par Dabet à Zanami. T. d'H. **120**.

379. — 1843. Mai 11. Jeudi.

De Zanami à Yajibe.

380. — 1843. Mai 18. Jeudi.

De Yajibe à Yawiš.

381. — 1843. Mai 19. Vendredi.

De Yawiš à Yajibe ; puis départ avec la caravane. J'étais trop souffrant de la rougeole pour écrire, et quand j'eus traversé le Abbay, je cessai de me servir de la montre, car tout le monde m'assurait qu'elle exci-

381. (*suite*).

terait la cupidité des Ilmorma. Nous nous arrêtâmes au bord du qualla en un endroit que j'estimai être à 6 ou 7 milles de Yajibe. Je donne ces distances estimées pour ce qu'elles valent.

382. — 1843. Mai 20. Samedi.

Partis à la pointe du jour, nous parcourûmes le désert bien boisé de Kartamora et allâmes coucher sur la rive gauche du Abbay, si sinueux ici qu'on ne voit plus d'eau à une distance de 400^{mt}.

383. — 1843. Mai 21. Dimanche.

Dist. (milles)

Montée en zig-zag par une pente raide et fatigante.

1·0 Basse plaine légèrement montante vers le sud.

3·0 Arrivé à un hameau dans Aradawro.

4·0 Total noté. Les distances données en milles sont *estimées*.

384. — 1843. Mai 22. Lundi.

Commencé la montée rude sur le grès blanc, qui avait succédé au gneiss avec blocs erratiques de granit ; puis défilé dans le terrain rouge qui nous conduit à une magnifique plaine ondulée. Nous suivons des sentiers très-sinueux qui séparent les champs. Cette nuit nous campâmes sur le plateau de Asandabo, et sur la rive droite du Katta.

385. — 1843. Mai 24. Mercredi.

Nous fîmes aujourd'hui un petit changement et allâmes camper sur la rive gauche du Katta, tout près du marché de Asandabo. Pendant ces jours j'ai été tellement tourmenté par le monde qu'il m'a été impossible même d'estimer la distance que nous avons parcourue.

386. — 1843. Mai 30. Mardi.

Départ du marché de Asandabo à pied.

5·3 ou 16000 pas. Traversé un šat qui doit être un ruisseau plus bas, en suivant le fond d'un vallon qui va à 11 ou 12 milles se réunir au Agul. Cette dernière rivière coule comme tant d'autres dans un qualla.

0·8 ou 2600 pas. Arrivé à Marawa, tout près de Anafo, d'où :

Sur le M^t qui sépare Horro de Gambo 267°.

Dist. (milles)

387. — 1843. Juin 10. Samedi.

De Anafo à une maison hors de la tribu de Loya.

388. — 1843. Juin 11. Dimanche.

Départ à mule de ...

Traversé le Jarra coulant à droite (1^{mt} sur 0^{mt}·3 et 2 nœuds).

Arrivée au ruisseau Dannaba (1^{mt} sur 0^{mt}·3 et 3 nœuds) allant à droite et à 1 mille au sud de Qobbo.

389. — 1843. Juin 20. Mardi.

Départ de Qobbo dans la plus grande confusion.

Arrivée au vallon de Burqa abbo en Jimma

390. — 1843. Juin 24. Samedi.

Départ de Burqa abbo.

1·3 ou 4000 pas environ. Traversé le Waranta (1^{mt} sur 0^{mt}·1 et 2 nœuds), allant à gauche. Obligé ici de monter à cheval et de continuer au galop, je dus perdre mon compte de la distance parcourue.

Arrivé au désert entre Nunnu et Tibbe. Puis nous montons sur l'un des contreforts du Mt Amara qui reste à gauche.

Traversé le ruisseau Canco (1^{mt} sur 0^{mt}·2 et 4 nœuds) allant à gauche.

Arrivée à Abbono, petit village fortifié, et sur le revers nord de la grande chaîne du Rare.

391. — 1843. Juin 25. Dimanche.

Départ de Abbono.

Vers le haut, nous longeons le ruisseau Jarti qui va, dit-on, par Galliha au Abbay. La source du Jarti est à moins de 100^{mt} du faîte de la chaîne.

Le Mt Amara paraît être à 1 mille au N.-O. du col qu'il semble dominer de 300^{mt}. Les arbres dits koso et atat atteignent de belles dimensions à ce col. Traversé le Sangota allant à droite.

Arrivée à Donguro, ayant à droite le Mt Habib et à gauche un haut et long contrefort du Mt Amara. Donguro est sur le revers sud de la chaîne et à une altitude plus petite que Abbono.

392. — 1843. Juin 29. Jeudi.

Départ de Donguro, puis traversé le marché.

Traversé un ruisseau.

Dist. (milles)

392. (*suite*).

4·5 Traversé le Sangota R. (8^{mt} sur 0^{mt}·4 et 2 nœuds).

3·0 Traversé le Lag' Amara ou rivière Amara, coulant comme les deux précédents vers l'Est.

2·0 Fond ou pied des collines.

4 ou 5 Arrivée à Qito dans une grande prairie plate, inondée en cette saison et dont je jugeai l'altitude égale à celle du Zam-a, grande plaine en Tigray. Le Lag' Amara coule tout près de là, et après le Rib, le Gumara et le Abbay, il me semble la plus grande rivière que j'aie vue en Éthiopie. Le soleil se lève à 3 ou 4° au sud du Mt Amara.

393. — 1843. Juillet 4. Mardi.

Départ de Qito.

2·0 Limite des pacages de Qito. A partir d'ici, l'herbe est forte et haute, mais disposée toujours par touffes. Ce désert se nomme Goromti.

? Gibe, rivière débordée et coulant vers l'est. J'estime sa largeur à 25 ou 30^{mt}. Courant presque insensible sur la rive gauche et de 0·5 nœud sur la rive droite. Nous traversâmes à la nage et ne pûmes connaître la profondeur. Presqu'à mi-rivière à partir de la rive gauche, j'avais encore pied, ce qui équivaut à une profondeur de 1^{mt}·4 au plus. En été, me dit-on, on ne se mouille pas le genou à ce gué.

6·0 Campé à Katta, près d'un petit bois et d'un ruisseau. Ce lieu appartient à Lofe; mais dernièrement il a été occupé par les gens de Leqa.

8·5 Total.

394. — 1843. Juillet 10. Lundi.

Départ de Katta.

Traversé un ruisseau allant vers l'est (1^{mt} sur 0^{mt}·2 et 3 nœuds) ; puis gros orage et torrents de pluie qui nous jetèrent en confusion. Aussitôt après avoir traversé un col, la tête septentrionale du Mt Kunc reste au S.-S.-E. de la boussole et à 1 mille de distance environ. Ce col paraît plus bas que le sol de 'Adwa.

5·5 Campé sur la rive gauche du Guadab dans Lalo. Le Guadab coule vers la droite.

5·5 Total.

395. — 1843. Juillet 14. Vendredi.

Départ de Lalo, en cheminant d'abord sur les pentes du Mt Kunc ; puis sur celles du

Dist. (milles)

395. (*suite*).

Mt Sobso. Traversé cinq ruisseaux ; puis le Lga Jarti : tous vont à droite.
Campé dans Wamay.

396. — 1843. Juillet 17. Lundi.

Départ.
Col qui relie le Mt Sobso au Mt large dit Wamay.

S°. B. **47**.

Mt Amara	N.-E.
Mt isolé entre Inarya et Jimma Qaqa	S.-S.-O.
Pic le plus aigu de Guma	S.-O. ¼ O.
Mt le plus sud de Jimma Hin-e	N.-N.-O.
Mt Kunc.	E.

Traversé deux R. allant à droite, puis deux fois le Mgdalu allant d'abord à droite et ensuite à gauche (12^{mt} sur $0^{mt} \cdot 4$ et 3 nœuds).
Arrivée à Giyo, après avoir traversé un R. allant à gauche.

S°. B. **48**.

Mt Qalala dans Inarya. Esq.	S. ¼ O.
Pic dans Guma. Esq.	S.-O. ¼ S.
Pic de Jimma Hin-e	O.-S.-O.
Mt de Sibu. Esq.	N.-N.-O.

397. — 1843. Juillet 20. Jeudi.

Départ de Giyo.
Mgdal, R. à D. (14^{mt} sur $0^{mt} \cdot 9$ et 3 nœuds).
Arrivée, après une très-courte marche, à un hameau palissadé placé sur la lisière du désert de Gibbe dans une prairie humide, après avoir traversé deux R. allant à droite.

S°. B. **49**.

Pic aigu de Guma	S.-O.
Mt le plus sud de Jimma Hin-e	O.-S.-O.
Mt de Sibu. Esq.	N.-O. ¼ N.

398. — 1843. Juillet 21. Vendredi.

Départ du hameau.
8·0 Toujours en marchant dans le désert vers le Mt Qaqe, rocher isolé et remarquable ; ensuite nous allons plus vers l'ouest.
1·0 Wirgesa, rivière large de 24^{mt} estimés. Mesurée avec mon parasol et au pas, cette largeur serait 25^{mt}, courant de 5 nœuds à l'heure et profondeur de $0^{mt} \cdot 90$, quoiqu'il n'eût pas plu depuis deux jours. Notre passage dura deux heures, et alors le courant n'était plus que de trois nœuds, l'eau ayant sensiblement baissé. Ensuite un R. allant à gauche (14^{mt} sur $0^{mt} \cdot 2$ et 2 nœuds).
Nous tournâmes beaucoup dans Gibbe, où en essayant d'estimer mille par mille, j'eus un total de 35 milles pour cette journée, ce qui est absurde, bien que nous fussions tous éreintés. Comme la vue ne s'étendait nulle part, il me fut impossible d'estimer à vol d'oiseau.
Arrivée au qella du Ulmay, après avoir traversé un R. allant à gauche. Le Ulmay a 4^{mt} sur $0^{mt} \cdot 2$ et 3 nœuds et va à droite au Did-esa.

399. — 1843. Juillet 23. Dimanche.

Départ du qella en suivant les flancs occidentaux d'une chaîne de collines qui sépare le bassin du Ulmay de celui du Bokak. Traversé 5 R. Le dernier a 6^{mt} sur $0^{mt} \cdot 4$ et 7 nœuds.
Campé à Galle, près du Mt Hapati.

400. — 1843. Juillet 24. Lundi.

Traversé le Bokak qui coule vers l'ouest. Campé au masara de Abba Jobar. L'eau bouillait là à 94°·3 ; mais je ne pus observer la température de l'air.

401. — 1843. Juillet 25. Mardi.

Départ.
R. (15^{mt} sur $0^{mt} \cdot 2$ et 2 nœuds), puis un R. fangeux : tous deux vont à gauche au Bokak.
9·0 Gajaba, R. allant à droite (6^{mt} sur $0^{mt} \cdot 3$ et 3 nœuds).
9·0 Mt Mole sur le faîte des collines qui séparent les bassins du Bokak et du Gibe de Inarya. Puis nous tournons vers le sud en descendant et en tournant jusqu'au masara de Abba Jobar. Le Bokak va à droite et a 30^{mt} sur $1^{mt} \cdot 0$ et 3 nœuds.
6·0 Arrivée à Saqa.
24·0 Total. Ces distances, estimées sans montre et en cheminant, sont probablement exagérées.

402. — 1843. Novembre 6. Lundi.

Départ de Saqa.
Masara Abba Dulla.
Enceinte d'une église Sidama.
2·0 Jijilla, col entre les bassins du Gibe et du Did-esa.
2·0 Ruisseau Tinnige.

402. (*suite*).

2·0 Col bas.
1·0 Mito, ruisseau allant, comme le précédent, au Did-esa.
Tobo, après avoir traversé deux ruisseaux. Ce lieu est plus près de Kocawo que de Saqa.
2·5 Mt Agamsa.
6·0 Arrivée à Kocawo dans un creux en deçà de Sap-a.
15·5 Total.
De Jijilla, j'ai estimé à 20 milles la distance de Saqa à Kocawo. Toute cette route est à travers un pays bien ondulé et plutôt boisé que cultivé. Le mot Sap-a est souvent employé pour désigner tout le versant sis entre Jijilla et le Did-esa.

403. — 1843. Novembre 12. Dimanche.

De Kocawo à Tobo.

404. — 1843. Novembre 13. Lundi.

De Tobo à Saqa.

405. — 1843. Novembre 15. Mercredi.

De Saqa par Tobo à Kocawo.

Durée de marche.

406. — 1843. Novembre 18. Samedi.

h
0·0 Départ de Kocawo.
0·8 Afata, à raison de 1 mille par heure ; mais par une route sinueuse.
0·3 Descente au R. Fite (6^{m} sur $0^{m} \cdot 1$ et 1 nœud), à droite.
0·2 Jusqu'au double qella avec son fossé.
0·2 Au R. Janja, à droite.
0·1 Au R. tout petit : montée et descente légères.
0·5 Au Anonu Darmo, arbre fameux dans l'herne (biraha des Amara).
0·1 Au Lga Anonu R., à droite.
0·2 Au Awetu (Ae), affluent du Did-esa, large de 15 pas ou $9^{mt} \cdot 3$; courant de 6 nœuds.
0·2 Au 1er qella de Jimma. Fin du district dit Sadaco.
0·2 Au 2e qella qui a des gardiens.
1·4 Au ruisseau près les blocs erratiques, à D.
0·2 Traversé ce ruisseau plus en amont.
1·0 Ruisseau.
0·3 Kiftan.
5·7 Total.

S°. B. **50**.

Sur Afata, me dit-on, 5°·8
Direction de Saqa, dit-on, 36·5

Durée de marche.

407. — 1843. Novembre 19. Dimanche.

h

0·0 Kiftan.
2·0 Jusqu'à un vallon tournant et boisé.
0·1 Awetu, R. de Jiren, à G.
2·0 Jusqu'au faîte de la plaine daga.
0·5 R. à G.
0·6 Masara de Çalla. D'ici on m'indique la direction de Kaffa comme celle du soleil couchant.

5·2 Total.

Sⁿ. B. **51.**

Route de Bonga, dit-on 239°
Direction de Jiren 61·5

408. — 1843. Novembre 20. Lundi.

0·0 Départ de Çalla.
0·5 Gota, R. allant au Gibe.
0·8 R.
0·2 Ruisseau.
0·4 Ruisseau.
0·8 Faîte.
0·4 R.
0·1 Marché de Jiren.

3·2 Total.
Sur le masara du Roi 85°.

409. — 1843. Novembre 22. Mercredi.

0·0 Départ du masara de Abba Jifara à Jiren.
0·8 Village de Jiren.
0·2 Ruisseau fangeux et ponceau.
0·2 Ruisseau fangeux et ponceau.
0·2 Ruisseau Awetu et ponceau.
0·3 Ruisseau et prairie ; ponceau.
0·1 Fin d'une prairie.
0·3 Fin d'une montée et d'une descente.
0·2 Fin d'une prairie.
0·2 Montée et descente.
0·1 Ruisseau fangeux ; ponceau.
0·2 Sur une prairie.
1·1 Montées et descentes.
0·1 Gota (0^{mt}·9 sur 0^{mt}·2 et 3 nœuds).
0·5 Masara de Çalla.

4·5 Total.

410. — 1843. Novembre 23. Jeudi.

0·0 Çalla.
0·3 Gibe (9^{mt}·5 et 4 nœuds).
0·4 Marché de Sakatu.
0·6 Masara du frère de Abba Boggibo.
0·7 Petit filet d'eau.
0·2 Moti, ruisseau, ponceau (15 pas et 5 nœuds).
0·3 Maison de Abba Dima.
0·7 Çokorso ou Çokorsa.

3·2 Total.

Durée de marche.

411. — 1843. Novembre 24. Vendredi.

h

0·0 Çokorso, où reste Abba Bulgu.
0·1 Ruisseau et ponceau.
0·2 Ruisseau et ponceau.
0·1 Ruisseau et ponceau, à G.
0·1 Ruisseau et ponceau.
0·4 Ruisseau et ponceau.
0·9 Ruisseau dans le creux de la colline.
0·2 Ruisseau dans le creux de la colline, à G.
0·1 Col de Tumama, bornant au sud le Mt Bore.
0·2 Ruisseau dans la forêt, à D.
0·8 Fin de la forêt.
1·0 Sabaqa.

4·1 Total.
Dans cette route on tourne beaucoup pour arriver aux endroits favorables où les ponts ont été établis. Dans cette forêt, nous faisions 4 milles à l'heure, mais le chemin fangeux serpente beaucoup.
Sur Sadara à 500^{mt} 340° environ.

412. — 1843. Novembre 26. Dimanche.

0·0 Sabaqa : descente.
0·6 Ruisseau allant à gauche (6^{mt} sur 0^{mt}·2 et 5 nœuds).
0·7 Faîte d'une longue montée.
0·1 Ruisseau allant à gauche. D'ici au Gojab, nous traversons à tout moment des bassins de boue noire, impraticables sans la longue herbe qu'on y trouve, et qui gênent singulièrement.
0·2 Ruisseau allant à droite.
0·1 Ruisseau allant à gauche, traversé la 2e fois
0·4 Ruisseau allant à gauche.
0·8 Ruisseau allant à gauche.
0·3 Ruisseau allant à gauche.
0·2 Ruisseau.
0·4 Changement de direction.
0·6 Fond.
2·0 Fille, c'est-à-dire bras du Gojab (8^{mt} sur 1^{mt} et 3 ou 4 nœuds).
0·5 Gojab (40^{mt} sur 2^{mt} (?) et 6 nœuds). De Sadara au Gojab tout le désert se nomme Qanqatti : la route s'écarte de la ligne droite pour atteindre l'île qui en divise le courant et favorise la construction d'un pont. Cette île a environ 1 mille de large.
0·6 Arrivé à Yagga : campé sur une colline à 10^{mt} au-dessus des eaux du Gojab.

7·5 Total.
Direction de la source du Gojab selon Burçe, calculée d'après l'heure et la direction de l'ombre = 308°·9.
Cours du Gojab en amont du pont 290 à 300°.

413. — 1843. Novembre 28. Mardi.

0·0 Yagga. Nous allons à peu près en sens contraire de notre route de Sadara à Yagga.

Durée de marche.

413. (*suite*).

h

0·1 Qella double : puis longue montée.
0·3 2e qellá : triple ; ensuite longue descente, après une petite montée.
0·3 3e qella à mi-colline.
0·3 . . . . .
0·3 R.
0·4 Kobba, ruisseau fangeux (4^{mt} sur 0^{mt}·2 et 2 nœuds) dans le fond d'une longue vallée.
0·1 Gadara, après une montée raide.

1·8 Total.

414. — 1843. Novembre 30. Jeudi.

0·0 Gadara, herne.
0·2 Qella à cinq fossés et pont-levis.
0·1 Halte de 2^{h}·0 pour nous faire compter un à un.

0·2 Qella.
0·5 Qella.
0·9 Ruisseau fangeux allant à gauche vers le Gojab et traversé d'un mauvais ponceau.
0·1 Qella à mi-montée.
0·2 Qella.
0·8 Ginc (10^{mt} sur 0^{mt}·3 et 2 nœuds). Peu avant est un étang large de 100^{mt}.
0·5 Bonga.

3·5 Total.
A cause des haltes, nous mîmes plus de 7^{h} à faire cette route qui m'a semblé décrire plus d'un demi-cercle.

Sⁿ B. **52.**

Du masara du Roi de Kaffa.

Mt Mata Gera	350°
Gukiba	342
Colline de Bota	286
Gobo	175
Kullo	140

Ces angles, pris à la boussole, sont plutôt des directions générales, car les pays m'étaient indiqués largement.

415 — 1843. Décembre 10. Dimanche.

0·0 Départ des environs du palais de Bonga à raison de 0·5 mille ou tout au plus 0·7 mil. à l'heure. Notre ombre étant droit devant nous à 10^{h}·7 du chronomètre, la direction de la route était 318°·5.
0·3 Marché de Limmu.
0·4 Qella double.
0·2 Marché de Gera et de Gomma.
0·1 Ginc, rivière.
1·1 Marché de Bonga.
0·3 Ruisseau fangeux et pont.
0·1 Qella double.

Durée de marche.

415. (*suite*).

h

0·2 Qella triple.
0·3 Ruisseau ; à D.
1·4 Halte.
0·3 Baqqa.

4·7 Total.

416. — 1843. Décembre 11. Lundi

0·0 Baqqa.
0·1 Qella triple.
0·3 Qella quintuple.
0·2 Ruisseau à mi-colline.
0·1 Qella quadruple.
0·5 Ruisseau marneux.
0·3 Ruisseau fangeux.
0·1 Petit ruisseau.
0·2 Qella double.
0·4 Qella triple ; vigie.
0·4 Qella final.
0·1 Huttes de Yagga.
A 0·5 mille par heure pendant 1h·2 ; ensuite, à 1 mille par heure.

2·7 Total.

417. — 1843. Décembre 12. Mardi.

0·0 Yagga.
0·5 Gojab.
2·4 A raison de 3 milles par heure jusqu'ici. Le reste de la route se fit à 1 mille par heure.
3·5 Ruisseau allant à droite. L'escorte armée nous quitte.
0·3 Double ruisseau.
0·3 Ruisseau.
0·9 Ruisseau. Commencé à monter.
0·6 Sabaqa.

8·5 Total.

418. — 1843. Décembre 16. Samedi.

0·0 Sabaqa.
1·7 Ruisseau dans la forêt.
0·6 2e ruisseau.
0·1 Col de Tumama.
0·1 Ruisseau à mi-colline.
0·5 Ruisseau à pont.
0·2 Ruisseau.
0·2 Ruisseau.
0·4 Maison de Abba Bulgu.
0·9 Ruisseau à pont.
0·4 Halte sur le faite d'une colline.
0·8 Marché de Sakato.
0·6 Gibe.
0·1 Masara de Çalla.

6·6 Total.

Durée de marche.

419. — 1843. Décembre 17. Dimanche.

h

0·0 Çalla.
0·3 Ruisseau très-sinueux.
2·3 Awetu (Ae) de Jiren.
0·6 Halte sur la hauteur.
1·3 (1h·6?) Kiftan. Ruisseau.
0·5 Ruisseau qui coule à gauche.
0·9 Ruisseau.
0·3 Ruisseau.
0·7 Qella de Jimma Qaqa.

6·9 Total. Ou peut-être 7h·2.

420. — 1843. Décembre 18. Lundi.

Du qella de Jimma à Afata.

421. — 1843. Décembre 19. Mardi.

0·0 Afata.
1·0 Ruisseau.
0·2 Ruisseau.
0·3 Ruisseau.
0·7 Ruisseau.
0·6 Ruisseau.
1·1 Garuqqe.

3·9 Total à 1 mille par heure.

S^a. B. **53.**

Garuqqe, station ou arbre mort	163°·5
Mt Minjillos	291·5
Mt Agamsa	316

422. — 1843. Décembre 28. Jeudi.

0·0 Garuqqe à 11h·0.
1·1 Ruisseau (3).
0·6 Col.
0·7 Deux ruisseaux.
0·2 Ruisseau.
0·2 Ruisseau.
0·3 Ruisseau.
0·5 Faite de la montée.
0·2 Autre bassin.
0·5 A 3h·3, Afata, cheminant auj. à 1 mille par heure.
Sur Kiftan, selon les gens, 293°.

4·3 Total.

423. — 1843. Décembre 29. Vendredi.

0·0 Afata.
0·2 Ruisseau.
0·3 Qella.
0·3 Ruisseau.
0·3 Ruisseau.
0·1 Ruisseau.
0·4 Anono Darmo.
0·2 Ruisseau fondrière.
0·3 Awetu. R. 2 nœuds.

Durée de marche.

423. (*suite*).

h

0·2 Qella.
0·2 Qella.
0·9 Faite d'une montée.
0·1 Ruisseau très-petit.
0·1 Halte.
2·2 Yabu, rivière à G.
0·5 Halte chez Abba Gole.

6·3 Total : à 2 milles par heure.

424. — 1843. Décembre 30. Samedi.

0·0 Maison de Abba Gole.
0·3 Ruisseau à G.
0·5 Bolilla R. à G.
0·9 Halte.
0·2 Ruisseau à G.
0·2 Ruisseau à G. avec petit pont.
0·3 R. à G., ponceau et commencement du bois.
0·5 Col faite : on tourne ensuite à gauche.
0·2 Ruisseau à D.
0·2 Ruisseau à D.
0·5 Jiren.

3·8 Total : à 2 milles.

425. — 1844. Janvier 6. Samedi.

0·0 Jiren.
0·3 Ruisseau à G.
0·2 Ruisseau à G.
0·6 Ruisseau à G., étang dans la forêt.
0·8 Fin de la forêt.
0·5 Mt Kansi à G.
1·4 Bolilla à D.
0·4 Ruisseau à D.
0·4 Kiftan.

4·6 Total : à 2 milles par heure.

S^a. B. **54.**

De Kiftan :

Direction de Jiren	141°
Direction de Çalla	184
Mt Bamba à 20 milles	253
Mt Care à 8 milles	109

Ces deux monts sont des Kollo.

426. — 1844. Janvier 8. Lundi.

0·0 Kiftan.
0·2 Ruisseau à G.
0·1 Ruisseau à G.
0·3 Ruisseau à G.
0·2 Yabu, ruisseau à D.
0·6 Ruisseau coulant vers la droite.
0·8 Qella de Jimma.
0·3 Ruisseau à G.
0·1 Awetu, R.
0·2 Ruisseau à G.
0·2 Anono Darmo.

Durée de marche.

426. (*suite*).

h	
0·6	Ruisseau à G.
0·4	Ruisseau à G.
0·4	Ruisseau à G.
0·2	Qella de Limmu.
?	Ruisseau à G.
1·0	Afata.
5·6	Total à peu près.

427. — 1844. Janvier 9. Mardi.

De Afata par Kocawo à Tobo.

428. — 1844. Janvier 11. Jeudi.

De Tobo à Garuqqe.

S^{a}. B. **55**.

De Garuqque I (ou sommet de la montagne).

Saqa	37 ou 39°
Dar-u	40
Direction de Jiren	219
Minjillos	290
Mt Agamsa	330

Du masara (ou Garuqqe II).

Sur l'arbre mort au faîte de la colline	163 ·5
Kollo ou Mt Minjillos	291 ·5
Kollo ou Mt Agamsa	316

429. — 1844. Janvier 17. Mercredi.

0·0	A 0^{h}·6, Garuqqe.
0·4	Ruisseau à G.
0·8	Filet d'eau dans le bois.
0·2	Filet d'eau dans le bois.
0·3	Faîte.
0·5	Dar-u.
1·0	Entré dans le bassin du Gibe.
0·2	Ruisseau à D.
0·2	Petit ruisseau à D.
0·1	Ruisseau à D.
0·1	Ruisseau à D.
3·1	A 7^{h}·5, Saqa.
6·9	Total.

430. — 1844. Janvier 20. Samedi.

De Saqa à Garuqqe.

431. — 1844. Janvier 25. Jeudi.

De Garuqqe à Kocawo.

432. — 1844. Février 6. Mardi.

De Kocawo à Tobo.

Durée de marche.

433. — 1844. Février 7. Mercredi.

h	
0·0	A 6^{h}·2, Tobo.
1·0	2e ruisseau.
1·6	Ruisseau.
0·8	Col de Gabana à l'ouest de Tinniqe.
1·6	Col de Jijilla. Halte de 0^{h}·5.

S^{a}. B. **56**.

Mt Agamsa	235°
Tobo	233
Mt Gabana, sommité de droite	219
Heco en Guma	275
Coude du Did-esa	260
Saqa à peu près	76
Lac Galalaqi	71 à 72 ·5

0·6	Ruisseau.
0·2	A 0^{h}·5, Saqa.
5·8	Total.

434. 1844. Février 25. Dimanche.

0·0	A 6^{h}·9, Saqa	A 3 milles par heure.
0·5	R. et marchands	
0·4	R. et masara Abba Jobar	
1·0	Tournant du Mt Mole	
1·2	R.	
1·4	Gajaba, gros ruisseau	A 2 milles par heure.
0·1	Ruisseau	
0·2	Ruisseau	
0·2	Masara Abba Jobar.	
5·0	Total.	

435. — 1844. Février 26. Lundi.

0·0	A 6^{h}·9, Masara Abba Jobar dans Muka Luba.
0·8	Bokak R. (4^{mt} sur 0^{mt}·2 et 6 nœuds).
0·5	R. fangeux.
0·1	R. (8^{mt} sur 0^{mt}·05 et 1 nœud).
1·3	A 9^{h}·6, arrivé à Koma dans le district de Qalala.
2·7	Total.

S^{a}. B. **57**.

Notre campement à 0·5 mille	14°
Direction du Qella	31
M^{t} vu de Saqa par 115°·8 azim. vrai. Esq.	158 ·2
Mt Mole	162
Saqa	167
Mt Gabana	179·5 à 180
Kollo Hapati	256

436. — 1844. Mars 1er. Vendredi.

0·0	A 2^{h}·0 Koma.
0·4	Col du partage entre le Bokak et le Ulmay.
0·4	Ruisseau.

Durée de marche.

436. (*suite*).

h	
0·4	Col.
0·4	Ruisseau.
0·3	Col.
0·3	Ruisseau.
0·2	Descente.
	Sur Mt Hapati 192°.
0·2	Ruisseau très-petit.
0·2	A 4^{h}·9, Qella.
2·8	Total.

437. — 1844. Mars 2. Samedi.

0·0	A 9^{h}·3, Qella.
2·7	R. très-petit.
0·3	Hursa (3^{mt} sur 0^{mt}·15 et 0·5 nœud).
0·5	Filet d'eau.
0·9	Mt Qaqe à D.
0·5	Wirgesa (24^{mt} sur 0^{mt}·4 et 0·5 nœud).
0·7	R. (4^{mt} sur 0^{mt}·15 et 0·25 nœud).
0·6	A 3^{h}·5, halte pour la nuit.

S^{a}. B. **58**.

Mt Qaqe	181°·5
M^{t} ou kollo Hapati	192 ·1

6·2 Total. : à 2·3 milles par heure.

438. — 1844. Mars 3. Dimanche.

0·0	A 8^{h}·0, départ.
0·2	R.
0·8	R. à G.
1·1	Madalu R. (4^{mt} sur 0^{mt}·1 et 1 nœud).
0·9	Giyo.
3·0	Total : à raison de 2·6 milles par heure.

439. — 1844. Mars 4. Lundi.

0·0	A 7^{h}·8, Giyo.
0·5	R. à D.
0·2	R. à G. Madalu, me dit-on.
0·4	R. à G. très-petit.
0·2	Haute colline à D.
0·4	Col du Mt Kunc.
0·6	Meso (nom de terre).
0·1	Halte de 0^{h}·6.
0·4	Col du Mt Sobso.
0·1	R. à G.
0·1	R. à G.
0·2	Second col.
0·1	Halte de 0^{h}·2.
0·4	R.
0·05	R.
0·05	R.
0·3	R.
0·2	A 0^{h}·8, Birbirsa.

Durée de marche.

439. (*suite*).

h

Sn. B. **59.**

Mt Kunc	110°·5
Mt Sobso	313 ·0

4·3 Total : à 2 milles par heure.

440. — 1844. Mars 6. Mercredi.

0·0 Birbirsa.
0·2 R.
0·6 R. (5mt sur 0mt·4 et 1 nœud).
0·1 R.
0·2 R.
0·3 R.
0·1 Barakat dans le district de Lagg Jarti.

Sn. B. **60.**

Colline de Jimma. Esq.	10°
Mt... Habib?	26 ·5
Mt Adulan	38 ·4
Mt Kunc en Leqa	160
Mt Sobso	206 ·7
Colline à 8 ou 9 milles	273
Autre colline à 8 milles. Esq.	293 ·5

De Birbirsa à Barakat, nous avons cheminé à peu près droit au nord.

1·5 Total.

441.— 1844. Mars 9. Samedi.

0·0 A 10h·5, Barakat.
0·1 R. très-petit.
0·5 R... le désert de Goromti commence.
0·4 R...
0·1 R... Halte de 0h·1.
1·6 Gibe (8mt sur 0mt·3 et 1 nœud).
0·3 Changement de direction.
0·6 Hosanna, chef de notre escorte, nous quitte.
1·0 Qito, hameau.
0·2 Campé.

4·8 Total : à raison de 2 milles par heure.

442.— 1844. Mars 11. Lundi.

0·0 Qito.
0·3 Maisons.
0·4 R. vaseux.
0·6 Joli ruisseau.
0·2 Maison de Curka dans Lag'Amara.

1·5 Total : à 2 milles.

443.—1844. Mars 13. Mercredi.

0·0 A 8h·0, chez Curka dans Lag'Amara.
0·6 Petit col.

Durée de marche.

443. (*suite*).

h

1·1 Passage à un autre bassin.
0·5 Halte de 0h·4 pour le péage.
0·2 Ruisseau (4mt sur 0mt·05 et 4 nœuds).
1·2 Contour du Mt.
0·2 Très-petit R.
1·0 Contour.
0·4 1h·6, chez Garre Abdi dans le *clan* de Cibbe.

5·2 Total : à 2 milles par heure.

444. — 1844. Mars 14. Jeudi.

0·0 A 8h·6, chez Garre Abdi.
0·5 Faîte.
1·0 Gannate. Halte de 0h·3.
0·8 A 10h·9, Gannate.

2·3 Total : à raison de 2·3 milles.

N. Le désaccord des chiffres fait présumer qu'il faudrait effacer la halte. Le ms. porte 2·3 pour total.

445.— 1844. Mars 15. Vendredi.

0·0 A 8h·0, Gannate.
0·6 R. de séparation des deux clans hostiles.
1·0 Halte de 1h·2 après un šat.
0·4 Digue.
1·4 Haratu.

Sn. B. **61.**

	Dist.	A	z
Mt Qalala, l'un	6′	32°	89°
Mt Qalala, l'autre		33 ·5	89 ·2
Salan lamman, l'autre	1	72	87
Salan lamman, l'un	1	99	86
Mt Amara	20	149 ·3	88
Mt Balbaila	2	260	82 ·7
Mt Sagal marme β	2	270 ·5	83 ·8

Les angles suivants furent pris à la petite boussole :

Mt Amara	S.-E. ¼ S.
Mt près Garre Abdi	S.-S.-E. 5° S.

3·4 Total : à raison de 2 milles.

446 — 1824. Mars 16. Samedi.

0·0 Départ de Haratu, en marchant vers les Mts Qalala.
1·3 R. encaissé de 2mt (1mt sur 0mt·05 et 1 nœud).
0·7 Digue. Halte de 0h·2.
0·2 R. coulant vers la gauche comme le précédent. Les deux Mts Qalala sont à notre droite.
1·0 Chez Abbaya Garo, toujours dans Gambo.

3·2 Total : à 2 milles.

Durée de marche.

446. (*suite*).

h

Sn. B. **62.**

	A	z
Mt Amara	162°·0	88°·8
Mt Adulan	169 ·7	89 ·0
Mt Qalala 1er	142	87 ·3
Mt Qalala 2e	148	86 ·3

447. — 1844. Mars 17. Dimanche.

0·0 A 7h·9, Maison de Abbaya Garo.
1·4 R.
0·6 R. Frontière de Horro.
0·6 Deux fossés-frontières.
0·3 A 11h·7, campement de Gobaya après deux haltes; l'une de 0h·3 et l'autre de 0h·6.

Sn. B. **63.**

Mts Adulan et Qalala	S.	(180°)
Mt Amara	S. 10° E.	(170)
Mt Sagal marme	S. ¼ O.	(191·3)

2·9 Total.

448.— 1844. Mars 20. Mercredi.

0·0 A 7h·8, Gobaya.
0·3 Très-petit R.
0·6 R. et halte de 0h·4.
0·1 R. Fincan Dabsa (5mt sur 0mt·3 et 0·25 nœud). Halte de 0h·3.
0·1 R.
0·7 R.
0·4 R. à vallon.
0·1 Passé sur sa rive gauche.
0·4 R. très-petit et fangeux. Halte de 0h·5.
0·7 Arrivée chez Gisa Warj, toujours dans Horro.
Mt Amara S. S. E. ou 157°·5

3·4 Total.

449. — 1844. Mars 21. Jeudi.

0·0 A 7h·9, chez Gisa Warj.
0·3 Halte de 0h·1.
0·6 Prairie basse.
0·1 R. à G.
0·1 R. à G.
0·1 R. à G.
0·2 Halte de 0h·2 ; lac à G.
0·2 Pont sur un R. à D. (5mt sur 0mt·4 et 2 nœuds).
0·8 Faîte, source à G.
0·4 Fossés de fortification.
0·3 A 11h·2, chez Boka Koše.

3·1 Total : à 1·8 mille par heure.

Durée de marche.

450. — 1844. Mars 23. Vendredi.

h
0·4 A 1 mille par heure.
0·4 Haut d'une longue montée.
2·0 Dimtu, chez Neno Wakna.

2·8 Total, ou 5·2 milles.

451. — 1844. Mars 25. Lundi.

0·0 A 9h·2, Dimtu. } A 1 mille par heure.
0·4 Cascade à D.
0·2 R. à D.
0·4 Halte de 0h·3.
0·4 R. (5mt sur 0mt·2 et 3 nœuds).
0·1 Halte de 0h·1. Angar, R. (6mt sur 0mt·4 et 4 nœuds), coulant vers la gauche.
0·9 R. (4mt sur 0mt·2 et 3 nœuds). } A 2 milles par heure.
0·8 Halte de 0h·4.
0·4 Deux faibles ruisseaux à G.
0·2 Halte de 0h·4.
1·0 A 3h·2, Dar-u en Amuru.

4·8 Total, ou 8·2 milles.

452. — 1844. Avril 8. Lundi.

0·0 Dar-u.
0·4 Étang.
0·4 Partage des bassins. Départ à 7h·6.

Sn. B. **64**.

Wamet	N.-N.-E.	(22°·5)
Mt Jibalia	E.	(90)
Mt... à 50 milles. Esq.	S.-S.-O.	(202·5)

0·6 Fond de la mauvaise descente. Halte de 0h·7.
0·2 Halte de 0h·5.
1·0 R. à D. (4mt sur 0mt·3 et 3 nœuds).
2·0 R. Cidatti à D. (5mt sur 0mt·3 et 2 nœuds). Halte de 0h·1.
1·0 A 1h·7, halte de 1h·5.
0·3 Lit de torrent à D.
1·0 Lit de torrent à D.; quelques huttes.
0·7 Lit de torrent à D.
0·3 Lit de torrent à D.
0·1 Lit de torrent à D.
0·2 A 5h·8, eau stagnante dans Dego.

8·2 Total : à 2 milles par heure.

453. — 1844. Avril 9. Mardi.

0·0 A 6h·8, notre camp dans Dego.
1·4 Changement de direction.
0·4 Descente.
0·8 Montée.
0·2 Halte de 0h·1.
1·0 A 10h·7, Abbaya ou Abbay en Amariñña. L'axe de la rivière est par E. S. E. de la boussole (55mt sur 1mt·3 et 3 nœuds).

3·8 Total : à 1 mille par heure.

454. — 1844. Avril 10. Mercredi.

h
0·0 A 5h·7, rive droite du Abbay, montée très-rude et escarpée.
0·7 Halte de 0h·3.
0·4 Halte de 0h·1.
0·7 Halte de 0h·1.
0·3 Halte de 0h 4.
0·7 Colline à D.
0·4 A 9h·8, Wamet.
Mt Kosoge? Licma? N. N. E. ou 22°·5

3·2 Total : à 2 milles par heure.

455. — 1844. Avril 13. Samedi.

0·0 A 6h·7, Wamet.
0·3 Tourné.
0·7 Tamša R. à G. (8mt sur 0mt·3 et 6 nœuds pour le premier bras, et 6mt sur 0mt·2 et 3 nœuds pour le second bras).
1·3 Faite. A 8h·7, sur Wamet S. S. O. ou 202°·5
1·1 Halte de 0h·5 dans Innawande.

Sn. B. **65**.

Mt Taja (?) Esq.	N.-O. 5° N.	(320°)
Mt Kosoge (Licma?) Esq.	N. 10° E.	(10)
Mt Amadamid	N.-N.-E.	(22·5)

0·7 Fitabade.

4·1 Total : à 3·5 milles par heure.

456. — 1844. Avril 14. Dimanche.

0·0 A 6h·0, Fitabade.
1·1 Marché de mardi (on ne peut me dire le nom du lieu).
0·6 Šat.
2·3 Grand arbre. Halte de 0h·2.
0·8 R. (4mt sur 0mt·1 et 4 nœuds), coulant sur le granit.
0·5 R. (2mt sur 0mt·2 et 1 nœud).
0·5 Mauvais ruisseau sinueux. Rives à pic hautes de 2 à 3mt.
0·7 Yaçaraqa.

6·5 Total : à 3 milles par heure.

457. — 1844. Avril 15. Lundi.

0·0 Yaçaraqa.
0·8 Dambaça.

0·8 Total.

458. — 1844. Avril 27. Samedi.

0·0 A 6h·8, Dambaça.
0·2 R. Gula (5mt).

458. (*suite*).

h
0·7 Descente.
0·1 Tamša (12mt sur 0mt·3 et 4 nœuds).
0·1 Faite.
1·0 R. tout petit.

0·3 Sn. B. **66**.

Wamet	S.-O. 5° O. =	220°
Dambaça	N. =	0

0·8 R.
0·2 R. (2mt sur 0mt·05 et 1 nœud).
0·4 Filet d'eau.
0·6 R. (1mt sur 0mt·1 et 2 nœuds). Halte de 2h·0.
0·6 Godab (16mt sur 0mt·2 et 3 nœuds).
0·4 R. (6mt sur 0mt·1 et 1 nœud) coulant à gauche.
1·3 Eau stagnante.
1·7 A 5h·2, Amuata.

8·4 Total.

459. — 1844. Avril 28. Dimanche.

0·0 Amuata.
0·8 R. (6mt sur 0mt·1 et 3 nœuds); interrompu par les marchands.
0·2 R.
0·1 Descente.
0·1 Fond.
0·6 Camoga (16mt sur 0mt·3 et 3 nœuds).
0·7 Église.
0·9 Faite.
1·3 Yajibe.

4·7 Total.
Le même jour j'allai à Yawiš.

460. — 1844. Avril 29. Lundi.

De Yawiš à Yajibe.

461. — 1844. Avril 30. Mardi (?).

De Yajibe à Yawiš.

462. — 1844. Mai 2. Jeudi.

Visite à Yajibe et retour à Yawiš.

463. — 1844. Mai 6. Lundi.

De Yawiš à Yajibe.

464. — 1844. Mai 8. Mercredi.

Visite à Yawiš et retour à Yajibe.

465. — 1844. Mai 10. Vendredi.

De Yajibe à Gurem et retour. T. d'H. **138**.

Durée de marche.

466. — 1844. Mai 11. Samedi.

h

0·0 A 10^{h}·8, Yajibe.
1·0 Descente.
1·4 Ruisseau.
0·1 Camoga (20^{mt}·5 sur 0^{mt}·3 et 4 nœuds), coulant vers l'ouest.
0·2 Fin de la mauvaise montée.
1·0 A 2^{h}·5, Yaquata. Yajibe est droit au sud de la boussole.

3·7 Total.

467. — 1844. Mai 12. Dimanche.

0·0 A 9^{h}·8, Yaquata.
0·1 R. (2^{mt} sur 0^{mt}·05 et 1 nœud).
0·8 R. (2^{mt} sur 0^{mt}·06 et 2 nœuds).
0·8 Amuata.
0·6 Fin de la prairie.
1·0 Faite de la colline.
0·3 R. Dijil à G. (9^{mt} sur 0^{mt}·2 et 1 nœud).
0·6 Descente.
0·6 Dijil à D. (8^{mt}·9 sur 0^{mt}·1 et 2 nœuds).
0·4 Godab (20^{mt} sur 0^{mt}·3 et 2·5 nœuds).
0·7 Large šat.
0·1 A 4^{h}·1, chez les pasteurs de Yawobat.

6·0 Total selon le ms. Il y a ici une erreur de 0^{h}·3.

468. — 1844. Mai 13. Lundi.

0·0 A 6^{h}·5, Yawobat.
0·8 R. (1^{mt} sur 0^{mt}·05 et 2 nœuds).
0·3 Indarfit R. (1^{mt}·5 sur 0^{mt}·08 et 2 nœuds).
1·3 Descente.
0·4 Filet d'eau.
0·5 Descente.
0·1 Tamša (20^{mt}·5 sur 0^{mt}·4 et 1·5 nœud).
0·1 Filet d'eau.
0·4 Église.
0·3 A 10^{h}·7, Gula R. tout près de Dambaça ou 5^{m} de marche en deçà du quartier musulman de Dambaça.

4·2 Total.

469. — 1844. Mai 15. Mercredi.

Par deux fois, de Dambaça à Innamora et retour. T. d'H. **139** et **140**.

470. — 1844. Mai 16. Jeudi.

0·0 A 7^{h}·3, Dambaça.
0·3 Gula, R.
0·7 Tamša, R.
0·7 Mauvais R.
0·8 Dalma Madbane'alam. Halte de 0^{h}·7. T. d'H. **141**.

Durée de marche.

470. (*suite*).

h

0·5 R.
0·6 R.
0·6 R.
0·8 Godab R.
0·2 Dijil R.
1·3 R. (6^{mt} sur 0^{mt}·2 et 0·5 nœud). Dijil ?
0·6 Halte de 0^{h}·7.
1·0 Amuata.

8·1 Total.

471. — 1844. Mai 17. Vendredi.

0·0 A 7^{h}·5, Amuata.
0·7 Yakotkot, R. (1^{mt} sur 0^{mt}·08 et 1 nœud).
0·6 Tourné à gauche.
0·2 Wusatta, R.
1·6 Camoga (5^{mt} sur 0^{mt}·1 et 1 nœud), rivière triple. Halte de 1^{h}·0. (sans doute 4^{h}·0).
0·2 Cumba warq, village.
0·4 Gubata, marché. Étang à 1 mille à G.
0·7 Yeda (5^{mt} sur 0^{mt}·1 et 3 nœuds); fond de roche.
0·3 R.
0·3 R.
0·3 R.
0·1 A 4^{h}·9, Yazalaka, village.

5·4 Total.

472. — 1844. Mai 18. Samedi.

0·0 A 8^{h}·3, Yazalaka.
0·6 Šat.
0·4 Yalam ciqa, village.
0·7 Gatla, R. (1^{mt} sur 0^{mt}·1 et 1 nœud).
0·5 Zanami.
0·4 Bogana, R. (2^{mt} sur 0^{mt}·2 et 3 nœuds).
0·8 Deux R.
0·1 R. (2^{mt} sur 0^{mt}·1 et 2 nœuds).
0·4 R. Halte de 0^{h}·3.
0·1 Luqma.
0·7 R. (2^{mt} sur 0^{mt}·04 et 3 nœuds).
0·3 A 1^{h}·6, Šibilla.

5·0 Total.

473. — 1844. Mai 20. Lundi.

0·0 A 6^{h}·0, Šibilla.
0·5 R. (3^{mt} sur 0^{mt}·08 et 2 nœuds).
0·2 Ruines.
0·6 Village.
0·7 Šat : halte de 0^{h}·3.
0·4 Village.
2·0 A 10^{h}·7, Bogana, R., et arrivée à Qambuat en Liban.

4·4 Total.

Durée de marche.

474. — 1844. Mai 21. Mardi.

h

0·0 A 5^{h}·8, Qambuat.
1·2 Gatla.
2·3 A 9^{h}·2, Kork en Liban.

3·5 Total.

S^{n}. B. **67**.

Anbar	10°·0
Danguago	353·5

475. — 1844. Mai 23. Jeudi.

0·0 A 10^{h}·2, Kork.
0·5 R., frontière de Baso.
0·5 Yasabac, à 1 milie à gauche.
0·2 Maison isolée.
0·4 Dambagim.
0·8 Yawiš. Halte de 0^{h}·2.
0·3 Yeda R. (7^{mt}·8 sur 0^{mt}·1 et 5 nœuds).
0·9 Village de pasteurs.
0·8 La descente commence.
0·5 Filet d'eau.
0·1 Filet d'eau.
0·4 Filet d'eau.
0·1 Camoga, R.
0·9 Faite.
0·1 Halte de 0^{h}·2.
0·1 Filet d'eau.
0·0 R. (6^{mt} sur 0^{mt}·08 et 2 nœuds).
0·2 A 5^{h}·5, Qabbi (Yawobbi ?).

6·8 Total.

S^{n}. B. **68**.

Kork	158°·5
Yakabina à 1 mille	173
Yajibe	173
Gurem	200

476. — 1844. Mai 24. Vendredi.

0·0 A 8^{h}·3, Yawobbi.
0·8 R.
0·6 Amuata. Halte de 0^{h}·2.

S^{n}. B. **69**.

Mt Abbat *	25°
M^{t} le plus haut du Çoqe	34
Direction de Dambaça	312
Direction de Yajibe	145
Notre route en arrière	126

0·1 Commencement de la prairie.
0·4 Šat.
0·2 Fin de la prairie.
0·9 R. (8^{mt} sur 0^{mt}·15 et 0·3 nœud).
0·8 Faite de la colline; son axe est E.-N.-E.
0·6 R. (10^{mt} sur 0^{mt}·06 et 3 nœuds).

Durée de marche.

476. (*suite*).

h
0·3 Godab (20^{mt} sur 0^{mt}·3 et 2 nœuds). Halte de 1^{h}·0.
0·7 R. (1^{mt} sur 0^{mt}·07 et 1 nœud).
0·3 Ruines de la maison de D. Gošu.
0·6 Yadolgol Gabri-el.
0·2 R. (2^{mt} sur 0^{mt}·2 et 1 nœud).
0·1 A 4^{h}·1, Yajir.

6·6 Total.

S^{a}. B. **70**.

Mt Licma	352°
Église de Innamora	11·5
Col de Dalma	37

477. — 1844. Mai 25. Samedi.

0·0 A 7^{h}·8, Yajir.
0·7 R. (1^{mt}·5 sur 0^{mt}·1 et 3 nœuds).
0·6 Filet d'eau.
0·1 Église désertée.
0·4 R. (3 sur 0^{mt}·1 et 1 nœud).
0·4 Descente au Tamša.
0·2 Faîte.
0·4 Église.
0·3 Faîte de la colline.
0·5 Filet d'eau.
0·2 Filet d'eau.
0·1 A 11^{h}·6, Dambaça.

3·9 Total.

S^{a}. B. **71**.

Ma station de Dalma	171°·5
Ma station de Innamora	360

478. — 1844. Mai 26. Dimanche.

De Dambaça à Amuata.

479. — 1844. Mai 27. Lundi.

De Amuata à Kork.

480. — 1844. Juin 5. Mercredi.

De Kork à Yawiš.

481. — 1844. Juin 6. Jeudi.

De Yawiš à Amuata.

482. — 1844. Juin 7. Vendredi.

De Amuata à Dambaça.

483. — 1844. Juin 23. Dimanche.

0·0 Dambaça.
2·0 Camp du D. Birru.

2·0 Total.

Durée de marche.

484. — 1844. Juin 24. Lundi.

h
0·0 A 5^{h}·3, levée du camp.
1·0 Église.
0·5 Vilain ruisseau encaissé.
0·4 R. (6^{mt} sur 0^{mt}·2 et 0·5 nœud).
0·7 La descente commence.
0·5 Qacema, R. (20^{mt} sur 0^{mt}·3 et 0·5 nœud); puis belle prairie plate.
0·3 Ruisseau bourbeux.
0·3 A 9^{h}·0, Kunnakunni.
Mt Licma 353°·5

3·7 Total.

485. — 1844. Juin 26. Mercredi.

0·0 A 4^{h}·6, Kunnakunni, en traversant le Bir (20^{mt} sur 0^{mt}·35 et 1 nœud).
1·6 Village de 20 huttes.
0·6 Montée en laissant à droite Dabra Bot Giyorgis.
0·1 A 6^{h}·9, Din, où le marché se tient le samedi.

2·3 Total.

486. — 1844. Juin 27. Jeudi.

0·0 A 4^{h}·6, Din.
2·2 Yamalog, R. (8^{mt} sur 0^{mt}·2 et 1 nœud), allant à gauche.
0·1 Montée, en laissant à gauche Dingara MARYAM.
0·5 Faîte.
0·5 A 7^{h}·9, Asua.

3·3 Total : à 3' par heure.
..., village, et église droit devant Gudara, N.-O. ou 315°.

487. — 1844. Juin 28. Vendredi.

0·0 A 4^{h}·2, Asua.
0·2 Descente; puis Abba, R. étroit.
0·4 Montée tortueuse.
0·4 Fond.
1·1 Gudara.
0·4 A 6^{h}·7, Halte.

2·5 Total : à 3 milles par heure.

S^{a}. B. **72**.

Bourg de Gudara, à	1 mille		175°
Mt Dangya qadada	5	»	108
Mt Licma	7	»	94
Direction de la source du Abbay	7	»	318

488. — 1844. Juin 29. Samedi.

0·0 A 4^{h}·2, départ du camp près Gudara, laissant à G. le Mt Gufat.

Durée de marche.

488. (*suite*).

h
0·6 Montée.
0·7 Faîte de 500^{mt}.
0·7 Descente.
0·6 R. à G.
0·1 R. à G.
0·1 R. encaissé (Kebezza ?).
0·2 A 7^{h}·2, campé dans Sakala.

3·0 Total.

S^{a}. B. **73**.

Mt Woqsosta	O.-S.-O. 5° S. = 242°·5
Mt Mizan	E. = 90
Mt Wasfe dangya	E.-S.-E. = 112·5
Mt Woqsosta (autre boussole)	220

489. — 1844. Juin 30. Dimanche.

1° Du camp dans Sakala à la source du Abbay.
0·0 2° Giš Abbay ou source du Abbay.
0·3 Kule.
0·3 Abbay (5^{mt} sur 0^{mt}·15 et 3 nœuds).
0·1 Sangib q^{s} Mika-el.
0·8 Ydib, hameau.
0·1 R.
0·2 R.
0·2 R.
0·2 Camp dans Sakala.

2·2 Total : à 3 milles par heure.

490. — 1844. Juillet 2. Mardi.

0·0 A 6^{h}·6, Sakala.
0·2 R.
0·2 R.
0·1 R., puis montée forte.
0·4 Faîte du Mt Woqsosta.
0·3 Abbay, ponceau.
0·1 R. Gudi.
0·5 A 8^{h}·4, Giš Abbay, ou source du Abbay.

1·8 Total : à 3·3 milles par heure.

0·0 A 9^{h}·2 départ du Giš Abawi ou Giš Abbay.
0·3 Kule.
0·1 Gudi R. (3^{mt} sur 0^{mt}·1 et 2 nœuds).
0·1 Abawi (31 pas, ou 16^{mt} estimés, sur 0^{mt}·4 et 4 nœuds). Halte de 0^{h}·3.
0·3 Kualal q^{s} Mika-el.
0·2 Faîte du Woqsosta. T. d'H. **142**. De là au camp dans Sakala.

1·0 Total : à 3·5 milles par heure.

491. — 1844. Juillet 4. Jeudi.

0·0 A 6^{h}·3 départ du Kebezza, R. (4^{mt} sur 0^{mt}·2 et 3 nœuds).

Durée de marche.

491. (*suite*).

h
0·5 Faite du passage.
0·1 Amas de pierres, ou montjoie.
0·1 Ruisseau très-petit, allant au Abbay.
0·2 Ruisseau très-petit, allant au Abbay.
0·1 Descente.
0·5 Fond de la rude descente.
0·4 Falaç R. (3mt sur 0mt·1 et 3 nœuds).
0·6 A 8h·8, Gudara.

2·5 Total : à 2·5 milles par heure.

492. — 1844. Juillet 5. Vendredi.

0·0 A 4h·8, camp près Gudara.
0·2 Petit étang.
0·2 Gudara, puis une plaine brisée remplie d'énormes cailloux de trachyte.
1·1 Zagaz, R. (4mt sur 0mt·7 et 5 nœuds) Halte de 0h·4.
0·2 Bois d'acacias.
0·3 Fin du bois.
0·1 Gabsam R. (2mt sur 0mt·4 et 2 nœuds), après un šat.
0·1 Lah R. à G. (16mt sur 0mt·3 et 3 nœuds). Halte de 0h·3.
0·5 Bambili R. à G.
0·2 R.
0·3 Col.
0·7 R. à G.
0·7 Geša R. à G.
0·6 A 10h·7, Agul (30 huttes), puis 1 mille *en courant*
0·3 jusqu'à Šimagile.

5·5 Total : à 2 milles par heure au plus.

493. — 1844. Juillet 6. Samedi.

0·0 A 7h·0, Šimagile.
0·3 Araga R. à G. (3mt sur 0mt·1 et 2 nœuds).
1·0 R. à G. (7mt sur 0mt·18 et 2 nœuds).
0·2 R. à G. (2mt sur 0mt·1 et 2 nœuds).
0·1 R. (4mt sur 0mt·1 et 5 nœuds). Ambo, ou source d'eau de seltz.
0·1 A 8h·7, Bure Abbo.

1·7 Total : à 2·5 milles par heure.

494. — 1844. Juillet 7. Dimanche.

0·0 A 9h·6, Bure Abbo.
0·7 R. à G. et ambo.
0·3 R. à G.
0·4 R. à G. et bois d'acacias : Šakua, village.
0·6 R. à G.
0·1 Guaysa (?).
0·3 R. à G. (4mt sur 0mt·2 et 2 nœuds).

Durée de marche.

494. (*suite*).

h
0·4 Fazam R. à G. (24mt sur 0mt·9 et 3 nœuds). Halte de 0h·6.
0·4 R. R. et village de Acige à D.
0·3 Village et eau bourbeuse.
0·2 A 1h·8, Baguina.

3·7 Total : à 2 milles par heure.

Sn. B. **74.**

Wamet?	S.-S.-E. = 157·5
Mt Taja	O. ¼ N. = 281·3
Mt Fudi	N.-O. ¼ N. = 326·3
Direction de Dambaça	S.-E. = 135

495. — 1844. Juillet 22. Lundi.

0·0 Baguina.
0·3 Marché du samedi.
0·1 R. à G.
0·2 R. à G., puis laissé à D. le Mt Sangam.
1·0 Source et ambo de Galliye.
0·4 Ciranta MARYAM, église, à D., puis Dazn Abbo à G.
0·9 Zingini (4mt sur 1mt·0 et 7 nœuds), à G.
0·4 A D. Ambalazi, caverne dans la plaine.
0·2 Mt Zahansa ou Zangang kabab, vu de Baguina.

3·5 Total : à 2·5 milles par heure.

496. — 1844. Juillet 23. Mardi.

0·0 A 10h·8, Zahansa.
0·4 R. Zambara, allant au Hayu dans Azana.
0·4 Misni, R. dans un creux, allant à gauche au Zingini. Nous sommes dans Njabara.
0·3 Zuma, R. à G. allant au Misni (10mt sur 1mt et 5 nœuds). Halte de 0h·1.
0·4 Hameau.
0·2 Bazana IYASUS.
0·2 Katab R., allant au Fazam (?).
0·2 Halte de 0h·3.
0·4 Faite et descente.
0·3 Damaka où demeure Bilata Bakaffa.
0·4 Banja.
0·5 Pic de Zirigi Banja à 2 milles à G. Mt Barf à 3 milles à D.
0·6 Lokama Banja.

4·3 Total : à 3 milles ou 3·5 par heure.

497. — 1844. Juillet 24. Mercredi.

0·0 A 5h·5, Lokama Banja, sur la rive droite du Gudar.
0·2 Ponceau et Ançat amp, R. à D. allant au Gudar, qui va au petit Abbay par Guta.
0·1 Halte de 0h·2.

Durée de marche.

497. (*suite*).

h
0·6 Boreya waya, R. à D. : allant au Gudar.
0·1 Adis, marché.
0·1 Salia Banja : halte de 0h·8.

Sn. B. **75.**

Mt Šambillo	355°
Mt Giš	93

Kuakuira, Zugda et Dangila restent en ligne droite entre nous et Ysmala : nous nous détournons à gauche.

0·1 R. à D.
0·5 R.
0·4 Petit ruisseau.
1·0 Halte de 0h·1.
0·5 Halte de 0h·3.
0·6 Halte de 1h·5.
0·7 R. à G. (4mt sur 0mt·8 et 4 nœuds).
0·1 Halte de 0h·1.
0·3 R. à G. (20mt sur 1mt et 4 nœuds).
0·7 A 2h·5, Çara.

6·0 Total : à 2·3 milles par heure.

498. — 1844. Juillet 25. Jeudi.

0·0 A 7h·3, Çara.
0·3 R. à D. (2mt sur 0mt·3 et 0·5 nœud).
0·3 R. à D. (0mt·4 sur 0mt·1 et 0·3 nœud).
0·1 De forte montée : halte de 2h·7.
} à 2 milles par heure.

0·0 A 10h·7 départ.
0·6 Faite.
0·3 Hameau.
0·1 Hameau.
0·2 Filet d'eau à D.
0·2 R. très-petit à D.
0·4 Hameau : halte de 0h·2.
0·8 Halte de 1h·0.
} à 1·5 mille par heure.

0·0 A 2h·3 départ ; ... Abbo à G.
0·1 R. à D.
0·8 R. à D.
0·3 A 3h·5 à Tumbua Kidana mibrat.
} à 1·3 mille par heure.

4·4 Total : ou 6·9 milles.

499. — 1844. Juillet 26. Vendredi.

0·0 A 4h·0, Tumbua Kidana mibrat.
1·1 Petit R. à D.
0·2 Guanguda, 20 huttes sur la hauteur : halte de 0h·9, puis nous faisons notre entrée en Acafar.
0·6 Hameau : halte de 0h·3.
0·4 Halte de 0h·7.
0·1 R. à D.
0·4 Hameau et halte de 0h·1.

Durée de marche.

499. (*suite*).

h	
0·3	Mt Mara à 2 milles à G., et Wagra à 3 ou 4 milles à G.
0·1	R. très-petit à G.
0·4	R. très-petit.
0·1	Halte de 0h·7 au hameau de...
0·1	R. à D.
0·4	R.
0·4	R. et halte de 0h·1.
0·9	R.
0·3	R. et ponceau.
0·5	Source, puis R. et ponceau. Ammis gamma, marché tous les lundis.
0·2	Korgnc Abbo, église déserte.
0·6	Daqua, hauteur.
0·2	R. à D.
0·2	A 2h·4, Ysmala.
7·5	Total, ou 15 milles.

500. — 1844. Juillet 27. Samedi.

0·0	A 7h·6, Ysmala.
1·3	Jahana Giyorgis : halte de 1h·1. T. d'H. **148.**
0·3	Village.
0·3	Mauvais ruisseau : Mt Gug en vue.
0·5	Liban Madhane 'alam.
0·1	Filet d'eau.
0·5	R.
0·5	R.
0·6	Angali Kidana mihrat à D.; Sankra à G.
0·1	R. : halte de 0h·1.
0·3	Farfari R. Dabra Anbaro, relevé de Jahana, est à 2 milles à droite. Un rocher est tout près à gauche.
1·0	A 2h·3, Farq IYASUS, sanctuaire; 2 milles de plus
1·0	jusqu'à Annati en Wandige.
6·5	Total, estimé à 13 milles.

501. — 1844. Juillet 28. Dimanche.

0·0	A 4h·7, Annati.
0·7	R.
0·4	Kuanzala.
0·8	R.
0·3	R. près la baie.
0·4	R. près la baie.
0·2	R. près la baie.
0·3	Commencement du défilé (son axe par 20°). Halte de 0h·2.
0·5	R (6mt sur 0mt·3 et 4 nœuds).
0·2	Relevé Daga Istifanos par 100°.
0·2	R. (8mt sur 0mt·3 et 3 nœuds).
0·4	R.

Durée de marche.

501. (*suite*).

h	
0·3	R. (7mt sur 0mt·3 et 3 nœuds).
0·3	Col.
0·3	R. Relevé Daga Istifanos par 111°.
0·5	R.
0·5	Village et baie. Relevé Daga Istifanos par 124°.
0·5	R. Halte de 0h·1.
0·5	Deux R. Halte de 0h·2.
0·5	R. (8mt sur 0mt·2 et 3 nœuds).
0·3	Halte de 0h·2.
0·1	R. (4mt sur 0mt·1 et 2 nœuds).
0·6	Halte de 0h·5.
0·3	R..., 2 milles de plus jusqu'à
1·0	Amfa dubba.
10·1	Total, à 1·5 mille, ou 17 milles en tout.

502. — 1844. Juillet 29. Lundi.

0·0	A 6h·4, Amfa dubba.
0·2	R.
0·7	Village.
0·1	R.
0·2	R., puis sur le sable au bord du lac.
0·9	Çima R. (6mt sur 0mt·8 et 4 nœuds).
0·2	Halte de 0h·5 pour le tour d'horizon **149.**

S°. B. **76.**

Ile Zakaryas	137°
Ile Daga	155

1·0	Église de...
0·1	Sar waha R. (12mt sur 1mt·7 et 1·5 nœud). Halte de 0h·3.
0·7	R.
0·6	R.
0·4	Abba Gannam R. (12mt sur 1mt·7 et 1·2 nœud).
0·8	R.
0·2	R.
1·5	A 3h·0, Janda.
7·6	Total : à 2·3 milles par heure. Il y eut quelque part une halte de 0h·2, avant de franchir le Çima.

503. — 1844. Juillet 30. Mardi.

0·0	A 6h·8, Janda.
1·6	Fanja, camp de Manan.
0·5	Gabikora R. (5mt sur 0mt·8 et 1 nœud).
0·3	Halte de 0h·2.
1·5	Dirma R. (30mt sur 0mt·2 et 3 nœuds).
1·2	R.
0·4	R.
0·2	Halte.
	... arrivée à Gondar.
5·7	Total noté.

Durée de marche.

504. — 1844. Août 19. Lundi.

h

De Gondar au Mt Tigre miçohya et retour. T. d'H. **150.**

505. — 1844. Août 25. Dimanche.

De Gondar au Mt Tigre miçohya et retour. T. d'H. **151.**

506. — 1844. Août 31. Samedi.

0·0	A 10h·5, église de Abbo dans Gondar.
1·8	Pont sur le Magaç.
4·1	Gumara, R.
1·3	A 5h·7, Lamba.
7·2	Total : à 1·8 mille par heure.

507. — 1844. Septembre 1er. Dimanche.

0·0	A 8h·0, Lamba.
1·4	R.
0·2	R.
1·4	Farqa bar.
1·5	Amba MARYAM à G.
0·3	R. et Amba MARYAM.
0·4	Col bas (qt Giyorgis).
0·4	Palais de Guzara.
0·1	Garno R. (8mt sur 0mt·4 et 4 nœuds).
1·0	Dobed R. Halte de 3h·0.
0·5	R.
0·8	Wambaha R. (8mt sur 0mt·3 et 4 nœuds).
0·2	Montée.
0·1	A 7h·3, Inbi nagar.
8·3	Total : à 2 milles par heure.

508. — 1844. Septembre 2. Lundi.

0·0	A 8h·9, Inbi nagar.
1·4	R. tout petit et vif. Village de Guraba.
0·8	Descente.
0·5	Arno R. (4mt sur 0mt·3 et 7 nœuds). Halte de 0h·3.
0·3	R. (3mt sur 0mt·3 et 4 nœuds).
0·5	Atebo, roc isolé et des plus escarpés. Halte de 0h·3.
0·5	Faîte de Galosge.
0·2	Descente.
0·3	A 2h·1, R. qui arrose Darita (Wunab ?)
0·1	A 2h·1, Darita.
4·6	Total.

509. — 1844. Septembre 5. Jeudi.

0·0	A 10h·2, Darita.
0·1	Wunab, R.

Durée de marche.

509. (*suite*).

h
0·2 Qibra R. (10mt sur 0mt·2 et 4 nœuds).
0·2 Darita MARYAM. Halte de 0h·8.
0·1 Qibra R.
0·2 Halte de 0h·1.
0·8 Église de Zena MARYAM. Halte de 1h·3.

0·3 R., et retourné.
0·6 Wunab.
0·1 Zallan ou pasteurs errants. Halte de 0h·5.
1·2 Col du Mt Dawaro.
0·7 Tout petit R.
1·2 A 6h·6, Mika-el dabir.

5·7 Total : à 2 milles par heure.

510.— 1844. Septembre 6. Vendredi.

0·0 A 8h·3, Mika-el dabir.
0·5 Halte de 0h·1.
1·2 Halte de 0h·1.
0·3 Halte de 1h·6.

0·5 Col, et colline à D.
0·4 R.; haute montagne à D. (Mt Margdo?)
1·1 Petit R.
0·1 Descente.
0·1 Halte de 0h·2.
1·0 Fond.
0·5 R. (6mt sur 0mt·4 et 4 nœuds).
0·9 Petit R.
0·2 R. (5mt sur 0mt·3 et 5 nœuds). Halte de 0h·3.
0·6 Faite.
0·4 R.
0·8 R.
0·6 R. (5mt sur 0mt·2 et 3 nœuds).
0·3 A 8h·1, arrivée à...

9·5 Total : à 2 milles par heure après les deux premières heures où notre pas me parut de 3 milles à l'heure.

511.— 1844. Septembre 7. Samedi.

0·0 A 7h·8, départ de...
0·7 R.
0·4 R.
1·1 Pont du Magag.
1·4 Angarab, qui a reçu plus haut le Qaha.
... Gondar.

3·6 Total noté.

512.— 1844. Septembre 28. Samedi.

0·0 A 2h·3, Angarab R., tout près de Gondar.
0·5 R.
0·2 R.

Durée de marche.

512. (*suite*).

h
0·3 Kokoc, halte de 0h·1.
0·6 Descente.
0·5 Magag (gué).
1·0 R.
0·7 Grêle; halte de 0h·5.
0·5 Faite; halte de 0h·8.
0·3 A 8h·3, Dabir.

4·6 Total : à 2 milles par heure.

513.— 1844. Septembre 29. Dimanche.

0·0 A 0h·0, Dabir.
0·3 R.
1·7 R. dans Anjiba meda.
1·0 Halte de 2h·1.

0·4 R.
1·0 R.
2·2 A 8h·7, Çambilge MARYAM.

6·6 Total : à 2 milles par heure.

514.—1844. Septembre 30. Lundi.

0·0 A 10h·3, Çambilge.
1·9 R. à D.
0·9 R. à D., fourche.
0·2 Défilé.
0·6 Faite.
0·2 R. à D.
0·7 R.
0·2 Halte de 3h·7 entre Mt Waqqan et Daqua Kidana mihrat.

0·4 R. à D.
0·4 Farafar, R. à D.
0·4 R. à D. et fange.
0·9 Asara R.
0·3 A 9h·1, Wug amba.

7·1 Total : à 2 milles.

515.— 1844. Octobre 1er. Mardi.

0·0 A 10h·7, Qahua; sans doute le même que Wug amba.
0·7 Descente; halte de 0h·6.
0·3 Mama, R. plus grand que le Asara.
0·4 Faite.
0·5 Faite.
0·8 Fond.
0·3 Petit ruisseau.
0·4 Descente.
0·3 Bord de la longue descente en Šawada.
1·3 Halte de 0h·2.

Durée de marche.

515. (*suite*).

h
0·6 Balagaz, R. (10mt sur 0mt·2 et 3 nœuds).
0·3 Halte de 1h·4.

1·2 A 8h·0, Zarakaba.

7·1 Total.

516. — 1844. Octobre 2. Mercredi.

0·0 A 10h·3, Zarakaba.
1·0 R.
0·4 R.
0·5 Halte de 0h·1.
0·5 A 0h·8, Inçatkab.

2·4 Total : à 1·5 mille par heure.

517. — 1844. Octobre 3. Jeudi.

0·0 A 0h·9, Inçatkab.
1·0 Faite.
2·2 Timirq : halte de 0h·2.
0·7 Halte de 0h·1.
0·4 R.
0·1 R. et halte de 0h·1.
0·2 Traversé le gros ruisseau : Balagaz sans doute.
0·4 Halte de 0h·1.
0·8 Col : halte de 0h·2.
1·3 Halte de 0h·1.
0·5 Col.
0·3 A 9h·6, Kosobar, ou Alkuaze.

7·9 Total : à 2 milles par heure.

518. — 1844. Octobre 4. Vendredi.

0·0 A 10h·4, Kosobar.
0·5 R.
1·4 Descente : halte de 0h·1.
1·4 Fin du chemin de rocher.
0·2 R.
0·6 Halte de 0h·1.
1·0 Halte de 3h·1 à Koso.

1·1 A 7h·9, Halte pour le tour d'H. **153**.
0·5 Abara MARYAM.

6·7 Total : à 2 milles.

519. — 1844. Octobre 5. Samedi.

0·0 A 0h·8, Abara MARYAM.
0·5 R. à D.
1·4 May Tablo : halte de 3h·0.

Durée de marche.

519. (*suite*).

h

2·4 R. et mauvais pas.
0·5 Grand précipice.
0·8 A 9h·5, ʿAddi Silamay.

5·6 Total : à 2 milles par heure.

520. — 1844. Octobre 6. Dimanche.

0·0 A 10h·4, ʿAddi Silamay.
1·4 Šimarua : halte de 2h·7. T. d'H. **155.**

1·1 R. à D.
0·2 Halte de 0h·2.
1·1 Halte de 0h·9 sous l'arbre au fond.
0·3 R. à G.
1·4 A 7h·7. ʿAddi Hanse, près le Mt Kammal.

5·5 Total : à 2 milles par heure.

521. — 1844. Octobre 7. Lundi.

0·0 A 11h·0, ʿAddi Hanse.
0·8 Source.
0·8 Halte de 0h·1.
0·1 Village de... Halte de 0h·7.
0·1 La descente commence.
0·9 Sans nous arrêter, mais allant doucement et ensemble ; arrivée au Takkaze.
0·1 Gué ; halte de 3h·5.

0·3 En montant : halte de 0h·1.
0·2 Halte de 0h·1.
1·2 Monté à mule.
0·5 A 9h·6, Çilaçiqqañe.

5·0 Total : à 1·5 mille par heure. Il y a erreur de 1h quelque part.

522. — 1844. Octobre 8. Mardi.

0·0 A 10h·9, Çilaçiqqañe.
1·9 Laissé la route de ʿAdwa.
1·0 Tahuila R. à D. : halte de 2h·5.

1·0 Plaine haute.
0·4 Descente.
0·4 R. à D.
0·2 Grand R. à D.
0·4 R. à G.
0·6 Source du ruisseau ; puis montée.
0·3 Faite.
0·6 Dabra Karbe.
0·2 Montée.
0·2 Faite.
0·4 A 9h·0, halte pour la nuit.

7·6 Total : à 2 milles par heure.

Durée de marche.

523. — 1844. Octobre 9. Mercredi.

h

Arrivée à Dira.

524. — 1844. Octobre 10. Jeudi.

De Dira par Aksum à ʿAdwa.

525. — 1844. Octobre 17. Jeudi.

0·0 A 10h·4, ʿAdwa.
1·0 R.
0·4 Faite.
0·5 Point de partage des eaux.
0·8 R.
2·1 Faite.
0.6 Imba Baro.
1·5 Abba Afze dans Iha.

5·9 Total. Le ms. porte 6h·9 en comptant la 2e ligne qui est presque effacée.

526. — 1844. Octobre 18. Vendredi.

Visite au monastère de Abuna Mazraʿite et retour. T. d'H. **156.**

527. — 1844. Octobre 19. Samedi.

0·0 A 9h·8, Abba Afze.
0·9 Mt Ḥisti près à droite : halte de 0h·1.
0·2 Descente.
0·2 May Qani-i et ʿAddi Hano à G.
1·5 Descente.
0·2 R. très-petit.
0·3 Descente.
0·1 ʿUnguya, rivière : premier gué.
0·5 Troisième et quatrième gués : halte de 2h·0.

1·2 Quitté le ʿUnguya.
0·3 Faite.
0·1 R.
0·4 Halte de 0h·5 dans Guzat. T. d'H. **157.**
0·4 May Manan R. (Maman probablement).
0·7 May Mankurkuar.
0·4 Col du cirque.
0·6 Autre col du cirque dit Madab : halte pour le tour d'horizon **158.**
0·4 Hoca guza.

8·4 Total : à 2 milles.

528. — 1844. Octobre 20. Dimanche.

0·0 A 9h·8, Hoca guza.
1·4 Descente.
0·2 Nugot.
0·7 Fond.

Durée de marche.

528. (*suite*).

h

1·0 Balasa, R. : halte de 2h·2.
1·0 Faite de la passe : collines.
1·0 Zarana, R.
1·4 Col de Digim : halte de 1h·0. T. d'H. **159.**

0·3 Eau.
1·1 Schiste vertical.
0·4 Lit de torrent.
0·2 A 9h·7, Imba Raʿindi.

8·7 Total : à 2 milles par heure.

529. — 1844. Octobre 21. Lundi.

0·0 A 9h·7, Imba Raʿanaddi ou Raʿindi.
2·0 ʿAddi Firti, dit aussi Farti.
0·1 Halte de 0h·2.
0·3 ʿAddi ʿItqāt.
0·8 ʿAlba R. : halte de 2h·2.

2·6 May Šaraw : halte de 0h·4.
0·2 ʿAddi Hadid.
1·2 A 7h·7, Digsa.

7·2 Total : à 2 milles par heure.

530. — 1844. Octobre 22. Mardi.

0·0 A 6h·1, Digsa.
1·1 May Harasat.

1·1 Total.

531. — 1844. Octobre 23. Mercredi.

0·0 A 9h·6, May Harasat.
0·7 Vallée de Amsaka à D.
0·5 Tirmo.
0·7 Col.
2·6 Takamte : halte de 3h·3.
1·1 Bouche de la vallée Šinfayto, dans Asuba.
1·3 A 7h·8, R. de Laʿilay Tabbo.

6·9 Total : à 2 milles par heure.

532. — 1844. Octobre 24. Jeudi.

0·0 Laʿilay Tabbo.
1·0 Tahtay Tabbo.
2·7 Halte.
0·9 Dabaraʿi.

4·6 Total : à 2 milles par heure.

533. — 1844. Octobre 25. Vendredi.

0·0 A 9h·4, Dabaraʿi.
1·2 Halte de 0h·2 pour le mauvais augure.
0·6 Hambamo : halte de 6h·8.

Durée de marche.

533. (*suite*).

h.
1·4 Quitté le lit du torrent.
0·5 Col.
1·9 Commencement du défilé.
0·3 Fin du défilé.
0·3 Pierre qu'on saute, dite Misrar daqqa Digna.
0·7 Halte de 0^{h}·8.
2·2 A 2^{h}·2, ʿAddi Habib.

9·1 Total : à 2 milles par heure.

534. — 1844. Octobre 26. Samedi.

0·0 ʿAddi Habib.
1·5 Dibono.

1·5 Total. Parti ensuite pour Muçawwʿa d'où je me rendis à Imakullu.

535. — 1844. Novembre 9. Samedi.

0·0 Imakullu.
2·0 Dibono.

2·0 Total.

536. — 1844. Novembre 11. Lundi.

0·0 Dibono.
1·7 ʿAddi Habib dans Qatra.

1·7 Total.

537. — 1844. Novembre 12. Mardi.

0·0 ʿAddi Habib. Terrain devenant graduellement irrégulier : sans eau et plein d'arbres épineux (acacias?)
1·1 Mt Habon Farray tout près à gauche; puis nous coupons à plusieurs reprises le lit du torrent.
0·5 Pierre célèbre parmi les Saho, dont les bons sauteurs la franchissent. Le défilé où nous cheminons se nomme Šilluqi.
0·5 A G. embouchure d'un vallon ouvert qui mène à Tahtay Wiʿa, ou Wiʿa inférieur.
0·7 Lit de torrent à angles droits avec la route. Un rocher à D. et un autre à G.
0·7 Col plein de quartz blanc.
0·4 Nous entrons dans le lit du torrent de Haddas dont les eaux vont à Zullah. La route devient plus sinueuse.
0·9 ʿAyna baggo.

4·8 Total.

N. B. Les heures du 9, 11 et 12 novembre n'étant pas notées sur l'esquisse de la route, ont été traduites d'après les distances.

Durée de marche.

538. — 1844. Novembre 13. Mercredi.

h
0·0 A 9^{h}·8, ʿAyna baggo.
0·9 A D., vallée de Šayk ʿAra.
0·3 Kara Rabena (l'esquisse met 2 milles d'ici à ʿAyna baggo ; j'ai préféré noter l'intervalle du temps).
Un peu plus bas le torrent forme une cascade irrégulière.
0·4 Eau.
0·2 A G., vallée dite Gide nagade.
0·2 Tahtay Dima, point où les Saho barricadèrent la vallée pour rançonner le Nayb Yahya.
0·3 A 0^{h}·1, Laʿilay Dima : halte de 4^{h}·5.

0·0 A 4^{h}·6, départ de Laʿilay Dima (Agana Dima des Saho).
0·4 ʿAfanab.
0·3 A G. vallée dite Hededale-t-af, puis sentier pour les piétons.
1·2 A G. Turan gide, vallée étroite.
1·5 A 8^{h}·1, Guba Tabbo.

5·8 Total.

539. — 1844. Novembre 14. Jeudi.

0·0 A 10^{h}·3, Guba Tabbo.
0·5 Terrasse à mi-montagne à G.
0·3 ʿIliliya, vallée à G.
0·2 A 11^{h}·3, Agana Tabbo : halte de 5^{h}·9.

0·0 A 5^{h}·2, départ de Laʿilay Tabbo.
0·3 Ado Gafan, vallée à D.
0·1 A G. Kurtumti mela, hameau Saho, habité passagèrement.
0·1 A G. Dargad, vallée.
0·1 A G. Dodʿale, vallée.
0·2 Asuba. A G. Mahyo, vallée.
0·7 A G. Baketa, terrasse très-basse.
0·6 Siyaq à D.; Arre, vallée à G.
0·3 Taranta, vallée, à D.
0·7 A 8^{h}·3, Asanasir.

4·1 Total.

540. — 1844. Novembre 15. Vendredi.

0·0 A 9^{h}·7, Asanasir.
0·3 Dada.
0·5 Halte de 0^{h}·1.
0·3 May Dabda : halte de 0^{h}·1.
0·5 Halte de 0^{h}·2, puis forte montée.
0·2 Faite : halte de 0^{h}·3.
1·0 Tirmo.
1·3 A 2^{h}·4, May Harasat.

4·1 Total.

Durée de marche.

541. — 1844. Novembre 16. Samedi.

h
Parti de May Harasat pour Niʿilto et retourné le même jour.
0·0 Niʿilto.
1·0 Kisʿad Malagab.
0·7 Birkitto.
2·0 May Harasat.

3·7 Total.

542. — 1844. Novembre 17. Dimanche.

0·0 Digsa où je me suis rendu aujourd'hui de May Harasat.
0·4 Hardoqdoqi.
0·5 Hema, faible R.
0·8 ʿAddi Ongofom.
0·9 Descente.
0·3 ʿAddi Maʿaraba.

2·9 Total : à 2 milles par heure.

543. — 1844. Novembre 18. Lundi.

0·0 A 9^{h}·3, ʿAddi Maʿaraba.
1·1 Col.
0·3 Afalba : halte de 0^{h}·8. T. d'H. **160**.
1·1 Ici commence la plaine entre Gurʿa et Qayihkor.
0·6 ʿAd'daq'Ambaray : halte de 2^{h}·0.

0·6 Commencement du plateau.
1·2 Col. ʿAddi Waqarti à 2 milles à D.
1·8 Col et ravin.
0·5 Col après le torrent.
0·4 A 8^{h}·2, Zigib.

7·6 Total : à 3 milles par heure. Ces détails, conformes d'ailleurs au ms., impliquent quelque part une erreur de 0^{h}·5.

544. — 1844. Novembre 19. Mardi.

0·0 A 10^{h}·6, Zigib.
0·8 Montée.
0·1 ʿAddi Hawiša.
0·6 Descente.
0·4 Zalot : halte de 2^{h}·5.

1·1 Partage de bassins.
0·4 Asmara.
0·6 . . . .
1·0 ʿAddi Nifas.
0·8 Balaza.
1·0 Faite et descente.
0·4 A 8^{h}·3, Kuazen.

7·2 Total : à 2·8 milles par heure.

Durée de marche.

545. — 1844. Novembre 21. Jeudi.

h

0·0 A 5^{h}·7, Kuazen. Terrain d'abord cultivé, puis pierreux, inculte et plein de ces conifères appelés arze par les Tigray, et tid par les Amara.

0·5 Faîte.

0·6 Balaza à G., après avoir cheminé entre deux rochers, puis montée légère et descente : inculte. Quartz blanc et buissons.

0·7 'Addi Nifas, puis prairies.

0·5 Marc.

0·3 Colline isolée à G. : deux collines à D.

0·2 R. fangeux. Prairies au-delà de la grande colline à D.

0·5 A 9^{h}·0, Asmara, gros village.

3·3 Total.

546. — 1844. Novembre 22. Vendredi.

0·0 A 10^{h}·2, Asmara.

0·4 Halte de 0^{h}·2. Pierres ferrugineuses à D. et à G.

0·5 Deux petites collines à G.

0·7 Halte de 0^{h}·7 pour le tour d'horizon **161**.

0·1 Zalot, puis forte montée rocailleuse.

1·0 Faîte et halte de 0^{h}·3.

0·5 'Addi Hawiša.

0·1 Ruisseau après une descente brusque; puis montée.

0·3 Descente : collines basses à D. et à G.

0·3 Col.

0·1 Descente.

0·4 Torrent à sec encaissé dans un gouffre.

0·2 Col peu élevé.

0·2 Vallon prairie.

0·3 Entre deux collines.

0·2 A 4^{h}·7, halte de 1^{h}·7 sous un sagla fendu et énorme.

0·0 A 6^{h}·4, départ.

0·4 Col bas.

0·4 'Addi Waqarti à G.

0·2 Village ruiné à D.

0·4 Traversé une colline en potence.

0·3 A 8^{h}·1, 'Addi daqqa Nazzo, ou 'Addi Nazzo.

7·0 Total.

547. — 1844. Novembre 23. Samedi.

0·0 A 10^{h}·0, 'Addi daqqa Nazzo, en coupant le lit d'un torrent.

0·4 Halte de 0^{h}·6. T. d'H. **162**.

0·1 Niveau de la plaine.

0·1 Lit de torrent.

0·3 'Addi daq'Ambare.

0·5 Grande route de 'Adwa à Muçaww'a. Qayihkor à G.; Igala Gur'a à D.

0·2 Petite colline.

Durée de marche.

547. (*suite*).

h

0·1 Plaine où se trouvent beaucoup de blocs erratiques de grauwacke.

0·3 Colline double à D., puis colline isolée à D.; ensuite nous traversons une petite colline.

0·6 A 1^{h}·2, arrivé à Afalba, après une vallée allant à Qayihkor : halte de 4^{h}·5.

0·0 A 5^{h}·7, départ de Afalba et descente.

0·2 Faîte d'un léger col, puis un torrent sans eau et ensuite un plateau.

0·2 Faîte.

0·2 Fond.

0·4 'Addi Ba'ir reste à 3 milles environ à G.

0·3 Torrent à sec.

0·2 A 7^{h}·2, Ma'araba.

4·1 Total.

548. — 1844. Novembre 24. Dimanche.

0·0 A 10^{h}·0, Ma'araba.

0·3 Rochers et quilqual (sorte d'arbre à feuilles grasses).

0·2 Fond.

0·4 Descente après une montée.

0·2 A G. source, et plus loin, Saganeyti, village.

0·3 'Addi Ongofom à G. : à D. est Guwa, gorge profonde et étroite avec de l'eau parfois.

0·9 Hema, R. à D., puis montée légère.

0·4 Lit de torrent.

0·1 Lit de torrent et un peu d'eau parfois. Hadoqdoqi à D.

0·5 Digsa.

1·7 A 3^{h}·0, Maharasat, ou May Harasat.

5·0 Total.

549. — 1844. Novembre 25. Lundi.

0·0 A 9^{h}·9, May Harasat.

1·1 Tirmo.

0·4 Montée.

0·2 A 11^{h}·6, sommet du Mt Birqaqo : halte de 2^{h}·1. T. d'H. **163**.

0·0 A 1^{h}·7, départ du Mt Birqaqo.

0·2 Fond.

0·1 Eau de pluie.

0·2 Mt Hanna Sanna à D. : tombeaux Saho à G.

0·1 Tirmo.

0·2 Torrent de Tirmo.

0·3 Descente dans la vallée de Marfato, dont la pente est vers la droite.

0·2 Fond ; Amfaqha, vallée à G., après avoir passé le col dit Tahtay garay.

0·5 A 3^{h}·5, May Harasat : halte de 2^{h}·4.

0·0 A 5^{h}·9, départ de May Harasat.

0·4 Col de Manahabay. Mt Id'abba Yohannis à D.

0·5 Fond.

Durée de marche.

549. (*suite*).

h

0·4 Deux collines à D.

0·4 Digsa, après avoir passé entre deux collines : halte de 0^{h}·2.

0·1 Descente toujours depuis Digsa au milieu de schistes verticaux.

0·2 Entre deux collines après un détour à G.

0·2 Colline à G., puis torrent à sec.

0·1 Trois collines à D.

0·3 'Addi Hadid.

0·2 May Šaraw R. ou torrent : eau par flaques. Ensuite petite plaine cultivée partiellement.

0·6 Descente du col dit Kis'ad malagid. Le grès blanc est en masses détachées sur le sommet des deux collines qui forment cette passe.

1·2 A 10^{h}·7, arrivée de nuit à Ni'ilto.

8·1 Total.

550. — 1844. Novembre 26. Mardi.

0·0 A 2^{h}·3, Ni'ilto.

0·2 Fond.

0·2 Colline à D.

0·5 Antabtaba, torrent à sec.

0·5 Imba kakat, village à D.

0·6 Péage : Dagondagua et 'Addi Wohi à D. Halte de 0^{h}·1.

0·7 Col.

0·3 A 5^{h}·4, Gambaba.

3·0 Total.

551. — 1844. Novembre 27. Mercredi.

0·0 A 4^{h}·9, Gambaba ; puis Ar'ale, torrent.

1·0 Puits de Hadadim ; Imba Ra'indi à D. Le terrain inculte et désert commence ensuite pour finir au Balasa.

0·8 Halte de 0^{h}·1.

1·1 Col de Digim : halte de 0^{h}·2.

0·6 Acacias à D. ; deux collines à G.

0·6 Zarana, filet d'eau à D. et qui se réunit, dit-on, au Balasa.

0·2 Montée légère ; Anfi'ana à G.

0·1 Faîte et plaine.

0·3 Col.

0·4 Descente.

0·9 Balasa R. à D.

0·1 A 11^{h}·3, halte de 3^{h}·0 à un abreuvoir et sous un gros sagla (s. d'arbre). Le Balasa, au cours lent, aux eaux volumineuses, mais presqu'à fleur de plaine, disparaît souvent, dit-on, sous son lit comme le torrent de Haddas, et son volume d'eau varie beaucoup quand il reparaît au jour.

0·0 A 2^{h}·3, départ.

Durée de marche.

551. (*suite*).

h
0·4 Commencement de la colline de Abba Anḅaṣa à D.
0·1 Fin de cette colline.
0·4 Ḅalaṣa, R. (15^{mt} sur 0^{mt}·05 et 1 nœud).
0·3 Halte de 0^{h}·3.
0·2 Colline à G.
0·4 Deux collines à D.
0·5 Entré dans le lit du torrent.
0·1 Montée.
0·6 'Addị Ḥaylu.
0·3 A 5^{h}·9, Hoca Guza sur un terrain-plateau bordé d'un précipice à pic.

9·4 Total.

552. — 1844. Novembre 29. Vendredi.

0·0 A 6^{h}·7, Hoca Guza.
0·2 Bord du plateau.
0·1 Col de Maḍab, puis amphithéâtre de Maḍab borné de collines coupées à pic.
0·2 Thalweg de l'amphithéâtre.
0·2 Montée en détournant à G.
0·2 Col de Guzat.
0·1 Guzat, village, à G., et plus loin à G., M^{t} Ạnnane, dit Ịgala dans mes tours d'horizon.
0·2 Péage au sagla (s. d'arbre) près la R. May Mịnkurkuar; plateau à G. Peu après sur la rive gauche du ruisseau est Ịmba daq Hina, village.
0·3 Arba'ịtu ịnsịsa, colline-fort en apparence.
0·1 Plateau à D. Ra'ịna, nom de 5 villages à D. et à G.
0·2 Colline à D.
0·1 Plateau à D.
0·1 R. à D.
0·2 Gurdạbo à 2 milles à D. : halte de 0^{h}·1.
0·1 Lieu des angles. (Ce tour d'horizon a été perdu.)
0·1 Halte de 0^{h}·2.
0·3 Route du marché de Ịgala à G. ; colline à D.
0·2 'Unguya, R. à D.
0·1 Schistes verticaux.
0·1 Troisième traversée du 'Unguya (12^{mt} sur 0^{mt}·2 et 0·5 nœud). Cette mesure approximative a été faite avec la suivante pour montrer combien on peut se tromper dans le volume d'une rivière, quand son cours est très-lent.
0·1 Quatrième traversée du 'Unguya à G. (3^{mt} sur 0^{mt}·15 et 3 nœuds). Après une cinquième traversée, nous laissons à gauche, et du côté de la rivère, un petit affluent ou flaque.
0·1 Les collines qui encaissent la rivière, éloignée jusqu'ici de 0·5 mille environ, se rapprochent maintenant jusqu'à 100^{mt}.
0·1 Sixième et septième traversées du 'Unguya.

552. (*suite*).

h
0·2 Torrent encaissé, affluent de rive gauche (1^{mt} sur 0^{mt}·3 et 3 nœuds).
0·2 Vallée plus ouverte; montée.
0·1 Descente.
0·1 Ici semble être une île.
0·2 A 11^{h}·2, halte de 3^{h}·6 sous le gros agla.

0·0 A 2^{h}·8, départ en traversant le 'Unguya la huitième fois.
0·1 Neuvième traversée.
0·4 Dixième et onzième traversées du 'Unguya; puis forte montée.
0·1 Détour à D.
0·2 Faîte et descente.
0·1 May Laḥmị.
0·1 R. à G., affluent de rive gauche du 'Unguya.
0·1 M^{t} ..... à G.
0·2 Magala Ẓamrị ou Ṭamrị, district. M^{t} ... à G.
0·5 M^{t} ..... à 1 mille à G.
0·5 Etang dans le ruisseau; colline à G. avec villages.
0·1 Colline à D. ; église sur une colline à G.
0·4 A 5^{h}·5, May Qanị-ị à D. ; colline à G. La nuit tombée m'empêche de faire des notes d'ici à Ịmba Barot, dont j'ai dû estimer la distance à 2·4 milles.
1·2? Ịmba Barot.

8·2 Total noté.

553. — 1844. Novembre 30. Samedi.

0·0 A 8^{h}·3, Ịmba Barot.
0·4 Eau à D. ; colline à G.
0·1 Montée : ici nous rentrons dans la grande route de 'Adwa à Muçaww'a, laquelle était restée à D.
0·1 Source à D.
0·1 Colline à G. ; nous tournons de ce côté pour longer le R.
0·1 R. à D. ; puis montée.
0·2 Colline à G. Id. plus large à D.
0·1 Faîte.
0·2 Détour à D., colline à G.
0·1 Halte de 0^{h}·3, avec une colline ronde à D. et une longue colline à G.
0·2 R. à G.
0·6? Toujours la même colline à gauche et une autre presque aussi longue à droite. Nous traversons un R. à D. qui nous sépare de MARYAM Šawito, village avec une église antique.
0·1 Deux ruisseaux à D. qui se joignent plus bas.
0·1 Colline transversale à la route et formant potence à gauche.
0·2 Col.
0·2 Descente.
0·1 Fond, puis montée.
0·2 Faîte.

553. (*suite*).

h
0·2 Mt Saloda à D. ; petite colline plus près.
0·2 Colline à G.
0·2 Sources à G.
0·2 Waḥabit, village.
0·1 Warka ou da'ịro, s. d'arbre.
0·2 A 0^{h}·8, 'Asam, R. à D. et qui borne Madḥane'alam, l'une des quatre paroisses qui forment 'Adwa.

4·2 Total.

554. — 1844. Décembre 7. Samedi.

0·0 A 6^{h}·4, 'Asam, R. à G., et coulant à 'Adwa entre les paroisses de Madḥane'alam et qiddus Gabrị-el.
0·1 May Gogua, R. à G.
0·3 Colline à G.
0·2 Route au camp du Dajac Wịbe à May Dala'ịta.
0·3 Descente.
0·1 May Šịguịrti, R.
0·3 Qịddus Yoḥannịs maṭmịq à D. ; à G., village sur la colline.
0·2 Lit de torrent.
0·2 Collines resserrées présentant de profondes fissures. Esq.
0·2 Montée en zigzag.
0·4 Faîte du plateau de Aksum.
0·3 Lit de Torrent.
0·2 Source à G.
0·6 Étang à D.
0·3 Probablement Dambalorit, village.
0·2 Abuna Ṗanṭalewon à D.
0·5 Obélisque à D. sur la route, et plus loin à D., Abba Liqanos.
0·3 A 11^{h}·1, Aksum.

4·7 Total.

555. — 1844. Décembre 10. Mardi.

0·0 A 6^{h}·8, Aksum.
0·3 Légère descente.
0·2 A D., source du May 'Abaqat que nous traversons peu après.
0·3 Précipice, pierres et plusieurs quịlqual (s. d'arbre). A D., lieu du lion de pierre.
0·2 Halte de 0^{h}·3.
0·3 Descente.
0·1 A G. Dar-a, village.
0·3 Kabanat : halte de 1^{h}·4.
0·7 Eau bourbeuse.
0·1 May Cut : 5 huttes où l'on vend de la bière.
0·2 Faîte et entrée dans Dubbe asar, plaine non cultivée, parce que ses eaux ne s'écoulent pas.
0·4 Descente. A D., Ịdạ Abuna Salama. Ici un âne fut tué par trois lions.
0·2 Fond. A D., Fuqịro, gros village; à G., ancien camp du Dajac Wịbe.

Durée de marche.

555. (*suite*).

h

0·3 Faite. Ce lieu nommé Ḵiṣ'ad qaraḥ est la limite du district dit Ida MARYAM ou main de MARIE.

0·3 A 0h·3, halte de 1h·8 au R. May Šum. A 2 milles à D. est Ananiko, sanctuaire.

0·0 A 2h·1, départ en descendant.

0·3 Ida abba Zar-a buruk.

0·3 A G., source miraculeuse. A 1 mille à D. est Ḵalita, village de voleurs, dit-on.

0·3 Légère descente, limite de 'Aqab Sar'e et de Ida abba Zar-a buruk. Mt Imbuṭ, à 1 mille à D.

0·4 Eau bourbeuse.

0·3 Pierre qui sépare le Tigray du Šire.

0·4 Colline à D.

0·2 A 4h·3, Tambuḳ.

6·1 Total.

556. — 1844. Décembre 11. Mercredi.

0·0 A 6h·2, Tambuḳ.

0·3 R. à D., colline à G. et une autre à D. Ce lieu se nomme Gira tararo. Peu après nous laissons à G. la route de Balas.

0·6 Talaqlaqa, R. à D. Dajac Wibe a campé ici.

0·5 'Addi daq Malaḳ. Le soleil est droit derrière nous.

0·4 May Sahil (1mt sur 0mt·06 et 4 nœuds) : blocs erratiques à D.

0·1 Halte de 0h·1. Le terrain devant nous n'a pas été cultivé depuis six ans.

0·8 Kuayata à G.

0·4 Abuna Takla haymanot à G.

0·2 A 9h·7, R. à D. (4mt sur 0mt·04 et 3 nœuds).

0·1 R. (1mt sur 0mt·3 et 1 nœud).

0·4 'Addi Li'ul, village désert à D. De 9h·8 à 3h·3 le district se nomme Samama.

0·1 Montée.

0·2 Commençant à longer le bout d'une colline à G.

0·1 Fin de cette colline; puis plaine; Madabay tabir est à 15 milles ou une journée à D.

0·6 A 11h·2, May Mašrab, R. à D. (3mt sur 0mt·25 et 1 nœud) : halte de 2h·4.

0·0 A 1h·6, départ.

0·1 Samama, village à D. : halte de 0h·3. Dajac Wibe vient de camper ici.

0·2 Montée sur une petite colline.

0·2 Faite.

0·3 Fond.

0·3 Village.

0·1 Amphithéâtre de collines à G.

0·5 R. A 3h·3, (1mt·5 sur 0mt·08 et 3 nœuds).

0·2 Montée; puis passe au milieu des collines qui forment l'amphithéâtre.

Durée de marche.

556. (*suite*).

h

0·2 Faite et village.

0·2 Fond : halte de 0h·1.

0·4 Nous contournons le bout d'une colline à G.

0·1 A 4h·7, 'Addi Daḥno.

7·6 Total.

557. — 1844. Décembre 12. Jeudi.

0·0 A 7h·1, 'Addi Daḥno.

0·1 R. à G.

0·6 Halte de 0h·7, pour le tour d'horizon **166**.

0·5 Plaine inculte à perte de vue vers le nord; suite de collines à G.

0·7 May Taman, R., péage : halte de 1h·5; ravin à G. Tout le terrain est inculte jusqu'à May Šibinni.

1·7 A 0h·9, halte de 2h·3. A G. Mt Nan amba à 3 milles.

De 'Addi Daḥno à Nan amba le pays se nomme Asgide.

0·0 A 3h·2, départ.

0·5 May Šibinni, R. à D. Tout ce district y compris Nan amba se nomme Tarsagge.

0·2 A 2 milles à D., 'Ad' Dagual, village déserté. D'ici à 4h·2, on voit, tout près de nous, à gauche un profond qualla.

0·4 Chemin creux.

0·6 Collines à D. et à G.

0·3 Colline à D.

0·1 A 5h·3, Dambaguina.

5·7 Total.

558. — 1844. Décembre 13. Vendredi.

0·0 A 6h·2, Dambaguina en traversant un filet d'eau à G. Le terrain est inculte jusqu'à 7h·9.

1·0 Deux collines à G. Mt 'Alawgen est à 3 milles à D.

0·5 Colline à G. et une autre plus loin à D.

0·2 Halte de 0h·7, pour le tour d'horizon **167**. 'Idaga Saḳa ou Šaḥa, lieu de marché, et son village désert sont à 1 mille à D.

0·9 Nous marchons droit vers le Mt Abar jusqu'à 3h·2.

0·4 Péage de 'Add' Anqato et eau (stagnante?). Un profond qualla se découvre à droite : halte de 0h·3. Depuis 'Idaga Šaḥa, un taillis désert a remplacé, depuis six ans, les cultures et les villages.

1·6 A 11h·8, May Timqat : halte de 2h·9. T. d'H. **168**.

0·0 A 2h·7, départ : peu après est un village désert.

0·5 La forte descente commence. Colline à D. et une plus large à G. Ici nous cessons de marcher vers le Mt Abar.

Durée de marche.

558. (*suite*).

h

0·4 Reposoir.

0·1 Colline à G.; Daga en amphithéâtre à D.

0·3 A 4h·0, Takkaze, grande rivière, à 7 ou 8 milles en aval du gué de Sallasa guila. Depuis May Šibinni jusqu'au Takkaze, le district se nomme Zimbila. Dabra Abbay, fameux monastère, est à notre droite, ainsi que 'Addi Aytaqab et le May Silamay, R.

5·9 Total.

559. — 1844. Décembre 14. Samedi.

0·0 A 5h·7, Takkaze : montée en zigzag toujours rude et fatigante.

0·5 Reposoir.

0·1 Faite de la forte montée. Colline à G.

0·2 Plat, puis montée.

0·1 Faite, puis montée.

0·1 Montée douce.

0·3 Grimpé le précipice à travers une petite colline en laissant à G. le chemin des ânes.

0·2 Halte de 0h·1.

0·4 Halte de 0h·7 pour le tour d'horizon **169**.

0·5 May 'Ayni, R. à D. dans une prairie. Tout ce pays est déserté depuis l'incursion du Nabrid (Nibura-id) Walda Sillase. Les caravanes campent souvent dans cette prairie.

0·7 May Wuḥaru, R.; puis colline à G.; quelques champs à D.

0·5 Colline à G.; à D., longue colline.

0·2 Descente.

0·1 A 10h·4, halte de 3h·7.

0·0 A 2h·1, départ.

0·1 Giwy, R. à D. (5mt sur 0mt·15 et 1 nœud).

0·5 Madhaca, après un rocher isolé à droite (8mt sur 0mt·5 et 0·5 nœud). Beaucoup de crocodiles.

0·6 A G., commencement d'une colline en potence que nous allons franchir. A 5 milles à D., église de qs Giyorgis.

0·2 Léger faite.

0·2 May Zabri, R.; à G., Madḥane'alam, église.

0·4 Nous marchons pendant 5m entre deux saillies du daga. D'ici, on voit à droite un qualla encaissé et traversé par la rivière Buya ou Angare.

0·2 Colline à D. Le sentier tournoie sur son flanc, qui est un redan du qualla. Ce lieu se nomme 'Aqab ra'asi.

0·4 Fond, et R. à G.

0·4 R.? ..... puis colline à G.

0·4 A 5h·5, Buya, R. qui coule à droite.

N. B. J'écris Buya d'après la liste de noms de lieux où cette orthographe est répétée deux fois. Dans l'esquisse de la route j'avais écrit deux fois Guiya.

7·3 Total.

Durée de marche.

560.— 1844. Décembre 15. Dimanche.

h

0·0 A 6^{h}·0, Buya (16^{mt} sur 0^{mt}·2 et 2 nœuds).
0·3 Margab, R. à G. (0^{mt}·7 sur 0^{mt}·04 et 3 nœuds) allant au Buya.
0·2 R. à D. allant au Margab.
0·2 R. à D. allant au Margab.
0·1 Montée.
0·3 Faîte.
0·4 May Lahm (2^{mt} sur 0^{mt}·1 et 0·5 nœud); colline à D. et à G. : halte de 0^{h}·1.
0·3 Route à mi-mont.
0·5 Descente. A G., le terrain est rempli de collines brusques. A 2 milles à D., église de q^{s} Giyorgis.
0·4 Dama, R. à D. (4^{mt} sur 0^{mt}·05 et 3 nœuds); puis forte montée. La ville de Hawaza est à 4 ou 5 milles à G. sur la rive gauche du Dama. Vis-à-vis Hawaza et sur la rive droite est le rocher isolé et inaccessible, dit-on, qu'on nomme Gual haze.
0·8 Faîte d'une forte montée.
0·2 Eau.
0·1 May Taklil, R. à D. (1^{mt} sur 0^{mt}·04 et 4 nœuds) : halte de 3^{h}·1.

0·0 A 0^{h}·9, départ de May Taklil.
0·2 Faîte.
0·1 Montée.
0·3 A G., éperon ou pointe d'une colline qui s'avance obliquement vers notre route.
0·2 Descente.
0·3 Halte de 0^{h}·6 au Ansya, R. à D. (39 pas ou 25^{mt} sur 0^{mt}·25 et 3 nœuds). Il y a en outre sur la rive droite 56 pas ou 36^{mt} de gravier et 9 pas ou 6^{mt} de gravier sur la rive gauche. Pendant les pluies, cette rivière doit donc avoir une largeur de 67^{mt}.
0·2 Montée en zigzag commençant là où un lit de torrent se joint à la rive gauche du Ansya.
0·2 Premier faîte.
0·4 Second faîte.
0·2 Dabra Ziyon à 1 mille à D.
0·4 A G. deux collines, puis commencement d'une colline allongée.
0·2 Descente.
0·1 Halte de 0^{h}·3.
0·3 Fin de la colline allongée et site d'un village invisible à 0·5 mille à G.
0·2 Petite colline parcourue en 7^{m}.
0·3 Sentier tortueux pendant 6^{m}.
0·2 A 5^{h}·6, rive droite du Inzo., R. à D. (14 pas ou 9^{mt} sur 0^{mt}·25 et 3 nœuds). Il a de plus 12 pas ou 8^{mt} de gravier sur la rive droite, et 20 pas ou 13^{mt} sur la rive gauche. Largeur du lit, 30^{mt} pendant les pluies.

7·6 Total.

Durée de marche.

561. — 1844. Décembre 16. Lundi.

h

0·0 A 6^{h}·2, Inzo : puis une montée en zigzag après avoir traversé un R. à D. (0^{mt}·5 sur 0^{mt}·5 et 5 nœuds.)
0·4 Waldibba à 2 ou 3 milles à D., dit-on.
0·2 Faîte de la montée.
0·1 Colline à D. et à G.
0·4 Faîte d'une autre montée. A 1·5 mille à D. est le rocher percé de Sakuar, selon le guide. On en a fait un monastère.
0·2 Colline à gauche.
0·1 Col de Sakuar.
0·2 Colline à D.
0·5 Nous quittons cette colline. Colline isolée à D.
0·6 Col et colline à G.
0·2 Descente en zigzag.
0·9 Halte de 0^{h}·1 sur une petite colline.
0·2 Descente.
0·1 Ya hod gabya, c'est-à-dire marché du ventre.
0·4 A 10^{h}·7, Zarema, R. à D. (15^{mt} sur 0^{mt}·2 et 4 nœuds). Halte de 3^{h}·5.

0·0 A 2^{h}·2, départ du Zarema par une montée en zigzag.
0·4 Colline à G.
0·7 Colline à G.
0·2 Descente.
0·2 Col ; colline à G.
0·1 Faîte d'une montée raide.
0·2 Deux collines pointues à G.
0·2 Col et colline à G. terminée en aiguille : halte de 0^{h}·1. Ce district se nomme Malacit. Le village de Šahagni est à 1·5 mille à G. sur une colline.
0·3 May 'Agam, R. à D.
0·2 A G., colline allongée qui nous sépare d'un ravin allant au Zarema.
0·4 Montée en zigzag pendant 6^{m}, plus douce ensuite.
0·6 Faîte ; à G., tête ou commencement du long ravin.
0·5 A 6^{h}·3, Dibbabahr.

8·5 Total.

562.— 1844. Décembre 17. Mardi.

0·0 A 6^{h}·4, Dibbabahr.
0·5 Faîte. Église dédiée à saint Georges, sur la colline à gauche.
0·3 Chemin couvert.
0·1 La montée du Lamalmo commence.
0·6 Faîte et halte de 0^{h}·9. T. d'H. **170**.
0·1 Wilqiffit.
0·2 Montée en zigzag, deux collines à D.
0·4 Faîte, colline un peu devant nous à G.
1·1 A 10^{h}·6, Dabariq.

3·3 Total.

Durée de marche.

563.— 1844. Décembre 18. Mercredi.

h

1·3 Visité la sommité de Wasange Amba ras près Sarzi mara en traversant le R. Ambik ayna. Tours d'horizon **171** et **172**.

564.— 1844. Décembre 19. Jeudi.

0·0 A 7^{h}·0, Dabariq.
0·1 Marché, puis R.
0·2 R.
0·2 Halte de 0^{h}·1.
0·1 R. (27 pas ou 17^{mt} sur 0^{mt}·1 et 2 nœuds).
0·4 R.
0·2 Légère descente, église sur une colline à 1 mille à G.
0·7 Deux R. (5^{mt} sur 0^{mt}·08 et 3 nœuds). Deux collines et Waybag MARYAM sur une colline à 3 milles à D.
0·2 R. (8^{mt} sur 0^{mt}·05 et 1 nœud).
0·5 Guaragan, R. (0^{mt}·5 sur 0^{mt}·05 et 5 nœuds). Mt Waqqan à 3 milles à D.
0·3 A D., extrémité d'une colline qui semble se joindre au Mt Waqqan. A 3 ou 4 milles à G. Daqua Kidana mihrat. Église à 1 mille à G.
0·2 Descente.
0·1 R. (4^{mt} sur 0^{mt}·1 et 1 nœud).
0·4 A 10^{h}·7 ? Çara wanz, R.; plus haut, ravin encaissé à pic. Halte de 2^{h}·4.

0·0 A 1^{h}·1, départ.
0·3 Colline à G. après une autre à D.
0·2 Descente.
0·2 Šinbira Zaggan.
0·2 Rocher isolé.
0·2 R. (1^{mt} sur 0^{mt}·04 et 2 nœuds). Colline à 1 mille à G.
0·1 Colline à G.
0·4 A 2 milles à D., Šumalako Giyorgis, patrie de Abba Wayzar, le devin du Dajac Wibe.
0·1 Nous longeons le bout d'une colline à D.
0·1 R. (0^{mt}·5 sur 0^{mt}·05 et 1 nœud). Colline allongée à G. Colline isolée à D.
1·1 R. au milieu de prairies.
0·5 Dara, marché sans huttes.
0·5 A 5^{h}·0, Çambilge. L'église dédiée à MARIE est à 0·4 mille à D.

7·5 Total.

565.— 1844. Décembre 20. Vendredi.

0·0 A 7^{h}·5, Çambilge, qui est sur une large colline.
0·3 Halte de 0^{h}·2 au bord de la colline.
0·2 Šat.
0·5 R. Ensuite nous montons sur une éminence toute en prairie. Colline à 4 milles à D.
0·1 Faîte.

Durée de marche.

565. (*suite*).

h
0·3 Nous tournons à G.
0·2 Descente.
0·3 Fond. R. Colline à D.
0·2 Šat. Colline à G.
0·4 Šat.
0·5 Après avoir longé le bout d'une éminence qui est à D. et qui se termine à 2 milles par une colline. Halte de 0h·1.
0·4 A 11h·2, šat; puis colline à D. Colline à G. Halte de 1h·8.

0·0 A 1h·0, départ.
0·1 Colline à D. Amba Giyorgis à 2 milles à G.
0·3 Colline à D.
0·2 Colline à D.
0·1 Faite d'une montée.
0·3 R. (16mt sur 0mt·02 et 0·25 nœud), puis vient la plaine dite Anjiba meda.
0·5 Fin de la plaine.
0·4 Ysbaq dabir, église à 0·6 mille à G.
0·3 R. (2mt sur 0mt·04 et 3 nœuds).
0·1 Colline à D.
0·2 R. (1mt sur 0mt·05 et 3 nœuds).
0·3 Colline à D.
0·2 Halte de 0h·1, puis nous descendons au milieu des collines en faisant plusieurs détours.
1·2 Pont en pierre sur le Magag, R. à G. (4mt sur 0mt·6 et 1·5 nœud).
0·4 A 5h·7, au faite de la montée près Gondar.

8·0 Total noté.

566. — 1845. Janvier 14. Mardi.

Départ pour Maguina en Armaçoho. Près la R. Mahna, le cadavre d'un homme fraîchement tué nous ayant montré que les brigands rôdaient par là, nous retournâmes à Gondar.

567. — 1845. Février 7. Vendredi.

De Gondar à Tigre miçohya et retour.

568. — 1845. Février 18. Mardi.

0·0 A 5h·0, Qañ bet dans Gondar.
0·3 Qaha, R. à G.
0·1 Ruisseau à sec, allant au Qaha.
0·1 Qiddus Yohannis, église à D.
0·2 Lidata, église à D.
0·2 Col, puis R.
0·6 A 6h·5, Azazo, après avoir traversé un R.

1·5 Total.

569. — 1845. Février 19. Mercredi.

0·0 A 7h·5, Azazo.
0·4 Source

Durée de marche.

569. (*suite*).

h
0·4 Village.
0·3 Halte de 0h·1 dans un bois d'acacias (girar) rabougris.
0·4 R. à G.
0·2 Magag, R. encaissé de 3mt (6mt sur 0mt·2 et 2·5 nœuds).
0·3 R., très-peu d'eau.
0·4 Grande route de Gondar (à Fanja probablement).
0·2 R. à sec.
0·4 Bois.
0·1 R. (2mt sur 0mt·05 et 4 nœuds).
0·5 Église démantelée à D.
0·8 Deux ruisseaux à sec. Tout ce terrain est de walqa ou terre noire et plein de ces profondes fissures dites korakor.
0·2 Après avoir traversé deux R. à sec, halte au Gumara, R. qui ne présente que des flaques d'eau sans courant. Halte de 3h·1.

0·0 A 3h·3, départ du Gumara. Le nom de ce district est Zangag. Nous parcourons un bois d'acacias rabougris.
1·5 Halte de 0h·7 peu après avoir laissé à gauche la route de Farqa bar.
0·4 Nous commençons à longer le lac Tana.
0·7 A 6h·6, chez des Wayto.

7·2 Total.

570. — 1845. Février 20. Jeudi.

0·0 A 7h·2, départ du hameau Wayto dont je n'ai pu savoir le nom.
0·6 A D. église de..... MARYAM.
0·2 Promontoire d'herbes entre deux criques. Ilot à D.
0·2 A D. Qalamuj, île. Petits blocs détachés de trachyte.
0·3 Colline promontoire à D.
0·2 Crique et traînée de rochers dans le lac.
0·2 Promontoire à D.
0·5 Warka isolé (s. d'arbre).
0·2 Promontoire bas à D.
0·1 Autre promontoire.
0·1 Crique.
0·2 Bois. L'île de Mitraha est à une portée de fusil à D.
0·3 Petite colline à D.
0·5 Arno Garno. R. à D. (3mt sur 0mt·05 et 2·5 nœuds).
0·2 Warka quadruple dans Šinbaqoc.
0·6 Collines à D. et à G.
0·4 A 0h·0, halte de 1h·8; à D. Qariña, cap rocailleux.

S°. B. **77.**

Mt Kulalit près Yfag	E. ½ S.-E. =	101°·3
Mt Gugube	S.-S.-O. =	202 ·5

Durée de marche.

570. (*suite*).

h
0·0 A 1h·8, départ de Qariña.
0·4 Petit cap.
1·4 Arbres rabougris; à G., trois collines, et plus loin, Mt Kulalit. Ici commence une colline en fer à cheval, son creux tourné vers le lac.
0·7 Hameau.
0·2 Fin du fer à cheval.
0·1 Halte de 0h·1 à un affluent? du lac dont l'eau est stagnante.
0·9 A 5h·6, Rib R. (100 pas ou 65mt sur 0mt·8, courant inappréciable).
0·1 Nabaga.

8·6 Total.

571. — 1845. Février 23. Dimanche.

0·0 A 8h·8, Nabaga. Jusqu'à 11h·3 nous marchons sur la ligne qui joint le Mt Gugube au Mt Dawaro. La route est dans une vaste prairie plate au milieu de hameaux épars.
2·5 Nous marchons vers le Mt Abola nigus.
0·3 Gumara R. encaissé de 2mt (122 pas ou 79mt sur 1mt·08, courant nul). Le gué est en amont d'une île longue de 0·2 mille. Halte de 0h·6.
0·4 Montée.
0·1 Faite. Mt Gugube à 1 mille à D.
0·2 R. à sec.
0·4 Bois. Chaîne de collines à D.
0·1 Descente.
0·1 Warka isolé. Halte de 0h·1.
0·1 Zeba ou Irre wanz R. (1mt sur 0mt·05 et courant insensible). Nous entrons ensuite dans un terrain inculte de bois et prairies.
0·8 Gidadara, R. coulant à gauche, au contraire de toutes les rivières traversées hier et aujourd'hui (2mt sur 0mt·08 et 4 nœuds).
0·4 Gidadara, R. à D. (1mt sur 0mt·05 et 3 nœuds). Aussitôt après nous traversons l'Ysure, R. à D. (5mt sur 0mt·08 et 0·5 nœud). Waynuma, long cap à D.
0·7 A 3h·6, Ymara, R. (3mt sur 0mt·06 et 1 nœud). Après l'avoir franchi on est dans le sanctuaire de Quarata.

6·1 Total.

572. — 1845. Février 25. Mardi.

0·0 A 9h·7, Quarata.
0·3 Descente.
0·1 Fond.
0·3 Ginda Timjim qiddus Mika-el, église à 0·5 mille à G.
0·2 R. à sec, et aussitôt après, Galda, R. (4mt sur 0mt·1 et 3 nœuds), encaissé de 3mt.
0·4 Grande route des caravanes allant d'Yfag au gué de Dangya dabalo.

Durée de marche.

572. (*suite*).

h

0·2 Filet d'eau.
0·2 Eau stagnante.
0·4 Halte de 0h·2.
0·1 Village à D.
0·3 Faite d'une montée. A 0·7 mille à G. Masqala KRISTOS, église abandonnée.
0·1 Šat.
0·2 Šat.
0·4 Village à D. et précipice de Gitgiba.
0·2 Colline avec village à D.
0·3 Eau stagnante.
0·1 Faite d'une montée.
0·2 A 1h·9, Zajir qiddus Mika-el. Mt Manta dabir est à 2 milles plus loin et un peu à D. de la direction de la route.

4·0 Total.

573.— 1845. Février 26. Mercredi.

Retourné de Zajir à Quarata.

574.— 1845. Mars 18. Mardi.

Cheminé de Quarata au camp du Ras, situé à mi-chemin entre Zajir et Manta dabir.

Sn. B. **78**.

Mt Manta dabir	de 200 à 211m
Mt Abba Hara	270
Zajir, église de St Michel	332

La longueur dans le sens est et ouest, à peu près, du sommet plat de Manta dabir est de 400 pas ou 250mt environ.

575.— 1845. Mars 20. Jeudi.

Du camp au sommet du Mt Manta dabir et retour. T. d'H. **183**, **184**, **185**, **186**.

576.— 1845. Mars 24. Lundi.

Du camp au sommet du Mt Manta dabir et retour. T. d'H. **187**.

577.— 1845. Mars 25. Mardi.

0·0 A 6h·7, levée du camp du Ras.
0·5 Manta dabir est par notre travers à D.
1·7 Colline à D., et un peu plus loin à D. la colline qui a un précipice vers l'ouest, et qui a été relevée de Nabaga sous le nom de Guaha. Warka est le nom du canton.
0·3 Descente; à D. est une colline, probablement Sannay (ou Sane) MARYAM. Les deux pics relevés d'Ysmala sont plus loin à D.

Durée de marche.

577. (*suite*).

h

0·8 Fond. Prairie plate, chaude, sèche et inculte. La rivière Tiqur wiha est à 1 mille à G.
0·8 A 10h·8, campé sur la rive droite du Tiqur wiha.

4·1 Total.

578.— 1845. Mars 26. Mercredi.

0·0 A 4h·5, départ en traversant le Tiqur wiha.
0·7 Pont en pierre long de 80 pas ou 49mt·6 sur le Abbay, qui coule ici en cataractes continues. La largeur apparente du courant est 3mt.
0·4 A 6h·6, campé sur la rive gauche du Tal.

2·1 Total.

579.— 1845. Mars 27. Jeudi.

0·0 A 5h·8, levée du camp.
0·2 Traversé le Tul (10mt sur 0mt·08 et 3 nœuds); peu après vient un ruisseau fangeux, puis nous entrons dans un terrain d'alluvion moderne, qualla inculte et plein d'acacias.
0·1 R. fangeux à G.
0·6 Montée en zigzag.
0·5 Faite après une halte de 0h·4.
1·3 Angar qiddus Mika-el à 0·7 mille à D. Puis nous parcourons un daga nu plein de prairies et de cultures.
1·6 Agitta IYASUS, ville sanctuaire.
0·5 A 11h·0, campé près d'un šat.

4·8 Total : à 2 milles au plus.

580.— 1845. Mars 28. Vendredi.

0·0 A 6h·5, levée du camp près Agitta.
0·2 Ruisseau stagnant.
1·4 A G., pointe du qualla qui s'avance dans le daga.
0·6 Aroge dabir, église abandonnée dans Densa. Il est possible que le nom de ce lieu soit autre, car Aroge dabir signifie vieille église.
0·3 A 9h·0, campé.

2·5 Total : à 1·8 mille.
Le lieu de mon tour d'horizon **189** est à 1800 pas (1125mt à 0mt·625 par pas) de ma hutte dans le camp. J'ai parcouru cette distance en 0h·3, ce qui, en retranchant ½ pour les sinuosités, ferait 2·5 milles par heure.

581.— 1845. Mars 29. Samedi.

0·0 A 5h·8, levée du camp dans Densa.
0·7 Zalalo à 4 milles à G.

Durée de marche.

581. (*suite*).

h

0·7 R.
0·7 Ruisseau à G.
0·5 Halte de 0h·4.
0·2 Faible ruisseau à G.
0·5 Bord du qualla. Halte de 0h·2, puis descente en zigzag dans un qualla cultivé en coton.
0·4 Petite plaine.
0·1 Halte de 0h·7.
0·4 A 11h·3, campé dans le qualla.

4·2 Total : à 1·8 mille.

582. — 1845. Mars 30. Dimanche.

0·0 A 4h·8, levée du camp.
0·2 Zama R.
0·7 Faite, colline et village désert à D.
1·0 Halte de 0h·1.
0·3 Descente abrupte et en zigzag.
0·2 Abaya (38 pas ou 24mt sur 0mt·55 et 2 nœuds), puis montée en zigzag.
0·2 Faite.
0·4 Montée.
0·2 Faite.
0·2 Ruisseau à G.
0·1 Même R. à D.
0·6 Commencé à monter.
0·8 Faite.
0·5 Ruisseau plein de joncs.
0·6 A 10h·9, arrivé à Giyorgis bar.
0·3 Mota à 0·3 milles devant nous vers la G.
0·3 Campé à Dimmat gadal, à D. de Mota.

6·6 Total : à 1 mille.

583.— 1845. Mars 31. Lundi.

0·0 A 7h·0, levée du camp à Dimmat gadal.
0·2 Šat. Halte de 0h·2.
0·8 R. Chronomètre arrêté faute d'avoir été monté.
5·0 Campé à Awja.

6·0 Total, ou environ 6h de route.

584.— 1845. Avril 1er. Mardi.

0·0 A 6h·6, levée du camp à Awja.
1·1 Šat.
0·5 R.
0·4 R. à D.
0·5 Šat.
0·3 A 9h·4, Wofit dans le canton d'Ynac.

2·8 Total : à 2 milles par heure.

585.— 1845. Avril 4. Vendredi.

0·0 A 6h·3, levée du camp de Wofit.
1·9 Çe, R.

Durée de marche.

585. (*suite*).

h
0·6 Halte de 0h·5.
0·1 Galgal Ce R.
0·8 A 10h·2, Jarri.

3·4 Total : à 2 milles par heure.

586.— 1845. Avril 5. Samedi.

0·0 A 5h·8, levée du camp de Jarri.
0·2 R.
1·9 Campé à Dangyame dans Innawga, tout près de Dabra warq dont j'ai estimé la distance à 2 milles. Dans la direction opposée est le Mt Somma, forteresse naturelle, à 5 ou 6 milles.

2·1 Total : à 4 milles par heure.

587.— 1845. Avril 14. Lundi.

0·0 A 3h·0, levée du camp dans Innawga.
2·3 Village déserté.
0·2 R.
0·8 Dima, écrit Dimah dans les mss. de ce fameux sanctuaire.

3·3 Total : à 3·5 milles par heure.

588.— 184.. Avril 16. Mercredi.

0·0 A 6h·5, Dima.
0·6 R. à G.
0·1 R. à G.
0·3 Faîte.
0·7 Route de Dambaça à D.
0·9 R. (5mt sur 0mt·02 et 3 nœuds). Jaramis kidana mihrat à 2 milles à D.
0·2 Halte de 0h·5.
0·1 Gacuma MARYAM.
0·7 Village à G.
0·2 R. (3mt sur 0mt·1 et 1 nœud).
1·3 Muga R. (12mt sur 0mt·25 et 3 nœuds).
0·4 Halte de 0h·1.
0·1 Halte de 0h·35.
0·1 Village déserté.
0·1 Faîte.
0·4 Halte de 0h·2.
0·2 Mt Dabet.
0·4 R. et ponceau.
0·2 Faîte. Halte de 0h·6.
0·7 R. (1mt·5 sur 0mt·2 et 1 nœud).
1·2 R.
0·6 A 5h·8, arrivée à ? , village que l'invasion a fait abandonner.

9·5 Total.

Durée de marche.

589. — 1845. Avril 17. Jeudi.

h
0·0 A 6h·8, départ du village déserté.
0·1 R.
0·4 Šat et ponceau.
0·6 Mauvais šat : 0h·1 perdu à le traverser.
0·3 Faîte.
0·6 Village.
0·4 R. (2mt sur 0mt·2 et 4 nœuds).
0·4 Descente.
0·2 Fond.
0·4 Šat.
0·2 Ya Šinbarua. Halte de 1h·6.

0·3 Šat.
1·2 A raison de 1·5 mille par heure hors de la vraie route vers la gauche.
0·4 Halte.
1·0 (à peu près) Yawiš.
1·3 Yajibe.

7·8 Total : à 2·5 milles.

590. — 1845. Avril 24. Jeudi.

De Yajibe à Yawiš.

591.— 1845. Mai 4. Dimanche.

De Yawiš au Mt Danguago et retour.

592.— 1845. Mai 8. Jeudi.

0·0 Départ de Yawiš.
0·2 Yeda, R.
1·1 Yajibe, lieu de mon tour d'horizon **195**.

1·3 Total : allant à pied.

593.— 1845. Mai 9. Vendredi.

0·0 A 6h·0, Yajibe.
0·8 Gurem.
0·6 Source du Dan.
0·7 Maršit, puis descente.
0·2 Halte de 0h·7.
0·3 A 9h·3, Baradawas.

2·6 Total : à 2 milles par heure.

594.— 1845. Mai 10. Samedi.

0·0 A 11h·1, Baradawas.
1·5 Dan, R.
1·0 Sant, R. à sec.
1·1 Halte de 0h·2 au lieu des bénédictions.
0·9 Descente et fin du désert de Kartamora.
0·4 A 4h·2, Abbay et Laga wallo, Halte de 4h·0.

} A 2·4 milles par heure.

Durée de marche.

594. (*suite*).

h
0·0 A 8h·2, départ de la rive gauche du Abbay.
0·7 Premier gradin. Halte de ?
0·8 Halte de ?
0·4 Halte de 0h·4. Arrivée dans Aradawro.

} A 1·7 mille par heure.

6·8 Total noté.

595.— 1845. Mai 11. Dimanche.

0·0 A 0h·1, Aradawro.
0·1 Halte de 0h·5 : basalte.
0·5 A 1h·2, Asandabo.

0·6 Total : à 1 mille par heure et en montant.

596.—1845. Mai 14. Mercredi.

0·0 Asandabo.
0·7 Place du marché.
0·2 R.
0·2 Halte de 1h·1 chez Dalle.

1·3 Jusqu'ici à 1·5 par heure.
1·4 A 2·5 milles par heure jusqu'à Anafo.

3·8 Total : ou 7·1 milles estimés.

597.—1845. Juin 16. Lundi.

De Anafo à Sabu Šunke et retour.

598.— 1845. Juillet 1. Mardi.

De Anafo à Qarre kakarba et retour.

599.— 1845. Juillet 3. Jeudi.

0·0 Anafo (terrain de basalte).
0·3 Couché dans Anafo hors du clan de Loya.

0·3 Total : à 2 milles par heure.

600.— 1845. Juillet 4. Vendredi.

0·0 A 6h·9, départ.
0·5 R. à D.
0·9 Deux R. tout près.
1·0 Hula ou fossé de fortification. Le bord du daga est à moins de 2 milles à D.
0·2 R. et halte de 0h·2.
0·6 Billica, R. à D. et Hula ou fossé de fortification dit Hula Billica. Le grès blanc paraît ici, et le terrain s'abaisse beaucoup.
0·2 R.
1·8 Mauvais šat dans une prairie. Halte de 0h·6.
0·3 R.

Durée de marche.

600. (*suite*).

h

0·5 Les onze arbres de la place de Qobbo.
0·1 Halte de 0h·3.
0·4 Halte de 0h·1.
0·1 Dannaba, R. à D. Jusqu'ici nous avons cheminé à raison de 2 milles estimés par heure.
0·9 Šat. } A 1 mille par heure.
0·3 A 3h·9, maison de Doqe Dabalo dans Qobbo. } A 1 mille par heure.

7·8 Total; ou 14·4 milles estimés.

601.—1845. Juillet 5. Samedi.

0·0 A 3h·4, Qobbo.
0·9 2e fossé.
0·9 Šat.
0·2 A 5h·4, chez Rufo Garre dans Jimma.

2·0 Total : à 3 milles par heure.

602. — 1845. Juillet 6. Dimanche.

0.0 A 9h·9, chez Rufo Garre.
1·1 Église d'autrefois.
0·6 Arar R. à G. (15mt sur 1mt·1 et 2 nœuds). Halte de 0h·5.
0·1 R.
0·3 R.
0·2 R.
0·2 Halte de 0h·3.
0·5 Montée.
0·4 Halte de 0h·1.
0·1 R. à G.
0·2 Tournée.
0·2 Halte de 0h·2.
0·2 Petit R.
0·3 A 3h·3, gros R. à G. (16mt sur 0mt·6 et 3 nœuds). C'est probablement le Dangago. 1 mille de plus jusqu'à Ganu, mais long à cause de la forte montée.

4·4 Total noté.

603.—1845. Juillet 9. Mercredi.

0·0 A 11h·1, Ganu.
0·8 R.
0·7 Faite et halte de ?
0·4 Antique église à D. Halte de 0h·3.
Sur Mt Amara 278°
0·4 Halte de 0h·1 avant de descendre brusquement.
0·1 Halte de 0h·1.
0·5 Confluent des vallées.
0·2 Faite et halte de 0h·05.
0·8 Fond de la mauvaise colline. Halte de 0h·5.
0·8 Deux R. à D. et à G.

Durée de marche.

603. (*suite*).

h

0·2 Sangota, R. à D.
0·2 Halte de 0h·1.
0·1 Chez Nabura Jimma.

5·2 Total.

604.—1845. Juillet 10. Jeudi.

0·0 A 8h·2, maison de Nabura.
0·8 Halte de 0h·1.
0·1 Fortifications en pilotis avec fossé au dehors pour contenir les Calliha. A l'est tout est un désert avec de l'herbe magnifique.
0·3 Tourné à gauche.
0·1 Halte de 0h·2. R. à G.
0·1 Jusqu'au faite : halte de 0h·5.
0·4 R.
0·5 R. à D.
0·5 Halte de 0h·6.
0·4 R.
0·3 Šat.
0·2 Maison de Goro Muqqo dans Leqa.

3·7 Total : à 1·5 mille par heure.

605 — 1845. Juillet 11. Vendredi.

0·0 A 8h·4, chez Goro Muqqo.
1·5 Gibe R. franchi sur un pont en lianes. Vitesse de l'eau estimée à 3·3 nœuds, mais ces chiffres sont presqu'illisibles dans le ms. : puis nous parcourons 4 milles jusqu'à la maison de Dilbo, ou 5·3 milles estimés en tout jusqu'ici.

0·0 A 2h·7, départ de chez Dilbo.
0·3 Palissades.
0·3 Halte de 0h·3.
0·9. Deux mauvais R.
0·2 Faite.
0·1 R.
0·3 R., puis terrain de vase.
0·1 R.
0·1 Faite et R.
0·1 R.
0·2 Halte de 0h·2.
0·2 A 5h·9, Ariya, chez Šorro Boka, à 2 milles par heure.

4·3 Total noté; ou 10·9 milles estimés.

606. — 1845. Juillet 12. Samedi.

0·0 A 8h·7, chez Šorro Boka.
0·8 Laga Jarti, 2 R. (12mt sur 0mt·2 et 4 nœuds).
0·3 Petit R. : halte de 0h·1.
0·3 R. (5mt sur 0mt·4 et 8 nœuds).
0·7 Col du Mt Sobso : halte de 0h·4.
0·2 Faite.

Durée de marche.

606. (*suite*).

h

0·2 R.
0·2 R.
0·1 Second col du Mt Sobso : halte de 0h·6 pour le tour d'horizon **206**.
1·2 R.
0·5 R.
0·1 Gros R.
0·8 A 3h·2, Giyo, chez Šorro Galat.

5·4 Total : à 2 milles par heure.

607. — 1845. Juillet 15. Mardi.

0·0 A 6h·6, Giyo.
0·2 Halte de 0h·2.
0·3 Madalu (12mt sur 1mt·1 et 2 nœuds) : halte de 0h·3.
1·3 R.
0·5 Large R.
0·6 Ambo et R. : halte de 0h·2.
0·3 Wirgesa, R.
0·2 R. : halte de 0h·8.
0·4 Mt Qaqe tout près à G.
0·7 Deux R.
0·4 Halte de 0h·1.
0·1 Hursa, R.
0·2 Halte de 0h·1.
0·2 Halte de 0h·1.
0·4 Hula.
1·1 Descente.
0·5 Qella.
0·1 R.
0·2 R.
0·2 A 4h·3, halte.

7·9 Total : à 2 milles, ou 15·8 milles en tout.

608. — 1845. Juillet 17. Jeudi.

0·0 A 8h·0, départ.
0·3 Deux R.
0·1 Faite.
0·1 R.
0·3 Kancibo, R.
0·1 Halte de 0h·1.
0·3 Halte de 0h·1.
0·3 R.
0·1 Deux R.
0·5 R.
0·1 Col.
0·6 A 11h·0, masara de Koma.

2·8 Total : à 2 milles, ou 5·6 milles en tout.

609. — 1845. Juillet 18. Vendredi.

Visite au Mt Hapati. T. d'H. **207**.

0·0 A 10h·0, masara de Koma.
1·0 R.
0·4 Bokak, R. : halte de 0h·7.

Durée de marche.

609. (*suite*).

h
0·2 R.
0·8 R.
0·1 R.
0·2 Large R.
0·2 R. : halte de 0h·1.
0·4 R.
0·3 Halte de 0h·1.
0·2 Lume R. : halte de 0h·2.

0·4 Halte de 0h·2 au grand qiltu (s. d'arbre).
0·5 Petit R. : halte de 0h·3.
0·3 Tournant du Mt Mole.
0·6 Tourné vers Saqa.
0·6 Masgra Abba Jobar.
0·4 R.
0·4 A 6h·6, marché de Saqa.

7·0 Total.

610.— 1845. Octobre 6. Lundi.

De Saqa au Mt Mjle et retour. T. d'H. **209**.

611.— 1845. Octobre 25. Samedi.

0·0 A 5h·0, Saqa.
0·9 Col de Jijjila.
0·8 Haro, R.
0·2 2e Haro, R.
1·1 Grand warka de Kufo.
1·1 R. : halte de 1h·0.
0·2 R.
0·4 R.
0·1 Fondrière ; puis R.
0·6 R.
0·5 A 11h·9, Tobo.

5·9 Total : à 2·5 milles par heure.

612. — 1845. Octobre 26. Dimanche.

0·0 A 4h·5, Tobo.
0·3 R.
0·5 R.
0·4 R.
0·1 R.
0·4 Fange.
0·6 Mt Agamsa.
0·5 R.
0·3 A 7h·6, Kocawo.

3·1 Total : à 2·5 milles.
Le même jour j'allai d'abord à Afata, et ensuite à Daga.

613. — 1845. Octobre 29. Mercredi.

0·0 A 9h·8, Daga.
0·6 R. : halte de 0h·5.

Durée de marche.

613. (*suite*).

h
0·1 R.
0·7 R.
0·1 R.
0·1 Halte de 0h·1.
0·3 R.
0·7 Tobo.
0·4 Kutalla, R.
0·5 Sarti, R.
0·6 Hora Bollo.
0·2 Mito, R.
0·3 A 3h·0, Qepo.

4·6 Total.

614. — 1845. Octobre 30. Jeudi.

0·0 A 2h·3, Qepo.
1·1 R.
0·6 Haro.
0·2 Haro.
0·4 R. à D.
0·3 Jijjila : halte de 0h·2.
0·7 A 5h·7, Saqa.

3·3 Total.

615.— 1846. Janvier 5. Lundi.

De Saqa au Mt Mjle et retour. T. d'H. **211**.

616. — 1846. Janvier 15. Jeudi.

0·0 A 0h·3, Saqa.
0·7 Jibij, R. et ambo.
0·2 Gotu ou Gibe (40 petits pas ou 25mt·0 sur 0mt·3 et 1 nœud).
0·2 Fin du bois.
0·4 Ponceau.
0·4 A 2h·2, Suntu.

1·9 Total : à 2·4 milles par heure.

617.— 1846. Janvier 16. Vendredi.

0·0 A 4h·8, Suntu.
0·4 R. Suntu (9 pas ou 6mt·2 sur 0mt.15 et 1·5 nœud).
0·5 Halte de 0h·2.
0·2 Liban, R. très-petit.
0·1 Filet d'eau.
0·3 Filet d'eau.
0·1 Halte de 2h·0.

0·0 Dambi.
0·3 Dambi, R. (18 pas ou 12mt·2 sur 0mt·4 et 1 nœud).
0·5 Marché : halte de 0h·1.
0·8 Halte de 0h·2.
0·5 R.

Durée de marche.

617. (*suite*).

h
0·3 R. à D.
0·1 R. à G.
0·1 A 11h·4, Yatu dans Gena.

4·2 Total : à 2 milles.

618. — 1846. Janvier 17. Samedi.

0·0 A 7h·2, Yatu.
0·3 R. à D. : halte de 0h·2.
0·3 R.
0·3 Gibe à G. (10mt sur 0mt·3 et 0·3 nœud).
0·5 Descente de colline.
0·2 R. et fond.
0·2 Ponceau.
0·5 Halte de 0h·3.
0·2 A 10h·2, Qella sur le Miju, R. à G.

2·5 Total : à 2·3 milles par heure.

619. — 1846. Janvier 18. Dimanche.

0·0 A 9h·0, Miju.
Gibe à G. (10mt·8 sur 0mt·3 et 0·5 nœud).
0·1 Gibe à D.
0·1 Gibe à G.
0·1 Halte de 0h·1 : R.
0·4 Ordre de silence.
0·7 Halte de 0h·1, toujours en montant depuis le Gibe.
0·1 Halte de 0h·15.
0·1 Faîte du Mt Gurduca.
0·3 Descente, puis plaine brisée.
0·7 Halte de 0h·1.
0·3 Deux sentiers dangereux.
0·7 Bora (2mt·5 sur 0mt·05 et 1 nœud) : halte de 0h·5.
0·3 R.
0·1 Arbre magnifique.
0·2 Halte de 0h·1.
0·2 A 2h·5, rocher de Bora, d'où on relève le Mt Gabana par N. ¼ N.-O. ou 348°.

4·4 Total : à 1 mille par heure.

620. — 1846. Janvier 19. Lundi.

0·0 A 4h·5, rocher de Bora.
0·3 Source du Cobtu Bora, R.
0·5 Source du Bora : halte de 1h·5.

0·7 Sesino nombreux (s. de fougère arborescente).
0·1 Sankaca.
0·1 Halte de 0h·6.
0·1 R.
0·4 Petit terrain horizontal.
1·0 Faîte du Gurduca.
0·3 Halte de 0h·3.
1·1 R. à G.

Durée de marche.

620. (*suite*).

h

0·3 Yatu à G. (4^{mt}·7 sur 0^{mt}·1 et 3 nœuds).
0·1 Gibe à D. (11^{mt}·5 sur 0^{mt}·2 et 2 nœuds).
0·1 Gibe à G. (12^{mt}·2 sur 0^{mt}·15 et 4 nœuds).
0·1 A 0^{h}·2, Gibe à D. (10^{mt}·8 sur 0^{mt}·5 et 0·5 nœud).

5·3 Total : à 1 mille par heure.

621. — 1846. Janvier 20. Mardi.

0·0 A 5^{h}·5, Qella de Babya.
0·8 Ponceau ; puis montée.
0·2 Faite.
0·6 Mauvais R. ; puis Gibe (19^{mt}·2 sur 0^{mt}·3 et 0·5 nœud).
0·4 Halte de 1^{h}·2, chez Abba Kope.

1·0 R. à G.
1·2 Dambi, marché : halte de 1^{h}·1. T. d'H. **213**.

0·4 R. (17^{mt}·1 sur 0^{mt}·4 et 1 nœud) : halte de 0^{h}·1.
0·1 Petit R.
0·4 Petit R.
0·5 R.
0·4 R. : halte de 0^{h}·6 et R.
0·7 Ponceau du Gibe.
1·3 A 4^{h}·5, Saqa.

8·0 Total : à 2·6 milles par heure.

622. — 1846. Février 3. Mardi.

0·0 A 5^{h}·1, Saqa.
0·3 R. à G.
0·2 Halte de 0^{h}·2 ; R. à G.
0·3 R. à G.
0·1 R. à G.
0·2 R.
0·2 R. à G. ; puis montée.
0·4 R.
0·1 R.
0·1 R.
0·2 Petit R.
0·2 Petit R.
0·1 Petit R.
0·2 R.
0·5 R. de deux affluents.
0·4 Faite : halte de 0^{h}·6.
1·4 R. à D.
0·4 Filet d'eau.
0·1 Filet d'eau.
0·1 R.
0·2 R.
0·1 Filet d'eau.
0·1 Filet d'eau.
0·1 Halte de 0^{h}·6.
0·1 Large ruisseau.
0·5 A 1^{h}·1, Garuqqe.

6·6 Total : à 2·3 milles par heure.

Durée de marche.

623. — 1846. Mars 3. Mardi.

h

0·0 Masara de Garuqqe.
2·0 Masara de Dar-u.

2·0 Total : à 2·5 milles par heure.
De là je me rendis à Saqa, après m'être égaré en route.

624. — 1846. Mars 6. Vendredi.

Revenu hier de Saqa.
0·0 Station de Dar-u. T. d'H. **220**.
2·2 Galle, R.
0·5 Garuqqe.

2·7 Total.

625. — 1846. Mars 7. Samedi.

0·0 A 0^{h}·4, Garuqqe.
1·0 Fond et R.
0·4 R. : halte de 0^{h}·2.
0·4 A 2^{h}·4, Tobo.

1·8 Total : à 2 milles par heure.

626. — 1846. Mars 9. Lundi.

De Tobo à Garuqqe.

627. — 1846. Mars 13. Vendredi.

0·0 A 3^{h}·8, Garuqqe.
1·0 R. Kutalla.
0·5 Mt Minjillos à G.
0·6 R.
0·1 R.
0·1 R.
1·2 A 7^{h}·3, R. de Kocawo.

3·5 Total : à 1·7 mille par heure.

628. — 1846. Mars 15. Dimanche.

Visite à Daga et retour à Kocawo.

629. — 1846. Mars 27. Vendredi.

0·0 A 5^{h}·2, Kocawo.
0·1 R. à G.
0·3 Faite de la montée tournante.
0·4 R. à G.
0·2 Deux R.
0·7 Mt Minjillos : halte de 0^{h}·4.
0·3 R. à G.
0·2 Kutalla, R. (2^{mt} sur 0^{mt}·15 et 5 nœuds).
1·0 Garuqqe.

3·2 Total : à 1·8 mille par heure.

Durée de marche.

630. — 1846. Avril 9. Jeudi.

h

De Garuqqe à Jobar Buyo.

631. — 1846. Avril 10. Vendredi.

De Jobar Buyo à Saqa.

632. — 1846. Avril 12. Dimanche.

Parti de Saqa pour coucher dans une maison près le masara Abba Jobar, dans Ulmaye, sur la rive droite du Kakaki, R.

633. — 1846. Avril 14. Mardi.

Parti de Ulmaye pour coucher dans Beto, près le masara Abba Jobar, dit de Muka luba.

634. — 1846. Avril 15. Mercredi.

0·0 A 5^{h}·4, masara Abba Jobar dans Muka luba.
1·0 Bokak, R.
0·5 R.
1·1 A 8^{h}·0, masara de Koma.

2·6 Total.

635. — 1846. Avril 16. Jeudi.

0·0 A 5^{h}·7, Mt Hapati, près Koma.
0·2 Fond.
0·2 Masara de Koma : halte de 0^{h}·5.
0·6 Col.
1·0 A 8^{h}·2, R. du qella de Ulmaye au nord de Limmu.

2·0 Total.

636. — 1846. Avril 17. Vendredi.

0·0 A 5^{h}·5, qella de Limmu.
0·7 Lit de R.
0·3 Halte de 0^{h}·1.
0·2 A 6^{h}·8, halte de 2^{h}·6 à un R.

0·0 A 9^{h}·4, départ.
2·2 A 11^{h}·6, Wigosa (20^{mt} sur 0^{mt}·06 ; courant non appréciable).

3·4 Total.

637. — 1846. Avril 18. Samedi.

0·0 A 4^{h}·0, Wigosa.
0·6 Ambo.
0·6 Filet d'eau.
1·3 Filet d'eau.
0·7 R. (10^{mt} sur 0^{mt}·02 et 0·5 nœud) : halte de 0^{h}·4.
0·7 A 8^{h}·3, Giyo, à la maison de Sorro Gulgt.

3·9 Total.

Durée de marche.

638. — 1846. Avril 19. Dimanche, jour de Pâques des Ilmorma.

h

0·0 A 4h·6, Giyo.
6·2 R.
0·4 R.
0·1 A 11h·3, couché par terre sur la route, en Leqa.

6·7 Total.

639. — 1846. Avril 20. Lundi.

0·0 A 4h·6, départ.
0·4 Deux R.
0·6 R.
0·3 A 5h·9, halte de 3h·6 chez Sanbato.

0·0 A 9h·5, départ de chez Sanbato. R.
0·6 R.
0·1 R., puis montée.
0·2 Faîte.
0·2 A 10h·6, masara de Jawi Abba Jobar à Adami en Lofe.

2·4 Total.

Le chronomètre ayant été cassé à Adami, il n'y a plus de détails de route jusqu'à Gondar, sauf un petit nombre de routes en Gojjam et dont les quelques particularités qui suivent sont rapportées ici d'après mon *estime à vue*, en supposant que l'esquisse a été faite à mon échelle ordinaire de un centimètre par mille. La route de Tiqur à Gudru a été copiée en Gojjam sur ma carte provisoire d'après une esquisse perdue depuis.

640. — 1846. Juin 14. Dimanche.

De Adami à Ilfata et retour. T. d'H. **229**.

641. — 1846. Juillet 23. Jeudi.

De Adami à Ilfata et retour. T. d'H. **237**.

642. — 1846. Août 4. Mardi.

De Adami à Ilfata et retour. T. d'H. **238**.

643. — 1846. Août 12. Mercredi.

De Adami à Sire boru et retour. T. d'H. **239**.

644. — 1846. Août 21. Vendredi.

De Adami à Oddo lote et retour. T. d'H. **242**.

645. — 1846. Août 23. Dimanche.

De Adami à Oddo lote et retour. T. d'H. **243**.

Durée de marche.

646. — 1846. Août 29. Samedi.

h

De Oddo baroda, près Adami, à Buko.

647. — 1846. Août 30. Dimanche.

De Buko à Sayo.

648. — 1846. Septembre 1er. Mardi.

De Sayo à Bargama en Garjeda.

649. — 1846. Septembre 2. Mercredi.

De Bargama, par Leqa, à Sigo.

650. — 1846. Septembre 14. Lundi.

De Sigo à Falle.

651. — 1846. Octobre 19. Lundi.

De Falle à Incinni en Tiqur.

652. — 1846. Octobre 28. Mercredi.

Visite chez Asar dans Kiyo. T. d'H. **251**.

653. — 1846. Octobre 29. Samedi.

Allé à Carrifatu et de là à Incinni. T. d'H. **252**.

654. — 1846. Novembre 1er. Dimanche.

De Incinni à Gurto et retour. T. d'H. **253**.

655. — 1846. Novembre 2. Lundi.

De Incinni à ....., chez Adula.

656. — 1846. Novembre 3. Mardi.

De ..... à Lotu.

657. — 1846. Novembre 6. Vendredi.

Visite chez Gobana en Calliha.

658. — 1846. Novembre 12. Mercredi.

De Lotu à Alunqo, près le Mt Gobe.

659. — 1846. Novembre 14. Samedi.

De Alunqo à .....

660. — 1846. Novembre 15. Dimanche.

De ..... par le désert de Anonnu à Watiyo en Gudru.

Durée de marche.

661. — 1846. Novembre 17. Mardi.

h

De Watiyo à Qobbo.

662. — 1846. Novembre 18. Mercredi.

De Qobbo à Ejer, tout près du Mt Sibarre, et à son N.

663. — 1846. Novembre 20. Vendredi.

De Ejer au Mt Sibarre et retour. T. d'H. **258**.

664. — 1846. Novembre 21. Samedi.

De Ejer au Mt Sibarre et retour. T. d'H. **259** et **260**.

665. — 1846. Novembre 23. Lundi.

De Ejer par Qobbo à Awala boru.

666. — 1846. Novembre 24. Mardi.

De Awala boru à Qobbo.

667. — 1846. Novembre 26. Jeudi.

De Qobbo à Wanbar, dans Anafo.

668. — 1846. Novembre 27. Vendredi.

De Wanbar à Dini, près Asandabo.

669. — 1846. Décembre 1er. Mardi.

De Dini à Gambela.

670. — 1846. Décembre 2. Mercredi.

De Gambela au Abbay.

671. — 1846. Décembre 3. Jeudi.

Du Abbay à Zame Giyorgis.

672. — 1846. Décembre 4. Vendredi.

De Zame à Kork.

673. — 1846. Décembre 5. Samedi.

De Kork à Yajibe.

674. — 1846. Décembre 19. Samedi.

Course à Gurem et retour à Yajibe. T. d'H. **265**.

675. — 1847. Janvier 5. Mardi.

De Yajibe à Dogom et retour. T. d'H. **266**.

Durée de marche.

676. — 1847. Janvier 21. Jeudi.

h

Course à Dogom IYASUS. T. d'H. **267**, puis retour à Yajibe.

677.—1847. Janvier 26. Mardi.

De Yajibe à Yawiš.

678. — 1847. Janvier 27. Mercredi.

De Yawiš à Yajibe.

679.— 1847. Janvier 30. Samedi.

De Yajibe à Yawiš et retour.

680.—1847. Février 1er. Lundi.

De Yajibe à Yawiš.

681.— 1847. Février 2. Mardi.

De Yawiš à Yasanbat.

682.—1847. Février 3. Mercredi.

De Yasanbat à Bicena.

683.—1847. Février 4. Jeudi.

De Bicena à Yakabat Giyorgis.

684. — 1847. Février 5. Vendredi.

De Yakabat à Yajibe.

685. — 1847. Février 12. Vendredi.

De Yajibe à Yawiš et retour. T. d'H. **270** et **271**.

686.—1847. Février 13. Samedi.

De Yajibe à Dogom IYASUS.

687. — 1847. Février 14. Dimanche.

De Dogom à Yajibe.

688.—1847. Février 19. Vendredi.

De Yajibe à Yawiš et retour.

689.— 1847. Mars 1er. Lundi.

Course à Yawiš et retour à Yajibe.

Durée de marche.

690. — 1847. Mars 9. Mardi.

h

De Yajibe à Yakotkot.

691.— 1847. Mars 10. Mercredi.

De Yakotkot à Elyas.

692.— 1847. Mars 12. Vendredi.

De Elyas à Addis amba.

693.— 1847. Mars 13. Samedi.

De Addis amba à Yajibe.

694.— 1847. Mars 18. Jeudi.

De Yajibe à Šafo girar.

695 — 1847. Mars 19. Vendredi.

De Šafo girar à Agamna.

696.— 1847. Mars 20. Samedi.

De Agamna à Anguata.

697.—1847. Mars 21. Dimanche.

Course au Mt Wugir et retour à Anguata. T. d'H. **278**.

698. — 1847. Mars 22. Lundi.

De Anguata à Yamitad bet qiddus Mika-el.

699. — 1847. Mars 23. Mardi.

Course au Mt Karni et retour. T. d'H. **279**.

700.— 1847. Mars 24. Mercredi.

De Yamitad bet à Mota.

701.—1847. Mars 26. Vendredi.

0·0 Mota.
0·6 Dimmat gadal, par un détour à droite.
0·4 Sade R.
0·8 Cabba Giyorgis, église à G.
1·3 Adag MARYAM, église à G.
0·4 Tef MARYAM, église à D. à 1 mille.
0·1 Alaqit, mauvais Šat.
0·3 Astale R. (1mt sur 0mt·1 et 4 nœuds). Gult à 2 milles à G.
0·3 R., champs à D.

Durée de marche.

701. (*suite*).

h

0·2 Sources et R., puis arbres à D. Détour à D., puis à G.
0·5 Dasan R. (3mt sur 0mt·15 et 5 nœuds), puis le sentier se contourne vers la droite.
1·4 R. (4mt sur 0mt·2 et 3 nœuds).
1·1 Guayba.

7·4 Total.

702.— 1847. Mars 27. Samedi.

Partis de Guayba nous traversâmes la chaîne du Coqe en laissant Mt Karni à gauche, et nous parvînmes à Agamna.

703. —1847. Mars 28. Dimanche.

De Agamna à Yawiš.

704.— 1847. Mars 29. Lundi.

De Yawiš à Yajibe.

705. — 1847. Avril 1er. Jeudi.

De Yajibe à Yawiš.

706. — 1847. Avril 10. Samedi.

De Yawiš à Yeda warac. T. d'H. **280**.

707. — 1847. Avril 11. Dimanche.

De Yeda warac à Annamuçara, près le Mt Muatamuat.

708.— 1847. Avril 13. Mardi.

De Annamuçara à Nazrit.

709. — 1847. Avril 16. Vendredi.

Parti de Nazrit (sans détails jusqu'aux suivants).
0·0 Colline à G., puis une colline moins large aussi à G.
1·0 Šaše à 1 mille à D.; colline à 1 mille à G.
0·2 Commencement d'une colline allongée et à 1 mille à G.
1·0 Fin de cette colline.
1·0 Yabirt, R. à D. A 1 mille en aval il s'y joint un R. qui coule en deça de Šaše et parallèlement à notre route.
0·4 Colline déserte ayant une église à 1 mille à G.
0·5 Fin de cette colline.
0·5 R.
0·4 R.
0·2 Šinbire.

5·2 Total.

Durée de marche.

710. — 1847. Avril 17. Samedi.

h

0·0 Départ de Šinbire.
0·6 Mangistu. T. d'H. **292.**
1·5 Soha, R. à D.
1·5 Milieu d'une élévation allongée perpendiculairement à notre route.
1·2 Dabra warq.

4·8 Total.

711. — 1847. Avril 18. Dimanche.

0·0 Dabra warq. Ce sanctuaire est sur une colline dans la fourche de deux ruisseaux écartés de 0·4 mille environ et qui s'unissent en aval à D.
0·9 Colline : Titar IYASUS, tout près à D. T. d'H. **293.**
0·3 Fin de la colline.
0·3 R.
0·8 R., et tout près, Titar Abbo à D.
1·0 R. après avoir parcouru une courbe, concave à D.
1·0 Colline à D., à G. colline de Ambala Giyorgis, église.
0·6 Galgal Çe. R. à D. (2mt sur 0mt·1 et 5 nœuds).
0·6 Deux petites collines à D.; colline à G.
0·4 Çe R. (5mt sur 0mt·4 et 5 nœuds).
0·7 Deux éminences à D.; route dans une prairie.
0·6 Deux R.
0·5 R., puis prairie.
0·6 Montée, église à G.
0·4 Montée.
0·4 Tigdar, R. (3mt sur 0mt·2 et 3 nœuds).
1·2 Traversé encore le Tigdar et couché dans un bois avec des pasteurs.

10·3 Total.

712. — 1847. Avril 19. Lundi.

0·0 Départ.
1·0 Colline à G., colline avec une église à D. Nous cheminons dans un bois.
0·8 Après avoir tourné à D. et à G. nous passons le Azwari, R. (3mt sur 0mt·25 et 4 nœuds). Ce ruisseau est sinueux comme son nom l'indique.
0·4 Sentier concave à D., colline de Tardan avec église.
0·3 R.
0·2 Bout d'une éminence qui s'allonge à G.
0·6 R.
0·6 Tame, R. (12mt sur 0mt·15 et 2 nœuds). A 1 ou 2 milles à G. est une terre nommée Fransis d'après un propriétaire européen qui l'a cultivée jadis.
0·1 Qaranyo (jour du marché).

4·0 Total.

Durée de marche.

713. — 1847. Avril 20. Mardi.

h

0·0 Qaranyo.
2·2 Sade, R.
0·7 Mota.

2·9 Total.

714. — 1847. Avril 23. Vendredi.

0·0 Mota.
2·0 Agam wiha à G.
1·5 Abbay, large ici de 8mt seulement. On le traverse à la nage, car l'arche centrale du pont a été détruite pour s'opposer aux incursions des Galla. La montée sur la rive gauche est en zigzag.
0·5 A D. Abala, village.
0·5 Sile, source.
0·3 Walake.

4·8 Total.

715. — 1847. Avril 24. Samedi.

0·0 Walake.
2·0 R.
0·3 Ganta.
? Šolage.

? Total.

716. — 1847. Avril 25. Dimanche.

De Šolage à Mahdara MARYAM.

717. — 1847. Avril 26. Lundi.

De Mahdara MARYAM au Gumara R.

718. — 1847. Avril 27. Mardi.

Du Gumara à Lahda.

719. — 1847. Avril 28. Mercredi.

De Lahda au marché d'Yfag.

720. — 1847. Avril 29. Jeudi.

D'Yfag à Ataco près Minzirro.

721. — 1847. Avril 30. Vendredi.

De Ataco à Gondar.

722. — 1847. Juin 26. Samedi.

0·0 A 2h·9, Gondar. Jonction du Qaha et du Angarab.
0·5 Colline à D., puis R. à D.
0·3 Colline à D., et trois à G.; puis R.

Durée de marche.

722. (*suite*).

h

0·2 Colline à D. et une autre à G.
0·3 Pont du Magaç; puis à G., précipice où les brigands jetaient le monde.
0·5 Faite.
0·2 Tadda, église à D. Halte de 0h·3.
0·3 Atakilt, R.
0·3 Colline à D.
0·3 Faible colline.
0·6 Minzirro, église à D. Halte de 0h·1. Ici nous laissons à droite la route qui mène par Farqa bar à Yfag.
0·3 Inculte.
0·3 Petite colline.
0·3 A D. Bahr ginb. Une plaine ouverte s'étend d'ici jusqu'au lac Tana, à 3 ou 4 milles de distance.
0·3 Suite de flaques dans le lit d'un R.
0·1 Petite colline. Halte de 0h·6.
0·4 Petite colline.
0·3 Village : la route tourne vers la gauche.
0·2 R.
0·1 Ruisseau plus grand.
0·1 Halte de 0h·1 sur une élévation.
0·1 Gumara, R. : rives à pic de 20mt.
0·3 Village à D.; nous commençons à longer une colline qui reste à D.
0·7 Fin de cette colline.
0·2 R. à G.
0·3 Halte de 0h·1.
0·1 A 11h·7, Das MARYAM.

7·6 Total.

723. — 1847. Juin 27. Dimanche.

0·0 A 2h·1, Das MARYAM et montée en zigzag.
0·4 A G., Dangyage. Halte de 0h·1, puis colline à D. Colline haute à G.
0·6 Fin de la colline à D. Halte de 0h·1.
0·2 Faite et descente.
0·3 Village de Amba Cira; la route tourne à gauche; puis colline et village à D.; puis la route tourne encore à gauche pour éviter le Mt Marado.
1·9 Halte de 0h·1.
0·3 Dans l'axe du Mt Marado qui reste à droite.
0·1 Descente.
0·1 Halte de 0h·1.
0·1 Halte de 0h·8. Le marché de Anjore est à 2 milles à G.
1·0 Descente : église à G.
0·1 R.
1·4 Halte de 0h·1.
0·3 R.
0·1 Petite élévation.
0·1 Halte de 0h·1 à un R.
0·2 A 10h·7, Zarage, après avoir passé une petite colline.

7·2 Total.

Durée de marche.

724.—1847. Juin 28. Lundi.

h
0·0 A 3h·3, Zarage.
0·3 Lit d'un ruisseau.
0·1 Petite plaine pierreuse où se tient le marché de Warab.
0·2 Col entre deux collines, dont la plus grande est à D. On cultive le coton ici.
0·4 Lit de R. Halte de 0h·2. A 2 milles à D. est une colline en fer à cheval concave vers nous.
0·5 Fin de cette colline. R. (2mt sur 0mt·05 et 3 nœuds).
0·4 Halte de 0h·4. A D. est la colline dite Warq amba.
0·2 Dabosge abuna Aragawi, village.
0·2 R. (4mt sur 0mt·05 et 2·5 nœuds).
0·5 Montée.
0·1 Gurizba Mika-el, vill.
0·3 Colline en fer à cheval concave vers nous à D.
0·3 Fin de cette colline.
0·2 Manna, R. à sec. Lit large de 60mt. Halte de 0h·4.
0·8 A 8h·8, Mandarge, dans le district de Gabzi.

4·5 Total.

725.—1847. Juin 29. Mardi.

0·0 A 4h·0, Mandarge.
0·5 Colline à D., puis colline à G.
0·3 A 4h·8, halte de 2h·6.

0·3 Fond : collines à D et à G.
0·8 Zana Ziyon sur une colline à D.
1·2 Halte de 0h·1.
0·6 Halte de 0h·1. A G., à 4 milles, est Ahsa (ou nom qui lui ressemble).
0·6 Petite cascade dans un R. à G.
0·5 Source légèrement fangeuse.
0·1 Halte de 0h·1.
0·2 R. à G.
0·5 Colline en fer à cheval concave vers notre gauche.
0·3 Fin de cette colline dont le centre était à 1 mille à G. de notre route. Colline à D.
0·5 Lit de torrent que nous traversons sept fois.
0·2 Halte de 0h·1.
0·3 Colline avec villages à D.
0·1 Colline.
0·2 A 2h·2, Samiš.

7·2 Total.

726.—1847. Juin 30. Mercredi.

0·0 A 3h·8, Samiš.
0·4 Descente. Mt Aska à 1 mille à D.
0·1 Lit de torrent.

Durée de marche.

726. (*suite*).

h
0·2 Village à G.
0·1 Colline à D.
0·1 Halte de 0h·5, puis lit de torrent à sec.
0·2 Lit de torrent à sec, Zoz amba, colline forteresse à 1 mille à D.
0·2 Halte de 0h·1.
0·6 Descente.
0·2 Large lit de torrent.
0·1 Collines à D. et à G.
0·1 Halte de 0h·2.
0·1 Col : village ruiné à D., puis descente en zigzag.
0·6 Diwa, faible ruisseau. Halte de 0h·2. Nous commençons à suivre l'axe d'une colline en fer à cheval concave devant nous.
0·6 Faîte de cette colline.
0·3 Montée.
0·1 Faîte.
0·3 A G., marché abandonné de Adiša.
0·1 Halte de 0h·1, colline à G.
0·1 A 9h·4, Arçiquiya.

4·5 Total.

727.— 1847. Juillet 1er. Jeudi.

0·0 A 2h·2, Arçiquiya.
0·2 Faîte sur lequel nous continuons à marcher.
0·7 Mt Matafat à D.
0·2 Colline à D.
0·1 Fin et faîte de cette colline. A G., vallée et lit sec de torrent.
0·5 Descente.
0·3 Montée.
0·1 Descente raide en tournant. Le schiste paraît ici.
0·9 Fond : colline à D.
0·2 Collines à D. et à G.
0·3 Colline à G.
0·1 Halte de 0h·1.
0·1 A 6h·0, Hatu amba. Halte de 1h·4.

0·0 A 7h·4, départ. Collines à D. et à G.
0·3 Lit de torrent à sec.
0·3 Trois collines à D.
0·6 Manna, R. (30mt sur 0mt·53 et 4 nœuds).
0·9 Halte de 0h·5. Colline à G., puis deux collines à D.
0·5 Col.
0·3 Colline à G., puis colline à D.
0·2 Col. Halte de 0h·3.
0·2 Halte de 0h·2 après une colline à G. Ensuite village à D.
0·3 Col. Halte de 0h·1.
0·3 Halte de 0h·2 dans un détour à G. d'où nous continuons en tournant à D.
0·3 Faîte d'une raide pente labourée.
0·5 Halte de 0h·5 avant de descendre.
0·3 R. à D.

Durée de marche.

727. (*suite*).

h
0·2 Colline à G.
0·4 A 2h·8, Salona wanz, lit de torrent dont les pierres indiquent une cascade dans la saison des pluies.

9·3 Total.
Nous nous détournons pendant 0h·3 vers la gauche pour passer la nuit dans un hameau. Depuis la R. Manna, nous quittons le Balasa pour entrer en Atala.

728.— 1847. Juillet 2. Vendredi.

0·0 A 3h·3, départ.
0·2 Fond.
0·6 Faîte et col. Halte de 0h·6, avec deux collines à G.
0·1 Col, puis deux collines à G.
0·3 Halte de 0h·2, puis colline à G.
0·5 Colline à G.
0·2 Village à D.
1·0 A 7h·0, Balagaz, R. à D. (12mt sur 0mt·4 et 5 nœuds). Cette rivière coule ici vers le sud. Halte de 3h·4.

0·0 A 10h·4, départ du Balagaz.
0·6 Village.
0·4 Faîte d'une montée.
0·6 Halte de 0h·5 longeant un énorme précipice. Sabra est le nom du district où nous sommes.
0·5 A 1h·0, Falayna Mika-el, couvent d'hommes.

5·0 Total : à 1 mille par heure depuis le Balagaz.

729.— 1847. Juillet 3. Samedi.

0·0 A 3h·4, Falayna.
1·0 Colline à G.
0·6 Précipice à G., montée en zigzag.
0·6 Faîte.
0·2 Halte de 0h·1 près d'un R. à G.
0·2 A D., maison du Dajac Wibe.
2·1 A 8h·2, Darasge MARYAM.

4·7 Total : à 1 mille par heure.

730.— 1847. Juillet 4. Dimanche.

0·0 A 3h·2, Darasge.
0·5 Dabra Eqona, à 1 mille à G.
0·1 Halte de 0h·1, colline à G.
0·6 A 0·7 mille à D. . . . ? . . . Kidana mihrat.
0·2 Descente en faisant un détour à D.
0·3 Miguacit, R. à G.
0·4 Halte de 0h·6.
0·4 A 6h·4, Incatkab.

2·5 Total.

731. — 1847. Juillet 5. Lundi.

Durée de marche.	
h	
0·0	A 6^{h}·0, Inçatkab.
0·2	R., puis colline.
0·2	Colline après un R.
0·7	Halte de 0^{h}·2.
0·1	Nous laissons à droite la route la plus courte, selon le guide, pour aller au Mt Buahit.
0·7	Montagne à D.
0·1	R.
0·9	R. et cascade. Nous tournons brusquement à gauche pour revenir bientôt sur la droite. Le village de Ţimirq est à G.
0·1	R. et halte de 0^{h}·2.
0·2	R.
0·4	Halte de 0^{h}·1.
0·3	Traversé, près sa source, le Balagaz; à G.
1·0	A 11^{h}·4, col élevé et froid. Mt Buahit est à notre gauche.
4·9	Total.

De là nous allâmes coucher à Arquazye.

732. — 1847. Juillet 6. Mardi.

De Arquazye à May Tahlo.

733. — 1847. Juillet 7. Mercredi.

De May Tahlo à Šimarua.

734. — 1847. Juillet 8. Jeudi.

De Šimarua à Miçara MARYAM.

735. — 1847. Juillet 9. Vendredi.

De Miçara à 'Addi Mella.

736. — 1847. Juillet 10. Samedi.

De 'Addi Mella à Çilaçiqañe.

737. — 1847. Juillet 11. Dimanche.

De Çilaçiqañe à Gun' amba.

738. — 1847. Juillet 12. Lundi.

De Gun' amba à Aksum.

739. — 1847. Juillet 16. Vendredi.

De Aksum à Matqi 'alo.

740. — 1847. Juillet 17. Samedi.

De Matqi 'alo par 'Adwa à Qayih Ziban.

741. — 1847. Juillet 18. Dimanche.

De Qayih Ziban à Kokma.

742. — 1847. Juillet 19. Lundi.

De Kokma à Nugot.

743. — 1847. Juillet 20. Mardi.

De Nugot à Imba Ra'indi.

744. — 1847. Juillet 21. Mercredi.

De Imba Ra'indi à Digsa.

745. — 1847. Juillet 22. Jeudi.

Durée de marche.	
0·0	A 10^{h}·2, Digsa.
0·1	Lit de torrent.
0·1	Creux : champs de mašalla (s. de céréale).
0·1	Halte de 0^{h}·2.
0·2	Lit de torrent à sec ; puis colline à G.
0·3	Les cultures commencent ici.
0·1	Mares dans un lit de torrent.
0·2	Daggir'a, village à D. ; colline à G.
0·1	Lit de torrent.
0·2	Halte de 0^{h}·2 : colline à G. ; autre colline à 1 mille à D. ; la troisième colline depuis 10^{h}·4.
0·7	Halte de 0^{h}·1.
0·1	Col rempli de quilqual (s. d'arbre).
0·1	A 1^{h}·0, Saganeyti.
2·3	Total.

746. — 1847. Juillet 23. Vendredi.

Durée de marche.	
0·0	A 3^{h}·5, Saganeyti dans une plaine ondulée et remplie de blocs erratiques de grauwacke.
0·5	La descente en zigzag commence.
0·7	Fond : colline à G.
0·8	Lit du torrent ; Salat, village à G. La largeur de cette vallée peu inclinée est d'environ 3 milles.
0·2	Halte de 0^{h}·1.
0·5	Ici commence la vallée dite 'Ali gide. Son torrent, dont nous traversons souvent le lit, se nomme Cot.
0·7	A 7^{h}·0, halte de 2^{h}·7.
0·0	A 9^{h}·7, départ. Peu après est Maqabar na diqala.
0·3	Baobab dit Fatiyum za jirwa dima, le plus gros arbre que j'aie vu en Éthiopie. Les Saho courent autour en sifflant.

746. (*suite*).

Durée de marche.	
h	
0·2	Halte de 0^{h}·2, après avoir traversé le torrent quatre fois : la première fois, sa pente était vers la droite.
0·4	Baobab fendu par un zando : halte de 0^{h}·4.
0·5	Baobab et 8e traversée du lit du torrent.
0·5	11e traversée du lit du torrent qui se détourne à droite autour d'une colline que nous traversons.
0·7	19e traversée : un lit de torrent se joint au nôtre sur la droite.
0·3	Fond : halte de 0^{h}·2, après avoir passé le col de Sarasgraw qui sépare 'Ali gide du Samhar.
0·3	A 1^{h}·7, 'Addi Ra'aso après la 21e traversée du torrent qui coule ici nord et sud.
6·6	Total.

747. — 1847. Juillet 24. Samedi.

Durée de marche.	
0·0	A 1^{h}·5, 'Addi Ra'aso.
0·2	Traversé le torrent pour la 27e fois ; puis longue montée.
0·6	Défilé difficile : grès blanc.
0·2	Col de Asraw ; colline à D. A G., M^t^ 'Addi Ra'aso au-delà d'une colline plus près ; puis deux collines.
0·7	Entré dans le lit du torrent.
0·8	Montée et descente.
0·5	Montée et descente.
0·3	A 4^{h}·8, Bamba : halte de 6^{h}·4.
0·0	A 11^{h}·2, départ en montant.
0·7	Fond. Nous faisons ici 0·25 mille par heure.
1·0	Fin du vallon étroit et difficile.
1·0	Tobo, colline à D. Le torrent est à sec.
0·3	Camp et hameau saho.
0·6	A 2^{h}·8, Ba'araza.
6·9	Total.

748. — 1847. Juillet 25. Dimanche.

Durée de marche.	
0·0	A 1^{h}·2, Ba'araza.
1·5	A 2^{h}·7, Ambatogam : halte de 1^{h}·8.
0·0	A 4^{h}·5, départ.
0·6	Eau dans le creux du rocher : halte de 0^{h}·1.
0·5	Petit col.
0·9	Halte de 0^{h}·5.
0·4	Waynigus. D'ici à Imakullu, j'ai estimé mon pas à 4 milles par heure au moins. Mes gens mirent 9^{h} environ à faire la même route.
3·0	A 10^{h}·5, Imakullu.
7·0	Total.

Durée de marche.

749. — 1847. Août 17. Mardi.

De Imakullu par Dibono chez Šarib à Zullah.

750. — 1847. Août 21. Samedi.

Course à Hindiyah.

751. — 1847. Août 23. Lundi.

h	
0·0	Zullah.
2·2	Ayro Male.
2·2	Total.

752. — 1847. Août 24. Mardi.

0·0	Ayro Male.
1·2	Kumoyle.
1·8	Ašir̈.
3·0	Total.

753. — 1847. Août 25. Mercredi.

0·0	Ašir.
0·8	Hajhaj, vallée à D.
1·2	Halte à Šuwro.
0·4	Gubne.
0·2	Murgasi.
2·6	Total.

754. — 1847. Août 26. Jeudi.

0·0	Murgasi.
3·6	Sonhati, laissant Hambarro à D.
1·0	Terre des Hazzo.
1·1	Arbaba, terre des Dasamo.
5·7	Total.

755. — 1847. Août 27. Vendredi.

0·0	Arbaba.
2·0	Baba.
1·3	Halte, toujours dans Baba.
0·6	Halte de 0^{h}·4.
1·2	Montée.
0·4	Faite et descente.
0·3	Sata.
0·7	Faite d'une longue montée.
0·4	Habahido.
6·9	Total.

756. — 1847. Août 28. Samedi.

0·0	Habahido.
0·4	Faite.

Durée de marche.

756. (*suite*).

h	
0·7	Halte de 0^{h}·2.
0·3	Lit du torrent.
0·8	Faite : halte de 0^{h}·2.
0·7	Village : halte de 0^{h}·7.
1·1	Maqayih.
4·0	Total.

757. — 1847. Août 29. Dimanche.

0·0	Maqayih.
1·6	Plaine basse de Behat.
0·4	Halte de 0^{h}·4.
0·2	Fin de Behat.
0·3	Faite.
0·8	Ida Gabar Qoqabay (Abbo).
1·7	Descente.
0·6	Descente.
0·3	Village.
0·4	Der.
6·3	Total.

758. — 1847. Août 30. Lundi.

0·0	Der.
0·7	Prairie basse.
0·4	Ruisseau.
0·3	Faite de la rude montée.
0·5	Village.
1·9	Portion de la route. Le reste jusqu'à Gual'a ou Gol'a a été oublié.

759. — 1847. Septembre 13. Lundi.

Visite au Mt Ziban sifra. T. d'H. **300.**

760. — 1847. Septembre 30. Jeudi.

De Gual'a à Sarha.

761. — 1847. Octobre 1er. Vendredi.

De Sarha à Mashal.

762. — 1847. Octobre 2. Samedi.

0·0	A 7^{h}·6, Mashal.
0·6	Descente.
0·7	Fond.
0·5	A 9^{h}·4, Arhayto.
1·8	Total : à 2 milles par heure.

763. — 1847. Octobre 3. Dimanche.

0·0	A 0^{h}·4, Arhayto.
0·9	Fin de la montée.

Durée de marche.

763. (*suite*).

h	
0·5	Près la caverne.
1·2	A 3^{h}·0, arrivée à...
2·6	Total : à 2 milles par heure.

764. — 1847. Octobre 4. Lundi.

0·0	Départ de...
1·2	R.
1·4	Arhayto.
0·8	Zalim qalay.
0·1	Damazi.
3·5	Total : à 2 milles.

765. — 1847. Octobre 5. Mardi.

De Damazi à Mashal.

766. — 1847. Octobre 7. Jeudi.

0·0	A 0^{h}·8, Mashal.
1·1	Bahat, plaine.
0·8	A 2^{h}·7, Matara.
1·9	Total : à 2·5 milles par heure.

767. — 1847. Octobre 8. Vendredi.

0·0	A 5^{h}·3, Matara, laissant derrière nous Mt Saym.
0·6	Montée.
0·3	Karbasa, désert.
0·5	Faite. Halte de 0^{h}·5.
0·4	Village.
0·4	Halte de 0^{h}·2.
0·5	A 0·5 mille par heure.
1·0	Anana Marta, passage difficile. Halte de 0^{h}·2.
0·2	Halte de 0^{h}·8.
0·3	Fond.
0·2	Faite.
0·8	Halte de 0^{h}·2.
0·3	Tohonda.
0·4	A 1^{h}·2, halte.
0·5	'Addi Qayih.
6·4	Total : à 2 milles par heure.

768. — 1847. Octobre 9. Samedi.

0·0	A 5^{h}·3, 'Addi Qayih.
0·5	Ziban zigib.
0·6	Faite et village.
0·5	Abba Salama. Halte de 1^{h}·0.
1·0	Descente.
0·3	Maren habi.

Durée de marche.

768. (*suite*).

h
0·4 Fond.
0·3 Col.
0·6 Munguda, eau.
0·8 Borkuto.
0.4 Col.
0·4 Ahza, vallon.
0·2 Fin du vallon.
0·3 Agzia Tara.
0·2 Digsa.

6·5 Total : à 2·5 milles par heure.

769.— 1847. Octobre 26. Mardi.

De Digsa à Ni'ilto.

770.— 1847. Octobre 27. Mercredi.

De Ni'ilto à Aba.

771.— 1847. Octobre 28. Jeudi.

De Aba à Nugot.

772.— 1847. Octobre 29. Vendredi.

De Nugot à...

773.— 1847. Octobre 30. Samedi.

Arrivée dans Mizbir.

774.— 1847. Octobre 31. Dimanche.

De Mizbir à Mamsah.

775.— 1847. Novembre 1er. Lundi.

De Mamsah à Aksum.

776.— 1847. Novembre 12. Vendredi.

De Aksum au Mt Zohodo et retour. T. d'H. **304.**

777.— 1847. Novembre 13. Samedi.

De Aksum à 'Adwa par le Mt Liqanos. T. d'H. **305.**

778.— 1847. Novembre 15. Lundi.

Course au Mt Saloda. T. d'H. **306.**

779.— 1847. Novembre 16. Mardi.

Retour à Aksum.

Durée de marche.

780.— 1847. Novembre 20. Samedi.

h
0·0 A 9h·0, Aksum.
0·7 Descente.
0·5 Bois à G.
1·1 May Marhatat, R. à G. Halte de 0h·5.
0·4 Haut. Halte de 0h·1.
0·9 Hawista, marché chaque lundi.
2·0 A 3h·2, Qanaf.

5·6 Total.

781.— 1847. Novembre 21. Dimanche.

0·0 A 5h·1, Qanaf.
0·6 Descente en tournant à G.
0·4 Faite.
0·6 Halte de 0h·1.
0·9 Halte pour prendre le T. d'H. **307.**
0·3 Dabra Gannat. Halte.

0·0 A 0h·5, départ.
1·7 Ruisseau à G. après une vallée à D.
1·4 Descente.
0·2 A 3h·8, Jibaqo.

6·1 Total.

782.— 1847. Novembre 22. Lundi.

0·0 A 4h·0, Jibaqo.
4·7 Arrivé au Takkaze. Halte de 0h·4.
0·6 Halte sur la R. Ataba.
Couché à Tirisoge.

5·3 Total noté.

783.— 1847. Novembre 23. Mardi.

De Tirisoge à Guankua.

784.— 1847. Novembre 24. Mercredi.

De Guankua à May Tahlo.

785.— 1847. Novembre 26. Vendredi.

De May Tahlo à Qalala.

786.— 1847. Novembre 27. Samedi.

De Qalala à Nori.

787.— 1847. Novembre 28. Dimanche.

De Nori à Barna, par le Mt Masrarya. T. d'H. **308.**

Durée de marche.

788.— 1847. Novembre 29. Lundi.

h
De Barna à Mandar MARYAM.

789.— 1847. Novembre 30. Mardi.

De Mandar MARYAM à Dabariq.

790.— 1847. Décembre 2. Jeudi.

De Dabariq à Çambilge.

791.— 1847. Décembre 3. Vendredi.

De Çambilge à Gondar.

792.— 1847. Décembre 21. Mardi.

De Gondar à Quilqualge.

793.— 1847. Décembre 22. Mercredi.

De Quilqualge à Barca.

794.— 1847. Décembre 23. Jeudi.

De Barca à Gondar.

795.— 1848. Janvier 3. Lundi.

De Gondar à Ata Balage et à Kaso.

796.— 1848. Janvier 4. Mardi.

Visite au Mt Hora dibba. T. d'H. **310.**
0·0 Départ de Kaso ; petit bosquet à G.
0·2 Bar Kura.
0·1 Qazqazit, départ à 11h·7.
0·4 Magaç, R. à G.; puis nous traversons deux de ses affluents aussi à G.
0·4 Mt Hora dibba, tout près à D.
0·5 Lit de ruisseau. Ata Balage à 0·6 mille à G.
1·0 Halte de 0h·9, puis traversé le Angarab, R. à G.
0·3 Warabrab, R. à G., va au Angarab.
0·3 Walaka à 1 mille à D.
0·1 R. Tombeaux de musulmans à D.
0·1 Col. Mt Tigre miçohya à D.
0·1 Faible ruisseau.
0·3 A 4h·1, arrivée à ma maison dans Gondar, au quartier dit Açage bet.

3·8 Total.

797.— 1848. Janvier 13. Jeudi.

De Gondar au Mt Ambazzo.

Durée de marche.

798. — 1848. Janvier 14. Vendredi.

h

Du Mt Ambazzo à Gondar.

799. — 1848. Février 6. Dimanche.

De Gondar au Mt Dinkuan et retour. T. d'H. **313**.

800. — 1848. Février 29.

0·0 A 9h·7, Gondar.
1·7 Šinta, R.
0·1 Azazo.
0·2 Halte de 0h·7.
1·8 Mt Košašillit.
0·2 Košašillit, R.
0·4 Barg, R. Halte de 0h·5.
0·4 Silanqara.
0·7 Marwa Abba Kiros.
1·0 Marché de Guramba.
0·1 Guramba qs Giyorgis.
0·4 A 5h·9, Bata qs Giyorgis.

7·0 Total : à 1·5 mille par heure.

801. — 1848. Mars 1er.

0·0 A 2h·7, Bata.
0·5 Digya. Halte de 0h·1 sur le Dirma qui a reçu le Gabikora.
0·4 Prairie.
0·3 Cankar Takla haymanot. Halte de 2h·4.
0·7 Malkam waha, R.
0·5 Dahna qs Gabri-el.

2·4 Total : à 1·5 mille.

802. — 1848. Mars 5. Dimanche.

De Dahna à Cankar.

803. — 1848. Mars 7. Mardi.

De Cankar à Marwa.

804. — 1848. Mars 9. Jeudi.

De Marwa à Gondar.

805. — 1848. Mars 30. Jeudi.

De Gondar à Dibiraso.

806. — 1848. Avril 11.

0·0 A 5h·5, Dibiraso, écrit Dabraso en **805**.
0·9 Taha R.
0·9 La descente commence.

Durée de marche.

806. (*suite*).

h

1·2 Magaç R.
0·3 R. : halte de 0h·3.
1·2 Halte de 0h·2.
1·0 A 11h·5, Ras bet, Gondar.

5·5 Total : à 1·5 mille par heure.

807. — 1848. Avril 22. Samedi.

De Gondar au Mt Soni et retour. T. d'H. **316**.

808. — Avril 29. Samedi.

De Gondar au Mt Tigre miçohya et retour. T. d'H. **318**.

809. — 1848. Mai 7. Dimanche.

0·0 A 6h·6, Gondar. Peu après on laisse Dabra Birhan à D.; et Daraginda à G.
0·3 Angarab R. à D. Colline à G.
0·9 A D., lit de torrent.
0·1. Halte de 0h·2.
0·2 Faite d'une montée en zigzag : Mt Dibba à D.
0·2 Halte de 0h·2.
0·5 Halte de 0h·1 : colline à D.
0·4 Pont du Magaç à 3 arches dont 2 à sec; celle du milieu a 8mt de corde environ; largeur du pont 3mt environ.
0·6 Halte de 0h·4, après une colline à D.
1·0 Monticule à D., et un peu plus loin une église.
0·2 A 11h·9, Argif R. : halte de 2h·1.

0·0 A 2h·0, départ.
0·3 Taha R.
0·9 A 3h·2, Yshaq dabir.

5·6 Total.

810. — 1848. Mai 8. Lundi.

0·0 A 6h·7, Yshaq dabir. On parcourt ensuite Anjiba meda.
1·1 A 7h·8, Amba Giyorgis à D., colline à G. : halte de 4h·0.

0·0 A 11h·8, départ.
0·2 R. à G.
1·0 Halte de 0h·4.
0·8 Col et montée.
0·4 Çambilge.
1·0 Halte de 0h·1.
0·6 Kokora, colline isolée et plate où se tenait jadis la grande assemblée du Wagara.
0·4 Trois R. successifs.
0·9 R. presque sec : halte de 0h·2.
0·3 A 6h·0, caverne de Šinbira zaggan.

6·7 Total.

Durée de marche.

811. — 1848. Mai 9. Mardi.

h

De cette caverne au Mt Waqqan, je n'ai pas noté le temps de parcours.
0·0 A 9h·8, Mt Waqqan.
0·7 Waybah MARYAM.
1·0 R.
0·2 R.
0·4 Maqara IYASUS.
0·2 R.
0·3 Asara R.
0·5 R.
0·3 Dabariq.

3·6 Total : à 3 milles par heure.

812. — 1848. Mai 11. Jeudi.

0·0 A 9h·6, Dabariq en laissant Mt Wasange à G., et l'église de Kidana mihrat à D.
0·4 Ruisseau à D.
0·2 Faras sabbar qs Giyorgis, sanctuaire à G.
0·2 Ruisseau à D.
0·2 Descente.
0·2 Ruisseau à D., puis montée.
0·5 Faite.
0·3 Ruisseau.
0·3 Halte de 0h·4, puis montée.
0·3 Faite.
0·3 La forte descente commence : halte de 0h·2.
0·5 Ruisseau, à G..
0·2 Même ruisseau, à D.
0·4 Halte de 0h·5.
0·4 Arrivé au fond dans la vallée de Šawada.
0·2 Ruisseau à D. Il va au Balagaz.
0·2 Milieu d'une colline qui forme une presqu'île.
0·4 A 3h·9, Durge en Šawada.

5·2 Total.

813. — 1848. Mai 12. Vendredi.

0·0 A 6h·2, Durge : montée en zig-zag.
0·9 Ruisseau minime à G.
0·2 Ruisseau minime à G.
0·3 Halte de 0h·1.
0·4 A 8h·1, faite de la montée escarpée : halte de 3h·2.

0·0 A 11h·3, départ.
0·3 Église à D.
1·2 Tourné à D. avant de laisser à gauche un rocher nu.
0·5 Barna Abbo.

3·8 Total.

814. — 1848. Mai 13 : Samedi.

0·0 A 9h·8, Barna.
2·2 Col du Buahit.
0·9 Faite du Mt Buahit : halte de 1h·6.

Durée de marche.

814. (*suite*).

h
0·0 A 2h·5, départ du Mt Buahit.
0·6 Fin de la descente brusque.
0·5 Halte de 0h·9.
2·0 Ataqaba Giyorgis.
0·8 May Šaha R. à D. : halte de 0h·2.
0·8 A 8h·3, Makana Abbo.

7·8 Total.

815. — 1848. Mai 15. Lundi.

0·0 A 7h·8, Makana Abbo.
1·3 Source.
1·4 Faite du col du Dajan.
0·9 Ras Dajan : halte pour le T. d'H. **321**.
0·9 Retour au col.
0·6 Colline à G.
1·1 Arrivée à Matta à 2 ou 3 milles en deçà de Bayada Kidana mihrat.

6·2 Total. (Le temps écoulé du col à Matta semble trop court.)

816. — Mai 16. Mardi.

0·0 A 5h·8, Matta.
2·3 Halte de 0h·1.
0·7 Col du Dajan.
0·2 Halte de 0h·1.
0·5 R. et deux recoins dans la route.
0·4 R. à D.
0·2 R. à D.
0·8 Bout du contrefort.
0·4 Makana Abbo : halte de 2h·1.

1·0 May Šaha en allant doucement (6mt sur 0mt·55 et 3 nœuds) : halte de 0h·3.
0·9 Ataqaba.

7·4 Total : à 1·5 mille par heure.

817. — 1848. Mai 17. Mercredi.

0·0 A 5h·6, Ataqaba qiddus Giyorgis.
0·3 Ruisseau à D.
0·2 Ruisseau à D.
0·2 Ruisseau à D.
0·2 Traversé le May Šaha à D., puis montée.
0·5 Faîte, puis détour à gauche en descendant.
0·8 Ruisseau, puis détour à D.
0·4 Arquazye : halte de 0h·4.
0·4 Ruisseau.
0·1 Ruisseau.
0·3 Ruisseau.
0·1 Ruisseau.
0·1 Ruisseau.
0·2 Ici on traverse trois ruisseaux à G.

Durée de marche.

817. (*suite*).

h
0·2 Ruisseau à G. A D. Mt Baroc waha dit Dajan ci-devant.
0·1 Ruisseau à G.
0·1 Nous commençons la descente si abrupte du Mt Silqi.
1·1 Halte de 0h·6.
1·7 Vallon triangulaire.
1·6 Amba.... à G.
1·0 En plaine.
1·1 A 5h·3, May Tahlo.

10·7 Total.

818. — 1848. Mai 18. Jeudi.

0·0 A 11h·0, May Tahlo.
2·1 Halte de 0h·8, puis détour à G.
0·6 Trois collines à G. Fond d'un creux où la route s'infléchit horizontalement vers la gauche ; on tourne ensuite à D.
0·5 Détour à G. toujours en longeant un vaste précipice sur la G.
0·5 Mt Abar, tout près à D.
0·3 A 3h·8, halte de 1h·8.

0·0 A 5h·6, départ.
0·7 A 6h·3, Šimarua, ayant à gauche l'église de qs. Yohannis Kama.

4·7 Total.

819. — 1848. Mai 19. Vendredi.

0·0 A 6h·9, Šimarua en longeant la colline qui forme un arc rentrant à D.
0·9 Descente.
0·1 Col.
0·6 Col.
0·1 Halte de 0h·6.
0·5 R. presqu'à sec.
1·9 Tête de ravin à G., profond et s'élargissant vers la gauche.
0·2 Mt Kammal à D.
0·1 Halte de 0h·1 à une tête de ravin.
0·1 Tête de ravin, à G.
0·2 Tête de ravin.
0·2 Tête de ravin.
0·2 Tête de ravin.
0·8 Descente et col.
0·6 Plateau ; lit de R.
0·7 A 2h·8, Sallasa guila.

7·2 Total.

820. — 1848. Mai 20. Samedi

0·0 A 3h·9, Sallasa guila.
0·8 Halte de 0h·1.

Durée de marche.

820. (*suite*).

h
0·1 Village désert à D.
0·5 Descente escarpée.
1·5 A 6h·9, fond et traversée du Takkaze : halte de 1h·9.

0·0 A 8h·8, départ du Takkaze.
1·4 Marche très-lente pendant 0h·2.
0·1 Halte de 0h·9.
0·6 A 0h·0, Çilaçiqañe.

5·0 Total.

821. — 1848. Mai 23. Mardi.

0·0 A 10h·4, Çilaçiqañe.
1·6 R. : halte de 0h·1.
2·0 R. : halte de 0h·3.
0·4 Faîte de la plaine.
0·5 Descente.
0·3 R.
0·2 A 3h·8, Walha, près Gun amba.

5·0 Total : à 2 milles par heure.

822. — 1848. Mai 24. Mercredi.

0·0 A 2h·9, Walha.
1·2 R.
1·1 R.
0·1 R.
0·1 Petit R.
0·4 Eau stagnante.
0·9 Faîte de la longue montée.
0·1 Halte de 0h·2.
0·8 Col.
0·5 Halte de 1h·0.

1·7 Petit R.
1·0 Commencement de la plaine.
0·7 A 0h·7, Aksum.

8·6 Total : à 2·3 milles par heure.

823. — 1848. Juin 10. Samedi

De Aksum à 'Adwa.

824. — 1848. Juin 11. Dimanche.

De 'Adwa à Aksum.

825. — 1848. Juin 17. Samedi.

De Aksum au Mt Liqanos, et retour. T. d'H. **322**.

Durée de marche.

826. — 1848. Juin 25. Dimanche.

h

De Aksum à Qayiḥ ziban.

827. — 1848. Juin 26. Lundi.

De Qayiḥ ziban par Abba Garima à Biḥiza.

828. — 1848. Juin 27. Mardi.

De Biḥiza à Gundat.

829. — 1848. Juin 28. Mercredi.

De Gundat à 'Addi Qosmo.

830. — 1848. Juin 29. Jeudi.

De 'Addi Qosmo à Kudafalasi.

831. — 1848. Juin 30. Vendredi.

De Kudafalasi à Kill'awta.

832. — 1848. Juillet 1er. Samedi.

De Kill'awta à Saganeyti.

833. — 1848. Juillet 2. Dimanche.

De Saganeyti à Birkitto.

834. — 1848. Juillet 6. Jeudi.

0·0 A 6h·0, Birkitto. Deux collines à G. A D. colline en éperon autour duquel nous tournons.
0·5 Col.
0·1 Fond.
0·4 Eau : halte de 0h·1.
0·4 Montée sans suivre le sentier.
0·3 Faite.
0·3 Halte de 0h·3.
1·0 Salamta ou montjoie pour l'église de MARIE dans May Maharasat à G.
1·2 Col : May Maharasat à G., puis vallée B à D., et une autre vallée A à G.
0·4 Tirmo : halte de 0h·6.
0·4 A 0h·0, halte et retour par la vallée A.

5·0 Total noté. Ce qui suit est d'après une esquisse sans distances notées.
1·9 Village.
0·6 Village.
0·7 Petite montée.
0·6 Lit de torrent.
0·4 Arrivée à 'Addi May 'Ela.

9·2 Total.

Durée de marche.

835. — 1848 Juillet. 8. Samedi.

h

0·0 A 1h·3, May 'Ela : montée d'une colline en fer à cheval concave vers notre droite.
0·7 Faite.
0·2 Fin de la descente raide.
1·2 Halte de 0h·2 à l'autre corne du fer à cheval.
0·3 Col.
0·3 A 4h·2, halte de 4h·1.

0·0 A 8h·3, départ.
0·4 Halte de 0h·1 dans une montée très-raide.
0·3 Petit col et faite du Mt Igir Zoho : halte de 0h·3. Puis nous dévions vers la gauche.
0·4 Halte de 0h·1.
0·3 Halte de 0h·1.
0·5 Fond.
0·7 A 11h·5, halte pour la nuit un peu en aval de la source de Gundule (Gondule?).

5·3 Total.

836. — 1848. Juillet 9. Dimanche.

0·0 A 1h·4, Gundule.
0·8 Village de Šayḫ 'Ara.
0·1 Eau : halte de 0h·1.
0·8 Halte de 0h·3.
0·7 Fond.
0·1 A 4h·3, halte de 4h·0.

0·0 A 8h·3, départ.
0·6 Vallée à G.
0·4 Eau : halte de 0h·4.
1·3 A 11h·0, Af 'Illilya : halte de 2h·9.

0·0 A 1h·9, départ.
1·2 A 3h·1, Ḥambamo.

6·0 Total.

837. — 1848. Juillet 10. Lundi.

0·0 A 0h·3, Ḥambamo.
1·3 Route dite Šiloki : halte de 0h·1.
0·5 Halte de 0h·2.
0·8 Halte de 0h·1.
0·7 Halte de 0h·2.
0·2 A 4h·4, Wi'a.

0·0 A 0h·0, départ de Wi'a (à env. 3h après midi).
1·1 Halte de 0h·1.
0·3 Halte de 0h·1 dans Muadagizib, pour un orage dit karif.
3·7 'Addi Ḥabib après 3 haltes de 0h·9 en tout.
1·0 Puits de..... découverts en 1844.
1·0 A 8h·2, Diḥono vers 11h du soir.

10·6 Total.

Durée de marche.

838.

h

Nous continuâmes pendant cette nuit, et arrivâmes à Imakullu avant le jour, 11 juillet.

839. — 1848. Octobre 3. Mardi.

De Imakullu à Muçaww'a.

840. — 1848. Août 31. Jeudi.

Parti pour le Mt Bizen et égaré en route.

841. — 1848. Septembre 1. Vendredi.

Retour à Imakullu.

842. — 1848. Octobre 4. Mercredi.

De Muçaww'a par mer à.....

843. — 1848. Octobre 5. Jeudi.

De..... à l'île Tawylah.

844. — 1848. Octobre 6. Vendredi.

De l'île Tawylah à.....

845. — 1848. Octobre 7. Samedi.

De..... à l'île Ḥurmiyl, d'où nous mîmes trois jours à traverser la mer Rouge, par des vents du S.-E.

848. — 1848. Octobre 10. Mardi.

Ancré à Al Birk.

849. — 1848. Octobre 11. Mercredi.

De Al Birk à Atiḥ par Ḥaly.

850. — 1848. Octobre 12. Jeudi.

De Atiḥ à Qunfudah.

851. — 1848. Octobre 14. Samedi.

De Qunfudah à Ras al 'askar.

852. — 1848. Octobre 15. Dimanche.

De Ras al 'askar à Al Lyt (ليث).

Durée de marche.

853. — 1848. Octobre 16. Lundi.

De Al Lyt à Šij'ah.

854. — 1848. Octobre 17. Mardi.

De Šij'ah à Abu Šawk.

855. — 1848. Octobre 18. Mercredi.

De Abu Šawk à Al Lawiy.

Durée de marche.

856. — 1848. Octobre 19. Jeudi.

De Al Lawiy à Jiddah.

857. — 1848. Octobre 26. Jeudi.

Départ de Jiddah à 3h, dans un vapeur anglais.

Durée de marche.

860. — 1848. Octobre 29. Dimanche.

Arrivée à Suez à 1h.

861. — 1848. Octobre 31. Mardi.

Départ de Suez.

863. — 1848. Novembre 2. Jeudi.

Arrivée au Caire.

La liste qui précède donne 863 routes avec plus ou moins de détails. Beaucoup d'autres n'ont pas été mentionnées, parce qu'elles n'ont abouti à rien. Si l'on voulait être scrupuleux, on ajouterait une journée de route après chacun des numéros : **121**, **225**, **227**, **283**, **534**, une ou deux journées après le n° **215**, et deux journées après le **156**. Je ne me suis aperçu de ces 7 ou 8 journées qu'après avoir achevé la liste alphabétique des noms. Il y aurait ainsi en tout 871 journées de route notées. J'ai omis les journées suivantes :

Après la Route	**34**	2 journées.
»	**39**	2 »
»	**45**	5 »
»	**98**	6 »
»	**116**	10 environ.
»	**118**	12 »
»	**156**	2 »
»	**168**	23 »

En ajoutant ces dernières omissions, on aurait en tout environ 933 journées de route. Pour les remarques géologiques, voir les nos **3**, **4**, **35**, **39**, **41**, **42**, **43**, **48**, **52**, **57**, **64**, **65**, **69**, **74**, **75**, **78**, **80**, **83**, **104**, **105**, **144**, **159**, **163**, **183**, **184**, **197**, **204**, **208**, **209**, **223**, **231**, **233**, **235**, **237**, **238**, **261**, **282**, **325**, **330**, **331**, **333**, **355**, **384**, **406**, **492**, **547**, **549**, **556**, **570**, **595**, **599**, **600**, **746**. A Bonga, je me rappelle avoir posé mon horizon artificiel sur un bloc erratique de granit, mais je n'en retrouve pas la note. [1857. Juin 5.]

D'après ces routes, le taux moyen de la marche est de 2·1 milles par heure.

Les trois chiffres qu'on trouve ordinairement, entre deux parenthèses, à côté du nom d'un ruisseau ou d'une rivière, signifient la largeur, la profondeur et la vitesse du courant. Dans mainte relation de voyage, on regrette le vague des expressions telles que *grand*, *moyen*, *petit*, etc., par lesquelles on désigne à la légère les dimensions relatives de différents cours d'eau. Tout en me bornant presque toujours à de simples estimations, j'ai tâché de les exprimer en nombres, et d'arriver ainsi à des résultats moins incertains. Jusqu'à 30 mètres, il me semblait facile d'aprécier à l'œil la largeur d'une rivière. Quand la rive était à peu près plate et à fleur d'eau, j'abaissais devant moi un parasol de jonc jusqu'à ce que son bord vint toucher la ligne qui allait de mon œil au bord opposé de la rivière : puis, conservant le parasol dans la même position, je tournais sur place jusqu'à ce que son bord atteignît, sur la rive en deçà, un accident de terrain dont je mesurais la distance, égale à la largeur de la rivière. Si celle-ci était trop large et si les circonstances le permettaient, je mesurais l'écartement des rives au moyen de deux angles pris au sextant ou mieux encore au théodolite. La distance des deux stations était ensuite déterminée au ruban, ou bien au pas si les soupçons des indigènes étaient trop éveillés. L'accusation banale d'*écrire le pays* est en effet aussi désagréable pour le voyageur en Afrique qu'elle le serait autour des remparts d'une place en Europe. Les cours d'eau étant ordinairement petits en Éthiopie, on les traverse à gué, et il est alors facile de remarquer jusqu'à quelle partie du corps on est mouillé. Il reste ensuite un peu d'incertitude pour estimer la profondeur *moyenne*, la seule que j'aie insérée dans mes notes. Quant à la vitesse, je l'estimais à l'œil, comme nos caboteurs, et à leur exemple, j'ai désigné par *nœuds* le nombre de milles géographiques que l'eau parcourt dans une heure. De longues navigations sur l'Atlantique m'ont permis de corriger, au moyen du loch, mon estime de la vitesse superficielle d'un courant, en supposant le bâtiment immobile. Plus tard, en côtoyant les rivages de la Mer Rouge, j'ai eu soin de conserver cette habitude d'estime, en comparant avec le temps de parcours la distance d'un port à l'autre, donnée par la carte marine. Du reste, mes estimations s'appliquant, à la superficie de la rivière, au quart de la largeur du lit afin d'avoir la vitesse *moyenne*, le nombre de nœuds est le moins certain de mes trois éléments pour obtenir le débit d'un cours d'eau.

Afin d'avoir la grandeur relative de deux rivières, on comparera le produit des 3 nombres qui en esquissent le débit. On verra ainsi au n° **552** que le 'Unguya, estimé en deux endroits voisins, a donné 1·2 et 1·35, que le Tamša fournit 14·4 aux nos **455** et **458**, tandis que dans la **468**e journée de route le produit est 12·3. De même on verra que le Camoga (**459**) est de la même importance que le Tamša, que le Dijil est un peu plus gros que le 'Unguya, etc. On verra enfin par la comparaison des nos **396** et **438**, **398** et **437** que le Magdalu et le Wirgesa roulent environ 30 fois plus d'eau dans la saison des pluies que pendant l'été éthiopien. Dans un pays plus boisé, cette proportion est égale à 19 seulement pour le Bokak, d'après les nos **401** et **435**. — Du reste, ces évaluations, faites à la volée, sont fort incertaines. Je me borne à revendiquer seulement un peu plus de précision que n'en ont employé mes devanciers; et l'on sait enfin que le jaugeage exact d'un cours d'eau exige un ensemble de mesures délicates qu'il est impossible d'exécuter parmi les nombreux obstacles d'un voyage en Éthiopie.

A. d'A.

CHAPITRE XVII.

LISTE DES POSITIONS.

La liste que nous donnons ci-après a déjà été imprimée en 1859, à Leipzig, sous le titre de : *Résumé géodésique des positions déterminées en Éthiopie, par Antoine d'Abbadie.* Les longitudes et les altitudes contenues dans cette brochure, ont été changées depuis, conformément à ce que nous avons dit dans les deux chapitres : *Coordonnées absolues* et *Histoire de nos cartes.* On a donc retranché o' ·84 de toutes les longitudes, et 65 mètres de toutes les altitudes du *Résumé.* En outre, les positions du *Tigray* ont éprouvé de légères modifications, expliquées à la page 332. Les positions à partir du numéro **831** sont nouvelles; on les a ajoutées pendant le cours de l'impression de cet ouvrage.

Une croix dans la deuxième colonne signifie : note, et renvoie aux notes qui suivent la liste. S, dans la troisième colonne, veut dire : station. La formule : *Saloda* 40, signifie : numéro 40 des azimuts ordonnés qui ont pour titre *Saloda;* 9 *Saloda* veut dire : relèvement du Mt *Saloda*, inscrit sous le numéro 9 dans les azimuts ordonnés de la station en regard de laquelle on trouve cette expression, par exemple, de la station du Mt *Zohodo* (liste, n° **12**). Quelquefois l'on trouvera un nom précédé et suivi de chiffres, par exemple, en regard du numéro **3**, *'Adwa :* 25 *Saloda* 58. Cela veut dire : relèvements réciproques, et qui se confirment mutuellement, du Mt *Saloda* vu de *'Adwa*, et du signal *'Adwa*, vu de la station *Saloda*, ces deux relèvements étant inscrits dans les azimuts ordonnés sous les titres *'Adwa* et *Saloda* aux numéros 25 et 58 respectivement. Les astérisques ordinaires indiquent des noms de création, les astérisques renversés qui suivent quelques chiffres, signifient ici, comme aux pages 338-346, que ces relèvements sont incomplets, c'est-à-dire sans apozénit.

N^os	Not.	St^n	Nom du point.	Latitude.	Longitude.	Altitude.	Déterminé par :
1	†	S	'Adwa	14° 9' ·78	36° 35' ·21	1965^mt	25 Saloda 58; 20 Samayata; Latit. obs.; Longit. obs.
2	†	S	Mt Saloda	14 11 ·25	36 35 ·16	2557	Digsa II, 20; avec la dist. supposée.
3	†	S	Digsa II	14 59 ·11	36 54 ·75	2262	Latit. obs.; Longit. par 'Adwa.
4			Mt Samayata α	14 11 ·06	36 40 ·60	3092	Saloda 39; Digsa II, 17.
5			Mt Samayata β	14 11 ·00	36 40 ·57	2959	Saloda 40; Bizen II, 9.
6			Mt Hiça α	14 15 ·49	36 40 ·57	2971	Saloda 22; Zohodo 6; Liqanos 7; Abuna Mazr. 11; Guzat 6; Digsa II, 18.
7	†	S	Mt Hiça β	14 15 ·48	36 40 ·60	2956	3 Saloda 23, 24; 1 Samayata α; Digsa I, 18; Abuna Mazr. 10; Guzat 5; Digim 7.
8			Mt Hiça γ	14 15 ·44	36 40 ·61	2956	Abuna Mazr. 9; Guzat 4.
9			Mt Gorzo, fourche	14 59 ·23	36 24 ·03	2613	Saloda 104, 105; Digsa II, 24, 25.
10			Mt Gorzo α	14 59 ·17	36 23 ·84	2648	Saloda 104; Digsa II, 24; Digim 10.
11			Mt Gorzo β	14 59 ·29	36 24 ·22	2626	Saloda 105; Digsa II, 25; Digim 11.
12		S	Mt Zohodo	14 8 ·53	36 24 ·16	2395	9 Saloda; 6 Hiça α; 1, 59 Gorzo; 11 Samayata.
13	†	S	Mt Liqanos	14 8 ·48	36 25 ·26	2421	49 Wa'alta hazin; 7 Hiça α; Zohodo 14; 10 Saloda 92; 11 Samayata; 52*, 53 Gorzo.
14			M^t Wa'alta hazin	14 9 ·28	36 21 ·11	2590	Liqanos 49; Saloda 93; Digsa II, 23; Zohodo 56.
15		S	Digim	14 41 ·54	36 53 ·11	1658	6 Samayata; 7 Hiça β; 10, 11 Gorzo.

Nos	Not.	Ste	Nom du point.	Latitude.	Longitude.	Altitude.	Déterminé par :
16	†		Mt Kaš'at	14° 40'·12	37° 0'·89	2825mt	Digsa II, 8; Digim 1; Maṣḥal 14.
17	†	S	Mt Maṣḥal	14 37 ·46	37 3 ·78	2663	12* Ḥiça α; Digsa II, 6; 14 Kaš'at; 11* Samayata; 15 Birqaqo.
18	†	S	Hanna Sanna	15 0 ·65	37 9 ·44	2691	18 Saloda; 14 Samayata; 15 Ḥiça β; 24 Gorzo; 12 Ḥisti; 9 Kaš'at.
19	†	S	Mt Birqaqo	15 0 ·97	37 9 ·32	2758	12 Saloda 13; Hanna S. 27; 9 Samay.; 10 Ḥiça; 13 Sib'at; 7 Ḥisti; 6 Kaš'at.
20	†	S	Dabra gannat	13 51 ·78	36 19 ·59	2183	1 Wa'alta ḥazin; 3 Samayata; 2 Ḥiça; 18 Ras Dajan.
21	†		Mt Ḥisti	14 14 ·75	36 43 ·43	2833	Saloda 30; Zohodo 8; Liqanos 9; Digim 3; Birqaqo 7; Abuna Pant. 4; Hanna Sanna 12; Digsa II, 14; Digsa I, 13.
22			Mt Amoqay α	14 14 ·75	36 43 ·16	2784	Zohodo 7; Saloda 29; Digim 5; Hanna Sanna 13.
23	†		Mt Amoqay β	14 14 ·75	36 43 ·22	2785	Liqanos 6; Birqaqo 8; Digim 4; Inna doqqo 11*.
24	†		Mt Sib'at	14 15 ·37	36 36 ·33	2577	Digsa I, 25; Saloda 3; Abuna Pant. 2; Birqaqo 13; Hanna Sanna 19; Liqanos 5; Wasange I, 6.
25	†	S	Abuna Pantalewon	14 8 ·05	36 25 ·90	2360	2 Sib'at; 6 Samayata; 3 Ḥiça; 5 Saloda 91; Zohodo 16; Liqanos 15; Digsa I, 28; 4 Ḥisti.
26	†		Mt 'Alawgen	13 56 ·59	35 47 ·56	2389	Wasange I, 1; Ankua* 13; Ḥayda 17; Dabra gannat 30.
27	†	S	'Idaga Šaḥa	13 52 ·89	35 51 ·87	1747	10 'Alawgen; 1, 2 Abar; 3 Abba Yared; 5 Baroc waha.
28	†		Mt Baroc waha	13 20 ·36	35 57 ·15	4505	Ambazzo 9; Waqqan 5; Zohodo 48; Masararya 1; Saloda 81; Liqanos 36; Ankua 11; 'Idaga Šaḥa 5.
29	†		Mt Abba Yared	13 20 ·22	35 58 ·08	4483	Ambazzo 10*; 'Addi daḥno 4; Zohodo 47; Dabra gannat 25; Saloda 78; Liqanos 34; 'Idaga Saḥa 3.
30	†		Col de Silki	13 20 ·20	35 57 ·63	4251	'Idaga Saḥa 4; 'Addi daḥno 5; Liqanos 35; Aksum III, 6; May timqat 11.
31	†		Mt Ras Dajan	13 14 ·07	36 3 ·28	4620	Ankua* 5; Zohodo 41; Masararya 3; Dabra gannat 18.
32	†	S	Mt Ankua*	13 14 ·06	36 3 ·23	4620	1 Sib'at; 2 Ḥiça; 3 Samayata; 5 Ras Dajan avec la dist.; 8 Buahit; 11 Baroc waha; 13 'Alawgen.
33			Mt Gorabet*	13 13 ·98	36 3 ·36	4615	Ankua* 6 avec la dist.; Dumi II, 1.
34	†		Mt Wandi*	13 13 ·76	36 3 ·61	4596	Ankua* 7 avec la dist.
35	†		Mt Dammo galila	14 2 ·97	36 33 ·96	2644	'Adwa 23; Saloda 63; Zohodo 23; Abuna Pant. 8; Dabra gannat 4; Liqanos 14.
36	†		Mt Tahuila	14 46 ·36	36 47 ·00	2051	Saloda 5; Abuna Mazr. 1*; Koqa 9; Irir 4; Inna doqqo 9; Digim 12; Digsa I, 29 et II, 22; Birqaqo 14, 'Addi Nazzo 2.
37	†	S	Koqa	14 54 ·01	37 5 ·77	2763	12 Birqaqo; 5 Ḥisti; 6 Samayata; 7 Ḥiça β; 10 Gorzo; 4 Kaš'at.
38	†	S	Abuna Mazra'ite	14 16 ·31	36 41 ·20	2765	2 Kaš'at; 6 Ḥisti; 7 Samayata; 10 Ḥiça β.
39	†	S	Madab	14 27 ·18	36 51 ·46	2050	1 Samayata; 4 Ḥisti; 1 Kaš'at.
40	†	S	Guzat	14 23 ·78	36 50 ·15	1992	1 Annane; 3 Ḥisti; 5, 6 Ḥiça α, β; 7 Abuna Mazra'ite.
41	†	S	Inna doqqo	15 0 ·85	36 46 ·31	2170	17 Gorzo f.; 12 Samayata; 13 Saloda; 9 Tahuila; 11* Amoqay; 10* Ḥisti; 8 Kaš'at.
42	†	S	Afalba	15 3 ·70	36 47 ·36	2285	5 Gorzo; 1 Kaš'at; 4* Ḥiça β; 3* Samayata; 2* Ḥisti.
43	†	S	Digsa I	14 59 ·09	36 54 ·86	2244	24 Saloda; 18 Ḥiça; 16 Samay.; 13 Ḥisti; 2 Kaš'at; 4 K. atro; 5 Gual haze.
44	†	S	'Addi Nazzo	15 5 ·74	36 42 ·32	2224	1 Kaš'at; 3 Ḥisti; 5 Samayata; 6 Ḥiça; 4 Amoqay; 2 Tahuila.
45			Mt Zaba* α	14 43 ·75	37 6 ·70	2880	Zohodo 4; Iuna doqqo 2.
46			Mt Zaba* β	14 43 ·67	37 6 ·59	2890	Zohodo 4; Inna doqqo 3*.
47	†	S	Guindat	14 33 ·38	36 29 ·32	1733	4 Dammo galila; 1 Ḥiça; 2 Samayata; 3 Saloda.
48			Mt Çara*	14 32 ·68	36 28 ·72	2317	Saloda 102; Digim 9.
49			Mt Matara α	14 41 ·55	37 6 ·17	2788	Digsa II, 1; Inna doqqo 5; Madab 3.
50			Mt Matara β	14 41 ·74	37 5 ·72	2696	Digsa II, 2: Inna doqqo 6; Madab 2.
51			Mt Saym α	14 39 ·63	37 6 ·30	2787	Maṣḥal 1; Digsa II, 3.
52	†		Mt Saym β	14 39 ·61	37 6 ·24	2790	Digsa I, 1 et II, 4; Inna doqqo 7; 'Addi'Itqat 2; Birqaqo 5; Hanna S. 5.
53	†	S	'Addi 'Itqat	14 50 ·15	36 54 ·03	1961	1 Birqaqo; 3* Kaš'at.
54	†	S	Irir	14 54 ·54	37 6 ·01	2750	5 Gorzo; 1 Ḥiça; 2* Sib'at; 9 Birqaqo.
55	†	S	Imba Ra'indi	14 46 ·00	36 53 ·89	1693	1* Kaš'at; 3 Ḥisti; 4 Samayata; 5 Ḥiça β.
56			Mt Dabra Damo	14 22 ·82	36 58 ·36	2286	Maṣḥal 9; Imba Ra'indi 2.
57	†	S	Mt Ziban sifra	14 17 ·09	37 10 ·51	2678	8 Kaš'at; 3 Bizan; 7 'Addi graht.
58	†	S	Gual'a	14 16 ·67	37 10 ·63	2570	6 Ziban sifra; 2 Bizan; 5 'Addi graht.
59	†		'Addi graht	14 15 ·95	37 8 ·96	2527	Gual'a 5; Ziban sifra 7; Latit. obs. par M. Galinier.
60	†		Mt Alequa β	14 13 ·80	37 6 ·74	3360	Maṣḥal 6; Gual'a 3; Ziban sifra 5; Digsa II, 9.
61	†		Mt 'Alequa α	14 12 ·80	37 5 ·86	3375	Liqanos 12; Zohodo 12; Saloda 27; Dabra gannat 5.

Nos	Nol.	Stn	Nom du point.	Latitude.	Longitude.	Altitude.	Déterminé par :
62	†		'Alequa, arbre	14° 13'·87	37° 6'· 6	3363met	Gual'a 4 ; Ziban sifra 6.
63	†		Mt Bizan	14 11 ·20	37 13 ·00	3251	Digsa II, 7 ; Mashal 5 ; Gual'a 2 ; Ziban sifra 3.
64			Mt Danšalla*	14 26 ·02	37 12 ·66	2979	Digsa II, 5 ; Ziban sifra 1.
65	†		Mt 'Abiy*	14 13 ·79	37 3 ·93	3190	Mashal 7 ; Saloda 35.
66	†		Mt Adigi Tahuila	14 12 ·95	37 3 ·18	?	Mashal 8 ; Digsa II, 10 ; Saloda 36.
67	†		Mt Guraho	14 17 ·86	36 49 ·62	2527	Digsa I, 20 et II, 19 ; Birqaqo 11 ; Saloda 18 ; Digim 8 ; Hanna Sanna 61.
68	†		Mt Bibiza	14 10 ·98	36 27 ·19	2372	Zohodo 5 ; Liqanos 2 ; Inna doqqo 14.
69	†		Mt Anfara	14 16 ·50	36 37 ·35	2394	Saloda 8 ; Madab 7.
70			Mt Irar	14 14 ·71	36 40 ·70	2715	Saloda 26 ; 'Adwa 9.
71			Mt Kisat atro	14 14 ·36	36 52 ·40	2821	Saloda 33 ; Digsa II ; 12 et I, 4.
72			Mt Kisat are	14 13 ·45	36 52 ·34	2508	Saloda 34 ; Hanna Sanna 10.
73			Framona	14 10 ·35	36 34 ·00	2069	Saloda 88 ; 'Adwa 24.
74			Marf-i*	14 10 ·35	36 22 ·16	2441	Saloda 94 ; Liqanos 51.
75			Mt Manbar*	14 10 ·02	36 22 ·32	2508	Zohodo 57 ; Liqanos 50.
76			Mt Asay	14 15 ·62	36 44 ·64	2541	Saloda 28 ; Digsa I, 12.
77	†		Kidana mihrat	14 10 ·73	36 38 ·23	2596	Saloda 42 ; 'Adwa 18.
78	†	S	Kokma	14 16 ·73	36 43 ·86	2200	1 Hica 6 ; Abuna Mazra'ite 5.
79			Abba Afze	14 17 ·13	36 42 ·33	2200	Kokma 2 ; Abuna Mazra'ite 3.
80			Mt Mala-ikt	14 9 ·68	36 37 ·93	2616	Saloda 50 ; 'Adwa 21, 22.
81	†		May Qani-i	14 16 ·51	36 44 ·57	2136	2 Kaš'at ; 4 Matara α ; 5 Annane.
82	†		Mt Annane	14 25 ·26	36 52 ·35	2311	Digim 2 ; May Qani-i 7 ; Guzat 1.
83	†		Mt Tilile	14 17 ·60	36 46 ·92	2502	Guzat 2 ; May Qani-i 7.
84	†		Mt Gual baze	14 9 ·37	36 50 ·88	2737	Saloda 41 ; Digsa I, 5 et II, 13 ; Hanna Sanna 11.
85	†		Mt Sawayra	14 42 ·24	37 15 ·24	3180	Hanna Sanna 4 ; Inna doqqo 1.
86	†		Mt Arba'itu insisa	14 15 ·27	36 38 ·88	2712	Saloda 21 ; Abuna Mazra'ite 13.
87	†		Mt Gusaso	14 10 ·63	36 38 ·29	2589	Saloda 46 ; 'Adwa 19.
88		S	Balasa	14 31 ·90	36 53 ·87	1642	1 Kaš'at ; Latitude observée.
89		S	Ni'ilto	14 53 ·67	36 56 ·57	2088	1 Kaš'at ; Birqaqo 9.
90	†	S	Za'ari	14 53 ·17	36 47 ·89	1788	1. Digsa I ; 3 Kaš'at ; 2 Saym β.
91			Mt San'afe	14 26 ·58	37 18 ·21	3327	Mashal 4 ; Ziban sifra 2.
92			Suluh (col)	15 1 ·42	36 59 ·65	2676	Birqaqo 2 ; Hanna Sanna 1.
93		S	Zartalamo	14 54 ·84	37 6 ·92	2704	3 Birqaqo ; 2 Gorzo f.
94			Mt Diyot	15 7 ·50	37 7 ·16	2473	Koga 1 ; Birqaqo 3.
95	†		Mt Yangurgure	14 56 ·40	37 6 ·65	2868	Zohodo 2 ; Liqanos 3 ; Birqaqo 4 ; Koga 3. ; Saloda 19 ; Hanna Sanna 2.
96	†		Mt Šayk 'Ara	15 5 ·30	37 0 ·81	2926	Saloda 11 ; Mashal 16 ; Birqaqo 1.
97	†	S	Mt Bizen II	15 19 ·64	36 45 ·99	2500	8 Samayata ; 5 Birqaqo ; 6 Kaš'at ; 7 Histi.
98		S	Mt Bizen I	15 19 ·82	36 46 ·08	2486	Bizen II, 2 ; 7 Birqaqo.
99			Mt Dabra Sina	14 11 ·53	36 31 ·50	2340	Saloda 96 ; Liqanos 6.
100	†		Mt Ga'ad	15 19 ·02	36 46 ·05	2540	Bizen II, 8 ; Birqaqo 15 ; Imakullu 44 ; Mudir 13 ; Zalot 1.
101		S	Ras Mudir	15 36 ·80	37 10 ·00	19	Bizen I, 2. ; 7 Diyot.
102	†	S	Imakullu	15 36 ·67	37 6 ·16	97	37 Diyot ; 18, 19 Mudir ; 45 Bizen II.
103			Mt Angualala	15 18 ·60	36 54 ·80	1995	Imakullu 42 ; Mudir 12 ; Lafufle 4 ; Muçaww'a I, 9 ; Bizen II, 3.
104			Mt Habon farray	15 22 ·93	37 11 ·02	440	Imakullu 35 ; Mudir 6.
105	†	S	Muçaww'a I	15 36 ·52	37 9 ·57	2	9 Angualala ; 4 Habon farray ; Latitude observée.
106	†		Muçaww'a α	15 36 ·44	37 9 ·67	12	Imakullu 23 ; Bizen I, 3.
107	†		Muçaww'a β	15 36 ·68	37 9 ·65	17	Dihono 1 ; Bizen I, 1.
108	†		Muçaww'a γ	15 36 ·68	37 9 ·64		Distance estimée de Muçaww'a β, et dist. de Imakullu par la vitesse du son.
109	†	S	Dihono	15 32 ·69	37 8 ·86	11	2. Mudir ; 20 Kobi ; 14 Habon ; 16 Diyot.
110	†		Mt Kobi	15 18 ·45	36 57 ·03	1941	Bizen II, 3 ; Imakullu 41 ; Dihono 20.
111	†		Mt Habaza malayša	15 12 ·32	37 0 ·23	2560	Mudir 8 ; Dihono 17 ; Imakullu 39 ; Irir 10. ; 'Aylat 2.
112	†		Mt Gadam α	15 25 ·78	37 14 ·75	921	Imakullu 32 ; Mudir 3 ; Muçaww'a I, 1 ; Bizen I, 5 ; Dihono 10.
113	†		Mt Gadam β	15 24 ·70	37 14 ·61	995	Imakullu 33 ; Muçaww'a I, 2 ; Dihono 11.
114	†	S	'Aylat	15 34 ·64	36 49 ·85	203	7 Bizen I ; Latitude observée — 0'·22 ; 2 Habaza malayša.

N°s	Not.	St°	Nom du point.	Latitude.	Longitude.	Altitude.	Déterminé par.
115	†		Mt A'asa awli	15° 19' ·22	36° 58' ·82	1618mt	'Aylat 1; Imakullu 40.
116	†		Mt Ayd'ale	14 53 ·40	37 17 ·90	2690	Imakullu 36; Dibono 13; Mudir 4.
117		S	Zalot	15 16 ·35	36 39 ·71	2404	2 Birqaqo; 3. Kaš'at.
118	†		Mt Daharay *	15 34 ·3	36 44 ·00	1861	Imakullu 48; Dibono 22.
119	†		Ile Tuwalut	15 35 ·88	37 8 ·95	10	Imakullu 26; Muçaww'a I, 10.
120		S	Aftah	15 16 ·33	37 19 ·90	26	5 Gadam β; Latitude de M. Ruppell + 0''·1.
121		S	Lafufle	15 8 ·11	36 59 ·10	2419	1 Diyot; 3 Ga'ad; 4 Angualala.
122	†		Ile Šayk Sa'iyd	15 35 ·74	37 9 ·94	10	Imakullu 24, 25; Muçaww'a I, 3; Dibono 3 — 5.
123	†		Ile Dëse	15 27 ·3	37 26 ·5	135	Imakullu 28; Mudir 1; 'Oquwq 2.
124	†	S	'Oquwq	15 6 ·90	37 22 ·02	6	8 Gadam; 2. Dëse; 9 Habon hawah.
125	†		Mt Habon hawah	15 12 ·00	37 21 ·00	132	'Oquwq 9; Aftah 2.
126			Halay	14 59 ·62	37 1 ·23	2629	Hanna Sanna 2. (dir.); Latitude et Altitude de M. Ruppell.
127	†		Mt Awgar α	14 16 ·10	36 54 ·73	2989	Mashal 10; Saloda 32.
128			Mt Awgar β	14 15 ·90	36 55 ·35	2987	Zohodo 10; Digsa I, 3.
129			Mt Dambalorit	14 5 ·64	37 7 ·14	3011	Saloda 44; Dabra gannat 6.
130	†		Mt Abar	13 31 ·30	36 2 ·42	3788	Ankua * 17; Hayda 5; May Timqat 4; Liqanos 38; Çilaçiqañe 5; 'Idaga Šaha 1; 'Addi Dahno 1.
131	†		Mt Inzirt * α	13 31 ·23	36 2 ·15	3791	Saloda 85; Dabra gannat 27; Hayda 6; May Timqat 5.
132			Mt Inzirt * β	13 31 ·11	36 2 ·17		Zohodo 49; Ankua * 16; Hayda 7; 'Idaga Šaha 2; May Timqat 6.
133			Mt Zamad *	13 30 ·20	36 1 ·43	3517	Ankua * 15; Zohodo 51; Liqanos 40.; Hayda 8; May Timqat 7.
134			Mt Zimdinna *	13 30 ·03	36 1 ·42	3509	Zohodo 50; Liqanos 39. Hayda 9; May Timqat 8.
135		S	Hayda	13 41 ·26	35 51 ·54	1509	17 'Alawgen; 11 Abba Yared; 8 Zamad *; 13 Baroc waha; 9 Zimdinna *
136	†	S	May Timqat	13 46 ·18	35 54 ·01	1486	Latit. observée; 10 Abba Yared; 7 Zamad *; 12 Baroc waha; 8 Zimdinna *
137	†		Mt Kammal	13 39 ·81	36 3 ·46	2320	Wasange I, 7; Dabra gannat 28; Hayda 1; May Timqat 1.
138	†	S	Çilaçiqañe	13 48 ·26	36 5 ·75	1635	10 Kammal; 8 Zamad *; 2 Çinfara; 7 Zimdinna *
139	†		Mt Çinfara	13 31 ·39	36 5 ·35	3302	Hayda 4; May Timqat 3; Çilaçiqañe 2.
140			Mt Hilni *	13 29 ·71	36 1 ·04	3527	Ankua * 14; Çilaçiqañe 9.
141	†		Mt Guanaqul *	13 29 ·60	35 59 ·83	3500	Zohodo 52; Liqanos 41.; Çilaçiqañe 11.
142			Mt Kurkur *	14 3 ·48	36 18 ·62	2501	Liqanos 46; Zohodo 54; avec la distance estimée.
143	†	S	'Addi Dahno	14 6 ·92	35 57 ·38	1965	9 'Alawgen; 1 Abar; 2 Inzirt *; 6 Baroc waha; 4 Abba Yared.
144	†	S	Šimarua II	13 33 ·14	36 2 ·82	2660	3. Samayata; 8 'Alawgen; 4. Dammo galila.
145	†	S	Šimarua I	13 34 ·30	36 3 ·36	....	4. Inzirt *; 5. 'Alawgen; 6, 7. Asar *
146			Mt Kama	13 34 ·05	36 3 ·12	2765	Šimarua II, 1 avec la distance estimée.
147			Mt Asar * α	13 56 ·45	35 51 ·31	2218	'Addi Dahno 8; Šimarua II, 9; Wasange I, 3; 'Addi Silamay 5.
148	†		Mt Asar * β	13 56 ·48	35 51 ·40	2205	'Addi Dahno 7; Šimarua II, 10; Wasange I, 2; 'Addi Silamay 5.
149	†	S	'Addi Silamay	13 32 ·40	36 2 ·68	2718	1. Hiça; 4 'Alawgen; 3 Dammo galila; 2 Samayata; 5, 6 Asar *
150	†		Mt Nan amba	13 57 ·88	35 55 ·80	2329	Dabra gannat 31; Šimarua II, 11; Miçara 7.
151	†	S	Miçara	13 43 ·19	36 3 ·74	1772	1 Hiça α; 3 Kammal; 5. Inzirt *; 6 'Alawgen; 7 Nan amba; 2 Samayata.
152	†		Mt Ambara	13 37 ·01	36 30 ·96	2252	Zohodo 29; Liqanos 20; Dabra gannat 9; Abuna Mazr. 8; Aksum II, 3.
153	†		Mt Zufan *	13 17 ·16	35 50 ·01	4015	Liqanos 42.; Zohodo 53; Hayda 14; Waqqan 3; Saloda 86; Ambazzo 8; Cambilge 3.
154			Mt Gamma *	14 18 ·65	35 51 ·09	2094	Saloda 97; 'Addi Dahno 11.
155			Mt Zabo *	13 53 ·40	36 18 ·96	2214	Dabra gannat 33; Liqanos 31.
156			Mt Dandi *	14 2 ·71	36 12 ·92	2486	Liqanos 48; Zohodo 55; Dabra gannat 32.
157			Mt Masobo	13 49 ·50	37 8 ·24	2594	Saloda 52; Zohodo 21.
158	†	S	Gunya	13 52 ·88	36 12 ·08	2022	1 Samayata; 2 Dammo galila; 4 Inzirt *
159	†	S	Aksum III	14 7 ·71	36 24 ·35	2203	1 Dammo galila; 9 Zufan *; 7 Baroc waha; 5 Abba Yared; 8 Abar.
160		S	Aksum I	14 7 ·66	36 24 ·29	2198	2 Dammo galila; 1. Aksum II.
161	†	S	Aksum II	14 7 ·73	36 24 ·30	2200	1 Dammo galila; 3. Ambara.
162	†		Mt Hamle *	13 16 ·5	36 38 ·1	2456	Zohodo 27; Dabra gannat 14; Liqanos 17.
163	†		Mt Girum * α	13 18 ·3	36 37 ·3	2349	Liqanos 18; Dabra gannat 13; Zohodo 28.
164	†		Mt Girum * β	13 18 ·1	36 35 ·9	2305	Liquanos 19; Dabra gannat 15; Zohodo 28.
165	†		Mt Sabeyti *	13 37 ·47	36 28 ·24	2169	Saloda 65; Zohodo 30; Liqanos 21.

LISTE DES POSITIONS.

Nos	Not.	Stn	Nom du point.	Latitude.	Longitude.	Altitude.	Déterminé par :
166	†		Mt ʿArke *	13° 43′ ·15	36° 24′ ·75	2188 met	Sạloda 71 ; Zohodo 33 ; Liqanos 24 ; Dạbrạ gạnnạt 12.
167	†		Mt Nobit α	13 42 ·75	36 26 ·60	2215	Zohodo 31 ; Dạbrạ gạnnạt 10 ; Sạloda 66 ; Liqanos 22.
168			Mt Nobit β	13 42 ·75	36 26 ·37		Zohodo 32 ; Dạbrạ gạnnạt 11 ; Sạloda 67 ; Liqanos 23.
169	†		Mt Ḥawi *	13 42 ·97	36 57 ·00	2891	Zohodo 24 ; Dạbrạ gạnnạt 7 ; Liqanos 16 ; Sạloda 54.
170			Mt Q̣ạbtiya	14 2 ·80	35 2 ·18	2681	Wạsạnge I, 26 * ; Šịmarua II, 5.
171	†	S	Abạrạ	13 25 ·16	35 56 ·12	3325	8 ʿAlạwgen ; 9, 10 Asạr * ; 4 * Q̣ạbtiya.
172			Mt ʿAddị Dạʿaro	14 19 ·42	35 51 ·28	2043	Abạrạ 12 ; Addị Daḥno 12.
173			Mt Gomạd *	13 25 ·27	35 51 ·11	2800	Abạrạ 3 ; Wạsạnge I, 10.
174	†		Mt Hạwạza	13 25 ·02	35 50 ·64	2639	Abạrạ 2 ; Wạsạnge I avec profil.
175	†		Mt Bịrkuttan	14 5 ·60	35 1 ·54	1790	Wạsạnge I ; 27 * ; Abạrạ 5, 7 * ; Šịmarua II, 6, 7 ; Wulqịfīt 7.
176	†	S	Wulqịfīt	13 12 ·33	35 34 ·48	2735	5 Kammạl ; 2 Asạr * f. ; 4 * Ḥiça β ; 3 * Wạʿalta ḥazin ; 1 ʿAlạwgen ; 7 * Bịrkuttan.
177	†		Mt Zạze *	13 35 ·57	36 3 53	2890	Ḥaydạ 2 ; May Ṭịmqạt 2 ; Šịmarua II, 2 ; Çịlaçịqañe 4.
178	†		Mt Hay α	13 23 ·0	36 11 ·6	3714	Zohodo 37 ; Liqanos 27 ; Šịmarua I, 1.
179			Mt Hay β	13 20 ·6	36 8 ·8	4175	Zohodo 38 ; Šịmarua I, 2 *.
180			Mt Lạwa *	13 16 ·06	36 17 ·17	2768	Sạloda 68 ; Zohodo 34 ; Liqanos 25.
181			Mt Liğa *	13 16 ·04	36 16 ·47	3952	Sạloda 69 ; Zohodo 35 ; Liqanos 26.
182	†		Mt Šaḥua *	13 15 ·35	36 14 ·72	3246	Sạloda 70 ; Zohodo 36.
183	†		Mt Sạzzạ * α	13 16 ·14	36 2 ·48	4542	Ankua * 4 ; Liqanos 28 ; Sạloda 72 ; Dạbrạ gạnnạt 17 ; Zohodo 39.
184	†		Mt Sạzzạ * β	13 14 ·92	36 0 ·80	4560	Ankua * 4 ; Mạsạrarya 2.
185			Mt Walta *	13 14 ·34	36 5 ·98	4500	Sạloda 74 ; Zohodo 43 ; Liqanos 32 ; Dạbrạ gạnnạt 19.
186	†		Mt Lağata *	13 17 ·88	36 4 ·41	4532	Sạloda 77 ; Ankua * 12 ; ʿAddị Daḥno 3 ; Zohodo 46 ; Liqanos 33 ; Dạbrạ gạnnạt 24.
187	†	S	Mạkana	13 15 ·23	36 9 ·76	3258	4 Abba Yared ; 3 Buahit.
188	†		Mt Mạgạb	13 52 ·2	36 59 ·0	2427	Zohodo 22 ; Liqanos 13.
189			Mt Çịrinfịra α	13 29 ·2	36 9 ·3	3341	Zohodo 40 ; Dạbrạ gạnnạt 20 ; Liqanos 30.
190			Mt Çịrinfịra β	13 27 ·9	36 8 ·5	3543	Zohodo 42 ; Dạbrạ gạnnạt 21 ; Sạloda 75.
191	†		Mt Çịrinfịra γ	13 27 ·7	36 7 ·7	3451	Zohodo 44, 45 ; Dạbrạ gạnnạt 22, 23 ; Sạloda 76.
192	†	S	Ịbnị ḥarmaz	14 27 ·19	36 49 ·03	2095	1 Ḥiça ; 2 Beyṭo.
193	†		Mt Gunya	14 15 ·0	36 38 ·2	2520	Digsa I, 22 * ; ʿAdwa 2 ; Sạloda 16.
194	†		Mt Beyto	14 18 ·83	36 38 ·98	2381	Digsa I, 23 ; Ịbnị ḥarmaz 2 ; Sạloda 14.
195			Dịbịbahr	13 12 ·6	35 35 ·5	2708	Wạsạnge I, 28 avec la distance.
196			Mt Damba	15 10 ·01	36 39 ·06	2458	Koqa 11 ; Ịnnạ doqqo 21.
197	†	S	Mt Soni	12 38 ·28	35 6 ·99	2770	
198		S	Mt Tịgre miçohya	12 37 ·12	35 9 ·19	2439	62, 65 Soni 21 avec la distance mesurée par la vitesse du son.
199	†		Mt Ạtạnaqir	12 37 ·37	35 9 ·23	2470	Tịgre miçohya 1 ; Soni 19 ; Dịnkuan 9.
200		S	Mt Dịnkuan	12 38 ·47	35 8 ·67	2639	Tịgre miçohya 68 ; 24 Soni 14 ; 21 Quịsquam ; 9 Ạtạnaqir.
201			Mạnagạša, tour	12 36 ·25	35 9 ·32	2325	Tịgre miçohya 15, 18 ; Soni 25.
202			Ras bet, tour	12 36 ·58	35 9 ·42	2325	Tịgre miçohya 8 ; Soni 24 ; Q̣añ bet III, 4.
203			Quịsquam, tour	12 37 ·15	35 7 ·97	2338	Tịgre miçohya 60 ; Dịnkuan 21 ; Q̣añ bet II, 4.
204			Petite Tour du Palais	12 36 ·37	35 9 ·34	2301	Tịgre miçohya 12 ; Soni 25.
205	†	S	Gondạr	12 36 ·43	35 9 ·08	2270	2 Tịgre miçohya 36 ; 3 Soni 27 ; 5 Dịnkuan.
206	†	S	Q̣añ bet I	12 36 ·16	35 9 ·09	2280	1 Tịgre miçohya 35 * ; Soni 30.
207		S	Q̣añ bet II	12 36 ·21	35 9 ·09	2279	Tịgre miçohya 34 ; Soni 29 ; 4 Quịsquam ; 1, 2 * Mạnagạša ; 12 Dịnkuan.
208		S	Q̣añ bet III	12 36 ·25	35 9 ·15	2282	5, 6 Mạnagạša ; 1 Tịgre m. S. ; 2 Ḥorạ dịbbạ S. ; 4 Ras bet ; 9 Dịnkuan.
209	†	S	Mt Ḥora dịbbạ	12 42 ·27	35 10 ·62	2949	Tịgre miçohya 2 ; 20 Dịnkuan 4 ; Q̣añ bet III, 2 ; 16 Ạtạnaqir ; 21 Soni 7 * ; 26 Gay.
210			Mt Mịca dubba	12 35 ·72	35 7 ·67	2393	Tịgre miçohya 58 ; Q̣añ bet II, 3 ; Q̣añ bet III, 7.
211			Mt Gay	12 41 ·09	35 7 ·76	2844	Soni 3 ; Ḥorạ dịbbạ 26 ; Q̣añ bet II, 10.
212			Mt Q̣azqazzit	12 40 ·57	35 8 ·20	2841	Soni 4 ; Ḥorạ dịbbạ 23 ; Dịnkuan 29.
213	†	S	Mt Ambạzzo α	12 44 ·00	35 11 ·69	3045	22 Soni S° ; 21 Ḥorạ dịbbạ ; 20 MARYAM ; 9 Bạroc waha.
214	†		Mt Ambạzzo β	12 43 ·76	35 11 ·37	3033	Ambạzzo 24 * avec dist. estimée ; Ḥora dịbbạ 2.
215	†		Mt Faqi *	12 43 ·74	35 11 ·07	3031	Ambạzzo 27 ; Soni 5 ; Dịnkuan 3 ; Ḥora dịbbạ 1.
216	†	S	Mt Wạsạnge I	13 10 ·68	35 36 ·25	3204	6 Sịbʿat ; 8 Ḥiça ; 12 Sạmayata ; 4 Wạʿalta ḥazin ; 14 Buahit ; 21 MARYAM ; 3 Asạr * α ; 25 Wạqqạn.

Nos	Not.	Sta	Nom du point.	Latitude.	Longitude.	Altitude.	Déterminé par :
217	†	S	Mt Wasange II	13° 10′·46	35° 36′·30	3205mt	19 Wasange I; 4 Qalala; 10 Dawaro; 12 Waqqan.
218	†	S	Mt Waqqan	13 3 ·67	35 39 ·78	3130	Wasange I, 25; Ambazzo 6; Qalala 31*; 8 Buahit; 12 Masararya 8.
219			Mt Buahit	13 14 ·55	35 54 ·29	4510	Ambazzo 11; Ankua* 8; Wasange I, 14; Masararya 9; Waqqan 8.
220	†	S	Mt Masararya	13 12 ·53	35 54 ·47	4444	6 Qalala; 8 Waqqan 12; 7 MARYAM; 9 Buahit.
221		S	Cambilge	12 53 ·82	35 25 ·63	2827	1 Waqqan; 2 Wasange II; 4 Buahit; 3 Zufan*; 5 Masararya.
222	†		Daga Istifanos	11 53 ·50	34 59 ·73	2000	Quarata IV, 2, 3; Tigre m. 39; Nabaga 37; Manta dabir IV, 25*; Dumi I, 37.
223		S	Quarata III	11 45 ·00	35 7 ·72	1908	4, 5 Daga; Latitude observée.
224		S	Quarata IV	11 44 ·80	35 7 ·83	1920	2, 3 Daga; 4 Quarata III avec distance.
225	†	S	Quarata V	11 44 ·54	35 7 ·71		4, 5 Daga; Azimut magnétique de Quarata IV.
226	†	S	Quarata I	11 44 ·93	35 7 ·73	1871	6 Gitim*; 7 MARYAM; 14 Šambillo; 16 Daga.
227	†	S	Quarata II	11 44 ·63	35 7 ·85	1935	1* MARYAM; 2* Dawaro; 3* Dumi centre; 4* Qalala; 8* Laguna, 6, 7 Manta dabir.
228			Manta dabir E	11 37 ·87	35 17 ·75	2507	Dumi II, 11; Quarata II, 6; Quarata IV, 1; Tigre m. 21; Nabaga 22; Mota 71; Yfag II, 7; Qalala 24.
229	†		Manta dabir O	11 37 ·87	35 17 ·62	2476	Tigre micohya 22; Quarata II, 7; Mota 70; Nabaga 23; Yfag II; 8.
230	†	S	Manta dabir IV	11 37 ·84	35 17 ·57	2425	22 Quarata III; 25* Daga; 1 MARYAM β; 8 Liq; 4 Boraz β; 5 Abola.
231	†	S	Manta dabir III	11 37 ·82	35 17 ·56	2450	2* Koso bar; 3, 4 Wayra; 7 Laguna; 8 Mahal Zage.
232	†	S	Manta dabir II	11 37 ·85	35 17 ·79	2442	1 Dawaro; 3 Dumi β; 7 Qalala.
233	†	S	Manta dabir I	11 37 ·80	35 17 ·77	2449	3 Boraz β; 4 Abola; 7 Koso bar; 8 Liq*
234		S	Nabaga	11 59 ·16	35 16 ·69	1857	6 Dawaro; 1, 2 MARYAM; 21 Gana Qirqos; 22 Manta dabir E.; 12 Qalala; 37 Daga; 35 Šambillo.
235	†	S	Mt Qalala	12 4 ·23	35 49 ·32	3329	Masararya 6; Wasange II, 4; Dumi II, 9; Nabaga 12; Zega wanz 9; 31* Waqqan; 23* Gana Qirqos; 24 Manta dabir E.; 27 Gugube*.
236			Mt MARYAM α	12 19 ·96	35 23 ·69	3127	Ambazzo 20; Saño gabya 4*; Dinkuan 6; Soni 31; Fogara 1*.
237	†		Mt MARYAM β	12 20 ·03	35 23 ·63		Masararya 7; Birko 16*; Nabaga 1; Tana I, 2; Zega w. 2; Saño gabya 3; Wasange I, 21; Manta dabir IV, 1*.
238			Mt MARYAM γ	12 19 ·80	35 23 ·74		Saño gabya 5*; Birko 15; Nabaga 2; Tana I, 3*; Zega wanz 3*.
239			Mt Qandam*	12 17 ·31	35 26 ·41	3075	Dahna 11; Wasange I, 20; Barna 11.
240			Mt Gitim*	12 21 ·63	35 22 ·39	2970	Dahna 9; Quarata I, 6; Tana I, 1; Zega wanz 1.
241	†	S	Barna	13 10 ·63	35 50 ·39	3595	20 Waqqan; 7, 8 Dumi; 9 Dawaro; 14 MARYAM β.
242			Mt Dawaro	12 13 ·87	35 27 ·72	2998	Nabaga 6; Barna 9; Wasange I, 18; Quarata II, 2; Zega wanz 4; Tana I, 4, Manta dabir II, 1.
243	†	S	Mt Dumi I	12 13 ·33	39 30 ·82	3245	Dumi II, 14 avec distance; 37 Daga; 36 Šambillo; 3 Fudi; Nabaga 8.
244		S	Mt Dumi II	12 13 ·32	35 30 ·86	3245	9 Qalala; 11 Manta dab. E.; 10 Gana Qirqos.
245	†		Mt Dumi α	12 13 ·56	35 30 ·50	3243	Wasange I, 17; Tana I, 5; Zega w. 5; Barna 8; Ambazzo 19; Manta d. II, 2.
246			Mt Dumi β	12 13 ·31	35 30 ·88	3243	Wasange I, 16; Tana I, 6; Zega w. 6; Barna 7.
247	†		Mt Gana Qirqos	11 34 ·92	35 21 ·91	2680	Tigre m. 14; Dumi II, 10; Mahd. MAR. 10, 11; Saño gabya 18; Qalala 23*; Nabaga 21; Mota 72, 73.
248			Mt Kulalit	12 6 ·77	35 22 ·53	2390	Nabaga 7; Quarata III, 1; Saño gabya 10.
249	†		Mt Laguna	11 38 ·08	35 12 ·51	2353	Tigre micohya 28; Manta d. IV, 18; Quarata II, 8; Mota 68; Nabaga 28; Saño gabya 27; Densa 7.
250			Mt Gugube	11 50 ·84	35 12 ·49	2083	Nabaga 32; Qalala 27*; Saño gabya 24; Zega wanz 12; Tana I, 11.
251	†		Mt Šambillo	11 33 ·39	34 30 ·27	2786	Manta d. IV, 17; Dumi I, 36; Nabaga 35; Saño gabya 30.
252	†	S	Saño gabya	12 16 ·99	35 8 ·21	1850	3, 4, 5 MARYAM; 18 Gana Qirqos; 19 Manta d. f.; 30 Šambillo; 24 Gugube, 27 Laguna; 39* Soni Sa.
253	†	S	Zega wanz	11 55 ·16	35 14 ·21	1855	1 Gitim; 2, 3 MARYAM; 4 Dawaro; 5, 6 Dumi I, 18; 9 Qalala; 11 Manta d. f.; 12 Gugube; 16 Daga; 23 Jalo.
254	†	S	Mt Galosge	12 10 ·89	35 28 ·06	2689	12 Gana Qirqos; 13 Manta d. f.; 27, 28 îles Buahe.
255	†	S	Dahna	12 16 ·27	34 56 ·33	1916	2 Cacquina; 10 MARYAM; 3 Karua MARYAM.
256			Dahna, église	12 16 ·24	34 56 ·28	....	Dahna 15* et distance estimée.
257			Mt Karua MARYAM	12 35 ·30	35 3 ·70	2589	Dahna 3; Dinkuan 23; Tigre micohya 59.
258	†		Mt Guaha	11 35 ·13	35 15 ·12	2375	Tigre m. 27; Nabaga 27; Manta dabir III, 5; Densa 9.
259	†		Mt Sannay MARYAM	11 34 ·47	35 15 ·63	2373	Tigre m. 25; Nabaga 24, 25, 26; Manta d. IV, 10; Mota 69; Densa 10, 11.
260	†		Mt Ambaro	11 41 ·46	34 40 ·45	2195	Nabaga 36; Manta dabir IV, 19; Jahana 1.

Nos	Not.	Stn	Nom du point.	Latitude.	Longitude.	Altitude.	Déterminé par :
261		S	Ile Tana I	11° 53′·33	35° 10′·91	1901m.t	1 Gitim*; 2, 3 MARYAM, 4 Dawaro; 5, 6 Dumi; 11 Gugube; 12 Manta d. f.; 15 Daga; 16 Jalo β.
262	†	S	Ile Tana II	11 52 ·70	35 10 ·83	1887	1 Gugube; 2 Manta dabir f.; 13 Daga; 10, 11 Mahal Zage.
263	†	S	Qariña	12 7 ·20	35 17 ·75	1873	1 Mamarsay; 2 Gana Qirqos; 3 Manta d. f.; 11 Daga; 14 Angara O; 15 Arba dubba E.
264	†		Mt Atyar	12 13 ·50	34 58 ·75	2036	Dahna 12; Tigre m. 50; Dinkuan 18; Soni 42; Saño gabya 32; Loza 14*.
265	†		Mt Jalo α	12 13 ·9	34 57 ·9	2111	Dahna 13; Soni 43; Tigre m. 52; Dinkuan 19; Saño gabya 33; Nabaga 39; Zega wanz 23; Loza 15.
266			Mt Jalo β	12 13 ·54	34 57 ·50	2111	Dahna 14; Soni 44; Tigre miçohya 53; Qariña 16; Tana I, 16; Nabaga 38; Zega wanz 22.
267	†		Mt Goraf	12 13 ·96	34 57 ·3	2035	Dahna 14; Tigre m. 54; Dinkuan 20; Ayba 9.
268	†		Mt Çacquina	12 38 ·59	35 3 ·72	2897	Ambazzo 25; Hora dibba 24; Dahna 2; Zega wanz 27.
269			Mt Sahna	12 41 ·19	35 11 ·37	2901	Tigre miçohya 3; Soni 8; Qañ bet III, 3.
270	†		Mt Gana Yohannis	12 38 ·26	35 3 ·21	2850	Saño gabya 36; Zega wanz 26; Dahna 1.
271	†	S	Loza	12 31 ·79	35 6 ·31	2232	3* Gondaroc; 1* Loza Mar.; 5 Managaša; 6* Abbo; 4 Ras bet; 14* Atyar; 12 MARYAM.
272			Loza MARYAM	12 32 ·30	35 6 ·38	2245	Loza 1* avec la distance estimée; Soni 37; Dinkuan 16.
273	†		Azazo, église	12 32 ·48	35 7 ·27	2148	Tigre m. 43*; Soni 36*; Dinkuan 15.
274	†		Mt Asiba	12 10 ·78	35 27 ·67	2683	Galosge 25; Dumi I, 33* avec les distances estimées.
275	†		Mt Libho	12 10 ·61	35 31 ·93	3065	Galosge 1; Barna 5.
276	†		Mt Safed*	12 10 ·81	35 32 ·67	3155	Nabaga 9; Barna 4.
277	†		Mt Kidan*	12 14 ·34	35 31 ·52	3213	Ambazzo 17; Barna 6.
278	†		Mt Wanfit*	12 13 ·23	35 34 ·35	3117	Ambazzo 15, 16; Hora dibba 7, 8.
279	†		Mt Wadaj*	12 14 ·89	35 27 ·11	3061	Nabaga 5; Wasange I, 19; Barna 10.
280	†		Mt Dahne	12 14 ·44	35 38 ·69	2945	Wasange II, 8; Barna 2; Qalala 30.
281	†		Mt Dambualul	12 10 ·71	35 37 ·04	2874	Wasange II, 9; Barna 3; Manta d. II, 4*.
282		S	Abba Foge	12 3 ·83	35 30 ·47	....	3 Manta dabir E.*; 1 Qalala*; 4 Gugube*.
283	†	S	Yfag I	12 4 ·90	35 23 ·77	1972	2 Qalala; 1 Saytan*; 4 Gugube; 3 Manta dabir f.
284		S	Yfag II	12 4 ·50	35 24 ·87	1918	4 Qalala; 3 Saytan*; 7, 8 Manta dabir.
285	†	S	Mahdara MARYAM	11 42 ·53	35 35 ·87	2460	10, 11 Gana Qirqos; 16 Gugube; 17 Dumi.
286	†		Tawgur IYASUS	11 56 ·06	35 37 ·07	2666	Nabaga 13; Zega wanz 10; Yfag II, 6.
287	†		Dabra Tabor IYASUS	11 50 ·10	35 41 ·43	2945	Mahdara M. 3; Qalala 22; Manta dabir I, 1; Galosge 9.
288			Mt Izub*	12 8 ·37	35 26 ·91	2592	Zega wanz 7; Yfag II, 1; Fogara 4*.
289			Mt Šamo	12 8 ·20	35 34 ·89	2810	Nabaga 10; Yfag II, 2; Rib 4.
290			Mt Saytan*	12 7 ·50	35 35 ·19	2605	Qalala 29; Yfag I, 1; Rib 5; Yfag II, 3.
291		S	Rib	12 1 ·54	35 29 ·27	1906	4 Šamo; 5 Saytan*; 1, 2, 3 Dumi.
292	†	S	Fogara	11 58 ·57	35 17 ·40	....	2* Dawaro; 1* MARYAM; 3* Dumi; 4* Izub*; 5* Gugube.
293	†		Mt Atir*	12 4 ·67	35 47 ·64	3208	Nabaga 11; Zega wanz 8; Wasange II, 5*.
294	†		Mt Dama	11 41 ·30	35 22 ·19	2488	Saño gabya 16; Nabaga 19; Mahdara MARYAM 13.
295	†		Mt Mamarsay	11 39 ·13	35 21 ·76	2583	Saño gabya 17; Nabaga 20; Mahdara MARYAM 12; Qariña 1.
296			Mt Tarat*	12 39 ·90	35 4 ·25	2844	Saño gabya 37; Ambazzo 26.
297	†		Mt Alama*	12 38 ·20	35 0 ·90	2775	Saño gabya 34; Zega wanz 25; Hora dibba 25.
298		S	Fanja	12 25 ·40	34 57 ·86	1957	1* Soni Sn; 2 MARYAM.
299	†		Ile Buahe set	12 7 ·86	35 15 ·83	1886	Galosge 27; Dumi I, 49, 50; Qariña 17, 18.
300	†		Ile Buahe wand	12 8 ·01	35 15 ·69	1900	Galosge 28; Dumi I, 52, 53; Qariña 19, 20.
301	†		Ile Çaqla*	12 7 ·90	35 15 ·79	....	Dumi I, 51*.
302	†		Ile Arba dubba	12 11 ·67	34 58 ·89	1865	Tigre m. 41, 42; Dumi I, 63, 64; Ayba 1, 2; Hora dibba 17; Soni 38.
303	†		Ile Angara	12 11 ·68	34 58 ·72	1887	Tigre m. 44, 45; Dumi I, 62, 65; Ayba 3, 5; Hora dibba 18; Soni 39, 40.
304	†		Ile Birgidda	12 11 ·52	34 58 ·55	1907	Tigre miçohya 46; Dumi I, 58, 60; Ayba 4.
305	†		Ile Mitraha	12 11 ·01	35 15 ·50	1909	Saño gabya 12, 13*; Dumi I, 54, 55.
306	†		Cap Gorgora	12 11 ·60	34 58 ·47	1847	Dumi I, 61; Tigre m. 47; Dinkuan 17; Soni 41; Hora dibba 19; Ayba 6.
307	†	S	Bahr dar I	11 35 ·43	35 4 ·25	1871	1 Amadamid E.; 3 Liq; Distance à Bahr dar II estimée = 500mt.
308	†	S	Bahr dar II	11 35 ·65	35 4 ·39	1857	5 Laguna; 2 Bet manzo; 8 Kibran; 7 Zage α.

N°s	Not.	St.ns	Nom du point.	Latitude.	Longitude.	Altitude.	Déterminé par :
309		S	Tagambat	11° 22′·91	35° 4′·88	2258m	8 Amadamid; 5 Gugube; 11, 12 Zage β, α; 2, 3 Bet manzo; 13, 15 Kibran.
310	†		Mt Ginda timim	11 44 ·46	35 8 ·77	1929	Manta dabir IV, 24; Bahr dar II, 4.
311	†		Mahal Zage α	11 41 ·73	35 1 ·47	2079	Quarata I, 10; Tana II, 10; Ganja 5; Manta dabir IV, 20 et III, 8; Tagambat 12; Bahr dar II, 7.
312			Mahal Zage β	11 41 ·94	35 1 ·34	2079	Quarata I, 11; Tana II, 11; Ganja 6; Tagambat 11; Tigre miçohya 37.
313	†		Zage (bout E.)	11 41 ·68	35 3 ·03	1875	Dumi I, 11; Tagambat 14.
314			Zage (bout N.)	11 47 ·39	35 0 ·77	....	Quarata I, 15 *; Quarata V, 3 *.
315			Mt Gandi *	11 58 ·36	34 34 ·39	2412	Zega wanz 19; Qariña 13 *.
316	†		Mt Satin *	11 44 ·48	34 57 ·58	2031	Tigre miçohya 40; Nabaga 34.
317	†		Aringo	11 47 ·95	35 36 ·52	2515	Mahdara MARYAM 1; à une distance égale de là et de Dabra Tabor.
318	†	S	Dabra May	11 20 ·8	35 6 ·5	....	3 *. Liq *; 7 *. Tagambat; 2 *. Koso bar.
319			Mt Makaro	11 24 ·5	35 3 ·1	2405	Tagambat 10; Dabra May 6 *.
320			Faras wagga	11 22 ·0	35 4 ·6	....	Tagambat 9 * (direction); dist. par les journées de route = 1′ environ.
321	†		Mt Guramba	11 43 ·03	35 32 ·81	2483	Nabaga 17, 18; Mahdara MAR. 15 * avec la distance.
322			Mt Ya Saytan rigiça	12 55 ·50	35 17 ·64	2770	Ambazzo 1; Barna 19.
323	†		Mt Amba ras	13 13 ·05	35 40 ·09	3348	Wasange I, 13 avec la distance; Ambazzo 7.
324			Mt Soni α	12 38 ·61	35 6 ·74	2770	Ambazzo 23; Dinkuan 25; Dahna 4; Hora dibba 22 *.
325	†	S	Ayba	12 37 ·71	35 15 ·40	2772	1, 2 Arba dubba; 13 Abbo; 14 Manggaša; 16 Ras bet.
326	†		Mt Maguina	13 3 ·33	34 52 ·19	2343	Ambazzo 28; Hora dibba 31, 32.
327			Cawre qª Mika-el	11 40 ·55	35 36 ·05	....	Mahdara MARYAM 6 * avec la distance, estimée à 2′.
328	†		Mt Amora gadal	11 58 ·73	35 36 ·77	2460	Galosge 5; Yfag II, 5.
329			Mt Gaday *	12 39 ·36	35 14 ·43	2890	Soni 12; Hora dibba 6.
330			Intonyos, église	12 37 ·75	35 8 ·00	2359	Tigre miçohya 63 *; Dinkuan 22.
331			Dabra birhan, église	12 36 ·60	35 9 ·93	2357	Tigre miçohya 7 *; Dinkuan 7; Soni 22.
332			Lidata, église	12 35 ·95	35 8 ·14	2202	Tigre miçohya 56 *; Dinkuan 14.
333			Qiddus Yohannis, église	12 36 ·35	35 8 ·43	2210	Tigre miçohya 57 *; Dinkuan 13.
334	†		Gondaroc Giyorgis, église	12 38 ·00	35 8 ·67	2437	Tigre miçohya 67 *; Soni 16; Dinkuan 11 *; Qañ bet II, 11, Loza 3 *.
335			Hawaryat, église	12 36 ·76	35 9 ·31	....	Tigre miçohya 9, 10 *; Soni 23 *.
336			Abbo, église	12 35 ·35	35 9 ·11	....	Tigre miçohya 30 *; Soni 32 *; Loza 6 *.
337	†		Dafaça kidana mibrat	12 36 ·31	35 11 ·07	2420	Tigre miçohya 6; Hora dibba 10.
338			Mt Nora	12 41 ·56	35 16 ·62	3006	Tigre miçohya 5; Soni 11.
339	.		Tadda, église	12 29 ·82	35 10 ·26	2160	Tigre miçohya 20 *; Hora dibba 13; Loza 11.
340	†		Mt Azan *	12 33 ·04	35 15 ·10	2798	Dahna 6; Loza 8, 9.
341	†		Çalga	12 34 ·91	34 45 ·40	2328	Hora dibba 27; Dahna 16 *.
342	†		Farqa bar, col	12 15 ·57	35 14 ·82	2039	Hora dibba 9; Saño gabya 7 *; Soni 35 * et journées de route.
343			Tihut *, cap	12 7 ·76	35 16 ·92	....	Qariña 21 * avec la distance estimée = 1′.
344	†		Guilqaba	12 14 ·69	35 12 ·83	....	Tigre miçohya 19 *; Saño gabya 9 *.
345	†		Ile Qalamuj	12 15 ·65	35 11 ·51	....	Tigre miçohya 23, 24 *; Saño gabya 8 *.
346	†		Takla haymanot, cap	11 54 ·34	35 12 ·10	1886	Dumi I, 27; Tana I, 9 *; Qalala 28 *; Saño gabya 23 *; Zega wanz 13 *.
347			Itege *, cap	12 11 ·46	34 53 ·44	1863	Dumi I, 66; Tigre miçohya 55 *.
348	†		Ile Galila	12 9 ·38	34 51 ·38	1843	Dumi I, 56, 57; Zega wanz 21 *.
349	†		Cap emb. du Gumara	11 54 ·9	35 13 ·5	1869	Dumi I, 25; son apozénit.
350			Baie au Sud du Gumara	11 54 ·05	35 13 ·54	1873	Dumi I, 14; son apozénit.
351			Ya ayt dabir, cap de Waynuma	11 47 ·79	35 7 ·94	1782	Manta dabir IV, 28 *; Dumi I, 15.
352	†	S	Ile Ganja	11 46 ·89	35 8 ·10	1859	Manta dab. IV, 26, 27; Quarata I, 4, 5; 11 Daga; 5, 6 Zage; 3, 4 Bet manzo.
353	†		Ile Igir manzo	11 46 ·97	35 8 ·06	....	Ganja 14, 15 * avec la dist. estimée; Quarata I, 3 *; Manta dabir IV, 27.
354	†		Ile Bet manzo	11 44 ·59	35 6 ·85	1869	Dumi I, 7, 8; Quarata I, 12, 13; Ganja 3, 4 *; Tagambat 2, 3; Bahr dar II, 2.
355	†		Ile Innat *	11 47 ·42	35 8 ·07	1865	Dumi I, 10 12; Quarata I, 1, 2 *.
356	†		Ile Kibran	11 38 ·87	35 3 ·10	1866	Tagambat 13, 15; Tana II, 9 *; Bahr dar II, 8 *.
357	†		Ile Dabra MARYAM	11 40 ·80	35 6 ·32	1865	Tagambat 1, 4 avec l'apozénit.
358	†		Ile Mado MARYAM	11 38 ·48	35 3 ·31	1870	Tagambat 16, 17; Dumi I, 5, 6.
359	†		Ile Daga α	11 53 ·33	34 59 ·85	1887	Zega wanz 15, 17; Dumi I, 35, 38; Quarata III, 3, 6; Ganja 10, 12 *.
360	†		Ile Irema	11 50 ·14	35 9 ·50	1881	Dumi I, 16, 19; Galosge 17, 18; Tana II, 5, 6; Qariña 8 *.

Nos	Not.	Stn	Nom du point.	Latitude.	Longitude.	Altitude.	Déterminé par :
361	†		Ile Maḫdạra sịbhat	11° 49′·65	35° 9′·29	1868mt	Dumi I, 16, 17; Ṭana II, 7, 8.
362	†		Ile Wof gojo	11 51 ·91	35 10 ·73	1876	Dumi I, 23, 24; Galosge 20; Ṭana II, 3, 4 *.
363	†		Ile Miṭịlle	11 51 ·56	35 10 ·70	1879	Dumi I, 20, 21; Ṭana II, 3, 4 *.
364	†		Ile Çaqla mạnzo	11 54 ·00	35 11 ·65	1876	Dumi I, 28; Galosge 21 *; Ṭana I, 7, 8.
365	†	S	Dạq I	11 52 ·0	34 55 ·8	1849	1 Ambaro; 6 Gandi; 5, 6 Narga.
366	†	S	Dạq II	11 53 ·8	34 58 ·7	1870	1, 2 MARYAM; 3 Dạwaro; 4 Dumi α.
367	†	S	Dạq III	11 54	34 58		Dạwaro.
368			Ile Dạq, cap Dạbub *	11 52 ·64	34 57 ·65	1865	Dumi I, 39; Jahana 3 *; Mạnta dạbịr IV, 23 *.
369			Ile Dạq, cap Gualu *	11 53 ·30	34 58 ·64	1865	Dumi I, 40 avec l'apozénit.
370			Ile Dạq, cap Mịsraq *	11 55 ·5	34 59	1875	Dumi I, 45 apoz. sans azimut; Quạrạṭa III, 7 *.
371			Ile Dạq, cap Mị-ịrab *	11 53 ·5	34 55	1875	Dumi I, 46 apoz. sans azimut; Mạnta dạbịr IV, 21 *.
372			Ile Dạq, cap Sạmen *	11 56 ·15	34 56 ·53	1893	Dumi I, 47, Jahana 2.
373	†	S	Bịrko	12 13 ·60	36 27 ·37	2590	14 Qạlala; 15, 16 MARYAM; 6 Abunạ Yosef; 23 Ankua *
374	†		Mt Abunạ Yosef	12 9 ·57	36 51 ·27	4196	Mạsạrarya 4; Qạlala 11 *; Bịrko 6; Bịrkuakua 1.
375			Mt Ymạraha	12 8 ·91	36 51 ·47	4141	Bịrko 7 *; Bịrkuakua 2 *; Šaguạla 2.
376	†	S	Lanko	12 6 ·70	35 52 ·59	2720	1 Mira; 2 Qạlala; 3, 4 Zoz amba.
377			Mt Gavzigivla	12 20 ·55	36 44 ·13	3800	Dumi II, 7; Bịrko 4; Qạlala 9 *; Abya 3.
378	†		Mt Bela	12 26 ·97	36 41 ·62	3806	Dumi II, 6; Dạbrạ gạnnạt 16 *; Abya 2.
379	†		Mt Ịzra-el amba	12 16 ·50	36 45 ·6	3177	Qạlala 10 *; Bịrko 5.
380			Mt Mira	12 31 ·30	36 15 ·07	2390	Qạlala 4; Abya 1.
381			Mt ʿAmdạ wạrq	12 25 ·47	36 25 ·70	2793	Qạlala 7; Bịrko 24.
382	†	S	Lạlibạla	12 1 ·04	36 44 ·20	2831	9 Buahit; 6 Qạlala; 7, 8 Mạrạdo.
383	†		Mt Mạrạdo	12 22 ·94	35 23 ·45	2978	Barnạ 15; Lạlibạla 7, 8; Dabna 7, 8.
384	†	S	Abya	12 11 ·62	36 7 ·15	2000	11 Qạlala; 3 Gavzigivla; 6, 7, 8 Dạbrạ Sina.
385			Mt Dạbrạ Sina α	11 58 ·55	36 11 ·95	2717	Qạlala 12 *; Lạlibạla 5 *; Šaguạla 12; Abya 6 *.
386			Mt Dạbrạ Sina β	11 58 ·42	36 11 ·87		Qạlala 13; Lạlibạla 4 *; Šaguạla 11; Abya 7.
387			Mt Dạbrạ Sina γ	11 58 ·21	36 11 ·79		Qạlala 14; Lạlibạla 3 *; Abya 8.
388	†		Mt Dạbrạ Sina δ	11 57 ·81	36 11 ·62	2789	Qạlala 15; Lạlibạla 2; Šaguạla 10.
389	†	S	Šaguạla	12 4 ·45	36 34 ·13	1988	1 Abunạ Yosef; 10, 11, 12 Dạbrạ Sina δ, β, α; 7, 8 Alga *; 4, 6 Ạšạttạn; 9 Garagarạ.
390		S	Kua amba	12 9 ·47	36 12 ·19	1887	4 Qạlala; 1, 2 Dạbrạ Sina α, γ.
391			Mt Ạšạttạn α	11 59 ·90	36 47 ·47	3358	Bịrko 9; Šaguạla 4; Bịrkuakua 4.
392			Mt Ạšạttạn β	11 59 ·58	36 47 ·19	....	Bịrko 10 *; Šaguạla 6 *; Bịrkuakua 5 *.
393			Mt Alga * α	11 59 ·49	36 47 ·25	2342	Bịrko 11; Šaguạla 7; Bịrkuakua 6 *.
394			Mt Alga * β	11 59 ·44	36 47 ·19	....	Bịrko 12 *; Šaguạla 8 *; Bịrkuakua 7 *.
395			Mt Ṭat *	12 0 ·09	36 47 ·51	3324	Bịrko 8; Šaguạla 3; Abya 4.
396	†	S	Bịrkuakua	12 12 ·12	36 21 ·21	2454	1 Abunạ Yosef; 2 Ymạraha; 4, 5 Ạšạttạn; 6, 7 Alga *
397	†		Garagarạ	11 45 ·20	36 25 ·95	2928	Bịrko 13 *; Lạlibạla 1; Šaguạla 9.
398	†		Mt Zoz amba α	12 23 ·47	35 50 ·35	2632	Bịrko 17; Qạlala 1, Wạsạnge II, 2 *.
399	†		Mt Zoz amba β	12 23 ·95	35 50 ·40		Bịrko 18 *; Qạlala 1; Dumi II, 2.
400	†		Mt Zoz amba γ	12 23 ·79	35 51 ·00		Bịrko 18 *; Qạlala 2 *; Wạsạnge II, 1.
401	†	S	Ịnçạtkab	13 6 ·31	35 46 ·87	3181	1 Gunạ α; 2 Gịṭịm; 3 Wạqqạn.
402	†		Mt Gunạ α	11 43 ·10	35 55 ·49	4179	Mạsạrarya 5; Nabạga 15; Galosge 3; Qạlala 19.
403			Mt Gunạ β	11 42 ·53	35 55 ·71	4231	Qạlala 19; Moṭa 6; Titar 1 *.
404			Mt Mize *	11 45 ·2	35 47 ·6	3670	Nabạga 16; Saño gạbya 11.
405	†	S	Daga β	11 53 ·5	34 59 ·6	....	Route **305**.
406	†		Ile Lạkạta	11 54	34 58		Dumi I, 44.
407			Ile Maçạt	11 54	34 58		Dumi I, 42, 43.
408			Dạbarịq	13 8 ·48	35 34 ·41	....	Wạsạnge II, 11 *; distance parcourue = 2′·7; Latitude observée.
409			Dabbo gịrar α	12 41 ·10	35 7 ·66	2792	Soni 1; Nabạga 41 *.
410	†		Dabbo gịrar β	12 39 ·95	35 7 ·39	2783	Dịnkuan 27; Tigre mịçohya 66 *; Saño gạbya 40; Aybạ 19.
411			Digna	12 45 ·89	35 15 ·59	3120	Ambạzzo 13; Ḫorạ dịbbạ 3.
412	†	S	Çịma	12 18 ·6	34 43 ·5	....	3 * Ambaro; 2 * Daga.
413			Ile Narga	11 52 ·0	34 55 ·6	....	Daga β, 2 *; Dạq I, 5, 6 * avec la distance.

Nos	Not.	Stn	Nom du point.	Latitude.	Longitude.	Altitude.	Déterminé par :
414	†	S	Mota	11° 4′ ·89	35° 33′ ·59	2538mt	Latitude supposée; 70, 71 Manta dabir; 72, 73 Gana Qirqos; 68 Laguna.
415			Mota, église	11 4 ·55	35 33 ·51	2543	Mota 33 avec la distance; Karni 29.
416	†	S	Mt Karni	10 43 ·78	35 38 ·17	4070	Mota 26; 1 Qaranyo 15; 15 Wugir 22; 29 Mota égl.; 27 Abola; 28 Manta d. f.
417	†	S	Mt Wugir	10 40 ·37	35 40 ·14	3875	11 Dabet; 22 Karni 15; Yajibe 13, 14; Dogom II, 1, 2; Titar 29, 30; Yasanbat 1, 2.
418	†		Mt Birhan *	10 42 ·73	35 37 ·88	4154	Mota 27; Karni 17; Wugir 21 avec la distance; Qaranyo 16; Titar 34.
419	†		Mt Kanf	10 40 ·76	35 49 ·36	3950	Karni 16; Wugir 20 avec la distance; Titar 31.
420	†		Mt Abola Nigus	11 18 ·04	35 19 ·81	2616	Karni 27; Mota 63; Angar 11; Manta dabir I, 4 et IV, 5.
421			Mt Wayra α	11 33 ·65	35 14 ·09	2348	Manta dabir III, 3 et IV, 13; Mota 67; Ysmala 1; Densa 8.
422			Mt Wayra β	11 33 ·76	35 14 ·05	2317	Manta dabir III, 4 et IV, 4; Ysmala 2.
423	†		Mt Yawaggare	10 59 ·56	35 47 ·31	2796	Mota 18, 19; Karni 2; Qaranyo 7; Wugir 1.
424		S	Qaranyo	10 58 ·02	35 39 ·47	2609	15 Karni 1 *; 16 Birhan *; 9 Amonewos α; 10, 11 Abba Zamu.
425			Qaranyo, église	10 58 ·11	35 39 ·51	2620	Qaranyo 1 avec la distance.
426		S	Titar	10 42 ·10	35 50 ·35	2769	29, 30 Wugir; 35 Karni; 34 Birhan *; 31 Kanf; 7 Amonewos α; 4—6 Abba Zamu.
427	†		Mt Amonewos α	10 58 ·05	35 57 ·35	3661	Mota 14; Qaranyo 9; Wugir 7; Titar 7; Karni 4; Mangistu I, 3 et II, 3; Dangyame 3, 4.
428	†		Mt Amonewos β	10 57 ·92	35 57 ·37	3639	Titar 8; Karni 5 *; Dangyame 5; Mangistu I, 4 et II, 4.
429			Mt Abba Zamu α	10 57 ·88	35 57 ·09	3661	Mota 15; Qaranyo 10; Titar 4; Karni 4; Mangistu II, 1; Dangyame 1; Annabse 3.
430	†		Mt Abba Zamu β	10 57 ·76	35 57 ·11	3645	Mota 16; Qaranyo 11; Mangistu II, 2 *; Titar 6; Dangyame 2; Annabse 4.
431			Mt Agaw kab	10 57 ·38	35 55 ·85	3561	Mota 17; Qaranyo 12; Titar 2; Mangistu I, 1 *.
432			Mt Ahya faj	10 55 ·65	35 56 ·87	3503	Mota 20; Qaranyo 13; Titar 9; Mangistu II, 5.
433			Mt Medeq * α	10 56 ·0	35 57 ·4	3507	Titar 10; Mangistu II, 6.
434	†		Mt Medeq * β	10 56 ·1	35 57 ·9	3515	Titar 11; Mangistu II, 7.
435			Mt Medeq * γ	10 56 ·1	35 58 ·4	3507	Titar 12; Mangistu II, 8.
436			Mt Molala *	10 56 ·30	35 59 ·51	3473	Titar 13; Mangistu II, 9; Karni 6; Wugir 8.
437	†		Mt Wanbar *	10 45 ·26	35 34 ·04	4004	Mota 29; Qaranyo 18; Karni 21.
438			Mt Cilti	10 43 ·04	35 34 ·76	4110	Mota 28; Qaranyo 17; Karni 20.
439	†		Mt Nib *	10 41 ·57	35 40 ·95	3786	Karni 13, 14; Mangistu II, 44, 45.
440	†	S	Dangyame	10 40 ·46	35 55 ·33	2595	11 Wugir; 1, 2 Abba Zamu; 4 Amonewos α.
441	†	S	Densa	11 14 ·64	35 17 ·01	2420	1 Abba Zamu β; 6 Abola; 7 Laguna; 8 Wayra α; 9 Guaha; 10, 11 Sannay MARYAM.
442	†	S	Angar	11 23 ·39	35 17 ·19	2426	11 Abola; 1 Manta dabir; 2 Gana Qirqos; 12 Guaha.
443			Angar, église	11 23 ·33	35 17 ·9	2433	Angar 3, 4 avec la distance.
444	†	S	Tul	11 26 ·44	35 17 ·56	1711	2 Guaha; 1 Wasfe dangya; apozénits combinés.
445	†		Mt Wasfe dangya	11 23 ·09	35 16 ·75	2431	Densa 12; Manta d. IV, 2.
446			Martula MARYAM	10 47 ·81	35 55 ·01	2750	Karni 9 *; Titar 14.
447	†		Mt Wayzazir	11 1 ·93	35 54 ·86	2723	Karni 3; Wugir 5.
448	†		Mt Caf *	11 0 ·74	35 55 ·79	3058	Mota 13; Wugir 6.
449			Mt Sangam	10 57 ·44	34 36 ·67	2895	Woqsosta 12; Baguina I, 19.
450	†		Mt Boraz α	11 4 ·69	35 7 ·21	3494	Manta d. I, 2; Mota 56; Elyas 44; Gurem I, 31 et II, 20.
451	†		Mt Boraz β	11 4 ·54	35 7 ·03	3490	Manta d. I, 3 et IV, 4; Mota 54; Elyas 43; Gurem I, 30 et II, 19; Qaranyo 25.
452	†		Mt Gadal *	11 5 ·30	35 8 ·83	3380	Mota 57; Manta d. IV, 3.
453	†		Mt Bikkita *	11 2 ·85	35 6 ·76	3379	Mota 48; Qaranyo 24 *.
454		S	Elyas	10 17 ·48	35 9 ·35	2326	43, 44 Boraz; 20 Gabararit; 23 Dogom IYASUS; 24 Balballa.
455			Elyas, église	10 17 ·44	35 9 ·03	....	Elyas 29 * avec la distance.
456			Abišaba qa Mika-el	10 17 ·28	35 9 ·82	....	Elyas 22 * avec la distance.
457			Kullje qa Mika-el	10 19 ·18	35 8 ·38	2320	Elyas 34 avec la distance.
458	†	S	Dogom I	10 3 ·94	35 23 ·60	2495	5, 6 Abbat *; 8 Gabararit; 10 Anbar Qirqos; 12 Dabet; 16 Amara; 20 Balballa; Yafatmat 11; Yajibe 35; Anbar 11.
459	†	S	Dogom II	10 3 ·92	35 23 ·67	2487	1, 2 Wugir; 4 Anbar Qirqos; 7 Danguago; 6 Dabet; 24 Amara.
460			Dogom II, arbre	10 3 ·91	35 23 ·66		Yafatmat 8; Yajibe 31; Dogom II, 25; Anbar 8; Danguago 8.

N°	Nat.	St°	Nom du point.	Latitude.	Longitude.	Altitude.	Déterminé par :
461			Dogom IYASUS	10° 3'·91	35° 23'·61	2498mt	Yajibe 32 — 34 ; Anbar 9, 10 ; Danguago 9 ; Yafatmat 9, 10 ; Elyas 23 ; Gurem III, 9, 10 et I, 5.
462	†	S	Mt Dabet	10 21 ·61	35 45 ·71	2840	Dogom I, 12 et II, 6 ; Wugir 11 . ; Mangistu I, 8 et II, 16 ; Yasanbat 6 ; Yakabat 1 ; Wazzam 8.
463	†		Mt Quiy	10 28 ·83	35 41 ·55	2873	Anbar 3 ; Wugir 12 ; Mangistu II, 23 ; Nazrit IV, 2 ; Yasanbat 3 ; Yakabat 8 ; Wazzam 7.
464	†		Mt Agzios fatra	10 41 ·08	35 32 ·97	4153	Karni 18 ; Wugir 19, Mangistu II, 39 ; Šimbire 8 ; Yakabat 7 ; Wazzam 25, 26.
465			Liyim Astar-iyo	10 13 ·06	35 0 ·00	2416	Dogom I, 24 . ; Sabu Šunke 8 ; Gurem I, 27 ; Elyas 27.
466	†	S	Mangistu I	10 36 ·29	35 48 ·79	2726	1 . Agaw kab ; 8 Dabet ; 11 Zawa ; 3, 4 Amonewos ; 10 Mangistu église.
467	†	S	Mangistu II	10 33 ·99	35 46 ·27	2800	1, 2 Abba Zamu ; 16 Dabet ; 23 Quiy ; 31 Gabararit ; 3, 4 Amonewos ; 39 Agzios fatra ; 20 Yasanbat Sn.
468	†		Mangistu, église	10 33 ·94	35 46 ·34	2815	Mangistu I, 10 et II, 15 . avec la distance.
469	†	S	Yasanbat	10 24 ·28	35 39 ·50	2755	Mangistu II, 20 ; 6 Dabet ; 3 Quiy ; 11 Danguago ; Yakabat 4 . ; 12 Anbar Qirqos ; 1, 2 Wugir.
470			Yasanbat, église	10 23 ·96	35 39 ·75	2735	Dabet 6 . ; Yakabat 3 ; Annamucara 7.
471	†	S	Yakabat	10 24 ·24	35 43 ·81	2657	1 Dabet ; 4 . Yasanbat Sn ; 8 Quiy ; 5 Gabararit ; 10 Wugir.
472	†	S	Danguago	10 8 ·67	35 32 ·07	2518	2 Gabararit ; 26, 27 Abbat* ; 28 Anbar Qirqos ; 8 Dogom II ; 15 . Yawiš III.
473	†		Danguago, arbre	10 8 ·66	35 32 ·08	2527	Danguago 6 ; Yafatmat 5 ; Yajibe 25 ; Anbar 5 ; Dogom II, 7 ; Yawiš III, 9.
474	†	S	Yafatmat	10 8 ·97	35 27 ·11	2425	1 Gabararit ; 19, 20 Abbat* ; 2 Anbar Qirqos ; 8 — 11 Dogom ; 15 Yajibe 23 . ; 5 Danguago ; Yawiš III, 13 avec Yafatmat 16.
475	†	S	Yajibe	10 8 ·85	35 26 ·00	2423	9 Gabararit ; 4, 5 Abbat* ; 18 Anbar Qirqos ; 31 — 35 Dogom ; 23 . Yafatmat 15 ; 25 Danguago ; 13 — 14 Wugir ; 36 Goro Çan.
476	†	S	Anbar	10 13 ·65	35 31 ·61	2605	1 Anbar Qirqos ; 8 — 11 Dogom ; 5 Danguago ; 3 Quiy ; 6 Kome ; 7 Yawiš qs Mika-el.
477	†		Anbar Qirqos	10 13 ·93	35 31 ·66	2632	Danguago 28 ; Yajibe 18 ; Gurem II, 7 ; Anbar 1 avec la dist. ; Dogom I, 10 et II, 4 ; Yawiš I, 5 et III, 4 ; Yasanbat 12 ; Yafatmat 2.
478		S	Yawiš I	10 9 ·70	35 30 ·13	2460	1 Gabararit ; 12, 13 Abbat* ; 5 Anbar Qirqos.
479	†	S	Yawiš III	10 9 ·86	35 29 ·96	2416	2 Gabararit ; 9 Danguago 15 . ; 13 Yafatmat ; 25, 26 Abbat* ; 4 Anbar Qirqos ; 11 Yawiš qs Mika-el.
480	†	S	Yawiš IV	10 9 ·48	35 29 ·97	2442	1 Yawiš qs Mika-el ; 2 Danguago ; 15 Amora arga ; 16 Quira gadal.
481	†		Yawiš qs Mika-el	10 9 ·59	35 30 ·05	2456	Danguago 14 ; Yawiš III, 11 . avec la dist., et IV, 1 ; Anbar 7, Gurem III, 3 .
482			Yawiš, égl. provisoire	10 9 ·63	35 30 ·03	2438	Yawiš III, 12 avec la distance.
483	†	S	Gurem I	10 6 ·97	35 22 ·58	2409	5 Dogom IYASUS ; 3, 4 Abbat* ; 12 Balballa ; 13 Goro Çan ; 30, 31 Boraz.
484	†	S	Gurem II	10 7 ·01	35 22 ·65	2431	2, 3 Abbat* ; 7 Anbar Qirqos ; 18 Licma ; 16 Balballa ; 6 Gabararit ; 11 Danguago ; 19, 20 Boraz.
485		S	Gurem III	10 6 ·95	35 22 ·63	2436	2 Anbar Qirqos ; 9, 10 Dogom ; 12 Gurem I avec la dist. ; 3 Yawiš qs M.
486			Gurem, arbre isolé	10 6 ·63	35 23 ·30	2445	Gurem III, 6 ; Danguago 10.
487	†		Arera MARYAM	10 21 ·27	35 40 ·33	2756	Dabet 5 ; Mangistu II, 18 ; Yasanbat 7 ; Anbar 4 ; Danguago 3 ; Annamucara 8 ; Yakabat 2.
488	†		Gatam MARYAM	10 15 ·17	35 32 ·41	2624	Anbar 2 ; Dogom I, 9 et II, 3 ; Yasanbat 13 ; Yajibe 17 ; Yawiš III, 5.
489	†		Yawobbi MARYAM	10 14 ·48	35 26 ·96	2574	Anbar 14 ; Elyas 21 ; Yajibe 7 ; Danguago 16 ; Yawiš III, 18 et IV, 13.
490			Taba Mika-el	10 11 ·77	35 39 ·83	2636	Yajibe 21 ; Danguago 4 . ; Yawiš III, 7 ; Yasanbat 8 ; Gurem II, 9 et III, 4.
491	†		Taba Nolawi	10 11 ·62	35 39 ·66	2639	Yajibe 22 ; Dabet 3 ; Yawiš III, 8 ; Yasanbat 9 ; Danguago 5 ; Gurem II, 10.
492			Taymaz Giyorgis	10 15 ·19	35 39 ·19	2547	Anbar 15 ; Danguago 18 . ; Yawiš III, 21 ; Yajibe 15.
493			Yagaš Giyorgis	10 14 ·18	35 36 ·31	2618	Yajibe 19 ; Dogom I, 11 ; Tanso 15.
494	†		Yadug Abbo	10 3 ·52	35 26 ·21	2465	Yawiš IV, 6 . ; Danguago 7 . ; Dini 5 ; Tanso 11.
495			Yagora Quisquam	10 7 ·95	35 32 ·39	2495	Yajibe 26 ; Yafatmat 6 ; Yawiš IV, 3 .
496			Wanga Kidana mihrat	10 13 ·77	35 29 ·00	2442	Yajibe 16 ; Anbar 13.
497	†		Guluma Kidana mihrat	10 9 ·08	35 32 ·89	2546	Yajibe 24 . ; Yafatmat 4 ; Dogom II, 8.
498	†		Gibzit MARYAM	10 6 ·97	35 24 ·53	2435	Yafatmat 14 . ; Yawiš IV, 9 . ; Gurem III, 5 ; Danguago 11.
499	†		Mt Zawa	10 29 ·92	35 38 ·16	3033	Mangistu I, 11 et II, 25 ; Dabet 7 . : Wugir 13.
500	†		Mt Abbat*	10 37 ·29	35 26 ·97	3679	Dogom I, 5, 6 ; Danguago 26, 27 ; Yajibe 4, 5 ; Yawiš I, 12, 13 et III, 25, 26 ; Yafatmat 19, 20 ; Gurem I, 3, 4 et II, 2, 3 ; Elyas 11, 12.

Nos	Not.	St°	Nom du point.	Latitude.	Longitude.	Altitude.	Déterminé par.
501	†		Mt Lij *	10° 36′·27	35° 26′·58	3493mt	Dogom I, 3, 4; Danguago 24, 25; Yajibe 2, 3; Yawiš I, 10, 11 et III. 23; 24; Yafatmat 17, 18 ; Elyas 14, 15.
502	†		Mt Quira gadal	10 35 ·76	35 26 ·29	3479	Dogom I, 2 ; Danguago 23 ; Yajibe 1 ; Yawiš I, 9 et III, 22 et IV, 16 ; Gurem I, 2 ; Elyas 16.
503	†		Mt Amora arga	10 35 ·44	35 25 ·99	3420	Dogom I, 1; Danguago 22; Yajibe 41; Yawiš I, 8 et III, 20 et IV, 15; Gurem I, 1; Elyas 16.
504	†	S	Šimbire	10 33 ·47	35 45 ·31	2616	3 Muatamuat ; 1 Dabet ; 8 Agzios fatra ; 7 Gabararit.
505		S	Mt Wazzam	10 36 ·14	35 37 ·01	2980	12 Muatamuat , 8 Dabet; 26 Agzios fatra; 14 Gabararit ; 7 Quiy.
506		S	Nazrit I	10 38 ·06	35 36 ·86	3096	1 Muatamuat ; 2 Digir ; 3 Gabararit; 4 Agzios fatra.
507	†	S	Nazrit II	10 37 ·98	35 36 ·90	3089	2 Quiy ; 1 Dabet ; 4 Agzios fatra ; 3 Gabararit.
508		S	Nazrit III	10 35 ·96	35 37 ·18	2900	1 Quiy; 2 Dabet; 3 Gabararit.
509		S	Nazrit IV	10 35 ·92	35 37 ·15	2895	2 Quiy; 3 Dabet; 6, 7, 8 Gabararit.
510	†		Nazrit, église	10 35 ·80	35 36 ·89	2908	Nazrit IV, 5 * avec la dist.; Wazzam 11 avec la distance.
511	†	S	Annamucara	10 33 ·92	35 34 ·88	3655	1 Muatamuat; 4 Dabet; 7 Yasanbat; 11 Gatam; 13 Kome; 14, 15 Dogom IYASUS; 3 Quiy.
512	†		Mt Gabararit	10 35 ·68	35 33 ·97	3938	Dogom I, 8; Elyas 20; Wugir 15; Gurem II, 6; Yajibe 9; Mangistu II, 31; Šimbire 7; Wazzam 14; Nazrit IV, 6 — 8; Yasanbat 17; Yawiš I, 1 et III, 2; Yakabat 5; Yafatmat 1; Danguago 2.
513	†		Mt Muatamuat	10 34 ·43	35 35 ·01	3749	Wugir 14; Yawiš I, 3 ; Wazzam 12; Mangistu II, 28; Annamucara 1 avec la distance; Šimbire 3; Yajibe 10.
514	†		Mt Digir *	10 35 ·15	35 34 ·46	3870	Mangistu II, 30; Yawiš I, 2; Wazzam 13; Šimbire 5; Yakabat 6.
515	†		Mt Bigir *	10 34 ·9	35 34 ·7	3796	Mangistu II, 29; Šimbire 4.
516	†		Mt Lamlam *	10 34 ·21	35 35 ·28	3691	Annamucara 2 avec la distance; Mangistu II, 27; Šimbire 2.
517	†		Mt Bizat *	10 36 ·21	35 33 ·9	3857	Nazrit IV, 9; Wazzam 15.
518			Mt Tala α	10 38 ·52	35 31 ·59	4100	Elyas 18; Wugir 16; Dini 1; Tanso 2; Gurem II, 5.
519	†		Mt Tala β	10 38 ·49	35 31 ·45	4100	Elyas 17; Wugir 16; Mangistu II, 33; Dogom I, 7; Yajibe 8; Danguago 29.
520	†		Mt Akarar	10 36 ·88	35 33 ·5	3667	Mangistu II, 32; Wazzam 17; Nazrit IV, 10.
521			Mt Amba bar	10 39 ·85	35 33 ·31	3829	Mangistu II, 37; Wazzam 23; Nazrit IV, 12.
522			Mt Sinafil bar	10 40 ·29	35 33 ·35	3993	Mangistu II, 38; Wugir 18; Nazrit IV, 13; Wazzam 24.
523			Mt Fit *	10 41 ·30	35 33 ·31	4084	Mangistu II, 40; Wazzam 29, Šimbire 9.
524	†		Mt Aguagul *	10 41 ·45	35 31 ·03	4094	Elyas 13; Wazzam 22.
525			Mt Wari	10 45 ·80	35 29 ·00	3615	Mota 34; Qaranyo 20.
526	†		Mt Gadab *	10 42 ·20	35 34 ·15	4068	Karni 19; Wazzam 32.
527	†		Mt Šakara *	10 42 ·04	35 33 ·74	4050	Mangistu II, 42; Karni 19.
528	†		Mt Fudi	10 59 ·58	34 40 ·56	3083	Elyas 33; Dumi I, 3; Jahana 18; Innamora 5.
529			Mt Licma	10 56 ·58	34 58 ·32	3296	Elyas 39; Dogom I, 27; Jahana 13; Innamora 7; Gurem II, 18.
530			Mt Cafacit	10 54 ·98	34 57 ·69	3045	Dogom I, 25; Elyas 37.
531	†	S	Innamora I	10 35 ·35	35 10 ·21	2503	1, 2 Abbat *; 5 Fudi; 7 Licma; 11 Liq *; 12 Liyu *.
532	†	S	Jahana	11 38 ·52	34 37 ·33	2123	4 Daga; 1 Ambaro; 18 Fudi; 13 Licma; 21 Šambillo; 5 Abola (corrigé).
533	†	S	Ysmala	11 35 ·92	34 35 ·63	2175	4 Amadamid α; 2 Wayra α; 5 Koso Bar; 3 Abola; 6 Liq *.
534	†		Mt Liq *	11 7 ·24	35 2 ·39	3607	Dumi I, 2 et II, 13; Nabaga 31; Qaranyo 26 *; Manta dab. I, 8 et IV, 8; Innamora 11; Saño gabya 29; Angar 10; Densa 5; Elyas 40; Karni 25; Quarata V, 2.
535	†		Mt Koso bar α	11 7 ·26	35 3 ·60	3565	Manta dab. I, 7; III, 2 ; IV, 7; Nabaga 30; Ysmala 5; Angar 9; Elyas 41; Woqsosta 3.
536	†		Mt Liyu *	11 6 ·69	35 5 ·05	3619	Dumi I, 1 et II, 12; Mota 60; Manta dabir IV, 6; Innamora 12; Saño gabya 28; Angar 8; Densa 3; Elyas 42; Woqsosta 5.
537	†		Mt Amadamid α	11 7 ·55	35 5 ·31	3535	Karni 26; Mota 61 ; Quarata V, 1; Densa 4; Qaranyo 27 *; Ysmala 4.
538			Mt Amadamid β	11 7 ·22	35 5 ·40	3565	Angar 8; Nabaga 29; Manta dab. I, 6 et III, 1; Tigre miç. 31.
539			Mt Koso bar β	11 7 ·14	35 3 ·75	3469	Bahr dar I, 2, Woqsosta 4.
540	†	S	Woqsosta	10 59 ·46	34 54 ·17	2898	2 Liq *; 6 Mizan; 3 Koso bar; 5 Liyu *; 15 Šambillo.
541	†		Mt Mizan	11 0 ·92	35 8 ·84	3142	Mota 47; Qaranyo 23 *; Woqsosta 6.
542	†		Mt Sadaqa *	11 0 ·69	35 8 ·56	3123	Mota 45; Woqsosta 7.
543	†		Mt Çat warqa	10 57 ·39	35 10 ·93	3362	Mota 41; Elyas 4.
544	†		Mt Sagado α	10 58 ·90	35 11 ·43	3360	Mota 42; Karni 24; Qaranyo 22.
545	†		Mt Sagado β	10 57 ·76	35 10 ·91	3355	Gurem II, 21; Karni 23 (corrigé de 1°); Qaranyo 21.

N°s	Nat.	S.°	Nom du point.	Latitude.	Longitude.	Altitude.	Déterminé par :
546	†		Mt Danguiya	10° 57′ ·27	34° 52′ ·04	3096mt	Woqsosta 9 ; Jahana 15 ; Elyas 36.
547	†		Mt Kualal qe Mika-el	10 59 ·41	34 53 ·46		Woqsosta 13 . ; distance parcourue = 0′ 70.
548			Kule	10 58 ·05	34 52 ·34	2755	Woqsosta 10 ; distance à Kualal = 1′ ·75.
549	†		Giš Abbay	10 57 ·09	34 52 ·13	2831	Woqsosta 8 ; distance à Kule = 0′ ·97.
550	†	S	Innamora II	10 34 ·62	35 10 ·61		1 . Fudi ; 2 . Giš Abbay ; 3 . Licma, corrigé ; dist. estimée à Innamora I.
551	†		Mt Dangya qadada α	11 3 ·36	34 58 ·04	3200	Jahana 9 ; Innamora 8 ; Karni 22.
552	†		Mt Dangya qadada β	11 2 ·5	34 58 ·8	3175	Jahana 8 ; Innamora 9.
553	†	S	Dini	9 49 ·03	35 16 ·17	2405	8 Amara ; Tanso 20 avec la distance ; 7 Kome ; 9 Balba'la.
554	†	S	Tanso	9 49 ·16	35 16 ·44	2387	2 Tala α ; 20 Dini avec la dist., 1 Abbat * E ; 16 Danguago ; 19 Kome ; 6 Yafatmat ; 5 Dogom IYASUS ; 17 Dabet.
555			Mt Kome	9 56 ·53	35 27 ·50	2431	Dogom I, 13 et II, 21 ; Anbar 6 ; Tanso 19 ; Dini 7 ; Annamucara 13.
556		S	Agamna	10 31 ·41	35 38 ·27	2915	1 Quiy ; 10 Dabet.
557			Agamna, église	10 31 ·59	35 38 ·15	3016	Agamna 11 avec la distance.
558	†		Mt Sapera *	9 51 ·07	36 18 ·73	3422	Dogom II, 9 ; Agamna 2.
559			Mt Raya *	9 51 ·08	36 18 ·11	3382	Dogom II, 10 ; Agamna 3.
560			Mt Maça *	9 48 ·64	36 19 ·89	3450	Dogom II, 13 ; Agamna 4.
561			Mt Sirba *	9 46 ·20	36 19 ·65	3622	Dogom II, 14 ; Agamna 5.
562	†		Mt Gudru *	9 45 ·89	36 19 ·73	3647	Dogom II, 15 ; Agamna 6 ; Nazrit IV, 1.
563	†		Mt Loya * α	9 45 ·93	36 18 ·31	3475	Dogom II, 15, 16 . avec les profils ; Agamna 7.
564			Mt Loya * β	9 45 ·02	36 19 ·12	3445	Dogom II, 16 ; Agamna 7 .
565			Mt Horro *	9 44 ·83	36 18 ·24	3481	Dogom II, 17 ; Agamna 8.
566			Mt Alelu *	9 44 ·74	36 16 ·90	3405	Dogom II. 18 ; Agamna 9.
567			Mt Wara zahay	10 54 ·47	36 37 ·31	4976	Titar 16 ; Mangistu II, 13.
568	†		Daga Somma α	10 36 ·66	36 7 ·07	2426	Karni 10 ; Titar 21 ; Mangistu I, 6.
569			Daga Somma β	10 35 ·53	36 8 ·0	2405	Karni 11 . ; Titar 22.
570			Qualla Somma	10 34 ·61	36 7 ·91	2405	Karni 12 . ; Titar 27 ; Mangistu I, 7 .
571	†		Mt Darj α	10 55 ·25	36 3 ·63	2861	Karni 7 . ; Wugir 9 ; Mangistu II, 10.
572			Mt Darj β	10 54 ·06	36 2 ·41	2857	Karni 8 ; Wugir 10 . ; Mangistu II, 11.
573	†	S	Safarka	10 40 ·39	35 52 ·76	2606	4 . Darj ; 9 . Titar Sn.
574			Dabra warq	10 39 ·20	35 51 ·75	2630	Dangyame 10 ; Safarka 7 avec la distance.
575	†	S	Annabse	11 3 ·11	35 35 ·31	2530	2 Amonewos α ; 8 Mota égl. ; 6 Amadamid α ; 3, 4 Abba Zamu ; 7 Abola.
576			Tac MARYAM	11 7 ·40	35 35 ·51	....	Mota 7 . ; Annabse 1 .
577	†	S	Šolage	11 26 ·27	35 35 ·06	....	1 . Guna β ; 3 . Amonewos α ; 4 . Karni.
578			Asa wiha	11 4 ·23	35 39 ·7	2615	Mota 10 avec la distance.
579			Manta zigba	11 2 ·23	35 37 ·90	....	Mota 22 . avec la distance.
580			Mt Qarib *	11 3 ·60	35 28 ·70	2700	Mota 43 avec la distance.
581			Mt Wirrata *	10 41 ·27	35 37 ·77	4066	Wazzam 3 ; Yasanbat 23.
582	†		Mt Wib *	10 41 ·24	35 37 ·31	4069	Wazzam 1 ; Yasanbat 22 ; Yakabat 9.
583	†		Mt Kanfar *	10 40 ·84	35 38 ·31	4073	Titar 32 ; Mangistu II, 43.
584	†		Mt Dassita *	10 41 ·31	35 39 ·04	4030	Titar 33 ; Wazzam 4.
585	†		Tirgya, col	10 41 ·94	35 36 ·70	4035	Wazzam 35 ; Yasanbat 20.
586	†		Bar *, col	10 32 ·72	35 39 ·10	2940	Wazzam 9 ; Nazrit IV, 4.
587	†		Daguaj	10 37 ·21	35 23 ·93	3238	Yawiš I, 7 ; III, 19 . ; IV, 14 . ; Danguago 21 ; Elyas 10.
588	†		Mt Inja *	10 41	35 22 ·93	3435	Elyas 7 ; Yawiš I, 7.
589	†		Mt Taja α, pic	10 47	34 24 ·59	2864	Elyas 30 . ; Innamora I, 4 ; Baguina I, 9 ; Dalma 4.
590	†		Mt Taja β	10 46	34 26 ·01	2850	Elyas 31 ; Baguina I, 7, 8.
591	†	S	Baguina I	10 4 19	34 41 ·56	2267	9 Taja α ; 20 Fudi.
592	†	S	Baguina II	10 44 ·	34 41 ·	....	A 500 mètres au S. O. de Baguina I.
593	†	S	Dalma	10 29 ·11	35 11 ·87	2435	4 Taja α ; 7 Fudi ; 8 Licma ; 11 Innamora.
594	†		Dambaça	10 33 ·35	35 10 ·39	2774	Dalma 9 . ; distance de Innamora I ; Altitude observée.
595	†		Mt Mirgi *	10 56 ·30	34 35 ·45	3000	Woqsosta 11 ; Baguina I, 18.
596	†		Mt Kawan *	10 48 ·47	34 38 ·27	2754	Elyas 32 ; Dalma 6.
597	†		Mt Wamet	10 17 ·50	34 52 ·24	2277	Sabu Šunke 7 ; Dalma 3 .
598			Ganta	11 24 ·3	35 33 ·5	....	Šolage 4 . avec la distance.

Nos	Not.	Sta	Nom du point.	Latitude.	Longitude.	Altitude.	Déterminé par :
599	†		Mt Balballa	9° 21′ ·25	34° 45′ ·15	3261mt	Adami 134; Ilfata I, 43; Dogom I, 20; Sibarre 32; Anafo 4; Dini 9; Elyas 24; Gurem I, 12 et II, 16.
600	†		Mt Amara	9 10 ·57	34 58 ·17	3128	Adami 25; Ilfata I, 5; Dogom I, 16; Sibarre 14; Anafo 1; Dini 8.
601		S	Anafo	9 40 ·62	35 12 ·70	2397	1 Amara; 2 Adulan; 4 Balballa.
602	†	S	Sabu Šunke	9 41 ·49	35 10 ·61	2384	1 Amara; 2 Adulan; 8 Liyim Astar-iyo.
603		S	Mt Sibarre	9 30 ·02	34 56 ·92	2467	14 Amara; 21 Adulan; 32 Balballa; 20 Kolba.
604	†	S	Adami (Maro)	8 50 ·92	34 46 ·73	2147	88 Ilfata I; 94 Kunc; 91 Adami Adula 1; 25 Amara; 134 Balballa; 87 Adami acacia 5.
605		S	Adami, Adula	8 50 ·86	34 46 ·65	2153	1 Adami 91; 10 Ilfata I; 12 Kunc; 5 Adami acacia 4.
606		S	Adami, acacia	8 50 ·86	34 46 ·97	2113	5 Adami 78; 2 Ilfata I; 3 Kunc; 4 Adami Adula 5.
607			Mt Kunc	8 50 ·85	34 45 ·60	2777	Adami 94; Ilfata II, 20; Garuqqe 8; Adami Adula 12.
608		S	Ilfata I	8 49 ·85	34 46 ·79	2320	41 Adami 88; Adami Adula 10; Adami acacia 2; 30 Egan; 32 Wace; 4 Adulan; 5 Amara; 43 Balballa.
609		S	Ilfata II	8 50 ·03	34 46 ·49	2367	5 Adami; 20 Kunc; 2 Adulan.
610			Mt Ilfata	8 49 ·75	34 46 ·56	2497	Adami 89, 90; Adami Adula 11; Rogge 17, 18.
611			Mt Egan	8 24 ·49	34 57 ·25	3090	Mile 10; Ilfata I, 30; Garuqqe 16; Saqa 10; Falle II, 37 et I, 19.
612	†	S	Mt Mile	8 12 ·42	34 36 ·51	2123	4 Bilida; Saqa 47; 11 Wace; 10 Egan; 48 Heça.
613		S	Saqa	8 12 ·05	34 37 ·65	1887	1 Bilida; 47 Mile; 13 Wace; 10 Egan.
614		S	Mt Garuqqe	8 0 ·37	34 30 ·74	2175	8 Kunc; Daga 8; 16 Egan; 9 Bilida; 17 Wace.
615			Mt Heça	8 10 ·78	34 23 ·45	2006	Garuqqe 73; Mile 48; Daga 1.
616	†	S	Daga	8 2 ·18	34 22 ·85	1770	1 Heça; 3 Egan; 8 Garuqqe.
617		S	Falle I	8 39 ·42	35 15 ·85	2503	Falle II, 39 avec la dist.; 19 Egan; 18 Wace; 20 Bilida; 16 Qirarati.
618		S	Falle II	8 39 ·39	35 16 ·02	2498	37 Egan; 36 Wace; 38 Bilida.
619	†		Mt Wace	8 19 ·84	34 56 ·33	2980	Saqa 13; Ilfata I, 32; Garuqqe 17; Mile 11; Falle I, 18 et II, 36.
620	†		Mt Bilida	8 24 ·34	34 39 ·98	2608	Saqa 1; Mile 4; Garuqqe 9; Ilfata II, 9; Falle I, 20 et II, 38.
621			Mt Sobso α	8 49 ·84	34 40 ·15	2394	Ilfata II, 17; Mile 2; Ariya 7.
622	†	S	Sobso	8 50 ·09	34 39 ·36	2045	1 Çali; 2 Adulan; 3 Amara; 4 Gimbara; 5 Sobso α.
623			Mt Gimbara	8 50 ·21	34 40 ·02	2240	Hapati 6; Sobso 4; Ilfata II, 19; Mile 1.
624		S	Ariya	8 51 ·95	34 43 ·38	2020	2 Balballa; 3 Çali; 4 Qarra; 5 Adulan; 6 Amara; 7 Sobso α.
625	†	S	Barakat	8 55 ·30	34 42 ·38	1678	3 Balballa; 4 Çali; 5 Qarra; 6 Adulan; 7 Kunc; 9 Sobso α.
626	†	S	Qito	9 2 ·42	34 48 ·24	1658	1 Adulan; 3 Amara; 6 Egan; 21 Balballa; 22 Çali.
627	†		Qito, hameau	9 2 ·1	34 47 ·7	1662	Adami 5 avec la distance de 0′·9 à Qito Sn.
628			Mt Adulan	9 12 ·41	34 51 ·47	2930	Adami 10; Anafo 2; Sibarre 21; Ilfata I, 4 et II, 20; Barakat 6; Watiyo 11.
629		S	Sire boru	8 50 ·31	34 47 ·83	2027	2 Adulan; 3 Amara; 4 Molu; 5 Cillimo β; 6 Kunc; 7 Adami 81; 10 Çali.
630	†	S	Oddo lote	8 51 ·01	34 47 ·50	1965	2 Adulan; 5, 6 Cillimo; 4 Amara; 3 Kolba; 9 Kunc.
631			Mt Marfata	8 52 ·22	34 47 ·15	2140	Oddo lote 10; Adami 20, 21; Ilfata I, 2, 3 et II, 6; Sire boru 9.
632			Mt Lammi α	8 52 ·7	34 50 ·4	3970	Oddo lote 8; Adami 48; Adami Adula 3; Ilfata II, 7.
633			Mt Lammi β	8 52 ·9	34 50 ·3	3964	Oddo lote 7; Adami 46; Adami Adula 2.
634	†		Mt Iggu	8 50 ·12	34 47 ·25	2267	Ilfata I, 13; Adami 86 avec la distance; Adami Adula 9.
635	†		Mt Sadani	8 49 ·02	34 48 ·30	2244	Adami 84; Ilfata I, 23.
636	†		Mt Goro Çan	9 25 ·74	34 44 ·85	3276	Sibarre 43; Anafo 7; Dogom I, 22; Elyas 25; Gurem I, 13; Yajibe 36.
637	†		Mt Mosso	9 32 ·16	34 46 ·24	2931	Anafo 8, 9; Dogom I, 23; Sibarre 46; Gurem I, 15.
638	†		Mt Mowa *	9 20 ·88	34 45 ·87	3188	Adami 135; Anafo 3; Dogom I, 19; Sibarre 31; Gurem I, 11.
639	†		Mt Yanfa *	9 21 ·77	34 43 ·96	3062	Adami 126; Barakat 2; Ariya 1; Qobbo 15.
640	†		Mt Çali	9 17 ·81	34 47 ·02	3031	Adami 2; Dogom I, 18; Ilfata I, 1 et II, 1; Sibarre 27, 28.
641	†		Mt Qarra	9 17 ·31	34 48 ·88	3030	Adami 4; Gurem I, 10 et II, 15; Dogom I, 17; Sibarre 25; Barakat 5; Ariya 4.
642	†		Mt Sagal marme α	9 22 ·15	34 44 ·66	3139	Anafo 5; Sibarre 34; Adami 131; Dogom I, 21.
643			Mt Sagal marme β	9 22 ·07	34 44 ·52	3154	Anafo 5; Sibarre 34; Adami 130; Gurem II, 17.
644			Mt Sagal marme γ	9 22 ·02	34 44 ·44	3155	Anafo 5; Sibarre 34; Adami 129; Qito 20.
645			Mt Dinqi *	9 22 ·33	34 44 ·34	3080	Adami 128; Sibarre 35.
646	†	S	Qobbo	9 26 ·64	35 6 ·65	2369	9 Amara; 10 Adulan; 6, 7 Cillimo.
647	†	S	Watiyo	9 22 ·17	35 12 ·32	2398	10 Amara; 11 Adulan; 9 Çuqalla; 13 Çali; 6, 7 Diriqo.
648			Mt Kolba	9 14 ·35	34 52 ·69	2827	Qobbo 12; Adami 11; Sibarre 20.

Nos	Not.	Stn	Nom du point.	Latitude.	Longitude.	Altitude.	Déterminé par :
649	†		Mt Gudata*	9° 14′ ·24	34° 51′ ·29	2815mt	Adami 9 ; Sibarre 22 ; Qobbo 13 ; Oddo lote 1 ; Sire boru 1.
650	†		Mt Cuqalla	9 8 ·80	35 7 ·44	3020	Dogom I, 14 et II, 23 ; Sibarre 5 ; Watiyo 9 ; Gurem II, 14.
651	†		Mt Cillimo α	9 5 ·92	35 0 ·55	3126	Adami 35 ; Saqa 3 ; Sibarre 11 ; Ilfata I, 8 ; Oddo lote 6 ; Qobbo 6.
652			Mt Cillimo β	9 6 ·13	35 0 ·43	3128	Adami 33 ; Ilfata I, 7 ; Sibarre 12 ; Oddo lote 5 ; Qobbo 7.
653	†	S	Qarre kakarba	9 40 ·20	35 15 ·15	....	3 . Anafo ; 2 . Amara ; 1 . Dogom IYASUS.
654			Mt Jarso*	9 8 ·12	34 58 ·92	3042	Adami 28 ; Sibarre 13.
655			Mt Darimu*	9 5 ·10	35 1 ·44	3054	Adami 38 ; Saqa 4 ; Ilfata I, 9.
656			Mt Muño* α	9 4 ·69	35 4 ·32	3007	Adami 40 ; Saqa 5 ; Ilfata I, 11 ; Carrifatu 6.
657	†		Mt Muño* β	9 5 ·89	35 4 ·84	3031	Adami 39 ; Sibarre 6, 7 ; Ilfata I, 10 ; Carrifatu 7.
658			Mt Gurra*	9 3 ·14	35 6 ·12	2919	Adami 44 ; Saqa 6 ; Ilfata I, 12.
659			Mt Sasaba*	8 59 ·59	35 8 ·68	2806	Adami 50 ; Saqa 7.
660			Mt Warçe*	8 58 ·05	35 9 ·23	2731	Adami 52 ; Saqa 8.
661			Mt Molu	9 6 ·94	34 59 ·02	3075	Adami 30 ; Dogom I, 15 ; Qito 4 ; Qobbo 8.
662	†		Mt Bo-o*	9 14 ·21	34 53 ·40	2729	Adami 14, 15 ; Sibarre 18, 19.
663			Mt Dirsa*	9 11 ·5	34 53 ·1	2736	Adami 17, 18 ; Sibarre 17.
664	†		Mt Re-e*	9 15 ·86	34 54 ·77	2664	Qobbo 11 ; Sibarre 15.
665	†		Mt Ro-o*	9 16 ·28	34 50 ·45	2900	Qobbo 14 ; Sibarre 24 ; Adami 8.
666	†		Mt Zodi* α	9 17 ·27	34 38 ·39	2263	Ariya 13 . ; Adami 105 ; Ilfata I, 37.
667			Mt Zodi* β	9 18 ·06	34 38 ·40	2255	Ariya 14 ; Adami 106 ; Ilfata I, 38.
668			Mt Wara*	8 56 ·25	34 37 ·72	2214	Barakat 11 ; Qito 11.
669	†		Mt Wamay	8 53 ·92	34 37 ·09	2478	Ariya 9 ; Rogge 22 ; Qito 10 . ; Barakat 10 ; Hapati 3.
670	†		Mt Jawi*	9 11 ·00	34 41 ·63	2253	Adami 108 ; Barakat 12 ; Qito 16.
671			Balballa, col	9 21 ·48	34 44 ·90	3064	Adami 132 ; Sibarre 33.
672	†		Mt Jibate α	8 46 ·79	35 9 ·27	3072	Adami 75 ; Mile 8 ; Falle I, 35 ; Ilfata I, 18 ; Gobe 10 ; Carrifatu 4.
673			Mt Maru*	8 46 ·50	35 9 ·44	3045	Adami 76 ; Kiyo 14 ; Rogge 14 ; Ilfata I, 19 ; Gobe 8 ; Carrifatu 3.
674			Mt Jibate β	8 46 ·10	35 9 ·20	3065	Adami 77 ; Mile 9 ; Falle I, 34 ; Ilfata I, 20 ; Gobe 9 ; Carrifatu 2.
675	†		Mt Jibate γ	8 45 ·34	35 8 ·93	2829	Gurto 1 ; Falle I, 32 ; Kiyo 12.
676			Mt Jibate δ	8 44 ·88	35 10 ·00	2887	Ilfata I, 21 ; Falle I, 33.
677			Mt Awala hada nigus	8 47 ·5	35 9 ·2	2932	Adami 73 ; Kiyo 16 ; Gurto 5.
678	†	S	Mt Rogge	8 54 ·28	35 18 ·83	3075	10 Egan ; 19 Kune ; 14 Maru* ; 13, 15 Jibate β, α.
679		S	Carrifatu	8 46 ·85	35 20 ·10	2568	5 Mute ; 8, 9 Diriqo ; 3 Maru* ; 2, 4 Jibate β, α.
680		S	Kiyo	8 48 ·97	35 20 ·73	2565	17 Mute ; 18 Quço ; 14 Maru* ; 13, 15 Jibate β, α.
681	†	S	Gurto	8 47 ·02	35 21 ·00	2541	6 Kune ; 13 Diriqo α ; 3 Maru* ; 10 Mute ; 2, 4 Jibate β, α.
682		S	Mt Gobe	9 8 ·93	35 14 ·53	2555	5, 6 Diriqo ; 7 Mute ; 11 Balballa ; 9, 10 Jibate β, α.
683			Mt Mute	8 50 ·32	35 14 ·67	2782	Adami 65 ; Ilfata I, 16 ; Gobe 7 ; Carrifatu 5.
684		S	Dambi	8 3 ·14	34 36 ·98	1752	1 Bilida ; 3 Itanne ; 4 Sasilla ; 10 Mile.
685	†		Mt Quço	8 54 ·63	35 11 ·73	2782	Mile 7 ; Gurto 11 ; Kiyo 18 ; Rogge 23.
686	†		Mt Amuma*	8 53 ·72	35 18 ·12	3100	Adami 62 ; Rogge 16 ; Kiyo 20 ; Gurto 14.
687	†		Mt Mata*	8 53 ·23	35 20 ·27	2985	Gurto 15 ; Kiyo 23 ; Carrifatu 1.
688	†		Mt Diriqo α	8 55 ·68	35 15 ·99	3135	Adami 58 ; Gobe 5 ; Carrifatu 9 ; Watiyo 6 ; Gurto 13.
689			Mt Diriqo β	8 55 ·46	35 15 ·95	3135	Adami 59 ; Gobe 6 ; Carrifatu 8 ; Watiyo 7.
690	†		Mt Kalo α	8 55 ·3	35 17 ·1	3154	Gobe 3 ; Qobbo 5 ; Watiyo 4 ; Adami 61.
691			Mt Kalo β	8 55 ·6	35 16 ·8	3149	Gobe 4 ; Qobbo 6 ; Watiyo 5 ; Rogge 29.
692		S	Garre abdi	9 12 ·73	34 52 ·62	2527	1 . Egan ; 2 Kune ; 5 Sobso α.
693		S	Lagamara	9 5 ·22	34 50 ·13	1765	1 Kune ; 4 Sobso α.
694	†		Mt Sore*	8 51 ·4	34 44 ·49	2652	Lagamara 3 ; Garre abdi 4 ; Rogge 20, 21.
695	†		Mt Kašo* β	8 46 ·50	35 31 ·65	3243	Rogge 5 . ; Adami 71 ; Kiyo 7 avec la distance.
696	†		Mt Kašo* α	8 46 ·29	35 32 ·20	3267	Rogge 4 ; Adami 72 ; Kiyo 8 ; Sibarre 4.
697	†		Mt Sobico*	8 50 ·78	34 45 ·09	2663	Lagamara 2 ; Barakat 8 ; Garre abdi 3.
698	†		Mt Micu*	8 3 ·09	34 56 ·22	2828	Saqa 16 ; Falle II, 32.
699	†		Mt Hamdo	8 48 ·35	35 33 ·70	3456	Sibarre 1 ; Qobbo 1 ; Watiyo 1 ; Kiyo 6 ; Adami 69.
700	†		Mt Qar*	8 48 ·89	35 32 ·05	3298	Sibarre 2 ; Kiyo 5 ; Adami 68 ?

Nos	Nat.	Stn	Nom du point.	Latitude.	Longitude.	Altitude.	Déterminé par :
701	†		Mt Tafi	7° 59′ ·73	34° 49′ ·74	2937mt	Saqa 17 ; Garuqqe 25 ; Falle II, 33 ; Dar-u 11 ; Mile 16.
702	†		Mt Itanne	7 59 ·86	34 45 ·45	2693	Mile 18 ; Garuqqe 25 ; Saqa 22 ; Dar-u 12.
703			Mt Mamme*	8 8 ·27	34 9 ·75	2370	Mile 47 ; Garuqqe 62.
704	†		Mt Sasilla	7 55 ·29	34 42 ·19	2732	Dar-u 14 ; Garuqqe 28 ; Dambi 4.
705	†		Mt Gumar	7 53 ·39	34 42 ·40	2884	Saqa 26 ; Mile 21 (22) ; Garuqqe 29 ; Saqa I, 3.
706	†		Mt Agamsa	8 3 ·49	34 27 ·45	2069	Garuqqe 69 ; Mile 38 ; Dar-u 18 ; Daga 5.
707		S	Dar-u (Innarya)	8 5 ·12	34 33 ·70	2080	4 Egan ; 6 Wace ; 20 Mamme* ; 11 Tafi.
708	†		Dar-u α (masara)	8 4 ·34	34 33 ·87	2153	Dar-u 17 avec la distance ; Garuqqe 13.
709	†		Mt Dar-u β	8 4 ·73	34 33 ·55	2210	Dar-u 16 * ; Garuqqe 14 * ; Saqa 41 ; Dambi 6.
710	†		Mt Dar-u γ	8 4 ·66	34 33 ·71	2193	Dar-u 15 * ; Dambi 6.
711			Mt Dar-u δ	8 4 ·09	34 33 ·55	2241	Daga 6 ; Garuqqe 14 * ; Dambi 5 ; Saqa 40 ; Yatu 6.
712	†		Mt Gabana α	8 8 ·42	34 34 ·45	2330	Garuqqe 10 ; Mile 34 ; Dar-u 1 ; Rogge 12 * ; Saqa 44 ; Dambi 8 ; Hapati 21.
713	†		Mt Gabana β	8 8 ·23	34 34 ·88	2312	Garuqqe 12 ; Mile 33 ; Hapati 20 ; Dar-u 2 ; Rogge 11 * ; Saqa 43 ; Dambi 9.
714			Mt Gabana γ	8 8 ·01	34 34 ·15	2310	Dambi 7 * ; Hapati 22.
715	†	S	Yatu	7 58 ·94	34 37 ·35	1752	1 Bilida ; 6 Dar-u δ ; 7, 8 Gabana α, β.
716	†		Mt Ilala α	7 55 ·15	34 32 ·68	2344	Mile 31 ; Saqa 37 ; Garuqqe 36 ; Yatu 3.
717	†		Mt Ilala β	7 55 ·68	34 32 ·72	2339	Mile 32 ; Saqa 38 ; Garuqqe 35 ; Yatu 4.
718			Mt Umo	8 29 ·44	34 34 ·92	2428	Garuqqe 4 ; Hapati 9 ; Falle I, 25 ; Mile 66.
719	†	S	Mt Hapati	8 25 ·87	34 32 ·10	2180	19 Mile 57 ; 8 Sobso α.
720	†	S	Koma	8 26 ·22	34 32 ·87	2056	6 Hapati 12 ; 4 Billaca ; 1 Misingo α.
721	†		Mt Billaca	8 24 ·18	34 31 ·70	2355	Mile 56 ; Hapati 25 ; Koma 4 ; Garuqqe 2.
722	†		Mt Milqi	8 23 ·53	34 31 ·52	2408	Mile 55 ; Garuqqe 1 ; Kocawo 2.
723	†		Mt Sakala	8 24 ·37	34 31 ·38	2313	Koma 5 avec la distance ; Hapati 26.
724			Mt Walqite	8 25 ·08	34 40 ·20	2527	Falle I, 21 ; Hapati 15.
725	†		Mt Misingo α	8 27 ·74	34 40 ·10	2473	Hapati 13 ; Koma 1 ; Ilfata II, 10 ; Falle I, 23.
726	†		Mt Misingo β	8 26 ·68	34 40 ·67	2583	Hapati 14 ; Daga 2 ; Falle I, 22.
727	†		Mt Misingo γ	8 28 ·27	34 41 ·68	2478	Ilfata II, 8 ; Falle I, 23.
728			Mt Kosuma	8 46 ·29	34 44 ·69	2538	Falle I, 28 ; Ilfata II, 13.
729			Mt Boka α	8 30 ·9	34 39 ·08	2327	Garuqqe 6 ; Ilfata II, 11 ; Mile 3.
730			Mt Boka β	8 31 ·2	34 38 ·70	2206	Garuqqe 5 ; Ilfata II, 12.
731			Mt Mole	8 15 ·97	34 37 ·54	2144	Mile 4 ; Hapati 18.
732			Mt Marti	8 1 ·14	34 24 ·65	....	Daga 9 * ; Kocawo 5 *.
733	†	S	Kocawo	8 0 ·67	34 23 ·18	1640	1 Heça ; 3 Bilida ; 4 Agamsa ; 2 Milqi ; 7 * Daga direction.
734	†		Afata	7 59 ·32	34 22 ·55	....	Garuqqe 54 * ; Kocawo 6 *.
735			Mt Minjillos	8 1 ·1	34 27 ·9	2020	Mile 36 ; Garuqqe 59.
736		S	Tobo	8 4 ·45	34 28 ·59	1684	2 Agamsa ; 5 Heça.
737			Mt Anna*	8 7 ·96	34 9 ·77	2356	Garuqqe 61 ; Dar-u 19.
738			Mt Sanna*	8 8 ·57	34 10 ·65	2359	Garuqqe 63 ; Dar-u 21.
739	†		Mt Qirarati	8 14 ·69	34 55 ·98	2967	Dar-u 7 ; Rogge 8 ; Falle I, 16 et II, 34 ; Saqa 14 ; Garuqqe 19.
740			Mt Hola*	8 15 ·93	34 55 ·93	3010	Ilfata I, 33 ; Falle II, 35.
741			Mt Mile (en Walansu)	8 3 ·47	34 41 ·82	1793	Dar-u 10 ; Garuqqe 22.
742	†		Mt Harawa	8 4 ·14	34 43 ·00	2202	Dambi 2 ; Garuqqe 21 ; Dar-u 9 ; Saqa 20, 21 ; Yatu 2.
743			Mt Utubo	8 3 ·80	34 51 ·02	2428	Garuqqe 23 ; Dar-u 8.
744	†		Mt Incinni	8 16 ·92	35 5 ·96	2481	Ilfata I, 29 ; Falle I, 13 et II, 30.
745	†		Mt Fago*	8 9 ·20	34 50 ·35	2500	Ilfata I, 34 ; Saqa 15 ; Koma 2, 10?
746	†		Mt Halelu	8 38 ·30	34 55 ·05	1712	Ilfata I, 25 * ; Mile 5.
747	†		Mt Meso	8 36 ·5	34 54 ·9	1828	Mile 6 et distance estimée de Halelu.
748	†	S	Saqa I	8 11 ·85	34 37 ·88	1795	1 Tafi ; 2 Itanne.
749		S	Saqa, masara	8 12 ·24	34 37 ·69	1892	Mile 14 ; Saqa 2.
750		S	Dar-u (en Amuru)	9 58 ·95	34 22 ·5	2298	Latitude, longitude et altitude observées.
751			Mt Kola	7 59 ·1	34 30 ·3	2483	Saqa 42 ; estimé 1 mille derrière Garuqqe.
752	†		Mt Awangiro	8 20 ·68	34 25 ·40	1682	Mile 52 ; Sobso 7.
753			Mt Baballa	7 40 ·36	34 9 ·37	2959	Garuqqe 50 ; Mile 37.
754			Wariro (bord)	8 17 ·07	36 2 ·75	3715	Rogge 6 ; Falle II, 6.
755			Lac Calalaqi	8 14 ·50	34 42 ·6	1661	Saqa 11, 12 ; Mile 12, 13.

Nos	Not.	Sta	Nom du point.	Latitude.	Longitude.	Altitude.	Déterminé par :
756		S	Çibbe (Qella)	8° 30′·3	34° 32′·9	1591mt	Hapati 4 ; Latitude et altitude observées.
757	†	S	Ganu	9 10 ·05	35 2 ·22	2723	1, 2 Amara ; distance estimée ; Latitude et altitude observées.
758			Mt Bore α	7 49 ·88	34 37 ·70	2410	Garuqqe 30 ; Saqa 27.
759			Mt Bore β	7 49 ·92	34 37 ·47	2427	Garuqqe 32 ; Saqa 30.
760	†		Mt Bore γ	7 46 ·44	34 35 ·20	2662	Garuqqe 37 ; Saqa 33 ; Mile 34.
761			Mt Bore δ	7 47 ·85	34 34 ·04	2614	Garuqqe 38 ; Saqa 35.
762			Mt Bore ε	7 47 ·28	34 33 ·10	2510	Garuqqe 39 ; Mile 26.
763	†		Mt Kossa	7 49 ·51	34 34 ·80	2570	Garuqqe 36 ; Saqa 34 ; Mile 25.
764			Dokono, église	8 11 ·40	34 36 ·90	1975	Mile 19 ; Saqa 45.
765			Mt Mata Gera	7 51 ·3	34 10 ·1	2562	Garuqqe 52 ; Mile 39.
766	†		Mt Ilala α (Jimma Hin-e)	8 41 ·2	34 13 ·1	2547	Mile 53 ; Hapati 28.
767	†		Mt Ilala β	8 38 ·8	34 23 ·6	2472	Garuqqe 77 ; Hapati 29.
768			Mt Bun-o α	8 21 ·70	34 10 ·42	2606	Garuqqe 70 ; Mile 50.
769	†		Mt Bun-o β	8 11 ·03	34 11 ·35	2632	Garuqqe 66 ; Mile 49.
770	†		Mt Owa korma α	9 7 ·9	34 25 ·0	3226	Rogge 27 ; Garuqqe 79 ; Qito 13 ; Ariya 10 ; Mile 59.
771	†		Mt Owa korma β	9 8 ·5	34 25 ·02	3227	Rogge 28 ; Ariya 11 ; Qito 14.
772			Mt Owa korma γ	9 6 ·6	34 24 ·02	3107	Rogge 26 ; Mile 58 ; Qito 12.
773			Mt Owa korma δ	9 4 ·0	34 30 ·8	2754	Rogge 25 ; Ariya 12.
774	†		Mt Habib	9 30 ·2	34 56 ·9	2540	Sibarre 48, 49 avec la distance estimée.
775	†	S	Birbirsa	8 52 ·4	34 41 ·7	....	Latitude observée ; Routes **439** et **440**.
776	†	S	Bonga	7 14 ·7	34 0 ·0	1850	Latitude, longitude et altitude observées.
777	†		Mt Qawa	7 31 ·4	34 54 ·0	3332	Falle I, 10 et II, 29 et Çalla 6 avec les apozénits.
778	†	S	Çalla	7 38 ·3	34 29 ·3	1940	6 Qawa ; 11 Micoso ; Latitude observée + 1′ ; Altitude observée.
779	†		Jiren	7 41 ·63	34 35 ·3	2022	Çalla 1, 2 ; Latitude et altitude observées.
780	†		Kiftan	7 47 ·9	34 27 ·0	....	à Çalla 9′·8 ; à Jiren 10′·3 ; latitude observée.
781	†		Tamama	7 34 ·2	34 22 ·8	2206	Çalla 12 ; Garuqqe 46.
782	†		Mt Micoso	7 31 ·5	34 22 ·4	2808	Çalla 11 ; Garuqqe 45.
783		S	Sadara	7 30 ·1	34 15 ·1	1921	Latitude observée ; 3 Hotta avec l'apozénit.
784	†		Sabaqa	7 30 ·36	34 15 ·0	1930	Distance et azimut de Sadara ; Altitude observée.
785	†		Baqqa	7 16 ·9	33 58 ·1	....	Direction de Bonga ; estime de la route.
786	†		Mt Hotta	7 2 ·4	34 26 ·6	3686	Sadara 3 ; Garuqqe 40.
787	†	S	Çokorsa	7 34 ·8	34 26 ·0	....	Latitude observée ; distances estimées à Çalla et à Tamama.
788	†		Gibe α	8 59 ·78	34 46 ·77	1655	Adami 1.
789			Gibe β	8 58 ·67	34 47 ·37	1655	Adami 3.
790			Gibe γ	8 57 ·70	34 49 ·98	1655	Adami 23.
791			Gibe δ	8 57 ·55	34 49 ·96	1655	Adami 24.
792			Gibe ε	8 55 ·89	34 50 ·27	1655	Adami 27.
793			Gibe ζ	8 53 ·56	34 53 ·82	1655	Adami 51.
794			Gibe η	8 50 ·92	34 53 ·57	1655	Adami 64.
795			Gibe θ	8 59 ·60	34 44 ·78	1655	Adami 110.
796			Gibe ι	8 59 ·68	34 45 ·08	1655	Adami 114.
797			Mt Lomi*	9 20 ·8	34 42 ·32	2931	Adami 116 ; Qito 17.
798			Mt Ibsa*	9 22 ·0	34 43 ·1	2925	Adami 121 ; Qito 18.
799			Mt Gom-ol*	9 22 ·3	34 43 ·2	2909	Adami 122 ; Qito 19.
800	†		Mt Sallan α	9 22 ·6	34 50 ·1	2553	Sibarre 29 ; Haratu 4.
801			Mt Sallan β	9 23 ·2	34 49 ·8	2585	Sibarre 30 ; Haratu 3.
802			Mt Qalala α	9 27 ·9	34 51 ·2	2605	Sibarre 42 ; Haratu 2.
803			Mt Qalala β	9 28 ·3	34 51 ·1	2575	Sibarre 44 ; Haratu 1.
804		S B	Haratu	9 22 ·6	34 48 ·4	2395	5 Amara ; 6 Balballa ; 7 Sagal marme.
805	†		Mt Wošo	6 34 ·0	35 16 ·3	5060	Falle II, 16, 19
806	†		Mt Hadgu*	13 47 ·4	37 23 ·4	3153	Zohodo 17, 18, à 63 milles.
807	†		Mt Zage*	13 45 ·0	37 27 ·8	3200	Zohodo 19, à 68 milles.
808	†		Mt Habtay*	13 43 ·8	37 29 ·4	3235	Zohodo 20, à 70 milles.
809			Yohannis matmiq	12 35 ·24	35 9 ·23	2253	Tigre micohya 29 ; So Boussole **14** (Gondar).
810			Aboska, embouchure	11 59 ·2	35 15 ·6	1885	Dumi I, 32, avec l'apozénit.

Nos	Nat.	Stn	Nom du point.	Latitude.	Longitude.	Altitude.	Déterminé par :
811			Aboha, embouchure	12° 1′ ·7	35° 16′ ·2	1885mt	Dumi I, 34, avec l'apozénit.
812			Waynuma, baie	11 49 ·3	35 10 ·5	1885	Dumi I, 9, avec l'apozénit.
813			Alge	8 0 ·2	34 32 ·7	2082	Garuqqe 26; Bora 9.
814		S B	Jijilla	8 11 ·3	34 36 ·2	2013	Saqa 46; 4 Gabana α; 6 Agamsa; 8 Heça.
815			Suntu	8 8 ·0	34 49 ·3	1757	Saqa 23; Routes **616**, **617**.
816			Mt Bola α	8 47 ·4	35 22 ·0	2793	Kiyo 9; distance estimée = 2′.
817			Mt Bola β	8 47 ·25	35 21 ·8	2800	Kiyo 10; distance estimée = 2′.
818			Mt Bola γ	8 47 ·2	35 21 ·74	2802	Kiyo 11; distance estimée = 2′.
819			Mt Killesa*	8 53 ·1	35 22 ·4	2770	Kiyo 1; distance estimée = 4′·5.
820			Mt Wa-aga	14 17 ·17	36 45 ·95	2397	Digsa I, 10; May Qanj-i 6.
821			May Mahawi	14 16 ·94	36 44 ·69	2215	May Qanj-i 1 avec la distance.
822			Mt Dabra Zayt	14 16 ·63	36 44 ·49	2238	May Qanj-i 13 avec la distance.
823			Mt Mokadi	14 17 ·00	36 44 ·43	2292	May Qanj-i 14 avec la distance.
824			Mt Lihiz	14 16 · 0	36 43 ·7	2495	May Qanj-i 12; Distance calculée.
825			'Addi Gutraho	14 15 ·06	36 39 ·21	2667	'Adwa 5; Digsa I, 19.
826			Mt Mogind'a	15 16 ·51	36 53 ·58	1915	'Aylat 4; Bizen II, 4.
827			Mt Bizen γ	15 18 ·91	36 46 ·77	2455	'Aylat 6; Imakullu 43.
828			Falhayto	15 6 ·87	37 22 ·07	....	'Oquwq 4. avec la distance.
829		S B	Zullah	15 13 ·8	37 21 ·0	5	Gadam β; Distance calculée par l'aponadir.
830			Azoli	15 15 ·54	37 20 ·14	....	Aftah 6 avec la distance.
831	†	S P	Mt Bora	7 50 ·8	34 38 ·7	2655?	1 Sasilla; 5 Ilala α; 7 Garuqqe; 10, 11, 12 Dar-u α, β, γ; 13, 14 Gabana α, β; Altitude observée.
832	†		Cobtu Bora (source)	7 50 ·5	34 39	....	Route **620**.
833			Bora (source)	7 51 ·0	34 39	2326	Route **620**; Altitude observée.
834	†		Babya (Qella)	7 54 ·0	34 36 ·2	1758	Bora 8.; Routes **620**, **621**; Altitude observée.
835	†		Mt Gardaca	7 51 ·5	34 37 ·3	....	Bora 8.; Routes **619**, **620**.
836	†		Mt Qallaca	7 39 ·5	34 41	2380	Çalla 4 avec la distance.
837	†		Mt Qorti	7 36	34 40	....	Çalla 5, avec la distance.
838	†		Mt Sadaro	7 37 ·7	34 23 ·1	2620	Çalla 14; Garuqqe 48.
839	†		Mt Mada	7 30 ·2	34 22 ·0	2843	Çalla 10; Garuqqe 45.
840	†		Mt Susa	7 13	34 12	3300	Sadara 6 avec la distance; Garuqqe 47.
841	†		Wato (fente de la rivière)	7 7	34 22 ·5	3120	Sadara 4 avec la distance.
842	†		Mt Dulla	7 10	34 19	3130	Sadara 5 avec la distance.
843	†		Yangala (col)	7 25	34 14	....	Sadara 6 avec la distance.
844	†		Gombota	8 8	34 9	2300	Tobo 3 (direction), et renseignements.
845	†		Darita	12 10	35 29	....	Galosge 2; Route **508**.
846	†		Kuazen	15 28 ·2	36 32 ·5	2552	Direction de Zalot à la boussole; Latitude et altitude observées.
847		S	Tujurrah I	11 46 ·2	40 33 ·0	1	Latitude et Longitude observées; Altitude supposée.
848	†		Mt Bar'abari	11 44 ·6	40 19 ·7.	1745	Tujurrah I, 2; Tujurrah II, 1.
849	†		Cap Girar α	15 37 ·2	37 9 ·9	13	Imakullu 15.
850			Cap Girar β	15 36 ·9	37 9 ·6	4	Imakullu 16.
851			Cap Harab	15 48 ·3	37 7 ·8	20	Imakullu 2.
852			Cap Qurqusum	15 39 ·7	37 10 ·2	5	Imakullu 6.
853			Cap 'Abd al-qadar	15 37 ·9	37 9 ·9	3	Imakullu 9.
854			Ilot	15 38 ·1	37 10 ·3	4	Imakullu 7.
855			Anse 2	15 39 ·8	37 9 ·2	4	Imakullu 5.
856			Anse 3	15 37 ·7	37 9 ·4	8	Imakullu 10.
857			Anse 4	15 37 ·1	37 9 ·3	4	Imakullu 14.

NOTES.

Les notations 0·03 E., 0·12 S.-O., etc., signifient : 0′·03 vers l'est, 0′·12 vers le sud-ouest, etc. Ainsi, au numéro **27**, *Baroc waha* 0·06 E., veut dire : la trajectoire de l'azimut du Mt *Baroc waha* passe à 0′·06 à l'est de la position numéro **27**; au numéro **30**, *Saloda* 79 : 0·17 N.-O. veut dire que la trajectoire du 79e relèvement des azimuts *ordonnés* observés au Mt *Saloda* passe à 0′·17 au nord-ouest de la position **30** donnée à la page 424. Les distances sont à l'ordinaire exprimées en minutes d'arc, c'est-à-dire en milles. Ces écarts notés servent surtout à montrer quel est, dans l'intérieur du réseau géodésique, le degré d'incertitude qui peut s'attacher à chaque position, et qui provient, soit d'erreurs dans l'observation, soit et bien plus souvent, des défauts de symétrie inhérents aux signaux naturels. On voit d'ailleurs que dans la grande majorité des cas ces incertitudes sont minimes, et ne peuvent nullement décourager les voyageurs qui voudront employer la géodésie expéditive.

1 La distance au Mt Saloda mesurée par la vitesse du son, donnerait la latitude de 'Adwa = 14° 9′′72. Les latitudes observées sont 14° 9′′56 et 14° 10′′00. La longitude résulte de 8 occultations observées.

2 et **3** La distance entre la station Digsa II et le Mt Saloda sert de base à la construction de la carte du Tigray. Elle a d'abord été obtenue d'une manière approchée par la latitude observée à Digsa, et celle du Mt Saloda, qui se déduit de la latitude observée de 'Adwa avec Saloda 58 et avec la distance de 'Adwa mesurée par le son. Cette latitude de Saloda donna, avec le relèvement de Digsa II, 20, la distance entre Digsa II et Saloda, distance qui fut plus tard modifiée de manière à ce que les latitudes de Muçaww'a I et de Wasange I, l'une observée, l'autre résultant de la construction du Bagemdir, se trouvassent à peu près reproduites par la construction du Tigray fondée sur la base Digsa — Saloda. Cela servait à déterminer la latitude de Saloda. La longitude de Digsa II fut déterminée par la longitude observée de 'Adwa. *Voir* page 330.

7 Digsa I 0·02 E.

13 Zohodo 15 (bord S.) 0·02 S.

16 Zohodo 3 et Liqanos 4 : 0·07 S.-E. Inna doqqo 8 : 0·09 N.-E. Digsa I, 2 : 0·03 O. Birqaqo 6 : 0·03 E. Koqa 4 et Hanna Sanna 9 : 0·02 E.

17 Samayata 0·02 N.-O.

18 Les tours d'horizon **11** et **53** ont été orientés ensemble.

19 6 Kaš'at 0·03 O.

20 On s'est décidé à retrancher 6′ de tous les azimuts du tour d'horizon **307** pour arriver à un accord raisonnable dans la construction de Nobit, Ambara, etc.

21 Liqanos 0·02 S. Birqaqo 0·04 E. Digsa II 0·02 O., Digsa I 0·2 E.

23 Selon le profil et l'apozénit, Birqaqo a vu la fourche. Digsa I, 14 et II, 15 (fourche) passent à 0′·02 vers l'ouest ; 'Addi Nazzo 4 : 0·03 O.

24 Digsa I 0·02 O., Hanna Sanna 0·06 O., Liqanos 0·02 S.

25 L'église pourrait être située plus à l'ouest de 0′·03. On a changé le bord du ⊙ dans le tour d'horizon **57** à cause de l'azimut de Saloda. Digsa I 0·05 O.

26 Ankua* 0·04 S.-O. Ḥayda 0·02 E.

27 Baroc waha 0·06 E.

28 Liqanos 0·02 E. Zohodo 0·02 O. Saloda 0·08 N.-O. Dabra gannat 26 est en faute (0·17 S.-E.).

29 Saloda 0·09 N.-O.

30 Saloda 79 : 0·17 N.-O. Ḥayda 12 : 0·04 E.

31 Liqanos 29 : 0·20 N.-O. Zohodo 0·03 S.-E.

32 'Alawgen 0·04 E. Baroc waha 0·06 N.-E. On a retranché 2′′5 de tous les azimuts de Ankua*.

34 Dumi II, 1 : 0·20 N.-O. de Wandi*, 0·10 S.-E. de Gorabet* ; cet azimut doit se rapporter à Gorabet*.

35 Dabra gannat 0·03 S.-E. Liqanos 0·04 N.

36 Digim 0·05 N. Birqaqo 0·03 S.-E. Digsa I et II 0·06 O. 'Addi Nazzo 0·03 O. Hanna Sanna 0·08 O. Liqanos 0·10 S.-E.

37 Kaš'at 0·02 O. Les apozénits des nos 5, 6, 7 de Koqa sont trop petits.

38 Orienté par la carte.

39 6 Ḥiça est Ḥiça α d'après l'azimut et l'apozénit, malgré le profil.

40 Orienté par la carte. Abuna Mazra'ite 0·02 N.-O.

41 Saloda 0·02 E. Kaš'at 0·09 S.-O.; azimut trop petit de 10′. Il a fallu ajouter 3′ aux apozénits de Inna doqqo.

42 Ḥisti 0·02 O. Bords du ⊙ échangés par suite de l'orientation. Bizen I, 8, dit Afralba, passe à 1′′16 vers l'ouest.

43 Kaš'at 0·03 E.

44 Tahuila 0·03 E.

47 3 Saloda 0·03 E. Saloda 103 : 0·25 E. Cet azimut se rapporte au village de Guindat, qui est près de la station.

50 Mauvais signal. Inna doqqo 0·05 S.-O., Digsa 0·05 N.-E. Altitudes par Madab 2662, par Digsa 2696, par Inna doqqo 2730.

52 Hanna Sanna 0·02 E. Birqaqo 0·02 O. Digsa I 0·05 O. (Probablement la fourche?).

53 Et 2 Saym β.

54 Birqaqo 0·04 S.-O.

57 — 63 La construction de cette partie de la carte a été expliquée dans le chapitre XII, pages 317-321.

65 et **66** Combinaisons sujettes à de graves doutes vu le désaccord des altitudes et des profils.

67 Birqaqo 0·06 E.

68 Saloda 106 est trop grand de 50″ en azimut, et l'altitude ne s'accorde pas. Inna doqqo 0·07 E.

69 Altitudes très-divergentes.

77 Le mamelon central se construit à la même latitude par 36° 39′′05 avec Saloda 43 et 'Adwa 17. *Voir* no **87**.

78 Latitude observée = 14° 17′·61 ± 0′·66.

81 En plaçant May Qani-i nous avons en même temps orienté Guzat, de manière à obtenir pour Mt Annane des altitudes concordantes par Guzat et par May Qani-i. Le tour d'horizon de May Qani-i nous a causé assez d'embarras parce que les relèvements de cette station sont difficiles à identifier. On était là dans une plaine, entouré d'une foule de petits pics semblables à des quilles et qu'il n'était pas aisé de reconnaître d'autre part. 3 Zaba* passe 0′′1 N.-O. de Zaba* β ; ce signal est d'ailleurs mal défini. 9 Mt... n'est pas Awgar ; 10 Adigi Tahuila est le bord N. du Mt Awgar.

82 Placé ensemble avec May Qani-i.

83 A 2′′6 de May Qani-i, estimé à 1′′5. Altitudes différant de 32 mètres.

Abuna Mazra'ite 4, dit Dabra Damo et estimé à 8 ou 10 milles, passe 0'·15 plus N. et donne une altitude trop faible de 80 mètres environ (apozénit trop grand de 20'). La distance serait de 6 milles.

84 Hanna Sanna 0·05 E.

85 Les profils ne sont pas d'accord, et il n'y a qu'un seul apozénit.

86 Abuna Mazra'ite 12 (bord S.) 0·21 S. / » » 14 (bord N.) 0·13 N. } L'azimut moyen se rapporte au point le plus élevé.

87 Large dôme. *Voir* n° **77**.

90 On a pris le n° 1 Digsa pour Digsa I.

95 Koqa 0·02 O. Saloda 0·04 E. Hanna Sanna 0·15 N.-E. L'altitude par Liqanos est trop forte de 35 mètres.

96 Birqaqo 0·06 E. Fort mauvais signal.

97 Bord du ⊙ changé pour mettre d'accord les tours d'horizon de Bizen I et de Bizen II. Kaš'at 0·03 E. Ḫisti 0·02 O.

100 Bien que ce mont soit plus haut que Bizen II et qu'il ait à peu près le même gisement que Samayata vu de Bizen II par un apozénit de 90° 12', il faut qu'on ait pu voir Samayata.

102 Bizen II 0·08 O. Sur l'altitude, *voir* p. 328. L'apozénit de l'horizon de la mer Rouge la donnerait = 67 mètres. *Voir* la page 279.

105 Latitude observée = 15° 36'·52 ± 0'·50.

106 Bout Sud de l'île.

107 Maison du gouverneur.

108 Débarcadère. La distance à Imakullu est dans la carte = 6456 mètres, par le son = 6438 mètres ± 140.

109 Ḫabon 0·07 S. O. Kobi 0·07 N. O. Diyot 0·08 O. Les trois trajectoires se croisent à 15° 39'·63, 37° 8'·78.

110 Diḫono 0·07 S. E.

111 Mauvais signal. Diḫono 0·12 E. Mudir 0·03 O.

112 Pic bifide. Diḫono 10 : 0·06 N.-E.; c'est le creux entre les deux pics. Diḫono 9 ne va point, mais ce relèvement est dans le tour d'horizon **5**, et rien ne prouve l'identité des stations.

113 Faîte de la montagne.

114 Latitude observée = 15° 34'·86 ± 0'·23

115 Altitudes différant de 20 mètres. 'Aylat 1 porte le nom de A'asa awli, mais il est probable que le vrai A'asa awli a été relevé en Mudir 11 (azimut sans croisement).

116 Mudir 0·10 E. Position incertaine. MM. Ferret et Galinier donnent une montagne à 14° 54'·5 ± 0'·5 et 37° 19'·5.

118 Position incertaine. Altitudes différant de 60 mètres. Azimuts très-convergents.

119 Bout Sud de l'île. L'autre bout ne saurait se placer, car Imakullu 20 est une erreur.

122 Centre de l'îlot. Muçaww'a I, 3 désigné comme mât dans cette île, passe 0·13 O. du centre, et 0·02 O. du bord S. O. qui résulte de Imakullu 25 et Diḫono 3. Mais la position de Diḫono pourrait être plus occidentale de 0·08 (voir la note n° **109**); alors la trajectoire de Muçaww'a passerait par notre croquis de l'îlot.

123 Latitude confirmée par la carte anglaise.

124 Placé en même temps avec Ḫabon hawah, de manière que Aftah et 'Oquwq donnassent à cette colline la même altitude. 'Oquwq 7 porte le nom de Eyd'ale, l'apozénit est trop grand de 10' pour être celui de Diyot, mais il est néanmoins probable que c'est Diyot qu'on a relevé.

125 Distance à 'Oquwq = 5'·1 ; la route **213** donne la même distance. Altitudes identiques.

127 Awgar α est une légère proéminence de cette montagne large et plate. Altitudes différant de 14 mètres.

128 Awgar β est le bord d'un précipice. Altitudes différant de 32 mètres. Digsa II, 11 passe entre α et β, ce qui est juste, selon les profils.

130 Bord du large dôme.

131 Les n°s **131** — **133** sont trois aiguilles près la grosse tête nommée Abar.

136 Latitude observée = 13° 46'·4 ± 0·33.

137 Wasange 0·05 S.-E. Dabra gannat 0·02 N.-O.

138 En plaçant Çinfara, j'ai pris May Timqat 3 pour le bord O. de ce mont qui a été relevé de Çilaçiqañe. Si c'était l'autre bord, Çilaçiqañe passerait plus au S. de près d'une minute. Mais mon choix est confirmé par les apozénits.

139 Ḫayda 3 (l'autre bord) passe 0·05 plus vers le N.-E.

141 Liqanos 0·04 S.-E.

143 Abar et Inzirt * 0·02 O. Apozénits embrouillés.

144 Dammo galila 0·13 E.

145 Orienté par la carte. 8 Nan amba 0·4 O.

148 Wasange I, 2 augmenté de 1° tombe, à 0·02 près, sur Asar * β.

149 Orienté par les 6 relèvements. Ḫiça 0·02 S.-E. 'Alawgen 0·04 S.-O. 7 Nan amba 0·35 O.

150 Ce numéro pourrait être le Mt Kidaroua de MM. Ferret et Galinier. 'Addi Silamay 7 et Šimarua I, 8 sont probablement autre chose.

151 Orienté et placé par ces 6 relèvements qui s'accordent à merveille. Ḫiça 0·03 S.-E. Apozénits diminués de 1'·5.

152 Liqanos 0·02 E.

153 Saloda 0·04 N.-O. Ambazzo 0·04 S.-E.

158 Orienté par la carte.

159 Zufan * 0·03 N.-O. 8 Abar s'accorde avec les azimuts de Abar vu de Zohodo et de Liqanos.

161 4 Nobit 0·06 E. Il se peut qu'on ait relevé la bosse de cette crête indiquée par le profil.

162 Liqanos 0·1 E.

163 — **164** Il a fallu augmenter de 1° Liqanos 19, pour satisfaire aux relèvements de Zohodo et de Dabra gannat. Zohodo passe au milieu, ce qui s'accorde avec l'indication du profil.

165 Liqanos 0·03 E. Zohodo 0·03 O.

166 Mauvais signal, trop plat. Liqanos 0·05 E.

167 et **168** Liqanos 22 et 23 : 0·03 E. Dabra gannat 10 et 11 : 0·05 S.-O.

169 L'altitude par Saloda est = 2924 mètres.

171 Orienté par ces 3 relèvements. Confirmé par les journées de route.

174 L'azimut vu de Wasange I a été conclu du croquis de Wasange I, 9 et 10.

175 Šimarua II, 7 a été diminué de 30' [64° 20° pour 64° 50' du manuscrit]. Les points d'intersection des trajectoires de Abara et de Šimarua sont 14° 9'·44, 35° 1'·02 et 14° 9'·16, 35° 2'·07.

176 Mauvais tour d'horizon. Ḫiça 0·05 N.-O. Wa'alta hazin 0·08 N.-O. 'Alawgen 0·06 E. 6 Abar est trop petit de 20' (0·20 S.-E.).

177 Çilaçiqañe 0·3 E. Šimarua II 0·6 S.-E. La distance estimée à 2', donnerait cette position : 13° 37'·6, 36° 3'·9. L'altitude par Çilaçiqañe est trop forte de 232 mètres.

178 Sans vérification, parce que Šimarua I est sans apozénits. Hay β a été relevé peut-être en Gunya 3.

182 Latitude très-incertaine.

183 Saloda 0·06 N.-O. Liqanos 0·04 S.-E. Distance à Ankua * = 3'·5, estimée = 2'. La distance du point β est de 1'·5.

186 'Addi daḫno 0·03 O. Zohodo 0·04, Liqanos 0·09, Dabra gannat 0·07 S.-E.

187 2 Masararya 0·25 N.-O. Signal trop près pour être bon.

188 Position fort peu certaine. Saloda 51 est un col différent.

189 Latitude incertaine à cause de la convergence des azimuts. Zohodo 0·05 O. Nous avons placé le point α sur la trajectoire de Saloda 75 en supposant que α était caché par β.

190 Dabra gannat 0·05 E.

191 Fourche entre deux petits pics. Dabra gannat 22, 23 : 0·12 E. Les altitudes des trois points α, β, γ sont assez concordantes ; les écarts de la moyenne ne dépassent pas 8 mètres.

192 A 14'·5 de Digim; la route **149** donne une distance de 14'·7.

193 Saloda 0·7 O. Large dos de montagne.

194 Altitudes très-concordantes : nom douteux.

197 — **198** La distance entre les stations de Soni et de Tigre miçohya a été mesurée par le son = 4507mt, et a servi de base à la construction de la partie environnante, dont les latitudes étaient fondées sur la latitude observée à Gondar. Ensuite on avait, pour commencer la carte du Bagemdir, le grand quadrangle Tigre miçohya — Daga Istifanos — Manta dabir — Quarata III, construit avec les azimuts Tigre miçohya 22 et 39, Mạnta dạbịr IV, 22 et 25, Quạraṭa III, 4, 5, et avec la latitude observée à Quạraṭa. Le Nord se ralliait au Tịgray par Wạsạnge, Ankua*, etc. *Voir* page 333.

199 Ce nom nous est venu de Gondạr depuis l'impression de la page 279. Dịnkuan 0·01 N.-E.

205 Lieu de la latitude observée en 1848.

206 Tịgre mịçohya 32 passerait 0·03 E.

209 15 Tịgre mịçohya Stn est 0·08 trop O., mais cette station Tịgre mịçohya était cachée par le pic Ạṭạnaqịr. Soni 0·02 N.-O.

213 Soni S. 0·02 N.-O. Ḥorạ dịbbạ 0·03 S.-E.

214 Distance de Ambạzzo = 0'·4, estimée à 0'·3.

215 Précipice près Ambạzzo.

216 Sạmayata 0·06 N.-O.

217 Orienté par réduction à la station précédente. La distance se trouve ainsi être de 430 mètres au lieu de 341 mètres mesurés au pas (500 pas). Peut-être avait-on fait 700 pas en en comptant seulement 500.

218 12 Mạsgrarya 0·04 N. Qạlala 31 a dû être diminué de 20'.

220 Wạqqạn 12 : 0·04 S.

221 3 Zufan* 0·02 N.-O.

222 Mạnta dạbịr IV 0·01 N.-E. Dumi 0·03 S.

225 Apozénits embrouillés.

226 Orienté par ces 4 relèvements.

227 Qạlala 0·02 N.-O.

228 Mạnta dạbịr E. et O. sont les deux églises, l'orientale et l'occidentale.

229 Quạraṭa II, 7 diminué de 10°. Sạño gạbya, Zega wạnz, etc., ont relevé la fourche.

230 Liq* 0·05 O.

231 Placé par la réduction de ces 4 azimuts aux synonymes de la station précédente.

232 On a ajouté 5' aux azimuts pour rapprocher la station IV de la distance de 267 mètres, mesurés au pas, distance qui d'ailleurs est inférieure sans doute à la véritable largeur du sommet de la montagne.

233 Placé par réduction à Mạnta dạbịr IV.

235 Orienté de manière à satisfaire à la position donnée par les stations qui ont relevé Qạlala. Il a fallu diminuer 31 Wạqqạn de 20'.

237 Ce mont a été vu de différents côtés sous des formes assez diverses, comme cela paraît dans les profils. Plusieurs stations, surtout au Nord, ont pris le bord N. (β) pour le plus haut point (α). *Voir* page 315.

241 14 MARYAM passe par le bord N. de MARYAM, mais le profil indique MARYAM α.

243 Daga 0·03 N.-O. Šambịllo 0·03 S.-E.

245 Quạraṭa II et Fogạra ont relevé le centre.

247 La moyenne de Maḥdạra MARYAM 0·03 N.-O. Étendue de 0'·25 dans le sens N.-O. — S.-E. et de 0'·04 en sens contraire.

249 Tịgre mịçohya 0·02 O. Nabạga 0·03 O. Sạño gạbya 0·02 E.

251 Dumi 0·03 N.-O.

252 Bord du ⊙ changé par l'orientation. Lagunạ 0·02 O. MARYAM α 0·02 S. Soni Sn. 0·07 E.

253 Date changée et azimut du bord du ⊙ augmenté de 5'·2, en somme — 13'·3 d'orientation.

254 Il est évident qu'il y a eu un dérangement du théodolite pendant l'observation parce que les azimuts des îles du lac Ṭana sont tous affectés d'une même erreur, inexplicable par l'orientation. Depuis le n° 17 les azimuts semblent trop grands de 8'.

255 Soni bord E. 0·06 E.

257 Aybạ 15 trop petit de 1°. Bon accord des quatre altitudes.

258 Densa 0·02 E.

259 Moṭa 0·02 S.-O. Largeur de 0'·14 dans le sens E. — O.

260 L'apozénit de Nabạga 36 est trop petit de 10', et celui de Jahana probablement trop grand de 40'.

261 L'orientation a donné 6' à ajouter. Date *non* changée.

262 L'orientation et en même temps le relèvement de Dumi I, 26 qui doit passer à 0'·05 au S.-E. de Ṭana II, nous ont amené à ajouter environ 45' aux azimuts de ce tour d'horizon.

263 Date changée. Mauvais tour d'horizon. 5 — 7 Ṭana trop petits de 3°. 4 Gugube trop petit de 30'; probablement on a par erreur répété la minute du numéro précédent. 16 Jalo β trop petit de 40'.

264 Daḥna 0·04 N.-E. Sạña gạbya 0·04 S.-E. Dịnkuan 0·03 O.

265 Sạño gạbya 0·10 S.-E. Daḥna 0·03 S.-O. Dịnkuan 0·03 O. Nabạga 0·03 N.-E.

266 Ṭana 0·02 S.-O. Nabạga 0·05 N.-E.

267 Dịnkuan 0·15 O. (?).

268 Ḥorạ dịbbạ 0·02 S.

270 Sạño gạbya 0·03 O. Zega wạnz 0·02 E.

271 Orienté de — 45'·5 en changeant le bord du ⊙. Alors 7 Ạzạzo est trop grand de 10° tout juste.

272 Distance de Loza = 0'·5 comme la donne l'estime.

273 Loza 7 doit être trop grand de 10°.

274 Distance de Galosge = 760 mètres, estimée à 400 mètres; celle de Dumi = 4', estimée 5 à 6'. Cet accord nous a paru suffisant.

275 Distance de Galosge = 3'·8, estimée à 2'. C'est le bord S.-E. de Lịbho selon les profils.

276 Caché à Galosge par Lịbho.

277 Bord O. du Mt Kidan* d'après les profils.

278 Ḥorạ dịbbạ 8 diminué de 20'. Accord des altitudes et des profils. Caché à Barnạ par Sạfed*.

279 Barnạ 0·04 O.

280 Wạsạnge 0·04 E. Barnạ 0·04 O.

281 Barnạ 0·03 O.

283 Mạnta dạbịr (fourche) 0·03 O.; apozénit fautif. Gugube 0·04 N.

285 10, 11 Gana Qịrqos 0·03 S.-E. Gugube 0·02 N.

286 Rịb 6 est autre chose.

287 Abba Foge 2 est autre chose. Maḥdạra MARYAM 0·05 S.-E. Galosge 0·06 S.-O. Dạbrạ Tabor est un mauvais signal.

292 Distance de Nabạga = 0'·82. Parfaitement orienté par la carte.

293 Mạnta dạbịr II, 6 donne la même altitude, mais passe 0'·29 plus S.-E. Ce doit être le bord E.

294 Relevé encore dans le T. d'H. **70** à Quạraṭa dont c'est l'unique azimut.

295 Qạriña 0·02 E.

297 Sạño gạbya 0·03 S.-O. Zega wạnz 0·03 N.-E.

299 Galosge a vu Buahe set et Çaqla* confondus. Étendue de 0'·09 en latitude, de 0'·15 en longitude.

300 Étendue de 0'·03 en latitude, de 0'·06 en longitude.

301 Ilot très-petit. Mis, d'après l'esquisse, sur la ligne passant entre les deux Buahe.

302 Les azimuts de Soni 38 — 41 sont trop petits de 10 à 12', ce qui peut tenir à l'orientation imparfaite du tour d'horizon **66**. Étendue de 0'·03 en lat., de 0'·17 en longitude.

303 Étendue de 0'·06 en latitude, de 0'·13 en longitude.

304 Les trois îles **302, 303** et **304** ont été construites selon le croquis de Aybạ. Bịrgịdda s'étend 0'·06 en latitude, 0'·06 en longitude.

305 Longueur de 0'·2 dans le sens N.-O. — S.-E., largeur de 0'·09.

306 Ḥorạ dịbbạ 0·04 E. Soni 0·16 S.-E. (pourrait être l'escarpement du Mt Atyar).

307 Amạdamid E 0·06 E. Liq 0·06 O. Mauvais signaux d'ailleurs. Cette station est au S.-O., et non au N.-E. de Bahr dar II comme dit le ms., car les objets depuis 334° à 73° d'azimut étaient cachés par les arbres ici, et de 73° à 334° à l'autre station. Cela est aussi confirmé par les apozénits.

308 3 Quạraṭa I 0·10 N.-O. Ce relèvement ne donne que la direction du port de Quạraṭa. Les stations Bahr dar I et II étaient séparées par des arbres. Tạgạmbạt 18 (sanctuaire de Bahr dar) 0·07 E.

309 Amạdamid α 0·04 E.

310 Église de Saint-Michel sur le faîte.

311 et **312**. Ce sont les bords ou points de faîte du bosquet principal. Bahr dar II, 7 est α et β. Bahr dar II, 6 et Tạgạmbạt 11 paraissent donner une largeur de 0'·07 au point α. Dumi I, 22 et Galosge 19 passent au milieu entre α et β, comme ils le devaient.

313 Accord des altitudes et des profils. Quạraṭa I, 15 et V, 3 ont relevé l'extrémité N. de la presqu'île. Avec Tagambat 14 ces azimuts donneraient une position par 11° 47′·55 ± 0′·05 et 35° 2′·27.

316 L'existence de cette sommité, conclue de l'accord des altitudes, est cependant douteuse, car elle semble trop reculer vers l'est la limite occidentale du lac Tana.

317 Nabaga 14 (direction) le placerait 5′·5 plus N.

318 Orienté par la carte, mais peu sûr.

321 Distance de Mahdara MARYAM = 3′·1, estimée à 2′·5. Les deux sommités observées de Nabaga ont une distance de 0′·20 N.-E. — S.-O.

323 Distance à Wasange = 4′·5, estimée de 4 à 5′. Accord des altitudes.

325 Orienté par la carte. Impossible d'orienter ce tour d'horizon parfaitement. 18 Soni Stᵉ est peut être le bout N. de Soni. 15 Karua (?) trop petit de 1″; 12 Azazo trop petit de 1° 20′ environ.

326 Azimuts bien convergents. Les altitudes s'accordent à 36 mètres près. Largeur de 0′·36 N. E. — S.-O. par Hora dibba.

328 Accord des altitudes et des profils.

334 L'un des deux apozénits de Soni ou de Qañ bet lesquels sont les seuls qui aient été pris, doit être en erreur de 2°. L'altitude par Qañ bet est 2437, par Soni 2549.

337 Soni 20 est sans apozénit et passe 0·10 trop S.-O. Ce relèvement pourrait s'appliquer à une autre des nombreuses églises de Gondar. Il passe 0·02 au N.-E. de Qᵉ. Intonyos, mais cette église est trop près et trop au-dessous de Soni.

340 Loza lui donne une largeur de 0′·13 N. — S.

341 Dahna 16 n'est qu'une direction.

342 Soni 35 : 0·10 E. Mais cet azimut tombe dans la même catégorie que ceux des îles voisines de Gorgora (*Voir* la note nº **302**) Hora dibba 9 est le seul relèvement complet. Saño gabya 6, Dinkuan 10, Tigre miçohya 11 qui passe 0·50 ou 70′ en azim. plus O., sont d'autres collines.

344 Hora dibba 12 : 1·5 O. de ce cap, et 0·09 O. du bord O. de l'île Qalamuj.

345 Tigre miçohya donne à cette île une largeur de 0′·12 E. — O. Hora dibba 11 (baie de Gulqaba) tombe sur ce même point.

346 Les écarts des trajectoires de Qalala 28 et de Zega wanz 13 sont respectivement de 0·01 N. et de 0·01 S. ce qui est autant que rien. Saño gabya 22, dit autre bord, passe 0·10 E.

348 Dumi donne à cette île une largeur de 0′·13 N. — S.

349 Tana I, 10 est un autre cap plus au S.

352 Orienté par la carte. Manta dabir IV, 27 est probablement le bord N. de l'île Igir manzo. 1, 2 Quarata passe par Quarata IV. Largeur de 0·03 E. — O. par Quarata I.

353 Distance de la station Ganja = 0′·10 = 200 mètres, estimée à une portée de fusil. Quarata n'a vu que le bord O. A Manta dabir on doit avoir vu confondues les îles Ganja et Igir manzo.

354 Étendue = 0′·04 E. — O., et 0′·10 N. — S.

355 Dumi I, 13 est quelque île voisine. Étendue = 0′·04 E. — O., et 0′·10 N. — S. On pourrait aussi combiner Quarata I, 1, 2 avec Dumi I, 13 et Quarata I, 3 avec Dumi I, 10, 12 ; ou bien encore Quarata I, 1, 2 avec Ganja 14, 15.

356 Largeur de 0′·15 E. — O. par Tagambat.

357 Placé par l'apozénit à une distance de 18′·20 de Tagambat pour avoir 395 mètres comme différence moyenne de niveau entre les îles du lac et Tagambat.

358 Bahr dar II, 8 effleure le bord O. Largeur de 0′·08 E.-O., de 0′·15 N.-S. Quarata II, 12 : 0′·15 N.-O.

359 Étendue de 0′·28 S.-O. — N.-E., de 0′·52 S. — N., de 0′·77 N.-O. — S.-E.

360 Large de 0′·06 N.-O. — S.-E. par Dumi, de 0′·10 E. — O., au plus, par Tana. Galosge 0·06 N.-O.

361 Large de 0′·09 E. — O., de 0′·18 N. — S. au moins, par Tana.

362 Large de 0′·06 N.-O. — S.-E. par Dumi, de 0′·18 environ N.-E. — S.-O. par Tana. Galosge 0·07 N.-O.

363 Large de 0′·24 N.-O. — S.-E par Dumi, de 0′·2 E. — O., au plus, par Tana.

364 Large de 0′·04 N.-O. — S.-E. Galosge 0·08 N.-O.

365 Orienté par la carte, de manière à obtenir la dist. estimée de 350 mètres pour Narga Sillase, en plaçant cet îlot sur la trajectoire de Daga β, 2.

366 Orienté par la carte ; position assez incertaine. A 60 mètres de l'eau.

367 Orienté par la carte. Peut à peine se placer.

373 Orienté de — 12′·0 par Qalala, MARYAM et Abuna Yosef. 19 Buahit s'accorde en altitude, mais non en azimut ni en profil.

374 Birkuakua 0·02 S.

376 Orienté par la carte.

378 Signal difficile à observer et à identifier. Qalala 0·18 N.-O. (trop petit de 10′?). Birko 0·33 N.-O. (trop petit de 1°).

379 Position incertaine à cause de la convergence des azimuts.

382 Bords du ⊙ changés à la suite d'une orientation.

383 Lalibala et Dahna donnent une largeur de 0′·45 N. — S.

384 L'orientation par la carte a donné 7′ à soustraire de tous les azimuts.

388 Abya 9 : 0′·10 O. Kua amba 3, en contradiction avec le profil et 0·17 O. Ces deux azimuts donneraient un autre point à 11° 59′·1 et 36° 11′·5.

389 Bords du ⊙ changés et en outre 5′·0 retranchés de tous les azimuts par l'orientation. 13 Qalala (?) est trop petit de 13° 30′ environ. Les apozénits sont fort embrouillés.

396 Abuna Yosef 0·02 N.

397 Birko 0·02 O., Šaguala 0·02 E.

398 Dumi II, 3 : 0·08 S.-E. du 1ᵉʳ et 3ᵐᵉ point. Waqqan 13 passe par le milieu du triangle formé de ces 3 points que nous avons combinés tant bien que mal. Zoz amba est une sommité plate et sans signaux naturels.

401 Le profil du nº 2 s'accorderait mieux sur Mᵗ Qandam *. Longitude d'après l'occultation observée par M. Ruppell = 35° 47′·0, sa latitude observée = 13° 6′·32.

402 Qalala 0·04 E. Abya 10 : 0·12 S.-E.

405 Station de boussole. Déclinaison = 8° par 1 Daq, cap Dabub *. Placé par l'indication de la journée de route nº **305** où il est dit que cette station était une clairière à moins de demi-montée en allant au sanctuaire de Daga Istifanos.

406 Difficile à construire. *Voir* page 137.

410 Quarata III, 8, Nabaga 40, Qañ bet II, 6 sont d'autres collines.

412 Orienté par la boussole. 1 Ile Zakaryas pourrait être Galila, mais l'azimut ne va pas à Galila.

413 A 350 mètres de Daq I, estimée à 300 ou 400 mètres.

414 On a d'abord pris pour Mota sa latitude observée de 11° 5′·62, déterminé la longitude par Gana Qirqos, etc., et avec cette position on a construit une partie du Nord de la carte du Gojjam en commençant par Boraz, Abola, Karni, Wugir, Amonewos, Titar, Elyas. Ensuite les positions de Mota et des autres points principaux ont été modifiées et corrigées par la méthode de compensation qui se trouve exposée dans le chapitre XII. *Voir* d'ailleurs page 334.

416 Orienté par la carte, d'abord par 1 Qaranyo 15. Distance de Wugir = 4′·0, estimée à 3′·5. Manta dabir fourche (par repère) 0·04 E.

417 Orienté par la carte, d'abord par 22 Karni 15. Yasanbat et Yakabat 10 : 0·02 O. Yajibe 0·04 N.-O. La station de Wugir n'est donc pas le centre du sommet plat, mais à son S.-E. Largeur de 0′·13 N.-S., de 0′·12 E.-O.

418 Distance à Karni = 1′·1, estimée à 0′·3. Distance à Wugir = 3′·3, estimée à 3′.

419 Distance à Wugir = 0′·9, estimée à 1′.

420 Manta dabir I et IV : 0·02 O.

423 Largeur de 0′·07 S.-O. — N.-E.

427 Les nᵒˢ **427** — **436** forment la chaîne de Yaqandac. Amonewos α a une largeur de 0′·04 E.-O. par Dangyame.

428 Titar 0·02 O. Dangyame 0·02 E.

430 Dangyame 0·02 E.

433 — **436**. Les trajectoires de Titar et de Mangistu coïncident presque, ici. Les positions ont été réglées sur l'accord des altitudes. *Voir* p. 316.

437 Mota 0·04 O. Qaranyo 0·04 E.

439 Largeur de 0′·05 S.-O. — N.-E. Titar 33 passe 0·12 plus S. et donnerait une altitude trop forte de 20 mètres environ.

440 2 Abba Zamu β 0·02 O.

441 Guaha o·02 O. 2 Boraz α et β o·06 S.-E. (azimut trop grand de 20').

442 Gana Qirqos o·02 S.-E. Mota 66 trop petit de 9°10' (il faudrait lire 363°47' au lieu de 354°37' dans le ms.). Signal très-confus d'ailleurs.

444 — 445 Il a fallu placer Tul sur la trajectoire de Guaha de manière que les altitudes de Guaha et de Wasfe dangya donnassent à peu près la même altitude pour Tul et que cette altitude ne différât pas trop de l'altitude observée à cette station. Ainsi on a en même temps obtenu la latitude de Wasfe dangya qui ne saurait être établie d'une manière très-certaine par Densa et Manta dabir, parce que les azimuts sont très-convergents et que les altitudes varient très-peu avec les distances. Manta dabir o·03 O. de Wasfe dangya. Distance de Angar = o'·5; Densa 12 porte l'indication : près Angar.

447 Azimuts fort convergents.

448 Les deux altitudes diffèrent de 60 mètres.

449 Accord parfait des altitudes et des profils. A Baguina on a donné à ce pic le nom de Zahansa; Baguina 1, 16 porte les noms de Sangam et de Tarqasi, avec des points d'interrogation.

450 Gurem II o·03 N.-E. Manta dabir I o·02 O.

451 Densa 2 : o·06 N.-O. de α et de β (azimut trop grand de 20'). Qaranyo 25 passe par β, mais le profil porte une flèche au dessus de la fourche entre les deux pics.

452 Extrémité N. du Mt Boraz.

453 Qaranyo 24 n'a pas d'apozénit, mais les profils prouvent l'identité.

458 Amara o·02 S. E. Dabet o·02 N.-O.

459 Amara o·04 S.-E. Dabet o·02 N.-O.

462 Dogom I o·02, II o·04 S.-E.

463 Anbar o·02 S.-E.

464 Šimbire o·03 S.-O. Yakabat o·03 N.-E.

466 Il a fallu supposer une erreur de 30' dans l'azimut du ⊙. 11 Zawa o·10 N.-O.

467 Orienté par la carte.

468 Yasanbat 4 : o·02 N.-O. de Mangistu II et o·10 N.-O. de l'église. Pour être celui de l'église l'azimut serait trop petit de 30'. Distance à Mangistu I = 3'·4, estimée à 2'·5.

469 Wugir o·02 E. Danguago o·04 E.

471 Wugir o·02 E.

472 Gabararit o·02 E.

473 A 24 mètres de la station. Yasanbat 11 : o·04 O.

474 Abbat' o·03 E.

475 Wugir o·03 S.-E. Danguago 13 est une erreur

476 Orienté par la carte. Quiy o·03 N.-O.

477 Distance à Anbar = o'·28, estimée à o'·32.

479 Distance à Danguago = 2'·43 dans la carte; réduite, elle devient 2'·39. Mesurée par la vitesse du son, elle est = 2'·46 ± o'·06; donc plus grande de o'·07.

480 7 Dogom passe o·02 S.-E. de Dogom II. 15 Amora o·02 E. 16 Quira gadal o·03 O.

481 Distance à Yawiš III = o'·29 = 540 mètres, estimée à 550 mètres.

483 Abbat' o·04 O.

484 La station du tour d'horizon **138** est située plus E. de o·04; 20 Boraz α o·03 S.-O.

487 Les azimuts de Anbar, Annamucara et Yakabat ne s'accordent pas sur ce point, mais se croisent avec Dabet 5 à 10° 20'·83, 35° 40'·44.

488 Anbar o·03 O. Peut-être aussi Gurem III, 1, dit Dinta église.

489 Anbar o·02 S. Yawis IV o·04 N.-E.

491 Yasanbat o·03 E.

494 Azimuts assez convergents.

497 Altitudes d'accord. Distance de Yawis I = 2'·8, estimée à 3'.

498 A 2' de Gurem, estimé à 3'.

499 Wugir o·06 O. Mangistu I o·10 S.-E. Annamucara 5 trop petit de 80' (o·12 N.-E.).

500 Gurem o·04 E. Yafatmat o·03 O. Largeur de o'·20 E.-O. Les n^os **500 — 503** sont les quatre Mankarakar.

501 Dogom I o·02 E. Yafatmat o·02 O. Largeur de o'·11 E.-O.

502 Dogom I o·02 E. Yawis IV o·03 E.

503 Dogom I o·02 E. Yawis IV o·02 O.

504 Agzios fatra o·03 N.-E. Dabet o·02 O.

507 Orienté par la carte.

510 Distance à Nazrit IV = o'·29 = 540 mètres, estimée à 600 mètres; à Wazzam = o'·365 = 680 mètres, estimée à 1000 mètres.

511 Orienté par la carte. Il a fallu supposer 12 Anbar trop petit de 20', et 5 Zawa trop petit de 80'.

512 Danguago o·02 O. Yasanbat o·03 N.-E. Wugir o·04 N.-O.

513 Distance à Annamucara = o'·53, estimée à o'·25.

514 Šimbire o·02 N.

516 Distance à Annamucara = o'·50, estimée à o'·3.

517 Azimuts trop convergents pour la longitude.

519 Wugir 17 (bord N.) passe o·16 au N., Gurem II, 4 (bord O.) o·10 à l'O. de β.

520 Azimuts très-convergents. L'apozénit de Mangistu est trop petit de 35'.

524 Pour avoir l'altitude que donne Wazzam, il faut supposer une erreur de 20' dans l'apozénit de Elyas. Les profils sont d'accord et Elyas 13 porte la note : faite apparent du Coqe; ce qui confirme la supposition d'une telle erreur.

526 Combinaison d'essai. Les altitudes diffèrent de 32 mètres.

527 Altitudes différant de 5 mètres.

528 L'apozénit de Dumi ne va pas.

531 Liyu' o·03 E.

532 Orienté par la carte. 5 Abola trop grand de 20'.

533 Orienté par la carte.

534 Nabaga et Saño gabya o·10 E. Les Dumi o·04 S.-E., les Manta dabir o·03 S.-E. Angar o·04 N.-O. Tigre migobya 33 : o·28 O., c'est un azimut sûr, mais sans apozénit, et il doit se rapporter à un point plus bas.

535 Elyas o·06 O.; Nabaga o·03 E.; Angar o·03 N.-O.

536 Mauvais signal. Manta dabir o·04 S.-E. Densa et Woqsosta o·05 S.-E., les Dumi o·03 E. Saño gabya o·12 E. Angar o·04 N.-O. Elyas et Innamora o·03 O.

537 Manta dabir I, 5 paraît être trop petit de 20' et se rapporter à Amdeämid α. Densa o·04 N.-O. Karni o·03 N.-E. Mauvais signal.

540 Orienté par la carte. L'azimut réciproque Woqsosta–Sakala est en erreur de 13'·5. Apozénits embrouillés.

541 — 542. Azimuts bien convergents.

543 Karni 22 passe o·26 S.-O. à la même hauteur. Cet azimut a été observé 2 fois.

544 Mauvais signal. Mota o·03 N.-O. Karni o·03 N.-E. Qaranyo o·03 S.

545 Karni 23 augmenté de 1°, parce que sans cela Sagado β passerait o·2 plus O., et les altitudes par Karni et par Qaranyo différeraient de 60 mètres. D'ailleurs Gurem II, 21 ne saurait être Cat [illegible] d'après le profil.

546 Accord excellent des azimuts et des altitudes.

547 Route **490**.

549 La route **489** donne o'·9, la route **490** : 1'·05, moyenne o'·97. La distance à Woqsosta en ligne droite est = 3'·1 (réduite?), estimée à vue = 4'.

550 Orienté par la carte, en augmentant 3 Liyuma de 70'. Distance à Innamora I = o'·8, estimée à o'·75.

551 L'apozénit de Innamora I, 8 est trop grand de 20', ce que les profils confirment.

552 Les altitudes ne sont d'accord qu'à o'·5 au N. du n° **551**, mais là les azimuts divergent de o'·3. Probablement Innamora 9 est trop fort de 20' en azimut.

553 Distance à Tanso = o'·29 = 540 mètres, estimée à 600 mètres.

554 Mauvais tour d'horizon parce que les observations originales à demi effacées par des gouttes de sueur tombée, étaient peu lisibles plus tard. Dabet o·23 S.-E., Dogom o·24 O. Abbat', bord E., o·06 O. Les relèvements de Gabararit, Quiy, Arera s'accordent encore moins.

558 Les huit sommités suivantes ont été dénommées d'après la généalogie du Ilmorma Alelu. Toute la chaîne fut nommé Ziquala par Walda Giyorgis.

562 Wazzam 6 : 0·15 S.-O.

563 — 565 Agamna 7 paraît être un point des profils de Dogom II, dont l'azimut serait 108° 17′ et l'apozénit plus petit que celui de Dogom II, 16. On a construit Loya * β avec Agamna 7, en supposant que ce point était caché par α.

568 L'apozénit de Karni 10 est trop grand de 2′.

571 Dabet 2 : 0·16 N.-O. Dangyame 6 passe exactement au milieu entre α et β.

573 1 Agaw kab 0·11 O. (trop grand de 20′). 2 Martula est trop grand de 9° tout juste. Les signaux employés sont mauvais, mais donnent une bonne distance à Dabra warq.

575 9 Mota St° trop grand de 5°. L'orientation par les azimuts comme par les apozénits donne toujours 50′ à ajouter aux azimuts. Distance à Mota = 2′·5, estimée 5 à 6′.

577 Orienté par la carte.

582 Yasanbat 0·04 E.

583 — 584 Coïncidences dans les altitudes qui pourraient être fortuites.

585 — 586 Latitudes de ces mauvais signaux déterminées par l'accord des altitudes.

587 L'altitude par Elyas est trop forte de 130 mètres. Profils d'accord. Plus loin de Yawiš I que Amora arga, conformément à la note de Yawiš I, 7.

588 Profils et altitudes d'accord. Mais Danguago 21, Yawiš III, 19 et IV 14 réclament Yawiš I, 7 pour Daguaj.

589 L'apozénit de Baguina est trop petit de 10′.

590 Tête carrée. Altitudes d'accord.

591 Pour placer cette station, on a interverti les noms des n°s 13 et 20 parce que le n° 20 est le seul auquel convienne le nom de Fudi. La position actuelle est confirmée par la latitude observée = 10° 43′·7, et par l'altitude observée = 2289 mètres. Elle permet aussi de construire les M^ts Mirgi et Sangam avec des altitudes concordantes. Les estimes des distances faites à Baguina sont très-vagues; on a estimé les M^ts Fudi et Taja à 8′ au lieu de 16′.

592 Ne peut se placer; estimé à 500 mètres au S.-O. de Baguina I. Le premier azimut, celui du bord O. de Wamet, est trop petit de 6° probablement; le ms. donne 342° au lieu de 348°.

593 Orienté par la carte, en prenant 11 Innamora MARYAM pour la station Innamora I qui est tout près de l'église. La station de Dalma étant un endroit près le bord d'une colline, était difficile à reconnaître plus tard; Elyas 5 passe 0′·2 E., Dogom I 26 : 0·65 S.-O.

594 La station à la boussole de Dambaça a Innamora I par 360°, Dalma par 171°·5. En supposant la déclinaison = 8°·8, on avait Dambaça à 35° 10′·52 par les azimuts magnétiques de Dalma et de Innamora, avec la distance de Innamora I estimée à 2′. Mais les relèvements à la boussole étant incertains de plusieurs degrés, nous avons préféré placer Dambaça par Dalma 9 (Dambaça, église de St-Michel).

595 Accord des altitudes. Woqsosta 11 porte à tort le nom de Fudi.

596 Altitudes différant de 46 mètres. Ce pic doit avoir été caché à Baguina par les arbres; peut-être est-ce Mt May non relevé de Baguina I pour cette cause.

597 Colline centrale.

599 Parfait accord des trajectoires y comprises celles de Barakat 3, Qito 21 et Ariya 2.

600 Dogom 0·02 N.-O.

602 Anafo 12 donne la direction assez bien = 289° 9′ au lieu de 292° 13′, mais la distance estimée à 3000 mètres est dans la carte = 2′·5.

604 La petite distance entre Adami Maro et Adami Adula ayant été mesurée directement par des lanières, on a construit le triangle formé par les trois stations de Adami, et sur cette base le Mt Kunc et les stations Ilfata I et II. Ensuite on a formé un réseau trigonométrique qui embrassait les stations de Adami, Ilfata I et II, Anafo, Dini, Saqa, Mile, Sibarre, Garuqqe, Daga, Falle II, Qito et les M^ts Amara, Balballa, Kunc, Egan, Bilida, Wace, Heça. Ce réseau étant construit avec les azimuts que l'on trouve à côté des positions dans la liste, fut calculé ensuite avec des équations de condition où entraient les latitudes observées à Adami, Anafo, Dini, Saqa, Qito, Sibarre, Daga, et celle de Amara par Ganu. On fixa plus tard les longitudes par les M^ts Balballa et Amara, qui servent de liaison entre le Damot et le Gojjam. Dans ces deux points dont on tendait toujours à mettre d'accord les positions en Gojjam et en Damot, on a trouvé de cette manière le moyen de corriger définitivement les positions principales du Damot ainsi que celles du Gojjam. *Voir* page 335.

612 La distance de Mile à Saqa a été obtenue par la comparaison des relèvements communs à ces deux stations.

616 Egan 0·02 S.-E. Heça 0·03 O. Garuqqe 58 : 0·15 N. Mile 40 : 0·18 S.-E.

619 Ilfata I 0·10 E. Mais Wace est un mauvais signal, vu de Ilfata.

620 Ilfata II 0·03 O.

622 Orienté par la carte. Excellent accord qui s'étend aux altitudes, malgré les petites distances des n°s 4 et 5. Le n° 6 tomberait sur le Mt Billaca si l'azimut était plus grand de 20′ et que l'on restituât l'apozénit observé de 89° 47′·8.

625 Orienté par la carte de — 27′·0. Balballa 0·02 E.

626 5 Jibate α 0·14 S.-O. (azimut trop petit de 20′). Adami 6 : 0·18 E.

627 Placé par l'apozénit combiné avec l'azimut.

630 Adulan 0·03 E. Amara 0·03 O.

634 Distance de Adami = 0′·9, estimée à 0′·7.

635 L'apozénit de Ilfata I, 23 est trop petit de 2°.

636 Accord des altitudes passable. Adami 134 passe 0′.4 plus E. et donnerait une altitude trop forte de 30 à 40 mètres. Goro Çan est d'ailleurs caché à Adami par le Mt Balballa.

637 Largeur de 0′·2 vue de Anafo. Anafo 0·06 S. *Voir* la note des azimuts ordonnés, article Anafo, page 220.

638 Sibarre 0·02 N.-O. Anafo 0·03 S.-E.

639 Barakat 0·05 E. Anafo 5 et Sibarre 34 tombent dessus, mais les altitudes sont trop fortes de 110 mètres environ.

640 Sibarre 28 : 0·03 N.-O. Toutes les autres trajectoires s'accordent, y comprises celles de Barakat 4, Qito 22, Ariya 3, Sobso 1, Watiyo 12.

641 Gurem I 0·03 N.-O. Gurem II 0·05 N.-O. Dogom I 0·04 S.-E.

642 — 644 Combinaisons d'essai. Qito 0·03 E. de γ, 0·05 E. de β; l'altitude conviendrait à β. Impossible de décider lequel des 3 azimuts de Adami doit être combiné avec Anafo 5 et Sibarre 34. Les altitudes s'accorderaient mieux sur γ, mais α et β étant plus élevés l'auraient caché.

646 L'apozénit de Amara est trop grand de 10′.

647 Amara 0·02 N.-O.

649 Sire boru et Oddo lote 0·03 E.

650 Gurem 0·04 O., apozénit trop petit de 2′.

651 Gurto 12 trop petit de 10′ en azimut (0·08 S. O.).

653 1 Dogom (observé par repère) 0·15 O. 3 Anafo n'est qu'une direction; distance = 2′·5, estimée à 3500 mètres = 1′·9.

657 Carrifatu 0·02 S.-O. Sibarre 6 : 0·04 E., Sibarre 7 : 0·30 O. L'altitude de Sibarre 6 est trop forte de 40 mètres, celle de Sibarre 7 l'est de 20 mètres.

662 Position réglée sur l'accord des altitudes. Largeur de 0′·10 E. O.

664 Coïncidence de deux altitudes.

665 Adami 7 (autre sommité) 0·13 O. Trois altitudes qui s'accordent.

666 — 667 Distance de Ariya = 26′ et 27′, estimée à 20′. Trois altitudes de Zodi * β et deux de Zodi * α qui s'accordent très-bien.

669 Rogge 0·06 N. Qito 0·04 N.-O. Hapati 0·14 E. Signal trop large et plat. Distance de Barakat = 5′·4, estimée à 4′ et une autre fois à 8′.

670 Colline noire dans un qualla. Distance de Qito = 11′, estimée à 8′.

672 Qito 5 : 0·15 N.-E. (azimut trop petit de 20′).

675 L'apozénit de Kiyo est trop grand de 20′.

678 Orienté par la carte. Jibate α 0·03 N.-E., β 0·06 S.-O. Wace 0·06 N.-E.

681 Orienté par la carte. 12 Cillimo α 0·08 N.-E (10′ en azimut).

685 Rogge 0·06 S.

686 Rogge 0·03 N.-O. Qobbo 3 passe au milieu entre les monts Rogge et

Amuma, donc à 0·45 trop vers l'Est du dernier ce qui fait supposer une erreur de 40'.

687 Distance à Kiyo = 4'·3, estimée à 1'·8 (?).

688 Dogom II, 22 : 0·06 O. Les azimuts de Ilfata I, 14, 15 sont trop petits de 20'.

690 Mauvais signal. Écarts de 0·02 à 0·05 E. et O. Rogge 29 passe à 0·10 au N.-E. de Kalo α, et il est probable que Rogge a relevé ce dernier point qui est plus élevé et plus près que Kalo β. Les altitudes de Kalo α ne sont pas très-concordantes. Adami donne 3106, la moyenne des 3 autres altitudes serait 3172 ± 12.

694 Largeur de 0'·3 N. S. Gurto 8, 9 : 0'·4 N. (les deux azimuts ont 40' de trop).

695 Distance à Kiyo, estimée à 10', est = 11'·5 pour α, = 11'·2 pour β.

696 Rogge 4 : 0·02 S.-O., l'apozénit est trop grand de 20'.

697 Altitudes en désaccord.

698 Deux altitudes qui s'accordent.

699 Sibarre 0·03 N.-E. Qobbo 0·03 S.-O. Altitudes différant jusqu'à 40 m.

700 Altitudes : 3295 par Sibarre, 3301 par Kiyo, 3321 par Adami.

701 Bord E. de Tafi. Mile 15 : 0·07 S.-O. Mile 17 (bord O.) encore 0·20 plus S.-O.

702 Saqa 0·08 E.

704 Saqa 24 : 0·11 E., Saqa 25 : 0·05 E., les deux altitudes par Saqa seraient trop fortes de 50 mètres. Sasilla était projeté sur le Mt Gumar ; et Saqa 24, 25 sont les bords d'une fente de cette dernière montagne.

705 Mile 22 (0·06 O.) est le même point relevé un autre jour. Saqa 26 : 0·03 E. La montagne Gumar a une largeur de 0'·56 E. O. d'après Mile 20, 22.

706 Dar-u 0·03 S.

708 Distance de Dar-u = 1'·15, estimée à 1'.

709 Garuqqe 0·03 N.O. Distance à Dar-u = 0'·44, estimée à 0'·3.

710 Combinaison d'essai.

712 Hapati 0·04 O. Rogge 0·05 S.-E. Mile 0·03 N.-O.

713 Hapati 0·02 S.-O. Rogge 0·07 S.-E. Mile 0·03 N.-O. Dar-u 0·05 S.-E.

715 Gabana α et β 0·04 O.

716 Mile 0·02 O. Saqa 0·03 E. Garuqqe 34 est un autre point plus bas que α et β.

717 Mile 0·08 O. Yatu 0·03 S.-E.

719 16 Bilida 0·20 N. (90').

720 Distance à Hapati = 0'·80, estimée 0'·5 et 0'·4. Billaca 0·02 S.-E.

721 Distance à Koma = 2'·3, estimée 3'. Garuqqe 0·02 E. Koma 0·02 N.-O.

722 Sobso 6 trop petit de 20'. Hapati 25 : 0·04 E., altitude à peu près juste.

723 Distance à Koma = 2'·4, estimée 2'·5.

725 Hapati 0·03 S. Altitudes passablement d'accord.

726 Falle I 0·20 N.-O. (trop grand de 20'). Altitudes et profils d'accord.

727 Koma 1 et Hapati 13 passent au dessus de Misingo γ.

733 Heça 0·05 E. Bilida 0·03 N.-O. Daga (direction) 0·12 O. Distance à Saqa = 18'·4, estimée = 20' du col de Jijilla, d'après le parcours = 16'.

734 Mile 35 ? Distance à Kocawo = 0'·7, par les journées de route = 0'·8.

739 Garuqqe 0·04 N.-O. Falle II 0·03 N.-O.

742 Dambi 0·04 N. Dar-u 0·03 S. Yatu 0·10 N.-O.

744 Falle I 0·02 O. Falle II 0·02 E.

745 Altitudes identiques. D'après les profils, Saqa a relevé le daga, et Ilfata a vu le pic qui en fait la suite.

746 Confluent des deux Gibe.

747 Distance à Halelu supposée = 1'·5 (estimé à 1 ou 2' en deçà de Halelu).

748 Placé par les différences des azimuts avec Saqa 17 et Saqa 22.

752 Apozénit de Mile augmenté de 20'. Combinaison très-incertaine par conséquent.

757 Distance estimée à 3', adoptée = 4' à cause de l'altitude observée.

760 Mile 0·12 O.

763 Mile 0·02 O. Saqa 0·02 E.

766 Garuqqe 75 : 1·0 S.-O., donne une altitude trop faible de 140 m.

767 Mile 54 : 1·6 S.-O. ; altitude plus forte de 57 mètres que celle qui est donnée par Garuqqe. De Mile on a d'ailleurs relevé le plus haut point plutôt que le bord E. de cette montagne.

769 Garuqqe 68 placerait le faîte à 8° 17'·5, 34° 10'·7 avec une altitude de 2673 mètres.

770 Tête large et plate. Qito 0·12 N. Rogge 0·14 S. Ariya 0·13 S.-O. Mile 0·12 E. ; altitude par Garuqqe trop petite de 80 mètres (2' en apozénit).

771 Rogge 0·05 S. Qito 0·05 N.

774 Largeur de 0'·02.

775 La latitude est affectée d'une incertitude de 2'. Supposé à 3' de Barakat qui est à peu près au N. de Birbirsa. La station **59**, à la boussole, le placerait à 8° 51'·3, 34° 41'·2, en supposant la déclinaison = 15° 6, et mettant Sore * pour Kunc, Wamay pour Sobso.

776 La longitude résulte des 9 meilleures entre les 14 observations de distances lunaires. Distance à Sabaqa = 21'·9. Les routes **412** et **414** donnent 12^h·8 de marche par une route sinueuse.

777 Falle I 0·09 E. Falle II 0.09 O.

778 On a essayé de placer Calla, Qawa et Micoso à la fois, par la condition que l'altitude observée de Calla, = 1920 mètres, donnât à Qawa et Micoso les mêmes altitudes que Garuqqe et les stations de Falle après avoir retranché les 30 mètres pour la hauteur moyenne. Mais alors Calla aurait une latitude de 7° 40'·7 ou 3'·4 de plus que par l'observation. L'incertitude de la latitude observée étant de 2', nous avons pris pour Calla la latitude de 7° 38'·3 en ajoutant 1' au résultat de l'observation. Ainsi l'altitude de Qawa est = 3315 par Calla, = 3315 par Falle I, = 3366 par Falle II. Celle de Micoso = 2804 par Calla, = 2812 par Garuqqe. *Voir* p. 311.

779 La distance de Calla est de 6'·7 ; Les routes **408, 409** donnent 3^h·2 et 3^h·4 de marche. La distance de Afata est à peu près égale à celle de Calla à Afata ; cela est confirmé par les routes **406** — **407** et **423** — **424** qui donnent 10^h·1 de marche de Afata à Calla comme de Afata à Jiren. Les distances sont de 23'. L'altitude de la colline en contre-haut du masara de Jiren est = 2100 par Calla 1.

780 Distance à Calla = 9'·8, à Jiren = 10'·3. Les routes donnent (**425**) 4^h·6 de marche à Jiren, (**419**) 4^h·5 et (**407**) 5^h·2 de Kiftan à Calla. Distance à Afata = 13'·0 ; la route **406** donne 4^h·9 de marche, la route **426** un peu plus de 5^h·6.

781 Distance à Calla = 7'·7 ; la route **418** donne 4^h·2 de marche. L'altitude observée est = 2176 ± 55, par Calla = 2236.

782 Voir la note du n° **778**.

783 Sadara et Hotta ont été placés à la fois, de façon que l'altitude de Hotta basée sur l'altitude observée de Sadara ne fût pas trop différente de l'altitude de Hotta donnée par Garuqqe. La construction du Mt Hotta ne permet pas d'augmenter davantage la longitude de Sadara tout en conservant sa latitude, bien que la distance de Sabaqa à Tumama devienne = 8'·5 ou un peu trop grande, la route **411** donnant seulement 2^h·0 de marche à raison de 4' par heure selon l'estime. Altitude observée = 1911, par Hotta = 1931.

784 Route **411**.

785 La route **415** donne la direction de Bonga = 138°·5, et 4^h·7 de marche à raison de 0'·5 ou 0'·7 par heure. La distance qui en résulte est de 2'·8 environ. Distance à Sabaqa = 21'. Les routes **416** — **417** donnent 16'·4 si l'on veut employer les taux estimés de la marche.

786 Altitude par Garuqqe = 3697, par Sadara = 3676. Garuqqe 40 a été pris pour Hotta, parce que l'apozénit ne convient pas à Sadara 2, dit Alla.

787 La latitude observée est incertaine de 2'. Distance à Calla = 4'·8, à Tumama = 3'·2 ; les routes donnent (**410**) 3^h·2 de marche à Calla et (**411**) 2^h·1 à Tumama.

788 Les points de la rivière Gibe ont été placés par les apozénits de manière à donner à la surface du fleuve l'altitude de la plaine de Qito. Cette altitude a été supposée = 1655 mètres, celle de la station de Qito étant de 1658 mètres. La rivière est très-lente et sinueuse, ce qui permet de supposer à la plaine une altitude uniforme. *Voir* page 312.

800 Distances à Haratu = 1'·6 et 1'·45, estimées à 1'. *Voir* page 393.

802 On a combiné Haratu 1, 2 avec Siburre 44, 42, parce que de Gobaya on a vu les deux M^ts Qalala sous un même azimut de 172°. Les altitudes de Haratu par les deux Qalala diffèrent de 80 mètres; elles seraient identiques si l'on combinait Haratu 2, 1 avec Sibarre 44, 42. Distances à Haratu = 6'·0 et 6'·3, estimées à 6'.

804 Station de boussole, décl. supposée = 8°·0 O. Balballa 0·2 S., azimut trop grand de 3°. L'apozénit de Amara ne va pas, mais les autres apozénits s'accordent assez bien. L'altitude a été déduite de celles des M^ts Balballa, Sagal marme, Sallan et Qalala; les écarts sont de ± 50 mètres, ce qui n'est pas trop pour ces relèvements grossiers. Distances à Amara, Balballa, Sagal marme = 16', 3'·6,4', estimées à 20', 2', 2'.

805 Placé par renseignements et par ces azimuts réitérés.

806 à **808** Ces trois monts dans Agbi ont été mis avec les distances mesurées dans la carte de MM. Ferret et Galinier. Les azimuts seraient plus grands de 3° environ dans cette carte, ce qui n'empêche pas d'identifier ces pics avec les signaux relevés de Zohodo.

814 Station de boussole, décl. supposée = 7°·5 O. 5 Tobo 0·2 N.-O. Distance à Saqa = 1'·6, estimée 2'·5. Altitude observée = 1991 mètres.

815 Les routes **616, 617** donnent 1^h·9 de marche de Saqa à Suntu, 2^h·4 de Suntu à Dambi, toujours à 2'·4 par heure. Nous avons supposé 2'·3 par heure, pour pouvoir placer Suntu sur la trajectoire de Saqa 23. Ainsi la distance à Saqa est = 4'·4, celle à Dambi = 5'·5.

820 A 1'·5 de May Qani-i, estimé à 1'. Altitudes différant de 20 mètres. Digsa I, 10 porte le nom de Ida abba Yasyas, le profil est une petite quille.

824 Distance à May Qani-i évaluée à 1' par la route **131.**

827 Confirmé par les profils. Altitudes différant de 40 mètres.

828 Source chaude près Atfat, à 100 mètres de la station de 'Oquwq.

829 Première station à la boussole. Distance de Gadam β supposée = 12'·5 pour avoir l'altitude de 30 mètres avec l'aponadir de 92° 21'. Cette position s'accorde très-bien avec les distances de 'Oquwq et de Habon bawah à Zullah, lesquelles résultent de la route **213.**

831 Relèvements à la planchette, orientés par la boussole et par la carte; 15 Gabana, 6 Ilala β et 4 Minjjilos ne s'accordent pas bien, le dernier est en erreur de 11° environ. Les écarts des autres trajectoires sont de 0·05 au plus. L'altitude observée est trop forte de 200 mètres à peu près, car la station de Bora ne dépasse que de 100 mètres environ le niveau de la source dont l'altitude a été trouvée = 2326 par une observation très-soignée, tandis qu'au haut du rocher on pouvait à peine lire l'hypsomètre à cause de l'obscurité. Le Mt Bora doit avoir la même élévation que les monts Bore (n^os **758** - **761**) dont il forme le bout Nord. La latitude pourrait être incertaine de 0'·1, la longitude de 0'.7 par la construction.

832 Source d'un filet d'eau, dit Çobtu Bora (gouttes du Bora), qui se joint à la rivière Bora. Les journées de route donnent la position de ce bassin au sud de la station **831,** à un quart d'heure de marche par un terrain couvert d'arbres et de roches. De là on descend vers le Nord et après une demi-heure de marche, à raison de 1' par heure, on arrive au pied du rocher où se trouve la source du Bora, un peu au N.-E. de la station **831**, c'est-à-dire du Mt Bora.

834 — **835** La route **619** donne 2^h·8 de marche, à 1' par heure, du Mt Gurduca au rocher de Bora, la route **620** donne 2^h·4 à 1' par heure de la source du Bora au Mt Gurduca; de là au Qella de Babya il y a encore 2^h·0 de marche au même taux estimé. Du Qella il y a 4^h·2 à raison de 2'·6 par heure jusqu'à Dambi. Cela donnerait pour les trois distances Bora — Gurduca — Qella — Dambi respectivement 2'·6, 2'·1 et 10'·9. Pour placer le Qella sur la trajectoire de Bora 8, il faut diminuer ces distances de $\frac{1}{7}$; on trouve alors 4'·0 et 9'·3 pour celles du Qella à Bora et à Dambi, 2'·2 pour celle de Bora au Mt Gurduca. Les positions **832** - **835** ne sont évidemment que des à peu près.

836 — **837** Positions peu certaines. Les distances estimées de Çalla doivent être trop fortes à cause du qobar; nous les avons diminuées de $\frac{1}{5}$ ce qui donnait 12' au lieu de 15' pour Qallaca, et 11' au lieu de 12 à 15' pour Qorti.

838 Bon accord des altitudes.

839 Nous avons supposé que le Mt Mada est caché à Garuqqe par le Mt Micoso qui aurait à peu près la même hauteur.

840 Haut et long daga en Kaffa. Latitude par l'accord des altitudes. Sadara 1'·5 O. Garuqqe 3' E.; on avait relevé le bout Est du daga. Distance à Sadara = 17', estimée = 15'.

841 — **843** Distances estimées = 30', 25', 5 à 7'; nous les avons prises = 24', 20', 5' respectivement, en les diminuant de $\frac{1}{5}$. La rivière Wato forme la frontière entre Kaffa et Kullo.

844 Placé immédiatement derrière les trois collines Anna*, Sanna* et Mamme*. Altitude prise = 2300 en nombre rond, plus faible de 60 à 70 mètres que celles des collines. Gombota est la capitale du pays Guma.

845 La route **508** donne 0^h·6 de marche à 2' par heure.

846 Décl. de la boussole = 6°·4 par Zalot 2 et 3. Distance à Zalot = 14', la route **544** donne 5^h·3 de marche à raison de 2'·8 par heure.

848 La construction est expliquée à la page 312.

849 — **857** Ces points ont été placés par les relèvements de Imakullu et par la carte de Moresby.

Un simple coup d'œil jeté sur les notes qui précèdent suffira pour montrer que les positions de la liste sont loin de jouir toutes d'un même degré de certitude. Nous n'avons pas dédaigné d'y faire entrer, d'une part, un petit nombre de combinaisons un peu hasardées dont l'existence réelle était indiquée seulement par l'accord des altitudes; et d'autre part, quelques positions déterminées au moyen de distances estimées à vue ou selon le temps de parcours, de relèvements à la boussole, etc. Les constructions de la première catégorie offriront toujours, à défaut de réalité, cet avantage de marquer dans la carte les points de croisement de quelques azimuts observés, dont on peut alors suivre les directions afin de découvrir les objets naturels qui ont été en vue lors de l'observation. Les positions par à-peu-près auront au moins leur utilité pour guider les voyageurs; et chacun pourra facilement augmenter le nombre de celles que nous avons données, si l'on veut se donner la peine de comparer nos azimuts sans croisement avec nos journées de route et avec les cartes soignées faites par d'autres voyageurs. Nos positions demi-géodésiques, si l'on peut s'exprimer ainsi, sont en très-petit nombre, et serviront de transition à l'ouvrage où M. d'Abbadie se propose de compléter, au moyen de renseignements oraux qu'il a recueillis, l'ensemble de ses notions sur la géographie de la Haute Éthiopie. R. R.

ADDITIONS.

Arrivés au bout de notre impression, nous n'avons pas laissé que de remarquer, par ci par là, une lacune dans notre texte, et nous avons pensé qu'il était encore temps de les combler, puisque tard vaut mieux que jamais. D'un autre côté, plusieurs savants distingués se sont occupés d'examiner les premiers fascicules de cet ouvrage à mesure qu'ils paraissaient, et ils nous ont fait l'honneur de nous adresser quelques observations sur certains points. Nous sommes trop reconnaissants de cet intérêt qu'on a bien voulu témoigner à un livre aussi aride aux yeux du grand public, pour ne pas en prendre acte dans ce chapitre des paralipomènes. Nous indiquerons toujours la page à laquelle se rapportent les corrections ou développements qui vont suivre.

Pages 18 et 140. Il nous paraît utile de dire un mot sur la manière la plus avantageuse d'observer l'angle horaire et l'azimut, c'est-à-dire d'indiquer les apozénits les plus convenables pour en déduire ces deux quantités.

Les éléments du calcul de l'angle horaire t ou de l'azimut A sont la latitude du lieu, l'apopole de l'astre que l'on observe, et sa hauteur ou son apozénit. La latitude du lieu peut être affectée d'une erreur $\Delta\varphi$, l'apopole d'une erreur Δ p (à craindre toujours lorsqu'il s'agit de la lune), et l'apozénit d'une erreur Δ z, laquelle comprend en même temps l'erreur commise dans la lecture du chronomètre. Toutes ces erreurs ou inexactitudes auront sur les valeurs calculées de l'angle horaire ou de l'azimut une certaine influence, qui est exprimée par les deux formules suivantes :

$$\Delta t = \frac{-\Delta z - \cos A\,\Delta\varphi + \cos q\,\Delta p}{\sin A \cos \varphi},$$

et

$$\Delta A = \frac{\cos q\,\Delta z - \cos t\,\Delta\varphi - \Delta p}{\sin t \cos \varphi}.$$

Ici Δt est supposé exprimé en arc; il faudrait diviser par 15 pour convertir en temps. La seule inspection de la formule qui donne Δt, fait voir qu'il faut observer au premier vertical, où l'argument est $= 90°$ ou $= 270°$, si l'on veut réduire à zéro l'influence d'une petite erreur en latitude, et à son minimum celle d'une petite erreur dans l'apozénit ou la hauteur observée. Quant à l'influence de Δp, il est facile de reconnaître qu'elle sera aussi plus petite dans le voisinage du premier vertical que partout ailleurs. En effet, sin q sera alors à son maximum, et, par suite, cos q à son minimum, en même temps que sin A sera à son maximum, ainsi que cela résulte de la relation

$$\sin A \cos \varphi = -\sin q \sin p.$$

La valeur numérique du rapport $\frac{\cos q}{\sin A}$ sera donc à son maximum pour $A = 180° \pm 90°$, c'est-à-dire au premier vertical, ou bien pour l'azimut le plus voisin du premier vertical. On en conclut que les observations de hauteurs les plus propres à donner le *temps*, sont celles qui seront faites *aussi près que possible du premier vertical.* On ne pourrait pas observer dans cet azimut même si l'astre dont il s'agirait avait une déclinaison plus grande que la latitude, ou de dénomination opposée. Le facteur cos φ au dénominateur de Δt montre encore que les hauteurs des astres donnent le temps toujours avec une exactitude d'autant moindre qu'on sera plus éloigné de l'équateur, et que cette méthode ne pourrait plus du tout servir dans les régions polaires.

Enfin, quant au choix de l'astre dont on veut observer l'angle horaire, il faudra, à moins qu'on ne s'en tienne au soleil, prendre une étoile dont la déclinaison soit plus petite que la latitude du lieu, et de même dénomination que cette dernière, puisque ces étoiles seules atteignent le premier vertical.

Considérons maintenant l'expression de ΔA. L'influence des erreurs en φ et p sera, évidemment, à un minimum pour $t = 90°$ ou $= 6^h$. Quant à Δz, son coefficient sera toujours assez petit pour $t = 90°$, puisque sin t sera alors à son maximum, et q peu éloigné de son maximum, de manière que le rapport $\frac{\cos q}{\sin t}$ se réduira à une valeur peu différente de son minimum. Il sera donc, en général, avantageux d'observer *l'azimut six heures avant ou après la culmination* de l'astre. Si ce dernier a une déclinaison plus grande, et de même signe que la latitude du lieu, de sorte qu'il vienne à culminer entre le pôle et le zénit, l'angle q peut devenir un angle droit, cas dans lequel on aura cos q = o, et l'influence d'une erreur en apozénit sur l'azimut sera nulle. Cette circonstance a lieu quand l'astre est à sa plus grande digression. Si la déclinaison de l'astre est de signe opposé à celui de la latitude, par exemple australe (négative) pour l'hémisphère boréal, son angle horaire ne peut pas atteindre 90° ou six heures; alors il faut se contenter d'observer aussi loin que possible du méridien, c'est-à-dire peu de temps après le lever ou avant le coucher de l'astre, et lorsque sa hauteur est assez grande pour que l'incertitude de la réfraction ne soit pas trop à craindre. En Éthiopie, où l'influence du qobar sur la réfraction est encore inconnue, M. d'Abbadie préférait un apozénit plus petit que 75° : en Europe on se croit à l'abri de cette source d'incertitude avec des apozénits de 80° au plus.

Si l'on voulait chercher rigoureusement le minimum du coefficient $\frac{\cos q}{\sin t}$, ou plutôt de $\left(\frac{\cos q}{\sin t}\right)^2$, l'on aurait

$$\cos q \, d\left(\frac{\cos q}{\sin t}\right) = 0.$$

Cette condition peut d'abord être satisfaite par q = 90°, ce qui donne

$$\cos t = \operatorname{tg} p \operatorname{tg} \varphi,$$

et correspond à la plus grande digression. Mais quand $\operatorname{tg} p \operatorname{tg} \varphi > 1$, ou bien $\operatorname{tg}^2 \varphi > \operatorname{tg}^2 \delta$, $p > \psi$, il faut faire :

$$d\left(\frac{\cos q}{\sin t}\right) = \cos p \sin t \sin q - \cos t \cos q \,(2 + \cot^2 q) = 0.$$

Lorsque p = 90° ou δ = 0, l'on aura t = 90°. Pour p < 90°, il viendra

$$\cos p \operatorname{tg} t = \cot q \,(2 + \cot^2 q).$$

Ceci donne, par l'équation $\sin t \cot q = \sin p \operatorname{tg} \varphi - \cos p \cos t$, une équation du quatrième degré pour cos *t*, laquelle serait trop difficile à résoudre. Mais l'on trouve aussi

$$\cos t = \sin q \operatorname{tg} q \cos A,$$

et cette formule montre que *A* et *t* doivent être tous les deux inférieurs à 90° (A étant compté du nord, *t* du sud). Car si l'un dépasse 90°, l'autre restera nécessairement au-dessous de 90°, et les signes de cos *t* et de cos A seront alors contraires. Il s'en suit que *t* et A sont *voisins* de 90°. Pour t = — 90°, on aurait $\cot A_0 = \cot p \cos \varphi$, $\sin q = \frac{\cos \varphi}{\sin p} \sin A_0$,

pour A = + 90°, » $\cos t_0 = \cot p \cot \varphi$, $\sin q = \frac{\cos \varphi}{\sin p}$.

Et les valeurs cherchées de *t* et A seront comprises entre — 90° et t_0, et entre A_0 et + 90° respectivement.

Nous supposons toujours p < 90° et > ψ. Comme sin A_0 est près de l'unité, l'angle q sera presque constant entre $A = A_0$ et A = 90°. On pourra donc prendre $m = \sin q \operatorname{tg} q$ pour une constante en faisant $\sin q = \frac{\cos \varphi}{\sin p}$ ou $= \frac{\cos \varphi}{\cos p} \cdot \frac{1 + \sin A_0}{2}$, et résoudre l'équation $\cos t = m \cdot \cos A$ par voie d'approximation, en supposant

$$\cos t \cos A_0 = \cos t_0 (\cos A_0 - \cos A),$$

ce qui donne

$$\cos t = \frac{m \cos A_0 \cos t_0}{m \cos A_0 + \cos t_0},$$

ou bien

$$\sec t = \sec t_0 + \frac{1}{m} \sec A_0,$$

$$\sec A = m \sec t_0 + \sec A_0;$$

ou bien encore

$$\sec t = \operatorname{tg} p \operatorname{tg} \varphi + \frac{\cot q}{\sin q} \sqrt{1 + \operatorname{tg}^2 p \sec^2 \varphi}.$$

Cette solution donnera pour *t* une valeur peu différente de 90°. On peut donc prendre pour règle générale : que l'azimut doit être observé environ six heures avant ou après la culmination, ou bien, si l'astre se couche moins de six heures après son passage par le méridien, aussi loin que possible de ce dernier, sauf la remarque ci-dessus fondée sur l'incertitude de la réfraction, qui exige que la hauteur dépasse 10°.

Page 41. M. Schaub, directeur de l'observatoire de la Marine à Trieste, a signalé une légère inexactitude dans la forme proposée par Gauss pour la réduction au méridien (†). Cette inexactitude, qui ne devient d'ailleurs sensible que sous les hautes latitudes, provient de ce qu'on néglige u^2, en remplaçant $\pm y + t\,\Delta p$ par $\pm \alpha\beta\,(t - u)^2$. Le résultat de cette suppression est de diminuer l'apozénit z d'une quantité $\alpha\beta\, u^2$, qu'il faudrait, par conséquent, ajouter à z pour rétablir l'exactitude de la formule de réduction. La quantité $\alpha\beta\, u^2$ est la réduction au méridien de l'apozénit observé au moment de la vraie culmination ; elle est égale aussi à la moitié de la différence entre l'apopole méridien et l'apopole au moment de la culmination, car ce dernier apopole sera $= \mathfrak{p} + u\,\Delta p = \mathfrak{p} \mp 2\,\alpha\beta\, u^2$. Il s'en suit que, si l'on prend l'apopole $\mathfrak{p}'$ correspondant à l'instant moyen entre le passage méridien et la culmination vraie, l'on aura

$$\mathfrak{p}' = \mathfrak{p} \mp \alpha\beta\, u^2$$

et la valeur corrigée de ψ sera

$$\begin{aligned}\psi &= \mathfrak{p} \mp (z + \alpha\beta\, u^2 + w) \pm \alpha\beta\,(t - u)^2 \\ &= \mathfrak{p}' \mp (z + w) \pm \alpha\beta\,(t - u)^2.\end{aligned}$$

Il faut donc, pour ne rien négliger, *compter les angles horaires à partir du temps de la vraie culmination* (midi vrai + u), et *prendre l'apopole* ou *la déclinaison pour le moment moyen entre la culmination et le passage méridien* (midi vrai $+ \frac{1}{2}$ u). La correction $\alpha\beta\, u^2$ étant d'ailleurs égale à $\mp \frac{1}{2}\, u\, \Delta p = \dfrac{\Delta p^2 \sin z}{4\,\beta \sin p \cos \varphi}$, l'on voit qu'elle ne sera sensible que pour de grandes valeurs de φ et de Δp. Supposons, par exemple, $p = 90^\circ$, $\Delta p = 0''{\cdot}0164$, la correction sera $= 0''{\cdot}124 \operatorname{tg} \varphi$; elle montera donc à $0''{\cdot}21$, $0''{\cdot}34$, $0''{\cdot}70$ respectivement pour $\varphi = 60^\circ, 70^\circ, 80^\circ$. Sous la latitude de 15°, son maximum serait $0''{\cdot}03$.

Page 46. *Méthode d'observer la longitude sans chronomètre* (††). Le voyageur qui, par un accident quelconque, se verrait privé de son garde-temps, pourrait néanmoins obtenir non-seulement l'azimut et la latitude, mais encore la longitude, au moyen d'un bon théodolite à deux cercles. L'azimut, ou la direction du méridien, se trouve, par la méthode des azimuts correspondants exposée aux pages 143-145 ; on remarquera que la correction $\mathfrak{U}$ de la page 144 s'obtient facilement en déduisant l'intervalle τ de l'azimut observé W. La méthode pour trouver la latitude est indiquée aux pages 46–48. Supposant alors que l'on connaisse déjà ce dernier élément, j'imagine qu'on peut faire une série d'observations alternatives de la lune et d'une étoile, en notant toujours, à la fois, l'apozénit et l'azimut des deux astres. Par exemple, on laisserait d'abord arriver à la croisée des fils les bords droit et supérieur (inférieur le soir), puis les bords droit et inférieur (supérieur) de la lune, ensuite on prendrait les bords gauche et supérieur (inférieur), gauche et inférieur (supérieur). Après avoir alors pointé sur une étoile voisine dont on prendrait également l'azimut et l'apozénit, on retournerait à la lune pour faire quatre observations doubles, puis de nouveau à l'étoile, et ainsi de suite. Les apozénits de l'étoile donneront alors ses azimuts et ses angles horaires, c'est-à-dire l'heure de chaque observation stellaire. Les azimuts de l'étoile serviront à déterminer le point nord de l'instrument, et par suite, à orienter les azimuts de la lune ; et pourvu que les opérations dont il s'agit soient faites avec une certaine régularité, l'on pourra encore, avec une assez grande approximation, prendre la moyenne des heures qui se rapportent à l'étoile, pour le milieu des observations lunaires. Avec ces données, et en employant deux longitudes supposées, différant l'une de l'autre de 100 secondes (*voir* page 95), on calculerait deux petites éphémérides parallèles des apozénits et azimuts de la lune. Connaissant à peu près l'heure du milieu des observations, l'on pourra choisir le temps moyen t du lieu, de manière que la série entière se trouve comprise entre deux ou quatre des heures suivantes :

$$t,\ t + 30^m,\ t + 1^h,\ t + 1^h\,30^m.$$

Soient encore l et $l + 100^s$ les deux longitudes supposées à l'est de Greenwich, et $t - l = \mathfrak{t}$, $t - l - 100^s = \mathfrak{t}'$, alors on aura à calculer huit valeurs de z et huit valeurs de A pour les huit heures suivantes de Greenwich :

$$\begin{aligned}&\mathfrak{t},\ \mathfrak{t} + 30^m,\ \mathfrak{t} + 1^h,\ \mathfrak{t} + 1^h\,30^m, \\ &\mathfrak{t}',\ \mathfrak{t}' + 30^m,\ \mathfrak{t}' + 1^h,\ \mathfrak{t}' + 1^h\,30^m.\end{aligned}$$

De ces deux séries de valeurs corrélatives, correspondant la première à la longitude l, la seconde à la longitude $l + 100$, on déduirait, par interpolation, deux systèmes d'apozénits relatifs aux azimuts vrais observés. Ces azimuts observés remplaceraient donc les lectures de la montre qui servent d'argument aux éphémérides calculées pour la méthode ordinaire des hauteurs lunaires (page 101). Enfin, la correction x de la longitude supposée l serait déterminée à l'aide des coefficients différentiels $\frac{dz}{dl}$ qui résultent de la comparaison des deux systèmes d'apozénits dont je viens de parler ; on trouverait

$$x = \frac{z\ \text{obs.} - z\ \text{calc.}}{\dfrac{dz}{dl}} = \frac{dl}{dz}\,(z\ \text{obs.} - z\ \text{calc.}).$$

(†) *Astronomische Nachrichten*, n° 1207, page 109.

(††) Déjà inséré dans les *Astronomische Nachrichten*, n° 1294, et dans les *Monthly Notices*, n° 5, vol. XXI.

L'expression analytique du coefficient $\frac{dl}{dz}$, qui mesure l'influence des erreurs d'observation sur la longitude conclue, est ce qui suit :

$$\frac{dl}{dz} = \frac{1 - \Delta a}{\Delta \delta} \cos q + \frac{1}{15} \sec \delta \sin q,$$

où toutes les quantités ont la même signification qu'à la page 327, excepté toutefois que Δa est ici exprimé en secondes de temps, à la page 327 en secondes d'arc. On aura toujours $\frac{1}{\Delta \delta} > 4$, $\Delta a < 0^s05$, $\frac{1}{15} \sec \delta$ entre 0^s07 et 0^s08.

Si l'on veut employer ce genre d'observations avec quelque succès, il faudra, évidemment, choisir les époques où la lune est voisine de l'équateur, parce qu'alors son mouvement en déclinaison est assez sensible et le facteur $\frac{1}{\Delta \delta}$ moins considérable. De plus, il faut que l'angle q soit aussi grand que possible ; il s'en suit que la méthode en question conviendra surtout aux latitudes peu élevées, et qu'on devra observer dans le voisinage du premier vertical, deux conditions qui s'appliquent également à la méthode ordinaire des hauteurs lunaires. Ajoutons qu'il sera favorable de faire les observations à l'Est quand la déclinaison sera croissante ($\Delta \delta$ positif, sin q négatif), et à l'Ouest quand elle sera décroissante ($\Delta \delta$ négatif, sin q positif).

Voilà donc un moyen de trouver la position géographique d'un lieu donné, sans recourir à l'usage du chronomètre. Je n'ai pas d'exemple à ajouter à cet exposé du principe de la méthode, car elle n'a pas encore été essayée ; aussi m'est-il difficile de juger d'avance de sa valeur pratique. Le principal obstacle qui pourrait s'opposer à son emploi, serait peut-être la difficulté d'avoir des cercles azimutaux divisés avec une exactitude suffisante. Mais quoi qu'il en soit, il y aurait, sans doute, quelque intérêt à éprouver par l'expérience ces méthodes indépendantes du temps. R. R.

Page 91. Les manuscrits de M. d'Abbadie contiennent quelques éclipses de satellites de Jupiter, observées en Éthiopie, et une notée en Arabie. Les résultats de ce genre d'observations n'approchent pas de l'exactitude que donnent les occultations d'étoiles par la lune, mais nous pensons qu'il ne sera pas inutile de les citer ici.

'Adwa.

1840. Mars 29 : lundi matin.

Immersion du 1er satellite de Jupiter à $1^h 39^m 14^s{\cdot}0$ du chronomètre 𝔄. Jupiter avait deux belles bandes parallèles à son équateur ; la plus méridionale mieux tranchée, quoique aussi large que l'autre. J'ai employé le plus fort oculaire de mon micromètre.

Longitude conclue : $2^h 26^m 7^s$ à l'est de Paris.

1840. Avril 7 : mardi soir.

Immersion du 1er satellite de Jupiter à $8^h 52^m 28^s$ du chronomètre 𝔈. Incertitude de 4 à 5 secondes. Jupiter avait ses deux bandes bien visibles, mais le contour de la planète était mal dessiné. Ciel en apparence parfaitement pur.

Longitude conclue : $2^h 25^m 58^s$ à l'est de Paris.

1840. Avril 24 : samedi matin.

Immersion du 2e satellite de Jupiter à $11^h 56^m 10^s$ du chronomètre 𝔈. Les deux bandes de Jupiter étaient bien visibles, mais il y avait une sorte de nuage blanc d'un côté du bord, peut-être par un défaut de mon oculaire, le plus faible de mes oculaires positifs. Je crus un instant ne plus voir l'astre à $11^h 56^m 0^s$, de sorte qu'il y aurait peut-être incertitude de 10 secondes sur cette observation.

Longitude conclue : $2^h 25^m 55^s$ à l'est de Paris.

1840. Avril 28 : mercredi matin.

Immersion du 1er satellite de Jupiter à $2^h 35^m 54^s$ du chronomètre 𝔈. J'ai usé du plus fort oculaire du micromètre, qui donne toujours l'image la plus claire. Jupiter était fort bas et commençait à être coloré par les vapeurs de l'horizon. Les deux bandes se voyaient très-bien. Je me crois sûr de cette observation à 5 secondes près.

Longitude conclue : $2^h 25^m 17^s$ à l'est de Paris.

1840. Avril 30 : jeudi soir.

Immersion du 1er satellite à $9^h 4^m 42^s{\cdot}0$ du chronomètre 𝔈. Les deux bandes de Jupiter étaient bien définies, l'astre net et bien terminé. Je crois être sûr de cette observation à 5 secondes près.

Longitude conclue : $2^h 25^m 16^s$ à l'est de Paris.

Jiddah.

1838. Janvier 31 : jeudi matin.

Immersion du 2e satellite de Jupiter à $3^h\ 57^m\ 58^s{\cdot}8$ du chronomètre ♃, et à $3^h\ 37^m\ 31^s{\cdot}2$ du chronomètre ♁. Les deux bandes étaient bien visibles. Incertitude de 3 à 4 secondes.

Longitude conclue : $2^h\ 27^m\ 40^s$ à l'est de Paris.

NOTA. Les longitudes sont ici conclues des heures données par le *Nautical Almanac*. Celle de *Jiddah* paraît un peu trop forte, celles de *'Adwa* sont toutes trop faibles. Il s'en suit que les immersions des satellites auraient été, en général, observées trop tôt, ce qui s'expliquerait par la petitesse de la lunette employée.

Page 134. M. Fizeau nous a fait cette remarque que, dans l'expression de la vitesse du son v, nous avons conservé l'ancien coefficient thermique 0·00375, qui est celui de Gay-Lussac, et qu'il vaudrait mieux employer le coefficient thermique 0·00366, qui résulte des expériences modernes de M. Regnault. L'effet de cette substitution sur la valeur de v est, à la vérité, très-peu sensible ; mais comme nous tenons à ne négliger aucun perfectionnement que l'on a la bonté de nous signaler, nous allons indiquer les changements que l'introduction du coefficient 0·00366 au lieu de 0·00375 comporte aux pages 134 et 135. D'abord, il faudrait substituer, dans l'expression développée de v,

$$341{\cdot}10 + 0{\cdot}592\,(T - 15) \text{ pour } 341{\cdot}31 + 0{\cdot}606\,(T - 15),$$

ou bien soustraire $0{\cdot}014\ T$ de l'ancienne expression. Puis, à la page 135, dans le tableau des bases calculées, les changements des nombres contenus dans les deux dernières colonnes, seraient les suivants :

v	Distance b
— 0·32	— 3
— 0·38	— 3
— 0·24	— 3
— 0·21	— 3
— 0·22	— 3
— 0·31	— 4
— 0·14	— 0
— 0·50	— 9

Il en résulte qu'il faudrait changer, comme ci-après, trois colonnes du petit tableau de comparaison :

b	**b**	Différence.
2900	2834	— 121
4517	4504	...
4568	4565	— 119
811	803	— 27
6430	6429	+ 27

Pages 261 *et* 290. M. Villarceau a communiqué au Bureau des longitudes, dans sa séance du 17 avril 1861, une remarque très-curieuse sur la formule qui sert à calculer la convergence des méridiens, quantité que nous avons toujours désignée par $2\ \mathbf{g}$. Le savant astronome a trouvé que l'expression $(l_1 - l) \sin\varphi_0 \sec\frac{1}{2}(\varphi_1 - \varphi)$ est moins exacte que la formule abrégée $(l_1 - l) \sin\varphi_0$, et que, si l'on veut arriver à une approximation plus grande, il faut *multiplier* cette dernière par $\cos\frac{1}{2}(\varphi_1 - \varphi)$ au lieu de la diviser par le même facteur, comme c'est l'usage au Dépôt de la guerre.

Voici la démonstration de cette correction, d'après une note que M. Villarceau a bien voulu rédiger pour nous. La formule

$$2\,\mathbf{g} = (l_1 - l) \sin\varphi_0 \sec\tfrac{1}{2}(\varphi_1 - \varphi)$$

est inexacte dans les termes du troisième ordre comme chacun le sait ; on l'a adoptée à cause de sa grande simplicité et des faibles erreurs dont elle est susceptible. Mais il y a une autre formule également simple et cependant encore moins fautive. Les expressions exactes jusque dans les termes du troisième ordre, que fournit la trigonométrie sphéroïdique, peuvent se mettre sur les trois formes suivantes :

$$\begin{aligned} 2\,\mathbf{g} &= (l_1 - l) \sin\varphi_0 \cos\tfrac{1}{2}(\varphi_1 - \varphi) \left\{ 1 - \tfrac{1}{4}\sin^2 s \cos 2A \right\} \\ &= (l_1 - l) \sin\varphi_0 \left\{ 1 - \tfrac{1}{16}\sin^2 s\,(1 + 5\cos 2A) \right\} \\ &= (l_1 - l) \sin\varphi_0 \sec\tfrac{1}{2}(\varphi_1 - \varphi) \left\{ 1 - \tfrac{1}{8}\sin^2 s\,(1 + 3\cos 2A) \right\} \end{aligned}$$

Les deux formules des pages 261 et 290 s'obtiennent en réduisant à l'unité les parenthèses de la troisième et de la deuxième de ces formules. Si l'on réduit pareillement à l'unité la première parenthèse, on trouve

$$2\,g = (l_1 - l)\sin\varphi_0 \cos\tfrac{1}{2}(\varphi_1 - \varphi);$$

il s'agit de montrer que cette expression est plus exacte que les deux autres. Les termes du troisième ordre que l'on néglige dans les trois cas, peuvent être mis sous la forme unique

$$-\frac{1}{8}\frac{\sin^3 s}{\sin 1'}\,\mathrm{tg}\,\varphi_0 \left\{ x\cos^2 A + 2\cos 2A \right\} \sin A,$$

où x désigne successivement les trois nombres o, 1, 2. Pour une valeur donnée de s, la valeur maximum de ce terme répond à $A = \pm 90°$; elle est d'ailleurs la même dans les trois cas, et égale à $\frac{1}{4}\frac{\sin^3 s}{\sin 1'}\,\mathrm{tg}\,\varphi_0$. Il faut donc, pour décider entre les trois formules abrégées, recourir à la considération de l'erreur moyenne qui a pour expression :

$$\pm \frac{1}{8}\frac{\sin^3 s}{\sin 1'}\,\mathrm{tg}\,\varphi_0 \sqrt{\frac{1}{2\pi}\int_0^{2\pi}(x\cos^2 A + 2\cos 2A)^2 \sin^2 A\, dA}$$

ou bien

$$\pm \frac{1}{8}\frac{\sin^3 s}{\sin 1'}\,\mathrm{tg}\,\varphi_0 \sqrt{1 + \left(\frac{x}{4}\right)^2}$$

En faisant successivement $x = 0$, $x = 1$, $x = 2$, le radical devient $\sqrt{16}$, $\sqrt{17}$, $\sqrt{20}$; le premier de ces nombres représente exactement la moitié de l'erreur maximum commune aux trois formules abrégées, et il est visible que la moindre erreur moyenne répond à la première de ces formules, c'est-à-dire à la suivante :

$$2\,g = (l_1 - l)\sin\varphi_0 \cos\tfrac{1}{2}(\varphi_1 - \varphi).$$

Pages 325 et 327. M. Villarceau nous a fait une observation très-ingénieuse à propos des différentes méthodes qui servent à trouver la longitude, observation que nous sommes heureux de communiquer à nos lecteurs. L'expression de l'erreur de la longitude obtenue par des hauteurs observées de la lune, contient au dénominateur le cosinus de la latitude ; l'exactitude de la méthode diminuera donc, en apparence, en même temps que la latitude augmentera. Cette considération doit aussi s'étendre à toutes les observations par lesquelles les voyageurs ont l'habitude de trouver la longitude ; car l'erreur inhérente à la détermination du temps moyen de l'observation se rejette sur la longitude qui en résulte, et cette erreur est elle-même en raison inverse du cosinus de la latitude, puisque nous avons

$$dt = \frac{-dz - \cos A\, d\varphi + \cos q\, dp}{\sin A \cos\varphi}.$$

Il est donc clair qu'une longitude déterminée en voyage par les moyens ordinaires, sera d'autant moins exacte que la latitude du lieu d'observation sera plus élevée. Mais il ne faut pas oublier qu'il s'agit ici de la longitude exprimée en temps ou en parties de l'arc, c'est-à-dire de la longitude mesurée sur le ciel ; si l'on veut la mesurer sur la terre, et exprimer les différences de longitude en milles ou kilomètres, ce qui suffit pour les besoins de la géographie et pour le tracé des cartes, l'erreur qui provient de l'observation sera indépendante de la latitude. En effet, les longueurs absolues qui, sur les différents parallèles, correspondent à des arcs donnés, sont, comme les rayons de ces parallèles, proportionnelles au cosinus de la latitude ; si, donc, l'erreur à craindre sur la longitude, dans l'acception astronomique du mot, croît avec la latitude du lieu d'observation, la valeur métrique ou absolue de cette même erreur diminue toujours dans le même rapport, de sorte que, finalement, l'erreur probable exprimée en mètres sera la même pour toutes les latitudes. Cette remarque est d'une grande importance pour les géographes.

Mais nous avons encore une autre remarque à faire relativement à l'exactitude des résultats fournis par les observations de la lune. L'erreur de la longitude conclue de distances astrales ou zénitales de la lune était (p. 327) :

$$dl = \frac{dD}{\Delta a \cos\delta \sin ☾ + \Delta\delta \cos ☾},$$

ou

$$dl = \frac{dz}{\Delta a \cos\delta \sin q + \Delta\delta \cos q}$$

respectivement. Nous avons ici changé le signe de l'angle ☾ dans la première de ces deux formules, pour l'assimiler davantage à l'angle q, dans lequel il se transforme si l'on conçoit que l'astre observé avec la lune se trouve au zénit. Ces deux angles seront donc positifs toutes les fois que la lune sera à l'ouest du zénit ou de l'astre auquel elle sera comparée, et négatifs dans le cas contraire. Si l'on designe par υ l'angle que la direction du mouvement propre de la lune forme avec le cercle de déclinaison, l'on aura

$$\mathrm{tg}\,\upsilon = \frac{\Delta a \cos\delta}{\Delta\delta}.$$

L'angle compris entre cette direction d'une part, et le cercle vertical ou la direction de la distance D d'autre part, sera respectivement $\upsilon - q$ ou $\upsilon - ☾$. La projection du mouvement de la lune sur la direction de l'arc z sera, par conséquent :

$$= \cos(\upsilon - q) \sqrt{\Delta a^2 \cos^2 \delta + \Delta \delta^2} = \Delta a \cos \delta \sin q + \Delta \delta \cos q,$$

et de la même manière le mouvement projeté sur la direction de la distance D sera

$$= \cos(\upsilon - ☾) \sqrt{\Delta a^2 \cos^2 \delta + \Delta \delta^2} = \Delta a \cos \delta \sin ☾ + \Delta \delta \cos ☾.$$

Il en résulte une transformation très-élégante des deux expressions de dl, qui deviennent

$$dl = \frac{dD \,.\, \sec(\upsilon - ☾)}{\sqrt{\Delta a^2 \cos^2 \delta + \Delta \delta^2}},$$

et

$$dl = \frac{dz \,.\, \sec(\upsilon - q)}{\sqrt{\Delta a^2 \cos^2 \delta + \Delta \delta^2}}.$$

On n'a qu'à regarder ces formules pour se convaincre que l'exactitude des deux méthodes dont il s'agit dépend de la petitesse de l'angle que la direction du mouvement propre de la lune forme avec la direction de la ligne qui joint la lune au zénit ou à l'astre de comparaison. Le mouvement total de la lune pendant 1 seconde, exprimé par le radical au dénominateur de dl, varie entre 0″·5 et 0″·6, sa valeur réciproque sera donc comprise entre 2 et 1·6, et en moyenne égale à 1·8. Par suite,

$$dl = (1{\cdot}8 \pm 0{\cdot}2) \sec(\upsilon - ☾) \,.\, dD$$

et

$$= (1{\cdot}8 \pm 0{\cdot}2) \sec(\upsilon - q) \,.\, dz.$$

L'étoile que l'on veut comparer à la lune, devra donc être choisie de manière que le mouvement propre de la lune soit à peu près dirigé vers cette étoile, ou bien dans la direction opposée, afin que l'angle $\upsilon - ☾$ devienne aussi différent que possible de 90°, et la variation de D aussi rapide que possible. Lorsqu'on observe des hauteurs, il s'agira de choisir le vertical de manière à obtenir une petite valeur pour l'angle $\upsilon - q$. Il faudra donc observer à l'est du méridien, où q est négatif, lorsque $\Delta\delta$, et par suite υ, seront négatifs; à l'ouest, au contraire, lorsque υ et $\Delta\delta$ seront positifs. La valeur positive de l'angle υ est comprise entre 60° et 90°; il varie très-peu pendant la durée d'un jour. Le meilleur vertical sera donc celui où l'angle parallatique (angle de variation) q différera le moins de l'angle donné. Sous les latitudes élevées, l'angle q sera toujours plus petit que υ, il faudra donc le prendre aussi grand que possible, et l'on y parviendra en observant aussi près qu'on pourra du premier vertical. Dans les latitudes au-dessous de 30°, q peut égaler υ, et alors on trouvera l'azimut du vertical le plus favorable, en faisant $q = \upsilon$, ce qui donne

$$\sin A = -\sin \upsilon \cos \delta \sec \varphi.$$

Le facteur $\sin \upsilon \cos \delta$ étant d'ailleurs compris entre 0·86 et 0·88, l'on aura en moyenne

$$\sin A = \pm\, 0{\cdot}87 \sec \varphi.$$

Pour $\varphi = 10°$, $\delta = 28°$, $\upsilon = 90°$, c'est-à-dire lorsque le mouvement en δ est très-faible, on trouvera ainsi $A = -63°\,45'$ environ.

Page 327. M. Rüppell, à la page 294 de son *Voyage en Nubie*, donne pour la longitude de *Muçawwʿa*, déduite de 5 occultations d'étoiles par la lune,

$$2^h\, 28^m\, 37^s{\cdot}8\,;$$

nous avons par la géodésie

$$2^h\, 28^m\, 38^s{\cdot}2,$$

la différence est donc seulement de $0^s{\cdot}4$. Mais le résultat cité par le voyageur allemand repose encore sur l'emploi des anciennes tables; il nous a donc paru important de chercher si l'usage des tables lunaires de Hansen ne modifierait pas le bel accord du chiffre de M. Rüppell avec le nôtre. Voici d'abord les observations originales (†) :

(†) Reisen in Nubien, Kordofan und dem petraeischen Arabien. Von Dr Eduard Rüppell. Francfort s. M. 1829. 8vo, page 369.

Immersions d'étoiles au bord obscur de la lune, observées à Muçawwʻa.

1826. Décembre 3. Dimanche soir.

Trois étoiles du Capricorne.

Grandeur.	Temps du Chronomètre.	Remarques.
8	8h 56m 23s	Bonne observation.
7-8	9 0 26	id.
5	9 49 20	Excellente obs.

1827. Mars 1er. Jeudi soir.

Deux étoiles des Poissons.

Grandeur.	Temps du Chronomètre.	Remarques.
6	6h 24m 56s	Excellente obs.
8	7 18 48 ± 1s	Nuages.

Les observations de hauteurs correspondantes nous ont fourni l'état du chronomètre de M. Rüppell ; en supposant alors *Muçawwʻa* à 2h 37m 59s à l'est de Greenwich, nous avons converti les heures observées en heures moyennes de Greenwich, et M. Oeltzen a calculé pour ces instants les lieux de la lune d'après les tables de Hansen, comme ci-après :

	T. m. Greenwich.	Æ ☾	p ☾	Parallaxe.	Demi. diam.
1826. Déc. 3.	5h 20m 49s ·0	310° 26′ 57″ ·4	102° 58′ 45″ ·7	58′ 38″ ·66	16′ 0″ ·39
	5 24 52 ·0	310 29 15 ·6	102 58 6 ·1	58 38 ·50	16 0 ·34
	6 13 47 ·2	310 57 5 ·0	102 50 7 ·7	58 36 ·60	15 59 ·84
1827. Mars 1er.	4 4 32 ·1	22 40 23 ·5	78 30 54 ·0	55 27 ·32	15 8 ·18
	4 58 26 ·4	23 7 41 ·0	78 22 53 ·7	55 26 ·00	15 7 ·81

Les cinq étoiles de *Muçawwʻa* se trouvent dans le catalogue de Lalande, et, à l'exception de la deuxième, dans les zones de Bessel, réduites à l'année 1825 par Weisse. Les grandeurs sont, en général, d'une unité au-dessous des estimations de M. Rüppell. Nous donnons ci-après les positions apparentes que nous avons adoptées, et les valeurs de la longitude de *Muçawwʻa* que nous en avons conclues :

Désignation des étoiles.		Grandeur.	Position apparente 1826·92. Æ	p	Longitude conclue.
Lal. 40131.	Weisse 1022.	8	309° 41′ 1″·0	103° 5′ 9″ ·7	2h 29m 17s
Lal. 40159.		7-8	309 53 1 ·7	103 14 32 ·3	2 29 12
Lal. 40209.	Weisse 1091.	6·7	310 17 13 ·6	103 10 39 ·1	2 29 11
B. A. C. 7221.					
			Position apparente 1827·16.		
Lal. 2970.	Weisse 513.	7	22 7 22 ·8	78 48 27 ·2	2 28 18
Lal. 3028.	Weisse 539.	8·9	22 30 6 ·2	78 26 37 ·7	2 28 25

La moyenne est 2h 28m 52s à l'est de Paris. L'accord intérieur des deux séries étant satisfaisant, il est plus que probable que la différence des deux résultats doit être attribuée aux erreurs des tables lunaires.

Page 46. M. de Littrow nous écrit que la méthode d'observer la latitude sans chronomètre, se trouve déjà indiquée dans l'ouvrage de son père : *Vorlesungen über Astronomie*, 1830.

ERRATA DE LA *LISTE DES POSITIONS.*

Au lieu de					*Lisez :*				
Nos Not.	Nom du point.	Latitude.	Longitude.	Altitude.	Nos Not.	Nom du point.	Latitude.	Longitude.	Altitude.
18			37° 9'·44					36°59'·44	
19			37 9 ·32					36 59 ·32	
40	Guzạt					Guzat			
47				3 Sạloda					103 Sạloda
50					50 †				
55 †					55				
64	Dạnšalla*					Danšạlla*			
67			36 49 ·62					36 39 ·62	
82			May Qanị-ị 7 Guzạt 1					May Qanị-ị 5 Guzat 1	
147 et 148	Asạr*					Asar*			
181				3952					2952
183			36 2 ·48					36 5 ·98	
184			36 0 ·80					36 4 ·41	
185			36 5 ·98					36 2 ·48	
186			36 4 ·41					36 0 ·80	
187			36 9 ·76					35 59 ·76	
190					190 †				
218			35 39 ·78					35 29 ·78	
221					221 †				
228					228 †				
235, 7, 8, 240, 2, 5, 6, 250, 253, 265, 8, 270,				Zegạ					Zega
257					257 †				
261					261 †				
266					266 †				
272					272 †				
286, 8, 293, 297, 315, 346, 348				Zegạ					Zega
294	Dama					Dạma			
309					309 †				
319				2405					2340
419			35 49 ·36					35 39 ·36	
420			35 19 ·81					35 9 ·81	
436					436 †				
449					449 †				
491		10°11'·02					10°11'·62		
492			35 39 ·19					35 29 ·19	
515 †					515				
543	Çat warqa					Çat wạrka			
547			34 53 ·46					34 53 ·36	
548		10 58 ·05	34 52 ·34	2755			10 58 ·27	34 52 ·62	2778
549		10 57 ·09	34 52 ·13	2831			10 57 ·51	34 52 ·46	2843
564					564 †				
565					565 †				
567				4976					3976
578	Asa wịba					Asa wạba			
588		10 41					10 41 ·49		
589		10 47					10 47 ·31		
590		10 46					10 46 ·59		
591		10 4 19					10 44 ·19		
593				2435					2370
595				3000					2936
632				3970					1870
633				3964					1864
708			34 33 ·87					34 32 ·87	
783					783 †				
802					802 †				
804					804 †				
814					814 †				
815			34 49 ·3		815 †			34 39 ·3	
819				2770					2570
820					820 †				
824					824 †				
827					827 †				
828					828 †				
829					829 †				
835	Mt Garduca					Mt Gurduca			
853	Cap A'bd ạl-qadạr					Cap 'Abd ạl qadạr			

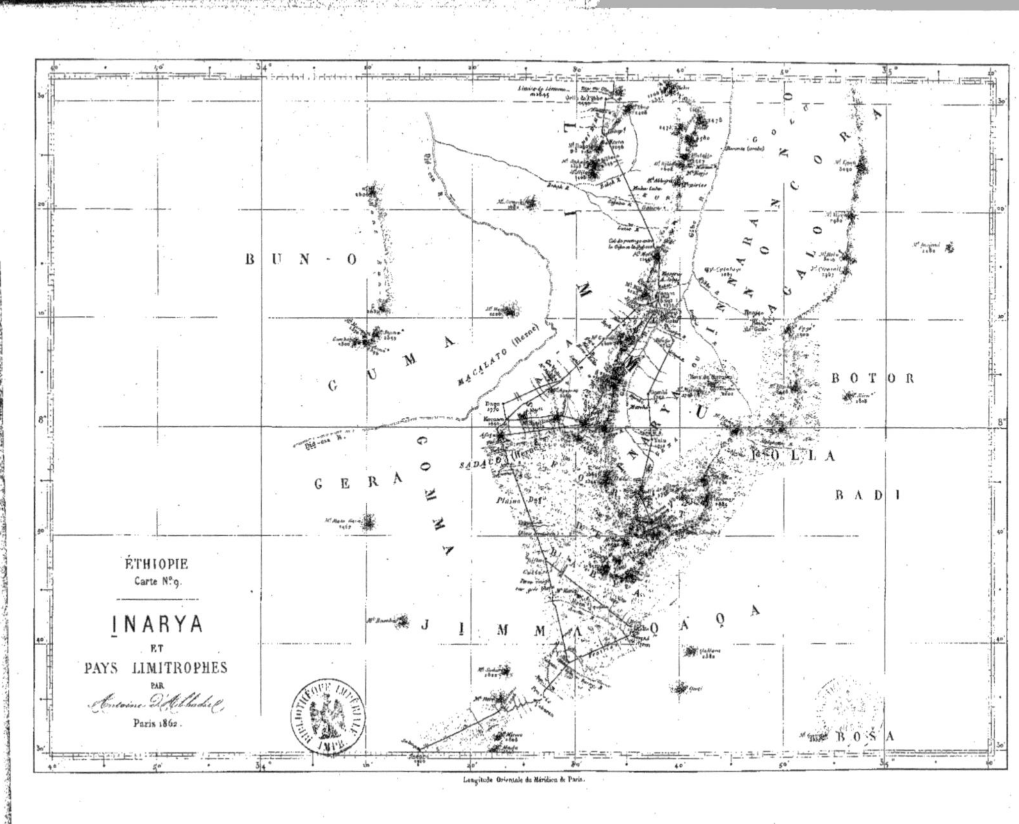
ÉTHIOPIE
Carte N°. 9.
INARYA
ET
PAYS LIMITROPHES
PAR
Antoine d'Abbadie
Paris 1862.
BUN-O
GUMA
MACALATO (Bezne)
GERA
GOMMA
SADALO
Plaine Daf
JIMMA
QAQA
BOTOR
OLLA
BADI
BOSA
Longitude Orientale du Méridien de Paris.

30

20

10

7

50

40

30

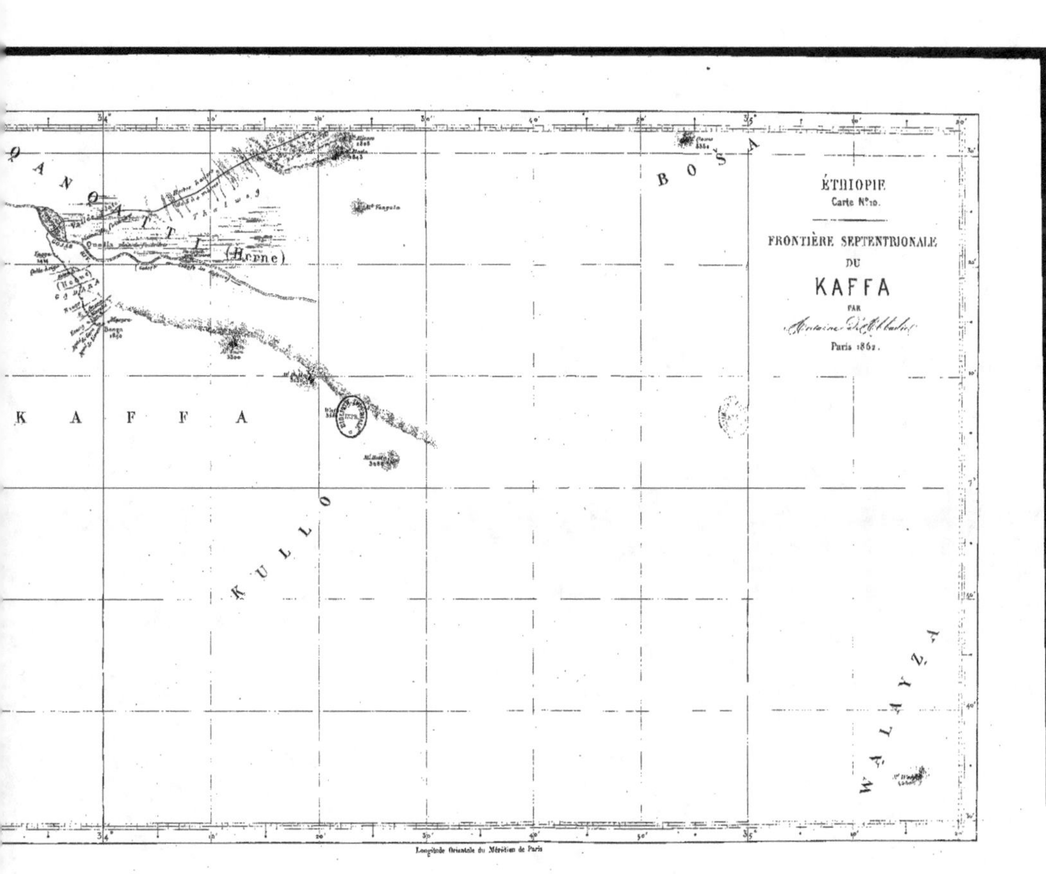
ÉTHIOPIE
Carte N°10.
FRONTIÈRE SEPTENTRIONALE
DU
KAFFA
PAR
Antoine d'Abbadie
Paris 1862.
BOSA
KAFFA
KULLO
WALAYZA
(Herne)
Longitude Orientale du Méridien de Paris

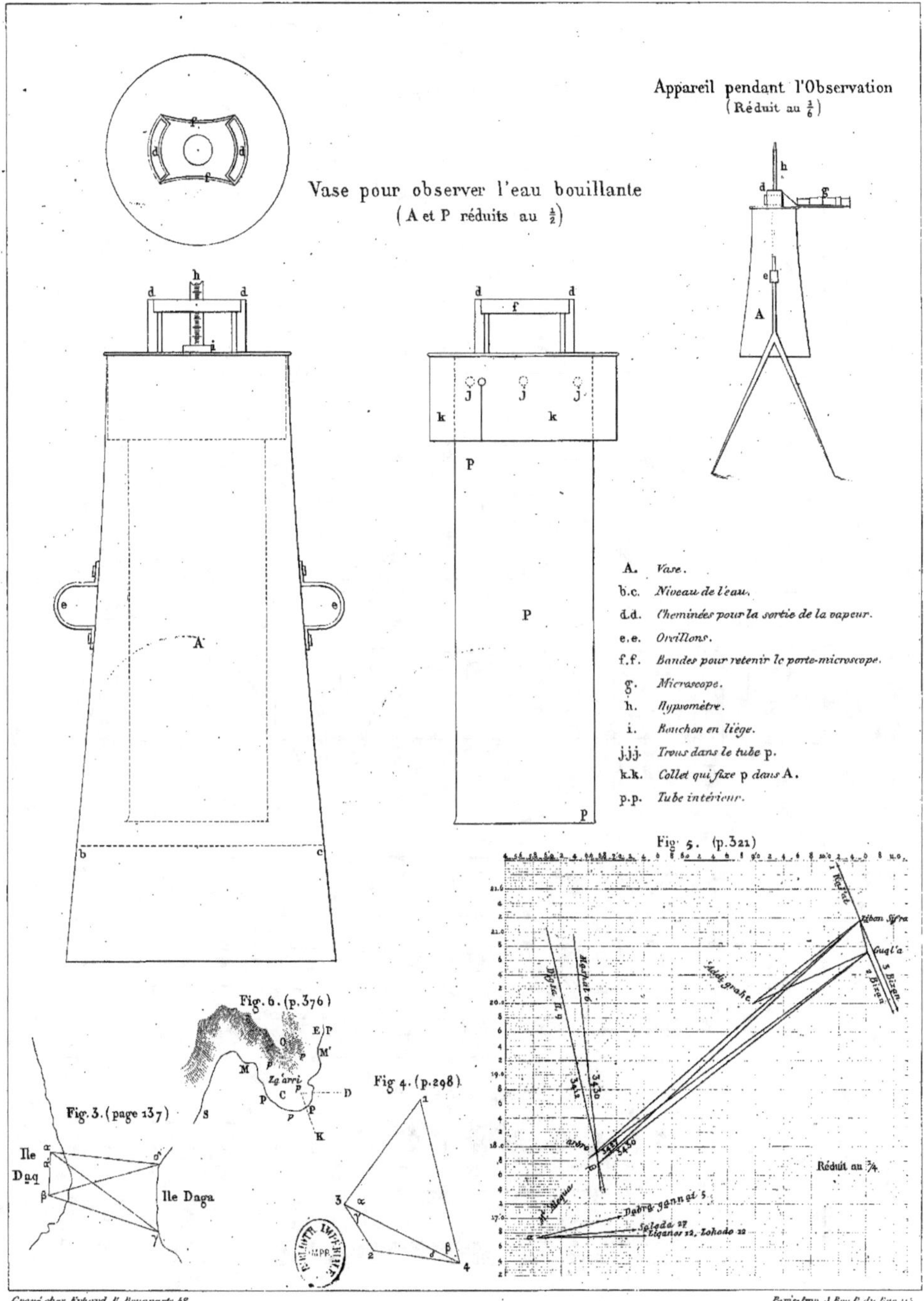

Gravé chez Erhard, R. Bonaparte 42.
Paris-Imp. A. Bry, R. du Bac 114.

TROUSSE DE VOYAGE (voir page 14) Pl. 2.

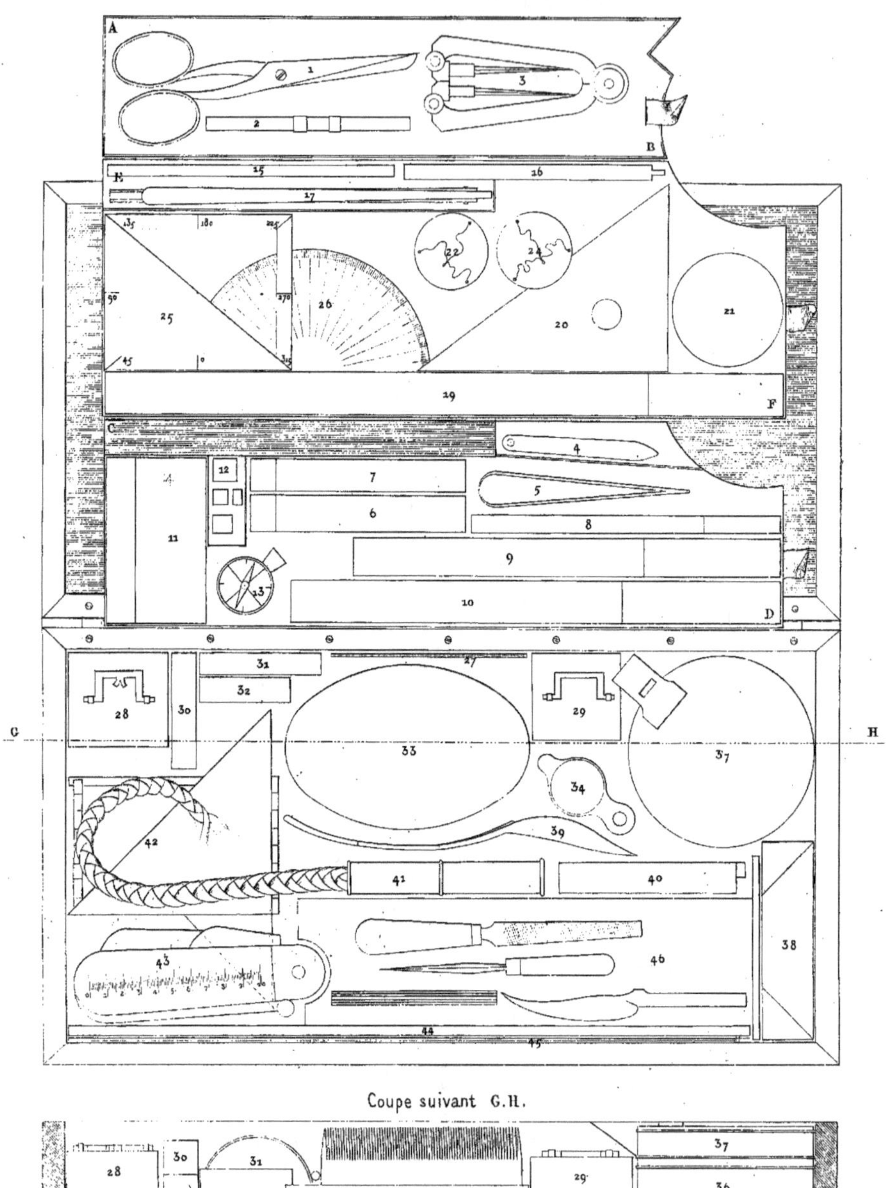

Gravé chez Erhard R. Bonaparte 42.

Paris-Imp. A. Bry, R. du Bac 114.

PROFILS EN PANORAMAS DE QUELQUES CHAINES DE MONTAGNES EN ETHIOPIE.

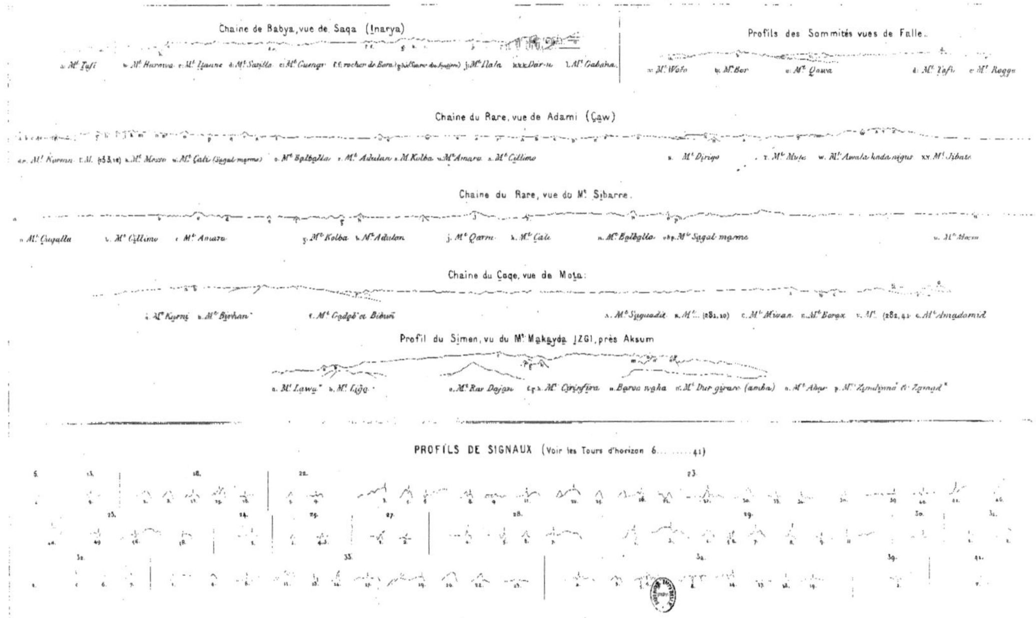

Chaine de Babya, vue de Saqa (Inarya)

a. Mt Tafi — b. Mt Hurowa — c. Mt Ijaune — d. Mt Sanlla — e. Mt Guengr — f.f. rocher de Bora (qui sert de ...) — j. Mt Ilala — x.x. Dar-u — l. Mt Gabaha.

Profils des Sommités vues de Falle.

a. Mt Wolo — b. Mt Bor — c. Mt Qawa — d. Mt Tafi — e. Mt Roggu

Chaine du Rare, vue de Adami (Çaw)

a.r. Mt Kuman — t. M. (53,18) — u. Mt Mesro — u. Mt Çali (Sagal marme) — o. Mt Balballa — r. Mt Adulan — s. M. Kolba — u. Mt Amara — x. Mt Cillimo — s. Mt Dirigo — r. Mt Muta — w. Mt Awala kada nigus — x.x. Mt Jibate

Chaine du Rare, vue du Mt Sibarre.

a. Mt Cugalla — b. Mt Cillimo — c. Mt Amara — g. Mt Kolba — h. Mt Adulan — j. Mt Qarm — k. Mt Çale — n. Mt Balballa — o.p. Mt Sagal marme — u. Mt Macm

Chaine du Çoqe, vue de Mota:

a. Mt Kurni — b. Mt Birhan — f. Mt Gadgb et Bibun — a. Mt Suguadit — b. Mt ... (281,10) — c. Mt Miwan — d. Mt Borax — v. Mt (282,41) — e. Mt Amadamid

Profil du Simen, vu du Mt Makayda JZGI, près Aksum

a. Mt Lawu — b. Mt Liğğ — e. Mt Ras Dajan — f.g.h. Mt Cirinfira — n. Barva waha — o. Mt Dur girare (amba) — a. Mt Abar — p. Mt Zmdynnä & Zgmad

PROFILS DE SIGNAUX (Voir les Tours d'horizon 6.........41)

PROFILS DES SIGNAUX. Tours d'horizon 42.......93

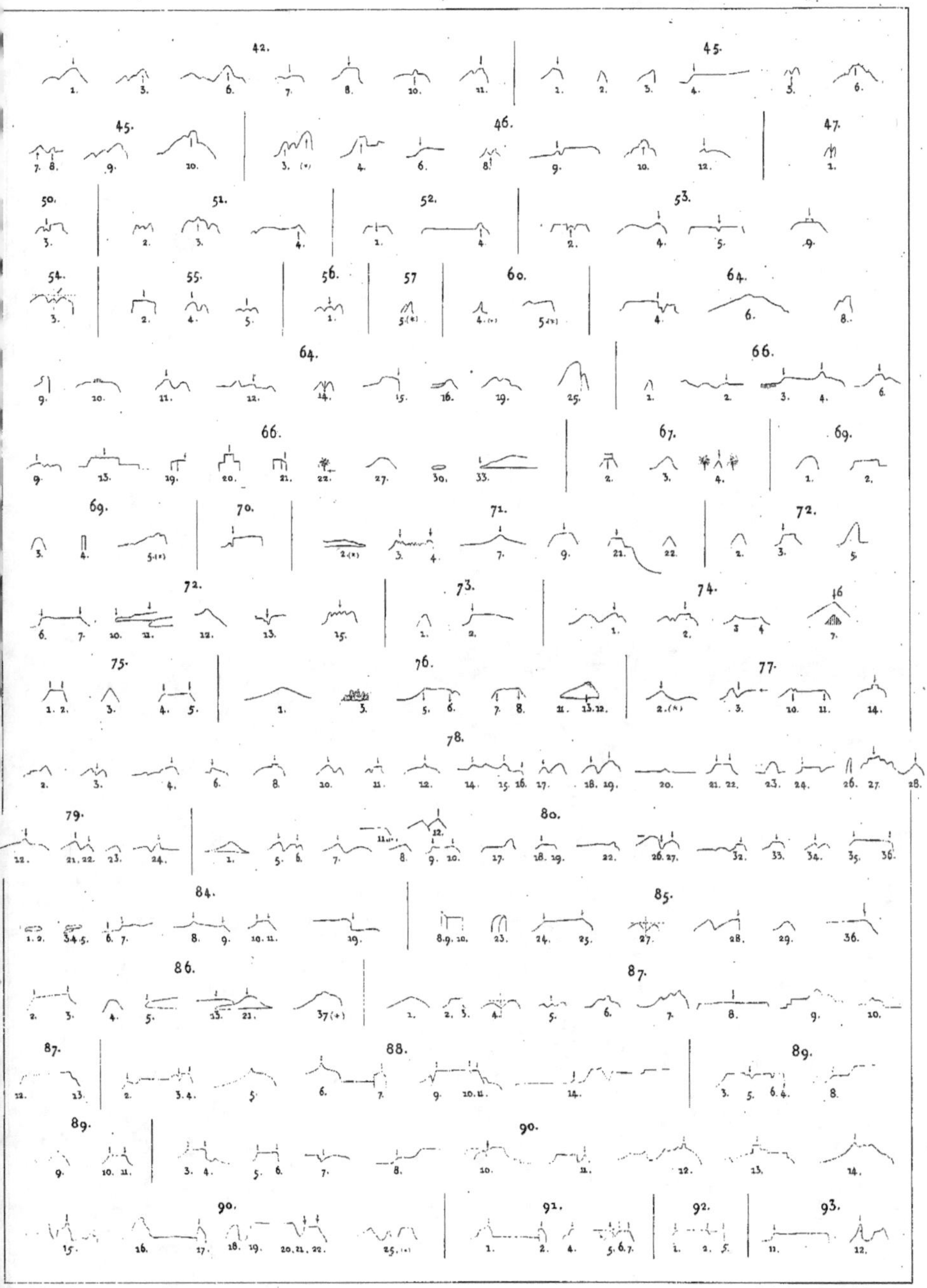

Gravé chez Erhard R. Bonaparte 42.

Paris-Imp. A. Bry, R. du Bac 114.

PROFILS DES SIGNAUX. Tours d'horizon 94........139

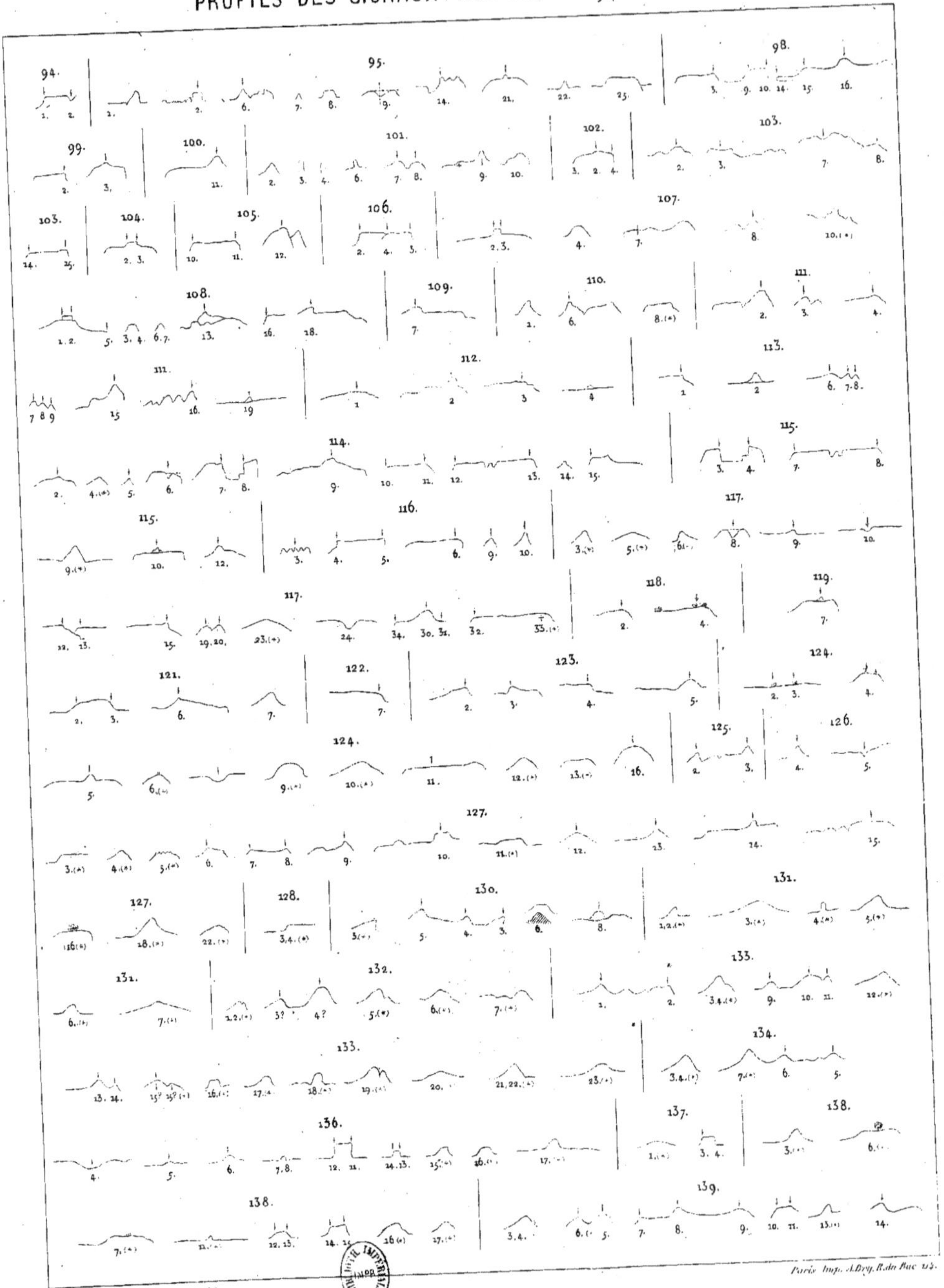

Gravé chez Erhard, R. Bonaparte 42.

Paris Imp. A. Bry, R. du Bac 113.

PROFILS DES SIGNAUX. Tours d'horizon 141........184

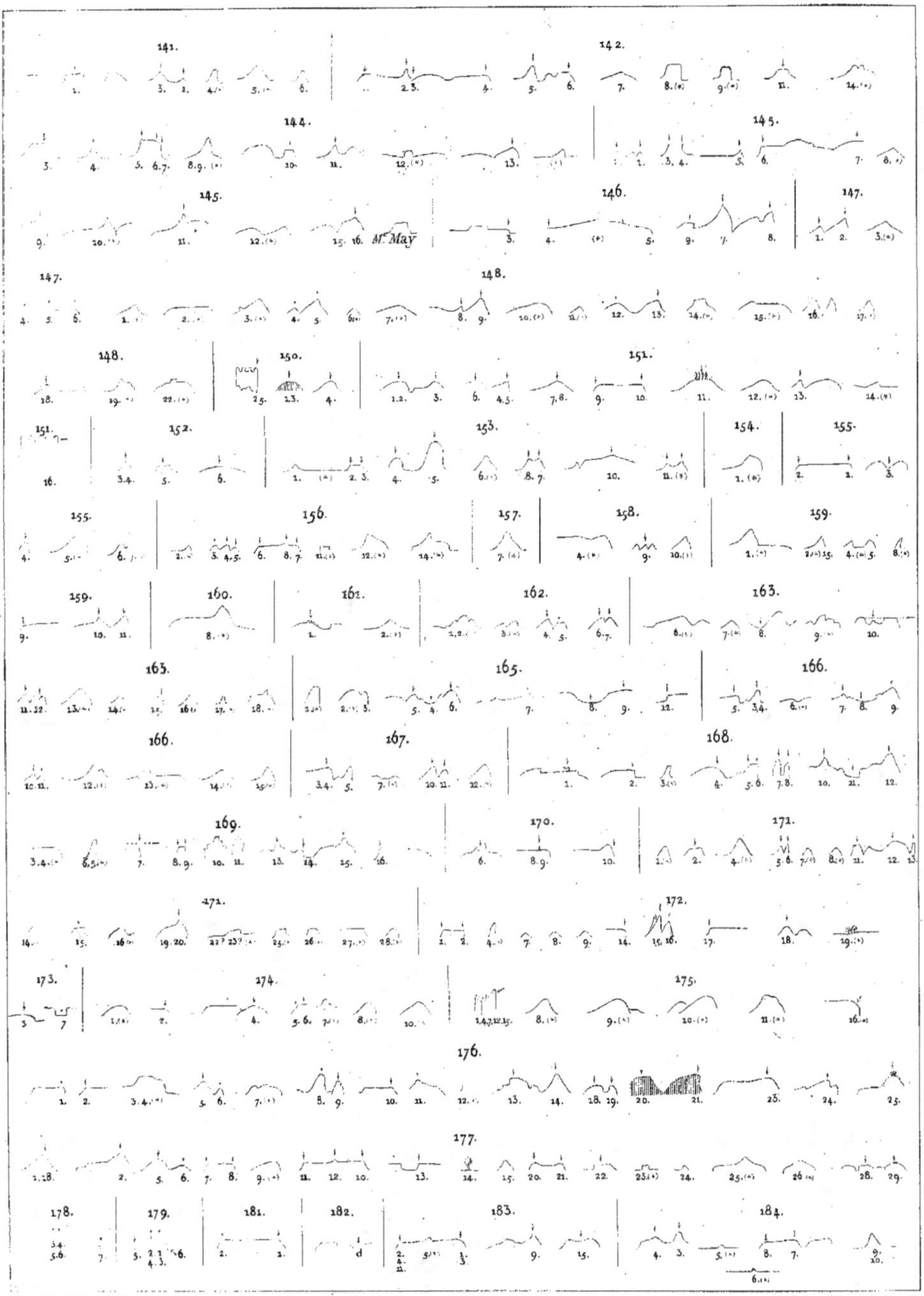

141. 142. 144. 145. 146. 147. 148. 150. 151. 152. 153. 154. 155. 156. 157. 158. 159. 160. 161. 162. 163. 165. 166. 167. 168. 169. 170. 171. 172. 173. 174. 175. 176. 177. 178. 179. 181. 182. 183. 184.

Mt May

Gravé ... r. Bonaparte 32.

Paris-Imp. A. Bry, R. du Bac 114.

PROFILS DES SIGNAUX. Tours d'horizon 185.......224

185. 186. 187.

187. 188. 189. 190.

190. 191. 192.

193. 196. 197. 201. 204.

205. 207. 208.

208. 209.

209. 210. 211.

211.

211. 212.

213. 214.

215.

215. 216.

218.

219. 220.

220. 221.

221. 222. 224.

Gravé chez Erhard. R. Bonaparte 42. *Paris. Imp. A. Bry R. du Bac 114.*

PROFILS DES SIGNAUX. Tours d'horizon 225.......256

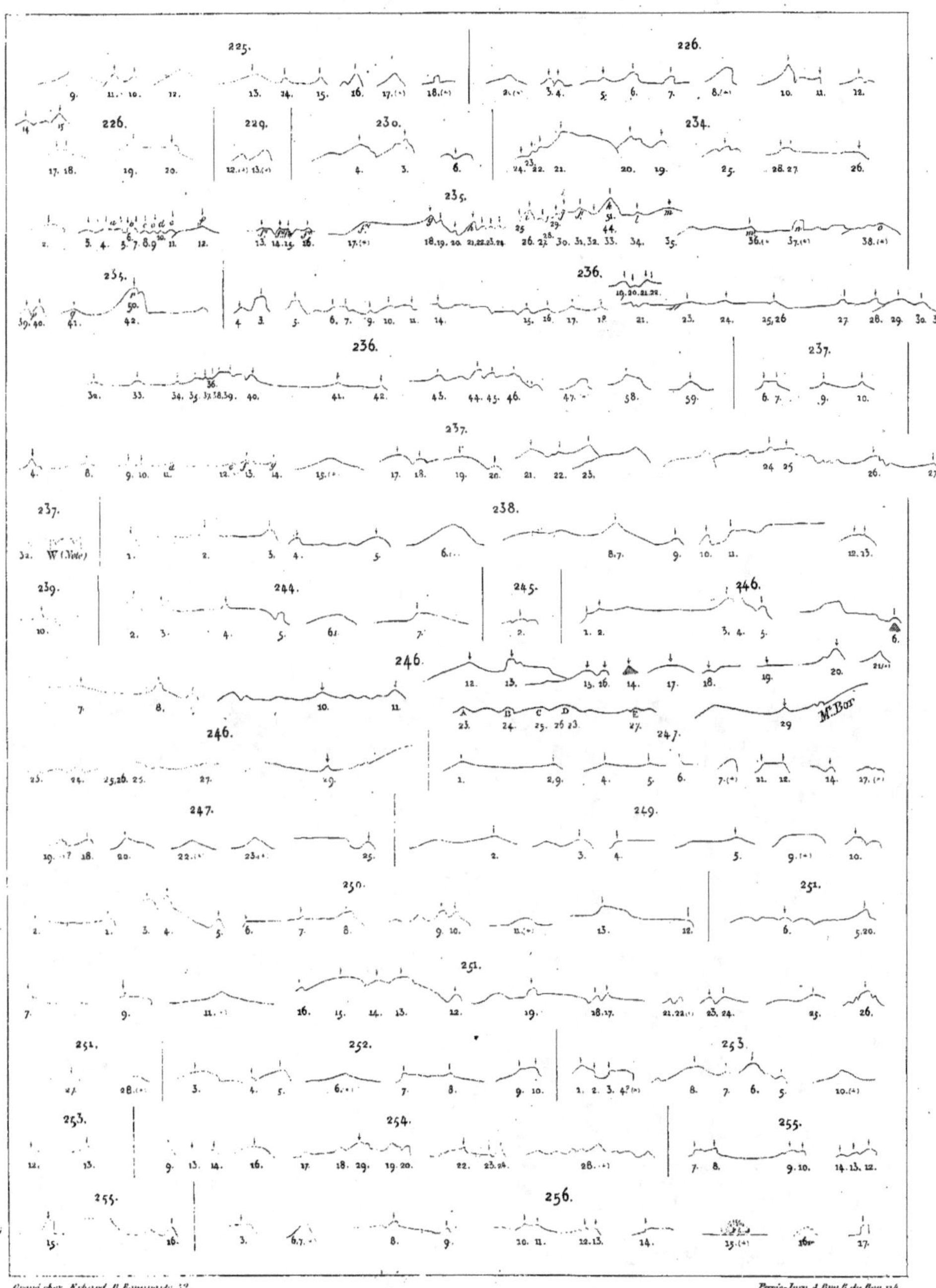

Gravé chez Erhard, R. Bonaparte 42.

Paris-Imp. A. Bry, R. du Bac 114.

PROFILS DES SIGNAUX. Tours d'horizon 257.......293.

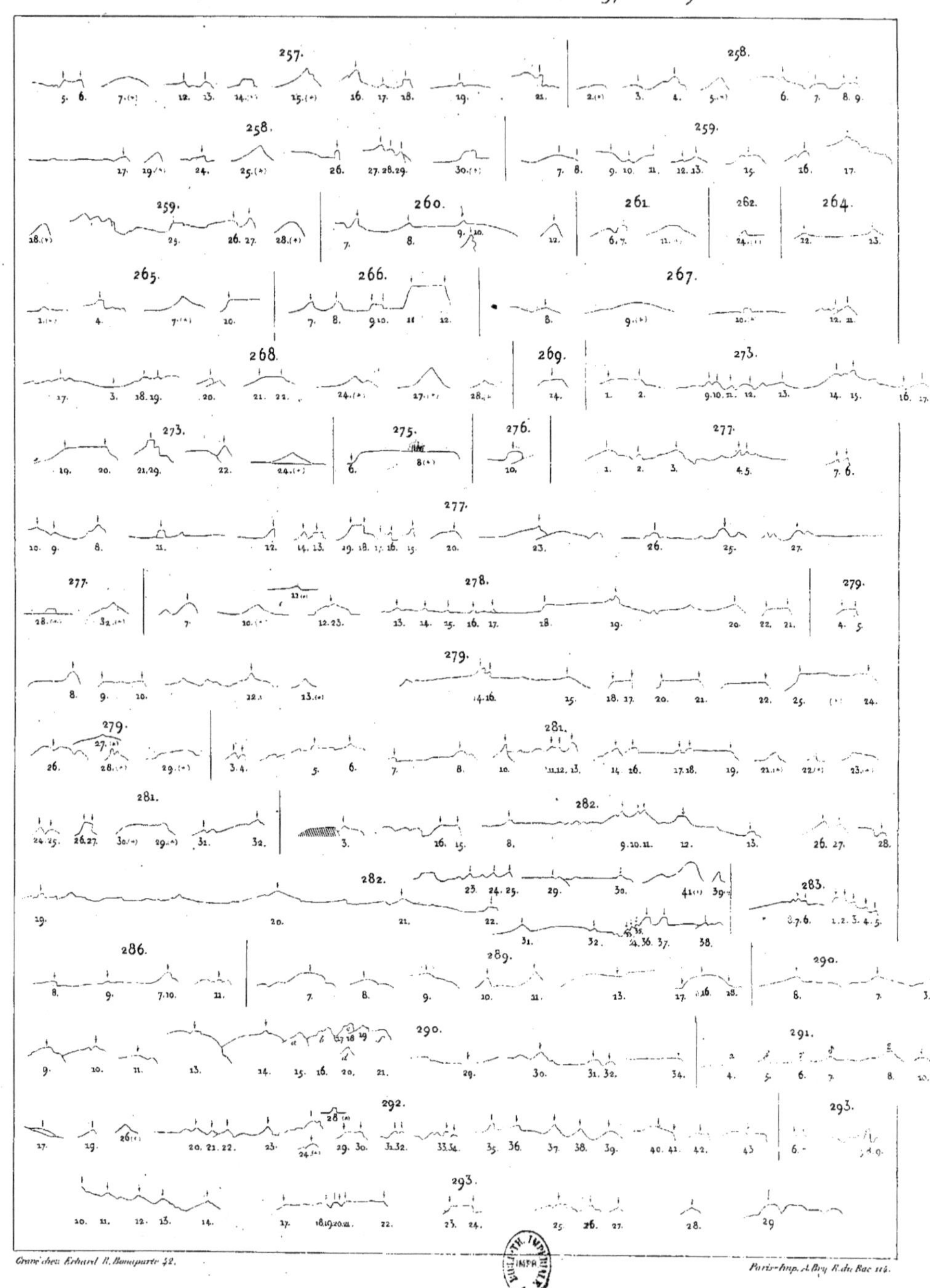

Gravé chez Erhard R. Bonaparte 42.

Paris-Imp. A. Bry R. du Bac 114.

PROFILS DES SIGNAUX. Tours d'horizon 294........325

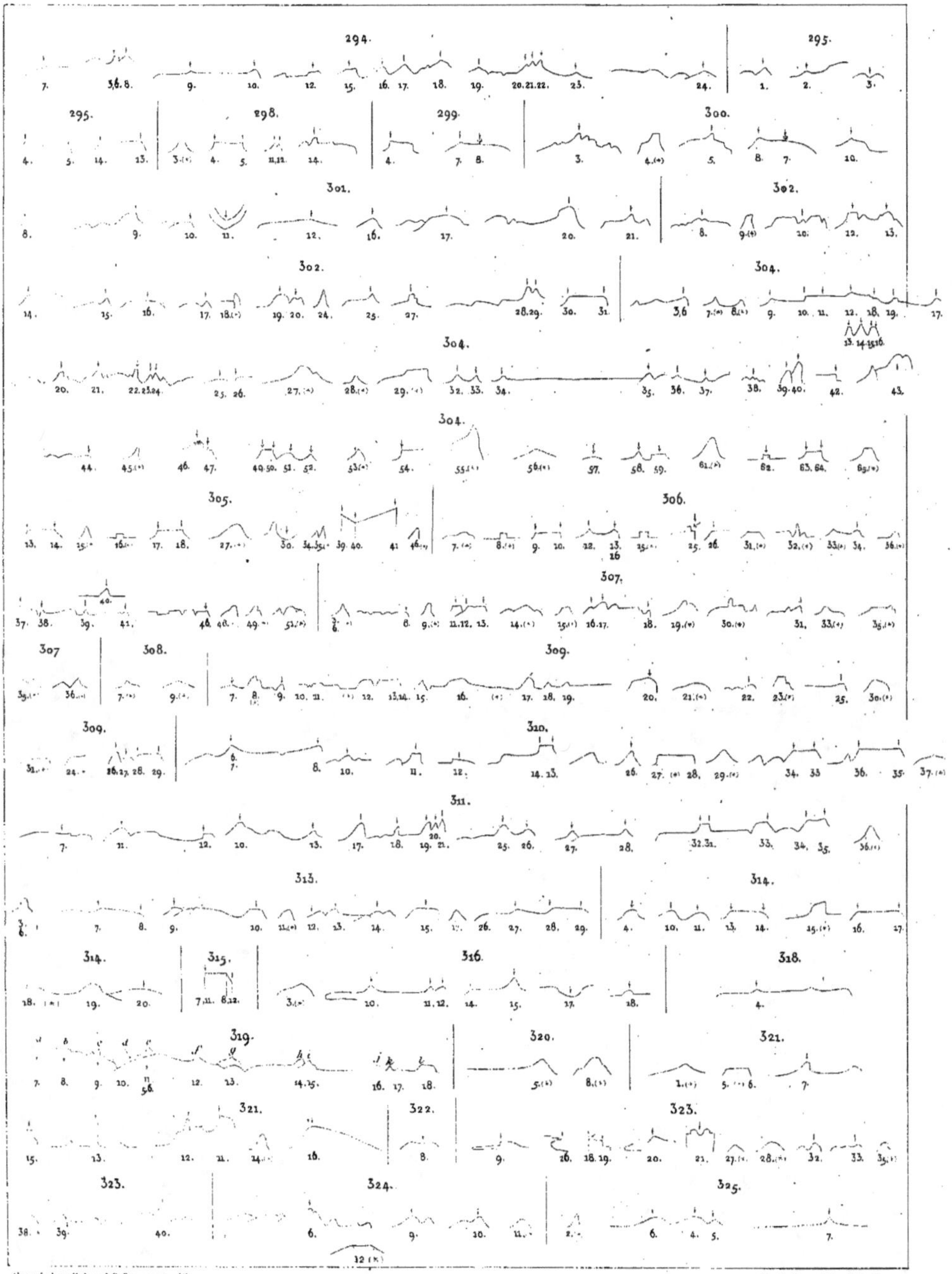

Gravé chez Erhard, R. Bonaparte 42.

Paris-Imp. A. Bry, R. du Bac 114.